Topologie
et analyse fonctionnelle

COLLECTION MÉTHODES

www.editions-hermann.fr

ISBN 978 2 7056 8351 1

Claude Wagschal

Topologie et analyse fonctionnelle

Nouvelle édition revue et augmentée

HERMANN ÉDITEURS

Table des matières

Chapitre 1

THÉORIE DES ENSEMBLES

Sommaire

Ce chapitre expose la théorie axiomatique des ensembles de Zermelo-Fraenkel. Le système d'axiomes de Zermelo-Fraenkel comprend habituellement les cinq axiomes énoncés au paragraphe 1, l'axiome de l'infini énoncé au paragraphe 7 et un schéma d'axiomes, appelé axiome de substitution, que nous n'avons pas énoncé, cet axiome n'étant pas utilisé dans la suite de cet ouvrage. Ce dernier axiome, qui implique l'axiome de compréhension (ZF_2), est utile dans la théorie des cardinaux par exemple : il permet de définir l'ensemble Card X (remarque 1.8.1), il permet la construction de très grands cardinaux, etc. Signalons par ailleurs que nous utiliserons l'axiome de choix énoncé au paragraphe 2 chaque fois que cela sera utile. Le lecteur qui souhaiterait en savoir plus sur l'axiomatisation de la théorie des ensembles pourra consulter le livre de A. Fraenkel, Y. Bar-Hillel et A. Levy [13] ; il y trouvera une analyse fort intéressante des divers systèmes d'axiomes proposés depuis Cantor.

Le plan de ce chapitre est le suivant. La partie A expose les principales notions qui se définissent dans la théorie de Zermelo-Fraenkel, l'objectif essentiel étant de fixer une fois pour toutes les notations utilisées dans la suite de cet ouvrage. La partie B est consacrée à l'étude des ensembles ordonnés ; après avoir rappelé le vocabulaire utilisé dans ce domaine, on établit le lemme de Zorn (théorème 1.5.1). Il s'agit d'un théorème fondamental dont la démonstration est difficile, mais dont l'utilisation ne présente pas en général de difficultés. L'existence d'une base dans tout espace vectoriel $\neq \{0\}$ (théorème 1.6.1) est une première application intéressante de ce théorème. La partie C est consacrée à l'étude des propriétés les plus simples des ensembles infinis. Après avoir établi que la relation Card $X \leq$ Card Y est une relation d'ordre total sur la collection des cardinaux, nous donnons les propriétés constamment utilisées des ensembles dénombrables et des ensembles ayant la puissance du continu. Signalons enfin le théorème 1.9.9 dont la démonstration s'appuie sur le lemme de Zorn et qui permet de définir la dimension de tout espace vectoriel.

A – Axiomes de la théorie des ensembles

1.1 Les axiomes de Zermelo-Fraenkel

Ce chapitre est un exposé élémentaire de la théorie axiomatique des ensembles ; la construction d'une théorie mathématique, telle que la théorie des ensembles, s'effectue selon des règles très précises ; un exposé systématique de ces règles ne saurait trouver leur place ici, vu les objectifs de ce cours. Nous allons nous contenter de quelques remarques assez naïves.

La construction d'une théorie mathématique $\mathcal{T}$ utilise des lettres et des signes. Les lettres représentent des objets ou des relations ; dans chaque théorie, les objets reçoivent des appellations particulières : par exemple, en théorie des ensembles les objets sont appelés ensembles, éléments, parties, applications, etc. Les signes comportent des signes logiques et des signes spécifiques à la théorie étudiée. Il y a trois signes logiques de base (non, ou, $\exists$) et deux signes spécifiques à la théorie des ensembles ($=$, $\in$). En écrivant les uns à la suite des autres des lettres et des signes, on construit des assemblages. Ces assemblages ne doivent pas être construits de façon quelconque ; on ne s'intéresse qu'aux assemblages qui, dans l'interprétation naïve de la théorie, représentent soit des objets, soit des relations. En d'autres termes, il faut décrire les constructions qui sont autorisées et il faut donner des règles permettant de reconnaître si un assemblage est un objet ou une relation. Ces règles ne sont que des règles de syntaxe, permettant de dire si ce que l'on écrit a, ou n'a pas, de sens ; vu nos objectifs, il ne nous semble pas utile d'expliciter ces règles, l'expérience et le bon sens étant en général suffisants.

Considérons en particulier les signes logiques de base. Si A est une relation, (non A) est une relation qu'on appelle la négation de A. Si A et B sont des relations, (A ou B) est une relation qu'on appelle la disjonction de A et B. Enfin, si R est une relation, $(\exists x)R$ est une relation qui se lit «il existe x tel que R» et le signe logique $\exists$ s'appelle un quantificateur existentiel. En itérant ces règles, on conçoit qu'on puisse construire des relations de plus en plus complexes ; dans un but de simplification et de compréhension, il est indispensable d'introduire des abréviations. Par exemple, la relation (non((non A) ou (non B))) est notée (A et B) et s'appelle la conjonction de A et B ; la relation ((non A) ou B) se note ($A \Rightarrow B$), se lit «A implique B» et le signe logique $\Rightarrow$ s'appelle l'implication. La relation $((A \Rightarrow B)$ et $(B \Rightarrow A))$ se note $(A \Leftrightarrow B)$, se lit «A équivaut à B» et le signe logique $\Leftrightarrow$ s'appelle l'équivalence. Enfin, la relation non$(\exists x)($non $R)$ se note $(\forall x)R$, se lit «quel que soit x, R» et le signe logique $\forall$ s'appelle un quantificateur universel.

Nous n'avons parlé jusqu'à présent que de la formation des relations et des objets de la théorie. Il s'agit ensuite de définir la notion de relation vraie. Pour cela, on se donne une famille de relations qu'on appelle axiomes et on dit qu'une relation est vraie si elle peut se déduire des axiomes par une démonstration ; une relation est dite fausse si sa négation est vraie. Cette définition nécessite quelques commentaires et en particulier qu'entend-on par démonstration ? Une définition précise de ce terme nécessiterait de longs développements qui ne sauraient trouver leur place ici, le lecteur de cet ouvrage étant supposé familiarisé avec le raisonnement mathématique.

Remarque 1.1.1 Une théorie mathématique $\mathcal{T}$ est dite contradictoire si il existe une relation A telle que les relations A et (non A) soient toutes deux des théorèmes ; si B est une relation quelconque de $\mathcal{T}$, la relation $(A \Rightarrow B)$ est vraie car la prémisse A est fausse et, la relation A étant vraie, B est donc vraie d'après la règle du syllogisme. Ceci prouve que dans une théorie contradictoire toute relation est à la fois vraie et fausse ; une telle théorie est évidemment dénuée de tout intérêt et il est donc essentiel de savoir si une théorie est contradictoire ou non. Les résultats obtenus dans ce sens sont assez décevants : K. Gödel a en effet montré en 1931 qu'il ne saurait exister de démonstration de la non-contradiction de l'arithmétique, et plus généralement de toute théorie contenant cette dernière, comme la théorie des ensembles par exemple.

Parmi les axiomes de la théorie étudiée, on distingue d'abord les axiomes qui ne concernent que les signes logiques. La théorie obtenue en n'utilisant que les deux signes (non, ou) s'appelle le calcul des propositions ; l'utilisation des quantificateurs conduit au calcul des prédicats. On trouvera une présentation axiomatique de ces théories dans les ouvrages de N. Bourbaki [3], S.C. Kleene [16] et P.S. Novikov [21].

Le signe $=$, appelé signe d'égalité, permet de construire de nouvelles relations ; si x et y sont deux ensembles (c'est-à-dire deux objets de la théorie des ensembles), l'assemblage $x = y$ est une relation, dite relation d'égalité, qui se lit «x est égal à y». La négation de cette relation, c'est-à- dire la relation non$(x = y)$, se note $x \neq y$ et se lit «x est différent de y». Le signe d'égalité est assujetti au système d'axiomes (1.1.1) et (1.1.2) qui suivent.

Quels que soient les ensembles x, y et z

$$(1.1.1) \qquad \begin{cases} x = x, \\ (x = y) \Leftrightarrow (y = x), \\ ((x = y) \text{ et } (y = z)) \Rightarrow (x = z). \end{cases}$$

Si $R(x)$ et $T(x)$ sont respectivement une relation et un ensemble dépendant de l'ensemble x (ceci signifie simplement que la lettre x figure dans les assemblages R et T), alors les relations suivantes sont des axiomes

$$\text{(1.1.2)} \qquad \begin{cases} (x = y) \Rightarrow (R(x) \Leftrightarrow R(y)), \\ (x = y) \Rightarrow (T(x) = T(y)). \end{cases}$$

Les axiomes qui précèdent sont conformes à l'interprétation intuitive du signe égalité : dire que x est égal à y signifie intuitivement que les objets x et y sont les mêmes ; aucune propriété ne permet de les distinguer.

Venons-en maintenant au signe $\in$, appelé signe d'appartenance. Soient x, X deux ensembles, l'assemblage $x \in X$ est une relation, dite relation d'appartenance, qui se lit "x appartient à X" ou "x est un élément de l'ensemble X". La négation de cette relation sera notée $x \notin X$.

Note Le lecteur observera que l'objet X a été appelé ensemble et que l'objet x a été appelé élément : ces appellations sont relatives à la relation $x \in X$. Un même objet peut être à la fois élément et ensemble : par exemple, si $x \in X$ et $X \in \mathcal{X}$, l'objet X est un ensemble contenant l'élément x et c'est un élément de l'ensemble $\mathcal{X}$. La distinction entre élément et ensemble n'est qu'une commodité de langage qui est nécessaire pour faciliter l'interprétation intuitive des théorèmes.

Nous allons indiquer maintenant les axiomes auxquels est assujetti le signe d'appartenance ; ce système d'axiomes comprend les cinq axiomes figurant dans ce paragraphe et l'axiome de l'infini qui sera énoncé ultérieurement ; on obtient ainsi la théorie des ensembles de Zermelo-Fraenkel notée (ZF) en abrégé. Indiquons dès maintenant que nous utiliserons un autre axiome ; il s'agit de l'axiome de choix qui, pour des raisons historiques, est étudié séparément ; on obtient alors la théorie des ensembles de Zermelo-Fraenkel avec axiome de choix notée $(ZF) + (C)$.

Soient X et Y deux ensembles égaux ; en prenant pour relation $R(X)$ la relation $x \in X$, l'axiome (1.1.2) montre que les relations $x \in X$ et $x \in Y$ sont équivalentes ; autrement dit, on a le théorème

$$\text{(1.1.3)} \qquad (X = Y) \Rightarrow (\forall x)(x \in X \Leftrightarrow x \in Y).$$

Si X est égal à Y, ceci prouve que tout élément de X est élément de Y et tout élément de Y est élément de X : deux ensembles égaux ont donc les mêmes éléments. La réciproque nécessite un axiome, appelé axiome d'extensionalité, qui s'énonce comme suit.

$$(ZF_1) \qquad (\forall x)(x \in X \Leftrightarrow x \in Y) \Rightarrow (X = Y).$$

Compte tenu de cet axiome, deux ensembles sont égaux si, et seulement si, ils ont les mêmes éléments.

La relation d'inclusion se définit à partir de la relation d'appartenance de la façon suivante. La relation $(\forall x)(x \in A \Rightarrow x \in X)$ sera notée $A \subset X$. Si cette relation est vraie, on dit alors que A est une partie ou un sous-ensemble de X ;

on dit également que A est contenu dans X ou que X contient A. La négation de cette relation sera notée $A \not\subset X$.

Quels que soient les ensembles X, Y et Z, on a évidemment

$$(1.1.4) \qquad \begin{cases} X \subset X, \\ (X \subset Y \text{ et } Y \subset Z) \Rightarrow (X \subset Z). \end{cases}$$

Le signe d'inclusion permet d'écrire (1.1.3) sous la forme

$$(X = Y) \Rightarrow (X \subset Y \text{ et } Y \subset X)$$

et l'axiome d'extensionalité sous la forme

$$(X \subset Y \text{ et } Y \subset X) \Rightarrow (X = Y)\,;$$

on a donc le théorème

$$(1.1.5) \qquad (X \subset Y \text{ et } Y \subset X) \Leftrightarrow (X = Y).$$

Pour énoncer l'axiome suivant, il est commode d'introduire la notion suivante. Soit $R(x)$ une relation, si la collection des ensembles x ayant la propriété R constitue un ensemble, on dit que la relation R est collectivisante en x. Dans ce cas, il existe un ensemble X et un seul d'après l'axiome d'extensionalité tel que $(\forall x)(R(x) \Leftrightarrow x \in X)$; cet ensemble sera noté $X = \{x\,;\, R\}$. S'il existe un seul ensemble x vérifiant la relation R, on dit que la relation R est fonctionnelle en x ; ceci signifie qu'il existe un ensemble a tel que $(\forall x)(R(x) \Leftrightarrow x = a)$.

L'axiome de compréhension s'énonce alors comme suit.

(ZF_2) Soient X un ensemble, R une relation et x une lettre ne figurant pas dans X, alors la relation ($x \in X$ et R) est collectivisante en x.

Il existe donc un ensemble A constitué des éléments de X qui vérifient la relation R, soit $x \in A \Leftrightarrow (x \in X \text{ et } R)$; ce sous-ensemble de X sera noté $A = \{x \in X\,;\, R\}$.

Remarque 1.1.2 Le paradoxe de Russel Dans l'axiome de compréhension, on astreint l'objet x à appartenir à un ensemble X donné, cette restriction est tout à fait essentielle. Il est en effet facile de donner des exemples de relation non collectivisante. Montrons que la relation $(x \notin x)$ n'est pas collectivisante ; raisonnons par l'absurde, si cette relation était collectivisante, il existerait un ensemble A tel que $(\forall x)(x \in A \Leftrightarrow x \notin x)$ et, en substituant A à x, on obtiendrait alors le théorème $(A \in A \Leftrightarrow A \notin A)$, ce qui est absurde. Ceci prouve que la relation $(x \notin x)$ n'est pas collectivisante. Autrement dit, la collection des ensembles qui ne sont pas éléments d'eux-mêmes n'est pas un ensemble : appliquer les théorèmes de la théorie des ensembles à cette collection conduit à une absurdité appelée paradoxe de Russel.

Remarque 1.1.3 Le paradoxe de Cantor Voici un autre exemple de relation non collectivisante : la relation $(\forall x)(x \in X)$ n'est pas collectivisante en X. Si elle l'était, elle serait en effet fonctionnelle en X d'après l'axiome d'extensionalité ; il existerait donc un ensemble X tel que tout ensemble x soit élément de X et, vu l'axiome de compréhension, toute relation serait collectivisante ce qui est absurde d'après la remarque précédente. Ceci prouve que la relation $(\forall x)(x \in X)$ n'est pas collectivisante en X. Autrement dit, la collection de tous les ensembles n'est pas un ensemble : affirmer le contraire conduit à une absurdité appelée paradoxe de Cantor.

Voici quelques conséquences de l'axiome de compréhension. Soient X un ensemble et A une partie de X ; l'axiome (ZF_2) permet de définir le complémentaire de A par rapport à X

$$X - A = \{x \in X\,;\, x \notin A\}.$$

Si R est une relation, on a alors $\{x \in X\,;\, \text{non } R\} = X - \{x \in X\,;\, R\}$ et, en prenant pour relation R la relation $x \notin A$, on obtient le théorème $A = X - (X - A)$.

Voici un exemple important de relation fonctionnelle.

Proposition 1.1.1 *La relation* $(\forall x)(x \notin X)$ *est fonctionnelle en* X.

Preuve Notons d'abord que, pour tout ensemble Y, on a $(\forall x)(x \notin Y - Y)$, puisque la relation $(x \in Y - Y)$ s'écrit $(x \in Y$ et $x \notin Y)$, relation qui est fausse. Par ailleurs, si X et X' sont deux ensembles tels que $(\forall x)(x \notin X)$ et $(\forall x)(x \notin X')$, la relation $(\forall x)(x \in X \Leftrightarrow x \in X')$ est vraie car les relations $x \in X$ et $x \in X'$ sont fausses et, vu l'axiome d'extensionalité, on a donc $X = X'$, ce qui prouve le résultat voulu. Q.E.D.

Il existe donc un ensemble, et un seul, appelé ensemble vide, que l'on note $\emptyset$, tel que $(\forall x)(x \notin \emptyset)$. Intuitivement, l'ensemble vide est un ensemble n'admettant aucun élément.

La relation $x \in \emptyset$ étant fausse, on a les théorèmes, R désignant une relation

(1.1.6) $$(\forall x)(x \in \emptyset \Rightarrow R) \text{ et non}(\exists x)(x \in \emptyset \text{ et } R).$$

En prenant pour relation R la relation $x \in X$, le premier théorème prouve que $\emptyset \subset X$; on dit que $\emptyset$ est la partie vide de X. On notera en outre les deux propriétés évidentes $X - \emptyset = X$ et $X - X = \emptyset$. On dit qu'un ensemble est non vide si $X \neq \emptyset$; d'après la définition de l'ensemble vide cela signifie que non $(\forall x)(x \notin X)$, c'est-à-dire $(\exists x)(x \in X)$.

Nous avons précédemment dit ce qu'il fallait entendre par partie ou sous-ensemble d'un ensemble X. On peut évidemment s'intéresser à la collection de toutes les parties de X ; l'axiome de l'ensemble des parties dit que cette collection est un ensemble.

(ZF_3) Pour tout ensemble X, la relation $A \subset X$ est collectivisante en A.

Il existe donc un ensemble noté $\mathcal{P}(X)$, appelé ensemble des parties de X, tel que $(A \subset X \Leftrightarrow A \in \mathcal{P}(X))$. Les propriétés de l'inclusion, à savoir $X \subset X$ et $\emptyset \subset X$, montrent que $X \in \mathcal{P}(X)$ et $\emptyset \in \mathcal{P}(X)$; d'après (1.1.4), on a d'autre part $(X \subset Y) \Leftrightarrow (\mathcal{P}(X) \subset \mathcal{P}(Y))$ et par conséquent

$$(X = Y) \Leftrightarrow (\mathcal{P}(X) = \mathcal{P}(Y)).$$

Étant donné deux ensembles a et b, l'axiome de la paire affirme l'existence d'un ensemble dont les seuls éléments sont a et b.

(ZF_4) $\begin{cases}\text{Soient } a \text{ et } b \text{ des ensembles, la relation } (x = a \text{ ou } x = b) \text{ est} \\ \text{collectivisante en } x.\end{cases}$

Il existe donc un unique ensemble tel que

$$(\forall x)(x \in X \Leftrightarrow (x = a \text{ ou } x = b))\ ;$$

cet ensemble sera noté $\{a, b\}$. Si $a \neq b$, on dit que X est un ensemble à deux éléments. Si $a = b$, on a en fait $(\forall x)(x \in X \Leftrightarrow (x = a))$; on dit alors que X est un ensemble à un élément ou qu'il est réduit à l'élément a ; on note $\{a\}$ un tel ensemble. On a donc, par définition, $\{a\} = \{a, a\}$.

Donnons quelques exemples. La seule partie de l'ensemble vide étant la partie vide, $\mathcal{P}(\emptyset)$ est un ensemble à un élément et $\mathcal{P}(\emptyset) = \{\emptyset\}$. Soit X un ensemble et a un élément de X ; la relation $(x \in X \text{ et } x = a)$ définit une partie de X dont a est le seul élément. Il faut évidemment soigneusement distinguer l'élément a de la partie de X réduite à l'élément a : on a en particulier $a \in X$, $\{a\} \in \mathcal{P}(X)$ et $a \in \{a\}$.

L'axiome de compréhension permet de définir la réunion et l'intersection de deux parties A et B d'un ensemble X en posant

$$A \cup B = \{x \in X\, ;\, x \in A \text{ ou } x \in B\},\quad A \cap B = \{x \in X\, ;\, x \in A \text{ et } x \in B\}.$$

Considérons plus généralement un ensemble d'ensembles, c'est-à-dire un ensemble $\mathcal{X}$ dont les éléments sont eux-mêmes des ensembles (ceci signifie simplement que X étant un élément de $\mathcal{X}$, on va s'intéresser aux éléments de X). On peut d'abord s'intéresser à la collection de tous les éléments de tous les ensembles appartenant à $\mathcal{X}$; l'axiome de réunion affirme que cette collection est un ensemble.

(ZF_5) $\begin{cases}\text{Pour tout } \mathcal{X}, \text{ la relation } (\exists X)(X \in \mathcal{X} \text{ et } x \in X) \text{ est collectivi-} \\ \text{sante en } x.\end{cases}$

Cet axiome assure l'existence de l'ensemble, appelé réunion des ensembles de $\mathcal{X}$,

(1.1.7)
$$\bigcup_{X \in \mathcal{X}} X = \{x\, ;\, (\exists X)(X \in \mathcal{X} \text{ et } x \in X)\}.$$

On notera que tout ensemble de $\mathcal{X}$ est une partie de cet ensemble réunion ; l'axiome de réunion assure donc l'existence d'un ensemble Y tel que tout ensemble de $\mathcal{X}$ soit une partie de Y ; en d'autres termes, tout ensemble d'ensembles peut être considéré comme un ensemble de parties d'un ensemble Y.

Voici des cas particuliers de cette notion de réunion.

Si $\mathcal{X}$ est l'ensemble vide, la relation $(\exists X)(X \in \mathcal{X})$ est fausse et par suite $\bigcup_{X \in \emptyset} X = \emptyset$.

Soient A et B deux ensembles ; prenons pour $\mathcal{X}$ l'ensemble à deux éléments $\{A, B\}$. La relation $(\exists X)(X \in \mathcal{X} \text{ et } x \in X)$ est alors équivalente à la relation $(x \in A \text{ ou } x \in B)$. D'après l'axiome de réunion, il existe donc un ensemble, appelé réunion des ensembles A et B, qui sera noté $A \cup B$ tel que

$$A \cup B = \bigcup_{X \in \{A,B\}} X = \{x\,;\, x \in A \text{ ou } x \in B\}.$$

Cette définition est évidemment consistante avec celle donnée pour deux parties d'un ensemble.

On vérifie que la réunion est une loi commutative et associative : soient A, B et C des ensembles, on a alors

$$A \cup B = B \cup A, \quad A \cup (B \cup C) = (A \cup B) \cup C,$$

ce qui permet d'écrire cet ensemble $A \cup B \cup C$. Plus généralement, on peut définir la réunion de n ensembles $A_1, \ldots, A_n$ par récurrence au moyen de la formule

$$A_1 \cup \ldots \cup A_n = (A_1 \cup \ldots \cup A_{n-1}) \cup A_n.$$

En particulier, étant donné n ensembles $a_1, \ldots, a_n$, on peut considérer la réunion des n ensembles $\{a_1\}, \ldots, \{a_n\}$ que nous noterons

$$\{a_1, \ldots, a_n\} = \{a_1\} \cup \ldots \cup \{a_n\}\,;$$

cet ensemble admet pour éléments les n ensembles $a_1, \ldots, a_n$; on constate donc que, grâce à l'axiome de réunion, il existe un ensemble, et un seul, dont les éléments sont les n ensembles $a_1, \ldots, a_n$ et ceux-là seulement.

La définition de l'intersection ne nécessite pas d'axiome supplémentaire. On s'intéresse maintenant aux éléments qui appartiennent à tous les ensembles de $\mathcal{X}$; on s'intéresse donc à la relation $(\forall X)(X \in \mathcal{X} \Rightarrow x \in X)$. Cette relation est collectivisante en x si, et seulement si, $\mathcal{X}$ est non vide. En effet, si $\mathcal{X}$ est vide, cette relation est vraie quel que soit x et, comme nous l'avons vu, la collection de tous les ensembles n'est pas un ensemble. Au contraire, si $\mathcal{X}$ est non vide, soit A un ensemble de $\mathcal{X}$; la relation précédente est alors équivalente à la relation

$$(x \in A \text{ et } (\forall X)(X \in \mathcal{X} \Rightarrow x \in X))$$

qui est collectivisante d'après l'axiome de compréhension. Si $\mathcal{X}$ est non vide, on peut donc définir l'intersection des ensembles de $\mathcal{X}$ par la formule

$$\bigcap_{X \in \mathcal{X}} X = \{x\,;\, (\forall X)(X \in \mathcal{X} \Rightarrow x \in X)\},\ \mathcal{X} \neq \emptyset. \tag{1.1.8}$$

Soient A et B deux ensembles et $\mathcal{X} = \{A, B\}$. La relation

$$(\forall X)(X \in \mathcal{X} \Rightarrow x \in X)$$

est équivalente à la relation $(x \in A \text{ et } x \in B)$; on pose alors

$$A \cap B = \bigcap_{X \in \{A,B\}} X = \{x\,;\, x \in A \text{ et } x \in B\}$$

et on constate que cette définition est celle que nous avons donnée lorsque A et B sont deux parties d'un ensemble. On dit que A rencontre B si $A \cap B \neq \emptyset$ et que A et B sont disjoints ou sans élément commun si $A \cap B = \emptyset$.

L'intersection est une loi commutative et associative : soient A, B et C des ensembles, alors

$$A \cap B = B \cap A, \quad A \cap (B \cap C) = (A \cap B) \cap C\,;$$

on a d'autre part les formules de distributivité suivantes

$$A \cup (B \cap C) = (A \cup B) \cap (A \cup C), \quad A \cap (B \cup C) = (A \cap B) \cup (A \cap C);$$

en outre, si A et B sont des parties d'un ensemble X, on vérifie que

$$X - (A \cup B) = (X - A) \cap (X - B), \quad X - (A \cap B) = (X - A) \cup (X - B).$$

1.2 Produit de deux ensembles, applications, axiome de choix

Étant donné deux ensembles x et y, on pose

$$(x, y) = \{\{x\}, \{x, y\}\}$$

et on dit que (x, y) est le couple des ensembles x et y ; x (resp. y) est appelé la première (resp. seconde) projection ou coordonnée du couple. Si $z = (x, y)$, on utilise les notations $x = pr_1 z$ et $y = pr_2 z$.

On a la propriété essentielle qui suit

Proposition 1.2.1 *Soient (x, y), (x', y') deux couples, alors $(x, y) = (x', y')$ si, et seulement si, $x = x'$ et $y = y'$.*

Preuve Si $x = x'$ et $y = y'$, il est clair que $(x, y) = (x', y')$. Réciproquement, supposons $\{\{x\}, \{x, y\}\} = \{\{x'\}, \{x', y'\}\}$. On a alors, ou bien $\{x\} = \{x'\}$, ou bien $\{x\} = \{x', y'\}$; dans le premier cas $x = x'$ et dans le second cas $x = x' = y'$. Dans tous les cas, on a donc $x = x'$ et par conséquent

$$\{\{x\}, \{x, y\}\} = \{\{x\}, \{x, y'\}\}.$$

Notons alors que deux paires de la forme $\{a, b\}$ et $\{a, b'\}$ ne peuvent être égales que si $b = b'$. On a donc nécessairement $\{x, y\} = \{x, y'\}$, d'où $y = y'$. Ceci prouve que $x = x'$ et $y = y'$. Q.E.D.

Soient X et Y des ensembles, x un élément de X et y un élément de Y. On a $\{x\} \subset X \subset X \cup Y$ et $\{x, y\} \subset X \cup Y$, d'où $(x, y) \in \mathcal{P}(\mathcal{P}(X \cup Y))$; d'après l'axiome de compréhension, la relation

$$(\exists x)(\exists y)(z = (x, y) \text{ et } x \in X \text{ et } y \in Y)$$

est collectivisante en z. On peut donc considérer l'ensemble des couples (x, y) lorsque x décrit X et y décrit Y, soit

$$X \times Y = \{z \,;\, z = (x, y) \text{ et } x \in X \text{ et } y \in Y\}.$$

Cet ensemble est appelé le produit de X et Y ; l'ensemble X (resp. Y) est appelé le premier (resp. second) ensemble facteur du produit. Notons que cet ensemble produit est l'ensemble vide si, et seulement si, l'un des ensembles facteurs est vide, soit

(1.2.1) $$X \times Y = \emptyset \Leftrightarrow (X = \emptyset \text{ ou } Y = \emptyset).$$

Remarque 1.2.1 Étant donné trois ensembles x_1, x_2 et x_3, on définit le triplet de ces ensembles par la formule $(x_1, x_2, x_3) = (x_1, (x_2, x_3))$ et plus généralement, on définit par récurrence la notion de n-uple

$$(x_1, \ldots, x_n) = (x_1, (x_2, \ldots, x_n)).$$

La proposition 1.2.1 se généralise comme suit : deux n-uples $(x_1, \ldots, x_n)$ et $(y_1, \ldots, y_n)$ sont égaux si, et seulement si, $x_i = y_i$ pour tout $i \in \{1, \ldots, n\}$. Le produit de n ensembles X_1,...,X_n est alors par définition l'ensemble des n-uples $(x_1, \ldots, x_n)$ lorsque x_i décrit X_i ; cet ensemble sera noté $X_1 \times \ldots \times X_n$. On a donc

$$X_1 \times \ldots \times X_n = \{x\,;\, x = (x_1, \ldots, x_n) \text{ et } x_1 \in X_1 \text{ et } \ldots \text{ et } x_n \in X_n\}.$$

Soient X et Y des ensembles et $R(x, y)$ une relation binaire. Considérons le sous-ensemble G du produit $X \times Y$ défini comme suit

$$G = \{(x, y) \in X \times Y\,;\, R(x, y)\}\,;$$

l'ensemble G, appelé graphe de la relation R, est donc l'ensemble des couples (x, y) tels que R soit vraie. La relation $(R(x, y) \text{ et } x \in X \text{ et } y \in Y)$ est alors équivalente à la relation $(x, y) \in G$. Inversement, à toute partie G de $X \times Y$, on peut associer une relation binaire dont le graphe est G : il suffit en effet de considérer la relation $(x, y) \in G$.

La relation $R(x, y)$ est dite fonctionnelle en $y \in Y$ dans l'ensemble X, si, pour tout $x \in X$, il existe un unique élément $y \in Y$ tel que la relation $R(x, y)$ soit vraie, autrement dit si

$$(\forall x \in X)(\exists y \in Y)(\forall z \in Y)(R(x, z) \Leftrightarrow (z = y)).$$

Le graphe $f \subset X \times Y$ d'une relation fonctionnelle est dit fonctionnel en y ; on dit aussi que f est une application de X dans Y ou que f est une fonction définie sur X et prenant ses valeurs dans Y. Pour tout $x \in X$, on note alors $f(x)$ l'unique élément y de Y qui est tel que $R(x, y)$ soit vraie, c'est-à-dire qui est tel que $(x, y) \in f$; par définition, la relation $(x, y) \in f$ est donc équivalente à la relation $y = f(x)$; l'élément $f(x)$ est appelé l'image de x par l'application f qui sera alors notée $x \mapsto f(x)$. Dans la pratique, une application f de X dans Y sera notée en abrégé $f : X \to Y$; l'ensemble X sera appelé ensemble de départ ou de définition de l'application f et Y ensemble d'arrivée.

Note Conformément à un usage bien établi, il nous arrivera fréquemment de parler du graphe d'une application bien qu'il n'y ait pas lieu de distinguer la notion de graphe fonctionnel et la notion d'application si on s'en tient aux définitions données.

D'après l'axiome de compréhension, la relation «f est une application de X dans Y» est collectivisante en f puisque cette relation implique $f \in \mathcal{P}(X \times Y)$; on peut donc parler de l'ensemble de toutes les applications de X dans Y ; cet ensemble sera noté $\mathcal{F}(X; Y)$ ou Y^X.

Donnons quelques exemples.

Exemple 1.2.1 Prenons pour ensemble X l'ensemble vide, on a alors $X \times Y = \emptyset$ et le seul graphe contenu dans $X \times Y$ est l'ensemble vide ; ce graphe est fonctionnel en $y \in Y$ d'après (1.1.6). Il existe donc une application (et une seule) de $\emptyset$ dans Y qu'on appelle l'application vide et qui est notée $\emptyset$.

Exemple 1.2.2 Soit X un ensemble ; la diagonale de $X \times X$ est par définition le graphe $\Delta_X = \{(x, x) ; x \in X\}$; ce graphe est un graphe fonctionnel qui définit une application de X dans X appelée application identique de X que nous noterons I_X. Par définition, on a $I_X(x) = x$ pour tout $x \in X$.

Afin de fixer les notations qui seront utilisées dans la suite de cet ouvrage, rappelons diverses notions concernant les applications.

Deux applications f et g de X dans Y sont égales si les graphes fonctionnels f et g sont égaux, c'est-à-dire si les relations $(x, y) \in f$ et $(x, y) \in g$ sont équivalentes. Ceci signifie simplement que $f(x) = g(x)$ pour tout $x \in X$.

Étant donné deux applications $f : X \to Y$ et $g : Y \to Z$, on définit le graphe $g \circ f \subset X \times Z$ par la formule

$$g \circ f = \{(x, z) \in X \times Z \,;\, (\exists y)(y \in Y \text{ et } (x, y) \in f \text{ et } (y, z) \in g)\} \,;$$

il est clair que ce graphe est fonctionnel ; l'application $g \circ f$ est appelée la composée des applications f et g ; la relation $z = (g \circ f)(x)$ est équivalente à la relation $z = g(f(x))$ comme le montre la définition de $g \circ f$.

Une application $f : X \to Y$ est dite injective (on dit aussi que f est une injection) si deux éléments quelconques mais distincts de X ont des images par f distinctes, c'est-à-dire si

$$(\forall x \in X)(\forall x' \in X)(f(x) = f(x') \Rightarrow x = x').$$

Exemple 1.2.3 Soit A une partie d'un ensemble X, le graphe

$$\{(x, y) \in A \times X \,;\, x = y\}$$

est un graphe fonctionnel ; il définit par conséquent une application de A dans X qui est évidemment injective ; on l'appelle l'injection canonique de A dans X ; notons la $i : A \to X$; on a $i(x) = x$ pour tout $x \in A$. Si f est une application de X dans Y, l'application composée $f \circ i : A \to Y$ est appelée la restriction de f à A ; nous la noterons $f|_A$. Étant donné deux applications f et g de X dans Y, si les applications $f|_A$ et $g|_A$ sont égales, on dit que f et g coïncident dans A. Enfin, étant donné une application f de X dans Y et une application g de A dans Y, si les applications $f|_A$ et g sont égales, on dit que f est un prolongement de g ou que f prolonge g.

Soient f une application de X dans Y et A une partie de X. On appelle image (directe) de A par f le sous-ensemble de Y $f(A) = \{f(x) ; x \in A\}$. Si B est une partie de Y, on définit l'image réciproque de B par f comme le sous-ensemble de X $f^{-1}(B) = \{x \in X ; f(x) \in B\}$. Une application $f : X \to Y$ est dite surjective si l'image de X par f est égale à Y, c'est-à-dire si $f(X) = Y$.

Exemple 1.2.4 Soient X et Y deux ensembles non vides. Les applications $pr_i : z \mapsto pr_i(z)$, $i = 1, 2$, de $X \times Y$ dans X et Y respectivement sont des surjections appelées première et seconde projection.

Exemple 1.2.5 Soit $R(x, y)$ une relation d'équivalence sur un ensemble X, c'est-à-dire une relation réflexive, symétrique et transitive, soit

$$\begin{cases} (\forall x \in X)R(x, x), \\ (\forall x \in X)(\forall y \in X)(R(x, y) \Rightarrow R(y, x)), \\ (\forall x \in X)(\forall y \in X)(\forall z \in X)((R(x, y) \text{ et } R(y, z)) \Rightarrow R(x, z)). \end{cases}$$

Pour tout $x \in X$, on appelle classe d'équivalence de x l'ensemble

$$A_x = \{y \in X\,;\, R(x, y)\}$$

et on appelle ensemble quotient de X par la relation R l'ensemble X/R des parties A_x de X lorsque x décrit X. L'application $x \mapsto A_x$ de X dans X/R est une surjection dite canonique.

Étant donné un graphe $f \subset X \times Y$, on définit le graphe réciproque

$$f^{-1} = \{(y, x) \in Y \times X\,;\, (x, y) \in f\}\,;$$

si f est une application de X dans Y, alors f^{-1} est une application de Y dans X si, et seulement si, f est injective et surjective ; on dit alors que f est bijective ou que f est une bijection ; l'application f^{-1} est appelée l'application réciproque ou inverse de f ; il est clair que f^{-1} est une bijection de Y sur X et que $f^{-1} \circ f = I_X$, $f \circ f^{-1} = I_Y$.

Exercice 1.2.1 Soit $f : X \to Y$ une application, montrer que, pour tout $A \subset \mathcal{P}(X)$, $A \subset f^{-1}(f(A))$ et que, pour tout $B \in \mathcal{P}(Y)$, $f(f^{-1}(B)) \subset B$.

Exercice 1.2.2 Soit $f : X \to Y$ une application, montrer que

1. f est injective $\iff \forall A \in \mathcal{P}(X)$, $f^{-1}(f(A)) = A$.
2. f est surjective $\iff \forall B \in \mathcal{P}(Y)$, $f(f^{-1}(B)) = B$.

Exercice 1.2.3 Soit $f : X \to Y$ une application, on note $g : \mathcal{P}(Y) \to \mathcal{P}(X)$ l'application $A \mapsto f^{-1}(A)$. Montrer que f est injective (resp. surjective) si, et seulement si, g est surjective (resp. injective).

Exercice 1.2.4 Soient $f : X \to Y$, $g : Y \to Z$ des applications, $h : X \to Z$ l'application composée $h = g \circ f$. Montrer que

1. h surjective $\Longrightarrow g$ surjective.
2. h injective $\Longrightarrow f$ injective.

Exercice 1.2.5 Soient X, Y des ensembles non vides, montrer qu'une application $f : X \to Y$ est injective si, et seulement si, il existe une application $g : Y \to X$ telle que $g \circ f = I_X$.

Pour terminer ce paragraphe, énonçons l'axiome de choix.

(C) $\left\{\begin{array}{l}\text{Soient } X \text{ et } Y \text{ des ensembles et soit } f \text{ une application de } X \text{ dans} \\ \mathcal{P}(Y) - \{\emptyset\}, \text{ il existe alors une application } g : X \to Y, \text{ dite fonction} \\ \text{de choix associée à } f, \text{ telle que } g(x) \in f(x) \text{ pour tout } x \in X.\end{array}\right.$

Considérons en particulier un ensemble X non vide et l'application identique de $\mathcal{P}(X) - \{\emptyset\}$; d'après l'axiome de choix, il existe une application

$$f : \mathcal{P}(X) - \{\emptyset\} \to X$$

telle que $f(A) \in A$ pour toute partie non vide de X. Il est donc possible de choisir un élément dans toute partie non vide de X, un tel choix étant fait simultanément pour toutes les parties non vides de X.

L'axiome de choix affirme l'existence d'une application vérifiant certaines propriétés ; il s'agit donc d'un axiome permettant de démontrer l'existence de certains objets. Comme nous le verrons ultérieurement, l'axiome de choix, par l'intermédiaire du lemme de Zorn, permet effectivement de démontrer des théorèmes d'existence ; de tels théorèmes ne peuvent pas en général s'obtenir sans l'axiome de choix qui se trouve être pour cette raison un outil extrêmement puissant en analyse.

Exercice 1.2.6 Soient X, Y des ensembles non vides, montrer qu'une application $f : X \to Y$ est surjective si, et seulement si, il existe une application $g : Y \to X$ telle que $f \circ g = I_Y$.

Exercice 1.2.7 Soient X, Y, Z des ensembles non vides, $f : X \to Y$, $h : X \to Z$ des applications, montrer qu'il existe une application $g : Y \to Z$ telle que $h = g \circ f$ si, et seulement si,

$$\text{pour tout } x, x' \in X,\ f(x) = f(x') \Longrightarrow h(x) = h(x').$$

Si f est surjective, montrer que g est unique.

Exercice 1.2.8 Soient X, Y des ensembles non vides et $f : X \to Y$ une application.

1. Montrer que la relation $\mathcal{R} : f(x) = f(x')$ est une relation d'équivalence sur X.
2. On note $\pi : X \to X/\mathcal{R}$ la surjection canonique, montrer qu'il existe une application et une seule $g : X/\mathcal{R} \to Y$ telle que $f = g \circ \pi$ [utiliser l'exercice précédent]. Montrer que g est injective.

1.3 Famille d'ensembles : réunion, intersection, produit

Soient I et X des ensembles ; une application $f : I \to X$ s'appelle également une famille d'éléments de X. On utilise alors des notations indicielles : I s'appelle l'ensemble d'indices, l'image $f(i)$ de l'indice $i \in I$ par f se note x_i et la famille f est notée simplement $(x_i)_{i \in I}$. Si J est une partie de I, la restriction à J de l'application $f = (x_i)_{i \in I}$ est appelée la sous-famille ayant J pour ensemble d'indices ; on la note $(x_i)_{i \in J}$.

Exemple 1.3.1 Si I est l'ensemble $\mathbb{N}$ (l'ensemble des entiers naturels sera défini ultérieurement), une famille $(x_n)_{n \in \mathbb{N}}$ d'éléments de X est appelée une suite (d'éléments) de X ; une telle suite sera notée plus simplement (x_n) lorsqu'il ne sera pas utile de préciser l'ensemble d'indices $\mathbb{N}$.

Exemple 1.3.2 L'application identique $I_X : X \to X$ définit une famille d'éléments de X indexés par X que nous appelerons la famille de tous les éléments de X ; étant donné que $I_X(x) = x$ pour tout $x \in X$, cette famille doit être notée $(x)_{x \in X}$.

Dans la définition générale des familles, substituons à X un ensemble d'ensembles noté $\mathcal{X}$. Une application $f : I \to \mathcal{X}$ sera appelée une famille d'ensembles ; en posant $f(i) = X_i$ une telle famille sera notée $(X_i)_{i\in I}$. Lorsque $\mathcal{X}$ est l'ensemble $\mathcal{P}(X)$ des parties d'un ensemble X, nous parlerons de famille de parties de X.

Étant donné une famille d'ensembles $(X_i)_{i\in I}$, on définit la réunion de cette famille par la formule

$$\bigcup_{i\in I} X_i = \{x\,;\,(\exists i)(i \in I \text{ et } x \in X_i)\}\,; \tag{1.3.1}$$

cette formule définit bien un ensemble : on notera en effet que la relation $(\exists i)(i \in I \text{ et } x \in X_i)$ est collectivisante en x car elle implique $x \in \bigcup_{X\in\mathcal{X}} X$. Notons que $\bigcup_{i\in I} X_i = \emptyset$ lorsque $I = \emptyset$.

Lorsque l'ensemble d'indices est non vide, la relation

$$(\forall i)(i \in I \Rightarrow x \in X_i)$$

est collectivisante en x ; on peut donc définir l'intersection de la famille d'ensembles $(X_i)_{i\in I}$ par la formule

$$\bigcap_{i\in I} X_i = \{x\,;\,(\forall i)(i \in I \Rightarrow x \in X_i)\}. \tag{1.3.2}$$

Note Prenons en particulier la famille $(X)_{X\in\mathcal{X}}$ de tous les ensembles appartenant à $\mathcal{X}$, alors les définitions (1.1.7) et (1.3.1) d'une part, (1.1.8) et (1.3.2) d'autre part coïncident.

Remarque 1.3.1 Lorsque la famille $(X_i)_{i\in I}$ est une famille de parties d'un ensemble X, la réunion et l'intersection (si $I \neq \emptyset$) de cette famille sont également des parties de X ; on peut donc écrire

$$\bigcup_{i\in I} X_i = \{x \in X\,;\,(\exists i)(i \in I \text{ et } x \in X_i)\}, \tag{1.3.3}$$

$$\bigcap_{i\in I} X_i = \{x \in X\,;\,(\forall i)(i \in I \Rightarrow x \in X_i)\},\ \text{si } I \neq \emptyset. \tag{1.3.4}$$

Lorsque l'ensemble I est l'ensemble vide, on constate que (1.3.4) conserve un sens (alors que (1.3.2) n'en a pas) et que $\bigcap_{i\in I} X_i = X$ si $I = \emptyset$. Étant donné un ensemble Y contenant X, toute famille de parties de X peut être considérée comme une famille de parties de Y. La réunion et l'intersection, si I est non vide, d'une telle famille coïncident qu'elle soit considérée comme une famille de parties de X ou comme une famille de parties de Y. Mais si l'ensemble I est vide, l'intersection de la famille sera égale soit à X, soit à Y.

Indiquons les propriétés les plus fréquemment utilisées en ce qui concerne ces notions de réunion et d'intersection ; les démonstrations sont aisées, le lecteur les fera à titre d'exercices.

Associativité de la réunion et de l'intersection Soit $(X_i)_{i\in I}$ une famille de parties d'un ensemble X et soit $(I_\lambda)_{\lambda\in\Lambda}$ une famille de parties de I de réunion I.

On a alors

(1.3.5) $$\bigcup_{i\in I} X_i = \bigcup_{\lambda\in\Lambda}\Big(\bigcup_{i\in I_\lambda} X_i\Big) \text{ et } \bigcap_{i\in I} X_i = \bigcap_{\lambda\in\Lambda}\Big(\bigcap_{i\in I_\lambda} X_i\Big).$$

Distributivité Soient $(X_i)_{i\in I}$ une famille de parties de X et $(Y_j)_{j\in J}$ une famille de parties de Y. Les applications

$$(i,j)\mapsto X_i\cup Y_j,\ (i,j)\mapsto X_i\cap Y_j \text{ et } (i,j)\mapsto X_i\times Y_j$$

définissent respectivement une famille de parties de $X\cup Y$, $X\cap Y$ et $X\times Y$. On a alors

(1.3.6) $$\Big(\bigcup_{i\in I} X_i\Big)\cap\Big(\bigcup_{j\in J} Y_j\Big) = \bigcup_{(i,j)\in I\times J}(X_i\cap Y_j),$$

$$\Big(\bigcap_{i\in I} X_i\Big)\cup\Big(\bigcap_{j\in J} Y_j\Big) = \bigcap_{(i,j)\in I\times J}(X_i\cup Y_j) \text{ si } I \text{ et } J \text{ sont non vides,}$$

$$\Big(\bigcup_{i\in I} X_i\Big)\times\Big(\bigcup_{j\in J} Y_j\Big) = \bigcup_{(i,j)\in I\times J}(X_i\times Y_j),$$

$$\Big(\bigcap_{i\in I} X_i\Big)\times\Big(\bigcap_{j\in J} Y_j\Big) = \bigcap_{(i,j)\in I\times J}(X_i\times Y_j) \text{ si } I \text{ et } J \text{ sont non vides ;}$$

la dernière formule se simplifie lorsque $I = J$ en

$$\Big(\bigcap_{i\in I} X_i\Big)\times\Big(\bigcap_{i\in I} Y_i\Big) = \bigcap_{i\in I}(X_i\times Y_i) \text{ si } I \text{ est non vide.}$$

Complémentaire d'une réunion ou d'une intersection
Soit $(X_i)_{i\in I}$ une famille de parties d'un ensemble X, alors

$$X-\bigcup_{i\in I} X_i = \bigcap_{i\in I}(X-X_i) \text{ et } X-\bigcap_{i\in I} X_i = \bigcup_{i\in I}(X-X_i).$$

Image par une application Soient $f : X\to Y$ une application, $(X_i)_{i\in I}$ et $(Y_i)_{i\in I}$ des familles de parties de X et Y respectivement. On a

$$f\Big(\bigcup_{i\in I} X_i\Big) = \bigcup_{i\in I} f(X_i) \text{ et } f\Big(\bigcap_{i\in I} X_i\Big) \subset \bigcap_{i\in I} f(X_i),$$

$$f^{-1}\Big(\bigcup_{i\in I} Y_i\Big) = \bigcup_{i\in I} f^{-1}(Y_i) \text{ et } f^{-1}\Big(\bigcap_{i\in I} Y_i\Big) = \bigcap_{i\in I} f^{-1}(Y_i).$$

Exercice 1.3.1 Étant donné une application $f : X\to Y$, montrer l'équivalence des propriétés suivantes

1. f est injective,
2. pour toute famille $(A_i)_{i\in I}$, $I\neq\emptyset$, de parties de X, $f(\bigcap_{i\in I} A_i) = \bigcap_{i\in I} f(A_i)$,
3. pour tout $A, B\in\mathcal{P}(X)$, $f(A\cap B) = f(A)\cap f(B)$,
4. pour tout $A, B\in\mathcal{P}(X)$, $A\cap B=\emptyset \Longrightarrow f(A)\cap f(B)=\emptyset$,
5. pour tout $A, B\in\mathcal{P}(X)$, $A\subset B \Longrightarrow f(B-A) = f(B)-f(A)$,
6. pour tout $A\in\mathcal{P}(X)$, $f^{-1}(f(A)) = A$.

Exercice 1.3.2 Soit $(X_{i,j})_{(i,j)\in I\times J}$ une famille de parties d'un ensemble X, montrer que $\bigcup_{i\in I}\bigcap_{j\in J} X_{i,j}\subset\bigcap_{j\in J}\bigcup_{i\in I} X_{i,j}$ et que cette inclusion peut être stricte.

Après avoir défini le produit de deux ensembles, nous sommes maintenant en mesure de définir le produit d'une famille d'ensembles $(X_i)_{i\in I}$. Une telle famille peut toujours être considérée comme une famille de parties d'un ensemble X. On considère alors l'ensemble des applications $x = (x_i)_{i\in I}$ de I dans X telle que $x_i \in X_i$ pour tout $i \in I$; cet ensemble s'appelle le produit de la famille $(X_i)_{i\in I}$ et se note $\prod_{i\in I} X_i$. L'ensemble X_i s'appelle l'ensemble facteur d'indice i ; l'image x_i de i par l'application x s'appelle la projection ou coordonnée d'indice i de x et l'application $pr_i : x \mapsto x_i$ de $\prod_{i\in I} X_i$ dans X_i s'appelle la projection d'indice i. Si A est une partie de l'ensemble produit, son image $pr_i(A)$ par l'application pr_i s'appelle évidemment la projection d'indice i de A. On notera que $A \subset \prod_{i\in I} pr_i(A)$, pour tout $A \subset \prod_{i\in I} X_i$.

Remarque 1.3.2 Supposons qu'il existe un ensemble X tel que $X_i = X$ pour tout $i \in I$. On a alors $\prod_{i\in I} X_i = \mathcal{F}(I; X)$; cette remarque est importante ; elle montre que l'ensemble de toutes les applications de I dans X est un produit d'ensembles ; or nous apprendrons ultérieurement à construire des structures produits, par exemple des produits de structure topologique ; ceci permettra de munir l'ensemble $\mathcal{F}(I; X)$ d'une structure topologique à partir d'une topologie donnée sur X.

Remarque 1.3.3 La notion de produit d'une famille d'ensembles généralise celle de produit de deux ensembles. Considérons en effet deux ensembles X_1 et X_2 ; posons $I = \{1, 2\}$ et considérons la famille d'ensembles $(X_i)_{i\in I}$. L'application qui, à tout $x = (x_i)_{i\in I}$ de $\prod_{i\in I} X_i$, associe le couple (x_1, x_2) de $X_1 \times X_2$ est une bijection, dite canonique, de $\prod_{i\in I} X_i$ sur $X_1 \times X_2$.

Voici une propriété importante des ensembles produits.

Proposition 1.3.1 *Dans la théorie des ensembles (ZF), l'axiome de choix est équivalent à l'énoncé suivant*

$$(1.3.7)\quad \begin{cases} \text{pour toute famille d'ensembles } (X_i)_{i\in I}, \text{ l'ensemble produit} \\ \prod_{i\in I} X_i \text{ est non vide si, et seulement si, tous les espaces fac-} \\ \text{teurs sont non vides.} \end{cases}$$

Preuve 1. Montrons que l'axiome de choix implique (1.3.7). On peut supposer que $(X_i)_{i\in I}$ est une famille de parties d'un ensemble X. Supposons tous les ensembles X_i non vides et notons $f : I \to \mathcal{P}(X) - \{\emptyset\}$ l'application telle que $f(i) = X_i$ pour tout $i \in I$; d'après l'axiome de choix, il existe une application $g : I \to X$ telle que $g(i) \in X_i$ pour tout $i \in I$; il en résulte que $g \in \prod_{i\in I} X_i$, ce qui prouve que cet ensemble est non vide. Réciproquement, supposons l'ensemble $\prod_{i\in I} X_i$ non vide ; il existe donc $(x_i)_{i\in I} \in \prod_{i\in I} X_i$ et par suite $x_i \in X_i$, ce qui prouve que X_i est non vide.

2. Réciproquement, soit $f : I \to \mathcal{P}(X) - \{\emptyset\}$ une application ; posons $X_i = f(i)$, X_i est non vide ; d'après (1.3.7), l'ensemble produit $\prod_{i\in I} X_i$ est non vide, il existe donc un élément $x = (x_i)_{i\in I}$ dans cet ensemble produit ; l'application x est alors une fonction de choix associée à f et ceci prouve la réciproque.

Q.E.D.

Exercice 1.3.3 Soit $(X_{i,j})_{(i,j)\in I\times J}$ une famille d'ensembles, si J est non vide, montrer que

$$\bigcap_{j\in J}(\prod_{i\in I} X_{i,j}) = \prod_{i\in I}(\bigcap_{j\in J} X_{i,j}).$$

Exercice 1.3.4 Soient I un ensemble non vide, $(J_i)_{i\in I}$ une famille d'ensembles non vides et, pour tout $i \in I$, $(X_{i,j})_{j\in J_i}$ une famille d'ensembles. On pose $A = \prod_{i\in I} J_i$, démontrer les formules de distributivité

1. $\bigcap_{i\in I}(\bigcup_{j\in J_i} X_{i,j}) = \bigcup_{\alpha\in A}(\bigcap_{i\in I} X_{i,\alpha(i)})$,
2. $\bigcup_{i\in I}(\bigcap_{j\in J_i} X_{i,j}) = \bigcap_{\alpha\in A}(\bigcup_{i\in I} X_{i,\alpha(i)})$,
3. $\prod_{i\in I}(\bigcup_{j\in J_i} X_{i,j}) = \bigcup_{\alpha\in A}(\prod_{i\in I} X_{i,\alpha(i)})$,
4. $\prod_{i\in I}(\bigcap_{j\in J_i} X_{i,j}) = \bigcap_{\alpha\in A}(\prod_{i\in I} X_{i,\alpha(i)})$.

Soit $(X_i)_{i\in I}$ une famille de parties d'un ensemble X. Si J est une partie de I, on peut considérer la sous-famille $(X_i)_{i\in J}$ et le produit $\prod_{i\in J} X_i$ de cette sous-famille. On appelle alors projection d'indice J l'application $pr_J : \prod_{i\in I} X_i \to \prod_{i\in J} X_i$ qui à tout élément $(x_i)_{i\in I}$ de $\prod_{i\in I} X_i$ associe l'élément $(x_i)_{i\in J}$ de $\prod_{i\in J} X_i$ (pr_J associe donc à l'application $(x_i)_{i\in I}$ de I dans X sa restriction à J). On a alors la

Proposition 1.3.2 *Si tous les ensembles X_i sont non vides, l'application $pr_J : \prod_{i\in I} X_i \to \prod_{i\in J} X_i$ est surjective.*

Preuve En effet, soit $f : J \to X$ une application telle que $f(i) \in X_i$ pour tout $i \in J$. D'après l'axiome de choix, il existe une application

$$g : I - J \to X$$

telle que $g(i) \in X_i$ pour tout $i \in I - J$. Considérons alors l'application $h : I \to X$ telle que $h|_J = f$ et $h|_{I-J} = g$; il est clair que $h \in \prod_{i\in I} X_i$ et que $pr_J(h) = f$, ce qui prouve le résultat désiré. Q.E.D.

En particulier, les projections $pr_i : \prod_{i\in I} X_i \to X_i$ sont surjectives lorsque tous les ensembles X_i sont non vides.

Terminons ce paragraphe par une remarque concernant les applications à valeurs dans un produit d'ensembles. Soit $(X_i)_{i\in I}$ une famille d'ensembles et f une application définie dans un ensemble X et à valeurs dans l'ensemble produit $\prod_{i\in I} X_i$. L'application

$$f_i = pr_i \circ f : X \to X_i$$

est appelée application composante d'indice i ; ces applications permettent de construire une famille $(f_i)_{i\in I}$ d'applications de X dans X_i. On définit ainsi une application $f \mapsto (f_i)_{i\in I}$ de $\mathcal{F}(X; \prod_{i\in I} X_i)$ dans $\prod_{i\in I} \mathcal{F}(X; X_i)$; cette application est une bijection, dite canonique, vu que

$$f(x) = (f_i(x))_{i\in I} \text{ pour tout } x \in X.$$

Dans la pratique, on identifie au moyen de cette bijection les ensembles $\mathcal{F}(X; \prod_{i\in I} X_i)$ et $\prod_{i\in I} \mathcal{F}(X; X_i)$, ce qui permet d'écrire $f = (f_i)_{i\in I}$.

B – Ensembles ordonnés

1.4 Relation d'ordre

Sur un ensemble X, une relation $R(x, y)$ est appelée une relation d'ordre si elle est réflexive, antisymétrique et transitive, soit

$$\begin{cases} (\forall x \in X) R(x, x), \\ (\forall x \in X)(\forall y \in X)((R(x, y) \text{ et } R(y, x)) \Rightarrow x = y), \\ (\forall x \in X)(\forall y \in X)(\forall z \in X)((R(x, y) \text{ et } R(y, z)) \Rightarrow R(x, z)). \end{cases}$$

On dit alors que X est un ensemble ordonné par la relation R ; une telle relation sera notée simplement $x \leq y$ ou $y \geq x$ et se lit «x est inférieur à y» ou «x est plus petit que y» ou «y est supérieur à x» ou encore «y est plus grand que x». Pour éviter d'éventuelles confusions, il est parfois nécessaire de préciser la relation d'ordre ; nous utiliserons alors des notations de la forme $x \leq y$ (mod. R), etc. La relation ($x \leq y$ et $x \neq y$) sera notée $x < y$ ou $y > x$ et se lit «x est strictement inférieur à y», etc. Signalons la propriété évidente

$$(x \leq y) \Leftrightarrow (x < y \text{ ou } x = y).$$

La relation $x < y$ est appelée une relation d'ordre strict ; cette relation $S(x, y)$ vérifie

$$\begin{cases} (\forall x \in X)(\forall y \in X)((S(x, y) \Rightarrow x \neq y), \\ (\forall x \in X)(\forall y \in X)(\forall z \in X)((S(x, y) \text{ et } S(y, z)) \Rightarrow S(x, z)). \end{cases}$$

Réciproquement, une relation S possèdant ces propriétés est la relation d'ordre strict associée à la relation d'ordre ($S(x, y)$ ou $x = y$).

Soient x et y deux éléments de X, si on a ($x \leq y$ ou $y \leq x$), on dit que x et y sont comparables. L'ensemble X est alors dit totalement ordonné si deux éléments quelconques de X sont comparables ; on dit aussi que la relation d'ordre est une relation d'ordre total. Lorsqu'il est utile de préciser que l'ordre n'est pas total, on parle de relation d'ordre partiel et d'ensemble partiellement ordonné.

Étant donné une partie A d'un ensemble ordonné X, la relation

$$(x \in A \text{ et } y \in A \text{ et } x \leq y)$$

est une relation d'ordre sur A ; l'ordre ainsi défini sur A est dit induit par l'ordre de X. Notons qu'un ordre total sur X induit un ordre total sur toute partie de X.

Exemple 1.4.1 Sur l'ensemble vide $X = \emptyset$, il n'y a qu'un seul graphe, à savoir la partie vide de $X \times X = \emptyset$; ce graphe définit une relation d'ordre total ; bien entendu, on note $\emptyset$ cette relation d'ordre.

Considérons une famille $(X_i)_{i \in I}$ d'ensembles ordonnés ; alors la relation $(\forall i)(i \in I \Rightarrow x_i \leq y_i)$ entre deux éléments $x = (x_i)_{i \in I}$ et $y = (y_i)_{i \in I}$ de l'ensemble produit $\prod_{i \in I} X_i$ est une relation d'ordre sur cet ensemble, appelée produit des relations d'ordre des ensembles facteurs X_i. En particulier, considérons l'ensemble $\mathcal{F}(X; Y)$ de toutes les applications définies sur un ensemble X et à valeurs dans un ensemble ordonné Y ; étant donné que $\mathcal{F}(X; Y) = \prod_{x \in X} Y_x$, avec $Y_x \equiv Y$ pour tout $x \in X$, on peut munir cet ensemble de la relation d'ordre produit correspondante : si f et g sont deux applications de X dans Y, cette relation $f \leq g$ signifie simplement $(\forall x \in X)(f(x) \leq g(x))$.

Exemple 1.4.2 Soit X un ensemble. Sur l'ensemble $\mathcal{P}(X)$, la relation $A \subset B$ est une relation d'ordre (partiel dès que X admet deux éléments distincts) ; on dit que $\mathcal{P}(X)$ est ordonné par inclusion. Nous aurons fréquemment à utiliser cette relation d'ordre lorsque X est lui-même un ensemble de parties. Plus précisément, on peut ordonner $\mathcal{P}(\mathcal{P}(X))$ par inclusion : si $\mathcal{X}$ et $\mathcal{Y}$ sont des parties de $\mathcal{P}(X)$, c'est-à-dire des ensembles de parties de X, la relation $\mathcal{X} \subset \mathcal{Y}$ signifie par définition de l'inclusion que $(\forall A \in \mathcal{P}(X))(A \in \mathcal{X} \Rightarrow A \in \mathcal{Y})$.

Revenons à l'étude des ensembles ordonnés.

Définition 1.4.1 *Soit X un ensemble ordonné. Un élément $a \in X$ est appelé un élément maximal (resp. minimal) de X si, pour tout $x \in X$, $x \geq a$ implique $x = a$ (resp. $x \leq a$ implique $x = a$).*

En d'autres termes, un élément $a \in X$ est un élément maximal s'il n'existe pas d'élément strictement plus grand. On notera que deux éléments maximaux différents ne peuvent être comparables.

Un ensemble ordonné n'admet pas nécessairement d'élément maximal ou minimal et il peut également admettre plusieurs éléments maximaux ou minimaux. Considérons par exemple l'ensemble $\mathcal{P}(X) - \{\emptyset\}$ ordonné par inclusion ; les éléments minimaux sont les parties de X réduites à un seul élément et par suite, si X est l'ensemble vide il n'y a pas d'élément minimal, si X est un ensemble à un élément il y a un seul élément minimal à savoir X et si X admet au moins deux éléments distincts il y a plusieurs éléments minimaux.

Définition 1.4.2 *Soit X un ensemble ordonné. Un élément $a \in X$ est appelé un plus grand élément de X (resp. plus petit élément de X) si, pour tout $x \in X$, on a $x \leq a$ (resp. $x \geq a$).*

Si X admet un plus grand élément a, ce plus grand élément est évidemment unique ; nous dirons donc que a est le plus grand élément de X ; on le note $\max X$.

Le plus petit élément, s'il existe, sera noté $\min X$. Si A est une partie d'un ensemble ordonné, on peut munir A de l'ordre induit et on peut donc parler du plus grand et du plus petit élément de A lorsqu'ils existent : on les note évidemment $\max A$ et $\min A$.

Notons que si X admet un plus grand (resp. plus petit) élément a, alors a est l'unique élément maximal (resp. minimal) de X. Remarquons également que dans un ensemble totalement ordonné, les notions de plus grand élément et d'élément maximal coïncident et il en est évidemment de même des notions de plus petit élément et d'élément minimal.

Définition 1.4.3 *Soit A une partie d'un ensemble ordonné X. On dit qu'un élément $a \in X$ est un majorant (resp. minorant) de A si, pour tout $x \in A$, on a $x \leq a$ (resp. $x \geq a$). Si l'ensemble des majorants (resp. minorants) de A est non vide, on dit que A est majorée (resp. minorée) et si cet ensemble admet un plus petit (resp. plus grand) élément, cet élément est appelé la borne supérieure (resp. inférieure) de A et on dit que A est bornée supérieurement (resp. inférieurement).*

La borne supérieure (resp. inférieure) de A lorsqu'elle existe est unique en tant que plus petit (resp. plus grand) élément ; nous la noterons $\sup_X A$ (resp. $\inf_X A$). Par définition, la borne supérieure de A, lorsqu'elle existe, est le plus petit majorant de A ; cette borne supérieure est donc un majorant de A ; elle n'appartient pas nécessairement à A et il est d'ailleurs immédiat de vérifier que A est bornée supérieurement et que sa borne supérieure appartient à A si, et seulement si, A admet un plus grand élément auquel cas on a $\sup_X A = \max A$.

Si A est une partie non vide admettant une borne supérieure et une borne inférieure, étant donné que, pour tout $x \in A$, $\inf_X A \leq x \leq \sup_X A$, on a $\inf_X A \leq \sup_X A$. Cette propriété est en général fausse lorsque $A = \emptyset$: en effet, $\sup_X \emptyset$ (resp. $\inf_X \emptyset$) existe si, et seulement si, X admet un plus petit élément (resp. plus grand élément) auquel cas on a $\sup_X \emptyset = \min X$ et $\inf_X \emptyset = \max X$.

Rappelons la caractérisation d'une borne supérieure dans un ensemble totalement ordonné (cette caractérisation est constamment utilisée sur $\mathbb{R}$ par exemple).

Proposition 1.4.1 *Soit A une partie d'un ensemble totalement ordonné X, la borne supérieure de A, si elle existe, est l'unique élément a de X tel que*

$$(1.4.1) \quad \begin{cases} a \text{ est un majorant de } A \text{ et pour tout } x < a, \text{ il existe } y \in A \text{ tel} \\ \text{que } x < y. \end{cases}$$

Considérons maintenant une application $f : X \to Y$ d'un ensemble X dans un ensemble ordonné Y. Une telle application est dite majorée (resp. minorée) si $f(X)$ est majorée (resp. minorée) ; elle est dite bornée supérieurement (resp. inférieurement) si $f(X)$ est borné supérieurement (resp. inférieurement) et on pose

$$\sup_{x \in X} f(x) = \sup_Y f(X), \quad \inf_{x \in X} f(x) = \inf_Y f(X) ;$$

lorsque $f(X)$ admet un plus grand (resp. plus petit) élément, on dit que f atteint sa borne supérieure (resp. inférieure) et on écrit

$$\max_{x \in X} f(x) = \max f(X), \quad \min_{x \in X} f(x) = \min f(X).$$

Lorsque f est une famille $(x_i)_{i\in I}$ d'éléments d'un ensemble ordonné X, on utilise la même terminologie et les mêmes notations, soit $\sup_{i\in I} x_i$, $\inf_{i\in I} x_i$, $\max_{i\in I} x_i$ et $\min_{i\in I} x_i$.

Lorsqu'on doit itérer l'opération borne supérieure, le résultat suivant est très utile

Proposition 1.4.2 *Soit $(A_i)_{i\in I}$ une famille de parties bornées supérieurement dans un ensemble ordonné X. Alors, l'ensemble $A = \bigcup_{i\in I} A_i$ est borné supérieurement si, et seulement si, la famille $(\sup_X A_i)_{i\in I}$ est bornée supérieurement, auquel cas on a*

$$\sup_X A = \sup_{i\in I} \sup_X A_i. \tag{1.4.2}$$

Preuve Montrons que l'ensemble des majorants de A est égal à l'ensemble des majorants de la famille $(\sup_X A_i)_{i\in I}$. Or ce dernier ensemble est égal à l'ensemble des $x \in X$ tels que $x \geq \sup_X A_i$ pour tout $i \in I$, c'est-à-dire à l'ensemble des $x \in X$ qui majorent A_i pour tout $i \in I$ et ceci signifie précisément que x majore A. Q.E.D.

Corollaire 1.4.3 *Soit $f : X \to Y$ une application définie dans un ensemble X et à valeurs dans un ensemble ordonné Y et soit $(A_i)_{i\in I}$ une famille de parties de X de réunion A. On suppose que la borne supérieure $\sup_{x\in A_i} f(x)$ existe pour tout $i \in I$. Alors, $\sup_{x\in A} f(x)$ existe si, et seulement si, $\sup_{i\in I} \sup_{x\in A_i} f(x)$ existe, auquel cas*

$$\sup_{x\in A} f(x) = \sup_{i\in I} \sup_{x\in A_i} f(x). \tag{1.4.3}$$

Preuve On applique la proposition 1.4.2 à la famille de parties $(f(A_i))_{i\in I}$ en remarquant que $f(A) = \bigcup_{i\in I} f(A_i)$. Q.E.D.

Corollaire 1.4.4 *Soit $f : X \times Y \to Z$ une application à valeurs dans un ensemble ordonné Z telle que $\sup_{x\in X} f(x, y)$ existe pour tout $y \in Y$. Alors, $\sup_{(x,y)\in X\times Y} f(x, y)$ existe si, et seulement si, $\sup_{y\in Y} \sup_{x\in X} f(x, y)$ existe, auquel cas*

$$\sup_{(x,y)\in X\times Y} f(x, y) = \sup_{y\in Y} \sup_{x\in X} f(x, y). \tag{1.4.4}$$

Preuve On remarque que $X \times Y = \bigcup_{y\in Y}(X \times \{y\})$ et on applique le corollaire 1.4.3 en substituant à X l'ensemble $X \times Y$ et à la famille $(A_i)_{i\in I}$ la famille $(X \times \{y\})_{y\in Y}$. Q.E.D.

On a évidemment des résultats semblables pour les bornes inférieures.

1.5 Le lemme de Zorn

Un ensemble ordonné n'admet pas nécessairement d'élément maximal. Nous nous proposons de donner dans ce paragraphe une condition suffisante d'existence d'éléments maximaux ; pour exprimer cette condition simplement introduisons la définition suivante.

Définition 1.5.1 *Un ensemble ordonné X est dit inductif si toute partie totalement ordonnée de X est majorée.*

La partie vide de X est une partie totalement ordonnée qui est majorée si, et seulement si, X est non vide ; un ensemble inductif est donc non vide. Dans la pratique, pour démontrer qu'un ensemble ordonné est inductif, il est vivement conseillé de vérifier avant toutes choses que l'ensemble est non vide.

Tout ensemble ordonné admettant un plus grand élément est évidemment inductif. On notera qu'un ensemble totalement ordonné est inductif si, et seulement si, il admet un plus grand élément.

Nous nous proposons de démontrer le

Théorème 1.5.1 Lemme de Zorn *Tout ensemble ordonné inductif admet un élément maximal.*

Dans la pratique, on utilise le lemme de Zorn sous la forme suivante

Corollaire 1.5.2 *Soit X un ensemble inductif, alors pour tout $a \in X$, il existe un élément maximal $m \geq a$.*

Preuve Considérons l'ensemble $Y = \{x \in X\,;\, x \geq a\}$; muni de l'ordre induit par celui de X, Y est alors un ensemble inductif : en effet, soit A une partie totalement ordonnée de Y, alors A est une partie totalement ordonnée de X, donc majorée dans X, donc majorée dans Y d'après la définition de Y. Le lemme de Zorn montre que Y admet un élément maximal $m \in Y$; la définition de Y montre que m est également un élément maximal de X et on a $m \geq a$ vu que $m \in Y$. Q.E.D.

Avant de donner la démonstration du lemme de Zorn, il est nécessaire d'introduire les notions qui suivent.

Définition 1.5.2 *Un ensemble ordonnné X est dit bien ordonné si toute partie non vide de X admet un plus petit élément ; on dit alors que la relation d'ordre est une relation de bon ordre.*

On notera que tout ensemble bien ordonné est totalement ordonné, toute partie à deux éléments admettant un plus petit élément. Notons également que toute partie d'un ensemble bien ordonné est bien ordonnée.

Exemple 1.5.1 Sur l'ensemble vide, la relation d'ordre $\emptyset$ (exemple 1.4.1) est une relation de bon ordre.

Exercice 1.5.1 Principe de récurrence transfinie Soit $R(x)$ une relation sur un ensemble bien ordonné X telle que, pour tout $x \in X$, on ait

$$(\forall y \in X)(y < x \Longrightarrow R(y)) \Longrightarrow R(x)(\text{hypothèse de récurrence}).$$

Montrer alors que la relation $R(x)$ est vraie quel que soit $x \in X$ [considérer l'ensemble

$$A = \{x \in X;\ \text{non } R(x)\}].$$

Définition 1.5.3 *Dans un ensemble ordonné X, une partie S de X est appelée un segment si*

$$(\forall x \in S)(\forall y \in X)(y \leq x \Rightarrow y \in S).$$

Dans un ensemble ordonné X, tout intervalle de la forme

$$]\leftarrow, x[= \{y \in X;\ y < x\}$$

est un segment que nous noterons S_x. Si X est totalement ordonné, on observera que $(S_x = S_{x'} \Rightarrow x = x')$. Réciproquement, on a le

Lemme 1.5.3 *Dans un ensemble bien ordonné X, tout segment $S \neq X$ s'écrit d'une manière unique S_x et on a $x = \min(X - S)$.*

Preuve Notons que x est bien défini, $X - S$ étant non vide. Soit $y \in S_x$, c'est-à-dire $y < x$, alors $y \in S$ d'après la définition de x et ceci prouve que $S_x \subset S$. D'autre part, soit $y \in S$, alors $y < x$, c'est-à-dire $y \in S_x$: en effet, on ne peut avoir $y \geq x$ car, S étant un segment, ceci impliquerait $x \in S$. Ceci prouve que $S = S_x$. Q.E.D.

Examinons ensuite comment on peut recoller des relations d'ordre.

Proposition 1.5.4 *Soit $(X_i)_{i \in I}$ une famille d'ensembles de réunion X et soit R_i une relation d'ordre sur X_i. On suppose que*

$$(1.5.1)\quad \begin{cases} \text{pour tout } i \in I, j \in I, \text{ on a } (X_i \subset X_j \text{ ou } X_j \subset X_i) \text{ et } R_i = R_j \\ \text{sur } X_i \cap X_j. \end{cases}$$

Alors, il existe une unique relation d'ordre R sur X telle que $R = R_i$ sur X_i pour tout $i \in I$. Si les R_i sont des relations d'ordre total, R est une relation d'ordre total. Si les R_i sont des relations de bon ordre, R est une relation de bon ordre si on suppose en outre que, pour tout $i \in I$, $j \in I$, X_i est un segment de X_j ou X_j est un segment de X_i ; X_i est alors un segment de X.

Preuve 1. Soient x et y deux éléments de X ; d'après (1.5.1), il existe $i \in I$ tel que x et y appartiennent tous deux à X_i ; s'il existe une relation d'ordre R vérifiant les exigences voulues, on a nécessairement $R(x, y)$ si, et seulement si, $R_i(x, y)$. On définit bien ainsi une relation binaire R sur X, car cette définition ne dépend pas du choix de l'indice $i \in I$ tel que $x, y \in X_i$ d'après l'hypothèse (1.5.1). Cette hypothèse prouve en outre que R est une relation d'ordre (total si les R_i sont des relations d'ordre total), car un nombre fini d'éléments de X appartiennent à un même X_i.

2. Supposons que les relations R_i soient des relations de bon ordre et soit A une partie non vide de X. Il existe $i \in I$ tel que $A \cap X_i \neq \emptyset$; soit a le plus petit élément de $A \cap X_i$ dans X_i. Montrons que a est le plus petit élément de A dans X. Raisonnons par l'absurde : soit $x \in A$ tel que $x < a$ (mod. R) ; il existe $j \in I$ tel que $x \in X_j$ et $X_i \subset X_j$; on a alors $x < a$ (mod. R_j), d'où $x \in X_i$ vu que X_i est un segment de X_j ; il en résulte que $x < a$ (mod. R_i) ce qui contredit la définition de a. Ceci prouve que R est une relation de bon ordre. Vérifions enfin que X_i est un segment de X. Soit $x \in X_i$ et $y \in X$ tel que $y \leq x$ (mod. R) ; il existe $j \in I$ tel que $y \in X_j$ et $X_i \subset X_j$; on a $y \leq x$ (mod. R_j) d'où $y \in X_i$ vu que X_i est un segment de X_j, ce qui prouve le résultat voulu. Q.E.D.

Preuve du théorème 1.5.1 Soit A une partie de X, un majorant m de A est appelé un majorant strict si $m \notin A$; on note $\mathcal{A}$ l'ensemble des parties de X admettant un majorant strict. D'après l'axiome de choix, il existe une fonction $f : \mathcal{A} \to X$ tel que, pour tout $A \in \mathcal{A}$, $f(A)$ soit un majorant strict de A. On désigne alors par $\mathcal{E}$ l'ensemble des couples (A, R) vérifiant

$$(1.5.2) \quad \begin{cases} A \in \mathcal{P}(X),\ R \text{ est un bon ordre sur } A \text{ et tout segment } S \text{ de } A, \\ S \neq A, \text{ appartient à } \mathcal{A} \text{ et } S = S_x \text{ où } x = f(S). \end{cases}$$

Précisons que dans les conditions précédentes S est un segment de A pour la relation de bon ordre R ; d'après le lemme 1.5.3, on sait alors que S est de la forme S_x ; les conditions (1.5.2) exigent que $S \in \mathcal{A}$ et que $x = f(S)$.

Considérons alors deux éléments (A_i, R_i), $i = 1, 2$, de $\mathcal{E}$. Si $x \in A_i$, notons S_x^i le segment $\{y \in A_i \,;\, y < x \text{ (mod. } R_i)\}$ et posons

$$(1.5.3) \qquad S = \{x \in A_1 \cap A_2 \,;\, S_x^1 = S_x^2 \text{ et } R_1 = R_2 \text{ sur } S_x^i\}.$$

1. Montrons que S est un segment de (A_i, R_i). Soit $x \in S$, $y \in A_1$, $y < x$ (mod. R_1). On a $y \in S_x^1$, d'où $y \in S_x^2$; ceci prouve que $y \in A_1 \cap A_2$ et que $S_y^i \subset S_x^i$, d'où $S_y^1 = S_y^2$ et $R_1 = R_2$ sur S_y^i, soit $y \in S$.

2. Montrons que $R_1 = R_2$ sur S. Soit $x, y \in S$ tel que $x < y$ (mod. R_1), alors $x \in S_y^1$, d'où $x \in S_y^2$ c'est-à-dire $x < y$ (mod. R_2). On vérifie de même que $x < y$ (mod. R_2) implique $x < y$ (mod. R_1).

3. Montrons que $S = A_1$ ou $S = A_2$. Raisonnons par l'absurde, supposons $S \neq A_i$; d'après 1. et (1.5.2), $S = S_x^i$ avec $x = f(S)$; d'après 2. on en déduit que $x \in S$, d'où $x \in S_x^i$ ce qui est absurde.

Soit $((A_i, R_i))_{i \in I}$ l'ensemble de tous les éléments de $\mathcal{E}$; considérons l'ensemble $A = \bigcup_{i \in I} A_i$. D'après 1.,2.,3. et la proposition 1.5.4, il existe une unique relation de bon ordre R sur A telle que $R = R_i$ sur A_i.

4. Montrons que $(A, R) \in \mathcal{E}$. Soit S un segment de A, $S \neq A$. D'après le lemme 1.5.3, $S = S_x$. Il existe $i \in I$ tel que $x \in A_i$; montrons que $S = S_x^i$: ceci prouvera que S est un segment de A_i tel que $S \neq A_i$, donc $S \in \mathcal{A}$ et $x = f(S)$. Soit $y \in S$, c'est-à-dire $y < x$ (mod. R), il existe $j \in I$ tel que $y \in A_j$ et $A_i \subset A_j$, d'où $y \in A_i$ vu que A_i est un segment de A_j et ceci prouve que $y \in S_x^i$, d'où $S \subset S_x^i$ ce qui permet de conclure, l'inclusion opposée étant triviale.

5. Montrons que A n'admet pas de majorant strict. Sinon $A \in \mathcal{A}$, posons alors $m = f(A)$; sur l'ensemble $A' = A \cup \{m\}$, on définit une relation de bon ordre R' en posant $R' = R$ sur A et $x < m$ (mod. R') pour tout $x \in A$. Il est alors clair que $(A', R') \in \mathcal{E}$, ce qui est absurde d'après la définition de A vu que $m \notin A$.

6. L'ordre R sur A coïncide avec l'ordre induit par l'ordre R_0 de X. En effet, soit $x, y \in A$ tel que $y < x$ (mod. R), c'est-à-dire $y \in S_x$ (segment de (A, R)) ; d'après (1.5.2), on a $x = f(S_x)$, d'où $y < x$ (mod. R_0) d'après la définition de f. L'ordre R étant total, ceci suffit pour conclure.

7. L'ensemble X étant inductif et A étant totalement ordonné, A est majoré ; soit m un majorant de A. Montrons que m est un élément maximal de X. En effet, tout $x > m$ est un majorant strict de A ce qui est absurde d'après 5. ; ceci achève la démonstration du lemme de Zorn. Q.E.D.

Remarque 1.5.1 Comme le montre le dernier point de la démonstration, on peut améliorer l'énoncé du lemme de Zorn : tout ensemble ordonné tel que toute partie bien ordonnée soit majorée admet un élément maximal. Dans la pratique on n'utilise que l'énoncé 1.5.1.

Exercice 1.5.2 Théorème de Krull Soit A un anneau commutatif admettant un élément unité et soit M l'ensemble des idéaux de A différents de A. Un élément maximal de l'ensemble M ordonné par inclusion est appelé un idéal maximal. Montrer que tout idéal différent de A est contenu dans un idéal maximal.

Notons (Z_o) l'énoncé que constitue le lemme de Zorn ; nous avons en fait démontré que dans la théorie des ensembles (ZF), l'axiome de choix (C) implique (Z_o). Nous allons démontrer que ces deux énoncés sont en fait équivalents. Plus précisément, notons (Z_e) l'énoncé suivant, appelé théorème de Zermelo.

(Z_e) Tout ensemble peut être bien ordonné.

On a alors le

Théorème 1.5.5 *Dans la théorie des ensembles (ZF), les énoncés (C), (Z_o) et (Z_e) sont équivalents.*

Preuve Comme indiqué ci-dessus, nous savons déjà que $(C) \Rightarrow (Z_o)$. Il est d'autre part facile de vérifier que $(Z_e) \Rightarrow (C)$: en effet, considérons une application $f : X \to \mathcal{P}(Y) - \{\emptyset\}$; munissons Y d'une relation de bon ordre et posons $g(x) = \min f(x)$; on obtient ainsi une fonction de choix associée à f.

Il s'agit donc de démontrer que $(Z_o) \Rightarrow (Z_e)$. A cet effet, considérons l'ensemble $\mathcal{E}$ des couples (A, R) où $A \in \mathcal{P}(X)$ et R est une relation de bon ordre sur A. Cet ensemble $\mathcal{E}$ est non vide vu que $(\emptyset, \emptyset) \in \mathcal{E}$. On définit une relation d'ordre sur $\mathcal{E}$ en notant $(A, R) \leq (B, S)$ la relation

(1.5.4) $A \subset B,\ R = S$ sur A et A est un segment de B.

Il est clair qu'on définit ainsi une relation d'ordre sur $\mathcal{E}$.

1. Montrons que $\mathcal{E}$ est inductif. Soit $((A_i, R_i))_{i\in I}$ une famille totalement ordonnée de $\mathcal{E}$; la proposition 1.5.4 montre que, sur $A = \bigcup_{i\in I} A_i$, il existe une unique relation de bon ordre R telle que $R = R_i$ sur A_i ; on obtient ainsi un majorant (A, R) de la famille, car A_i est un segment de A toujours d'après la proposition 1.5.4. Ceci prouve que $\mathcal{E}$ est inductif.

2. Considérons alors un élément maximal (A, R) de $\mathcal{E}$. On a nécessairement $A = X$, ce qui prouve (Z_e) : en effet, si $A \neq X$ soit $a \in X - A$; on construit une relation de bon ordre R' sur $A' = A \cup \{a\}$ en posant $R' = R$ sur A et $x < a$ pour tout $x \in A$; A est un segment de A' d'où $(A, R) < (A', R')$, ce qui contredit le fait que (A, R) est un élément maximal. Q.E.D.

Exercice 1.5.3 On dit que deux ensembles ordonnés X et Y sont isomorphes s'il existe une bijection $f : X \to Y$, croissante ainsi que la bijection réciproque, c'est-à-dire telle que

$$\forall x \in X,\ \forall y \in Y,\ x \leq y \Longleftrightarrow f(x) \leq f(y).$$

1. Soit X un ensemble ordonné ; pour tout $x \in X$, on pose $T_x = \{y \in X; y \leq x\}$ et on note $Y \subset \mathcal{P}(X)$ l'ensemble $\bigcup_{x\in X}\{T_x\}$. L'ensemble Y étant ordonné par inclusion, montrer que l'application $x \mapsto T_x$ est un isomorphisme de X sur Y.

2. En déduire que, dans la théorie des ensembles (ZF), le lemme de Zorn est équivalent à

$$(M) \qquad \begin{cases} \text{pour tout ensemble } X\text{, tout ensemble } \mathcal{X} \text{ de parties de } X \text{ ordonné par inclusion} \\ \text{qui est inductif admet un élément maximal.} \end{cases}$$

Exercice 1.5.4 **Lemme de Tukey** Soit $\mathcal{X}$ un ensemble non vide de parties d'un ensemble X vérifiant la propriété suivante :

une partie A de X appartient à $\mathcal{X}$ si, et seulement si, toute partie finie de A appartient à $\mathcal{X}$.

Montrer que l'ensemble $\mathcal{X}$ ordonné par inclusion admet un élément maximal [utiliser le lemme de Zorn].

Exercice 1.5.5 Dans la théorie des ensembles (ZF), montrer que le lemme de Tukey (exercice précédent) implique l'axiome de choix en procédant de la façon suivante.

Soient X, Y des ensembles et $f : X \to \mathcal{P}(Y) - \{\emptyset\}$ une application. On considère l'ensemble $\mathcal{X}$ des parties $\Gamma \subset \mathcal{P}(X \times Y)$ vérifiant la propriété

$$\begin{cases} \text{il existe } A \in \mathcal{P}(X) \text{ tel que } \Gamma \text{ soit le graphe d'une application } g : A \to Y \text{ telle} \\ \text{que } g(x) \in f(x) \text{ pour tout } x \in A. \end{cases}$$

L'ensemble $\mathcal{X}$ étant ordonné par inclusion, montrer que tout élément maximal de $\mathcal{X}$ est le graphe d'une fonction de choix associée à f et conclure avec le lemme de Tukey.

1.6 Applications aux espaces vectoriels

Nous considérons dans ce paragraphe des espaces vectoriels sur un corps $\mathbb{K}$ sur lequel aucune hypothèse particulière n'est nécessaire pour ce qui va suivre. Les propriétés élémentaires des espaces vectoriels sont supposées connues.

Si $(x_i)_{i\in I}$ est une famille finie d'éléments d'un espace vectoriel E, la somme des éléments de cette famille est notée $\sum_{i\in I} x_i$. On convient que $\sum_{i\in\emptyset} x_i = 0$ afin d'avoir la formule $\sum_{i\in I_1} x_i + \sum_{i\in I_2} x_i = \sum_{i\in I_1\cup I_2} x_i$ dès que I_1 et I_2 sont des ensembles finis disjoints.

Si $(x_i)_{i\in I}$ est une famille finie d'un espace vectoriel E et si $(\lambda_i)_{i\in I}$ est une famille de scalaires ($\lambda_i \in \mathbb{K}$), l'élément de E $x = \sum_{i\in I} \lambda_i x_i$ est appelé une combinaison linéaire (finie) de la famille $(x_i)_{i\in I}$.

Si M est une partie de E, l'ensemble de toutes les combinaisons linéaires d'éléments de M, c'est-à-dire l'ensemble des $\sum_{i\in I} \lambda_i x_i$ où I est fini, $\lambda_i \in \mathbb{K}$ et $x_i \in M$, est un sous-espace vectoriel F de E contenant M ; il est clair que F est le plus petit (pour l'inclusion) sous-espace vectoriel contenant M ; on l'appelle pour cette raison le sous-espace vectoriel engendré par M et on dit que M engendre F.

On dit qu'une partie L d'un espace vectoriel est une partie libre si, pour toute famille finie $(x_i)_{i\in I}$ d'éléments distincts de L et toute famille de scalaires $(\lambda_i)_{i\in I}$, la relation $\sum_{i\in I} \lambda_i x_i = 0$ implique $\lambda_i = 0$ pour tout $i \in I$. On dit que les éléments d'une partie libre sont linéairement indépendants.

Une partie L d'un espace vectoriel, qui n'est pas une partie libre, est dite liée ; ceci signifie qu'il existe une famille finie $(x_i)_{i\in I}$ d'éléments distincts de L et une famille $(\lambda_i)_{i\in I}$ de scalaires non tous nuls (ceci implique $I \neq \emptyset$) tels que $\sum_{i\in I} \lambda_i x_i = 0$; une telle relation est appelée une relation de liaison et on dit que les éléments de la famille $(x_i)_{i\in I}$ sont linéairement dépendants.

Nous pouvons poser la définition suivante.

Définition 1.6.1 *On appelle base d'un espace vectoriel E toute partie libre qui engendre E.*

Si B est une base de E, tout élément x de E s'écrit comme une combinaison linéaire d'éléments de B ; cette écriture est unique au sens suivant : soit $(x_i)_{i\in I}$ la famille de tous les éléments de B, il existe alors une partie finie et une seule J de I et une famille de scalaires et une seule $(\lambda_i)_{i\in J}$ tous différents de 0 tels que $x = \sum_{i\in J} \lambda_i x_i$. La vérification de cette propriété est immédiate, une base étant une partie libre.

Nous nous proposons de démontrer que tout espace vectoriel non réduit à 0 admet une base. Plus précisément, on a le

Théorème 1.6.1 *Soient E un espace vectoriel non réduit à 0 et L une partie libre de E. Alors, il existe une base de E qui contient L.*

Ce théorème résulte très facilement du lemme de Zorn, compte tenu de la proposition suivante.

Proposition 1.6.2 *Soient E un espace vectoriel, $\mathcal{L}$ l'ensemble des parties libres de E ordonné par inclusion et soit B une partie de E. Les propriétés suivantes sont équivalentes*

1. *B est une base de E.*
2. *B est une partie libre maximale, c'est-à-dire un élément maximal de $\mathcal{L}$.*

Preuve Soit B une base de E, alors B est une partie libre de E et, pour tout $x \in E - B$, $B \cup \{x\}$ n'est pas une partie libre ; il en résulte que B est une partie libre maximale.

Réciproquement, soit B une partie libre maximale ; montrons que B engendre E. Soit $x \in E - B$, alors $B \cup \{x\}$ n'est pas une partie libre ; il existe donc une famille finie $(x_i)_{i\in I}$ d'éléments distincts de B, une famille de scalaires $(\lambda_i)_{i\in I}$ et un scalaire λ tels que $\lambda x + \sum_{i\in I} \lambda_i x_i = 0$; de plus, on peut supposer que λ et les λ_i ne sont pas tous nuls. Il en résulte que λ n'est pas nul (sinon on aurait une relation de liaison dans B) et on en déduit que $x = -\sum_{i\in I} \lambda^{-1}\lambda_i x_i$, ce qui prouve le résultat désiré. Q.E.D.

Preuve du théorème 1.6.1 Montrons que l'ensemble $\mathcal{L}$ des parties libres de E ordonné par inclusion est inductif : la proposition qui précède et le corollaire 1.5.2 permettent de conclure. Notons d'abord que $\mathcal{L}$ est non vide car, pour tout $x \in E - \{0\}$, la partie $\{x\}$ est une partie libre de E. Considérons une famille $(L_\alpha)_{\alpha\in A}$ totalement ordonnée de parties libres, posons $L = \bigcup_{\alpha\in A} L_\alpha$ et montrons que L est une partie libre ; ceci prouvera que L est un majorant de la famille $(L_\alpha)_{\alpha\in A}$. Supposons qu'il existe une relation de liaison dans L, c'est à dire une famille finie $(x_i)_{i\in I}$ d'éléments distincts de L et une famille $(\lambda_i)_{i\in I}$ de scalaires non tous nuls tels que $\sum_{i\in I} \lambda_i x_i = 0$. Or I étant fini et la famille $(L_\alpha)_{\alpha\in A}$ étant totalement ordonnée par inclusion, il existe $\alpha \in A$ tel que $x_i \in L_\alpha$ pour tout

$i \in I$; il en résulte que la relation $\sum_{i\in I} \lambda_i x_i = 0$ est une relation de liaison dans L_α, ce qui est absurde vu que c'est une partie libre. Q.E.D.

Remarque 1.6.1 Soit E un espace vectoriel non réduit à 0, alors toute partie M de E qui engendre E contient une base de E. Grâce à des raisonnements analogues à ceux qui précèdent, on vérifie en effet que l'ensemble $\mathcal{L}'$ des parties libres de E contenues dans M est inductif et que tout élément maximal de $\mathcal{L}'$ est une base de E.

Donnons une application du théorème 1.6.1 concernant la notion de supplémentaire. Étant donné un espace vectoriel E et deux sous-espaces vectoriels E_1 et E_2 de E, on dit que E est somme directe de E_1 et E_2, et on écrit $E = E_1 \oplus E_2$ si tout x s'écrit d'une manière et d'une seule sous la forme

$$x = x_1 + x_2, \text{ où } x_i \in E_i. \tag{1.6.1}$$

On dit alors que E_1 et E_2 sont des supplémentaires algébriques. On notera que cette définition est équivalente à la suivante : $E_1 \cap E_2 = \{0\}$ et $E_1 \cup E_2$ engendre E. L'unicité de la décomposition (1.6.1) permet de définir des applications $p_i : E \to E_i$, $(i = 1, 2)$, telles que $p_i(x) = x_i$; il est clair que p_i est une application linéaire surjective ; on l'appelle le projecteur de E sur E_i associé à la décomposition de E en somme directe $E = E_1 \oplus E_2$.

Nous allons prouver la

Proposition 1.6.3 *Dans un espace vectoriel E, tout sous-espace vectoriel E_1 de E admet un supplémentaire algébrique.*

Preuve On peut supposer $E_1 \neq \{0\}$, vu que E est un supplémentaire du sous-espace vectoriel $\{0\}$. D'après le théorème 1.6.1, l'espace vectoriel E_1 admet une base B_1 qui constitue une partie libre de E ; d'après le théorème 1.6.1, il existe donc une base B de E telle que $B \supset B_1$. Si $B = B_1$, alors $E = E_1$ et le sous-espace vectoriel $\{0\}$ est un supplémentaire de E_1. Si $B \neq B_1$, posons $B_2 = B - B_1$ et soit E_2 le sous-espace vectoriel engendré par B_2. Il est clair que E_2 est un supplémentaire de E_1. Q.E.D.

C – Ensembles infinis

1.7 L'axiome de l'infini

Pour construire l'ensemble des entiers naturels, il est nécessaire d'introduire un nouvel axiome dans la théorie des ensembles, appelé axiome de l'infini qui s'énonce de la façon suivante.

$$(ZF_6) \qquad \begin{cases} \text{Il existe un ensemble } A \text{ tel que } \emptyset \in A \text{ et} \\ (\forall X)(X \in A \Rightarrow X \cup \{X\} \in A). \end{cases}$$

Si X est un élément de A, $X' = X \cup \{X\}$ est un élément de A appelé le successeur de X ; on notera que $X \in X'$ et $X \subset X'$: X est à la fois un élément et une partie de X'. Notons également que l'ensemble A admet pour éléments $\emptyset$, $\emptyset' = \emptyset \cup \{\emptyset\} = \{\emptyset\}$, $\{\emptyset\}' = \{\emptyset\} \cup \{\{\emptyset\}\} = \{\emptyset, \{\emptyset\}\}$, etc.

L'axiome de l'infini permet de définir l'ensemble des entiers naturels.

Théorème 1.7.1 *Il existe un ensemble et un seul* $\mathbb{N}$ *tel que*

1. $\emptyset \in \mathbb{N}$.

2. $(\forall X)(X \in \mathbb{N} \Rightarrow X \cup \{X\} \in \mathbb{N})$.

3. Tout ensemble vérifiant 1. et 2. contient $\mathbb{N}$.

Preuve D'après l'axiome de l'infini, il existe un ensemble A vérifiant les conditions 1. et 2. Considérons alors l'ensemble $\mathcal{B}$ des parties B de A vérifiant 1. et 2. ; posons $\mathbb{N} = \bigcap_{B \in \mathcal{B}} B$. Cet ensemble possède manifestement les propriétés 1. et 2. ; de plus, si Y est un ensemble vérifiant 1.et 2., alors $Y \cap A$ vérifie 1. et 2., d'où $Y \cap A \in \mathcal{B}$ et par conséquent $\mathbb{N} \subset Y \cap A$ ce qui prouve que $\mathbb{N} \subset Y$: l'ensemble $\mathbb{N}$ possède donc la propriété 3. Quant à la propriété d'unicité, elle résulte évidemment de 3. Q.E.D.

Les éléments de $\mathbb{N}$ sont appelés des entiers naturels et $\mathbb{N}$ s'appelle l'ensemble des entiers naturels. On utilise les notations $\emptyset = 0$, $\{\emptyset\} = 1$, etc ; si n est un entier naturel, le successeur n' de n est noté $n + 1$.

La définition de $\mathbb{N}$ implique immédiatement la

Proposition 1.7.2 Principe de démonstration par récurrence *Soit* $R(n)$ *une relation telle que* $R(0)$ *et* $(\forall n \in \mathbb{N})(R(n) \Rightarrow R(n+1))$, *alors* $(\forall n \in \mathbb{N})R(n)$.

Preuve Posons $A = \{n \in \mathbb{N}\,;\, R(n)\}$; les hypothèses signifient que A vérifie les propriétés 1. et 2. du théorème 1.7.1, donc contient $\mathbb{N}$ et par conséquent $A = \mathbb{N}$.

Q.E.D.

Ce principe de démonstration est à la base d'un très grand nombre de démonstrations en arithmétique ; dans la pratique, on démontre d'abord $R(0)$, puis $R(n+1)$ en supposant $R(n)$ vrai (hypothèse de récurrence). En particulier, on peut faire un exposé systématique des propriétés élémentaires de l'ensemble des entiers naturels ; on peut par exemple démontrer que la relation ($m \in n$ ou $m = n$) est une relation de bon ordre sur $\mathbb{N}$, bien entendu il s'agit de la relation d'ordre usuelle !

Un ensemble X est dit fini s'il existe un entier $n \in \mathbb{N}$ et une bijection de X sur l'intervalle $]0, n]$; cet entier n, qui est unique, est appelé le cardinal de X : on écrit $\text{Card}\, X = n$. Par exemple, $\text{Card}\, X = 0$ signifie $X = \emptyset$. Les propriétés des ensembles finis s'établissent aisément en utilisant le principe de démonstration par récurrence ; nous ne reviendrons pas sur ces questions, que nous supposons acquises.

1.8 Ensembles équipotents

Comme nous venons de le dire l'étude des ensembles finis est élémentaire. La situation est bien différente quand on étudie des ensembles infinis ; certains théorèmes de base sont difficiles à obtenir et leurs démonstrations nécessitent parfois le lemme de Zorn.

Étant donné deux ensembles X et Y, nous dirons que X est équipotent à Y s'il existe une bijection de X sur Y. Cette relation sera notée

(1.8.1) $$\text{Card}\, X = \text{Card}\, Y.$$

La relation «X est équipotent à Y» étant évidemment une relation d'équivalence dans la collection de tous les ensembles, on a les propriétés

$$\text{Card}\, X = \text{Card}\, X,$$
$$(\text{Card}\, X = \text{Card}\, Y \text{ et } \text{Card}\, Y = \text{Card}\, Z) \Rightarrow (\text{Card}\, X = \text{Card}\, Z),$$
$$(\text{Card}\, X = \text{Card}\, Y) \Leftrightarrow (\text{Card}\, Y = \text{Card}\, X).$$

La relation «il existe une injection de X dans Y» sera notée

(1.8.2) $$\text{Card}\, X \leq \text{Card}\, Y \text{ ou } \text{Card}\, Y \geq \text{Card}\, X.$$

Remarque 1.8.1 Lorsque X est un ensemble fini, nous avons défini le terme $\text{Card}\, X$; les définitions qui ont été données sont conformes à (1.8.1) et (1.8.2). Lorsque X est un ensemble infini, nous ne définirons pas le cardinal de X en tant qu'ensemble bien que ce soit possible (modulo un axiome supplémentaire) ; pour la suite cela ne nous serait d'aucune utilité. Nous ne nous intéresserons qu'aux deux seules relations (1.8.1) et (1.8.2) et on ne cherchera pas à donner une signification aux termes Card X et Card Y pris isolément.

Nous allons donner les propriétés essentielles de la relation (1.8.2) ; montrons que cette relation jouit de toutes les propriétés d'une relation d'ordre total. En considérant l'application identique de X, on constate que Card $X \leq$ Card X ; la composée de deux injections étant une injection, on a évidemment

$$(\text{Card } X \leq \text{Card } Y \text{ et Card } Y \leq \text{Card } Z) \Rightarrow (\text{Card } X \leq \text{Card } Z).$$

Pour démontrer l'antisymétrie, c'est-à-dire

$$(\text{Card } X \leq \text{Card } Y \text{ et Card } Y \leq \text{Card } X) \Rightarrow (\text{Card } X = \text{Card } Y),$$

nous utiliserons le lemme suivant

Lemme 1.8.1 *Soit X un ensemble ordonné tel que toute partie non vide admette une borne inférieure. Soit $f : X \to X$ une application telle que*

1. il existe $x \in X$ tel que $f(x) \leq x$,

2. f est croissante, c'est-à-dire

$$(\forall x \in X)(\forall y \in X)(x \leq y \Rightarrow f(x) \leq f(y)).$$

Alors, f admet un point fixe : il existe $a \in X$ tel que $f(a) = a$.

Preuve L'ensemble $A = \{x \in X \,;\, f(x) \leq x\}$ est non vide d'après 1., donc A admet une borne inférieure a. Pour tout $x \in A$, on a donc $a \leq x$ d'où $f(a) \leq f(x) \leq x$ d'après 2. et la définition de A ; il en résulte que $f(a) \leq a$. On en déduit $f(f(a)) \leq f(a)$ d'après 2. et par suite $f(a) \in A$, d'où $a \leq f(a)$. Ceci prouve que $f(a) = a$. Q.E.D.

Théorème 1.8.2 Bernstein *Soient X et Y deux ensembles. S'il existe une injection f de X dans Y et une injection g de Y dans X, alors il existe une bijection de X sur Y.*

Preuve Nous allons démontrer qu'il existe une partie A de X telle que, en posant $B = f(A)$, on ait $g(Y - B) = X - A$: ceci permet de construire une bijection de X sur Y et démontre le théorème. Or la condition précédente s'écrit $F(A) = A$ où $F : \mathcal{P}(X) \to \mathcal{P}(X)$ est l'application

$$A \mapsto X - g(Y - f(A)).$$

On peut alors appliquer le lemme 1.8.1 en prenant pour ensemble X l'ensemble $\mathcal{P}(X)$ ordonné par inclusion et pour application f l'application F qui est effectivement croissante ; l'hypothèse 1. est vérifiée car $\mathcal{P}(X)$ admet un plus grand élément. Q.E.D.

Exercice 1.8.1 Voici une autre démonstration du théorème de Bernstein. On peut se ramener à la situation suivante : X est un ensemble, Y est une partie de X et $f : X \to Y$ une injection. On pose $A = Y - f(X)$ et $B = \bigcup_{n=0}^{\infty} f^n(A)$ où $f^0(A) = A$ et $f^{n+1}(A) = f(f^n(A))$ pour $n \geq 0$. Montrer que l'application $g : X \to Y$ définie par

$$g(x) = x \text{ si } x \in B \text{ et } g(x) = f(x) \text{ si } x \in X - B$$

est une bijection [noter que $B = A \cup f(B)$] et conclure.

Le théorème de Bernstein est non seulement un résultat théorique important, mais également un outil extrêmement utile pour démontrer que deux ensembles sont équipotents ; dans la pratique, il est évidemment plus facile de construire des injections que des bijections : nous en verrons des exemples ultérieurement. Dans le même ordre d'idées, voici un résultat utile.

Proposition 1.8.3 *Soient X et Y deux ensembles non vides. Les propriétés suivantes sont équivalentes.*

1. Il existe une injection de X dans Y.

2. Il existe une surjection de Y sur X.

Preuve Montrons que 1. implique 2. Soit f une injection de X dans Y ; cette application est une bijection de X sur $f(X)$; notons $g : f(X) \to X$ la bijection réciproque ; on construit alors une surjection h de Y sur X en choisissant un élément a de X et en posant $h(y) = g(y)$ si $y \in f(X)$ et $h(y) = a$ si $y \in Y - f(X)$.

Réciproquement, soit $f : Y \to X$ une surjection de Y sur X. Pour tout $x \in X$, l'ensemble $f^{-1}(\{x\})$ est non vide. D'après l'axiome de choix, il existe donc une application $g : X \to Y$ telle que $g(x) \in f^{-1}(\{x\})$, pour tout $x \in X$; cette application est injective vu que $f^{-1}(\{x\})$ et $f^{-1}(\{x'\})$ sont disjoints si x et x' sont deux éléments distincts de X. Q.E.D.

Montrons enfin que la relation (1.8.2) est une relation d'ordre total.

Théorème 1.8.4 *Étant donné deux ensembles X et Y, il existe soit une injection de X dans Y, soit une injection de Y dans X.*

Preuve Considérons l'ensemble $\mathcal{E}$ des triplets (A, B, f) où A est une partie de X, B une partie de Y et f une bijection de A sur B. Munissons cet ensemble $\mathcal{E}$ de la relation d'ordre suivante : soient (A, B, f) et (A', B', f') deux éléments de $\mathcal{E}$; la relation $(A, B, f) \leq (A', B', f')$ signifiera par définition que $A \subset A'$, $B \subset B'$ et f' prolonge f. Cette relation est bien une relation d'ordre sur $\mathcal{E}$; montrons que $\mathcal{E}$ est inductif. Notons d'abord que $\mathcal{E}$ est non vide vu que $(\emptyset, \emptyset, \emptyset) \in \mathcal{E}$. En outre, soit $((A_i, B_i, f_i))_{i\in I}$ une famille totalement ordonnée de $\mathcal{E}$; posons $A = \bigcup_{i\in I} A_i$, $B = \bigcup_{i\in I} B_i$ et définissons une bijection de A sur B de la façon suivante. Pour tout $x \in A$, il existe $i \in I$ tel que $x \in A_i$, posons alors $f(x) = f_i(x)$. On définit bien ainsi une application de A dans B ; en effet, $f_i(x)$ est indépendant du choix de l'indice $i \in I$ vérifiant $x \in A_i$: si $x \in A_i \cap A_j$, on a ou bien $A_i \subset A_j$, ou bien $A_j \subset A_i$ et, vu la définition de la relation d'ordre, on a donc $f_i(x) = f_j(x)$. On vérifie aisément que f est une bijection ; on obtient ainsi un majorant de la famille $((A_i, B_i, f_i))_{i\in I}$. Ceci prouve que $\mathcal{E}$ est inductif. D'après le lemme de Zorn, $\mathcal{E}$ admet un élément maximal, soit (A, B, f).

Montrons que $A = X$ ou $B = Y$. Raisonnons par l'absurde ; supposons $A \neq X$ et $B \neq Y$. Alors, il existe $a \in A - X$ et $b \in Y - B$; considérons le triplet $(A \cup \{a\}, B \cup \{b\}, g)$ où $g|A = f$ et $g(a) = b$; il est clair que $g : A \cup \{a\} \to B \cup \{b\}$ est une bijection et que le triplet construit est un majorant strict de l'élément maximal, ce qui est absurde.

Nous avons donc $A = X$ ou $B = Y$. Si $A = X$, f définit une injection de X dans Y ; si $B = Y$, f^{-1} définit une injection de Y dans X. Q.E.D.

Indiquons un dernier résultat dans la théorie des cardinaux.

Théorème 1.8.5 Cantor *Pour tout ensemble X, on a*

$$\text{Card}\, \mathcal{P}(X) > \text{Card}\, X.$$

Preuve L'application $x \mapsto \{x\}$ de X dans $\mathcal{P}(X)$ étant une injection, on a Card $X \leq$ Card $\mathcal{P}(X)$. Supposons qu'il existe une surjection f de X sur $\mathcal{P}(X)$. Posons $A = \{x \in X \,;\, x \notin f(x)\}$; d'après la surjectivité de f, il existe $a \in X$ tel que $A = f(a)$. On a alors, soit $a \in A$, soit $a \notin A$. Si $a \in A$, on a donc $a \notin f(a)$, c'est-à-dire $a \notin A$ ce qui est contradictoire. Si $a \notin A$, on a donc $a \in f(a)$, c'est-à-dire $a \in A$ ce qui est également contradictoire. Ceci prouve qu'il n'existe pas de surjection de X sur $\mathcal{P}(X)$; le théorème est donc démontré. Q.E.D.

Lorsque X est fini, $\mathcal{P}(X)$ est fini et, si Card $X = n$, on a Card $\mathcal{P}(X) = 2^n$; le théorème de Cantor signifie donc dans ce cas particulier que $2^n > n$ pour tout entier n.

Remarque 1.8.2 L'ensemble $\mathcal{P}(X)$ est équipotent à l'ensemble de toutes les applications de X dans $\{0, 1\}$: on établit en effet une bijection entre $\mathcal{P}(X)$ et $\mathcal{F}(X; \{0, 1\})$ en associant à toute partie A la fonction, dite fonction caractéristique de A, $\mathbb{1}_A : X \to \{0, 1\}$ définie par

$$\mathbb{1}|_A = 1 \text{ et } \mathbb{1}|_{X-A} = 0.$$

Exercice 1.8.2 Soit X un ensemble, montrer qu'il existe une partie $A \subset X$ tel que $A \notin X$ [raisonner par l'absurde et utiliser le théorème de Cantor].

Exercice 1.8.3 Montrer qu'il n'existe pas d'ensemble $\mathcal{X}$ tel que tout ensemble X soit équipotent à un ensemble $A \in \mathcal{X}$ (cette propriété signifie que la collection des cardinaux n'est pas un ensemble) [raisonner par l'absurde et considérer l'ensemble $X = \bigcup_{A \in \mathcal{X}} A$].

1.9 Ensembles infinis

On dit qu'un ensemble est infini s'il n'est pas fini. Il existe effectivement des ensembles infinis grâce à l'axiome de l'infini : l'ensemble $\mathbb{N}$ est en effet infini (si $\mathbb{N}$ était fini, soit Card $\mathbb{N} = n$, l'inclusion $[0, n] \subset \mathbb{N}$ conduirait à $n + 1 \leq n$!).

Voici une caractérisation très simple des ensembles infinis.

Proposition 1.9.1 *Un ensemble X est infini si, et seulement si, il existe une injection de $\mathbb{N}$ dans X, soit Card $\mathbb{N} \leq$ Card X.*

Preuve 1. Montrons que X est infini si Card $\mathbb{N} \leq$ Card X. En effet, $\mathbb{N}$ étant équipotent à une partie de X, si X était un ensemble fini, $\mathbb{N}$ serait un ensemble fini.

2. Réciproquement, supposons X infini. D'après l'axiome de choix, il existe une fonction $f : \mathcal{P}(X) - \{\emptyset\} \to X$ telle que $f(A) \in A$ pour tout $A \subset X$, $A \neq \emptyset$. L'ensemble X étant infini, il est non vide : soit a_0 un élément de X ; posons $A_0 = \{a_0\}$ et

$$a_n = f(X - A_{n-1}),\ A_n = A_{n-1} \cup \{a_n\} \text{ pour } n \geq 1.$$

Un raisonnement par récurrence montre que les ensembles A_n sont finis et que les a_n sont bien définis. On construit ainsi une application $n \mapsto a_n$ de $\mathbb{N}$ dans X qui est évidemment une injection. Q.E.D.

Le cardinal de $\mathbb{N}$ est donc le plus petit cardinal infini. Un ensemble X est dit dénombrable si $\text{Card}\, X \leq \text{Card}\, \mathbb{N}$. Si $\text{Card}\, X < \text{Card}\, \mathbb{N}$, X est fini d'après ce qui précède, sinon $\text{Card}\, X = \text{Card}\, \mathbb{N}$, auquel cas on dit que X est un ensemble infini dénombrable.

Exercice 1.9.1 Montrer qu'un ensemble X est infini si, et seulement si, X est équipotent à une partie de X distincte de X [condition nécessaire : si $D = \bigcup_{n=0}^{\infty}\{a_n\}$ est une partie dénombrable de X, construire une bijection de X sur $X - \{a_0\}$; condition suffisante : si $f : X \to A$ est une bijection où $A \in \mathcal{P}(X)$, $A \neq X$, et si $a_0 \in X - A$, utiliser la suite $a_{n+1} = f(a_n)$, $n \geq 0$].

Exercice 1.9.2 Montrer qu'un ensemble X est infini si, et seulement si, pour toute application $f : X \to X$, il existe une partie A de X non vide et différente de X telle que $f(A) \subset A$ [condition nécessaire : soit $a_0 \in X$, on pose $a_{n+1} = f(a_n)$ pour $n \geq 0$, montrer que l'ensemble $A = \bigcup_{n=1}^{\infty}\{a_n\}$ possède les propriétés voulues ; condition suffisante : si X est fini, construire une application $f : X \to X$ telle que $f(A) \not\subset A$ pour tout $A \in \mathcal{P}(X)$, $A \neq \emptyset$ et $A \neq X$].

Les ensembles dénombrables sont importants en analyse ; en voici les propriétés essentielles.

Proposition 1.9.2 *Pour tout entier $n \geq 1$, $\mathbb{N}^n$ est équipotent à $\mathbb{N}$.*

Preuve Il suffit de vérifier que $\mathbb{N}^2$ est équipotent à $\mathbb{N}$, on raisonne ensuite par récurrence. En effet, l'application $f(p,q) = (p+q)(p+q+1)/2+q$, $(p,q) \in \mathbb{N}^2$, est une bijection de $\mathbb{N}^2$ sur $\mathbb{N}$. Q.E.D.

Exercice 1.9.3 Montrer que $\mathbb{Q}$ est infini dénombrable.

D'autres propriétés des ensembles dénombrables se déduiront des lemmes suivants.

Lemme 1.9.3 *Soient $(X_i)_{i\in I}$ et $(Y_i)_{i\in I}$ deux familles d'ensembles telles que $\text{Card}\, X_i \leq \text{Card}\, Y_i$ pour tout $i \in I$. Alors*

$$\text{Card} \prod_{i\in I} X_i \leq \text{Card} \prod_{i\in I} Y_i.$$

Preuve Il existe des injections $f_i : X_i \to Y_i$; l'application

$$(x_i)_{i\in I} \mapsto (f_i(x_i))_{i\in I}$$

est alors une injection de $\prod_{i\in I} X_i$ dans $\prod_{i\in I} Y_i$. Q.E.D.

Lemme 1.9.4 *Soient X un ensemble et $(X_i)_{i\in I}$ une famille d'ensembles telles que $\text{Card}\, I \leq \text{Card}\, X$ et $\text{Card}\, X_i \leq \text{Card}\, X$ pour tout $i \in I$. Alors*

$$\text{Card} \bigcup_{i\in I} X_i \leq \text{Card}\,(X \times X).$$

Preuve Il existe des surjections $f_i : X \to X_i$; considérons l'application $f : I \times X \to \bigcup_{i\in I} X_i$ définie par $f(i,x) = f_i(x)$; cette application est surjective, d'où $\text{Card} \bigcup_{i\in I} X_i \leq \text{Card}\,(I \times X)$ et on conclut avec le lemme 1.9.3. Q.E.D.

Compte tenu de la proposition 1.9.2, on en déduit les propositions suivantes.

Proposition 1.9.5 *Le produit d'une famille finie d'ensembles dénombrables est un ensemble dénombrable.*

Proposition 1.9.6 *La réunion d'une famille dénombrable d'ensembles dénombrables est un ensemble dénombrable.*

Le théorème de Cantor 1.8.5 montre que le cardinal de $\mathcal{P}(\mathbb{N})$ est strictement supérieur au cardinal de $\mathbb{N}$. D'un ensemble équipotent à $\mathcal{P}(\mathbb{N})$, nous dirons qu'il a la puissance du continu.

Proposition 1.9.7 *Le produit d'une famille dénombrable non vide d'ensembles ayant la puissance du continu est un ensemble ayant la puissance du continu.*

Preuve Soit $(X_i)_{i\in I}$ une telle famille ; les ensembles X_i sont équipotents à $\mathcal{P}(\mathbb{N})$ et on peut supposer I équipotent à $\mathbb{N}$. L'ensemble $\prod_{i\in I} X_i$ est donc équipotent à $\mathcal{F}(\mathbb{N}; \mathcal{P}(\mathbb{N}))$. Étant donné que $\mathcal{P}(\mathbb{N})$ est équipotent à $\mathcal{F}(\mathbb{N}; \{0,1\})$ d'après la remarque 1.8.2, il s'agit de montrer que $\mathcal{F}(\mathbb{N}; \mathcal{F}(\mathbb{N}; \{0,1\}))$ a la puissance du continu. Or, on établit une bijection entre cet ensemble et l'ensemble $\mathcal{F}(\mathbb{N}^2; \{0,1\})$ en associant à toute fonction $f : n \mapsto f_n$ de $\mathbb{N}$ dans $\mathcal{F}(\mathbb{N}; \{0,1\})$ l'application $(n,p) \mapsto f_n(p)$ de $\mathbb{N}^2$ dans $\{0,1\}$. On conclut avec la proposition 1.9.2. Q.E.D.

Compte tenu du lemme 1.9.4, on en déduit la

Proposition 1.9.8 *La réunion d'une famille ayant la puissance du continu d'ensembles ayant la puissance du continu est un ensemble ayant la puissance du continu.*

Remarque 1.9.1 Hypothèse du continu On peut se demander s'il existe des ensembles X tels que $\text{Card}\,\mathbb{N} < \text{Card}\,X < \text{Card}\,\mathcal{P}(\mathbb{N})$. L'hypothèse du continu consiste à affirmer qu'il n'existe pas de tel ensemble, autrement dit que tout ensemble infini non dénombrable a au moins la puissance du continu. Depuis les travaux de K. Gödel (1938) et P. Cohen (1963), on sait que l'hypothèse du continu est indécidable : il ne peut exister de démonstration de cette relation, ni de sa négation dans la théorie des ensembles (ZF). On peut donc adjoindre l'hypothèse du continu ou sa négation aux axiomes de la théorie des ensembles, si la théorie des ensembles est non contradictoire, la théorie obtenue ne l'est pas non plus.

On peut se demander ce que deviennent les propositions 1.9.2 et 1.9.7 pour des ensembles infinis quelconques ; dans cette direction nous avons le résultat suivant.

Théorème 1.9.9 *Soit X un ensemble infini, alors*

$$\text{Card}\,X = \text{Card}\,(X \times X).$$

Preuve Il est clair que $\text{Card}\,X \leq \text{Card}\,(X \times X)$. Pour vérifier l'inégalité opposée, nous utiliserons le lemme de Zorn. Soit D un ensemble infini dénombrable contenu dans X (proposition 1.9.1) et soit $\mathcal{E}$ l'ensemble des couples (A, f) où $A \in \mathcal{P}(X)$, $D \subset A$ et f est une bijection de A sur $A \times A$. Cet ensemble est non vide d'après la proposition 1.9.2. Notons $(A, f) \leq (A', f')$ la relation ($A \subset A'$ et $f'|_A = f$) ; il est clair qu'il s'agit d'une relation d'ordre sur $\mathcal{E}$.

1. Montrons que $\mathcal{E}$ est inductif. Soit $((A_i, f_i))_{i \in I}$ une famille totalement ordonnée de $\mathcal{E}$. Posons $A = \bigcup_{i \in I} A_i$ et $f(x) = f_i(x)$ si $x \in A_i$; on définit bien ainsi une application de A dans $A \times A$ car $f_i(x)$ ne dépend pas du choix de l'indice $i \in I$ tel que $x \in A_i$; on vérifie de suite que $f : A \to A \times A$ est une bijection. On construit ainsi un majorant $(A, f) \in \mathcal{E}$ de la famille donnée et ceci prouve que $\mathcal{E}$ est inductif.

2. Soit (A, f) un élément maximal de $\mathcal{E}$, nous allons vérifier que Card $A =$ Card X (ceci prouvera le théorème). Raisonnons par l'absurde, supposons Card $A <$ Card X. On a alors Card $A <$ Card $(X - A)$: en effet, si on avait Card $(X - A) \leq$ Card A, on aurait

$$\text{Card}\, A < \text{Card}\, X = \text{Card}\, (A \cup (X - A)) \leq \text{Card}\, (A \times A),$$

ce qui est absurde vu que $(A, f) \in \mathcal{E}$. Ceci montre qu'il existe une partie $B \subset X - A$ telle que Card $A =$ Card B. On peut alors écrire

$$(A \cup B) \times (A \cup B) = (A \times A) \cup C$$

où

$$C = (A \times B) \cup (B \times A) \cup (B \times B)$$

est équipotent à B d'après le lemme 1.9.4 ; soit g une bijection de B sur C ; l'application $h : A \cup B \to (A \cup B) \times (A \cup B)$ définie par $h|_A = f$, $h|_B = g$ (A et B sont disjoints) est une bijection car $A \times A$ et C sont disjoints. Il en résulte que $(A, f) < (A \cup B, h)$ ce qui est absurde. Q.E.D.

Exercice 1.9.4 Soient X un ensemble infini, A et B deux parties de X telles que $X = A \cup B$ et Card $B \leq$ Card A, montrer que Card $A =$ Card X.

Exercice 1.9.5 Soient X un ensemble infini, $\mathcal{F}_n(X)$ l'ensemble des parties de X à n éléments ($n \geq 1$) et $\mathcal{F}(X)$ l'ensemble des parties finies de X. Montrer que

$$\text{Card}\, \mathcal{F}(X) = \text{Card}\, \mathcal{F}_n(X) = \text{Card}\, X.$$

Pour illustrer les résultats précédents, nous allons montrer comment on peut définir la dimension d'un espace vectoriel.

Proposition 1.9.10 *Soit E un espace vectoriel sur un corps $\mathbb{K}$ et soient B_1, B_2 deux bases de E, alors Card $B_1 =$ Card B_2 ; ce cardinal est appelé la dimension de E et se note $\dim_{\mathbb{K}} E$.*

Preuve Pour tout $x \in E$, il existe une partie finie $B_2(x)$ de B_2 telle que x s'écrive comme une combinaison linéaire d'éléments de $B_2(x)$.

1. Montrons que $B_2 = \bigcup_{x \in B_1} B_2(x)$. Raisonnons par l'absurde ; supposons qu'il existe $y \in B_2$ tel que tout $x \in B_1$ s'écrive comme une combinaison linéaire finie d'éléments de $B_2 - \{y\}$; alors, B_1 engendrant E, $B_2 - \{y\}$ engendrerait E et ceci est absurde.

2. Si B_1 est fini, il en résulte que B_2 est fini et on sait alors que Card $B_1 =$ Card B_2. Si B_1 est infini, on a d'après le lemme 1.9.4 et le théorème 1.9.9, Card $B_2 \leq$ Card $(B_1 \times B_1) =$ Card B_1 ; étant donné que B_2 est infini (sinon B_1 serait fini d'après ce qui précède), on a également Card $B_1 \leq$ Card B_2, d'où le résultat voulu. Q.E.D.

D – Corrigés des exercices

1.10 Exercices du chapitre 1.A

EXERCICE 1.1.1

1. Démontrons l'inclusion $A \subset f^{-1}(f(A))$. Soit $x \in A$, il s'agit de vérifier que $x \in f^{-1}(f(A))$; or x appartient à A, donc son image $f(x)$ par f appartient à l'image $f(A)$ de A et ceci signifie précisément que x appartient à $f^{-1}(f(A))$, ce qui prouve le résultat voulu.

2. Vérifions de même l'inclusion $f(f^{-1}(B)) \subset B$. Soit $y \in f(f^{-1}(B))$, il s'agit de vérifier que $y \in B$. Il existe $x \in f^{-1}(B)$ tel que $y = f(x)$; dire que x appartient à $f^{-1}(B)$ signifie que $f(x)$ appartient à B et ceci prouve que $y = f(x) \in B$.

EXERCICE 1.2.2

1. Supposons f injective et soit $A \in \mathcal{P}(X)$. D'après l'exercice 1.2.1, on sait que $A \subset f^{-1}(f(A))$. Montrons que $f^{-1}(f(A)) \subset A$. Soit $x \in f^{-1}(f(A))$, c'est-à-dire $f(x) \in f(A)$, il existe donc $y \in A$ tel que $f(x) = f(y)$; d'après l'injectivité de f, on a nécessairement $x = y$, d'où $x \in A$ et ceci prouve le résultat voulu.

Réciproquement, supposons, que pour tout $A \in \mathcal{P}(X)$, $A = f^{-1}(f(A))$ et montrons que f est injective. Soient $x, y \in X$ tels que $f(x) = f(y)$. Prenons $A = \{x\}$, puis $A = \{y\}$; on obtient

$$\{x\} = f^{-1}(f(\{x\})) \text{ et } \{y\} = f^{-1}(f(\{y\}))$$

où $f(\{x\}) = \{f(x)\} = \{f(y)\} = f(\{y\})$, d'où $\{x\} = \{y\}$, c'est-à-dire $x = y$ et f est donc injective.

2. Supposons f surjective et soit $B \in \mathcal{P}(Y)$. D'après l'exercice 1.2.1, on a $f(f^{-1}(B)) \subset B$. Montrons l'inclusion opposée $B \subset f(f^{-1}(B))$. Soit $y \in B$, f étant surjective il existe $x \in X$ tel que $y = f(x)$; alors $x \in f^{-1}(B)$, d'où $y = f(x) \in f(f^{-1}(B))$ et le résultat voulu.

Réciproquement, supposons que, pour tout $B \in \mathcal{P}(Y)$, $f(f^{-1}(B)) = B$; soit $y \in Y$, prenons $B = \{y\}$, alors $f(f^{-1}(\{y\})) = \{y\}$ et ceci prouve que $f^{-1}(\{y\})$ est non vide, donc f est surjective.

EXERCICE 1.2.3

1. Supposons f injective et soit $A \in \mathcal{P}(X)$, alors $f^{-1}(f(A)) = A$ (exercice 1.2.2) , d'où $g(B) = A$ en posant $B = f(A)$, ce qui prouve que g est surjective.

Réciproquement, supposons g surjective et soient $x, y \in X$ tels que $f(x) = f(y)$. Il existe $B \in \mathcal{P}(Y)$ tel que $g(B) = \{x\}$, soit $f^{-1}(B) = \{x\}$; on a alors $f(y) = f(x) \in B$, d'où $y \in f^{-1}(B) = \{x\}$ et par conséquent $x = y$, ce qui prouve que f est injective.

2. Supposons f surjective et soient $A, B \in \mathcal{P}(Y)$ tels que $g(A) = g(B)$, c'est-à-dire $f^{-1}(A) = f^{-1}(B)$. D'après l'exercice 1.2.2, on a $A = f(f^{-1}(A))$ et $B = f(f^{-1}(B))$ et par conséquent $A = B$, donc g est injective.

Réciproquement, supposons g injective ; posons $B = f(X)$, alors

$$X = f^{-1}(Y) = f^{-1}(B),$$

soit $g(Y) = g(B)$, d'où $Y = B$ d'après l'injectivité de g et ceci signifie que f est surjective.

EXERCICE 1.2.4

1. Soit $z \in Z$, d'après la surjectivité de h il existe $x \in X$ tel que $z = h(x)$, d'où $z = g(y)$ où $y = f(x)$, ce qui prouve la surjectivité de g.

2. Soient $x, y \in X$ tels que $f(x) = f(y)$, d'où $h(x) = h(y)$; si h est injective, on en déduit que $x = y$ ce qui montre que f est injective.

EXERCICE 1.2.5

La condition est suffisante : s'il existe une application $g : Y \to X$ telle que $g \circ f = I_X$, l'application I_X étant injective, l'application f est injective d'après l'exercice 1.2.4.

Réciproquement, supposons l'application f injective. Alors f induit une bijection de X sur $f(X)$; notons $\varphi : f(X) \to X$ la bijection réciproque. Choisissons un point a de X (X est non vide) et définissons une fonction $g : Y \to X$ prolongeant φ en posant

$$g(y) = \varphi(y) \text{ si } y \in f(X) \text{ et } g(y) = a \text{ si } y \in Y - f(X).$$

Pour tout $x \in X$, on a $f(x) \in f(X)$ d'où $g(f(x)) = \varphi(f(x)) = x$, soit $g \circ f = I_X$.

EXERCICE 1.2.6

La condition est suffisante : s'il existe une application $g : Y \to X$ telle que $f \circ g = I_Y$, l'application I_Y étant surjective, f est surjective d'après l'exercice 1.2.4.

Réciproquement, supposons f surjective. Alors, $f^{-1}(\{y\})$ est non vide quel que soit $y \in Y$. D'après l'axiome de choix, il existe donc une application $g : Y \to X$ telle que $g(y) \in f^{-1}(\{y\})$ pour tout $y \in Y$, c'est-à-dire telle que $f(g(y)) = y$, soit $f \circ g = I_Y$, ce qui prouve le résultat voulu.

EXERCICE 1.2.7

1. La condition est nécessaire. En effet, s'il existe une application $g : Y \to Z$ telle que $h = g \circ f$ et si $x, x' \in X$ sont tels que $f(x) = f(x')$, alors

$$h(x) = g(f(x)) = g(f(x')) = h(x').$$

2. Réciproquement, f induit une surjection de X sur $f(X)$; d'après l'exercice 1.2.6, il existe une application $\varphi : f(X) \to X$ telle que $f \circ \varphi = I_{f(X)}$. Choisissons un point a dans Z (Z est non vide) et définissons une application $g : Y \to Z$ en posant

$$g(y) = (h \circ \varphi)(y) \text{ si } y \in f(X) \text{ et } g(y) = a \text{ si } y \in Y - f(x).$$

Vérifions que $h = g \circ f$. Soit $x \in X$, on a $g(f(x)) = (h \circ \varphi)(f(x)) = h(x')$ où $x' = \varphi(f(x))$; vu la définition de φ, il en résulte que $f(x') = f(x)$, d'où $x = x'$ compte tenu de l'hypothèse et ceci prouve $g(f(x)) = h(x)$, c'est-à-dire $g \circ f = h$.

3. Lorsque f est surjective, l'application g est unique. En effet, tout $y \in Y$ peut s'écrire $y = f(x)$ où $x \in X$ et par conséquent on a nécessairement $g(y) = g(f(x)) = h(x)$. L'hypothèse

$$f(x) = f(x') \Rightarrow h(x) = h(x')$$

dit précisément que la valeur $h(x)$ de $g(y)$ ne dépend pas du choix de x tel que $f(x) = y$.

EXERCICE 1.2.8

1. La relation $\mathcal{R}$: $f(x) = f(x')$ est trivialement réflexive et symétrique ; en outre, si $f(x) = f(x')$ et $f(x') = f(x'')$, alors $f(x) = f(x'')$, ce qui montre qu'elle est transitive. Il s'agit donc bien d'une relation d'équivalence.

2. D'après l'exercice 1.2.7, il existe une application $g : X/\mathcal{R} \to Y$ telle que $f = g \circ \pi$ si, et seulement si, $\pi(x) = \pi(x') \Rightarrow f(x) = f(x')$, condition effectivement vérifiée d'après la définition même de la relation d'équivalence $\mathcal{R}$. Quant à l'unicité de g, elle résulte aussi de l'exercice 1.2.7, l'application π étant surjective.

Vérifions enfin que g est injective. Soient $z, z' \in X/\mathcal{R}$ tels que $g(z) = g(z')$; il existe $x, x' \in X$ tels que $z = \pi(x)$ et $z' = \pi(x')$, d'où $g(\pi(x)) = g(\pi(x'))$, c'est-à-dire $f(x) = f(x')$ et par conséquent $x \equiv x' (\text{ mod. } \mathcal{R})$, soit $z = z'$, ce qui prouve le résultat voulu.

Note Posons $Z = X/\mathcal{R}$, l'application g induit une bijection $h : Z \to g(Z)$; notons $i : g(Z) \to Y$ l'injection canonique de $g(Z)$ dans Y. On peut alors écrire f sous la forme $f = i \circ h \circ \pi$ où i est une injection, π une surjection et h une bijection : cette écriture de f est appelée la décomposition canonique de f.

EXERCICE 1.3.1

$1 \Rightarrow 2$ Pour tout $i \in I$, $\bigcap_{i\in I} A_i \subset A_i$, d'où $f(\bigcap_{i\in I} A_i) \subset f(A_i)$ et par conséquent $f(\bigcap_{i\in I} A_i) \subset \bigcap_{i\in I} f(A_i)$. Lorsque f est injective, montrons l'inclusion opposée. Soit $y \in \bigcap_{i\in I} f(A_i)$: pour tout $i \in I$, il existe $x_i \in A_i$ tel que $y = f(x_i)$. Choisissons un indice $i_0 \in I$, on a $y = f(x_i) = f(x_{i_0})$ quel que soit $i \in I$; d'après l'injectivité de f, $x_i = x_{i_0}$ et par conséquent $x_{i_0} \in \bigcap_{i\in I} A_i$ et ceci prouve que $y \in f(\bigcap_{i\in I} A_i)$.

$2 \Rightarrow 3$ en prenant pour famille $(A_i)_{i\in I}$ la famille réduite aux deux éléments A et B.

$3 \Rightarrow 4$ Si $A \cap B$ est vide, $f(A) \cap f(B) = f(\emptyset) = \emptyset$.

$4 \Rightarrow 5$ Soit $A \subset B$. Notons d'abord que $f(B) - f(A) \subset f(B - A)$. En effet, soit $y \in f(B) - f(A)$, alors il existe $x \in B$ tel que $y = f(x)$ et x n'appartient pas à A vu que y n'appartient pas à $f(A)$, autrement dit $x \in B - A$, d'où $y = f(x) \in f(B - A)$ ce qui prouve le résultat annoncé. Montrons ensuite l'inclusion opposée avec l'hypothèse 4. On a $A \cap (B - A) = \emptyset$, d'où $f(A) \cap f(B - A) = \emptyset$ d'après 4. et par conséquent $f(B - A) \subset f(B) - f(A)$, ce qui prouve le résultat voulu.

$5 \Rightarrow 6$ Notons d'abord que, pour tout $A \in \mathcal{P}(X)$ et tout $B \in \mathcal{P}(Y)$, on a toujours (exercice 1.2.1)

$$A \subset f^{-1}(f(A)) \text{ et } f(f^{-1}(B)) \subset B.$$

De la première relation, on déduit $f(A) \subset f\Big(f^{-1}(f(A))\Big)$ et en prenant $B = f(A)$ dans la seconde on obtient l'inclusion opposée : ceci prouve que $f(A) = f\Big(f^{-1}(f(A))\Big)$ pour tout $A \in \mathcal{P}(X)$.

Utilisons 5., d'après l'inclusion $A \subset f^{-1}(f(A))$ on a donc

$$f\Big(f^{-1}(f(A)) - A\Big) = f\Big(f^{-1}(f(A))\Big) - f(A) = f(A) - f(A) = \emptyset$$

et ceci montre que $f^{-1}(f(A)) - A = \emptyset$, d'où $f^{-1}(f(A)) = A$, ce qui prouve le résultat voulu.

6 $\Rightarrow$ 1 Prenons $A = \{x\}$, $x \in X$. Alors, $f^{-1}(f(\{x\})) = \{x\}$ et de même $f^{-1}(f(\{y\})) = \{y\}$. Si $f(x) = f(y)$, on en déduit que $x = y$, c'est-à-dire que f est injective.

EXERCICE 1.3.2

Soit x un point de X, notons $R_{i,j}(x)$ la relation $x \in X_{i,j}$. L'inclusion proposée équivaut alors à l'implication

$$(\exists i \in I)(\forall j \in J)R_{i,j}(x) \Rightarrow (\forall j \in J)(\exists i \in I)R_{i,j}(x),$$

implication vérifiée quelle que soit la relation $R_{i,j}(x)$.

Montrons par un exemple que l'inclusion peut être stricte. Prenons

$$X = \mathbb{R},\ I = J = \mathbb{Z} \text{ et } X_{i,j} = [i,j] \text{ si } i \leq j,\ X_{i,j} = [j,i] \text{ si } j \leq i.$$

On a alors

$$\bigcup_{i\in I}\bigcap_{j\in J} X_{i,j} = \mathbb{Z} \text{ et } \bigcap_{j\in J}\bigcup_{i\in I} X_{i,j} = \mathbb{R}.$$

EXERCICE 1.3.3

On peut supposer que $(X_{i,j})_{(i,j)\in I\times J}$ est une famille de parties d'un ensemble X. Soit $x = (x_i)_{i\in I}$, $x_i \in I$. Alors, dire que x appartient à $\bigcap_{j\in J}(\prod_{i\in I} X_{i,j})$ signifie que, pour tout $j \in J$, $x \in \prod_{i\in I} X_{i,j}$, c'est-à-dire que, pour tout $j \in J$ et tout $i \in I$, $x_i \in X_{i,j}$. Deux quantificateurs de même nature peuvent être commutés, la relation précédente signifie donc que, pour tout $i \in I$, $x_i \in \bigcap_{j\in J} X_{i,j}$, soit $x \in \prod_{i\in I}(\bigcap_{j\in J} X_{i,j})$, ce qui prouve le résultat voulu.

EXERCICE 1.3.4

D'une façon générale, notons X_1 le terme de gauche et X_2 le terme de droite de chacune des égalités à démontrer.

1. Soit $x \in X_1$, alors $(\forall i \in I)(\exists j \in J_i)(x \in X_{i,j})$. Pour tout $i \in I$, l'ensemble $\{j \in J_i; x \in X_{i,j}\}$ est non vide ; d'après l'axiome de choix, il existe donc une application $\alpha \in A$ telle que $x \in X_{i,\alpha(i)}$ pour tout $i \in I$, ce qui prouve que x appartient à X_2.

Réciproquement, soit $x \in X_2$, alors $(\exists \alpha \in A)(\forall i \in I)(x \in X_{i,\alpha(i)})$ et par conséquent, pour tout $i \in I$, il existe un $j \in J_i$, à savoir $\alpha(i)$, tel que $x \in X_{i,j}$ ce qui prouve que $x \in X_1$.

2. résulte de 1. en passant au complémentaire.

3. Soit $x = (x_i)_{i\in I} \in X_1$, alors $(\forall i \in I)(\exists j \in J_i)(x_i \in X_{i,j})$; d'après l'axiome de choix, il existe donc $\alpha \in A$ tel que $x_i \in X_{i,\alpha(i)}$ pour tout $i \in I$, soit $x \in \prod_{i\in I} X_{i,\alpha(i)}$ et $x \in X_2$.

Réciproquement, soit $x = (x_i)_{i\in I} \in X_2$, alors il existe $\alpha \in A$ tel que $x_i \in X_{i,\alpha(i)}$ pour tout $i \subset I$, d'où $x_i \in \bigcup_{j\in J_i} X_{i,j}$ et $x \in X_1$.

4. Soit $x = (x_i)_{i\in I} \in X_1$, alors pour tout $i \in I$ et tout $j \in J_i$, $x_i \in X_{i,j}$ et par conséquent, pour tout $\alpha \in A$, $x_i \in X_{i,\alpha(i)}$, d'où $x \in \prod_{i\in I} X_{i,\alpha(i)}$ et $x \in X_2$.

Réciproquement, soit $x = (x_i)_{i\in I} \in X_2$, alors pour tout $\alpha \in A$ et tout $i \in I$, $x_i \in X_{i,\alpha(i)}$; étant donné un $i \in I$ et un $j \in J_i$, il existe $\alpha \in A$ tel que $\alpha(i) = j$, d'où $x_i \in X_{i,j}$ pour tout $i \in I$ et tout $j \in J_i$ ce qui prouve que $x \in X_1$.

1.11 Exercices du chapitre 1.B

EXERCICE 1.5.1 PRINCIPE DE RÉCURRENCE TRANSFINIE

Il s'agit de démontrer que l'ensemble $A = \{x \in X\ ;\ \text{non } R(x)\}$ est vide. Raisonnons par l'absurde. Si A est non vide, A admet un plus petit élément a, alors $R(y)$ est vrai quel que soit $y < a$ et par conséquent $R(a)$ est vrai d'après l'hypothèse, ce qui est absurde et ce qui prouve que $R(x)$ est vrai quel que soit x.

Note En prenant $\mathbb{N}$ pour ensemble bien ordonné, on obtient le résultat suivant : soit $R(n)$ une relation telle que, pour tout entier $n \in \mathbb{N}$, $R(n)$ soit vrai dès que $R(p)$ est vrai pour tout $p < n$, alors $R(n)$ est vrai pour tout n. On pourra comparer ce résultat à celui de la proposition 1.7.2.

EXERCICE 1.5.2 THÉORÈME DE KRULL

Rappelons qu'une partie m de A est appelée un idéal si m est un sous-groupe additif (on note additivement la loi de groupe pour l'anneau) et si $x\,m \subset m$ pour tout $x \in A$, c'est-à-dire si

$$(x \in A \text{ et } y \in m) \Rightarrow x\,y \in m.$$

Ceci revient à dire que m est une partie non vide de A telle que

$$(u, v \in A \text{ et } x, y \in m) \Rightarrow ux + vy \in m.$$

Si e désigne l'élément unité de l'anneau, dire qu'un idéal m est différent de A signifie simplement que $e \notin m$. Montrons que l'ensemble M des idéaux de A différents de A, ordonné par inclusion, est inductif lorsque M est non vide, c'est-à-dire lorsque A n'est pas réduit à l'élément neutre $\{0\}$ pour la loi de groupe, l'ensemble $\{0\}$ étant évidemment un idéal. Soit $(m_i)_{i\in I}$ une famille de M totalement ordonnée par inclusion, alors $m = \bigcup_{i\in I} m_i$ est un idéal ; en effet, soient $u, v \in A$ et $x, y \in m$, alors la famille (m_i) étant totalement ordonnée, il existe $i \in I$ tel que $x, y \in m_i$ d'où $ux + vy \in m_i \subset m$. Cet idéal est différent de A vu qu'il ne contient pas e ; ceci montre que m est un majorant de la famille $(m_i)_{i\in I}$. L'ensemble M est donc inductif et d'après le lemme de Zorn tout idéal est contenu dans un idéal maximal.

EXERCICE 1.5.3

1. Notons $f : X \to Y$ l'application $x \mapsto T_x$. Cette application surjective par définition est injective : en effet, soient $x, x' \in X$ tels que $T_x = T_{x'}$, alors $y \leq x$ équivaut à $y \leq x'$ et il en résulte que $x = x'$. Montrons que f est un isomorphisme d'ensembles ordonnés, c'est-à-dire que f et f^{-1} sont des applications croissantes. Il s'agit de démontrer que $x \leq x'$ équivaut à $T_x \subset T_{x'}$; supposons $x \leq x'$ et soit $y \in T_x$, alors $y \leq x$, d'où $y \leq x'$, soit $y \in T_{x'}$; réciproquement, supposons $T_x \subset T_{x'}$, alors $x \in T_x \subset T_{x'}$, soit $x \leq x'$. Ceci prouve que f est un isomorphisme.

2. La propriété (M) n'étant qu'un cas particulier du lemme de Zorn (théorème 1.5.1), il s'agit de démontrer que $(M) \Rightarrow (Z_o)$. Soit X un ensemble inductif, d'après 1. $f : X \to Y$ est un isomorphisme. Toutes les notions définies uniquement à l'aide de la structure d'ensemble ordonné sont évidemment invariantes par f ; en particulier, Y est un ensemble inductif et f induit une bijection de l'ensemble des éléments maximaux de X sur l'ensemble des éléments maximaux de Y. L'ensemble Y étant un ensemble de parties or-

donné par inclusion, la propriété (M) montre que Y admet au moins un élément maximal, il en est donc de même de X, ce qui prouve le résultat voulu.

EXERCICE 1.5.4 LEMME DE TUKEY

Montrons que $\mathcal{X}$ est inductif, la conclusion résultera alors du lemme de Zorn. Soit $(A_i)_{i\in I}$ une famille totalement ordonnée de $\mathcal{X}$. Montrons que $A = \bigcup_{i\in I} A_i$ appartient à $\mathcal{X}$, A sera alors un majorant de la famille (A_i). Il s'agit de démontrer que toute partie finie M de A appartient à $\mathcal{X}$. La famille (A_i) étant totalement ordonnée par inclusion et M étant fini, il existe $i \in I$ tel que $M \subset A_i$; A_i appartenant à $\mathcal{X}$ et M étant une partie finie de A_i, on en déduit que M appartient à $\mathcal{X}$, ce qui prouve le résultat voulu.

EXERCICE 1.5.5

1. Soit Γ un élément maximal de $\mathcal{X}$. Alors, il existe une partie A de X telle que Γ soit le graphe d'une application $g : A \to Y$ vérifiant $g(x) \in f(x)$ pour tout $x \in A$. Montrons que $A = X$, ceci prouvera que g est une fonction de choix associée à f. Raisonnons par l'absurde. Supposons $A \neq X$, choisissons un point $a \in X - A$ et un $y \in f(a)$; posons $\Gamma' = \Gamma \cup \{(a, y)\}$, alors Γ' appartient à $\mathcal{X}$ et est strictement plus grand que Γ, ce qui contredit le fait que Γ est un élément maximal.

2. Montrons que $\mathcal{X}$ vérifie les hypothèses du lemme de Tukey, c'est-à-dire qu'une partie Γ de $\mathcal{P}(X \times Y)$ appartient à $\mathcal{X}$ si, et seulement si, toute partie finie de Γ appartient à $\mathcal{X}$. On observe d'abord que, si Γ appartient à $\mathcal{X}$, alors toute partie de Γ appartient encore à $\mathcal{X}$.

Réciproquement, supposons que toute partie finie de Γ appartient à $\mathcal{X}$ et montrons que Γ appartient à $\mathcal{X}$. Posons

$$A = pr_1(\Gamma) \text{ où } pr_1 : X \times Y \to X$$

désigne la première projection et montrons que Γ est le graphe d'une application $g : A \to Y$, c'est-à-dire que

$$((x, y) \in \Gamma \text{ et } (x, y') \in \Gamma) \Rightarrow y = y' ;$$

or l'ensemble $\{(x, y), (x, y')\}$ est une partie finie de Γ, donc appartient à $\mathcal{X}$ et par conséquent $y = y'$ et $y \in f(x)$, ce qui prouve que $\Gamma \in \mathcal{X}$.

3. D'après le lemme de Tukey, $\mathcal{X}$ admet un élément maximal et, d'après 1., tout élément maximal définit une fonction de choix associée à f. Ceci prouve que dans la théorie des ensembles (ZF), le lemme de Tukey implique l'axiome de choix ; le lemme de Tukey et l'axiome de choix sont donc équivalents.

1.12 Exercices du chapitre 1.C

EXERCICE 1.8.1 UNE AUTRE DÉMONSTRATION DU THÉORÈME DE BERNSTEIN

1. On peut effectivement se ramener à la situation indiquée dans l'énoncé. En effet, si $f : X \to Y$ et $g : Y \to X$ sont des injections, posons $Z = g(Y)$, alors g définit une bijection de Y sur Z et $g \circ f$ est une injection de X sur Z, c'est-à-dire sur une partie de X. Si dans ces conditions on sait construire une bijection $h : X \to Z$, $g^{-1} \circ h : X \to Y$ sera une bijection et le théorème de Bernstein sera démontré.

2. Reprenons les notations de l'énoncé et vérifions que l'application g est bijective.

Montrons que g est surjective. On a, d'après la définition de g, $g(X) = B \cup f(X - B)$ où $B = A \cup f(B)$ vu que $f(B) = \bigcup_{n=1}^{\infty} f^n(A)$; on en déduit que

$$g(X) = A \cup f(B) \cup f(X - B) = A \cup f(X) = (Y - f(X)) \cup f(X) = Y,$$

ce qui prouve le résultat voulu.

Montrons ensuite que g est injective. Étant donné que les restrictions de g à B et à $X - B$ sont injectives, il s'agit de démontrer que, si $x \in X - B$ et $x' \in B$, alors $x' \neq f(x)$, c'est-à-dire $(\forall x \in X)(x \notin B \Rightarrow f(x) \notin B)$, soit

$$(\forall x \in X)(f(x) \in B \Rightarrow x \in B).$$

Supposons donc $f(x) \in B$, il existe un entier n tel que $f(x) \in f^n(A)$ et cet entier n ne peut être nul, car on aurait $f(x) \in A = Y - f(X)$. Ceci montre que $f(x) \in f(f^p(A))$ où $p \in \mathbb{N}$; il existe donc $y \in f^p(A)$ tel que $f(x) = f(y)$ et, f étant injective, $x = y$, ce qui prouve que $x \in f^p(A) \subset B$.

Note Cette démonstration présente l'inconvénient (aux yeux de certains) d'utiliser l'ensemble $\mathbb{N}$ des entiers.

EXERCICE 1.8.2

Raisonnons par l'absurde. Supposons que toute partie de X soit un élément de X, alors $\mathcal{P}(X) \subset X$, d'où Card $\mathcal{P}(X) \leq$ Card X, ce qui est absurde vu le théorème de Cantor (théorème 1.8.5).

EXERCICE 1.8.3

On raisonne par l'absurde, supposons qu'il existe un ensemble $\mathcal{X}$ tel que tout ensemble X soit équipotent à un ensemble appartenant à $\mathcal{X}$. Prenons en particulier $X = \bigcup_{A \in \mathcal{X}} A$, il existe $B \in \mathcal{X}$ tel que Card X = Card B. L'ensemble $\mathcal{P}(B)$ est équipotent à un ensemble $C \in \mathcal{X}$. D'après le théorème de Cantor, on a

$$\text{Card } X = \text{Card } B < \text{Card } \mathcal{P}(B) = \text{Card } C,$$

d'où Card $X <$ Card C, ce qui est absurde vu que $C \subset X$.

Note Cet exercice montre qu'on ne peut pas parler de l'ensemble des cardinaux. On notera que ce résultat est plus fin que le paradoxe de Cantor (remarque 1.1.3).

EXERCICE 1.9.1

Si X est un ensemble infini, il existe une injection $f : \mathbb{N} \to X$; posons $a_n = f(n)$ et $D = f(\mathbb{N}) = \bigcup_{n=0}^{\infty} \{a_n\}$. On construit alors une bijection $g : X \to X - \{a_0\}$ en posant $g(x) = x$ si $x \in X - D$ et $g(a_n) = a_{n+1}$ pour tout entier $n \geq 0$. Ceci prouve que X est équipotent à $X - \{a_0\}$.

Réciproquement, supposons que X soit équipotent à une partie A de X distincte de X ; notons $f : X \to A$ une bijection de X sur A. Choisissons un point $a_0 \in X - A$ et posons $a_{n+1} = f(a_n)$ pour tout entier $n \geq 0$. On définit ainsi par récurrence une suite (a_n) de X. Montrons que l'application $n \mapsto a_n$ est injective, c'est-à-dire que $a_p = a_q$ implique $p = q$, ceci prouvera qu'il existe une injection de $\mathbb{N}$ dans X, donc que X est infini. Raisonnons par l'absurde, supposons $a_p = a_q$ où $0 \leq p < q$. On a alors

$$f^p(a_0) = f^q(a_0) = f^p\Big(f^{q-p}(a_0)\Big),$$

d'où f étant injective $a_0 = f^{q-p}(a_0) \in A$ et ceci est absurde vu que a_0 appartient à

$X - A$.

EXERCICE 1.9.2

Supposons l'ensemble X infini et soit $f : X \to X$ une application. Choisissons un point $a_0 \in X$ (X est infini, donc non vide) et posons $a_{n+1} = f(a_n)$ pour $n \geq 0$, $A = \bigcup_{n=1}^{\infty}\{a_n\}$. Il est clair que A est non vide et que $f(A) \subset A$. Montrons que A est différent de X. Si a_0 n'appartient pas à A, le résultat est acquis et si $a_0 \in A$, il existe un entier $n \geq 1$ tel que $a_0 = a_n$ et il en résulte que $A = \bigcup_{p=0}^{n}\{a_p\}$; l'ensemble A est donc fini et par conséquent différent de X.

Réciproquement, si X est fini, construisons une application $f : X \to X$ telle que, pour toute partie A de X non vide et différente de X, $f(A) \not\subset A$. Si Card $X \leq 1$, la propriété est vérifiée quelle que soit l'application f, vu qu'il n'existe pas de partie A non vide et distincte de X. On peut donc écrire X sous la forme

$$X = \bigcup_{p=0}^{n}\{a_p\} \text{ où } n \geq 1 \text{ et } a_p \neq a_q \text{ si } p \neq q.$$

On définit f en posant

$$f(a_p) = a_{p+1} \text{ si } 0 \leq p < n \text{ et } f(a_n) = a_0.$$

Soit $A \in \mathcal{P}(X)$, $A \neq \emptyset$ et $A \neq X$, alors il existe un entier $0 \leq p \leq n$ tel que $a_p \in A$ et $a_{p+1} \notin A$ en convenant que $a_{n+1} = a_0$ et ceci montre que $f(A) \not\subset A$, ce qui prouve le résultat voulu.

EXERCICE 1.9.3

On a $\mathbb{N} \subset \mathbb{Q}$, d'où Card $\mathbb{N} \leq$ Card $\mathbb{Q}$. Inversement, l'application

$$(p, q) \in \mathbb{Z} \times \mathbb{N}^* \mapsto p/q \in \mathbb{Q}$$

est surjective, d'où Card $\mathbb{Q} \leq$ Card $(\mathbb{Z} \times \mathbb{N}^*)$. Les ensembles $\mathbb{Z}$ et $\mathbb{N}^*$ étant équipotents à $\mathbb{N}$, l'ensemble $\mathbb{Z} \times \mathbb{N}^*$ est équipotent à $\mathbb{N}^2$, donc à $\mathbb{N}$ d'après la proposition 1.9.2. Ceci prouve que Card $\mathbb{Q} \leq$ Card $\mathbb{N}$ et on a donc l'égalité : $\mathbb{Q}$ est un ensemble infini dénombrable.

EXERCICE 1.9.4

L'ensemble A est nécessairement infini, donc d'après le lemme 1.9.4 et le théorème 1.9.9, on a

$$\text{Card } X = \text{Card } (A \cup B) \leq \text{Card } (A \times A) = \text{Card } A,$$

soit Card $X \leq$ Card A, d'où l'égalité vu que $A \subset X$.

EXERCICE 1.9.5

1. Soit n un entier ≥ 1, dire que $A \in \mathcal{P}(X)$ admet n éléments signifie qu'il existe une bijection de $[1, n]$ sur A ; à tout $A \in \mathcal{F}_n(X)$, on peut donc associer une injection f_A de $[1, n]$ dans X ; on définit ainsi une application $A \mapsto f_A$ de $\mathcal{F}_n(X)$ dans $\mathcal{F}([1, n]; X) = X^n$ telle que $f_A([1, n]) = A$; cette application est donc injective ce qui prouve que Card $\mathcal{F}_n(X) \leq$ Card X^n, d'où Card $\mathcal{F}_n(X) \leq$ Card X d'après le théorème 1.9.9.

Montrons qu'on a en fait l'égalité. D'après l'axiome de choix, il existe une application $f : \mathcal{F}_n(X) \to X$ telle que $f(A) \in A$ pour tout $A \in \mathcal{F}_n(X)$. Posons $M = X - f(\mathcal{F}_n(X))$, alors M admet au plus $n - 1$ éléments, sinon M contiendrait un ensemble A à n éléments et on aurait alors $f(A) \in A \subset M$, ce qui est absurde. Il en résulte que

$$\text{Card } \mathcal{F}_n(X) \geq \text{Card } (X - M) = \text{Card } X$$

d'après l'exercice 1.9.4. Ceci prouve que Card $\mathcal{F}_n(X) =$ Card X.

2. Notons d'abord que l'application $x \mapsto \{x\}$ est une injection de X dans $\mathcal{F}(X)$ et par conséquent Card $X \leq$ Card $\mathcal{F}(X)$. Étant donné que $\mathcal{F}(X) \subset \bigcup_{n=1}^{\infty} \mathcal{F}_n(X)$, le lemme 1.9.4 et le théorème 1.9.9 prouvent que

$$\text{Card } \mathcal{F}(X) \leq \text{Card } (X \times X) = \text{Card } X$$

et ceci prouve que Card $\mathcal{F}(X) =$ Card X.

Chapitre 2

TOPOLOGIE

Sommaire

Ce chapitre présente la théorie des espaces topologiques. Il s'agit essentiellement de construire une théorie permettant de traiter les problèmes de convergence qu'on rencontre en Analyse. La construction même de l'ensemble des nombres réels, en tant que complété de $\mathbb{Q}$, repose sur des notions de convergence ; il nous a semblé utile de rappeler cette construction, d'établir les propriétés fondamentales de $\mathbb{R}$ et d'introduire dans ce cadre les premières notions de la topologie (paragraphe 2.5). Il est utile d'étudier avec soin ces notions et de réfléchir aux démonstrations ; l'espace $\mathbb{R}$ est en effet l'espace topologique le plus simple et constitue donc un modèle fondamental : la démonstration de certains théorèmes généraux s'inspire directement de ce qui peut être fait sur $\mathbb{R}$, modulo un langage plus sophistiqué.

Une structure topologique est avant tout une structure de convergence et seule la notion de filtre (définition 2.8.1) introduite par H. Cartan permet d'obtenir une théorie satisfaisante. Une structure topologique est donc définie en se donnant les filtres des voisinages de chaque point (définition 2.8.2), c'est-à-dire en se donnant (remarque 2.11.1) les filtres qui convergent. Un ensemble ouvert est alors par définition un ensemble qui est un voisinage de chacun de ses points et ceci permet de donner une définition équivalente des structures topologiques (proposition 2.9.3). Dans le même esprit, une fonction continue sera par définition une fonction transformant un filtre convergent en un filtre convergent (définition 2.13.1) ; un espace séparé sera un espace sur lequel la limite d'un filtre convergent est unique (définition 2.17.1).

La seule considération des suites ne suffit pas en général pour caractériser certaines propriétés topologiques et des hypothèses de dénombrabilité sont nécessaires si on veut éviter l'usage des filtres. Le paragraphe 2.12 étudie une classe d'espaces topologiques de cette nature et qui est importante dans la pratique car elle contient la classe des espaces métriques (paragraphe 2.7).

Après avoir introduit les espaces métriques, les paragraphes 2.8 à 2.17 présentent les notions de base de la topologie ; toutes ces notions sont importantes et d'un usage constant.

Les espaces métriques complets sont introduits au paragraphe 2.18 : dans un tel espace, on dispose d'un critère (le critère de Cauchy) permettant d'affirmer qu'un filtre converge sans connaître a priori la limite. Ces espaces jouent un rôle important en analyse ; parmi les applications, signalons le théorème de prolongement des applications uniformément continues (théorème 2.25.2) dont la version linéaire étudiée ultérieurement est d'un usage constant, le théorème du point fixe (théorème 2.26.1) et une version locale (proposition 2.26.4) qui nous permettra de démontrer très simplement le théorème des fonctions implicites.

Les paragraphes 2.19 à 2.24 sont consacrés aux topologies initiales ou finales. En particulier, on étudiera avec soin les topologies produits (paragraphe 2.21) ; ces topologies sont très importantes. Il est par exemple essentiel de comprendre que la topologie de la convergence simple étudiée au paragraphe 2.23 est une topologie produit ; comme nous le verrons, on en déduira des propriétés fondamentales des topologies faibles.

Le paragraphe 2.28 étudie le théorème de Baire (théorème 2.28.1) ; il s'agit sans aucun doute d'un théorème plus difficile à comprendre. Ce théorème est indispensable pour établir par exemple que la limite simple d'une suite de formes linéaires continues sur un espace de Banach est toujours continue.

La partie C est consacrée à l'étude des espaces compacts. Ces espaces sont très importants dans la pratique car des techniques de compacité conduisent à des théorèmes d'existence en l'absence d'unicité (un exemple élémentaire est explicité à la remarque 2.33.1).

La notion d'ultrafiltre est introduite au paragraphe 2.30. Le lemme de Zorn permet d'obtenir de suite le théorème fondamental 2.30.2 affirmant l'existence d'ultrafiltre plus fin que tout filtre donné a priori ; on en déduit une caractérisation (théorème 2.30.4) des espaces compacts qui est la clef de la démonstration du théorème 2.32.5 de Tychonoff.

Toutes les propriétés étudiées au paragraphe 2.31 sont importantes. Signalons en particulier le corollaire 2.31.12 qui est le seul théorème de ce chapitre permettant d'affirmer qu'une bijection continue est un homéomorphisme.

Le théorème de Tychonoff est démontré au paragraphe 2.32 ; on en déduit (théorème 2.32.7) la caractérisation des parties compactes pour la topologie de la convergence simple.

La caractérisation des espaces métriques compacts (théorème 2.33.4) est fondamentale. Elle utilise la notion d'espace précompact ; il s'agit d'une notion très utile dans la pratique pour vérifier que des espaces métriques complets sont compacts.

Le paragraphe 2.34 est consacré à la démonstration du théorème 2.34.5 d'Ascoli caractérisant les parties compactes pour la topologie de la convergence uniforme ; la démonstration repose d'une part sur le théorème de Tychonoff, d'autre part sur le fait que la topologie de la convergence simple et la topologie de la convergence uniforme coïncident sur une partie équicontinue (proposition 2.34.3). Il est important de comprendre quelles sont les grandes étapes qui conduisent au théorème d'Ascoli

$$\text{Zorn} \Rightarrow \text{Tychonoff} \Rightarrow \text{Ascoli}.$$

Il s'agit en effet d'un théorème fondamental à l'origine de la caractérisation des parties compactes de nombreux espaces fonctionnels.

Les espaces localement compacts (paragraphe 2.35) seront utilisés lors de l'étude des mesures de Radon, en particulier le théorème 2.36.7 de partition de l'unité.

Les espaces projectifs présentés au paragraphe 2.38 constituent des exemples excellents d'espaces compacts et permettent de tester l'efficacité des outils mis en place.

La partie D présente la théorie élémentaire des espaces connexes ; les propriétés de ces espaces (paragraphes 2.39 à 2.41) s'obtiennent aisément et ne nécessitent aucun commentaire. Le paragraphe 2.42 s'intéresse à des propriétés plus subtiles concernant les espaces connexes compacts ; elles nous permettront de caractériser les ouverts simplement connexes de $\mathbb{C}$, c'est-à-dire les ouverts sans trou (exemple 2.42.1).

A – Nombres réels

2.1 Construction des nombres réels

Rappelons que $\mathbb{Q}$ désigne le corps des nombres rationnels, que ce corps est commutatif et que la relation d'ordre usuelle sur ce corps est une relation d'ordre total. Ces deux structures sur $\mathbb{Q}$, à savoir la structure de corps et la structure d'ensemble ordonné, sont reliées par les propriétés suivantes : pour tout x, y, z de $\mathbb{Q}$, on a

$$x \leq y \Rightarrow x + z \leq y + z, \tag{2.1.1}$$

$$0 \leq x, 0 \leq y \Rightarrow 0 \leq xy. \tag{2.1.2}$$

On exprime ces propriétés en disant que $\mathbb{Q}$ est un corps totalement ordonné. Toutes les règles élémentaires de calcul sur $\mathbb{Q}$ se déduisent de ces propriétés. D'une façon générale, si $\mathbb{K}$ est un corps totalement ordonné, on définit la valeur absolue de tout $x \in \mathbb{K}$ en posant $|x| = \max(x, -x)$, c'est-à-dire $|x| = x$ si $x \geq 0$ et $|x| = -x$ si $x \leq 0$; pour tout $x, y \in \mathbb{K}$, on a alors

$$|x + y| \leq |x| + |y| \quad \text{(inégalité triangulaire)}, \tag{2.1.3}$$

$$|xy| = |x| \times |y|. \tag{2.1.4}$$

Exercice 2.1.1 Vérifier ces propriétés.

Exercice 2.1.2 Soit $\mathbb{K}$ un corps totalement ordonné, montrer que pour tout $x, y \in \mathbb{K}$

$$\Big||x| - |y|\Big| \leq |x - y|.$$

La construction de $\mathbb{Q}$ est purement algébrique : si $\mathbb{Z}$ désigne l'anneau des entiers relatifs, $\mathbb{Q}$ est par définition le corps des fractions de cet anneau $\mathbb{Z}$ qui est intègre. Cette remarque est importante du point de vue des idées car la construction de $\mathbb{R}$ qui va suivre est d'une nature complètement différente.

Introduisons maintenant la notion de suite convergente.

Définition 2.1.1 *On dit qu'une suite (x_n) de $\mathbb{Q}$ converge vers $x \in \mathbb{Q}$ si*

$$(\forall \varepsilon \in \mathbb{Q},\ \varepsilon > 0)(\exists n \in \mathbb{N})(\forall p \in \mathbb{N})(p \geq n \Rightarrow |x - x_p| \leq \varepsilon). \tag{2.1.5}$$

On dit alors que x est la limite de la suite (x_n) et on écrit $x = \lim_{n\to\infty} x_n$.

Si une suite (x_n) est convergente, sa limite est déterminée de façon unique. Supposons en effet qu'une telle suite converge vers $x \in \mathbb{Q}$ et $y \in \mathbb{Q}$. Soit $\varepsilon \in \mathbb{Q}$, $\varepsilon > 0$, il existe $n_1 \in \mathbb{N}$ et $n_2 \in \mathbb{N}$ tel que $|x - x_n| \leq \varepsilon/2$ pour tout $n \geq n_1$ et $|y - x_n| \leq \varepsilon/2$ pour tout $n \geq n_2$, d'où (inégalité triangulaire)

$$|x - y| = |x - x_n - (y - x_n)| \leq |x - x_n| + |y - x_n| \leq \varepsilon$$

pour $n = \max(n_1, n_2)$, soit $|x - y| \leq \varepsilon$ et on a donc nécessairement $x = y$.

Exemple 2.1.1 La suite $x_n = 1/n$ $(n \geq 1)$ converge vers 0. En effet, soit $\varepsilon \in \mathbb{Q}$, $\varepsilon > 0$, alors $\varepsilon = p/q$ où p et q sont des entiers > 0 et on a $0 < 1/n \leq p/q$ dès que $n \geq q$, ce qui prouve le résultat voulu.

Les suites convergentes de $\mathbb{Q}$ possèdent une propriété très importante dont voici la définition.

Définition 2.1.2 *On dit qu'une suite (x_n) de $\mathbb{Q}$ est une suite de Cauchy si*

$$\begin{cases} (\forall \varepsilon \in \mathbb{Q},\ \varepsilon > 0)(\exists n \in \mathbb{N})(\forall p \in \mathbb{N})(\forall q \in \mathbb{N}) \\ (p \geq n \text{ et } q \geq n \Rightarrow |x_p - x_q| \leq \varepsilon). \end{cases} \tag{2.1.6}$$

Proposition 2.1.1 *Toute suite de $\mathbb{Q}$ qui converge est une suite de Cauchy.*

Preuve Soit (x_n) une suite de $\mathbb{Q}$ qui converge vers x. Soit $\varepsilon \in \mathbb{Q}$, $\varepsilon > 0$, il existe $n \in \mathbb{N}$ tel que $|x - x_p| \leq \varepsilon/2$ pour $p \geq n$, d'où

$$|x_p - x_q| = |x - x_p - (x - x_q)| \leq |x - x_p| + |x - x_q| \leq \varepsilon$$

pour $p \geq n$ et $q \geq n$. Q.E.D.

Pour vérifier qu'une suite est convergente, la connaissance de la limite est absolument indispensable si l'on s'en tient à la définition 2.1.1. Par contre, pour vérifier qu'une suite est de Cauchy, il suffit de connaître les divers termes x_n de la suite ; ceci explique pour quelles raisons on porte un intérêt tout particulier aux suites de Cauchy. Il est évidemment assez naturel de se demander si la réciproque de la proposition 2.1.1 est vraie, c'est-à-dire si toute suite de Cauchy de $\mathbb{Q}$ est convergente. En fait, cette réciproque est fausse : il existe des suites de Cauchy qui ne convergent pas.

Voici un exemple de telle suite (la suite que nous allons construire converge en fait vers le nombre irrationnel $\sqrt{2}$). Pour tout entier $n \geq 1$, soit $l = l(n)$ le plus grand entier tel que $l^2 \leq 2n^2$; considérons la suite de terme général $x_n = l(n)/n$, $n \geq 1$. La suite (x_n^2) converge vers 2 : on a en effet $l^2/n^2 \leq 2 < (l+1)^2/n^2$ et $n \leq l < 2n$, d'où

$$0 \leq 2 - \frac{l^2}{n^2} \leq \frac{(l+1)^2}{n^2} - \frac{l^2}{n^2} = \frac{2l+1}{n^2} \leq \frac{4n}{n^2} = \frac{4}{n}$$

et ceci prouve que $\lim_{n\to\infty} x_n^2 = 2$. La suite (x_n^2) est donc de Cauchy et, vu que $x_n \geq 1$, on en déduit que

$$|x_p - x_q| = \frac{|x_p^2 - x_q^2|}{x_p + x_q} \leq \frac{1}{2}|x_p^2 - x_q^2|$$

et ceci montre que la suite (x_n) est de Cauchy. Supposons la suite (x_n) convergente de limite x ; vu que $1 \leq x_n \leq 2$, on a alors

$$|x^2 - x_n^2| = |x + x_n| \times |x - x_n| \leq (|x| + 2) \times |x - x_n|$$

et il en résulte que la suite (x_n^2) converge vers x^2, d'où $x^2 = 2$ ce qui est absurde, étant donné qu'il n'existe pas de nombre rationnel dont le carré est égal à 2. Ceci prouve que la suite (x_n), qui est une suite de Cauchy, ne converge pas.

Les considérations précédentes conduisent à considérer l'ensemble X de toutes les suites de Cauchy de $\mathbb{Q}$. Sur cet ensemble X, on peut définir une structure d'anneau commutatif de la façon suivante. Soient $x = (x_n) \in X$ et $y = (y_n) \in X$ deux suites de Cauchy de $\mathbb{Q}$, on pose $x + y = (x_n + y_n)$, on vérifie aisément que $x + y$ est une suite de Cauchy vu que

$$|(x_p + y_p) - (x_q + y_q)| \leq |x_p - x_q| + |y_p - y_q|.$$

Cette loi de composition définit une structure de groupe abélien sur X : l'élément neutre est la suite dont tous les termes sont nuls, l'opposé de la suite $x = (x_n)$ étant la suite $-x = (-x_n)$. On définit ensuite le produit des suites x et y par la formule $xy = (x_n y_n)$. Pour vérifier que xy est une suite de Cauchy, nous utiliserons le

Lemme 2.1.2 *Toute suite de Cauchy $x = (x_n)$ est bornée : il existe $M \in \mathbb{Q}$ tel que $|x_n| \leq M$ pour tout $n \in \mathbb{N}$.*

Preuve Soit $x = (x_n) \in X$. D'après (2.1.6), il existe $n_0 \in \mathbb{N}$ tel que

$$|x_p - x_{n_0}| \leq 1 \text{ pour } p > n_0,$$

d'où $|x_n| \leq \max(1 + |x_{n_0}|, |x_0|, \ldots, |x_{n_0-1}|)$. Q.E.D.

Si $x = (x_n)$ et $y = (y_n)$ sont deux suites de Cauchy, il existe donc $M \in \mathbb{Q}$ tel que $|x_n| \leq M$ et $|y_n| \leq M$ pour tout $n \in \mathbb{N}$, d'où

$$|x_p y_p - x_q y_q| = |x_p(y_p - y_q) + y_q(x_p - x_q)| < M(|x_p - x_q| + |y_p - y_q|)$$

et il en résulte que la suite xy est de Cauchy. Il est alors immédiat de vérifier qu'on définit ainsi une structure d'anneau commutatif sur X ; cet anneau possède un élément unité, à savoir la suite dont tous les termes sont égaux à 1.

On définit ensuite une relation d'équivalence R sur X : si $x = (x_n) \in X$ et suites de Cauchy, on note $x \equiv y$ (mod. R) la relation

(2.1.7) $\quad (\forall \varepsilon \in \mathbb{Q}, \varepsilon > 0)(\exists n \in \mathbb{N})(\forall p \in \mathbb{N})(p \geq n \Rightarrow |x_p - y_p| \leq \varepsilon).$

Cette relation est trivialement réflexive et symétrique ; quant à la transitivité, si $x \equiv y$ (mod. R) et $y \equiv z$ (mod. R) où $z = (z_n) \in X$, pour tout $\varepsilon \in \mathbb{Q}, \varepsilon > 0$, il existe des entiers n_1 et n_2 tels que $|x_p - y_p| \leq \varepsilon/2$ pour $p \geq n_1$ et $|y_p - z_p| \leq \varepsilon/2$ pour $p \geq n_2$, d'où $|x_p - z_p| \leq \varepsilon$ pour $p \geq \max(n_1, n_2)$, ce qui prouve le résultat voulu.

Exemple 2.1.2 Soit $x = (x_n) \in X$ et soit $l \in \mathbb{N}$, on considère la suite $y = (y_n)$, $y_n = x_{l+n}$. Les suites x et y sont équivalentes. En effet, soit $\varepsilon \in \mathbb{Q}$, $\varepsilon > 0$, il existe $n \in \mathbb{N}$ tel que $|x_p - x_q| \leq \varepsilon$ pour $p \geq n$ et $q \geq n$, d'où $|y_p - x_p| = |x_{l+p} - x_p| \leq \varepsilon$ et $|y_p - y_q| = |x_{l+p} - x_{l+q}| \leq \varepsilon$ pour $p \geq n$ et $q \geq n$, ce qui prouve que y est une suite de Cauchy équivalente à la suite x. Ceci montre qu'on ne modifie pas la classe d'équivalence d'une suite en supprimant ses l premiers termes.

On notera que deux suites convergentes (x_n) et (y_n) sont congrues modulo R si, et seulement si, leurs limites $x = \lim_{n\to\infty} x_n$ et $y = \lim_{n\to\infty} y_n$ sont égales : en effet, supposons $x = y$ et soit $\varepsilon \in \mathbb{Q}$, $\varepsilon > 0$, alors il existe $n \in \mathbb{N}$ tel que $|x - x_p| \leq \varepsilon/2$ et $|y - y_p| \leq \varepsilon/2$ pour $p \geq n$, d'où $|x_p - y_p| \leq \varepsilon$, ce qui prouve que les suites (x_n) et (y_n) sont équivalentes ; réciproquement, supposons $(x_n) \equiv (y_n)$ (mod. R), alors il existe $n \in \mathbb{N}$ tel que $|x - x_p| \leq \varepsilon/3$, $|y - y_p| \leq \varepsilon/3$ (convergence des suites) et $|x_p - y_p| \leq \varepsilon/3$ (congruence des suites) pour $p \geq n$, d'où $|x - y| \leq \varepsilon$ et ceci étant vrai quel que soit $\varepsilon > 0$, on a nécessairement $x = y$. Ceci montre qu'il est naturel d'introduire l'espace quotient X/R, toutes les suites de $\mathbb{Q}$ qui convergent vers le même nombre rationnel ayant dans l'espace quotient la même image par la surjection canonique ; en d'autres termes, lorsqu'on passe à l'espace quotient X/R la seule information qui est conservée est la valeur limite des suites convergentes, mais cet espace quotient va être beaucoup plus riche que $\mathbb{Q}$, car une suite de Cauchy de $\mathbb{Q}$ non convergente n'est congrue à aucune suite convergente de $\mathbb{Q}$.

L'ensemble quotient X/R noté $\mathbb{R}$ est appelé l'ensemble des nombres réels ; on dit aussi que $\mathbb{R}$ est la droite réelle. On notera $\pi : X \to \mathbb{R}$ la surjection canonique et, si $x \in X$ est une suite de Cauchy de $\mathbb{Q}$, on notera $[x] = \pi(x)$ sa classe d'équivalence.

2.2 Structure de corps totalement ordonné

Notre premier objectif est de munir $\mathbb{R}$ d'une structure de corps commutatif.

Voici un premier lemme.

Lemme 2.2.1 *La relation d'équivalence R est compatible avec la structure d'anneau de X : soient x, x', y et y' des suites de Cauchy de $\mathbb{Q}$ telles que $x \equiv x'$ et $y \equiv y'$ (mod. R), alors $x + y \equiv x' + y'$ (mod. R) et $xy \equiv x'y'$ (mod. R).*

Preuve Soit $\varepsilon \in \mathbb{Q}$, $\varepsilon > 0$, il existe $n \in \mathbb{N}$ tel que

$$|x_p - x'_p| \leq \varepsilon/2 \text{ et } |y_p - y'_p| \leq \varepsilon/2 \text{ pour } p \geq n,$$

d'où $|(x_p + y_p) - (x'_p + y'_p)| \leq \varepsilon$, soit $x + y \equiv x' + y'$ (mod. R). On a d'autre part $x_p y_p - x'_p y'_p = x_p(y_p - y'_p) + y'_p(x_p - x'_p)$ et il existe (lemme 2.1.2) $M \in \mathbb{Q}$ tel que $|x_p| \leq M$ et $|y'_p| \leq M$ pour tout p, d'où

$$|x_p y_p - x'_p y'_p| \leq M(|y_p - y'_p| + |x_p - x'_p|) \leq M\varepsilon \text{ pour } p \geq n,$$

ce qui prouve que $xy \equiv x'y'$ (mod. R). Q.E.D.

On peut alors définir la somme et le produit de deux nombres réels $\xi, \eta \in \mathbb{R}$ en posant

(2.2.1) $$\xi + \eta = [x + y], \ \xi\eta = [xy], \text{ où } x \in \xi, y \in \eta,$$

la classe d'équivalence de $x + y$ et xy ne dépendant pas du choix des représentants x et y d'après le lemme 2.2.1.

On vérifie aisément qu'on définit ainsi sur $\mathbb{R}$ une structure d'anneau commutatif ; l'élément neutre (noté 0) pour l'addition est la classe d'équivalence de la suite

(x_n) où $x_n = 0$ pour tout $n \in \mathbb{N}$, l'opposé $-\xi$ d'un nombre réel ξ est la classe d'équivalence de la suite $-x = (-x_n)$ si $x = (x_n) \in \xi$ et l'élément unité (noté 1) de l'anneau est la classe d'équivalence de la suite (x_n) où $x_n = 1$ pour tout $n \in \mathbb{N}$. Vérifions à titre d'exemple l'associativité de l'addition : soient ξ, η, ζ des nombres réels, si $x \in \xi$, $y \in \eta$, $z \in \zeta$, on a d'après les définitions

$$\begin{aligned} \xi + (\eta + \zeta) &= [x] + ([y] + [z]) = [x] + [y + z] \\ &= [x + (y + z)] = [(x + y) + z] \\ &= [x + y] + [z] = ([x] + [y]) + [z] \\ &= (\xi + \eta) + \zeta, \end{aligned}$$

ce qui prouve le résultat voulu. Toutes les autres vérifications sont de même nature et sont laissées au soin du lecteur.

Nous allons ensuite vérifier que cette structure d'anneau sur $\mathbb{R}$ est en fait une structure de corps, c'est-à-dire que tout nombre réel $\neq 0$ admet un inverse.

Lemme 2.2.2 *Soit $\xi \in \mathbb{R}$, $\xi \neq 0$ et $x = (x_n) \in \xi$. Il existe $\varepsilon \in \mathbb{Q}$, $\varepsilon > 0$, et $n \in \mathbb{N}$ tel que l'on ait soit $x_p \geq \varepsilon$ pour tout $p \geq n$, soit $x_p \leq -\varepsilon$ pour tout $p \geq n$.*

Preuve Étant donné que ξ est non nul, la suite x n'est pas congrue à la suite identiquement nulle, soit

(2.2.2) $$(\exists \varepsilon \in \mathbb{Q},\ \varepsilon > 0)(\forall n \in \mathbb{N})(\exists p \in \mathbb{N})(p \geq n \text{ et } |x_p| \geq 2\varepsilon).$$

La suite (x_n) étant de Cauchy, il existe $n_0 \in \mathbb{N}$ tel que $|x_p - x_q| \leq \varepsilon$ pour $p \geq n_0$ et $q \geq n_0$. D'après (2.2.2), il existe $n_1 \geq n_0$ tel que $|x_{n_1}| \geq 2\varepsilon$; supposons par exemple $x_{n_1} > 0$ donc $x_{n_1} \geq 2\varepsilon$, on a alors pour $n \geq n_1$

$$x_n = x_n - x_{n_1} + x_{n_1} \geq x_{n_1} - |x_n - x_{n_1}| \geq 2\varepsilon - \varepsilon - \varepsilon ;$$

lorsque $x_{n_1} < 0$, on vérifie de même que $x_n \leq -\varepsilon$ pour $n \geq n_1$. Q.E.D.

Considérons alors un nombre réel $\xi \neq 0$, vu le lemme précédent et l'exemple 2.1.2, on peut trouver une suite $x = (x_n) \in \xi$ tel que $|x_n| \geq \varepsilon$ pour tout $n \in \mathbb{N}$. Posons $y_n = x_n^{-1}$, $y = (y_n)$, on a

$$|y_p - y_q| = \frac{|x_p - x_q|}{x_p x_q} \leq \varepsilon^{-2} |x_p - x_q|$$

et par conséquent la suite y est de Cauchy. Étant donné que $x_n y_n = 1$ pour tout n, on a $[x][y] = 1$ d'après la définition du produit de deux nombres réels et ceci prouve que $\xi = [x]$ admet pour inverse le nombre réel $[y]$. On a donc bien une structure de corps sur $\mathbb{R}$.

Plongeons $\mathbb{Q}$ dans $\mathbb{R}$ de la façon suivante. Si r est un nombre rationnel, soit $x = (x_n)$ la suite constante définie par $x_n = r$; on définit alors une application $i : \mathbb{Q} \to \mathbb{R}$ en posant $i(r) = [x]$.

Lemme 2.2.3 *L'application $i : \mathbb{Q} \to \mathbb{R}$ est un homomorphisme injectif de corps, c'est-à-dire*

$$i(r + s) = i(r) + i(s), \quad i(rs) = i(r)\, i(s) \text{ pour tout } r, s \in \mathbb{Q}.$$

Preuve Soient $r, s \in \mathbb{Q}$, notons $x = (x_n)$ et $y = (y_n)$ les suites telles que $x_n = r$, $y_n = s$.

1. L'application i est injective : supposons $r \neq s$, les suites x et y convergent vers des nombres rationnels différents, donc ne sont pas équivalentes, ce qui prouve que $i(r) \neq i(s)$.

2. On a d'autre part d'après (2.2.1)

$$i(r+s) = [x+y] = [x] + [y] = i(r) + i(s),$$
$$i(rs) = [xy] = [x]\,[y] = i(r)i(s).$$

Q.E.D.

L'homomorphisme injectif i permet d'identifier $\mathbb{Q}$ à un sous-corps de $\mathbb{R}$, à savoir $i(\mathbb{Q})$; autrement dit, on ne distinguera pas le nombre rationnel r et le nombre réel $i(r)$. Ceci revient en fait à identifier le nombre r et la classe d'équivalence de n'importe quelle suite de $\mathbb{Q}$ qui converge vers r.

La relation d'ordre sur $\mathbb{Q}$ peut être prolongée à $\mathbb{R}$ de la façon suivante. Si ξ et η sont deux nombres réels, on note $\xi < \eta$ la relation

$$(2.2.3) \quad \begin{cases} \text{pour tout } x = (x_n) \in \xi,\ y = (y_n) \in \eta, \text{ il existe } \varepsilon \in \mathbb{Q},\ \varepsilon > 0 \text{ et} \\ n \in \mathbb{N} \text{ tel que } y_p - x_p \geq \varepsilon \text{ pour tout } p \geq n. \end{cases}$$

Remarque 2.2.1 La propriété (2.2.3) est vérifiée dès qu'elle l'est pour un représentant
$x = (x_n) \in \xi$ et un représentant $y = (y_n) \in \eta$. En effet, supposons $y_p - x_p \geq 3\varepsilon$ pour $p \geq n$ et soit $x' = (x'_n) \in \xi$, $y' = (y'_n) \in \eta$; les suites x et x', y et y' étant équivalentes, il existe $n_1 \in \mathbb{N}$ tel que $|x_p - x'_p| \leq \varepsilon$, $|y_p - y'_p| \leq \varepsilon$ pour $p \geq n_1$, d'où

$$\begin{aligned} y'_p - x'_p &= y'_p - y_p + y_p - x_p + x_p - x'_p \\ &\geq y_p - x_p - |x_p - x'_p| - |y_p - y'_p| \\ &\geq 3\varepsilon - 2\varepsilon = \varepsilon \end{aligned}$$

pour $p \geq \max(n, n_1)$, ce qui prouve le résultat voulu.

Proposition 2.2.4 *La relation ($\xi < \eta$ ou $\xi = \eta$) est une relation d'ordre total sur $\mathbb{R}$ qui prolonge la relation d'ordre sur $\mathbb{Q}$. Le corps $\mathbb{R}$ est un corps totalement ordonné.*

Preuve Soient ξ, η et ζ trois nombres réels, $x = (x_n) \in \xi$, $y = (y_n) \in \eta$ et $z = (z_n) \in \zeta$ des représentants des classes ξ, η et ζ.

1. Montrons que la relation $\xi < \eta$ est une relation d'ordre strict. Si $\xi < \eta$, on a bien $\xi \neq \eta$: en effet, d'après (2.2.3) les suites x et y ne peuvent être équivalentes. Quant à la transitivité, supposons $\xi < \eta$ et $\eta < \zeta$; d'après (2.2.3), il existe $\varepsilon_1 \in \mathbb{Q}$, $\varepsilon_1 > 0$, $n_1 \in \mathbb{N}$ tels que $y_p - x_p \geq \varepsilon_1$ pour $p \geq n_1$ et de même, il existe $\varepsilon_2 \in \mathbb{Q}$, $\varepsilon_2 > 0$, $n_2 \in \mathbb{N}$ tels que $z_p - y_p \geq \varepsilon_2$ pour $p \geq n_2$. On a alors $z_p - x_p = z_p - y_p + y_p - x_p \geq \varepsilon_1 + \varepsilon_2$ pour $p \geq \max(n_1, n_2)$, ce qui prouve que $\xi < \eta$.

2. Montrons que l'ordre $\xi \leq \eta$ ainsi défini sur $\mathbb{R}$ est total. Si ξ, η sont deux nombres réels distincts, il s'agit de vérifier que $\xi < \eta$ ou $\eta < \xi$. Étant donné que

$\xi - \eta \neq 0$, il existe, d'après le lemme 2.2.2, $\varepsilon \in \mathbb{Q}$, $\varepsilon > 0$ et $n \in \mathbb{N}$ tel que l'on ait soit $y_p - x_p \geq \varepsilon$ pour tout $p \geq n$, soit $x_p - y_p \geq \varepsilon$ pour tout $p \geq n$. Dans le premier cas, on a $\xi < \eta$ et dans le second cas $\eta < \xi$.

3. Soient r et s deux nombres rationnels tels que $r < s$; posons

$$x = (x_n) \text{ et } y = (y_n) \text{ avec } x_n = r,\ y_n = s \text{ pour tout } n.$$

Étant donné que $y_n - x_n = s - r > 0$, on a (remarque 2.2.1) $[x] < [y]$, c'est-à-dire $i(r) < i(s)$, ce qui prouve que l'ordre sur $\mathbb{R}$ prolonge celui de $\mathbb{Q}$.

4. Vérifions enfin les propriétés (2.1.1) et (2.1.2). Supposons $\xi < \eta$, c'est-à-dire (2.2.3). Alors, $y_p + z_p - (x_p + z_p) = y_p - x_p \geq \varepsilon$ pour tout $p \geq n$, d'où $\xi + \zeta < \eta + \zeta$. Supposons $0 < \xi$, $0 < \eta$; le nombre réel 0 étant la classe d'équivalence de la suite identiquement nulle, il existe $\varepsilon \in \mathbb{Q}$, $\varepsilon > 0$ et $n \in \mathbb{N}$ tel que $x_p \geq \varepsilon$, $y_p \geq \varepsilon$ pour $p \geq n$, d'où $x_p y_p \geq \varepsilon^2$ pour $p \geq n$, ce qui prouve que $\xi\eta > 0$. Q.E.D.

Comme sur $\mathbb{Q}$, les règles usuelles de calcul sur $\mathbb{R}$ résultent du fait que $\mathbb{R}$ est un corps totalement ordonné : définition de la valeur absolue, inégalité triangulaire, etc.

Si a et b sont deux nombres réels tels que $a < b$, on définit l'intervalle ouvert $]a, b[$ en posant $]a, b[= \{x \in \mathbb{R} ; a < x < b\}$; un tel intervalle est évidemment non vide : il contient par exemple le réel $(a + b)/2$. Nous allons montrer que l'intervalle $]a, b[$ contient en fait un nombre rationnel : l'interprétation de cette propriété sera donnée ultérieurement.

Proposition 2.2.5 *Soit $a, b \in \mathbb{R}$ tel que $a < b$, alors $]a, b[\cap \mathbb{Q}$ est non vide.*

Preuve Soit $x = (x_n) \in a$, $y = (y_n) \in b$, il existe $\varepsilon \in \mathbb{Q}$, $\varepsilon > 0$, et $n_0 \in \mathbb{N}$ tel que $y_p - x_p \geq \varepsilon$ pour $p \geq n_0$. Par ailleurs, il existe $n_1 \geq n_0$ tel que

$$|x_p - x_q| \leq \varepsilon/3 \text{ et } |y_p - y_q| \leq \varepsilon/3 \text{ pour } p \geq n_1 \text{ et } q \geq n_1.$$

Considérons alors le nombre rationnel $c = x_{n_1} + \varepsilon/2$. On a pour $p \geq n_1$

$$c - x_p = x_{n_1} - x_p + \varepsilon/2 \geq \varepsilon/2 - |x_{n_1} - x_p| \geq \varepsilon/2 - \varepsilon/3 = \varepsilon/6,$$

d'où $a < c$; de même,

$$y_p - c = y_p - y_{n_1} + y_{n_1} - x_{n_1} - \varepsilon/2 \geq \varepsilon - |y_p - y_{n_1}| - \varepsilon/2 \geq \varepsilon/2 - \varepsilon/3 = \varepsilon/6,$$

d'où $c < b$ et ceci prouve que $c \in]a, b[\cap \mathbb{Q}$. Q.E.D.

Exercice 2.2.1 La relation d'ordre sur $\mathbb{R}$ n'est pas une relation de bon ordre, $\mathbb{R}$ n'admettant pas de plus petit élément. On considère une partie bien ordonnée A de $\mathbb{R}$ et on se propose de démontrer que A est dénombrable.

1. Construire d'abord une application $f : A \to \mathbb{R}$ telle que, pour tout $a \in A$, $a < f(a)$ et $]a, f(a)[\cap A = \emptyset$ [si A admet un plus grand élément a, prendre $f(a) = a + 1$ par exemple et, si a n'est pas l'éventuel plus grand élément de A, poser $f(a) = \min M$ où $M = \{x \in A ; x > a\}$].

2. Soit $a, b \in A$, $a \neq b$, montrer que $]a, f(a)[\cap]b, f(b)[= \emptyset$.

3. Conclure en utilisant la proposition 2.2.5 et le fait que $\mathbb{Q}$ est dénombrable.

2.3 Suites convergentes de $\mathbb{R}$

Nous allons effectuer sur $\mathbb{R}$ la même analyse que celle faite sur $\mathbb{Q}$ et nous constaterons qu'une suite est convergente si, et seulement si, elle est de Cauchy ; c'est ce résultat qui justifie a posteriori la construction précédente de $\mathbb{R}$.

Définition 2.3.1 *On dit qu'une suite (x_n) de $\mathbb{R}$ converge vers $x \in \mathbb{R}$ si*

$$(\forall \varepsilon > 0)(\exists n \in \mathbb{N})(\forall p \in \mathbb{N})(p \geq n \Rightarrow |x - x_p| \leq \varepsilon). \tag{2.3.1}$$

On dit alors que x est la limite de la suite (x_n) et on écrit $x = \lim_{n\to\infty} x_n$.

Dans cette définition, ε est un nombre réel > 0 ; on peut se contenter d'un ε rationnel : en effet tout intervalle $]0, \varepsilon[$ où $\varepsilon \in \mathbb{R}$, $\varepsilon > 0$, contient un nombre rationnel d'après la proposition 2.2.5. Ceci montre que les suites convergentes de $\mathbb{Q}$ convergent sur $\mathbb{R}$ vers la même limite.

Si une suite (x_n) est convergente, sa limite est déterminée de façon unique. La démonstration de cette propriété sur $\mathbb{Q}$ ne repose que sur l'inégalité triangulaire et vaut donc sur $\mathbb{R}$.

Définition 2.3.2 *On dit qu'une suite (x_n) de $\mathbb{R}$ est une suite de Cauchy si*

$$\begin{cases} (\forall \varepsilon > 0)(\exists n \in \mathbb{N})(\forall p \in \mathbb{N})(\forall q \in \mathbb{N}) \\ (p \geq n \text{ et } q \geq n \Rightarrow |x_p - x_q| \leq \varepsilon). \end{cases} \tag{2.3.2}$$

Dans cette définition, ε est un nombre réel > 0, mais comme ci-dessus on peut se contenter d'un ε rationnel ; les suites de Cauchy de $\mathbb{Q}$ le sont encore sur $\mathbb{R}$. On vérifie comme sur $\mathbb{Q}$ la

Proposition 2.3.1 *Toute suite convergente de $\mathbb{R}$ est de Cauchy.*

Pour démontrer la réciproque, nous utiliserons les résultats suivants.

Lemme 2.3.2 *Soit $x = (x_n) \in X$ une suite de Cauchy de $\mathbb{Q}$. S'il existe un entier $n \in \mathbb{N}$ et des rationnels $a, b \in \mathbb{Q}$ tels que $a \leq x_p \leq b$ pour tout $p \geq n$, on a alors $a \leq [x] \leq b$.*

Preuve Vérifions par exemple que $a \leq [x]$. Raisonnons par l'absurde. Supposons $[x] < a$, il existe alors $\varepsilon \in \mathbb{Q}$, $\varepsilon > 0$, et $n \in \mathbb{N}$ tel que $a - x_p \geq \varepsilon$ pour tout $p \geq n$, d'où $x_p \leq a - \varepsilon < a$ ce qui contredit l'hypothèse. On vérifie de même que $[x] \leq b$. Q.E.D.

Lemme 2.3.3 *Soit $x = (x_n) \in X$ une suite de Cauchy de $\mathbb{Q}$, alors la suite (x_n) converge vers le nombre réel $[x]$.*

Preuve Soit $\varepsilon \in \mathbb{Q}$, $\varepsilon > 0$, il existe $n \in \mathbb{N}$ tel que $|x_p - x_q| \leq \varepsilon$ pour $p \geq n$ et $q \geq n$, c'est-à-dire $x_q - \varepsilon \leq x_p \leq x_q + \varepsilon$, d'où (lemme 2.3.2) $x_q - \varepsilon \leq [x] \leq x_q + \varepsilon$, soit $|[x] - x_q| \leq \varepsilon$ pour $q \geq n$, ce qui prouve le résultat voulu. Q.E.D.

Corollaire 2.3.4 *Tout nombre réel est la limite d'une suite de rationnels : on exprime cette propriété en disant que $\mathbb{Q}$ est dense dans $\mathbb{R}$.*

Théorème 2.3.5 *Toute suite de Cauchy de $\mathbb{R}$ converge : on dit que $\mathbb{R}$ est complet.*

Preuve Soit (x_n) une suite de Cauchy de $\mathbb{R}$; d'après le corollaire précédent, il existe des rationnels $r_n \in \mathbb{Q}$ tels que $|x_n - r_n| \leq 1/(n+1)$. La suite $r = (r_n)$ est de Cauchy : en effet, soit $\varepsilon > 0$, il existe un entier $n \in \mathbb{N}$ tel que $1/(p+1) \leq \varepsilon/3$ pour $p \geq n$ et $|x_p - x_q| \leq \varepsilon/3$ pour p et $q \geq n$, d'où

$$\begin{aligned} |r_p - r_q| &\leq |x_p - r_p| + |x_p - x_q| + |x_q - r_q| \\ &\leq 1/(p+1) + 1/(q+1) + |x_p - x_q| \\ &\leq \varepsilon/3 + \varepsilon/3 + \varepsilon/3 = \varepsilon \end{aligned}$$

pour p et $q \geq n$. D'après le lemme 2.3.3, la suite (r_n) converge donc vers le nombre réel $x = [r]$. Montrons alors que la suite (x_n) converge vers x : soit $\varepsilon > 0$, il existe $n \in \mathbb{N}$ tel que $1/(p+1) \leq \varepsilon/2$ et $|x - r_p| \leq \varepsilon/2$ pour $p \geq n$, d'où

$$|x - x_p| \leq |x - r_p| + |x_p - r_p| \leq |x - r_p| + 1/(p+1) \leq \varepsilon/2 + \varepsilon/2 = \varepsilon$$

pour $p \geq n$, ce qui prouve le résultat voulu. Q.E.D.

Ce théorème fondamental étant établi, il est utile de revenir à la notion de convergence des suites afin d'examiner les relations existant entre cette structure de convergence d'une part et la structure de corps ordonné d'autre part.

Notons d'abord que le lemme 2.1.2 vaut sur $\mathbb{R}$ avec la même démonstration.

Lemme 2.3.6 *Toute suite (x_n) de $\mathbb{R}$ convergente est bornée : il existe $M \in \mathbb{R}$ tel que $|x_n| \leq M$ pour tout $n \in \mathbb{N}$.*

Proposition 2.3.7 Principe du prolongement des inégalités *Soient (x_n) et (y_n) deux suites convergentes telles que $x_n \leq y_n$ pour tout $n \in \mathbb{N}$, alors*

$$\lim_{n\to\infty} x_n \leq \lim_{n\to\infty} y_n.$$

Preuve Posons $x = \lim_{n\to\infty} x_n$, $y = \lim_{n\to\infty} y_n$ et raisonnons par l'absurde. Supposons $y < x$; soit $0 < \varepsilon < (x-y)/2$, il existe $n \in \mathbb{N}$ tel que $|x - x_p| \leq \varepsilon$ et $|y - y_p| \leq \varepsilon$ pour $p \geq n$, c'est-à-dire $x - \varepsilon \leq x_p \leq x + \varepsilon$ et $y - \varepsilon \leq y_p \leq y + \varepsilon$. D'après le choix de ε, $y + \varepsilon < x - \varepsilon$, d'où $y_p \leq y + \varepsilon < x - \varepsilon \leq x_p$ pour $p \geq n$, soit $y_p < x_p$, ce qui est absurde. Q.E.D.

Proposition 2.3.8 *Soient (x_n) et (y_n) deux suites de $\mathbb{R}$ convergentes. Alors les suites*
$(x_n + y_n)$, $(x_n y_n)$ sont convergentes ainsi que la suite (x_n^{-1}) si $x_n \neq 0$ pour tout $n \in \mathbb{N}$ et $\lim_{n\to\infty} x_n \neq 0$; on a en outre

$$\lim_{n\to\infty} (x_n + y_n) = \lim_{n\to\infty} x_n + \lim_{n\to\infty} y_n, \tag{2.3.3}$$

$$\lim_{n\to\infty} (x_n y_n) = \lim_{n\to\infty} x_n \times \lim_{n\to\infty} y_n, \tag{2.3.4}$$

$$\lim_{n\to\infty} x_n^{-1} = (\lim_{n\to\infty} x_n)^{-1}. \tag{2.3.5}$$

Note Ces propriétés signifient, comme nous le verrons ultérieurement, que $\mathbb{R}$ est un corps topologique.

Preuve Posons $x = \lim_{n\to\infty} x_n$, $y = \lim_{n\to\infty} y_n$ et soit $\varepsilon > 0$.

1. Il existe $n_0 \in \mathbb{N}$ tel que $|x - x_n| \leq \varepsilon/2$ et $|y - y_n| \leq \varepsilon/2$ pour $n \geq n_0$, d'où $|(x+y) - (x_n + y_n)| \leq |x - x_n| + |y - y_n| \leq \varepsilon$ pour $n \geq n_0$, ce qui prouve (2.3.3).

2. Il existe $M > 0$ tel que $|y_n| \leq M$ pour tout $n \in \mathbb{N}$ et $|x| \leq M$; posons $\delta = \varepsilon/2M$, il existe $n_0 \in \mathbb{N}$ tel que $|x - x_n| \leq \delta$ et $|y - y_n| \leq \delta$ pour $n \geq n_0$, d'où

$$\begin{aligned} |xy - x_n y_n| &= |x(y - y_n) + y_n(x - x_n)| \\ &\leq |x|\,|y - y_n| + |y_n|\,|x - x_n| \leq 2M\delta = \varepsilon \end{aligned}$$

pour $n \geq n_0$, ce qui prouve (2.3.4).

3. Il existe $n_0 \in \mathbb{N}$ tel que $|x - x_n| \leq |x|/2$ pour $n \geq n_0$, d'où

$$|x_n| = |x - (x - x_n)| \geq |x| - |x - x_n| \geq |x|/2,$$

d'où $|xx_n| \geq |x|^2/2$ pour $n \geq n_0$; il existe $n_1 \geq n_0$ tel que $|x - x_n| \leq \varepsilon |x|^2/2$ pour $n \geq n_1$, d'où

$$\left|\frac{1}{x} - \frac{1}{x_n}\right| = \frac{|x - x_n|}{|xx_n|} \leq \varepsilon \frac{|x|^2}{2} \times \frac{1}{|x|^2/2} = \varepsilon \text{ pour } n \geq n_1,$$

ce qui prouve (2.3.5). Q.E.D.

2.4 Le théorème de Bolzano-Weierstrass

Voici un premier résultat important.

Théorème 2.4.1 *Toute partie de $\mathbb{R}$ non vide et majorée (resp. minorée) admet une borne supérieure (resp. inférieure).*

Preuve Soit A une partie non vide de $\mathbb{R}$, supposons A majorée par exemple et notons M l'ensemble (non vide) des majorants de A. Nous allons faire un raisonnement par dichotomie. Soit $a \in A$, $m \in M$; pour tout entier $n \in \mathbb{N}$, on pose

$$\xi_{n,k} = a + \frac{m - a}{2^n} k \text{ où } 0 \leq k \leq 2^n.$$

L'application $k \mapsto \xi_{n,k}$ est évidemment croissante :

$$a = \xi_{n,0} \leq \xi_{n,1} \leq \ldots \leq \xi_{n,2^n} = m;$$

par conséquent, si $\xi_{n,k}$ est un majorant de A, il en est de même de $\xi_{n,l}$ pour $l \geq k$; étant donné que $\xi_{n,2^n}$ est un majorant, il existe un entier $k(n) \in [0, 2^n]$ tel que $\xi_{n,k} \notin M$ pour $k < k(n)$ et $\xi_{n,k} \in M$ pour $k \geq k(n)$; posons $x_n = \xi_{n,k(n)}$: on construit ainsi une suite (x_n) de majorants.

Nous allons montrer que cette suite converge, c'est-à-dire qu'elle est de Cauchy. Soit p un entier $\geq n$; notons que tout réel $\xi_{n,k}$ $(0 \leq k \leq 2^n)$ peut s'écrire $\xi_{p,l}$ $(0 \leq l \leq 2^p)$: on a en effet $\xi_{n,k} = \xi_{p,l}$ si $l = 2^{p-n}k$; étant donné que $x_n \in M$ et que $x_n - 2^{-n} \notin M$, on a nécessairement $x_n - 2^{-n} < x_p \leq x_n$ pour $p \geq n$ et par conséquent $|x_p - x_q| \leq 2^{-n}$ pour p et $q \geq n$, ce qui prouve que la suite (x_n) est de Cauchy.

Notons l la limite de cette suite (x_n) ; l est un majorant de A car, si $x \in A$, on a $x \leq x_n$ pour tout n, donc $x \leq l$ d'après le principe du prolongement des inégalités. Notons également que $l \leq x_n$ pour tout n vu que $x_p \leq x_n$ pour $p \geq n$.

Montrons enfin que l est la borne supérieure de A. Raisonnons par l'absurde. Supposons qu'il existe un majorant x de A tel que $x < l$. Étant donné que $x_n - 2^{-n}$ n'est pas un majorant, on a $x_n - 2^{-n} < x < l \leq x_n$, d'où $0 < l - x < 2^{-n}$ pour tout n, ce qui est absurde. Q.E.D.

Note Cette démonstration utilise de façon essentielle le fait que $\mathbb{R}$ est complet ; le théorème est d'ailleurs faux sur $\mathbb{Q}$.

Remarque 2.4.1 La droite achevée Une partie de $\mathbb{R}$ n'est pas nécessairement majorée ou minorée, car $\mathbb{R}$ n'admet ni plus grand élément, ni plus petit élément. Il est alors commode d'adjoindre à $\mathbb{R}$ deux ensembles distincts et n'appartenant pas à $\mathbb{R}$ (de tels ensembles existent d'après le paradoxe de Cantor) que nous noterons $+\infty$ et $-\infty$; on obtient ainsi la droite achevée $\overline{\mathbb{R}} = \mathbb{R} \cup \{+\infty\} \cup \{-\infty\}$. On prolonge à $\overline{\mathbb{R}}$ la relation d'ordre de $\mathbb{R}$ en posant $-\infty < x < +\infty$ pour tout $x \in \mathbb{R}$. On obtient ainsi un ensemble $\overline{\mathbb{R}}$ totalement ordonné dont toute partie est bornée supérieurement et inférieurement ; de plus, une partie A de $\mathbb{R}$ est bornée supérieurement dans $\mathbb{R}$ si, et seulement si, $\sup_{\overline{\mathbb{R}}} A$ appartient à $\mathbb{R}$, auquel cas $\sup_{\mathbb{R}} A = \sup_{\overline{\mathbb{R}}} A$. Ces remarquent sont très utiles dans la pratique : par exemple, dans $\overline{\mathbb{R}}$ la formule (1.4.2) est vraie sans hypothèse ; si l'application de cette formule à une partie de $\mathbb{R}$ conduit à une borne supérieure $\sup_{\overline{\mathbb{R}}} A$ finie, alors A est bornée supérieurement dans $\mathbb{R}$ et $\sup_{\mathbb{R}} A = \sup_{\overline{\mathbb{R}}} A$. Cette remarque s'applique également aux formules (1.4.3) et (1.4.4) lorsque f est à valeurs réelles.

Corollaire 2.4.2 *Une suite (x_n) croissante (resp. décroissante) de $\mathbb{R}$ converge si, et seulement si, elle est majorée (resp.minorée) auquel cas*

$$\lim_{n \to \infty} x_n = \sup_{n \in \mathbb{N}} x_n (\textit{resp. } \inf_{n \in \mathbb{N}} x_n).$$

Preuve Vu le lemme 2.3.6, il s'agit de vérifier par exemple qu'une suite croissante majorée est convergente. D'après le théorème précédent une telle suite admet une borne supérieure $l = \sup_{n \in \mathbb{N}} x_n$. Pour tout $\varepsilon > 0$, il existe $n \in \mathbb{N}$ tel que $l - \varepsilon \leq x_n \leq l$, d'où $l - \varepsilon \leq x_p \leq l$ pour $p \geq n$, ce qui prouve que la suite (x_n) converge vers l. Q.E.D.

Voici une autre conséquence du théorème 2.4.1. Rappelons ce qu'on entend par intervalle : si a et b sont deux nombres réels tels que $a \leq b$, il peut s'agir de l'intervalle ouvert $]a, b[$, de l'intervalle fermé $[a, b]$, des intervalles semi-ouverts $]a, b]$, $[a, b[$ ou bien encore des intervalles illimités $]-\infty, a]$, $]-\infty, a[$, $]a, +\infty[$, $[a, +\infty[$ et $]-\infty, +\infty[$.

On a alors la caractérisation suivante.

Corollaire 2.4.3 *Pour qu'une partie I de $\mathbb{R}$ soit un intervalle, il faut et il suffit que, pour tout $x, y \in I$, l'intervalle $[x, y]$ soit contenu dans I.*

Preuve La condition est évidemment nécessaire. Pour démontrer la réciproque, il faut distinguer différents cas selon que I est majoré ou minoré. Si I n'est ni majoré, ni minoré, pour tout réel $m \in \mathbb{R}$ il existe $x, y \in I$ tel que $x < m < y$, d'où $m \in [x, y] \subset I$ ce qui prouve que $I = \mathbb{R}$. Supposons ensuite I non vide, à la fois majoré et minoré ; posons $a = \inf I$ et $b = \sup I$; si $m \in]a, b[$, il existe $x, y \in I$ tel que $a \leq x < m < y \leq b$, d'où $m \in [x, y] \subset I$ et ceci prouve que $]a, b[\subset I$; étant donné que I est contenu dans $[a, b]$, I est un intervalle d'extrémité a et b. On traite d'une façon analogue tous les autres cas. Q.E.D.

Note On observera que ce corollaire est faux sur $\mathbb{Q}$. Par exemple, l'ensemble

$$\{x \in \mathbb{Q}; x^2 < 2\}$$

n'est pas un intervalle de $\mathbb{Q}$ bien que le critère du corollaire soit vérifié.

Avant d'énoncer le théorème suivant, indiquons les notations utilisées pour les sous-suites. Si (x_n) est une suite d'éléments d'un ensemble X et si $k \mapsto n_k$ est une application strictement croissante de $\mathbb{N}$ dans $\mathbb{N}$, la suite $(x_{n_k})_{k \in \mathbb{N}}$ est appelée une sous-suite (extraite) de la suite (x_n) et elle sera notée simplement (x_{n_k}). Si (x_n) est une suite de $\mathbb{R}$ qui converge vers x, toute sous-suite converge vers x. Si la suite (x_n) ne converge pas, il n'existe pas nécessairement de sous-suite convergente (par exemple $x_n = n$). Par contre, on a le

Théorème 2.4.4 Bolzano-Weierstrass *De toute suite bornée de nombres réels, on peut extraire une sous-suite convergente.*

Preuve Soit (x_n) une suite bornée ; posons $y_n = \sup_{p \geq n} x_p$, on construit ainsi une suite (y_n) décroissante et minorée, donc convergente, notons l sa limite. Construisons alors une sous-suite (x_{n_k}) telle que $|l - x_{n_k}| \leq 1/k$ pour $k > 0$. On effectue cette construction par récurrence sur k. Prenons par exemple $n_0 = 0$ et supposons défini $n_1, \ldots, n_{k-1}$. Alors, il existe $n > n_{k-1}$ tel que $|l - y_n| \leq 1/2k$ et, d'après la définition de y_n, il existe $n_k \geq n$ tel que $|y_n - x_{n_k}| \leq 1/2k$, d'où $|l - x_{n_k}| \leq 1/k$. La sous-suite (x_{n_k}) ainsi construite converge vers l. Q.E.D.

2.5 Ouverts, fermés et compacts de $\mathbb{R}$

Introduisons sur $\mathbb{R}$ les premières notions de topologie afin d'interpréter certaines propriétés de $\mathbb{R}$ et en particulier le théorème de Bolzano-Weierstrass.

Étant donné une partie A de $\mathbb{R}$, soit (x_n) une suite de A ; si une telle suite converge, sa limite n'appartient pas nécessairement à A et on est donc conduit à la définition suivante.

Définition 2.5.1 *Une partie A de $\mathbb{R}$ est dite fermée si la limite de toute suite convergente de A appartient à A.*

Dire que A est fermé signifie donc que, pour toute suite convergente (x_n) de $\mathbb{R}$, alors $\lim_{n \to \infty} x_n \in A$ dès que $x_n \in A$ pour tout $n \in \mathbb{N}$. D'après le principe du prolongement des inégalités tout intervalle fermé $[a, b]$ est effectivement fermé, il en est de même des intervalles illimités $]-\infty, a]$, $[a, +\infty[$ et $\mathbb{R} =]-\infty, +\infty[$;

en particulier, les ensembles réduits à un élément $\{a\} = [a, a]$ sont fermés : on dit que les points sont fermés.

Voici une première utilisation de cette notion d'ensemble fermé.

Proposition 2.5.1 *Une partie de $\mathbb{R}$ non vide, fermée et majorée (resp. minorée) admet un plus grand (resp. petit) élément.*

Preuve Soit A une partie non vide, fermée et majorée ; A admet une borne supérieure m (théorème 2.4.1). Pour tout $n \in \mathbb{N}$, il existe $x_n \in A$ tel que $m - 1/(n+1) \leq x_n \leq m$; on construit ainsi une suite (x_n) de A qui converge vers m et, A étant fermé, on a $m \in A$, ce qui prouve que m est le plus grand élément de A. Q.E.D.

Nous noterons $\mathcal{O}'$ l'ensemble de toutes les parties fermées de $\mathbb{R}$; cet ensemble $\mathcal{O}'$ possède les propriétés que voici.

Proposition 2.5.2 *Soit $\mathcal{O}'$ l'ensemble des parties fermées de $\mathbb{R}$, on a alors*
(O'_1) *Toute intersection d'ensembles de $\mathcal{O}'$ est un ensemble de $\mathcal{O}'$.*
(O'_2) *La réunion de deux ensembles de $\mathcal{O}'$ est un ensemble de $\mathcal{O}'$.*
(O'_3) $\emptyset \in \mathcal{O}'$ *et* $\mathbb{R} \in \mathcal{O}'$.

Preuve 1. Soient $(F_i)_{i \in I}$ une famille de parties fermées, $F = \bigcap_{i \in I} F_i$ et (x_n) une suite de F qui converge vers x. Alors, pour tout $i \in I$, x_n appartient à F_i, donc $x \in F_i$ vu que F_i est fermé et il en résulte que $x \in F$, ce qui prouve (O'_1).

2. Soient $F_1, F_2 \in \mathcal{O}'$, $F = F_1 \cup F_2$ et (x_n) une suite de F qui converge vers x ; l'un des deux ensembles $N_i = \{n \in \mathbb{N} ; x_n \in F_i\}$, $i = 1, 2$, est infini ; supposons par exemple N_1 infini, alors si n_k désigne le $k+1$-ième élément de N_1, la sous-suite (x_{n_k}) converge vers x et, F_1 étant fermé, $x \in F_1 \subset F$, ce qui prouve (O'_2).

3. L'ensemble vide est fermé d'après (1.1.6) et $\mathbb{R}$ est trivialement fermé. Q.E.D.

On notera qu'une intersection quelconque de fermés est fermée, mais que $\mathcal{O}'$ est stable seulement par réunion finie.

Si A est une partie quelconque de $\mathbb{R}$, l'intersection $\overline{A}$ de tous les fermés contenant A est une partie fermée d'après (O'_1) qui contient A ; $\overline{A}$ s'appelle l'adhérence de A et un point de $\overline{A}$ est dit adhérent à A ; l'adhérence de A est donc le plus petit fermé contenant A et il en résulte que A est fermé si, et seulement si, $A = \overline{A}$.

On peut caractériser les points adhérents comme suit.

Proposition 2.5.3 *Soit A une partie de $\mathbb{R}$ et $x \in \mathbb{R}$. Les propriétés suivantes sont équivalentes*

1. $x \in \overline{A}$.

2. Pour tout $\varepsilon > 0$, l'intervalle ouvert $]x - \varepsilon, x + \varepsilon[$ rencontre A.

3. Il existe une suite (x_n) de A qui converge vers x.

Preuve $1 \Rightarrow 2$ Soit $x \in \overline{A}$; supposons 2. en défaut. Il existe $\varepsilon > 0$ tel que

$$]x - \varepsilon, x + \varepsilon[\cap A = \emptyset,$$

soit $A \subset]-\infty, x - \varepsilon] \cup [x + \varepsilon, +\infty[$; ce dernier ensemble étant fermé et contenant A, il contient $\overline{A}$ et par conséquent $x \notin \overline{A}$, ce qui est absurde.

$2 \Rightarrow 3$ D'après 2., pour tout $n \in \mathbb{N}$, il existe

$$x_n \in]x - 1/(n+1), x + 1/(n+1)[\cap A\,;$$

on construit ainsi une suite de A qui converge vers x.

$3 \Rightarrow 1$ On a $x_n \in A$, d'où $x_n \in \overline{A}$ et, $\overline{A}$ étant fermé, $x \in \overline{A}$. Q.E.D.

On dit qu'une partie A de $\mathbb{R}$ est dense dans $\mathbb{R}$ si $\overline{A} = \mathbb{R}$: le corollaire 2.3.4 signifie bien que $\mathbb{Q}$ est dense dans $\mathbb{R}$. La proposition 2.2.5 a également la même signification, vu la

Proposition 2.5.4 *Une partie A de $\mathbb{R}$ est dense dans $\mathbb{R}$ si, et seulement si, pour tout $a, b \in \mathbb{R}$, $a < b$, l'intervalle ouvert $]a, b[$ rencontre A.*

Preuve La condition est nécessaire. Si A est dense dans $\mathbb{R}$, le point $x = (a+b)/2$ appartient à $\overline{A}$, donc $]x - \varepsilon, x + \varepsilon[$, $\varepsilon = (b-a)/2$, c'est-à-dire $]a, b[$ rencontre A. La condition est suffisante, tout point x étant adhérent à A d'après la proposition précédente. Q.E.D.

Venons-en à la notion importante de partie compacte.

Définition 2.5.2 *Une partie A de $\mathbb{R}$ est dite compacte si toute suite de A admet une sous-suite qui converge vers un point de A.*

Le théorème de Bolzano-Weierstrass peut alors s'énoncer comme suit.

Théorème 2.5.5 *Une partie A de $\mathbb{R}$ est compacte si, et seulement si, A est une partie fermée et bornée.*

Preuve 1. Toute partie compacte est fermée. En effet, soit (x_n) une suite de A qui converge vers a ; montrons que $a \in A$; il existe une sous-suite (x_{n_k}) qui converge vers un point $b \in A$; or, la sous-suite (x_{n_k}) converge vers a, donc $a = b$ (unicité de la limite) et ceci prouve que $a \in A$.

2. Toute partie compacte est bornée. Raisonnons par l'absurde, supposons par exemple A non majorée ; alors pour tout entier $n \in \mathbb{N}$, il existe $x_n \in A$, $x_n \geq n$; on construit ainsi une suite de A qui n'admet aucune sous-suite convergente, car aucune sous-suite n'est bornée vu que $x_{n_k} \geq n_k \geq k$.

3. Réciproquement, soit A une partie fermée et bornée et soit (x_n) une suite de A. Cette suite est bornée, donc (théorème 2.4.4) elle admet une sous-suite (x_{n_k}) qui converge et sa limite appartient à A vu que A est fermé et ceci prouve que A est compact. Q.E.D.

Exemple 2.5.1 Les intervalles fermés $[a, b]$, $a, b \in \mathbb{R}$, sont compacts.

De la proposition 2.5.1, on obtient le

Corollaire 2.5.6 *Toute partie compacte non vide A de $\mathbb{R}$ admet un plus grand et un plus petit élément : il existe $a, b \in A$ tel que $a \leq x \leq b$ pour tout $x \in A$.*

Après avoir défini la notion de partie fermée, on définit les parties ouvertes : une partie A de $\mathbb{R}$ est dite ouverte si son complémentaire est fermé. Le complémentaire d'un ouvert est donc fermé et le complémentaire d'un fermé est une partie ouverte.

Exemple 2.5.2 Tout intervalle ouvert $]a, b[$ est ouvert, son complémentaire étant fermé en tant que réunion de deux intervalles fermés ; de même, les intervalles illimités $]-\infty, a[$ et $]a, +\infty[$ sont ouverts.

On note $\mathcal{O}$ l'ensemble de toutes les parties ouvertes de $\mathbb{R}$; la proposition 2.5.2 s'écrit alors

Proposition 2.5.7 *Soit $\mathcal{O}$ l'ensemble des parties ouvertes de $\mathbb{R}$, on a alors*
(O_1) *Toute réunion d'ensembles de $\mathcal{O}$ est un ensemble de $\mathcal{O}$.*
(O_2) *L'intersection de deux ensembles de $\mathcal{O}$ est un ensemble de $\mathcal{O}$.*
(O_3) $\emptyset \in \mathcal{O}$ *et* $\mathbb{R} \in \mathcal{O}$.

On notera que $\mathcal{O}$ est stable par réunion quelconque et intersection finie.
Note Comme nous le verrons ultérieurement, une structure topologique peut être définie en se donnant une famille $\mathcal{O}$ de parties, dites ouvertes, vérifiant les propriétés (O_1), (O_2) et (O_3).

La description des ouverts est assez simple.

Proposition 2.5.8 *Une partie O de $\mathbb{R}$ est ouverte si, et seulement si, pour tout $x \in O$, il existe $\varepsilon > 0$ tel que $]x - \varepsilon, x + \varepsilon[\subset O$.*

Preuve Si O est ouvert et si $x \in O$, x n'appartient pas au fermé $\mathbb{R} - O$, donc x n'est pas adhérent à $\mathbb{R} - O$ et il existe donc (proposition 2.5.3) $\varepsilon > 0$ tel que $]x-\varepsilon, x+\varepsilon[$ ne rencontre pas $\mathbb{R} - O$, c'est-à-dire tel que $]x-\varepsilon, x+\varepsilon[$ soit contenu dans O.

Réciproquement, s'il existe $\varepsilon > 0$ tel que $]x - \varepsilon, x + \varepsilon[$ soit contenu dans O, donc ne rencontre pas $\mathbb{R} - O$, la proposition 2.5.3 montre que x n'est pas adhérent à $\mathbb{R} - O$ et ceci prouve que $\mathbb{R} - O$ coïncide avec son adhérence, donc est fermé et par conséquent O est ouvert. Q.E.D.

Corollaire 2.5.9 *Une partie O de $\mathbb{R}$ est ouverte si, et seulement si, O est une réunion d'intervalles ouverts.*

Preuve La condition est suffisante d'après (O_1), tout intervalle ouvert étant ouvert. Réciproquement, si O est ouvert, pour tout $x \in O$ il existe $\varepsilon_x > 0$ tel que $]x - \varepsilon_x, x + \varepsilon_x[\subset O$, d'où $O = \bigcup_{x \in O}]x - \varepsilon_x, x + \varepsilon_x[$. Q.E.D.

2.6 Développement par rapport à une base

Nous allons rappeler très brièvement ce qu'on entend par développement décimal et plus généralement par développement par rapport à une base b. Ces développements utilisent la notion de série, notion qui sera étudiée ultérieurement dans le cadre des espaces de Banach ; nous n'avons besoin ici que de considérations très élémentaires.

A toute suite (x_n) de nombres réels, on associe la suite (s_n) des sommes partielles définies par $s_n = \sum_{p=0}^{n} x_p$ et on dit que la série de terme général x_n

est convergente et de somme s si la suite (s_n) converge vers s ; on écrit alors $s = \sum_{n=0}^{\infty} x_n$ et on dit encore que la série $\sum_{n=0}^{\infty} x_n$ est convergente. Lorsque les x_n sont positifs, la suite (s_n) étant croissante, la série $\sum_{n=0}^{\infty} x_n$ converge si, et seulement si, la suite (s_n) est majorée.

Par exemple, si x est un nombre réel tel que $|x| < 1$, on a

$$s_n = \sum_{p=0}^{n} x^p = \frac{1 - x^{n+1}}{1 - x},$$

d'où $\lim_{n\to\infty} s_n = 1/(1-x)$ ce qui prouve que la série $\sum_{n=0}^{\infty} x^n$ est convergente de somme $1/(1-x)$. Donnons-nous alors un entier $b \geq 2$ (appelé base) et une suite (a_n) de nombres entiers tels que $0 \leq a_n \leq b - 1$. On peut écrire

$$\sum_{p=1}^{n} a_p b^{-p} \leq \sum_{p=1}^{n} (b-1) b^{-p} = \frac{b-1}{b} \sum_{p=0}^{n-1} b^{-p} \leq \frac{b-1}{b} \sum_{p=0}^{\infty} b^{-p} = 1$$

et ceci prouve que la série $\sum_{n=1}^{\infty} a_n b^{-n}$ est convergente et que sa somme est un nombre réel $x \in [0, 1]$. Réciproquement, on a le

Théorème 2.6.1 *Soit b un entier ≥ 2, tout nombre réel x de l'intervalle $[0, 1[$ peut s'écrire sous la forme*

(2.6.1) $$x = \sum_{n=1}^{\infty} a_n b^{-n}, \text{ où } a_n \in \mathbb{N},\ 0 \leq a_n \leq b - 1\ ;$$

cette écriture de x, appelée développement de x en base b, est unique sauf pour les x de la forme $\sum_{n=1}^{N} a_n b^{-n}$ où $N \geq 1$, $a_N \neq 0$, qui admettent un second développement en base b, à savoir

$$\sum_{n=1}^{N-1} a_n b^{-n} + (a_N - 1) b^{-N} + \sum_{n=N+1}^{\infty} (b-1) b^{-n}.$$

Preuve 1. Montrons d'abord que tout $x \in [0, 1[$ admet un développement de la forme (2.6.1). On construit les a_n par récurrence de telle sorte que

(2.6.2) $$x = \sum_{n=1}^{N} a_n b^{-n} + x_N b^{-N}, \text{ où } 0 \leq x_N < 1.$$

Pour $N = 1$, on a $0 \leq bx < b$; notons $a_1 = [bx]$ la partie entière de bx et posons $x_1 = bx - a_1$, soit $x = a_1 b^{-1} + x_1 b^{-1}$ où $0 \leq x_1 < 1$; ceci prouve (2.6.2) pour $N = 1$. De la même façon, posons $a_{N+1} = [bx_N]$, $x_{N+1} = bx_N - a_{N+1}$, on a alors $x_N = a_{N+1} b^{-1} + x_{N+1} b^{-1}$, d'où (2.6.2) pour $N + 1$. Étant donné que

$$\left| x - \sum_{n=1}^{N} a_n b^{-n} \right| \leq b^{-N}$$

et que b^{-N} tend vers 0 quand N tend vers l'infini, la série $\sum_{n=1}^{\infty} a_n b^{-n}$ est convergente de somme x.

2. Supposons que x admette deux développements différents

$$x = \sum_{n=1}^{\infty} a_n b^{-n} = \sum_{n=1}^{\infty} a'_n b^{-n};$$

notons N le plus petit entier tel que $a_N \neq a'_N$ et pour fixer les idées, supposons $a'_N < a_N$. On peut écrire

$$x = \sum_{n=1}^{N} a_n b^{-n} + r_N = \sum_{n=1}^{N} a'_n b^{-n} + r'_N,$$

où

$$0 \leq r'_N = \sum_{n=N+1}^{\infty} a'_n b^{-n} \leq (b-1) b^{-(N+1)} \sum_{p=0}^{\infty} b^{-p} = b^{-N},$$

soit $0 \leq r'_N \leq b^{-N}$; en outre $r'_N = b^{-N}$ si, et seulement si, tous les a'_n sont égaux à $b-1$ pour $n \geq N+1$. On a alors $a_N b^{-N} + r_N = a'_N b^{-N} + r'_N$, d'où

$$0 < a_N - a'_N = b^N (r'_N - r_N) \leq 1$$

et il en résulte que $a_N - a'_N = 1$, $r'_N = b^{-N}$ et $r_N = 0$. Ceci prouve d'une part que $x = \sum_{n=1}^{N} a_n b^{-n}$ où $a_N \neq 0$, d'autre part que

$$x = \sum_{n=1}^{N-1} a_n b^{-n} + (a_N - 1) b^{-N} + r'_N$$

où $r'_N = b^{-N}$, donc $a'_n = b-1$ pour $n \geq N+1$, ce qui prouve le résultat désiré.

Q.E.D.

On notera que de toute façon un nombre réel $x \in [0, 1[$ admet un unique développement (2.6.1) où les $a_n \in \{0, \dots, b-1\}$ ne sont pas tous égaux à $b-1$ à partir d'un certain rang. Quant au nombre 1, il ne peut s'écrire que $\sum_{n=1}^{\infty} (b-1) b^{-n}$.

Note Un développement en base 2 est appelé développement dyadique, en base 3 développement triadique, en base 10 développement décimal.

Voici une conséquence importante du théorème précédent

Proposition 2.6.2 *L'ensemble $\mathbb{R}$ a la puissance du continu.*

Preuve Étant donné que $\mathbb{R} = \bigcup_{n \in \mathbb{Z}} [n, n+1[$ et que tout intervalle $[n, n+1[$ est équipotent à $[0, 1[$, il suffit de démontrer que $[0, 1[$ a la puissance du continu d'après la proposition 1.9.8. A toute application $(a_n)_{n \in \mathbb{N}}$ de $\mathbb{N}$ dans $\{0, 1\}$ associons le nombre réel $\sum_{n=0}^{\infty} a_n 3^{-(n+1)}$; on obtient ainsi une injection de $\mathcal{F}(\mathbb{N}; \{0, 1\})$ dans $[0, 1[$; il en résulte que

$$\text{Card } [0, 1[\geq \text{Card } \mathcal{P}(\mathbb{N}).$$

Inversement, tout nombre réel $x \in [0, 1[$ admet un développement dyadique et un seul $\sum_{n=0}^{\infty} a_n 2^{-(n+1)}$, où les $a_n \in \{0, 1\}$ ne sont pas tous égaux à 1 à partir d'un certain rang ; on définit ainsi une injection de $[0, 1[$ dans $\mathcal{F}(\mathbb{N}; \{0, 1\})$, d'où $\text{Card } [0, 1[\leq \text{Card } \mathcal{P}(\mathbb{N})$. Q.E.D.

On en déduit que $\mathbb{R}^n$, $n \geq 1$, a la puissance du continu, que l'ensemble $\mathcal{F}(\mathbb{N}; \mathbb{R})$ de toutes les suites (x_n) de nombres réels a la puissance du continu.

Remarque 2.6.1 On peut considérer $\mathbb{R}$ comme un espace vectoriel sur le corps $\mathbb{Q}$, soit B une base de $\mathbb{R}$ sur $\mathbb{Q}$. Que peut-on dire du cardinal de B ? D'une façon générale, soit E un espace vectoriel sur un corps $\mathbb{K}$ et soit B une base de E ; on définit une surjection f de $\bigcup_{n=1}^{\infty}(\mathbb{K}^n \times B^n)$ sur E en posant

$$f(\lambda, x) = \sum_{i=1}^{n} \lambda_i x_i \text{ où } \lambda = (\lambda_i)_{1 \leq i \leq n} \in \mathbb{K}^n,\ x = (x_i)_{1 \leq i \leq n} \in B^n.$$

Ici, $\mathbb{K} = \mathbb{Q}$ est un ensemble dénombrable ; par suite, si on avait Card $B \leq$ Card $\mathbb{N}$, on aurait Card $\mathbb{R} \leq$ Card $\mathbb{N}$ d'après les propositions 1.9.5 et 1.9.6. Ceci montre que

$$\text{Card } B > \text{Card } \mathbb{N}$$

et par conséquent, Card $\mathbb{N} <$ Card $B \leq$ Card $\mathbb{R}$; modulo l'hypothèse du continu (remarque 1.9.1), on a donc $\dim_{\mathbb{Q}}\mathbb{R} =$ Card $\mathbb{R}$.

Exercice 2.6.1 Montrer que l'ensemble $\mathbb{R} - \mathbb{Q}$ des nombres irrationnels a la puissance du continu [utiliser l'exercice 1.9.4].

Exercice 2.6.2 **Ensemble triadique de Cantor** De l'intervalle fermé $[0, 1]$, on enlève le tiers central ouvert $E_1 = E_{11} =]\frac{1}{3}, \frac{2}{3}[$. L'ensemble $[0, 1] - E_1$ est la réunion des deux intervalles fermés $[0, \frac{1}{3}]$ et $[\frac{2}{3}, 1]$ dont on enlève les tiers centraux ouverts $E_{21} =]\frac{1}{9}, \frac{2}{9}[$ et $E_{22} =]\frac{7}{9}, \frac{8}{9}[$. On pose $E_2 = E_{21} \cup E_{22}$ et on procède de même avec $[0, 1] - E_1 \cup E_2$. Par récurrence, on définit ainsi, pour tout $n \geq 1$, 2^{n-1} intervalles $(E_{ni})_{1 \leq i \leq 2^{n-1}}$; on pose $E_n = \bigcup_{i=1}^{2^{n-1}} E_{ni}$ et

$$C = [0, 1] - \bigcup_{n=1}^{\infty} E_n (\text{ ensemble de Cantor.})$$

1. Montrer que l'ensemble de Cantor est compact.

2. Tout nombre réel $x \in [0, 1]$ admet au moins un développement triadique $\sum_{n=1}^{\infty} \alpha_n 3^{-n}$ où $\alpha_n \in \{0, 1, 2\}$, qu'on écrira $x = 0.\alpha_1 \ldots \alpha_n \ldots$. Si x admet un développement triadique ne contenant pas le chiffre 1, alors ce développement est unique. Montrer que l'intervalle E_{ni} est de la forme $]0.\alpha_1 \ldots \alpha_{n-1}1, 0.\alpha_1 \ldots \alpha_{n-1}2[$ avec $\alpha_j \in \{0, 2\}$ et qu'inversement tout intervalle de cette forme est un intervalle E_{ni}. En déduire que $x \in [0, 1]$ appartient à C si, et seulement si, x admet un développement triadique ne contenant pas le chiffre 1.

3. En déduire une bijection de l'ensemble $\{0, 2\}^{\mathbb{N}^*}$ sur C et que C a la puissance du continu.

B – Espaces topologiques

2.7 Topologie définie par une distance

La définition 2.3.1 d'une suite convergente sur $\mathbb{R}$ fait intervenir essentiellement la distance usuelle $d(x,y) = |x-y|$ de deux nombres réels. Cette distance possède des propriétés qui ont été constamment utilisées précédemment telles que l'inégalité triangulaire ; nous allons prendre ces propriétés comme axiomes d'une distance sur un ensemble quelconque X, ce qui nous permettra de définir une notion de convergence sur X. On obtient ainsi la notion d'espaces métriques.

Définition 2.7.1 *Sur un ensemble X, on appelle distance une application $d : X \times X \to \mathbb{R}_+$ vérifiant*

(D_1) *Pour tout $x, y \in X$, $d(x,y) = d(y,x)$.*

(D_2) *Pour tout $x, y \in X$, $d(x,y) = 0$ si, et seulement si, $x = y$.*

(D_3) *Pour tout $x, y, z \in X$, $d(x,z) \leq d(x,y) + d(y,z)$.*

L'inégalité (D_3) s'appelle l'inégalité triangulaire.

Un ensemble X muni d'une distance est appelé un espace métrique ; le nombre $d(x,y)$ est appelé la distance de x et y.

On appelle boule ouverte (resp. boule fermée, sphère) de centre $a \in X$ et de rayon $r \geq 0$, l'ensemble $B(a;r) = \{x \in X\,;\, d(a,x) < r\}$ (resp. $B'(a;r) = \{x \in X\,;\, d(a,x) \leq r\}$, $S(a;r) = \{x \in X\,;\, d(a,x) = r\}$).

Définition 2.7.2 *On dit qu'une suite (x_n) de X converge vers $x \in X$ si*

$$(\forall \varepsilon > 0)(\exists n \in \mathbb{N})(\forall p \in \mathbb{N})(p \geq n \Rightarrow d(x, x_p) \leq \varepsilon). \tag{2.7.1}$$

On dit alors que x est la limite de la suite (x_n) et on écrit $x = \lim_{n\to\infty} x_n$.

Si une suite (x_n) est convergente, sa limite est déterminée de façon unique. En effet, si la suite (x_n) converge à la fois vers x et y, pour tout $\varepsilon > 0$, il existe $n \in \mathbb{N}$ tel que $d(x, x_p) \leq \varepsilon/2$ et $d(y, x_p) \leq \varepsilon/2$ pour $p \geq n$, d'où (inégalité triangulaire) $d(x,y) \leq \varepsilon$ et, ceci étant vrai quel que soit $\varepsilon > 0$, $d(x,y) = 0$ d'où $x = y$ d'après (D_2).

Exemple 2.7.1 On définit sur $\mathbb{R}$ une distance en posant $d(x,y) = |x-y|$; la droite réelle sera toujours, sauf mention expresse du contraire, munie de cette distance.

La définition 2.7.2 des suites convergentes sur $\mathbb{R}$ pour cette distance coïncide avec la définition antérieure 2.3.1. On notera par ailleurs que

$$B(a;r) =]a-r, a+r[\text{ et } B'(a;r) = [a-r, a+r].$$

Exemple 2.7.2 Espace discret Étant donné un ensemble X, on définit une distance sur X, appelée métrique discrète, en posant $d(x,y) = 1$ si $x \neq y$ et $d(x,x) = 0$. Muni de cette distance, X est appelé un espace discret. Il n'est pas difficile de caractériser les suites convergentes d'un tel espace. En prenant $0 < \varepsilon < 1$, on constate qu'une suite (x_n) converge vers x si, et seulement si, il existe $n \in \mathbb{N}$ tel que $x_p = x$ pour $p \geq n$; les suites convergentes sont donc les suites stationnaires à partir d'un certain rang.

Comme nous l'avons fait sur $\mathbb{R}$, on peut définir les notions de parties fermées, puis de parties ouvertes.

Définition 2.7.3 *Une partie A de X est dite fermée si la limite de toute suite convergente de A appartient à A. Une partie A de X est dite ouverte si son complémentaire $X - A$ est fermé.*

Notons $\mathcal{O}'$ l'ensemble des parties fermées de X ; la proposition 2.5.2 vaut encore : la démonstration de cette proposition n'utilise en effet qu'une seule propriété des suites convergentes, à savoir que toute sous-suite d'une suite convergente vers x converge aussi vers x. L'ensemble $\mathcal{O}$ des parties ouvertes de X possède donc les propriétés (O_1), (O_2) et (O_3) de la proposition 2.5.7.

Voici des exemples importants de parties ouvertes et de parties fermées.

Proposition 2.7.1 *Dans un espace métrique, toute boule ouverte est ouverte et toute boule fermée est fermée ainsi que toute sphère.*

Preuve 1. Soit $B'(a;r)$, $r \geq 0$, une boule fermée. Soit (x_n) une suite convergente vers x telle que $d(a, x_n) \leq r$ pour tout $n \in \mathbb{N}$; montrons que $d(a,x) \leq r$, ceci prouvera qu'une telle boule est fermée. Soit $\varepsilon > 0$, il existe $n \in \mathbb{N}$ tel que $d(x, x_p) \leq \varepsilon$ pour $p \geq n$, d'où

$$d(a,x) \leq d(a,x_p) + d(x_p,x) \leq r + \varepsilon,$$

soit $d(a,x) \leq r + \varepsilon$ pour tout $\varepsilon > 0$, ce qui prouve que $d(a,x) \leq r$.

2. Montrons que toute boule ouverte $B(a;r)$, $r \geq 0$, est ouverte. Il s'agit de vérifier que $X - B(a,r)$ est fermé, c'est-à-dire que pour toute suite (x_n) convergente vers x telle que $d(a,x_n) \geq r$ alors $d(a,x) \geq r$. Avec les notations précédentes, on a en effet

$$r \leq d(a,x_p) \leq d(a,x) + d(x,x_p) \leq d(a,x) + \varepsilon \text{ pour } p \geq n,$$

d'où $d(a,x) \geq r - \varepsilon$ pour tout $\varepsilon > 0$, soit $d(a,x) \geq r$, ce qui prouve le résultat voulu.

3. On en déduit que toute sphère est fermée vu que

$$S(a;r) = B'(a;r) \cap (X - B(a;r)).$$

Q.E.D.

Exemple 2.7.3 Si X est un espace discret, on a

$$B(a;r) = \{a\} \text{ lorsque } 0 < r \leq 1\,;$$

il en résulte que $\{a\}$ est ouvert ; en utilisant (O_1), toute partie de X est donc ouverte. Autrement dit, $\mathcal{O} = \mathcal{P}(X)$ et par suite $\mathcal{O}' = \mathcal{P}(X)$: toute partie est à la fois ouverte et fermée.

On peut alors donner une description des ouverts d'un espace métrique analogue à celle des ouverts de $\mathbb{R}$.

Proposition 2.7.2 *Soit O une partie d'un espace métrique X, les propriétés suivantes sont équivalentes.*

1. O est une partie ouverte.

2. Pour tout $x \in O$, il existe $r_x > 0$ tel que $B(x;r_x) \subset O$.

3. O est une réunion de boules ouvertes.

Preuve $1 \Rightarrow 2$ Soit O un ouvert de X et soit $x \in O$, montrons que O contient une boule ouverte (non vide) centrée au point x en raisonnant par l'absurde. Supposons que, pour tout $\varepsilon > 0$, $B(x;\varepsilon)$ rencontre $X - O$; en prenant $\varepsilon = 1/n$ $(n \geq 1)$, $B(x;1/n) \cap (X - O)$ est non vide et il existe donc $x_n \in X - O$ tel que $d(x, x_n) < 1/n$; on construit ainsi une suite (x_n) de $X - O$ qui converge vers x et, $X - O$ étant fermé, on a donc $x \in X - O$, ce qui est contraire à l'hypothèse.

$2 \Rightarrow 3$ On a en effet $O = \bigcup_{x \in O} B(x;r_x)$.

$3 \Rightarrow 1$ vu la proposition précédente et (O_1). Q.E.D.

Notons $\mathcal{O}(x)$ l'ensemble (non vide) des ouverts de X qui contiennent un point x. La définition 2.7.2 d'une suite convergente vers x est alors équivalente à

(2.7.2) $$(\forall O \in \mathcal{O}(x))(\exists n \in \mathbb{N})(\forall p \geq n \Rightarrow x_p \in O).$$

En effet, si la suite (x_n) converge vers x et si $O \in \mathcal{O}(x)$, il existe $r_x > 0$ tel que $B(x;r_x) \subset O$ d'où $B'(x;\varepsilon) \subset B(x;r_x) \subset O$ si $\varepsilon = r_x/2$; d'après (2.7.1), on a $d(x, x_p) \leq \varepsilon$ pour $p \geq n$, c'est-à-dire $x_p \in B'(x;\varepsilon)$, d'où $x_p \in O$ pour $p \geq n$. Réciproquement, supposons (2.7.2) vérifié, en prenant $O = B(x;\varepsilon)$, on obtient $x_p \in B(x;\varepsilon)$ pour $p \geq n$, d'où $d(x, x_p) \leq \varepsilon$, ce qui prouve (2.7.1).

Ceci montre que la définition d'une suite convergente vers x n'utilise que les ouverts qui contiennent x. En outre, on constate que la propriété (2.7.2) est encore vraie si on substitue à l'ouvert $O \in \mathcal{O}(x)$ toute partie de X contenant un tel ouvert. Ceci nous amène à la définition suivante.

Définition 2.7.4 *Soit X un espace métrique et soit x un point de X. Une partie V de X est appelée un voisinage de x si V contient un ouvert O qui contient x.*

Dire que V est un voisinage de x signifie donc que V contient une boule ouverte non vide centrée au point x. On notera $\mathcal{V}(x)$ l'ensemble de tous les voisinages de x. La définition d'une suite convergente vers x peut alors s'écrire

(2.7.3) $$(\forall V \in \mathcal{V}(x))(\exists n \in \mathbb{N})(\forall p \geq n \Rightarrow x_p \in V).$$

La notion de voisinage permet de caractériser les ouverts de X ; on a en effet la

Proposition 2.7.3 *Une partie O de X est ouverte si, et seulement si, pour tout x de O, O est un voisinage de x.*

Preuve La condition est nécessaire d'après la définition même d'un voisinage du point x. Réciproquement, supposons $O \in \mathcal{V}(x)$ pour tout $x \in O$; alors il existe un ouvert U_x tel que $x \in U_x \subset O$, d'où $O = \bigcup_{x \in O} U_x$ et, vu (O_1), ceci prouve que O est ouvert. Q.E.D.

Exemple 2.7.4 Si X est un espace discret, on a $\mathcal{V}(x) = \{A \subset X\,;\, x \in A\}$ puisque $\{x\}$ est ouvert.

A ce stade de l'exposé, il est utile de marquer une pause pour analyser la construction que nous venons de faire. La donnée d'une distance nous a permis de définir une notion de suite convergente ; bien entendu, il ne saurait être question de reconstruire la distance à partir de la seule donnée des suites convergentes : deux distances différentes (par exemple d et $2d$) peuvent conduire aux mêmes suites convergentes. En d'autres termes, un espace métrique possède une structure plus fine que la structure définie par la seule donnée des suites convergentes. C'est pourtant cette dernière structure qui nous intéresse et qui a permis de définir les parties fermées et, ce qui est équivalent par passage au complémentaire, les parties ouvertes ; enfin, nous avons exprimé la convergence d'une suite uniquement en termes d'ouverts : c'est la définition (2.7.2). Par conséquent, dans un espace métrique la donnée des suites convergentes détermine la famille $\mathcal{O}$ des ouverts et réciproquement ; dans des espaces plus généraux, il n'est plus possible de définir les parties fermées d'une façon aussi simple. Par contre, les définitions (2.7.2) et (2.7.3) pourront toujours être utilisées pour définir la notion de suite convergente. Ceci conduit à porter une attention spéciale à l'ensemble $\mathcal{V}(x)$ des voisinages de x et il est en fait naturel, pour définir la convergence d'une suite vers x, de s'adresser à un objet attaché au point x. La définition (2.7.3) n'est cependant guère satisfaisante du point de vue structural, car elle établit une relation entre deux objets d'une nature différente, à savoir la suite (x_n), c'est-à-dire une application de $\mathbb{N}$ dans X, et l'ensemble $\mathcal{V}(x)$, c'est-à-dire une partie de $\mathcal{P}(X)$. En fait, l'objet de référence $\mathcal{V}(x)$ devrait par excellence converger vers x ; nous verrons qu'il est possible en effet de développer un formalisme pour lequel les objets susceptibles de converger et les objets de référence sont de même nature ; ces objets, appelés filtres, seront des ensembles de parties : la notion de convergence d'une suite apparaîtra alors comme un cas particulier d'une notion plus générale, celle de convergence des filtres.

2.8 Le filtre des voisinages

Définition 2.8.1 *Un filtre sur un ensemble X est un ensemble $\mathcal{F}$ de parties de X vérifiant les propriétés suivantes*
(F_1) *Pour tout $A \in \mathcal{F}$ et tout $B \supset A$, on a $B \in \mathcal{F}$.*

(F_2) *Pour tout* $A \in \mathcal{F}$ *et* $B \in \mathcal{F}$, *on a* $A \cap B \in \mathcal{F}$.
(F_3) $\emptyset \notin \mathcal{F}$ *et* $X \in \mathcal{F}$.

Il résulte de (F_3) qu'un filtre est un ensemble non vide de parties non vides de X ; il n'existe donc pas de filtre sur l'ensemble vide. La propriété (F_2) montre que toute intersection finie d'ensembles appartenant à $\mathcal{F}$ appartient encore à $\mathcal{F}$; une telle intersection est donc non vide d'après (F_3).

Exemple 2.8.1 Si A est une partie non vide d'un ensemble X, l'ensemble des parties de X qui contiennent A constitue un filtre sur X ; en particulier, si X est non vide, $\mathcal{T} = \{X\}$ est un filtre.

Exemple 2.8.2 Le filtre de Fréchet Si X est un ensemble infini, l'ensemble des complémentaires des parties finies de X est un filtre sur X. Lorsque $X = \mathbb{N}$, ce filtre est appelé filtre de Fréchet ; cet exemple est important car il permettra de faire le lien entre la notion de suite et la notion de filtre.

Exemple 2.8.3 Soit X un espace métrique et soit $x \in X$, alors l'ensemble $\mathcal{V}(x)$ des voisinages de x est un filtre sur X. En effet, soit $V \in \mathcal{V}(x)$ et $W \supset V$; il existe un ouvert O tel que $x \in O \subset V$, d'où $x \in O \subset W$, ce qui prouve que W est un voisinage de x ; (F_1) est donc vérifié. Quant à (F_2), soit $V_1, V_2 \in \mathcal{V}(x)$, il existe des ouverts O_i tels que $x \in O_i \subset V_i$, $i = 1, 2$, d'où $x \in O_1 \cap O_2 \subset V_1 \cap V_2$ et, $O_1 \cap O_2$ étant ouvert d'après (O_2), $V_1 \cap V_2$ est un voisinage de x, ce qui prouve (F_2). Enfin, il est clair que $\emptyset \notin \mathcal{V}(x)$ car tout voisinage de x contient x et $X \in \mathcal{V}(x)$ car X est ouvert d'après (O_3).

Exercice 2.8.1 Construire tous les filtres sur un ensemble fini [si $\mathcal{F}$ est un tel filtre, remarquer que $\bigcap_{M \in \mathcal{F}} M \in \mathcal{F}$].

Nous sommes maintenant en mesure de donner la définition générale d'une structure topologique.

Définition 2.8.2 *Une structure topologique* $\mathcal{T}$ *sur un ensemble* X *est définie par la donnée, pour tout* $x \in X$, *d'un filtre* $\mathcal{V}(x)$, *appelé filtre des voisinages du point* x, *vérifiant les propriétés suivantes*
(V_1) *Pour tout* $V \in \mathcal{V}(x)$, *on a* $x \in V$.
(V_2) *Pour tout* $V \in \mathcal{V}(x)$, *il existe* $W \in \mathcal{V}(x)$ *tel que, pour tout* $y \in W$, *on ait* $V \in \mathcal{V}(y)$.

Si X est muni d'une structure topologique $\mathcal{T}$, on dit aussi que X est muni d'une topologie $\mathcal{T}$ et X est appelé un espace topologique ; les ensembles de $\mathcal{V}(x)$ sont appelés les voisinages du point x.

Voici quelques commentaires sur cette définition. L'axiome (F_1) montre que toute partie contenant un voisinage de x est encore un voisinage de x ; (F_2) montre que toute intersection finie de voisinages de x est un voisinage de x ; (F_3) montre que l'espace X lui-même est un voisinage de tout point ; l'axiome (V_1) lie le filtre $\mathcal{V}(x)$ et le point x.

Quant à l'axiome (V_2), il établit un lien entre les filtres des voisinages de points différents ; cet axiome est évidemment esentiel pour l'obtention d'une structure locale intéressante. Pour mieux comprendre cet axiome (V_2), introduisons la terminologie suivante. Donnons-nous sur un espace topologique X une relation $R(x)$; nous dirons que la relation $R(x)$ est vraie lorsque x est suffisamment voisin d'un point $a \in X$ s'il existe un voisinage V de a tel que $R(x)$ soit vraie pour tout $x \in V$. L'axiome (V_2) peut alors s'exprimer de la façon suivante : soit V un voisinage de x, alors V est encore un voisinage de tout point suffisamment voisin du point x.

Exemple 2.8.4 Une structure topologique est donc définie par la donnée d'une application $\mathcal{V} : X \to \mathcal{P}(\mathcal{P}(X))$ vérifiant des axiomes de la forme

$$(\forall x)(x \in X \Rightarrow \ldots).$$

Si X est l'ensemble vide, la seule application de X dans $\mathcal{P}(\mathcal{P}(X))$, à savoir la fonction vide (exemple 1.2.1), satisfait à ces axiomes ; il existe donc une topologie, et une seule, sur l'ensemble vide.

Exemple 2.8.5 Topologie grossière On définit une topologie sur un ensemble X en posant $\mathcal{V}(x) = \{X\}$; cette topologie est appelée topologie grossière ou topologie chaotique. Pour cette topologie le seul voisinage d'un point x est donc l'espace X tout entier.

Exemple 2.8.6 Soit X un espace métrique, montrons que l'application $x \mapsto \mathcal{V}(x)$ définit une topologie sur X. Nous savons déjà (exemple 2.8.3) que $\mathcal{V}(x)$ est un filtre. La propriété (V_1) est trivialement vérifiée. Quant à (V_2), soit $V \in \mathcal{V}(x)$; alors il existe $\varepsilon > 0$ tel que $B(x;\varepsilon) \subset V$; on peut prendre $W = B(x;\varepsilon)$ vu que cette boule est ouverte. On définit ainsi une structure topologique sur X ; un espace métrique sera toujours muni de cette topologie, dite associée à la distance. Par exemple, la droite réelle $\mathbb{R}$ sera toujours munie, sauf mention expresse du contraire, de la topologie associée à la distance $d(x, y) = |x - y|$; muni de cette topologie, $\mathbb{R}$ est parfois appelé la droite numérique. On notera que deux distances différentes (par exemple d et $2d$ comme nous l'avons déjà indiqué) sur un même ensemble peuvent définir la même topologie, on dit alors que ces distances sont topologiquement équivalentes, mais tant qu'on ne s'intéresse qu'aux propriétés topologiques de l'espace, le choix particulier de la distance compatible avec la topologie (c'est-à-dire définissant la topologie de l'espace) importe peu.

Exemple 2.8.7 Topologie discrète Soit X un espace discret (exemple 2.7.2). La topologie associée à la métrique discrète est appelée topologie discrète.

Remarque 2.8.1 Dans un espace topologique, il n'existe pas en général d'outil pour mesurer la proximité de deux points de l'espace : dire qu'un point y est plus voisin ou plus près d'un point x qu'un autre point z n'a a priori aucune signification. La notion de distance permet de remédier à ce défaut, mais nécessite de restreindre la catégorie des espaces étudiés : une topologie donnée ne pourra pas toujours être définie par une distance. Par exemple, si Card $X \geq 2$, la topologie grossière sur X ne peut être définie par une distance ; en effet, s'il existait une telle distance d, prenons deux points $x, y \in X$, $x \neq y$, alors $r = d(x, y) > 0$ et la boule ouverte $B(x; r)$ est un voisinage de x distinct de X, ce qui est absurde, X étant le seul voisinage de x. Ceci conduit à la définition suivante : un espace topologique sera dit métrisable, si sa topologie peut être définie par une distance. Comme nous le verrons à diverses reprises, les espaces métrisables possèdent des propriétés topologiques particulières.

La notion de voisinage d'un point se généralise aisément de la façon suivante.

Définition 2.8.3 *Soit A une partie non vide d'un espace topologique X, une partie V de X est appelée un voisinage de A si V est un voisinage de tout point de A.*

Nous noterons $\mathcal{V}(A)$ l'ensemble des voisinages de A. On a alors la

Proposition 2.8.1 *L'ensemble $\mathcal{V}(A)$ des voisinages d'une partie non vide A d'un espace topologique X est un filtre.*

Preuve Vérifions (F_1). Soient $V \in \mathcal{V}(A)$ et $W \supset V$, V est un voisinage de tout point $a \in A$ et il en est donc de même de W vu que $\mathcal{V}(a)$ vérifie (F_1), ceci prouve que $W \in \mathcal{V}(A)$ et il en résulte que $\mathcal{V}(A)$ vérifie (F_1). Vérifions (F_2). Soient $V_1, V_2 \in \mathcal{V}(A)$, alors pour tout $a \in A$, V_1 et V_2 sont des voisinages de a, donc $V_1 \cap V_2$ est un voisinage de a car $\mathcal{V}(a)$ vérifie (F_2) ; ceci prouve que $V_1 \cap V_2 \in \mathcal{V}(A)$ et il en résulte que $\mathcal{V}(A)$ vérifie (F_2). Enfin, on a $\emptyset \notin \mathcal{V}(A)$ car tout voisinage de A contient A d'après (V_1) et $X \in \mathcal{V}(A)$ car X est un voisinage de chacun de ses points d'après (F_3). Q.E.D.

Dans l'utilisation pratique des filtres, on peut très souvent se restreindre à la considération de sous-ensembles convenables, appelés bases de filtre, dont voici la définition.

Définition 2.8.4 *Soit $\mathcal{F}$ un filtre, on dit qu'un sous-ensemble $\mathcal{B}$ de $\mathcal{F}$ est une base du filtre $\mathcal{F}$ si tout ensemble de $\mathcal{F}$ contient un ensemble de $\mathcal{B}$.*

La connaissance d'une base $\mathcal{B}$ d'un filtre $\mathcal{F}$ permet de reconstruire le filtre ; on a en effet d'après (F_1)

(2.8.1) $$\mathcal{F} = \{M \subset X\,;\, (\exists B)(B \in \mathcal{B} \text{ et } B \subset M)\}.$$

Si $\mathcal{B}$ est une base du filtre $\mathcal{F}$, on dit que $\mathcal{B}$ engendre $\mathcal{F}$. Deux bases de filtre différentes $\mathcal{B}$ et $\mathcal{B}'$ peuvent évidemment engendrer le même filtre ; on dit alors que ces bases de filtre sont équivalentes. Pour qu'il en soit ainsi, il faut et il suffit que tout ensemble de $\mathcal{B}$ contienne un ensemble de $\mathcal{B}'$ et que tout ensemble de $\mathcal{B}'$ contienne un ensemble de $\mathcal{B}$.

Le filtre défini à l'exemple 2.8.1 admet pour base l'ensemble $\{A\}$. Une base du filtre de Fréchet est constituée par l'ensemble $(S(n))_{n \in \mathbb{N}}$ où

(2.8.2) $$S(n) = \{p \in \mathbb{N}\,;\, p \geq n\}.$$

Dans un espace topologique, une base du filtre $\mathcal{V}(x)$ est appelée un système fondamental de voisinages de x ; par exemple, pour la topologie discrète, l'ensemble $\{x\}$ est un système fondamental de voisinages de x.

Dans un espace métrique, l'ensemble $(B(x;r))_{r>0}$ des boules ouvertes centrées au point x constitue un système fondamental de voisinages du point x ; il en est de même de l'ensemble des boules fermées $(B'(x;r))_{r>0}$, vu les inclusions $B(x;r) \subset B'(x;r)$ et $B'(x;r/2) \subset B(x;r)$. On peut préciser ceci de la façon suivante.

Proposition 2.8.2 *Dans un espace métrique, l'ensemble dénombrable des boules ouvertes* $(B(x;1/n))_{n\geq 1}$ *et l'ensemble dénombrable des boules fermées* $(B'(x;1/n))_{n\geq 1}$ *constituent des systèmes fondamentaux de voisinages du point* x.

Preuve En effet, pour tout $\varepsilon > 0$, il existe un entier $n \geq 1$ tel que $0 < 1/n \leq \varepsilon$, d'où $B(x;1/n) \subset B(x;\varepsilon)$ et $B'(x;1/n) \subset B'(x;\varepsilon)$; tout voisinage de x contient donc une boule ouverte de la forme $B(x;1/n)$ et une boule fermée de la forme $B'(x;1/n)$. Q.E.D.

Il est évidemment utile d'avoir une caractérisation des bases de filtre.

Proposition 2.8.3 *Soit* $\mathcal{B}$ *un ensemble non vide de parties non vides d'un ensemble* X. *Pour qu'il existe un filtre (il est alors unique) sur* X *dont* $\mathcal{B}$ *en soit une base, il faut et il suffit que*

(2.8.3) *l'intersection de deux ensembles de* $\mathcal{B}$ *contienne un ensemble de* $\mathcal{B}$.

Preuve Observons d'abord qu'une base de filtre est nécessairement un ensemble non vide de parties non vides d'après (F_3). Notons ensuite que la condition (2.8.3) est nécessaire d'après (F_2). Réciproquement, supposons cette condition réalisée ; s'il existe un filtre $\mathcal{F}$ tel que $\mathcal{B}$ en soit une base, ce filtre est nécessairement donné par la formule (2.8.1). Vérifions que cette formule définit bien un filtre $\mathcal{F}$: (F_1) est vérifié d'après la définition même de $\mathcal{F}$, (F_2) résulte de la condition (2.8.3) et $\mathcal{F}$ est un ensemble non vide de parties non vides, car il en est ainsi de $\mathcal{B}$, ce qui prouve (F_3). Il est clair enfin que $\mathcal{B}$ est une base de ce filtre $\mathcal{F}$. Q.E.D.

Exemple 2.8.8 Filtre des sections Soit I un ensemble ordonné filtrant, c'est-à-dire tel que toute partie à deux éléments soit majorée ; supposons en outre I non vide. Considérons alors l'ensemble des sections

$$S(i) = [i, \rightarrow [= \{j \in I\,;\, j \geq i\} \text{ où } i \text{ décrit } I.$$

Vérifions que cet ensemble est une base de filtre sur I : cet ensemble est un ensemble non vide (car I est non vide) de parties non vides (car $i \in S(i)$) et, étant donné $i, j \in I$, il existe $k \in I$ tel que $i \leq k$ et $j \leq k$, d'où $S(i) \cap S(j) \supset S(k)$ ce qui prouve (2.8.3). L'ensemble $(S(i))_{i\in I}$ est donc une base de filtre engendrant un filtre appelé filtre des sections associé à l'ensemble filtrant I. On notera que le filtre de Fréchet est exactement le filtre des sections associé à l'ensemble filtrant $\mathbb{N}$ muni de l'ordre usuel.

2.9 Parties ouvertes, parties fermées

Nous avons défini la notion d'espace topologique en introduisant les filtres des voisinages des points ; nous allons introduire maintenant la notion d'ensemble ouvert et montrer comment cette notion permet de donner une définition équivalente des structures topologiques. Nous prendrons comme définition la caractérisation des ouverts d'un espace métrique de la proposition 2.7.3 ; dans un espace métrique, cette définition sera donc cohérente avec la définition antérieure.

Définition 2.9.1 *Dans un espace topologique X, une partie O est dite ouverte si elle est un voisinage de chacun de ses points.*

Ceci s'écrit simplement

(2.9.1) $$(\forall x)(x \in O \Rightarrow O \in \mathcal{V}(x)).$$

Nous noterons $\mathcal{O}$ l'ensemble de tous les ouverts de X ; cette famille de parties possède les mêmes propriétés (O_1), (O_2) et (O_3) que l'ensemble des ouverts d'un espace métrique.

Proposition 2.9.1 *Soit $\mathcal{O}$ l'ensemble des ouverts d'un espace topologique X, on a alors*

(O_1) *Toute réunion d'ensembles de $\mathcal{O}$ est un ensemble de $\mathcal{O}$.*

(O_2) *L'intersection de deux ensembles de $\mathcal{O}$ est un ensemble de $\mathcal{O}$.*

(O_3) $\emptyset \in \mathcal{O}$ *et* $X \in \mathcal{O}$.

Preuve Notons d'abord que $\emptyset \in \mathcal{O}$ d'après (1.1.6) et que $X \in \mathcal{O}$ d'après (F_3) : ceci prouve (O_3). Vérifions (O_1) : soit $(O_i)_{i \in I}$ une famille d'ouverts de réunion O et soit $x \in O$, alors il existe $i \in I$ tel que $x \in O_i$, d'où $O_i \in \mathcal{V}(x)$ car O_i est ouvert et, vu que $O \supset O_i$, (F_1) montre que O est encore un voisinage de x ; ceci prouve que O est un voisinage de chacun de ses points, donc est un ensemble ouvert. Vérifions enfin (O_2) : soient O_1, O_2 deux ouverts et soit $x \in O_1 \cap O_2$, alors O_1 et O_2 sont des voisinages de x, donc $O_1 \cap O_2$ est un voisinage de x d'après (F_2) et ceci prouve que $O_1 \cap O_2$ est un voisinage de chacun de ses points, donc est un ensemble ouvert. Q.E.D.

On notera qu'une réunion quelconque d'ensembles ouverts est un ensemble ouvert, alors qu'une intersection quelconque d'ensembles ouverts n'est pas en général un ensemble ouvert : (O_2) affirme seulement la stabilité de $\mathcal{O}$ par intersection finie.

Nous avons défini la notion d'ensemble ouvert à partir de celle de voisinages ; la proposition suivante permet de reconstruire le filtre des voisinages d'un point, et plus généralement d'une partie non vide, connaissant l'ensemble des ouverts.

Proposition 2.9.2 *Soit A une partie non vide d'un espace topologique X. Une partie V de X est un voisinage de A si, et seulement si, V contient un ouvert contenant A. Autrement dit, l'ensemble des voisinages ouverts de A est une base du filtre $\mathcal{V}(A)$.*

Preuve 1. Considérons d'abord un voisinage V d'un point a et montrons qu'il existe un ouvert contenant le point a et contenu dans V. Nous poserons a priori (en fait O est l'intérieur de V) $O = \{x \in X\,;\, V \in \mathcal{V}(x)\}$. Alors, $a \in O$ car $V \in \mathcal{V}(a)$. Si $x \in O$, on a par définition $V \in \mathcal{V}(x)$, d'où $x \in V$ d'après (V_1), ce qui prouve que $O \subset V$. Montrons enfin que O est ouvert, c'est-à-dire que O est un voisinage de chacun de ses points. Considérons donc un point x de O ; d'après la définition de O, on a $V \in \mathcal{V}(x)$; utilisons alors (V_2), il existe un voisinage $W \in \mathcal{V}(x)$ tel que, pour tout $y \in W$, on ait $V \in \mathcal{V}(y)$, c'est-à-dire $y \in O$ vu la définition de O ; autrement dit, il existe un voisinage $W \in \mathcal{V}(x)$ tel que $W \subset O$ et, d'après (F_1), il en résulte que O est un voisinage de x, ce qu'il fallait démontrer.

2. Considérons ensuite un voisinage V d'une partie A non vide. D'après 1. il existe, pour tout $a \in A$, un ouvert O_a tel que $a \in O_a \subset V$. Posons alors $O = \bigcup_{a \in A} O_a$; cet ensemble est ouvert d'après (O_1) et $A \subset O \subset V$.

3. Réciproquement, soit V une partie de X contenant un ouvert O contenant A ; alors O étant un voisinage de chacun de ses points, O est en particulier un voisinage de A et il en est donc de même de V qui contient O, car $\mathcal{V}(A)$ est un filtre. Q.E.D.

Nous sommes maintenant en mesure de prouver la

Proposition 2.9.3 *Soit $\mathcal{O}$ une famille de parties d'un ensemble X vérifiant les axiomes (O_1), (O_2) et (O_3). Alors, il existe une unique topologie sur X telle que $\mathcal{O}$ soit l'ensemble des ouverts pour cette topologie.*

Preuve S'il existe une topologie répondant aux exigences voulues, le filtre $\mathcal{V}(x)$ des voisinages d'un point x ne peut être que le filtre engendré par l'ensemble

$$\mathcal{O}(x) = \{O \in \mathcal{O} ; x \in O\}.$$

Ceci prouve donc l'unicité d'une telle topologie.

1. Vérifions avant toutes choses que $\mathcal{O}(x)$ est une base de filtre. Or, $\mathcal{O}(x)$ est un ensemble non vide (car $X \in \mathcal{O}(x)$ d'après (O_3)) de parties non vides (car tout ensemble de $\mathcal{O}(x)$ contient x) qui est évidemment stable par intersection finie d'après (O_2). La proposition 2.8.3 montre que $\mathcal{O}(x)$ est une base de filtre.

2. Notons $\mathcal{V}(x)$ le filtre engendré par $\mathcal{O}(x)$ et montrons qu'on définit ainsi une topologie $\mathcal{T}$ sur X. L'axiome (V_1) est trivialement vérifié. Quant à l'axiome (V_2), soit $V \in \mathcal{V}(x)$; il existe donc un ensemble $O \in \mathcal{O}$ tel que $x \in O \subset V$; prenons $W = O$ et soit $y \in W$; d'après la définition de $\mathcal{O}(y)$, on a $O \in \mathcal{O}(y)$, d'où $V \in \mathcal{V}(y)$ d'après la définition de $\mathcal{V}(y)$. Ceci prouve (V_2).

3. Montrons que tout $O \in \mathcal{O}$ est ouvert pour cette topologie $\mathcal{T}$. Il faut montrer que O est un voisinage de chacun de ses points. Soit $x \in O$, on a alors $O \in \mathcal{O}(x) \subset \mathcal{V}(x)$, ce qui permet de conclure.

4. Montrons que tout ensemble U ouvert pour la topologie $\mathcal{T}$ appartient à $\mathcal{O}$. Soit $x \in U$, U est un voisinage de x, donc il existe, d'après la définition de $\mathcal{V}(x)$, un ensemble $O_x \in \mathcal{O}$ tel que $x \in O_x \subset U$ et il en résulte que $U = \bigcup_{x \in U} O_x$ appartient à $\mathcal{O}$ d'après (O_1).

Les points 3. et 4. prouvent que $\mathcal{O}$ est l'ensemble de tous les ouverts pour la topologie $\mathcal{T}$. Q.E.D.

Ceci prouve qu'il est équivalent, pour définir une structure topologique, de se donner, ou bien le filtre des voisinages de chaque point, ou bien l'ensemble de tous les ouverts, le lien entre la notion de voisinage et celle d'ouvert étant assuré par la définition 2.9.1 et la proposition 2.9.2.

Pour définir une topologie il n'est pas nécessaire de se donner la famille de tous les ouverts, il suffit de se donner une sous-famille convenable dont voici la définition.

Définition 2.9.2 *Dans un espace topologique X, un ensemble $\mathcal{B}$ de parties ouvertes est appelé une base de la topologie de X si tout ouvert est une réunion d'ensembles de $\mathcal{B}$.*

Vu la propriété (O_1), l'ensemble $\mathcal{O}$ est alors l'ensemble de toutes les réunions d'ensembles de $\mathcal{B}$. Il en résulte ceci : sur un ensemble X, soit $\mathcal{B}$ un ensemble de parties ; s'il existe sur X une topologie telle que $\mathcal{B}$ en soit une base, alors cette topologie est parfaitement déterminée, un ensemble sera ouvert si, et seulement si, c'est une réunion d'ensembles de $\mathcal{B}$; nous dirons alors que $\mathcal{B}$ est une base de topologie. On a le critère suivant.

Proposition 2.9.4 *Soit $\mathcal{B}$ un ensemble de parties d'un ensemble X, pour que $\mathcal{B}$ soit une base de topologie il faut et il suffit que*
(B_1) *l'intersection de deux ensembles de $\mathcal{B}$ soit une réunion d'ensembles de $\mathcal{B}$.*
(B_2) $X = \bigcup_{B\in\mathcal{B}} B$.

Preuve Ces conditions sont nécessaires d'après (O_2) et (O_3). Montrons qu'elles sont suffisantes. Soit $\mathcal{O}$ l'ensemble des réunions d'ensembles de $\mathcal{B}$ et soit $(O_i)_{i\in I}$ une famille d'ensembles de $\mathcal{O}$; on a donc $O_i = \bigcup_{j\in J_i} B_j$ où $B_j \in \mathcal{B}$, d'où $\bigcup_{i\in I} O_i = \bigcup_{j\in J} B_j \in \mathcal{O}$, avec $J = \bigcup_{i\in I} J_i$ d'après (1.3.5) et ceci prouve (O_1). Soient $O_1, O_2 \in \mathcal{O}$, on a donc $O_1 = \bigcup_{i\in I} B_i$, $O_2 = \bigcup_{j\in J} B_j$, où $B_i, B_j \in \mathcal{B}$, d'où $O_1 \cap O_2 = \bigcup_{(i,j)\in I\times J} B_i \cap B_j$, d'après (1.3.6) ; en utilisant (B_1), puis l'associativité (1.3.5) de la réunion, on en déduit que $O_1 \cap O_2 \in \mathcal{O}$, ce qui prouve (O_2). Enfin, on a $\emptyset = \bigcup_{i\in\emptyset} B_i \in \mathcal{O}$ et $X \in \mathcal{O}$ d'après (B_2), ce qui prouve (O_3).
Q.E.D.

Voici quelques exemples de ces notions.

Si X est un ensemble muni de la topologie grossière, on a $\mathcal{O} = \{\emptyset, X\}$. Si X est muni de la topologie discrète, on a $\mathcal{O} = \mathcal{P}(X)$ et une base de la topologie est donnée par la famille $(\{x\})_{x\in X}$. La proposition 2.7.2 montre que, dans un espace métrique, l'ensemble des boules ouvertes constitue une base de la topologie ; en particulier, sur $\mathbb{R}$ l'ensemble des intervalles ouverts $]a, b[$, où a et b décrivent $\mathbb{R}$, est une base de la topologie de $\mathbb{R}$.

Indiquons enfin une dernière notion importante.

Définition 2.9.3 *Dans un espace topologique, un ensemble est dit fermé si son complémentaire est ouvert.*

Nous noterons $\mathcal{O}'$ l'ensemble des parties fermées de X. On notera que dans un espace topologique, la partie vide et la partie pleine sont des parties à la fois ouvertes et fermées ; il peut y en avoir d'autres : par exemple, pour la topologie discrète toutes les parties sont à la fois ouvertes et fermées.

D'après la proposition 2.9.1, l'ensemble $\mathcal{O}'$ possède les propriétés suivantes.

Proposition 2.9.5 *Soit $\mathcal{O}'$ l'ensemble des parties fermées d'un espace topologique X, on a alors*
(O'_1) *Toute intersection d'ensembles de $\mathcal{O}'$ est un ensemble de $\mathcal{O}'$.*
(O'_2) *La réunion de deux ensembles de $\mathcal{O}'$ est un ensemble de $\mathcal{O}'$.*
(O'_3) $\emptyset \in \mathcal{O}'$ *et* $X \in \mathcal{O}'$.

D'après la proposition 2.9.3, on a le résultat suivant.

Proposition 2.9.6 *Soit $\mathcal{O}'$ un ensemble de parties d'un ensemble X vérifiant les propriétés (O'_1), (O'_2) et (O'_3), alors il existe sur X une unique topologie telle que $\mathcal{O}'$ soit l'ensemble de tous les fermés pour cette topologie.*

Exercice 2.9.1 Montrer que la topologie d'un espace métrique fini est la topologie discrète.

Exercice 2.9.2 Construire toutes les topologies sur un ensemble à deux ou trois éléments [on doit en trouver 4 et 29 respectivement].

Exercice 2.9.3 **Topologie de l'ordre** Soit X un ensemble totalement ordonné, montrer que l'ensemble des intervalles ouverts (limités ou non), c'est-à-dire l'ensemble des intervalles $]a, b[\,,]\leftarrow, a[\,,$ $]a, \rightarrow[$ et X, est une base de topologie sur X, dite topologie de l'ordre. Montrer que tout intervalle fermé est fermé pour cette topologie. La topologie de l'ordre sur $\mathbb{R}$ ou $\overline{\mathbb{R}}$ (exemple 2.13.5) est la topologie usuelle.

Exercice 2.9.4 Soit X un espace topologique, montrer qu'un ensemble $\mathcal{B}$ de parties ouvertes est une base de la topologie de X si, et seulement si, pour tout $x \in X$ l'ensemble $\mathcal{S}_x = \{O \in \mathcal{B}\,;\, x \in O\}$ est un système fondamental de voisinages de x.

Exercice 2.9.5 Soit X un espace topologique, on dit qu'une application $f : X \rightarrow \mathbb{R}$ présente un minimum local en un point $a \in X$ s'il existe un voisinage V de a tel que $f(a) \leq f(x)$ pour tout $x \in V$; un minimum local est dit strict si $f(a) < f(x)$ pour tout $x \in V - \{a\}$.

On suppose que X admet une base de topologie dénombrable.

1. Montrer que l'ensemble A des points $a \in X$ où f présente un minimum local strict est dénombrable [soit (B_n) une base de la topologie, pour tout $a \in A$ il existe n tel que $a \in B_n$ et $f(a) < f(x)$ pour $x \in B_n$, $x \neq a$; en déduire une injection de A dans $\mathbb{N}$].

2. Soit B l'ensemble des points $a \in X$ où f présente un minimum local, montrer que $f(B)$ est dénombrable.

2.10 Intérieur, adhérence

Définition 2.10.1 *Soit X un espace topologique et soit A une partie de X.*

1. Un point x de X est dit intérieur à A si A est un voisinage de x ; l'ensemble $\mathring{A}$ des points intérieurs à A s'appelle l'intérieur de A.

2. Un point x de X est appelé un point adhérent à A si tout voisinage de x rencontre A ; l'ensemble $\overline{A}$ des points adhérents à A s'appelle l'adhérence de A.

L'intérieur de A sera également noté Int A.

Étudions d'abord la notion de point intérieur. Dire que le point x est intérieur à A signifie qu'il existe un ouvert O tel que $x \in O \subset A$; un ouvert étant un voisinage de chacun de ses points, tout point de O est intérieur à A et, par suite, l'intérieur de A est la réunion de tous les ouverts contenus dans A. D'après (O_1), l'intérieur de A est un ensemble ouvert et c'est le plus grand ouvert contenu dans A.

On en déduit de suite les propriétés suivantes.

(2.10.1) $$A \subset B \Rightarrow \mathring{A} \subset \mathring{B}, \text{ pour tout } A, B \in \mathcal{P}(X).$$

(2.10.2) Une partie A est ouverte si, et seulement si, $A = \mathring{A}$.

Proposition 2.10.1 *Soit $(A_i)_{i \in I}$ une famille de parties, on a*

(2.10.3) $$\text{Int} \bigcap_{i \in I} A_i \subset \bigcap_{i \in I} \text{Int } A_i \; et \; \bigcup_{i \in I} \text{Int } A_i \subset \text{Int} \bigcup_{i \in I} A_i.$$

En outre, la première inclusion devient une égalité lorsque I est un ensemble fini.

Preuve Ces inclusions résultent de (2.10.1) car tout A_i contient l'intersection de la famille et est contenu dans sa réunion. Montrons ensuite que

$$\text{Int } A \cap \text{Int } B \subset \text{ Int } (A \cap B),$$

ceci prouvera la dernière assertion. Or, $\mathring{A} \cap \mathring{B}$ est un ouvert contenu dans $A \cap B$, donc contenu dans l'intérieur de $A \cap B$, ce qui permet de conclure. Q.E.D.

Exercice 2.10.1 Donner un exemple (sur $\mathbb{R}$) où l'inclusion $\mathring{A} \cup \mathring{B} \subset \text{Int } (A \cup B)$ est stricte.

Nous obtiendrons les premières propriétés de l'adhérence grâce à la proposition suivante.

Proposition 2.10.2 *Pour toute partie A, on a*

(2.10.4) $$X - \overline{A} = \text{Int } (X - A) \; et \; X - \text{Int} A = \overline{X - A}.$$

Preuve Il suffit de démontrer la première égalité, la seconde s'en déduisant en substituant $X - A$ à A. Or, dire qu'un point x n'est pas adhérent à A signifie qu'il existe un voisinage V de x ne rencontrant pas A, soit $V \cap A = \emptyset$ ou bien encore $V \subset X - A$, ce qui signifie que $X - A$ est un voisinage de x et ceci veut dire précisément que x est un point intérieur à $X - A$. Q.E.D.

On en déduit les propriétés suivantes. L'adhérence de A est l'intersection de tous les fermés contenant A (sur $\mathbb{R}$, l'adhérence de A avait été définie ainsi) et c'est le plus petit fermé contenant A. On a, en outre

(2.10.5) $$A \subset B \Rightarrow \overline{A} \subset \overline{B}, \text{ pour tout } A, B \in \mathcal{P}(X).$$

(2.10.6) Une partie A est fermée si, et seulement si, $A = \overline{A}$.

(2.10.7) $$\bigcup_{i \in I} \overline{A_i} \subset \overline{\bigcup_{i \in I} A_i} \text{ et } \overline{\bigcap_{i \in I} A_i} \subset \bigcap_{i \in I} \overline{A_i},$$

la première inclusion devenant une égalité si I est fini.

Définition 2.10.2 *Soit A une partie d'un espace topologique X, un point x est appelé un point frontière de A si tout voisinage de x rencontre à la fois A et son complémentaire ; l'ensemble Fr A des points frontières s'appelle la frontière de A.*

Un point frontière est donc un point adhérent à A et à son complémentaire et par conséquent Fr $A = \overline{A} \cap \overline{X - A} = \overline{A} - \mathring{A}$; la frontière de A est donc un ensemble fermé. La relation précédente peut s'écrire d'après (2.10.4)

$$X - \text{Fr } A = \text{Int } A \cup \text{Int } (X - A)\,;$$

les ensembles Int A et Int (X-A) étant disjoints, on en déduit la proposition suivante.

Proposition 2.10.3 *Soit A une partie d'un espace topologique X, alors la frontière de A, l'intérieur de A et l'intérieur de son complémentaire constituent une partition de X.*

Note L'intérieur de $X - A$ est appelé l'extérieur de A.

D'après la relation Fr $A = \overline{A} - \mathring{A}$, on notera également que

$$\overline{A} = \mathring{A} \cup \text{Fr } A$$

où les ensembles $\mathring{A}$ et Fr A sont disjoints : un point adhérent est soit un point intérieur, soit un point frontière.

Proposition 2.10.4 *Soit A une partie d'un espace topologique X, alors $\overline{A} - A$ est d'intérieur vide. Si A est un ensemble ouvert ou fermé, la frontière de A est d'intérieur vide.*

Preuve Soit O l'intérieur de $\overline{A} - A$. Supposons cet ouvert O non vide : soit $a \in O$, alors a est un point adhérent à A et O est un voisinage de ce point, donc O rencontre A, ce qui est absurde. Ceci prouve que l'intérieur de $\overline{A} - A$ est vide.

Si A est ouvert, la frontière de A, Fr $A = \overline{A} - A$, est donc d'intérieur vide et il en est de même lorsque A est fermé, vu que Fr $A =$ Fr (X-A). Q.E.D.

Exercice 2.10.2 Soient A et B deux parties d'un espace topologique telles que $A \cap \overline{B} = \overline{A} \cap B = \emptyset$, montrer que $\mathring{A} \cup \mathring{B} = \text{Int } (A \cup B)$.

Exercice 2.10.3 Soient A et B deux parties d'un espace topologique, si A est ouvert montrer que $A \cap \overline{B} \subset \overline{A \cap B}$ et donner un exemple sur $\mathbb{R}$ où l'inclusion est stricte. En déduire que

$$\overline{A \cap \overline{B}} = \overline{A \cap B}.$$

Exercice 2.10.4 Famille localement finie de fermés Une famille $(A_i)_{i \in I}$ de parties d'un espace topologique X est dite localement finie si, pour tout $x \in X$, il existe un voisinage de x ne rencontrant qu'un nombre fini de A_i.

1. Montrer alors que $\overline{\bigcup_{i \in I} A_i} = \bigcup_{i \in I} \overline{A_i}$.
2. En déduire qu'une réunion localement finie de fermés est fermée.

Exercice 2.10.5 Soit A une partie d'un espace topologique, montrer que

$$\text{Fr } (\overline{A}) \subset \text{Fr } (A) \text{ et Fr } (\mathring{A}) \subset \text{Fr } (A)$$

et donner un exemple sur $\mathbb{R}$ où ces inclusions sont strictes.

Exercice 2.10.6 Soient A et B deux parties d'un espace topologique.

1. Montrer que

$$\text{Fr } (A) \cup \text{Fr } (B) = \text{Fr } (A \cup B) \cup \text{Fr } (A \cap B) \cup (\text{Fr } (A) \cap \text{Fr } (B))$$

et en déduire que Fr $(A \cup B) =$ Fr $(A) \cup$ Fr (B) si $\overline{A} \cap \overline{B} = \emptyset$.

2. En utilisant l'exercice 2.10.2, montrer que

$$\mathrm{Fr}\,(A \cup B) = \mathrm{Fr}\,(A) \cup \mathrm{Fr}\,(B)$$

dès que $A \cap \overline{B} = \overline{A} \cap B = \emptyset$.

Exercice 2.10.7 Axiomes de fermeture de Kuratowski Soit X un espace topologique, on pose $\alpha(A) = \overline{A}$, montrer que l'application $\alpha : \mathcal{P}(X) \to \mathcal{P}(X)$ vérifie les propriétés suivantes

1. $\alpha(\emptyset) = \emptyset$,
2. pour tout $A \in \mathcal{P}(X)$, $A \subset \alpha(A)$,
3. pour tout $A \in \mathcal{P}(X)$, $\alpha(\alpha(A)) = \alpha(A)$,
4. pour tout $A, B \in \mathcal{P}(X)$, $\alpha(A \cup B) = \alpha(A) \cup \alpha(B)$.

Réciproquement, soient X un ensemble et $\alpha : \mathcal{P}(X) \to \mathcal{P}(X)$ une application vérifiant les propriétés précédentes, montrer alors qu'il existe une unique topologie sur X telle que $\alpha(A) = \overline{A}$ pour tout $A \in \mathcal{P}(X)$.

Sur un espace métrique la notion de distance permet de donner une caractérisation très simple des notions de point intérieur, point adhérent et point frontière. Étant donné une partie non vide A d'un espace métrique X et un point a de X, on définit la distance de a à A par la formule

$$d(a, A) = \inf_{x \in A} d(a, x). \tag{2.10.8}$$

Proposition 2.10.5 *Soit A une partie non vide d'un espace métrique X et soit a un point de X. Alors*

1. *Le point a est intérieur à A si, et seulement si, $d(a, X - A) > 0$.*
2. *Le point a est adhérent à A si, et seulement si, $d(a, A) = 0$.*
3. *Le point a est un point frontière de A si, et seulement si,*

$$d(a, A) = d(a, X - A) = 0.$$

Preuve Dire que a est un point intérieur à A signifie que A est un voisinage de a, c'est-à-dire qu'il existe $r > 0$ tel que $B(a; r) \subset A$ et cette condition équivaut à $d(a, X - A) \geq r$, ce qui prouve 1. Dire que a est un point adhérent à A signifie que a n'est pas intérieur au complémentaire de A d'après (2.10.4) donc que $d(a, A) = 0$ d'après 1. Enfin 3. résulte de 2. d'après la définition 2.10.2 des points frontières. Q.E.D.

Note On a évidemment $\overline{B(a; r)} \subset B'(a; r)$ mais l'inclusion peut être stricte : pour la métrique discrète, on a par exemple $\overline{B(a; 1)} = \{a\}$ et $B'(a; 1) = X$. De même, l'inclusion $B(a; r) \subset \mathrm{Int}\, B'(a; r)$ peut être stricte, etc.

Définition 2.10.3 *Une partie A d'un espace topologique X est dite dense dans X ou partout dense si $\overline{A} = X$. L'espace X est dit séparable s'il existe une partie dénombrable partout dense.*

On vérifie de suite la proposition suivante.

Proposition 2.10.6 *Une partie A de X est partout dense si, et seulement si, tout ouvert non vide rencontre A.*

Exemple 2.10.1 L'espace $\mathbb{R}$ est séparable car $\mathbb{Q}$ est dense dans $\mathbb{R}$.

Voici une condition suffisante pour qu'un espace soit séparable, cette condition étant nécessaire et suffisante dans le cas des espaces métrisables.

Proposition 2.10.7 *Un espace topologique X admettant une base de topologie dénombrable est séparable. La réciproque est vraie si X est métrisable.*

Preuve Soit $(B_n)_{n\in\mathbb{N}}$ une base dénombrable de la topologie de X ; on peut supposer ces B_n non vides ; en prenant un point x_n dans chaque B_n, on construit une suite (x_n) partout dense d'après la proposition 2.10.6. Réciproquement, supposons X métrisable et séparable ; soit d une distance sur X définissant la topologie de X et soit (a_n) une suite partout dense. Vérifions alors que l'ensemble des boules ouvertes $B(a_n; 1/m)$, où $n \in \mathbb{N}$, $m \in \mathbb{N}^*$, est une base de la topologie. Soit O un ouvert de X, $x \in O$; il existe une boule ouverte $B(x;r)$ $(r > 0)$ contenu dans O. Montrons qu'il existe $n \in \mathbb{N}$, $m \in \mathbb{N}^*$ tels que $x \in B(a_n; 1/m) \subset B(x;r)$: choisissons d'abord $m \in \mathbb{N}^*$ tel que $1/m \leq r/2$, puis n tel que $d(x, a_n) < 1/m$; si $d(a_n, y) < 1/m$, on a alors

$$d(x,y) \leq d(x,a_n) + d(a_n,y) < 2/m \leq r,$$

ce qui prouve le résultat annoncé. Il en résulte que l'ouvert O est une réunion de boules $B(a_n; 1/m)$ ce qui prouve l'assertion. Q.E.D.

Pour un exemple d'espace séparable n'admettant pas de base de topologie dénombrable, voir l'exercice 2.17.6.

Définition 2.10.4 *Soit A une partie d'un espace topologique X, un point $x \in A$ est appelé un point isolé de A s'il existe un voisinage de x ne rencontrant A qu'au point x. Un point d'accumulation de A est un point adhérent à A qui n'est pas un point isolé de A.*

En particulier, en prenant $A = X$, dire qu'un point x est isolé dans X signifie que $\{x\}$ est un voisinage de x, c'est-à-dire que $\{x\}$ est un ensemble ouvert.

Exercice 2.10.8 Soit X un espace topologique, on considère les propriétés suivantes
(D_1) X admet une base de topologie dénombrable.
(D_2) X est séparable.
(D_3) Toute partie A de X, dont tous les points sont isolés dans A, est dénombrable.
(D_4) Toute famille d'ouverts non vides disjoints deux à deux est dénombrable.

Montrer que $(D_1) \Rightarrow (D_2) \Rightarrow (D_4)$ et $(D_1) \Rightarrow (D_3) \Rightarrow (D_4)$.

Exercice 2.10.9 Soit X un espace métrique, pour tout $n \in \mathbb{N}^*$ on note $\mathcal{A}_n$ l'ensemble des parties A de X vérifiant la propriété

$$\text{pour tout } x, y \in A, x \neq y, \text{ on a } d(x,y) \geq 1/n.$$

1. Montrer que $\mathcal{A}_n$ ordonné par inclusion est inductif.
2. Soit A_n un élément maximal de $\mathcal{A}_n$, montrer que $\bigcup_{n=1}^{\infty} A_n$ est partout dense.
3. En déduire que $(D_4) \Rightarrow (D_2)$ (exercice 2.10.8) et que dans un espace métrique les propriétés (D_1) à (D_4) sont équivalentes.

Exercice 2.10.10 1. Soit A une partie d'un espace topologique X, montrer que tout point isolé de $\overline{A}$ est un point isolé de A.

2. Soit X_1 la réunion de tous les sous-espaces de X sans point isolé, montrer que X_1 est un sous-espace fermé sans point isolé et que toute partie non vide de $X - X_1$ admet au moins un point isolé.

Exercice 2.10.11 **Ensemble dérivé** Soit A une partie d'un espace topologique X, l'ensemble A' des points d'accumulation de A est appelé l'ensemble dérivé de A. Montrer que $A \subset B \Rightarrow A' \subset B'$, $\overline{A} = A \cup A'$, $(A \cup B)' = A' \cup B'$ et $\overline{A'} = (\overline{A})'$. En outre, si tout point de X est fermé, $A'' \subset A'$ et $A' = \overline{A'} = (\overline{A})'$.

Exercice 2.10.12 **Théorème de Cantor-Bendixon** Soit A une partie d'un espace topologique X, on dit qu'un point $x \in X$ est un point de condensation de A si, pour tout voisinage $V \in \mathcal{V}(x)$, $V \cap A$ est non dénombrable. On note A^* l'ensemble des points de condensation de A.

1. Montrer que $A \subset B \Rightarrow A^* \subset B^*$, $A^* \subset A'$ (exercice 2.10.11), $A^* = \overline{A^*}$,

$$(A \cup B)^* = A^* \cup B^* \text{ et } A^{**} \subset A^*.$$

2. Si X admet une base de topologie dénombrable, montrer que $A - A^*$ est dénombrable ; en déduire que $(A - A^*)^* = \emptyset$ et que $A^* = A^{**}$.

3. En déduire que tout espace à base de topologie dénombrable s'écrit comme la réunion disjointe de deux sous-espaces X_1 et X_2 où X_1 est fermé sans point isolé et X_2 est dénombrable (théorème de Cantor-Bendixon).

2.11 Limites

Nous nous proposons de définir une notion de convergence pour un filtre sur un espace topologique ; les filtres de référence seront les filtres des voisinages des points et il s'agit donc de comparer des filtres entre eux. Or, un filtre sur un ensemble X est une partie de $\mathcal{P}(X)$; on peut donc munir l'ensemble des filtres sur X de l'ordre induit par l'inclusion entre parties de $\mathcal{P}(X)$. Ceci conduit à la définition suivante.

Définition 2.11.1 *Soient $\mathcal{F}$ et $\mathcal{F}'$ deux filtres sur un ensemble X, on dit que $\mathcal{F}$ est moins fin que $\mathcal{F}'$ si $\mathcal{F} \subset \mathcal{F}'$, c'est-à-dire si*

$$(\forall A)(A \in \mathcal{F} \Rightarrow A \in \mathcal{F}'). \tag{2.11.1}$$

Si $\mathcal{F} \subset \mathcal{F}'$, on dit que $\mathcal{F}'$ est plus fin que $\mathcal{F}$; en outre, si $\mathcal{F} \neq \mathcal{F}'$, on dit que $\mathcal{F}$ est strictement moins fin que $\mathcal{F}'$ ou que $\mathcal{F}'$ est strictement plus fin que $\mathcal{F}$.

Exercice 2.11.1 Soit $\mathcal{F}$ un filtre sur un ensemble X tel que $\bigcap_{M \in \mathcal{F}} M = \emptyset$, montrer que X est infini et que $\mathcal{F}$ est plus fin que le filtre des complémentaires des parties finies de X.

Pour comparer des filtres engendrés par des bases de filtre, on utilisera la proposition suivante.

Proposition 2.11.1 *Soient $\mathcal{B}$ et $\mathcal{B}'$ deux bases de filtre engendrant des filtres $\mathcal{F}$ et $\mathcal{F}'$, alors $\mathcal{F}$ est moins fin que $\mathcal{F}'$ si, et seulement si, tout ensemble de $\mathcal{B}$ contient un ensemble de $\mathcal{B}'$.*

Preuve Si $\mathcal{F}$ est moins fin que $\mathcal{F}'$, tout ensemble de $\mathcal{B}$ appartient à $\mathcal{F}'$, donc contient un ensemble de $\mathcal{B}'$. Réciproquement, si tout ensemble de $\mathcal{B}$ contient un ensemble de $\mathcal{B}'$, tout ensemble de $\mathcal{B}$, et par conséquent tout ensemble de $\mathcal{F}$, appartient à $\mathcal{F}'$.

Q.E.D.

Exemple 2.11.1 Soit $\mathcal{F}$ un filtre sur un espace topologique X, alors l'ensemble $(\overline{M})_{M\in\mathcal{F}}$ est une base de filtre sur X (car $\overline{M\cap N} \supset \overline{M\cap N}$ d'après (2.10.7)) qui engendre un filtre moins fin que $\mathcal{F}$.

Les filtres convergeant vers un point x seront alors les filtres plus fins que le filtre $\mathcal{V}(x)$ des voisinages du point x. Ecrivons explicitement la définition.

Définition 2.11.2 *Soit $\mathcal{F}$ un filtre sur un espace topologique X. On dit que $\mathcal{F}$ converge vers un point $x \in X$, ou que x est un point limite du filtre $\mathcal{F}$, si $\mathcal{F}$ est plus fin que le filtre $\mathcal{V}(x)$ des voisinages du point x. On écrit alors $x = \lim \mathcal{F}$.*

Dire que le filtre $\mathcal{F}$ converge vers x signifie donc que tout voisinage V de x appartient à $\mathcal{F}$.

Remarque 2.11.1 Définir une topologie sur un ensemble X équivaut donc à définir l'ensemble de tous les filtres qui convergent. La définition 2.11.2 signifie en effet que le filtre $\mathcal{V}(x)$ est le plus petit élément de l'ensemble de tous les filtres qui convergent vers x.

Si $\mathcal{B}$ est une base du filtre $\mathcal{F}$, on dira bien sûr que $\mathcal{B}$ converge vers x, ou que x est un point limite de $\mathcal{B}$, si $\mathcal{F}$ converge vers x. D'après la proposition 2.11.1, on a évidemment la proposition suivante.

Proposition 2.11.2 *Soit $\mathcal{B}$ une base de filtre sur un espace topologique X. Alors $\mathcal{B}$ converge vers un point $x \in X$ si, et seulement si, tout voisinage V de x appartenant à un système fondamental de voisinages de x contient un ensemble de $\mathcal{B}$.*

Donnons quelques propriétés et exemples de ces notions. Observons d'abord que le filtre $\mathcal{V}(x)$ lui-même converge vers x et que tout filtre plus fin qu'un filtre convergeant vers x converge aussi vers x. Précisons qu'un filtre n'a pas nécessairement de point limite ; par exemple, sur un espace discret les seuls filtres convergents sont les filtres des voisinages des points : en effet, si $\mathcal{F}$ est un filtre plus fin que le filtre $\mathcal{V}(x)$, étant donné que $\{x\}$ appartient à $\mathcal{V}(x)$ donc à $\mathcal{F}$, tout ensemble de $\mathcal{F}$ doit rencontrer $\{x\}$ d'après (F_2), c'est-à-dire contenir le point x, ce qui prouve que $\mathcal{F} = \mathcal{V}(x)$.

Précisons également qu'un filtre peut avoir plusieurs points limites ; par exemple, sur un ensemble X muni de la topologie grossière, tout filtre converge vers tout point puisque $\mathcal{V}(x) = \{X\}$. Il faut donc prendre garde à la signification de $x = \lim \mathcal{F}$ qui dit simplement que x est "un" point limite de $\mathcal{F}$. Lorsque X est un espace métrisable, de telles pathologies ne se produisent pas ; on a en effet la

Proposition 2.11.3 *Soit X un espace métrisable et soit $\mathcal{F}$ un filtre sur X, alors $\mathcal{F}$ admet au plus un point limite : on exprime cette propriété en disant que X est un espace séparé.*

Preuve Soit d une distance sur X définissant la topologie de X. Supposons qu'il existe un filtre $\mathcal{F}$ sur X convergeant à la fois vers x et y, $x \neq y$. Posons $r = d(x, y) > 0$; les boules ouvertes $B(x; r/2)$ et $B(y; r/2)$ sont des voisinages de x et y respectivement, donc appartiennent à $\mathcal{F}$. Ceci est absurde car l'intersection de ces boules est vide : s'il existait $z \in B(x; r/2) \cap B(y; r/2)$, on aurait $d(x, z) < r/2$ et $d(y, z) < r/2$, d'où $d(x, y) < r$, ce qui contredit la définition de r. Q.E.D.

Pour écrire qu'une base de filtre $\mathcal{B}$ converge vers x dans un espace métrique, on peut utiliser comme système fondamental de voisinages du point x l'ensemble des boules fermées centrées en ce point ; cette convergence s'écrit donc

(2.11.2) $$(\forall \varepsilon > 0)(\exists B \in \mathcal{B})(B \subset B'(x; \varepsilon))$$

Nous venons de définir une notion de convergence pour ce qui concerne les filtres. Ceci permet d'en déduire une notion de convergence pour des suites. Le procédé est très simple ; observons qu'une suite est une application de $\mathbb{N}$ dans X et que sur $\mathbb{N}$ nous avons défini un filtre, le filtre de Fréchet ; si nous apprenons à prendre l'image (directe) d'un filtre par une application, il suffira d'examiner si l'image du filtre de Fréchet par la suite converge.

Considérons donc deux ensembles non vides X et Y et une application $f : X \to Y$. Si $\mathcal{F}$ est un filtre sur X, l'image de $\mathcal{F}$ par f, c'est-à-dire l'ensemble de parties $f(\mathcal{F}) = \{f(M) ; M \in \mathcal{F}\}$, n'est pas en général un filtre sur Y ; si f n'est pas surjective, Y n'appartient pas à $f(\mathcal{F})$; nous allons montrer que $f(\mathcal{F})$ est une base de filtre. Plus généralement, on a la proposition suivante.

Proposition 2.11.4 *Soit $\mathcal{B}$ une base de filtre sur X engendrant un filtre $\mathcal{F}$, alors $f(\mathcal{B})$ est une base de filtre sur Y engendrant un filtre $\mathcal{F}'$ qui ne dépend que de $\mathcal{F}$; on a en outre*

(2.11.3) $$\mathcal{F}' = \{M' \subset Y ; f^{-1}(M') \in \mathcal{F}\}.$$

Le filtre $\mathcal{F}'$ est appelé le filtre image du filtre $\mathcal{F}$ par l'application f.

Preuve En effet, $f(\mathcal{B})$ est un ensemble non vide (car $\mathcal{B}$ est non vide) de parties non vides (car Y est non vide et tout ensemble de $\mathcal{B}$ est non vide) ; en outre, soit $M, N \in \mathcal{B}$, alors il existe $P \in \mathcal{B}$ tel que $M \cap N \supset P$, d'où $f(M) \cap f(N) \supset f(P)$, ce qui prouve que $f(\mathcal{B})$ est une base de filtre. Une partie M' de Y appartient au filtre engendré $\mathcal{F}'$ si, et seulement si, il existe $M \in \mathcal{B}$ tel que $f(M) \subset M'$, c'est-à-dire tel que $M \subset f^{-1}(M')$, ce qui signifie simplement que $f^{-1}(M')$ appartient au filtre $\mathcal{F}$. Ceci prouve la formule (2.11.3) et la proposition. Q.E.D.

Exercice 2.11.2 Soient X et Y des ensembles et $f : X \to Y$ une application surjective, montrer que l'image par f de tout filtre sur X est un filtre sur Y.

Remarque 2.11.2 Si $\mathcal{B}_1$ et $\mathcal{B}_2$ sont deux bases de filtre sur X et si $\mathcal{B}_1$ engendre un filtre moins fin que $\mathcal{B}_2$, il est clair que $f(\mathcal{B}_1)$ engendre un filtre moins fin que $f(\mathcal{B}_2)$.

Exemple 2.11.2 Soient X un ensemble, A une partie de X et $i : A \to X$ l'injection canonique de A dans X. Si $\mathcal{B}$ est une base de filtre sur A, $i(\mathcal{B})$ est une base de filtre sur X ; le filtre engendré par $i(\mathcal{B})$ n'est autre que le filtre engendré par $\mathcal{B}$ considéré comme base de filtre sur X.

Exemple 2.11.3 Filtre élémentaire associé à une suite Soit (x_n) une suite d'éléments d'un ensemble X et soit $f : \mathbb{N} \to X$ l'application définie par $f(n) = x_n$. L'image du filtre de Fréchet par cette application est appelée filtre élémentaire associé à la suite (x_n). Une base de ce filtre est donc donnée par la famille d'ensembles

(2.11.4) $$B_n = \bigcup_{p \geq n} \{x_p\}, \text{ où } n \text{ décrit } \mathbb{N},$$

et une partie M de X appartient à ce filtre si, et seulement si,

(2.11.5) $$(\exists n \in \mathbb{N})(\forall p \in \mathbb{N})(p \geq n \Rightarrow x_p \in M),$$

ce qu'on exprime en disant que M contient tous les termes x_n de la suite sauf peut-être un nombre fini d'entre eux. Si X est un espace topologique, on dit que la suite (x_n) converge vers x, si le filtre élémentaire associé à la suite (x_n) converge vers x ; on dit aussi que la suite (x_n) tend vers x quand n tend vers l'infini et on écrit $x = \lim_{n\to\infty} x_n$. Si $\mathcal{S}(x)$ est un système fondamental de voisinages de x, ceci signifie donc que

(2.11.6) $$(\forall V \in \mathcal{S}(x))(\exists n \in \mathbb{N})(\forall p \in \mathbb{N})(p \geq n \Rightarrow x_p \in V).$$

Lorsque X est un espace métrique, on notera que cette définition coïncide bien avec la définition 2.7.2.

Considérons une sous-suite (x_{n_k}) de la suite (x_n), alors le filtre élémentaire associé à cette sous-suite est plus fin que le filtre élémentaire associé à la suite (x_n) comme le montre (2.11.5). Il en résulte que toute sous-suite extraite d'une suite convergente vers x converge aussi vers x.

Exercice 2.11.3 Filtre intersection 1. Montrer que toute famille non vide $(\mathcal{F}_i)_{i\in I}$ de filtres sur un ensemble X admet une borne inférieure $\mathcal{F} = \inf_{i\in I} \mathcal{F}$, appelée filtre intersection de la famille [prendre $\mathcal{F} = \bigcap_{i\in I} \mathcal{F}_i = \{M \subset X; M \in \mathcal{F}_i \text{ pour tout } i \in I\}$].

2. Si X est un espace topologique, montrer que $a = \lim(\inf_{i\in I} \mathcal{F}_i)$ si, et seulement si,

$$a = \lim \mathcal{F}_i \text{ pour tout } i \in I.$$

Donnons maintenant la définition générale de valeur limite d'une application suivant un filtre.

Définition 2.11.3 *Soit $f : X \to Y$ une application définie sur un ensemble X et à valeurs dans un espace topologique Y et soit $\mathcal{F}$ un filtre sur X. On dit qu'un point $y \in Y$ est une valeur limite ou simplement une limite de f suivant le filtre $\mathcal{F}$ si la base de filtre $f(\mathcal{F})$ converge vers y.*

On écrit alors $y = \lim_{\mathcal{F}} f$. Ceci signifie que la base de filtre $f(\mathcal{F})$ est plus fine que le filtre $\mathcal{V}(y)$; si $\mathcal{B}$ est une base du filtre $\mathcal{F}$ et $\mathcal{S}(y)$ un système fondamental de voisinages du point y, ceci s'écrit donc

(2.11.7) $$(\forall V \in \mathcal{S}(y))(\exists M \in \mathcal{B})(f(M) \subset V).$$

L' inclusion $f(M) \subset V$ étant équivalente à $M \subset f^{-1}(V)$, il est équivalent de dire que l'image réciproque par f de tout voisinage $V \in \mathcal{S}(y)$ appartient à $\mathcal{F}$.

Voici trois exemples particulièrement importants de cette notion.

Exemple 2.11.4 Si X est un espace topologique, dire qu'une suite (x_n) converge vers x signifie donc que x est une valeur limite de l'application $n \mapsto x_n$ suivant le filtre de Fréchet.

Exemple 2.11.5 Suite généralisée Dans un ensemble X, une famille d'éléments $(x_i)_{i\in I}$ indexée par un ensemble filtrant (exemple 2.8.8) est appelée une suite généralisée. Si X est un espace topologique, on dit qu'une suite généralisée converge vers x si x est une valeur limite de l'application $i \mapsto x_i$ suivant le filtre des sections associé à l'ensemble filtrant I. Si $\mathcal{S}(x)$ est un système fondamental de voisinages de x, ceci signifie vu la définition du filtre des sections

(2.11.8) $$(\forall V \in \mathcal{S}(x))(\exists i \in I)(\forall j \in I)(j \geq i \Rightarrow x_j \in V).$$

Cette notion de convergence généralise celle de convergence des suites ordinaires. Nous allons montrer que la connaissance de toutes les suites généralisées convergentes détermine parfaitement la topologie de l'espace. A cet effet, montrons qu'un point x est adhérent à une partie A si, et seulement si, il existe une suite généralisée de A qui converge vers x. D'après (2.11.8), il est clair que la condition est suffisante. Réciproquement, soit $x \in \overline{A}$; pour tout $V \in \mathcal{V}(x)$, $V \cap A$ est non vide ; choisissons un point $x_V \in V \cap A$. On construit ainsi une suite généralisée $(x_V)_{V\in\mathcal{V}(x)}$ de A en prenant pour relation d'ordre sur $\mathcal{V}(x)$ l'opposée de l'inclusion, autrement dit $V \leq W$ signifie $V \supset W$; l'ensemble $\mathcal{V}(x)$ est alors un ensemble filtrant d'après (F_2) et il est évident que cette suite généralisée converge vers x, ce qui prouve le résultat annoncé. Ce résultat montre qu'une partie A est fermée si, et seulement si, elle contient les limites de ses suites généralisées qui convergent. Il en résulte que la donnée des suites généralisées convergentes détermine $\mathcal{O}'$, donc $\mathcal{O}$, c'est-à-dire la topologie de l'espace. Ce résultat devient en général faux si l'on se restreint à des suites ordinaires. On obtient un exemple en construisant sur un ensemble deux topologies différentes pour lesquelles les suites convergentes sont les mêmes. Prenons un ensemble X infini non dénombrable. On peut définir sur X la topologie discrète $\mathcal{T}_1$: une suite (x_n) converge vers x pour cette topologie si, et seulement si, il existe $n \in \mathbb{N}$ tel que $x_p = x$ pour $p \geq n$. On construit une autre topologie $\mathcal{T}_2$ sur X en prenant pour ensemble $\mathcal{O}$ l'ensemble vide et l'ensemble des complémentaires des parties dénombrables de X ; on vérifie de suite les axiomes des ouverts ; les topologies $\mathcal{T}_1$ et $\mathcal{T}_2$ sont différentes car X n'est pas dénombrable. Soit (x_n) une suite convergente vers x pour la la topologie $\mathcal{T}_2$; posons $I = \{n \in \mathbb{N}\,;\, x_n \neq x\}$, l'ensemble $A = \bigcup_{n\in I}\{x_n\}$ est dénombrable, donc $X - A$ est un ouvert et, contenant x, c'est un voisinage de x ; il en résulte qu'il existe $n \in \mathbb{N}$ tel que $x_p \in X - A$ pour $p \geq n$, c'est-à-dire $x_p = x$ pour $p \geq n$ et ceci prouve bien que les suites convergentes pour cette topologie $\mathcal{T}_2$ sont, comme pour la topologie $\mathcal{T}_1$, les suites stationnaires à partir d'un certain rang.

Exemple 2.11.6 Soient X, Y des espaces topologiques et une application $f : X \to Y$. Si f admet une limite y suivant le filtre $\mathcal{V}(a)$ des voisinages d'un point $a \in X$, on dit que $f(x)$ tend vers y quand x tend vers a et on écrit

$y = \lim_{x \to a} f(x)$. En notant $\mathcal{S}(a)$ et $\mathcal{S}(y)$ des systèmes fondamentaux de voisinages de a et y respectivement, ceci signifie donc

$$(2.11.9) \qquad (\forall V \in \mathcal{S}(y))(\exists W \in \mathcal{S}(a))(f(W) \subset V).$$

On peut aussi exprimer cette convergence en disant que l'image réciproque par f de tout voisinage de y est un voisinage de a.

Si $f(x)$ tend vers y quand x tend vers a, alors, pour toute suite (x_n) de X convergeant vers a, la suite $(f(x_n))$ converge vers y : en effet, le filtre élémentaire $\mathcal{F}$ associé à la suite (x_n) est plus fin que le filtre $\mathcal{V}(a)$, donc le filtre engendré par $f(\mathcal{F})$, qui n'est autre que le filtre élémentaire associé à la suite $(f(x_n))$ est plus fin que $f(\mathcal{V}(a))$, donc converge a fortiori vers y.

Exercice 2.11.4 1. Soient $\mathcal{B}_1$ et $\mathcal{B}_2$ des bases de filtre sur des ensembles X_1 et X_2, notons $\mathcal{F}_i$ le filtre engendré par $\mathcal{B}_i$, montrer que $\mathcal{B}_1 \times \mathcal{B}_2 = \{B_1 \times B_2; B_i \in \mathcal{B}_i\}$ est une base de filtre sur $X_1 \times X_2$ engendrant un filtre $\mathcal{F}$ qui ne dépend que de $\mathcal{F}_1$ et $\mathcal{F}_2$.

2. On prend $X_1 = X_2 = \mathbb{N}$ et, pour filtres $\mathcal{F}_1$ et $\mathcal{F}_2$, les filtres de Fréchet ; montrer que $([n, +\infty[^2)_{n\in\mathbb{N}}$ est une base du filtre $\mathcal{F}$ et que ce filtre est strictement plus fin que le filtre $\mathcal{F}'$ des complémentaires des parties finies de $\mathbb{N}^2$.

3. Soit $f : \mathbb{N}^2 \to X$ une application à valeurs dans un espace topologique X, on pose $f(m, n) = x_{m,n}$ et $f = (x_{m,n})_{(m,n)\in\mathbb{N}^2}$ est appelée une suite double. Montrer qu'un point $x \in X$ est une valeur limite de f suivant $\mathcal{F}$ (resp. $\mathcal{F}'$) si, et seulement si,

$$(\forall V \in \mathcal{V}(x))(\exists n \in \mathbb{N})(\forall (p, q) \in \mathbb{N}^2)(p \geq n \text{ et } q \geq n \Rightarrow x_{p,q} \in V)$$

et respectivement

$$(\forall V \in \mathcal{V}(x))(\exists n \in \mathbb{N})(\forall (p, q) \in \mathbb{N}^2)(p \geq n \text{ ou } q \geq n \Rightarrow x_{p,q} \in V)$$

Exercice 2.11.5 Soit $\mathcal{F}$ un filtre sur un ensemble X, on définit une relation d'ordre sur $\mathcal{F}$ en posant $M \leq N$ si $M \supset N$.

1. Montrer que $\mathcal{F}$ est un ensemble filtrant.

2. Pour tout $M \in \mathcal{F}$, soit x_M un élément de M ; montrer que le filtre associé à la suite généralisée $(x_M)_{M\in\mathcal{F}}$ est plus fin que $\mathcal{F}$.

2.12 Espaces à base dénombrable de voisinages

Venons-en à une remarque tout à fait fondamentale qui montrera que pour certains espaces topologiques la considération des suites est suffisante.

Considérons d'abord sur un ensemble X un filtre $\mathcal{F}$ admettant une base dénombrable $(B_n)_{n\in\mathbb{N}}$ et posons $C_0 = B_0$ et $C_n = C_{n-1} \cap B_n$ pour $n \geq 1$; on obtient ainsi une base dénombrable décroissante $(C_n)_{n\in\mathbb{N}}$ du filtre $\mathcal{F}$ dont l'intérêt est le suivant ; choisissons un point x_n dans chaque ensemble C_n, on construit ainsi une suite (x_n) dont le filtre élémentaire est plus fin que $\mathcal{F}$, vu que $x_p \in C_p \subset C_n$ pour tout $p \geq n$, c'est-à-dire $\bigcup_{p\geq n}\{x_p\} \subset C_n$.

En particulier, dans un espace topologique X, si un point a admet un système fondamental dénombrable de voisinages $(V_n)_{n\in\mathbb{N}}$, qu'on peut supposer décroissant d'après ce qui précède, en prenant un point x_n dans chaque V_n, on construit une suite qui converge vers a.

Exercice 2.12.1 1. Montrer qu'un filtre à base dénombrable est l'intersection (exercice 2.11.3) de tous les filtres élémentaires plus fins que lui [si $\mathcal{F}'$ est cette intersection, noter que $\mathcal{F} \leq \mathcal{F}'$ et pour démontrer l'égalité raisonner par l'absurde].

2. En déduire qu'un filtre $\mathcal{F}$ à base dénombrable sur un espace topologique converge vers un point a si, et seulement si, toutes les suites, dont les filtres élémentaires sont plus fins que $\mathcal{F}$, convergent vers a.

Dans un espace topologique X, considérons alors une suite (x_n) convergeant vers un point a ; si A est une partie de X qui contient tous les points x_n, le point a est un point adhérent à A : en effet, tout voisinage de a rencontre A puisqu'il contient tous les x_n sauf peut être un nombre fini d'entre eux. Inversement, étant donné un point a adhérent à A, existe-t-il une suite de A qui converge vers a ? La réponse est en général négative ; comme nous l'avons vu (exemple 2.11.5), on obtient une réponse positive en acceptant des suites généralisées. Nous allons nous intéresser à une classe d'espaces topologiques pour lesquels la réciproque est exacte.

Définition 2.12.1 *Un espace topologique est dit à base dénombrable de voisinages si, pour tout point a, le filtre $\mathcal{V}(a)$ admet une base dénombrable.*

Tout espace métrisable est à base dénombrable de voisinages d'après la proposition 2.8.2.

Proposition 2.12.1 *Soit X un espace topologique à base dénombrable de voisinages, alors un point a de X est adhérent à A si, et seulement si, il existe une suite de A qui converge vers a.*

Preuve Soit a un point adhérent à A et soit $(V_n)_{n\in\mathbb{N}}$ une base dénombrable décroissante du filtre $\mathcal{V}(a)$. Tout voisinage de a rencontrant A, on peut choisir un point x_n dans $V_n \cap A$ et on construit ainsi une suite de A qui converge vers a.

Q.E.D.

La définition 2.7.3 des parties fermées dans un espace métrique vaut encore dans un espace à base dénombrable de voisinages, soit

Corollaire 2.12.2 *Dans un espace à base dénombrable de voisinages, une partie est fermée si, et seulement si, elle contient les limites de ses suites convergentes.*

Ce corollaire montre que, dans les espaces à base dénombrable de voisinages, la notion de suite convergente détermine la topologie de l'espace. Plus précisément, considérons une partie $\mathcal{C}$ de $\mathcal{F}(\mathbb{N}; X) \times X$, c'est-à-dire un ensemble de couples $((x_n), x)$ constitués d'une suite de X et d'un point de X. On peut alors se demander s'il existe sur X une topologie telle qu'une suite (x_n) converge vers x si, et seulement si, $((x_n), x) \in \mathcal{C}$. Le corollaire précédent montre que s'il existe une topologie à base dénombrable de voisinages solution de ce problème, alors elle est unique : une partie A est fermée pour cette topologie si, et seulement si,

$$(\forall((x_n), x) \in \mathcal{C})((\forall n \in \mathbb{N})(x_n \in A) \Rightarrow x \in A).$$

Rien ne permet d'affirmer qu'il n'existe pas d'autres topologies solutions du problème ; on peut simplement dire que ces autres solutions éventuelles ne sont pas à base dénombrable de voisinages.

Exercice 2.12.2 Soit A une partie d'un espace X à base dénombrable de voisinages, montrer qu'un point $x \in A$ n'est pas isolé dans A si, et seulement si, il existe une suite (x_n) de A convergente vers x telle que $x_n \neq x$ pour tout n.

Exercice 2.12.3 Montrer que l'ensemble de Cantor C (exercice 2.6.2) est un ensemble d'intérieur vide sans point isolé [utiliser le développement triadique de $x \in C$ pour construire une suite de $C - \{x\}$ qui converge vers x].

Exercice 2.12.4 Montrer que tout espace séparable à base dénombrable de voisinages a au plus la puissance du continu [soit D un ensemble dénombrable partout dense, construire une injection de X dans $D^{\mathbb{N}}$].

En ce qui concerne la notion générale de valeur limite, on a la caractérisation suivante lorsque le filtre est à base dénombrable.

Proposition 2.12.3 *Soit $f : X \to Y$ une application définie sur un ensemble X et à valeurs dans un espace topologique Y et soit $\mathcal{F}$ un filtre sur X à base dénombrable. Alors, un point y de Y est une valeur limite de f suivant le filtre $\mathcal{F}$ si, et seulement si, pour toute suite (x_n) dont le filtre élémentaire est plus fin que $\mathcal{F}$, la suite $(f(x_n))$ converge vers y.*

Preuve La condition est nécessaire, sans hypothèse sur le filtre $\mathcal{F}$, car le filtre élémentaire associé à la suite $(f(x_n))$ est plus fin que la base de filtre $f(\mathcal{F})$. Pour démontrer la réciproque, raisonnons par l'absurde. Soit $(B_n)_{n \in \mathbb{N}}$ une base décroissante du filtre $\mathcal{F}$; alors, si y n'est pas une valeur limite de f suivant $\mathcal{F}$, il existe un voisinage V de y tel que $f(B_n) \not\subset V$, pour tout $n \in \mathbb{N}$; choisissons alors un point x_n dans chaque B_n tel que $f(x_n) \notin V$; on construit ainsi une suite (x_n) dont le filtre élémentaire est plus fin que $\mathcal{F}$ et telle que la suite $f(x_n)$ ne converge pas vers y. Q.E.D.

Corollaire 2.12.4 *Soient X, Y deux espaces topologiques et $f : X \to Y$ une application. Si X est à base dénombrable de voisinages, $f(x)$ tend vers y quand x tend vers a si, et seulement si, pour toute suite (x_n) qui converge vers a, la suite $(f(x_n))$ converge vers y.*

2.13 Applications continues

En termes de convergence une application continue sera simplement une application transformant les filtres convergents en des filtres convergents.

Définition 2.13.1 *Soient X, Y des espaces topologiques. Une application $f : X \to Y$ est dite continue en un point $a \in X$, si l'image de tout filtre convergeant vers a converge vers $f(a)$.*

En particulier, la base de filtre $f(\mathcal{V}(a))$ converge vers $f(a)$ et réciproquement, si cette condition est réalisée, f est continue au point a : en effet, si $\mathcal{F}$ est un filtre sur X convergeant vers a, il est plus fin que le filtre $\mathcal{V}(a)$ et par suite la base de filtre $f(\mathcal{F})$ est plus fine que $f(\mathcal{V}(a))$, donc converge a fortiori vers $f(a)$. En d'autres termes, f est continue au point a si, et seulement si, on a (exemple 2.11.6) $f(a) = \lim_{x \to a} f(x)$, c'est-à-dire

$$(\forall V \in \mathcal{V}(f(a)))(\exists W \in \mathcal{V}(a))(f(W) \subset V). \tag{2.13.1}$$

Pour exprimer la continuité de f au point a, il suffit d'écrire (2.13.1) pour tout voisinage V de $f(a)$ appartenant à un système fondamental de voisinages de $f(a)$. En outre, f est continue au point a si, et seulement si, l'image réciproque par f de tout voisinage de $f(a)$ appartenant à un système fondamental de voisinages de $f(a)$ est un voisinage de a.

Enfin le corollaire 2.12.4 prouve ceci : si f est continue au point a, l'image par f de toute suite convergeant vers a est une suite qui converge vers $f(a)$; réciproquement, si cette condition est réalisée et si X est à base dénombrable de voisinages (par exemple, si X est métrisable), alors f est continue au point a.

Exercice 2.13.1 Soient X et Y des espaces topologiques, montrer qu'une application $f : X \to Y$ est continue en un point $a \in X$ si, et seulement si, pour toute suite généralisée $(x_i)_{i \in I}$ qui converge vers a, la suite généralisée $(f(x_i))_{i \in I}$ converge vers $f(a)$.

Exercice 2.13.2 Soient X un espace à base dénombrable de voisinages et Y un espace tel que tout point soit fermé, montrer qu'une application $f : X \to Y$ est continue en un point a de X si, et seulement si, pour toute suite (x_n) de X convergeant vers a, la suite $(f(x_n))$ admet une limite.

Nous dirons bien sûr qu'une application $f : X \to Y$ est continue dans X ou simplement que f est continue, si f est continue en tout point de X. Nous noterons alors $\mathcal{C}(X; Y)$ l'ensemble de toutes les fonctions continues de X dans Y.

Donnons quelques exemples triviaux d'applications continues. Si X est un espace topologique, l'application identique $I_X : X \to X$ est continue. Si X et Y sont deux espaces topologiques, toute application constante de X dans Y est continue. Notons enfin que $\mathcal{C}(X; Y) = \mathcal{F}(X; Y)$ si X est un espace discret ou si Y est muni de la topologie grossière.

Vu la définition 2.13.1, on a évidemment le

Théorème 2.13.1 *Soient X, Y, Z des espaces topologiques, $f : X \to Y$ et $g : Y \to Z$ deux applications. Si f est continue en un point $a \in X$ et si g est continue au point $f(a)$, l'application $g \circ f : X \to Z$ est continue au point a. Si f est continue dans X et si g est continue en tout point de $f(X)$, alors $g \circ f$ est continue dans X.*

Lorsque X et Y sont des espaces métriques dont les distances sont notées d (toutes les distances seront notées d lorsqu'aucune confusion ne peut en résulter), pour écrire la continuité d'une application $f : X \to Y$ en un point $a \in X$, on peut utiliser comme base des filtres $\mathcal{V}(a)$ et $\mathcal{V}(f(a))$ l'ensemble des boules fermées centrées en ces points ; la continuité au point a s'écrit alors

$$(\forall \varepsilon > 0)(\exists \delta > 0)(\forall x \in X)(d(x, a) \leq \delta \Rightarrow d(f(x), f(a)) \leq \varepsilon). \tag{2.13.2}$$

L'application f est donc continue dans X si, et seulement si, pour tout $a \in X$ et tout $\varepsilon > 0$, il existe un $\delta > 0$ tel que ... ; dans cette définition le nombre δ

dépend de ε et du point $a \in X$; on peut donc introduire une notion plus forte que la continuité.

Définition 2.13.2 *Soient X, Y des espaces métriques, une application $f : X \to Y$ est dite uniformément continue si*

$$(2.13.3) \qquad \begin{cases} (\forall \varepsilon > 0)(\exists \delta > 0)(\forall x \in X)(\forall y \in X) \\ (d(x,y) \leq \delta \Rightarrow d(f(x), f(y)) \leq \varepsilon). \end{cases}$$

Toute application uniformément continue est évidemment continue, mais la réciproque est en général fausse.

On a un théorème des fonctions composées.

Proposition 2.13.2 *La composée de deux applications uniformément continues est uniformément continue.*

Voici un exemple d'application uniformément continue.

Exemple 2.13.1 Soit A une partie non vide d'un espace métrique X, l'application

$$x \mapsto d(x, A)$$

de X dans $\mathbb{R}$ est uniformément continue d'après l'inégalité

$$(2.13.4) \qquad |d(x,A) - d(y,A)| \leq d(x,y), \text{ pour tout } x, y \in X.$$

En effet, on a

$$d(x,A) = \inf_{z \in A} d(x,z) \leq \inf_{z \in A} \big(d(x,y) + d(y,z)\big) \leq d(x,y) + \inf_{z \in A} d(y,z),$$

d'où $d(x,A) \leq d(x,y) + d(y,A)$, c'est-à-dire

$$d(x,A) - d(y,A) \leq d(x,y)\,;$$

de même, on a $d(y,A) - d(x,A) \leq d(x,y)$, ce qui permet de conclure. Lorsque $A = \{a\}$, $a \in X$, on a $d(x,A) = d(x,a)$; ce qui précède prouve donc que l'application $x \mapsto d(x,a)$ de X dans $\mathbb{R}$ est uniformément continue.

Les fonctions continues ont été définies en utilisant les filtres des voisinages des points ; nous allons maintenant caractériser la continuité en utilisant la famille des ouverts ou des fermés. Nous nous appuierons sur la proposition suivante.

Proposition 2.13.3 *Soit $f : X \to Y$ une application continue en un point $a \in X$. Si ce point a est adhérent à une partie A de X, le point $f(a)$ est adhérent à $f(A)$.*

Preuve Soit V un voisinage de $f(a)$; f étant continue au point a, $f^{-1}(V)$ est un voisinage de a qui rencontre donc A ; il existe donc un point x de A dont l'image par f appartient à V, ce qui prouve que V rencontre $f(A)$. Tout voisinage de $f(a)$ rencontre donc $f(A)$. Q.E.D.

Théorème 2.13.4 *Soient X, Y deux espaces topologiques et $f : X \to Y$ une application. Les propriétés suivantes sont équivalentes.*

1. *f est continue dans X.*
2. *Pour tout $A \subset X$, $f(\overline{A}) \subset \overline{f(A)}$.*
3. *L'image réciproque par f de tout fermé de Y est un fermé de X.*
4. *L'image réciproque par f de tout ouvert de Y est un ouvert de X.*

Preuve 1 $\Rightarrow$ 2 d'après la proposition 2.13.3.

2 $\Rightarrow$ 3 Soit F' un fermé de Y ; posons $F = f^{-1}(F')$. D'après 2., on a $f(\overline{F}) \subset \overline{f(F)}$, d'où $f(\overline{F}) \subset \overline{F'}$, or $\overline{F'} = F'$ car F' est fermé, donc $f(\overline{F}) \subset F'$, soit $\overline{F} \subset f^{-1}(F') = F$, ce qui prouve que F est fermé.

3 $\Rightarrow$ 4 Soit O' un ouvert de Y ; on a $f^{-1}(O') = X - f^{-1}(Y - O')$ ce qui permet de conclure, le complémentaire d'un ouvert étant fermé et réciproquement.

4 $\Rightarrow$ 1 Soit a un point de X et soit O' un ouvert contenant $f(a)$, alors $f^{-1}(O')$ est un ouvert contenant $f(a)$, donc un voisinage de ce point, ce qui prouve la continuité de f au point a, car les ouverts contenant $f(a)$ constituent un système fondamental de voisinages de ce point. Q.E.D.

Exercice 2.13.3 Soient X et Y des espaces topologiques et $f : X \to Y$ une application, montrer l'équivalence des propriétés suivantes

1. f est continue.
2. Pour tout $A \in \mathcal{P}(Y)$, $f^{-1}(\mathring{A}) \subset \text{Int}\,(f^{-1}(A))$.
3. Pour tout $A \in \mathcal{P}(Y)$, $\overline{f^{-1}(A)} \subset f^{-1}(\overline{A})$.

Exercice 2.13.4 Une partie A d'un espace topologique est appelée un $\mathcal{G}_\delta$ (resp. un $\mathcal{F}_\sigma$) si A est une intersection dénombrable d'ouverts (resp. une réunion dénombrable de fermés). Soient X, Y des espaces topologiques et $f : X \to Y$ une application continue, montrer que l'image réciproque par f d'un $\mathcal{G}_\delta$ (resp. d'un $\mathcal{F}_\sigma$) est un $\mathcal{G}_\delta$ (resp. un $\mathcal{F}_\sigma$).

Exercice 2.13.5 Soient X et Y des espaces topologiques et $f : X \to Y$ une application.

1. Si f est continue et surjective et si A est dense dans X, alors $f(A)$ est dense dans Y.
2. Si f est ouverte, c'est-à-dire si l'image directe de tout ouvert de X est un ouvert de Y, et si B est dense dans Y, alors $f^{-1}(B)$ est dense dans X.

Exemple 2.13.2 La continuité de l'application $x \mapsto d(x, A)$ montre que

$$V_r(A) = \{x \in X \,;\, d(x, A) < r\}, \ (r > 0),$$

est un voisinage ouvert de A ; on dit que $V_r(A)$ est le voisinage ouvert de A d'ordre r ; de même, l'ensemble

$$V'_r(A) = \{x \in X \,;\, d(x, A) \leq r\}$$

est un voisinage fermé de A, appelé voisinage fermé de A d'ordre r. Lorsque $A = \{a\}$, on a

$$V_r(\{a\}) = B(a; r) \text{ et } V'_r(\{a\}) = B'(a; r),$$

on retrouve donc le fait que les boules ouvertes sont ouvertes et que les boules fermées sont fermées.

Exercice 2.13.6 Soient A et B deux parties d'un espace métrique telles que $\overline{A} \cap B = A \cap \overline{B} = \emptyset$, montrer que A et B admettent des voisinages disjoints.

Note L'image directe par une application continue d'un ensemble ouvert (resp. fermé) n'est pas en général un ensemble ouvert (resp. fermé) : considérons par exemple sur un ensemble X la topologie discrète $\mathcal{T}_1$ et la topologie grossière $\mathcal{T}_2$, l'application identique de $(X, \mathcal{T}_1)$ sur $(X, \mathcal{T}_2)$ est continue, toute partie A de X est à la fois ouverte et fermée pour $\mathcal{T}_1$, son image A par l'application identique n'est ni ouverte, ni fermée si $A \notin \{\emptyset, X\}$.

Dans l'exemple précédent, nous avons une bijection continue dont l'application réciproque n'est pas continue ; nous poserons donc la

Définition 2.13.3 *Soient X, Y des espaces topologiques,une bijection $f : X \to Y$ continue, ainsi que la bijection réciproque, est appelée un homéomorphisme.*

S'il existe un homéomorphisme de X sur Y, on dit que X et Y sont homéomorphes ; on définit ainsi une relation d'équivalence sur la collection des espaces topologiques. Une propriété d'un espace topologique invariante par homéomorphisme est appelée une propriété topologique : l'objet essentiel de la topologie est d'étudier de telles propriétés.
Note Si h est un homéomorphisme de X sur Y, la continuité de h^{-1} montre, vu le théorème 2.13.4, que l'image par h de tout ensemble ouvert (resp. fermé) de X est un ensemble ouvert (resp. fermé) de Y.

Exemple 2.13.3 Transport de structure Soient X et Y deux ensembles et $f : X \to Y$ une bijection. Une telle bijection permet de transporter sur Y toute structure topologique donnée sur X. En effet, soit $\mathcal{T}$ une topologie sur X et soit $\mathcal{O}$ la famille des ouverts de X, alors $f(\mathcal{O})$ définit une topologie sur Y d'après la proposition 2.9.3 ; Y étant muni de cette topologie, f est évidemment un homéomorphisme de X sur Y.

Soient X et Y des espaces métriques, une application $f : X \to Y$ conservant les distances, c'est-à-dire telle que $d(f(x), f(y)) = d(x, y)$ pour tout x, y de X, est évidemment uniformément continue. Une telle application est injective ; si elle est surjective, on dit que c'est une isométrie de X sur Y ; l'application f^{-1} est alors uniformément continue. Toute isométrie est donc un homéomorphisme.

Exemple 2.13.4 Considérons une bijection $f : X \to Y$ d'un ensemble X sur un espace métrique Y ; on définit alors une distance sur X en posant $d(x, y) = d(f(x), f(y))$ pour tout $x, y \in X$; f est alors une isométrie de X sur Y.

Exemple 2.13.5 La droite achevée On peut définir une distance sur $\overline{\mathbb{R}}$ en utilisant le procédé décrit à l'exemple précédent. Munissons l'intervalle $[-1, 1]$ de la distance induite par celle de $\mathbb{R}$, soit $d(x, y) = |x - y|$, $x, y \in [-1, 1]$. On définit une bijection $f : \overline{\mathbb{R}} \to [-1, 1]$ en posant

$$f(x) = x/(1 + |x|) \text{ si } x \in \mathbb{R} \text{ et } f(\pm\infty) = \pm 1,$$

d'où une distance sur $\overline{\mathbb{R}}$, à savoir $d(x, y) = |f(x) - f(y)|$, $x, y \in \overline{\mathbb{R}}$; l'application f est alors une isométrie. Décrivons la topologie ainsi définie sur $\overline{\mathbb{R}}$. Les boules ouvertes (resp. fermées) de $\overline{\mathbb{R}}$ sont les images réciproques par f des boules ouvertes (resp. fermées) de l'espace $[-1, 1]$. Or, l'ensemble des boules ouvertes de $[-1, 1]$ est constitué des intervalles $[-1, 1]$, $]a, b[$, $[-1, b[$ et $]a, 1]$ où $-1 \leq a < b \leq 1$ et l'ensemble des boules fermées des intervalles $[a, b]$ où $-1 \leq a \leq b \leq 1$; la bijection f étant strictement croissante ainsi que la bijection réciproque, l'ensemble des boules ouvertes de $\overline{\mathbb{R}}$ est constitué des intervalles $[-\infty, +\infty]$, $]a, b[$, $[-\infty, b[$ et

$]a, +\infty]$ où $-\infty \leq a < b \leq +\infty$ et l'ensemble des boules fermées des intervalles $[a, b]$ où $-\infty \leq a \leq b \leq +\infty$. L'ensemble des boules ouvertes contenant un point x de $\overline{\mathbb{R}}$ constituant une base du filtre $\mathcal{V}(x)$, on en déduit, si x appartient à $\mathbb{R}$, que l'ensemble $(]x-\varepsilon, x+\varepsilon[)_{\varepsilon>0}$ est une base du filtre $\mathcal{V}(x)$ et il en est donc de même de l'ensemble $([x - \varepsilon, x + \varepsilon])_{\varepsilon>0}$; on vérifie de même que le filtre $\mathcal{V}(+\infty)$ est engendré par $(]a, +\infty])_{a\in\mathbb{R}}$ et par $([a, +\infty])_{a\in\mathbb{R}}$ et que le filtre $\mathcal{V}(-\infty)$ est engendré par $([-\infty, a[)_{a\in\mathbb{R}}$ et par $([-\infty, a])_{a\in\mathbb{R}}$. Ceci permet de décrire les suites convergentes de $\overline{\mathbb{R}}$. Soit $x \in \mathbb{R}$, en utilisant le système fondamental de voisinages $([x - \varepsilon, x + \varepsilon])_{\varepsilon>0}$, on constate qu'une suite (x_n) de $\overline{\mathbb{R}}$ converge vers x si, et seulement si, il existe $n_0 \in \mathbb{N}$ tel que $x_n \in \mathbb{R}$ pour $n \geq n_0$ et la suite $(x_n)_{n\geq n_0}$ converge vers x pour la topologie de $\mathbb{R}$. De même, on vérifie qu'une suite (x_n) converge vers $+\infty$ (resp. $-\infty$) si, et seulement si, pour tout $a \in \mathbb{R}$, il existe $n \in \mathbb{N}$ tel que $x_p \geq a$ (resp. $x_p \leq a$) pour tout $p \geq n$.

Le principe du prolongement des inégalités (proposition 2.3.7) se généralise alors comme suit.

Proposition 2.13.5 Principe du prolongement des inégalités *Soient $\mathcal{F}$ un filtre sur un ensemble X et deux applications $f, g : X \to \overline{\mathbb{R}}$ telles que $f(x) \leq g(x)$ pour tout $x \in X$. Si f et g admettent des limites suivant le filtre $\mathcal{F}$, on a*

$$\lim_{\mathcal{F}} f \leq \lim_{\mathcal{F}} g.$$

Preuve Posons $y = \lim_{\mathcal{F}} f$ et $z = \lim_{\mathcal{F}} g$ et supposons $z < y$; il existe alors $a \in \mathbb{R}$ tel que $z < a < y$. D'après la définition d'une valeur limite d'une application, les ensembles $f^{-1}([-\infty, a[)$ et $f^{-1}(]a, +\infty])$ appartiennent à $\mathcal{F}$, il en est donc de même de leur intersection ; cette intersection étant vide, on obtient une contradiction. Q.E.D.

En prenant pour filtre $\mathcal{F}$ le filtre de Fréchet sur $\mathbb{N}$, on en déduit le résultat suivant qui étend à $\overline{\mathbb{R}}$ la proposition 2.3.7.

Corollaire 2.13.6 *Soient (x_n) et (y_n) deux suites convergentes de $\overline{\mathbb{R}}$ telles que $x_n \leq y_n$ pour tout $n \in \mathbb{N}$, on a alors $\lim_{n\to\infty} x_n \leq \lim_{n\to\infty} y_n$.*

2.14 Fonctions semi-continues

Les fonctions semi-continues jouent un rôle important dans les problèmes de minimisation de fonctionnelles ; nous allons indiquer ici les propriétés les plus simples de ces fonctions.

Définition 2.14.1 *Soit X un espace topologique, une fonction $f : X \to \overline{\mathbb{R}}$ est dite semi continue inférieurement (en abrégé s.c.i.) en un point $a \in X$ si*

(SCI_1) Pour tout $\alpha \in \mathbb{R}$, $\alpha < f(a)$, l'ensemble $f^{-1}(]\alpha, +\infty])$ est un voisinage de a.

Il est équivalent de dire que, pour tout $\alpha \in \mathbb{R}$, $\alpha < f(a)$, il existe un voisinage V de a tel que $f(V) \subset]\alpha, +\infty]$.

La fonction $f : X \to \overline{\mathbb{R}}$ est dite s.c.i. si elle est s.c.i. en tout point de X. Si la fonction $-f$ est s.c.i. en un point $a \in X$, on dit que f est semi-continue supérieurement (en abrégé s.c.s.) au point $a \in X$; nous étudierons les fonctions s.c.i., les propriétés des fonctions s.c.s. s'en déduisant aisément.

Remarque 2.14.1 On dit que $f : X \to \overline{\mathbb{R}}$ admet un minimum relatif au point a s'il existe un voisinage V de a tel que $f(x) \geq f(a)$ pour tout $x \in V$. Une telle fonction est s.c.i. au point a, vu que $f(V) \subset [f(a), +\infty]$. Cette remarque montre que dans des problèmes de minimisation des hypothèses de semi-continuité sont naturelles.

Proposition 2.14.1 *Soit X un espace topologique et soit $a \in X$.*

1. Soit $f : X \to \overline{\mathbb{R}}$ une fonction s.c.i. au point a et soit $\lambda > 0$ (resp. $\lambda < 0$), alors la fonction λf est s.c.i. (resp. s.c.s.) au point a.

2. Soient $f, g : X \to \mathbb{R}$ deux fonctions s.c.i. au point a, alors la fonction $f + g$ est s.c.i. au point a.

3. Toute enveloppe supérieure de fonctions s.c.i. au point a est s.c.i. au point a.

4. Toute enveloppe inférieure finie de fonctions s.c.i. au point a est s.c.i. au point a.

Preuve 1. Il suffit de vérifier l'assertion lorsque $\lambda > 0$. Soit $\alpha < \lambda f(a)$, c'est-à-dire $\alpha\lambda^{-1} < f(a)$; il existe un voisinage V de a tel que $f(V) \subset]\alpha\lambda^{-1}, +\infty]$, d'où $(\lambda f)(V) \subset]\alpha, +\infty]$ et ceci prouve que λf est s.c.i. au point a.

2. Soit $\alpha < f(a) + g(a)$, posons $2\varepsilon = f(a) + g(a) - \alpha > 0$ et $\beta = f(a) - \varepsilon$, $\gamma = g(a) - \varepsilon$; on a alors $\alpha = \beta + \gamma$, $\beta < f(a)$, $\gamma < g(a)$. Il existe donc des voisinages V et W de a tels que $f(V) \subset]\beta, +\infty[$ et $g(W) \subset]\gamma, +\infty[$, d'où $(f + g)(V \cap W) \subset]\alpha, +\infty[$, ce qui prouve le résultat voulu.

3. Soient $(f_i)_{i \in I}$ une famille de fonctions s.c.i. au point a, $f = \sup_{i \in I} f_i$ et $\alpha < f(a)$, il existe $i \in I$ tel que $\alpha < f_i(a)$; soit V un voisinage de a tel que $f_i(V) \subset]\alpha, +\infty]$; on a alors $f(V) \subset]\alpha, +\infty]$, ce qui permet de conclure.

4. On suppose l'ensemble I fini et on pose $g = \inf_{i \in I} f_i$. Soit $\alpha < g(a)$, c'est-à-dire $\alpha < g_i(a)$ pour tout $i \in I$; il existe des voisinages V_i de a tels que $f_i(V_i) \subset]\alpha, +\infty]$ d'où $g(V) \subset]\alpha, +\infty]$ où $V = \bigcap_{i \in I} V_i$ est un voisinage de a car I est fini, ce qui prouve le résultat voulu. Q.E.D.

Le lien avec les fonctions continues est assez simple à établir.

Proposition 2.14.2 *Une fonction $f : X \to \overline{\mathbb{R}}$ est continue au point a si, et seulement si, elle est s.c.i. et s.c.s. au point a.*

Preuve Les conditions sont évidemment nécessaires. Réciproquement, supposons f s.c.i. et s.c.s. au point a. Si $f(a)$ est fini, pour tout $\alpha, \beta \in \mathbb{R}$ tels que $\alpha < f(a) < \beta$, $f^{-1}(]\alpha, +\infty])$ et $f^{-1}([-\infty, \beta[)$ sont des voisinages de a, il en est donc de même de l'intersection qui n'est autre que $f^{-1}(]\alpha, \beta[)$ ce qui prouve la continuité de f au point a, car l'ensemble des intervalles considérés $]\alpha, \beta[$ constitue un système fondamental de voisinages de $f(a)$. Si $f(a) = +\infty$, pour tout $\alpha \in \mathbb{R}$, $f^{-1}(]\alpha, +\infty])$ est un voisinage de a, ce qui permet de conclure, l'ensemble $(]\alpha, +\infty])_{\alpha\in\mathbb{R}}$ étant un système fondamental de voisinages de $+\infty$ (exemple 2.13.5). On raisonne de même lorsque $f(a) = -\infty$. Q.E.D.

Les fonctions s.c.i. en tout point admettent des caractérisations utiles.

Proposition 2.14.3 *Une fonction $f : X \to \overline{\mathbb{R}}$ est s.c.i. si, et seulement si, elle satisfait à l'une des propriétés suivantes*
(SCI_2) *Pour tout $\alpha \in \mathbb{R}$, $f^{-1}(]\alpha, +\infty])$ est ouvert.*
(SCI_3) *Pour tout $\alpha \in \mathbb{R}$, $f^{-1}([-\infty, \alpha])$ est fermé.*

Preuve L'équivalence de ces deux propriétés est évidente d'après la définition des parties fermées. Si f est s.c.i., soient $\alpha \in \mathbb{R}$ et $a \in f^{-1}(]\alpha, +\infty])$; la condition (SCI_1) au point a signifie que $f^{-1}(]\alpha, +\infty])$ est un voisinage de a ; cet ensemble est donc ouvert en tant que voisinage de chacun de ses points. Réciproquement, supposons la condition (SCI_2) vérifiée ; soit $a \in X$ et $\alpha < f(a)$, alors $f^{-1}(]\alpha, +\infty])$ est un ouvert contenant a, donc un voisinage de a. Q.E.D.

Exemple 2.14.1 Soit A une partie d'un espace topologique et soit $\mathbb{1}_A$ la fonction caractéristique (remarque 1.8.2) de A. On a

$$\mathbb{1}_A^{-1}(]\alpha, +\infty[) = \begin{cases} X & , \quad \text{si } \alpha < 0, \\ A & , \quad \text{si } 0 \le \alpha < 1, \\ \emptyset & , \quad \text{si } 1 \le \alpha. \end{cases}$$

Il en résulte que la fonction $\mathbb{1}_A$ est s.c.i. si, et seulement si, A est ouvert et qu'elle est s.c.s. si, et seulement si, A est fermé.

Exercice 2.14.1 Soient X un espace topologique, $f, g : X \to \mathbb{R}_+$ des fonctions s.c.i., montrer que la fonction $f\,g$ est s.c.i..

Exercice 2.14.2 Soient X un espace topologique, $f : X \to \mathbb{R}_+^*$ une fonction s.c.i., montrer que la fonction $1/f$ est s.c.s..

Exercice 2.14.3 1. Soient X et Y des espaces topologiques, $\varphi : X \to Y$ une fonction continue en un point $a \in X$, $f : Y \to \overline{\mathbb{R}}$ une fonction s.c.i. au point $\varphi(a)$, montrer que la fonction $f \circ \varphi : X \to \overline{\mathbb{R}}$ est s.c.i. au point a.

2. Soient X un espace topologique, $f : X \to \overline{\mathbb{R}}$ une fonction s.c.i. en un point $a \in X$, $\varphi : f(X) \to \overline{\mathbb{R}}$ une fonction continue et croissante, montrer que $\varphi \circ f : X \to \overline{\mathbb{R}}$ est s.c.i. au point a.

Exercice 2.14.4 1. Soit X un espace métrique et soit O un ouvert de X, on pose

$$f_n(x) = \min(n\,d(x, X - O), 1) \text{ pour } x \in X \text{ et } n \text{ entier } \ge 1.$$

Montrer que les fonctions $f_n : X \to [0, 1]$ sont continues et que la suite (f_n) est une suite croissante telle que $\mathbb{1}_O = \sup_n f_n$.

2. Soit $f : X \to [0, 1]$ une fonction s.c.i., montrer qu'il existe une suite croissante de fonctions continues $f_n : X \to [0, 1[$ telle que $f = \sup_n f_n$ [soient$O_{n,k} = f^{-1}(]k/n, +\infty[)$, $n \ge 1$, $1 \le k \le n-1$, $g_n = (1/n)\sum_{k=1}^{n-1} \mathbb{1}_{O_{n,k}}$, vérifier que $f = \sup_n g_n$; d'après 1., il existe, pour tout $n \ge 1$, une suite croissante $(h_{n\,m})_{m\ge1}$ de fonctions continues de X dans $[0, 1]$ telle que $g_n = \sup_m h_{n\,m}$; prendre alors $f_n = \sup_{1\le i\le n,\, 1\le j\le n} h_{i\,j}$].

3. Soit $f : X \to \overline{\mathbb{R}}$ une fonction s.c.i. telle que $f \ge g$ où $g : X \to \mathbb{R}$ est une fonction continue, montrer que f est l'enveloppe supérieure d'une suite croissante de fonctions continues $f_n : X \to \mathbb{R}$ [on peut d'abord supposer $g \equiv 0$, puis se ramener à 2. en considérant la fonction $\varphi \circ f$ où $\varphi : \overline{\mathbb{R}}_+ \to [0, 1]$ est défini par $\varphi(t) = t/(1+t)$ si $t \in \mathbb{R}_+$ et $\varphi(+\infty) = 1$ (exercice 2.14.3)].

2.15 Comparaison de topologies

Étant donné un ensemble X, nous nous proposons de définir une relation d'ordre sur l'ensemble des topologies sur X ; considérons donc deux topologies $\mathcal{T}_1$,$\mathcal{T}_2$ sur X ; nous noterons alors X_1 et X_2 les espaces topologiques correspondants, $\mathcal{V}_1(x)$ et $\mathcal{V}_2(x)$ les filtres des voisinages d'un point x pour les topologies $\mathcal{T}_1$ et $\mathcal{T}_2$, etc. En termes de convergence, il est évidemment intéressant de pouvoir affirmer que tout filtre convergeant pour l'une des topologies converge a fortiori pour l'autre topologie. Nous sommes donc conduits à poser la définition suivante.

Définition 2.15.1 *Soient $\mathcal{T}_1$, $\mathcal{T}_2$ deux topologies sur un ensemble X. On dit que la topologie $\mathcal{T}_1$ est moins fine que la topologie $\mathcal{T}_2$ si, pour tout x de X, tout filtre qui converge vers x pour la topologie $\mathcal{T}_2$, converge vers x pour la topologie $\mathcal{T}_1$.*

On définit ainsi une relation d'ordre sur l'ensemble des topologies sur X : la relation est évidemment réflexive et transitive ; quant à l'antisymétrie, supposons $\mathcal{T}_1$ moins fine que $\mathcal{T}_2$ et $\mathcal{T}_2$ moins fine que $\mathcal{T}_1$, alors le filtre $\mathcal{V}_2(x)$ convergeant vers x pour la topologie $\mathcal{T}_2$, converge vers x pour la topologie $\mathcal{T}_1$, donc est plus fin que le filtre $\mathcal{V}_1(x)$; de même, on montre que le filtre $\mathcal{V}_1(x)$ est plus fin que $\mathcal{V}_2(x)$ et par conséquent $\mathcal{V}_1(x) = \mathcal{V}_2(x)$ pour tout $x \in X$, ce qui prouve que $\mathcal{T}_1 = \mathcal{T}_2$. Cette relation d'ordre sera notée $\mathcal{T}_1 \leq \mathcal{T}_2$; nous dirons aussi que $\mathcal{T}_2$ est plus fine que $\mathcal{T}_1$; si, en outre $\mathcal{T}_1 \neq \mathcal{T}_2$, nous dirons que $\mathcal{T}_2$ est strictement plus fine que $\mathcal{T}_1$.

L'ensemble ordonné des topologies sur un ensemble X admet un plus petit et un plus grand élément : la topologie grossière est la moins fine, la topologie discrète est la plus fine.

Théorème 2.15.1 *Soient $\mathcal{T}_1$, $\mathcal{T}_2$ deux topologies sur un ensemble X. Les propriétés qui suivent sont équivalentes.*

1. La topologie $\mathcal{T}_1$ est moins fine que la topologie $\mathcal{T}_2$.

2. Pour tout $x \in X$, tout voisinage de x pour la topologie $\mathcal{T}_1$ est un voisinage de x pour la topologie $\mathcal{T}_2$, soit $\mathcal{V}_1(x) \subset \mathcal{V}_2(x)$.

3. Toute partie de X ouverte pour la topologie $\mathcal{T}_1$ est ouverte pour $\mathcal{T}_2$, soit $\mathcal{O}_1 \subset \mathcal{O}_2$.

4. Toute partie de X fermée pour la topologie $\mathcal{T}_1$ est fermée pour $\mathcal{T}_2$, soit $\mathcal{O}'_1 \subset \mathcal{O}'_2$.

5. L'application identique de X_2 dans X_1 est continue.

6. Pour toute partie A de X, l'adhérence de A pour $\mathcal{T}_1$ contient l'adhérence de A pour $\mathcal{T}_2$.

7. Pour toute partie A de X, l'intérieur de A pour $\mathcal{T}_1$ est contenu dans l'intérieur de A pour $\mathcal{T}_2$.

Preuve Nous avons vérifié ci-dessus que $1 \Rightarrow 2$. L'implication $2 \Rightarrow 3$ résulte du fait qu'un ouvert est un voisinage de chacun de ses points. Montrons que $3 \Rightarrow 1$: soit $\mathcal{F}$ un filtre sur X convergeant vers x pour la topologie $\mathcal{T}_2$, c'est-à-dire plus fin que $\mathcal{V}_2(x)$; l'ensemble $\mathcal{O}_2(x)$ (resp. $\mathcal{O}_1(x)$) des ouverts pour $\mathcal{T}_2$ (resp. $\mathcal{T}_1$)

qui contiennent x constitue une base du filtre $\mathcal{V}_2(x)$ (resp. $\mathcal{V}_1(x)$) ; l'hypothèse 3. implique $\mathcal{O}_1(x) \subset \mathcal{O}_2(x)$, d'où $\mathcal{V}_1(x) \subset \mathcal{V}_2(x)$, ce qui prouve que $\mathcal{F}$ est plus fin que $\mathcal{V}_1(x)$, donc converge vers x pour $\mathcal{T}_1$. Les propriétés 3., 4. et 5. sont équivalentes d'après le théorème 2.13.4 ; les propriétés 6. et 7. sont équivalentes d'après (2.10.4). Enfin, on a $3 \Rightarrow 7$ car l'intérieur de A est le plus grand ouvert contenu dans A et on a $7 \Rightarrow 3$ d'après (2.10.2). Q.E.D.

Note D'après le théorème précédent la relation $\mathcal{T}_1 \leq \mathcal{T}_2$ est donc équivalente à $\mathcal{V}_1(x) \subset \mathcal{V}_2(x)$, à $\mathcal{O}_1 \subset \mathcal{O}_2$ et à $\mathcal{O}'_1 \subset \mathcal{O}'_2$: plus une topologie est fine, plus les filtres des voisinages sont fins, plus il y a d'ensembles ouverts et plus il y a d'ensembles fermés.

Remarque 2.15.1 Soit $f : X \to Y$ une application définie sur un ensemble X à valeurs dans un espace topologique Y et soit $\mathcal{F}$ un filtre sur X. Alors, si f admet une limite y suivant le filtre $\mathcal{F}$, cela reste vrai lorsqu'on substitue à la topologie de Y une topologie moins fine. En particulier, si X est un espace topologique et si f est continue en un point $a \in X$, f reste continue lorsqu'on remplace la topologie de Y par une topologie moins fine ; en outre f reste continue lorsqu'on remplace la topologie de X par une topologie plus fine. L'ensemble $\mathcal{C}(X; Y)$ est donc d'autant plus grand que la topologie de X est plus fine et celle de Y moins fine.

Examinons le cas particulier des espaces métriques. Soient d_1 et d_2 deux distances sur un ensemble X, notons X_1 et X_2 les espaces métriques correspondants. Comme nous l'avons déjà indiqué, ces distances sont dites topologiquement équivalentes si elles définissent la même topologie, autrement dit si l'application identique de X_1 dans X_2 est un homéomorphisme. Cet homéomorphisme et l'homéomorphisme réciproque ne sont pas en général uniformément continus ; ceci conduit à la définition suivante.

Définition 2.15.2 *On dit que deux distances d_1 et d_2 sur un ensemble X sont uniformément équivalentes, ou qu'elles définissent la même structure uniforme, si l'application identique de X_1 sur X_2 est uniformément continue ainsi que l'application réciproque.*

L'intérêt de cette notion apparaît déjà dans la remarque suivante : soit Y un autre espace métrique, une application $f : X_1 \to Y$ (resp. $f : Y \to X_1$) est uniformément continue si, et seulement si, l'application $f : X_2 \to Y$ (resp. $f : Y \to X_2$) est uniformément continue. Autrement dit, on ne modifie pas l'ensemble des applications uniformément continues en substituant aux distances initiales des distances uniformément équivalentes.

Bien entendu, des distances uniformément équivalentes sont topologiquement équivalentes.

Exemple 2.15.1 S'il existe des constantes $\alpha > 0$ et $\beta > 0$ telles que

$$\alpha d_2 \leq d_1 \leq \beta d_2,$$

les distances d_1 et d_2 sont uniformément équivalentes.

Exemple 2.15.2 Soit d_1 une distance sur un ensemble X, alors $d_2 = \min(d_1, 1)$ est une distance uniformément équivalente à d_1. En effet, d_2 est bien une distance : l'inégalité triangulaire résulte de l'inégalité

$$\min(u+v, 1) \leq \min(u, 1) + \min(v, 1), \quad u, v \in \overline{\mathbb{R}}_+. \tag{2.15.1}$$

On a ensuite $d_2 \leq d_1$ ce qui prouve la continuité uniforme de l'application identique de X_1 dans X_2 ; en outre, soit $0 < \varepsilon \leq 1$, alors $d_2 \leq \varepsilon$ implique $d_1 \leq \varepsilon$, ce qui prouve la continuité uniforme de l'application réciproque. Cet exemple montre qu'on peut toujours remplacer une distance par une distance uniformément équivalente bornée.

Exercice 2.15.1 Soit $\varphi : \mathbb{R}_+ \to \mathbb{R}_+$ une application croissante telle que $\varphi(u) = 0 \Leftrightarrow u = 0$ et $\varphi(u+v) \leq \varphi(u) + \varphi(v)$ pour tout $u, v \in \mathbb{R}_+$.

1. Si d_1 est une distance sur un ensemble X, montrer que $d_2 = \varphi \circ d_1$ est une distance sur X.
2. Si φ est continue à l'origine, montrer que ces distances sont uniformément équivalentes.
3. Exemples : $\varphi(u) = \min(1, u)$, $\varphi(u) = u/(1+u)$.

2.16 Point adhérent à une base de filtre

Définition 2.16.1 *Dans un espace topologique, un point x est dit adhérent à un filtre $\mathcal{F}$ si x est adhérent à tout ensemble $M \in \mathcal{F}$.*

L'ensemble des points adhérents $\bigcap_{M\in\mathcal{F}} \overline{M}$ est donc un ensemble fermé. Soit $\mathcal{B}$ une base du filtre $\mathcal{F}$, on a alors $\bigcap_{B\in\mathcal{B}} \overline{B} = \bigcap_{M\in\mathcal{F}} \overline{M}$: en effet, vu que $\mathcal{B} \subset \mathcal{F}$, le premier membre contient le second ; d'autre part, si $x \in \bigcap_{B\in\mathcal{B}} \overline{B}$, pour tout $M \in \mathcal{F}$, il existe $B \in \mathcal{B}$ tel que $B \subset M$ d'où $x \in \overline{B} \subset \overline{M}$, ce qui prouve que x est un point adhérent au filtre $\mathcal{F}$. Pour vérifier que x est un point adhérent au filtre $\mathcal{F}$, il suffit donc de vérifier que x est adhérent à tout ensemble appartenant à une base $\mathcal{B}$ du filtre $\mathcal{F}$; nous pourrons donc parler de point adhérent à une base de filtre. Explicitons cette définition.

Proposition 2.16.1 *Pour que x soit un point adhérent à une base de filtre $\mathcal{B}$, il faut et il suffit que, pour tout voisinage V de x appartenant à un système fondamental de voisinages de x et tout $B \in \mathcal{B}$, on ait $V \cap B \neq \emptyset$.*

On notera qu'un filtre sur un espace topologique n'admet pas nécessairement de point adhérent : par exemple, sur $\mathbb{N}$ muni de la topologie discrète, le filtre de Fréchet n'admet pas de point adhérent. Les espaces topologiques sur lesquels tout filtre admet un point adhérent sont particulièrement importants et seront étudiés ultérieurement.

Si x est adhérent à un filtre $\mathcal{F}$, il est clair d'une part que x est adhérent à tout filtre moins fin que $\mathcal{F}$, d'autre part que x reste adhérent à $\mathcal{F}$ si l'on remplace la topologie par une topologie moins fine.

Notons par ailleurs la

Proposition 2.16.2 *Soient X et Y des espaces topologiques et soit $f : X \to Y$ une application continue en un point $x \in X$, alors si x est adhérent à une base de filtre $\mathcal{B}$ sur X, le point $f(x)$ est adhérent à la base de filtre $f(\mathcal{B})$.*

Preuve Soit V un voisinage de $f(x)$, alors $f^{-1}(V)$ est un voisinage de x, d'où $f^{-1}(V) \cap B \neq \emptyset$ pour tout $B \in \mathcal{B}$ et par suite $V \cap f(B) \neq \emptyset$, ce qui prouve le résultat voulu. Q.E.D.

Nous utiliserons constamment les deux propositions qui suivent.

Proposition 2.16.3 *Tout point limite d'un filtre $\mathcal{F}$ est un point adhérent à $\mathcal{F}$.*

Preuve Si le filtre $\mathcal{F}$ converge vers x, tout voisinage de x appartient à $\mathcal{F}$, donc tout voisinage de x rencontre tout ensemble de $\mathcal{F}$ (un filtre étant stable par intersection finie et constitué de parties non vides). Q.E.D.

Pour démontrer la seconde proposition, nous utiliserons le

Lemme 2.16.4 *Soient $\mathcal{F}_1$ et $\mathcal{F}_2$ deux filtres sur un ensemble X, alors il existe un filtre plus fin que $\mathcal{F}_1$ et $\mathcal{F}_2$ si, et seulement si, $M_1 \cap M_2$ est non vide pour tout $M_i \in \mathcal{F}_i$, $i = 1, 2$. Lorsque cette condition est vérifiée, l'ensemble $\{\mathcal{F}_1, \mathcal{F}_2\}$ admet une borne supérieure $\mathcal{F}$ dans l'ensemble ordonné des filtres sur X et on a $\mathcal{F} = \{M_1 \cap M_2 \,;\, M_i \in \mathcal{F}_i \ (i = 1, 2)\}$.*

Preuve S'il existe un filtre $\mathcal{F}'$ tel que $\mathcal{F}' \geq \mathcal{F}_i$, $i = 1, 2$, tout M_i de $\mathcal{F}_i$ appartient à $\mathcal{F}'$ et par conséquent $M_1 \cap M_2$ appartient à $\mathcal{F}'$ et est donc non vide. Ceci prouve que la condition est nécessaire et que, si $\mathcal{F}$ est un filtre, ce filtre est la borne supérieure de $\{\mathcal{F}_1, \mathcal{F}_2\}$. Or, si $M \supset M_1 \cap M_2$ avec $M_i \in \mathcal{F}_i$, on a $M = N_1 \cap N_2$ avec $N_i = M_i \cup M \in \mathcal{F}_i$, ce qui prouve (F_1) ; (F_2) est trivialement vérifié et (F_3) résulte de l'hypothèse. Q.E.D.

Proposition 2.16.5 *Un point x est adhérent à un filtre $\mathcal{F}$si, et seulement si, il existe un filtre plus fin que $\mathcal{F}$ qui converge vers x.*

Preuve La condition est nécessaire : si x est adhérent à $\mathcal{F}$, pour tout $M \in \mathcal{F}$ et tout $V \in \mathcal{V}(x)$, $M \cap V$ est non vide ; d'après le lemme 2.16.4, le filtre $\sup\{\mathcal{F}, \mathcal{V}(x)\}$ est un filtre plus fin que $\mathcal{F}$ qui converge vers x. La condition est suffisante : s'il existe un filtre $\mathcal{F}'$ plus fin que $\mathcal{F}$ qui converge vers x, la proposition 2.16.3 montre que x est un point adhérent à $\mathcal{F}'$ et, $\mathcal{F}$ étant moins fin que $\mathcal{F}'$, le point x est a fortiori adhérent à $\mathcal{F}$. Q.E.D.

Définition 2.16.2 *Soit $f : X \to Y$ une application définie sur un ensemble X et à valeurs dans un espace topologique Y. Un point $y \in Y$ est appelé une valeur d'adhérence de l'application f suivant un filtre $\mathcal{F}$ sur X si y est un point adhérent à la base de filtre $f(\mathcal{F})$.*

Ceci signifie que, pour tout voisinage V de y appartenant à un système fondamental de voisinages de y et tout $M \in \mathcal{F}$, on a $f(M) \cap V \neq \emptyset$.

Considérons, en particulier, une suite (x_n) dans un espace topologique X. Une valeur d'adhérence de l'application $n \mapsto x_n$ suivant le filtre de Fréchet est appelée une valeur d'adhérence de la suite (x_n) ; ce n'est pas autre chose qu'un point adhérent au filtre élémentaire associé à la suite (x_n). Dire qu'un point $x \in X$ est une valeur d'adhérence d'une suite (x_n) signifie donc que tout voisinage de x rencontre tout ensemble B_n défini en (2.11.4), soit

$$(2.16.1) \qquad (\forall V \in \mathcal{V}(x))(\forall n \in \mathbb{N})(\exists p \in \mathbb{N})(p \geq n \text{ et } x_p \in V)$$

On exprime cette propriété en disant que V contient une infinité de termes de la suite.

Note On ne confondra pas cette notion avec celle de point adhérent à l'ensemble $\bigcup_{n=0}^{\infty}\{x_n\}$: toute valeur d'adhérence est évidemment adhérente à cet ensemble, mais la réciproque est en général fausse.

Nous savons que le filtre élémentaire associé à une sous-suite extraite d'une suite (x_n) est plus fin que le filtre élémentaire associé à la suite ; d'après la proposition 2.16.5 il en résulte ceci : s'il existe une sous-suite qui converge vers x, alors x est une valeur d'adhérence de la suite (x_n). Toujours d'après la même proposition, si x est une valeur d'adhérence de la suite (x_n), il existe un filtre plus fin que le filtre élémentaire associé à la suite (x_n) et qui converge vers x, mais rien ne permet d'affirmer que ce filtre est le filtre élémentaire associé à une sous-suite et ce résultat peut être en défaut. On a cependant la

Proposition 2.16.6 *Dans un espace topologique à base dénombrable de voisinages, un point x est une valeur d'adhérence d'une suite si, et seulement si, il existe une sous-suite qui converge vers x.*

Preuve Il s'agit de montrer que la condition est nécessaire. Soient x une valeur d'adhérence de la suite (x_n) et (V_n) une base dénombrable décroissante du filtre $\mathcal{V}(x)$. En utilisant (2.16.1) il est immédiat de construire par récurrence une sous-suite (x_{n_k}) telle que $x_{n_k} \in V_k$ pour tout $k \in \mathbb{N}$; cette sous-suite converge alors vers x. Q.E.D.

Plus généralement, on a la caractérisation suivante.

Proposition 2.16.7 *Soit $f : X \to Y$ une application définie sur un ensemble X à valeurs dans un espace Y à base dénombrable de voisinages et soit $\mathcal{F}$ un filtre sur X admettant une base dénombrable. Un point $y \in Y$ est une valeur d'adhérence de f suivant $\mathcal{F}$ si, et seulement si, il existe une suite (x_n) de X dont le filtre élémentaire est plus fin que $\mathcal{F}$ et telle que la suite $(f(x_n))$ converge vers y.*

Preuve La condition est suffisante sans hypothèse sur $\mathcal{F}$ et Y. Montrons qu'elle est nécessaire. Soit (B_n) une base décroissante de $\mathcal{F}$ et soit (V_n) un système fondamental décroissant de voisinages du point y. Alors, pour tout $n \in \mathbb{N}$, $y \in \overline{f(B_n)}$ d'où $V_n \cap f(B_n) \neq \emptyset$; soit $x_n \in B_n$ tel que $f(x_n) \in V_n$. On construit ainsi une suite (x_n) de X ayant les propriétés voulues. Q.E.D.

2.17 Espaces séparés

Comme nous l'avons indiqué, un filtre sur un espace espace topologique peut admettre plusieurs points limites. Nous allons étudier dans ce paragraphe les espaces topologiques sur lesquels un filtre ne peut admettre plus d'un point limite.

Définition 2.17.1 *Un espace topologique X est dit séparé si*
(H_1) *Tout filtre sur X admet au plus un point limite.*

On dit aussi que X est un espace de Hausdorff. Dans un tel espace, une suite a donc au plus un point limite, mais cette propriété ne caractérise pas les espaces séparés. On notera que tout espace métrisable est séparé d'après la proposition 2.11.3. La topologie discrète est donc séparée ; la topologie grossière ne l'est pas si Card $(X) \geq 2$.

Nous allons donner d'autres caractérisations des espaces séparés, en particulier en termes de voisinages.

Proposition 2.17.1 *L'axiome (H_1) est équivalent à chacun des axiomes suivants.*
(H_2) *(Axiome de Hausdorff) Pour tout $x, y \in X$, $x \neq y$, il existe un voisinage de x et un voisinage de y disjoints.*
(H_3) *Pour tout $x \in X$, l'intersection des voisinages fermés de x est réduite au point x.*
(H_4) *Pour tout $x \in X$ et tout filtre $\mathcal{F}$ qui converge vers x, alors x est le seul point adhérent à $\mathcal{F}$.*

Preuve $(H_1) \Rightarrow (H_2)$ Raisonnons par l'absurde. On suppose donc qu'il existe deux points distincts x et y tels que tout voisinage de x rencontre tout voisinage de y ; d'après le lemme 2.16.4, le filtre $\sup\{\mathcal{V}(x), \mathcal{V}(y)\}$ converge à la fois vers x et y , ce qui est absurde d'après (H_1).

$(H_2) \Rightarrow (H_3)$ Soit y un point distinct de x ; d'après (H_2), il existe des voisinages disjoints $V \in \mathcal{V}(x)$ et $W \in \mathcal{V}(y)$; il en résulte que y n'appartient pas à $\overline{V}$, qui est un voisinage fermé de x.

$(H_3) \Rightarrow (H_4)$ L'axiome (H_3) signifie que $\bigcap_{V \in \mathcal{V}(x)} \overline{V} = \{x\}$, c'est-à-dire que x est le seul point adhérent au filtre $\mathcal{V}(x)$. Si $\mathcal{F}$ est un filtre qui converge vers x, tout point adhérent à $\mathcal{F}$ est adhérent à $\mathcal{V}(x)$, ce qui prouve que x est le seul point adhérent à $\mathcal{F}$.

$(H_4) \Rightarrow (H_1)$ car tout point limite est un point adhérent. Q.E.D.

L'axiome de Hausdorff est appelé un axiome de séparation : on peut séparer deux points distincts par des voisinages disjoints.

Dans un espace séparé toute partie réduite à un élément est fermée d'après (H_3), une intersection de fermés étant fermée ; nous dirons que les points sont fermés ; il en résulte que toute partie finie est fermée ; cette propriété n'est pas caractéristique des espaces séparés (exercice 2.17.2).

Observons que toute topologie plus fine qu'une topologie séparée est séparée d'après (H_2) par exemple.

Exercice 2.17.1 1. Montrer qu'un espace topologique est séparé si, et seulement si, toute suite généralisée admet au plus un point limite [si X n'est pas séparé, il existe $a, b \in X$, $a \neq b$, tel que $V \cap W \neq \emptyset$ pour tout $V \in \mathcal{V}(a)$, $W \in \mathcal{V}(b)$; en prenant un point $x_{V\,W}$ dans chacun de ces ensembles $V \cap W$, construire une suite généralisée qui converge à la fois vers a et vers b].

2. Montrer qu'un espace topologique à base dénombrable de voisinages est séparé si, et seulement si, toute suite admet au plus un point limite.

Exercice 2.17.2 1. Soit X un ensemble, montrer que l'ensemble des complémentaires des parties finies de X et la partie vide de X vérifie les axiomes des ouverts et par conséquent définit une topologie sur X.

2. Montrer que tout point est fermé, mais que la topologie est séparée si, et seulement si, X est fini.

3. Caractériser les suites convergentes et en déduire en particulier qu'une suite dont tous les termes sont distincts converge vers tout point.

Exercice 2.17.3 Soit X un ensemble muni d'une topologie $\mathcal{T}_1$ et soit $\mathcal{B}$ l'ensemble des parties de X de la forme $O - D$ où O est un ouvert de X et D une partie dénombrable de X.

1. Montrer que $\mathcal{B}$ est une base d'une topologie $\mathcal{T}_2$ plus fine que $\mathcal{T}_1$.

2. Montrer que les seules suites convergentes pour la topologie $\mathcal{T}_2$ sont les suites stationnaires à partir d'un certain rang.

3. Montrer que la topologie $\mathcal{T}_2$ est métrisable si, et seulement si, tout point admet pour la topologie $\mathcal{T}_1$ un voisinage dénombrable.

4. En déduire un exemple d'espace séparé non métrisable où les seules suites convergentes sont les suites stationnaires (on notera que la topologie $\mathcal{T}_2$ de l'exemple 2.11.5 n'est pas séparée).

Par définition, une fonction $f : X \to Y$ est continue en un point $a \in X$ si

$$f(a) = \lim_{x \to a} f(x)\,;$$

lorsque Y est un espace séparé, on peut préciser cette propriété comme suit.

Proposition 2.17.2 *Soient X, Y des espaces topologiques, si Y est séparé, une application $f : X \to Y$ est continue en un point $a \in X$ si, et seulement si, la limite $\lim_{x\to a} f(x)$ existe.*

Preuve Il s'agit de démontrer que la condition est suffisante. Posons

$$y = \lim_{x \to a} f(x),$$

d'après (H_4) y est le seul point adhérent au filtre de base $f(\mathcal{V}(a))$; or le point $f(a)$ est adhérent à cette base de filtre donc $y = f(a)$, ce qui permet de conclure. Q.E.D.

Indiquons une propriété fondamentale des espaces séparés.

Proposition 2.17.3 *Soient $f, g : X \to Y$ deux applications continues définies sur un espace topologique X et à valeurs dans un espace séparé Y. Alors l'ensemble*

$$\{x \in X\,;\, f(x) = g(x)\}$$

est fermé.

Preuve Montrons que l'ensemble $A = \{x \in X\,;\, f(x) \neq g(x)\}$ est ouvert. Soit $x \in A$, donc $f(x) \neq g(x)$, d'après (H_2) il existe des voisinages disjoints $V \in \mathcal{V}(f(x))$ et $W \in \mathcal{V}(g(x))$. D'après la continuité de f et g, $f^{-1}(V)$ et $g^{-1}(W)$ sont des voisinages de x et par suite $f^{-1}(V) \cap g^{-1}(W)$ est aussi un voisinage de x. Montrons que ce voisinage de x est contenu dans A, ce qui prouvera que A est un voisinage de x, donc un voisinage de chacun de ses points : or, si y appartient à

$f^{-1}(V) \cap g^{-1}(W)$, on a $f(y) \in V$, $g(y) \in W$, d'où $f(y) \neq g(y)$ car $V \cap W = \emptyset$.
Q.E.D.

On en déduit le résultat suivant, appelé principe du prolongement des identités.

Corollaire 2.17.4 *Soient X et Y des espaces topologiques et soient $f, g : X \to Y$ deux applications continues égales sur une partie de X partout dense ; alors, si Y est séparé, f et g coïncident partout.*

Autrement dit, une fonction continue à valeurs dans un espace séparé est parfaitement déterminée par ses valeurs sur un ensemble partout dense. Ceci conduit évidemment à la propriété suivante : donnons nous une application $f : A \to Y$, où A est dense dans X, et supposons Y séparé, alors s'il existe une application continue $\hat{f} : X \to Y$ qui prolonge f, cette application est unique. Quant à l'existence d'un prolongement continu, il est nécessaire de faire des hypothèses supplémentaires et ce problème sera étudié ultérieurement.

Certains espaces (les espaces métrisables par exemple) vérifient des axiomes de séparation plus forts que l'axiome de Hausdorff. Mentionnons ici la classe des espaces réguliers.

Proposition 2.17.5 *Si X est un espace topologique, les propriétés suivantes sont équivalentes.*
(R_1) *Pour tout $x \in X$, l'ensemble des voisinages fermés de x est un système fondamental de voisinages de x.*
(R_2) *Pour tout fermé $F \subset X$ et tout $x \notin F$, il existe des voisinages de x et F disjoints.*
(R_3) *Pour tout fermé $F \subset X$, l'intersection des voisinages fermés de F est identique à F.*
(R_4) *Pour tout filtre $\mathcal{F}$ sur X qui converge vers x, le filtre de base $(\overline{M})_{M\in\mathcal{F}}$ converge vers x.*

Preuve $(R_1) \Rightarrow (R_2)$ Soit F un fermé de X et $x \in X - F$; $X - F$ est un voisinage ouvert de x, il existe donc d'après (R_1) un voisinage fermé V de x contenu dans $X - F$; alors $X - V$ est un voisinage ouvert de F, V est un voisinage de x et ces voisinages sont disjoints, ce qui prouve (R_2).

$(R_2) \Rightarrow (R_3)$ Soit $x \in X - F$; il existe $V \in \mathcal{V}(x)$, $W \in \mathcal{V}(F)$ tels que $V \cap W = \emptyset$ et, par conséquent, $x \notin \overline{W}$; $\overline{W}$ étant un voisinage fermé de F, ceci prouve (R_3).

$(R_3) \Rightarrow (R_4)$ Soit $\mathcal{F}$ un filtre qui converge vers x et soit $\mathcal{F}'$ le filtre de base $(\overline{M})_{M\in\mathcal{F}}$ (exemple 2.11.1). Montrons que tout voisinage ouvert V de x contient un voisinage fermé de x ; ceci prouvera que le filtre de base $(\overline{W})_{W\in\mathcal{V}(x)}$ converge vers x et il en sera de même a fortiori du filtre $\mathcal{F}'$ qui est plus fin. D'après (R_3), $X - V$ étant fermé, il existe un voisinage ouvert W de x tel que $X - W$ soit un voisinage de $X - V$; on a alors $\overline{W} \subset V$: en effet, un point y de $X - V$ ne peut être adhérent à W vu que $X - W$ est un voisinage de y ne rencontrant pas W. Ceci prouve le résultat voulu, $\overline{W}$ étant un voisinage fermé de x contenu dans V.

$(R_4) \Rightarrow (R_1)$ Prenons $\mathcal{F} = \mathcal{V}(x)$, alors $\mathcal{F}'$ converge vers x, ce qui signifie que, pour tout $V \in \mathcal{V}(x)$, il existe $W \in \mathcal{V}(x)$ tel que $\overline{W} \subset V$ et ceci prouve (R_1). Q.E.D.

Définition 2.17.2 *Un espace topologique est dit régulier s'il est séparé et s'il vérifie les propriétés équivalentes de la proposition 2.17.5.*

Tout espace métrisable est régulier d'après la proposition 2.8.2.

Dans un espace topologique, tout point admet un système fondamental de voisinages ouverts (proposition 2.9.2) ; dans un espace régulier, tout point admet un système fondamental de voisinages fermés. Comme nous le verrons, cette propriété est utile pour effectuer des passages à la limite dans des inclusions.

Exercice 2.17.4 Montrer que, sur un ensemble totalement ordonné, la topologie de l'ordre (exercice 2.9.3) est régulière.

Exercice 2.17.5 **Double limite** 1. Soient $\mathcal{F}_1$ et $\mathcal{F}_2$ des filtres sur des ensembles X_1 et X_2, Y un espace régulier et $f : X_1 \times X_2 \to Y$ une application telle que la limite $\lim_{\mathcal{F}_1 \times \mathcal{F}_2} f$ (exercice 2.11.4) existe ainsi que, pour tout $x_1 \in X_1$, la limite $g(x_1) = \lim_{\mathcal{F}_2} f(x_1, \bullet)$. Montrer alors que la limite $\lim_{\mathcal{F}_1} g$ existe et que $\lim_{\mathcal{F}_1} g = \lim_{\mathcal{F}_1 \times \mathcal{F}_2} f$.

2. Expliciter ce résultat pour une suite double $(x_{m,n})_{(m,n)\in\mathbb{N}^2}$ d'un espace régulier.

Exercice 2.17.6 1. Montrer que sur $\mathbb{R}$ l'ensemble des intervalles de la forme $[a, b[$, $a < b$, est une base d'une topologie $\mathcal{T}$ plus fine que la topologie usuelle.

2. Montrer que cette topologie est séparée et que tout point admet un système fondamental dénombrable de voisinages fermés.

3. Montrer que $\mathbb{R}$, muni de la topologie $\mathcal{T}$, est séparable.

4. Montrer que la topologie $\mathcal{T}$ n'admet pas de base de topologie dénombrable [si $(B_i)_{i\in I}$ est une base de la topologie, montrer que, pour tout $x \in \mathbb{R}$, il existe $i \in I$ tel que $x = \min B_i$] et en déduire que cette topologie n'est pas métrisable.

On obtient ainsi un exemple d'espace régulier, séparable et à base dénombrable de voisinages qui n'est pas métrisable.

2.18 Espaces métriques complets

La définition (2.11.2) fait apparaître une propriété intéressante des bases de filtre convergentes sur un espace métrique. Pour cela, introduisons la notion suivante : on appelle diamètre d'une partie non vide A d'un espace métrique le nombre réel (éventuellement infini)

$$\text{diam}\, A = \sup_{x\in A, y\in A} d(x, y) \in \overline{\mathbb{R}}_+. \tag{2.18.1}$$

Exercice 2.18.1 Soient A et B des parties non vides d'un espace métrique, montrer que

1. $\text{diam}\, A = \text{diam}\, \overline{A}$,

2. $\text{diam}\, (A \cup B) \leq \text{diam}\, A + \text{diam}\, B$ si $A \cap \overline{B} \neq \emptyset$ ou $\overline{A} \cap B \neq \emptyset$.

La condition (2.11.2) implique évidemment que le diamètre de B est plus petit que 2ε ; en d'autres termes, si une base de filtre $\mathcal{B}$ converge, il existe des ensembles de $\mathcal{B}$ dont le diamètre est arbitrairement petit. Ceci conduit à la définition suivante.

Définition 2.18.1 *Dans un espace métrique, une base de filtre* $\mathcal{B}$ *est appelée une base de filtre de Cauchy si, pour tout* $\varepsilon > 0$*, il existe un ensemble de* $\mathcal{B}$ *dont le diamètre est inférieur à* ε.

Si $\mathcal{B}$ et $\mathcal{B}'$ sont deux bases de filtre équivalentes, $\mathcal{B}$ est une base de filtre de Cauchy si, et seulement si, $\mathcal{B}'$ est une base de filtre de Cauchy : en effet, tout ensemble de $\mathcal{B}$ contient un ensemble de $\mathcal{B}'$ et inversement. La propriété pour une base de filtre d'être une base de filtre de Cauchy est donc une propriété du filtre engendré ; le choix particulier de la base du filtre importe peu.

Une suite (x_n) sera appelée une suite de Cauchy si le filtre élémentaire associé est un filtre de Cauchy. D'après (2.11.4), ceci signifie donc

$$(2.18.2) \qquad \begin{cases} (\forall \varepsilon > 0)(\exists n \in \mathbb{N})(\forall p \in \mathbb{N})(\forall q \in \mathbb{N}) \\ ((p \geq n \text{ et } q \geq n) \Rightarrow d(x_p, x_q) \leq \varepsilon). \end{cases}$$

Sur $\mathbb{R}$, cette définition coïncide bien avec la définition 2.3.2.

D'après ce qui a été dit ci-dessus, tout filtre convergent est un filtre de Cauchy, donc toute suite convergente est une suite de Cauchy. Vu la définition 2.18.1, il est clair d'autre part que tout filtre plus fin qu'un filtre de Cauchy est un filtre de Cauchy. En particulier, si (x_n) est une suite de Cauchy, toute sous-suite extraite est une suite de Cauchy.

Voici une propriété utile des filtres de Cauchy.

Proposition 2.18.1 *Un filtre de Cauchy converge vers un point* x *si, et seulement si,* x *est un point adhérent à ce filtre.*

Preuve La condition est nécessaire d'après la proposition 2.16.3. Réciproquement, soit x un point adhérent à un filtre de Cauchy $\mathcal{F}$; pour tout $\varepsilon > 0$, il existe $M \in \mathcal{F}$ tel que diam $M \leq \varepsilon$, c'est-à-dire tel que $d(y, z) \leq \varepsilon$ pour tout $y, z \in M$; le point x étant adhérent à $\mathcal{F}$, la boule $B'(x; \varepsilon)$ est un voisinage de x qui rencontre M ; il existe donc un point $y \in M$ tel que $d(x, y) \leq \varepsilon$; il en résulte que $d(x, z) \leq 2\varepsilon$ pour tout $z \in M$, c'est-à-dire $M \subset B'(x; 2\varepsilon)$ ce qui prouve que le filtre $\mathcal{F}$ converge vers x. Q.E.D.

Un espace métrique étant séparé, on peut énoncer la proposition précédente comme suit.

Corollaire 2.18.2 *Soit* $\mathcal{F}$ *un filtre de Cauchy, alors ou bien* $\mathcal{F}$ *n'admet pas de point adhérent, ou bien* $\mathcal{F}$ *admet un unique point adhérent* x *auquel cas* $\mathcal{F}$ *converge vers* x.

Dire qu'un point x est adhérent à un filtre équivaut à l'existence d'un filtre plus fin qui converge vers x (proposition 2.16.5) , on peut donc énoncer la proposition 2.18.1 de la façon suivante.

Corollaire 2.18.3 *Tout filtre de Cauchy moins fin qu'un filtre qui converge vers* x*, converge vers* x.

Un espace métrique étant à base dénombrable de voisinages, la proposition 2.16.6 prouve le

Corollaire 2.18.4 *Une suite de Cauchy converge vers x si, et seulement si, il existe une sous-suite qui converge vers x.*

Voici une application intéressante des notions précédentes. Considérons une fonction $f : X \to Y$ définie sur un espace topologique X et à valeurs dans un espace métrique Y. On définit alors l'oscillation de f en un point $a \in X$ par la formule suivante

(2.18.3) $$\omega(f;x) = \inf_{V \in \mathcal{V}(x)} \operatorname{diam} f(V) \in \overline{\mathbb{R}}_+.$$

Bien entendu, on peut se contenter de prendre la borne inférieure sur un système fondamental de voisinages du point x. Cette notion permet de caractériser la continuité de f, on a en effet le résultat suivant.

Proposition 2.18.5 *1. La fonction $x \mapsto \omega(f;x)$ de X dans $\overline{\mathbb{R}}_+$ est s.c.s.*

2. La fonction f est continue au point x si, et seulement si, $\omega(f;x) = 0$.

Preuve 1. Soit $\alpha > \omega(f;x)$, il existe un voisinage V de x, qu'on peut supposer ouvert, tel que diam $f(V) < \alpha$. Pour tout $y \in V$, V est un voisinage de y, donc $\omega(f;y) < \alpha$, soit $\omega(f;V) \subset [-\infty, \alpha[$ ce qui prouve que $\omega(f;\bullet)$ est s.c.s. au point x.

2. La condition $\omega(f;x) = 0$ signifie que $(f(V))_{V \in \mathcal{V}(x)}$ est une base de filtre de Cauchy. Si f est continue au point x, cette base de filtre convergeant vers $f(x)$ est de Cauchy, donc $\omega(f;x) = 0$. Réciproquement, si $\omega(f;x) = 0$ la base de filtre $(f(V))_{V \in \mathcal{V}(x)}$ est de Cauchy et, admettant le point $f(x)$ comme point adhérent, elle converge vers $f(x)$ d'après la proposition 2.18.1, ce qui prouve la continuité de f au point x. Q.E.D.

Exercice 2.18.2 Soient X un espace topologique, Y un espace métrique et $f : X \to Y$ une application. Montrer que l'ensemble des points de continuité de f est un $\mathcal{G}_\delta$ (exercice 2.13.4).

Nous avons défini la notion de filtre de Cauchy en utilisant explicitement la distance ; il est évidemment essentiel de savoir comment cette notion dépend du choix de la distance. Le résultat qui suit permettra de répondre à cette question.

Proposition 2.18.6 *Soient X, Y des espaces métriques et $f : X \to Y$ une application uniformément continue. L'image par f de toute base de filtre de Cauchy sur X est une base de filtre de Cauchy sur Y.*

Preuve Soit $\mathcal{B}$ une base de filtre de Cauchy sur X et soit $\varepsilon > 0$; d'après la continuité uniforme de f, on peut trouver un $\delta > 0$ tel que , pour tout $x, y \in X$, $d(x,y) \leq \delta$ implique $d(f(x), f(y)) \leq \varepsilon$, autrement dit tel que, pour tout ensemble M de X, diam $M \leq \delta$ implique diam $f(M) \leq \varepsilon$; alors, $\mathcal{B}$ étant une base de filtre de Cauchy sur X, on peut trouver un ensemble M de $\mathcal{B}$ tel que diam $M \leq \delta$, d'où diam $f(M) \leq \varepsilon$. Q.E.D.

Il en résulte que deux distances uniformément équivalentes définissent les mêmes filtres de Cauchy ; la notion de filtre de Cauchy ne dépend donc que de la structure uniforme sous-jacente.

Remarque 2.18.1 Il n'en est pas du tout de même pour des distances topologiquement équivalentes. Par exemple, considérons sur $\mathbb{R}$ la distance usuelle $d_1(x, y) = |x - y|$ et la distance induite par celle de $\overline{\mathbb{R}}$ (exemple 2.13.5)

$$d_2(x, y) = |f(x) - f(y)|.$$

Ces distances sont topologiquement équivalentes : en effet, une suite (x_n) de $\mathbb{R}$ converge vers x pour la distance d_1 si, et seulement si, elle converge vers x pour la distance d_2 d'après la continuité de f et $f^{-1} :]-1, 1[\to \mathbb{R}$, vu que $f^{-1}(y) = y/(1 - |y|)$. Alors, la suite $x_n = n$ n'est pas de Cauchy pour la distance d_1 alors qu'elle l'est pour la distance d_2 vu que la suite $(n/1 + n)$ converge vers 1. Ceci montre que les distances d_1 et d_2 ne sont pas uniformément équivalentes.

Dans un espace métrique, nous avons vu que tout filtre convergent est un filtre de Cauchy ; la réciproque est en général fausse. Par exemple, sur $\mathbb{R}$ muni de la distance d_2 ci-dessus, la suite de Cauchy $x_n = n$ ne converge pas. Ceci conduit à la définition suivante.

Définition 2.18.2 *Un espace métrique est dit complet si tout filtre de Cauchy converge.*

Dans un espace métrique complet les filtres convergents sont donc les filtres de Cauchy ; pour démontrer qu'un filtre converge, il suffit donc de vérifier qu'il est de Cauchy et il n'est pas utile de connaître a priori la limite. Ceci explique l'intérêt fondamental des espaces métriques complets. Énonçons plus généralement le critère de Cauchy.

Théorème 2.18.7 Critère de Cauchy *Soit $f : X \to Y$ une application définie sur un ensemble X et à valeurs dans un espace métrique complet Y. Pour que f admette une valeur limite suivant un filtre $\mathcal{F}$ sur X, il faut et il suffit que la base de filtre $f(\mathcal{F})$ soit une base de filtre de Cauchy.*

Dans un espace métrique complet, une suite converge si, et seulement si, elle est de Cauchy. Réciproquement, on a le

Théorème 2.18.8 *Un espace métrique est complet si, et seulement si, toute suite de Cauchy converge.*

Preuve Il s'agit de démontrer que la condition est suffisante. Considérons donc un filtre de Cauchy $\mathcal{F}$; pour tout entier $n \geq 1$, il existe un ensemble $A_n \in \mathcal{F}$ tel que diam $A_n \leq 1/n$; posons $M_1 = A_1$ et $M_n = M_{n-1} \cap A_n$ pour $n > 1$; on construit ainsi une suite décroissante $(M_n)_{n \geq 1}$ d'ensembles de $\mathcal{F}$ tels que diam $M_n \leq 1/n$. Cette suite (M_n) est évidemment une base d'un filtre de Cauchy $\mathcal{F}'$ moins fin que $\mathcal{F}$; choisissons un point x_n dans chaque M_n ; on construit ainsi une suite (x_n) dont le filtre élémentaire est plus fin que $\mathcal{F}'$ comme nous l'avons démontré au paragraphe 2.12 ; le filtre $\mathcal{F}'$ étant de Cauchy, la suite (x_n) est donc une suite de Cauchy qui converge vers un point x par hypothèse. Le filtre $\mathcal{F}'$ étant moins fin que le filtre élémentaire associé à la suite (x_n), le corollaire

2.18.3 prouve que $\mathcal{F}'$ converge vers x, donc $\mathcal{F}$, qui est plus fin que $\mathcal{F}'$, converge a fortiori vers x. Q.E.D.

Vu le théorème 2.3.5, la droite réelle $\mathbb{R}$ munie de la distance usuelle $d(x, y) = |x - y|$ est un espace métrique complet.

Proposition 2.18.9 Cantor *Dans un espace métrique complet, soit (F_n) une suite décroissante de fermés non vides dont le diamètre tend vers 0 lorsque n tend vers l'infini. Alors, l'intersection $\bigcap_{n=0}^{\infty} F_n$ est réduite à un point.*

Preuve La suite (F_n) est une base de filtre de Cauchy dans un espace complet ; elle est donc convergente vers un point a qui est d'après (H_4) le seul point adhérent à cette base de filtre, d'où $\{a\} = \bigcap_{n=0}^{\infty} F_n$, les F_n étant fermés. Q.E.D.

Exemple 2.18.1 Tout espace métrique discret est complet. En effet, si $\mathcal{F}$ est un filtre de Cauchy, il existe $M \in \mathcal{F}$ tel que diam $M \leq 1/2$; il en résulte que M est nécessairement réduit à un point x et par conséquent $\mathcal{F}$ est plus fin que le filtre $\mathcal{V}(x)$.

Exercice 2.18.3 Montrer qu'un espace métrique est complet si, pour toute suite décroissante (F_n) de fermés non vides dont le diamètre tend vers 0, l'intersection $\bigcap_{n=0}^{\infty} F_n$ est réduite à un point.

Exercice 2.18.4 Dans un espace métrique, une suite généralisée $(x_i)_{i \in I}$ (exemple 2.11.5) est dite de Cauchy si l'image du filtre des sections sur l'ensemble filtrant I par l'application $i \mapsto x_i$ est une base de filtre de Cauchy. Montrer qu'une suite généralisée $(x_i)_{i \in I}$ est de Cauchy si, et seulement si,

$$(\forall \varepsilon > 0)(\exists i \in I)(\forall j, k \in I)(j, k \geq i \Rightarrow d(x_j, x_k) \leq \varepsilon).$$

Montrer que toute suite généralisée convergente est de Cauchy et qu'un espace métrique est complet si, et seulement si, toute suite généralisée de Cauchy converge.

2.19 Topologies initiales

On se propose de décrire un procédé très général permettant de construire de nouveaux espaces topologiques ; deux exemples fondamentaux seront traités dans les deux paragraphes suivants.

La situation générale envisagée est la suivante. Nous nous donnons une famille $(X_i)_{i \in I}$ d'espaces topologiques, un ensemble X et une famille d'applications $f_i : X \to X_i$. On désire munir l'ensemble X d'une topologie ; les topologies intéressantes sont celles qui rendent continues toutes les applications f_i. Si une topologie sur X rend continues toutes les applications f_i, il en est évidemment de même de toute topologie plus fine ; ceci montre qu'il est intéressant de savoir si l'ensemble $\mathcal{E}$ des topologies sur X rendant continues toutes les applications f_i admet un plus petit élément. La réponse à cette question est positive ; on a très précisément le théorème suivant.

Théorème 2.19.1 *Soient $(X_i)_{i \in I}$ une famille d'espaces topologiques, X un ensemble et $f_i : X \to X_i$ une famille d'applications. Il existe sur X une topologie, dite topologie initiale, rendant continues toutes les applications f_i et moins fine que toute topologie sur X rendant continues toutes les applications f_i.*

Preuve Notons $\mathcal{O}_i$ la famille des ouverts de X_i. Si $\mathcal{T}$ est une topologie sur X appartenant à $\mathcal{E}$, pour tout $i \in I$ et tout $O_i \in \mathcal{O}_i$ les ensembles $f_i^{-1}(O_i)$ doivent être ouverts, donc l'ensemble des intersections finies de tels ensembles, c'est-à-dire l'ensemble des

(2.19.1) $$\bigcap_{i \in J} f_i^{-1}(O_i), \text{ où } O_i \in \mathcal{O}_i,\ J \in \mathcal{F}(I),$$

où $\mathcal{F}(I)$ désigne l'ensemble des parties finies de I. Si nous montrons que les ensembles (2.19.1) constituent une base de topologie, le théorème sera démontré : la topologie cherchée sera définie par cette base de topologie. Vérifions les propriétés (B_1) et (B_2) de la proposition 2.9.4 ; (B_1) est vérifié car l'intersection de deux ensembles de la forme (2.19.1) est encore de cette forme et (B_2) est vérifié car $X = f_i^{-1}(X_i)$. Q.E.D.

Exemple 2.19.1 Borne supérieure d'une famille de topologies Sur un ensemble X, soit $(\mathcal{T}_i)_{i \in I}$ une famille de topologies ; notons X_i l'espace X muni de la topologie $\mathcal{T}_i$ et $f_i : X \to X_i$ l'application identique. La topologie initiale sur X associée à ces fonctions f_i est donc plus fine que chaque topologie $\mathcal{T}_i$ et c'est la topologie la moins fine ayant cette propriété ; autrement dit, la famille de topologies $(\mathcal{T}_i)_{i \in I}$ admet une borne supérieure, à savoir la topologie initiale précédente.

Sur chaque espace X_i, donnons-nous une base de topologie $\mathcal{B}_i$, alors l'ensemble des

(2.19.2) $$\bigcap_{i \in J} f_i^{-1}(B_i), \text{ où } B_i \in \mathcal{B}_i,\ J \in \mathcal{F}(I),$$

constitue une base de la topologie initiale. En effet, ces ensembles sont ouverts et, par conséquent, il suffit de vérifier que tout ensemble de la forme (2.19.1) est une réunion d'ensembles de la forme (2.19.2), c'est-à-dire que pour tout $x \in \bigcap_{i \in J} f_i^{-1}(O_i)$, il existe des $B_i \in \mathcal{B}_i$, $i \in J$, tels que

$$x \in \bigcap_{i \in J} f_i^{-1}(B_i) \subset \bigcap_{i \in J} f_i^{-1}(O_i) ;$$

cette dernière propriété est immédiate à vérifier, car $f_i(x) \in O_i$ donc, $\mathcal{B}_i$ étant une base de la topologie de X_i, il existe $B_i \in \mathcal{B}_i$ tel que $f_i(x) \in B_i \subset O_i$, d'où le résultat désiré.

Décrivons le filtre des voisinages d'un point x de X ; soit $\mathcal{S}_i$ un système fondamental de voisinages du point $f_i(x)$, alors l'ensemble des

(2.19.3) $$\bigcap_{i \in J} f_i^{-1}(V_i), \text{ où } V_i \in \mathcal{S}_i,\ J \in \mathcal{F}(I),$$

constitue un système fondamental de voisinages du point x. Notons d'abord que ces ensembles sont des voisinages de x d'après la continuité des applications f_i et le fait que J est fini. Montrons ensuite que tout voisinage V de x contient un ensemble de la forme (2.19.3) ; en effet, V contient un ouvert qui contient x, donc V contient un ensemble de la forme (2.19.1) qui contient x, soit

$$x \in \bigcap_{i \in J} f_i^{-1}(O_i) \subset V, \text{ où } O_i \in \mathcal{O}_i,\ J \in \mathcal{F}(I);$$

les ouverts O_i sont alors des voisinages de $f_i(x)$, donc il existe des $V_i \in \mathcal{S}_i$ tels que $f_i(x) \in V_i \subset O_i$, d'où $x \in \bigcap_{i \in J} f_i^{-1}(V_i) \subset V$, ce qui prouve le résultat voulu.

En ce qui concerne la convergence des filtres, le résultat de base est le suivant.

Proposition 2.19.2 *Les hypothèses étant celles du théorème 2.19.1, un filtre $\mathcal{F}$ sur X, muni de la topologie initiale, converge vers un point x si, et seulement si, pour tout $i \in I$, la base de filtre $f_i(\mathcal{F})$ converge vers $f_i(x)$.*

Preuve Si le filtre $\mathcal{F}$ converge vers un point $x \in X$, la continuité des applications f_i prouve que les bases de filtre $f_i(\mathcal{F})$ convergent vers $f_i(x)$. Réciproquement, supposons que les bases de filtre $f_i(\mathcal{F})$ convergent vers $f_i(x)$ et considérons un voisinage du point x de la forme $V = \bigcap_{i \in J} f_i^{-1}(V_i)$, où $V_i \in \mathcal{V}(f_i(x))$, $J \in \mathcal{F}(I)$; alors $f_i^{-1}(V_i) \in \mathcal{F}$ et J étant fini, on en déduit que $V \in \mathcal{F}$, ce qui prouve que le filtre $\mathcal{F}$ converge vers x. Q.E.D.

Cette proposition a des conséquence importantes que voici.

Corollaire 2.19.3 *Soit $\mathcal{F}$ un filtre sur un ensemble Y, alors une application $f : Y \to X$, où X est muni de la topologie initiale, admet une valeur limite $x \in X$ suivant le filtre $\mathcal{F}$ si, et seulement si, pour tout $i \in I$, $f_i(x)$ est une valeur limite de l'application $f_i \circ f : Y \to X_i$ suivant le filtre $\mathcal{F}$.*

En particulier, en prenant $Y = \mathbb{N}$ et pour filtre $\mathcal{F}$ le filtre de Fréchet, on constate qu'une suite (x_n) de X converge vers un point $x \in X$ si, et seulement si, pour tout $i \in I$ la suite $(f_i(x_n))$ converge vers $f_i(x)$.

En prenant pour $\mathcal{F}$ le filtre des voisinages d'un point a d'un espace topologique Y, on constate que $x = \lim_{y \to a} f(y)$ si, et seulement si, pour tout $i \in I$,

$$f_i(x) = \lim_{y \to a} (f_i \circ f)(y).$$

En particulier, on obtient le corollaire qui suit.

Corollaire 2.19.4 *Soit Y un espace topologique, une application $f : Y \to X$ est continue en un point $a \in Y$ si, et seulement si, pour tout $i \in I$, les applications $f_i \circ f : Y \to X_i$ sont continues au point a. L'application f est donc continue dans Y si, et seulement si, toutes les applications $f_i \circ f$ sont continues dans Y.*

Exercice 2.19.1 Montrer que la topologie initiale sur X est la seule topologie vérifiant la propriété

$$\left\{\begin{array}{l}\text{quels que soient l'espace topologique } Y \text{ et l'application } f : Y \to X,\ f \text{ est continu si, et} \\ \text{seulement si, pour tout } i \in I, \text{ les applications } f_i \circ f : Y \to X_i \text{ sont continues.}\end{array}\right.$$

Exercice 2.19.2 Topologie engendrée par une famille de parties 1. Soit $(A_i)_{i \in I}$ une famille de parties d'un ensemble X, montrer qu'il existe sur X une topologie $\mathcal{T}$ et une seule telle que A_i soit ouvert pour tout i et moins fine que toute autre topologie possédant cette propriété [utiliser sur X les topologies définies par $\mathcal{O}_i = \{\emptyset, A_i, X\}$].

2. Soit Y un espace topologique, montrer qu'une application $f : Y \to X$ est continue (X étant muni de la topologie $\mathcal{T}$) si, et seulement si, $f^{-1}(A_i)$ est ouvert pour tout i.

Enfin la proposition 2.19.2 permet de donner un critère très simple pour que la topologie initiale soit séparée.

Corollaire 2.19.5 *On suppose les espaces X_i séparés, alors la topologie initiale sur X est séparée si, et seulement si,*

(2.19.4) $$(\forall x \in X)(\forall y \in X)((\forall i \in I)(f_i(x) = f_i(y)) \Rightarrow x = y).$$

On dit alors que les fonctions f_i séparent les points de X.

Preuve La condition est suffisante. En effet, soit $\mathcal{F}$ un filtre sur X convergeant vers x et y ; l'espace X_i étant séparé, la proposition 2.19.2 montre que $f_i(x) = f_i(y)$ pour tout $i \in I$, d'où $x = y$, ce qui prouve que X est séparé. Réciproquement, s'il existe $x, y \in X$, $x \neq y$, tel que $f_i(x) = f_i(y)$ pour tout $i \in I$, le filtre $\mathcal{V}(x)$ converge à la fois vers x et y. Q.E.D.

Note Lorsque les espaces X_i sont métrisables, la topologie initiale sur X n'est pas en général métrisable, ni même à base dénombrable de voisinages comme le montre, par exemple, la proposition 2.21.17 concernant les topologies produits.

2.20 Topologie induite

Soit $f : X \to Y$ une application définie sur un ensemble X et à valeurs dans un espace topologique Y ; on peut alors munir X de la topologie initiale associée à cette application f, c'est-à-dire de la topologie la moins fine rendant continue l'application f ; cette topologie est appelée topologie image réciproque par f de la topologie de Y.

Nous nous proposons d'étudier dans ce paragraphe un cas particulier de cette notion. Soit A une partie d'un espace topologique X. La topologie image réciproque par l'injection canonique $i : A \to X$ de la topologie de X est appelée topologie induite sur A par celle de X. Muni de cette topologie, A est appelé un sous-espace de X. Tous les résultats du paragraphe précédent s'appliquent à cette situation particulière.

La topologie induite est la topologie la moins fine rendant continue l'injection canonique $i : A \to X$.

La base de topologie (2.19.1), c'est-à-dire l'ensemble des

$$i^{-1}(O) = O \cap A$$

où O décrit l'ensemble des ouverts de X, vérifie dans ce cas les axiomes des ouverts et constitue donc l'ensemble de tous les ouverts de la topologie induite. Un ouvert de la topologie induite sera dit ouvert dans A et, par conséquent, une partie de A est ouverte dans A si, et seulement si, elle est la trace sur A d'un ouvert de X. Il en résulte évidemment qu'une partie de A est fermée dans A, c'est-à-dire est fermée pour la topologie induite, si, et seulement si, elle est la trace sur A d'un fermé de X.

Si $\mathcal{B}$ est une base de la topologie de X, les traces sur A des ensembles de $\mathcal{B}$ est une base de la topologie induite d'après (2.19.2).

On prendra garde au fait qu'un ensemble ouvert (resp. fermé) dans A n'a aucune raison d'être ouvert (resp. fermé) dans X ; plus précisément, on a le résultat suivant.

Proposition 2.20.1 *Pour que tout ensemble ouvert (resp. fermé) dans A soit ouvert (resp. fermé) dans X, il faut et il suffit que A soit ouvert (resp. fermé) dans X.*

Preuve Si tout ensemble ouvert dans A est ouvert dans X, A étant ouvert dans A (d'après (O_3)) est ouvert dans X. La réciproque est immédiate, car un ouvert de A est de la forme $O \cap A$ où O est ouvert dans X et on utilise (O_2). On fait un raisonnement analogue pour des fermés. Q.E.D.

Exercice 2.20.1 Soient X un espace topologique, A et B des parties de X et $M \subset A \cap B$, si M est ouvert (resp. fermé) dans A et dans B, montrer que M est ouvert (resp. fermé) dans $A \cup B$.

Exercice 2.20.2 Sous-espace localement fermé Soients X un espace topologique, A une partie de X, montrer que les propriétés suivantes sont équivalentes (on dit alors que A est localement fermé)

1. pour tout $x \in A$, il existe un voisinage V_x de x tel que $V_x \cap A$ soit fermé dans V_x,
2. A est une partie ouverte de $\overline{A}$,
3. A peut s'écrire comme l'intersection d'un ouvert et d'un fermé de X,
4. il existe un ouvert O contenant A tel que A soit fermé dans O

[pour vérifier que $1 \Rightarrow 2$, soit O_x un ouvert tel que $x \in O_x \subset V_x$, noter que

$$A \cap V_x = \overline{A \cap V_x} \cap V_x \supset \overline{A \cap O_x} \cap O_x,$$

montrer que $A \supset \overline{A} \cap O_x$ en utilisant l'exercice 2.10.3 et en déduire que $A = \overline{A} \cap \bigcup_{x \in A} O_x$].

Exercice 2.20.3 Recollement d'espaces topologiques Soit X un ensemble tel que $X = \bigcup_{i \in I} X_i$ où chaque X_i est muni d'une topologie $\mathcal{T}_i$ vérifiant, pour tout $i, j \in I$,

a. $X_i \cap X_j$ est ouvert dans X_i et dans X_j,

b. les topologies $\mathcal{T}_i$ et $\mathcal{T}_j$ coïncident sur $X_i \cap X_j$.

Montrer alors qu'il existe une unique topologie $\mathcal{T}$ sur X telle que $\mathcal{T}$ induise sur X_i la topologie $\mathcal{T}_i$ et que X_i soit un sous-espace ouvert de X [montrer d'abord que, si une telle topologie existe, elle est unique : l'ensemble $\mathcal{O}$ des ouverts est nécessairement donné par la formule

$$\mathcal{O} = \{O \in \mathcal{P}(X) ; O = \bigcup_{i \in I} O_i,\ O_i \in \mathcal{O}_i\},$$

$\mathcal{O}_i$ désignant l'ensemble des ouverts de $(X_i, \mathcal{T}_i)$; montrer ensuite que $\mathcal{O}$ vérifie les axiomes des ouverts (on sera conduit à vérifier que $X_i \cap O_j \in \mathcal{O}_i$ pour tout $O_j \in \mathcal{O}_j$) et définit une topologie sur X vérifiant les propriétés voulues].

En ce qui concerne la notion de voisinage, on a d'après (2.19.3) le résultat suivant : soit a un point de A et soit $\mathcal{S}$ un système fondamental de voisinages de a dans X, alors l'ensemble des traces sur A des ensembles de $\mathcal{S}$ constitue un système fondamental de voisinages de a dans A (c'est-à-dire pour la topologie induite).

Pour préciser ce résultat, introduisons la notion de filtre induit. Soit $\mathcal{F}$ un filtre sur X et soit $\mathcal{F}_A$ l'ensemble des traces sur A des ensembles de $\mathcal{F}$; $\mathcal{F}_A$ n'est pas en général un filtre sur A, pour que $\mathcal{F}_A$ soit un filtre, il est nécessaire que

(2.20.1) $$(\forall M \in \mathcal{F})(M \cap A \neq \emptyset)$$

et cette condition est évidemment suffisante ; on dit alors que $\mathcal{F}$ admet une trace sur A et le filtre $\mathcal{F}_A$ est appelé le filtre induit sur A par $\mathcal{F}$. Si $\mathcal{B}$ est une base du filtre $\mathcal{F}$, l'ensemble $\mathcal{B}_A$ des traces sur A des ensembles de $\mathcal{B}$ est évidemment une base du filtre $\mathcal{F}_A$.

Voici deux remarques très simples concernant cette notion.

Remarque 2.20.1 Soient $\mathcal{F}$ et $\mathcal{F}'$ deux filtres sur X, $\mathcal{F}$ étant moins fin que $\mathcal{F}'$. Alors, si $\mathcal{F}'$ admet une trace sur A, le filtre $\mathcal{F}$ admet une trace sur A et le filtre $\mathcal{F}_A$ est moins fin que $\mathcal{F}'_A$.

Remarque 2.20.2 Soit $\mathcal{F}$ un filtre sur X admettant une trace $\mathcal{F}_A$ sur A. Alors, $\mathcal{F}_A$ est une base de filtre sur X qui engendre un filtre plus fin que $\mathcal{F}$.

Exemple 2.20.1 Soit A une partie d'un espace topologique X. Alors, un point a de X est adhérent à A si, et seulement si, le filtre $\mathcal{V}(a)$ admet une trace sur A. Si $\mathcal{F}$ est ce filtre induit, $\mathcal{F}$ est une base de filtre sur X qui converge vers a d'après la remarque 2.20.2.

Exercice 2.20.4 Image réciproque d'un filtre Soient X, Y des ensembles, $f : X \to Y$ une application et $\mathcal{B}'$ une base de filtre sur Y. Montrer que $f^{-1}(\mathcal{B}') = \{f^{-1}(M')\,;\ M' \in \mathcal{B}'\}$ est une base de filtre sur X si, et seulement si, $f^{-1}(M')$ est non vide pour tout $M' \in \mathcal{B}'$. Cette condition étant vérifiée, montrer que le filtre engendré par $f^{-1}(\mathcal{B}')$ ne dépend que du filtre engendré par $\mathcal{B}'$ et que $f(f^{-1}(\mathcal{B}'))$ engendre un filtre plus fin que $\mathcal{B}'$.

Revenons à la notion de sous-espace. Avec la terminologie qui précède, le filtre des voisinages dans A d'un point $a \in A$ est simplement la trace sur A du filtre des voisinages dans X du point a. Un voisinage de a dans A n'est pas en général un voisinage de a dans X et on a la

Proposition 2.20.2 *Soit A un sous-espace d'un espace topologique et soit $a \in A$. Pour que tout voisinage de a dans A soit un voisinage de a dans X, il faut et il suffit que A soit un voisinage de a dans X.*

Preuve La condition est nécessaire car A est un voisinage de a dans A. Elle est suffisante : si V est un voisinage de a dans A, il existe un voisinage W de a dans X tel que $V = W \cap A$ et par suite V est un voisinage de a dans X d'après (F_2).

Q.E.D.

La proposition 2.19.2 montre qu'un filtre $\mathcal{F}$ sur A converge dans A vers un point $a \in A$ si, et seulement si, $\mathcal{F}$ en tant que base de filtre sur X converge vers a dans X. En particulier, il est équivalent de dire d'une suite (x_n) de A qu'elle converge dans A ou dans X vers un point a de A. Enfin, d'après le corollaire 2.19.4, une application $f : Y \to A$ définie sur un espace topologique Y est continue en un point $a \in Y$ si, et seulement si, l'application $i \circ f : Y \to X$ est continue en ce point.

Remarque 2.20.3 Soient Y un espace topologique et $f : X \to Y$ une application continue en un point $a \in A$. L'application $f \circ i : A \to Y$, c'est-à-dire la restriction de f à A est continue au point a, d'après la continuité de l'injection canonique i. La réciproque est évidemment fausse en général ; elle est vraie si A est un voisinage de a : en effet, si V est un voisinage du point $f(a)$, $(f \circ i)^{-1}(V) = f^{-1}(V) \cap A$

est un voisinage de a dans A, donc dans X d'après la proposition 2.20.2 et il en résulte que $f^{-1}(V)$ est un voisinage de a dans X d'après (F_1).

Remarque 2.20.4 Soient X un espace topologique et A, B des parties de X telles que $B \subset A \subset X$. On peut considérer B comme un sous-espace de X ou comme un sous-espace du sous-espace A ; il est évident que les deux topologies ainsi induites sur B coïncident.

Remarque 2.20.5 Soit A un sous-espace d'un espace topologique X et soit B une partie de A. Alors l'adhérence de B dans A est égale à la trace sur A de l'adhérence de B dans X. En effet, les fermés de A sont de la forme $A \cap F$, où F est fermé dans X, et on obtient donc le plus petit fermé de A contenant B en prenant pour F le plus petit fermé de X contenant B, c'est-à-dire l'adhérence de B dans X. On en déduit que B est dense dans A si, et seulement si, $A \subset \overline{B}$; par conséquent, si A est dense dans X et si B est dense dans A, alors B est dense dans X. Plus généralement, supposons A muni d'une topologie $\mathcal{T}$ plus fine que la topologie induite (autrement dit, on suppose seulement l'injection canonique $i : A \to X$ continue), alors si A est dense dans X et si B est dense dans A muni de la topologie $\mathcal{T}$, B est dense dans X d'après ce qui précède et le point 6. du théorème 2.15.1.

Venons-en enfin à la notion de limite relative à un sous-espace.

Définition 2.20.1 *Soit a un point adhérent à une partie A d'un espace topologique X et soit $f : A \to Y$ une application à valeurs dans un espace topologique Y. On dit que $f(x)$ tend vers un point y de Y quand x tend vers a en restant dans A, si y est une valeur limite de l'application f suivant le filtre induit sur A par le filtre $\mathcal{V}(a)$. On écrit alors $y = \lim_{x \to a, x \in A} f(x)$.*

Si $\mathcal{S}(y)$ est un système fondamental de voisinages de y, ceci signifie simplement

$$(\forall V \in \mathcal{S}(y))(\exists W \in \mathcal{V}(a))(f(W \cap A) \subset V). \tag{2.20.2}$$

Toute valeur limite étant un point adhérent, on notera que $y \in \overline{f(A)}$.

Si l'espace X est à base dénombrable de voisinages, on peut caractériser cette notion de limite en termes de suite.

Proposition 2.20.3 *Les notations étant celles de la définition 2.20.1, on suppose X à base dénombrable de voisinages, alors $y = \lim_{x \to a, x \in A} f(x)$ si, et seulement si, pour toute suite (x_n) de A qui converge vers a, la suite $(f(x_n))$ converge vers y.*

Preuve D'après la proposition 2.12.3, il s'agit de vérifier qu'une suite (x_n) de A converge vers a si, et seulement si, le filtre élémentaire sur A associé à cette suite est plus fin que le filtre $\mathcal{V}(a)|_A$, ce qui est immédiat. Q.E.D.

Remarque 2.20.6 Soient A et B deux parties d'un espace topologique X telles que $B \subset A \subset X$. Si a est un point adhérent à B, a est a fortiori adhérent à A. Soit $f : A \to Y$ une application à valeurs dans un espace topologique Y et supposons $y = \lim_{x \to a, x \in A} f(x)$, d'après (2.20.2) on a alors $y = \lim_{x \to a, x \in B} f(x)$.

Exemple 2.20.2 Soit a un point non isolé dans un espace topologique X, alors a est adhérent à $X - \{a\}$. Si une application $f : X - \{a\} \to Y$ admet une limite y quand x tend vers a par valeurs différentes, c'est-à-dire en restant dans $X - \{a\}$, on écrit $y = \lim_{x \to a, x \neq a} f(x)$.

Signalons enfin que le critère de séparation 2.19.5 s'applique. Tout sous-espace d'un espace séparé est séparé. Notons également que tout sous-espace d'un espace régulier est régulier.

Exercice 2.20.5 Les notations étant celles de l'exemple 2.20.2, montrer que $y = \lim_{x \to a\, x \neq a} f(x)$ si, et seulement si, la fonction $\hat{f} : X \to Y$ prolongeant f telle que $f(a) = y$ est continue au point a.

Exercice 2.20.6 **Limite à gauche et à droite** Soient A une partie de $\mathbb{R}$, Y un espace topologique et $f : A \to Y$ une application. Soit $a \in \mathbb{R}$ un point adhérent à $B = A \cap]a, +\infty[$, le filtre $\mathcal{V}(a)$ admet alors une trace $\mathcal{F}$ sur B ; si $f|_B$ admet une limite $y \in Y$ suivant ce filtre, on dit que f admet une limite à droite au point a et on note cette limite $f(a+0) = \lim_{x \to a,\, x > a} f(x)$. On définit de même la notion de limite à gauche $f(a-0)$ si a est adhérent à $A \cap]-\infty, a[$.

1. Montrer que $y = f(a+0)$ équivaut à chacune des propriétés suivantes

a. pour tout voisinage $V \in \mathcal{V}(y)$, il existe $\delta > 0$ tel que $f(A \cap]a, a+\delta[) \subset V$.

b. pour toute suite (x_n) de B qui converge vers a, la suite $(f(x_n))$ converge vers y.

c. pour toute suite strictement décroissante (x_n) de B qui converge vers a, la suite $(f(x_n))$ converge vers y.

2. Supposons $a \in A$, on dit alors que f est continu à droite au point a si $f(a+0)$ existe et $f(a+0) = f(a)$ (lorsque a n'est pas adhérent à B, c'est-à-dire lorsqu'il existe $\delta > 0$ tel que $A \cap]a, a+\delta[= \emptyset$, on convient que $f(a+0) = f(a)$ et que f est continu à droite au point a). On définit de même la continuité à gauche. Montrer que f est continu au point a si, et seulement si, f est continu à gauche et à droite au point a, c'est-à-dire $f(a) = f(a+0) = f(a-0)$.

3. Soient Y un espace régulier et $f : [a, b[\to Y$ une application telle que $f(x+0)$ existe pour tout $x \in [a, b[$. Montrer que la fonction $x \mapsto f(x+0)$ est continue à droite en tout point de $[a, b[$.

Exercice 2.20.7 **Discontinuité d'une fonction monotone** Soit $f : [a, b] \to \mathbb{R}$ une application monotone, croissante pour fixer les idées.

1. Montrer que f admet une limite à gauche et à droite en tout point de $[a, b]$ (on convient que $f(a-0) = f(a)$ et $f(b+0) = f(b)$) et que, pour $a \leq x < y \leq b$,

$$f(x-0) \leq f(x) \leq f(x+0) \leq f(y-0) \leq f(y).$$

2. Montrer que la fonction $x \mapsto f(x+0)$ est croissante, continue à droite et la fonction $x \mapsto f(x-0)$ croissante, continue à gauche.

3. On définit le saut de f au point x par $s(x) = f(x+0) - f(x-0)$. Montrer que f est continu au point x si, et seulement si, $s(x) = 0$. Montrer que l'ensemble des points de discontinuité de f est dénombrable [noter que les intervalles $]f(x-0), f(x+0)[$ sont disjoints deux à deux et en déduire que l'ensemble des x tels que $s(x) \geq 1/n$ est fini].

Exercice 2.20.8 **Fonction réglée** Soient X un espace topologique et $f : [a, b] \to X$ une application. On dit qu'un point $x \in [a, b]$ est un point de discontinuité de première espèce si $f(x+0)$ et $f(x-0)$ existent et sont différents. Si f n'admet que des discontinuités de première espèce, on dit que f est réglé.

On suppose que X est un espace métrique, montrer que l'ensemble des points de discontinuité d'une fonction réglée $f : [a, b] \to X$ est dénombrable [montrer que, pour tout $\varepsilon > 0$, l'ensemble $\{x \in [a, b] \,;\, d(f(x+0), f(x-0)) \geq \varepsilon\}$ est un ensemble de points isolés].

Exercice 2.20.9 **Discontinuité artificielle**indexdiscontinuité artificielle Soient X un espace séparé, Y un espace régulier et $f : X \to Y$ une application. On note A l'ensemble des points de discontinuité artificielle, c'est-à-dire l'ensemble des points x de X non isolés tels que la limite $\lim_{y \to x,\, y \neq x} f(y)$ existe et est différente de $f(x)$. On pose alors

$$\varphi(x) = \begin{cases} f(x) & , \quad \text{si } x \notin A, \\ \lim_{y \to x,\, y \neq x} f(y) & , \quad \text{si } x \in A. \end{cases}$$

1. Montrer que $\varphi : X \to Y$ est continue en tout de A et en tout point de continuité de f.

2. Si Y est un espace métrique, on pose $A_n = \{x \in A\,;\, d(\varphi(x), f(x)) \geq 1/n\}$, $n \in \mathbb{N}^*$, montrer que tout point de A_n est isolé dans A_n.

3. Si X admet une base de topologie dénombrable, en déduire que A est dénombrable [utiliser l'exercice 2.10.8].

Exercice 2.20.10 Soient D et D' deux parties de $\mathbb{R}$ dénombrables et partout denses, l'objet de cet exercice est de prouver que D et D' sont homéomorphes. On peut écrire D et D' sous la forme $D = \bigcup_{n=0}^{\infty}\{a_n\}$, $D' = \bigcup_{n=0}^{\infty}\{a'_n\}$ où $a_p \neq a_q$, $a'_p \neq a'_q$ si $p \neq q$.

1. Construire par récurrence une suite de bijections croissantes $f_n : A_n \to A'_n$ où A_n et A'_n sont des parties finies de D et D' telles que

$$\bigcup_{p=0}^{n}\{a_p\} \subset A_n,\ \bigcup_{p=0}^{n}\{a'_p\} \subset A'_n,\ A_n \subset A_{n+1},\ A'_n \subset A'_{n+1} \text{ et } f_n = f_{n+1}|_{A_n}.$$

2. En déduire l'existence de bijection croissante $f : D \to D'$.

3. Montrer que toute bijection croissante $f : D \to D'$ est un homéomorphisme.

En particulier, toute partie dénombrable dense dans $\mathbb{R}$ est homéomorphe à $\mathbb{Q}$.

Étudions les sous-espaces des espaces métriques. Soit A une partie d'un espace métrique X. La restriction à $A \times A$ de la distance d est une distance sur A définissant une structure d'espace métrique sur A, donc une topologie $\mathcal{T}_1$ sur A. On peut d'autre part munir A de la topologie $\mathcal{T}_2$ induite par celle de X. Ces deux topologies $\mathcal{T}_1$ et $\mathcal{T}_2$ coïncident. En effet, si a est un point de A, on obtient une base du filtre des voisinages de a pour la topologie $\mathcal{T}_2$ en prenant les traces sur A des boules fermées $\{x \in X\ ;\ d(a, x) \leq r\}$, $(r > 0)$, et ces traces sont précisément les boules fermées dans A centrées au point a.

Ceci montre qu'un sous-espace d'un espace métrisable est métrisable.

Voici une propriété particulière aux espaces métrisables.

Proposition 2.20.4 *Tout sous-espace d'un espace métrisable séparable est séparable.*

Preuve En effet, si un espace admet une base de topologie dénombrable, il en est de même de tout sous-espace et on conclut grâce à la proposition 2.10.7. Q.E.D.

En ce qui concerne les sous-espaces métriques complets d'un espace métrique, on a d'abord la

Proposition 2.20.5 *1. Tout sous-espace fermé d'un espace métrique complet est complet.*

2. Tout sous-espace complet d'un espace métrique est fermé.

Preuve 1. Soit A une partie fermée d'un espace métrique complet X et soit (x_n) une suite de Cauchy de A ; c'est a fortiori une suite de Cauchy dans X qui converge donc dans X vers un point x ; mais A étant fermé, le point x appartient à A et la suite (x_n) converge vers x dans A.

2. Soit A un sous-espace complet d'un espace métrique X et soit $a \in \overline{A}$; d'après la proposition 2.12.1, il existe une suite (x_n) de A qui converge vers a dans X ; cette suite est donc de Cauchy dans X, donc dans A ; le sous-espace A étant complet, cette suite converge donc vers un point $b \in A$ dans A, donc dans X ; un espace métrique étant séparé, on a nécessairement $a = b$, d'où $a \in A$, ce qui prouve que A est fermé. Q.E.D.

Corollaire 2.20.6 *Dans un espace métrique complet, l'ensemble des parties fermées est égal à l'ensemble des parties complètes.*

Proposition 2.20.7 *Soit $(A_i)_{i\in I}$ une famille de parties complètes dans un espace métrique X.*

1. *Si I est non vide, l'intersection de la famille est une partie complète.*
2. *Si I est fini, la réunion de la famille est une partie complète.*

Preuve 1. Chaque A_i est fermé dans X (proposition 2.20.5), l'intersection est fermée dans X, donc dans tout A_i et on conclut avec la proposition 2.20.5.

2. Soit A la réunion de la famille et soit (x_n) une suite de Cauchy de A. L'ensemble I étant fini, il existe $i \in I$ et une sous-suite (x_{n_k}) tels que $x_{n_k} \in A_i$. L'ensemble A_i étant une partie complète de X, cette sous-suite converge dans A_i, donc dans A et on conclut avec le corollaire 2.18.4. Q.E.D.

Exemple 2.20.3 La droite achevée $\overline{\mathbb{R}}$ (exemple 2.13.5) est isométrique à l'intervalle $[-1, +1]$, qui est un sous-espace métrique complet de $\mathbb{R}$ d'après la proposition 2.20.5 ; il en résulte que $\overline{\mathbb{R}}$ est un espace métrique complet. En effet, étant donné deux espaces métriques X et Y, s'il existe un homéomorphisme de X sur Y uniformément continu ainsi que l'homéomorphisme réciproque, X est complet si, et seulement si, Y est complet.

Remarque 2.20.7 La topologie induite sur $\mathbb{R}$ par celle de $\overline{\mathbb{R}}$ est la topologie usuelle de $\mathbb{R}$: la distance $d_2(x, y) = |f(x) - f(y)|$ induite sur $\mathbb{R}$ par celle de $\overline{\mathbb{R}}$ est topologiquement équivalente à la distance usuelle $d_1(x, y) = |x - y|$ (remarque 2.18.1). Les distances d_1 et d_2 sur $\mathbb{R}$ ne peuvent être uniformément équivalentes car $\mathbb{R}$ est complet pour la distance d_1 et ne l'est pas pour la distance d_2 : en effet, $\mathbb{R}$ muni de cette distance d_2 est isométrique à l'intervalle $]-1, 1[$ muni de la distance d_1, intervalle qui n'est pas un sous-espace complet de $(\mathbb{R}, d_1)$, n'étant pas fermé.

Exercice 2.20.11 Soit X un espace métrique, on suppose qu'il existe $r > 0$ tel que toute boule fermée $B'(x; r)$ soit complète, montrer alors que l'espace X est complet.

2.21 Topologie produit

Donnons-nous une famille $(X_i)_{i\in I}$ d'espaces topologiques. Nous nous proposons de définir sur l'ensemble produit $X = \prod_{i\in I} X_i$ une structure topologique. Nous noterons $\mathcal{O}_i$ l'ensemble des ouverts de X_i, $\mathcal{V}_i(x_i)$ le filtre des voisinages d'un point x_i de X_i, etc.

Le théorème 2.19.1 permet de donner la définition suivante.

Définition 2.21.1 *Soit $(X_i)_{i\in I}$ une famille d'espaces topologiques, sur l'ensemble $X = \prod_{i\in I} X_i$, la topologie la moins fine rendant continues toutes les projections $pr_i : X \to X_i$ est appelée la topologie produit.*

La topologie produit étant une topologie initiale, nous obtenons de suite les propriétés essentielles de cette topologie. Auparavant, faisons une remarque préliminaire : soit A_i une partie de X_i, on a

$$pr_i^{-1}(A_i) = A_i \times \prod_{j\in I, j\neq i} X_j$$

et, si J est une partie de I, on a donc

$$\bigcap_{i\in J} pr_i^{-1}(A_i) = \prod_{i\in J} A_i \times \prod_{i\in I-J} X_i\ ;$$

si J est une partie finie de I, de tels ensembles seront appelés des ensembles élémentaires.

Considérons alors sur chaque espace facteur X_i une base $\mathcal{B}_i$ de la topologie ; d'après (2.19.2), une base de la topologie produit est constituée par l'ensemble des ouverts élémentaires

(2.21.1) $$\prod_{i\in J} B_i \times \prod_{i\in I-J} X_i,\ \text{où } B_i \in \mathcal{B}_i,\ J \in \mathcal{F}(I).$$

Soit $x = (x_i)_{i\in I}$ un point de l'espace produit et soit $\mathcal{S}_i$ un système fondamental de voisinages du point x_i ; d'après (2.19.3), l'ensemble des voisinages élémentaires

(2.21.2) $$\prod_{i\in J} V_i \times \prod_{i\in I-J} X_i,\ \text{où } V_i \in \mathcal{S}_i,\ J \in \mathcal{F}(I),$$

est un système fondamental de voisinages du point x pour la topologie produit.

Les projections pr_i sont continues d'après la définition même de la topologie produit ; ce sont en outre des applications ouvertes ; voici la définition de cette notion.

Définition 2.21.2 *Soient Y et Z deux espaces topologiques, une application $f : Y \to Z$ est dite ouverte si l'image par f de tout ouvert de Y est un ouvert de Z.*

Proposition 2.21.1 *Les projections $pr_i : X \to X_i$ sont des applications ouvertes.*

Preuve Si $O = \prod_{i\in I} O_i$ est un ouvert élémentaire, on a $pr_i(O) = O_i$ ou $\emptyset$; un ouvert U de X est une réunion d'ouverts élémentaires, $U = \bigcup_{\lambda\in\Lambda} U_\lambda$, et $pr_i(U) = \bigcup_{\lambda\in\Lambda} pr_i(U_\lambda)$, ce qui permet de conclure. Q.E.D.

Remarque 2.21.1 Lorsque l'ensemble d'indices I est fini, on peut dans (2.21.1) et (2.21.2) prendre $J = I$; une base de la topologie produit est constituée de l'ensemble des produits $\prod_{i\in I} B_i$ où $B_i \in \mathcal{B}_i$; en particulier, tout produit d'ensembles ouverts est un ensemble ouvert pour la topologie produit. Par exemple, l'espace $\mathbb{R}^n$, $n \geq 1$, sera muni de la topologie produit de n droites réelles ; une base de cette topologie est constituée de l'ensemble des ouverts élémentaires $\prod_{i=1}^{n}]a_i, b_i[$, où $a_i, b_i \in \mathbb{R}$; ces ensembles sont appelés des pavés ouverts. L'ensemble $\mathbb{C}$ des nombres complexes étant muni de la topologie de $\mathbb{R}^2$, on munira l'espace $\mathbb{C}^n$ de la topologie produit de n droites complexes, ou ce qui revient au même de la topologie de $\mathbb{R}^{2n}$.

Proposition 2.21.2 *Pour tout $i \in I$, soit A_i une partie de X_i. On a*

(2.21.3)
$$\overline{\prod_{i\in I} A_i} = \prod_{i\in I} \overline{A_i},$$

et, si I est fini,

(2.21.4)
$$\operatorname{Int} \prod_{i\in I} A_i = \prod_{i\in I} \operatorname{Int} A_i.$$

Preuve Prouvons d'abord (2.21.3). D'après la continuité des projections et le théorème 2.13.4, on a, en notant A le produit des ensembles A_i,

$$pr_i(\overline{A}) \subset \overline{pr_i(A)} \subset \overline{A_i},$$

d'où $\overline{A} \subset \prod_{i\in I} \overline{A_i}$; pour démontrer l'inclusion opposée, soit $a = (a_i)_{i\in I}$ un point de $\prod_{i\in I} \overline{A_i}$ et soit $\prod_{i\in I} O_i$ un ouvert élémentaire contenant ce point ; on a alors

$$(\prod_{i\in I} O_i) \cap A = \prod_{i\in I} (O_i \cap A_i)$$

et cet ensemble est non vide car O_i est un ouvert contenant le point $a_i \in \overline{A_i}$, ce qui prouve que le point a est adhérent à A.

Quant à (2.21.4), I étant fini, on notera d'abord que $\prod_{i\in I} \operatorname{Int} A_i$ est un ouvert contenu dans A, donc dans $\operatorname{Int} A$; pour démontrer l'inclusion opposée, $a = (a_i)_{i\in I}$ un point de $\operatorname{Int} A$; il existe donc un ouvert $\prod_{i\in I} O_i$ contenant ce point et contenu dans A, d'où $a_i \in O_i \subset A_i$, ce qui prouve que $a_i \in \operatorname{Int} A_i$ et par conséquent $a \in \prod_{i\in I} \operatorname{Int} A_i$. Q.E.D.

Corollaire 2.21.3 *Un produit d'ensembles fermés est fermé pour la topologie produit.*

Une telle propriété est en général fausse pour des ensembles ouverts ; un produit d'ensembles ouverts $\prod_{i\in I} O_i$ n'est un ensemble ouvert que dans les deux cas suivants : ou bien ce produit est vide, ou bien $O_i = X_i$ sauf pour un nombre fini d'indices i. En effet, dans les autres cas un tel ensemble est non vide et ne contient aucun ouvert élémentaire non vide, il ne peut donc être une réunion d'ouverts élémentaires.

Exercice 2.21.1 Soient X, Y des espaces topologiques, $A \subset X$ et $B \subset Y$, montrer que

$$\operatorname{Fr}(A \times B) = (\operatorname{Fr}(A) \times \overline{B}) \cup (\overline{A} \times \operatorname{Fr}(B)).$$

Supposons les espaces facteurs X_i non vides et soit A une partie dense dans X ; d'après la continuité des projections, on a $pr_i(\overline{A}) \subset \overline{pr_i(A)}$, et par conséquent $pr_i(A)$ est dense dans X_i. Il en résulte que, si un produit d'espaces topologiques non vides est séparable, chaque espace facteur est séparable. Réciproquement, on a la

Proposition 2.21.4 *Le produit d'une famille dénombrable d'espaces séparables est séparable.*

Preuve Notons X_n, $n \in \mathbb{N}$, les espaces facteurs qu'on peut supposer non vides, D_n une partie dénombrable dense dans X_n et $X = \prod_{n=0}^{\infty} X_n$ l'espace produit. Soit $a = (a_n)$ un point de X, posons

$$A_p = \prod_{n=0}^{p} D_n \times \prod_{n=p+1}^{\infty} \{a_n\} \text{ pour } p \in \mathbb{N}.$$

L'ensemble $A = \bigcup_{p=0}^{\infty} A_p$ est alors dénombrable d'après les propositions 1.9.5 et 1.9.6 et il est dense dans X, car tout ouvert élémentaire non vide s'écrit

$$\prod_{n=0}^{p} O_n \times \prod_{n=p+1}^{\infty} X_n,\ O_n \text{ ouvert de } X_n,$$

et rencontre donc A. Q.E.D.

En particulier, les espaces $\mathbb{R}^n$ et $\mathbb{C}^n$ sont séparables.

Exercice 2.21.2 On considère l'espace $\mathbb{R}$ muni de la topologie définie à l'exercice 2.17.6 et l'espace produit $\mathbb{R}^2$, espace séparable d'après la proposition 2.21.4. Montrer que le sous-espace

$$X = \{(x, y) \in \mathbb{R}^2 ; x + y = 1\}$$

n'est pas séparable [vérifier que la topologie de ce sous-espace est la topologie discrète].

Les espaces produits permettent d'énoncer un critère utile de séparation que voici.

Proposition 2.21.5 *Un espace topologique X est séparé si, et seulement si, la diagonale de $X \times X$, $\Delta = \{z \in X \times X ; pr_1 z = pr_2 z\}$, est fermée.*

Preuve Si X est séparé, Δ est fermé dans $X \times X$ d'après la continuité des projections et la proposition 2.17.3. Réciproquement, supposons Δ fermé et soit $x, y \in X$, $x \neq y$; on a $(x, y) \notin \Delta$ et $X \times X - \Delta$ est un voisinage ouvert de (x, y) ; il existe donc $V \in \mathcal{V}(x)$, $W \in \mathcal{V}(y)$ tel que $(V \times W) \cap \Delta = \emptyset$, ce qui signifie $V \cap W = \emptyset$ et ceci prouve (H_2). Q.E.D.

Ceci peut se généraliser de la façon suivante. Étant donné deux ensembles X et I, $I \neq \emptyset$, on note $\delta : X \to X^I$ l'application $x \mapsto (x_i)_{i \in I}$ où $x_i = x$ pour tout $i \in I$; cette application, appelée application diagonale, est évidemment injective et son image $\Delta = \delta(X)$ est appelée la diagonale de X^I. La bijection réciproque $\delta^{-1} : \Delta \to X$ est simplement la restriction à Δ de l'une quelconque des projections pr_i. On a alors la

Proposition 2.21.6 *Soient X un espace topologique et I un ensemble non vide.*

1. L'application diagonale δ est un homéomorphisme de X sur la diagonale Δ de X^I.

2. Si X est séparé, la diagonale Δ est fermée.

Preuve 1. L'application δ est continue vu que $pr_i \circ \delta$ est l'application identique de X ; l'application δ^{-1} est continue vu que $\delta^{-1} = pr_i|_\Delta$.

2. On a $\Delta = \bigcap_{(i,j)\in I\times J} F_{i,j}$ où $F_{i,j} = \{x \in X^I \, ; \, pr_i(x) = pr_j(x)\}$; si X est séparé, Δ est donc fermé d'après la proposition 2.17.3. Q.E.D.

Corollaire 2.21.7 *Soit $(A_i)_{i\in I}$ une famille non vide de parties d'un espace séparé X. Alors $A = \bigcap_{i\in I} A_i$ est homéomorphe à un sous-espace fermé de l'espace produit $\prod_{i\in I} A_i$.*

Preuve L'application diagonale δ est un homéomorphisme de X sur la diagonale de X^I, donc induit un homéomorphisme de A sur $\delta(A)$; or $\delta(A) = (\prod_{i\in I} A_i)\cap\Delta$ et, Δ étant fermé, $\delta(A)$ est un sous-espace fermé de $\prod_{i\in I} A_i$. Q.E.D.

En ce qui concerne la convergence des filtres sur un espace produit, on a d'après la proposition 2.19.2 la caractérisation suivante.

Proposition 2.21.8 *Un filtre $\mathcal{F}$ sur un espace produit $\prod_{i\in I} X_i$ converge vers un point $x = (x_i)_{i\in I}$ si, et seulement si, les filtres $pr_i(\mathcal{F})$ convergent vers x_i.*

Soit $f : Y \to X = \prod_{i\in I} X_i$ une application définie sur un ensemble Y, notons $f_i = pr_i \circ f : Y \to X_i$ les applications composantes. Alors, si $\mathcal{F}$ est un filtre sur Y, le corollaire 2.19.3 montre que $x = (x_i)_{i\in I} = \lim_{\mathcal{F}} f$ si, et seulement si, $x_i = \lim_{\mathcal{F}} f_i$ pour tout $i \in I$. En particulier, une suite (x_n) de X converge vers un point x si, et seulement si, pour tout $i \in I$, la suite $(pr_i(x_n))$ converge vers le point $pr_i(x)$. En prenant pour filtre $\mathcal{F}$ le filtre des voisinages d'un point a d'un espace topologique Y, on a donc $x = \lim_{y\to a} f(y)$ si, et seulement si, pour tout $i \in I$, $x_i = \lim_{y\to a} f_i(y)$.

Exercice 2.21.3 Soient X, Y des espaces topologiques et $\mathcal{F}$ un filtre sur $X \times Y$. Si $x \in X$ est un point adhérent au filtre $pr_1(\mathcal{F})$ et $y \in Y$ un point limite du filtre $pr_2(\mathcal{F})$, où $pr_1 : X \times Y \to X$ et $pr_2 : X \times Y \to Y$ désignent la première et la seconde projection, montrer que (x, y) est un point adhérent au filtre $\mathcal{F}$.

Enfin d'après le corollaire 2.19.4, on a la

Proposition 2.21.9 *Soit Y un espace topologique, une application $f : Y \to X$ est continue en un point $a \in Y$ si, et seulement si, toutes les applications $f_i : Y \to X_i$ sont continues au point a. Par suite, f est continue dans Y si, et seulement si, toutes les applications f_i sont continues dans Y.*

Exercice 2.21.4 Soient X et Y des espaces topologiques, $f : X \to Y$ une application et $G = \{(x, y) \in X \times Y \, ; \, y = f(x)\}$ le graphe de f. Montrer que f est continu si, et seulement si, $pr_1|_G$ est un homéomorphisme de G sur X, $pr_1 : X \times Y \to X$ désignant la première projection.

Pour étudier les fonctions de plusieurs variables, c'est-à-dire définies sur un espace produit, nous utiliserons la proposition suivante.

Proposition 2.21.10 *Soit $X = \prod_{i \in I} X_i$ un produit d'espaces topologiques non vides et soit $\alpha \in I$; pour tout $i \in I$, $i \neq \alpha$, choisissons un point a_i de X_i. Alors, l'application $h : x_\alpha \mapsto (x_i)_{i \in I}$, où $x_i = a_i$, pour tout $i \neq \alpha$, est un homéomorphisme de l'espace X_α sur le sous-espace $\prod_{i \in I, i \neq \alpha} \{a_i\} \times X_\alpha$ de l'espace produit X.*

Preuve Il est évident que h est une bijection. Une base de la topologie du sous-espace $\prod_{i \in I, i \neq \alpha} \{a_i\} \times X_\alpha$ s'obtient en prenant les traces sur ce sous-espace des ouverts élémentaires $\prod_{i \in I} O_i$, $O_i \in \mathcal{O}_i$; on obtient ainsi comme base de la topologie l'ensemble des $\prod_{i \in I, i \neq \alpha} \{a_i\} \times O_\alpha$, où O_α décrit $\mathcal{O}_\alpha$; il est clair qu'on a ainsi tous les ouverts du sous-espace et que l'image directe et réciproque par h de tout ouvert est un ouvert. Q.E.D.

Un produit d'ensembles fermés étant fermé, on en déduit le

Corollaire 2.21.11 *Soit $X = \prod_{i \in I} X_i$ un produit d'espaces topologiques non vides. Chaque espace facteur X_i est homéomorphe à un sous-espace de l'espace produit X. Si dans chaque espace X_i les points sont fermés (en particulier lorsque les espaces X_i sont séparés), les espaces facteurs X_i sont homéomorphes à des sous-espaces fermés de l'espace produit X.*

Du critère de séparation 2.19.5, on déduit le

Corollaire 2.21.12 *Un produit d'espaces topologiques non vides est séparé si, et seulement si, tous les espaces facteurs sont séparés.*

Exercice 2.21.5 Montrer que tout produit d'espaces réguliers est régulier.

Considérons maintenant une application $f : X \to Y$ définie sur l'espace produit $\prod_{i \in I} X_i$ et à valeurs dans un espace topologique Y. Les notations étant celles de la proposition 2.21.10, considérons l'application $f \circ h : X_\alpha \to Y$, c'est-à-dire l'application $x_\alpha \mapsto f(x)$, où $x = (x_i)_{i \in I}$ et $x_i = a_i$ pour tout $i \neq \alpha$; si f est continue en un point $a = (a_i)_{i \in I}$, le théorème des fonctions composées prouve que $f \circ h$ est continue au point a_α. On exprime cette propriété en disant qu'une fonction de plusieurs variables continue par rapport à l'ensemble des variables est séparément continue par rapport à chacune des variables. La réciproque est en général fausse : par exemple, la fonction $f : \mathbb{R}^2 \to \mathbb{R}$ définie par

$$f(x, y) = \frac{xy}{x^2 + y^2} \text{ si } (x, y) \neq (0, 0) \text{ et } f(0, 0) = (0, 0)$$

n'est pas continue à l'origine de $\mathbb{R}^2$, bien qu'elle soit séparément continue.

Voici enfin une dernière conséquence de la proposition 2.21.10. Considérons une partie A de l'espace produit $\prod_{i \in I} X_i$; l'ensemble $h^{-1}(A)$, c'est-à-dire

$$A((a_i)_{i \in I - \{\alpha\}}) = \{x_\alpha \in X_\alpha \,;\, (x_i)_{i \in I} \in A \text{ où } x_i = a_i \text{ pour } i \neq \alpha\},$$

est appelé la coupe ou section de A relative au point $(a_i)_{i \in I - \{\alpha\}}$. D'après la continuité de h, si A est ouvert (resp. fermé), cet ensemble est ouvert (resp. fermé).

Note Dans ce qui précède nous avons fixé toutes les coordonnées sauf une, celle d'indice α ; une généralisation évidente consiste à fixer les coordonnées d'indice $i \in J$ où J est une partie quelconque de I.

Examinons enfin les propriétés de commutativité et d'associativité des topologies produits.

Proposition 2.21.13 *Soit* $(X_j)_{j\in J}$ *une famille d'espaces topologiques et soit* $f : I \to J$ *une bijection, alors l'application* $\varphi : (x_j)_{j\in J} \mapsto (x_{f(i)})_{i\in I}$ *est un homéomorphisme de* $\prod_{j\in J} X_j$ *sur* $\prod_{i\in I} X_{f(i)}$.

Preuve Il est clair que φ est une bijection. Pour tout $A_j \subset X_j$, on a d'autre part $\varphi(\prod_{j\in J} A_j) = \prod_{i\in I} A_{f(i)}$; cette formule montre que l'image par φ de tout ouvert élémentaire de $\prod_{j\in J} X_j$ est un ouvert élémentaire de $\prod_{i\in I} X_{f(i)}$ et il en résulte que φ est une application ouverte ; de même, φ^{-1} est une application ouverte, ce qui prouve que φ est un homéomorphisme. Q.E.D.

Corollaire 2.21.14 *Soient* X *un espace topologique,* I *et* J *des ensembles équipotents, alors* X^I *et* X^J *sont homéomorphes.*

Proposition 2.21.15 *Soit* $(X_i)_{i\in I}$ *une famille d'espaces topologiques et soit* $(I_\lambda)_{\lambda\in\Lambda}$ *une partition de* I. *Considérons les espaces produits*

$$X = \prod_{i\in I} X_i,\ Y = \prod_{\lambda\in\Lambda} Y_\lambda \text{ où } Y_\lambda = \prod_{i\in I_\lambda} X_i.$$

L'application $\varphi : (x_i)_{i\in I} \mapsto (y_\lambda)_{\lambda\in\Lambda}$, *où* $y_\lambda = (x_i)_{i\in I_\lambda}$, *est un homéomorphisme de* X *sur* Y.

Preuve On peut supposer tous les espaces facteurs X_i non vides. Il est clair que φ est une bijection de X sur Y. Soit $O = \prod_{i\in I} O_i$ un ouvert élémentaire de X : $O_i = X_i$ si $i \in I - J$ où $J \in \mathcal{F}(I)$. On a $\varphi(O) = \prod_{\lambda\in\Lambda} U_\lambda$ où $U_\lambda = \prod_{i\in I_\lambda} O_i$ est un ouvert élémentaire de Y_λ car $I_\lambda \cap J$ est fini ; en outre, l'ensemble

$$M = \{\lambda \in \Lambda\,;\ I_\lambda \cap J \neq \emptyset\}$$

est fini et $U_\lambda = Y_\lambda$ si $\lambda \in \Lambda - M$, ce qui signifie que $\varphi(O)$ est un ouvert élémentaire de Y. L'application φ est donc ouverte. Inversement, l'ensemble des ouverts élémentaires $U = \prod_{\lambda\in\Lambda} U_\lambda$ de Y, où $U_\lambda = \prod_{i\in I_\lambda} O_i$ est un ouvert élémentaire de Y_λ, constitue une base de la topologie de Y d'après (2.21.1) et $\varphi^{-1}(U) = \prod_{i\in I} O_i$, où $O_i = X_i$ sauf pour un nombre fini d'indices i : en effet, l'ensemble $J_\lambda = \{i \in I_\lambda\,;\ O_i \neq X_i\}$ est fini (U_λ est un ouvert élémentaire) ainsi que l'ensemble $M = \{\lambda \in \Lambda\,;\ J_\lambda \neq \emptyset\}$ (U est un ouvert élémentaire). Ceci prouve que φ^{-1} est une application ouverte et f est donc un homéomorphisme.
Q.E.D.

Corollaire 2.21.16 *Soit* X *un espace topologique, les espaces produits* $(X^I)^J$ *et* $X^{I\times J}$ *sont homéomorphes.*

Preuve On applique la proposition précédente à la famille $(X_{i,j})_{(i,j)\in I\times J}$ où $X_{i,j} \equiv X$ et à la partition $I \times J = \bigcup_{j\in J}(I \times \{j\})$. Q.E.D.

Lorsque les espaces facteurs X_i sont à base dénombrable de voisinages, on peut se demander si l'espace produit est à base dénombrable de voisinages. On a en fait le critère suivant.

Proposition 2.21.17 *Soit $(X_i)_{i\in I}$ une famille d'espaces topologiques non vides et soit X l'espace produit. Alors, l'espace X est à base dénombrable de voisinages si, et seulement si, les espaces X_i sont à base dénombrable de voisinages et tous les X_i, sauf au plus une infinité dénombrable, sont munis de la topologie grossière. En particulier, un produit dénombrable d'espaces topologiques est à base dénombrable de voisinages si, et seulement si, tous les espaces facteurs sont à base dénombrable de voisinages.*

Preuve 1. Montrons que les conditions sont suffisantes. Soit $a = (a_i)_{i\in I}$ un point de X et soit $(V_{i,n})_{n\in\mathbb{N}}$ un système fondamental dénombrable de voisinages de a_i. L'ensemble des $\prod_{i\in J} V_{i,n(i)} \times \prod_{i\in I-J} X_i$ où J décrit l'ensemble des parties finies de I et $i \mapsto n(i)$ l'ensemble des applications de J dans $\mathbb{N}$ est un système fondamental de voisinages de a. D'après les hypothèses, il existe une partie dénombrable I_0 de I telle que $V_{i,n} = X_i$ pour tout $i \in I - I_0$; il en résulte qu'on peut supposer $J \subset I_0$ et que cet ensemble de voisinages est dénombrable d'après l'exercice 1.9.5 et les propositions 1.9.5 et 1.9.6.

2. Montrons que les conditions sont nécessaires. Si X est à base dénombrable de voisinages, il en est de même des X_i, vu qu'ils sont homéomorphes à des sous-espaces de X. Raisonnons ensuite par l'absurde. Supposons que la topologie d'une infinité non dénombrable de X_i ne soit pas la topologie grossière. Il existe alors un point $a = (a_i)_{i\in I}$ de X tel que, pour une infinité non dénombrable d'indices i, a_i admette un voisinage $\neq X_i$. Soit $(V_n)_{n\in\mathbb{N}}$ un système fondamental dénombrable de voisinages du point a, chaque V_n contient un voisinage de la forme $\prod_{i\in J_n} V_{i,n} \times \prod_{i\in I-J_n} X_i$ où J_n est une partie finie de I et $V_{i,n}$ est un voisinage de a_i. L'ensemble $I_0 = \bigcup_{n=0}^{\infty} J_n$ est dénombrable ; il existe donc $i \in I - I_0$ tel que a_i admette un voisinage $V \neq X_i$. Alors, $V \times \prod_{j\in I-\{i\}} X_j$ est un voisinage de a qui ne contient aucun V_n, ce qui est absurde. Q.E.D.

2.22 Produit dénombrable d'espaces métriques

Soit $(X_i)_{i\in I}$ une famille d'espaces métriques, notons d_i la distance sur X_i et soit $X = \prod_{i\in I} X_i$ l'espace produit. D'après la proposition 2.21.17, si Card $X_i \geq 2$ la topologie produit sur X ne peut être métrisable que si I est dénombrable. Nous allons donc nous intéresser uniquement à des produits dénombrables.

Considérons d'abord le cas le plus simple d'un produit fini. On peut alors munir l'espace X de diverses distances ; voici les plus utilisées

(2.22.1) $$d(x,y) = \max_{i\in I} d_i(x_i, y_i),$$

(2.22.2) $$d'(x,y) = \sum_{i\in I} d_i(x_i, y_i),$$

(2.22.3) $$d''(x,y) = \Big(\sum_{i\in I} d_i(x_i, y_i)^2\Big)^{1/2},$$

où $x = (x_i)_{i \in I}$, $y = (y_i)_{i \in I}$. Toutes ces distances sont en fait uniformément équivalentes : on a en effet $d \leq d'' \leq d' \leq nd$ où $n = \text{Card } I$; il est d'autre part aisé de vérifier que, si on substitue aux distances d_i des distances uniformément équivalentes, on substitue aux distances d, d', d'' des distances uniformément équivalentes. Par conséquent, les distances d, d', d'' définissent sur X une structure uniforme qui ne dépend que des structures uniformes des espaces facteurs X_i ; nous l'appellerons la structure uniforme produit. La topologie correspondante sur X est la topologie produit : en effet, pour la distance d par exemple, une base du filtre des voisinages d'un point $x = (x_i)_{i \in I}$ est consituée par l'ensemble des boules fermées $B'(x; r) = \prod_{i \in I} B'_i(x_i; r)$, où $B'_i(x_i; r)$ désigne la boule fermée centrée au point x_i et de rayon r, alors que, pour la topologie produit, nous savons qu'une base du filtre $\mathcal{V}(x)$ est constituée par l'ensemble des voisinages élémentaires $\prod_{i \in I} B'_i(x_i; r_i)$, $r_i > 0$; ces deux bases de filtre sont manifestement équivalentes.

Considérons plus généralement une famille dénombrable $(X_n)_{n \in \mathbb{N}}$ d'espaces métriques. On peut alors définir sur l'espace produit diverses distances. Pour toute suite $\alpha = (\alpha_n)$ de nombres > 0 telle que la série $\sum_{n=0}^{\infty} \alpha_n$ converge et pour toute suite $\beta = (\beta_n)$ de nombres > 0 telle que $\lim_{n \to \infty} \beta_n = 0$, on pose

$$d_\alpha(x, y) = \sum_{n=0}^{\infty} \alpha_n \min(1, d_n(x_n, y_n)), \tag{2.22.4}$$

$$d_\beta(x, y) = \sup_{n \in \mathbb{N}} \beta_n \min(1, d_n(x_n, y_n)), \tag{2.22.5}$$

où $x = (x_n) \in X$, $y = (y_n) \in X$. On obtient ainsi des distances d_α et d_β sur X, l'inégalité triangulaire se vérifiant en utilisant (2.15.1).

Lemme 2.22.1 *Les distances d_α et d_β sont uniformément équivalentes et sont remplacées par des distances uniformément équivalentes lorsqu'on substitue aux distances d_n des distances uniformément équivalentes.*

Preuve Notons d'_β la distance (2.22.5) associée à des distances d'_n uniformément équivalentes aux distances d_n. Il suffit de vérifier alors que d_α et d'_β sont uniformément équivalentes.

1. Soit $\varepsilon > 0$, montrons qu'il existe $\delta > 0$ tel que $d_\alpha \leq \delta$ implique $d'_\beta \leq \varepsilon$. Il existe $n_0 \in \mathbb{N}$ tel que $\beta_n \leq \varepsilon$ pour $n > n_0$; les distances $\min(1, d_n)$ et $\min(1, d'_n)$ étant uniformément équivalentes (exemple 2.15.2), il existe $\delta > 0$ tel que, pour tout $0 \leq n \leq n_0$, $\min(1, d_n) \leq \delta\alpha_n^{-1}$ implique $\min(1, d'_n) \leq \varepsilon\beta_n^{-1}$. Supposons alors $d_\alpha \leq \delta$, d'où $\min(1, d_n) \leq \delta\alpha_n^{-1}$ et par conséquent $\min(1, d'_n) \leq \varepsilon\beta_n^{-1}$ pour $0 \leq n \leq n_0$ et il en résulte que $d'_\beta \leq \varepsilon$ vu le choix de n_0.

2. Soit $\varepsilon > 0$, montrons qu'il existe $\delta > 0$ tel que $d'_\beta \leq \delta$ implique $d_\alpha \leq \varepsilon$. Il existe $n_0 \in \mathbb{N}$ tel que $\sum_{n=n_0+1}^{\infty} \alpha_n \leq \varepsilon/2$; les distances $\min(1, d_n)$ et $\min(1, d'_n)$ étant uniformément équivalentes, il existe $\delta > 0$ tel que

$$\min(1, d'_n) \leq \delta\beta_n^{-1} \Rightarrow \min(1, d_n) \leq (\varepsilon/2)(n_0 + 1)^{-1}\alpha_n^{-1} \text{ pour } 0 \leq n \leq n_0.$$

Supposons alors $d'_\beta \leq \delta$, c'est-à-dire $\min(1, d'_n) \leq \delta\beta_n^{-1}$, d'où

$$\min(1, d_n) \leq (\varepsilon/2)(n_0 + 1)^{-1}\alpha_n^{-1} \text{ pour } 0 \leq n \leq n_0$$

et par conséquent $\sum_{n=0}^{n_0} \alpha_n \min(1, d_n) \leq \varepsilon/2$, d'où $d_\alpha \leq \varepsilon$ vu le choix de n_0.
Q.E.D.

Les distances d_α et d_β définissent sur l'espace produit une structure uniforme qui ne dépend que de la structure uniforme des espaces facteurs et que nous appellerons la structure uniforme produit. Nous allons vérifier que la topologie associée est bien la topologie produit.

Proposition 2.22.2 *La topologie associée aux distances d_α et d_β est la topologie produit. En outre, les projections $pr_n : X \to X_n$ sont uniformément continues.*

Preuve On peut supposer $0 \leq d_n \leq 1$ d'après le lemme 2.22.1.

Les projections sont uniformément continues car

$$d_n(pr_n x, pr_n y) \leq \alpha_n^{-1} d_\alpha(x, y).$$

Ceci prouve que la topologie associée aux distances d_α et d_β est plus fine que la topologie produit.

Montrons que ces deux topologies coïncident ; il s'agit de vérifier que toute boule ouverte $B(x; \varepsilon)$, $\varepsilon > 0$, pour la distance d_β (par exemple) est ouverte pour la topologie produit. Or $B(x; \varepsilon) = \prod_{n=0}^{\infty} B_n(x_n; \varepsilon\beta_n^{-1})$ où $x = (x_n)$, $B_n(x_n; \varepsilon\beta_n^{-1})$ désignant la boule centrée au point x_n et de rayon $\varepsilon\beta_n^{-1}$. Dès que $\varepsilon\beta_n^{-1} > 1$, on a $B_n(x_n; \varepsilon\beta_n^{-1}) = X_n$ et il en résulte que $B(x; \varepsilon)$ est tout simplement un ouvert élémentaire.
Q.E.D.

Corollaire 2.22.3 *Un produit dénombrable d'espaces métrisables est métrisable.*

Nous pouvons alors préciser la proposition 2.21.9.

Proposition 2.22.4 *Soit $X = \prod_{n=0}^{\infty} X_n$ un produit dénombrable d'espaces métriques et soit Y un espace métrique. Une application $f : Y \to X$ est uniformément continue si, et seulement si, les applications composantes $f_n = pr_n \circ f : Y \to X_n$ sont uniformément continues.*

Preuve La condition est nécessaire d'après la proposition 2.22.2. Réciproquement, supposons les fonctions f_n uniformément continues ; notons d la distance sur Y. On peut supposer $0 \leq d_n \leq 1$. Soit $\varepsilon > 0$, il existe $n_0 \in \mathbb{N}$ tel que $\beta_n \leq \varepsilon$ pour $n > n_0$; pour tout $n \in \mathbb{N}$, il existe $\delta_n > 0$ tel que $d_n(f_n(x), f_n(y)) \leq \varepsilon\beta_n^{-1}$ dès que $d(x, y) \leq \delta_n$, d'où

$$\sup_{0 \leq n \leq n_0} \beta_n d_n(f_n(x), f_n(y)) \leq \varepsilon \text{ dès que } d(x, y) \leq \delta = \min_{0 \leq n \leq n_0} \delta_n,$$

et par conséquent $d_\beta(f(x), f(y)) \leq \varepsilon$ dès que $d(x, y) \leq \delta$ vu le choix de n_0, ce qui prouve la continuité uniforme de f.
Q.E.D.

Soit $X = \prod_{n=0}^{\infty} X_n$ un produit dénombrable d'espaces métriques non vides et soit $a = (a_n)$ un point de X. D'après la proposition 2.21.10, l'application

$h : x_n \mapsto (x_p)_{p\in\mathbb{N}}$, où $x_p = a_p$ pour $p \neq n$, est un homéomorphisme de X_n sur le sous-espace

$$\prod_{\substack{p=0 \\ p\neq n}}^{\infty} \{a_p\} \times X_n.$$

Cet homéomorphisme est uniformément continu ainsi que l'homéomorphisme réciproque : on a en effet $d_\alpha(h(x_n), h(y_n)) = \alpha_n d_n(x_n, y_n)$ pour tout $x_n, y_n \in X_n$ en supposant $0 \leq d_n \leq 1$. Ceci prouve qu'il existe un homéomorphisme uniformément continu ainsi que l'homéomorphisme réciproque, de chaque espace facteur sur un sous-espace fermé de l'espace produit. En outre, si $f : X \to Y$ est une application à valeurs dans un espace métrique Y uniformément continue, alors f est séparément uniformément continue par rapport à chacune des variables.

Exemple 2.22.1 Soit X un espace métrique, alors la distance $d : X \times X \to \mathbb{R}$ est uniformément continue. On a en effet, d'après l'inégalité triangulaire, pour tout $(x, y) \in X \times X$ et $(x', y') \in X \times X$

$$d(x', y') \leq d(x', x) + d(x, y) + d(y, y'),$$

d'où $d(x', y') - d(x, y) \leq d(x, x') + d(y, y')$ d'après (D_1) ; on vérifie de même que $d(x, y) - d(x', y') \leq d(x, x') + d(y, y')$, d'où

$$|d(x', y') - d(x, y)| \leq d(x, x') + d(y, y'), \tag{2.22.6}$$

ce qui prouve le résultat voulu.

Indiquons enfin un résultat important concernant les produits d'espaces métriques complets.

Théorème 2.22.5 *Un produit dénombrable d'espaces métriques non vides est complet si, et seulement si, tous les espaces facteurs sont complets.*

Preuve La condition est nécessaire d'après la propriété des espaces facteurs indiquée ci-dessus et les propositions 2.18.6 et 2.20.5.

La condition est suffisante ; en effet, si $\mathcal{F}$ est un filtre de Cauchy sur l'espace produit, les filtres $pr_n(\mathcal{F})$ sont des filtres de Cauchy d'après les propositions 2.22.2 et 2.18.6 ; ces filtres sont donc convergents, ce qui prouve que $\mathcal{F}$ converge d'après la proposition 2.21.8. Q.E.D.

Exemple 2.22.2 Les espaces $\mathbb{R}^n$ et $\mathbb{C}^n$ seront toujours munis de la structure uniforme produit de n droites réelles ou complexes. Le théorème 2.22.5 montre que ces espaces sont complets.

Exemple 2.22.3 Le cube de Hilbert L'espace $[0, 1]^{\mathbb{N}}$, c'est-à-dire l'ensemble de toutes les suites (x_n) avec $0 \leq x_n \leq 1$, est appelé le cube de Hilbert. La topologie produit sur cet espace est métrisable : on peut prendre comme distance par exemple

$$d(x, y) = \sup_{n\in\mathbb{N}} \frac{|x_n - y_n|}{n+1}.$$

On obtient ainsi un espace métrique, complet et séparable d'après la proposition 2.21.4.

Exercice 2.22.1 Soit O un ouvert d'un espace métrique X, $O \neq X$. On considère la fonction $f(x) = 1/d(x, F)$ pour $x \in O$ où $F = X - O$.

1. Montrer que le graphe de f, $G = \{(x, y) \in O \times \mathbb{R}; y = f(x)\}$ est fermé dans $X \times \mathbb{R}$.

2. En déduire que O est homéomorphe à un sous espace fermé de $X \times \mathbb{R}$ [utiliser l'exercice 2.21.4] et, si X est complet, que O est homéomorphe à un espace métrique complet.

3. En déduire que tout $\mathcal{G}_\delta$ (exercice 2.13.4) d'un espace métrique complet est homéomorphe à un espace métrique complet [utiliser le corollaire 2.21.7].

4. Application : montrer que l'ensemble des irrationnels est homéomorphe à un espace métrique complet.

Exercice 2.22.2 Soient X un espace métrique, d la distance sur X et O un ouvert de X, $O \neq X$. Pour tout $x, y \in O$, on pose

$$d'(x, y) = d(x, y) + \left| \frac{1}{d(x, F)} - \frac{1}{d(y, F)} \right| \text{ où } F = X - O.$$

Montrer que d' est une distance sur O topologiquement équivalente à la distance d et, si X est complet, que (O, d') est un espace métrique complet (comparer avec l'exercice 2.22.1).

Exercice 2.22.3 Soit X un ensemble, on définit une distance sur l'espace $Y = X^{\mathbb{N}^*}$ de la façon suivante. Soient $x = (x_n)$ et $y = (y_n)$ deux éléments de cet espace, si $x = y$ on pose $d(x, y) = 0$ et, si $x \neq y$, $d(x, y) = 1/n(x, y)$ où $n(x, y)$ est le plus petit entier $n \geq 1$ tel que $x_n \neq y_n$. Montrer alors que Y est un espace métrique complet [munir X de la métrique discrète et observer que la distance d est de la forme d_β].

Exercice 2.22.4 **Fraction continue illimitée** 1. Soit $(\alpha_n)_{n\geq 1}$ une suite de nombres entiers ≥ 1, on considère la suite de rationnels $(r_n)_{n\geq 1}$ définie de la façon suivante : $r_n = r_n(\alpha_1, \dots, \alpha_n)$, $r_1(\alpha_1) = 1/\alpha_1$ et, pour $n \geq 1$,

$$r_{n+1}(\alpha_1, \dots, \alpha_{n+1}) = r_n(\alpha_1, \dots, \alpha_{n-1}, \alpha_n + (1/\alpha_{n+1})).$$

Montrer que $r_n = p_n/q_n$ où $p_1 = 1$, $q_1 = \alpha_1$, $p_2 = \alpha_2$, $q_2 = \alpha_2 q_1 + 1$ et

$$p_n = \alpha_n p_{n-1} + p_{n-2},\ q_n = \alpha_n q_{n-1} + q_{n-2} \text{ pour } n \geq 3.$$

En déduire que $p_{n+1}q_n - p_n q_{n+1} = (-1)^n$ pour $n \geq 1$ et que la suite (r_n) converge vers un nombre irrationnel $x \in]0, 1[$. On écrira alors $x = \frac{1|}{\alpha_1} + \cdots + \frac{1|}{|\alpha_n} + \cdots$ et on dit qu'on a développé x en fraction continue illimitée.

2. Réciproquement, montrer que, pour tout irrationnel x de $]0, 1[$, il existe une unique fraction continue illimitée égale à x. En déduire une bijection f de l'ensemble $Y = \mathcal{F}(\mathbb{N}^*; \mathbb{N}^*)$ sur l'ensemble I des irrationnels de $]0, 1[$.

3. On munit $\mathbb{N}^*$ de la topologie discrète et l'espace Y de la topologie produit, montrer que f est alors un homéomorphisme de Y sur I. En déduire que l'ensemble des irrationnels de $]0, 1[$ est homéomorphe à un espace métrique complet (comparer avec l'exercice 2.22.1).

Exercice 2.22.5 1. Montrer que l'ensemble de Cantor C (exercice 2.6.2) est homéomorphe à l'espace produit $\{0, 2\}^{\mathbb{N}^*}$ où l'espace à deux éléments $\{0, 2\}$ est muni de la topologie discrète [utiliser la bijection construite dans l'exercice 2.6.2 et, si $x = 0.\alpha_1 \dots \alpha_n \dots$, $y = 0.\beta_1 \dots \beta_n \dots$, $\alpha_j, \beta_j \in \{0, 2\}$, $x \neq y$, remarquer que $3^{-p} \leq |x - y| \leq 3^{-p+1}$ où p est le plus petit entier ≥ 1 tel que $\alpha_p \neq \beta_p$ et en déduire qu'une suite (x^k) de l'ensemble de Cantor, $x^k = 0.\alpha_1^k \dots \alpha_n^k \dots$, converge vers x si, et seulement si, (α_j^k) converge vers α_j pour tout $j \in \mathbb{N}^*$].

2. En déduire que les espaces C^n, $n \geq 1$, et $C^{\mathbb{N}}$ sont homéomorphes à l'ensemble de Cantor.

Exercice 2.22.6 Soient X un espace métrique complet et $(A_n)_{n\geq 1}$ une suite décroissante de fermés. On suppose que chaque A_n peut s'écrire $A_n = \bigcup_\varepsilon A_{n,\varepsilon}$ où ε décrit l'ensemble $\mathcal{E}_n = \mathcal{F}([1,n];\{0,1\})$ avec les propriétés suivantes

a. les $A_{n,\varepsilon}$ sont fermés non vides et disjoints deux à deux pour n fixé,

b. $\max_{\varepsilon\in\mathcal{E}_n}$ diam $A_{n,\varepsilon}$ tend vers 0 lorsque n tend vers l'infini,

c. $A_{n,\varepsilon} \supset A_{n+1,\varepsilon'} \cup A_{n+1,\varepsilon''}$ où $\varepsilon', \varepsilon'' : [1, n+1] \to \{0,1\}$ sont les deux applications qui prolongent ε.

Montrer que $A = \bigcap_{n=1}^\infty A_n$ est homéomorphe à l'espace produit $\{0,1\}^{\mathbb{N}^*}$, l'ensemble $\{0,1\}$ étant muni de la topologie discrète [pour $a \in A$, montrer qu'il existe une unique application $\varepsilon : \mathbb{N}^* \to \{0,1\}$ telle que $a \in A_{n,\varepsilon_n}$ pour tout $n \geq 1$ où $\varepsilon_n = \varepsilon|_{[1,n]}$; en déduire une bijection de A sur $\{0,1\}^{\mathbb{N}^*}$ et vérifier qu'il s'agit d'un homéomorphisme].

Tous les espaces A construits par la méthode précédente sont donc homéomorphes à l'ensemble de Cantor (exercices 2.6.2 et 2.22.5) ; ce sont des espaces compacts sans point isolé ayant la puissance du continu.

Exercice 2.22.7 Montrer que tout espace métrique complet non vide et sans point isolé contient un sous-espace homéomorphe à l'ensemble de Cantor [utiliser la construction de l'exercice 2.22.6 en prenant pour $A_{n,\varepsilon}$ des boules fermées].

2.23 Topologie de la convergence simple

Soient X un ensemble et Y un espace topologique ; l'ensemble $\mathcal{F}(X;Y)$, noté également Y^X, de toutes les applications de X dans Y est simplement l'espace produit $\prod_{x\in X} Y_x$, où $Y_x \equiv Y$ pour tout $x \in X$. On peut donc munir cet ensemble de la topologie produit, qu'on appelle topologie de la convergence simple ; muni de cette topologie, l'espace $\mathcal{F}(X;Y)$ sera noté $\mathcal{F}_s(X;Y)$. Tous les résultats du paragraphe 2.21 s'appliquent donc à cette situation particulière.

La topologie de la convergence simple est la topologie la moins fine rendant continues toutes les projections, c'est-à-dire les applications $pr_x : f \mapsto f(x)$ de $\mathcal{F}(X;Y)$ dans Y, où x décrit X.

Un ouvert élémentaire est d'après (2.21.1) de la forme

$$\prod_{x\in A} O_x \times \prod_{x\in X-A} Y_x,$$

où A est une partie finie de X et O_x un ouvert de Y ; cet ouvert élémentaire s'écrit donc

(2.23.1) $$\{f \in \mathcal{F}(X;Y)\,;\,(\forall x \in A)(f(x) \in O_x)\}$$

et on obtient une base de la topologie de la convergence simple en faisant décrire à A l'ensemble des parties finies de X et à O_x l'ensemble des ouverts de Y.

On obtient un système fondamental de voisinages d'une application $f : X \to Y$ en considérant l'ensemble des voisinages élémentaires de ce point f, c'est-à-dire l'ensemble des

(2.23.2) $$V(f; A, (V_x)_{x\in A}) = \{g \in \mathcal{F}(X;Y)\,;\,(\forall x \in A)(g(x) \in V_x)\}$$

où A décrit l'ensemble des parties finies de X et V_x le filtre des voisinages du point $f(x)$ ou une base de ce filtre.

Si un filtre $\mathcal{F}$ sur l'espace $\mathcal{F}_s(X;Y)$ converge vers une application f, nous dirons que ce filtre converge simplement. D'après la proposition 2.21.8, ceci signifie que, pour tout $x \in X$, le filtre $pr_x(\mathcal{F})$ converge vers $f(x)$ dans Y. Étant donné que

$$pr_x(\mathcal{F}) = \{pr_x(M)\,;\ M \in \mathcal{F}\} \text{ où } pr_x(M) = \{g(x)\,;\ g \in M\},$$

ceci signifie donc que

$$(\forall x \in X)(\forall V \in \mathcal{V}(f(x)))(\exists M \in \mathcal{F})(\forall g)(g \in M \Rightarrow g(x) \in V). \tag{2.23.3}$$

Si une suite (f_n) de $\mathcal{F}_s(X;Y)$ converge vers une application f pour la topologie de la convergence simple, nous dirons qu'elle converge simplement ; ceci signifie que, pour tout $x \in X$, la suite $(f_n(x))$ converge vers $f(x)$ dans l'espace Y. Bien entendu, c'est cette propriété qui est à l'origine du nom de la topologie de la convergence simple.

D'après le corollaire 2.21.12, on a la

Proposition 2.23.1 *La topologie de la convergence simple sur l'espace $\mathcal{F}(X;Y)$, où X est non vide, est séparée si, et seulement si, l'espace Y est séparé.*

Si Y est à base dénombrable de voisinages, la topologie de la convergence simple n'est pas en général à base dénombrable de voisinages. D'après la proposition 2.21.17, on a en effet le critère suivant.

Proposition 2.23.2 *1. Si X est dénombrable, l'espace $\mathcal{F}_s(X;Y)$ est à base dénombrable de voisinages si, et seulement si, Y est à base dénombrable de voisinages.*

2. Si X n'est pas dénombrable, l'espace $\mathcal{F}_s(X;Y)$ est à base dénombrable de voisinages si, et seulement si, la topologie de Y est la topologie grossière ; la topologie de l'espace $\mathcal{F}_s(X;Y)$ est alors la topologie grossière.

Exercice 2.23.1 Soient X, Y des ensembles et Z un espace topologique, montrer que la bijection canonique de $\mathcal{F}(X;\mathcal{F}(Y;Z))$ sur $\mathcal{F}(X \times Y;Z)$ qui à une application $x \mapsto f_x$ de X dans $\mathcal{F}(Y;Z)$ associe l'application $(x,y) \mapsto f_x(y)$ de $X \times Y$ dans Z est un homéomorphisme de $\mathcal{F}_s(X;\mathcal{F}_s(Y;Z))$ sur $\mathcal{F}_s(X \times Y;Z)$ [utiliser le corollaire 2.21.16].

2.24 Topologies finales, topologie quotient

Considérons comme au paragraphe 2.19 une famille $(X_i)_{i\in I}$ d'espaces topologiques, un ensemble X et une famille d'applications $f_i : X_i \to X$ (au lieu d'applications de X dans X_i). On désire munir l'ensemble X d'une topologie qui rend continues toutes les applications f_i ; si $\mathcal{T}$ est une telle topologie, toute topologie moins fine rend a fortiori continues toutes les applications f_i. On a alors le théorème suivant.

Théorème 2.24.1 *Soient $(X_i)_{i\in I}$ une famille d'espaces topologiques, X un ensemble et $f_i : X_i \to X$ une famille d'applications. Il existe sur X une topologie, dite topologie finale, rendant continues toutes les applications f_i et plus fine que toute topologie sur X rendant continues les applications f_i.*

Preuve Si $\mathcal{T}$ est une topologie rendant continues les f_i et si O est un ouvert pour $\mathcal{T}$, on a nécessairement $f_i^{-1}(O) \in \mathcal{O}_i$ pour tout $i \in I$. Le théorème résulte simplement du fait que

(2.24.1) $$\mathcal{O} = \{O \in \mathcal{P}(X)\,;\ f_i^{-1}(O) \in \mathcal{O}_i \text{ pour tout } i \in I\}$$

vérifie les axiomes des ouverts et par suite définit la topologie la plus fine rendant continues les f_i. Q.E.D.

Bien entendu, on a la

Proposition 2.24.2 *Pour la topologie finale, une partie F de X est fermée si, et seulement si, $f_i^{-1}(F)$ est fermé dans X_i pour tout $i \in I$.*

Pour les topologies finales, il n'existe pas de caractérisation des filtres convergents. Il n'y a pas non plus de critère simple de séparation. On a cependant le résultat important que voici.

Proposition 2.24.3 *Soit Y un espace topologique, une application $f : X \to Y$ est continue si, et seulement si, les applications $f \circ f_i : X_i \to Y$ sont continues pour tout $i \in I$.*

Preuve La condition est nécessaire d'après la continuité des f_i. Réciproquement, supposons les applications $f \circ f_i$ continues et soit O un ouvert de Y, alors $f^{-1}(O)$ est un ouvert de X car $f_i^{-1}(f^{-1}(O)) = (f \circ f_i)^{-1}(O) \in \mathcal{O}_i$ pour tout $i \in I$ et ceci prouve la continuité de f. Q.E.D.

Exemple 2.24.1 Borne inférieure d'une famille de topologies Soit $(\mathcal{T}_i)_{i\in I}$ une famille de topologies sur un ensemble X. Notons X_i l'ensemble X muni de la topologie $\mathcal{T}_i$ et $f_i : X_i \to X$ l'application identique. La topologie finale sur X associée à ces données est donc moins fine que chaque topologie $\mathcal{T}_i$ et c'est la topologie la plus fine ayant cette propriété ; autrement dit, cette topologie finale est simplement la borne inférieure des topologies $(\mathcal{T}_i)_{i\in I}$. Compte-tenu de l'exemple 2.19.1, ceci montre que toute famille de topologies sur un ensemble X admet une borne supérieure et une borne inférieure.

Dans la suite, les seules topologies finales que nous utiliserons seront des topologies quotients ; elles sont définies de la façon suivante.

Soient R une relation d'équivalence sur un espace topologique X, X/R l'espace quotient et $\pi : X \to X/R$ la surjection canonique. La topologie finale sur X/R associée à cette seule application π est appelée la topologie quotient. La topologie quotient est donc la topologie la plus fine sur X/R rendant continue l'application π ; un ensemble O de X/R est ouvert (resp. fermé) pour la topologie quotient si, et seulement si, $\pi^{-1}(O)$ est ouvert (resp. fermé) dans X. Voici un critère simple de séparation que nous utiliserons dans l'étude des espaces vectoriels topologiques.

Proposition 2.24.4 *Si l'espace quotient X/R est séparé, le graphe de R est fermé dans $X \times X$; la réciproque est vraie lorsque l'application π est ouverte.*

Preuve Soit G le graphe de R, on a

$$G = \{(x, y) \in X \times X \,;\, \pi(x) = \pi(y)\},$$

c'est-à-dire $G = \{z \in X \times X \,;\, (\pi \circ pr_1)(z) = (\pi \circ pr_2)(z)\}$. Si l'espace X/R est séparé, G est donc fermé d'après la proposition 2.17.3. Réciproquement, supposons G fermé et π ouverte. Soient $\xi = \pi(x)$ et $\eta = \pi(y)$ deux points distincts de X/R, alors $(x, y) \notin G$; G étant fermé, il existe donc des voisinages ouverts U et V de x et y tels que $(U \times V) \cap G = \emptyset$; l'application π étant ouverte, il en résulte que $\pi(U)$ et $\pi(V)$ sont des voisinages ouverts disjoints de ξ et η. Q.E.D.

Des exemples d'espaces quotients seront donnés dans l'étude des espaces compacts.

Exercice 2.24.1 Soient X un espace topologique, R une relation d'équivalence sur X, X/R l'espace quotient, $\pi : X \to X/R$ la surjection canonique. Si A est une partie de X, l'ensemble $\pi^{-1}(\pi(A)) = \{x \in X; (\exists y \in A)(x \equiv y \text{ mod. } R)\}$ est appelé le saturé de A. Montrer l'équivalence de

1. l'application π est ouverte (resp. fermée),
2. le saturé de tout ouvert (resp. fermé) est ouvert (resp. fermé).

Exercice 2.24.2 On reprend la situation de l'exercice 1.2.8 et on suppose que X et Y sont des espaces topologiques ; on munit l'espace $X/\mathcal{R}$ de la topologie quotient.

1. Montrer que f est continu si, et seulement si, g est continu.
2. Si f est une application ouverte, g est une application ouverte.
3. On suppose l'application $\pi : X/\mathcal{R} \to Y$ ouverte et f continue surjective, montrer que f est ouverte si, et seulement si, g est un homéomorphisme de $X/\mathcal{R}$ sur Y.

2.25 Prolongement des applications uniformément continues

Voici une première application importante de la notion d'espace métrique complet concernant le problème de prolongement évoqué après le corollaire 2.17.4. Voici d'abord une proposition préliminaire.

Proposition 2.25.1 *Soient A une partie dense dans un espace topologique X, Y un espace régulier et $f : A \to Y$ une application. Pour qu'il existe une application continue $\hat{f} : X \to Y$ qui prolonge f, il faut et il suffit que, pour tout x de X, la limite*

$$\lim_{y \to x, y \in A} f(y)$$

existe. Le prolongement est alors unique : il est donné par la formule

$$\hat{f}(x) = \lim_{y \to x, y \in A} f(y), \; x \in X. \tag{2.25.1}$$

Note L'hypothèse faite, à savoir que la limite $\lim_{y \to x, y \in A} f(y)$ existe, implique que f est continue d'après la proposition 2.17.2.

Preuve La condition est nécessaire : s'il existe un prolongement continu $\hat{f} : X \to Y$, on a $\hat{f}(x) = \lim_{y \to x} \hat{f}(y)$, d'où d'après la remarque 2.20.6

$\hat{f}(x) = \lim_{y\to x, y\in A} \hat{f}(y)$; le filtre qui intervient dans cette dernière limite est la trace sur A du filtre $\mathcal{V}(x)$; $\hat{f}$ étant un prolongement de f, ceci prouve que la limite $\lim_{y\to x, y\in A} f(y)$ doit exister et que $\hat{f}$ est nécessairement donné par (2.25.1).

La condition est suffisante. Il s'agit de vérifier que l'application $\hat{f}$ définie par (2.25.1) est un prolongement continu de f. Notons d'abord que $\hat{f}$ est un prolongement de f : en effet, lorsque $x \in A$, la proposition 2.17.2 montre que $\hat{f}(x) = \lim_{y\to x, y\in A} f(y) = f(x)$. Montrons ensuite que $\hat{f}$ est continu en un point $x \in X$. L'espace Y étant régulier (définition 2.17.2), soit V un voisinage fermé de $\hat{f}(x)$. D'après la définition (2.25.1) de $\hat{f}(x)$, il existe un voisinage ouvert W de x tel que $f(W \cap A) \subset V$. Pour tout $z \in W$, $\hat{f}(z)$ est un point limite de la base de filtre $f(\mathcal{V}(z)|_A)$, donc un point adhérent à cette base de filtre ; W ayant été choisi ouvert, on a donc $\hat{f}(z) \in \overline{f(W \cap A)}$ et ceci prouve que $\hat{f}(W) \subset \overline{f(W \cap A)}$. Il en résulte, V étant fermé, que $\hat{f}(W) \subset V$ et ceci démontre la continuité de $\hat{f}$. Q.E.D.

Nous allons en déduire le

Théorème 2.25.2 Prolongement des applications uniformément continues *Soient A une partie dense dans un espace métrique X et $f : A \to Y$ une application uniformément continue à valeurs dans un espace métrique complet. Alors, il existe une unique application continue $\hat{f} : X \to Y$ qui prolonge f. En outre, $\hat{f}$ est uniformément continue.*

Preuve On peut utiliser la proposition 2.25.1, car tout espace métrique est régulier. D'autre part, le filtre des voisinages d'un point $x \in X$ est un filtre de Cauchy ; sa trace sur A est a fortiori de Cauchy et l'image de cette trace par l'application uniformément continue f est donc une base de filtre de Cauchy sur Y. L'espace Y étant complet, cette base de filtre converge ce qui signifie que la limite $\lim_{y\to x, y\in A} f(y)$ existe. D'après la proposition 2.25.1, l'application f se prolonge en une application continue $\hat{f} : X \to Y$.

Montrons que $\hat{f}$ est uniformément continue. Soit $\varepsilon > 0$, il existe $\delta > 0$ tel que

$$(x \in A \text{ et } y \in A \text{ et } d(x,y) < \delta) \Longrightarrow d(f(x), f(y)) \leq \varepsilon;$$

autrement dit, on a $d(\hat{f}(x), \hat{f}(y)) \leq \varepsilon$ lorsque (x, y) appartient à l'ensemble

$$\{(x,y) \in A \times A\,;\, d(x,y) < \delta\}$$

qui est dense dans l'ensemble $\{(x,y) \in X \times X\,;\, d(x,y) < \delta\}$ car ce dernier ensemble est ouvert et $A \times A$ est dense dans $X \times X$. Le principe du prolongement des inégalités prouve que $d(\hat{f}(x), \hat{f}(y)) \leq \varepsilon$, pour tout $x, y \in X$ tel que $d(x,y) < \delta$. Q.E.D.

Exercice 2.25.1 Soient X un espace topologique, Y un espace métrique et $f : A \to Y$ une application définie sur une partie A de X. Pour tout $x \in \overline{A}$, on définit l'oscillation de f au point x par $\omega(f; x) = \inf_{V\in\mathcal{V}(x)} \operatorname{diam} f(V \cap A)$.

1. Montrer que la fonction $\omega(f, \bullet) : \overline{A} \to \overline{\mathbb{R}}_+$ est s.c.s.

2. On pose $A_0 = \{x \in \overline{A}\,;\, \omega(f; x) = 0\}$. Montrer que A_0 est un $\mathcal{G}_\delta$ (exercice 2.13.4) du sous-espace $\overline{A}$ et, si X est un espace métrique, que A_0 est un $\mathcal{G}_\delta$ de X [utiliser le lemme 2.29.7].

3. On suppose l'application f continue et Y complet, montrer que $A \subset A_0 \subset \overline{A}$ et que f se prolonge en une fonction continue $f_0 : A_0 \to Y$ [utiliser la proposition 2.25.1].

Exercice 2.25.2 Soient X, Y des espaces métriques complets, $A \subset X$, $B \subset Y$ et $f : A \to B$ un homéomorphisme. D'après l'exercice 2.25.1, il existe un $\mathcal{G}_\delta$ $A_0 \supset A$ et une application continue $f_0 : A_0 \to Y$ qui prolonge f et de même il existe un $\mathcal{G}_\delta$ $B_0 \supset B$ et une application continue $g_0 : B_0 \to X$ qui prolonge $g = f^{-1}$. On pose

$$A_1 = \{x \in A_0 \,;\, f_0(x) \in B_0 \text{ et } g_0(f_0(x)) = x\},$$
$$B_1 = \{y \in B_0 \,;\, g_0(y) \in A_0 \text{ et } f_0(g_0(y)) = y\}.$$

1. Montrer que A_1 et B_1 sont des $\mathcal{G}_\delta$ [si $F : A_0 \to X \times Y$ désigne l'application $x \mapsto (x, f_0(x))$, remarquer que $A_1 = F^{-1}(G_0)$ où $G_0 \subset X \times B_0$ est le graphe de g_0, montrer que G_0 est un $\mathcal{G}_\delta$ dans $X \times Y$ et utiliser l'exercice 2.13.4].
2. Montrer que $f_1 = f_0|_{A_1} : A_1 \to B_1$ est un homéomorphisme qui prolonge f.
3. En déduire que tout sous-espace d'un espace métrique complet homéomorphe à un espace métrique complet est nécessairement un $\mathcal{G}_\delta$.

D'après l'exercice 2.22.1, ceci prouve que dans un espace métrique complet un sous-espace est homéomorphe à un espace métrique complet si, et seulement si, ce sous-espace est un $\mathcal{G}_\delta$.

2.26 Le théorème du point fixe

Voici une seconde application de la notion d'espace métrique complet. Il s'agit de la méthode des approximations successives, méthode générale d'étude d'équations fonctionnelles que nous aurons l'occasion d'appliquer plusieurs fois.

Soient X et Y des espaces métriques, une application $f : X \to Y$ est appelée une contraction stricte s'il existe une constante $0 \leq k < 1$ telle que

$$d(f(x), f(y)) \leq k\, d(x, y), \text{ pour tout } x, y \in X \,;$$

le nombre k sera appelé la constante de contraction. Une telle application est évidemment continue, et même uniformément continue.

Théorème 2.26.1 Théorème du point fixe *Soient X un espace métrique complet et $f : X \to X$ une contraction stricte. Alors f admet un unique point fixe, c'est-à-dire il existe un unique point a de X tel que $f(a) = a$.*

Preuve Démontrons d'abord l'unicité du point fixe. Soient a et b deux points fixes de f ; on a $f(a) = a$, $f(b) = b$, d'où

$$d(a, b) = d(f(a), f(b)) \leq k\, d(a, b),$$

ce qui implique $a = b$ vu que $0 \leq k < 1$.

Pour démontrer l'existence du point fixe, soit x_0 un point quelconque de X ; posons $x_{n+1} = f(x_n)$ pour $n \in \mathbb{N}$. On construit ainsi une suite (x_n) de X et on a

$$d(x_{n+1}, x_n) = d(f(x_n), f(x_{n-1})) \leq k\, d(x_n, x_{n-1}),$$

d'où $d(x_{n+1}, x_n) \leq k^n d(x_1, x_0)$. Pour $0 \leq p < q$, on en déduit que

$$d(x_p, x_q) \leq \Big(\sum_{n=p}^{q-1} k^n\Big) d(x_1, x_0) \leq \frac{k^p}{1-k} d(x_1, x_0)$$

et, k étant < 1, ceci montre que la suite (x_n) est une suite de Cauchy ; X étant complet, cette suite converge vers un point a. En passant à la limite dans la relation $x_{n+1} = f(x_n)$, ce qui est loisible car f est continu, on obtient $a = f(a)$. Q.E.D.

Dans les applications, il est fréquent que f ne soit pas une contraction, mais qu'une itérée de f le soit : si $f : X \to X$ est une application d'un ensemble X dans lui-même nous poserons $f^0 = I_X$, $f^{n+1} = f^n \circ f$ pour tout $n \in \mathbb{N}$. On a alors

Proposition 2.26.2 *Soient X un espace métrique complet et $f : X \to X$ une application. S'il existe un entier $n \geq 1$ tel que f^n soit une contraction stricte, f admet un point fixe et un seul.*

Preuve Notons d'abord que tout point fixe de f est un point fixe de f^n ; ceci prouve le théorème d'unicité. D'autre part, f^n admet un point fixe a d'après le théorème précédent ; on a donc $f^n(a) = a$, d'où $f^{n+1}(a) = f(a)$ ce qui prouve que $f(a)$ est aussi un point fixe de f^n ; vu que f^n n'admet qu'un seul point fixe, on a $f(a) = a$ ce qui prouve que a est un point fixe de f. Q.E.D.

Nous avons étudié jusqu'à présent une équation de la forme $f(x) = x$; lorsque f dépend d'un paramètre, il est essentiel d'étudier la dépendance du point fixe par rapport au paramètre. Dans cette direction, voici deux résultats le premier global, le second local.

Proposition 2.26.3 *Soient X un espace topologique, Y un espace métrique complet, $f : X \times Y \to Y$ une application continue. On suppose qu'il existe une constante $0 \leq k < 1$ telle que, pour tout $x \in X$ et tout $y_1, y_2 \in Y$,*

$$d(f(x, y_1), f(x, y_2)) \leq k\, d(y_1, y_2). \tag{2.26.1}$$

Alors, l'équation $f(x, y) = y$ admet pour tout x de X une solution et une seule $y = \varphi(x)$. De plus, l'application $\varphi : X \to Y$ est continue.

Preuve L'existence et l'unicité de $\varphi(x)$ résultent du théorème 2.26.1. Prouvons la continuité de φ en un point $a \in X$; en posant $b = \varphi(a)$ et $y = \varphi(x)$, on a

$$\begin{aligned} d(\varphi(x), \varphi(a)) &= d(y, b) = d(f(x, y), f(a, b)) \\ &\leq d(f(x, y), f(x, b)) + d(f(x, b), f(a, b)) \\ &\leq k\, d(y, b) + d(f(x, b), f(a, b)), \end{aligned}$$

d'où

$$d(\varphi(x), \varphi(a)) \leq (1 - k)^{-1}\, d(f(x, b), f(a, b))$$

et d'après la continuité de l'application $x \mapsto f(x, b)$ au point a, il existe, $\varepsilon > 0$ étant donné, un voisinage V de a tel que $d(f(x, b), f(a, b)) \leq \varepsilon$, pour $x \in V$, d'où

$$d(\varphi(x), \varphi(a)) \leq (1 - k)^{-1}\varepsilon, \text{ pour } x \in V,$$

ce qui prouve le résultat voulu. Q.E.D.

Proposition 2.26.4 *Soient X un espace topologique, Y un espace métrique complet, Ω un ouvert de $X \times Y$ et $f : \Omega \to Y$ une fonction continue. On suppose qu'il existe une constante $0 \leq k < 1$ telle que, pour tout $(x, y_1), (x, y_2) \in \Omega$, $d(f(x, y_1), f(x, y_2)) \leq k\, d(y_1, y_2)$. Soit (a, b) un point de Ω tel que $f(a, b) = b$, alors il existe un voisinage ouvert A de a et une fonction continue $\varphi : A \to Y$ dont le graphe est contenu dans Ω tels que, pour tout $x \in A$, $y = \varphi(x)$ soit l'unique solution de l'équation l'équation $f(x, y) = y$.*

Preuve On vérifie l'unicité comme dans le théorème 2.26.1. Pour démontrer l'existence et la continuité, nous allons nous ramener à la situation de la proposition 2.26.3. On peut trouver des ouverts Ω_1 et Ω_2 tels que $(a,b) \in \Omega_1 \times \Omega_1 \subset \Omega$, puis une boule fermée $B'(b;r)$, $r > 0$, telle que $B'(b;r) \subset \Omega_2$ et enfin un ouvert A tel que $a \in A \subset \Omega_1$ et

$$d(f(x,b), f(a,b)) \leq (1-k)r \text{ pour tout } x \in A.$$

On a alors pour tout $(x,y) \in A \times B'(b;r)$

$$\begin{aligned} d(f(x,y), f(a,b)) &\leq d(f(x,y), f(x,b)) + d(f(x,b), f(a,b)) \\ &\leq k\, d(y,b) + (1-k)r \leq r. \end{aligned}$$

Ceci prouve que $f(A \times B'(b;r)) \subset B'(b;r)$. On peut alors appliquer la proposition 2.26.3 à la restriction de f à $A \times B'(b;r)$, en notant que $B'(b;r)$ est fermé dans Y, donc complet. Q.E.D.

2.27 Topologie de la convergence uniforme

Soient X un ensemble, Y un espace métrique ; nous allons munir l'ensemble $\mathcal{F}(X;Y)$ de toutes les applications de X dans Y d'une structure d'espace métrique.

Posons, pour tout $f, g \in \mathcal{F}(X;Y)$,

(2.27.1) $$d_1(f,g) = \sup_{x \in X} d(f(x), g(x)).$$

Cette application d_1 vérifie trivialement les axiomes (D_1), (D_2) et (D_3) mais la quantité $d_1(f,g)$ peut être égale à $+\infty$ et d_1 n'est donc pas en général une distance. Pour remédier à ce défaut, nous poserons

(2.27.2) $$d_2(f,g) = \min(1, d_1(f,g)),$$

on obtient alors une distance sur l'ensemble $\mathcal{F}(X;Y)$: l'inégalité triangulaire résulte de l'inégalité triangulaire pour d_1 et de l'inégalité (2.15.1). On vérifie aisément qu'en substituant à d une distance uniformément équivalente, on remplace alors d_2 par une distance uniformément équivalente ; autrement dit, la distance d_2 définit sur $\mathcal{F}(X;Y)$ une structure uniforme qui ne dépend que de la structure uniforme de Y : nous l'appelerons structure uniforme de la topologie de la convergence uniforme ; la topologie correspondante sera appelée topologie de la convergence uniforme. Muni de cette topologie, l'espace $\mathcal{F}(X;Y)$ sera noté $\mathcal{F}_u(X;Y)$.

Si un filtre $\mathcal{F}$ sur l'espace $\mathcal{F}_u(X;Y)$ converge vers une application f pour la topologie de la convergence uniforme, nous dirons qu'il converge uniformément vers f. Ceci signifie simplement que

(2.27.3) $$(\forall \varepsilon > 0)(\exists M \in \mathcal{F})(\forall g)(g \in M \Rightarrow \sup_{x \in X} d(f(x), g(x)) \leq \varepsilon),$$

d'après (2.23.3), on constate qu'un filtre convergeant uniformément vers f converge simplement vers f : la topologie de la convergence simple est moins fine que la topologie de la convergence uniforme.

Dire qu'une suite (f_n) converge uniformément vers f signifie que

$$(2.27.4) \qquad (\forall\varepsilon > 0)(\exists n \in \mathbb{N})(\forall p \in \mathbb{N})(p \geq n \Rightarrow \sup_{x\in X} d(f(x), f_p(x)) \leq \varepsilon).$$

On peut introduire un sous-espace de l'espace $\mathcal{F}(X; Y)$ sur lequel la quantité d_1 est une distance. Dans un espace métrique Y, une partie A est dite bornée si son diamètre (2.18.1) est fini ; cette notion ne dépend pas que de la structure uniforme de Y mais dépend essentiellement du choix de la distance sur Y : on peut en effet toujours remplacer une distance par une distance uniformément équivalente bornée (exemple 2.15.2) ; il faut donc manipuler cette notion avec précaution. Une application $f : X \to Y$ sera dite bornée si $f(X)$ est une partie bornée de Y et nous noterons $\mathcal{F}_b(X; Y)$ ou $l^\infty(X; Y)$ l'ensemble de toutes les applications bornées de X dans Y.

Sur l'espace $\mathcal{F}_b(X; Y)$ la fonction d_1 est une distance, on a en effet, en prenant un point a de X

$$\begin{aligned} d_1(f, g) &= \sup_{x\in X} d(f(x), g(x)) \\ &\leq \sup_{x\in X} d(f(x), f(a)) + d(f(a), g(a)) + \sup_{x\in X} d(g(a), g(x)), \end{aligned}$$

d'où $d_1(f, g) \leq \operatorname{diam} f(X) + d(f(a), g(a)) + \operatorname{diam} g(X) < \infty$.

On observera que la distance d_2 induit sur le sous-espace $\mathcal{F}_b(X; Y)$ une distance uniformément équivalente à d_1 d'après l'exemple 2.15.2.

Voici une propriété essentielle de l'espace $\mathcal{F}_u(X; Y)$.

Théorème 2.27.1 *Si Y est un espace métrique complet, l'espace métrique $\mathcal{F}_u(X; Y)$ est complet.*

Preuve Soit (f_n) une suite de Cauchy dans l'espace $\mathcal{F}_u(X; Y)$

$$(\forall\varepsilon > 0)(\exists n \in \mathbb{N})(\forall p, q \in \mathbb{N})((p \geq n \text{ et } q \geq n) \Rightarrow \sup_{x\in X} d(f_p(x), f_q(x)) \leq \varepsilon).$$

Ceci prouve que, pour tout x de X, la suite $(f_n(x))$ est une suite de Cauchy dans Y qui est complet, donc elle converge dans Y vers un point que nous noterons $f(x)$. La suite (f_n) converge donc simplement vers f ; montrons que la convergence est uniforme : on a $d(f_p(x), f_q(x)) \leq \varepsilon$ pour tout $x \in X$ et tout $p, q \geq n$, donc en passant à la limite quand p tend vers l'infini (principe du prolongement des inégalités), on obtient $d(f(x), f_q(x)) \leq \varepsilon$, pour tout $x \in X$ et tout $q \geq n$, ce qui prouve le résultat voulu. Q.E.D.

On a un résultat semblable pour l'espace $\mathcal{F}_b(X; Y)$; c'est une conséquence immédiate de la

Proposition 2.27.2 *Le sous-espace $\mathcal{F}_b(X; Y)$ est fermé dans $\mathcal{F}_u(X; Y)$.*

Preuve Il s'agit de démontrer (corollaire 2.12.2) que la limite f d'une suite (f_n) uniformément convergente d'applications bornées est encore bornée. Soit $\varepsilon > 0$, il existe $n \in \mathbb{N}$ tel que $d(f(x), f_n(x)) \leq \varepsilon$, pour tout x de X, d'où

$$\begin{aligned} d(f(x), f(y)) &\leq d(f(x), f_n(x)) + d(f_n(x), f_n(y)) + d(f_n(y), f(y)) \\ &\leq 2\varepsilon + \operatorname{diam} f_n(X), \end{aligned}$$

ce qui prouve que diam $f(X) \leq 2\varepsilon + \operatorname{diam} f_n(X) < \infty$. Q.E.D.

Corollaire 2.27.3 *Si Y est un espace métrique complet, l'espace métrique $\mathcal{F}_b(X; Y)$ est complet.*

Exemple 2.27.1 Prenons $X = \mathbb{N}$, $l^\infty(\mathbb{N}; Y)$ est alors l'ensemble des suites bornées de Y, c'est-à-dire l'ensemble des suites $x = (x_n)$ telles que

$$\sup_{n \in \mathbb{N}} d(a, x_n) < \infty$$

où a est un point quelconque de Y ; cet espace est alors muni de la distance

$$d_1(x, y) = \sup_{n \in \mathbb{N}} d(x_n, y_n),\ x = (x_n), y = (y_n)\,;$$

cet espace est complet lorsque Y est complet.

Lorsque X est un espace topologique, nous noterons $\mathcal{C}_{\{a\}}(X; Y)$ l'espace de toutes les applications $f : X \to Y$ continues en un point a de X. On a alors la

Proposition 2.27.4 *L'espace $\mathcal{C}_{\{a\}}(X; Y)$ est un sous-espace fermé de l'espace $\mathcal{F}_u(X; Y)$ muni de la topologie de la convergence uniforme.*

Preuve Il s'agit de démontrer (corollaire 2.12.2) que la limite f d'une suite (f_n) uniformément convergente d'applications continues au point a est encore continue au point a. Soit $\varepsilon > 0$, il existe $n \in \mathbb{N}$ tel que $d(f(x), f_n(x)) \leq \varepsilon$ pour tout $x \in X$. On a alors

$$\begin{aligned} d(f(a), f(x)) &\leq d(f(a), f_n(a)) + d(f_n(a), f_n(x)) + d(f_n(x), f(x)) \\ &\leq 2\varepsilon + d(f_n(a), f_n(x)) \end{aligned}$$

et d'après la continuité de f_n au point a, il existe un voisinage $V \in \mathcal{V}(a)$ tel que

$$d(f_n(a), f_n(x)) \leq \varepsilon \text{ pour } x \in V,$$

d'où $d(f(a), f(x)) \leq 3\varepsilon$ pour tout $x \in V$, ce qui prouve la continuité de f au point a. Q.E.D.

Étant donné que $\mathcal{C}(X; Y) = \bigcap_{a \in X} \mathcal{C}_{\{a\}}(X; Y)$, on en déduit le

Corollaire 2.27.5 *Le sous-espace $\mathcal{C}(X; Y)$ des applications continues de X dans Y est fermé dans $\mathcal{F}_u(X; Y)$; si Y est complet, ce sous-espace est donc complet.*

Nous noterons $\mathcal{C}_b(X; Y)$ l'ensemble des applications continues et bornées de X dans Y ; ce qui précède prouve que ce sous-espace est fermé dans chacun des espaces $\mathcal{F}(X; Y)$, $\mathcal{F}_b(X; Y)$ et $\mathcal{C}(X; Y)$; ce sous-espace est donc complet si Y est complet.

Exercice 2.27.1 Soient X un ensemble et Y un espace métrique, montrer que la topologie de la convergence uniforme sur $\mathcal{F}(X; Y)$ est strictement plus fine que la topologie de la convergence simple si, et seulement si, X est infini et Y a au moins deux éléments.

Exercice 2.27.2 Soient X, Y des ensembles, Z un espace métrique et soit

$$\varphi : \mathcal{F}(X \times Y; Z) \to \mathcal{F}(X; \mathcal{F}(Y; Z))$$

la bijection qui à $f \in \mathcal{F}(X \times Y; Z)$ associe la fonction $\Phi(f) : x \mapsto f(x, \bullet)$ de X dans $\mathcal{F}(Y; Z)$. Montrer que Φ est un homéomorphisme uniformément continu, ainsi que l'homéomorphisme réciproque, de l'espace $\mathcal{F}_u(X \times Y; Z)$ sur l'espace $\mathcal{F}_u(X; \mathcal{F}_u(Y; Z))$.

Exercice 2.27.3 Soient X un ensemble, Y et Z des espaces métriques et $\varphi : Y \to Z$ une application uniformément continue. Montrer que l'application $f \mapsto \varphi \circ f$ de $\mathcal{F}_u(X; Y)$ dans $\mathcal{F}_u(X; Z)$ est uniformément continue.

Exercice 2.27.4 Soient X, Y des ensembles, Z un espace métrique et $\varphi : Y \to X$ une application. Montrer que l'application $f \mapsto f \circ \varphi$ de $\mathcal{F}_u(X; Z)$ dans $\mathcal{F}_u(Y; Z)$ est uniformément continue.

Exercice 2.27.5 Soient X un espace topologique, Y un espace métrique, on dit qu'une suite (f_n) d'applications de X dans Y converge localement uniformément vers une application $f : X \to Y$ si, pour tout $x \in X$, il existe un voisinage V de x tel que la suite $(f_n|_V)$ converge uniformément vers $f|_V$. Si les fonctions f_n sont continues, montrer que f est continu.

Exercice 2.27.6 Soit Y un espace métrique complet, montrer que l'ensemble $c(\mathbb{N}; Y)$ des suites convergentes de Y est un sous-fermé de l'espace $l^\infty(\mathbb{N}; Y)$.

Exercice 2.27.7 **Complété d'un espace métrique** 1. Soit (X, d) un espace métrique et soit a un point de X, montrer que l'application $x \mapsto f_x$ de X dans $\mathcal{F}_b(X; \mathbb{R})$ où $f_x(y) = d(x, y) - d(a, y)$ est une isométrie de X sur un sous-espace de $\mathcal{F}_b(X; \mathbb{R})$.

2. En déduire l'existence d'un espace métrique complet $\hat{X}$ tel que X soit isométrique à un sous-espace dense de $\hat{X}$.

3. Si $\hat{X}_1$ et $\hat{X}_2$ sont deux espaces métriques complets satisfaisant aux conditions de 2., montrer qu'il existe une isométrie de $\hat{X}_1$ sur $\hat{X}_2$ [utiliser le théorème 2.25.2].

A une isométrie près, il existe un seul espace métrique complet vérifiant 2. ; on l'appelle le complété de X.

Exercice 2.27.8 **Permutation de limites** Soient $\mathcal{F}_1$ et $\mathcal{F}_2$ des filtres sur des ensembles X_1 et X_2, Y un espace métrique et $f : X_1 \times X_2 \to Y$ une application. On suppose que, pour tout $x_1 \in X_1$, la limite $g(x_1) = \lim_{\mathcal{F}_2} f(x_1, \bullet)$ existe et que, pour tout $x_2 \in X_2$, la limite $h(x_2) = \lim_{\mathcal{F}_1} f(\bullet, x_2)$ existe et est uniforme par rapport à x_2, c'est-à-dire que

$$(\forall \varepsilon > 0)(\exists M_1 \in \mathcal{F}_1)(\forall x_1 \in M_1 \text{ et } \forall x_2 \in X_2)\,(d(f(x_1, x_2), h(x_2)) \leq \varepsilon).$$

1. On suppose que g admet une limite suivant $\mathcal{F}_1$, soit $y = \lim_{\mathcal{F}_1} g$. Montrer alors que $y = \lim_{\mathcal{F}_1 \times \mathcal{F}_2} f$ (exercice 2.11.4) et en déduire, grâce à l'exercice 2.17.5, que $\lim_{\mathcal{F}_1} g = \lim_{\mathcal{F}_2} h$, c'est-à-dire que $\lim_{\mathcal{F}_1} \lim_{\mathcal{F}_2} f = \lim_{\mathcal{F}_2} \lim_{\mathcal{F}_1} f$ (théorème de permutation de deux limites).

2. Déduire de 1. la proposition 2.27.4.

3. Lorsque Y est un espace métrique complet, montrer que la limite $\lim_{\mathcal{F}_1 \times \mathcal{F}_2} f$ existe [utiliser le critère de Cauchy] et en déduire que les conclusions de 1. subsistent.

Exercice 2.27.9 Soient X un espace métrique complet, $f_n : [a, b] \to X$ une suite de fonctions réglées (exercice 2.20.8) convergeant uniformément vers f. Montrer que f est réglée [montrer que f admet des limites à gauche et à droite en tout point en vérifiant le critère de Cauchy].

2.28 Le théorème de Baire

Définition 2.28.1 *Dans un espace topologique, une partie est dite maigre si elle est contenue dans une réunion dénombrable de fermés sans point intérieur.*

On observera qu'une réunion dénombrable d'ensembles maigres est maigre.

L'intérêt des ensembles maigres est le suivant. Certaines relations $R(x)$ sur un espace topologique X ne sont pas vérifiées pour tout $x \in X$, mais seulement sur le complémentaire d'un ensemble maigre ; de telles relations ne peuvent être intéressantes que si les ensembles maigres sont suffisamment petits. Ceci conduit à la définition suivante.

Définition 2.28.2 *Un espace topologique est appelé un espace de Baire s'il vérifie les relations équivalentes suivantes*

(B_1') *Toute partie maigre est d'intérieur vide.*

(B_2') *Toute réunion dénombrable de fermés d'intérieur vide est d'intérieur vide.*

(B_3') *Toute intersection dénombrable d'ouverts partout denses est partout dense.*

La vérification de l'équivalence de ces trois propriétés est immédiate.

Voici un exemple important d'espace de Baire.

Théorème 2.28.1 **Baire** *Tout espace métrique complet est de Baire.*

Preuve Soit (O_n) une suite d'ouverts partout denses et soit O un ouvert non vide ; il s'agit de vérifier que $O \cap \bigcap_{n=0}^{\infty} O_n$ est non vide. Construisons par récurrence une suite de boules ouvertes $B_n = B(a_n; \rho_n)$ telle que, pour tout $n \in \mathbb{N}$

(2.28.1) $\overline{B}_0 \subset O,\ \overline{B}_{n+1} \subset B_n \cap O_n,\ 0 < \rho_{n+1} \leq \rho_n$ et $\lim_{n\to\infty} \rho_n = 0.$

L'ouvert O étant non vide, il existe une boule ouverte B_0 telle que $\overline{B}_0 \subset O$. De même, O_n étant partout dense , l'ouvert $B_n \cap O_n$ est non vide et il existe une boule ouverte B_{n+1} telle que $\overline{B}_{n+1} \subset B_n \cap O_n$ et on peut toujours choisir $\rho_{n+1} \leq \rho_n/2$.

D'après la proposition 2.18.9, l'intersection $\bigcap_{n=0}^{\infty} \overline{B}_n$ est réduite à un point et, vu que $\bigcap_{n=0}^{\infty} \overline{B}_n \subset O \cap \bigcap_{n=0}^{\infty} O_n$ d'après (2.28.1), ceci permet de conclure.

Q.E.D.

Note Nous montrerons ultérieurement que les espaces localement compacts sont également des espaces de Baire.

Exercice 2.28.1 Montrer que tout produit $X = \prod_{i \in I} X_i$ d'espaces métriques complets est un espace de Baire [raisonner comme pour le théorème 2.28.1 en prenant pour B_n un ouvert élémentaire non vide de la forme $\prod_{i \in J_n} B_{n,i} \times \prod_{i \in I - J_n} X_i$, J_n partie finie de I, où diam $B_{n,i} \leq \rho_n$].

Exercice 2.28.2 1. On considère la fonction $f : \mathbb{R} \to \mathbb{R}$ définie par $f(x) = 0$ si x est irrationel, $f(0) = 1$ et $f(x) = 1/q$ si $x = p/q$, $p \in \mathbb{Z}^*$, $q \in \mathbb{N}^*$, la fraction p/q étant irréductible. Montrer que la fonction f est continue en tout point de $\mathbb{R} - \mathbb{Q}$ et discontinue en tout point de $\mathbb{Q}$.

2. Montrer qu'il n'existe pas de fonction $f : \mathbb{R} \to \mathbb{R}$ continue en tout point de $\mathbb{Q}$ et discontinue en tout point de $\mathbb{R} - \mathbb{Q}$ [utiliser l'exercice 2.18.2 et vérifier que $\mathbb{Q}$ ne peut être un G_δ].

Exercice 2.28.3 Soit $f : [0, +\infty[\to \mathbb{R}$ une fonction continue telle que

$$\forall x > 0, \lim_{n\to\infty} f(nx) = 0.$$

Soit $\varepsilon > 0$, on pose

$$F_n(\varepsilon) = \{x \geq 0 \,;\, |f(px)| \leq \varepsilon \text{ pour tout entier } p \geq n\}.$$

1. Montrer qu'il existe $n_0 \in \mathbb{N}$ et $0 < a < b$ tels que $]a, b[\subset F_{n_0}(\varepsilon)$.
2. Montrer qu'il existe $n_1 \in \mathbb{N}$ tel que

$$]pa, pb[\cap](p+1)a, (p+1)b[\neq \emptyset \text{ pour } p \geq n_1$$

et en déduire que

$$]n_1 a, +\infty[= \bigcup_{p=n_1}^{\infty}]pa, pb[\,.$$

3. Déduire de ce qui précède que $\lim_{x\to\infty} f(x) = 0$.

Voici quelques propriétés utiles pour les applications.

Lemme 2.28.2 *Soit X un espace topologique et soit Y un sous-espace de X. Une partie A de Y maigre dans Y est maigre dans X.*

Preuve On a $A \subset \bigcup_{n=0}^{\infty} F_n$ où les ensembles F_n sont fermés dans Y et d'intérieur vide dans Y. Soit $\overline{F}_n$ l'adhérence de F_n dans X, montrons que $\overline{F}_n$ est d'intérieur vide dans X ; ceci prouvera le lemme. Raisonnons par l'absurde, soit O un ouvert non vide de X contenu dans $\overline{F}_n$, alors $O \cap F_n$ est non vide et, vu que F_n est fermé dans Y, $F_n = \overline{F}_n \cap Y$ d'où $O \cap F_n = O \cap Y$ et ceci prouve que $O \cap Y$ est un ouvert non vide de Y contenu dans F_n, ce qui est absurde. Q.E.D.

Exercice 2.28.4 Les notations étant celles du lemme 2.28.2, si Y est ouvert et si A est maigre dans X, montrer que A est maigre dans Y.

Exercice 2.28.5 Montrer que tout ouvert d'un espace de Baire est un espace de Baire.

Exercice 2.28.6 Montrer qu'un espace topologique est un espace de Baire si tout point admet un voisinage qui est un espace de Baire.

Exercice 2.28.7 1. Soient X un espace topologique, $f : X \to \overline{\mathbb{R}}$ une fonction s.c.i. ; on suppose qu'il existe une partie A de X non maigre telle que $f(x) < +\infty$ pour $x \in A$. Montrer qu'il existe un ouvert non vide O de X tel que $\sup_{x\in O} f(x) < +\infty$ [considérer les ensembles $F_n = f^{-1}([-\infty, n])$ pour $n \in \mathbb{N}$].

2. Soient X un espace de Baire, $f_n : X \to \mathbb{R}$ une suite de fonctions s.c.i. convergeant simplement vers une fonction $f : X \to \mathbb{R}$. Montrer que tout ouvert non vide de X contient un ouvert non vide sur lequel f est borné supérieurement [on peut raisonner sur l'ouvert X (exercice 2.28.5), utiliser alors 1. en prenant pour fonction f la fonction $\sup_{n\in\mathbb{N}} f_n$].

Proposition 2.28.3 *Dans un espace de Baire, le complémentaire de toute partie maigre est un espace de Baire.*

Preuve Soit X un espace de Baire, Y une partie maigre de X et A une partie maigre de $X - Y$. Il s'agit de vérifier que A est d'intérieur vide dans $X - Y$. Soit O un ouvert de $X - Y$ contenu dans A, il existe un ouvert U de X tel que $O = U \cap (X - Y)$; on a alors $U \subset A \cup Y$ où $A \cup Y$ est maigre dans X car Y est maigre dans X par hypothèse et A est maigre dans X d'après le lemme 2.28.2 ; il en résulte que $U = \emptyset$ (X étant de Baire), d'où $O = \emptyset$. Q.E.D.

Proposition 2.28.4 *Soient X un espace topologique, (F_n) une suite de fermés telle que $X = \bigcup_{n=0}^{\infty} F_n$. Alors, le complémentaire de l'ouvert $O = \bigcup_{n=0}^{\infty} \mathring{F}_n$ est maigre. Si X est un espace de Baire, cet ouvert O est donc partout dense.*

Preuve On a $X - O \subset \bigcup_{n=0}^{\infty}(F_n - \mathring{F}_n)$ où $F_n - \mathring{F}_n$ est simplement la frontière de F_n, cet ensemble est donc fermé sans point intérieur (proposition 2.10.4) et ceci prouve que $X - O$ est maigre. Q.E.D.

Proposition 2.28.5 *Soit X un espace de Baire non vide, séparé et sans point isolé, alors le complémentaire de toute partie maigre dans X n'est pas dénombrable. En particulier, X n'est pas dénombrable.*

Preuve Soit A une partie maigre, il existe une suite (F_n) de fermés sans point intérieur telle que $A \subset \bigcup_{n=0}^{\infty} F_n$. Si $X - A$ était dénombrable, soit

$$X - A = \bigcup_{n=0}^{\infty} \{a_n\},$$

on pourrait écrire

$$X = \bigcup_{n=0}^{\infty} F_n \cup \bigcup_{n=0}^{\infty} \{a_n\},$$

où les ensembles $\{a_n\}$ sont fermés et d'intérieur vide et X serait maigre dans lui-même alors que X est supposé non vide, ce qui est absurde. Q.E.D.

Exemple 2.28.1 Soit $D = \bigcup_{n=0}^{\infty}\{a_n\}$ une partie dénombrable de $[0, 1]$ partout dense. Pour $\varepsilon > 0$ et $n \in \mathbb{N}$, on pose

$$O_n(\varepsilon) =]a_n - 2^{-n}\varepsilon, a_n + 2^{-n}\varepsilon[,$$

puis $O(\varepsilon) = [0, 1] \cap \bigcup_{n=0}^{\infty} O_n(\varepsilon)$; cet ensemble $O(\varepsilon)$ est ouvert dans $[0, 1]$, contient D et par conséquent est partout dense. Il en résulte que le complémentaire de $A = \bigcap_{p=1}^{\infty} O(1/p)$ est maigre ; l'espace $[0, 1]$ étant de Baire d'après le théorème 2.28.1, la proposition 2.28.3 montre que A est un espace de Baire ; cet ensemble A contenant D est dense dans $[0, 1]$ et ne peut donc admettre de point isolé. D'après la proposition 2.28.5, A est donc non dénombrable. Ceci peut sembler assez surprenant ; on pourrait en effet imaginer que A se réduit à D. Cet exemple est par ailleurs intéressant du point de vue de la théorie de la mesure : c'est un exemple d'ensemble non dénombrable de mesure nulle pour la mesure de Lebesgue.

Voici une autre application de ces notions. Il s'agit d'un exemple de propriété vérifiée sur le complémentaire d'un ensemble maigre.

Proposition 2.28.6 *Soient X un espace topologique, Y un espace métrique et $f_n : X \to Y$ une suite d'applications continues convergeant simplement vers une application f. Alors, l'ensemble des points de discontinuité de f est maigre.*

Preuve Soient k un entier ≥ 1, p et q deux entiers ; considérons les ensembles fermés

$$A_{k,p,q} = \{x \in X \,;\, d(f_p(x), f_q(x)) \leq 1/k\},\ B_{k,p} = \bigcap_{q \geq p} A_{k,p,q}$$

et posons $A = \bigcap_{k=1}^{\infty} \bigcup_{p=0}^{\infty} \mathring{B}_{k,p}$.

1. Montrons d'abord que f est continu en tout point $a \in A$. Soient $\varepsilon > 0$, $k \in \mathbb{N}^*$ tel que $1/k \leq \varepsilon$, il existe $p \in \mathbb{N}$ tel que $a \in \mathring{B}_{k,p}$; pour tout $x \in \mathring{B}_{k,p}$, on a

$$d(f_p(x), f_q(x)) \leq 1/k \leq \varepsilon \text{ pour } q \geq p,$$

d'où $d(f_p(x), f(x)) \leq \varepsilon$ et par conséquent

$$\begin{aligned} d(f(x), f(a)) &\leq d(f(x), f_p(x)) + d(f_p(x), f_p(a)) + d(f_p(a), f(a)) \\ &\leq 2\varepsilon + d(f_p(x), f_p(a)). \end{aligned}$$

D'après la continuité de f_p au point a, il existe un voisinage V de a contenu dans $\mathring{B}_{k,p}$ tel que $d(f_p(x), f_p(a)) \leq \varepsilon$ pour $x \in V$, d'où $d(f(x), f(a)) \leq 3\varepsilon$ pour $x \in V$, ce qui prouve la continuité de f au point a.

2. L'ensemble D des points de discontinuité de f est donc contenu dans

$$X - A = \bigcup_{k=1}^{\infty} (X - \bigcup_{p=0}^{\infty} \mathring{B}_{k,p})\,;$$

la suite $(f_n(x))$ étant de Cauchy, $X = \bigcup_{p=0}^{\infty} B_{k,p}$ pour tout $k \geq 1$ et (proposition 2.28.4) $X - \bigcup_{p=0}^{\infty} \mathring{B}_{k,p}$ est donc maigre ; on en déduit que $X - A$ est maigre en tant que réunion dénombrable d'ensembles maigres. Q.E.D.

D'autres applications des espaces de Baire seront données ultérieurement. Le théorème de Baire permet de prouver l'existence d'objets pathologiques sans qu'il soit nécessaire de faire des constructions explicites ; on peut par exemple montrer l'existence de fonctions continues nulle part différentiables (exercice 2.33.15). Mais l'application la plus profonde concerne sans aucun doute l'étude des formes linéaires continues sur un espace de Banach par exemple ; ceci sera expliqué le moment venu.

Exercice 2.28.8 Soient X un espace topologique, Y et Z des espaces métriques et $f : X \times Y \to Z$ une application séparément continue par rapport à chacune des variables.

1. Soit $b \in Y$, pour tout $x \in X$ et $\varepsilon > 0$, on pose

$$\Delta_\varepsilon(x) = \{\delta \geq 0\,;\, (\forall y \in Y)(d(y, b) < \delta \Rightarrow d(f(x, b), f(x, y)) \leq \varepsilon)\}.$$

Montrer que $\Delta_\varepsilon(x) = [0, \delta_\varepsilon(x)]$ où $\delta_\varepsilon : X \to]0, +\infty]$ est une fonction s.c.s.

2. On note D l'ensemble des points de discontinuité de f,

$$D_b = \{x \in X\,;\, (x, b) \in D\}\,;$$

on a $D_b = \bigcup_{n=1}^{\infty} D_n$ où $D_n = \{x \in X\,;\, \omega(f; (x, b)) > 1/n\}$. On pose

$$F_p(\varepsilon) = \{x \in X\,;\, \delta_\varepsilon(x) \geq 1/p\},\ p \geq 1.$$

Montrer que $X = \bigcup_{p=1}^{\infty} F_p(\varepsilon)$ et que l'ouvert $\bigcup_{p=1}^{\infty} \mathring{F}_p(\varepsilon)$ est contenu dans $X - D_n$ si $0 < \varepsilon \leq 1/4n$. En déduire que D_b est maigre dans X.

3. Si X est un espace de Baire, en déduire que l'ensemble D des points de discontinuité de f est maigre dans $X \times Y$ et d'intérieur vide.

2.29 Espaces analytiques

On considère l'espace produit $X_o = \mathbb{N}^{\mathbb{N}}$ où chaque espace facteur $\mathbb{N}$ est muni de la métrique discrète. La topologie produit sur X_o peut être définie par une distance ; d'après l'exemple 2.18.1, le théorème 2.22.5 et la proposition 2.21.4, X_o est alors un espace métrique complet séparable.

Définition 2.29.1 *Un espace topologique séparé X est appelé un espace analytique s'il existe une application continue surjective $f : X_o \to X$.*

Note D'après l'exercice 2.22.4, l'espace X_o est homéomorphe à l'ensemble I des irrationnels de $]0, 1[$; dire qu'un espace séparé X est analytique signifie donc que X est une image continue de l'ensemble des irrationnels.

Un sous-ensemble A d'un espace topologique X est appelé un sous-espace analytique de X si, muni de la topologie induite, A est un espace analytique. Ceci signifie donc que A est un sous-espace séparé de X et qu'il existe une application continue $f : X_o \to X$ telle que $f(X_o) = A$.

L'image continue d'un espace analytique est analytique, soit

Proposition 2.29.1 *Soient X et Y des espaces séparés et $f : X \to Y$ une application continue. Si A est un sous-espace analytique de X, $f(A)$ est un sous-espace analytique de Y.*

Note Cette propriété de stabilité est à l'origine de la notion d'espaces analytiques ; l'image continue d'un borélien (voir ci-dessous la définition de la tribu borélienne) n'est pas en général un borélien (erreur célèbre dûe à Lebesgue), mais c'est toujours un sous-espace analytique. Indiquons à ce propos que les espaces analytiques métrisables sont appelés sousliniens dans Bourbaki [4].

Voici une première propriété des espaces analytiques.

Proposition 2.29.2 *Tout espace analytique est séparable.*

Preuve En effet, soit D une partie dénombrable de X_o partout dense ; si $f : X_o \to X$ est continue surjective, $f(D)$ est dense dans X d'après la proposition 2.13.3, ce qui prouve la proposition. Q.E.D.

Des exemples d'espaces analytiques sont donnés par la

Proposition 2.29.3 *Tout espace métrique complet séparable est analytique.*

Preuve Notons X un tel espace métrique complet séparable.

Voici une première remarque valable pour tout espace métrique séparable. Soit D une partie dénombrable de X partout dense et soit $x \in X$, on a $d(x, D) = 0$ (proposition 2.10.5) ; pour tout $\varepsilon > 0$, il existe donc $a \in D$ tel que $d(x, a) \leq \varepsilon/2$, ce qui prouve que $X = \bigcup_{a \in D} B'(a; \varepsilon/2)$. Autrement dit, pour tout $\varepsilon > 0$, X peut s'écrire comme une réunion dénombrable de fermés non vides de diamètre $\leq \varepsilon$.

Si $\varepsilon_n > 0$ est une suite tendant vers 0, on peut donc écrire $X = \bigcup_{j=0}^{\infty} F_j$ où les F_j sont des fermés non vides de diamètre $\leq \varepsilon_0$, puis par récurrence, grâce à la proposition 2.20.4, $F_{a_o \dots a_n} = \bigcup_{j=0}^{\infty} F_{a_o \dots a_n j}$ où les $F_{a_o \dots a_n j}$ sont des fermés non vides de diamètre $\leq \varepsilon_{n+1}$. Soit $a = (a_n) \in X_o$, l'intersection $\bigcap_{n=0}^{\infty} F_{a_o \ldots a_n}$ est réduite à un point $f(a)$ d'après le théorème de Cantor 2.18.9. On définit ainsi une application $f : X_o \to X$ surjective car, pour tout x de X, il existe $a = (a_n) \in X_o$ tel que $x \in F_{a_o \ldots a_n}$ pour tout $n \in \mathbb{N}$.

Montrons que cette application est continue en tout point $a = (a_n) \in X_o$. Soit $\varepsilon > 0$, $B' = B'(f(a); \varepsilon)$; construisons un voisinage V du point a tel que $f(V) \subset B'$, ceci prouvera le résultat voulu. Prenons V de la forme

$$V = \{x = (x_n) \in X_o \,;\, x_i = a_i \text{ pour } 0 \leq i \leq p\},\,;$$

un tel V est un voisinage élémentaire ouvert du point a et, si $x \in V$, $f(x) \in F_{a_o \ldots a_p}$, d'où $d(f(x), f(a)) \leq \varepsilon_p$, soit $f(x) \in B'$ en choisissant p suffisamment grand pour que $\varepsilon_p \leq \varepsilon$. Q.E.D.

Note L'espace X_o étant analytique, la classe des espaces analytiques est par conséquent la plus petite classe d'espaces séparés stable par image continue et contenant la classe des espaces métriques complets séparables.

Corollaire 2.29.4 *Tout sous-espace fermé d'un espace analytique est analytique.*

Preuve Soit F un sous-espace fermé d'un espace analytique X et soit $f : X_o \to X$ une application continue surjective. Alors, $A = f^{-1}(F)$ est un sous-espace fermé de X_o ; il en résulte que A est un espace métrique complet séparable, donc analytique d'après la proposition précédente et $F = f(A)$ est analytique d'après la proposition 2.29.1. Q.E.D.

Nous allons vérifier ensuite que la classe des espaces analytiques est stable par les opérations de type dénombrable.

Proposition 2.29.5 *1. Tout produit dénombrable d'espaces analytiques est analytique.*

2. Dans un espace séparé, toute réunion dénombrable et toute intersection dénombrable de sous-espaces analytiques est analytique.

Preuve 1. Soit (Y_n) une suite d'espaces analytiques. L'espace produit $Y = \prod_{n=0}^{\infty} Y_n$ est séparé. Il existe des surjections continues $f_n : X_o \to Y_n$. Considérons l'application $f : X_o^{\mathbb{N}} \to Y$ définie par $f(x) = (f_n(x_n))_{n \in \mathbb{N}}$ si $x = (x_n) \in X_o^{\mathbb{N}}$. Cette application est évidemment surjective ; sa continuité équivaut à celle des applications $\varphi_n : x \mapsto f_n(x_n)$ de $X_o^{\mathbb{N}}$ dans Y_n et ces applications sont bien continues vu que $\varphi_n = f_n \circ pr_n$, $pr_n : X_o^{\mathbb{N}} \to X_o$ désignant la projection d'indice n. L'espace $X_o^{\mathbb{N}}$ est homéomorphe à $\mathbb{N}^{\mathbb{N} \times \mathbb{N}}$ d'après le corollaire 2.21.16, donc à X_o d'après le corollaire 2.21.14 et ceci prouve que Y est analytique.

2. Soit (A_n) une suite de sous-espaces analytiques d'un espace séparé X et soit $A = \bigcup_{n=0}^{\infty} A_n$. Il existe des applications continues $f_n : X_o \to X$ telles que $A_n = f_n(X_o)$. On définit une application $\tau : X_o \to X_o$ en posant $\tau(x) = (x_{n+1})_{n \in \mathbb{N}}$ pour $x = (x_n)_{n \in \mathbb{N}} \in X_o$; cette application est continue, car $pr_n \circ \tau = pr_{n+1}$ où $pr_n : X_o \to \mathbb{N}$ désigne la projection d'indice n. On définit ensuite une application $f : X_o \to X$ en posant $f(x) = f_{x_o}(\tau(x))$. On a $f(X_o) = A$ car, pour chaque $j \in \mathbb{N}$, $f(\{x \in X_o \,;\, x_o = j\}) = f_j(X_o) = A_j$. Vérifions

enfin la continuité de f : soit (x_p) une suite de X_o convergente vers $a \in X_o$, montrons que la suite $(f(x_p))$ converge vers $f(a)$; si $x_p = (x_{p,n})_{n\in\mathbb{N}} \in X_o$, $a = (a_n)_{n\in\mathbb{N}} \in X_o$, il existe $q \in \mathbb{N}$ tel que $x_{p,o} = a_o$ pour $p \geq q$, d'où $f(x_p) = f_{a_o}(\tau(x_p))$ pour $p \geq q$ et, vu la continuité de f_{a_o} et de τ, ceci prouve que la suite $(f(x_p))$ converge vers $f_{a_o}(\tau(a)) = f(a)$.

3. Avec les mêmes notations, montrons que $B = \bigcap_{n=0}^{\infty} A_n$ est un sous-espace analytique de X. Or, B est homéomorphe à un sous-espace fermé de $\prod_{n=0}^{\infty} A_n$ (corollaire 2.21.7), ce qui permet de conclure vu 1. et le corollaire 2.29.4. Q.E.D.

Ces résultats vont nous permettre de vérifier la

Proposition 2.29.6 *Dans un espace métrisable analytique, tout ouvert est un sous-espace analytique.*

Cette proposition résulte du lemme suivant vu le corollaire 2.29.4 et la proposition 2.29.5.

Lemme 2.29.7 *Dans un espace métrique, tout fermé s'écrit comme une intersection dénombrable d'ouverts et tout ouvert s'écrit comme une réunion dénombrable de fermés.*

Preuve Soit X un espace métrique, d la distance sur X et soit F un fermé de X. Les ensembles $O_n = V_{1/n}(F)$, $n \geq 1$, (exemple 2.13.2) sont ouverts et contiennent F ; l'intersection $\bigcap_{n=1}^{\infty} O_n$ est égale à F, car la relation $x \in \bigcap_{n=1}^{\infty} O_n$ signifie $d(x, F) < 1/n$ pour tout $n \geq 1$, c'est-à-dire $d(x, F) = 0$, soit $x \in \overline{F} = F$. En passant au complémentaire, on obtient la propriété concernant les ouverts. Q.E.D.

Introduisons maintenant la notion de tribu, cette notion sera utilisée ultérieurement en théorie de la mesure.

Définition 2.29.2 *Soit X un ensemble, un ensemble $\mathcal{T}$ de parties de X est appelé une tribu si*

$(\mathcal{T}_1)$ $X \in \mathcal{T}$.

$(\mathcal{T}_2)$ $(\forall A)(A \in \mathcal{T} \Rightarrow X - A \in \mathcal{T})$.

$(\mathcal{T}_3)$ $(\forall n \in \mathbb{N})(\forall A_n \in \mathcal{T}) \Rightarrow \bigcup_{n=0}^{\infty} A_n \in \mathcal{T}$.

Une tribu $\mathcal{T}$ est donc un ensemble non vide de parties de X stable par passage au complémentaire et par réunion dénombrable ; une tribu est donc stable par intersection dénombrable.

On a évidemment le

Lemme 2.29.8 *Soient X un ensemble et $(\mathcal{T}_i)_{i\in I}$ une famille de tribus sur X, alors $\bigcap_{i\in I} \mathcal{T}_i$ est une tribu sur X.*

On en déduit ceci : si $\mathcal{C}$ est un ensemble de parties de X, l'intersection de toutes les tribus contenant $\mathcal{C}$ est encore une tribu et c'est la plus petite (pour l'inclusion entre parties de $\mathcal{P}(X)$) tribu contenant $\mathcal{C}$; on l'appelle la tribu engendrée par $\mathcal{C}$.

Définition 2.29.3 *Soit X un espace topologique, la tribu engendrée par l'ensemble $\mathcal{O}$ des ouverts de X est appelée la tribu borélienne de X.*

Une partie de X appartenant à la tribu borélienne est appelée un borélien. D'après $(\mathcal{T}_2)$, toute partie fermée est un borélien ; la tribu borélienne est par conséquent la plus petite tribu contenant $\mathcal{O} \cup \mathcal{O}'$. Ceci peut être précisé comme suit.

Lemme 2.29.9 *Soit X un espace topologique, la tribu borélienne est le plus petit ensemble de parties de X contenant $\mathcal{O} \cup \mathcal{O}'$ stable par réunion et intersection dénombrable.*

Preuve Si $(\mathcal{C}_i)_{i\in I}$ est une famille de parties de $\mathcal{P}(X)$ telle que chaque $\mathcal{C}_i$ soit stable par réunion et intersection dénombrable, l'intersection $\bigcap_{i\in I} \mathcal{C}_i$ est encore stable par réunion et intersection dénombrable ; il existe donc bien un plus petit ensemble $\mathcal{C}$ de parties de X contenant $\mathcal{O} \cup \mathcal{O}'$ stable par réunion et intersection dénombrable. Il est clair que $\mathcal{C}$ est contenu dans la tribu borélienne $\mathcal{B}$ de X. Montrons que $\mathcal{C}$ est une tribu, c'est-à-dire que $\mathcal{C}$ est stable par passage au complémentaire ; ceci prouvera que $\mathcal{C}$ contient $\mathcal{B}$, donc que $\mathcal{C} = \mathcal{B}$. A cet effet, considérons l'ensemble $\mathcal{C}' = \{X - A\,;\, A \in \mathcal{C}\}$ des complémentaires des ensembles de $\mathcal{C}$; $\mathcal{C}'$ contient $\mathcal{O} \cup \mathcal{O}'$ et est stable par réunion et intersection dénombrable ; il en résulte que $\mathcal{C} \subset \mathcal{C}'$ et ceci signifie précisément que $A \in \mathcal{C}'$, c'est-à-dire $X - A \in \mathcal{C}$, dès que $A \in \mathcal{C}$. Q.E.D.

Exercice 2.29.1 Soit X un espace métrisable, montrer que la tribu borélienne de X est le plus petit ensemble de parties de X contenant $\mathcal{O}$ (resp. $\mathcal{O}'$) stable par réunion et intersection dénombrable [utiliser le lemme 2.29.7].

Vu le corollaire 2.29.4 et les propositions 2.29.5 et 2.29.6, on en déduit la

Proposition 2.29.10 *Soit X un espace métrisable analytique, alors tout borélien est analytique.*

Ce qui précède va nous permettre de déterminer la cardinalité de la tribu borélienne de $\mathbb{R}$ par exemple.

Proposition 2.29.11 *Soit $\mathcal{A}$ l'ensemble de tous les sous-espaces analytiques d'un espace séparé X ayant la puissance du continu, alors $\mathcal{A}$ a la puissance du continu.*

Preuve Toute partie de X réduite à un point est évidemment analytique, donc

$$\text{Card}\,\mathbb{R} \leq \text{Card}\,\mathcal{A}.$$

D'après la définition même d'un sous-espace analytique $\text{Card}\,\mathcal{A} \leq \text{Card}\,\mathcal{C}(X_o; X)$. L'espace X_o étant séparable, une fonction continue de X_o dans X est déterminée par sa restriction à une partie dénombrable de X_o partout dense, d'où

$$\text{Card}\,\mathcal{C}(X_o; X) \leq \text{Card}\,X^{\mathbb{N}} = \text{Card}\,\mathbb{R}^{\mathbb{N}} = \text{Card}\,\mathbb{R}$$

d'après la proposition 1.9.7 et ceci permet de conclure. Q.E.D.

Corollaire 2.29.12 *Soit X un espace métrisable analytique ayant la puissance du continu, alors la tribu borélienne $\mathcal{B}$ de X a la puissance du continu.*

Preuve Toute partie réduite à un élément est fermée, donc borélienne, d'où $\text{Card}\,\mathbb{R} \leq \text{Card}\,\mathcal{B}$. D'après la proposition 2.29.10, on a $\mathcal{B} \subset \mathcal{A}$, d'où

$$\text{Card}\,\mathcal{B} \leq \text{Card}\,\mathcal{A} = \text{Card}\,\mathbb{R}$$

d'après la proposition précédente et on peut donc conclure. Q.E.D.

Par exemple, la tribu borélienne de $\mathbb{R}^n$ $(n \geq 1)$ a la puissance du continu.

C – Espaces compacts

2.30 Définitions équivalentes de la compacité

Sur un espace topologique, un filtre n'admet pas nécessairement de point adhérent comme nous l'avons déjà remarqué (paragraphe 2.16). Ceci conduit à la définition suivante.

Définition 2.30.1 *Un espace topologique séparé X est dit compact si*
(C_1) *Tout filtre sur X admet un point adhérent.*

Il en résulte que toute application $f : X \to Y$ à valeurs dans un espace compact Y admet une valeur d'adhérence suivant tout filtre sur X. En particulier, toute suite dans un espace compact admet une valeur d'adhérence et dans un espace compact à base dénombrable de voisinages, de toute suite on peut extraire une sous-suite convergente (proposition 2.16.6).

Note L'espace $\mathbb{R}$ n'est pas compact : la suite $x_n = n$ n'a pas de valeur d'adhérence.

Donnons de suite une autre caractérisation topologique des espaces compacts. Une famille $(O_i)_{i \in I}$ d'ensembles ouverts est appelée un recouvrement ouvert de l'espace X si $X = \bigcup_{i \in I} O_i$; on dit que ce recouvrement contient un sous-recouvrement fini, ou qu'on peut extraire un sous-recouvrement fini, s'il existe une partie finie J de I telle que $X = \bigcup_{i \in J} O_i$.

On a alors le théorème suivant.

Théorème 2.30.1 *L'axiome (C_1) est équivalent à chacun des axiomes suivants.*
(C_2) *(Axiome de Borel-Lebesgue) Tout recouvrement ouvert de X contient un sous-recouvrement fini.*
(C_3) *Toute famille d'ensembles fermés de X dont l'intersection est vide contient une sous-famille finie dont l'intersection est vide.*

Preuve L'équivalence de ces deux axiomes est évidente.

$(C_1) \Rightarrow (C_3)$. Soit $(F_i)_{i \in I}$ une famille de fermés dont l'intersection est vide ; supposons que l'intersection de toute sous-famille finie soit non vide. Considérons alors l'ensemble de ces intersections, c'est-à-dire l'ensemble des $\bigcap_{i \in J} F_i$ où J décrit l'ensemble $\mathcal{F}(I)$ des parties finies de I ; cet ensemble de parties non vides stable par intersection finie est une base de filtre qui admet un point adhérent d'après (C_1) ; les ensembles F_i étant fermés, ceci prouve que l'intersection de la famille $(F_i)_{i\in I}$ est non vide contrairement à l'hypothèse.

$(C_3) \Rightarrow (C_1)$. Supposons qu'il existe un filtre $\mathcal{F}$ sans point adhérent, c'est-à-dire tel que $\bigcap_{M\in\mathcal{F}} \overline{M} = \emptyset$. Alors, d'après (C_3), on pourrait trouver une famille finie $(M_i)_{i\in I}$ d'ensembles de $\mathcal{F}$ telle que $\bigcap_{i\in I} \overline{M_i} = \emptyset$, d'où a fortiori $\bigcap_{i\in I} M_i = \emptyset$, ce qui est absurde cet ensemble appartenant à $\mathcal{F}$. Q.E.D.

Exemple 2.30.1 Un espace discret X est compact si, et seulement si, il est fini. Rappelons d'abord que la topologie discrète est séparée. Si X est fini, tout recouvrement est fini donc X est compact. Réciproquement, si X est compact, le recouvrement ouvert $(\{x\})_{x\in X}$ contient un sous-recouvrement fini, donc X est fini et ceci prouve l'assertion voulue.

Remarque 2.30.1 Soit (F_n) une suite décroissante de fermés dans un espace compact ; l'axiome (C_3) montre que l'intersection $\bigcap_{n=0}^{\infty} F_n$ est non vide si, et seulement si, tous les ensembles F_n sont non vides.

Exercice 2.30.1 Soient X un espace topologique séparé et $(B_i)_{i\in I}$ une base de la topologie de X, montrer que X est compact si, et seulement si, tout recouvrement de X par des ouverts de la base $(B_i)_{i\in I}$ contient un sous-recouvrement fini.

Exercice 2.30.2 Soit X un espace topologique, montrer l'équivalence des propriétés suivantes.

1. Tout recouvrement ouvert dénombrable contient un sous-recouvrement fini.
2. Toute suite décroissante de fermés non vides a une intersection non vide.
3. Toute suite d'éléments de X admet une valeur d'adhérence.

Exercice 2.30.3 **Espace de Lindelöf** Un espace topologique X est appelé un espace de Lindelöf si tout recouvrement ouvert de X contient un sous-recouvrement dénombrable.

1. Soit X un espace topologique admettant une base de topologie dénombrable et soit $(O_i)_{i\in I}$ une famille d'ouverts de X. Montrer qu'il existe une partie dénombrable J de I telle que

$$\bigcup_{i\in J} O_i = \bigcup_{i\in I} O_i$$

[si (B_n) est une base de topologie, soit A l'ensemble des entiers $n \in \mathbb{N}$ tels qu'il existe $i(n) \in I$ tel que $B_n \subset O_{i(n)}$, montrer alors que $\bigcup_{i\in I} O_i = \bigcup_{n\in A} O_{i(n)}$].

2. En déduire que tout espace à base de topologie dénombrable est un espace de Lindelöf et que toute base de topologie contient une base de topologie dénombrable.

3. Soit X un espace séparé tel que toute suite admette une valeur d'adhérence, montrer que X est compact si, et seulement si, X est un espace de Lindelöf [utiliser l'exercice 2.30.2].

Exercice 2.30.4 Soit $(X_i)_{i\in I}$ une famille d'espaces topologiques non vides, montrer que l'espace $X = \prod_{i\in I} X_i$ admet une base de topologie dénombrable si, et seulement si, tous les espaces X_i admettent une base de topologie dénombrable et si tous les X_i, sauf au plus une infinité dénombrable, sont munis de la topologie grossière [pour démontrer que la condition est nécessaire, on utilisera le fait que X admet une base de topologie dénombrable constituée d'ouverts de la forme (2.21.1) d'après l'exercice 2.30.3].

Exercice 2.30.5 **Coefficient de Lebesgue d'un recouvrement** Soient X un espace métrique compact et $(O_i)_{i\in I}$ un recouvrement ouvert de X, montrer qu'il existe un nombre $\varepsilon > 0$ (appelé coefficient de Lebesgue du recouvrement) tel que tout ensemble de diamètre $\leq \varepsilon$ soit contenu dans l'un des O_i [pour tout $x \in X$, il existe $i \in I$ et $r(x) > 0$ tel que $B(x; r(x)) \subset O_i$; du recouvrement $(B(x; r(x)/2))_{x \in X}$ extraire un sous-recouvrement fini $(B(x; r(x)/2))_{x \in A}$, A fini, et prendre $\varepsilon = \min_{x \in A} r(x)/2$].

Exercice 2.30.6 Soient X un espace topologique, Y un espace compact et $f : X \times Y \to \overline{\mathbb{R}}$ une fonction s.c.i., montrer que la fonction $g(x) = \inf_{y \in Y} f(x, y)$ est s.c.i.

Exercice 2.30.7 Soient X un espace topologique, Y un espace compact et Z un espace métrique, montrer que l'homéomorphisme $\Phi : \mathcal{F}_u(X \times Y; Z) \to \mathcal{F}_u(X; \mathcal{F}_u(Y; Z))$ (exercice 2.27.2) induit un homéomorphisme de l'espace $\mathcal{C}_u(X \times Y; Z)$ sur l'espace $\mathcal{C}_u(X; \mathcal{C}_u(Y; Z))$, uniformément continu ainsi que l'homéomorphisme réciproque.

Donnons une dernière caractérisation des espaces compacts qui utilise la notion suivante.

Définition 2.30.2 *Un filtre $\mathcal{U}$ est appelé un ultrafiltre s'il n'existe pas de filtre strictement plus fin.*

Autrement dit, un ultrafiltre est un élément maximal de l'ensemble ordonné des filtres sur X. On peut donner un exemple (c'est le seul) d'ultrafiltre. Étant donné un point a de X, notons $\mathcal{U}_a$ le filtre engendré par la base de filtre constituée du seul ensemble $\{a\}$; ce filtre est un ultrafiltre : en effet, s'il existait un filtre $\mathcal{F}$ strictement plus fin que $\mathcal{U}_a$, on pourrait trouver un ensemble M de $\mathcal{F}$ ne contenant pas le point a ; on aurait alors $\{a\} \in \mathcal{F}$, $M \in \mathcal{F}$ et $\{a\} \cap M = \emptyset$ ce qui est absurde. L'ultrafiltre $\mathcal{U}_a$ est appelé l'ultrafiltre trivial associé au point a.

Exercice 2.30.8 Soit $\mathcal{U}$ un ultrafiltre sur un ensemble X, montrer que $\bigcap_{M \in \mathcal{U}} M$ contient au plus un point et, si cette intersection est réduite à un point a, $\mathcal{U}$ est l'ultrafiltre trivial $\mathcal{U}_a$.

On a alors le théorème.

Théorème 2.30.2 *Pour tout filtre $\mathcal{F}$ sur un ensemble X, il existe un ultrafiltre plus fin que $\mathcal{F}$.*

Preuve D'après le lemme de Zorn 1.5.1, il s'agit de prouver que, sur un ensemble non vide, l'ensemble ordonné des filtres est inductif. Notons d'abord que cet ensemble est non vide. Considérons une famille $(\mathcal{F}_i)_{i \in I}$ de filtres totalement ordonnée. Il suffit de vérifier que $\mathcal{F} = \bigcup_{i \in I} \mathcal{F}_i$ est un filtre sur X : il est évident que (F_1) et (F_3) sont vérifiés ; quant à (F_2), soient $A_1, A_2 \in \mathcal{F}$, alors il existe $i_1, i_2 \in I$ tel que $A_1 \in \mathcal{F}_{i_1}$ et $A_2 \in \mathcal{F}_{i_2}$; la famille $(\mathcal{F}_i)_{i \in I}$ étant totalement ordonnée, on a par exemple $\mathcal{F}_{i_1} \subset \mathcal{F}_{i_2}$ d'où $A_1 \cap A_2 \in \mathcal{F}_{i_2} \subset \mathcal{F}$, ce qui prouve le résultat voulu.
Q.E.D.

Le théorème précédent est un théorème d'existence ; il ne donne aucun moyen pour construire un ultrafiltre plus fin qu'un filtre donné. D'autre part, il existe en général plusieurs ultrafiltres plus fins qu'un filtre donné : par exemple, si $\mathcal{F}$ est le filtre engendré par une partie A non vide, tous les ultrafiltres triviaux $\mathcal{U}_a$, où $a \in A$, sont plus fins que $\mathcal{F}$.

Notons enfin la propriété suivante, qui résulte de la proposition 2.16.5.

Proposition 2.30.3 *Sur un espace topologique X, un ultrafiltre $\mathcal{U}$ converge vers un point x si, et seulement si, x est un point adhérent à $\mathcal{U}$.*

Nous sommes maintenant en mesure de prouver le

Théorème 2.30.4 *L'axiome (C_1) est équivalent à l'axiome*
(C_4) Tout ultrafiltre converge.

Preuve La proposition 2.30.3 montre que (C_1) implique (C_4). Réciproquement, soit $\mathcal{F}$ un filtre sur X ; d'après le théorème 2.30.2, il existe un ultrafiltre $\mathcal{U}$ plus fin que $\mathcal{F}$; d'après (C_4), cet ultrafiltre converge et tout point limite de $\mathcal{U}$ est un point adhérent à $\mathcal{F}$ ce qui permet de conclure. Q.E.D.

Comme nous le verrons au paragraphe 2.33, cette caractérisation des espaces compacts permet d'étudier très simplement un produit d'espaces compacts.

Exercice 2.30.9 1. Soient $\mathcal{F}$ un filtre sur un ensemble X, Y un espace topologique, $y \in Y$ et $f : X \to Y$ une application. Montrer que $y = \lim_{\mathcal{F}} f$ si, et seulement si, $y = \lim_{\mathcal{U}} f$ pour tout ultrafiltre $\mathcal{U}$ plus fin que $\mathcal{F}$ [condition suffisante : si y n'est pas une valeur limite de f suivant $\mathcal{F}$, il existe un voisinage V de y tel que $\mathcal{F}$ admette une trace sur $X - f^{-1}(V)$, considérer alors un ultrafiltre plus fin que le filtre engendré par le filtre induit $\mathcal{F}|_{X-f^{-1}(V)}$].

2. Si X est un espace topologique, montrer que l'application $f : X \to Y$ est continue en un point a de X si, et seulement si, pour tout ultrafiltre $\mathcal{U}$ qui converge vers a, la base de filtre $f(\mathcal{U})$ converge vers $f(a)$.

2.31 Propriétés des espaces compacts

En ce qui concerne le comportement des filtres sur un espace compact, outre la propriété (C_1), on a la

Proposition 2.31.1 *Sur un espace compact, un filtre converge si, et seulement si, il admet un seul point adhérent.*

Preuve La condition est nécessaire car un espace compact est séparé. Réciproquement, soit $\mathcal{F}$ un filtre sur un espace compact X admettant un seul point adhérent x. Nous allons montrer que $\mathcal{F}$ converge vers x. Si ce n'était pas le cas, on pourrait en effet trouver un voisinage ouvert V de x n'appartenant pas à $\mathcal{F}$; il en résulterait que tout M de $\mathcal{F}$ rencontrerait $X - V$; le filtre $\mathcal{F}$ admettrait donc une trace $\mathcal{F}'$ sur $X - V$; ce filtre $\mathcal{F}'$ considéré comme une base de filtre sur X admettrait un point adhérent y qui serait a fortiori adhérent au filtre moins fin $\mathcal{F}$ (remarque 2.20.2). On a alors $y \in \overline{X - V}$, d'où $y \in X - V$ vu que V est ouvert, d'où $x \neq y$ et le filtre $\mathcal{F}$ admettrait deux points adhérents, ce qui est contraire à l'hypothèse. Q.E.D.

Corollaire 2.31.2 *Dans un espace compact, une suite converge si, et seulement si, elle admet une seule valeur d'adhérence. Dans un espace compact à base dénombrable de voisinages, une suite converge si, et seulement si, toutes les sous-suites extraites qui convergent, convergent vers la même limite.*

Exercice 2.31.1 Soient X, Y des espaces topologiques et $f : X \to Y$ une application.

1. Si Y est séparé et si f est continu, montrer que le graphe de f, c'est-à-dire l'ensemble $G = \{(x,y) \in X \times Y \,;\, y = f(x)\}$, est fermé.

2. Réciproquement, si Y est compact et si le graphe de f est fermé, montrer que f est continu [montrer que $f(x)$ est le seul point adhérent à la base de filtre $(f(V))_{V \in \mathcal{V}(x)}$].

Définition 2.31.1 *Dans un espace topologique X, une partie $K \subset X$ est dite compacte si, munie de la topologie induite par celle de X, K est un espace compact.*

Dire que K est une partie compacte de X signifie que la topologie induite sur K par celle de X est une topologie compacte. Ceci implique d'abord que K est un sous-espace séparé de X. Pour écrire ensuite l'axiome de Borel-Lebesgue, il est vivement conseillé d'utiliser des ouverts de X ; cet axiome doit alors s'écrire de la façon suivante : soit $(O_i)_{i \in I}$ une famille d'ouverts de X telle que $K \subset \bigcup_{i \in I} O_i$ (c'est-à-dire un recouvrement de K par des ouverts de X), alors il existe une partie finie J de I telle que $K \subset \bigcup_{i \in J} O_i$.

Exemple 2.31.1 Soit (x_n) une suite convergente de limite x dans un espace séparé X. Posons $A = \bigcup_{n=0}^{\infty} \{x_n\}$, on a alors $\overline{A} = A \cup \{x\}$: en effet, le point x est adhérent à A, montrons que tout point $y \in X - A \cup \{x\}$ n'est pas adhérent à A ; $x \neq y$, donc il existe des voisinages ouverts disjoints V et W de x et y ; la suite (x_n) convergeant vers x, V contient tous les x_n sauf peut-être un nombre fini ; il en résulte que $W \cap A$ est fini et par suite $W - A$ est un voisinage ouvert de y ne rencontrant pas A. Montrons ensuite que $\overline{A}$ est une partie compacte de X. Soit $(O_i)_{i \in I}$ un recouvrement ouvert de $\overline{A}$; il existe $i_0 \in I$ tel que $x \in O_{i_0}$; cet ouvert O_{i_0} contenant tous les x_n sauf peut-être un nombre fini, il existe une partie finie J de I telle que $(O_i)_{i \in J}$ soit un sous-recouvrement fini de $\overline{A}$ qui est donc compact.

Exercice 2.31.2 Soient X un espace séparé à base dénombrable de voisinages et Y un espace topologique. Montrer qu'une application $f : X \to Y$ est continue si, et seulement si, pour tout compact K de X, la restriction $f|_K : K \to Y$ de f à K est continue.

Exercice 2.31.3 Convergence uniforme sur tout compact Soient X un espace topologique, Y un espace métrique, on dit qu'une suite (f_n) d'applications de X dans Y converge uniformément sur tout compact vers une application $f : X \to Y$ si, pour tout compact $K \subset X$, la suite $(f_n|_K)$ converge uniformément vers $f|_K$.

1. Si la suite (f_n) converge uniformément sur tout compact vers f, montrer que la suite (f_n) converge simplement vers f.

2. Si la suite (f_n) converge vers f localement uniformément (exercice 2.27.5), alors elle converge vers f uniformément sur tout compact.

3. On suppose X séparé à base dénombrable de voisinages, si (f_n) est une suite d'applications continues convergeant uniformément sur tout compact vers f, alors f est continue [utiliser l'exercice 2.31.2].

Exercice 2.31.4 Soient X_1, X_2 deux espaces topologiques, $K_1 \subset X_1$ et $K_2 \subset X_2$ des parties compactes non vides, montrer que l'ensemble des $V_1 \times V_2$, lorsque V_1 et V_2 décrivent respectivement les filtres $\mathcal{V}(K_1)$ et $\mathcal{V}(K_2)$, constitue un système fondamental de voisinages de $K_1 \times K_2$ [supposer d'abord que l'un des K_i est réduit à un point].

Il est souvent essentiel de connaître les parties compactes d'un espace topologique. Des théorèmes fondamentaux seront donnés ultérieurement (paragraphes 2.32 et 2.33) ; pour l'instant contentons-nous de quelques remarques préliminaires.

Proposition 2.31.3 *1. Dans un espace compact, toute partie fermée est compacte.*

2. Dans un espace séparé, toute partie compacte est fermée.

Preuve 1. Soit K une partie fermée d'un espace compact X. Alors K est un sous-espace d'un espace séparé, donc K est un espace séparé. D'après la proposition 2.20.1, une partie de K est fermée dans K si, et seulement si, elle est fermée dans X ; il en résulte que la propriété (C_3) est vérifiée par le sous-espace K, vu qu'elle l'est par l'espace X. Ceci prouve que K est une partie compacte.

2. Soit K une partie compacte d'un espace séparé X. Si K n'est pas fermé, il existe $a \in \overline{K} - K$; l'espace X étant séparé, $\bigcap_{V \in \mathcal{V}(a)} \overline{V} = \{a\}$, d'où

$$\bigcap_{V \in \mathcal{V}(a)} (\overline{V} \cap K) = \emptyset.$$

D'après (C_3), il existe donc une famille finie $(V_i)_{1 \leq i \leq n}$ de voisinages de a telle que $\bigcap_{i=1}^{n} (\overline{V}_i \cap K) = \emptyset$; on obtient une contradiction car $\bigcap_{i=1}^{n} \overline{V}_i$ est un voisinage de a et, a étant adhérent à K, ce voisinage doit rencontrer K. Q.E.D.

Corollaire 2.31.4 *Dans un espace compact, l'ensemble des parties compactes est égal à l'ensemble des parties fermées.*

Dans un espace séparé, toute partie compacte étant fermée, il est commode d'introduire la terminologie suivante.

Définition 2.31.2 *Dans un espace séparé, une partie est dite relativement compacte si son adhérence est compacte.*

Toute partie relativement compacte est donc contenue dans une partie compacte. Réciproquement, soit A une partie de K où K est une partie compacte d'un espace séparé ; alors K est fermée dans X d'après la proposition 2.31.3 et par conséquent l'adhérence $\overline{A}$ de A dans X est contenue et fermée dans K, donc compact d'après la proposition 2.31.3.

Dans un espace séparé, une partie est donc relativement compacte si, et seulement si, elle est contenue dans une partie compacte. Il en résulte que, dans un espace séparé, tout ensemble contenu dans une partie relativement compacte est a fortiori relativement compact.

Proposition 2.31.5 *1. Dans un espace séparé, une réunion finie de parties compactes est une partie compacte.*

2. Dans un espace séparé, l'intersection d'une famille non vide de parties compactes est une partie compacte.

Preuve 1. Soit $(K_i)_{i \in I}$ une famille finie de parties compactes dans un espace séparé X ; le sous-espace $K = \bigcup_{i \in I} K_i$ est donc séparé. Soit $(O_j)_{j \in J}$ un recouvrement ouvert de K ; pour tout $i \in I$, il existe d'après (C_2) une partie finie J_i de

J telle que $K_i \subset \bigcup_{j \in J_i} O_j$, d'où $K \subset \bigcup_{j \in J'} O_j$, où $J' = \bigcup_{i \in I} J_i$ est une partie finie de J ; ceci prouve que K est compact.

2. Soit $(K_i)_{i \in I}$ une famille non vide de parties compactes d'intersection K ; d'après la proposition 2.31.3, les ensembles K_i sont fermés, donc K est fermé dans X, donc fermé dans chacun des K_i et on conclut avec la proposition 2.31.3.

Q.E.D.

Corollaire 2.31.6 *Dans un espace séparé, une réunion finie d'ensembles relativement compacts est relativement compacte.*

Précisons les propriétés topologiques des espaces compacts.

Proposition 2.31.7 *Tout espace compact est régulier ; autrement dit, tout point admet un système fondamental de voisinages compacts.*

Preuve L'espace est séparé ; nous allons vérifier (R_1). L'ensemble $\mathcal{B}$ des voisinages fermés d'un point x étant stable par intersection finie est une base de filtre qui engendre un filtre moins fin que $\mathcal{V}(x)$. D'après (H_3), x est le seul point adhérent à $\mathcal{B}$, donc $\mathcal{B}$ converge vers x d'après la proposition 2.31.1, ce qui prouve que $\mathcal{B}$ est une base du filtre $\mathcal{V}(x)$, et ceci prouve (R_1). Q.E.D.

Plus généralement, on a la

Proposition 2.31.8 *Dans un espace compact, toute partie compacte admet un système fondamental de voisinages compacts.*

Preuve Soit K une partie compacte d'un espace compact X et soit V un voisinage de K. Pour tout x de K, il existe d'après la proposition précédente un voisinage fermé $C(x)$ du point x tel que $x \in C(x) \subset V$. Quant x décrit K, les intérieurs $\overset{\circ}{C}(x)$ de ces voisinages forment un recouvrement ouvert du compact K, dont on peut extraire un sous-recouvrement fini $\overset{\circ}{C}(x_i)$, $1 \leq i \leq n$. L'ensemble $\bigcup_{i=1}^{n} C(x_i)$ est un voisinage fermé, donc compact, de K contenu dans V. Q.E.D.

On peut préciser la propriété (R_2) de séparation des espaces réguliers de la façon suivante.

Proposition 2.31.9 *Dans un espace régulier X, soient A une partie compacte et B une partie fermée sans point commun. Alors, A et B admettent des voisinages disjoints.*

Preuve Pour tout $x \in A$, il existe d'après (R_2) un voisinage ouvert V_x de x et un voisinage W_x de B sans point commun. L'espace A étant compact, on peut extraire du recouvrement ouvert $(V_x)_{x \in A}$ de A un sous-recouvrement fini $(V_x)_{x \in M}$ (M partie finie de A). Alors, $V = \bigcup_{x \in M} V_x$ et $W = \bigcap_{x \in M} W_x$ sont des voisinages disjoints de A et B. Q.E.D.

Étudions enfin les propriétés des fonctions continues définies sur un espace compact.

Théorème 2.31.10 *Soit $f : X \to Y$ une application continue définie sur un espace topologique X à valeurs dans un espace séparé Y. Alors, l'image par f de toute partie compacte de X est une partie compacte de Y.*

Preuve Soit K une partie compacte de X et soit $(O_i)_{i\in I}$ un recouvrement ouvert de $f(K)$. D'après la continuité de f, les ensembles $f^{-1}(O_i)$ sont ouverts dans X et $(f^{-1}(O_i))_{i\in I}$ est un recouvrement ouvert de K. On peut donc trouver une partie finie J de I telle que $(f^{-1}(O_i))_{i\in J}$ soit un recouvrement de K ; il en résulte que $(O_i)_{i\in J}$ est un sous-recouvrement fini de $f(K)$, qui est donc compact, l'espace Y étant séparé. Q.E.D.

Introduisons la terminologie suivante.

Définition 2.31.3 *Soient X et Y deux espaces topologiques, une application $f : X \to Y$ est dite fermée si l'image par f de toute partie fermée de X est une partie fermée de Y.*

Corollaire 2.31.11 *Soient X un espace compact, Y un espace séparé, alors toute application continue $f : X \to Y$ est fermée.*

Preuve En effet, toute partie fermée de X est compacte et toute partie compacte de Y est fermée ; il suffit d'appliquer le théorème précédent. Q.E.D.

Corollaire 2.31.12 *Soit $f : X \to Y$ une bijection continue définie sur un espace compact à valeurs dans un espace séparé. Alors, f est un homéomorphisme et Y est un espace compact.*

Nous allons en déduire une propriété intéressante des topologies compactes. Introduisons la terminologie suivante.

Définition 2.31.4 *Sur un ensemble X, une topologie séparée est dite minimale si elle est minimale dans l'ensemble ordonné des topologies séparées sur X.*

Proposition 2.31.13 *Sur un ensemble X les topologies compactes sont des topologies minimales.*

Preuve En effet, soit $\mathcal{T}_1$ une topologie séparée moins fine qu'une topologie compacte $\mathcal{T}_2$. Alors, l'application identique de X_2 dans X_1 est une bijection continue, donc un homéomorphisme d'après le corollaire 2.31.12, ce qui prouve que $\mathcal{T}_1 = \mathcal{T}_2$. Q.E.D.

Autrement dit, toute topologie séparée moins fine qu'une topologie compacte coïncide nécessairement avec cette topologie compacte ; cette propriété n'est cependant pas caractéristique des topologies compactes.

Corollaire 2.31.14 *Soient $\mathcal{T}_1$ et $\mathcal{T}_2$ deux topologies séparées sur un ensemble X telle que $\mathcal{T}_1$ soit moins fine que $\mathcal{T}_2$. Alors, toute partie compacte de X pour $\mathcal{T}_2$ est compacte pour $\mathcal{T}_1$ et les topologies $\mathcal{T}_1$ et $\mathcal{T}_2$ coïncident sur une telle partie.*

Exercice 2.31.5 Soient X un espace compact, Y un espace topologique, montrer que la projection $pr_2 : X \times Y \to Y$ est une application fermée [soient A une partie fermée de $X \times Y$, $y \notin pr_2(A)$, pour tout $x \in X$ il existe un voisinage ouvert $U_x \times V_x$ de (x, y) ne rencontrant pas A, utiliser alors Borel-Lebesgue].

Exercice 2.31.6 Soient X, Y, Z des espaces topologiques, on suppose Y compact et Z séparé et soit $f : X \times Y \to Z$ une application continue telle que, pour tout $x \in X$, l'application $y \mapsto f(x, y)$ soit injective. Soit $a \in Z$, on pose

$$A = \{x \in X\ ;\ (\exists y \in Y)(f(x, y) = a)\}.$$

1. Montrer que A est fermé dans X [utiliser l'exercice 2.31.5].

2. On note $g : A \to Y$ l'application telle que $f(x, g(x)) = a$ pour tout $x \in A$. Montrer que g est continu [utiliser l'exercice 2.31.1].

Indiquons enfin un théorème établissant un lien intéressant entre la convergence simple et la convergence uniforme, et qui repose sur des hypothèses de croissance. Des relations entre ces deux types de convergence d'une toute autre nature seront étudiées au paragraphe 2.34.

Théorème 2.31.15 Dini *Soient X un espace compact, $f_i : X \to \mathbb{R}$ une suite généralisée (exemple 2.11.5) de fonctions s.c.i. telle que l'application $i \mapsto f_i$ soit croissante. On suppose la fonction $f = \sup_{i \in I} f_i$ à valeurs réelles finies. Alors, si f est continue, la suite généralisée $(f_i)_{i \in I}$ converge uniformément vers f.*

Preuve Il s'agit de démontrer que

$$(\forall \varepsilon > 0)(\exists i \in I)(\forall j \in I)(j \geq i \Rightarrow \sup_{x \in X}(f(x) - f_j(x)) \leq \varepsilon). \tag{2.31.1}$$

Posons $O_j = \{x \in X\ ;\ f(x) - f_j(x) < \varepsilon\}$; la famille $(O_j)_{j \in I}$ est un recouvrement ouvert de X dont on peut extraire un sous-recouvrement fini $(O_j)_{j \in J}$. L'ensemble I étant filtrant (exemple 2.8.8), il existe $k \in I$ tel que $k \geq j$ pour tout $j \in J$; d'après la croissance de l'application $i \mapsto f_i$, on a $O_j \subset O_k$ pour tout $j \in J$, d'où $O_k = X$, ce qui prouve (2.31.1). Q.E.D.

Corollaire 2.31.16 *Soient X un espace compact, $f_n : X \to \mathbb{R}$ une suite croissante de fonctions s.c.i. convergeant simplement vers une fonction continue $f : X \to \mathbb{R}$. Alors, la suite (f_n) converge uniformément vers f.*

2.32 Le théorème de Tychonoff

Nous allons démontrer qu'un produit de topologies compactes est une topologie compacte ; il s'agit là d'un théorème fondamental dont la preuve utilise essentiellement le lemme de Zorn par l'intermédiaire de la notion d'ultrafiltre.

Proposition 2.32.1 *Soient $\mathfrak{U}$ un ultrafiltre sur un ensemble X, A et B deux parties de X telles que $A \cup B \in \mathfrak{U}$, alors $A \in \mathfrak{U}$ ou $B \in \mathfrak{U}$.*

Preuve Supposons en effet que $A \notin \mathfrak{U}$ et $B \notin \mathfrak{U}$; alors l'ensemble $\mathcal{F} = \{M \subset X\ ;\ A \cup M \in \mathfrak{U}\}$ est un filtre sur X car $\emptyset \notin \mathcal{F}$ vu que $A \notin \mathfrak{U}$ et ce filtre est strictement plus fin que $\mathfrak{U}$ car $B \in \mathcal{F} - \mathfrak{U}$. Ceci est contradictoire avec le fait que $\mathfrak{U}$ est un ultrafiltre. Q.E.D.

Corollaire 2.32.2 *Soient $\mathfrak{U}$ un ultrafiltre sur un ensemble X et $(A_i)_{i \in I}$ une famille finie de parties de X telle que $\bigcup_{i \in I} A_i \in \mathfrak{U}$. Alors, il existe $i \in I$ tel que $A_i \in \mathfrak{U}$.*

Ceci va nous permettre de caractériser les ultrafiltres de la façon suivante.

Proposition 2.32.3 *Un filtre $\mathcal{U}$ sur un ensemble X est un ultrafiltre si, et seulement si, pour tout $A \subset X$, on a $A \in \mathcal{U}$ ou $X - A \in \mathcal{U}$.*

Preuve La condition est nécessaire d'après la proposition 2.32.1, vu que

$$A \cup (X - A) = X \in \mathcal{U}.$$

La condition est suffisante ; en effet, supposons qu'il existe un filtre $\mathcal{F}$ strictement plus fin que $\mathcal{U}$; alors, il existe un ensemble $M \in \mathcal{F} - \mathcal{U}$; d'après la proposition 2.32.1, on a nécessairement $X - M \in \mathcal{U}$ d'où $X - M \in \mathcal{F}$ et par suite M et $X - M$ appartiennent tous deux à $\mathcal{F}$, ce qui est absurde, leur intersection étant vide. Q.E.D.

Exercice 2.32.1 Soit $\mathcal{U}$ un ultrafiltre sur un ensemble X et soit A une partie de X, montrer que $\mathcal{U}$ admet une trace sur A si, et seulement si, $A \in \mathcal{U}$, auquel cas $\mathcal{U}_A$ est un ultrafiltre.

Nous pouvons établir maintenant le résultat dont nous aurons besoin.

Proposition 2.32.4 *Soient X, Y des ensembles et $f : X \to Y$ une application de X dans Y. Alors, l'image par f de tout ultrafiltre sur X est une base d'ultrafiltre sur Y.*

Preuve Soit $\mathcal{U}$ un ultrafiltre sur X et soit B une partie de Y. D'après la caractérisation précédente, on a $f^{-1}(B) \in \mathcal{U}$ ou $X - f^{-1}(B) \in \mathcal{U}$ et il en résulte que B ou $Y - B$ appartient au filtre engendré par $f(\mathcal{U})$, ce qui prouve que $f(\mathcal{U})$ est une base d'ultrafiltre sur Y. Q.E.D.

Théorème 2.32.5 Tychonoff *Un produit d'espaces topologiques non vides est compact si, et seulement si, tous les espaces facteurs sont compacts.*

Preuve Soit $(X_i)_{i \in I}$ une famille d'espaces topologiques et soit $X = \prod_{i \in I} X_i$ l'espace topologique produit. Si X est compact, X est séparé, les espaces facteurs sont séparés (corollaire 2.21.12) donc homéomorphes à des sous-espaces fermés de X (corollaire 2.21.11) ; les espaces facteurs sont donc compacts (proposition 2.31.3). Réciproquement, supposons tous les espaces facteurs X_i compacts, alors les espaces X_i sont séparés donc X est séparé (corollaire 2.21.12). Soit $\mathcal{U}$ un ultrafiltre sur X, alors les bases de filtre $pr_i(\mathcal{U})$ sont des bases d'ultrafiltre qui convergent d'après (C_4) ; il en résulte que $\mathcal{U}$ converge (proposition 2.21.8), ce qui prouve que X est compact. Q.E.D.

Le théorème de Tychonoff est un théorème fondamental car il permet de caractériser les parties compactes d'un grand nombre d'espaces fonctionnels. Voici d'abord un corollaire immédiat.

Corollaire 2.32.6 *Soit X le produit d'une famille $(X_i)_{i \in I}$ d'espaces séparés. Une partie A de X est relativement compacte si, et seulement si, pour tout $i \in I$, $pr_i(A)$ est relativement compacte dans X_i.*

Preuve La condition est nécessaire. En effet, soit A une partie relativement compacte de X qui est séparé (corollaire 2.21.12) ; $\overline{A}$ est compact, donc $pr_i(\overline{A})$ est compact d'après la continuité des projections et on a $pr_i(A) \subset pr_i(\overline{A})$, ce qui prouve que $pr_i(A)$ est relativement compact.

La condition est suffisante. On a en effet $A \subset \prod_{i\in I} pr_i(A)$, d'où

$$\overline{A} \subset \prod_{i\in I} \overline{pr_i(A)}$$

d'après (2.21.3) ; notons alors que la topologie induite par la topologie de X sur l'ensemble $\prod_{i\in I} \overline{pr_i(A)}$ est la topologie produit des topologies des sous-espaces $\overline{pr_i(A)}$; d'après le théorème de Tychonoff cette topologie est compacte, ce qui prouve que A est relativement compact. Q.E.D.

Dans le corollaire précédent, si on suppose les ensembles $pr_i(A)$ compacts pour tout $i \in I$, on ne peut pas en déduire que A est compact, car A n'est pas nécessairement fermé : par exemple, dans $\mathbb{R}^2$, il suffit de considérer l'ensemble $A = (]0,1] \times \{0\}) \cup \{(0,1)\}$.

Les résultats qui précèdent s'appliquent par exemple à la topologie de la convergence simple. Le théorème 2.32.5 et le corollaire 2.32.6 impliquent le

Théorème 2.32.7 *Soient X un ensemble non vide et Y un espace topologique. L'espace $\mathcal{F}_s(X;Y)$, muni de la topologie de la convergence simple, est compact si, et seulement si, Y est compact. Si Y est séparé, une partie A de $\mathcal{F}_s(X;Y)$ est relativement compacte si, et seulement si, pour tout $x \in X$, l'ensemble*

$$A(x) = pr_x(A) = \{f(x)\,;\ f \in A\}$$

est relativement compact dans Y.

Rappelons que la topologie de la convergence simple n'est pas en général à base dénombrable de voisinages ; lorsque Y est un espace compact, l'espace $\mathcal{F}_s(X;Y)$ est compact, donc toute suite d'applications $f_n : X \to Y$ admet une valeur d'adhérence, mais il n'existe pas nécessairement de sous-suite extraite qui converge simplement. Ceci conduit à la définition suivante.

Définition 2.32.1 *Un espace topologique séparé X est dit séquentiellement compact si toute suite de X admet une sous-suite convergente.*

Un espace compact à base dénombrable de voisinages est séquentiellement compact d'après la proposition 2.16.6. Nous montrerons ultérieurement qu'un espace métrisable séquentiellement compact est compact. Pour l'instant, voici un résultat dont la démonstration utilise une méthode intéressante, il s'agit de la méthode diagonale introduite par Cantor pour démontrer que $\mathbb{R}$ n'est pas dénombrable.

Proposition 2.32.8 *Un produit dénombrable d'espaces séquentiellement compacts est séquentiellement compact.*

Preuve Notons $X = \prod_{q=1}^{\infty} X_q$ l'espace produit. Soit $(x_p)_{p\in\mathbb{N}^*}$ une suite de X, on a $x_p = (x_{p,q})_{q\in\mathbb{N}^*}$ où $x_{p,q} \in X_q$. Construisons par récurrence une suite décroissante (A_q) de parties infinies de $\mathbb{N}^*$ telle que, pour tout $q \in \mathbb{N}^*$, la sous-suite $(x_{p,q})_{p\in A_q}$ de X_q converge : l'espace X_q étant séquentiellement compact, de la suite $(x_{p,q})_{p\in A_{q-1}}$ ($A_0 = \mathbb{N}^*$) on peut en effet extraire une sous-suite convergente $(x_{p,q})_{p\in A_q}$, $A_q \subset A_{q-1}$. Posons $a_q = \lim_{p\to\infty, p\in A_q} x_{p,q} \in X_q$ et $a = (a_q) \in X$. Notons $\varphi(q)$ le $q^{ième}$ élément de A_q et montrons alors que la sous-suite diagonale $(x_{\varphi(p)})_{p\in\mathbb{N}^*}$ converge vers le point a, c'est-à-dire que la suite $(x_{\varphi(p),q})_{p\in\mathbb{N}^*}$ converge vers a_q : en effet, pour $p \geq q$, on a $\varphi(p) \in A_p \subset A_q$ et la suite $(x_{\varphi(p),q})_{p\geq q}$ est donc une sous-suite de la suite $(x_{p,q})_{p\in A_q}$, suite qui converge vers a_q. Q.E.D.

Exercice 2.32.2 Soient X un espace compact, R une relation d'équivalence sur X, X/R l'espace quotient, $\pi : X \to X/R$ la surjection canonique et

$$G = \{(x, y) \in X \times X \,;\, \pi(x) = \pi(y)\}$$

le graphe de la relation R. Montrer l'équivalence des propriétés suivantes

1. l'espace X/R est séparé,
2. le graphe G est fermé,
3. l'application π est fermée,

[pour démontrer que $2 \Rightarrow 3$, si F est un fermé de X, noter que $\pi^{-1}(\pi(F)) = pr_1((X \times F) \cap G)$ où $pr_1 : X \times X \to X$ désigne la première projection ; pour démontrer que $3 \Rightarrow 1$, soient $\xi, \eta \in X/R$, $\xi \neq \eta$, alors $\pi^{-1}(\xi)$ et $\pi^{-1}(\eta)$ sont des fermés disjoints qui admettent des voisinages ouverts disjoints V et W ; si V' et W' sont les saturés (exercice 2.24.1) de $X - V$ et $X - W$, vérifier que $\pi(X - V')$ et $\pi(X - W')$ sont des voisinages ouverts disjoints de ξ et η].

2.33 Espaces métriques compacts

La compacité des espaces métriques peut se caractériser par des propriétés de leur structure uniforme. Cette caractérisation utilisera la notion suivante.

Définition 2.33.1 *Dans un espace métrique, une partie A est dite précompacte si, pour tout $\varepsilon > 0$, il existe un recouvrement fini de A par des ensembles dont le diamètre est inférieur à ε.*

Un ensemble de diamètre $\leq \varepsilon$ étant contenu dans une boule fermée (resp. ouverte) de rayon ε (resp. 2ε), un ensemble A est précompact si, et seulement si, pour tout $\varepsilon > 0$, il existe un recouvrement fini de A par des boules de rayon ε qu'on peut choisir ouvertes ou fermées. En prenant des boules fermées, on constate que $\overline{A}$ est précompact dès que A est précompact. Par ailleurs, si A est précompact, tout sous-ensemble de A est précompact. Il en résulte que A est précompact si, et seulement si, $\overline{A}$ est précompact. Notons également que toute réunion finie d'ensembles précompacts est précompacte et que tout ensemble précompact est borné.

Voici une première propriété des espaces métriques précompacts.

Proposition 2.33.1 *Un espace métrique précompact est séparable.*

Preuve Pour tout entier $n \geq 1$, il existe un recouvrement fini de l'espace X par des boules de rayon $1/n$; soit A_n l'ensemble des centres de ces boules ; A_n est fini et $A = \bigcup_{n=1}^{\infty} A_n$ est dénombrable. Montrons que A est partout dense. On a

$d(x, A) \leq d(x, A_n) \leq 1/n$ pour tout $x \in X$ et tout $n \geq 1$, d'où $d(x, A) = 0$ et on conclut avec la proposition 2.10.5. Q.E.D.

La notion de précompacité ne dépend que de la structure uniforme de l'espace ; on a en effet la proposition suivante.

Proposition 2.33.2 *Soient X, Y des espaces métriques, $f : X \to Y$ une application uniformément continue. Alors, l'image par f de toute partie précompacte de X est une partie précompacte de Y.*

Preuve Soit A une partie précompacte de X et soit $\varepsilon > 0$; alors il existe un nombre $\delta > 0$, tel que l'image par f de tout ensemble de diamètre $\leq \delta$ soit un ensemble de diamètre $\leq \varepsilon$. Il existe un recouvrement fini de A par des ensembles de diamètre $\leq \delta$, dont l'image par f est un recouvrement fini de $f(A)$ par des ensembles de diamètre $\leq \varepsilon$. Q.E.D.

Comme nous allons le montrer, il existe des liens très étroits entre la notion de partie précompacte et celle de partie relativement compacte.

Proposition 2.33.3 *Dans un espace métrique, toute partie relativement compacte est précompacte.*

Preuve Soit A une partie relativement compacte, alors $\overline{A}$ est compact et l'ensemble des boules ouvertes $(B(x; \varepsilon))_{x \in \overline{A}}$ $(\varepsilon > 0)$ recouvre $\overline{A}$; d'après Borel-Lebesgue, il existe un sous-recouvrement fini ce qui prouve que A est précompact. Q.E.D.

On a alors le résultat fondamental que voici.

Théorème 2.33.4 *Soit X un espace métrique, les propriétés qui suivent sont équivalentes*

1. *L'espace X est compact.*
2. *Toute suite de X admet une valeur d'adhérence.*
3. *L'espace X est complet et précompact.*

Preuve $1 \Rightarrow 2$ d'après (C_1).

$2 \Rightarrow 3$ Soit (x_n) une suite de Cauchy ; d'après 2., cette suite admet une valeur d'adhérence donc elle converge (proposition 2.18.1) et ceci prouve que X est complet. Pour montrer que X est précompact, nous raisonnerons par l'absurde ; supposons qu'il existe un nombre $\varepsilon > 0$ tel qu'il n'existe pas de recouvrement fini de X par des boules de rayon ε. Construisons alors par récurrence une suite (x_n) de X telle que $d(x_p, x_q) \geq \varepsilon$ pour tout $p, q \in \mathbf{N}$, $p \neq q$. Pour x_0 on prend un point quelconque de X ; les points $(x_j)_{0 \leq j \leq n}$ étant construits, on a $\bigcup_{j=0}^{n} B(x_j; \varepsilon) \neq X$ grâce à l'hypothèse, il existe donc un point x_{n+1} de X tel que $d(x_j, x_{n+1}) \geq \varepsilon$, pour tout $0 < j \leq n$, ce qui achève la construction. Cette suite (x_n) ne peut admettre de valeur d'adhérence, c'est-à-dire de sous-suite convergente, car aucune sous-suite ne satisfait au critère de Cauchy. Ceci est donc contraire à l'hypothèse 2.

$3 \Rightarrow 1$ Montrons que tout ultrafiltre $\mathcal{U}$ converge, c'est-à-dire que tout ultrafiltre est de Cauchy, l'espace X étant complet. Soit $\varepsilon > 0$ et soit $(A_i)_{i \in I}$ un recouvrement fini de X par des ensembles de diamètre $\leq \varepsilon$. Daprès le corollaire 2.32.2, il existe $i \in I$ tel que $A_i \in \mathcal{U}$, ce qui prouve bien que $\mathcal{U}$ est de Cauchy. Q.E.D.

Corollaire 2.33.5 *1. Soit X un espace métrique compact. Alors l'ensemble des parties fermées, l'ensemble des parties complètes et l'ensemble des parties compactes sont trois ensembles égaux.*

2. Soit X un espace métrique complet. Alors l'ensemble des parties précompactes est égal à l'ensemble des parties relativement compactes.

Preuve 1. résulte des corollaires 2.20.6, 2.31.4 et du théorème précédent.

Quant à 2., vu la proposition 2.33.3, il s'agit de vérifier qu'une partie précompacte A est relativement compacte ; X étant complet, $\overline{A}$ est une partie complète et précompacte, donc compacte d'après le théorème 2.33.4 ; ceci prouve le résultat voulu. Q.E.D.

Corollaire 2.33.6 *Soit X un espace métrique, une partie A de X est relativement compacte si, et seulement si, toute suite de A contient une sous-suite convergente dans X.*

Preuve La condition est nécessaire : si A est relativement compact, $\overline{A}$ est compact, donc toute suite de $\overline{A}$, et a fortiori de A, contient une sous-suite convergente. Réciproquement, soit (x_n) une suite de $\overline{A}$, il existe $y_n \in A$ tel que $d(x_n, y_n) \leq (n+1)^{-1}$. Vu l'hypothèse, il existe une sous-suite (y_{n_k}) qui converge ; la sous-suite (x_{n_k}) est alors convergente et ceci prouve que $\overline{A}$ est compact (théorème 2.33.4) ; A est donc relativement compact. Q.E.D.

Exercice 2.33.1 Montrer qu'un espace métrique est compact si, et seulement si, tout recouvrement ouvert dénombrable contient un sous-recouvrement fini [utiliser l'exercice 2.30.2].

Exercice 2.33.2 Soient X un espace métrique compact et $f : X \to X$ une application telle que $d(x, y) \leq d(f(x), f(y))$ pour tout $x, y \in X$.

1. Soient $a, b \in X$, $a_n = f^n(a)$, $b_n = f^n(b)$ pour $n \in \mathbb{N}$. Montrer que, pour tout $\varepsilon > 0$, il existe un entier $n \geq 1$ tel que $d(a, a_n) \leq \varepsilon$ et $d(b, b_n) \leq \varepsilon$ [si (a_{n_k}) et (b_{n_k}) sont des sous-suites convergentes, noter que, pour tout $k < l$,

$$d(a, a_{n_l - n_k}) \leq d(a_{n_k}, a_{n_l}) \text{ et } d(b, b_{n_l - n_k}) \leq d(b_{n_k}, b_{n_l}).]$$

2. En déduire que $d(a, b) = d(f(a), f(b))$.

3. Montrer que f est une isométrie de X sur X [pour démontrer la surjectivité de f, noter que $f(X)$ est dense dans X d'après 1.].

Exercice 2.33.3 Soit X un espace métrique borné et soit $\mathcal{F}$ l'ensemble des fermés non vides de X ; pour $A, B \in \mathcal{F}$, on pose

$$\rho(A, B) = \max(\sup_{x \in A} d(x, B), \sup_{x \in B} d(x, A)).$$

1. Montrer que ρ est une distance sur $\mathcal{F}$ [pour vérifier l'inégalité triangulaire, montrer que, pour tout $A, B, C \in \mathcal{F}$, $\sup_{x \in A} d(x, C) \leq \sup_{x \in A} d(x, B) + \sup_{y \in B} d(y, C)$].

2. Soit (A_n) une suite de $\mathcal{F}$ convergeant vers A et soit $x_n \in A_n$, si la suite (x_n) converge vers x, montrer que $x \in A$.

3. Soit (A_n) une suite de $\mathcal{F}$ convergeant vers A, montrer que $A = \bigcap_{n=0}^{\infty} \overline{\bigcup_{p \geq n} A_p}$ [si x appartient à ce dernier ensemble, construire une sous-suite (A_{n_k}) et des $x_k \in A_{n_k}$ tels que la suite (x_k) converge vers x ; utiliser alors 2.].

4. Si X est précompact, montrer que $\mathcal{F}$ est précompact [soient $\varepsilon > 0$, $\mathcal{A}$ un recouvrement fini de X par des ensembles fermés de diamètre $\leq \varepsilon$ et $\mathcal{B}$ l'ensemble de toutes les réunions d'ensembles appartenant à $\mathcal{A}$, montrer que, pour tout $A \in \mathcal{F}$, il existe $B \in \mathcal{B}$ tel que $\rho(A, B) \leq \varepsilon$].

5. Si X est complet, montrer que $\mathcal{F}$ est complet en raisonnant comme suit. Soit (A_n) une suite de Cauchy de $\mathcal{F}$, on pose $B_n = \overline{\bigcup_{p \geq n} A_p}$ et $B = \bigcap_{n=0}^{\infty} B_n$.

a. Montrer que, pour tout $\varepsilon > 0$, il existe $n \in \mathbb{N}$ tel que, pour tout $p, q \geq n$ et $x \in A_p$, il existe $y \in A_q$ tel que $d(x, y) \leq \varepsilon$.

b. Soient $\varepsilon > 0$ et (ε_k) une suite de nombres > 0 telle que $\sum_{k=0}^{\infty} \varepsilon_k \leq \varepsilon$, construire une sous-suite (A_{n_k}) et, pour tout $x_0 \in \bigcup_{p \geq n_0} A_p$, des $x_k \in A_{n_k}$ $(k \geq 1)$ tels que $d(x_k, x_{k+1}) \leq \varepsilon_k$ pour tout $k \geq 0$.

c. En déduire que B est non vide et que, pour tout $\varepsilon > 0$, il existe $n \in \mathbb{N}$ tel que $d(x, B) \leq \varepsilon$ pour tout $x \in B_n$.

d. Montrer que la suite (A_n) converge vers B.

6. Si X est compact, en déduire que $\mathcal{F}$ est compact.

Le théorème 2.33.4 montre que la définition 2.5.2 des parties compactes de $\mathbb{R}$ coïncide bien avec la définition générale 2.30.1. Une partie de $\mathbb{R}$ est relativement compacte si, et seulement si, elle est bornée (théorème 2.5.5). Plus généralement, on a le

Théorème 2.33.7 *Les parties relativement compactes de $\mathbb{R}^n$ sont les parties bornées de $\mathbb{R}^n$.*

Preuve Il suffit d'appliquer le corollaire 2.32.6 en remarquant qu'une partie de $\mathbb{R}^n$ est bornée si, et seulement si, pour tout $i \in [1, n]$, les ensembles $pr_i(A)$ sont bornés dans $\mathbb{R}$. Q.E.D.

Corollaire 2.33.8 *Les parties compactes de $\mathbb{R}^n$ sont les parties fermées et bornées.*

Exemple 2.33.1 Étant donné que $\overline{\mathbb{R}}$ est homéomorphe à l'intervalle compact $[-1, +1]$, la droite achevée $\overline{\mathbb{R}}$ est compacte.

Exemple 2.33.2 L'intervalle $[0, 1]$ étant compact, le cube de Hilbert $[0, 1]^{\mathbb{N}}$ (exemple 2.22.3) est compact.

Note L'espace $\mathbb{R}$, muni de la distance usuelle $d_1(x, y) = |x - y|$, est un espace complet, non précompact. Par contre, si on munit $\mathbb{R}$ de la distance d_2 induite par celle de $\overline{\mathbb{R}}$, $\mathbb{R}$ est isométrique à l'intervalle ouvert $]-1, +1[$, donc non complet mais précompact. Cet exemple, où les distances d_1 et d_2 sont topologiquement équivalentes, montre combien il est essentiel de ne substituer à une distance qu'une distance uniformément équivalente.

Exercice 2.33.4 Soit X un ensemble, une fonction $f : [a, b] \to X$ est appelée une fonction en escalier s'il existe une suite finie de points de $[a, b]$, $(x_i)_{1 \leq i \leq n+1}$ telle que

$$a = x_1 < x_2 < \ldots < x_{n+1} = b$$

et telle que f soit constante sur chaque intervalle ouvert $]x_i, x_{i+1}[$, $1 \leq i \leq n$.

1. Si X est un espace métrique, montrer que toute fonction réglée (exercice 2.20.8) est la limite uniforme d'une suite $f_n : [a, b] \to X$ de fonctions en escalier [soient $\varepsilon > 0$, $x \in [a, b]$, il existe $\delta_x > 0$ tel que $d(f(y), f(z)) \leq \varepsilon$ pour $y, z \in [a, b] \cap]x, x + \delta_x[$ et pour $y, z \in [a, b] \cap]x - \delta_x, x[$; extraire du recouvrement ouvert $(]x - \delta_x, x + \delta_x[)_{x \in [a,b]}$ un sous-recouvrement fini et construire une fonction en escalier g telle que $d(f(x), g(x)) \leq \varepsilon$ pour tout $x \in [a, b]$].

2. En déduire que toute fonction réglée $f : [a, b] \to X$, X métrique, est bornée.

Exercice 2.33.5 Soit X un espace métrique compact non vide, on propose de prouver qu'il existe une surjection continue de $\{0,1\}^{\mathbb{N}^*}$ sur X : tout espace métrique compact est une image continue de l'ensemble de Cantor (exercice 2.22.5). On procédera de la façon suivante. Posons $\mathcal{E}_n = \mathcal{F}([1,n];\{0,1\})$ pour $n \geq 1$ et $\mathcal{E} = \bigcup_{n=1}^{\infty} \mathcal{E}_n$; construire une famille $(A_\varepsilon)_{\varepsilon\in\mathcal{E}}$ de parties compactes non vides de X telle que

1. $X = A_0 \cup A_1$,

2. pour tout $n \geq 1$, tout $\varepsilon \in \mathcal{E}_n$, $A_\varepsilon = A_{\varepsilon'} \cup A_{\varepsilon''}$ où $\varepsilon', \varepsilon'' \in \mathcal{E}_{n+1}$ désignent les deux applications qui prolongent ε,

3. pour tout $\varepsilon \in \{0,1\}^{\mathbb{N}^*}$, le diamètre de A_{ε_n}, où $\varepsilon_n = \varepsilon|_{[1,n]}$, tend vers 0 quand n tend vers l'infini.

Pour tout $\varepsilon \in \{0,1\}^{\mathbb{N}^*}$, l'ensemble $\bigcap_{n=1}^{\infty} A_{\varepsilon_n}$ est réduit à un point a ; montrer que l'application $\varepsilon \mapsto a$ est une surjection continue.

Exercice 2.33.6 Soit X un ensemble totalement ordonné muni de la topologie de l'ordre (exercices 2.9.3 et 2.17.4), montrer que X est compact si, et seulement si, toute partie non vide de X admet une borne supérieure et une borne inférieure [pour prouver que la condition est nécessaire, si A est une partie non vide de X, considérer la base de filtre sur X, $([x,\rightarrow[\,\cap A)_{x\in A}$; pour la condition suffisante, si $\mathcal{F}$ est un filtre sur X, vérifier que $a = \sup_{M\in\mathcal{F}} \inf M$ est un point adhérent à $\mathcal{F}$]. Retrouver ainsi le fait que $\overline{\mathbb{R}}$ est compact.

Exercice 2.33.7 1. Étant donné des ensembles ordonnés X_1 et X_2, on considère sur $X_1 \times X_2$ la relation «$(x_1 < y_1)$ ou ($x_1 = y_1$ et $x_2 \leq y_2$)» où $(x_1, x_2), (y_1, y_2) \in X_1 \times X_2$. Montrer que cette relation est une relation d'ordre (appelé ordre lexicographique) et que cet ordre est total si les ordres de X_1 et X_2 le sont.

2. On munit $[0,1]^2$ de l'ordre lexicographique et de la topologie de l'ordre correspondante, montrer que cette topologie est compacte [utiliser l'exercice 2.33.6].

Grâce à la proposition 2.33.3, on a la

Proposition 2.33.9 *Soient X un espace compact, Y un espace métrique et $f : X \to Y$ une application continue. Alors f est une application bornée, autrement dit, $\mathcal{C}(X;Y) = \mathcal{C}_b(X;Y)$.*

Preuve En effet, $f(X)$ est une partie compacte de Y (théorème 2.31.10) donc précompacte (proposition 2.33.3), donc bornée. Q.E.D.

Lorsque Y est $\mathbb{R}$ ou $\overline{\mathbb{R}}$, on peut préciser la proposition précédente.

Proposition 2.33.10 *Soient X un espace compact, $f : X \to \mathbb{R}$ (ou $\overline{\mathbb{R}}$) une fonction s.c.i. Alors f atteint sa borne inférieure sur une partie compacte non vide.*

Preuve Posons $\alpha = \inf_{x\in X} f(x) \in \overline{\mathbb{R}}$, la proposition étant évidente si $\alpha = +\infty$, on peut supposer $\alpha < +\infty$. Soit (α_n) une suite décroissante de $\mathbb{R}$, $\alpha_n > \alpha$, convergeant vers α. Les ensembles $F_n = f^{-1}([-\infty, \alpha_n])$ sont fermés d'après la proposition 2.14.3, non vides car $\alpha_n > \alpha$ et constituent une suite décroissante. L'espace X étant compact (remarque 2.30.1), l'intersection $F = \bigcap_{n=0}^{\infty} F_n$ est non vide ; F est fermé, donc compact et $F = f^{-1}(\{\alpha\})$ ce qui prouve l'assertion. Q.E.D.

On en déduit le théorème suivant.

Théorème 2.33.11 *Soient X un espace compact, $f : X \to \mathbb{R}$ (ou $\overline{\mathbb{R}}$) une application continue. Alors, f est une application bornée et elle atteint ses bornes : il existe des points $a, b \in X$ tels que $f(a) = \min_{x\in X} f(x)$ et $f(b) = \max_{x\in X} f(x)$.*

On peut donner de très nombreuses applications de ce théorème. En voici quelques unes à titre d'exemples.

Corollaire 2.33.12 *Soient X un espace compact et $f : X \to]0, +\infty[$ une application continue. Alors, il existe un nombre $\delta > 0$ tel que $f(x) \geq \delta$ pour tout $x \in X$.*

Exercice 2.33.8 Soient X un espace métrique compact, $f : X \to X$ une application telle que $d(f(x), f(y)) < d(x, y)$ pour tout $x, y \in X$, $x \neq y$. Montrer que f admet un unique point fixe [considérer $a = \min_{x \in X} d(x, f(x))$].

Exercice 2.33.9 Soit A une partie compacte d'un espace métrique X, montrer que la suite $(V_{1/n}(A))_{n \geq 1}$ (exemple 2.13.2) est un système fondamental dénombrable de voisinages de A.

Exercice 2.33.10 Montrer que le sous-ensemble $\mathbb{N}$ de $\mathbb{R}$ n'admet pas de système fondamental dénombrable de voisinages [on raisonnera par l'absurde en utilisant la propriété suivante : soit $(a_{mn})_{(m,n) \in \mathbb{N}^2}$ une suite double de nombres > 0, alors la relation

$$(\exists m \in \mathbb{N})(\forall n \in \mathbb{N})(a_{mn} \leq a_{nn}/2)$$

est fausse].

Exercice 2.33.11 Théorème de D'Alembert Montrer que tout polynôme à coefficients complexes non constant admet au mois un zéro complexe (théorème de D'Alembert) [on raisonne par l'absurde, soit $P(z) = \sum_{i=0}^{n} a_i z^i$ un polynôme non constant, c'est-à-dire $n \geq 1$ et $a_n \neq 0$; on suppose $P(z) \neq 0$ pour tout $z \in \mathbb{C}$; montrer qu'il existe z_0 tel que $|P(z_0)| = \inf_{z \in \mathbb{C}} |P(z)|$; on peut écrire (Taylor)

$$P(z) = P(z_0) + \sum_{i=k}^{n} b_i (z - z_0)^i \text{ où } 1 \leq k \leq n,\ b_k \neq 0\,;$$

montrer qu'il existe $\rho > 0$ tel que $\sum_{i=k+1}^{n} |b_i| \rho^i < |b_k| \rho^k < |P(z_0)|$; montrer qu'il existe $z_1 \in \mathbb{C}$, $|z_1 - z_0| = \rho$, tel que le point $P(z_0) + b_k (z_1 - z_0)^k$ appartienne au segment $[0, P(z_0)]$ et en déduire que $|P(z_1)| < |P(z_0)|$].

Étant donné deux parties A et B non vides d'un espace métrique X, on définit la distance de A à B par la formule

$$(2.33.1) \qquad d(A, B) = \inf_{x \in A, y \in B} d(x, y) = \inf_{x \in A} d(x, B) = \inf_{y \in B} d(y, A)\,;$$

on notera que $d(A, B)$ n'est évidemment pas une distance sur l'ensemble des parties de X.

Corollaire 2.33.13 *Soient X un espace métrique, A et B deux parties non vides de X.*

1. Si A est compact, il existe $a \in A$ tel que $d(A, B) = d(a, B)$. Si A et B sont compacts, il existe $a \in A$ et $b \in B$ tels que $d(a, b) = d(A, B)$.

2. Si A est compact, B fermé et si A et B sont disjoints, alors $d(A, B) > 0$.

Preuve 1. L'application $x \mapsto d(x, B)$ de A dans $\mathbb{R}$ est continue, donc elle atteint sa borne inférieure, ce qui prouve la première assertion. De même, l'application $y \mapsto d(a, y)$ de B dans $\mathbb{R}$ est continue, donc elle atteint sa borne inférieure si B est compact.

2. résulte de 1. d'après la proposition 2.10.5. Q.E.D.

Remarque 2.33.1 En prenant B réduit à un point a, le corollaire précédent montre que, pour tout compact K non vide, il existe un point $x \in K$ tel que

$$d(a,x) = d(a,K).$$

On dit que x est une projection de a sur K. Nous venons de résoudre un problème de minimisation, à savoir la recherche des points $x \in K$ tels que

$$d(a,x) = \inf_{y \in K} d(a,y)\,;$$

cet exemple très simple montre que des techniques de compacité peuvent conduire à des théorèmes d'existence ; bien entendu, sans hypothèse supplémentaire il n'y a aucun théorème d'unicité.

On a enfin le résultat suivant.

Théorème 2.33.14 Heine *Soient X un espace métrique compact, Y un espace métrique. Alors, toute application continue $f : X \to Y$ est uniformément continue.*

Preuve Supposons que f ne soit pas uniformément continue. Alors, il existe $\varepsilon > 0$ tel que, pour tout $\delta > 0$, il existe $x, y \in X$ vérifiant

$$d(x,y) \leq \delta \text{ et } d(f(x), f(y)) \geq \varepsilon.$$

En prenant $\delta = 1/n$ ($n \geq 1$), on construit ainsi une suite $((x_n, y_n))$ de $X \times X$ telle que

$$d(x_n, y_n) \leq 1/n \text{ et } d(f(x_n), f(y_n)) \geq \varepsilon.$$

L'espace métrique X étant compact, il existe une sous-suite (x_{n_k}) convergente, soit a sa limite. L'inégalité $d(x_{n_k}, y_{n_k}) \leq 1/n_k$ montre que la sous-suite (y_{n_k}) converge vers a. En passant à la limite dans l'inégalité $d(f(x_{n_k}), f(y_{n_k})) \geq \varepsilon$, on obtient $d(f(a), f(a)) \geq \varepsilon$, ce qui est absurde. Q.E.D.

On peut alors préciser le corollaire 2.31.12.

Corollaire 2.33.15 *Soit $f : X \to Y$ une bijection continue définie sur un espace métrique compact à valeurs dans un espace métrique. Alors, f est un homéomorphisme uniformément continu ainsi que f^{-1}.*

Corollaire 2.33.16 *Soit X un espace compact métrisable. Alors toutes les distances sur X compatibles avec la topologie de X sont uniformément équivalentes.*

Observons enfin que dans le théorème 2.25.2, si X est un espace métrique compact, la continuité uniforme de f est une condition nécessaire pour que f admette un prolongement continu ; elle est suffisante d'après ce théorème même.

Exercice 2.33.12 Soient X, Y des espaces métriques, K un compact de X et $f : X \to Y$ une application continue en tout point de K. Montrer que, pour tout $\varepsilon > 0$, il existe $\delta > 0$ tel que $d(f(x), f(y)) \leq \varepsilon$ pour tout $x \in K$, $y \in X$ vérifiant $d(x,y) \leq \delta$.

Exercice 2.33.13 Soient X un espace topologique, $f_n : X \to \overline{\mathbb{R}}$ une suite de fonctions s.c.i. en un point $a \in X$ et qui converge uniformément vers f, montrer que f est s.c.i. au point a [se ramener au cas où toutes les fonctions sont à valeurs réelles finies en raisonnant comme dans l'exercice 2.14.4 et en utilisant l'exercice 2.27.3].

Exercice 2.33.14 Soient X un espace topologique, Y un espace métrique, (f_n) une suite d'applications de X dans Y et $f : X \to Y$ une application.

1. Si la suite (f_n) converge uniformément vers f et si f est continu, montrer que, pour tout $x \in X$ et toute suite (x_n) de X convergeant vers x, la suite $(f_n(x_n))$ converge vers $f(x)$.

2. Réciproquement, on suppose que, pour tout $x \in X$ et toute suite (x_n) de X convergeant vers x, la suite $(f_n(x_n))$ converge vers $f(x)$.

a. Montrer que la suite (f_n) converge simplement vers f.

b. Montrer que, pour toute sous-suite (f_{n_k}), la suite $(f_{n_k}(x_k))$ converge vers $f(x)$.

c. Si X est à base dénombrable de voisinages, montrer que f est continu [construire une sous-suite (f_{n_k}) telle que $d(f_{n_k}(x_k), f(x_k)) \leq 1/k$ pour $k \geq 1$].

d. Si X est une espace métrique compact, montrer que la suite (f_n) converge uniformément vers f [raisonner par l'absurde].

3. Si X est un espace métrique compact, en déduire que la topologie de la convergence uniforme sur l'espace $\mathcal{C}(X; Y)$ ne dépend que de la topologie de Y : deux distances sur Y topologiquement équivalentes conduisent à la même topologie de la convergence uniforme.

Exercice 2.33.15 **Fonction nulle part dérivable** On considère l'espace $E = \mathcal{C}_u([0,1]; \mathbb{R})$. On pose $I = [0,1]$ et, pour tout entier n,

$$F_n = \{f \in E\,;\ (\exists t \in I)(\forall s \in I)(|f(s) - f(t)| \leq n\,|s - t|)\}.$$

1. Montrer que les ensembles F_n sont fermés et d'intérieur vide [on pourra vérifier que l'ensemble des fonctions continues, affines par morceaux de $E - F_n$ est dense dans E].

2. En déduire que l'ensemble des $f \in E$ dérivables en au moins un point (dépendant de f) est maigre dans E, puis que l'ensemble des $f \in E$ n'admettant de dérivée en aucun point de $[0,1]$ est partout dense dans E.

2.34 Le théorème d'Ascoli

Nous nous proposons de caractériser les parties compactes pour la topologie de la convergence uniforme et plus précisément les parties compactes de l'espace des fonctions continues $\mathcal{C}_u(X; Y)$, où X est un espace topologique et Y un espace métrique.

La topologie de la convergence simple étant moins fine que la topologie de la convergence uniforme, notons d'abord (corollaire 2.31.14) que toute partie compacte pour la topologie de la convergence uniforme $\mathcal{T}_u$ est compacte pour la topologie de la convergence simple $\mathcal{T}_s$ et que ces deux topologies coïncident sur une telle partie. Il s'agit donc essentiellement de trouver les parties compactes pour la topologie $\mathcal{T}_s$ sur lesquelles les topologies $\mathcal{T}_s$ et $\mathcal{T}_u$ coïncident. Pour cela, nous allons introduire la notion nouvelle qui suit.

Définition 2.34.1 *Soient X un espace topologique et Y un espace métrique. Un ensemble $A \subset \mathcal{F}(X; Y)$ d'applications de X dans Y est dit équicontinu en un point $a \in X$ si, pour tout $\varepsilon > 0$, il existe un voisinage $V \in \mathcal{V}(a)$ tel que, pour tout $f \in A$ et tout $x \in V$, on ait $d(f(x), f(a)) \leq \varepsilon$.*

Toute fonction f de A est donc continue au point a, mais une famille d'applications continues au point a n'est pas nécessairement équicontinue au point a : dans la définition qui précède, le voisinage V ne dépend pas de $f \in A$.

Nous dirons qu'une suite $f_n : X \to Y$ d'applications est équicontinue en un point $a \in X$, si l'ensemble $\bigcup_{n=0}^{\infty}\{f_n\}$ est équicontinu au point a. Enfin, si $A \subset \mathcal{F}(X;Y)$ est équicontinu en tout point de X, nous dirons simplement que A est équicontinu.

Note La notion de partie équicontinue ne dépend que de la structure uniforme de Y. Il est évidemment essentiel de disposer d'une structure uniforme sur Y : le point $f(a)$ dépend de f et il faut être capable de mesurer la proximité du point $f(x)$ à ce point $f(a)$.

Exemple 2.34.1 Si X est muni lui ausssi d'une structure d'espace métrique, une application $f : X \to Y$ est dite $\alpha -$ höldérienne de constante $k \geq 0$ où $\alpha > 0$ si, pour tout $x, y \in X$, on a $d(f(x), f(y)) \leq k\, d(x,y)^{\alpha}$. Alors, tout ensemble $A \subset \mathcal{F}(X;Y)$ de fonctions $\alpha-$höldériennes de même constante k est équicontinu.

Exercice 2.34.1 Soient X un espace topologique, Y un espace métrique et $(f_i)_{i\in I}$ une famille d'applications de X dans Y. Notons $f : I \times X \to Y$ l'application $(i,x) \mapsto f_i(x)$. Montrer que la famille $(f_i)_{i\in I}$ est équicontinue en un point $a \in X$ si, et seulement si, l'application $x \mapsto f(\bullet, x)$ de X dans $\mathcal{F}_u(I;Y)$ est continue au point a.

Proposition 2.34.1 *Soient X un espace topologique,Y un espace métrique et $A \subset \mathcal{F}(X;Y)$ un ensemble équicontinu en un point $a \in X$. Alors, l'adhérence $\overline{A}^s$ de A dans $\mathcal{F}_s(X;Y)$ (c'est-à-dire pour la topologie de la convergence simple) est équicontinue au point a.*

Preuve Soit $\varepsilon > 0$, d'après l'équicontinuité de A au point a, il existe un voisinage $V \in \mathcal{V}(a)$ tel que

$$d(f(x), f(a)) \leq \varepsilon \text{ pour tout } f \in A \text{ et tout } x \in V.$$

D'après la continuité des projections $f \mapsto f(a)$ et $f \mapsto f(x)$ dans l'espace produit $\mathcal{F}_s(X;Y)$ et le principe du prolongement des inégalités, il en résulte que $d(g(x), g(a)) \leq \varepsilon$ pour tout $g \in \overline{A}^s$ et tout $x \in V$, ce qui prouve l'équicontinuité de $\overline{A}^s$ au point a. Q.E.D.

Corollaire 2.34.2 *Soit $\mathcal{B}$ une base de filtre sur $\mathcal{F}(X;Y)$ qui converge simplement vers une application f. S'il existe un ensemble M de $\mathcal{B}$ équicontinu en un point $a \in X$, l'application f est continue au point a. En particulier, si (f_n) est une suite équicontinue en un point $a \in X$ qui converge simplement, la limite de cette suite est continue au point a.*

Ce corollaire donne un critère permettant d'affirmer la continuité d'une limite simple ; comme nous allons le voir, lorsque X est un espace compact, ce critère ne diffère pas de celui donné par le corollaire 2.27.5.

Proposition 2.34.3 *Soient X un espace compact, Y un espace métrique et $A \subset \mathcal{C}(X;Y)$ un ensemble équicontinu d'applications de X dans Y. Alors, sur A les topologies de la convergence simple et de la convergence uniforme coïncident.*

Preuve La topologie de la convergence simple $\mathcal{T}_s$ étant moins fine que la topologie de la convergence uniforme $\mathcal{T}_u$, il s'agit de prouver que, sur A, la topologie $\mathcal{T}_u$ est moins fine que $\mathcal{T}_s$. Pour cela il suffit de démontrer que, pour tout $f \in A$, tout voisinage de f dans A pour la topologie $\mathcal{T}_u$ est un voisinage de f dans A pour la topologie $\mathcal{T}_s$. On peut supposer que ce voisinage est la boule ouverte dans A,

$$B(f;r) = \{g \in A\,;\ \sup_{x \in X} d(f(x), g(x)) < r\}\,;$$

nous allons construire un ouvert O de A pour la topologie $\mathcal{T}_s$ tel que $f \in O \subset B(f;r)$; ceci prouvera le résultat souhaité. Or, pour tout $a \in X$, il existe un voisinage $V(a) \in \mathcal{V}(a)$ tel que, pour tout $x \in V(a)$ et tout $g \in A$, on ait $d(g(x), g(a)) < r/3$. Ces voisinages $V(a)$ (qu'on peut supposer ouverts) constituent un recouvrement ouvert de X, qui est compact ; on peut donc en extraire un sous-recouvrement fini $V(a_i)$, $1 \leq i \leq n$. Considérons alors l'ensemble $O = \{g \in A\,;\ \sup_{1 \leq i \leq n} d(g(a_i), f(a_i)) < r/3\}$; cet ensemble est un voisinage ouvert de f dans A pour la topologie $\mathcal{T}_s$. En outre, soit $g \in O$; alors, pour tout x de X, il existe un $V(a_i)$ contenant x, d'où

$$d(f(x), g(x)) \leq d(f(x), f(a_i)) + d(f(a_i), g(a_i)) + d(g(a_i), g(x)) < r,$$

ce qui prouve que $O \subset B(f;r)$. Q.E.D.

Corollaire 2.34.4 *Soient X un espace compact et Y un espace métrique. Toute suite équicontinue d'applications $f_n : X \to Y$ qui converge simplement, converge uniformément.*

Preuve Posons $A = \bigcup_{n=0}^{\infty} \{f_n\}$ et soit f la limite simple de la suite (f_n) ; on a alors $\overline{A}^s = \{f\} \cup A$; A est équicontinu, donc $\overline{A}^s$ est équicontinu d'après la proposition 2.34.1 et la proposition précédente montre que sur $\overline{A}^s$ les topologies $\mathcal{T}_u$ et $\mathcal{T}_s$ coïncident, ce qui permet de conclure. Q.E.D.

Si on ne suppose pas l'espace compact, on peut simplement dire qu'une suite équicontinue de fonctions, qui converge simplement vers f, converge vers f uniformément sur tout compact de X.

Venons-en au résultat essentiel de ce paragraphe.

Théorème 2.34.5 Ascoli *Soient X un espace compact et Y un espace métrique. Pour qu'une partie A de $\mathcal{C}_u(X;Y)$ soit relativement compacte pour la topologie de la convergence uniforme, il faut et il suffit que les deux conditions qui suivent soient vérifiées.*

1. A est une partie équicontinue.

2. Pour tout x de X, l'ensemble $A(x) = \{f(x)\,;\ f \in A\}$ est relativement compact dans Y.

Preuve Les conditions sont suffisantes. En effet, 2. signifie que A est relativement compact pour la topologie $\mathcal{T}_s$ (théorème 2.32.7), donc $\overline{A}^s$ est compact pour la topologie $\mathcal{T}_s$. D'après la proposition 2.34.1, $\overline{A}^s$ est une partie équicontinue et la proposition 2.34.3 montre alors que $\overline{A}^s$ est compact pour la topologie de la convergence uniforme ; il en résulte que $A \subset \overline{A}^s$ est relativement compact pour la topologie de la convergence uniforme.

Les conditions sont nécessaires. Soit A une partie relativement compacte de $\mathcal{C}_u(X;Y)$; les applications $pr_x : f \mapsto f(x)$ de $\mathcal{C}_u(X;Y)$ dans Y étant continues, les ensembles $pr_x(A) = A(x)$ sont relativement compacts dans Y. Montrons que A est équicontinu en un point a de X ; notons d'abord que A est précompact (proposition 2.33.3), donc, pour tout $\varepsilon > 0$, il existe une famille finie $(f_i)_{1 \leq i \leq n}$ de fonctions appartenant à A telle que les boules de A, $B(f_i;\varepsilon)$, $1 \leq i \leq n$, recouvrent A. Une famille finie de fonctions continues étant de toute évidence équicontinue, il existe un voisinage V de a tel que, pour tout $x \in V$ et tout $1 \leq i \leq n$, on ait $d(f_i(x), f_i(a)) \leq \varepsilon$. Considérons alors une fonction f de A ; il existe $i \in [1,n]$ tel que $f \in B(f_i;\varepsilon)$; on a alors pour tout x de V

$$d(f(x), f(a)) \leq d(f(x), f_i(x)) + d(f_i(x), f_i(a)) + d(f_i(a), f(a)) \leq 3\varepsilon$$

et ceci prouve l'équicontinuité de A au point a. Q.E.D.

Le théorème précédent, pour être utilisé pratiquement, suppose connues les parties compactes de Y. Par exemple, si $Y = \mathbb{R}^n$, la condition 2. signifie que, pour tout x de X, $A(x)$ est une partie bornée de $\mathbb{R}^n$.

Exercice 2.34.2 Soient X un espace topologique, Y un espace métrique, montrer qu'une suite (f_n) d'applications continues de X dans Y qui converge localement uniformément (exercice 2.27.5) est équicontinue [observer que dans le théorème d'Ascoli la compacité de X n'est pas utilisée pour démontrer que les conditions sont nécessaires].

2.35 Espaces localement compacts

Comme nous l'avons déjà remarqué, l'espace $\mathbb{R}$ n'est pas compact ; cependant tout point admet un voisinage compact. Ceci conduit à la

Définition 2.35.1 *Un espace topologique séparé est dit localement compact si tout point admet un voisinage compact.*

Tout espace compact est évidemment localement compact, mais il existe des espaces localement compacts non compacts : par exemple, tout espace discret infini, l'espace $\mathbb{R}$. Notons également qu'un produit d'une famille finie d'espaces localement compacts est localement compact d'après le théorème de Tychonoff. En particulier, les espaces $\mathbb{R}^n$, $\mathbb{C}^n$ sont localement compacts.

Exercice 2.35.1 Soient X un espace localement compact, Y un espace métrique, montrer qu'une suite (f_n) d'applications de X dans Y qui converge localement uniformément converge uniformément sur tout compact (exercice 2.27.5 et 2.31.3).

Exercice 2.35.2 Soient X un espace localement compact, Y un espace métrique, montrer qu'une suite équicontinue (f_n) d'applications de X dans Y qui converge simplement converge uniformément sur tout compact (exercice 2.31.3) [utiliser le corollaire 2.34.4].

Exercice 2.35.3 Soient X, Y des espaces séparés et $f : X \to Y$ une application continue. On suppose, ou bien que X est à base dénombrable de voisinages, ou bien que X est localement compact ; on note $\mathcal{T}_1$ la topologie de Y. Soit $\mathcal{T}_2$ une topologie sur Y plus fine que $\mathcal{T}_1$ telle que, pour tout compact

K de X, $f(K)$ soit compact pour la topologie $\mathcal{T}_2$. Montrer alors que $f : X \to Y$ est continu, l'espace Y étant muni de la topologie $\mathcal{T}_2$.

Proposition 2.35.1 *Dans un espace localement compact, toute partie compacte admet un système fondamental de voisinages compacts.*

Preuve Soit K une partie compacte d'un espace localement compact X. Montrons d'abord que K admet un voisinage compact. Tout x de K admet un voisinage compact $C(x)$; lorsque x décrit K, l'ensemble des intérieurs $\overset{\circ}{C}(x)$ constitue un recouvrement ouvert de K dont on peut extraire un recouvrement fini $(\overset{\circ}{C}(x_i))_{i\in I}$; l'ensemble $\bigcup_{i\in I} C(x_i)$ est alors un voisinage compact de K d'après la proposition 2.31.5, vu que X est séparé.

On peut ensuite appliquer la proposition 2.31.8. Soit V un voisinage compact de K, alors K, considéré comme une partie compacte de V, admet un système fondamental de voisinages compacts dans V qui est a fortiori un système fondamental de voisinages dans X, vu que V est un voisinage de K. Q.E.D.

D'après la proposition 2.31.3, on en déduit le

Corollaire 2.35.2 *Tout espace localement compact est régulier.*

Exercice 2.35.4 Topologie de la convergence compacte Soient X et Y des espaces topologiques, pour tout compact K de X et tout ouvert O de Y, on pose

$$\Gamma(K, O) = \{f \in \mathcal{C}(X; Y)\,;\ f(K) \subset O\}$$

et on note $\mathcal{B}$ l'ensemble de toutes les intersections finies d'ensembles de la forme $\Gamma(K, O)$.

1. Montrer que $\mathcal{B}$ est une base d'une topologie $\mathcal{T}_c$ sur $\mathcal{C}(X; Y)$ appelée topologie de la convergence compacte ; muni de cette topologie, l'espace $\mathcal{C}(X; Y)$ est noté $\mathcal{C}_c(X; Y)$.

2. Montrer que la topologie $\mathcal{T}_c$ est plus fine que la topologie de la convergence simple ; la topologie $\mathcal{T}_c$ est donc séparée si Y est séparé.

On suppose désormais que Y est un espace métrique.

3. Soit (f_n) une suite de l'espace $\mathcal{C}(X; Y)$ convergeant vers $f \in \mathcal{C}(X; Y)$ uniformément sur tout compact (exercice 2.31.3), montrer que la suite (f_n) converge vers f pour la topologie $\mathcal{T}_c$. En déduire que la topologie $\mathcal{T}_c$ est moins fine que la topologie de la convergence uniforme.

4. Si X est localement compact, montrer réciproquement qu'une suite (f_n) convergeant pour la topologie $\mathcal{T}_c$ converge uniformément sur tout compact.

5. Si X est un espace compact, en déduire que la topologie $\mathcal{T}_c$ est la topologie de la convergence uniforme. En déduire que la topologie de la convergence uniforme sur l'espace $\mathcal{C}(X; Y)$ ne dépend que de la topologie de Y (cf. exercice 2.33.14 lorsque X est métrisable).

Nous allons démontrer l'important théorème suivant.

Théorème 2.35.3 *Tout espace localement compact est un espace de Baire.*

Preuve La démonstration est tout à fait analogue à celle du théorème 2.28.1. Soit (O_n) une suite d'ouverts partout denses et soit O un ouvert non vide ; vérifions que $O \cap \bigcap_{n=0}^{\infty} O_n$ est non vide. Construisons par récurrence une suite (B_n) d'ouverts non vides relativement compacts telle que

(2.35.1) $\overline{B}_0 \subset O$ et $\overline{B}_{n+1} \subset B_n \cap O_n$ pour tout $n \in \mathbb{N}$.

Soit $a \in O$, alors O est un voisinage de a, donc (proposition 2.35.1) contient un voisinage compact de a et par conséquent il existe un ouvert non vide relativement compact B_0 tel que $\overline{B}_0 \subset O$. L'ouvert $B_n \cap O_n$ étant non vide, le même raisonnement permet de construire un ouvert B_{n+1} ayant les propriétés voulues. La suite $(\overline{B}_n)$ est une suite décroissante de fermés non vides dans l'espace compact $\overline{B}_0$; son intersection est donc non vide (remarque 2.30.1) ce qui permet de conclure comme pour le théorème 2.28.1. Q.E.D.

Corollaire 2.35.4 *Tout espace compact est un espace de Baire.*

Exercice 2.35.5 Montrer que tout produit $X = \prod_{i \in I} X_i$ d'espaces localement compacts est un espace de Baire [raisonner comme pour l'exercice 2.28.1 en prenant les $B_{n,i}$ relativement compacts].

Soit X un espace localement compact, tout ouvert de X est encore un espace localement compact d'après la proposition 2.35.1. En particulier, le complémentaire d'un point dans un espace compact est un espace localement compact. Réciproquement, nous allons démontrer que tout espace localement compact est homéomorphe au complémentaire d'un point d'un espace compact.

Théorème 2.35.5 Alexandroff *Soit X un espace localement compact et soit ω un ensemble n'appartenant pas à X. Alors, sur l'ensemble $X' = X \cup \{\omega\}$, il existe une unique topologie compacte qui induise sur X la topologie donnée de l'espace X.*

Preuve Notons d'abord qu'il existe un tel ensemble $\{\omega\}$ d'après le paradoxe de Cantor (remarque 1.1.3).

1. Supposons qu'il existe une topologie compacte sur X' induisant sur X la topologie de X ; notons $\mathcal{O}_X$ et $\mathcal{O}_{X'}$ l'ensemble des ouverts de X et X' et $\mathcal{K}$ l'ensemble des parties compactes de X. Montrons que nécessairement

$$\mathcal{O}_{X'} = \mathcal{O}_X \cup \{X' - K \,;\, K \in \mathcal{K}\}. \tag{2.35.2}$$

L'espace X étant un ouvert de X', tout ouvert de X est un ouvert de X'. Si K est une partie compacte de X, donc de X', $X' - K$ est un ouvert de X'. Inversement, soit $O \in \mathcal{O}_{X'}$; si $\omega \notin O$, $O = O \cap X$ est un ouvert de X et, si $\omega \in O$, $K = X' - O$ est fermé, donc compact, d'où $K \in \mathcal{K}$ et $O = X' - K$. Ceci prouve que, s'il existe une topologie sur X' vérifiant les exigences voulues, elle est parfaitement déterminée : l'ensemble des ouverts de X' est donné par la formule (2.35.2).

2. Montrons qu'on définit bien ainsi une topologie sur X', c'est-à-dire que $\mathcal{O}_{X'}$ vérifie les axiomes des ouverts. Ceci est clair pour (O_3). Quant à (O_1) et (O_2), observons d'abord que l'ensemble $(X' - K)_{K \in \mathcal{K}}$ vérifie ces axiomes : on a en effet

$$\bigcup_{i \in I} (X' - K_i) = X' - \bigcap_{i \in I} K_i,$$

$$(X' - K_1) \cap (X' - K_2) = X' - K_1 \cup K_2$$

et il suffit d'utiliser la proposition 2.31.5. D'autre part, soit $O \in \mathcal{O}_X$ et $K \in \mathcal{K}$, alors

$$O \cup (X' - K) = X' - K \cap (X - O)$$

où $K \cap (X - O)$ est fermé dans K, donc compact, et

$$O \cap (X' - K) = O \cap (X - K) \in \mathcal{O}_X.$$

Ceci prouve que les axiomes (O_1) et (O_2) sont satisfaits et $\mathcal{O}_{X'}$ définit bien une topologie sur X'.

3. Il est évident que cette topologie sur X' induit sur X la topologie de X.

4. L'espace X' est séparé. Vérifions l'axiome de Hausdorff (H_2). Soient x et y deux points distincts de X' ; si x et y appartiennent tous deux à X, il suffit d'écrire (H_2) dans l'espace X et, si $x \in X$, $y = \omega$, il existe un voisinage compact $K \in \mathcal{K}$ de x dans X (cet espace étant localement compact) ; K et $X' - K$ sont alors des voisinages disjoints de x et ω dans X', ce qui prouve le résultat voulu.

5. Montrons que la topologie de X' est compacte. Soit $(O_i)_{i \in I}$ un recouvrement ouvert de X'. Il existe $i_0 \in I$ tel que $\omega \in O_{i_0}$ et $O_{i_0} = X' - K$, $K \in \mathcal{K}$; alors $(O_i)_{i \in I}$ est un recouvrement ouvert du compact K qui contient donc un sous-recouvrement fini $(O_i)_{i \in J}$. On obtient ainsi un sous-recouvrement fini $(O_i)_{i \in J \cup \{i_0\}}$ de X'. Q.E.D.

L'espace compact X' que nous venons de construire est unique à un homéomorphisme près ; on a en fait le théorème suivant.

Proposition 2.35.6 *Soient X un espace localement compact, X'_i (i=1,2) deux espaces compacts tels qu'il existe un homéomorphisme h_i de X sur le complémentaire d'un point ω_i de X'_i. Alors, il existe un unique homéomorphisme $h : X'_1 \to X'_2$ tel que $h \circ h_1 = h_2$.*

Preuve Posons $X_i = X'_i - \{\omega_i\}$, soit $X'_i = X_i \cup \{\omega_i\}$. On a nécessairement

$$h|_{X_1} = h_2 \circ h_1^{-1},$$

ce qui prouve la continuité de h en tout point de X_1 vu que X_1 est ouvert dans X'_1 (remarque 2.20.3), et $h(\omega_1) = \omega_2$. Vérifions la continuité de h au point ω_1 : soit O_2 un voisinage ouvert de ω_2, alors $K_2 = X'_2 - O_2$ est fermé dans X'_2, donc compact et

$$K_1 = h^{-1}(K_2) = (h_1 \circ h_2^{-1})(K_2)$$

est une partie compacte de X_1, donc fermée dans X'_1 ; il en résulte que

$$h^{-1}(O_2) = X'_1 - K_1$$

est un voisinage ouvert de ω_1. On vérifie de même que h^{-1} est continu, ce qui permet de conclure. Q.E.D.

A un homéomorphisme près, il existe un unique espace compact X' tel que X soit homéomorphe au complémentaire d'un point $\omega \in X'$. Cet espace X' est appelé le compactifié d'Alexandroff de X et ω le point à l'infini de l'espace X ; on dit qu'on a compactifié l'espace X par adjonction d'un point à l'infini.

Exemple 2.35.1 On peut donner une description concrète du compactifié d'Alexandroff de l'espace $\mathbb{R}^n$. Considérons l'espace $\mathbb{R}^{n+1} = \mathbb{R}^n \times \mathbb{R}$, les coordonnées d'un point

$(x, u) \in \mathbb{R}^n \times \mathbb{R}$ seront notées $(x_1, \ldots, x_n, u)$; identifions $\mathbb{R}^n$ à l'hyperplan $u = 0$ et notons $\mathbb{S}^n$ la sphère unité de $\mathbb{R}^{n+1}$, soit

$$\mathbb{S}^n : x_1^2 + \ldots + x_n^2 + u^2 = 1.$$

La projection stéréographique à partir du pôle nord $N = (0, 1) \in \mathbb{R}^n \times \mathbb{R}$ définit un homéomorphisme $h : \mathbb{S}^n - \{N\} \to \mathbb{R}^n$: on a simplement

$$h(x, u) = (1 - u)^{-1}x.$$

La sphère $\mathbb{S}^n$ étant compacte est donc le compactifié d'Alexandroff de $\mathbb{R}^n$.

Exercice 2.35.6 Soient X un espace localement compact, $X' = X \cup \{\omega\}$ son compactifié d'Alexandroff, montrer que X est compact si, et seulement si, ω est un point isolé de X'.

Exercice 2.35.7 Soit X un espace localement compact, non compact.

1. Montrer que $\mathcal{B} = (X - K)_{K \in \mathcal{K}}$, où $\mathcal{K}$ désigne l'ensemble des parties compactes de X, est une base de filtre sur X [utiliser l'exercice 2.35.6].

Soient Y un espace topologique, $f : X \to Y$ une application, $y \in Y$. On dit que $f(x)$ tend vers y lorsque x tend vers l'infini si $y = \lim_{\mathcal{B}} f$: on écrit alors $y = \lim_{x \to \infty} f(x)$.

2. Soit $f : X \to \mathbb{R}$ une fonction continue admettant une limite $y \in]-\infty, +\infty]$ lorsque x tend vers l'infini, montrer que f est borné inférieurement et que f atteint sa borne inférieure lorsqu'elle est différente de y [utiliser l'exercice 2.20.5].

Exercice 2.35.8 1. Montrer que dans un espace séparé tout sous-espace localement compact est localement fermé (exercice 2.20.2).

2. Réciproquement, dans un espace localement compact tout sous-espace localement fermé est localement compact.

Exercice 2.35.9 Soient X un espace séparé, Y un espace localement compact, une application continue $f : X \to Y$ est dite propre si l'image réciproque par f de tout compact de Y est une partie compacte de X. S'il existe une application propre de X dans Y, on notera que X est nécessairement un espace localement compact.

1. Montrer que toute application propre est fermée [soient A une partie fermée de X, $b \in \overline{f(A)}$, V un voisinage compact de b et $W = f^{-1}(V)$, montrer que $V \cap f(A) = f(W \cap A)$, en déduire que $V \cap f(A)$ est fermé et, b étant adhérent à $V \cap f(A)$, que $b \in f(A)$].

2. Soient X, Y des espaces localement compacts, $X' = X \cup \{\omega\}$, $Y' = Y \cup \{\omega'\}$ leur compactifié d'Alexandroff, montrer qu'une application continue $f : X \to Y$ est propre si, et seulement si, le prolongement $g : X' \to Y'$ de f défini par $g(\omega) = \omega'$ est continu au point ω.

Exercice 2.35.10 **Espace localement compact dénombrable à l'infini** Soient X un espace localement compact, $X' = X \cup \{\omega\}$ son compactifié d'Alexandroff. Montrer que les propriétés suivantes sont équivalentes.

1. le point ω admet un système fondamental dénombrable de voisinages,
2. l'espace X est une réunion dénombrable de parties compactes,
3. l'espace X est la réunion d'une suite (O_n) d'ouverts relativement compacts telle que $\overline{O}_n \subset O_{n+1}$ pour tout n,
4. il existe une suite (K_n) de parties compactes telle que, pour tout compact K, il existe n tel que $K \subset K_n$.

[pour vérifier que $2 \Rightarrow 3$, si (K_n) est une suite de compacts de réunion X, prendre pour O_0 un voisinage ouvert relativement compact de K_0 et pour O_n, $n \geq 1$, un voisinage ouvert relativement compact de $\overline{O}_{n-1} \cup K_n$].

Un espace localement compact vérifiant ces propriétés est dit dénombrable à l'infini. Tout espace compact est dénombrable à l'infini, tout sous-espace fermé d'un espace localement compact dénombrable à l'infini est un espace localement compact dénombrable à l'infini [utiliser l'exercice 2.35.8].

Exercice 2.35.11 **Paracompacité des espaces localement compacts dénombrables à l'infini** Dans un espace topologique, un recouvrement $(A_i)_{i\in I}$ est dit plus fin qu'un recouvrement $(B_j)_{j\in J}$ si, pour tout $i \in I$, il existe $j \in J$ tel que $A_i \subset B_j$.

Soit X un espace localement compact dénombrable à l'infini (exercice 2.35.10) et soit $\mathcal{R} = (O_i)_{i\in I}$ un recouvrement ouvert de X. Montrer qu'il existe un recouvrement ouvert dénombrable localement fini (exercice 2.10.4) plus fin que $\mathcal{R}$ et constitué d'ouverts relativement compacts [il existe une suite (U_n) d'ouverts relativement compacts de réunion X telle que $\overline{U}_n \subset U_{n+1}$ pour tout n, poser $K_n = \overline{U}_n - U_{n-1}$; $((U_{n+1} - \overline{U}_{n-2}) \cap O_i)_{i\in I}$ est un recouvrement ouvert de K_n qui contient un sous-recouvrement fini $\mathcal{R}_n$; montrer que $\mathcal{R}' = \bigcup_n \mathcal{R}_n$ vérifie les propriétés voulues : pour démontrer que $\mathcal{R}'$ est localement fini, si $x \in K_n$ remarquer que $U_{n+1} - \overline{U}_{n-2}$ est un voisinage de x ne rencontrant pas les ensembles de $\mathcal{R}_p$ pour $|p-n| > 2$].

Un espace séparé est dit paracompact si, pour tout recouvrement ouvert, il existe un recouvrement ouvert plus fin localement fini. Avec cette terminologie, tout espace localement compact dénombrable à l'infini est paracompact.

2.36 Le théorème d'Urysohn

Un espace compact étant régulier, la proposition 2.31.9 montre que dans un espace compact, deux fermés disjoints admettent des voisinages disjoints. Un espace régulier ne possède pas nécessairement cette propriété de séparation ; ceci conduit à la définition suivante.

Définition 2.36.1 *Un espace séparé X est dit normal s'il vérifie l'une des propriétés équivalentes qui suivent.*
(N_1) *Quels que soient les fermés disjoints A et B, il existe des voisinages de A et B disjoints.*
(N_2) *Tout fermé admet un système fondamental de voisinages fermés.*

Preuve Vérifions l'équivalence de (N_1) et (N_2).

$(N_1) \Rightarrow (N_2)$. Soit F un fermé de X, montrons que tout voisinage O de F contient un voisinage fermé de F. On peut supposer O ouvert (proposition 2.9.2) ; alors F et $X - O$ sont des fermés disjoints, il existe donc des voisinages disjoints $V \in \mathcal{V}(F)$ et $W \in \mathcal{V}(X - O)$ qui peuvent être supposés ouverts. Il en résulte que $V \subset X - W \subset O$, ce qui montre que $X - W$ est un voisinage fermé de F contenu dans O.

$(N_2) \Rightarrow (N_1)$. Soient A et B deux fermés disjoints. Alors, $X - B$ est un voisinage ouvert de A donc contient un voisinage fermé V de A ; $X - V$ est alors un voisinage ouvert de B et ces voisinages V et $X - V$ sont disjoints. Q.E.D.

Tout espace normal est régulier vu que (N_1) implique (R_2). Tout espace compact est normal d'après la proposition 2.31.9. Tout espace métrisable est également normal : en effet, si A et B sont des fermés disjoints,

$$V = \{x \in X;\ d(x,A) < d(x,B)\} \text{ et } W = \{x \in X;\ d(x,B) < d(x,A)\}$$

sont des voisinages ouverts de A et B disjoints.

Exercice 2.36.1 Montrer que tout espace régulier de Lindelöf (exercice 2.30.3) est normal [soient A et B deux fermés disjoints de l'espace X ; construire des recouvrements ouverts dénombrables

$(M_n)_{n\in\mathbb{N}}$ et $(N_n)_{n\in\mathbb{N}}$ de A et B tels que

$$\overline{M}_n \subset X - B,\ \overline{N}_n \subset X - A\,;$$

poser alors $V_0 = M_0$, $W_0 = N_0 - \overline{V}_0$ et, pour $n \geq 1$,

$$V_n = M_n - \overline{W}_0 \cup \ldots \cup \overline{W}_{n-1},\ W_n = N_n - \overline{V}_0 \cup \ldots \cup \overline{V}_n$$

et montrer que $\bigcup_{n=0}^{\infty} V_n$ et $\bigcup_{n=0}^{\infty} W_n$ sont des voisinages disjoints de A et B].

Exercice 2.36.2 Montrer que tout espace localement compact dénombrable à l'infini (exercice 2.35.10) est un espace de Lindelöf (exercice 2.30.3), donc normal (exercice 2.36.1).

Exercice 2.36.3 Soit X un espace normal.

1. Soient O_1, O_2 des ouverts tels que $X = O_1 \cup O_2$, montrer qu'il existe un ouvert U_1 tel que $\overline{U}_1 \subset O_1$ et $X = U_1 \cup O_2$.

2. Soit (O_n) un recouvrement ouvert dénombrable et localement fini (exercice 2.10.4) de X, montrer qu'il existe un recouvrement ouvert (U_n) de X tel que $\overline{U}_n \subset O_n$ pour tout n [en utilisant 1., construire les ouverts U_n par récurrence tels que

$$X = \bigcup_{j=0}^{n} U_j \cup \bigcup_{j=n+1}^{\infty} O_j \text{ pour tout } n].$$

Exercice 2.36.4 Soit X un espace normal, R une relation d'équivalence sur X, si la surjection canonique $\pi : X \to X/R$ est fermée, montrer que l'espace quotient X/R est un espace normal [raisonner comme dans l'exercice 2.32.2 pour démontrer que 2 $\Rightarrow$ 3 en prenant pour ξ et η deux fermés disjoints de X/R].

L'intérêt des espaces normaux réside dans le théorème suivant.

Théorème 2.36.1 Urysohn *Un espace séparé X est normal si, et seulement si,*
(N_3) *Quels que soient les fermés disjoints A et B, il existe une fonction continue $f : X \to [0,1]$ telle que $f|_A = 1$, $f|_B = 0$.*

Preuve Il est facile de montrer que (N_3) implique (N_1). En effet, si f vérifie les propriétés indiquées dans (N_3), $f^{-1}(]-\infty, 1/2[)$ et $f^{-1}(]1/2, +\infty[)$ sont des voisinages ouverts de A et B disjoints. Il s'agit de vérifier la réciproque.

1. Soit D l'ensemble des nombres dense dans $[0,1]$ de la forme $k/2^n$ où $n \in \mathbb{N}$, $0 \leq k \leq 2^n$; construisons par récurrence sur n une famille d'ouverts $(O(t))_{t\in D}$ telle que

(2.36.1) $\quad A \subset O(0),\ O(1) \subset X - B$ et $\overline{O}(t) \subset O(t')$ pour $t < t'$.

Pour $n = 0$, prenons $O(1) = X - B$, alors d'après (N_2), il existe un voisinage fermé V de A tel que $A \subset V \subset O(1)$; posons $O(0) = \mathring{V}$, alors

$$A \subset O(0) \subset \overline{O}(0) \subset O(1).$$

Supposons $\overline{O}(k/2^n) \subset O((k+1)/2^n)$, de même d'après (N_2) il existe un ouvert $O((2k+1)/2^{n+1})$ tel que

$$\overline{O}(k/2^n) \subset O((2k+1)/2^{n+1}) \subset \overline{O}((2k+1)/2^{n+1}) \subset O((k+1)/2^n),$$

ce qui achève la construction de la famille $(O(t))$.

2. Posons $f_t = (1-t)\mathbb{1}_{O(t)}$, $g_s = 1 - s + s\mathbb{1}_{\overline{O}(s)}$, puis $f = \sup_{t\in D} f_t$ et $g = \inf_{s\in D} g_s$. La fonction f est s.c.i. et la fonction g est s.c.s. d'après la proposition 2.14.1 et l'exemple 2.14.1. On a $f_t = 1 - t$ sur $O(t)$ donc sur A, d'où

$f|_A = 1$ et $f_t = 0$ sur $X - O(t)$ donc sur B, d'où $f|_B = 0$. Si on montre que $f = g$, la fonction f sera continue (proposition 2.14.2) et vérifiera toutes les propriétés voulues.

3. Montrons d'abord que $f \leq g$, c'est-à-dire $f_t \leq g_s$ pour tout $s, t \in D$. Soit $a \in X$, si $a \in (X - O(t)) \cup \overline{O}(s)$ on a $f_t(a) = 0$ ou $g_s(a) = 1$, d'où $f_t(a) \leq g_s(a)$. Si $a \in O(t) \cap (X - \overline{O}(s))$, on a nécessairement $s \leq t$ d'après (2.36.1), d'où

$$f_t(a) = 1 - t \leq 1 - s = g_s(a).$$

4. Montrons ensuite que $f = g$. Raisonnons par l'absurde : supposons qu'il existe $a \in X$ tel que $f(a) < g(a)$. Alors, il existe $s, t \in D$ tel que $f(a) < 1 - t < 1 - s < g(a)$, d'où $a \in (X - O(t)) \cap \overline{O}(s)$ d'où $\overline{O}(s) \not\subset O(t)$, ce qui est absurde d'après (2.36.1) vu que $s < t$. Q.E.D.

Exercice 2.36.5 Théorème de Tietze-Urysohn Soit F une partie fermée d'un espace normal X.

1. Soit $f : F \to \mathbb{R}$ une fonction continue telle que $|f(x)| \leq a$ pour tout $x \in F$, montrer qu'il existe une fonction continue $g : X \to \mathbb{R}$ telle que

$$|g(x)| \leq a/3 \text{ pour tout } x \in X \text{ et } |f(x) - g(x)| \leq 2a/3 \text{ pour tout } x \in F$$

[considérer les fermés

$$A = \{x \in F; f(x) \leq -a/3\} \text{ et } B = \{x \in F; f(x) \geq a/3\}].$$

2. Soit $f : F \to [-1, 1]$ une fonction continue, montrer que f admet un prolongement continu $g : X \to [-1, 1]$ (théorème de prolongement de Tietze-Urysohn) [en utilisant 1., construire une suite $g_n : X \to \mathbb{R}$ de fonctions continues telle que $|g_n(x)| \leq 2^n/3^{n+1}$ pour $x \in X$ et

$$\left| f(x) - \sum_{p=0}^{n} g_p(x) \right| \leq (2/3)^{n+1} \text{ pour } x \in F,$$

puis considérer la série $\sum_{n=0}^{\infty} g_n$].

3. Montrer que le théorème précédent subsiste pour des fonctions à valeurs dans un intervalle compact de $\overline{\mathbb{R}}$ ou à valeurs dans un intervalle ouvert de $\mathbb{R}$ [dans ce dernier cas, se ramener au cas de l'intervalle $]-1, 1[$, construire un prolongement g à valeurs dans $[-1, 1]$, puis construire une fonction continue $h : X \to [-1, 1]$ telle que la fonction $g \times h$ ait les propriétés voulues].

La démonstration du théorème d'Urysohn est triviale pour des espaces métrisables. Il suffit de prendre $f(x) = d(x, B)(d(x, A) + d(x, B))^{-1}$. En utilisant la métrique, on peut construire des fonctions continues possédant diverses propriétés. Par contre, sur un espace topologique général on ne sait pas a priori construire des fonctions continues non constantes. Ceci montre tout l'intérêt des espaces normaux et du théorème d'Urysohn. Nous allons d'ailleurs voir qu'on peut en déduire des critères de métrisabilité.

Théorème 2.36.2 Urysohn *Soit X un espace normal admettant une base de topologie dénombrable. Alors, X est métrisable. En outre, X est homéomorphe à un sous-espace du cube de Hilbert.*

Preuve Soit $(B_n)_{n \in \mathbb{N}}$ une base de la topologie de X et D l'ensemble dénombrable

$$D = \{(i, j) \in \mathbb{N}^2;\ \overline{B}_i \subset B_j\}.$$

D'après le théorème d'Urysohn, il existe pour tout $(i, j) \in D$ une fonction continue $f_{ij} : X \to [0, 1]$ telle que $f_{ij}|_{B_i} = 0$, $f_{ij}|_{X-B_j} = 1$. Considérons l'application continue $f = (f_{ij})_{(i,j)\in D}$ de X dans $[0, 1]^D$. Nous allons démontrer que f est un homéomorphisme de X sur $f(X)$, l'espace $[0, 1]^D$ étant métrisable (corollaire 2.22.3), ceci prouvera que X est métrisable.

1. Vérifions que f est injective. Soient $x, y \in X$, $x \neq y$, alors l'espace X étant séparé, il existe $j \in \mathbb{N}$ tel que $x \in B_j$, $y \notin B_j$, de plus X étant régulier, il existe $i \in \mathbb{N}$ tel que $x \in B_i \subset \overline{B}_i \subset B_j$; on a $(i, j) \in D$, d'où $f_{ij}(x) = 0$, $f_{ij}(y) = 1$, soit $f(x) \neq f(y)$.

2. Montrons que $f^{-1} : f(X) \to X$ est continu. Le sous-espace $f(X)$ étant métrisable, il s'agit de démontrer que toute suite (x_n) de X converge si la suite $(f(x_n))$ converge dans $f(X)$. Notons $f(x)$ la limite de la suite $(f(x_n))$ et montrons que la suite (x_n) converge vers x. Soit $j \in \mathbb{N}$ tel que $x \in B_j$ (l'ensemble de ces ouverts B_j est évidemment un système fondamental de voisinages de x) ; comme précédemment, il existe $i \in \mathbb{N}$ tel que $x \in B_i \subset \overline{B}_i \subset B_j$, d'où $f_{ij}(x) = 0$; étant donné que $f_{ij}(x) = \lim_{n\to\infty} f_{ij}(x_n)$, on a $f_{ij}(x_n) \neq 1$ dès que n est suffisamment grand, c'est-à-dire $x_n \in B_j$ et ceci prouve que $x = \lim_{n\to\infty} x_n$.

3. Quant à la dernière assertion, elle résulte du fait que $[0, 1]^D$ est homéomorphe à $[0, 1]^{\mathbb{N}}$ d'après le corollaire 2.21.14. Q.E.D.

Corollaire 2.36.3 *Soit X un espace métrisable, les propriétés suivantes sont équivalentes.*

1. *X admet une base de topologie dénombrable.*
2. *X est séparable.*
3. *X est homéomorphe à un sous-espace du cube de Hilbert.*

Preuve L'équivalence de 1. et 2. a déjà été démontrée (proposition 2.10.7). Le théorème précédent prouve que 1. implique 3. Enfin, le cube de Hilbert étant métrisable séparable (exemple 2.22.3), la proposition 2.20.4 montre que 3. implique 2. Q.E.D.

Corollaire 2.36.4 *Un espace compact est métrisable si, et seulement si, il admet une base de topologie dénombrable.*

Preuve La condition est suffisante d'après le théorème 2.36.2 et elle est nécessaire d'après la proposition 2.33.1 et la proposition 2.10.7. Q.E.D.

Exercice 2.36.6 Montrer qu'un espace métrique complet X est séparable si, et seulement si, X est homéomorphe à un $\mathcal{G}_\delta$ du cube de Hilbert [utiliser l'exercice 2.25.2].

Exercice 2.36.7 Soient X un espace métrisable séparable, d une distance sur X définissant sa topologie telle que $0 \leq d \leq 1$ et soit (a_n) une suite de X partout dense. Montrer que l'application $f : x \mapsto (d(x, a_n))$ de X dans $[0, 1]^{\mathbb{N}}$ est un homéomorphisme de X sur un sous-espace du cube de Hilbert : on obtient ainsi une démonstration directe (n'utilisant pas le théorème d'Urysohn) de l'implication $2 \Rightarrow 3$ du corollaire 2.36.3.

Exercice 2.36.8 Soient X un espace localement compact, $X' = X \cup \{\omega\}$ son compactifié d'Alexandroff, montrer l'équivalence des propriétés suivantes

1. X admet une base de topologie dénombrable,
2. X' est métrisable,
3. X est métrisable et dénombrable à l'infini (exercice 2.35.10),

[pour démontrer $1 \Rightarrow 2$, si (O_n) est une base de la topologie de X, montrer que l'ensemble des O_n relativement compacts constitue déjà une base de la topologie de X ; en déduire que X est dénombrable à l'infini, puis que X' admet une base de topologie dénombrable ; pour démontrer $3 \Rightarrow 1$, vérifier que X est séparable].

Exercice 2.36.9 1. Soient X un espace métrique compact et Y un espace séparé, s'il existe une surjection continue $f : X \to Y$, montrer que Y est un espace compact métrisable [soit $(B_n)_{n\in\mathbb{N}}$ une base de la topologie de X stable par réunion finie, montrer que les ouverts $C_n = Y - f(X - B_n)$ constituent une base de la topologie de Y en procédant comme suit : soient O un ouvert de Y et $a \in O$, montrer qu'il existe un ouvert B_n tel que $f^{-1}(\{a\}) \subset B_n \subset f^{-1}(O)$ et en déduire que $a \in C_n \subset O$].

2. En utilisant l'exercice 2.33.5, en déduire que pour un espace séparé X les propriétés suivantes sont équivalentes

a. X est un espace compact métrisable,

b. X est une image continue de l'ensemble de Cantor.

Exercice 2.36.10 Montrer que les espaces $[0, 1]^n$ et $[0, 1]^{\mathbb{N}}$ sont des images continues de l'intervalle $[0, 1]$ [si X est l'un de ces espaces, il existe une surjection continue de l'ensemble de Cantor C sur X (exercice 2.36.9), utiliser ensuite le théorème de Tietze (exercice 2.36.5)].

Peano (1890) a construit une application continue surjective de l'intervalle $[0, 1]$ sur le carré $[0, 1]^2$, c'est-à-dire une courbe, dite courbe de Peano, remplissant tout le carré $[0, 1]^2$.

Exercice 2.36.11 1. Soient X un espace métrique compact et Y un espace métrique borné. On note $\mathcal{F}$ l'ensemble des parties fermées non vides de $X \times Y$ et on munit $\mathcal{F}$ de la distance définie à l'exercice 2.33.3 (sur $X \times Y$ on prend comme distance $d(z, z') = d(x, x') + d(y, y')$ où $z = (x, y)$, $z' = (x', y')$). Si $f : X \to Y$ est une fonction continue, on note $G_f \in \mathcal{F}$ son graphe ; on définit ainsi une application $\varphi : f \mapsto G_f$ de l'espace $\mathcal{C}(X; Y)$ dans $\mathcal{F}$. L'espace $\mathcal{C}_u(X; Y)$ étant muni de la topologie de la convergence uniforme, montrer que φ est un homéomorphisme de $\mathcal{C}_u(X; Y)$ sur un sous-espace de $\mathcal{F}$ [si (f_n) est une suite de $\mathcal{C}_u(X; Y)$ convergeant uniformément vers f, montrer que la suite (G_{f_n}) converge vers G_f dans l'espace $\mathcal{F}$ en remarquant que $\rho(G_f, G_{f_n}) \le d_1(f, f_n)$; réciproquement, si (G_{f_n}) converge vers G_f, soit (x_n) une suite de X convergeant vers x, montrer qu'il existe une suite (x'_n) de X telle que $\lim_{n\to\infty} d(z_n, z'_n) = 0$ où $z_n = (x_n, f_n(x_n))$, $z'_n = (x'_n, f(x'_n))$ et en déduire que la suite $(f_n(x_n))$ converge vers $f(x)$; conclure avec l'exercice 2.33.14].

2. Si X est un espace métrique compact et Y un espace métrique séparable, déduire de 1. que l'espace $\mathcal{C}_u(X; Y)$ est séparable [remarquer que $\mathcal{C}_u(X; Y)$ est homéomorphe à un sous-espace de $\mathcal{C}_u(X; Z)$ où Z est le cube de Hilbert et que l'espace $\mathcal{F}$ des parties fermées non vides de $X \times Z$ est compact].

Exercice 2.36.12 **Espace complètement régulier** Un espace topologique séparé est dit complètement régulier si

(CR_1) pour tout fermé F et tout $x \notin F$, il existe une fonction continue $f : X \to [0, 1]$ telle que $f(x) = 0$ et $f(y) = 1$ pour $y \in F$.

1. Montrer que tout espace complètement régulier est régulier et que tout espace normal est complètement régulier ; en particulier, tout espace compact est complètement régulier, tout espace métrisable est complètement régulier.

2. Tout sous-espace d'un espace complètement régulier est complètement régulier ; en particulier, tout espace localement compact est complètement régulier.

3. Soit X un espace complètement régulier, on pose $Y = \mathcal{C}(X;[0,1])$, on considère l'espace compact $Z = \mathcal{F}_s(Y;[0,1])$ et on note $\Phi : X \to Z$ l'application qui à $x \in X$ associe l'application $\Phi(x) : f \in Y \mapsto f(x) \in [0,1]$. Montrer que Φ est un homéomorphisme de X sur $\Phi(X)$ [pour démontrer la continuité de $\Phi^{-1} : \Phi(X) \to X$, soit O un voisinage ouvert d'un point $a \in X$, il existe $f \in Y$ tel que $f(a) = 0$ et $f(x) = 1$ pour $x \in X - O$, montrer que $\mathcal{U} = \{\Theta \in \Phi(X)\,;\, \Theta(f) \neq 1\}$ est un ouvert de $\Phi(X)$ et que $\Phi(a) \in \mathcal{U} \subset \Phi(O)$]. En déduire que X est homéomorphe à un sous-espace dense de l'espace compact $\beta X = \overline{\Phi(X)}$, appelé compactifié de Stone-Čech de X.

4. En déduire qu'un espace séparé X est complètement régulier si, et seulement si, X est homéomorphe à un sous-espace dense d'un espace compact.

Exercice 2.36.13 Soient X un espace complètement régulier (exercice 2.36.12) et $f : X \to \overline{\mathbb{R}}$ une fonction s.c.i., montrer que f est l'enveloppe supérieure des fonctions continues $g : X \to \overline{\mathbb{R}}$ telles que $g \leq f$ [en utilisant l'homéomorphisme $\varphi : \overline{\mathbb{R}} \to [-1,1]$ définie par $\varphi(t) = t/(1+|t|)$ si $t \in \mathbb{R}$ et $\varphi(\pm\infty) = \pm 1$, se ramener au cas où f est à valeurs dans $[-1,1]$; soient $a \in X$, $\alpha < f(a)$, construire une fonction continue $g : X \to [-1,1]$ telle que $g \leq f$ et $g(a) \geq \alpha$].

Un espace localement compact n'est pas en général un espace normal et au lieu du théorème d'Urysohn, on a seulement la

Proposition 2.36.5 *Dans un espace localement compact X, soient A une partie compacte et B une partie fermée sans point commun. Alors il existe une fonction continue $f : X \to [0,1]$ telle que $f|_A = 1$ et $f|_B = 0$.*

Preuve Soit $X' = X \cup \{\omega\}$ le compactifié d'Alexandroff. Alors, A est une partie compacte de X', B est fermé dans X donc est la trace sur X d'une partie fermée de X' qui ne peut être que B ou $B \cup \{\omega\}$ et dans tous les cas $B \cup \{\omega\}$ est fermé dans X'. Il suffit alors d'appliquer le théorème d'Urysohn dans l'espace compact X' aux fermés disjoints A et $B \cup \{\omega\}$. Q.E.D.

Étant donné une fonction $f : X \to \mathbb{R}$ définie sur un espace topologique X, le support de f est par définition l'adhérence de l'ensemble $\{x \in X;\ f(x) \neq 0\}$ et on le note supp (f) ; c'est le plus petit fermé de X tel que f soit nulle sur son complémentaire. Si supp (f) est une partie compacte de X, on dit que f est à support compact ; on note $\mathcal{C}_0(X;\mathbb{R})$ l'ensemble de toutes les fonctions continues $f : X \to \mathbb{R}$ à support compact. Avec cette terminologie, on a alors le corollaire suivant.

Corollaire 2.36.6 *Soient X un espace localement compact, K une partie compacte et O un voisinage ouvert de K. Il existe une fonction continue $f : X \to [0,1]$ égale à 1 sur K et à support compact contenu dans O.*

Preuve Il existe un voisinage compact V de K contenu dans O d'après la proposition 2.35.1. Utilisons la proposition 2.36.5 en prenant $A = K$ et $B = X - \overset{\circ}{V}$; on obtient ainsi une fonction à support dans V, donc à support compact contenu dans O. Q.E.D.

Théorème 2.36.7 Partition de l'unité *Soient X un espace localement compact, K une partie compacte de X et $(O_i)_{i\in I}$ un recouvrement ouvert fini de K. Alors, il existe des fonctions continues à support compact $\varphi_i : X \to [0,1]$ telles que*

supp $(\varphi_i) \subset O_i$ *et* $\sum_{i \in I} \varphi_i = 1$ *sur* K *: une telle famille* (φ_i) *est appelée une partition de l'unité sur* K *subordonnée au recouvrement* (O_i).

Preuve Lorsque I est réduit à un élément, il s'agit simplement du corollaire précédent. Nous raisonnerons alors par récurrence sur Card I. Supposons donc $I = [0, n]$ et $K \subset \bigcup_{i=0}^n O_i$. On peut alors trouver deux compacts K_0 et K' tels que $K \subset K_0 \cup K'$ et $K_0 \subset O_0$, $K' \subset O'$ où $O' = \bigcup_{i=1}^n O_i$: en effet, O' étant un voisinage du compact $K - O_0$, il existe (proposition 2.35.1) un voisinage compact K' de $K - O_0$ contenu dans O' et il suffit de prendre $K_0 = K - \overset{\circ}{K'}$. D'après l'hypothèse de récurrence, il existe une partition de l'unité sur K' subordonnée au recouvrement $(O_i)_{1 \leq i \leq n}$, soit $(f_i)_{1 \leq i \leq n}$: d'après le corollaire 2.36.6, il existe d'autre part une fonction $\varphi_0 \in \mathcal{C}_0(X; [0,1])$ égale à 1 sur K_0 et à support dans O_0. Posons alors $\varphi_i = (1 - \varphi_0) f_i$ pour $1 \leq i \leq n$; la famille $(\varphi_i)_{0 \leq i \leq n}$ est évidemment une partition de l'unité sur $K_0 \cup K'$, donc sur K, subordonnée au recouvrement $(O_i)_{0 \leq i \leq n}$. Q.E.D.

Si $f : X \to \mathbb{R}$ est une fonction continue à support contenu dans le compact K, on peut donc écrire $f = \sum_{i \in I} f_i$ où $f_i = \varphi_i f$ est une fonction continue de X dans $\mathbb{R}$ à support dans O_i. Ceci montre que f peut s'écrire comme la somme de fonctions continues dont les supports sont arbitrairement petits ; ce type de résultat est, comme nous le verrons, très utile dans l'étude des mesures de Radon sur un espace localement compact.

Exercice 2.36.14 Partition de l'unité Soient X un espace topologique, $(A_i)_{i \in I}$ un recouvrement (quelconque) de X ; une famille $(f_i)_{i \in I}$ de fonctions continues $f_i : X \to [0,1]$ est appelée une partition de l'unité subordonnée au recouvrement $(A_i)_{i \in I}$ si

a. supp $f_i \subset A_i$ et la famille des supports (supp $f_i)_{i \in I}$ est localement finie (exercice 2.10.4),

b. pour tout $x \in X$, $\sum_{i \in I} f_i(x) = 1$.

1. Soient X un espace normal et (O_n) un recouvrement ouvert dénombrable localement fini de X, montrer qu'il existe une partition de l'unité subordonnée à un tel recouvrement [soit (U_n) un recouvrement ouvert de X tel que $\overline{U}_n \subset O_n$ pour tout n (exercice 2.36.3), il existe des ouverts V_n tels que $\overline{U}_n \subset V_n \subset \overline{V}_n \subset O_n$ et des fonctions continues $g_n : X \to [0,1]$ telles que $g_n = 1$ sur $\overline{U}_n$, $g_n = 0$ sur $X - V_n$; montrer que la fonction $g = \sum_{n=0}^{\infty} g_n$ est bien définie, continue et > 0 ; prendre alors $f_n = g_n / g$].

2. Soit X un espace localement compact dénombrable à l'infini, montrer que, pour tout recouvrement ouvert de X, il existe une partition de l'unité subordonnée à ce recouvrement [soit $\mathcal{R} = (O_i)_{i \in I}$ un recouvrement ouvert de X, il existe (exercice 2.35.11) un recouvrement ouvert dénombrable $\mathcal{R}' = (U_n)$ localement fini et plus fin que $\mathcal{R}$; soit (f_n) une partition de l'unité subordonnée à $\mathcal{R}'$ (exercice 2.36.2) ; il existe une fonction $\varphi : \mathbb{N} \to I$ telle que $U_n \subset O_{\varphi(n)}$ pour tout n ; on pose $g_i = \sum_{\varphi(n) = i} f_n$; montrer que la famille (g_i) est une partition de l'unité subordonnée à $\mathcal{R}$].

2.37 Limite supérieure et inférieure

Considérons sur $\overline{\mathbb{R}}$ une base de filtre $\mathcal{B}$; l'espace $\overline{\mathbb{R}}$ étant compact, l'ensemble des points adhérents à $\mathcal{B}$ est une partie non vide de $\overline{\mathbb{R}}$; cet ensemble étant de toute façon fermé, c'est une partie compacte non vide de $\overline{\mathbb{R}}$. Nous pouvons donc poser la définition suivante.

Définition 2.37.1 *Soit $\mathcal{B}$ une base de filtre sur $\overline{\mathbb{R}}$. On appelle limite supérieure (resp. inférieure) de cette base de filtre, le plus grand (resp. petit) point adhérent à $\mathcal{B}$ et on la note* $\limsup \mathcal{B}$ *(resp.* $\liminf \mathcal{B}$*).*

D'après la proposition 2.31.1, une base de filtre $\mathcal{B}$ sur $\overline{\mathbb{R}}$ converge si, et seulement si, $\liminf \mathcal{B} = \limsup \mathcal{B}$ et on a alors

$$\lim \mathcal{B} = \liminf \mathcal{B} = \limsup \mathcal{B}.$$

Si $\mathcal{B}$ et $\mathcal{B}'$ sont deux bases de filtre sur $\overline{\mathbb{R}}$ et si $\mathcal{B}$ engendre un filtre moins fin que $\mathcal{B}'$, on a

$$\liminf \mathcal{B} \leq \liminf \mathcal{B}' \leq \limsup \mathcal{B}' \leq \limsup \mathcal{B}. \tag{2.37.1}$$

Dans ce qui suit, on raisonnera uniquement sur les limites supérieures vu que

$$\liminf \mathcal{B} = -\limsup(-\mathcal{B}),$$

où $-\mathcal{B}$ désigne l'ensemble des parties $-M = \{-x\,;\, x \in M\}$ lorsque M décrit $\mathcal{B}$.

Il est utile d'expliciter la définition 2.37.1 sous la forme suivante.

Proposition 2.37.1 *Soit $\mathcal{B}$ une base de filtre sur $\overline{\mathbb{R}}$, on a alors*

$$\limsup \mathcal{B} = \inf_{M\in\mathcal{B}} \sup M \text{ et } \liminf \mathcal{B} = \sup_{M\in\mathcal{B}} \inf M.$$

Preuve Vérifions la première formule par exemple. Posons $x = \limsup \mathcal{B}$. Notons d'abord que $\sup M$ est le plus grand point adhérent à M ; on a donc $x \leq \sup M$ pour tout $M \in \mathcal{B}$, d'où $x \leq \inf_{M\in\mathcal{B}} \sup M$. Pour démontrer l'inégalité opposée, soit $y > x$, montrons que $\mathcal{B}$ n'admet pas de trace sur $[y, +\infty]$; supposons en effet que $\mathcal{B}$ admette une trace $\mathcal{B}'$ sur un tel intervalle ; cet intervalle étant compact, $\mathcal{B}'$ aurait un point adhérent $z \in [y, +\infty]$ qui serait a fortiori un point adhérent à $\mathcal{B}$ et ceci est absurde vu que x est le plus grand point adhérent à $\mathcal{B}$. Il en résulte qu'il existe $M \in \mathcal{B}$ tel que $M \cap [y, +\infty] = \emptyset$, d'où $\sup M \leq y$ et $\inf_{M\in\mathcal{B}} \sup M \leq y$ ce qui permet de conclure. Q.E.D.

Si on considère maintenant une application $f : X \to \overline{\mathbb{R}}$ définie sur un ensemble X et si $\mathcal{B}$ est une base de filtre sur X, on appellera limite supérieure (resp. inférieure) de f suivant la base de filtre $\mathcal{B}$ la limite supérieure (resp. inférieure) de la base de filtre $f(\mathcal{B})$. On utilisera les notations suivantes

$$\limsup_{\mathcal{B}} f = \limsup f(\mathcal{B}) \text{ et } \liminf_{\mathcal{B}} f = \liminf f(\mathcal{B}).$$

Si $\mathcal{B}$ est une base de filtre sur X engendrant un filtre moins fin que $\mathcal{B}'$, on a d'après (2.37.1)

$$\liminf_{\mathcal{B}} f \leq \liminf_{\mathcal{B}'} f \leq \limsup_{\mathcal{B}'} f \leq \limsup_{\mathcal{B}} f. \tag{2.37.2}$$

La proposition 2.37.1 montre que

$$\limsup_{\mathcal{B}} f = \inf_{M\in\mathcal{B}} \sup_{x\in M} f(x) \text{ et } \liminf_{\mathcal{B}} f = \sup_{M\in\mathcal{B}} \inf_{x\in M} f(x). \tag{2.37.3}$$

Le principe du prolongement des inégalités (proposition 2.13.5) se généralise ainsi.

Proposition 2.37.2 *Soient $\mathcal{B}$ une base de filtre sur un ensemble X, $f, g : X \to \overline{\mathbb{R}}$ deux applications telles que $f \leq g$, on a alors*

$$\limsup_{\mathcal{B}} f \leq \limsup_{\mathcal{B}} g \text{ et } \liminf_{\mathcal{B}} f \leq \liminf_{\mathcal{B}} g.$$

Preuve Il suffit d'utiliser les formules (2.37.3). Q.E.D.

La notion générale de limite supérieure et inférieure d'une application contient comme cas particulier diverses notions fréquemment utilisées. Voici les plus importantes.

Exemple 2.37.1 Limite supérieure et inférieure d'une suite Soit (x_n) une suite de $\overline{\mathbb{R}}$; on appelle limite supérieure (resp. inférieure) de cette suite, la limite supérieure (resp. inférieure) de l'application $n \mapsto x_n$ suivant le filtre de Fréchet ; ces limites sont notées $\limsup_{n\to\infty} x_n$ (resp. $\liminf_{n\to\infty} x_n$). En d'autres termes, $\limsup_{n\to\infty} x_n$ est la plus grande valeur d'adhérence de la suite (x_n) et $\liminf_{n\to\infty} x_n$ est la plus petite valeur d'adhérence. D'après (2.11.4) et (2.37.3), on a

$$(2.37.4) \qquad \begin{cases} \limsup\limits_{n\to\infty} x_n = \inf\limits_{n\in\mathbb{N}} \sup\limits_{p\geq n} x_p = \lim\limits_{n\to\infty} \sup\limits_{p\geq n} x_p, \\ \liminf\limits_{n\to\infty} x_n = \sup\limits_{n\in\mathbb{N}} \inf\limits_{p\geq n} x_p = \lim\limits_{n\to\infty} \inf\limits_{p\geq n} x_p. \end{cases}$$

La suite (x_n) converge si, et seulement si,

$$\liminf_{n\to\infty} x_n = \limsup_{n\to\infty} x_n$$

et on a alors

$$\lim_{n\to\infty} x_n = \liminf_{n\to\infty} x_n = \limsup_{n\to\infty} x_n.$$

Si (x_n) et (y_n) sont deux suites de $\overline{\mathbb{R}}$ telles que $x_n \leq y_n$ pour tout $n \in \mathbb{N}$, on a d'après la proposition 2.37.2,

$$\liminf_{n\to\infty} x_n \leq \liminf_{n\to\infty} y_n \text{ et } \limsup_{n\to\infty} x_n \leq \limsup_{n\to\infty} y_n.$$

Si $f_n : X \to \overline{\mathbb{R}}$ est une suite d'applications de X dans $\overline{\mathbb{R}}$, on définit la limite supérieure et inférieure de cette suite par les formules

$$(\limsup_{n\to\infty} f_n)(x) = \limsup_{n\to\infty} f_n(x) \text{ et } (\liminf_{n\to\infty} f_n)(x) = \liminf_{n\to\infty} f_n(x) \ ;$$

on a donc

$$(2.37.5) \qquad \begin{cases} \limsup\limits_{n\to\infty} f_n = \inf\limits_{n\in\mathbb{N}} \sup\limits_{p\geq n} f_p = \lim\limits_{n\to\infty} \sup\limits_{p\geq n} f_p, \\ \liminf\limits_{n\to\infty} f_n = \sup\limits_{n\in\mathbb{N}} \inf\limits_{p\geq n} f_p = \lim\limits_{n\to\infty} \inf\limits_{p\geq n} f_p. \end{cases}$$

La suite (f_n) converge simplement si, et seulement si,

$$\liminf_{n\to\infty} f_n = \limsup_{n\to\infty} f_n,$$

auquel cas $\lim_{n\to\infty} f_n = \liminf_{n\to\infty} f_n = \limsup_{n\to\infty} f_n$.

Exemple 2.37.2 Soient X un espace topologique, A une partie de X, a un point adhérent à A et $f : A \to \overline{\mathbb{R}}$ une application. On appelle limite supérieure (resp.

inférieure) de $f(x)$ quand x tend vers a en restant dans A la limite supérieure (resp. inférieure) de f suivant la trace sur A du filtre $\mathcal{V}(a)$; ces limites sont notées $\limsup_{x\to a, x\in A} f(x)$ et $\liminf_{x\to a, x\in A} f(x)$.

Si $A = X$, on les note simplement $\limsup_{x\to a} f(x)$ et $\liminf_{x\to a} f(x)$; étant donné que $f(a)$ est adhérent à la base de filtre $f(\mathcal{V}(a))$, on a

(2.37.6) $$\liminf_{x\to a} f(x) \leq f(a) \leq \limsup_{x\to a} f(x)$$

et f est continue au point a si, et seulement si, ces deux limites sont égales.

Si (x_n) est une suite de A qui converge vers a, le filtre élémentaire associé à cette suite étant plus fin que $\mathcal{V}(a)$, on a d'après (2.37.2)

(2.37.7) $$\liminf_{x\to a, x\in A} f(x) \leq \liminf_{n\to\infty} f(x_n) \leq \limsup_{n\to\infty} f(x_n) \leq \limsup_{x\to a, x\in A} f(x).$$

Lorsque le filtre $\mathcal{V}(a)$ est à base dénombrable, il est possible de caractériser les limites précédentes en termes de suite. De façon précise, on a la proposition suivante.

Proposition 2.37.3 *Les notations étant celles de l'exemple 2.37.2, si le filtre $\mathcal{V}(a)$ est à base dénombrable, on a $y = \limsup_{x\to a, x\in A} f(x)$ si, et seulement si, les deux conditions qui suivent sont réalisées.*

1. Pour toute suite (x_n) de A qui converge vers a, $\limsup_{n\to\infty} f(x_n) \leq y$.

2. Il existe une suite (x_n) de A qui converge vers a telle que la suite $(f(x_n))$ converge vers y.

Preuve En effet, d'après la proposition 2.16.7, 1. signifie que toute valeur d'adhérence de f suivant $\mathcal{V}(a)|_A$ est $\leq y$ et 2. signifie que y est une valeur d'adhérence. Q.E.D.

La semi-continuité se caractérise aisément en termes de limite supérieure ou inférieure.

Proposition 2.37.4 *Soit X un espace topologique. Une fonction $f : X \to \overline{\mathbb{R}}$ est s.c.i. en un point $a \in X$ si, et seulement si,*
(SCI_4) $f(a) \leq \liminf_{x\to a} f(x)$, auquel cas $f(a) = \liminf_{x\to a} f(x)$.

Preuve Si f est s.c.i. au point a, pour tout $\alpha < f(a)$, il existe $V \in \mathcal{V}(a)$ tel que $f(V) \subset]\alpha, +\infty]$, d'où $\inf_{x\in V} f(x) \geq \alpha$ et $\liminf_{x\to a} f(x) \geq \alpha$ et ceci prouve (SCI_4). On a alors l'égalité d'après (2.37.6).

Réciproquement, si (SCI_4) est vérifié, c'est-à-dire si

$$f(a) \leq \sup_{V\in\mathcal{V}(a)} \inf_{x\in V} f(x),$$

pour tout $\alpha < f(a)$, il existe $V \in \mathcal{V}(a)$ tel que $\alpha < \inf_{x\in V} f(x)$, d'où $f(V) \subset]\alpha, +\infty]$ ce qui prouve la semi-continuité inférieure de f. Q.E.D.

Si f est s.c.i. au point a, pour toute suite (x_n) de X qui converge vers a, on a d'après (2.37.7) $f(a) \leq \liminf_{n\to\infty} f(x_n)$. Réciproquement, on a la

Proposition 2.37.5 *Soit X un espace à base dénombrable de voisinages, une application $f : X \to \overline{\mathbb{R}}$ est s.c.i. en un point $a \in X$ si, et seulement si, pour toute suite (x_n) de X qui converge vers a*

$$f(a) \leq \liminf_{n\to\infty} f(x_n). \tag{2.37.8}$$

Preuve D'après la proposition 2.16.7, (2.37.8) signifie que toute valeur d'adhérence de f suivant $\mathcal{V}(a)$ est $\geq f(a)$. Q.E.D.

Exercice 2.37.1 Soient $\mathcal{F}$ un filtre sur un ensemble X et $f, g : X \to \mathbb{R}$ des applications, on suppose que f admet une limite finie > 0 suivant $\mathcal{F}$, montrer alors que

$$\limsup_{\mathcal{F}} (f\, g) = \lim_{\mathcal{F}} f \times \limsup_{\mathcal{F}} g.$$

Exercice 2.37.2 Régularisée s.c.i. Soit A une partie d'un espace topologique X partout dense et soit $f : A \to \overline{\mathbb{R}}$ une application, montrer que la fonction $f_*(x) = \liminf_{y\to x,\, y\in A} f(y)$ est la plus grande fonction s.c.i. telle que $f_* \leq f$ sur A : f_* est appelée la régularisée s.c.i. de f. Si f est s.c.i., f_* prolonge f.

Exercice 2.37.3 Soient X un espace topologique admettant une base de topologie dénombrable et $f_i : X \to \overline{\mathbb{R}}$, $i \in I$, une famille de fonctions s.c.i.. Cet exercice a pour objet de démontrer qu'il existe une partie dénombrable I_0 de I telle que (exercice 2.37.2) $(\inf_{i\in I} f_i)_* = (\inf_{i\in I_0} f_i)_*$ (lemme de Choquet).

En utilisant l'homéomorphisme $\varphi : \overline{\mathbb{R}} \to [-1, 1]$ de l'exercice 2.36.13, on peut supposer les fonctions f_i à valeurs dans $[-1, 1]$. Pour toute partie J de I, on pose $f_J = \inf_{i\in J} f_i$ et on note $(O_n)_{n\geq 1}$ une base de la topologie de X telle que chaque ouvert O_n soit répété une infinité de fois dans la suite (O_n).

1. Soit $n \geq 1$, montrer qu'il existe $x_n \in O_n$ tel que $f_I(x_n) \leq \inf_{O_n} f_I + 1/n$ et un indice $i_n \in I$ tel que $f_{i_n}(x_n) \leq f_I(x_n) + 1/n$; en déduire que

$$\inf_{O_n} f_{i_n} \leq \inf_{O_n} f_I + 2/n.$$

2. On pose $I_0 = \bigcup_{n=1}^{\infty}\{i_n\}$. Soit $g : X \to \overline{\mathbb{R}}$ une fonction s.c.i. telle que $g \leq f_{I_0}$, montrer que $g \leq f_I$ [soit $x \in X$, $\varepsilon > 0$, il existe $V \in \mathcal{V}(x)$ tel que $g(x) \leq g(y) + \varepsilon$ pour tout $y \in V$; en déduire que, pour tout n tel que $x \in O_n \subset V$, $g(x) \leq f_I(x) + \varepsilon + 2/n$].

3. Conclure.

2.38 Les espaces projectifs

On rencontre, en géométrie en particulier, de très nombreux exemples d'espaces compacts. Il faut d'abord citer la sphère unité $\mathbb{S}^n$ de $\mathbb{R}^{n+1}$: si les coordonnées d'un point $x \in \mathbb{R}^{n+1}$ sont notées $(x^i)_{0\leq i\leq n}$, on a

$$\mathbb{S}^n = \{x \in \mathbb{R}^{n+1}\,;\ \sum_{i=0}^{n} (x^i)^2 = 1\}.$$

Voici une description du cercle unité $\mathbb{S}^1$ utile dans la théorie des fonctions périodiques. Considérons sur $\mathbb{R}$ le sous-groupe additif $2\pi\mathbb{Z}$ et la relation d'équivalence associée $x - y \in 2\pi\mathbb{Z}$; notons R cette relation d'équivalence et $\mathbb{T} = \mathbb{R}/2\pi\mathbb{Z}$ l'espace quotient muni de la topologie quotient ; cet espace est appelé un tore de dimension 1. Nous allons démontrer la proposition suivante.

Proposition 2.38.1 *Le tore $\mathbb{T}$ est un espace compact homéomorphe à $\mathbb{S}^1$.*

Preuve 1. Considérons l'application $\varphi : \mathbb{R} \to \mathbb{S}^1$ définie par $\varphi(x) = e^{ix}$; cette application est continue, surjective et, pour tout $t \in \mathbb{S}^1$, $\varphi^{-1}(t)$ est une classe d'équivalence pour R. Si on note $p : \mathbb{R} \to \mathbb{T}$ la surjection canonique, ceci montre qu'il existe une unique application $\psi : \mathbb{T} \to \mathbb{S}^1$ telle que $\psi \circ p = \varphi$; en outre, ψ est une bijection, continue d'après la proposition 2.24.3. La topologie de $\mathbb{T}$ est donc séparée, vu qu'elle est plus fine que la topologie compacte image réciproque par ψ de celle de $\mathbb{S}^1$.

2. Considérons l'intervalle compact $[0,1]$ et notons $i : [0,1] \to \mathbb{R}$ l'injection canonique ; considérons la relation d'équivalence R' sur $[0,1]$ induite par R, l'espace quotient $[0,1]/R'$ (muni de la topologie quotient) et la surjection canonique $p' : [0,1] \to [0,1]/R'$. Il existe alors une unique application $\theta : [0,1]/R' \to \mathbb{T}$ telle que $\theta \circ p' = p \circ i$; en outre, θ est une bijection, continue d'après la proposition 2.24.3 et la continuité de $p \circ i$; l'espace $\mathbb{T}$ étant séparé, il en résulte que $[0,1]/R'$ est séparé ; l'espace $[0,1]$ étant compact et p' étant continu, on en déduit (théorème 2.31.10) que $[0,1]/R'$ est compact. Le corollaire 2.31.12 montre alors que θ est un homéomorphisme et que $\mathbb{T}$ est compact.

3. L'espace $\mathbb{T}$ étant compact, la bijection continue $\psi : \mathbb{T} \to \mathbb{S}^1$ est un homéomorphisme. Q.E.D.

Note Les classes d'équivalence associées à R' sont d'une part les ensembles réduits à un point $\{x\}$ où $0 < x < 1$, d'autre part l'ensemble $\{0,1\}$. Le cercle unité $\mathbb{S}^1$ s'obtient donc en identifiant les points 0 et 1 de l'intervalle compact $[0,1]$ et ceci est vrai du point de vue topologique : l'application $\psi \circ \theta : [0,1]/R' \to \mathbb{S}^1$ est un homéomorphisme.

A toute fonction $f : \mathbb{S}^1 \to \mathbb{C}$ associons la fonction $\hat{f} = f \circ \varphi$, soit $\hat{f}(x) = f(e^{ix})$. Alors $\hat{f} : \mathbb{R} \to \mathbb{C}$ est une fonction périodique de période 2π (c'est-à-dire $\hat{f}(x + 2\pi) = \hat{f}(x)$, pour tout $x \in \mathbb{R}$) ; nous noterons $\mathcal{F}_{2\pi}(\mathbb{R};\mathbb{C})$ l'ensemble de toutes les fonctions $\hat{f} : \mathbb{R} \to \mathbb{C}$ périodiques et de période 2π. Réciproquement, soit $\hat{f} \in \mathcal{F}_{2\pi}(\mathbb{R};\mathbb{C})$, il existe une unique application $f : \mathbb{S}^1 \to \mathbb{C}$ telle que $\hat{f} = f \circ \varphi$. L'application $f \mapsto \hat{f}$ est donc une bijection de l'espace $\mathcal{F}(\mathbb{S}^1;\mathbb{C})$ sur $\mathcal{F}_{2\pi}(\mathbb{R};\mathbb{C})$. En outre, la proposition 2.24.3 montre, compte tenu de l'homéomorphisme $\psi : \mathbb{T} \to \mathbb{S}^1$, que l'application $f \mapsto \hat{f}$ induit une bijection de l'espace $\mathcal{C}(\mathbb{S}^1;\mathbb{C})$ sur l'espace $\mathcal{C}_{2\pi}(\mathbb{R};\mathbb{C})$ de toutes les fonctions continues $\hat{f} : \mathbb{R} \to \mathbb{C}$ périodiques et de période 2π.

Introduisons maintenant les espaces projectifs. On considère l'espace $\mathbb{K}^{n+1} - \{0\}$, où $\mathbb{K} = \mathbb{R}$ ou $\mathbb{C}$; les coordonnées d'un point $x \in \mathbb{K}^{n+1}$ seront notées $(x^i)_{0 \leq i \leq n}$. Si x et y sont deux éléments de $\mathbb{K}^{n+1} - \{0\}$, la relation

$$(\exists t \in \mathbb{K}^*)(x = ty)$$

est une relation d'équivalence R. L'espace quotient $\mathbb{P}_n(\mathbb{K}) = \mathbb{K}^{n+1} - \{0\}/R$ est appelé l'espace projectif (réel ou complexe selon le cas) de dimension n ; on munit cet espace de la topologie quotient et on note $\pi : \mathbb{K}^{n+1} - \{0\} \to \mathbb{P}_n(\mathbb{K})$ la surjection canonique. Nous allons démontrer que les espaces projectifs sont compacts.

Lemme 2.38.2 *L'application* $\pi : \mathbb{K}^{n+1} - \{0\} \to \mathbb{P}_n(\mathbb{K})$ *est ouverte.*

Preuve Soit O un ouvert de $\mathbb{K}^{n+1} - \{0\}$, montrons que $\pi(O)$ est ouvert dans $\mathbb{P}_n(\mathbb{K})$, c'est-à-dire (paragraphe 2.24) que $\pi^{-1}(\pi(O))$ est ouvert dans $\mathbb{K}^{n+1} - \{0\}$. Notons $h_t : \mathbb{K}^{n+1} - \{0\} \to \mathbb{K}^{n+1} - \{0\}$ l'homothétie de rapport $t \in \mathbb{K}^*$, soit $h_t(x) = tx$; l'application h_t est un homéomorphisme. Alors d'après la définition de la relation d'équivalence R, on a

$$\pi^{-1}(\pi(O)) = \bigcup_{t \in \mathbb{K}^*} h_t(O)$$

qui est donc ouvert dans $\mathbb{K}^{n+1} - \{0\}$. Q.E.D.

Afin d'appliquer la proposition 2.24.4, vérifions le

Lemme 2.38.3 *Le graphe de la relation* R *est fermé dans* $(\mathbb{K}^{n+1} - \{0\})^2$.

Preuve Notons G ce graphe ; si $((x_k, y_k))$ est une suite de G qui converge vers (x, y) dans $(\mathbb{K}^{n+1} - \{0\})^2$, il faut démontrer que $(x, y) \in G$, c'est-à-dire qu'il existe $t \in \mathbb{K}^*$ tel que $x = ty$. Or, il existe $t_k \in \mathbb{K}^*$ tel que $x_k = t_k y_k$. Il existe $0 \leq i \leq n$ tel que $y^i \neq 0$, d'où $y_k^i \neq 0$ pour k suffisamment grand, soit $k \geq k_0$; il en résulte que la suite $t_k = x_k^i / y_k^i$ est convergente, soit $t = \lim_{k \to \infty} t_k$. En passant à la limite dans la relation $x_k = t_k y_k$, on obtient $x = ty$ et t ne peut être nul vu que $x \neq 0$; ceci prouve que $(x, y) \in G$. Q.E.D.

Compte tenu de la proposition 2.24.4, on en déduit que l'espace projectif $\mathbb{P}_n(\mathbb{K})$ est séparé. Nous allons démontrer que cet espace est compact. Supposons d'abord $\mathbb{K} = \mathbb{R}$. La relation d'équivalence R induit sur la sphère unité $\mathbb{S}^n$ de $\mathbb{R}^{n+1}$ une relation d'équivalence R' dont les classes d'équivalence sont de la forme $\{x, -x\}$ avec $x \in \mathbb{S}^n$. On peut alors considérer l'espace quotient $\mathbb{S}^n / R'$ muni de la topologie quotient et on note $\pi' : \mathbb{S}^n \to \mathbb{S}^n / R'$ la surjection canonique. Il existe alors une application et une seule $\theta : \mathbb{S}^n / R' \to \mathbb{P}_n(\mathbb{R})$ telle que $\theta \circ \pi' = \pi \circ i$, où i désigne l'injection canonique de $\mathbb{S}^n$ dans $\mathbb{R}^{n+1} - \{0\}$; en outre, θ est une bijection, continue d'après la proposition 2.24.3 et la continuité de $\pi \circ i$; l'espace $\mathbb{P}_n(\mathbb{R})$ étant séparé, on en déduit que l'espace $\mathbb{S}^n / R'$ est également séparé ; l'espace $\mathbb{S}^n$ étant compact et l'application π' étant continue, le théorème 2.31.10 montre que l'espace $\mathbb{S}^n / R'$ est compact et le corollaire 2.31.12 prouve que $\mathbb{P}_n(\mathbb{R})$ est compact et que θ est un homéomorphisme.

Lorsque $\mathbb{K} = \mathbb{C}$, le même raisonnement montre que l'espace $\mathbb{P}_n(\mathbb{C})$ est compact et homéomorphe à $\mathbb{S}^{2n+1} / R''$ où R'' désigne la relation d'équivalence dont les classes d'équivalence sont les ensembles $\{tx\,; t \in \mathbb{C}, |t| = 1\}$ où $x \in \mathbb{S}^{2n+1} \subset \mathbb{C}^{n+1}$.

Examinons plus précisément l'espace $\mathbb{P}_1(\mathbb{K})$.

Proposition 2.38.4 *L'espace* $\mathbb{P}_1(\mathbb{R})$ *est homéomorphe au cercle unité* $\mathbb{S}^1$.

Preuve Considérons l'application $f : \mathbb{S}^1 \to \mathbb{S}^1$ définie par $f(z) = z^2$, $z = x + iy$. Cette application f est surjective et pour $Z \in \mathbb{S}^1$, il existe exactement deux points de $\mathbb{S}^1$ diamètralement opposés z et $-z$ tels que $f(z) = f(-z) = Z$. Ceci montre qu'il existe une application et une seule $\varphi : \mathbb{S}^1 / R' \to \mathbb{S}^1$ telle que $\varphi \circ \pi' = f$;

en outre φ est une bijection. La continuité de f et la proposition 2.24.3 montrent que φ est continu ; φ est donc une bijection continue, donc un homéomorphisme d'après le corollaire 2.31.12. Q.E.D.

Proposition 2.38.5 *L'espace* $\mathbb{P}_1(\mathbb{C})$ *est homéomorphe à la sphère unité* $\mathbb{S}^2$.

Preuve Le raisonnement est analogue à celui de la proposition précédente. Il s'agit de construire une application continue surjective $f : \mathbb{S}^3 \to \mathbb{S}^2$ telle que l'image réciproque par f de tout point de $\mathbb{S}^2$ soit une classe d'équivalence pour R''. Les coordonnées de $\mathbb{C}^2$ étant notées (x, y), la sphère $\mathbb{S}^3$ est définie par $|x|^2 + |y|^2 = 1$. On peut d'autre part identifier $\mathbb{C} \times \mathbb{R}$ et $\mathbb{R}^3$ au moyen de l'application $(X, Y) \in \mathbb{C} \times \mathbb{R} \mapsto (\Re e\, X, \Im m\, X, Y) \in \mathbb{R}^3$; la sphère $\mathbb{S}^2$ a alors pour équation $|X|^2 + Y^2 = 1$. On pose

$$f(x, y) = (2x\overline{y}, |x|^2 - |y|^2).$$

Si $(x, y) \in \mathbb{S}^3$, on a

$$|2x\overline{y}|^2 + (|x|^2 - |y|^2)^2 = (|x|^2 + |y^2|)^2 = 1,$$

d'où $f(x, y) \in \mathbb{S}^2$. L'équation $f(x, y) = (X, Y) \in \mathbb{S}^2$, c'est-à-dire le système $2x\overline{y} = X$, $|x|^2 - |y|^2 = Y$ se résout de la façon suivante. Si $Y = -1$, donc $X = 0$ on obtient $x = 0$ et $|y| = 1$. Si $Y > -1$, on a $|x|^2 = (1 + Y)/2$ d'où $x = t((1 + Y)/2)^{1/2}$ où $t \in \mathbb{C}$, $|t| = 1$, et $y = t\overline{X}/(2(1 + Y))^{1/2}$ et on vérifie que ces points (x, y) appartiennent à $\mathbb{S}^3$: en effet,

$$|x|^2 + |y|^2 = \frac{1 + Y}{2} + \frac{|X|^2}{2(1 + Y)} = \frac{1 + Y}{2} + \frac{1 - Y}{2} = 1.$$

On constate bien que $f^{-1}(X, Y)$ est une classe d'équivalence pour R''. Le raisonnement est alors identique à celui de la proposition précédente. Q.E.D.

Nous avons vu (exemple 2.35.1) que $\mathbb{S}^n$ était le compactifié d'Alexandroff de $\mathbb{R}^n$. Les propositions précédentes montrent que $\mathbb{P}_1(\mathbb{K})$ peut être considéré comme le compactifié d'Alexandroff de $\mathbb{K}$. Comme nous le verrons, le compactifié du plan complexe $\mathbb{C}$, c'est-à-dire $\mathbb{P}_1(\mathbb{C})$ ou $\mathbb{S}^2$, joue un rôle important dans la théorie des fonctions d'une variable complexe.

D – Espaces connexes

2.39 Propriétés fondamentales

Nous abordons ici l'étude d'une catégorie d'espaces topologiques d'une nature différente de ceux qui ont été étudiés jusqu'à présent ; la connexité ne se relie pas à des notions de convergence.

Définition 2.39.1 *Un espace topologique X est dit connexe s'il vérifie l'une des propriétés équivalentes qui suivent.*
(CO_1) *X n'est pas la réunion de deux ensembles ouverts non vides et disjoints.*
(CO_2) *X n'est pas la réunion de deux ensembles fermés non vides et disjoints.*
(CO_3) *L'ensemble X et la partie vide sont les seuls ensembles à la fois ouverts et fermés.*

Une partie d'un espace topologique est dite connexe si, munie de la topologie induite par celle de X, A est un espace connexe. Quand on manipule des topologies induites, il est conseillé d'utiliser des ouverts et des fermés de l'espace ambiant. Par exemple, dire que A n'est pas une partie connexe de X signifie qu'il existe des ouverts O_1 et O_2 de X tels que $A \subset O_1 \cup O_2$, $A \cap O_1 \neq \emptyset$, $A \cap O_2 \neq \emptyset$ et $A \cap O_1 \cap O_2 = \emptyset$.

Dans un espace topologique, toute partie réduite à un élément est évidemment connexe. Un espace discret est connexe si, et seulement si, il admet au plus un élément ; tout sous-espace d'un espace discret étant discret, ceci montre que, dans un espace discret, les parties connexes non vides sont les parties réduites à un élément.

Donnons de suite une propriété fondamentale des espaces connexes.

Théorème 2.39.1 *Soient X, Y des espaces topologiques, $f : X \to Y$ une application continue. Alors, l'image par f de toute partie connexe de X est une partie connexe de Y.*

Preuve Soit A une partie de X, montrons que A n'est pas connexe si $f(A)$ n'est pas connexe. Il existe donc des ouverts O_1, O_2 de Y tels que

$f(A) \subset O_1 \cup O_2$, $f(A) \cap O_1 \neq \emptyset$, $f(A) \cap O_2 \neq \emptyset$ et $f(A) \cap O_1 \cap O_2 = \emptyset$. Les ensembles $f^{-1}(O_1)$ et $f^{-1}(O_2)$ sont deux ouverts de X tels que

$$A \subset f^{-1}(O_1) \cup f^{-1}(O_2),\ A \cap f^{-1}(O_1) \neq \emptyset,\ A \cap f^{-1}(O_2) \neq \emptyset$$

et $A \cap f^{-1}(O_1) \cap f^{-1}(O_2) = \emptyset$, ce qui prouve que A n'est pas connexe. Q.E.D.

Ceci permet d'en déduire la caractérisation suivante.

Proposition 2.39.2 *Soit D un espace discret tel que Card $D \geq 2$. Un espace topologique X est connexe si, et seulement si, toute application continue $f : X \to D$ est constante.*

Preuve La condition est nécessaire d'après le théorème 2.39.1 vu que $f(X)$ doit être une partie connexe de D. Pour démontrer que la condition est suffisante, supposons X non connexe. Il existe alors des ouverts non vides et disjoints O_1, O_2 tels que $X = O_1 \cup O_2$; considérons alors deux éléments différents a et b de D et l'application $f : X \to D$ égale à a sur O_1 et à b sur O_2 ; cette application non constante est continue, l'image réciproque de tout ouvert de D étant un ensemble ouvert de X. Q.E.D.

Corollaire 2.39.3 *Soit A une partie connexe d'un espace topologique. Alors, toute partie B telle que $A \subset B \subset \overline{A}$ est connexe.*

Preuve Soit D un espace discret et $f : B \to D$ une application continue. D'après la proposition 2.39.2, l'application $f|_A$ est constante ; A étant dense dans B, le principe du prolongement des identités (corollaire 2.17.4) montre que f est constante. La proposition 2.39.2 permet alors de conclure. Q.E.D.

Corollaire 2.39.4 *L'adhérence de toute partie connexe est connexe.*

Corollaire 2.39.5 *Soit $(A_i)_{i \in I}$ une famille de parties connexes telle que*

$$A_i \cap A_j \neq \emptyset \text{ si } i \neq j,$$

alors la réunion de cette famille est connexe.

Preuve Soient D un espace discret et $f : \bigcup_{i \in I} A_i \to D$ une application continue. Les applications $f|_{A_i}$ sont constantes, donc f est constante vu l'hypothèse. Q.E.D.

En raisonnant de façon similaire, on obtient les résultats suivants.

Corollaire 2.39.6 *Soit $(A_n)_{n \in \mathbb{N}}$ une suite de parties connexes telle que $A_n \cap A_{n+1} \neq \emptyset$ pour tout $n \in \mathbb{N}$. Alors $\bigcup_{n=0}^{\infty} A_n$ est connexe.*

Corollaire 2.39.7 *Soient A une partie connexe et $(A_i)_{i \in I}$ une famille de parties connexes telles que $A \cap A_i \neq \emptyset$ pour tout i, alors $A \cup \bigcup_{i \in I} A_i$ est connexe.*

Indiquons enfin une dernière propriété des espaces connexes.

Proposition 2.39.8 *Soient A une partie d'un espace topologique X et B une partie connexe de X. Si B rencontre A et $X - A$, alors B rencontre la frontière de A.*

Preuve Si B ne rencontrait pas la frontière de A, les ensembles Int $A \cap B$ et Int $(X - A) \cap B$ seraient deux ouverts non vides de B, disjoints et leur réunion serait B d'après la proposition 2.10.3, ceci serait contraire à la connexité de B. Q.E.D.

Corollaire 2.39.9 *Dans un espace connexe X, une partie non vide distincte de X admet une frontière non vide.*

Un sous-espace d'un espace connexe n'a aucune raison d'être connexe en général. Par contre, un produit d'espaces connexes est connexe ; pour démontrer ce résultat nous aurons besoin du

Lemme 2.39.10 *Soit $(X_i)_{i \in I}$ une famille d'espaces topologiques et soit $a = (a_i)_{i \in I}$ un point de l'espace produit X. Alors l'ensemble A des $x = (x_i)_{i \in I}$ tels que $x_i = a_i$ sauf pour un nombre fini d'indices i est dense dans X.*

Preuve En effet, tout ouvert élémentaire non vide rencontre A. Q.E.D.

Théorème 2.39.11 *Un produit $X = \prod_{i \in I} X_i$ d'espaces topologiques non vides est connexe si, et seulement si, tous les espaces facteurs sont connexes.*

Preuve Si X est connexe, les espaces facteurs sont connexes car les projections sont continues et surjectives. Réciproquement, supposons les espaces facteurs connexes et soit $f : X \to D$ une application continue à valeurs dans un espace discret D. Soit $a = (a_i)_{i \in I}$ un point de X. Les applications partielles $x_i \mapsto f(x)$ étant continues, la proposition 2.39.2 montre que f est constante sur l'ensemble des $x = (x_i)_{i \in I}$ tels que $x_i = a_i$ sauf pour une valeur de l'indice i, donc grâce au même raisonnement f est constante sur l'ensemble des $x = (x_i)_{i \in I}$ tels que $x_i = a_i$ sauf pour deux valeurs de l'indice i, et par récurrence f est donc constante sur l'ensemble A du lemme 2.39.10, donc sur X d'après ce lemme et le principe du prolongement des identités. Q.E.D.

Dans un espace produit, une partie non vide de la forme $\prod_{i \in I} A_i$ est connexe si, et seulement si, tous les A_i sont connexes. Si X est un ensemble et Y est un espace topologique, l'espace $\mathcal{F}_s(X; Y)$ muni de la topologie de la convergence simple est connexe si, et seulement si, Y est connexe.

Exercice 2.39.1 Soient A et B des parties d'un espace topologique. Si A et B sont fermés et si $A \cup B$ et $A \cap B$ sont connexes, montrer que A et B sont connexes.

Exercice 2.39.2 Soient A et B des parties d'un espace topologique. Si A et B sont connexes et si $A \cap \overline{B}$ ou $\overline{A} \cap B$ est non vide, montrer que $A \cup B$ est connexe.

Exercice 2.39.3 Soit $(C_i)_{i \in I}$ une famille de parties connexes filtrante pour l'inclusion : pour tout $i, j \in I$, il existe $k \in I$ tel que $C_i \cup C_j \subset C_k$. Montrer que $\bigcup_{i \in I} C_i$ est connexe.

Exercice 2.39.4 Soient X un espace connexe et $(O_i)_{i \in I}$ un recouvrement ouvert de X. Montrer que, pour tout $x, y \in X$, il existe une sous-famille finie $(O_{i_p})_{1 \leq p \leq n}$ telle que $x \in O_{i_1}$, $y \in O_{i_n}$ et $O_{i_p} \cap O_{i_{p+1}} \neq \emptyset$ pour $1 \leq p \leq n - 1$.

Exercice 2.39.5 Soient X, Y des espaces connexes, A et B des sous-ensembles stricts de X et Y, montrer que $X \times Y - A \times B$ est connexe.

Exercice 2.39.6 Soit (K_n) une suite décroissante de compacts non vides dans un espace topologique X.

1. Montrer que $K = \bigcap_{n=0}^{\infty} K_n$ est un compact non vide et, que pour tout voisinage V de K, il existe $n \in \mathbb{N}$ tel que $K_n \subset V$.

2. Si tous les compacts K_n sont connexes, montrer que K est connexe [raisonner par l'absurde et utiliser la proposition 2.31.9].

Exercice 2.39.7 Montrer que dans un espace métrique connexe non borné, toute sphère est non vide.

Exercice 2.39.8 Soit X un espace métrique compact, montrer l'équivalence des propriétés suivantes

1. X est connexe,

2. pour tout $\varepsilon > 0$ et tout $x, y \in X$, il existe une suite finie de points de X, $(x_i)_{0 \leq i \leq n}$, telle que $x_0 = x, x_n = y$ et $d(x_i, x_{i+1}) \leq \varepsilon$ pour tout $i \in [0, n-1]$: on dit alors qu'il existe une $\varepsilon -$ chaine reliant x et y.

Exercice 2.39.9 Soit X un espace métrique compact, on suppose que, pour tout $a \in X$ et tout $r > 0$, $\overline{B}(a; r) = B'(a; r)$. Montrer alors que toute boule ouverte ou fermée est connexe [soit $x \in B'(a; r)$ et soit A_ε, $\varepsilon > 0$, l'ensemble des $y \in B'(a; r)$ tels qu'il existe une $\varepsilon -$ chaine (exercice 2.39.8) dans $B'(a; r)$ reliant x et y ; montrer que A_ε est compact, que $\inf_{y \in A_\varepsilon} d(a, y) = 0$ et en déduire que $a \in A_\varepsilon$].

Exercice 2.39.10 Soient X un ensemble, Y un espace métrique, montrer que l'ensemble $\mathcal{F}_b(X; Y)$ des applications bornées de X dans Y est à la fois ouvert et fermé dans $\mathcal{F}_u(X; Y)$.

Exercice 2.39.11 1. Soient X un espace topologique, Y un espace métrique et $A \subset \mathcal{C}_u(X; Y)$ une partie équicontinue. Montrer que l'ensemble des $x \in X$ tels que $A(x) = \{f(x) ; f \in A\}$ soit précompact est à la fois ouvert et fermé.

2. Si X est un espace compact connexe et si Y est un espace métrique complet, en déduire qu'une partie $A \subset \mathcal{C}_u(X; Y)$ équicontinue est relativement compacte dès qu'il existe un point $a \in X$ tel que $A(a)$ soit relativement compact : ceci affaiblit, dans le cas où X est connexe, la seconde condition figurant dans le théorème 2.34.5 d'Ascoli.

2.40 Parties connexes de la droite réelle

Théorème 2.40.1 *Les parties connexes de* $\mathbb{R}$ *et* $\overline{\mathbb{R}}$ *sont les intervalles de* $\mathbb{R}$ *et* $\overline{\mathbb{R}}$. *En particulier,* $\mathbb{R}$ *et* $\overline{\mathbb{R}}$ *sont des espaces connexes.*

Note Un intervalle I de $\mathbb{R}$ ou $\overline{\mathbb{R}}$ peut être limité ou illimité ; si $a = \inf I$ désigne son origine et $b = \sup I$ son extrémité, un tel intervalle sera noté $|a, b|$; les points a et b n'appartiennent pas nécessairement à I et peuvent être infinis.
Preuve Nous raisonnerons sur $\overline{\mathbb{R}}$; le théorème pour $\mathbb{R}$ s'en déduit de suite puisque $\mathbb{R}$ est un sous-espace de $\overline{\mathbb{R}}$.

1. Soit I une partie connexe non vide de $\overline{\mathbb{R}}$; posons $a = \inf I$ et $b = \sup I$. Alors tout x tel que $a < x < b$ appartient nécessairement à I, sinon les ensembles $I \cap [-\infty, x[$ et $I \cap]x, +\infty]$ formeraient une partition de I en deux ouverts de I non vides et disjoints. Ceci prouve que I est un intervalle d'origine a et d'extrémité b.

2. Réciproquement, soit $I = |a, b|$ un intervalle non vide de $\overline{\mathbb{R}}$. Cet intervalle peut s'écrire comme une réunion d'une famille d'intervalles de la forme $[x, y]$ dont l'intersection est non vide. D'après le corollaire 2.39.5, il suffit de prouver que tout intervalle compact $[x, y]$ est connexe. Supposons non connexe un tel intervalle $[x, y]$; il existerait alors deux fermés, donc deux compacts K_1 et K_2 non vides et disjoints tels que $[x, y] = K_1 \cup K_2$; d'après le corollaire 2.33.13, il existerait des points $a_i \in K_i$ tels que

$$d(a_1, a_2) = d(K_1, K_2)\,;$$

les compacts K_1 et K_2 étant disjoints, on aurait $a_1 \neq a_2$ et l'intervalle non vide $]a_1, a_2[$ si $a_1 < a_2$ ou $]a_2, a_1[$ si $a_2 < a_1$ n'appartiendrait pas à $K_1 \cup K_2 = [x, y]$, ce qui est absurde. Q.E.D.

Compte tenu du théorème 2.39.11, on a le

Corollaire 2.40.2 *Les espaces $\mathbb{R}^n$ et $\mathbb{C}^n$ sont connexes.*

Corollaire 2.40.3 Théorème des valeurs intermédiaires *Soient X un espace connexe, $f : X \to \overline{\mathbb{R}}$ une application continue, a et b deux points de X. Posons $\alpha = f(a)$, $\beta = f(b)$. Alors, pour tout $\gamma \in [\alpha, \beta]$ si $\alpha \leq \beta$ ($\gamma \in [\beta, \alpha]$ si $\beta \leq \alpha$), il existe un point $c \in X$ tel que $\gamma = f(c)$.*

Preuve En effet, $f(X)$ est une partie connexe de $\overline{\mathbb{R}}$ (théorème 2.39.1), donc un intervalle de $\overline{\mathbb{R}}$ (théorème 2.40.1) et cet intervalle contient les points α et β donc tout l'intervalle $[\alpha, \beta]$ si $\alpha \leq \beta$ ($[\beta, \alpha]$ si $\beta \leq \alpha$). Q.E.D.

Exercice 2.40.1 Montrer que les intervalles $]a, b[$ et $]a, b]$, $a < b$, ne sont pas homéomorphes.

Exercice 2.40.2 Montrer que toute application continue $f : [-1, 1] \to [-1, 1]$ admet un point fixe.

Exercice 2.40.3 Montrer qu'il n'existe pas d'application continue $f : \mathbb{R} \to \mathbb{R}$ telle que

$$f(\mathbb{Q}) \subset \mathbb{R} - \mathbb{Q} \text{ et } f(\mathbb{R} - \mathbb{Q}) \subset \mathbb{Q}.$$

Exercice 2.40.4 Soit X un ensemble totalement ordonné muni de la topologie de l'ordre (exercice 2.9.3).

1. Montrer que X est connexe si, et seulement si,

$$\begin{cases} \text{toute partie non vide de } X \text{ majorée admet une borne supérieure et pour tout} \\ x, y \in X,\ x < y, \text{ l'intervalle }]x, y[\text{ est non vide.} \end{cases}$$

2. On suppose X connexe, montrer qu'un ensemble $I \subset X$ est un intervalle si, et seulement si, pour tout $x, y \in X$, $x < y$, on a $]x, y[\subset I$. Montrer que les parties connexes de X sont les intervalles de X.

Exercice 2.40.5 Soient I un intervalle de $\mathbb{R}$ et $f : I \to \mathbb{R}$ une fonction continue injective.

1. Soient $x, y, z \in I$ tels que $x < y < z$, montrer que l'on a, soit $f(x) < f(y) < f(z)$, soit $f(x) > f(y) > f(z)$ [utiliser le corollaire 2.40.3].

2. Soient $a, b \in I$, $a < b$, si $f(a) < f(b)$ (resp. $f(a) > f(b)$), montrer que f est strictement croissante (resp. décroissante).

3. En déduire que f est un homéomorphisme de I sur $f(I)$. De plus, si I est un intervalle ouvert (resp. compact), alors $f(I)$ est un intervalle ouvert (resp. compact).

Exercice 2.40.6 Sur $\mathbb{R}$, on note $d(x, y) = |x-y|$ la distance usuelle et, pour toute fonction injective $f : \mathbb{R} \to \mathbb{R}$, on considère la distance $d_f(x, y) = |f(x) - f(y)|$. Montrer que

1. les distances d et d_f sont topologiquement équivalentes si, et seulement si, f est continu,

2. les distances d et d_f sont uniformément équivalentes si, et seulement si, f est un homéomorphisme uniformément continu de $\mathbb{R}$ sur $\mathbb{R}$ ainsi que f^{-1},

3. les suites de Cauchy pour d et d_f sont les mêmes si, et seulement si, f est un homéomorphisme de $\mathbb{R}$ sur $\mathbb{R}$,

4. $\mathbb{R}$ muni de la distance d_f est complet si, et seulement si, $f(\mathbb{R})$ est fermé.

Définition 2.40.1 *Un chemin dans un espace topologique X est une application continue $f : [a, b] \to X$ définie sur un intervalle compact de $\mathbb{R}$.*

L'image $f([a, b])$ de l'intervalle $[a, b]$ par f sera appelée un arc de courbe ; le point $A = f(a)$ est appelé l'origine du chemin, le point $B = f(b)$ l'extrémité du chemin. D'après les théorèmes 2.39.1 et 2.40.1, un arc de courbe dans un espace topologique X est une partie connexe de X. D'après la proposition 2.39.8, on a donc la

Proposition 2.40.4 Théorème du passage de la frontière
Soit $f : [a, b] \to X$ un chemin dans un espace topologique X et soit A une partie de X telle que $f(a) \in A$ et $f(b) \in X - A$. Alors il existe $t \in [a, b]$ tel que $f(t) \in Fr\, A$.

Définition 2.40.2 *Un espace topologique X est dit connexe par arc si, pour tout x, y de X, il existe un chemin $f : [0, 1] \to X$ d'origine x et d'extrémité y.*

Remarque 2.40.1 Soient x, y, z trois points d'un espace topologique X. S'il existe un chemin $f : [0, 1] \to X$ d'origine x et d'extrémité y et un chemin $g : [0, 1] \to X$ d'origine y et d'extrémité z, alors il existe un chemin $h : [0, 1] \to X$ d'origine x et d'extrémité z. En effet, il suffit de définir h de la façon suivante : $h(t) = f(2t)$ pour $0 \leq t \leq 1/2$ et $h(t) = g(2t - 1)$ pour $1/2 \leq t \leq 1$.

Proposition 2.40.5 *Un espace connexe par arc est connexe.*

Preuve En effet, soit a un point de X ; alors pour tout x de X, il existe un chemin $f_x : [0, 1] \to X$ tel que $f_x(0) = a$ et $f_x(1) = x$ et on a alors $X = \bigcup_{x \in X} f_x([0, 1])$, qui est donc connexe d'après le corollaire 2.39.5. Q.E.D.

Un espace connexe n'est pas nécessairement connexe par arc (exercice 2.41.2).

Proposition 2.40.6 *Tout produit d'espaces connexes par arc est connexe par arc.*

Preuve Notons $X = \prod_{i=1}^{n} X_i$ un tel espace produit. Soient $x = (x_i)_{i \in I}$, $y = (y_i)_{i \in I}$ deux points de X. Pour tout $i \in I$, il existe une application continue $\gamma_i : [0, 1] \to X_i$ telle que $\gamma_i(0) = x_i$ et $\gamma_i(1) = y_i$. L'application $\gamma : t \mapsto (\gamma_i(t))_{i \in I}$ est continue et $\gamma(0) = x$ et $\gamma(1) = y$, ce qui permet de conclure. Q.E.D.

L'espace $\mathbb{R}$ étant évidemment connexe par arc, les espaces $\mathbb{R}^n$ et $\mathbb{C}^n$ sont connexes par arc.

Exercice 2.40.7 Montrer que l'image continue d'un espace connexe par arc est connexe par arc.

Exercice 2.40.8 Montrer que les sphères $\mathbb{S}^n$, $n \geq 1$, sont connexes par arc et que les espaces projectifs $\mathbb{P}_n(\mathbb{K})$ sont connexes par arc [utiliser l'exercice 2.40.7].

Exercice 2.40.9 Soit X un espace connexe tel que, pour tout $x \in X$, il existe un voisinage V de x tel que, pour tout $y \in V$, il existe un chemin tracé dans X joignant les points x et y. Montrer que X est connexe par arc.

Exercice 2.40.10 **Espace localement connexe par arc** Un espace topologique X est dit localement connexe par arc si tout point admet un système fondamental de voisinages connexes par arc.

1. Montrer qu'un espace X est localement connexe par arc si, et seulement si, pour tout x de X et tout voisinage V de x, il existe un voisinage W de x tel que, pour tout $y \in W$, il existe un chemin tracé dans V joignant les points x et y.

2. Un espace connexe, localement connexe par arc est connexe par arc [exercice 2.40.9].

3. Un espace métrique est localement connexe par arc si, et seulement si, pour tout $x \in X$ et tout $\varepsilon > 0$, il existe $\delta > 0$ tel que, pour tout $y \in B(x;\delta)$, il existe un chemin tracé dans la boule $B(x;\varepsilon)$ joignant les points x et y.

4. Soit X un espace métrique compact, localement connexe par arc, montrer que, pour tout $\varepsilon > 0$, il existe $\delta > 0$ tel que, pour tout $x, y \in X$ vérifiant $d(x, y) \leq \delta$, il existe un chemin joignant x et y de diamètre $\leq \varepsilon$ [raisonner par l'absurde].

Exercice 2.40.11 1. Montrer qu'un produit fini d'espaces localement connexes par arc (exercice 2.40.10) est localement connexe par arc.

2. Montrer que tout produit d'espaces connexes et localement connexes par arc est connexe et localement connexe par arc.

Exercice 2.40.12 Montrer que tout espace métrique compact, connexe et localement connexe par arc X est une image continue de l'intervalle $[0, 1]$ [soit $f : C \to X$ une surjection continue (exercice 2.33.5) où C désigne l'ensemble de Cantor ; on peut écrire $[0, 1] - C = \bigcup_{n=0}^{\infty}]a_n, b_n[$ où les intervalles $]a_n, b_n[$ sont disjoints deux à deux ; montrer que $\lim_{n\to\infty}(b_n - a_n) = 0$ et en déduire que $\lim_{n\to\infty} d(f(a_n), f(b_n)) = 0$; en utilisant l'exercice 2.40.10, construire des fonctions continues $\gamma_n : [a_n, b_n] \to X$ telles que

$$\gamma_n(a_n) = f(a_n),\ \gamma_n(b_n) = f(b_n) \text{ et } \lim_{n\to\infty} \operatorname{diam} \gamma_n([a_n, b_n]) = 0\,;$$

prolonger alors f en une surjection continue $g : [0, 1] \to X$ en posant $g|_{[a_n,b_n]} = \gamma_n$]. Comparer avec l'exercice 2.36.10.

2.41 Composante connexe

Sur un espace topologique X, considérons la relation $R(x, y)$

(2.41.1) il existe une partie connexe de X contenant x et y.

On définit ainsi une relation d'équivalence sur X. Cette relation est en effet réflexive car toute partie réduite à un élément est connexe ; elle est évidemment symétrique et la transitivité résulte du corollaire 2.39.5. Les classes d'équivalence associées à cette relation d'équivalence sont appelées les composantes connexes de X. L'ensemble des composantes connexes de X constitue une partition de X. Pour tout x de X, il existe une composante connexe de X qui contient x, on l'appelle la composante connexe de x.

Proposition 2.41.1 *La composante connexe d'un point x est le plus grand ensemble connexe contenant x.*

Preuve Notons C_x la composante connexe de x. D'après la définition (2.41.1) de la relation d'équivalence R, un point y appartient à C_x si, et seulement si, il existe un ensemble connexe contenant x et y. Il en résulte que C_x est la réunion de tous les ensembles connexes contenant x et cette réunion est connexe d'après le corollaire 2.39.5. Q.E.D.

Corollaire 2.41.2 *Les composantes connexes sont des ensembles connexes fermés.*

Preuve En effet, l'adhérence d'un ensemble connexe est connexe (corollaire 2.39.4) et la composante connexe d'un point x est le plus grand ensemble connexe contenant x. Q.E.D.

Les composantes connexes sont fermées ; s'il n'y a qu'un nombre fini de composantes connexes, elles sont également ouvertes, mais en général elles ne le sont pas sauf pour une catégorie particulière d'espaces que nous allons étudier maintenant.

Définition 2.41.1 *Un espace topologique X est dit localement connexe si tout point admet un système fondamental de voisinages connexes.*

Un espace localement connexe n'est pas nécessairement connexe (par exemple un espace discret) et un espace connexe n'est pas nécessairement localement connexe (exercice 2.41.2).

Dans un espace localement connexe, tout sous-espace ouvert est localement connexe. Un produit fini d'espaces localement connexes est localement connexe d'après le théorème 2.39.11.

L'espace $\mathbb{R}$ est localement connexe : l'ensemble des intervalles

$$]x-\varepsilon, x+\varepsilon[\text{ où } \varepsilon > 0$$

constitue un système fondamental de voisinages connexes du point x. Il en résulte que les espaces $\mathbb{R}^n$, $\mathbb{C}^n$ sont localement connexes.

L'intérêt des espaces localement connexes réside dans la propriété suivante.

Proposition 2.41.3 *Un espace topologique X est localement connexe si, et seulement si, les composantes connexes de toute partie ouverte sont ouvertes.*

Preuve La condition est nécessaire. Soit C une composante connexe d'un ouvert O et soit $x \in C$, il existe un voisinage connexe V de x tel que $x \in V \subset O$; C étant le plus grand ensemble connexe contenant x et contenu dans O, on a nécessairement $V \subset C$ ce qui prouve que C est un voisinage de chacun de ses points, donc un ensemble ouvert.

La condition est suffisante. Soit O un voisinage ouvert d'un point x de X, alors la composante connexe de O qui contient x est ouverte, donc un voisinage de x contenu dans O, ce qui prouve le résultat voulu. Q.E.D.

Corollaire 2.41.4 *Dans un espace localement connexe séparable, tout ouvert est une réunion dénombrable d'ouverts connexes disjoints.*

Preuve Un ouvert est en effet égal à la réunion de toutes ses composantes connexes qui sont ouvertes et disjointes deux à deux. L'ensemble $(C_i)_{i\in I}$ de ces composantes connexes est par ailleurs dénombrable : si D est une partie dénombrable partout dense, $C_i \cap D$ est non vide, soit $x_i \in C_i \cap D$; l'application $i \mapsto x_i$ de I dans D est injective, donc I est dénombrable. Q.E.D.

Ceci permet de préciser le corollaire 2.5.9 comme suit.

Corollaire 2.41.5 *Un ouvert de* $\mathbb{R}$ *est une réunion dénombrable d'intervalles ouverts disjoints.*

Exercice 2.41.1 Soient X un espace topologique, $f : X \to \overline{\mathbb{R}}$ une application s.c.s. et A l'ensemble des points où f admet un minimum local (exercice 2.9.5). Montrer que f est constante sur chaque composante connexe de A.

Exercice 2.41.2 Dans $\mathbb{R}^2$, on considère le sous-espace A réunion des deux sous-ensembles

$$\{(x,y) \in \mathbb{R}^2 ; x \in \mathbb{R} - \mathbb{Q} \text{ et } y \geq 0\} \text{ et } \{(x,y) \in \mathbb{R}^2 ; x \in \mathbb{Q} \text{ et } y < 0\}.$$

Montrer que A est un espace connexe, non localement connexe et non connexe par arc [pour démontrer que A est connexe, soit $f : A \to D$ une application continue à valeurs dans un espace discret, considérer l'ensemble connexe $B = A \cup (\mathbb{Q} \times \{0\})$, prolonger f en une application $g : B \to D$ en posant $g(x,0) = f(x,y)$ pour $x \in \mathbb{Q}$ et $y < 0$, puis vérifier que g est continu ; pour démontrer que A n'est pas connexe par arc, considérer un chemin $(f,g) : [0,1] \to A$ joignant deux points (x,y) et (x',y') de A tels que $y \geq 0$ et $y' < 0$ et une composante connexe $]a,b[$ de l'ouvert $\{t \in]0,1[; g(t) < 0\}$].

Exercice 2.41.3 Espace extrêmement discontinu Soit X un espace topologique, montrer l'équivalence des propriétés suivantes

(ED_1) l'adhérence de tout ouvert est un ensemble ouvert,

(ED_2) quels que soient les ouverts disjoints O_1 et O_2, on a $\overline{O_1} \cap \overline{O_2} = \emptyset$.

Un espace séparé vérifiant ces propriétés est dit extrêmement discontinu. Montrer que dans un tel espace toute partie connexe non vide est réduite à un point.

Exercice 2.41.4 Soient X un espace connexe, A une partie connexe de X.

1. Soit M une partie de $X - A$ à la fois ouverte et fermée dans $X - A$, montrer que $A \cup M$ est connexe [soient O_1, O_2 des ouverts disjoints de $A \cup M$ tels que $A \cup M = O_1 \cup O_2$; A étant connexe, on peut supposer $A \subset O_1$, $A \cap O_2 = \emptyset$; montrer que O_2 est ouvert et fermé dans X (utiliser l'exercice 2.20.1)].

2. Si M est une composante connexe de $X - A$, montrer que $X - M$ est connexe [soient O_1, O_2 des ouverts disjoints de $X - M$ tels que $X - M = O_1 \cup O_2$, on peut supposer $A \subset O_1$, $A \cap O_2 = \emptyset$; en utilisant 1., montrer que $M \cup O_2$ est connexe].

Exercice 2.41.5 Soient X un espace séparé connexe, $Y = X \times X - \Delta$ où Δ est la diagonale de $X \times X$. Pour toute partie $A \subset X \times X$, on note A^{-1} l'image de A par l'homéomorphisme $(x,y) \mapsto (y,x)$.

1. Soient O_1, O_2 deux ouverts disjoints tels que $Y = O_1 \cup O_2$ et $O_i = O_i^{-1}$.

   a. Soit $x \in X$, si $O_i(x)$ est non vide, montrer que $\overline{O_i(x)} = O_i(x) \cup \{x\}$.

   b. Montrer que $\overline{O_1(x)}$ et $\overline{O_2(x)}$ sont connexes pour tout $x \in X$ [utiliser l'exercice 2.39.1].

   c. Soit $y \in O_1(x)$, montrer que $\overline{O_2(x)} \times \{y\} \subset O_1$; en déduire que

$$((x,y) \in O_1 \text{ et } (x,z) \in O_2) \Rightarrow (y,z) \in O_1$$

et que, pour tout $x \in X$, l'un des deux ensembles $O_1(x)$, $O_2(x)$ est vide.

d. Montrer que l'un des ouverts O_1, O_2 est vide.

2. Soient O_1, O_2 deux ouverts non vides et disjoints tels que $Y = O_1 \cup O_2$. Montrer que $Y = U_1 \cup U_2 \cup U_{12}$ où $U_i = O_i \cap O_i^{-1}$, $U_{12} = (O_1 \cap O_2^{-1}) \cup (O_1^{-1} \cap O_2)$, et déduire de 1. que $O_1 = O_2^{-1}$ et que O_1 et O_2 sont connexes.

3. Déduire de ce qui précède que, ou bien Y est connexe, ou bien Y admet deux composantes connexes C et C^{-1}.

Exercice 2.41.6 Soit X un espace connexe compact, montrer que X est localement connexe si, et seulement si, pour tout recouvrement ouvert $(O_i)_{i \in I}$, il existe un recouvrement fini $(C_j)_{j \in J}$ plus fin (exercice 2.35.11) et constitué de parties connexes compactes [pour vérifier que la condition est nécessaire, on procédera ainsi : soit $x \in X$, il existe $i(x) \in I$ et un ouvert U_x tel que

$$x \in U_x \subset \overline{U}_x \subset O_{i(x)} ;$$

on note $\mathcal{A}$ le recouvrement ouvert constitué de toutes les composantes connexes des ouverts U_x, x décrivant X ; si $(A_j)_{j \in J}$ est un sous-recouvrement fini, prendre $C_j = \overline{A}_j$; pour démontrer que la condition est suffisante, soit $x \in X$ et soit O un voisinage ouvert de x ; considérer le recouvrement ouvert $\{O, X - \{x\}\}$ et un recouvrement fini plus fin constitué de parties connexes compactes pour construire un voisinage connexe de x contenu dans O].

Exercice 2.41.7 Soient X un espace connexe compact localement connexe, Y un espace séparé et $f : X \to Y$ une application continue surjective. Montrer que Y est un espace connexe compact localement connexe [utiliser le critère de l'exercice 2.41.6].

Exercice 2.41.8 **Théorème de Sierpinski** Montrer qu'un espace métrique connexe compact X est localement connexe si, et seulement si, pour tout $\varepsilon > 0$, X est la réunion d'une famille finie de parties connexes compactes de diamètre $\leq \varepsilon$ [utiliser le critère de l'exercice 2.41.6 et l'exercice 2.30.5].

2.42 Espaces connexes compacts

Dans un espace compact X, les composantes connexes sont compactes, car fermées. Nous allons étudier d'une façon plus précise les propriétés de ces composantes connexes.

Lemme 2.42.1 *Soit C une composante connexe d'un espace compact X, alors C est égal à l'intersection des voisinages de C à la fois ouverts et fermés.*

Preuve Notons $\mathcal{G}$ l'ensemble des voisinages de C à la fois ouverts et fermés, posons
$D = \bigcap_{V \in \mathcal{G}} V$. L'ensemble D est fermé, donc compact et il contient C. Supposons $D \neq C$, alors D n'est pas connexe ; il existe des fermés non vides et disjoints M et N tels que $D = M \cup N$ et l'espace X étant normal (proposition 2.31.9), des ouverts disjoints O_M et O_N tels que $M \subset O_M$, $N \subset O_N$. La famille $(X - V)_{V \in \mathcal{G}}$ est un recouvrement ouvert du compact $X - O_M \cup O_N$, car $\bigcup_{V \in \mathcal{G}}(X - V) = X - D = X - M \cup N$. Il existe donc une famille finie $(V_i)_{i \in I}$ de $\mathcal{G}$ telle que $\bigcup_{i \in I}(X - V_i) \supset X - O_M \cup O_N$, soit $V_0 \subset O_M \cup O_N$ où $V_0 = \bigcap_{i \in I} V_i$ appartient encore à $\mathcal{G}$.

Étant donné que C est connexe et que $C \subset M \cup N$, on a $C \subset M$ ou $C \subset N$; supposons $C \subset M$ pour fixer les idées. L'ensemble $V_0 \cap O_M$ est ouvert, il est également fermé vu que $V_0 \cap O_M = V_0 \cap (X - O_N)$ et il contient C, par conséquent $V_0 \cap O_M \in \mathcal{G}$, d'où $D \subset O_M$ ce qui est absurde. Q.E.D.

Proposition 2.42.2 *Soit C une composante connexe compacte d'un espace localement compact X. Alors, C admet un système fondamental de voisinages à la fois ouverts et fermés.*

Preuve 1. Supposons d'abord X compact. Soit O un voisinage ouvert de C, $X - O$ est compact et la famille $(X - V)_{V \in \mathcal{G}}$, où $\mathcal{G}$ désigne l'ensemble des voisinages de C à la fois ouverts et fermés, est un recouvrement ouvert de $X - O$ car

$$\bigcup_{V \in \mathcal{G}} (X - V) = X - C \supset X - O$$

d'après le lemme 2.42.1. Il existe un sous-recouvrement fini $(V_i)_{i \in I}$, on a alors

$$X - V_0 \supset X - O$$

où $V_0 = \bigcap_{i \in I} V_i \in \mathcal{G}$, d'où $V_0 \subset O$.

2. Lorsque X est localement compact, montrons que tout voisinage ouvert O de C contient un $V \in \mathcal{G}$. Soit K un voisinage compact de C (proposition 2.35.1), $O \cap \mathring{K}$ est un voisinage ouvert de C contenu dans K, on peut donc supposer $O \subset K$. Alors, O est un voisinage ouvert de C dans le sous-espace compact K ; d'après 1. il existe un voisinage V de C dans K à la fois ouvert et fermé dans K tel que $C \subset V \subset O$. L'ensemble V est ouvert dans K, donc dans O (car O est contenu dans K), donc dans X car O est ouvert ; l'ensemble V est fermé dans K, donc dans X car K est fermé et ceci prouve que $V \in \mathcal{G}$. Q.E.D.

Lemme 2.42.3 *Soient X un espace localement compact et connexe, O un ouvert relativement compact non vide et distinct de X. Alors les composantes connexes de O (qui sont fermées dans O) ne sont pas fermées dans X.*

Preuve Raisonnons par l'absurde. Soit C une composante connexe de O, supposons la fermée dans X, alors C est compact vu que O est relativement compact. Il existe (proposition 2.35.1) un voisinage compact K de C tel que $C \subset K \subset O$ et, d'après la proposition précédente, il existe V à la fois ouvert et fermé dans O (qui est bien un sous-espace localement compact) tel que $C \subset V \subset K$. Montrons que V est à la fois ouvert et fermé dans X : V est fermé dans O, donc dans K et, K étant fermé dans X, V est fermé dans X ; V est ouvert dans O et, O étant un ouvert de X, V est bien ouvert dans X. L'ensemble V à la fois ouvert et fermé étant non vide et distinct de X (car $O \neq X$), X ne saurait être connexe. Q.E.D.

Proposition 2.42.4 *Soient X un espace localement compact, O un ouvert de X distinct de X et soit $X' = X \cup \{\omega\}$ le compactifié d'Alexandroff de X. Alors, les propriétés suivantes sont équivalentes.*

1. *L'espace $X' - O$ est connexe.*
2. *Le point ω est adhérent à toute composante connexe de $X - O$.*

Preuve 1 $\Rightarrow$ 2 Notons $(C_i)_{i\in I}$ les composantes connexes de $X - O$. Par hypothèse $K = X' - O$ est un espace compact connexe, $\omega \in K$ et $X - O = K - \{\omega\}$ est un ouvert non vide de K distinct de K. On peut donc appliquer le lemme précédent dans l'espace K à cet ouvert $X - O$: toute composante connexe C_i est fermée dans $K - \{\omega\}$, mais n'est pas fermée dans K ; autrement dit, ω est un point adhérent à C_i.

2 $\Rightarrow$ 1 On a $X - O = \bigcup_{i\in I} C_i$ et $X' - O = \bigcup_{i\in I} C_i \cup \{\omega\}$. D'après 2. et le corollaire 2.39.3, $C_i \cup \{\omega\}$ est connexe et il suffit d'utiliser le corollaire 2.39.5 pour en déduire que $X' - O$ est connexe. Q.E.D.

Corollaire 2.42.5 *Soit X un espace non vide, localement compact et connexe et soit $X' = X \cup \{\omega\}$ le compactifié d'Alexandroff de X. Alors, X' est connexe si, et seulement si, X n'est pas compact.*

Preuve On applique la proposition précédente en prenant $O = \emptyset$. Alors, X' est connexe si, et seulement si, le point ω est adhérent à X. Dire que le point ω est adhérent à $X = X' - \{\omega\}$ signifie que $\{\omega\}$ n'est pas ouvert, c'est-à-dire que X n'est pas fermé dans X', donc n'est pas compact ce qui permet de conclure. Q.E.D.

Note Bien entendu, ce corollaire peut se démontrer directement : si X est compact, X et $\{\omega\}$ sont deux fermés de X' non vides, disjoints et de réunion X', donc X' n'est pas connexe ; réciproquement, si X n'est pas compact, X est dense dans X' qui est donc connexe d'après le corollaire 2.39.4.

Corollaire 2.42.6 *Les sphères $\mathbb{S}^n$ ($n \geq 1$) sont connexes.*

Preuve La sphère $\mathbb{S}^n$ est le compactifié d'Alexandroff de $\mathbb{R}^n$, espace localement compact et non compact. Q.E.D.

Exemple 2.42.1 L'espace $X = \mathbb{R}^n$ ($n \geq 1$) a pour compactifié d'Alexandroff la sphère $\mathbb{S}^n$. Si A est une partie de $\mathbb{R}^n$, dire que le point à l'infini ω est adhérent à A signifie simplement que A n'est pas borné dans $\mathbb{R}^n$, la proposition 2.42.4 peut donc s'énoncer comme suit : $\mathbb{S}^n - O$ est connexe si, et seulement si, les composantes connexes de $\mathbb{R}^n - O$ sont non bornées. On peut s'exprimer d'une façon imagée en appelant trou de O toute composante connexe bornée de $\mathbb{R}^n - O$; alors, $\mathbb{S}^n - O$ est connexe si, et seulement si, l'ouvert O n'a pas de trou.

Exercice 2.42.1 **Espace totalement discontinu** Un espace topologique est dit totalement discontinu si les parties connexes de X sont réduites à un point. Montrer qu'un espace métrique compact est totalement discontinu si, et seulement si, pour tout $\varepsilon > 0$, il existe une partition finie de X constituée de parties compactes de diamètre $\leq \varepsilon$ [pour démontrer que la condition est nécessaire, utiliser la proposition 2.42.2].

Exercice 2.42.2 Montrer qu'un espace métrique compact non vide, totalement discontinu (exercice 2.42.1) et sans point isolé est homéomorphe à l'ensemble de Cantor [utiliser la méthode de l'exercice 2.33.5 : construire la famille (A_ε) telle que $A_0 \cap A_1 = \emptyset$, $A_{\varepsilon'} \cap A_{\varepsilon''} = \emptyset$ grâce à l'exercice 2.42.1].

Exercice 2.42.3 Soit X un espace métrique compact.

1. Montrer que l'ensemble $\mathcal{A}$ des parties de X à la fois ouvertes et fermées est dénombrable [si (B_n) est une base de la topologie, noter que tout $A \in \mathcal{A}$ s'écrit comme une réunion finie de B_n].

2. On pose $\mathcal{A} = (D_n)_{n\geq 1}$ et on définit une application $f : X \to C$ à valeurs dans l'ensemble de Cantor (exercice 2.6.2) en posant $f(x) = \sum_{n=1}^{\infty} x_n/3^n$ où $x_n = 2$ si $x \in D_n$ et $x_n = 0$ si $x \notin D_n$. Montrer que l'application f est continue, constante sur chaque composante connexe de X et qu'elle prend des valeurs différentes sur des composantes connexes différentes [pour vérifier ce dernier point utiliser la proposition 2.42.2].

3. En déduire qu'un espace métrique compact est totalement discontinu (exercice 2.42.1) si, et seulement si, il est homéomorphe à un sous-espace fermé de l'ensemble de Cantor.

Exercice 2.42.4 Soit X un espace métrique complet, connexe et localement connexe (par exemple $[0, 1]$), montrer que X ne peut s'écrire comme une réunion infinie dénombrable de fermés, non vides et disjoints deux à deux [on raisonne par l'absurde, supposons $X = \bigcup_{n=0}^{\infty} F_n$ où les F_n sont fermés, non vides et disjoints ; on pose $G_n = F_n - \mathring{F}_n$ et $G = \bigcup_{n=0}^{\infty} G_n$; montrer que G est fermé et en déduire que G est un espace de Baire, puis montrer que les G_n sont fermés dans G et d'intérieur vide dans G et en déduire que G est maigre dans G ; conclure].

E – Corrigés des exercices

2.43 Exercices du chapitre 2.A

EXERCICE 2.1.1

1. Si $x + y \geq 0$, on a $|x + y| = x + y$ où $x \leq |x|$ et $y \leq |y|$; d'après (2.1.1), on en déduit

$$|x + y| = x + y \leq |x| + y \leq |x| + |y|.$$

Si $x + y \leq 0$, on a $|x + y| = -(x + y) = (-x) + (-y)$, où $-x \leq |x|$ et $-y \leq |y|$ et on en déduit l'inégalité triangulaire comme précédemment.

2. Quant à la seconde relation, lorsque x et y sont positifs, $x\,y$ est positif d'après (2.1.2), d'où $|x\,y| = x\,y = |x|\,|y|$.

Lorsque x est négatif et y positif, on notera d'abord que $-x$ est positif. En effet, d'après (2.1.1) on a $x + (-x) \leq 0 + (-x)$, soit $0 \leq -x$. On peut alors écrire $x\,y = -(-x)\,y$, d'où $|x\,y| = |(-x)\,y| = (-x)\,y$ d'après le premier cas étudié et on conclut en remarquant que $-x = |x|$ et $y = |y|$.

On traite de la même façon les deux autres situations.

EXERCICE 2.1.2

On a $x = y + x - y$, d'où $|x| \leq |y| + |x - y|$ d'après l'inégalité triangulaire et $|x| - |y| \leq |x - y|$ d'après (2.1.1). En permutant x et y, on obtient

$$|y| - |x| \leq |y - x| = |x - y|,$$

d'où le résultat voulu.

EXERCICE 2.2.1 PARTIE BIEN ORDONNÉE DE $\mathbb{R}$

1. On définit une application $f : A \to \mathbb{R}$ de la façon suivante : si A admet un plus grand élément a, on pose $f(a) = a + 1$ et, si a n'est pas le plus grand élément de A lorsqu'il existe, on prend

$$f(a) = \min M \text{ où } M = \{x \in A\,;\, x > a\}.$$

On a alors $a < f(a)$ et $A \cap]a, f(a)[= \emptyset$ pour tout $a \in A$.

2. Montrons que les intervalles ouverts $]a, f(a)[$ et $]b, f(b)[$ sont disjoints lorsque $a \neq b$. Supposons $a < b$ par exemple, alors $f(a) \leq b$, sinon on aurait $a < b < f(a)$ ce qui est contraire à la définition de $f(a)$; ceci prouve que $a < f(a) \leq b < f(b)$, d'où le résultat annoncé.

3. D'après la proposition 2.2.5, $]a, f(a)[\cap \mathbb{Q}$ est non vide ; il existe donc (axiome de choix) une application $g : A \to \mathbb{Q}$ telle que $a < g(a) < f(a)$ pour tout $a \in A$; cette ap-

plication est injective d'après 2., d'où Card $A \leq$ Card $\mathbb{Q}$ et, $\mathbb{Q}$ étant dénombrable (exercice 1.9.3), ceci prouve que A est dénombrable.

EXERCICE 2.6.1

On a $\mathbb{R} = \mathbb{Q} \cup (\mathbb{R} - \mathbb{Q})$ et, $\mathbb{Q}$ étant dénombrable, $\mathbb{R} - \mathbb{Q}$ ne peut être dénombrable, sinon $\mathbb{R}$ serait dénombrable (proposition 1.9.6). On a donc Card $\mathbb{Q} \leq$ Card $(\mathbb{R} - \mathbb{Q})$; vu l'exercice 1.9.4 Card $\mathbb{R} =$ Card $(\mathbb{R} - \mathbb{Q})$, ce qui prouve que l'ensemble des irrationnels a la puissance du continu.

EXERCICE 2.6.2 ENSEMBLE TRIADIQUE DE CANTOR

1. Les intervalles E_{ni} étant ouverts, E_n est ouvert d'après (O_1) (proposition 2.5.7) ; le même argument montre que $E = \bigcup_{n=1}^{\infty} E_n$ est ouvert, donc C, qui peut s'écrire $C = [0,1] \cap (\mathbb{R} - E)$, est fermé d'après (O_2') (proposition 2.5.2). L'ensemble C étant fermé et borné est donc compact (théorème 2.5.5).

2,a. Si un réel $x \in [0,1]$ admet deux développements triadiques, l'un est de la forme $x = 0.\alpha_1 \dots \alpha_n 2 \dots 2 \dots$ où $n \geq 1$, $\alpha_n = 0$ ou 1, le second étant alors $x = 0.\alpha_1 \dots \alpha_n + 1$. Si $\alpha_n = 0$, alors $\alpha_n + 1 = 1$ et si $\alpha_n = 1$, $\alpha_n + 1 = 2$; ceci montre que si l'un des développements ne contient pas le chiffre 1, l'autre développement contient le chiffre 1. Par conséquent, si x admet un développement triadique ne contenant pas le chiffre 1, ce développement est unique.

b. Montrons que l'intervalle E_{ni} peut s'écrire

(2.43.1) $\quad]0.\alpha_1 \dots \alpha_{n-1}1, 0.\alpha_1 \dots \alpha_{n-1}2[$ où $\alpha_j = 0$ ou 2.

Raisonnons par récurrence sur n. On a bien $E_1 =]0.1, 0.2[$. Supposons (2.43.1) établi, alors E_{ni} est le tiers central ouvert de l'intervalle $]0.\alpha_1 \dots \alpha_{n-1}, 0.\alpha_1 \dots \alpha_{n-1} + 1[$ et donne naissance à deux intervalles ouverts $E_{n+1\,j}$ qui peuvent donc s'écrire

$$]0.\alpha_1 \dots \alpha_{n-1}01, 0.\alpha_1 \dots \alpha_{n-1}02[\text{ et }]0.\alpha_1 \dots \alpha_{n-1}21, 0.\alpha_1 \dots \alpha_{n-1}22[$$

et qui sont bien de la forme voulue ; ceci prouve le résultat souhaité.

Inversement, tout intervalle $]0.\alpha_1 \dots \alpha_{n-1}1, 0.\alpha_1 \dots \alpha_{n-1}2[$ où $\alpha_j = 0$ ou 2 est un intervalle E_{ni} car il y a exactement 2^{n-1} tels intervalles.

c. Montrons qu'un point $x \in [0,1]$ appartient à l'ensemble de Cantor si, et seulement si, x admet un développement triadique ne contenant pas le chiffre 1. On remarque d'abord que les extrémités des intervalles E_{ni} appartiennent à l'ensemble de Cantor et que ces points s'écrivent

$$0.\alpha_1 \dots \alpha_{n-1}1 = 0.\alpha_1 \dots \alpha_{n-1}0\,2\,2 \dots \text{ ou } 0.\alpha_1 \dots \alpha_{n-1}2 \text{ où les } \alpha_j \text{ valent 0 ou 2 ;}$$

ces points admettent bien un développement triadique ne contenant pas le chiffre 1.

Considérons alors un point $x = 0.\alpha_1 \dots \alpha_n \dots$ qui n'est pas extrémité de l'un des intervalles E_{ni} ; d'après la caractérisation des intervalles E_{ni}, on observe qu'un tel point appartient à E_n si, et seulement si, $\alpha_1, \dots, \alpha_{n-1} \in \{0,2\}$ et $\alpha_n = 1$. Un tel point appartient à l'ensemble de Cantor si, et seulement si, x n'appartient pas à E_n pour tout $n \geq 1$: $x \notin E_1$ signifie $\alpha_1 \neq 1$, $x \notin E_1 \cup E_2$ signifie donc $\alpha_1 \neq 1$ et $\alpha_2 \neq 1$ et par récurrence $x \in C$ signifie donc $\alpha_n \neq 1$ pour tout $n \geq 1$. Ceci prouve le résultat annoncé.

3. Il en résulte que l'application $(\alpha_j)_{j \geq 1} \mapsto 0.\alpha_1 \dots \alpha_n \dots$ est une bijection de l'ensemble $\{0,2\}^{\mathbb{N}^*}$ sur l'ensemble de Cantor. L'ensemble de Cantor a donc la puissance du continu d'après la remarque 1.8.2.

2.44 Exercices du chapitre 2.B

EXERCICE 2.8.1

Soit $\mathcal{F}$ un filtre sur un ensemble fini X. Posons $A = \bigcap_{M \in \mathcal{F}} M$. L'ensemble X étant fini, $\mathcal{F}$ est fini, d'après (F_2) on en déduit que A appartient au filtre $\mathcal{F}$. Toute partie M contenant A appartient à $\mathcal{F}$ d'après (F_1) et tout $M \in \mathcal{F}$ contient A d'après la définition de A. Ceci montre que

$$\mathcal{F} = \{M \in \mathcal{P}(X)\,;\, A \subset M\}$$

et on obtient tous les filtres sur X en faisant décrire à A l'ensemble des parties non vides de X.

EXERCICE 2.9.1

Soit X un espace métrique fini. Si X est un ensemble à un élément $\{a\}$, la seule métrique est donnée par $d(a,a) = 0$ et la seule topologie sur X est la topologie discrète. Si Card $X \geq 2$ et si $a \in X$, posons $r = \min_{x \in X - \{a\}} d(a,x)$, alors r est > 0 et $B(a;r) = \{a\}$ est un ensemble ouvert ; tout point étant ouvert, toute partie de X est ouverte et la topologie est bien la topologie discrète.

EXERCICE 2.9.2

1. Sur un ensemble $X = \{a,b\}$ à deux éléments, il existe 4 topologies différentes. On a d'abord la topologie discrète et la topologie grossière, puis les deux topologies définies par $\mathcal{O} = \{\emptyset, \{a\}, X\}$ et $\mathcal{O} = \{\emptyset, \{b\}, X\}$.

2. Soit $X = \{a,b,c\}$ un ensemble à 3 éléments.

Déterminons d'abord les topologies pour lesquelles aucun point n'est ouvert. On a d'une part la topologie grossière, d'autre part la topologie $\mathcal{O} = \{\emptyset, \{a,b\}, X\}$ et celles qu'on obtient en permutant les points a, b et c. En résumé, on obtient 4 topologies.

Supposons ensuite qu'un seul point soit ouvert. On obtient les topologies suivantes :

$$\begin{array}{ll} \mathcal{O} = \{\emptyset, \{a\}, X\} & \text{3 topologies,} \\ \mathcal{O} = \{\emptyset, \{a\}, \{a,b\}, X\} & \text{6 topologies,} \\ \mathcal{O} = \{\emptyset, \{a\}, \{b,c\}, X\} & \text{3 topologies,} \\ \mathcal{O} = \{\emptyset, \{a\}, \{a,b\}, \{a,c\}, X\} & \text{3 topologies.} \end{array}$$

Lorsque deux points sont ouverts, on obtient

$$\begin{array}{ll} \mathcal{O} = \{\emptyset, \{a\}, \{b\}, \{a,b\}, X\} & \text{3 topologies,} \\ \mathcal{O} = \{\emptyset, \{a\}, \{b\}, \{a,b\}, \{a,c\} X\} & \text{6 topologies.} \end{array}$$

Lorsque tous les points sont ouverts, on obtient la topologie discrète.

En résumé, on obtient 29 topologies.

EXERCICE 2.9.3 TOPOLOGIE DE L'ORDRE

L'ensemble $\mathcal{B}$ des intervalles ouverts étant stable par intersection finie est une base de topologie d'après la proposition 2.9.4.

Tout intervalle fermé est fermé. On a en effet $X - [a,b] =]\leftarrow, a[\cup]b, \rightarrow[$ et s'il s'agit d'un intervalle illimité

$$X -]\leftarrow, a] =]a, \rightarrow[\text{ et } X - [a, \rightarrow[=]\leftarrow, a[.$$

La topologie usuelle sur $\mathbb{R}$ coïncide avec la topologie de l'ordre ; il en est de même de la topologie de $\overline{\mathbb{R}}$.

EXERCICE 2.9.4

Soit $\mathcal{B}$ une base de la topologie de X et soit $x \in X$. Si V est un voisinage de x, il existe un ouvert O tel que $x \in O \subset V$; cet ouvert peut s'écrire comme une réunion d'ouverts appartenant à $\mathcal{B}$. Il existe donc un ouvert $U \in \mathcal{B}$ tel que $x \in U \subset O \subset V$ et ceci montre que l'ensemble des ouverts appartenant à $\mathcal{B}$ et contenant x est un système fondamental de voisinages de x.

Réciproquement, supposons que $\mathcal{S}_x = \{O \in \mathcal{B}\,;\, x \in O\}$ est un système fondamental de voisinages de x. Soit O un ouvert, pour tout $x \in O$ il existe $O_x \in \mathcal{S}_x$ tel que $x \in O_x \subset O$ car O est un voisinage de x. Il en résulte que $O = \bigcup_{x \in O} O_x$; tout ouvert peut donc s'écrire comme une réunion d'ouverts appartenant à $\mathcal{B}$, ceci prouve que $\mathcal{B}$ est une base de la topologie.

EXERCICE 2.9.5

L'espace X admet une base de topologie dénombrable que nous notons (B_n).

1. Soit A l'ensemble des points où f présente un minimum local strict. Soit $a \in A$, il existe un voisinage V de a tel que $f(a) < f(x)$ pour tout $x \in V - \{a\}$. D'après l'exercice 2.9.4, les ouverts B_n qui contiennent a constituent un système fondamental de voisinages de a, il existe donc n tel que $a \in B_n \subset V$; d'après l'axiome de choix, il existe donc une application $\varphi : A \to \mathbb{N}$ telle que $a \in B_{\varphi(a)}$ et $f(a) < f(x)$ pour tout $x \in B_{\varphi(a)} - \{a\}$. Montrons que cette application φ est injective. Soient $a, b \in A$, $a \neq b$, tels que $n = \varphi(a) = \varphi(b)$. On a alors $f(a) < f(x)$ pour tout $x \in B_n - \{a\}$ et $f(b) < f(x)$ pour tout $x \in B_n - \{b\}$. Dans la première relation, prenons $x = b$, on obtient $f(a) < f(b)$ et dans la seconde $x = a$, alors $f(b) < f(a)$, ce qui conduit à une contradiction ; φ est donc injective, ce qui prouve que A est dénombrable.

2. Soit B l'ensemble des points où f présente un minimum local. Bien entendu, le résultat précédent ne subsiste pas ; B n'est pas en général dénombrable comme le montre l'exemple d'une application constante. Nous allons démontrer que $f(B)$ est dénombrable. Comme précédemment, on peut construire une application $\varphi : B \to \mathbb{N}$ telle que $a \in B_{\varphi(a)}$ et $f(a) \leq f(x)$ pour tout $x \in B_{\varphi(a)}$. Montrons que f est constante sur $B \cap \varphi^{-1}(n)$ quel que soit l'entier n : ceci prouvera le résultat voulu. Soient $a, b \in B \cap \varphi^{-1}(n)$, alors $f(a) \leq f(x)$ et $f(b) \leq f(x)$ pour tout $x \in B_n$, d'après la définition de l'application φ ; en prenant $x = b$ dans la première relation et $x = a$ dans la seconde, on en déduit $f(a) = f(b)$, ce qui prouve le résultat voulu.

EXERCICE 2.10.1

Prenons $A = [0, 1]$ et $B = [1, 2]$, alors

$$\mathring{A} \cup \mathring{B} =]0, 1[\cup]1, 2[\text{ et } \operatorname{Int}(A \cup B) =]0, 2[.$$

EXERCICE 2.10.2

D'après (2.10.3), on a $\mathring{A} \cup \mathring{B} \subset \operatorname{Int}(A \cup B)$ et il s'agit de démontrer l'inclusion $\operatorname{Int}(A \cup B) \subset \mathring{A} \cup \mathring{B}$. Soit $x \in \operatorname{Int}(A \cup B)$, alors $x \in A \cup B$. Supposons par exemple $x \in A$ et montrons que $x \in \mathring{A}$. Par hypothèse, $A \subset X - \overline{B}$ et $X - \overline{B}$ est donc un ouvert contenant le point x, donc un voisinage de ce point ; d'autre part, $A \cup B$ est un voisinage de

X. Il en résulte que $(X - \overline{B}) \cap (A \cup B) = A$ est un voisinage de x, d'où $x \in \mathring{A} \subset \mathring{A} \cup \mathring{B}$, ce qui prouve le résultat voulu.

EXERCICE 2.10.3

1. Soit $x \in A \cap \overline{B}$, montrons que tout voisinage V de x rencontre $A \cap B$, ceci prouvera que x est un point adhérent à $A \cap B$. L'ouvert A contenant x est un voisinage de x, donc $V \cap A$ est un voisinage de x et, x étant un point adhérent à B, $V \cap A$ rencontre B, donc V rencontre $A \cap B$, ce qui prouve le résultat souhaité.

2. L'inclusion peut être stricte comme le montre l'exemple suivant. Sur $\mathbb{R}$, prenons $A =]0, 2[$ et $B = [1, 2]$. On a alors $A \cap \overline{B} = [1, 2[$ et $\overline{A \cap B} = [1, 2]$.

3. L'ensemble $\overline{A \cap B}$ étant fermé, on en déduit que $\overline{A \cap \overline{B}} \subset \overline{A \cap B}$; l'inclusion opposée étant trivialement vérifiée vu que $A \cap B \subset A \cap \overline{B}$, on obtient bien la relation $\overline{A \cap \overline{B}} = \overline{A \cap B}$.

EXERCICE 2.10.4 FAMILLE LOCALEMENT FINIE DE FERMÉS

1. D'après (2.10.7), on a $\bigcup_{i \in I} \overline{A_i} \subset \overline{\bigcup_{i \in I} A_i}$ et il s'agit de démontrer l'inclusion opposée. Soit $x \in \overline{\bigcup_{i \in I} A_i}$. Il existe un voisinage V de x qui ne rencontre qu'un nombre fini de A_i : il existe une partie finie J de I telle que $V \cap A_i = \emptyset$ pour tout $i \in I - J$. Considérons alors un voisinage quelconque W de x, $V \cap W$ est un voisinage de x et, x étant un point adhérent à $A = \bigcup_{i \in I} A_i$, $V \cap W$ rencontre A. Or,

$$V \cap W \cap A = V \cap W \cap (\bigcup_{i \subset J} A_i) ;$$

ceci prouve que W rencontre $B = \bigcup_{i \in J} A_i$ et par conséquent x est un point adhérent à B. D'après (2.10.7), $\overline{B} = \bigcup_{i \in J} \overline{A_i}$, J étant fini. Il en résulte que $x \in \bigcup_{i \in J} \overline{A_i} \subset \bigcup_{i \in I} \overline{A_i}$ et ceci prouve le résultat voulu.

2. Lorsque les ensembles A_i sont fermés, on en déduit que

$$\overline{\bigcup_{i \in I} A_i} = \bigcup_{i \subset I} A_i.$$

L'ensemble $\bigcup_{i \in I} A_i$ est donc fermé : une réunion localement finie de fermés est fermée.

EXERCICE 2.10.5

1. On a Fr $(\overline{A}) = \overline{\overline{A}} - \mathring{\overline{A}}$ où $\overline{\overline{A}} = \overline{A}$ et $\mathring{\overline{A}} \supset \mathring{A}$, d'où Fr $(\overline{A}) \subset \overline{A} - \mathring{A} =$ Fr A.
De même, on a Fr $(\mathring{A}) = \overline{\mathring{A}} - \mathring{A}$ où $\overline{\mathring{A}} \subset \overline{A}$, d'où Fr $(\mathring{A}) \subset \overline{A} - \mathring{A} =$ Fr A.

2. Sur $\mathbb{R}$ prenons $A = \{0\} \cup]1, 2[\cup]2, 3[$, alors $\overline{A} = \{0\} \cup [1, 3]$ et $\mathring{A} =]1, 2[\cup]2, 3[$, d'où

$$\text{Fr}\,(A) = \{0, 1, 2, 3\},\ \text{Fr}\,(\overline{A}) = \{0, 1, 3\} \text{ et Fr}\,(\mathring{A}) = \{1, 2, 3\}.$$

Cet exemple montre que les inclusions peuvent être strictes et qu'il n'existe en général aucune inclusion entre les ensembles Fr $(\overline{A})$ et Fr $(\mathring{A})$.

EXERCICE 2.10.6

1,a. Démontrons d'abord l'inclusion

$$\text{Fr}\,(A \cup B) \cup \text{Fr}\,(A \cap B) \cup (\text{Fr}\,(A) \cap \text{Fr}\,(B)) \subset \text{Fr}\,(A) \cup \text{Fr}\,(B).$$

En utilisant les relations $\overline{A \cup B} = \overline{A} \cup \overline{B}$ et $\mathring{A} \cup \mathring{B} \subset$ Int $(A \cup B)$, on a

$$\text{Fr}\,(A \cup B) = \overline{A \cup B} - \text{Int}\,(A \cup B) \subset \overline{A} \cup \overline{B} - \mathring{A} \cup \mathring{B} \subset (\overline{A} - \mathring{A}) \cup (\overline{B} - \mathring{B}),$$

d'où Fr $(A \cup B) \subset$ Fr $(A) \cup$ Fr (B).

En utilisant les relations $\overline{A \cap B} \subset \overline{A} \cap \overline{B}$ et $\mathring{A} \cap \mathring{B} = \text{Int}\,(A \cap B)$, on a
$\text{Fr}\,(A \cap B) = \overline{A \cap B} - \text{Int}\,(A \cap B) \subset \overline{A} \cap \overline{B} - \mathring{A} \cap \mathring{B} \subset (\overline{A} - \mathring{A}) \cup (\overline{B} - \mathring{B})$,
d'où $\text{Fr}\,(A \cap B) \subset \text{Fr}\,(A) \cup \text{Fr}\,(B)$.

On a d'autre part $\text{Fr}\,(A) \cap \text{Fr}\,(B) \subset \text{Fr}\,(A) \cup \text{Fr}\,(B)$, ce qui prouve l'inclusion annoncée.

b. Démontrons ensuite l'inclusion opposée, c'est-à-dire

$$\text{Fr}\,(A) \cup \text{Fr}\,(B) \subset \text{Fr}\,(A \cup B) \cup \text{Fr}\,(A \cap B) \cup (\text{Fr}\,(A) \cap \text{Fr}\,(B)).$$

Soit $x \in \text{Fr}\,(A) \cup \text{Fr}\,(B)$, supposons par exemple $x \in \text{Fr}\,(A)$; si $x \in \text{Fr}\,(B)$, on a $x \in \text{Fr}\,(A) \cap \text{Fr}\,(B)$ et par conséquent on peut supposer $x \notin \text{Fr}\,(B)$. Démontrons alors que $x \in \text{Fr}\,(A \cup B) \cup \text{Fr}\,(A \cap B)$ et pour cela raisonnons par l'absurde : autrement dit, supposons

$$x \in \text{Fr}\,(A),\ x \notin \text{Fr}\,(B),\ x \notin \text{Fr}\,(A \cup B) \text{ et } x \notin \text{Fr}\,(A \cap B).$$

Il existe donc un voisinage V de x tel que

$$(V \cap B = \emptyset \text{ ou } V \cap (X - B) = \emptyset$$

et

$$(V \cap (A \cup B) = \emptyset \text{ ou } V \cap (X - A \cup B) = \emptyset)$$

et

$$(V \cap (A \cap B) = \emptyset \text{ ou } V \cap (X - A \cap B) = \emptyset).$$

Le point x appartenant à la frontière de A, $V \cap (A \cup B)$ est non vide, ainsi que $V \cap (X - A \cap B)$; on a donc $V \cap (X - A \cup B) = \emptyset$ et $V \cap (A \cap B) = \emptyset$. En résumé, on a

$$(V \cap B = \emptyset \text{ ou } V \cap (X - B) = \emptyset) \text{ et } V \subset A \cup B \text{ et } V \cap A \cap B = \emptyset.$$

Si $V \cap B = \emptyset$, il en résulte que $V \subset A$ et ceci est absurde : x étant un point frontière de A, V doit rencontrer $X - A$. Si $V \cap (X - B) = \emptyset$, alors $V \subset B$ et par conséquent $V \cap A \cap B = V \cap A$ est vide, ce qui est absurde comme précédemment, x appartenant à la frontière de A. Dans tous les cas, on obtient donc une contradiction, ce qui prouve le résultat voulu.

c. Lorsque $\overline{A} \cap \overline{B} = \emptyset$, on a $A \cap B = \emptyset$, d'où $\text{Fr}\,(A \cap B) = \emptyset$, et $\text{Fr}\,A \subset \overline{A}$, $\text{Fr}\,B \subset \overline{B}$, d'où $\text{Fr}\,A \cap \text{Fr}\,B = \emptyset$; on en déduit que $\text{Fr}\,(A \cup B) = \text{Fr}\,A \cup \text{Fr}\,B$.

2. D'après l'exercice 2.10.2, on a $\text{Fr}\,(A \cup B) = \overline{A \cup B} - \text{Int}\,(A \cup B) = \overline{A} \cup \overline{B} - \mathring{A} \cup \mathring{B}$. On remarque ensuite que

$$\overline{A} \cup \overline{B} - \mathring{A} \cup \mathring{B} = (\overline{A} - \mathring{A}) \cup (\overline{B} - \mathring{B}) = \text{Fr}\,(A) \cup \text{Fr}\,(B),$$

car $\mathring{A} \cap \overline{B} = \overline{A} \cap \mathring{B} = \emptyset$.

EXERCICE 2.10.7 AXIOMES DE FERMETURE DE KURATOWSXI

L'application α possède bien les propriétés indiquées : $\overline{\emptyset} = \emptyset$ car l'ensemble vide est fermé, $A \subset \overline{A}$, $\overline{\overline{A}} = \overline{A}$ car $\overline{A}$ est fermé et $\overline{A \cup B} = \overline{A} \cup \overline{B}$ d'après (2.10.7).

Réciproquement, soit α une application vérifiant les propriétés 1. à 4. S'il existe une topologie sur X telle que $\alpha(A) = \overline{A}$ pour toute partie A de X, cette topologie est unique : une partie A de X est fermée si, et seulement si, $A = \alpha(A)$. Nous allons donc démontrer que l'ensemble de parties $\mathcal{O}' = \{A \in \mathcal{P}(X)\,;\, A = \alpha(A)\}$ vérifie les axiomes des fermés (proposition 2.9.5) ; ceci permettra de définir une topologie sur X et il restera à vérifier que pour cette topologie $\alpha(A) = \overline{A}$.

Il s'agit de montrer que $\mathcal{O}'$ vérifie (O'_1), (O'_2) et (O'_3). Notons d'abord que

$$A \subset B \Rightarrow \alpha(A) \subset \alpha(B)\ :$$

on a en effet d'après 4. $\alpha(A) \subset \alpha(A) \cup \alpha(B-A) = \alpha(B)$. Considérons alors une famille non vide $(A_i)_{i\in I}$ de parties de X telle que $A_i = \alpha(A_i)$ pour tout i et posons $A = \bigcap_{i\in I} A_i$; alors $A \subset A_i$ pour tout i, d'où $\alpha(A) \subset \alpha(A_i) = A_i$ et par conséquent $\alpha(A) \subset A$, d'où $\alpha(A) = A$ d'après 2., ce qui prouve (O'_1). Si $A = \alpha(A)$ et $B = \alpha(B)$, $\alpha(A \cup B) = \alpha(A) \cup \alpha(B) = A \cup B$ d'après 4., ce qui prouve (O'_2). Enfin, $\alpha(\emptyset) = \emptyset$ et $\alpha(X) = X$ car $X \subset \alpha(X)$ d'après 2., ce qui prouve (O'_3).

Vérifions ensuite que, pour la topologie définie par $\mathcal{O}'$, $\alpha(A) = \overline{A}$ pour toute partie A. Notons d'abord que $\alpha(A)$ est fermé d'après 3. et contient A d'après 2. Si B est une partie fermée contenant A, on a alors $\alpha(A) \subset \alpha(B) = B$, ce qui prouve que $\alpha(A)$ est le plus petit fermé contenant A, d'où le résultat voulu.

EXERCICE 2.10.8 DIVERSES PROPRIÉTÉS DE DÉNOMBRABILITÉ

$(D_1) \Rightarrow (D_2)$ Soit $(B_n)_{n\in\mathbb{N}}$ une base de la topologie de X ; on peut supposer que ces ouverts B_n sont non vides. Choisissons alors un point x_n dans chaque B_n. On construit ainsi un ensemble $D = \bigcup_{n\in\mathbb{N}}\{x_n\}$ dénombrable qui est partout dense, car tout B_n, donc tout ouvert non vide, rencontre D. Ceci prouve que l'espace est séparable.

$(D_2) \Rightarrow (D_4)$ Soit D un ensemble dénombrable partout dense et soit $(O_i)_{i\in I}$ une famille d'ouverts non vides disjoints deux à deux. L'ensemble $D \cap O_i$ est non vide ; il existe donc (axiome de choix) une application $f : I \to D$ telle que $f(i) \in D \cap O_i$ pour tout i. Cette application est injective : si $f(i) = f(j)$, l'intersection $O_i \cap O_j$ est non vide, donc $O_i = O_j$ et $i = j$. Ceci prouve que I est dénombrable.

$(D_1) \Rightarrow (D_3)$ Soit $(B_n)_{n\in\mathbb{N}}$ une base de la topologie de X et soit A une partie de X dont tous les points sont isolés. Pour tout $a \in A$, il existe un voisinage V de a tel que $V \cap A = \{a\}$; il existe donc un entier n tel que $B_n \cap A = \{a\}$. On peut donc définir une application $f : A \to \mathbb{N}$ telle que $B_{f(a)} \cap A = \{a\}$ pour tout $a \in A$. Cette application f est injective : si $f(a) = f(b)$, $\{a\} = B_{f(a)} \cap A = B_{f(b)} \cap A = \{b\}$, d'où $a = b$. Ceci montre que A est dénombrable.

$(D_3) \Rightarrow (D_4)$ Soit $(O_i)_{i\in I}$ une famille d'ouverts non vides disjoints deux à deux. Choisissons un point x_i dans chaque O_i et posons $A = \bigcup_{i\in I}\{x_i\}$. Tous les points de A sont isolés, car O_i est un voisinage de x_i ne recontrant A qu'au point x_i, les ouverts O_i étant disjoints deux à deux. D'après (D_3), l'ensemble A est donc dénombrable. L'application $i \mapsto x_i$ étant une bijection de I sur A, ceci prouve que I est dénombrable.

EXERCICE 2.10.9

1. L'ensemble $\mathcal{A}_n$ est non vide : $\emptyset \in \mathcal{A}_n$. Soit $(A_i)_{i\in I}$ une famille totalement ordonnée par inclusion d'ensembles appartenant à $\mathcal{A}_n$ et soit A la réunion de cette famille. Montrons que A appartient à $\mathcal{A}_n$: ceci prouvera que A est un majorant de la famille (A_i) et par conséquent que $\mathcal{A}_n$ est inductif. Soit $x, y \in A$, $x \neq y$; la famille (A_i) étant totalement ordonnée, il existe i tel que A_i contienne x et y, d'où $d(x,y) \geq 1/n$, A_i appartenant à $\mathcal{A}_n$, et ceci prouve le résultat voulu.

2. Soit A_n un élément maximal de $\mathcal{A}_n$ (lemme de Zorn) et soit $D = \bigcup_{n=1}^{\infty} A_n$. Montrons que D est partout dense, c'est-à-dire (proposition 2.10.5) que $d(x, D) = 0$ pour tout $x \in X$. Or, dire que A_n est un élément maximal signifie qu'il existe $a_n \in A_n$ tel que $d(x, a_n) < 1/n$, d'où $d(x, A_n) < 1/n$ et, vu que $d(x, D) \leq d(x, A_n)$ pour tout n, il en résulte que $d(x, D) = 0$, ce qui prouve le résultat souhaité.

3. On suppose que toute famille d'ouverts non vides disjoints deux à deux est dénom-

brable et il s'agit de prouver que l'espace est séparable. L'entier n étant fixé, l'ensemble des boules ouvertes $B(x; 1/2n)$ où x décrit A_n est donc dénombrable, ces boules étant disjointes deux à deux. Ceci signifie que A_n est dénombrable, donc $D = \bigcup_{n=1}^{\infty} A_n$ est dénombrable et partout dense d'après 2., ceci prouve que X est séparable et par conséquent $(D_4) \Rightarrow (D_2)$.

Étant donné que $(D_2) \Rightarrow (D_1)$ (proposition 2.10.7), on en déduit que dans un espace métrisable, les propriétés (D_1) à (D_4) sont équivalentes.

EXERCICE 2.10.10

1. Soit x un point isolé de $\overline{A}$, il existe un voisinage V de x tel que $V \cap \overline{A} = \{x\}$, d'où $V \cap A \subset \{x\}$; le point x étant adhérent à A, $V \cap A$ est non vide et il en résulte que $V \cap A = \{x\}$, ce qui prouve que x appartient à A et que x est un point isolé de A.

2. Soit X_1 la réunion de la famille $(A_i)_{i \in I}$ de tous les sous-espaces de X sans point isolé. Montrons que X_1 est sans point isolé en raisonnant par l'absurde. Soit x un point isolé de X_1 ; il existe un voisinage V de x tel que $V \cap X_1 = \{x\}$, d'où $V \cap \bigcup_{i \in I} A_i = \{x\}$, soit $\bigcup_{i \in I}(V \cap A_i) = \{x\}$; il existe donc i tel que $V \cap A_i = \{x\}$, ce qui signifie que x est un point isolé de A_i, ce qui est absurde vu la définition de la famille (A_i).

Le sous-espace X_1 est donc le plus grand sous-espace de X sans point isolé ; $\overline{X}_1$ étant sans point isolé d'après 1., X_1 est donc fermé. De plus, si A est une partie non vide de $X - X_1$, A admet nécessairement un point isolé : si A etait sans point isolé, A appartiendrait à la famille (A_i) et serait donc contenu dans X_1.

EXERCICE 2.10.11 ENSEMBLE DÉRIVÉ

Rappelons (définition 2.10.4) qu'un point x est un point d'accumulation de A si, et seulement si, pour tout voisinage V de x, $V \cap A - \{x\} \neq \emptyset$.

a. Soit $A \subset B$ et soit $x \in A'$, alors quel que soit le voisinage V de x, $V \cap A - \{x\}$ est non vide et a fortiori $V \cap B - \{x\}$, ce qui prouve que x est un point d'accumulation de B et par conséquent $A \subset B \Rightarrow A' \subset B'$.

b. Tout point d'accumulation de A étant adhérent à A, on a $A \cup A' \subset \overline{A}$. Inversement, soit x un point adhérent, tout voisinage V de x rencontre A ; si x n'appartient pas à A, on en déduit que $V \cap A - \{x\}$ est non vide, ce qui prouve que x est un point d'accumulation, d'où $A \cup A' = \overline{A}$.

c. On a $A \subset A \cup B$ et $B \subset A \cup B$, d'où $A' \subset (A \cup B)'$ et $B' \subset (A \cup B)'$ d'après a., d'où $A' \cup B' \subset (A \cup B)'$.

Inversement, soit $x \notin A' \cup B'$, alors il existe un voisinage V de x tel que

$$V \cap A - \{x\} = \emptyset \text{ et } V \cap B - \{x\} = \emptyset,$$

d'où $V \cap (A \cup B) - \{x\} = \emptyset$, ce qui prouve que $x \notin (A \cup B)'$, soit $(A \cup B)' \subset A' \cup B'$. On en déduit ainsi que $(A \cup B)' = A' \cup B'$.

d. D'après b. et c., on a $\overline{A}' = (A \cup A')' = A' \cup A'' = \overline{A'}$, soit $\overline{A}' = \overline{A'}$.

e. On suppose que tout point est fermé. Soit $x \in A''$ et soit O un voisinage ouvert de x ; alors $O \cap A' - \{x\}$ est non vide, il existe donc un point $y \in O \cap A'$, $y \neq x$; ce point y est donc un point d'accumulation de A et $O - \{x\}$ est un voisinage de y, d'où $(O - \{x\}) \cap A - \{y\} \neq \emptyset$ et par conséquent $(O - \{x\} \cap A = O \cap A - \{x\}$ est non vide, ce qui prouve que x est un point d'accumulation de A et par conséquent $A'' \subset A'$. D'après b. et c., on a donc $\overline{A}' = A' \cup A'' = A'$, soit $A' = \overline{A'} = (\overline{A})'$ d'après d. Ceci montre que l'ensemble dérivé est fermé.

EXERCICE 2.10.12 THÉORÈME DE CANTOR-BENDIXON

1,a. Supposons $A \subset B$ et soit x un point de condensation de A. Pour tout voisinage V de x, $V \cap A$ est non dénombrable et $V \cap B$ est a fortiori non dénombrable, ce qui prouve que x est un point de condensation de B, d'où $A \subset B \Rightarrow A^{**} \subset B^{**}$.

b. Tout point de condensation x est un point d'accumulation : si V est un voisinage de x, $V \cap A$ est non dénombrable, donc $V \cap A - \{x\}$ est non vide. Autrement dit, $A^* \subset A'$.

c. Montrons que $A^* = \overline{A^*}$, c'est-à-dire que l'ensemble des points de condensation est fermé. Soit x un point adhérent à A^* et soit O un voisinage ouvert de x ; $O \cap A^*$ est non vide, soit $y \in O \cap A^*$, alors O est un voisinage de y, donc $O \cap A$ est non dénombrable, ce qui prouve que x est un point de condensation de A.

d. On a $A \subset A \cup B$ et $B \subset A \cup B$, d'où $A^* \subset (A \cup B)^*$ et $B^* \subset (A \cup B)^*$ d'après 1,a., ce qui prouve que $A^* \cup B^* \subset (A \cup B)^*$. Inversement, montrons que tout point de condensation x de $A \cup B$ appartient à $A^* \cup B^*$ en raisonnant par l'absurde : si $x \notin A^* \cup B^*$, il existe un voisinage V de x tel que $V \cap A$ et $V \cap B$ soient dénombrables et par conséquent $V \cap (A \cup B)$ est dénombrable, ce qui est absurde. Ceci prouve donc que $(A \cup B)^* = A^* \cup B^*$.

e. D'après 1,b., on a $A^* \subset A' \subset \overline{A}$, d'où $A^{**} \subset \overline{A^*}$, soit $A^{**} \subset A^*$ d'après 1,c.

2. On suppose que l'espace X admet une base de topologie dénombrable, soit (B_n). Soit $x \in A - A^*$, il existe un voisinage V de x tel que $V \cap A$ soit dénombrable et par suite il existe un entier n tel que $x \in B_n$ et $B_n \cap A$ est dénombrable. Il en résulte que $A - A^*$ est contenu dans la réunion de tous les ensembles $B_n \cap A$ qui sont dénombrables et cette réunion étant dénombrable, on en déduit (proposition 1.9.6) que $A - A^*$ est dénombrable. Un ensemble dénombrable n'ayant pas de point de condensation, on a $(A - A^*)^* = \emptyset$, d'où $A^* = (A - A^*)^* \cup (A \cap A^*)^* \subset A^{**}$ d'après 1,a. et 1,d., soit $A^* \subset A^{**}$; d'après 1,e., on en déduit que $A^* = A^{**}$.

3. On pose $X_1 = X^*$ et $X_2 = X - X^*$. Alors, X_1 est un sous-espace fermé d'après 1,c., sans point isolé car $X_1 = X_1^* \subset X_1'$ d'après 2. et 1,b. Le sous-espace $X_2 = X - X^*$ est dénombrable d'après 2. Ceci prouve le résultat voulu.

EXERCICE 2.11.1

Si X est un ensemble fini, tout filtre $\mathcal{F}$ sur X est fini ; il en résulte que l'ensemble $\bigcap_{M \in \mathcal{F}} M$ appartient au filtre et est donc non vide. Si l'intersection $\bigcap_{M \in \mathcal{F}} M$ est vide, l'ensemble X est donc infini. En outre, pour tout $x \in X$, il existe $M_x \in \mathcal{F}$ tel que $x \notin M_x$, soit $M_x \subset X - \{x\}$ et par suite $X - \{x\}$ appartient au filtre $\mathcal{F}$. Si A est une partie finie de X, on en déduit que $X - A = \bigcap_{x \in A}(X - \{x\})$ appartient au filtre qui est donc plus fin que le filtre des complémentaires des parties finies.

EXERCICE 2.11.2

Soit $\mathcal{F}$ un filtre sur X, montrons que $f(\mathcal{F}) = \{f(A) ; A \in \mathcal{F}\}$ est un filtre sur Y lorsque f est surjective. Vérifions (F_1). Soit M une partie de Y telle que $M \supset f(A)$ où $A \in \mathcal{F}$; posons $B = f^{-1}(M)$, alors $B \supset A$, donc B appartient à $\mathcal{F}$ et $M = f(B)$ (exercice 1.2.2), ce qui prouve (F_1). Quant à (F_2), soit $A, B \in \mathcal{F}$, alors

$$M = f(A) \cap f(B) \supset f(A \cap B),$$

d'où $M \in f(\mathcal{F})$ d'après (F_1). Enfin, $\emptyset \notin f(\mathcal{F})$ car $\emptyset \notin \mathcal{F}$ et $Y = f(X) \in f(\mathcal{F})$ car f est surjective.

EXERCICE 2.11.3 FILTRE INTERSECTION

1. Si $\mathcal{F} = \bigcap_{i\in I} \mathcal{F}_i = \{M \subset X\,;\, M \in \mathcal{F}_i \text{ pour tout } i \in I\}$ est un filtre, ce filtre sera la borne inférieure de la famille $(\mathcal{F}_i)_{i\in I}$. Soient $A \in \mathcal{F}$ et $B \supset A$, alors $A \in \mathcal{F}_i$ pour tout i, d'où $B \in \mathcal{F}_i$ pour tout i, ce qui prouve (F_1). Soient $A, B \in \mathcal{F}$, alors $A, B \in \mathcal{F}_i$ pour tout i, d'où $A \cap B \in \mathcal{F}_i$ pour tout i, soit $A \cap B \in \mathcal{F}$, ce qui prouve (F_2). Quant à (F_3), l'ensemble vide n'appartenant à aucun $\mathcal{F}_i$ n'appartient pas à $\mathcal{F}$ et X appartenant à tous les $\mathcal{F}_i$ appartient à $\mathcal{F}$.

2. D'après la définition même d'une borne inférieure, dire que le filtre $\mathcal{F}$ est plus fin que le filtre $\mathcal{V}(a)$ des voisinages d'un point a signifie que $\mathcal{F}_i$ est plus fin que $\mathcal{V}(a)$ pour tout i, ce qui prouve le résultat voulu.

EXERCICE 2.11.4

1. L'ensemble $\mathcal{B}_1 \times \mathcal{B}_2$ est un ensemble non vide de parties non vides ; en outre, soient $B_1, B_1' \in \mathcal{B}_1$, $B_2, B_2' \in \mathcal{B}_2$, alors (proposition 2.8.3) il existe $B_1'' \in \mathcal{B}_1$ et $B_2'' \in \mathcal{B}_2$ tels que $B_1'' \subset B_1 \cap B_1'$ et $B_2'' \subset B_2 \cap B_2'$, d'où

$$(B_1 \times B_2) \cap (B_1' \times B_2') = (B_1 \cap B_1') \times (B_2 \cap B_2') \supset B_1'' \cap B_2''$$

et ceci prouve que $\mathcal{B}_1 \times \mathcal{B}_2$ est une base de filtre. Montrons que le filtre engendré $\mathcal{F}$ ne dépend que des filtres $\mathcal{F}_i$. Il suffit de remarquer que la base de filtre $\mathcal{F}_1 \times \mathcal{F}_2$ est équivalente à la base de filtre $\mathcal{B}_1 \times \mathcal{B}_2$; il est évident que $\mathcal{F}_1 \times \mathcal{F}_2$ est plus fine $\mathcal{B}_1 \times \mathcal{B}_2$ et si $M_i \in \mathcal{F}_i$ il existe $B_i \in \mathcal{B}_i$ tel que $B_i \subset M_i$, d'où $B_1 \times B_2 \subset M_1 \times M_2$, ce qui prouve l'inclusion opposée.

2. Lorsque $\mathcal{F}_1$ et $\mathcal{F}_2$ sont les filtres de Fréchet sur $X_1 = X_2 = \mathbb{N}$, le filtre $\mathcal{F}$ admet donc pour base $[p, +\infty[\times[q, +\infty[$ où p et q décrivent $\mathbb{N}$. Cette base de filtre est en fait équivalente à la base de filtre, évidemment moins fine, $([n, +\infty[^2)_{n\in\mathbb{N}}$, vu que

$$[p, +\infty[\times[q, +\infty[\supset [n, +\infty[^2 \text{ où } n = \max(p, q).$$

Le filtre $\mathcal{F}$ est strictement plus fin que le filtre $\mathcal{F}'$ des complémentaires des parties finies. En effet, soit A une partie finie de $\mathbb{N}^2$, il existe un entier n tel que $A \subset [0, n[^2$ et il résulte que $\mathbb{N}^2 - A \supset [n, +\infty[^2$, d'où $\mathbb{N}^2 - A \in \mathcal{F}$, ce qui prouve que $\mathcal{F}$ est plus fin que $\mathcal{F}'$. Étant donné que $[1, +\infty[^2 \in \mathcal{F} - \mathcal{F}'$, $\mathcal{F}$ est strictement plus fin que $\mathcal{F}'$.

3. Il suffit d'écrire la définition d'une valeur limite de l'application f suivant une base de filtre. On remarquera que

$$x = \lim_{\mathcal{F}'} f \Rightarrow x = \lim_{\mathcal{F}} f,$$

mais la réciproque est en général fausse comme le montre l'exemple suivant. Sur $\mathbb{R}$, la suite double $x_{m,n} = 1/(m+1)$ tend vers 0 selon $\mathcal{F}$, mais n'a pas de limite selon $\mathcal{F}'$.

EXERCICE 2.11.5

1. Le filtre $\mathcal{F}$ est un ensemble filtrant lorsqu'on le munit de la relation d'ordre indiquée : soit $A, B \in \mathcal{F}$, alors $A \cap B$ appartient à $\mathcal{F}$ et $A \leq A \cap B$, $B \leq A \cap B$.

2. Le filtre $\mathcal{F}'$ associé à la suite généralisée $(x_M)_{M\in\mathcal{F}}$ admet pour base l'ensemble des

$$S(M) = \bigcup_{N\subset M,\, N\in\mathcal{F}} \{x_N\} \text{ où } M \text{ décrit } \mathcal{F}.$$

Lorsque $N \subset M$, on a $x_N \in N \subset M$, d'où $S(M) \subset M$ et ceci prouve que le filtre $\mathcal{F}'$ est plus fin que $\mathcal{F}$.

EXERCICE 2.12.1 FILTRE A BASE DÉNOMBRABLE

1. Soit $\mathcal{F}$ un filtre admettant une base dénombrable (B_n) qu'on peut supposer décroissante et soit $\mathcal{F}'$ l'intersection de tous les filtres élémentaires plus fins que $\mathcal{F}$. Par définition, le filtre $\mathcal{F}'$ est plus fin que $\mathcal{F}$. Montrons que ces deux filtres coïncident et, à cet effet, raisonnons par l'absurde. Supposons $\mathcal{F}'$ strictement plus fin que $\mathcal{F}$: alors, il existe $M \in \mathcal{F}'$ tel que $B_n \not\subset M$ pour tout n ; il existe donc $x_n \in B_n - M$. On construit ainsi une suite (x_n) ; le filtre élémentaire $\mathcal{F}_1$ associé à cette suite est plus fin que $\mathcal{F}$ vu que $x_n \in B_n$, donc plus fin que $\mathcal{F}'$ et par conséquent $M \in \mathcal{F}_1$, ce qui est contradictoire avec le fait que $x_n \notin M$ pour tout n.

2. D'après l'exercice 2.11.3, un filtre $\mathcal{F}$ à base dénombrable sur un espace topologique converge vers un point a si, et seulement si, tous les filtres élémentaires plus fins que $\mathcal{F}$ convergent vers a, ce qui prouve le résultat voulu.

EXERCICE 2.12.2

Soit $x \in A$ tel qu'il existe une suite (x_n) de A qui converge vers x telle que $x_n \neq x$ pour tout n et soit V un voisinage de x, alors il existe n tel que $x_n \in V$ et par conséquent $x_n \in V \cap A - \{x\}$, ce qui prouve que le point x n'est pas un point isolé (on notera que cette démonstration n'utilise pas le fait que l'espace est à base dénombrable de voisinages).

Réciproquement, soit $x \in A$ un point non isolé et soit (V_n) un système fondamental dénombrable décroissant de voisinages de x. Alors, $V_n \cap A - \{x\}$ est non vide pour tout n ; choisissons un point x_n dans chaque $V_n \cap A - \{x\}$, on construit ainsi une suite (x_n) de A qui converge vers x telle que $x_n \neq x$ pour tout n.

EXERCICE 2.12.3

1. Reprenons les notations de l'exercice 2.6.2. On a, pour tout entier $N \geq 1$, $C \subset [0,1] - \bigcup_{n=1}^{N} E_n$ et cet ensemble est la réunion d'un nombre fini d'intervalles fermés disjoints deux à deux et de longueur 3^{-N} ; étant donné que 3^{-N} tend vers 0 lorsque N tend vers l'infini, l'ensemble de Cantor ne peut contenir d'intervalle ouvert non vide, ce qui prouve que l'ensemble de Cantor est d'intérieur vide.

2. Soit $x = 0.\alpha_1 \ldots \alpha_n \ldots$, $\alpha_j \in \{0, 2\}$, un point de l'ensemble de Cantor. Construisons une suite (x_n) de C convergeant vers x telle que $x_n \neq x$ pour tout n, ceci prouvera que l'ensemble de Cantor n'admet pas de point isolé (exercice 2.12.2). L'entier $n \geq 1$ étant fixé, posons

$$\beta_j = \alpha_j \text{ si } j \neq n \text{ et } \beta_n = 0 \text{ si } \alpha_n = 2,\ \beta_n = 2 \text{ si } \alpha_n = 0,$$

puis $x_n = 0.\beta_1 \ldots \beta_n \ldots$. On obtient ainsi un point $x_n \in C$ tel que $|x - x_n| = 2 \times 3^{-n}$; on construit ainsi une suite (x_n) ayant les propriétés voulues.

EXERCICE 2.12.4 ESPACE SÉPARABLE A BASE DÉNOMBRABLE DE VOISINAGES

Soit D un ensemble dénombrable partout dense. Pour tout $x \in X$, il existe (proposition 2.12.1) une suite (x_n) de D qui converge vers x ; il existe donc une application $f : X \to D^{\mathbb{N}}$ telle que, pour tout $x \in X$, la suite $f(x)$ converge vers x. Cette application f est donc injective, d'où

$$\text{Card } X \leq \text{Card } D^{\mathbb{N}}$$

et ceci prouve que X a au plus la puissance du continu.

EXERCICE 2.13.1

La condition est nécessaire : si f est continu au point a et si la suite généralisée $(x_i)_{i\in I}$ converge vers a, alors la suite généralisée $(f(x_i))_{i\in I}$ converge vers $f(a)$. En effet, soit V un voisinage de $f(a)$, il existe un voisinage W de a tel que $f(W) \subset V$ et un indice $i \in I$ tel que $x_j \in W$ pour $j \geq i$, d'où $f(x_j) \in V$ pour $j \geq i$, ce qui prouve le résultat voulu.

Réciproquement, supposons que pour toute suite généralisée $(x_i)_{i\in I}$ qui converge vers a, la suite généralisée $f(x_i)_{i\in I}$ converge vers $f(a)$ et montrons que f est continu au point a. Raisonnons par l'absurde : si f n'est pas continu au point a, il existe un voisinage V de $f(a)$ tel que $f(W) \not\subset V$ quel que soit le voisinage W de a, autrement dit $f(W) \cap (X - V)$ est non vide ; il existe donc $x_W \in W$ tel que $f(x_W) \notin V$. Munissons le filtre $\mathcal{V}(a)$ de la relation d'ordre $W \leq W'$ si $W \supset W'$; on obtient ainsi d'après l'exercice 2.11.5 une suite généralisée $(x_W)_{W\in\mathcal{V}(a)}$ qui converge vers a alors que la suite $(f(x_W))$ ne converge pas vers $f(a)$, le voisinage V ne contenant aucun $f(x_W)$.

EXERCICE 2.13.2

La condition est évidemment nécessaire (sans hypothèse sur X et Y). Réciproquement, on suppose que, pour toute suite (x_n) de X convergeant vers a, la suite $(f(x_n))$ admet une limite ; montrons alors que la suite $(f(x_n))$ converge vers $f(a)$, ceci prouvera la continuité de f au point a. Considérons la suite (y_n) définie par $y_{2n} = x_n$ et $y_{2n+1} = a$. Cette suite (y_n) converge vers a, la suite $(f(y_n))$ admet donc une limite d'après l'hypothèse. Montrons que toute valeur limite l de cette suite $(f(y_n))$ est nécessairement égale à $f(a)$. Raisonnons par l'absurde, supposons $l \neq f(a)$. La sous-suite $(f(y_{2n+1}))$ converge vers l et, vu l'hypothèse faite sur Y, $Y - \{f(a)\}$ est un voisinage ouvert de l ne contenant aucun terme de cette sous-suite, ceci est absurde. Ceci montre que la suite $(f(y_n))$ converge vers $f(a)$ et on en déduit que la sous-suite $(f(x_n))$ converge vers $f(a)$, ce qui prouve le résultat souhaité.

EXERCICE 2.13.3

1 $\Rightarrow$ 2 Soit A une partie de Y, on a $\mathring{A} \subset A$, d'où $f^{-1}(\mathring{A}) \subset f^{-1}(A)$ et, $f^{-1}(\mathring{A})$ étant ouvert, on en déduit que $f^{-1}(\mathring{A}) \subset \mathrm{Int}\,(f^{-1}(A))$.

2 $\Rightarrow$ 3 Soit A une partie de Y, posons $B = Y - A$; d'après 2., on a $f^{-1}(\mathring{B}) \subset \mathrm{Int}\,(f^{-1}(B))$ où

$$f^{-1}(\mathring{B}) = f^{-1}(Y - \overline{A}) = X - f^{-1}(\overline{A})$$

et

$$\mathrm{Int}\, f^{-1}(B) = \mathrm{Int}\,(X - f^{-1}(A)) = X - \overline{f^{-1}(A)}\,;$$

on en déduit $X - f^{-1}(\overline{A}) \subset X - \overline{f^{-1}(A)}$, d'où $\overline{f^{-1}(A)} \subset f^{-1}(\overline{A})$, ce qui prouve le résultat voulu.

3 $\Rightarrow$ 1 Soit A une partie fermée de Y. D'après 3., on a $\overline{f^{-1}(A)} \subset f^{-1}(A)$, ce qui prouve que $f^{-1}(A)$ est fermé ; l'image réciproque de tout fermé étant fermée, f est continu.

EXERCICE 2.13.4

Soit A un $\mathcal{G}_\delta$ de Y, alors A peut s'écrire $A = \bigcap_{n=0}^{\infty} O_n$ où (O_n) est une suite d'ouverts de Y ; on a alors $f^{-1}(A) = \bigcap_{n=0}^{\infty} f^{-1}(O_n)$ où les $f^{-1}(O_n)$ sont ouverts d'après la continuité de f, ce qui prouve que $f^{-1}(A)$ est un $\mathcal{G}_\delta$ de X.

De même, un $\mathcal{F}_\sigma$ s'écrit $A = \bigcup_{n=0}^{\infty} F_n$ où (F_n) est une suite de fermés de Y ; on a alors $f^{-1}(A) = \bigcup_{n=0}^{\infty} f^{-1}(F_n)$ où les $f^{-1}(F_n)$ sont fermés d'après la continuité de f, ce qui prouve que $f^{-1}(A)$ est un $\mathcal{F}_\sigma$ de X.

EXERCICE 2.13.5

1. Soit A une partie dense dans X, on a alors d'après la continuité de f,

$$f(X) = f(\overline{A}) \subset \overline{f(A)}$$

et, f étant surjective, ceci prouve que $Y = \overline{f(A)}$: $f(A)$ est dense dans Y.

2. Soit B une partie dense dans Y, montrons que tout ouvert non vide O de X rencontre $f^{-1}(B)$, ceci prouvera que $f^{-1}(B)$ est partout dense. L'application f étant ouverte, $f(O)$ est un ouvert non vide et, B étant partout dense, $f(O) \cap B$ est non vide : il existe $x \in O$ tel que $f(x) \in B$, soit $x \in f^{-1}(B)$, ce qui prouve que $O \cap f^{-1}(B)$ est non vide.

EXERCICE 2.13.6

D'après la continuité de l'application $x \mapsto d(x, A) - d(x, B)$ (exemple 2.13.1), les ensembles disjoints

$$O_A = \{x \in X \,;\, d(x, A) < d(x, B)\} \text{ et } O_B = \{x \in X \,;\, d(x, B) < d(x, A)\}.$$

sont ouverts. D'autre part, soit $x \in A$, alors $d(x, A) = 0$ et $d(x, B) > 0$ car x n'appartient pas à $\overline{B}$ vu que $A \cap \overline{B}$ est vide ; ceci prouve que $x \in O_A$, d'où $A \subset O_A$. Ceci montre que O_A est un voisinage ouvert de A, de même O_B est un voisinage ouvert de B et ces voisinages sont disjoints, ce qui prouve le résultat voulu.

EXERCICE 2.14.1

Soit $a \in X$. Si $f(a)g(a) = 0$, la fonction fg admettant un minimum au point a est s.c.i. en ce point (remarque 2.14.1). Supposons $f(a)g(a) > 0$ et soit $0 < \alpha < f(a)g(a)$; on peut écrire $\alpha = \beta\gamma$ où $0 < \beta < f(a)$ et $0 < \gamma < g(a)$: on choisit $\alpha/g(a) < \beta < f(a)$ puis $\gamma = \alpha/\beta$. Les fonctions f et g étant s.c.i. au point a, il existe des voisinages V et W de a tels que $f(x) > \beta$ pour $x \in V$ et $g(x) > \gamma$ pour $x \in W$, d'où $f(x)g(x) > \beta\gamma = \alpha$ pour $x \in V \cap W$ et ceci prouve que la fonction $f(x)g(x)$ est s.c.i. au point a.

EXERCICE 2.14.2

Soient $a \in X$ et $\alpha > 1/f(a)$, c'est-à-dire $1/\alpha < f(a)$; la fonction f étant s.c.i. au point a, il existe un voisinage V de a tel que $f(x) > 1/\alpha$ pour $x \in V$, d'où $1/f(x) < \alpha$ pour $x \in V$ et ceci prouve que $1/f$ est s.c.s. au point a.

EXERCICE 2.14.3

1. Soit $\alpha < (f \circ \varphi)(a)$. La fonction f étant s.c.i. au point $\varphi(a)$, il existe un voisinage V de ce point tel que $f(V) \subset]\alpha, +\infty]$ et, d'après la continuité de φ au point a, il existe un voisinage W de a tel que $\varphi(W) \subset V$, d'où $(f \circ \varphi)(W) \subset]\alpha, +\infty]$, ce qui prouve que $f \circ \varphi$ est s.c.i. au point a.

2. Soit $\alpha < (\varphi \circ f)(a)$, posons $b = f(a)$. On a $\alpha < \varphi(b)$ et, la fonction φ étant continue au point b, il existe $\varepsilon > 0$ tel que $\varphi(y) > \alpha$ pour $y \in f(X) \cap]b - \varepsilon, b + \varepsilon[$, donc pour tout $y \in f(X) \cap]b - \varepsilon, +\infty]$ d'après la croissance de φ. La fonction f étant

s.c.i. au point a, il existe un voisinage V de a tel que $f(x) > b - \varepsilon$ pour $x \in V$, d'où $(\varphi \circ f)(x) > \alpha$ pour $x \in V$, ce qui prouve que la fonction $\varphi \circ f$ est s.c.i. au point a.

EXERCICE 2.14.4

1. La continuité des fonctions f_n résulte de la continuité de l'application $x \mapsto d(x, X - O)$. Montrons que la suite (f_n) est une suite croissante convergeant vers la fonction caractéristique de O. Si $x \in X - O$, $f_n(x) = 0 = \mathbb{1}_O(x)$ et, si $x \in O$, $d(x, X - O)$ est > 0, il existe donc un entier $n \geq 1$ tel que $d(x, X - O) \geq 1/n$, d'où $f_p(x) = 1 = \mathbb{1}_O(x)$ pour $p \geq n$, ce qui prouve le résultat voulu.

2. On pose $O_{n,k} = f^{-1}(]k/n, +\infty[)$ pour $n \geq 1$, $1 \leq k \leq n-1$; ces ensembles $O_{n,k}$ sont ouverts, f étant s.c.i.

On pose ensuite $g_n = (1/n) \sum_{k=1}^{n-1} \mathbb{1}_{O_{n,k}}$, montrons que $f = \sup_n g_n$. On a

$$g_n(x) = 0 \text{ si } 0 \leq f(x) \leq 1/n$$

et

$$g_n(x) = k/n \text{ si } k/n < f(x) \leq (k+1)/n,\ 1 \leq k \leq n-1,$$

d'où $0 \leq f(x) - g_n(x) \leq 1/n$ et ceci montre que la suite (g_n) converge (uniformément) vers f.

Les fonctions $g_n : X \to [0,1]$ étant s.c.i. (exemple 2.14.1), il existe d'après 1. une suite croissante $(h_{nm})_{m \geq 1}$ de fonctions continues $h_{nm} : X \to [0,1]$ telle que $g_n = \sup_m h_{nm}$. Posons $f_n = \sup_{1 \leq i \leq n, 1 \leq j \leq n} h_{ij}$. Ces fonctions $f_n : X \to [0,1]$ sont continues, la suite (f_n) est évidemment croissante. En outre, $0 \leq h_{nm} \leq g_n \leq (n-1)/n$, d'où $0 \leq f_n \leq (n-1)/n$ et ceci prouve que les fonctions f_n sont à valeurs dans $[0,1[$. Enfin, on a

$$\sup_n f_n = \sup_i \sup_j h_{ij} = \sup_i g_i = f.$$

Ceci prouve le résultat voulu.

3. La fonction g étant à valeurs finies, la fonction $f - g$ est bien définie et elle est s.c.i. d'après la continuité de g. On peut donc supposer la fonction f à valeurs positives. Considérons la fonction $\varphi : \overline{\mathbb{R}}_+ \to [0,1]$ définie par $\varphi(t) = t/(1+t)$ si $t \in \mathbb{R}_+$ et $\varphi(+\infty) = 1$. D'après l'exercice 2.14.3, la fonction $\varphi \circ f : X \to [0,1]$ est s.c.i. ; d'après 2., il existe une suite croissante de fonctions continues $f_n : X \to [0,1[$ telle que $\varphi \circ f = \sup_n f_n$. Notons $\psi : [0,1[\to [0,+\infty[$ la fonction définie par $\psi(s) = s/(1-s)$. Cette fonction ψ étant continue croissante, la suite de fonctions $\psi \circ f_n : X \to [0,+\infty[$ est une suite croissante de fonctions continues à valeurs finies et

$$\sup_n \psi \circ f_n = \psi \circ \varphi \circ f = f ;$$

la suite $(\psi \circ f_n)$ possède toutes les propriétés voulues.

EXERCICE 2.15.1

1. Vérifions les axiomes des distances (définition 2.7.1). On a

$$d_2(x,y) = \varphi(d_1(x,y)) = \varphi(d_1(y,x)) = d_2(y,x),$$

ce qui prouve (D_1). Quant à (D_2), $\varphi(d_1(x,y)) = 0$ équivaut à $d_1(x,y) = 0$ d'après les hypothèses faites sur φ, donc à $x = y$. Enfin, on a

$$d_2(x,z) = \varphi(d_1(x,z)) \leq \varphi(d_1(x,y) + d_1(y,z))$$

d'après la croissance de φ, d'où

$$d_2(x,z) \leq \varphi(d_1(x,y)) + \varphi(d_1(y,z)) = d_2(x,y) + d_2(y,z)$$

vu les hypothèses, ce qui prouve l'inégalité triangulaire.

2. Si φ est continue à l'origine, pour tout $\varepsilon > 0$, il existe $\delta > 0$ tel que $0 \leq u \leq \delta$ implique $0 \leq \varphi(u) \leq \varepsilon$, d'où $d_1(x,y) \leq \delta \Rightarrow d_2(x,y) \leq \varepsilon$.

Inversement, la fonction φ étant croissante, soit $\varepsilon > 0$, $\delta = \varphi(\varepsilon)$, alors $\varphi(u) < \delta \Rightarrow u < \varepsilon$, d'où $d_2(x,y) < \delta \Rightarrow d_1(x,y) < \varepsilon$. distances d_1 et d_2 sont uniformément équivalentes.

3. La fonction $\varphi(u) = \min(1,u)$ est continue, croissante, $\varphi(u) = 0$ si, et seulement si, $u = 0$ et $\varphi(u+v) \leq \varphi(u) + \varphi(v)$ d'après l'inégalité (2.15.1). La fonction $\varphi(u) = u/(1+u)$ possède les mêmes propriétés, l'inégalité $\varphi(u+v) \leq \varphi(u) + \varphi(v)$ se vérifie comme suit

$$\frac{u+v}{1+u+v} = \frac{u}{1+u+v} + \frac{v}{1+u+v} < \frac{u}{1+u} + \frac{v}{1+v}.$$

EXERCICE 2.17.1

1. La condition est évidemment nécessaire d'après la définition même d'un espace séparé. Réciproquement, supposons que toute suite généralisée admette au plus un point limite et montrons que l'espace est séparé. Raisonnons par l'absurde, si l'espace n'est pas séparé, il existe $a, b \in X$, $a \neq b$, tel que tout voisinage de a rencontre tout voisinage de b ; soient $V \in \mathcal{V}(a)$, $W \in \mathcal{V}(b)$, choisissons un point $x_{V \cap W} \in V \cap W$. L'ensemble $\mathcal{F}$ des intersections $\{V \cap W\,;\, V \in \mathcal{V}(a) \text{ et } W \in \mathcal{V}(b)\}$ est un filtre (lemme 2.16.4) plus fin que les filtres $\mathcal{V}(a)$ et $\mathcal{V}(b)$. Vu l'exercice 2.11.5, la suite généralisée $(x_M)_{M \in \mathcal{F}}$ converge à la fois vers a et b, ce qui contredit l'hypothèse.

2. On suppose l'espace à base dénombrable de voisinages et que toute suite admet au plus un point limite et il s'agit de démontrer que l'espace est séparé. On raisonne comme précédemment en utilisant des systèmes fondamentaux dénombrables décroissants de voisinages de a et b, soient (V_n) et (W_n) ; on choisit un point $x_n \in V_n \cap W_n$ et on construit ainsi une suite (x_n) qui converge à la fois vers a et b.

EXERCICE 2.17.2

1. Soit $(A_i)_{i \in I}$ une famille de parties finies, alors $\bigcup_{i \in I}(X - A_i) = X - A$ où $A = \bigcap_{i \in I} A_i$ est une partie finie, ce qui prouve (O_1). Si A et B sont des parties finies, $(X - A) \cap (X - B) = X - C$ où $C = A \cup B$ est fini, d'où (O_2). L'axiome (O_3) étant trivialement vérifié, on définit bien une topologie $\mathcal{T}$ sur X en prenant pour ouverts $\emptyset$ et l'ensemble des complémentaires des parties finies.

2. Pour cette topologie, les fermés sont X et les parties finies de X. En particulier, les points sont fermés. Lorsque X est un ensemble fini, il en résulte que la topologie $\mathcal{T}$ est la topologie discrète, topologie séparée. Lorsque X est infini, la topologie n'est pas séparée, car deux ouverts non vides O_1 et O_2 ont toujours une intersection non vide, vu que

$$X - O_1 \cap O_2 = (X - O_1) \cup (X - O_2)$$

est fini et l'axiome de Hausdorff ne peut être vérifié.

3. Si X est fini, les suites convergentes sont les suites stationnaires à partir d'un certain rang.

Lorsque X est infini, montrons qu'une suite converge vers x si, et seulement si, pour tout $y \neq x$, l'ensemble $\{n \in \mathbb{N}\,;\, x_n = y\}$ est fini. En effet, si $x = \lim_{n\to\infty} x_n$ et si $y \neq x$, l'ensemble $X - \{y\}$ est un voisinage ouvert de x, donc il existe un entier n tel que $x_p \in X - \{y\}$ pour $p \geq n$ et ceci montre que l'ensemble $\{p \in \mathbb{N}\,;\, x_p = y\}$ est contenu dans l'intervalle $[0, n[$, donc fini. Réciproquement, si $\{n \in \mathbb{N}\,;\, x_p = y\}$ est fini pour tout

$y \neq x$, soit O un voisinage ouvert de x ; alors $O = X - A$ où A est une partie finie ne contenant pas le point x ; il en résulte que

$$\{n \in \mathbb{N} \, ; \, x_n \in A\} = \bigcup_{y \in A} \{n \in \mathbb{N} \, ; \, x_n = y\}$$

est fini, donc contenu dans un intervalle de la forme $[0, n[$; on a alors $x_p \in O$ pour $p \geq n$ et ceci prouve que la suite (x_n) converge vers x.

En particulier, une suite (x_n) dont tous les termes sont distincts (c'est-à-dire telle que l'application $n \mapsto x_n$ soit injective) converge vers tout point.

EXERCICE 2.17.3

1. Montrons que $\mathcal{B}$ est une base de topologie. Vérifions les propriétés (B_1) et (B_2) de la proposition 2.9.4. Soient O_1 et O_2 des ouverts de X, D_1 et D_2 des parties dénombrables, alors

$$(O_1 - D_1) \cap (O_2 - D_2) = O_1 \cap O_2 - D_1 \cup D_2$$

et ceci montre que $\mathcal{B}$ est stable par intersection finie, ce qui prouve (B_1). Quant à (B_2), on remarque que $X = X - \emptyset$ appartient à $\mathcal{B}$. Nous noterons $\mathcal{T}_2$ la topologie engendrée par $\mathcal{B}$. Cette topologie est plus fine que la topologie $\mathcal{T}_1$ vu que tout ouvert O pour la topologie $\mathcal{T}_1$ peut s'écrire $O = O - \emptyset$ et est également ouvert pour la topologie $\mathcal{T}_2$.

2. Soit (x_n) une suite convergente vers a pour la topologie $\mathcal{T}_2$. Montrons que cette suite est nécessairement stationnaire et égale à a à partir d'un certain rang. Raisonnons par l'absurde ; supposons qu'il existe une sous-suite (x_{n_k}) telle que $x_{n_k} \neq a$ pour tout k, alors $X - \bigcup_{k=0}^{\infty} \{x_{n_k}\}$ est un voisinage ouvert de a pour la topologie $\mathcal{T}_2$ qui ne contient aucun terme de la sous-suite (x_{n_k}), sous-suite qui converge vers a ; ceci est évidemment absurde. Les suites convergentes pour la topologie $\mathcal{T}_2$ sont bien les suites stationnaires.

3. Si la topologie $\mathcal{T}_2$ est métrisable, cette topologie est nécessairement la topologie discrète d'après 2. Il en résulte que, pour tout $x \in X$, il existe un ouvert O pour la topologie $\mathcal{T}_1$ et une partie dénombrable D tels que $\{x\} = O - D$ et ceci montre que O est un voisinage ouvert dénombrable de x pour la topologie $\mathcal{T}_1$. Réciproquement, supposons que tout x admette un voisinage dénombrable pour la topologie $\mathcal{T}_1$, alors x admet un voisinage ouvert dénombrable O et on peut écrire $\{x\} = O - D$ où $D = O - \{x\}$ est dénombrable ; ceci montre que $\{x\}$ est ouvert pour la topologie $\mathcal{T}_2$ et cette topologie est donc la topologie discrète qui est métrisable. Ceci prouve que la topologie $\mathcal{T}_2$ est métrisable si, et seulement si, tout point admet un voisinage dénombrable pour la topologie $\mathcal{T}_1$.

4. Prenons $X = \mathbb{R}$ muni de sa topologie usuelle $\mathcal{T}_1$. Le procédé précédent permet de construire sur $\mathbb{R}$ une topologie $\mathcal{T}_2$ séparée (car plus fine qu'une topologie séparée), non métrisable d'après 3. et pour laquelle les seules suites convergentes sont les suites stationnaires.

EXERCICE 2.17.4

Montrons d'abord que la topologie est séparée. Soit $a, b \in X$, $a < b$. S'il existe $c \in]a, b[$, $]\leftarrow, c[$ et $]c, \rightarrow[$ sont des voisinages ouverts disjoints de a et b. Sinon, $]\leftarrow, b[=]\leftarrow, a]$ et $]a, \rightarrow[= [b, \rightarrow[$ sont des voisinages ouverts disjoints de a et b.

Montrons ensuite que la topologie est régulière, c'est-à-dire que tout voisinage d'un point x contient un voisinage fermé. Un voisinage de x contient un intervalle ouvert contenant x ; nous supposerons que cet intervalle est de la forme $]a, b[$, on raisonnerait de la même façon lorsqu'il est de la forme $]\leftarrow, b[$ ou $]a, \rightarrow[$. On suppose donc $x \in]a, b[$.

S'il existe $\alpha, \beta \in X$ tel que $a < \alpha < x < \beta < b$, alors $x \in]\alpha, \beta[\subset [\alpha, \beta] \subset]a, b[$, ce qui montre que $[\alpha, \beta]$ est un voisinage fermé de x contenu dans $]a, b[$.

Si $]a, x[=]x, b[= \emptyset$, $]a, b[= \{x\}$ est un voisinage fermé de x.

Si $]a, x[= \emptyset$ et s'il existe $\beta \in X$ tel que $x < \beta < b$, on a $x \in]a, \beta[\subset [x, \beta] \subset]a, b[$, ce qui montre que $[x, \beta]$ est un voisinage fermé de x contenu dans $]a, b[$. On raisonne de façon analogue lorsque $]x, b[= \emptyset$ et s'il existe $\alpha \in X$ tel que $a < \alpha < x$.

Ceci prouve que la topologie de l'ordre est régulière.

EXERCICE 2.17.5 DOUBLE LIMITE

1. Posons $y = \lim_{\mathcal{F}_1 \times \mathcal{F}_2} f$ et soit V un voisinage fermé de y. Il existe $M_i \in \mathcal{F}_i$ tel que $f(M_1 \times M_2) \subset V$. Pour tout $x_1 \in M_1$, on a donc $f(x_1, M_2) \subset V$; tout point limite étant un point adhérent, on en déduit que $g(x_1) \in \overline{V} = V$ pour tout $x_1 \in M_1$, c'est-à-dire $g(M_1) \subset V$. L'ensemble des voisinages fermés de y constituant un système fondamental de voisinages de ce point, l'inclusion précédente prouve que $y = \lim_{\mathcal{F}_1} g$. Ceci prouve le résultat voulu, qu'on peut écrire sous la forme

$$\lim_{\mathcal{F}_1} \lim_{\mathcal{F}_2} f = \lim_{\mathcal{F}_1 \times \mathcal{F}_2} f.$$

2. Prenons $X = \mathbb{N}$ et pour $\mathcal{F}_i$ le filtre de Fréchet. Considérons une suite double $(x_{m,n})$ dans un espace régulier Y. On suppose que cette suite double admet une limite y suivant la base de filtre $\mathcal{F}_1 \times \mathcal{F}_2$, c'est-à-dire que, pour tout voisinage V de y, il existe un entier n tel que $x_{p,q} \in V$ pour $p \geq n$ et $q \geq n$. On suppose en outre que, pour tout m, la limite $y_m = \lim_{n\to\infty} x_{m,n}$ existe, alors la suite (y_m) converge vers y d'après 1.

EXERCICE 2.17.6

1. L'ensemble $\mathcal{B}$ des intervalles $[a, b[$, $a < b$, est une base de topologie sur $\mathbb{R}$ car $\mathcal{B}$ est stable par intersection finie et $\mathbb{R} = \bigcup_{A \in \mathcal{B}} A$ (proposition 2.9.4). Notons $\mathcal{T}$ la topologie définie par cette base de topologie ; cette topologie est plus fine que la topologie usuelle $\mathcal{T}_0$ de $\mathbb{R}$. En effet, soit $]a, b[$ un intervalle ouvert, alors $]a, b[= \bigcup_{a<\alpha<b} [\alpha, b[$ est ouvert pour la topologie $\mathcal{T}$; tout ouvert de $\mathbb{R}$ pour $\mathcal{T}_0$ étant une réunion d'intervalles ouverts est donc ouvert pour $\mathcal{T}$: ceci prouve que $\mathcal{T}$ est plus fine que $\mathcal{T}_0$.

2. La topologie $\mathcal{T}$, plus fine qu'une topologie séparée, est séparée. La suite $([a, a + 1/n])_{n\geq 1}$ est un système fondamental de voisinages fermés (car ces intervalles sont fermés pour la topologie usuelle) de a : en effet, tout intervalle $[\alpha, \beta[$ qui contient le point a contient un intervalle de la forme $[a, a + 1/n]$. Tout point admet un système fondamental dénombrable de voisinages fermés. La topologie $\mathcal{T}$ est donc régulière.

3. Montrons que $\mathbb{R}$, muni de la topologie $\mathcal{T}$, est séparable : tout intervalle $[a, b[$, $a < b$, contient un rationnel, donc $\mathbb{Q}$ est partout dense pour la topologie $\mathcal{T}$, ce qui prouve le résultat voulu.

4. Montrons que la topologie $\mathcal{T}$ n'admet pas de base de topologie dénombrable. Soit $(B_i)_{i\in I}$ une base de topologie. Soit $x \in \mathbb{R}$, l'intervalle ouvert $[x, +\infty[$ peut s'écrire comme une réunion de B_i ; il existe donc nécessairement un i tel que $x \in B_i$ et $B_i \subset [x, +\infty[$, c'est-à-dire tel que $x = \min B_i$. On peut donc définir une application $f : \mathbb{R} \to I$ telle que $x = \min B_{f(x)}$; cette application f est nécessairement injective, ce qui prouve que I a au moins la puissance du continu. Ceci prouve qu'il ne saurait exister de base de la topologie $\mathcal{T}$ qui soit dénombrable.

L'espace $\mathbb{R}$, muni de la topologie $\mathcal{T}$, étant séparable d'après 3., cette topologie n'est pas métrisable d'après la proposition 2.10.7.

EXERCICE 2.18.1

1. Notons d'abord que diam $A \leq$ diam B si $A \subset B$, en particulier diam $A \leq$ diam $\overline{A}$. Démontrons l'inégalité opposée, soit $\varepsilon > 0$, il existe $x, y \in \overline{A}$ tel que diam $\overline{A} \leq d(x,y) + \varepsilon$; les points x et y étant adhérents à A, il existe $x' \in A$ et $y' \in A$ tels que $d(x,x') \leq \varepsilon$ et $d(y,y') \leq \varepsilon$, d'où diam $\overline{A} \leq d(y,y') + 3\varepsilon \leq$ diam $A + 3\varepsilon$ et, ceci étant vérifié pour tout $\varepsilon > 0$, diam $\overline{A} \leq$ diam A, ce qui prouve le résultat voulu.

2. Soit $\varepsilon > 0$, il existe $x, y \in A \cup B$ tel que diam $(A \cup B) \leq d(x,y) + \varepsilon$. Si x et y appartiennent à A, $d(x,y) \leq$ diam $A \leq$ diam $A +$ diam B, d'où

$$\text{diam}\,(A \cup B) \leq \text{diam}\, A + \text{diam}\, B + \varepsilon$$

et de même si x et y appartiennent à B. Lorsque $x \in A$ et $y \in B$, si $A \cap \overline{B}$ est non vide, soit $z \in A \cap \overline{B}$, alors $d(x,y) \leq d(x,z) + d(z,y) \leq$ diam $A +$ diam $\overline{B}$, d'où, d'après 1.,

$$\text{diam}\,(A \cup B) \leq \text{diam}\, A + \text{diam}\, B + \varepsilon.$$

Si c'est $\overline{A} \cap B$ qui est non vide, on choisit un point $z \in \overline{A} \cap B$ et on raisonne de la même façon. L'inégalité ci-dessus valable dans tous les cas prouve le résultat voulu.

EXERCICE 2.18.2

L'ensemble C des points de continuité de f peut s'écrire

$$C = \{x \in X \,;\, \omega(f;x) = 0\} = \bigcap_{n=1}^{\infty} \{x \in X \,;\, \omega(f;x) < 1/n\}$$

où les ensembles $\{x \in X \,;\, \omega(f;x) < 1/n\}$ sont ouverts, la fonction ω étant s.c.s. (proposition 2.18.5). Ceci prouve que C est un $\mathcal{G}_\delta$.

EXERCICE 2.18.3

Il s'agit de démontrer que le théorème de Cantor (proposition 2.18.9) caractérise les espaces métriques complets. Soit (x_n) une suite de Cauchy, posons $B_n = \bigcup_{p \geq n} \{x_p\}$ et $F_n = \overline{B}_n$. Ces ensembles F_n sont fermés, la suite (F_n) est décroissante comme la suite (B_n) et le diamètre de F_n tend vers 0, car la suite (x_n) est de Cauchy et diam $F_n =$ diam B_n d'après l'exercice 2.18.1. Il en résulte que l'intersection $\bigcap_{n=0}^{\infty} F_n$ est réduite à un point, ce qui signifie que la suite (x_n) admet une valeur d'adhérence ; la suite (x_n) converge donc d'après la proposition 2.18.1, ce qui prouve que l'espace est complet.

EXERCICE 2.18.4

1. L'image du filtre des sections sur I par l'application $i \mapsto x_i$ admet pour base l'ensemble des $B_i = \bigcup_{j \geq i} \{x_j\}$ où i décrit I. Dire que ce filtre est de Cauchy signifie donc que, pour tout $\varepsilon > 0$, il existe $i \in I$ tel que diam $B_i \leq \varepsilon$, c'est-à-dire $d(x_j, x_k) \leq \varepsilon$ pour $j \geq i$ et $k \geq i$.

2. Tout filtre convergent étant de Cauchy, toute suite généralisée convergente est de Cauchy.

3. Si X est un espace métrique complet, toute suite généralisée de Cauchy converge d'après la définition 2.18.2. Réciproquement, si toute suite généralisée de Cauchy converge, toute suite (ordinaire) de Cauchy converge et l'espace est complet d'après le théorème

2.18.8.

EXERCICE 2.19.1

La topologie initiale $\mathcal{T}$ vérifie la propriété indiquée (corollaire 2.19.4). Réciproquement, soit $\mathcal{T}'$ une topologie sur X vérifiant cette propriété. Prenons pour espace Y l'espace X muni de la topologie $\mathcal{T}'$ et pour application f l'application identique $I_X : (X, \mathcal{T}') \to (X, \mathcal{T}')$; cette application étant continue, les applications

$$f_i \circ I_X = f_i : (X, \mathcal{T}') \to X_i$$

sont continues, ce qui prouve que la topologie $\mathcal{T}'$ est plus fine que la topologie $\mathcal{T}$ (théorème 2.19.1). Prenons ensuite pour espace Y l'espace $(X, \mathcal{T})$ et pour application f l'application identique $I_X : (X, \mathcal{T}) \to (X, \mathcal{T}')$; les applications $f_i \circ I_X : (X, \mathcal{T}) \to X_i$ étant continues, cette application $I_X : (X, \mathcal{T}) \to (X, \mathcal{T}')$ est continue, ce qui signifie que la topologie $\mathcal{T}$ est plus fine que $\mathcal{T}'$. Ceci prouve que $\mathcal{T} = \mathcal{T}'$ et le résultat voulu.

EXERCICE 2.19.2 TOPOLOGIE ENGENDRÉE PAR UNE FAMILLE DE PARTIES

1. Notons X_i l'espace topologique obtenu en munissant l'ensemble X de la famille d'ouverts $\mathcal{O}_i = \{\emptyset, A_i, X\}$. Si $\mathcal{T}$ est une topologie sur X, dire que A_i est ouvert pour cette topologie signifie que l'application identique $I_X : (X, \mathcal{T}) \to X_i$, que nous noterons f_i, est continue. La topologie initiale sur X associée à cette famille $(f_i)_{i \in I}$ est donc la topologie la moins fine sur X pour laquelle tous les ensembles A_i sont ouverts. On dit que cette topologie est engendrée par la famille (A_i).

D'après (2.19.2), une base de cette topologie est constituée des intersections $\bigcap_{i \in J} A_i$ où J décrit l'ensemble des parties finies de I.

2. Étant donné un espace topologique Y, le corollaire 2.19.4 montre qu'une application $f : Y \to X$ est continue si, et seulement si, les applications $f_i \circ f : Y \to X_i$ sont continues, c'est-à-dire si $f^{-1}(A_i)$ est un ouvert de Y pour tout i.

EXERCICE 2.20.1

Dire que M est ouvert dans A signifie qu'il existe un ouvert U de X tel que $M = U \cap A$; de même il existe un ouvert V de X tel que $M = V \cap B$. On en déduit que $M = (U \cap V) \cap (A \cup B)$, ce qui prouve que M est ouvert dans $A \cup B$.

Le raisonnement est analogue lorsque M est fermé dans A et dans B.

EXERCICE 2.20.2 SOUS-ESPACE LOCALEMENT FERMÉ

1 $\Rightarrow$ 2 Soit $x \in A$, il existe un voisinage V_x de x tel que $V_x \cap A$ soit fermé dans V_x, c'est-à-dire tel que $V_x \cap A = \overline{V_x \cap A} \cap V_x$. Soit O_x un ouvert tel que $x \in O_x \subset V_x$; d'après l'exercice 2.10.3, on a $O_x \cap \overline{A} \subset \overline{O_x \cap A}$, d'où

$$O_x \cap \overline{A} \subset \overline{O_x \cap A} \cap O_x \subset \overline{V_x \cap A} \cap V_x = V_x \cap A \subset A$$

et ceci prouve que $(\bigcup_{x \in A} O_x) \cap \overline{A} \subset A$; l'inclusion opposée étant trivialement vérifiée, on a donc l'égalité, soit $A = O \cap \overline{A}$ où O désigne l'ouvert $\bigcup_{x \in A} O_x$ et ceci prouve que A est une partie ouverte de $\overline{A}$.

2 $\Rightarrow$ 3 Dire que A est une partie ouverte de $\overline{A}$ signifie qu'il existe un ouvert O tel que $A = O \cap \overline{A}$, ce qui prouve que A peut s'écrire comme l'intersection d'un ouvert et d'un fermé.

3 $\Rightarrow$ 4 On suppose que $A = O \cap F$ où O est un ouvert et F un fermé, alors A est fermé dans l'ouvert O, ce qui prouve 4.

$4 \Rightarrow 1$ D'après 4., il existe un ouvert O contenant A et un fermé F tel que $A = O \cap F$, alors, pour tout $x \in A$, O est un voisinage de x et $A \cap O = O \cap F$, donc $A \cap O$ est fermé dans O, ce qui prouve 1.

EXERCICE 2.20.3 RECOLLEMENT D'ESPACES TOPOLOGIQUES

Notons $\mathcal{O}_i$ l'ensemble des ouverts de X_i et soit $\mathcal{T}$ une topologie sur X vérifiant les conditions requises. Un ouvert O de X peut s'écrire $O = \bigcup_{i \in I} O_i$ où $O_i = O \cap X_i$ est un ouvert de X_i. Inversement, soit O_i un ouvert de X_i, alors O_i est ouvert dans X, X_i étant ouvert dans X, et par suite $O = \bigcup_{i \in I} O_i$ est un ouvert de X. Ceci montre que, s'il existe une topologie vérifiant les propriétés voulues, cette topologie est unique : l'ensemble des ouverts est nécessairement donné par

$$\mathcal{O} = \{O\,;\, O = \bigcup_{i \in I} O_i \text{ où } O_i \in \mathcal{O}_i\}.$$

Nous allons démontrer que $\mathcal{O}$ vérifie bien les axiomes des ouverts et que la topologie associée possède les propriétés voulues.

1. Vérifions d'abord la propriété suivante : soit O_j un ouvert de X_j, alors $X_i \cap O_j$ est un ouvert de X_i. Or $X_i \cap O_j = (X_i \cap X_j) \cap O_j$ est un ouvert de $X_i \cap X_j$ pour la topologie induite $\mathcal{T}_j|_{X_i \cap X_j}$, topologie qui, d'après l'hypothèse b., coïncide avec la topologie induite $\mathcal{T}_i|_{X_i \cap X_j}$; il existe donc un ouvert U_i de X_i tel que $X_i \cap O_j = (X_i \cap X_j) \cap U_i$ et cet ensemble est ouvert dans X_i d'après l'hypothèse a., ce qui prouve le résultat annoncé.

2. Montrons alors que $\mathcal{O}$ est stable par intersection finie, les autres axiomes des ouverts sont trivialement vérifiés. Soit

$$O = \bigcup_{i \in I} O_i,\ O' = \bigcup_{i \in I} O'_i \text{ où } O_i, O'_i \in \mathcal{O}_i.$$

On a $O \cap O' = \bigcup_{(i,j) \in I^2} (O_i \cap O'_j)$ et il faut vérifier que $O_i \cap O'_j$ est ouvert dans X_i par exemple. Étant donné que $O_i \cap O'_j = O_i \cap (X_i \cap O'_j)$, il suffit de remarquer que $X_i \cap O'_j$ est ouvert dans X_i d'après 1.

L'ensemble $\mathcal{O}$ définit donc une topologie $\mathcal{T}$ sur X.

3. Montrons que X_i est un sous-espace ouvert de X. En effet, on peut écrire $X_i = \bigcup_{j \in I} O_j$ où $O_i = X_i$ et $O_j = \emptyset$ si $j \neq i$.

4. Vérifions que $\mathcal{T}$ induit la topologie $\mathcal{T}_i$ sur X_i. Soit $O = \bigcup_{i \in I} O_i$, $O_i \in \mathcal{O}_i$, un ouvert de X, alors $O \cap X_i = \bigcup_{j \in I} (O_j \cap X_i)$ où $O_j \cap X_i$ est un ouvert de X_i d'après 1., ce qui prouve que $O \cap X_i$ est un ouvert de X_i : la topologie $\mathcal{T}_i$ est donc plus fine que la topologie induite $\mathcal{T}|_{X_i}$. Inversement, soit O_i un ouvert de X_i ; on peut écrire $O_i = X_i \cap (\bigcup_{j \in I} O_j)$ où $O_j = \emptyset$ si $j \neq i$ et ceci prouve que O_i est un ouvert pour la topologie induite $\mathcal{T}|_{X_i}$, topologie qui est donc plus fine que la topologie $\mathcal{T}_i$. Ceci achève la démonstration.

EXERCICE 2.20.4 IMAGE RÉCIPROQUE D'UN FILTRE

1. Pour que $f^{-1}(\mathcal{B}')$ soit une base de filtre, il est évidemment nécessaire que $f^{-1}(M')$ soit non vide pour tout $M' \in \mathcal{B}'$, un ensemble appartenant à un filtre étant non vide. Réciproquement, si cette condition est vérifiée, montrons que $f^{-1}(\mathcal{B}')$ est une base de filtre. Utilisons la proposition 2.8.3, $f^{-1}(\mathcal{B}')$ est un ensemble non vide de parties non vides et, si $M', N' \in \mathcal{B}'$, il existe $P' \in \mathcal{B}'$ tel que $P' \subset M' \cap N'$, d'où

$$f^{-1}(M') \cap f^{-1}(N') \supset f^{-1}(M' \cap N') \supset f^{-1}(P'),$$

ce qui prouve le résultat voulu.

2. Notons $\mathcal{F}'$ le filtre engendré par $\mathcal{B}'$ et $\mathcal{F}$ le filtre engendré par $f^{-1}(\mathcal{B}')$. Une partie M de X appartient à $\mathcal{F}$ s'il existe $M' \in \mathcal{B}'$ tel que $f^{-1}(M') \subset M$, ce qui équivaut à dire qu'il existe $M' \in \mathcal{F}'$ tel que $f^{-1}(M') \subset M$. Ceci montre que le filtre $\mathcal{F}$ ne dépend que du filtre $\mathcal{F}'$.

3. La base de filtre $f(f^{-1}(\mathcal{B}'))$ engendre un filtre plus fin que $\mathcal{F}'$ car, pour tout $M' \in \mathcal{B}'$, $M' \supset f(f^{-1}(M'))$ (proposition 2.11.1).

Note Cet exercice généralise la situation décrite à la remarque 2.20.2 : si $\mathcal{F}$ est un filtre sur X admettant une trace sur une partie A de X, le filtre induit $\mathcal{F}_A$ est l'image réciproque de $\mathcal{F}$ par l'injection canonique $i : A \to X$ et $i(\mathcal{F}_A)$, c'est-à-dire $\mathcal{F}_A$ en tant que base de filtre sur X, engendre un filtre plus fin que $\mathcal{F}$.

EXERCICE 2.20.5

Rappelons la situation envisagée. On considère une application $f : X - \{a\} \to Y$ où a est un point non isolé de X, ce qui signifie que a est un point adhérent à $X - \{a\}$. Alors, $y = \lim_{x\to a, x\neq a} f(x)$ signifie que, pour tout voisinage V de y, il existe un voisinage W de a tel que $f(W - \{a\}) \subset V$. Dire que $\hat{f}$ est continue au point a signifie que, pour tout voisinage V de y, il existe un voisinage W de a tel que $\hat{f}(W) \subset V$. Ces deux conditions sont équivalentes vu que $\hat{f}(a) = y \in V$, ce qui prouve le résultat voulu.

EXERCICE 2.20.6 LIMITE A GAUCHE ET A DROITE

1. Dire que $y = f(a+0)$ signifie que, pour tout voisinage V de y, il existe un voisinage W de a tel que $f(A \cap W \cap]a, +\infty[) \subset V$; l'ensemble $(]a-\delta, a+\delta[)_{\delta>0}$ constituant un système fondamental de voisinages de a, il est équivalent de dire qu'il existe $\delta > 0$ tel que $f(A\cap]a, a+\delta[) \subset V$; ceci prouve que $y = f(a+0)$ équivaut à a.

$a \Rightarrow b$ Soit (x_n) une suite de $A\cap]a, +\infty[$ convergeant vers a, alors il existe n tel que $x_p \in]a, a+\delta[$ pour $p \geq n$, d'où $f(x_p) \in V$, ce qui prouve que la suite $(f(x_n))$ converge vers y.

$b \Rightarrow c$ est trivialement vérifié.

$c \Rightarrow a$ On raisonne par l'absurde, si a. n'est pas vérifié, il existe un voisinage V de y tel que $f(A\cap]a, a+\delta[) \not\subset V$ pour tout $\delta > 0$. On construit alors par récurrence une suite (x_n) de $A\cap]a, +\infty[$ strictement décroissante convergeant vers a tel que $f(x_n) \notin V$. On choisit $x_0 \in A\cap]a, a+1[$ tel que $f(x_0) \notin V$, puis $x_{n+1} \in A\cap]a, a+x_n[$ tel que $f(x_{n+1}) \notin V$. On obtient ainsi une suite $(f(x_n))$ qui ne converge pas vers y, ce qui contredit c.

2. Dire que f est continu au point a signifie que, pour tout voisinage V de $f(a)$, il existe $\delta > 0$ tel que $f(A\cap]a-\delta, a+\delta[) \subset V$, c'est-à-dire $f(A\cap]a-\delta, a[) \subset V$ et $f(A\cap]a, a+\delta[) \subset V$; d'après 1,a., ceci signifie donc que f est continu à gauche et à droite au point a : $f(a) = f(a+0) = f(a-0)$.

3. Posons $g(x) = f(x+0)$ pour $x \in [a, b[$. Soient $x \in [a, b[$, $y = g(x)$ et V un voisinage fermé de y. Il existe $\delta > 0$ tel que $f(x') \in V$ pour tout $x < x' < x+\delta$, d'où $f(x'+0) \in \overline{V} = V$, tout point limite étant un point adhérent. Ceci prouve que $g(x') \in V$ pour tout $x' \in]x, x+\delta[$; l'ensemble des voisinages fermés de y étant un système fondamental de voisinages de $y = g(x)$, on en déduit que g est continu à droite au point x. La fonction $x \mapsto f(x+0)$ est continue à droite : en quelque sorte,

$f(x+0+0) = f(x+0)$.

EXERCICE 2.20.7 DISCONTINUITÉ D'UNE FONCTION MONOTONE

1. Montrons que f admet une limite à droite en tout point $x \in [a,b[$. On pose $y = \inf_{z\in]x,b]} f(z)$; cette borne inférieure est bien définie car $f(z) \geq f(x)$ lorsque $z \geq x$. Montrons que $y = f(x+0)$. Soit $\varepsilon > 0$, il existe $\delta > 0$ tel que $y \leq f(x+\delta) \leq y + \varepsilon$, d'où $y \leq f(z) \leq y+\varepsilon$ pour tout $z \in]x, x+\delta[$, ce qui prouve le résultat voulu. De plus, $f(x) \leq f(x+0)$.

De la même façon, on vérifie que f admet une limite à gauche en tout point $x \in]a,b]$, $f(x-0) = \sup_{z\in[a,x[} f(z)$ et que $f(x-0) \leq f(x)$. Pour tout $x \in [a,b]$, on a donc (vu les conventions adoptées aux extrémités de l'intervalle) $f(x-0) \leq f(x) \leq f(x+0)$.

Lorsque $a \leq x < y \leq b$, on a $f(x+0) \leq f(y-0)$: en effet, soit $x' \in]x,y[$, alors

$$f(x+0) = \inf_{z\in]x,x'[} f(z) \leq f(x') \leq \sup_{z\in]x',y[} f(z) = f(y-0).$$

2. Soit $a \leq x < y \leq b$, d'après 1. on a

$$f(x) \leq f(x+0) \leq f(y-0) \leq f(y) \leq f(y+0),$$

ce qui montre que la fonction $x \mapsto f(x+0)$ est croissante ; cette fonction est continue à droite d'après l'exercice 2.20.6. De même, on vérifie que la fonction $x \mapsto f(x-0)$ est croissante et continue à gauche.

3. D'après l'exercice 2.20.6, la fonction f est continue en un point x si, et seulement si, $f(x) = f(x+0) = f(x-0)$, c'est-à-dire si, et seulement si, le saut de la fonction au point x est nul : $s(x) = 0$.

Montrons que l'ensemble D des points de discontinuité de f est dénombrable. On remarque que les intervalles $]f(x-0), f(x+0)[$, $x \in [a,b]$, sont disjoints deux à deux et contenus dans l'intervalle $[f(a), f(b)]$. Il en résulte que l'ensemble des points x pour lesquels $s(x) \geq 1/n$ est nécessairement fini et on en déduit que l'ensemble

$$D = \bigcup_{n=1}^{\infty} \{x \in [a,b] \,;\, s(x) \geq 1/n\}$$

est dénombrable.

EXERCICE 2.20.8 FONCTION RÉGLÉE

Soit $\varepsilon > 0$, on pose

$$D_\varepsilon = \{x \in [a,b] \,;\, d(f(x-0), f(x+0)) \geq \varepsilon\} \,;$$

l'ensemble D des points de discontinuité de f peut alors s'écrire $D = \bigcup_{n=1}^{\infty} D_{1/n}$ et il suffit donc de démontrer que les ensembles D_ε sont dénombrables. Nous allons vérifier que tous les points de D_ε sont isolés ; l'exercice 2.10.8 permettra de conclure, l'espace $[a,b]$ admettant une base de topologie dénombrable.

Soit $x \in D_\varepsilon$, il existe $\delta > 0$ tel que $d(f(x+0), f(y)) \leq \varepsilon/3$ pour tout $x < y < x+\delta$ et il en résulte que $d(f(x+0), f(y \pm 0)) \leq \varepsilon/3$ pour tout $x < y < x+\delta$; on en déduit que $d(f(y-0), f(y+0)) \leq 2\varepsilon/3 < \varepsilon$ et ceci prouve que $D_\varepsilon \cap]x, x+\delta[= \emptyset$. De même, on vérifie qu'il existe $\delta' > 0$ tel que $D_\varepsilon \cap]x-\delta', x[= \emptyset$, d'où $D_\varepsilon \cap]x-\delta', x+\delta[= \{x\}$, ce qui prouve que x est un point isolé de D_ε.

Note Toute fonction monotone $f : [a,b] \to \mathbb{R}$ est réglée d'après l'exercice 2.20.7, on retrouve ainsi le fait que l'ensemble des points de discontinuité d'une fonction monotone est dénombrable.

EXERCICE 2.20.9 DISCONTINUITÉ ARTIFICIELLE

1,a. Montrons d'abord que φ est continu en tout point a de A. On a $\varphi(a) = \lim_{x\to a, x\neq a} f(x)$. Si V est un voisinage fermé de $\varphi(a)$, il existe donc un voisinage ouvert W de a tel que $f(W - \{a\}) \subset V$, c'est-à-dire $f(x) \in V$ pour tout $x \in W - \{a\}$. En particulier, $\varphi(y) \in V$ pour tout $y \in (W - \{a\}) - A$. D'autre part, soit $y \in (W - \{a\}) \cap A$, l'espace X étant séparé, $W - \{a\}$ est un voisinage ouvert de y et il en résulte que $\varphi(y) \in \overline{V} = V$ pour tout $y \in (W - \{a\}) \cap A$. Ceci montre que $\varphi(y) \in V$ pour tout $y \in W - \{a\}$, donc pour tout $y \in W$. L'ensemble des voisinages fermés de $\varphi(a)$ étant un système fondamental de voisinages de $\varphi(a)$, ceci prouve que φ est continu en tout point de A.

b. Montrons ensuite que φ est continu en tout point de continuité de f. Si a est un point isolé de X, il n'y a rien à démontrer car toute fonction est continue en un point isolé. Si a n'est pas un point isolé, on a $\varphi(a) = f(a) = \lim_{x\to, x\neq a} f(x)$ d'après la continuité de f au point a et le raisonnement est alors identique à celui fait précédemment.

2. Montrons que tout point de A_n est isolé. Raisonnons par l'absurde, supposons qu'il existe un point $x \in A_n$ non isolé. Alors, on peut considérer l'éventuelle limite

$$z = \lim_{y\to x, y\in A_n - \{x\}} d(\varphi(y), f(y))\,;$$

cette limite, si elle existe, est nécessairement $\geq 1/n$. D'après la définition de φ et la continuité de φ au point x, on a

$$\lim_{y\to x, y\in A_n - \{x\}} f(y) = \varphi(x) \text{ et } \lim_{y\to x, y\in A_n - \{x\}} \varphi(y) = \varphi(x),$$

d'où $z = 0$, ce qui est absurde vu que z doit être $\geq 1/n$.

3. D'après l'exercice 2.10.8, X admettant une base de topologie dénombrable, l'ensemble A_n est dénombrable et il en résulte que $A = \bigcup_{n=1}^{\infty} A_n$ est dénombrable.

EXERCICE 2.20.10 PARTIE DE $\mathbb{R}$ DÉNOMBRABLE ET PARTOUT DENSE

1. Pour $n = 0$, on prend $A_0 = \{a_0\}$, $A'_0 = \{a'_0\}$ et pour $f_0 : A_0 \to A'_0$ l'application définie par $f(a_0) = a'_0$. Supposons construite une bijection croissante $f_n : A_n \to A'_n$ vérifiant les conditions requises et construisons f_{n+1}.

Si $a_{n+1} \in A_n$ et $a'_{n+1} \in A'_{n+1}$, on prend simplement

$$A_{n+1} = A_n,\ A'_{n+1} = A'_n \text{ et } f_{n+1} = f_n.$$

Sinon, on a $a_{n+1} \notin A_n$ ou $a'_{n+1} \notin A'_n$. On prolonge d'abord f_n en une bijection croissante $g_n : A_n \cup \{a_{n+1}\} \to B'_n$ où $B'_n \supset A'_n$ (si a_{n+1} appartient à A_n, on prend $g_n = f_n$) puis on prolonge g_n en une bijection croissante $f_{n+1} : A_{n+1} \to A'_{n+1}$ où $A_{n+1} \supset A_n \cup \{a_{n+1}\}$ et $A'_{n+1} = B'_n \cup \{a'_{n+1}\}$ (si a'_{n+1} appartient à B'_n, on prend $f_{n+1} = g_n$). Expliquons la construction de g_n, celle de f_{n+1} est semblable.

S'il existe $\alpha, \beta \in A_n$ tel que $\alpha < a_{n+1} < \beta$ et $]\alpha, \beta[\cap A_n = \emptyset$, on choisit un point $a' \in D'$ tel que $f_n(\alpha) < a' < f_n(\beta)$, ceci est possible car D' est partout dense ; on prend alors $B'_n = A'_n \cup \{a'\}$ et on prolonge f_n en posant $g_n(a_{n+1}) = a'$.

S'il existe $\alpha \in A_n$ tel que $a_{n+1} < \alpha$ et $]-\infty, \alpha[\cap A_n = \emptyset$, on choisit un point $a' \in D'$ tel que $a' < f_n(\alpha)$ et comme précédemment on pose $B'_n = A'_n \cup \{a'\}$ et $g_n(a_{n+1}) = a'$.

Le raisonnement est identique lorsqu'il existe $\alpha \in A_n$ tel que $\alpha < a_{n+1}$ et $]\alpha, +\infty[\cap A_n = \emptyset$.

Ceci achève la construction des bijections $f_n : A_n \to A'_n$.

2. On définit une bijection $f : D \to D'$ en posant simplement $f|_{A_n} = f_n$.

3. Montrons que toute bijection croissante $f : D \to D'$ est un homéomorphisme. Soient $a \in D$, V un voisinage de $a' = f(a)$. L'ensemble D' étant partout dense, il existe $\alpha', \beta' \in D'$ tel que $a' \in]\alpha', \beta'[\subset V$; on a $\alpha' = f(\alpha)$ et $\beta' = f(\beta)$ où $\alpha, \beta \in D$ et $\alpha < a < \beta$. On a alors $f(]\alpha, \beta[\cap D) \subset V \cap D'$ où $]\alpha, \beta[\cap D$ est un voisinage de a dans D, ce qui prouve la continuité de f au point a. De même, on vérifie la continuité de f^{-1}.

EXERCICE 2.20.11

On remarque que toute suite de Cauchy est bornée : en effet, il existe n_0 tel que $d(x_{n_0}, x_n) \leq 1$ pour tout $n \geq n_0$, d'où $x_n \in B'(x_{n_0}; r)$ en posant

$$r = \max(1, \max_{0 \leq n \leq n_0} d(x_{n_0}, x_n)).$$

Cette boule étant complète par hypothèse, la suite (x_n) est convergente.

EXERCICE 2.21.1

On a Fr $(A \times B) = \overline{A \times B} \cap (X \times Y - \text{Int }(A \times B))$, où (proposition 2.21.2) $\overline{A \times B} = \overline{A} \times \overline{B}$ et Int $(A \times B) = \mathring{A} \times \mathring{B}$. De plus,

$$X \times Y - \mathring{A} \times \mathring{B} = ((X - \mathring{A}) \times Y) \cup (X \times (Y - \mathring{B}))$$

et par conséquent

$$\text{Fr }(A \times B) = ((\overline{A} \times \overline{B}) \cap ((X - \mathring{A}) \times Y)) \cup ((\overline{A} \times \overline{B}) \cap (X \times (Y - \mathring{B})))$$

où $(\overline{A} \times \overline{B}) \cap ((X - \mathring{A}) \times Y) = (\overline{A} \cap (X - \mathring{A})) \times \overline{B} = \text{Fr }(A) \times \overline{B}$ et de même

$$(\overline{A} \times \overline{B}) \cap (X \times (Y - \mathring{B})) = \overline{A} \times (\overline{B} \cap (Y - \mathring{B})) = \overline{A} \times \text{Fr }(B),$$

ce qui permet de conclure.

EXERCICE 2.21.2

Il s'agit de vérifier que, pour tout $x \in \mathbb{R}$, l'ensemble $\{(x, 1-x)\}$ est ouvert et ceci résulte de l'égalité suivante

$$\{(x, 1-x)\} = X \cap ([x, x+\varepsilon[\times [1-x, 1-x+\varepsilon[) \text{ où } \varepsilon > 0.$$

Il en résulte que X est le seul sous-espace de X dense dans X et, X n'étant pas dénombrable, ceci prouve que X ne saurait être séparable.

EXERCICE 2.21.3

1. Lorsque $\mathcal{F}$ est le filtre élémentaire associé à une suite $((x_n, y_n))$ et que l'espace X est à base dénombrable de voisinages, la démonstration est la suivante. D'après la proposition 2.16.6, il existe une sous-suite (x_{n_k}) qui converge vers x ; la sous-suite (y_{n_k}) converge alors vers y et il en résulte que la sous-suite $((x_{n_k}, y_{n_k}))$ converge vers (x, y), ce qui prouve que (x, y) est une valeur d'adhérence de la suite $((x_n, y_n))$.

2. Dans le cas général, soient V et W des voisinages de x et y, il s'agit de démontrer que $V \times W$ rencontre tout $M \in \mathcal{F}$. Le filtre $pr_2(\mathcal{F})$ converge vers y, donc est plus fin que le filtre $\mathcal{V}(y)$; il existe donc $N \in \mathcal{F}$ tel que $W = pr_2(N)$. Posons $P = M \cap N \in \mathcal{F}$, on a

$$(V \times W) \cap M \supset (V \times pr_2(P)) \cap P = (V \cap pr_1(P)) \times pr_2(P)$$

et cet ensemble est non vide car $V \cap pr_1(P)$ est non vide, le point x étant adhérent à $pr_1(P)$. Ceci prouve le résultat voulu.

EXERCICE 2.21.4

Notons d'abord que $pr_1|_G : G \to X$ est une bijection dont la bijection réciproque est donnée par la formule $(pr_1|_G)^{-1}(x) = (x, f(x))$. D'autre part, cette bijection $pr_1|_G$ est continue d'après la continuité de la projection $pr_1 : X \times Y \to X$. Quant à la bijection réciproque, elle est continue si, et seulement si, f est continu. Ceci prouve que f est continu si, et seulement si, $pr_1|_G$ est un homéomorphisme de G sur X.

EXERCICE 2.21.5 PRODUIT D'ESPACES RÉGULIERS

Un produit d'espaces séparés étant séparé (corollaire 2.21.12), il s'agit de démontrer que tout voisinage d'un point $x = (x_i)_{i\in I}$ contient un voisinage fermé. On peut supposer que ce voisinage est un voisinage élémentaire, donc de la forme $V = \prod_{i\in J} V_i \times \prod_{i\in I-J} X_i$ où J est une partie finie de I et où V_i est un voisinage de x_i. Les espaces X_i étant supposés réguliers, il existe un voisinage fermé W_i de x_i tel que $W_i \subset V_i$ et il en résulte que $\prod_{i\in J} W_i \times \prod_{i\in I-J} X_i$ est un voisinage fermé (corollaire 2.21.3) de x contenu dans V, ce qui prouve que l'espace produit est régulier.

EXERCICE 2.22.1

1. Soit $((x_n, y_n))$ une suite de G convergeant vers (x, y) dans l'espace $X \times \mathbb{R}$, montrons que (x, y) appartient à G, c'est-à-dire que $x \in O$ et que $y = f(x)$, ceci prouvera que G est fermé dans $X \times \mathbb{R}$. On a $y_n d(x_n, F) = 1$ pour tout n, d'où $y\, d(x, F) = 1$; on en déduit que $d(x, F) \neq 0$, soit $x \in O$ et $(x, y) \in G$.

2. La fonction $f : O \to \mathbb{R}$ étant continue, l'exercice 2.21.4 montre que O est homéomorphe à G, donc à un sous-espace fermé de $X \times \mathbb{R}$ d'après 1. Si X est un espace métrique complet, tout sous-espace fermé de $X \times \mathbb{R}$ est complet et par conséquent O est homéomorphe à un espace métrique complet.

3. Soit A un $\mathcal{G}_\delta$ d'un espace métrique complet X : A peut s'écrire $\bigcap_{n=0}^{\infty} O_n$ où les ensembles O_n sont des ouverts de X. D'après le corollaire 2.21.7, A est homéomorphe à un sous-espace fermé de l'espace produit $\prod_{n=0}^{\infty} O_n$; chaque O_n étant homéomorphe à un espace métrique complet, cet espace produit est homéomorphe à un espace métrique complet (théorème 2.22.5) et la proposition 2.20.5 montre alors que A est homéomorphe à un espace métrique complet, ce qui prouve le résultat voulu.

4. On peut écrire

$$I = \mathbb{R} - \mathbb{Q} = \bigcap_{q\in\mathbb{Q}} (\mathbb{R} - \{q\}),$$

ce qui prouve que l'ensemble des irrationnels I est un $\mathcal{G}_\delta$ de $\mathbb{R}$; d'après 3., I est donc homéomorphe à un espace métrique complet : il existe sur I une distance topologiquement équivalente à la distance usuelle, celle induite par celle de $\mathbb{R}$, pour laquelle I est complet. Bien entendu, il ne peut s'agir de la distance usuelle pour laquelle I n'est pas complet, n'étant pas fermé dans $\mathbb{R}$.

EXERCICE 2.22.2

1. Il est clair que d' est une distance sur O. Montrons que les distances d et d' sont topologiquement équivalentes. On remarque d'abord que $d \leq d'$, donc l'application identique $I_O : (O, d') \to (O, d)$ est continue. Pour démontrer que l'application identique $I_O : (O, d) \to (O, d')$ est continue, montrons que toute suite (x_n) de O qui converge vers x pour la distance d, converge vers x pour la distance d'. D'après (2.13.4), on a

$$d'(x, x_n) \leq d(x, x_n) + \frac{d(x, x_n)}{d(x, F)d(x_n, F)} \tag{2.44.1}$$

où $\lim_{n\to\infty} d(x, x_n) = 0$ et $\lim_{n\to\infty} d(x, F_n) = d(x, F)$ d'après la continuité de l'application $y \mapsto d(y, F)$; il en résulte que $\lim_{n\to\infty} d'(x, x_n) = 0$, ce qui prouve le résultat voulu.

2. On suppose l'espace X complet, montrons que l'espace O muni de la distance d' est complet. Soit (x_n) une suite de Cauchy de (O, d'). Vu l'inégalité $d \leq d'$, la suite (x_n) est de Cauchy pour la distance d et converge donc vers un point $x \in X$ pour la distance d. D'autre part, la suite (x_n) étant de Cauchy pour d', pour tout $\varepsilon > 0$, il existe un entier n tel que

$$\left|\frac{1}{d(x_p, F)} - \frac{1}{d(x_q, F)}\right| \leq \varepsilon \text{ pour } p \geq n \text{ et } q \geq n,$$

c'est-à-dire

$$|d(x_p, F) - d(x_q, F)| \leq \varepsilon\, d(x_p, F) d(x_q, F).$$

En faisant tendre q vers l'infini, on en déduit que

$$|d(x_p, F) - d(x, F)| \leq \varepsilon\, d(x_p, F) d(x, F) \text{ pour tout } p \geq n.$$

Cette inégalité montre que $d(x, F)$ ne peut être nul et par conséquent x appartient à O, F étant fermé. L'inégalité (2.44.1) montre alors que la suite (x_n) converge vers x pour d'. Ceci prouve que tout ouvert d'un espace métrique complet est homéomorphe à un espace métrique complet.

EXERCICE 2.22.3

Munissons l'ensemble X de la métrique discrète et prenons sur l'espace produit $Y = X^{\mathbb{N}^*}$ la distance d_β définie en (2.22.5) avec $\beta_n = 1/n$. On obtient alors $d_\beta(x, y) = 0$ si $x = y$, et si $x \neq y$, $d_\beta(x, y) = 1/n$ où n est le plus petit entier tel que $x_n \neq y_n$, c'est-à-dire la distance d proposée. D'après le théorème 2.22.5, l'espace Y est bien un espace métrique complet pour cette distance.

EXERCICE 2.22.4 FRACTION CONTINUE ILLIMITÉE

1,a. On a $r_1 = 1/\alpha_1$, soit

$$r_1 = \frac{p_1}{q_1} \text{ où } p_1 = 1,\ q_1 = \alpha_1 \text{ ;}$$

$$r_2 = \frac{1}{\alpha_1 + 1/\alpha_2} = \frac{\alpha_2}{\alpha_1\alpha_2 + 1},$$

soit

$$r_2 = \frac{p_2}{q_2} \text{ où } p_2 = \alpha_2 \text{ et } q_2 = \alpha_2 q_1 + 1 \text{ ;}$$

r_3 s'obtient à partir de r_2 en substituant $\alpha_2 + 1/\alpha_3$ à α_2, d'où

$$r_3 = \frac{\alpha_2 + 1/\alpha_3}{(\alpha_2 + 1/\alpha_3)\,\alpha_1 + 1} = \frac{\alpha_3 p_2 + p_1}{\alpha_3 q_2 + q_1},$$

d'où

$$r_3 = \frac{p_3}{q_3} \text{ où } p_3 = \alpha_3 p_2 + p_1 \text{ et } q_3 = \alpha_3 q_2 + q_1.$$

On raisonne ensuite par récurrence, r_{n+1} s'obtient en remplaçant dans l'expression de r_n, α_n par $\alpha_n + 1/\alpha_{n+1}$, d'où

$$r_{n+1} = \frac{(\alpha_n + 1/\alpha_{n+1})p_{n-1} + p_{n-2}}{(\alpha_n + 1/\alpha_{n+1})q_{n-1} + q_{n-2}} = \frac{\alpha_{n+1}p_n + p_{n-1}}{\alpha_{n+1}q_n + q_{n-1}}$$

où $p_n = \alpha_n p_{n-1} + p_{n-2}$, $q_n = \alpha_n q_{n-1} + q_{n-2}$ et ceci prouve le résultat voulu. On notera que les p_n et q_n sont des entiers ≥ 1, que $p_n < q_n$ pour $n \geq 2$ d'après les formules de récurrence (car $p_1 \leq q_1$ et $p_2 < q_2$), donc $0 < r_n < 1$ pour $n \geq 2$.

b. On a $p_2q_1 - p_1q_2 = -1$ et par récurrence

$$\begin{aligned} p_{n+1}q_n - p_nq_{n+1} &= (\alpha_{n+1}p_n + p_{n-1})q_n - p_n(\alpha_{n+1}q_n + q_{n-1}) \\ &= -(p_nq_{n-1} - p_{n-1}q_n) = (-1)^n. \end{aligned}$$

On en déduit que

$$r_{n+1} - r_n = \frac{(-1)^n}{q_nq_{n+1}},$$

d'où $r_{n+1} = r_1 + \sum_{k=1}^{n}(-1)^k/q_kq_{k+1}$. La série $\sum_{k=1}^{\infty}(-1)^k/q_kq_{k+1}$ est en fait convergente car il s'agit d'une série alternée ; le terme général tend vers 0 car la suite (q_n) est strictement croissante d'après la formule de récurrence $q_n = \alpha_nq_{n-1} + q_{n-2}$. Ceci prouve que la suite (r_n) est convergente, notons x sa limite. On a $r_{2n} < x < r_{2n+1}$ pour tout n et en particulier $0 < x < 1$.

c. Si $0 < x < 1$ est développable en fraction continue illimitée, nous allons montrer que x est nécessairement irrationnel et que le développement est unique.

Notons d'abord la formule

$$r_{k+l}(\alpha_1, \ldots, \alpha_{k+l}) = r_k(\alpha_1, \ldots, \alpha_k + r_l(\alpha_{k+1}, \ldots, \alpha_{k+l}))$$

pour tout $k, l \geq 1$. En effet, pour $l = 1$ il ne s'agit que de la définition de r_{k+1} en fonction de r_k ; on raisonne ensuite par récurrence sur l, r_{k+l+1} s'obtient à partir de r_{k+l} en remplaçant α_{k+l} par $\alpha_{k+l} + 1/\alpha_{k+l+1}$, ce qui conduit de suite à la formule voulue.

En faisant tendre l vers l'infini, on en déduit que, pour $k \geq 1$,

$$x = r_k(\alpha_1, \ldots, \alpha_{k-1}, \alpha_k + x_k) \text{ où } x_k = \lim_{l\to\infty} r_l(\alpha_{k+1}, \ldots, \alpha_{k+l})\,;$$

observons que $x_k \in]0, 1[$. Étant donné que

$$r_{l+1}(\alpha_{k+1}, \ldots, \alpha_{k+l+1}) = r_1(\alpha_{k+1} + r_l(\alpha_{k+2}, \ldots, \alpha_{k+l+1})),$$

on obtient en passant à la limite $x_k = 1/(\alpha_{k+1} + x_{k+1})$, formule qui vaut encore pour $k = 0$ en posant $x_0 = x$. Autrement dit,

$$x_k = \frac{1}{\alpha_{k+1} + x_{k+1}} \text{ pour tout } k > 0.$$

Cette formule permet de calculer par récurrence les entiers $\alpha_k \geq 1$ et les réels $x_k \in]0, 1[$. En effet, α_{k+1} est nécessairement la partie entière de $1/x_k$, soit

$$\alpha_{k+1} = \left[\frac{1}{x_k}\right] \text{ et } x_{k+1} = \frac{1}{x_k} - \left[\frac{1}{x_k}\right]. \tag{2.44.2}$$

Lorsque x est rationnel, soit $x = x_0 = p/q$, $0 < p < q$, tous les x_k sont rationnels ; montrons que $x_k = y_{k+1}/y_k$ où (y_k) est une suite d'entiers ≥ 0 strictement décroissante : ceci prouvera qu'il existe k tel que $0 = y_{k+1} < y_k$, d'où $x_k = 0$ ce qui est absurde, les x_k appartenant à $]0, 1[$. On a $x_0 = y_1/y_0$ avec $y_0 = q$ et $y_1 = p$, puis par récurrence on a (division euclidienne) $y_k = s\,y_{k+1} + t$, $0 \leq t < y_{k+1}$, d'où $y_k/y_{k+1} = s + t/y_{k+1}$, soit $s = [1/x_k]$ et $x_{k+1} = y_{k+2}/y_{k+1}$ où $y_{k+2} = t$, ce qui prouve le résultat voulu.

2. Ce qui précède montre que toute fraction continue illimitée définit un nombre irrationnel de $]0, 1[$ et que l'application f qui à toute suite $(\alpha_n)_{n\geq1}$ associe le nombre irrationnel $\frac{1|}{\alpha_1} + \cdots + \frac{1|}{|\alpha_n} + \cdots$ est injective. Montrons que cette application de $Y = \mathcal{F}(\mathbb{N}^*; \mathbb{N}^*)$ sur l'ensemble I des irrationnels de $]0, 1[$ est surjective.

Étant donné un irrationnel de $]0, 1[$, les formules (2.44.2) définissent une suite $(\alpha_n)_{n\geq1}$ d'entiers ≥ 1, tous les x_n étant irrationnels. Vérifions alors que $x = \frac{1|}{\alpha_1} + \cdots + \frac{1|}{|\alpha_n} + \cdots$. En effet, on note que

$$x = r_k(\alpha_1, \ldots, \alpha_{k-1}, \alpha_k + x_k) \text{ pour tout } k \geq 1.$$

Pour $k = 1$, cette formule se réduit à $x = r_1(\alpha_1 + x_1) = 1/(\alpha_1 + x_1)$, soit $1/x = \alpha_1 + x_1$, ce qui est la définition de α_1 et x_1. On raisonne ensuite par récurrence : on a $x_k = 1/(\alpha_{k+1} + x_{k+1})$, d'où

$$\begin{aligned} x &= r_k\Big(\alpha_1, \ldots, \alpha_{k-1}, \alpha_k + \frac{1}{\alpha_{k+1} + x_{k+1}}\Big) \\ &= r_{k+1}(\alpha_1, \ldots, \alpha_k, \alpha_{k+1} + x_{k+1}), \end{aligned}$$

ce qui prouve le résultat voulu. La fonction $y \mapsto r_k(\alpha_1, \ldots, \alpha_{k-1}, \alpha_k + y)$ étant croissante si k est pair, décroissante si k est impair, on en déduit que

$$p_{2n}/q_{2n} \leq x < p_{2n+1}/q_{2n+1} \text{ pour tout } n$$

et, en faisant tendre n vers l'infini, il résulte que x est bien égal à la fraction continue illimitée $\frac{1\rfloor}{\alpha_1} + \cdots + \frac{1\rfloor}{\lceil \alpha_n} + \cdots$. Ceci prouve que $f : Y \to I$ est une bijection.

3. Soit $\alpha = (\alpha_n) \in Y$ et soit (α^j) une suite de Y, $\alpha^j = (\alpha_n^j)$; on pose $x = f(\alpha)$ et $x^j = f(\alpha^j)$. Les espaces Y et I étant métrisables, il s'agit de démontrer que la suite (α^j) converge vers α si, et seulement si, la suite (x^j) converge vers x.

Supposons d'abord que la suite (α^j) converge vers α, alors (proposition 2.21.8) pour tout entier $n \geq 1$, il existe un entier k tel que $\alpha_p = \alpha_p^j$ pour $1 \leq p \leq n$ et tout $j \geq k$. Il en résulte que x et x^j pour $j \geq k$ appartiennent au même intervalle d'extrémités $r_{n-1}(\alpha_1, \ldots, \alpha_{n-1})$ et $r_n(\alpha_1, \ldots, \alpha_n)$, intervalle dont la longueur $1/q_{n-1}q_n$ tend vers 0, ce qui prouve que la suite (x^j) converge vers x.

Réciproquement, si la suite (x^j) converge vers x, les formules (2.44.2) montrent que, pour tout n, la suite (α_n^j) converge vers α_n et ceci prouve le résultat voulu.

Tout espace métrique discret étant complet, l'espace Y est un espace métrique complet d'après le théorème 2.22.5 : plus précisément, il existe une distance sur Y compatible avec sa topologie pour laquelle Y est complet. On en déduit que I est homéomorphe à un espace métrique complet.

EXERCICE 2.22.5

1. Rappelons que l'application

$$f : (\alpha_n)_{n \geq 1} \mapsto \sum_{n=1}^{\infty} \alpha_n 3^{-n}$$

est une bijection de l'espace $\{0, 2\}^{\mathbb{N}^*}$ sur l'ensemble de Cantor C. Montrons que f est un homéomorphisme. Soit (α^k) une suite de $\{0, 2\}^{\mathbb{N}^*}$, $\alpha^k = (\alpha_n^k)$, et soit

$$\alpha = (\alpha_n) \in \{0, 2\}^{\mathbb{N}^*} ;$$

posons $x^k = f(\alpha^k)$ et $x = f(\alpha)$. Les espaces $\{0, 2\}^{\mathbb{N}^*}$ et C étant métrisables, il s'agit de démontrer que la suite (α^k) converge vers α si, et seulement si, la suite (x^k) converge vers x.

Notons d'abord le résultat suivant. Soient $\alpha, \beta \in \{0, 2\}^{\mathbb{N}^*}$, $\alpha \neq \beta$; posons $x = f(\alpha)$ et $y = f(\beta)$. Notons $p \geq 1$ le plus petit entier tel que $\alpha_p \neq \beta_p$. On a

$$x - y = 2 \times 3^{-p} + \sum_{n=p+1}^{\infty} (\alpha_n - \beta_n) 3^{-n}$$

où

$$\Big| \sum_{n=p+1}^{\infty} (\alpha_n - \beta_n) 3^{-n} \Big| \leq 2 \sum_{n=p+1}^{\infty} 3^{-n} = 3^{-p},$$

d'où $3^{-p} \leq |x - y| \leq 3^{-p+1}$.

Si la suite (α^k) converge vers α, pour tout entier p il existe k tel que $\alpha_n = \alpha_n^j$ pour $1 \leq n < p$ et tout $j \geq k$, d'où $|x - x^j| \leq 3^{-p+1}$ et, 3^{-p+1} tendant vers 0 lorsque p tend vers l'infini, ceci prouve que la suite (x^k) converge vers x. Réciproquement, si la suite (x^k) converge vers x, pour tout entier p_0, il existe k tel que $|x - x^j| \leq 3^{-p_0}$ pour $j \geq k$, d'où $3^{-p_j} \leq 3^{-p_0}$, soit $p_j \geq p_0$ si p_j désigne le plus petit entier tel que $\alpha_{p_j} \neq \alpha_{p_j}^j$ et ceci montre que $\alpha_n = \alpha_n^j$ pour $1 \leq n < p_0$ et tout $j \geq k$: la suite (α^k) converge vers α.

2. D'après le corollaire 2.21.16, on en déduit que les espaces C^n, $n \geq 1$, et $C^{\mathbb{N}}$ sont homéomorphes à $\{0,2\}^{\mathbb{N}^* \times [1,n]}$ et $\{0,2\}^{\mathbb{N}^* \times \mathbb{N}}$. Les ensembles $\mathbb{N}^* \times [1,n]$ et $\mathbb{N}^* \times \mathbb{N}$ étant équipotents à $\mathbb{N}^*$, le corollaire 2.21.14 prouve que ces espaces sont homéomorphes à $\{0,2\}^{\mathbb{N}^*}$, donc à l'ensemble de Cantor.

EXERCICE 2.22.6

1. Soit $a \in A$, alors $a \in A_n$ pour tout $n \geq 1$; les ensembles $A_{n,\varepsilon}$ étant disjoints deux à deux, il existe une unique application $\varepsilon \in \mathcal{E}_n$ telle que $a \in A_{n,\varepsilon}$. Vu l'hypothèse c., on en déduit qu'il existe une unique application $\varepsilon : \mathbb{N}^* \to \{0,1\}$ telle que $a \in A_{n,\varepsilon_n}$ pour tout $n \geq 1$ où ε_n désigne la restriction de ε à $[1,n]$. Ceci permet de définir une application $f : A \to \{0,1\}^{\mathbb{N}^*}$ telle que $a \in A_{n,f_n(a)}$ pour tout $n \geq 1$ où $f_n(a) = f(a)|_{[1,n]}$. Cette application est une bijection. En effet, soit $\varepsilon \in \{0,1\}^{\mathbb{N}^*}$, alors $f(a) = \varepsilon$ signifie $a \in \bigcap_{n=1}^{\infty} A_{n,\varepsilon_n}$, ce qui détermine a, cette intersection étant réduite à un point d'après le théorème de Cantor (proposition 2.18.9).

2. Montrons ensuite que cette bijection est un homéomorphisme. Soit (a^k) une suite de A qui converge vers $a \in A$ et soit $n \geq 1$, alors il existe $\varepsilon \in \mathcal{E}_n$ tel que $a \in A_{n,\varepsilon}$. Soit $0 < \delta < \min_{\varepsilon' \in \mathcal{E}_n, \varepsilon' \neq \varepsilon} d(a, A_{n,\varepsilon'})$, il existe k tel que $|a - a^j| \leq \delta$ pour $j \geq k$. Vu le choix de δ, a^j appartient au même ensemble $A_{n,\varepsilon}$ que a. Si on pose $\varepsilon = f(a)$ et $\varepsilon^j = f(a^j)$, ceci prouve que $\varepsilon(n) = \varepsilon^j(n)$ pour tout $j \geq k$ et ceci démontre que la suite (ε^k) converge vers ε, d'où la continuité de f. Inversement, supposons que la suite (ε^k) converge vers ε. Soit $n \geq 1$, il existe k tel que $\varepsilon_n = \varepsilon_n^j$ pour tout $j \geq k$, ce qui prouve que a et a^j appartiennent au même ensemble $A_{n,\varepsilon}$, d'où $|a - a^j| \leq \max_{\varepsilon \in \mathcal{E}_n} \operatorname{diam} A_{n,\varepsilon}$ pour tout $j \geq k$; vu l'hypothèse b., ceci montre que la suite (a^k) converge vers a. Ceci prouve la continuité de f^{-1}. L'espace A est donc homéomorphe à l'ensemble de Cantor d'après l'exercice 2.22.5.

Note On observera que l'ensemble de Cantor lui-même est bien construit selon le procédé décrit ci-dessus

EXERCICE 2.22.7

Utilisons l'exercice 2.22.6. Construisons une suite $(A_n)_{n \geq 1}$ de fermés vérifiant les propriétés requises dans cet exercice. En prenant pour $A_{n,\varepsilon}$ des boules fermées, il suffit de vérifier la propriété suivante : soit $B'(a;r)$, $r > 0$, une boule fermée et soit $\delta > 0$, alors il existe des boules fermées disjointes $B'(a_1;s)$ et $B'(a_2;s)$, $0 < s \leq \delta$, contenues dans $B'(a;r)$. En effet, prenons $a_1 = a$; le point a n'étant pas un point isolé, la boule ouverte $B(a;r/2)$ contient un point $a_2 \neq a$. Il suffit alors de choisir s tel que $0 < s < \min(\delta, d(a_1,a_2)/2)$.

EXERCICE 2.23.1

On a $\mathcal{F}_s(X; \mathcal{F}_s(Y;Z)) = (Z^Y)^X$ et $\mathcal{F}_s(X \times Y; Z) = Z^{X \times Y}$ où les espaces produits sont munis des topologies produits. Il suffit d'utiliser alors le corollaire 2.21.16 en observant que, dans cette situation particulière, l'homéomorphisme décrit dans la proposition 2.21.15

est bien la bijection canonique qui nous intéresse ici.

EXERCICE 2.24.1

$1 \Rightarrow 2$ Soit A un ouvert de X, alors $\pi(A)$ est ouvert d'après 1. Vu la continuité de π, on en déduit que $\pi^{-1}(\pi(A))$ est ouvert, ce qui prouve 2.

$2 \Rightarrow 1$ Soit A un ouvert de X, $\pi^{-1}(\pi(A))$ est ouvert d'après 2., ce qui signifie que $\pi(A)$ est ouvert d'après la caractérisation des ouverts de la topologie quotient. Ceci prouve que l'application π est ouverte.

Le raisonnement est identique dans le cas fermé.

EXERCICE 2.24.2

1. On a $f = g \circ \pi$ et la surjection canonique $\pi : X \to X/\mathcal{R}$ est continue. Si g est continu, f est donc continu. Réciproquement, si f est continu et si O est un ouvert de Y, $g^{-1}(O)$ est un ouvert de $X/\mathcal{R}$ car $\pi^{-1}(g^{-1}(O)) = f^{-1}(O)$ est un ouvert de X ; ceci prouve que g est continu.

2. Soit O un ouvert de $X/\mathcal{R}$, alors $U = \pi^{-1}(O)$ est un ouvert de X et, π étant surjective, $\pi(U) = O$; il en résulte que $g(O) = g(\pi(U)) = f(U)$ est un ouvert de Y, ce qui prouve que g est une application ouverte.

3. Lorsque f est surjective, g est bijective. La continuité de g résulte de celle de f d'après 1. Si f est ouverte, g est ouverte d'après 2. et réciproquement, si g est ouverte, f est ouverte en tant que composée d'applications ouvertes (π est supposée ouverte). Enfin, dire que g est ouverte signifie que g^{-1} est continu, autrement dit que g est un homéomorphisme, ce qui prouve le résultat demandé.

EXERCICE 2.25.1

1. Le raisonnement est analogue à celui de la proposition 2.18.5. Soit $\alpha > \omega(f;x)$, il existe un voisinage ouvert de x tel que diam $f(V \cap A) < \alpha$. Soit $y \in V \cap \overline{A}$, alors V est un voisinage de y, d'où $\alpha > \omega(f;y)$ et

$$\omega(f;V) \subset [-\infty, \alpha[,$$

ce qui prouve que $\omega(f;\bullet)$ est s.c.s. au point x.

2. On a $A_0 = \bigcap_{n=1}^{\infty}\{x \in \overline{A}\,;\, \omega(f;x) < 1/n\}$; la fonction ω étant s.c.s., on en déduit que A_0 est un $\mathcal{G}_\delta$ de $\overline{A}$. Il existe des ouverts O_n de X tels que $A_0 = \bigcap_{n=1}^{\infty}(O_n \cap \overline{A})$.

Si X est un espace métrique, $\overline{A}$ est un $\mathcal{G}_\delta$ de X d'après le lemme 2.29.7 : il existe des ouverts O'_n de X tels que $\overline{A} = \bigcap_{n=1}^{\infty} O'_n$, d'où

$$A_0 = \bigcap_{n=1}^{\infty}(O_n \cap O'_n),$$

ce qui prouve que A_0 est un $\mathcal{G}_\delta$ de X.

3. Si $f : A \to Y$ est continu, $\omega(f;x) = 0$ pour tout $x \in A$ (proposition 2.18.5), d'où $A \subset A_0 \subset \overline{A}$. Ceci montre que A est dense dans A_0. Montrons que f se prolonge en une application continue $f_0 : A_0 \to Y$, c'est-à-dire (proposition 2.25.1) que la limite $\lim_{y \to x, y \in A} f(y)$ existe pour tout $x \in A_0$. L'espace métrique Y étant complet, il suffit de remarquer que $(f(V \cap A))_{V \in \mathcal{V}(x)}$ est une base de filtre de Cauchy, l'oscillation de f étant

nulle au point x.

EXERCICE 2.25.2

1. On note $F : A_0 \to X \times Y$ l'application $x \mapsto (x, f_0(x))$ et
$$G_0 = \{(x, y) \in X \times B_0\,;\, x = g_0(y)\}$$
le graphe de g_0. On a alors
$$F^{-1}(G_0) = \{x \in A_0\,;\, f_0(x) \in B_0 \text{ et } x = g_0(f_0(x))\} = A_1.$$
Le sous-espace G_0 est fermé dans $X \times B_0$ d'après la continuité de g_0 ; d'après le lemme 2.29.7, G_0 est un $\mathcal{G}_\delta$ de $X \times B_0$, donc de $X \times Y$, $X \times B_0$ étant un $\mathcal{G}_\delta$ de $X \times Y$. L'application F étant continue, l'exercice 2.13.4 montre que A_1 est un $\mathcal{G}_\delta$ de A_0, donc de X, A_0 étant un $\mathcal{G}_\delta$ de X.

Pour démontrer que B_1 est un $\mathcal{G}_\delta$, on raisonne de façon similaire. On introduit l'application $F' : y \mapsto (g_0(y), y)$ de B_0 dans $X \times Y$ et on remarque que $B_1 = F'^{-1}(G'_0)$ où G'_0 est le graphe de f_0.

2. On vérifie d'abord que $f_0(A_1) \subset B_1$. Soit $x \in A_1$, alors $y = f_0(x) \in B_0$ et $g_0(f_0(x)) = x$, d'où $g_0(y) = x \in A_1 \subset A_0$ et $f_0(g_0(y)) = f_0(x) = y$, ce qui prouve que y appartient à B_1.

De même, on vérifie que $g_0(B_1) \subset A_1$; on peut donc définir des applications $f_1 = f_0|_{A_1} : A_1 \to B_1$ et $g_1 = g_0|_{B_1} : B_1 \to A_1$. Ces applications sont continues et d'après la définition de A_1 et B_1, on a $g_1(f_1(x)) = x$ pour tout $x \in A_1$ et $f_1(g_1(y)) = y$ pour tout $y \in B_1$, ce qui prouve que $f_1 : A_1 \to B_1$ est un homéomorphisme, g_1 étant l'homéomorphisme réciproque. Cet homéomorphisme prolonge f par construction.

3. Soient X un espace métrique complet, A un sous-espace de X homéomorphe à un espace métrique complet Y ; notons $f : A \to Y$ un tel homéomorphisme. D'après 2., il existe un $\mathcal{G}_\delta$ A_1 de X contenant A, un $\mathcal{G}_\delta$ B_1 de Y contenant Y, qui ne peut donc être que Y, et un homéomorphisme $f_1 : A_1 \to Y$ qui prolonge f. On a donc nécessairement $A = A_1$, ce qui prouve que A est un $\mathcal{G}_\delta$ et le résultat voulu.

EXERCICE 2.27.1

On sait déjà que la topologie de la convergence uniforme est plus fine que la topologie de la convergence simple. Lorsque Y est l'ensemble vide, l'ensemble $\mathcal{F}(X; Y)$ est l'ensemble vide ; lorsque Y est réduit à un élément, il en est de même $\mathcal{F}(X; Y)$: dans les deux cas, il n'existe qu'une seule topologie sur $\mathcal{F}(X; Y)$ et par conséquent la topologie de la convergence uniforme coïncide avec la topologie de la convergence simple. Lorsque X est fini, l'espace $\mathcal{F}(X; Y)$ s'identifie à Y^n si n désigne le nombre d'éléments de X. La distance définissant la topologie de la convergence uniforme s'écrit
$$d_1(y, z) = \max_{1 \leq i \leq n} d(y_i, z_i) \text{ où } y = (y_i)_{1 \leq i \leq n},\ z = (z_i)_{1 \leq i \leq n},$$
et on sait que cette distance définit la topologie produit sur Y^n ; dans ce cas les deux topologies sont donc les mêmes.

Si X est infini et si Y admet au moins deux éléments, construisons une suite (f_n) de $\mathcal{F}(X; Y)$ qui converge simplement, mais qui ne converge pas uniformément : ceci prouvera que les deux topologies sont différentes. Il existe une injection $n \mapsto x_n$ de $\mathbb{N}$ dans X et deux éléments distincts a et b de Y. Notons alors $f_n : X \to Y$ l'application définie par $f_n(x) = a$ si $x = x_n$ et $f_n(x) = b$ si $x \neq x_n$. Cette suite (f_n) converge simplement vers la fonction f identiquement égale à b, car, $x \in X$ étant fixé, ou bien $x \neq x_n$ pour tout n et alors $f_n = f$, ou bien il existe un entier n (et un seul) tel que $x = x_n$ auquel cas $f_p(x) = f(x)$ pour $p > n$. Par contre, cette suite ne converge pas uniformément : en effet, si elle convergeait uniformément, sa limite ne pourrait être que f et ceci n'a pas lieu car $d_1(f, f_n) = \sup_{x\in X} d(f(x), f_n(x)) = d(a, b)$.

EXERCICE 2.27.2

On peut supposer que la distance sur Z est bornée, car deux distances uniformément équivalentes sur Z induisent la même structure uniforme sur les espaces $\mathcal{F}_u(X \times Y; Z)$ et $\mathcal{F}_u(Y; Z)$, donc sur l'espace $\mathcal{F}_u(X; \mathcal{F}_u(Y; Z))$. Étant donné deux fonctions $f, g \in \mathcal{F}(X \times Y; Z)$, on a alors

$$d_1(f, g) = \sup_{(x,y)\in X\times Y} d(f(x, y), g(x, y))$$

et

$$d_1(f(x, \bullet), g(x, \bullet)) = \sup_{y\in Y} d(f(x, y), g(x, y)),$$

d'où

$$d_1(\Phi(f), \Phi(g)) = \sup_{x\in X} d_1(f(x, \bullet), g(x, \bullet)) = \sup_{x\in X} \sup_{y\in Y} d(f(x, y), g(x, y))$$

et par conséquent $d_1(\Phi(f), \Phi(g)) = d_1(f, g)$: autrement dit, l'application Φ est simplement une isométrie, ce qui prouve le résultat voulu.

EXERCICE 2.27.3

Comme pour l'exercice 2.27.2, on peut supposer que les distances sur Y et Z sont bornées. Soit $\varepsilon > 0$, il existe $\delta > 0$ tel que $d(\varphi(y), \varphi(y')) \leq \varepsilon$ pour tout $y, y' \in Y$ vérifiant $d(y, y') \leq \delta$. Soient $f, g \in \mathcal{F}_u(X; Y)$, on a donc $d((\varphi \circ f)(x), (\varphi \circ g)(x)) \leq \varepsilon$ pour tout $x \in X$ tel que $d(f(x), g(x)) \leq \delta$; autrement dit,

$$d_1(f, g) \leq \delta \Rightarrow d_1(\varphi \circ f, \varphi \circ g) \leq \varepsilon$$

et ceci prouve que l'application $f \mapsto \varphi \circ f$ est uniformément continue.

EXERCICE 2.27.4

Comme dans les exercices précédents, on peut supposer que la distance sur Z est bornée. Soient $f, g \in \mathcal{F}_u(X; Z)$, on a

$$d_1(f \circ \varphi, g \circ \varphi) = \sup_{y\in Y} d(f(\varphi(y)), g(\varphi(y))) \leq \sup_{x\in X} d(f(x), g(x)) = d_1(f, g)$$

et ceci prouve que l'application $f \mapsto f \circ \varphi$ est uniformément continue.

EXERCICE 2.27.5

Si les fonctions f_n sont continues en un point x, montrons que la fonction f est continue au point x. Il existe un voisinage V de x tel que la suite $(f_n|_V)$ converge uniformément vers $f|_V$. D'après la proposition 2.27.4, la fonction $f|_V : V \to Y$ est continue au point x ; si W est un voisinage de $f(x)$, $(f|_V)^{-1}(W) = V \cap f^{-1}(W)$ est donc un voisinage de x dans le sous-espace V, donc dans X d'après la proposition 2.20.2 et il en résulte que $f^{-1}(W)$ est un voisinage de x dans X, ce qui prouve la continuité de f au point x.

EXERCICE 2.27.6

Soit (x^k), $x^k = (x_n^k)$, une suite de $c(\mathbb{N}; Y)$ qui converge vers $x = (x_n)$ dans $l^\infty(\mathbb{N}; Y)$. L'espace Y étant complet, il s'agit de démontrer que la suite (x_n) est de Cauchy. On a

$$d(x_p, x_q) \leq d(x_p^k, x_p) + d(x_q^k, x_q) + d(x_p^k, x_q^k)$$

et, $\varepsilon > 0$ étant donné, il existe un entier k tel que

$$d(x_p^k, x_p) \leq \varepsilon, \; d(x_q^k, x_q) \leq \varepsilon;$$

la suite $(x_n^k)_{n\in\mathbb{N}}$ appartenant à l'espace c, il existe un entier n tel que $d(x_p^k, x_q^k) \leq \varepsilon$ pour $p, q \geq n$, d'où $d(x_p, x_q) \leq 3\,\varepsilon$, ce qui permet de conclure.

EXERCICE 2.27.7 COMPLÉTÉ D'UN ESPACE MÉTRIQUE

1. On a $|f_x(y)| = |d(x,y) - d(a,y)| \leq d(a,x)$; ceci montre que l'application f_x appartient bien à l'espace $\mathcal{F}_b(X;\mathbb{R})$. On a d'autre part

$$|f_x(z) - f_y(z)| = |d(x,z) - d(y,z)| \leq d(x,y),$$

d'où $d_1(f_x, f_y) \leq d(x,y)$; de plus, $|f_x(x) - f_y(x)| = d(x,y)$, ce qui prouve que $d_1(f_x, f_y) = d(x,y)$. L'application $\varphi : x \mapsto f_x$ est donc une isométrie de X sur un sous-espace de l'espace $\mathcal{F}_b(X;\mathbb{R})$.

2. Soit $\hat{X}$ l'adhérence de $\varphi(X)$ dans $\mathcal{F}_b(X;\mathbb{R})$, alors $\hat{X}$ est un espace métrique complet (corollaire 2.27.3) et X est isométrique à un sous-espace dense de $\hat{X}$, à savoir $\varphi(X)$.

3. Soient $\hat{X}_1$ et $\hat{X}_2$ deux espaces métriques complets et $\varphi_i : X \to \hat{X}_i$ des applications telles que φ_i soit une isométrie de X sur son image $\varphi_i(X)$ supposée dense dans $\hat{X}_i$. Alors $\varphi_2 \circ \varphi_1^{-1} : \varphi_1(X) \to \varphi_2(X)$ est une isométrie ; cette application uniformément continue se prolonge donc (théorème 2.25.2) en une application continue $\varphi : \hat{X}_1 \to \hat{X}_2$. Le principe du prolongement des identités montre que φ est une isométrie sur son image, image qui est donc complète ; cette image $\varphi(\hat{X}_1)$ est donc fermée, elle est par ailleurs partout dense vu qu'elle contient $\varphi_2(X)$ et par conséquent $\varphi(\hat{X}_1) = \hat{X}_2$. Ceci montre que φ est une isométrie de $\hat{X}_1$ sur $\hat{X}_2$, ce qui prouve le résultat voulu.

Note La méthode précédente de complétion d'un espace métrique utilise de façon essentielle le fait que $\mathbb{R}$ est complet par l'intermédiaire du corollaire 2.27.3. Cette méthode ne peut donc être utilisée pour construire $\mathbb{R}$ en tant que complété de $\mathbb{Q}$.

EXERCICE 2.27.8 PERMUTATION DE LIMITES

1. Soit $\varepsilon > 0$, il existe $M_1 \in \mathcal{F}_1$ tel que

$$d(f(x_1,x_2), h(x_2)) \leq \varepsilon \text{ pour tout } x_1 \in M_1 \text{ et tout } x_2 \in X_2,$$

d'où

(2.44.3) $$d(f(x_1,x_2), f(x_1',x_2))) \leq 2\,\varepsilon \text{ pour } x_1, x_1' \in M_1 \text{ et } x_2 \in X_2.$$

Étant donné que $y = \lim_{\mathcal{F}_1} g$, on peut choisir M_1 tel que $d(g(x_1), y) \leq \varepsilon$ pour tout $x_1 \in M_1$. Le point $x_1' \in M_1$ étant fixé, il existe d'autre part $M_2 \in \mathcal{F}_2$ tel que

(2.44.4) $$d(f(x_1',x_2), g(x_1')) \leq \varepsilon \text{ pour tout } x_2 \in M_2.$$

On a alors pour $x_1 \in M_1$ et $x_2 \in M_2$

$$d(f(x_1,x_2), y) \leq d(f(x_1,x_2), f(x_1',x_2)) + d(f(x_1',x_2), g(x_1')) + d(g(x_1'), y),$$

d'où $d(f(x_1,x_2), y) \leq 4\,\varepsilon$ et ceci prouve que $y = \lim_{\mathcal{F}_1 \times \mathcal{F}_2} f$. L'application f ayant une limite suivant le filtre produit $\mathcal{F}_1 \times \mathcal{F}_2$, on peut utiliser l'exercice 2.17.5 en permutant le rôle des espaces X_1 et X_2 et ceci prouve que $y = \lim_{\mathcal{F}_2} h$, soit

$$\lim_{\mathcal{F}_1} \lim_{\mathcal{F}_2} f = \lim_{\mathcal{F}_2} \lim_{\mathcal{F}_1} f.$$

2. Le fait qu'on puisse permuter deux limites lorsqu'une de ces limites est uniforme contient comme cas particulier la proposition 2.27.4. Soient X un espace topologique, Y un espace métrique et $f_n : X \to Y$ une suite d'applications continues en un point $a \in X$ convergeant uniformément vers une application h. Prenons $X_1 = \mathbb{N}$ et $X_2 = X$, pour $\mathcal{F}_1$

le filtre de Fréchet et pour $\mathcal{F}_2$ le filtre des voisinages du point a. Notons $f : X_1 \times X_2 \to Y$ l'application $f(n,x) = f_n(x)$. La continuité au point a signifie

$$f(n,a) = f_n(a) = \lim_{\mathcal{V}(a)} f_n = \lim_{\mathcal{V}(a)} f(n,\bullet)$$

La convergence uniforme de la suite (f_n) vers h signifie précisément que la limite

$$h(x_2) = \lim_{\mathcal{F}_1} f(\bullet, x_2)$$

est uniforme par rapport à x_2. D'après 1., on a donc

$$\lim_{n\to\infty} \lim_{x\to a} f_n(x) = \lim_{x\to a} \lim_{n\to\infty} f_n(x),$$

c'est-à-dire

$$\lim_{n\to\infty} f_n(a) = \lim_{x\to a} h(x),$$

soit $h(a) = \lim_{x\to a} h(x)$ ce qui signifie que h est continu au point a.

3. Lorsque Y est un espace métrique complet, montrons que la limite $\lim_{\mathcal{F}_1\times\mathcal{F}_2} f$ existe, c'est-à-dire que la base de filtre $f(\mathcal{F}_1 \times \mathcal{F}_2)$ est de Cauchy. On écrit d'abord (2.44.3) et (2.44.4) ; de (2.44.4), on déduit

$$d(f(x_1', x_2), f(x_1', y_2)) \leq 2\,\varepsilon \text{ pour tout } x_2, y_2 \in M_2.$$

On a d'autre part

$$d(f(x_1,x_2), f(x_1',y_2)) \leq d(f(x_1,x_2), f(x_1',x_2)) + d(f(x_1',x_2), f(x_1',y_2)),$$

vu (2.44.3), on en déduit que

$$d(f(x_1,x_2), f(x_1',y_2)) \leq 4\,\varepsilon \text{ pour tout } x_1 \in M_1,\ x_2, y_2 \in M_2.$$

On a alors

$$d(f(x_1,x_2), f(y_1,y_2)) \leq d(f(x_1,x_2), f(x_1',y_2)) + d(f(x_1',y_2), f(y_1,y_2)),$$

d'où

$$d(f(x_1,x_2), f(y_1,y_2)) \leq 8\,\varepsilon \text{ pour tout } x_1, y_1 \in M_1 \text{ et } x_2, y_2 \in M_2,$$

ce qui prouve le résultat voulu.

EXERCICE 2.27.9

Montrons par exemple que f admet une limite à droite en tout point $x \in [a,b[$. Soit $\varepsilon > 0$, il existe un entier n tel que

$$d(f(x), f_n(x)) \leq \varepsilon \text{ pour tout } x \in [a,b].$$

La fonction f_n admettant une limite à droite au point x, il existe $\delta > 0$ tel que

$$d(f_n(y), f_n(z)) \leq \varepsilon \text{ pour } x < y, z < x + \delta,$$

d'où

$$d(f(y), f(z)) \leq d(f(y), f_n(y)) + d(f_n(y), f_n(z)) + d(f_n(z), f(z)) \leq 3\,\varepsilon$$

et ceci montre que la base de filtre $(f(\,]x, x+\delta[\,))_{0<\delta<b-x}$ est de Cauchy et, X étant complet, que f admet une limite à droite au point x.

EXERCICE 2.28.1

Le raisonnement est analogue à celui du théorème 2.28.1. Soit (O_n) une suite d'ouverts partout denses et soit O un ouvert non vide ; il s'agit de vérifier que O rencontre l'intersection $\bigcap_{n=0}^{\infty} O_n$. On construit une suite d'ouverts élémentaires de la forme

$$B_n = \prod_{i\in J_n} B_{n,i} \times \prod_{i\in I - J_n} X_i$$

où J_n est une partie finie de I, $B_{n,i}$ est un ouvert non vide de X_i de diamètre $\leq \rho_n$, cette suite vérifiant en outre (2.28.1), c'est-à-dire

$$\overline{B}_0 \subset O,\ \overline{B}_{n+1} \subset B_n \cap O_n,\ 0 < \rho_{n+1} \leq \rho_n \text{ et } \lim_{n\to\infty} \rho_n = 0.$$

Pour conclure, il faut alors vérifier que l'intersection $B = \bigcap_{n=0}^{\infty} \overline{B}_n$ est non vide. Or, si on écrit $B_n = \prod_{i\in I} B_{n,i}$ en posant $B_{n,i} = X_i$ lorsque $i \notin J_n$, on a $\overline{B}_n = \prod_{i\in I} \overline{B}_{n,i}$, d'où $B = \prod_{i\in I}\left(\bigcap_{n=0}^{\infty} \overline{B}_{n,i}\right)$. Soit $i \in I$, alors ou bien $B_{n,i} = X_i$ pour tout n et $\bigcap_{n=0}^{\infty} \overline{B}_{n,i} = X_i$, ou bien la suite $(\overline{B}_{n,i})$ est une suite décroissante de fermés non vides dont le diamètre tend vers 0 et l'intersection $\bigcap_{n=0}^{\infty} \overline{B}_{n,i}$ est réduite à un point d'après le théorème de Cantor (proposition 2.18.9). Dans tous les cas $\bigcap_{n=0}^{\infty} \overline{B}_{n,i}$ est non vide et il en résulte que B est non vide.

Expliquons maintenant comment on construit par récurrence les ouverts B_n. L'ouvert non vide O contient un ouvert élémentaire non vide de la forme $\prod_{i\in J_0} O_{0,i} \times \prod_{i\in I-J_0} X_i$ et, J_0 étant fini, il existe des boules fermées $B'(x_i; \rho_0/2) \subset O_{0,i}$ pour $i \in J_0$; on prend alors

$$B_0 = \prod_{i\in J_0} B(x_i; \rho_0/2) \times \prod_{i\in I-J_0} X_i$$

dont l'adhérence $\prod_{i\in J_0} \overline{B}(x_i; \rho_0/2) \times \prod_{i\in I-J_0} X_i$ est bien contenue dans O, l'adhérence d'une boule ouverte étant contenue dans la boule fermée de même centre et de même rayon. La construction de B_{n+1} est analogue, il suffit d'utiliser le fait que $B_n \cap O_n$ est non vide.

EXERCICE 2.28.2

1. La fonction f est discontinue en tout point rationnel $a = p/q \in \mathbb{Q}^*$ car $f(a) = 1/q > 0$ alors que tout voisinage de a contient un irrationnel ; il en est de même si $a = 0$ vu que $f(0) = 1$.

Si $a \in \mathbb{R} - \mathbb{Q}$, soit $q_0 \in \mathbb{N}^*$; l'ensemble des rationnels p/q avec $1 \leq q \leq q_0$ tels que $|a - p/q| \leq 1$ est fini. Il en résulte qu'il existe $\varepsilon > 0$ tel que

$$p/q \in]a - \varepsilon, a + \varepsilon[\Longrightarrow q > q_0.$$

On en déduit que

$$x \in]a - \varepsilon, a + \varepsilon[\Longrightarrow 0 \leq f(x) < 1/q_0$$

et ceci prouve la continuité de f au point a vu que $f(a) = 0$.

2. D'après l'exercice 2.18.2, il suffit de vérifier que $\mathbb{Q}$ n'et pas un G_δ. On raisonne par l'absurde : on suppose que $\mathbb{R} - \mathbb{Q}$ peut s'écrire comme une réunion dénombrable de fermés ; ces fermés sont nécessairement d'intérieur vide et $\mathbb{R} - \mathbb{Q}$ serait donc maigre. On remarque ensuite que $\mathbb{Q} = \bigcup_{q\in\mathbb{Q}}\{q\}$ est maigre. Il en résulte que $\mathbb{R}$, en tant que réunion de deux ensembles maigres, serait maigre, donc d'intérieur vide d'après le théorème de Baire (théorème 2.28.1) et ceci est absurde.

EXERCICE 2.28.3

1. On a

$$F_n(\varepsilon) = \bigcap_{p\geq n} \{x \geq 0\,;\, |f(px)| \leq \varepsilon\}.$$

Ces ensembles sont donc fermés d'après la continuité de f et l'hypothèse signifie que

$$\bigcup_{n=0}^{\infty} F_n(\varepsilon) = [0, +\infty[$$

et, vu le théorème de Baire, l'un des $F_n(\varepsilon)$ est d'intérieur non vide, d'où le résultat voulu.

2. Vu que $b/a > 1$, on remarque que $(p+1)/p < b/a$ pour p suffisamment grand. Il existe donc un entier n_1 tel que $(p+1)a < pb$ pour $p \geq n_1$, c'est-à-dire

$$]pa, pb[\cap](p+1)a, (p+1)b[\neq \emptyset$$

et on en déduit que $]n_1a, +\infty[= \bigcup_{p=n_1}^{\infty}]pa, pb[$.

3. On peut supposer $n_1 \geq n_0$. Soit $x > n_1a$, il existe $p \geq n_1$ tel que $x \in]pa, pb[$, soit $x/p \in]a, b[$ et, vu que $p \geq n_0$,

$$|f(x)| = \left|f\left(p\frac{x}{p}\right)\right| \leq \varepsilon$$

et ceci prouve le résultat voulu.

EXERCICE 2.28.4

La situation envisagée est la suivante. Soient X un espace topologique, Y un ouvert de X et A une partie de Y. On suppose que A est maigre dans X et on demande de vérifier que A est maigre dans Y ; il s'agit donc d'une réciproque du lemme 2.28.2. Par hypothèse, il existe une suite (F_n) de fermés de X d'intérieur vide telle que $A \subset \bigcup_{n=0}^{\infty} F_n$, d'où $A \subset \bigcup_{n=0}^{\infty} Y \cap F_n$ où les ensembles $Y \cap F_n$ sont fermés dans Y. Montrons que ces fermés sont d'intérieur vide dans Y, ceci prouvera le résultat voulu. Soit O un ouvert de Y tel que $O \subset Y \cap F_n$, alors O est un ouvert de X car Y est un ouvert de X et $O \subset F_n$, d'où $O = \emptyset$, F_n étant d'intérieur vide.

EXERCICE 2.28.5

Soient X un espace de Baire, Y un ouvert de X et A une partie maigre de Y. Alors, A est une partie maigre de X d'après le lemme 2.28.2, donc d'intérieur vide dans X. Montrons que A est aussi d'intérieur vide dans Y. En effet, soit O un ouvert de Y contenu dans A, alors O est ouvert dans X car Y est un sous-espace ouvert et, A étant d'intérieur vide dans X, il en résulte que O est vide, ce qui prouve le résultat souhaité.

EXERCICE 2.28.6

Soit (O_n) une suite d'ouverts partout denses et soit V un voisinage d'un point $x \in X$, il s'agit de démontrer que V rencontre l'intersection $A = \bigcap_{n=0}^{\infty} O_n$. Or, il existe un voisinage V_0 de x qui est un espace de Baire et qu'on peut supposer ouvert d'après l'exercice 2.28.5 ; $O_n \cap V_0$ est alors un ouvert de V_0 dense dans V_0, donc $A \cap V_0$ est dense dans V_0. Il en résulte que $V \cap V_0$, qui est un voisinage de x dans V_0, rencontre $A \cap V_0$, soit $A \cap V \cap V_0 \neq \emptyset$ et a fortiori $A \cap V \neq \emptyset$, ce qui prouve le résultat voulu.

EXERCICE 2.28.7

1. Les ensembles $F_n = f^{-1}([-\infty, n])$ sont fermés et $A \subset \bigcup_{n=0}^{\infty} F_n$; A n'étant pas maigre, l'un de ces fermés, soit F_n, est d'intérieur non vide ; sur l'ouvert $O = \mathring{F}_n$, on a alors $\sup_{x \in O} f(x) \leq n$.

2. Soit O un ouvert non vide, alors O est un espace de Baire (exercice 2.28.5) et $f_n|_O : O \to \mathbb{R}$ est s.c.i. (exercice 2.14.3). On peut donc raisonner sur l'ouvert X supposé non vide. La fonction $g = \sup_{n \in \mathbb{N}} f_n$ est s.c.i. (proposition 2.14.1), $g(x)$ est fini pour tout $x \in X$ car la suite $(f_n(x))$ est convergente et X n'est pas maigre car X est de Baire et non vide : d'après 1., il existe un ouvert non vide sur lequel g est borné supérieurement et il en est de même de f vu que $f \leq g$.

EXERCICE 2.28.8

1,a. Il est clair que $\Delta_\varepsilon(x)$ est un intervalle de $[0, +\infty]$ contenant 0. La continuité au point b de la fonction $y \mapsto f(x, y)$ montre que cet intervalle n'est pas réduit à 0. Cet intervalle est d'autre part fermé : en effet, soit (δ_n) une suite de $\Delta_\varepsilon(x)$ convergente vers δ, si $d(y,b) < \delta$, il existe n tel que $d(y,b) < \delta_n$, d'où $d(f(x,b), f(x,y)) \leq \varepsilon$ ce qui prouve que δ appartient à $\Delta_\varepsilon(x)$. Il existe donc bien une fonction $\delta_\varepsilon : X \to]0, +\infty]$ telle que $\Delta_\varepsilon(x) = [0, \delta_\varepsilon(x)]$.

b. Montrons que cette fonction est s.c.s. Soit $\alpha > \delta_\varepsilon(a)$, alors il existe $y \in Y$ tel que $d(y,b) < \alpha$ et $d(f(a,b), f(a,y)) > \varepsilon$; la fonction $x \mapsto d(f(x,b), f(x,y))$ étant continue au point a, on en déduit que $\alpha > \delta_\varepsilon(x)$ pour x voisin de a et ceci prouve le caractère s.c.s. de la fonction δ_ε.

2,a. Les ensembles $F_p(\varepsilon)$ sont fermés d'après la semi-continuité de la fonction δ_ε et $X = \bigcup_{p=1}^\infty F_p(\varepsilon)$ vu que $\delta_\varepsilon(x)$ est > 0 pour tout x.

b. Montrons que l'ouvert $O = \bigcup_{p=1}^\infty \mathring{F}_p(\varepsilon)$ est contenu dans $X - D_n$ si $0 < \varepsilon \leq 1/4n$. Soit $a \in \mathring{F}_p(\varepsilon)$. D'après la continuité au point a de l'application $x \mapsto f(x,b)$, il existe un voisinage V de a tel que $a \in V \subset \mathring{F}_p(\varepsilon)$ et $d(f(x,b), f(a,b)) \leq 1/4n$ pour tout $x \in V$. On en déduit que pour $x \in V$ et tout $y \in Y$,

$$\begin{aligned} d(f(x,y), f(a,b)) &\leq d(f(x,y), f(x,b)) + d(f(x,b), f(a,b)) \\ &\leq d(f(x,y), f(x,b)) + 1/4n\,; \end{aligned}$$

lorsque $d(y,b) < 1/p$, on a $d(f(x,b), f(x,y)) \leq \varepsilon \leq 1/4n$ car $x \in F_p(\varepsilon)$ et par conséquent

$$d(f(x,y), f(a,b)) \leq 1/2n \text{ pour } x \in V \text{ et } y \in B(b; 1/p),$$

ce qui prouve que $\omega(f; (a,b)) \leq 1/n$, soit $a \in X - D_n$.

c. Le complémentaire de l'ouvert O étant maigre d'après la proposition 2.28.3, l'ensemble $D_n \subset X - O$ est maigre. L'ensemble D_b est donc maigre en tant que réunion dénombrable de maigres.

3. On peut écrire $D = \bigcup_{n=1}^\infty G_n$ où les ensembles

$$G_n = \{(x,y) \in X \times Y\,;\, \omega(f; (x,y)) \geq 1/n\}$$

sont fermés. Montrons que D est d'intérieur vide, les ensembles G_n seront a fortiori d'intérieur vide et ceci prouvera donc que D est maigre. Il s'agit de prouver que tout ouvert non vide A de $X \times Y$ contient des points de continuité de f. Soit $b \in pr_2(A)$ où $pr_2 : X \times Y \to Y$ désigne la seconde projection. L'ensemble

$$A(b) = \{x \in X\,;\, (x,b) \in A\}$$

est un ouvert non vide de X ; l'espace X étant de Baire, l'ensemble maigre D_b est d'intérieur vide et il en résulte que $A(b)$ rencontre $X - D_b$, ce qui signifie précisément qu'il existe des points de continuité de f de la forme (x,b) appartenant à A.

EXERCICE 2.29.1

Soit $\mathcal{C}$ le plus petit ensemble de parties de X stable par réunion et intersection dénombrable contenant $\mathcal{O}$. D'après le lemme 2.29.7, tout fermé appartient à $\mathcal{C}$, donc $\mathcal{C}$ est le plus petit ensemble de parties de X stable par réunion et intersection dénombrable contenant $\mathcal{O}$ et $\mathcal{O}'$; d'après le lemme 2.29.9, $\mathcal{C}$ est donc la tribu borélienne de X.

2.45 Exercices du chapitre 2.C

EXERCICE 2.30.1

La condition est évidemment nécessaire. Inversement, soit $(O_j)_{j\in J}$ un recouvrement ouvert de X. Chaque O_j s'écrit $O_j = \bigcup_{i\in I_j} B_i$, $I_j \subset I$. Posons $K = \bigcup_{j\in J} I_j$, alors la famille $(B_i)_{i\in K}$ est un recouvrement de X qui, par hypothèse, contient un sous-recouvrement fini, soit $(B_i)_{i\in L}$ où L est une partie finie de K. Il existe une application $f : K \to J$ telle que $i \in I_{f(i)}$ pour tout $i \in K$; on a alors $B_i \subset O_{f(i)}$ et il en résulte que $(O_{f(i)})_{i\in L}$ est un sous-recouvrement fini de X, ce qui prouve que X est compact.

EXERCICE 2.30.2

1 $\Rightarrow$ 2 Soit (F_n) une suite décroissante de fermés non vides, montrons que l'intersection $\bigcap_{n=0}^{\infty} F_n$ est non vide en raisonnant par l'absurde. Si cette intersection est vide, la suite $(X - F_n)$ est un recouvrement ouvert dénombrable qui admet, d'après 1., un sous-recouvrement fini ; cette suite $(X - F_n)$ étant croissante, ceci signifie qu'il existe un entier n tel que $X - F_n = X$, ce qui est absurde, les ensembles F_n étant non vides.

2 $\Rightarrow$ 3 Soit (x_n) une suite de X, l'ensemble des valeurs d'adhérence de cette suite est égal à l'intersection de la suite décroissante de fermés non vides $\overline{\bigcup_{p=n}^{\infty}\{x_p\}}$, intersection non vide d'après 2., ce qui prouve 3.

3 $\Rightarrow$ 1 Soit (O_n) un recouvrement ouvert dénombrable de X, montrons qu'il existe un sous-recouvrement fini en raisonnant par l'absurde. On suppose donc que $X \neq \bigcup_{p=0}^{n} O_p$ pour tout n. Les ensembles $X - \bigcup_{p=0}^{n} O_p$ sont non vides, choisissons un point $x_n \in X - \bigcup_{p=0}^{n} O_p$ dans chacun de ces ensembles. On construit ainsi une suite (x_n). Montrons que cette suite n'admet pas de valeur d'adhérence, ceci contredira 3. Supposons que x soit une valeur d'adhérence de la suite (x_n), alors il existe un entier n tel que $x \in O_n$ et cet ouvert O_n doit contenir tous les x_p à l'exception peut-être d'un nombre fini d'entre eux, ce qui n'est pas vérifié vu que $x_p \notin O_n$ pour $p \geq n$.

EXERCICE 2.30.3 ESPACE DE LINDELÖF

1. Soit (B_n) une base de topologie dénombrable et soit $(O_i)_{i\in I}$ une famille d'ouverts. Posons

$$A = \{n \in \mathbb{N}\,;\, (\exists i \in I)(B_n \subset O_i)\}.$$

On peut alors définir une application $i : n \mapsto i(n)$ de A dans I telle que $B_n \subset O_{i(n)}$ pour tout $n \in A$. Montrons que $\bigcup_{i\in I} O_i = \bigcup_{n\in A} O_{i(n)}$, soit $\bigcup_{i\in I} O_i = \bigcup_{i\in J} O_i$ où $J = i(A)$ est bien une partie dénombrable de I. Il s'agit de démontrer l'inclusion

$$\bigcup_{i\in I} O_i \subset \bigcup_{n\in A} O_{i(n)}.$$

Or, (B_n) est une base de topologie, donc pour tout $i \in I$ il existe une partie A_i de $\mathbb{N}$ telle que $O_i = \bigcup_{n\in A_i} B_n$, ce qui montre que $A_i \subset A$ et $O_i \subset \bigcup_{n\in A} B_n \subset \bigcup_{n\in A} O_{i(n)}$, d'où l'inclusion voulue.

2,a. D'après 1., si X est un espace à base de topologie dénombrable, tout recouvrement ouvert de X contient un sous-recouvrement dénombrable, ce qui prouve qu'un tel espace est un espace de Lindelöf.

b. De plus, soit (B_n) une base de topologie dénombrable et soit $(C_i)_{i\in I}$ une autre base de la topologie de X. Alors, pour tout entier n, il existe d'après 1. une partie dénombrable

I_n de I telle que $B_n = \bigcup_{i\in I_n} C_i$. L'ensemble $J = \bigcup_{n=0}^{\infty} I_n$ est dénombrable et $(C_i)_{i\in J}$ est une base de la topologie de X car tout ouvert s'écrivant comme une réunion de B_n s'écrit comme une réunion de C_i avec $i \in J$. Ceci montre que toute base de topologie contient une base de topologie dénombrable.

3. Soit X un espace séparé tel que toute suite admette une valeur d'adhérence. Si X est un espace de Lindelöf, X est compact d'après l'exercice 2.30.2. Réciproquement, si X est compact, tout recouvrement ouvert contient un sous-recouvrement fini, donc dénombrable, et X est un espace de Lindelöf.

EXERCICE 2.30.4

1. Démontrons d'abord que la condition est suffisante. Chaque espace X_i admet une base de topologie dénombrable que nous notons $\mathcal{B}_i$ et il existe une partie dénombrable I_0 de I telle que $\mathcal{B}_i = \{\emptyset, X_i\}$ pour $i \in I - I_0$. On obtient une base de la topologie produit en prenant l'ensemble des ouverts de la forme $B = \prod_{i\in J} B_i \times \prod_{i\in I-J} X_i$ où B_i décrit $\mathcal{B}_i$ et J l'ensemble des parties finies de I. On peut supposer $J \subset I_0$, donc J décrit un ensemble dénombrable, à savoir l'ensemble des parties finies d'un ensemble dénombrable (exercice 1.9.5). Lorsque J est fixé, on obtient un ensemble dénombrable d'ouverts B car un produit fini d'ensembles dénombrables est dénombrable (proposition 1.9.5). La base de la topologie produit considérée est donc dénombrable en tant que réunion dénombrable d'ensembles dénombrables (proposition 1.9.6).

2. Montrons ensuite que la condition est nécessaire. Chaque X_i, homéomorphe à un sous-espace de l'espace produit, est nécessairement à base de topologie dénombrable. Si $\mathcal{B}_i$ est une base de la topologie de X_i, l'exercice 2.30.3 montre qu'il existe une base dénombrable (B_n) de la topologie produit où chaque B_n est de la forme

$$B_n = \prod_{i\in J_n} B_{n,i} \times \prod_{i\in I-J_n} X_i$$

où J_n est une partie finie de I et $B_{n,i} \in \mathcal{B}_i$. L'ensemble $I_0 = \bigcup_{n=0}^{\infty} J_n$ est dénombrable et si $i \notin I_0$ la topologie de X_i est nécessairement la topologie grossière, sinon l'ouvert $O = O_i \times \prod_{j\neq i} X_j$ où O_i est un ouvert non vide et distinct de X_i ne contiendrait aucun B_n, ce qui est absurde car cet ouvert O doit s'écrire comme une réunion de B_n.

EXERCICE 2.30.5 COEFFICIENT DE LEBESGUE D'UN RECOUVREMENT

Pour tout $x \in X$, il existe $i \in I$ tel que $x \in O_i$ et, O_i étant ouvert, une boule ouverte centrée au point x et contenu dans O_i, soit $B(x; r(x)) \subset O_i$, $r(x) > 0$. Du recouvrement ouvert $(B(x; r(x)/2))_{x\in X}$, on peut extraire un sous-recouvrement fini : il existe une partie finie A de X telle que $\bigcup_{x\in A} B(x; r(x)/2) = X$. Prenons alors $\varepsilon = \min_{x\in A} r(x)/2$. Si M est une partie non vide de X de diamètre $\leq \varepsilon$, il existe $x \in A$ tel que M rencontre la boule $B(x; r(x)/2)$; il en résulte que M est contenu dans la boule $B(x; r(x)/2 + \varepsilon)$, d'où $M \subset B(x; r(x)) \subset O_i$ car $\varepsilon \leq r(x)/2$ et ceci prouve le résultat voulu.

EXERCICE 2.30.6

Montrons que g est s.c.i. au point $a \in X$. Soit $\alpha \in \mathbb{R}$ tel que $\alpha < g(a)$ et soit $\alpha < \beta < g(a)$, pour tout $y \in Y$ on a $\beta < f(a, y)$ et, f étant s.c.i., il existe un voisinage $V_y \times W_y$ de (a, y) tel que $\beta < f(x', y')$ pour tout $(x', y') \in V_y \times W_y$. Bien entendu, on peut supposer ce voisinage ouvert, alors $(W_y)_{y\in Y}$ est un recouvrement ouvert de l'espace compact Y. Il existe donc un sous-recouvrement fini, soit $(W_y)_{y\in A}$, A désignant une partie finie de Y. L'ensemble $V = \bigcap_{y\in A} V_y$ est un voisinage de a et $\beta < f(x,y)$ pour tout $(x,y) \in V \times Y$, d'où $\beta \leq g(x)$ pour tout $x \in V$ et par conséquent $\alpha < g(x)$ pour tout $x \in V$, ce qui prouve le résultat voulu.

EXERCICE 2.30.7

1. On peut supposer la distance sur Z bornée : des distances uniformément équivalentes sur Z induisent des distances uniformément équivalentes sur les espaces $\mathcal{F}_u(X \times Y; Z)$ et $\mathcal{F}_u(Y;Z)$, donc sur l'espace $\mathcal{F}_u(X;\mathcal{F}_u(Y;Z))$; il en résulte que remplacer la distance sur Z par une distance uniformément équivalente ne modifie ni les espaces $\mathcal{C}_u(X \times Y; Z)$, $\mathcal{C}_u(Y;Z)$, $\mathcal{C}_u(X;\mathcal{C}_u(Y;Z))$, ni leur structure uniforme.

2. Rappelons la définition de l'homéomorphisme Φ. Soit $f \in \mathcal{F}(X \times Y; Z)$, notons $g_x : Y \to Z$ l'application $y \mapsto f(x,y)$; alors, $\Phi(f)$ désigne l'application $x \mapsto g_x$ de X dans $\mathcal{F}(Y;Z)$. Si f est une fonction continue, il est clair que g_x est une fonction continue, soit $\Phi(f) : X \to \mathcal{C}(Y;Z)$.

2,a. Montrons d'abord la continuité de $\Phi(f)$, l'espace $\mathcal{C}(Y;Z)$ étant muni de la topologie de la convergence uniforme, soit $\Phi(f) \in \mathcal{C}(X;\mathcal{C}_u(Y;Z))$. Soit $a \in X$ et soit $\varepsilon > 0$, il s'agit de démontrer qu'il existe un voisinage V de a tel que $d_1(g_x, g_a) \leq 2\varepsilon$ pour tout $x \in V$, c'est-à-dire

$$x \in V \Rightarrow \sup_{y\in Y} d(f(x,y), f(a,y)) \leq 2\varepsilon.$$

La fonction f est continue au point $(a,b) \in X \times Y$, il existe donc un voisinage ouvert $V_b \times W_b$ de (a,b) tel que

$$d(f(x,y), f(a,b)) \leq \varepsilon \text{ pour tout } (x,y) \in V_b \times W_b.$$

Le recouvrement ouvert $(W_b)_{b\in Y}$ de l'espace compact Y contient un sous-recouvrement fini $(W_b)_{b\in B}$, B partie finie de Y. Posons $V = \bigcap_{b\in B} V_b$, alors V est un voisinage de a et

$$d(f(x,y), f(a,b)) \leq \varepsilon \text{ pour tout } (x,y) \in V \times Y,$$

d'où

$$d(f(x,y), f(a,y)) \leq d(f(x,y), f(a,b)) + d(f(a,y), f(a,b)) \leq 2\varepsilon$$

pour tout $(x,y) \in V \times Y$, ce qui prouve le résultat voulu.

b. D'après 2,a., l'application Φ induit une injection de l'espace $\mathcal{C}(X \times Y; Z)$ dans $\mathcal{C}(X;\mathcal{C}_u(Y;Z))$. Montrons que cette application est surjective. Étant donné une application continue $x \mapsto g_x$ de X dans $\mathcal{C}_u(Y;Z)$, il s'agit de démontrer que l'application $f : X \times Y \to Z$ définie par $f(x,y) = g_x(y)$ est continue. Soient $(a,b) \in X \times Y$ et $\varepsilon > 0$, d'après la continuité au point a de l'application $x \mapsto g_x$, il existe un voisinage V de a tel que

$$d(f(x,y), f(a,y)) \leq \varepsilon \text{ pour tout } (x,y) \in V \times Y$$

et, d'après la continuité au point b de l'application $g_a : Y \to Z$, il existe un voisinage W de b tel que $d(f(a,y), f(a,b)) \leq \varepsilon$ pour tout $y \in W$. Il en résulte que, pour $(x,y) \in V \times W$,

$$d(f(x,y), f(a,b)) \leq d(f(x,y), f(a,y)) + d(f(a,y), f(a,b)) \leq 2\varepsilon,$$

ce qui prouve la continuité de f au point (a,b).

c. Ce qui précède prouve que Φ induit une bijection de l'espace $\mathcal{C}_u(X \times Y; Z)$ sur l'espace $\mathcal{C}_u(X;\mathcal{C}_u(Y;Z))$. Vérifions que cette bijection est un homéomorphisme uniformément continu, ainsi que l'homéomorphisme réciproque. Étant donné que $\Phi : \mathcal{F}_u(X \times Y; Z) \to \mathcal{F}_u(X;\mathcal{F}_u(Y;Z))$ est un homéomorphisme uniformément continu, ainsi que l'homéomorphisme réciproque, il suffit de remarquer que $\mathcal{C}_u(X \times Y; Z)$ est un sous-espace métrique de $\mathcal{F}_u(X \times Y; Z)$ et que $\mathcal{C}_u(X; \mathcal{C}_u(Y; Z))$ est un sous-espace métrique de $\mathcal{F}_u(X; \mathcal{F}_u(Y; Z))$. Comme nous l'avons vérifié (exercice 2.27.2), Φ est en fait une isométrie lorsque la distance sur Z est bornée.

EXERCICE 2.30.8

Soit $a \in \bigcap_{M \in \mathcal{U}} M$, alors $a \in M$ pour tout $M \in \mathcal{U}$ et ceci prouve que $M \in \mathcal{U}_a$. L'ultrafiltre $\mathcal{U}$ est donc moins fin que l'ultrafiltre trivial $\mathcal{U}_a$ et donc coïncide avec cet ultrafiltre, ce qui prouve le résultat voulu.

EXERCICE 2.30.9

1. La condition est évidemment nécessaire, tout filtre plus fin qu'un filtre convergent convergeant vers la même limite. Réciproquement, supposons que $y = \lim_{\mathcal{U}} f$ pour tout ultrafiltre $\mathcal{U}$ plus fin que $\mathcal{F}$ et montrons que $y = \lim_{\mathcal{F}} f$. Raisonnons par l'absurde, supposons que y ne soit pas une valeur limite de f suivant $\mathcal{F}$. Alors, il existe un voisinage V de y n'appartenant pas au filtre engendré par $f(\mathcal{F})$, ce qui signifie $f(M) \not\subset V$ pour tout $M \in \mathcal{F}$, soit $M \cap (X - f^{-1}(V)) \neq \emptyset$. Autrement dit, $\mathcal{F}$ admet une trace sur $X - f^{-1}(V)$ qui engendre un filtre $\mathcal{F}'$ sur X plus fin que $\mathcal{F}$. Soit $\mathcal{U}$ un ultrafiltre plus fin que $\mathcal{F}'$, donc que $\mathcal{F}$; la base de filtre $f(\mathcal{U})$ ne converge pas vers y car $X - f^{-1}(V) \in \mathcal{F}' \subset \mathcal{U}$, d'où $f^{-1}(V) \notin \mathcal{U}$ et on obtient ainsi une contradiction.

2. Dire que f est continu en un point a signifie que $f(a) = \lim_{\mathcal{V}(a)} f$ donc d'après 1. que, pour tout ultrafiltre $\mathcal{U}$ plus fin que le filtre $\mathcal{V}(a)$, c'est-à-dire qui converge vers a, la base de filtre $f(\mathcal{U})$ converge vers $f(a)$.

EXERCICE 2.31.1

1. Le graphe de f peut s'écrire
$$G = \{(x, y) \in X \times Y \; ; \; pr_2(x, y) = (f \circ pr_1)(x, y)\}$$
en notant $pr_1 : X \times Y \to X$ et $pr_2 : X \times Y \to Y$ les deux projections. Si f est continu, son graphe est donc fermé d'après le principe du prolongement des identités, Y étant séparé.

2. Réciproquement, on suppose l'espace Y compact et le graphe de f fermé. Montrons que $f(x)$, $x \in X$, est le seul point adhérent au filtre de base $f(\mathcal{V}(x))$, on en déduira que cette base de filtre converge vers $f(x)$ d'après la proposition 2.31.1, ce qui signifie que f est continu au point x. Considérons donc un point $y \in Y$ adhérent au filtre de base $f(\mathcal{V}(x))$. Alors, pour tout voisinage $V \times W$ de (x, y), $W \cap f(V) \neq \emptyset$, ce qui signifie que $V \times W$ rencontre G ; ceci montre que le point (x, y) est adhérent à G, d'où $(x, y) \in G$, G étant fermé, soit $y = f(x)$.

EXERCICE 2.31.2

La condition est évidemment nécessaire. Réciproquement, l'espace X étant à base dénombrable de voisinages, soient $x \in X$ et (x_n) une suite de X convergeant vers x, il s'agit de démontrer que la suite $(f(x_n))$ converge vers $f(x)$. Considérons le compact (exemple 2.31.1) $K = \{x\} \cup \bigcup_{n=0}^{\infty} \{x_n\}$. La fonction $f|_K : K \to Y$ étant continue et la suite (x_n) convergeant vers x dans le sous-espace K, la suite $(f(x_n))$ converge vers $f(x)$, ce qui prouve le résultat voulu.

EXERCICE 2.31.3 CONVERGENCE UNIFORME SUR TOUT COMPACT

1. Une suite (f_n) convergeant uniformément sur tout compact vers f converge simplement vers f car toute partie de X réduite à un point est compacte.

2. Soit (f_n) une suite convergeant localement uniformément vers f et soit K une partie compacte de X. Pour tout $x \in X$, il existe un voisinage ouvert O_x de x tel que la suite $(f_n|_{O_x})$ converge uniformément vers $f|_{O_x}$: pour tout $\varepsilon > 0$, il existe un entier n_x tel que

$$\sup_{y \in O_x} d(f(y), f_p(y)) \leq \varepsilon \text{ pour tout } p \geq n_x.$$

La famille $(O_x)_{x \in K}$ est un recouvrement ouvert du compact K ; il existe donc une partie finie A de K telle que $K \subset \bigcup_{x \in A} O_x$. Posons $n = \max_{x \in A} n_x$, on a alors $\sup_{y \in K} d(f(y), f_p(y)) \leq \varepsilon$ pour $p \geq n$ et ceci prouve que la suite $(f_n|_K)$ converge uniformément vers $f|_K$. La suite (f_n) converge donc uniformément sur tout compact vers f.

3. On suppose l'espace X séparé et à base dénombrable de voisinages et on considère une suite (f_n) de fonctions continues convergeant uniformément sur tout compact vers f. Soit K une partie compacte de X, d'après le corollaire 2.27.5 la fonction $f|_K$ est continue et f est donc continu d'après l'exercice 2.31.2.

EXERCICE 2.31.4

1. On considère un compact K_1 de X_1, un point $a \in X_2$ et un voisinage V de $K_1 \times \{a\}$. Pour tout $x \in K_1$, V est un voisinage du point (x, a), il existe donc un voisinage ouvert $O_{1,x} \times O_{2,x}$ de (x, a) contenu dans V. La famille $(O_{1,x})_{x \in K_1}$ est un recouvrement ouvert du compact K_1, il existe donc une partie finie A de K_1 telle que $K_1 \subset O_1 = \bigcup_{x \in A} O_{1,x}$. Posons $O_2 = \bigcap_{x \in A} O_{2,x}$, alors $O_1 \times O_2$ est un voisinage ouvert de $K_1 \times \{a\}$ contenu dans V, ce qui prouve le résultat voulu lorsque K_2 est réduit à un point.

2. Dans le cas général, soit V un voisinage de $K_1 \times K_2$. Pour tout $y \in K_2$, il existe, d'après 1., un voisinage ouvert $O_{1,y} \times O_{2,y}$ de $K_1 \times \{y\}$ contenu dans V. Lorsque y décrit K_2, les ouverts $O_{2,y}$ constituent un recouvrement de K_2 ; il existe donc une partie finie A de K_2 telle que $K_2 \subset O_2 = \bigcup_{y \in A} O_{2,y}$. Posons $O_1 = \bigcap_{y \in A} O_{1,y}$, alors $O_1 \times O_2$ est un voisinage ouvert de $K_1 \times K_2$ contenu dans V, ce qui prouve le résultat voulu.

EXERCICE 2.31.5

Soit A une partie fermée de $X \times Y$ et soit $y \notin pr_2(A)$. Pour tout $x \in X$, le point (x, y) n'appartenant pas à A n'est pas adhérent à A ; il existe donc un voisinage ouvert $U_x \times V_x$ de ce point ne rencontrant pas A. Lorsque x décrit X, les ouverts U_x forment un recouvrement ouvert de l'espace compact X. Il existe donc une partie finie F de X telle que $X = \bigcup_{x \in F} U_x$. Posons $V = \bigcap_{x \in F} V_x$. Alors, V est un voisinage ouvert du point y ne rencontrant pas $pr_2(A)$, ce qui prouve que $pr_2(A)$ est fermé.

EXERCICE 2.31.6

1. On peut écrire $A = pr_1(f^{-1}(\{a\}))$ en notant $pr_1 : X \times Y \to X$ la première projection. L'ensemble $f^{-1}(\{a\})$ est fermé d'après la continuité de f, l'espace Z étant séparé. L'espace Y étant compact, l'exercice 2.31.5 montre que A est fermé.

2. L'application $g : A \to Y$ est bien définie d'après l'injectivité de l'application

$y \mapsto f(x,y)$. Le graphe G de g est fermé dans $A \times Y$ car

$$G = \{(x,y) \in A \times Y \,;\, f(x,y) = a\} = (A \times Y) \cap f^{-1}(\{a\}).$$

L'espace Y étant compact, l'application g est continue d'après l'exercice 2.31.1.

EXERCICE 2.32.1

L'ultrafiltre $\mathcal{U}$ admet une trace sur A si, et seulement si, $M \cap A \neq \emptyset$ pour tout $M \in \mathcal{U}$. Or, $A \in \mathcal{U}$ ou bien $X - A \in \mathcal{U}$ d'après la proposition 2.32.3 ; si $\mathcal{U}$ admet une trace sur A, $X - A$ ne peut pas appartenir à $\mathcal{U}$ et on a donc nécessairement $A \in \mathcal{U}$ et, si cette condition est réalisée, alors $\mathcal{U}$ admet une trace sur A, l'intersection de deux ensembles d'un filtre étant non vide.

Montrons alors que le filtre induit $\mathcal{U}_A$ est un ultrafiltre. Utilisons le critère de la proposition 2.32.3. Soit B une partie de A, alors ou bien $B \in \mathcal{U}$, ou bien $X - B \in \mathcal{U}$. Lorsque $B \in \mathcal{U}$, on a alors $B = B \cap A \in \mathcal{U}_A$ et lorsque $X - B \in \mathcal{U}$, on a

$$A - B = (X - B) \cap A \in \mathcal{U}_A,$$

ce qui permet de conclure.

EXERCICE 2.32.2

$1 \Rightarrow 2$ d'après la continuité de π et l'exercice 2.31.1.

$2 \Rightarrow 3$ Soit F un fermé de X, montrons que $\pi(F)$ est fermé dans X/R, c'est-à-dire que $\pi^{-1}(\pi(F))$ est fermé dans X. On observe que

$$\pi^{-1}(\pi(F)) = \{x \in X \,;\, (\exists y \in F)(\pi(y) = \pi(x))\}$$

et par conséquent

$$\pi^{-1}(\pi(F)) = pr_1((X \times F) \cap G)$$

en notant $pr_1 : X \times X \to X$ la première projection. L'ensemble $(X \times F) \cap G$ est une partie fermée de l'espace compact $X \times X$ (Tychonoff), donc compacte ; d'après la continuité de la projection pr_1, $\pi^{-1}(\pi(F))$ est donc compact dans X, c'est-à-dire fermé.

$3 \Rightarrow 1$ Montrons que deux points distincts ξ et η de l'espace quotient X/R admettent des voisinages disjoints. L'application π étant fermée, le saturé de tout fermé est fermé (exercice 2.24.1) ; en particulier, l'ensemble $\pi^{-1}(\xi)$ est fermé en tant que saturé de l'un quelconque de ses points et de même $\pi^{-1}(\eta)$ est fermé. Les ensembles $\pi^{-1}(\xi)$ et $\pi^{-1}(\eta)$ sont donc deux fermés disjoints dans un espace compact ; d'après la proposition 2.31.9, ces fermés admettent des voisinages disjoints

$$V \in \mathcal{V}(\pi^{-1}(\xi)) \text{ et } W \in \mathcal{V}(\pi^{-1}(\eta))$$

qu'on peut supposer ouverts. L'ensemble (saturé) $\pi^{-1}(\xi)$ ne rencontrant pas $X - V$ ne rencontre pas le saturé V' de $X - V$, d'où $\pi^{-1}(\xi) \subset X - V' \subset V$; de même, $\pi^{-1}(\eta) \subset X - W' \subset W$ en notant W' le saturé de $X - W$. Les ensembles V' et W' sont fermés en tant que saturés d'ensembles fermés. Les inclusions précédentes montrent que $X - V'$ et $X - W'$ sont des voisinages ouverts disjoints de $\pi^{-1}(\xi)$ et $\pi^{-1}(\eta)$. Ces ouverts étant saturés, on en déduit que leurs images par π sont des ouverts disjoints et ce sont donc des voisinages ouverts disjoints de ξ et η, ce qui prouve le résultat voulu.

EXERCICE 2.33.1

La condition est évidemment nécessaire. Réciproquement, si tout recouvrement ouvert dénombrable contient un sous-recouvrement fini, toute suite admet une valeur d'adhérence (exercice 2.30.2) et l'espace est compact d'après le théorème 2.33.4.

EXERCICE 2.33.2

1. L'espace $X \times X$ est un espace métrique compact (Tychonoff) ; il existe donc une sous-suite $((a_{n_k}, b_{n_k}))$ convergente. Les suites (a_{n_k}) et (b_{n_k}) sont convergentes , donc de Cauchy : en particulier, pour tout $\varepsilon > 0$, il existe un entier k tel que

$$d(a_{n_k}, a_{n_l}) \leq \varepsilon \text{ et } d(b_{n_k}, b_{n_l}) \leq \varepsilon \text{ pour tout } l > k.$$

Vu l'hypothèse, on a

$$d(a, a_{n_l - n_k}) \leq d(f^{n_k}(a), f^{n_k}(a_{n_l - n_k})) = d(a_{n_k}, a_{n_l}) \leq \varepsilon$$

et de même $d(b, b_{n_l - n_k}) \leq \varepsilon$. Choisissons un $l > k$ et posons $n = n_l - n_k \geq 1$, on a alors

$$d(a, a_n) \leq \varepsilon \text{ et } d(b, b_n) \leq \varepsilon.$$

2. D'après l'inégalité triangulaire, on en déduit que

$$d(f(a), f(b)) \leq d(a_n, b_n) \leq d(a, a_n) + d(a_n, b_n) + d(b, b_n) \leq 2\varepsilon + d(a, b),$$

et, ceci valant pour tout $\varepsilon > 0$, $d(f(a), f(b)) \leq d(a, b)$, d'où $d(f(a), f(b)) = d(a, b)$.

3. L'application f est donc une isométrie de X sur son image $f(X)$. L'espace X étant compact, $f(X)$ est une partie compacte, donc fermée. Notons d'autre part que $f(X)$ est dense dans X : en effet, pour tout $a \in X$ et tout $\varepsilon > 0$, il existe d'après 1. un point $x \in f(X)$, à savoir a_n, tel que $d(a, x) \leq \varepsilon$. Ceci prouve que $f(X)$ est fermé et partout dense et par conséquent $f(X) = X$: f est une isométrie de X sur X.

EXERCICE 2.33.3 ESPACE DES FERMÉS D'UN ESPACE MÉTRIQUE

1. On a évidemment $\rho(A, B) = \rho(B, A)$. La relation $\rho(A, B) = 0$ signifie $d(x, B) = 0$ pour tout $x \in A$ et $d(x, A) = 0$ pour tout $x \in B$, c'est-à-dire $A \subset \overline{B} = B$ et $B \subset \overline{A} = A$, d'où $A = B$. Quant à l'inégalité triangulaire, montrons que, pour tout $A, B, C \in \mathcal{F}$,

$$\sup_{x \in A} d(x, C) \leq \sup_{x \in A} d(x, B) + \sup_{y \in B} d(y, C).$$

D'après (2.13.4), on a pour tout $x \in A$ et tout $y \in B$

$$d(x, C) \leq d(x, y) + d(y, C) \leq d(x, y) + \sup_{y \in B} d(y, C),$$

d'où

$$d(x, C) \leq \inf_{y \in B} d(x, y) + \sup_{y \in B} d(y, C),$$

soit

$$d(x, C) \leq d(x, B) + \sup_{y \in B} d(y, C)$$

et on obtient l'inégalité annoncée en prenant la borne supérieure sur $x \in A$. On en déduit que

$$\sup_{x \in A} d(x, C) \leq \rho(A, B) + \rho(B, C)$$

et en permutant A et C,

$$\sup_{x \in C} d(x, A) \leq \rho(A, B) + \rho(B, C),$$

d'où

$$\rho(A, C) \leq \rho(A, B) + \rho(B, C).$$

2. On considère une suite (A_n) de $\mathcal{F}$ convergeant vers A pour cette distance ρ et des points $x_n \in A_n$ tels que la suite (x_n) converge vers une limite notée x. Montrons que x appartient à A. Posons $\varepsilon_n = \sup_{x \in A_n} d(x, A)$, la suite (ε_n) tend vers 0 ; on a

$d(x_n, A) \leq \varepsilon_n$ et en passant à la limite $d(x, A) = 0$, d'où $x \in \overline{A} = A$, ce qui prouve le résultat voulu.

3. Soit (A_n) une suite de $\mathcal{F}$ convergeant vers A, on se propose de démontrer que A est égal à l'ensemble $B = \bigcap_{n=0}^{\infty} \overline{\bigcup_{p \geq n} A_p}$.

Soit $x \in A$, montrons que x appartient à B. Il s'agit de démontrer que, pour tout $n \in \mathbb{N}$, x est adhérent à l'ensemble $\bigcup_{p \geq n} A_p$, c'est-à-dire que pour tout $\varepsilon > 0$ il existe $p \geq n$ tel que l'intersection $B(x; \varepsilon) \cap A_p$ soit non vide : en effet, $\sup_{x \in A} d(x, A_p)$ tend vers 0 lorsque p tend vers l'infini ; il existe donc $p \geq n$ tel que $d(x, A_p) < \varepsilon$, ce qui prouve le résultat voulu.

Inversement, soit $x \in B$. Soit (ε_k) une suite de nombres > 0 convergeant vers 0, construisons par récurrence une sous-suite (A_{n_k}) telle que

$$B(x; \varepsilon_k) \cap A_{n_k} \neq \emptyset \text{ pour tout } k.$$

Pour $k = 0$, le point x étant adhérent à $\bigcup_{p \geq 0} A_p$, il existe un entier n_0 tel que $B(x; \varepsilon_0)$ rencontre A_{n_0}. De même, le point x étant adhérent à $\bigcup_{p \geq n_k+1} A_p$, il existe $n_{k+1} > n_k$ tel que $B(x; \varepsilon_{k+1})$ rencontre $A_{n_{k+1}}$. Choisissons alors $x_k \in B(x; \varepsilon_k) \cap A_{n_k}$; on construit ainsi une suite (x_k) qui converge vers x et, la sous-suite (A_{n_k}) convergeant vers A, on a $x \in A$ d'après 2.

Ceci prouve la formule voulue.

4. On suppose l'espace X précompact. Soit $\varepsilon > 0$, il existe une famille finie $(A_i)_{i \in I}$ de fermés non vides de diamètre $\leq \varepsilon$ dont la réunion est X. On note $\mathcal{B}$ l'ensemble des parties de X qui s'écrivent $\bigcup_{i \in J} A_i$ où J est une partie non vide de I ; de telle parties de X étant fermées, $\mathcal{B}$ est une partie finie de $\mathcal{F}$. Si A est une partie fermée non vide de X, l'ensemble $J = \{i \in I \,;\, A \cap A_i \neq \emptyset\}$ est non vide et $A \subset B$ où $B = \bigcup_{i \in J} A_i \in \mathcal{B}$. Il en résulte que

$$\rho(A, B) = \sup_{x \in B} d(x, A) \leq \varepsilon$$

et ceci prouve que l'ensemble des boules fermées $(B'(B; \varepsilon))_{B \subset \mathcal{B}}$ est un recouvrement fini de $\mathcal{F}$, ce qui prouve que $\mathcal{F}$ est précompact.

5,a. La suite (A_n) étant de Cauchy, il existe un entier n tel que $\rho(A_p, A_q) \leq \varepsilon/2$, c'est-à-dire $\sup_{x \in A_p} d(x, A_q) \leq \varepsilon/2$, pour tout $p, q \geq n$. Pour tout $x \in A_p$, on a donc $d(x, A_q) \leq \varepsilon/2$ et par conséquent il existe $y \in A_q$ tel que $d(x, y) \leq \varepsilon$.

b. D'après 5,a., il existe un entier n_0 tel que, pour $p, q \geq n_0$ et $x \in A_p$, il existe $y \in A_q$ tel que $d(x, y) \leq \varepsilon_0$. On choisit un point quelconque x_0 de $\bigcup_{p \geq n_0} A_p$. Alors, pour $q \geq n_0$, il existe $y \in A_q$ tel que $d(x_0, y) \leq \varepsilon_0$. D'après 5,a., il existe un entier $n_1 > n_0$ tel que, pour $p, q \geq n_1$ et $x \in A_p$, il existe $y \in A_q$ tel que $d(x, y) \leq \varepsilon_1$. On choisit un point $x_1 \in A_{n_1}$ tel que $d(x_0, x_1) \leq \varepsilon_0$; pour $q \geq n_1$, il existe alors $y \in A_q$ tel que $d(x_1, y) \leq \varepsilon_1$. Par récurrence, on construit ainsi une sous-suite (A_{n_k}) et des $x_k \in A_{n_k}$, $k \geq 1$, tels que $d(x_{k-1}, x_k) \leq \varepsilon_{k-1}$ et, pour tout $q \geq n_k$, il existe $y \in A_q$ tel que $d(x_k, y) \leq \varepsilon_k$.

c. La suite (x_k) est de Cauchy car on a

$$d(x_k, x_{k+l}) \leq \varepsilon_k + \ldots + \varepsilon_{k+l-1}, \; l \geq 1,$$

et la série $\sum_{k=0}^{\infty} \varepsilon_k$ est convergente. L'espace X étant complet, cette suite converge vers une limite que nous notons y. On a $x_{n_k} \in A_{n_k} \subset B_k$ car $n_k \geq k$ et la suite (B_k) étant décroissante $x_{n_k} \in B_l$ pour $k \geq l$, d'où $y \in \overline{B_l} = B_l$ pour tout l, soit $y \in B$ et ceci prouve que B est non vide. De plus,

$$d(x_0, x_k) \leq \varepsilon_0 + \ldots + \varepsilon_{k-1} \leq \varepsilon,$$

d'où $d(x_0, y) \leq \varepsilon$ et en particulier $d(x_0, B) \leq \varepsilon$. En posant $n_0 = n$ et $x_0 = x$, on en déduit ceci : pour tout $\varepsilon > 0$, il existe un entier n tel que, pour tout $x \in \bigcup_{p \geq n} A_p$, $d(x, B) \leq \varepsilon$ et ceci vaut encore pour tout $x \in B_n$.

d. Soit $\varepsilon > 0$, d'après 5,a., il existe n tel que, pour tout $q \geq n$ et tout $x \in \bigcup_{p \geq n} A_p$, donc tout $x \in B$, $d(x, A_q) \leq \varepsilon$, soit $\sup_{x \in B} d(x, A_q) \leq \varepsilon$. D'après 5,c., on peut en outre choisir n tel que $\sup_{x \in A_q} d(x, B) \leq \varepsilon$ pour $q \geq n$ et ceci prouve que $\rho(B, A_q) \leq \varepsilon$ pour $q \geq n$. La suite (A_n) converge donc vers B et l'espace $\mathcal{F}$ est donc complet.

6. Si X est compact, X est complet et précompact (théorème 2.33.4) ; il en est donc de même de $\mathcal{F}$ qui est donc compact.

EXERCICE 2.33.4

1. Soient $\varepsilon > 0$ et $x \in [a, b]$, la fonction f admettant des limites à gauche et à droite au point x, il existe $\delta_x > 0$ tel que $d(f(y), f(z)) \leq \varepsilon$ lorsque $y, z \in [a, b] \cap]x, x + \delta_x[$, ou bien lorsque $y, z \in [a, b] \cap]x - \delta_x, x[$. Le recouvrement ouvert $( ]x - \delta_x, x + \delta_x[ )_{x \in [a,b]}$ de l'intervalle compact $[a, b]$ contient un sous-recouvrement fini $( ]a_j - \delta_{a_j}, a_j + \delta_{a_j}[ )_{j \in J}$. Notons $(x_i)_{1 \leq i \leq n+1}$ la suite strictement croissante constituée des points $a, b, a_j - \delta_{a_j}, a_j, a_j + \delta_{a_j}$ appartenant à $[a, b]$. On a alors $d(f(y), f(z)) \leq \varepsilon$ lorsque $y, z \in]x_i, x_{i+1}[$. On construit ensuite une fonction en escalier $g : [a, b] \to X$ en posant $g(x_i) = f(x_i)$, $1 \leq i \leq n + 1$ et $g(x) = f(y_i)$ pour $x \in]x_i, x_{i+1}[$, $1 \leq i \leq n$, où y_i est un point arbitraire de l'intervalle $]x_i, x_{i+1}[$. On a alors $d(f(x), g(x)) \leq \varepsilon$ pour tout $x \in [a, b]$, ce qui prouve le résultat voulu.

2. Toute fonction en escalier étant bornée, la proposition 2.27.2 montre que toute fonction réglée est bornée.

EXERCICE 2.33.5

1. Construisons la famille (A_ε). Notons δ le diamètre de X. Si $\delta = 0$, c'est-à-dire si X est réduit à un point, on prend $A_0 = A_1 = X$. Lorsque $\delta > 0$, X étant précompact, il existe une famille finie $(K_i)_{1 \leq i \leq p+1}$ de parties compactes non vides de diamètre $\leq \delta/2$ dont la réunion est X et, δ étant > 0, on notera que $p \geq 1$. Définissons alors les A_ε pour $\varepsilon \in \bigcup_{n=1}^{p} \mathcal{E}_n$ de la façon suivante. On pose

$$A_0 = K_1 \text{ et } A_1 = \bigcup_{n=2}^{p+1} K_n,$$

puis pour $\varepsilon \in \mathcal{E}_q$ où $1 \leq q < p$, si A_ε est l'un des K_n, on prend $A_{\varepsilon'} = A_{\varepsilon''} = K_n$ et, si $A_\varepsilon = \bigcup_{n=q+1}^{p+1} K_n$, on prend

$$A_{\varepsilon'} = K_{q+1} \text{ et } A_{\varepsilon''} = \bigcup_{n=q+2}^{p+1} K_n.$$

On constate alors que chaque A_ε pour $\varepsilon \in \mathcal{E}_p$ est égal à l'un des K_n et est donc de diamètre $\leq \delta/2$. Il suffit alors d'itérer cette construction à partir de ces A_ε, $\varepsilon \in \mathcal{E}_p$, pour obtenir le résultat voulu.

2. Pour $\varepsilon \in \{0, 1\}^{\mathbb{N}^*}$, l'intersection $\bigcap_{n=1}^{\infty} A_{\varepsilon_n}$ est réduite à un point a d'après le théorème de Cantor (proposition 2.18.9) ; montrons que l'application $f : \varepsilon \mapsto a$ de $\{0, 1\}^{\mathbb{N}^*}$ dans X est une surjection continue.

Cette application est surjective. En effet, soit $a \in X$; pour tout $n \geq 1$, $X = \bigcup_{\varepsilon \in \mathcal{E}_n} A_\varepsilon$, donc il existe $\varepsilon_n \in \mathcal{E}_n$ tel que $a \in A_{\varepsilon_n}$. D'après la condition 2., en raisonnant par récurrence on peut choisir les ε_n tels que $\varepsilon_n|_{[1, n-1]} = \varepsilon_{n-1}$ pour $n \geq 2$. Autrement dit, il existe

$\varepsilon \in \mathcal{E}$ tel que $\varepsilon|_{[1,n]} = \varepsilon_n$ pour tout $n \geq 1$ et par conséquent $a = f(\varepsilon)$.

Quant à la continuité de f, soit (ε^k) une suite de $\{0,1\}^{\mathbb{N}^*}$ convergeant vers ε. Montrons que la suite $a^k = f(\varepsilon^k)$ converge vers $a = f(\varepsilon)$. La topologie sur l'espace $\{0,1\}^{\mathbb{N}^*}$ étant la topologie produit, pour tout $n \geq 1$, il existe un entier k tel que, pour $l \geq k$, $\varepsilon_n^l = \varepsilon_n$, d'où $a^l \in A_{\varepsilon_n}$ et par conséquent $|a - a^l| \leq \operatorname{diam} A_{\varepsilon_n}$ pour $l \geq k$ et, vu la condition 3., ceci montre que la suite (a^k) converge vers a.

EXERCICE 2.33.6

1. Montrons que la condition est nécessaire. On suppose l'espace compact et on considère une partie non vide A de X. Posons $A_x = [x, \rightarrow[\cap A$, alors $\mathcal{B} = (A_x)_{x \in A}$ est une base de filtre en tant qu'ensemble non vide de parties non vides (car $x \in A_x$) stable par intersection finie car $A_x \cap A_y = A_z$ où $z = \max(x, y)$. Cette base de filtre admet un point adhérent a, soit $a \in \overline{A_x}$ pour tout $x \in A$. On en déduit en particulier que $a \in [x, \rightarrow[$ pour tout $x \in A$, ce qui prouve que a est un majorant de A. Montrons que a est la borne supérieure de A en raisonnant par l'absurde. Supposons qu'il existe un majorant b de A tel que $b < a$, alors $]b, \rightarrow[$ est un voisinage ouvert de a ne rencontrant pas A, ce qui est absurde vu que $a \in \overline{A}$.

En remplaçant l'ordre par l'ordre opposé qui induit la même topologie, on en déduit que toute partie non vide admet une borne inférieure.

2. Réciproquement, supposons que toute partie non vide admet une borne supérieure et inférieure. Montrons que l'espace est compact. L'espace est séparé d'après l'exercice 2.17.4. Montrons que tout filtre $\mathcal{F}$ admet un point adhérent. On pose $x_M = \inf M$ et $a = \sup_{M \in \mathcal{F}} x_M$; vérifions que a est un point adhérent à $\mathcal{F}$. Les intervalles ouverts de la forme $]\alpha, \beta[$, $]\alpha, \rightarrow[$, $]\leftarrow, \beta[$ qui contiennent a constituent un système fondamental de voisinages de a ; vérifions que chacun de ces intervalles rencontre tout $M \in \mathcal{F}$.

Si $I =]\alpha, \beta[$ ou $I =]\alpha, \rightarrow[$, on a $\alpha < a$; il existe donc $N \in \mathcal{F}$ tel que $\alpha < x_N \leq a$, d'où $\alpha < x_N \leq x_{M \cap N} \leq a$ et, vu la définition de $x_{M\cap N}$, il en résulte que l'intervalle I rencontre $M \cap N$ et a fortiori M.

Si $I =]\leftarrow, \beta[$, alors $a < \beta$, d'où $x_M \leq a < \beta$ et par conséquent $I \cap M \neq \emptyset$, ce qui prouve le résultat voulu.

3. La topologie de l'ordre sur $\overline{\mathbb{R}}$ est la topologie usuelle, elle est donc compacte d'après le critère précédent.

EXERCICE 2.33.7

1. Notons $(x_1, x_2) \leq (y_1, y_2)$ la relation. Cette relation est évidemment réflexive. Vérifions la transitivité. On suppose $(x_1, x_2) \leq (y_1, y_2)$ et $(y_1, y_2) \leq (z_1, z_2)$. Si $x_1 < y_1$ ou $y_1 < z_1$, alors $x_1 < z_1$, d'où $(x_1, x_2) \leq (z_1, z_2)$. Sinon, $x_1 = y_1 = z_1$ et $x_2 \leq y_2 \leq z_2$, d'où $(x_1, x_2) \leq (z_1, z_2)$. Quant à l'antisymétrie, si $(x_1, x_2) \leq (y_1, y_2)$ et $(y_1, y_2) \leq (x_1, x_2)$, on a nécessairement $x_1 = y_1$, d'où $x_2 \leq y_2$ et $y_2 \leq x_2$, soit $x_2 = y_2$. Ceci prouve que la relation considérée est bien une relation d'ordre.

Lorsque les relations d'ordre sur X_1 et X_2 sont des relations d'ordre total, montrons que l'ordre lexicographique est total. Soient $(x_1, x_2), (y_1, y_2) \in X_1 \times X_2$. Si $x_1 < y_1$ ou si $y_1 < x_1$, on a $(x_1, x_2) \leq (y_1, y_2)$ ou $(y_1, y_2) \leq (x_1, x_2)$. Sinon, $x_1 = y_1$ et $x_2 \leq y_2$ ou $y_2 \leq x_2$, d'où $(x_1, x_2) \leq (y_1, y_2)$ ou $(y_1, y_2) \leq (x_1, x_2)$.

2. On munit l'espace $[0,1]^2$ de l'ordre lexicographique et de la topologie de l'ordre associée. Utilisons l'exercice 2.33.6. Montrons que toute partie non vide A admet une borne supérieure et une borne inférieure. Posons $a = \sup_{(x,y) \in A} x$ et $B = A \cap (\{a\} \times [0,1])$.

Si $B = \emptyset$, alors $(a, 0)$ est la borne supérieure de A : en effet, si $(x, y) \in A$, on a $x < a$, d'où $(x, y) \leq (a, 0)$ ce qui prouve que $(a, 0)$ est un majorant ; en outre, pour tout $b < a$, il existe $(x, y) \in A$ tel que $b \leq x$ et, si (m, n) est un majorant, il en résulte que $b \leq x \leq m$, d'où $a \leq m$ et $(a, 0) \leq (m, n)$, ce qui prouve que $(a, 0)$ est le plus petit majorant, c'est-à-dire la borne supérieure de A.

Lorsque B est non vide, posons $b = \sup_{(a,y) \in B} y$, alors (a, b) est évidemment la borne supérieure de A.

On démontre de même que A admet une borne inférieure et on en déduit que l'espace $[0, 1]^2$ est compact.

EXERCICE 2.33.8

Vu l'hypothèse, l'application f est continue ; il en résulte que l'application $x \mapsto d(x, f(x))$ est continue. L'espace X étant compact, cette application admet un minimum (théorème 2.33.11) : si $a = \min_{x \in X} d(x, f(x))$, il existe $x_0 \in X$ tel que $a = d(x_0, f(x_0))$. Montrons que x_0 est un point fixe de f. Raisonnons par l'absurde. Si on avait $f(x_0) \neq x_0$, on aurait

$$d(f(x_0), f(f(x_0))) < d(x_0, f(x_0)) = a,$$

ce qui est contraire à la définition de a.

Montrons que ce point fixe est unique. Supposons en effet que f admette deux points fixes x_0 et x_1, $x_0 \neq x_1$. On aurait alors $d(x_0, x_1) = d(f(x_0), f(x_1)) < d(x_0, x_1)$, ce qui est absurde.

EXERCICE 2.33.9

Soit V un voisinage de A, on peut supposer $V \neq X$. L'application $x \mapsto d(x, X - V)$ est continue sur X et $d(x, X - V) > 0$ pour tout $x \in A$. D'après le corollaire 2.33.12, il existe $\delta > 0$ tel que $d(x, X - V) \geq \delta$ pour tout $x \in A$ et il en résulte que $V_{1/n}(A) \subset V$ dès que $1/n \leq \delta$, ce qui prouve le résultat voulu.

EXERCICE 2.33.10

On raisonne par l'absurde. Supposons que $\mathbb{N}$ admette un système fondamental dénombrable de voisinages, soit (V_m). Il existe des nombres $a_{mn} > 0$ tels que

$$V_m \supset \bigcup_{n=0}^{\infty}]n - a_{mn}, n + a_{mn}[\, .$$

Bien entendu, on peut supposer $a_{mn} \leq 1/2$. Considérons alors le voisinage de $\mathbb{N}$,

$$V = \bigcup_{n=0}^{\infty}]n - a_{nn}/2, n + a_{nn}/2[\, .$$

Il doit exister un entier m tel que $V_m \subset V$, c'est-à-dire tel que $a_{mn} \leq a_{nn}/2$ pour tout n et ceci est évidemment en défaut pour $n = m$.

Ceci prouve que dans l'exercice 2.33.9, l'hypothèse de compacité est essentielle.

EXERCICE 2.33.11 THÉORÈME DE D'ALEMBERT

Notons $P(z) = \sum_{i=0}^{n} a_i z^i$ le polynôme ; on suppose $n \geq 1$ et $a_n \neq 0$. Raisonnons par l'absurde : supposons $P(z) \neq 0$ pour tout $z \in \mathbb{C}$. Étant donné que $|P(z)|$ tend vers l'infini quand $|z|$ tend vers l'infini, il existe $R > 0$ tel que

$$|P(0)| \leq |P(z)| \text{ pour tout } |z| \geq R.$$

Sur le compact $\{z \in \mathbb{C} \, ; \, |z| \leq R\}$, $|P|$ admet un minimum (théorème 2.33.11) : il existe $z_0 \in \mathbb{C}$ tel que $|P(z_0)| = \min_{|z| \leq R} |P(z)|$, d'où $|P(z_0)| = \min_{z \in \mathbb{C}} |P(z)|$.

D'après la formule de Taylor, on peut écrire

$$P(z) = P(z_0) + \sum_{i=k}^{n} b_i (z - z_0)^k \text{ où } 1 \leq k \leq n \text{ et } b_k \neq 0.$$

Lorsque $\rho > 0$ tend vers 0, $|b_k|\rho^k$ et $\sum_{i=k+1}^{n} |b_i|\, \rho^{i-k}$ tendent vers 0 ; $P(z_0)$ et b_k étant non nuls, on en déduit que, pour ρ suffisamment petit,

$$\sum_{i=k+1}^{n} |b_i|\, \rho^i < |b_k|\, \rho^k < |P(z_0)|.$$

Quand z décrit le cercle $|z - z_0| = \rho$, le point $P(z_0) + b_k(z - z_0)^k$ décrit k fois le cercle de centre $P(z_0)$ et de rayon $|b_k|\, \rho^k$, rayon $< |P(z_0)|$; il existe donc un point z_1, $|z_1 - z_0| = \rho$, tel que le point $P(z_0) + b_k(z_1 - z_0)^k$ appartienne au segment $]0, P(z_0)[$, d'où

$$|P(z_0) + b_k(z_1 - z_0)^k| = |P(z_0)| - |b_k|\, \rho^k$$

et on en déduit

$$\begin{aligned} |P(z_1)| &\leq |P(z_0) + b_k(z_1 - z_0)^k| + \left| \sum_{i=k+1}^{n} b_i (z_1 - z_0)^i \right| \\ &\leq |P(z_0)| - |b_k|\, \rho^k + \sum_{i=k+1}^{n} |b_i|\, \rho^i < |P(z_0)|, \end{aligned}$$

soit $|P(z_1)| < |P(z_0)|$, ce qui contredit le fait que $|P|$ admet un minimum au point z_0.

EXERCICE 2.33.12

On raisonne par l'absurde. Supposons qu'il existe $\varepsilon > 0$ tel que, pour tout $\delta > 0$, il existe $x \in K$ et $y \in X$ tels que

$$d(x, y) \leq \delta \text{ et } d(f(x), f(y)) \geq \varepsilon.$$

Prenons $\delta = 1/n$, $n \geq 1$; on construit ainsi une suite (x_n) de K et une suite (y_n) de X telles que

$$d(x_n, y_n) \leq 1/n \text{ et } d(f(x_n), f(y_n)) \geq \varepsilon.$$

Le sous-espace K étant compact, il existe une sous-suite (x_{n_k}) convergente vers $a \in K$; de l'inégalité $d(x_{n_k}, y_{n_k}) \leq 1/n_k$, on déduit que la suite (y_{n_k}) converge vers a. L'application f étant continue au point a, en passant à la limite dans l'inégalité $d(f(x_{n_k}), f(y_{n_k})) \geq \varepsilon$, on obtient $d(f(a), f(a)) \geq \varepsilon$, ce qui est absurde.

EXERCICE 2.33.13

Utilisons la fonction $\varphi : \overline{\mathbb{R}} \to [-1, 1]$ définie par

$$\varphi(t) = t/(1 + |t|) \text{ si } t \in \mathbb{R} \text{ et } \varphi(\pm\infty) = \pm 1.$$

Les fonctions $\varphi \circ f_n : X \to [-1, 1]$ sont s.c.i. d'après l'exercice 2.14.3 ; l'espace $\overline{\mathbb{R}}$ étant compact, la fonction φ est uniformément continue et on en déduit que la suite $(\varphi \circ f_n)$ converge uniformément vers $\varphi \circ f$ (exercice 2.27.3). Les fonctions φ et φ^{-1} étant continues et croissantes, la fonction f est s.c.i. si, et seulement si, la fonction $\varphi \circ f$ est s.c.i. (exercice 2.14.3). Ceci montre qu'on peut supposer toutes les fonctions f_n et f à valeurs réelles finies.

Soit $\alpha < f(a)$ et soit $\varepsilon > 0$ tel que $\alpha + 3\,\varepsilon < f(a)$. Il existe un entier n tel que

$$|f(x) - f_n(x)| \leq \varepsilon \text{ pour tout } x \in X.$$

On a alors $f(x) = f(x) - f_n(x) + f_n(x) - f_n(a) + f_n(a) - f(a) + f(a)$, d'où

$$f(x) \geq f_n(x) - f_n(a) + f(a) - 2\,\varepsilon.$$

D'après la semi-continuité de f_n au point a, il existe un voisinage V de a tel que $f_n(x) > f_n(a) - \varepsilon$ pour $x \in V$, d'où $f(x) > f(a) - 3\varepsilon > \alpha$ pour tout $x \in V$, ce qui prouve que f est s.c.i. au point a.

EXERCICE 2.33.14

1. Soit $\varepsilon > 0$, il existe un entier n tel que $d(f(x), f_p(x)) \leq \varepsilon$ pour tout $x \in X$ et tout $p \geq n$. On a alors, pour $p \geq n$,

$$d(f(x), f_p(x_p)) \leq d(f(x), f(x_p)) + d(f(x_p), f_p(x_p)) \leq d(f(x), f(x_p)) + \varepsilon.$$

D'après la continuité de f au point x, on peut supposer de plus que $d(f(x), f(x_p)) \leq \varepsilon$ pour $p \geq n$ et on en déduit que $d(f(x), f_p(x_p)) \leq 2\varepsilon$ pour $p \geq n$, ce qui prouve que la suite $(f_n(x_n))$ converge vers $f(x)$.

2,a. En prenant pour suite (x_n) la suite constante $x_n = x$, l'hypothèse implique que la suite $(f_n(x))$ converge vers $f(x)$: la suite (f_n) converge simplement vers f.

b. On pose $y_n = x_k$ pour $n_k \leq n < n_{k+1}$. On obtient ainsi une suite (y_n) qui converge vers x : si V est un voisinage de x, il existe l tel que $x_k \in V$ pour $k \geq l$, d'où $y_n \in V$ pour $n \geq n_l$. La suite $(f_n(y_n))$ converge vers $f(x)$ et il en résulte que la sous-suite $(f_{n_k}(y_{n_k}))$, c'est-à-dire la suite $(f_{n_k}(x_k))$, converge vers $f(x)$.

c. Soit (x_n) une suite convergeant vers x. D'après 2,a., la suite $(f_n(x_k))$ converge vers $f(x_k)$. Par récurrence, on peut donc construire une sous-suite (f_{n_k}) telle que $d(f_{n_k}(x_k), f(x_k)) \leq 1/k$ pour tout $k \geq 1$. La suite $(f_{n_k}(x_k))$ convergeant vers $f(x)$ d'après 2,b., on en déduit que la suite $(f(x_k))$ converge vers $f(x)$, ce qui prouve la continuité de f au point x, l'espace X étant à base dénombrable de voisinages.

d. Lorsque X est un espace métrique compact, montrons que la suite (f_n) converge uniformément vers f. Raisonnons par l'absurde. On suppose qu'il existe $\varepsilon > 0$ tel que, pour tout entier n, il existe $p \geq n$ et $x \in X$ tels que $d(f(x), f_p(x)) \geq \varepsilon$. Par récurrence, on peut alors construire une sous-suite (f_{n_k}) et une suite (x_k) telles que $d(f(x_k), f_{n_k}(x_k)) \geq \varepsilon$. L'espace X étant un espace métrique compact, quitte à extraire une sous-suite on peut supposer que la suite (x_k) est convergente ; notons x sa limite. La fonction f est continue d'après 2,c., un espace métrique étant à base dénombrable de voisinages ; on peut donc passer à la limite dans l'inégalité $d(f(x_k), f_{n_k}(x_k)) \geq \varepsilon$ grâce à 2,b., on obtient $d(f(x), f(x)) \geq \varepsilon$, ce qui est absurde.

3. Lorsque X est un espace métrique compact, ce qui précède prouve qu'une suite (f_n) converge uniformément vers une application continue f si, et seulement si, pour toute suite (x_n) convergeant vers x, la suite $(f_n(x_n))$ converge vers $f(x)$. Cette dernière propriété n'utilisant que la structure topologique de l'espace Y, ceci montre que deux distances topologiquement équivalentes sur Y induisent la même topologie de la convergence uniforme sur l'espace $\mathcal{C}(X; Y)$.

EXERCICE 2.33.15 FONCTION NULLE PART DÉRIVABLE

1. Soit (f_k) une suite de F_n convergeant uniformément vers f. Il existe $t_k \in I$ tel que

$$|f_k(s) - f_k(t_k)| \leq n\,|s - t_k| \text{ pour tout } s \in I$$

et, I étant compact, il existe une sous-suite convergente (t_{k_l}) de limite t. Posons $g_l = f_{k_l}$; la suite (g_l) converge uniformément vers f et

$$|g_l(s) - g_l(t_{k_l})| \leq n\,|s - t_{k_l}| \text{ pour tout } s \in I.$$

On sait que $\lim_{l\to\infty} g_l(t_{k_l}) = f(t)$ d'après l'exercice 2.33.14 ; à la limite, on a donc

$$|f(s) - f(t)| \leq n\,|s - t| \text{ pour tout } s \in I$$

et ceci prouve que $f \in F_n$ qui est donc bien fermé.

Vérifions ensuite que F_n est d'intérieur vide, c'est-à-dire que $E - F_n$ est dense dans E. Soient $f \in E$, $\varepsilon > 0$, montrons qu'il existe une fonction continue, affine par morceaux, $g \in E - F_n$ telle que $\sup_{x \in I} |f(x) - g(x)| \leq \varepsilon$. D'après la continuité uniforme de f, il existe une subdivision

$$0 = x_1 < x_2 < \ldots < x_{p+1} = 1$$

de l'intervalle I telle que $|f(x) - f(y)| \leq \varepsilon$ lorsque $x, y \in [x_i, x_{i+1}]$, $1 \leq i \leq p$. Il existe alors a_i tel que $f([x_i, x_{i+1}]) \subset [a_i, a_i + \varepsilon]$ et il est aisé de construire une fonction continue g, affine par morceaux, telle que $g(x_i) = f(x_i)$, $g(x_{i+1}) = f(x_{i+1})$, chaque segment constituant le graphe de g ayant une pente en valeur absolue $\geq n' > n$ et telle que $g([x_i, x_{i+1}]) \subset [a_i, a_i + \varepsilon]$. On a alors $|g(x) - f(x)| \leq \varepsilon$ pour tout $x \in [x_i, x_{i+1}]$, ce qui achève la construction de g.

2. Si f admet une dérivée en un point $t \in I$, la fonction $s \mapsto (f(s) - f(t))/(s - t)$ admettant une limite quand s tend vers t par valeurs différentes est bornée : il en résulte que f appartient à l'un des F_n, donc à l'ensemble maigre $\bigcup_{n=0}^{\infty} F_n$. Le complémentaire de cet ensemble est partout dense car E est complet, donc de Baire, et une fonction appartenant à ce complémentaire n'est dérivable en aucun point de I.

EXERCICE 2.34.1

On peut supposer la distance sur Y bornée. Dire que la famille $(f_i)_{i \in I}$ est équicontinue au point a signifie que, pour tout $\varepsilon > 0$, il existe un voisinage V de a tel que, pour tout $i \in I$ et tout $x \in X$, $d(f_i(x), f_i(a)) \leq \varepsilon$, c'est-à-dire

$$d(f(\bullet, x), f(\bullet, a)) = \sup_{i \in I} d(f_i(x), f_i(a)) \leq \varepsilon\,;$$

l'équicontinuité est donc équivalente à la continuité au point a de l'application $x \mapsto f(\bullet, x)$ de X dans $\mathcal{F}_u(I; Y)$.

EXERCICE 2.34.2

Soit (f_n) une suite qui converge localement uniformément. Observons que l'équicontinuité est une propriété locale : la suite (f_n) est équicontinue en un point a si, et seulement si, il existe un voisinage V de a tel que la suite $(f_n|_V)$ des restrictions à V soit équicontinue au point a. On peut donc supposer que la suite (f_n) converge uniformément ; cette suite est donc relativement compacte pour la topologie de la convergence uniforme, donc équicontinue d'après le théorème d'Ascoli, l'hypothèse de compacité de X n'étant pas utilisée pour établir que les conditions 1. et 2. de ce théorème sont nécessaires.

EXERCICE 2.35.1

Soit K une partie compacte de X, pour tout $x \in K$ il existe un voisinage V_x de x, qu'on peut supposer ouvert, tel que la suite $(f_n|_{V_x})$ converge uniformément vers $f|_{V_x}$. Le recouvrement ouvert $(V_x)_{x \in K}$ du compact K contient un sous-recouvrement fini $(V_x)_{x \in A}$, A partie finie de K. Soit $\varepsilon > 0$, pour tout $x \in A$ il existe un entier n_x tel que $\sup_{y \in V_x} d(f(y), f_p(y)) \leq \varepsilon$ pour $p \geq n_x$. Posons $n = \max_{x \in A} n_x$, on a alors $d(f(y), f_p(y)) \leq \varepsilon$ pour $p \geq n$ et tout $y \in \bigcup_{x \in A} V_x$, donc pour tout $y \in K$, ce qui prouve que la suite (f_n) converge vers f uniformément sur K.

EXERCICE 2.35.2

Soient $a \in X$ et V un voisinage compact de a. La suite $(f_n|_V)$ est équicontinue et converge simplement ; elle converge donc uniformément d'après le corollaire 2.34.4. Ceci prouve que la suite (f_n) converge localement uniformément, donc uniformément sur tout compact d'après l'exercice 2.35.1.

EXERCICE 2.35.3

1. Supposons X à base dénombrable de voisinages. Montrons la continuité de f en un point $x \in X$. Soit (x_n) une suite de X convergeant vers x, il s'agit de démontrer que la suite $(f(x_n))$ converge vers $f(x)$ pour la topologie $\mathcal{T}_2$. Or, $K = \{x\} \cup \bigcup_{n=0}^{\infty}\{x_n\}$ est compact, donc $f(K)$ est compact pour la topologie $\mathcal{T}_2$ d'après l'hypothèse. La topologie $\mathcal{T}_1$ étant moins fine que $\mathcal{T}_2$, sur $f(K)$ les topologies $\mathcal{T}_1$ et $\mathcal{T}_2$ coïncident ; la suite $(f(x_n))$ convergeant vers $f(x)$ pour la topologie $\mathcal{T}_1$ d'après la continuité de f, converge vers $f(x)$ pour la topologie $\mathcal{T}_2$ et ceci prouve le résultat voulu.

2. Si X est localement compact, soit K un voisinage compact de x, alors $f|_K : K \to f(K)$ est continu lorsque $f(K)$ est muni de la topologie $\mathcal{T}_1$, donc de la topologie $\mathcal{T}_2$ puisque les deux topologies coïncident sur $f(K)$ comme précédemment et ceci prouve que f est continu au point x lorsque Y est muni de la topologie $\mathcal{T}_2$.

EXERCICE 2.35.4 TOPOLOGIE DE LA CONVERGENCE COMPACTE

1. L'ensemble $\mathcal{B}$ est stable par intersection finie et $\Gamma(\emptyset, Y) = \mathcal{C}(X;Y)$; d'après la proposition 2.9.4, $\mathcal{B}$ est donc une base de topologie.

2. Montrons que la trace sur $\mathcal{C}(X;Y)$ de tout ouvert élémentaire (l'ensemble de ces traces est une base de la topologie de la convergence simple) est un ouvert pour la topologie $\mathcal{T}_c$. Étant donné une partie finie A de X et, pour tout $x \in A$, des ouverts O_x de Y, on pose

$$O = \{f \in \mathcal{C}(X;Y)\,;\,(\forall x \in A)(f(x) \in O_x)\}$$

et il s'agit de démontrer que O est un ouvert pour la topologie $\mathcal{T}_c$. Or, O peut s'écrire

$$O = \bigcap_{x \in A} \Gamma(\{x\}, O_x)$$

où $\{x\}$ est une partie compacte, donc $O \in \mathcal{B}$, ce qui prouve le résultat voulu.

Si l'espace Y est séparé, la topologie de la convergence simple est séparée, la topologie $\mathcal{T}_c$ plus fine qu'une topologie séparée est donc séparée.

3. On suppose que la suite (f_n) converge uniformément sur tout compact vers f. Soient K un compact de X et O un ouvert de Y tel que $f \in \Gamma(K, O)$. D'après la continuité de f, $f(K)$ est compact ; ce compact et le fermé $Y - O$ sont disjoints, d'où $\varepsilon = d(f(K), Y - O) > 0$ d'après le corollaire 2.33.13. La suite $(f_n|_K)$ convergeant uniformément vers $f|_K$, il existe un entier n tel que $\sup_{x \in K} d(f(x), f_p(x)) < \varepsilon$ pour tout $p \geq n$, d'où $f_p(K) \subset O$, c'est-à-dire $f_p \in \Gamma(K, O)$ pour $p \geq n$, ce qui prouve que la suite (f_n) converge vers f pour la topologie de la convergence compacte.

En particulier, une suite uniformément convergente converge pour la topologie $\mathcal{T}_c$, ce qui prouve que la topologie $\mathcal{T}_c$ est moins fine que la topologie de la convergence uniforme.

4. Réciproquement, on suppose l'espace X localement compact et on considère une suite (f_n) convergeant vers f pour la topologie $\mathcal{T}_c$. Montrons que cette suite converge localement uniformément, donc uniformément sur tout compact d'après l'exercice 2.35.1.

Soient $\varepsilon > 0$, $x \in X$ et $O = B(f(x);\varepsilon)$, d'après la continuité de f, il existe un voisinage K de x tel que $f(K) \subset O$ et l'espace X étant localement compact, on peut choisir K compact. On a donc $f \in \Gamma(K,O)$ et, la suite (f_n) convergeant vers f pour la topologie $\mathcal{T}_c$, il existe un entier n tel que $f_p \in \Gamma(K,O)$ pour $p \geq n$, soit $f_p(K) \subset O$, d'où $d(f(x), f_p(x)) \leq 2\,\varepsilon$ pour tout $x \in K$ et tout $p \geq n$, ce qui prouve le résultat voulu.

5. Lorsque X est un espace compact, 3. et 4. prouvent que la topologie $\mathcal{T}_c$ coïncide avec la topologie de la convergence uniforme. La définition de la topologie $\mathcal{T}_c$ ne faisant appel qu'à la structure topologique de Y, la topologie de la convergence uniforme sur l'espace $\mathcal{C}(X;Y)$ ne dépend pas de la structure uniforme de Y : deux distances topologiquement équivalentes sur Y conduisent à la même topologie de la convergence uniforme.

EXERCICE 2.35.5 PRODUIT D'ESPACES LOCALEMENT COMPACTS

Le raisonnement est analogue à celui de l'exercice 2.28.1. Il suffit d'observer qu'on peut choisir les ouverts $B_{n,i}$ non vides et relativement compacts, on utilise ensuite le fait qu'une suite décroissante de compacts non vides admet une intersection non vide. Un tel choix est possible car, dans un espace localement compact, pour tout ouvert non vide O, il existe un ouvert non vide relativement compact B tel que $\overline{B} \subset O$ d'après la proposition 2.35.1.

EXERCICE 2.35.6

Si l'espace X est compact, il est fermé dans X', donc $\{\omega\}$ est un ensemble ouvert, ce qui signifie que le point ω est isolé. Réciproquement, si $\{\omega\}$ est ouvert, X est fermé dans l'espace compact X', donc compact.

EXERCICE 2.35.7

1. Le point ω n'est pas isolé d'après l'exercice 2.35.6. Le filtre des voisinages de ce point admet donc une trace sur X ; le filtre $\mathcal{V}(\omega)$ admettant pour base $(X' - K)_{K\in\mathcal{K}}$, $(X - K)_{K\in\mathcal{K}}$ est une base du filtre induit.

2. On prolonge f en une application $\hat{f} : X' \to \overline{\mathbb{R}}$ en posant $\hat{f}(\omega) = y$. On obtient ainsi une application continue d'après l'exercice 2.20.5 ; elle admet donc un minimum sur l'espace compact X' : il existe $x_0 \in X'$ tel que $\hat{f}(x_0) \leq \hat{f}(x)$ pour tout $x \in X'$. Ceci montre que f est borné inférieurement. Lorsque $x_0 = \omega$, la borne inférieure de f est égale à y. Lorsque la borne inférieure de f est différente de y, on a donc $x_0 \neq \omega$ et f admet un minimum au point x_0.

EXERCICE 2.35.8

1. Soit A un sous-espace localement compact d'un espace séparé. Soit $x \in A$, il existe un voisinage compact K de x dans le sous-espace A. Il existe un voisinage V de x dans X tel que $K = V \cap A$ et K est fermé dans V car compact, ce qui signifie que A est localement fermé (exercice 2.20.2).

2. Soit A un sous-espace localement fermé d'un espace localement compact X. Soit $x \in A$, il existe un voisinage V de x tel que $V \cap A$ soit fermé dans V. D'après la proposition 2.35.1, il existe un voisinage compact K de x tel que $x \in K \subset V$. Alors, $K \cap A$ est un voisinage de x dans A et ce voisinage est compact : en effet, $K \cap A = K \cap (V \cap A)$ et $V \cap A$ est fermé dans V, donc $K \cap (V \cap A)$ est fermé dans K. Ceci prouve que tout point

$x \in A$ admet un voisinage compact dans A ; A est un sous-espace localement compact.

EXERCICE 2.35.9 APPLICATION PROPRE

On notera que l'espace X est nécessairement localement compact. En effet, soient $x \in X$ et $y = f(x)$, il existe un voisinage compact V de y, alors $f^{-1}(V)$ est un voisinage de x d'après la continuité de f et ce voisinage est compact, f étant propre.

1. Montrons que f est une application fermée. Soient A une partie fermée de X et b un point adhérent à $f(A)$. Il existe un voisinage compact V de b, alors $W = f^{-1}(V)$ est une partie compacte de X. Vérifions que $V \cap f(A) = f(W \cap A)$. On a d'une part $f(W \cap A) \subset f(W) \cap f(A) \subset V \cap f(A)$, d'autre part, si $y \in V \cap f(A)$, il existe $x \in A$ tel que $y = f(x)$, d'où $x \in W \cap A$ et $y \in f(W \cap A)$; $W \cap A$ est fermé dans W, donc compact et $f(W \cap A)$ est compact d'après la continuité de f. Il en résulte que $V \cap f(A)$ est compact, donc fermé. Soit V' un voisinage du point b, alors $V \cap V'$ est un voisinage de b qui rencontre donc $f(A)$, ce qui prouve que b est adhérent à $V \cap f(A)$ et, cet ensemble étant fermé, on en déduit que $b \in f(A)$, ce qui prouve que $f(A)$ est fermé.

2. Supposons l'application f propre et soit $Y' - K'$, K' partie compacte de Y, un voisinage ouvert de ω', alors $g^{-1}(Y' - K') = X' - f^{-1}(K')$ est un voisinage ouvert de ω, car $f^{-1}(K')$ est une partie compacte de X. Ceci prouve la continuité de g au point ω. Réciproquement, si g est continu, $X' - f^{-1}(K')$ est un ouvert en tant qu'image réciproque d'un ouvert par une application continue, ce qui prouve que $f^{-1}(K')$ est fermé dans X', donc compact : f est donc propre.

EXERCICE 2.35.10 ESPACE LOCALEMENT COMPACT DÉNOMBRABLE A L'INFINI

$1 \Rightarrow 2$ On suppose que ω admet un système fondamental dénombrable de voisinages, il en résulte que ω admet un système fondamental dénombrable de voisinages de la forme $(X' - K_n)$ où les K_n sont des parties compactes de X. Montrons alors que $X = \bigcup_{n=0}^{\infty} K_n$. Soit $x \in X$, alors $X' - \{x\}$ est un voisinage ouvert de ω, il existe donc n tel que $X' - K_n \subset X' - \{x\}$, soit $x \in K_n$, ce qui prouve le résultat voulu.

$2 \Rightarrow 3$ On suppose que X est la réunion d'une suite (K_n) de parties compactes. D'après la proposition 2.35.1, il existe un voisinage ouvert relativement compact O_0 de K_0 et, pour $n \geq 1$, un voisinage ouvert relativement compact O_n du compact $\overline{O}_{n-1} \cup K_n$. Les ouverts O_n possèdent les propriétés voulues.

$3 \Rightarrow 4$ On pose $K_n = \overline{O}_n$, les ouverts O_n vérifiant 3. Si K est une partie compacte de X, la suite (O_n) est un recouvrement ouvert de K et, cette suite étant croissante, il existe un n tel que $K \subset O_n$, d'où $K \subset K_n$.

$4 \Rightarrow 1$ Soit (K_n) une suite de compacts vérifiant 4. Alors, $(X' - K_n)$ est un système fondamental de voisinages de ω car tout voisinage de ω contient un voisinage ouvert $X' - K$, K partie compacte de X, donc contient un voisinage de la forme $X' - K_n$ d'après 4.

Tout espace compact est dénombrable à l'infini d'après 2.

Montrons que tout sous-espace fermé A d'un espace localement compact X dénombrable à l'infini est un espace localement compact dénombrable à l'infini. Le fait que A soit localement compact résulte de l'exercice 2.35.8, tout fermé étant localement fermé (exercice 2.20.2). De plus , si X est la réunion d'une suite (K_n) de parties compactes, A est la réunion des compacts $A \cap K_n$.

EXERCICE 2.35.11 PARACOMPACITÉ DES ESPACES LOCALEMENT COMPACTS DÉNOM-

BRABLES A L'INFINI

On considère un recouvrement ouvert $\mathcal{R} = (O_i)_{i\in I}$ d'un espace X localement compact dénombrable à l'infini. D'après l'exercice 2.35.10, il existe une suite (U_n) d'ouverts relativement compacts de réunion X telle que $\overline{U}_n \subset U_{n+1}$ pour tout n. Pour tout entier n, on pose $K_n = \overline{U}_n - U_{n-1}$ en convenant que $U_{-1} = \emptyset$, alors K_n est compact et $K_n \subset U_{n+1} - \overline{U}_{n-2}$ en convenant que $U_{-2} = \emptyset$; il en résulte que

$$((U_{n+1} - \overline{U}_{n-2}) \cap O_i)_{i\in I}$$

est un recouvrement ouvert de K_n ; il existe donc un sous-recouvrement fini $\mathcal{R}_n$. Posons $\mathcal{R}' = \bigcup_n \mathcal{R}_n$; il est clair que $\mathcal{R}'$ est dénombrable, $\mathcal{R}'$ est un recouvrement ouvert de X car $X = \bigcup_{n=0}^{\infty} K_n$ et ce recouvrement est évidemment plus fin que $\mathcal{R}$. Le seul point restant à vérifier est que $\mathcal{R}'$ est localement fini. Soit $x \in X$, il existe n tel que $x \in K_n$, alors $U_{n+1} - \overline{U}_{n-2}$ est un voisinage ouvert de x qui ne rencontre pas $U_{p+1} - \overline{U}_{p-2}$ si $|p - n| > 2$; ce voisinage ne peut rencontrer que les ensembles appartenant à $\mathcal{R}_p$ où $|p - n| \leq 2$, c'est-à-dire un nombre fini d'ensembles appartenant au recouvrement $\mathcal{R}'$ et ceci prouve le résultat voulu.

EXERCICE 2.36.1

Soient A et B deux fermés disjoints. Soit $a \in A$, $X - B$ est un voisinage ouvert de a ; l'espace étant régulier, il existe un voisinage ouvert M_a de a tel que $\overline{M}_a \subset X - B$; $X - A$ et $(M_a)_{a\in A}$ constitue un recouvrement ouvert de X et, X étant un espace de Lindelöf, il existe un sous-recouvrement dénombrable : il existe donc un recouvrement ouvert dénombrable (M_n) de A tel que $\overline{M}_n \subset X - B$. De même, il existe un recouvrement ouvert dénombrable (N_n) de B tel que $\overline{N}_n \subset X - A$.

On pose alors

$$V_0 = M_0,\ W_0 = N_0 - \overline{V}_0$$

et, pour $n \geq 1$,

$$V_n = M_n - \overline{W}_0 \cup \ldots \cup \overline{W}_{n-1},\ W_n = N_n - \overline{V}_0 \cup \ldots \cup \overline{V}_n.$$

Montrons que

$$V = \bigcup_{n=0}^{\infty} V_n \text{ et } W = \bigcup_{n=0}^{\infty} W_n$$

sont des voisinages disjoints de A et B. On vérifie d'abord que $A \subset V$. En effet, si $x \in A$, il existe n tel que $x \in M_n$, d'où $x \in V_n$ car

$$\overline{W}_0 \cup \ldots \cup \overline{W}_{n-1} \subset \overline{N}_0 \cup \ldots \cup \overline{N}_{n-1} \subset X - A.$$

De même, on vérifie que $B \subset W$. On observe ensuite que V et W sont disjoints car $V_m \cap W_n = \emptyset$ pour tout m et n : en effet, $V_m \cap \overline{W}_n = \emptyset$ si $n < m$ et $\overline{V}_m \cap W_n = \emptyset$ si $n \geq m$. Enfin, V et W sont ouverts, ce sont donc bien des voisinages disjoints de A et B. Ceci prouve que l'espace X est normal.

EXERCICE 2.36.2

D'après l'exercice 2.35.10, l'espace X peut s'écrire comme une réunion dénombrable de compacts, soit $X = \bigcup_{n=0}^{\infty} K_n$. Soit $(O_i)_{i\in I}$ un recouvrement ouvert de X. D'après la compacité de K_n, il existe une partie finie I_n de I tel que $K_n \subset \bigcup_{i\in I_n} O_i$. Alors, $J = \bigcup_{n=0}^{\infty} I_n$ est dénombrable et $(O_i)_{i\in J}$ est un sous-recouvrement dénombrable de X.

Ceci prouve que l'espace X est un espace de Lindelöf.

EXERCICE 2.36.3

1. Les fermés $X - O_1$ et $X - O_2$ étant disjoints et l'espace X étant normal, il existe des voisinages ouverts disjoints U_1 et U_2 de $X - O_2$ et $X - O_1$ respectivement. Il en résulte que

$$X - O_2 \subset U_1 \subset X - U_2 \subset O_1 \,;$$

la première inclusion montre que $X = U_1 \cup O_2$ et, $X - U_2$ étant fermé, la seconde montre que $\overline{U}_1 \subset X - U_2 \subset O_1$, soit $\overline{U}_1 \subset O_1$.

2. On considère un recouvrement ouvert dénombrable (O_n) localement fini. D'après 1., il existe un ouvert U_0 tel que

$$X = U_0 \cup \bigcup_{j=1}^{\infty} O_j \text{ et } \overline{U}_0 \subset O_0.$$

Par récurrence, on construit ainsi des ouverts U_n tels que

$$X = \bigcup_{j=0}^{n} U_j \cup \bigcup_{j=n+1}^{\infty} O_j \text{ et } \overline{U}_j \subset O_j.$$

Montrons que (U_n) est un recouvrement de X. Soit $x \in X$, l'ensemble des n tels que $x \in O_n$ est fini (le recouvrement (O_n) est localement fini), il en résulte que, pour n assez grand, x n'appartient pas à $\bigcup_{j=n+1}^{\infty} O_j$, donc

$$x \in \bigcup_{j=0}^{n} U_j \subset \bigcup_{j=0}^{\infty} U_j.$$

On obtient ainsi un recouvrement ouvert (U_n) tel que $\overline{U}_n \subset O_n$ pour tout n.

EXERCICE 2.36.4

On reprend le raisonnement qui a été fait pour prouver l'implication $3 \Rightarrow 1$ de l'exercice 2.32.2.

Ce raisonnement prouve d'abord que l'espace quotient est séparé : en effet, ce raisonnement utilise seulement le fait que l'espace compact X est normal.

On considère ensuite deux fermés disjoints ξ et η de l'espace quotient X/R. Les ensembles $\pi^{-1}(\xi)$ et $\pi^{-1}(\eta)$ sont fermés d'après la continuité de π ; ces fermés sont de plus disjoints, donc ils admettent des voisinages disjoints, l'espace X étant normal. Le raisonnement se poursuit alors de façon identique.

EXERCICE 2.36.5 THÉORÈME DE TIETZE-URYSOHN

1. On considère les fermés

$$A = \{x \in F \,;\, f(x) \leq -a/3\} \text{ et } B = \{x \in F \,;\, f(x) \geq a/3\}.$$

Ces fermés étant disjoints, il existe d'après le théorème d'Urysohn (théorème 2.36.1) une fonction continue $g : X \to [-a/3, a/3]$ telle que

$$g(x) = -a/3 \text{ pour } x \in A \text{ et } g(x) = a/3 \text{ pour } x \in B,$$

d'où $|f(x) - g(x)| \leq 2a/3$ pour tout $x \in F$.

2. D'après 1., il existe une fonction continue $g_0 : X \to \mathbb{R}$ telle que $|g_0(x)| \leq 1/3$ pour $x \in X$ et $|f(x) - g_0(x)| \leq 2/3$ pour $x \in F$. Raisonnons ensuite par récurrence. Supposons

construite une fonction continue $g_n : X \to \mathbb{R}$ telle que $|g_n(x)| \leq 2^n/3^{n+1}$ pour $x \in X$ et

$$\Big|f(x) - \sum_{p=0}^{n} g_p(x)\Big| \leq (2/3)^{n+1} \text{ pour } x \in F.$$

D'après 1., il existe une fonction continue $g_{n+1} : X \to \mathbb{R}$ telle que

$$|g_{n+1}(x)| \leq (1/3)\,(2/3)^{n+1} \text{ pour } x \in X$$

et

$$\Big|f(x) - \sum_{p=0}^{n+1} g_p(x)\Big| \leq (2/3)^{n+2} \text{ pour } x \in F.$$

Les fonctions g_n une fois construites, on considère la série $g = \sum_{n=0}^{\infty} g_n$. Cette série normalement convergente définit une fonction continue $g : X \to \mathbb{R}$. Lorsque x appartient à F, un passage à la limite dans l'inégalité $|f(x) - \sum_{p=0}^{n} g_p(x)| \leq (2/3)^{n+1}$ montre que $|f(x) - g(x)| \leq 0$, soit $f(x) = g(x)$ pour $x \in F$. En outre,

$$|g(x)| \leq \sum_{n=0}^{\infty} 2^n/3^{n+1} = 1.$$

Ceci prouve que $g : X \to [-1, 1]$ est une fonction continue qui prolonge f.

3. Lorsque $f : F \to I$ est une fonction continue à valeurs dans un intervalle compact de $\overline{\mathbb{R}}$, un tel intervalle étant homéomorphe à l'intervalle $[-1, 1]$, il existe une fonction continue $g : X \to I$ qui prolonge f.

Le même résultat subsiste si I est un intervalle ouvert de $\mathbb{R}$. En effet, un intervalle ouvert de $\mathbb{R}$ étant homéomorphe à $]-1, 1[$, on se ramène au cas où $I =]-1, 1[$. D'après 2., il existe alors un prolongement continu $g : X \to [-1, 1]$. Posons $G = g^{-1}(\{-1, 1\})$, G est un fermé disjoint de F. Il existe donc une fonction continue $h : X \to [-1, 1]$ telle que $h(x) = 1$ sur F et $h(x) = 0$ sur G. La fonction continue $g \times h : X \to]-1, 1[$ est alors un prolongement de f qui a les propriétés voulues.

EXERCICE 2.36.6

Soit X un espace métrique complet séparable. D'après le corollaire 2.36.3, X est homéomorphe à un sous-espace Y du cube de Hilbert. Le cube de Hilbert étant complet, Y est un sous-espace d'un espace métrique complet homéomorphe à un espace métrique complet ; d'après l'exercice 2.25.2, Y est nécessairement un $\mathcal{G}_\delta$. Réciproquement, le cube de Hilbert étant métrisable séparable, tout sous-espace est séparable et par conséquent tout espace homéomorphe à un sous-espace du cube de Hilbert est séparable.

EXERCICE 2.36.7 PLONGEMENT D'UN ESPACE MÉTRISABLE SÉPARABLE DANS LE CUBE DE HILBERT

Montrons que l'application $f : x \mapsto (d(x, a_n))$ de X dans $[0, 1]^{\mathbb{N}}$ est injective. Soit $x, y \in X$ telle que $f(x) = f(y)$, c'est-à-dire telle que $d(x, a_n) = d(y, a_n)$ pour tout n. On a donc $d(x, z) = d(x, z)$ pour tout z appartenant à une partie de X partout dense, donc pour tout z d'après le principe du prolongement des identités. En prenant $z = y$, on en déduit $d(x, y) = 0$, soit $x = y$ et ceci prouve que f est injective.

L'application f est continue car toutes les applications $x \mapsto d(x, a_n)$ de X dans $\mathbb{R}$ sont continues (proposition 2.21.9).

Montrons enfin que l'application $f^{-1} : f(X) \to X$ est continue. Soient (x_k) une suite de X et $x \in X$ tels que la suite $(f(x_k))$ converge vers $f(x)$. Les espaces étant métrisables, il s'agit de démontrer que la suite (x_k) converge vers x. L'hypothèse signifie que $d(x, a_n) = \lim_{k\to\infty} d(x_k, a_n)$ pour tout n. Soit $\varepsilon > 0$, choisissons n tel que $d(x, a_n) \leq \varepsilon$, puis k tel que

$$|d(x, a_n) - d(x_l, a_n)| \leq \varepsilon \text{ pour tout } l \geq k.$$

On a alors $d(x_l, a_n) \leq d(x, a_n) + \varepsilon \leq 2\varepsilon$, d'où $d(x, x_l) \leq d(x, a_n) + d(x_l, a_n) \leq 3\varepsilon$ pour tout $l \geq k$ et ceci prouve le résultat voulu.

L'application f est donc un homéomorphisme de X sur un sous-espace du cube de Hilbert.

EXERCICE 2.36.8

$1 \Rightarrow 2$ Soit (O_n) une base de la topologie de X. Montrons que l'ensemble des ouverts O_n relativement compacts constitue une base de la topologie de X. Soit O un ouvert et soit $x \in O$; d'après la proposition 2.35.1, il existe un voisinage compact V de x contenu dans O et par conséquent il existe un entier n_x tel que $x \in O_{n_x} \subset V \subset O$. Cet ouvert O_{n_x} est relativement compact et $O = \bigcup_{x\in O} O_{n_x}$, ce qui prouve le résultat annoncé.

On peut donc supposer les ouverts O_n relativement compacts. Il en résulte que X est la réunion des compacts $\overline{O}_n$. L'espace X est donc dénombrable à l'infini (exercice 2.35.10) et on en déduit que le point ω admet un système fondamental dénombrable de voisinages ouverts, soit (O'_n). Montrons que l'ensemble des ouverts (O_n) et (O'_n) est alors une base de la topologie du compactifié d'Alexandroff X' de X. Soit O un ouvert de X'. Si O est contenu dans X, O est un ouvert de X et peut donc s'écrire comme une réunion d'ouverts O_n. Si O contient le point ω, il existe un ouvert O'_n tel que $\omega \in O'_n \subset O$, d'où $O = (O - \{\omega\}) \cup O'_n$ où $O - \{\omega\}$ est un ouvert de X, ce qui permet de conclure.

Ceci prouve que l'espace compact X' admet une base de topologie dénombrable ; d'après le corollaire 2.36.4, l'espace X' est métrisable.

$2 \Rightarrow 3$ Si X' est métrisable, le sous-espace X est métrisable et, le point ω admettant un système fondamental dénombrable de voisinages, X est dénombrable à l'infini (exercice 2.35.10).

$3 \Rightarrow 1$ L'espace X est dénombrable à l'infini, il peut donc s'écrire comme une réunion dénombrable de parties compactes K_n. Un espace compact métrisable étant séparable (proposition 2.33.1), il existe une partie dénombrable D_n de K_n dense dans K_n, soit $K_n \subset \overline{D}_n$. L'ensemble $D = \bigcup_n D_n$ est dénombrable et

$$X = \bigcup_n K_n \subset \bigcup_n \overline{D}_n \subset \overline{D},$$

ce qui prouve que l'espace X est séparable et, vu la proposition 2.10.7, on en déduit que X admet une base de topologie dénombrable.

EXERCICE 2.36.9 ESPACE COMPACT MÉTRISABLE

1. L'espace Y est compact (théorème 2.31.10) et il s'agit de démontrer que cet espace admet une base de topologie dénombrable (corollaire 2.36.4). Or, l'espace métrique compact X admet une base de topologie dénombrable (B_n). On peut supposer que cette base est stable par réunion finie, il suffit de considérer l'ensemble des réunions finies d'ensembles de cette base. On pose

$$C_n = Y - f(X - B_n),$$

ces ensembles sont ouverts car $f(X - B_n)$ est compact, donc fermé. Montrons que (C_n) est une base de la topologie de Y.

Soient O un ouvert de Y et $a \in O$, d'après la continuité de f, $f^{-1}(\{a\})$ est fermé, donc compact et $f^{-1}(O)$ est un ouvert de X. Il existe donc une partie A de $\mathbb{N}$ tel que $f^{-1}(O) = \bigcup_{p\in A} B_p$; l'ensemble $(B_p)_{p\in A}$ de ces ouverts est un recouvrement du compact $f^{-1}(\{a\})$; il existe donc une partie finie B de A tel que $f^{-1}(\{a\}) \subset \bigcup_{p\in B} B_p$ et, la base (B_n) étant stable par réunion finie, il existe un entier n tel que $B_n = \bigcup_{p\in B} B_p$. Il en résulte que

$$f^{-1}(\{a\}) \subset B_n \subset f^{-1}(O).$$

Vérifions qu'on a alors $a \in C_n \subset O$. Pour vérifier que $a \in C_n$, raisonnons par l'absurde : supposons $a \in f(X - B_n)$, alors il existe $x \in X - B_n$ tel que $a = f(x)$, d'où $x \in f^{-1}(\{a\}) \subset B_n$, ce qui est contradictoire. On a d'autre part $B_n \subset f^{-1}(O)$, d'où $f(B_n) \subset O$, soit

$$Y - O \subset Y - f(B_n) \subset f(X - B_n)$$

et $C_n = Y - f(X - B_n) \subset O$.

Pour tout $a \in O$, on a donc trouvé un n_a tel que $a \in C_{n_a} \subset O$, d'où $O = \bigcup_{a\in O} C_{n_a}$ et ceci prouve que (C_n) est une base de la topologie de Y.

2. D'après l'exercice 2.33.5, tout espace métrique compact est une image continue de l'ensemble de Cantor. Ce qui précède prouve donc qu'un espace séparé X est un espace compact métrisable si, et seulement si, X est une image continue de l'ensemble de Cantor.

EXERCICE 2.36.10 ESPACE DE PEANO

Notons X l'un des espaces $[0,1]^n$, $[0,1]^{\mathbb{N}}$. L'espace X est un espace compact métrisable (corollaire 2.22.3 et théorème 2.32.5) ; d'après l'exercice 2.36.9, il existe une surjection continue $f : C \to X$, C désignant l'ensemble de Cantor. Lorsque $X = [0,1]^n$, $f = (f_j)_{1\leq j\leq n}$ où les fonctions $f_j : C \to [0,1]$ sont continues. D'après le théorème de Tietze-Urysohn (exercice 2.36.5), chacune de ces fonctions se prolonge en une fonction continue $\hat{f}_j : [0,1] \to [0,1]$; la fonction $\hat{f} = (\hat{f}_j)_{1\leq j\leq n} : [0,1] \to [0,1]^n$ est une fonction continue qui prolonge f, donc surjective. Lorsque $X = [0,1]^{\mathbb{N}}$, on écrit $f = (f_n)_{n\in\mathbb{N}}$ et on raisonne comme précédemment en prolongeant les fonctions f_n.

EXERCICE 2.36.11

1. Si $f : X \to Y$ est une fonction continue, son graphe G_f est fermé (exercice 2.31.1) et l'application $\varphi : f \mapsto G_f$ est bien une application de $\mathcal{C}(X;Y)$ dans $\mathcal{F}$, évidemment injective.

Si f et g sont deux fonctions continues de X dans Y, notons d'abord que $\rho(G_f, G_g) \leq d_1(f,g)$. En effet, si $z = (x, f(x)) \in G_f$, on a

$$d(z, G_g) \leq d(f(x), g(x)) \leq d_1(f,g),$$

d'où $\max_{z\in G_f} d(z, G_g) \leq d_1(f,g)$ et $\max_{z\in G_g} d(z, G_f) \leq d_1(f,g)$ en permutant le rôle de f et g, d'où $\rho(G_f, G_g) \leq d_1(f,g)$.

Montrons ensuite que l'application φ est continue lorsqu'on munit l'espace $\mathcal{C}(X;Y)$ de la topologie de la convergence uniforme. Soit (f_n) une suite de $\mathcal{C}_u(X;Y)$ convergeant uniformément vers f. Alors, la suite (G_{f_n}) converge vers G_f dans l'espace $\mathcal{F}$ d'après l'inégalité $\rho(G_f, G_{f_n}) \leq d_1(f, f_n)$

Réciproquement, supposons que la suite (G_{f_n}) converge vers G_f dans l'espace $\mathcal{F}$. Montrons que pour toute suite (x_n) de X convergeant vers x, la suite $(f_n(x_n))$ converge vers $f(x)$: l'espace X étant un espace métrique compact, ceci démontrera que la suite

(f_n) converge uniformément vers f d'après l'exercice 2.33.14. Posons $z_n = (x_n, f_n(x_n)) \in G_{f_n}$, on a $d(z_n, G_f) \leq \rho(G_f, G_{f_n})$ et par conséquent la suite $(d(z_n, G_f))$ tend vers 0 ; il existe donc une suite (z'_n) de G_f telle que la suite $(d(z_n, z'_n))$ tende vers 0. Posons $z'_n = (x'_n, f(x'_n))$, les suites $(d(x_n, x'_n))$ et $(d(f_n(x_n), f(x'_n)))$ tendent vers 0, ce qui prouve que la suite (x'_n) converge vers x et par conséquent la suite $(f_n(x_n))$ converge vers $f(x)$, ce qui prouve le résultat souhaité.

Ceci prouve que φ est un homéomorphisme de l'espace $\mathcal{C}_u(X;Y)$ sur un sous-espace de $\mathcal{F}$.

2. L'espace métrique séparable Y est homéomorphe à un sous-espace du cube de Hilbert Z (corollaire 2.36.3) : il existe une application $h : Y \to Z$ telle que h soit un homéomorphisme de Y sur $h(Y)$. On en déduit une application $H : f \mapsto h \circ f$ de l'espace $\mathcal{C}_u(X;Y)$ dans $\mathcal{C}_u(X;Z)$. Vérifions que cette application H, évidemment injective, est un homéomorphisme de $\mathcal{C}_u(X;Y)$ sur son image. Soient (f_n) une suite de $\mathcal{C}_u(X;Y)$ et $f \in \mathcal{C}_u(X;Y)$, il s'agit de vérifier que la suite (f_n) converge uniformément vers f si, et seulement si, la suite $(h \circ f_n)$ converge uniformément vers $h \circ f$. L'espace X étant un espace métrique compact, l'exercice 2.33.14 montre que la suite (f_n) converge uniformément vers f si, et seulement si, pour toute suite (x_n) de X convergeant vers x, la suite $(f_n(x_n))$ converge vers $f(x)$ et, h étant un homéomorphisme de Y sur son image, ceci équivaut à dire que la suite $((h \circ f_n)(x_n))$ converge vers $(h \circ f)(x)$, c'est-à-dire que la suite $(h \circ f_n)$ converge uniformément vers $h \circ f$ toujours d'après l'exercice 2.33.14.

Ceci prouve que l'espace $\mathcal{C}_u(X;Y)$ est homéomorphe à un sous-espace de l'espace $\mathcal{C}_u(X;Z)$, espace homéomorphe d'après 1. à un sous-espace de l'espace $\mathcal{F}$ des parties fermées de $X \times Z$. L'espace $X \times Z$ étant compact, l'espace $\mathcal{F}$ est un espace métrique compact (exercice 2.33.3), donc séparable et il en résulte que l'espace $\mathcal{C}_u(X;Y)$ est homéomorphe à un sous-espace d'un espace métrique séparable, cet espace est donc séparable.

EXERCICE 2.36.12 ESPACE COMPLÈTEMENT RÉGULIER

1. Montrons que tout espace complètement régulier est régulier. Vérifions (R_2), soient F un fermé de X et $x \notin F$, si $f : X \to [0,1]$ est une fonction continue telle que $f(x) = 0$ et $f(y) = 1$ pour $y \in F$, alors $f^{-1}(]-\infty, 1/2[)$ et $f^{-1}(]1/2, \infty[)$ sont des voisinages ouverts disjoints de x et F respectivement.

Tout espace normal est complètement régulier d'après le théorème 2.36.1. En particulier, tout espace compact est complètement régulier, tout espace métrisable est complètement régulier.

2. Soit A un sous-espace d'un espace X complètement régulier, soit F un fermé de A et soit $x \in A - F$. Il existe un fermé G de X tel que $F = G \cap A$. Alors $x \notin G$, il existe donc une fonction continue $f : X \to [0,1]$ telle que $f(x) = 0$ et $f(y) = 1$ pour $y \in G$. En considérant la restriction de f à A, on constate que le sous-espace A est complètement régulier.

Tout espace compact étant complètement régulier, on en déduit que tout espace localement compact est complètement régulier.

3. On se propose de démontrer que tout espace complètement régulier X est homéomorphe à un sous-espace d'un espace compact. On considère l'ensemble $Y = \mathcal{C}(X;[0,1])$, l'espace compact $Z = \mathcal{F}_s(Y;[0,1])$ et l'application $\Phi : X \to Z$ définie par $\Phi(x) : f \in Y \mapsto f(x) \in [0,1]$.

a. Montrons que l'application Φ est injective. Soit $x, y \in X$, $x \neq y$, l'espace X étant complètement régulier il existe $f \in Y$ telle que $f(x) = 0$ et $f(y) = 1$, d'où $\Phi(x) \neq \Phi(y)$, ce qui prouve l'injectivité de Φ .

b. L'application Φ est continue car, pour tout $f \in Y$, l'application $x \mapsto \Phi(x)(f) = f(x)$ est continue (proposition 2.21.9).

c. Montrons enfin que l'application $\Phi^{-1} : \Phi(X) \to X$ est continue. Soit O un voisinage ouvert d'un point $a \in X$. Il existe $f \in Y$ tel que $f(a) = 0$ et $f(x) = 1$ pour $x \in X - O$. On pose

$$\mathcal{U} = \{\Theta \in \Phi(X)\,;\, \Theta(f) \neq 1\}.$$

Cet ensemble $\mathcal{U}$ est un ouvert de $\Phi(X)$ d'après la continuité de la projection $\Theta \mapsto \Theta(f)$ de l'espace produit Z. Cet ouvert contient $\Phi(a) : g \mapsto g(a)$ car $f(a) \neq 1$. Montrons enfin que $\mathcal{U} \subset \Phi(O)$: soit $\Theta \in \mathcal{U}$, alors $\Theta = \Phi(x)$ où $\Phi(x)(f) = f(x)$ est différent de 1, d'où $x \in O$ d'après le choix de f et ceci prouve que $\Theta \in \Phi(O)$.

En résumé, $\Phi(a) \in \mathcal{U} \subset \Phi(O)$; ceci prouve que $\Phi(O)$ est un voisinage de $\Phi(a)$ dans $\Phi(X)$; autrement dit, l'image réciproque par Φ^{-1} du voisinage ouvert O de a est un voisinage de $\Phi(a)$, ce qui prouve la continuité de Φ^{-1} au point $\Phi(a)$.

Ceci prouve que Φ est un homéomorphisme de X sur un sous-espace de l'espace compact Z. Il en résulte que X est homéomorphe à un sous-espace dense du sous-espace compact $\overline{\Phi(X)}$, noté $\beta(X)$.

4. Tout sous-espace d'un espace compact étant complètement régulier, ceci montre qu'un espace séparé est complètement régulier si, et seulement si, il est homéomorphe à un sous-espace dense d'un espace compact. Dire qu'un espace est complètement régulier signifie donc qu'il est compactifiable.

EXERCICE 2.36.13

En considérant la fonction $\varphi \circ f$ où $\varphi : \overline{\mathbb{R}} \to [-1, 1]$ désigne l'homéomorphisme

$$\varphi(t) = t/(1 + |t|) \text{ si } t \in \mathbb{R} \text{ et } \varphi(\pm\infty) = \pm 1,$$

on peut supposer f à valeurs dans $[-1, 1]$ (exercice 2.14.3). Il s'agit alors de démontrer que f est l'enveloppe supérieure des fonctions continues $g : X \to [-1, 1]$ telles que $g \leq f$.

Posons

$$F = \sup_{g \in \mathcal{C}(X;[-1,1]),\, g \leq f} g.$$

Soient $a \in X$ et $\alpha < f(a)$, construisons une fonction continue $g : X \to [-1, 1]$ telle que $g \leq f$ et $g(a) \geq \alpha$. Ceci prouvera que $\alpha \leq F(a) \leq f(a)$, d'où $F(a) = f(a)$. Lorsque $\alpha \leq -1$, on peut prendre pour fonction g la fonction constante et égale à -1. Lorsque $\alpha > -1$, soit O un voisinage ouvert de a tel que $f(x) > \alpha$ pour $x \in O$ (f est s.c.i.). L'espace X étant complètement régulier, il existe $h \in \mathcal{C}(X; [0, 1])$ tel que $h(a) = 0$ et $h(x) = 1$ pour $x \in X - O$. Posons alors $g(x) = \alpha - (\alpha + 1)h(x)$; cette fonction a toutes les propriétés voulues car $g \in \mathcal{C}(X; [-1, \alpha])$, $g(a) = \alpha$ et $g(x) = -1$ pour $x \in X - O$.

EXERCICE 2.36.14 PARTITION DE L'UNITÉ

Voici d'abord une remarque préliminaire qui sera utile. Si $f_i : X \to \mathbb{R}$ est une famille de fonctions dont les supports constituent une famille localement finie, la somme $f = \sum_{i \in I} f_i$ est bien définie. En effet, si a est un point de X, il existe un voisinage V de a tel que V ne recontre qu'un nombre fini de supp f_i. Il en résulte qu'il existe une partie finie J de I telle que $f(x) = \sum_{i \in J} f_i(x)$ pour tout $x \in V$. Ceci prouve que localement la somme

$\sum_{i\in I} f_i$ se réduit à une somme finie. Si les fonctions f_i sont continues, on en déduit que f une fonction continue.

1. D'après l'exercice 2.36.3, il existe un recouvrement ouvert (U_n) tel que $\overline{U}_n \subset O_n$ pour tout n. Les fermés $\overline{U}_n$ et $X - O_n$ étant disjoints, il existe un voisinage ouvert V_n de $\overline{U}_n$ tel que $X - V_n$ soit un voisinage de $X - O_n$, c'est-à-dire tel que $\overline{V}_n$ soit contenu dans O_n, soit

$$\overline{U}_n \subset V_n \subset \overline{V}_n \subset O_n.$$

D'après le théorème 2.36.1, il existe une fonction $g_n \in \mathcal{C}(X; [0,1])$ telle que

$$g_n = 1 \text{ sur } \overline{U}_n \text{ et } g_n = 0 \text{ sur } X - V_n.$$

Considérons alors la fonction $g = \sum_{n=0}^{\infty} g_n$. Cette fonction est bien définie car $\operatorname{supp} g_n \subset \overline{V}_n \subset O_n$ et le recouvrement (O_n) est localement fini. Il en résulte que $g : X \to [0, +\infty[$ est une fonction continue . En fait, cette fonction est > 0 : en effet, soit $a \in X$, (U_n) étant un recouvrement de X, il existe n tel que $a \in U_n$, d'où $g_n(a) = 1$ et $g(a) \geq 1$. On peut donc définir les fonctions continues $f_n = g_n/g$; on a évidemment $\operatorname{supp} f_n \subset \operatorname{supp} g_n \subset O_n$ et $\sum_{n=0}^{\infty} f_n = 1$: la famille (f_n) est une partition de l'unité subordonnée au recouvrement (O_n).

2. Soit $\mathcal{R} = (O_i)_{i\in I}$ un recouvrement ouvert de X. D'après l'exercice 2.35.11, il existe un recouvrement ouvert dénombrable $\mathcal{R}' = (U_n)$ localement fini et plus fin que $\mathcal{R}$. Tout espace localement compact dénombrable à l'infini étant normal (exercice 2.36.2), il existe d'après 1. une partition de l'unité subordonnée à $\mathcal{R}'$, notons la (f_n).

Le recouvrement $\mathcal{R}'$ étant plus fin que $\mathcal{R}$, il existe une application $\varphi : \mathbb{N} \to I$ telle que $U_n \subset O_{\varphi(n)}$ pour tout n. Posons $g_i = \sum_{\varphi(n)=i} f_n$; cette somme étant localement finie, la fonction g_i est bien définie et elle est continue.

L'ensemble $F_i = \bigcup_{\varphi(n)=i} \operatorname{supp} f_n$ étant fermé d'après l'exercice 2.10.4, le support de g_i est contenu dans F_i, soit $\operatorname{supp} g_i \subset F_i \subset O_i$.

Montrons que la famille $(F_i)_{i\in I}$ est localement finie, ceci prouvera que la famille des supports des fonctions g_i est localement finie. Soit $x \in X$, il existe un voisinage V de x tel que
$A = \{n \in \mathbb{N} ; V \cap U_n \neq \emptyset\}$ soit fini. L'ensemble $B = \{i \in I ; V \cap F_i \neq \emptyset\}$ est alors fini : si $V \cap F_i \neq \emptyset$, il existe n tel que $\varphi(n) = i$ et $V \cap U_n \neq \emptyset$, soit $i \in \varphi(A)$, ce qui prouve que $B \subset \varphi(A)$.

La somme $\sum_{i\in I} g_i$ est donc bien définie et

$$\sum_{i\in I} g_i = \sum_{i\in I} \sum_{\varphi(n)=i} f_n = \sum_{n=0}^{\infty} f_n = 1,$$

ceci prouve que $(g_i)_{i\in I}$ est une partition de l'unité subordonnée au recouvrement $\mathcal{R}$.

EXERCICE 2.37.1

Posons $l = \lim_{\mathcal{F}} f$ et soit $0 < \varepsilon < l$, il existe $M \in \mathcal{F}$ tel que

$$l - \varepsilon \leq f(x) \leq l + \varepsilon \text{ pour tout } x \in M.$$

Supposons d'abord que, pour tout $N \in \mathcal{F}$ contenu dans M, il existe un $x \in N$ tel que $g(x) \geq 0$. Posons $N_+ = \{x \in N ; g(x) \geq 0\}$, on a alors

$$(l - \varepsilon)g(x) \leq f(x)g(x) \leq (l + \varepsilon)g(x) \text{ pour } x \in N_+$$

et

$$\sup_N g = \sup_{N_+} g, \ \sup_N fg = \sup_{N_+} fg,$$

d'où

$$(l-\varepsilon)\sup_N g \leq \sup_N fg \leq (l+\varepsilon)\sup_N g.$$

En prenant la borne inférieure sur de tels N qui constituent une base du filtre $\mathcal{F}$, on obtient l'inégalité (dans $[0,+\infty]$)

$$(l-\varepsilon)\limsup_{\mathcal{F}} g \leq \limsup_{\mathcal{F}} fg \leq (l+\varepsilon)\limsup_{\mathcal{F}} g$$

et le résultat voulu.

Sinon, il existe $N \in \mathcal{F}$, $N \subset M$, tel que $g(x) < 0$ pour tout $x \in N$. On a alors

$$(l+\varepsilon)g(x) \leq f(x)g(x) \leq (l-\varepsilon)g(x) \text{ pour } x \in N$$

et par conséquent pour tout $P \in \mathcal{F}$, $P \subset N$,

$$(l+\varepsilon)\sup_P g \leq \sup_P fg \leq (l-\varepsilon)\sup_P g$$

et de tels P constituant une base du filtre $\mathcal{F}$, le raisonnement se poursuit comme précédemment.

EXERCICE 2.37.2 RÉGULARISÉE S.C.I.

1. Montrons que la fonction f_* est s.c.i. Soit $\alpha < f_*(a)$, d'après la définition de f_* il existe un voisinage ouvert V de a tel que $\alpha < \inf_{V\cap A} f$; il en résulte, V étant ouvert, que $\alpha < f_*(x)$ pour tout $x \in V$, ce qui prouve la semi-continuité de f_* au point a.

Lorsque a appartient à A, on a $\inf_{V\cap A} f \leq f(a)$ quel que soit le voisinage V de a, d'où $f_*(a) \leq f(a)$ et ceci prouve que $f_* \leq f$ sur A.

Soit g une fonction s.c.i. telle que $g \leq f$ sur A. Pour tout $a \in X$, on a

$$g(a) = \sup_{V\in\mathcal{V}(a)} \inf_V g \leq \sup_{V\in\mathcal{V}(a)} \inf_{V\cap A} g \leq \sup_{V\in\mathcal{V}(a)} \inf_{V\cap A} f = f_*(a)$$

ce qui prouve que $g \leq f_*$.

Ce qui précède prouve que f_* est la plus grande fonction s.c.i. telle que $f_* \leq f$ sur A.

2. Lorsque f est s.c.i., la restriction $f|_A$ de f à A est s.c.i. ; il en résulte que, pour tout $a \in A$,

$$f(a) = \sup_{V\in\mathcal{V}(a)} \inf_{V\cap A} f = f_*(a),$$

ce qui prouve que f_* prolonge f.

EXERCICE 2.37.3 LEMME DE CHOQUET

Vérifions d'abord qu'on peut se ramener au cas où toutes les fonctions f_i sont à valeurs dans $[-1,1]$. Utilisons l'homéomorphisme $\varphi : \overline{\mathbb{R}} \to [-1,1]$ définie par

$$\varphi(t) = t/(1+|t|) \text{ si } t \in \mathbb{R} \text{ et } \varphi(\pm\infty) = \pm 1.$$

Montrons d'abord que, pour toute suite $(x_i)_{i\in I}$ de $\overline{\mathbb{R}}$,

$$\varphi(\inf_{i\in I} x_i) = \inf_{i\in I} \varphi(x_i).$$

Posons $x = \inf_{i\in I} x_i$. Alors, $x \leq x_i$, d'où $\varphi(x) \leq \varphi(x_i)$ d'après la croissance de φ et par conséquent $\varphi(x) \leq \inf_{i\in I}\varphi(x_i)$. Pour démontrer l'inégalité opposée, distinguons différents cas. Si $x = +\infty$, $x_i = +\infty$ pour tout i et le résultat est évident. Si $x < +\infty$, pour tout $a > x$, il existe i tel que $x_i \leq a$, d'où $\varphi(x_i) \leq \varphi(a)$, $\inf_{i\in I}\varphi(x_i) \leq \varphi(a)$ et, en faisant tendre a vers x, la continuité de φ au point x montre que $\inf_{i\in I}\varphi(x_i) \leq \varphi(x)$, ce qui prouve le résultat voulu.

Bien entendu, on a également

$$\varphi(\sup_{i\in I} x_i) = \sup_{i\in I} \varphi(x_i).$$

D'après la définition de la régularisée s.c.i., on en déduit que

$$\varphi \circ (\inf_{i \in I} f_i)_* = (\inf_{i \in I} \varphi \circ f_i)_*$$

et de même en remplaçant I par I_0. Ceci prouve que toutes les fonctions f_i peuvent être supposées à valeurs dans $[-1, 1]$.

1. D'après la définition d'une borne inférieure, pour tout $n \geq 1$, il existe $x_n \in O_n$ tel que $f_I(x_n) \leq \inf_{O_n} f_I + 1/n$, puis un i_n tel que $f_{i_n}(x_n) \leq f_I(x_n) + 1/n$. Il en résulte que

$$f_{i_n}(x_n) \leq \inf_{O_n} f_I + 2/n,$$

d'où

$$\inf_{O_n} f_{i_n} \leq \inf_{O_n} f_I + 2/n.$$

2. Soient $x \in X$ et $\varepsilon > 0$, la fonction g étant s.c.i., il existe un voisinage V de x tel que

$$g(x) \leq g(y) + \varepsilon \text{ pour tout } y \in V,$$

d'où $g(x) \leq f_{I_0}(y) + \varepsilon$. Pour tout n tel que $x \in O_n \subset V$, on en déduit que $g(x) \leq \inf_{O_n} f_{I_0} + \varepsilon$ et d'après 1.,

$$\inf_{O_n} f_{I_0} \leq \inf_{O_n} f_{i_n} \leq \inf_{O_n} f_I + 2/n,$$

d'où

$$g(x) \leq \inf_{O_n} f_I + 2/n + \varepsilon \leq f_I(x) + 2/n + \varepsilon.$$

Chaque ouvert O_n étant répété une infinité de fois dans la suite (O_n), on peut choisir n tel que
$2/n \leq \varepsilon$; on obtient alors $g(x) \leq f_I(x) + 2\varepsilon$, d'où $g(x) \leq f_I(x)$. Ceci prouve que toute fonction s.c.i. g plus petite que f_{I_0} est nécessairement plus petite que f_I.

3. Il en résulte que $(f_{I_0})_* \leq f_I$, d'où $(f_{I_0})_* \leq (f_I)_*$ d'après la caractérisation de la régularisée s.c.i. Étant donné que $f_I \leq f_{I_0}$, on a l'inégalité opposée $(f_I)_* \leq (f_{I_0})_*$ et on en déduit le résultat annoncé.

2.46 Exercices du chapitre 2.D

EXERCICE 2.39.1

Soit D un espace discret et soit $f : A \to D$ une application continue. On peut prolonger f en une application $g : A \cup B \to D$ telle que g soit constante sur B : en effet, ceci est évident si $A \cap B$ est vide et, si $A \cap B$ est non vide, f est constante sur $A \cap B$ d'après la connexité de $A \cap B$ et on pose $g|_B = f|_{A \cap B}$. Montrons qu'un tel prolongement est continu. Soit M une partie de D, alors $g^{-1}(M) = f^{-1}(M)$ ou bien $g^{-1}(M) = f^{-1}(M) \cup B$; les ensembles A et B étant fermés, ceci montre que l'image réciproque par g de tout fermé est fermée. L'application g est continue, donc constante et a fortiori f ; on en déduit que A est connexe (proposition 2.39.2). Il en est de même de B.

EXERCICE 2.39.2

Soit $f : A \cup B \to D$ une application continue à valeurs dans un espace discret. Les applications $f|_A$ et $f|_B$ sont constantes : $f|_A = a$ et $f|_B = b$. Supposons par exemple $A \cap \overline{B}$ non vide ; soit $x \in A \cap \overline{B}$, alors $f(x) = a$ et, $B \cup \{x\}$ étant connexe (corollaire

2.39.3), f est constante sur $B \cup \{x\}$, d'où $f(x) = b$ et par conséquent $a = b$, ce qui prouve que f est constante et $A \cup B$ est donc connexe.

EXERCICE 2.39.3 FAMILLE FILTRANTE DE PARTIES CONNEXES

Posons $C = \bigcup_{i \in I} C_i$ et soit $f : C \to D$ une application continue à valeurs dans un espace discret. Alors, f est constante sur C_i, soit $f|_{C_i} = a_i$. Soient $i, j \in I$, il existe $k \in I$ tel que $C_i \cup C_j \subset C_k$ et par conséquent $a_i = a_j = a_k$, ce qui prouve que f est constante ; C est donc connexe.

EXERCICE 2.39.4

Soit $x \in X$, notons A_x l'ensemble des points y tels qu'il existe une famille finie d'ouverts $(O_{i_p})_{1 \leq p \leq n}$ telle que $x \in O_{i_1}$, $y \in O_{i_n}$ et $O_{i_p} \cap O_{i_{p+1}} \neq \emptyset$ pour $1 \leq p \leq n-1$. On a $x \in A_x$ car (O_i) est un recouvrement de X ; A_x est ouvert car $O_{i_n} \subset A_x$. Montrons que A_x est fermé. Soit z un point adhérent à A_x, il existe un ouvert O_i contenant z et cet ouvert rencontre A_x en un point que nous notons y ; la suite d'ouverts $(O_{i_p})_{1 \leq p \leq n+1}$ où $O_{i_{n+1}} = O_i$ possède les propriétés requises permettant d'affirmer que z appartient à A_x, ce qui prouve que A_x est fermé. L'ensemble non vide A_x est à la fois ouvert et fermé, d'où $A_x = X$ l'espace étant connexe et ceci prouve le résultat souhaité.

EXERCICE 2.39.5

Soit $f : X \times Y - A \times B \to D$ une application continue à valeurs dans un espace discret et soit $a \in X - A$, $b \in Y - B$. Soit $(a', b') \in X \times Y - A \times B$, alors ou bien $a' \notin A$, ou bien $b' \notin B$. Supposons par exemple $a' \notin A$; les applications $x \mapsto f(x, b)$ de X dans D et $y \mapsto f(a', y)$ de Y dans D sont continues, donc constantes, d'où $f(a, b) = f(a', b) = f(a', b')$. Ceci prouve que f est constante et par suite $X \times Y - A \times B$ est connexe.

EXERCICE 2.39.6 SUITE DÉCROISSANTE DE COMPACTS CONNEXES

1,a. Le compact K_n est contenu dans l'espace compact K_0, donc fermé dans K_0 ; la suite (K_n) est une suite décroissante de fermés non vides de l'espace compact K_0 ; l'intersection K est donc un fermé non vide de K_0 et par conséquent K est compact.

b. Soit V un voisinage ouvert de K, alors $K_n - V$ est fermé dans K_n, donc compact. La suite $(K_n - V)$ est une suite décroissante de compacts dont l'intersection $K - V$ est vide ; d'après 1,a., l'un de ces compacts $K_n - V$ est vide, ce qui signifie $K_n \subset V$.

2. Si les compacts K_n sont connexes, montrons que K est connexe. Raisonnons par l'absurde. Supposons K non connexe : on peut alors écrire $K = F_1 \cup F_2$ où F_1 et F_2 sont deux fermés de K non vides et disjoints. Ces ensembles F_1 et F_2 sont donc compacts ; utilisons alors la proposition 2.31.9 dans l'espace K_0, il existe des ouverts disjoints O_1 et O_2 de K_0 tels que $F_i \subset O_i$. Il en résulte que $O_1 \cup O_2$ est un voisinage ouvert de K dans l'espace K_0. D'après 1., utilisé dans l'espace K_0, il existe n tel que $K_n \subset O_1 \cup O_2$ et $O_i \cap K_n \supset O_i \cap K = F_i$ est non vide, ce qui contredit le fait que K_n est connexe.

Note On observera que cette dernière propriété est en général en défaut pour une suite décroissante de fermés connexes. Il suffit de considérer dans $\mathbb{R} \times \mathbb{R}_+^*$ la suite

$$F_n = \{(x, y) \in \mathbb{R} \times \mathbb{R}_+^* \,;\, y \leq |x| + 1/n\},\ n \geq 1,$$

dont l'intersection $\{(x, y) \in \mathbb{R} \times \mathbb{R}_+^* \,;\, y \leq |x|\}$ n'est pas connexe.

EXERCICE 2.39.7

Supposons qu'il existe une sphère $S(a;r)$, $r > 0$, vide ; on peut alors écrire

$$X = B(a;r) \cup (X - B'(a;r))$$

où les deux ouverts $B(a;r)$ et $X - B'(a;r)$ sont non vides, le second car X est non borné par hypothèse. Si l'espace X est connexe, on obtient une contradiction.

EXERCICE 2.39.8 CHAINE DANS UN ESPACE MÉTRIQUE

$1 \Rightarrow 2$ Soit $x \in X$ et soit $\varepsilon > 0$, notons A l'ensemble des points $y \in X$ tels qu'il existe une $\varepsilon -$ chaine reliant x et y. Montrons que cet ensemble A est non vide et à la fois ouvert et fermé ; ceci prouvera que $A = X$ et le résultat voulu.

Observons d'abord que A est non vide car $x \in A$. Notons ensuite que A est ouvert : si $y \in A$, A contient évidemment la boule $B(y;\varepsilon)$. Si z est un point adhérent à A, la boule $B(z;\varepsilon)$ rencontre A ; soit $y \in A \cap B(z;\varepsilon)$, alors A contient la boule $B(y;\varepsilon)$, donc le point z et ceci montre que A est fermé.

$2 \Rightarrow 3$ Raisonnons par l'absurde. Supposons l'espace X non connexe. On peut alors écrire $X = K_1 \cup K_2$ où K_1 et K_2 sont deux fermés non vides et disjoints ; l'espace X étant compact, ces fermés sont compacts et par conséquent (corollaire 2.33.13) $r = d(K_1, K_2)$ est > 0. Prenons $x \in K_1$, $y \in K_2$ et $0 < \varepsilon < r$, il n'est alors pas possible de relier x et y par une $\varepsilon -$ chaine, ce qui prouve le résultat voulu.

EXERCICE 2.39.9

Notons que $B(a;r) = \bigcup_{0<\rho<r} B'(a;\rho)$ et il suffit donc (corollaire 2.39.5) de vérifier que toute boule fermée est connexe.

On considère donc une boule fermée $B'(a;r)$, $r > 0$, et un point $x \in B'(a;r)$ de cette boule. Soit $\varepsilon > 0$, notons A_ε l'ensemble des $y \in B'(a;r)$ qui peuvent être reliés dans $B'(a;r)$ au point x par une $\varepsilon -$ chaine (exercice 2.39.8).

Notons que A_ε est fermé. En effet, si $z \in B'(a;r)$ est un point adhérent à A_ε, la boule $B(z;\varepsilon)$ rencontre A_ε. L'ensemble fermé A_ε est donc compact.

Posons $\alpha = \inf_{y \in A_\varepsilon} d(a, y)$, il existe $y_0 \in A_\varepsilon$ tel que $\alpha = d(a, y_0)$. Montrons, en raisonnant par l'absurde, que $\alpha = 0$. On suppose $\alpha > 0$, alors le point y_0 appartenant à la boule fermée $B'(a;\alpha)$ est adhérent à la boule ouverte $B(a;\alpha)$ d'après les hypothèses : il existe donc un point $y \in B(a;\alpha)$ tel que $d(y, y_0) \leq \varepsilon$ et il en résulte que ce point y appartient à A_ε, ce qui est contradictoire avec la définition de α.

Ceci prouve que $\alpha = 0$, c'est-à-dire $a \in A_\varepsilon$, ce qui signifie que tout point x de la boule $B'(a;r)$ peut être relié dans $B'(a;r)$ au point a par une $\varepsilon -$ chaine. Il en résulte que deux points quelconques de la boule $B'(a;r)$ peuvent être reliés dans $B'(a;r)$ par une $\varepsilon -$ chaine ; d'après l'exercice 2.39.8, on en déduit que cette boule compacte $B'(a;r)$ est connexe, ce qui prouve le résultat voulu.

Note Étant donné que $X = \bigcup_{r>0} B'(a;r)$, on en déduit que l'espace X est connexe.

EXERCICE 2.39.10

L'ensemble des applications bornées est fermé d'après la proposition 2.27.2. Montrons que cet ensemble est ouvert. Soit $f \in \mathcal{F}_b(X;Y)$ et soit $0 < \varepsilon < 1$, montrons que la boule ouverte $B(f;\varepsilon)$ est contenue dans $\mathcal{F}_b(X;Y)$, ceci démontrera le résultat voulu.

Soit $g \in B(f;\varepsilon)$, ayant choisi $\varepsilon < 1$, on a $d(f(x), g(x)) < \varepsilon$ pour tout $x \in X$; pour tout $x, y \in X$, on a alors

$$d(g(x), g(y)) \leq d(g(x), f(x)) + d(f(x), f(y)) + d(f(y), g(y)),$$

d'où $d(g(x), g(y)) \leq 2\varepsilon + \operatorname{diam} f(X)$, ce qui prouve que g est une application bornée.

EXERCICE 2.39.11

1. Notons P l'ensemble des $x \in X$ tels que $A(x)$ soit précompact.

a. Si $A(a)$ est précompact, il existe, pour tout $\varepsilon > 0$, une partie finie F de Y telle que $A(a) \subset \bigcup_{y\in F} B(y;\varepsilon)$. D'après l'équicontinuité au point a, il existe un voisinage V de a tel que

$$d(f(x), f(a)) \leq \varepsilon \text{ pour tout } x \in V \text{ et tout } f \in A.$$

Si x appartient à V, il en résulte que $A(x) \subset \bigcup_{y\in F} B(y; 2\varepsilon)$ et ceci prouve que $A(x)$ est précompact pour tout $x \in V$: P est ouvert.

b. Montrons que P est fermé, soit $a \in \overline{P}$ et soit $\varepsilon > 0$. On écrit l'équicontinuité de A au point a comme précédemment. Alors, $V \in \mathcal{V}(a)$ rencontre P en un point x et $A(x)$ étant précompact, il existe une partie finie F de Y telle que $A(x) \subset \bigcup_{y\in F} B(y;\varepsilon)$, d'où $A(a) \subset \bigcup_{y\in F} B(y; 2\varepsilon)$, ce qui prouve que $a \in P$.

2. On observe que dans un espace métrique complet, une partie est relativement compacte si, et seulement si, elle est précompacte.

EXERCICE 2.40.1

Raisonnons par l'absurde. Soit $f\ :\,]a,b] \to]a,b[$ un homéomorphisme ; si $\beta = f(b) \in]a,b[$, f induit un homéomorphisme de l'intervalle $]a,b[$ sur l'espace $]a,\beta[\cup]\beta,b[$ et ceci est absurde car l'espace $]a,b[$ est connexe alors que l'espace $]a,\beta[\cup]\beta,b[$ ne l'est pas.

EXERCICE 2.40.2

On considère l'application continue $g(x) = f(x) - x$. On a $g(1) \leq 0$ et $g(-1) \geq 0$; d'après le théorème des valeurs intermédiaires (corollaire 2.40.3), cette fonction g s'annule, ce qui signifie que f admet un point fixe.

EXERCICE 2.40.3

Si f vérifie les propriétés indiquées, $f(\mathbb{R})$ est dénombrable ; de plus, $f(\mathbb{R})$ est connexe, en tant qu'image continue d'un connexe, donc $f(\mathbb{R})$ est un intervalle. Cet intervalle est nécessairement réduit à un point, ce qui signifie que f est constante et bien entendu une application constante ne peut possèder les propriétés requises.

EXERCICE 2.40.4 TOPOLOGIE DE L'ORDRE : PARTIES CONNEXES

1,a. On suppose l'espace X connexe.

Montrons que toute partie A non vide et majorée admet une borne supérieure. Raisonnons par l'absurde, supposons que l'ensemble M des majorants de A n'admette pas de plus petit élément : autrement dit, on suppose que, pour tout $x \in M$, il existe $y \in M$ tel que $y < x$. Alors, l'intervalle $]y, \to[$ est un voisinage ouvert de x et $]y, \to[\subset M$, ce qui prouve que M est ouvert. Montrons que M est également un ensemble fermé. Soit $x \in \overline{M} - M$, x n'est pas un majorant de A, il existe donc $y \in A$ tel que $x < y$; l'intervalle ouvert $]\leftarrow, y[$ est alors un voisinage de x ne rencontrant pas M, ce qui est absurde, le point x étant un point adhérent à M. Ceci prouve que $M = \overline{M}$: M est fermé. L'ensemble non vide M

étant à la fois ouvert et fermé, on en déduit que $X = M$, donc A est nécessairement réduit à un point qui ne peut être que le plus petit élément de X, donc de M, ce qui est contraire à l'hypothèse faite sur M.

Montrons ensuite que tout intervalle ouvert $]x, y[$ est non vide si $x < y$. On raisonne par l'absurde. Supposons $]x, y[= \emptyset$, alors $]\leftarrow, x]$ et $[y, \rightarrow[$ sont deux fermés non vides, disjoints et de réunion X, ce qui contredit la connexité de X.

b. Réciproquement, supposons que toute partie non vide majorée admette une borne supérieure et que tout intervalle $]x, y[$, $x < y$, soit non vide. Montrons que X est connexe. Raisonnons par l'absurde, on suppose X non connexe, c'est-à-dire $X = A \cup B$ où A et B sont deux fermés non vides et disjoints. Soient $a \in A$ et $b \in B$, supposons $a < b$ pour fixer les idées. L'ensemble non vide et majoré (par b) $A \cap [a, b]$ admet une borne supérieure m. D'une façon générale, observons que la borne supérieure d'une partie E de X, lorsqu'elle existe, est nécessairement un point adhérent à E : en effet, si $m = \sup E$, pour tout $x < m$, il existe $y \in E$ tel que $x < y \leq m$, donc tout intervalle ouvert $]x, x'[$ contenant m rencontre E. Ceci prouve, l'ensemble $A \cap [a, b]$ étant fermé, que $m \in A \cap [a, b]$ et $m < b$ vu que $b \in B$. Soit $x \in]m, b]$, l'intervalle ouvert $]m, x[$ est non vide par hypothèse et contenu dans B ; il en résulte que tout intervalle ouvert contenant m rencontre B, donc $m \in \overline{B} = B$ et par conséquent m appartient à la fois à A et à B, ce qui est absurde, ces ensembles étant disjoints.

Note L'hypothèse que tout intervalle $]x, y[$, $x < y$, est non vide est essentielle. Par exemple, si X est un ensemble à deux éléments $\{a, b\}$ muni de la relation d'ordre $a < b$, toute partie non vide admet un plus grand élément mais l'espace X n'est pas connexe.

2,a. La caractérisation fondamentale des intervalles de $\mathbb{R}$ que donne le corollaire 2.4.3 repose uniquement sur le fait que $\mathbb{R}$ est totalement ordonné et que toute partie non vide majorée (resp. minorée) admet une borne supérieure (resp. inférieure). Si X est un espace totalement ordonné, connexe pour la topologie de l'ordre, on sait d'après 1. que toute partie non vide majorée admet une borne supérieure. En munissant X de l'ordre opposé qui induit la même topologie, on en déduit que toute partie non vide minorée admet une borne inférieure et on obtient ainsi la même caractérisation des intervalles que sur $\mathbb{R}$.

Note On peut aussi remarquer que, plus généralement, si dans un ensemble totalement ordonné toute partie non vide majorée admet une borne supérieure, alors toute partie non vide minorée A admet une borne inférieure. En effet, l'ensemble M des minorants de A admet une borne supérieure m qui est par définition le plus petit majorant de M ; l'ensemble des majorants de M contenant A, m appartient à M, ce qui prouve que m est le plus grand élément de M, donc la borne inférieure de A.

b. Si X est connexe, montrons que les parties connexes de X sont les intervalles de X.

Soit I une partie connexe et soit $x, y \in I$, $x < y$, alors $]x, y[\subset I$: sinon, il existerait $a \notin I$ tel que $x < a < y$ et I serait la réunion des deux ouverts non vides et disjoints $I \cap]\leftarrow, a[$ et $I \cap]a, \rightarrow[$, ce qui contredit la connexité de I. Vu 2,a., ceci prouve que I est un intervalle.

Réciproquement, si I est un intervalle, on observe que la topologie induite sur I par celle de X coïncide avec la topologie associée à l'ordre induit. En effet, on vérifie que tout intervalle ouvert de I est la trace sur I d'un intervalle ouvert de X et qu'inversement la trace sur I d'un intervalle ouvert de X est un intervalle ouvert de I. La connexité de I résulte alors de 1. comme on le vérifie aisément.

Note Si A est une partie quelconque de X, on se gardera bien de croire que la topologie induite sur A coïncide toujours avec la topologie associée à l'ordre induit. Par exemple, prenons l'espace

$$X = \mathbb{R} \text{ et } A =]-\infty, -1[\cup\{0\}\cup]1, +\infty[\,.$$

Le point 0 est isolé pour la topologie induite alors qu'il ne l'est pas pour la topologie de l'ordre induit car tout intervalle ouvert de A contenant 0 n'est pas réduit à 0. On peut également voir les choses de la façon suivante. L'ensemble ordonné A est isomorphe à $\mathbb{R}$; muni de la topologie de l'ordre, l'espace A est donc homéomorphe à $\mathbb{R}$, donc connexe, alors que pour la topologie usuelle A n'est pas connexe.

EXERCICE 2.40.5

1. Supposons $f(x) < f(z)$ pour fixer les idées et montrons que $f(x) < f(y) < f(z)$. Raisonnons par l'absurde, si $f(x) < f(z) < f(y)$, il existe, d'après le théorème des valeurs intermédiaires (corollaire 2.40.3, un $a \in]x, y[$ tel que $f(a) = f(z)$, ce qui est contradictoire avec l'injectivité de f ; de même, on vérifie que l'hypothèse $f(y) < f(x) < f(z)$ est absurde. Ceci prouve le résultat voulu.

2. Supposons $f(a) < f(b)$ par exemple et soit $a \leq x < y \leq b$, on a en utilisant 1. $f(a) \leq f(x) < f(y) \leq f(b)$. Ceci montre que la restriction de f à l'intervalle $[a, b]$ est strictement croissante si $f(a) < f(b)$; de même on vérifie que la restriction de f à l'intervalle $[a, b]$ est strictement décroissante si $f(b) < f(a)$. La restriction de f à tout intervalle compact contenu dans I est donc soit strictement croissante, soit strictement décroissante.

Considérons alors deux points $a, b \in I$ tels que $a < b$ et supposons comme précédemment $f(a) < f(b)$. Si x et y sont deux points quelconques de I tels que $x < y$, il existe un intervalle compact J contenu dans I et qui contient tous les points a, b, x, y. L'application $f|_J$ est nécessairement strictement croissante vu que $f(a) < f(b)$ et il en résulte que $f(x) < f(y)$, ce qui prouve que f est strictement croissante. De même, si $f(b) < f(a)$, on vérifie que f est strictement décroissante.

3. Si I est un intervalle compact, $f(I)$ est un intervalle compact en tant qu'image continue d'un espace connexe et compact.

Lorsque I est un intervalle ouvert, si $x \in I$, il existe $a, b \in I$ tels que $a < x < b$; supposons f croissante pour fixer les idées, alors $f([a, b])$ est un intervalle contenu dans $[f(a), f(b)]$ (f est croissante) et qui contient les points $f(a)$ et $f(b)$, d'où $f([a, b]) = [f(a), f(b)]$ et par conséquent $f(]a, b[) =]f(a), f(b)[$; on a donc $f(x) \in]f(a), f(b)[\subset f(I)$ et ceci montre que $f(I)$ est un voisinage de $f(x)$, donc de chacun de ses points et $f(I)$ est bien un intervalle ouvert.

Montrons enfin que f est un homéomorphisme de I sur $f(I)$. Soit $x \in I$ et soit V un voisinage de x dans I, montrons que $f(V)$ est un voisinage de $f(x)$ dans $f(I)$, ceci prouvera la continuité de f^{-1} au point $f(x)$. Si x est un point intérieur à I, il existe $a, b \in I$ tels que $x \in]a, b[\subset V$ et le raisonnement qui précède a montré que $f(x) \in]f(a), f(b)[\subset f(V)$, ce qui prouve bien que $f(V)$ est un voisinage de $f(x)$ dans $f(I)$. Si x est l'une des extrémités de I, par exemple son origine, soit $x = \min I$, alors $f(x)$ est l'origine de l'intervalle $f(I)$ (on suppose f croissante) et il existe $b \in I$ tel que $x \in [x, b[\subset V$ et on vérifie comme précédemment que $f([x, b[) = [f(x), f(b)[$, d'où

$f(x) \in [f(x), f(b)[\subset f(V)$, ce qui prouve que $f(V)$ est un voisinage de $f(x)$.

EXERCICE 2.40.6

1. Une suite (x_n) converge vers x pour la distance d_f si, et seulement si, la suite $(f(x_n))$ converge vers $f(x)$. Les distances d et d_f sont donc équivalentes si, et seulement si, f est un homéomorphisme de $\mathbb{R}$ sur $f(\mathbb{R})$, c'est-à-dire si f est continu d'après l'exercice 2.40.5.

2. La continuité uniforme de l'application identique $I_{\mathbb{R}} : (\mathbb{R}, d) \to (\mathbb{R}, d_f)$ équivaut à la continuité uniforme de f et celle $I_{\mathbb{R}} : (\mathbb{R}, d_f) \to (\mathbb{R}, d)$ à la continuité uniforme de f^{-1}. Les distances d et d_f sont donc uniformément équivalentes si, et seulement si, f est un homéomorphisme uniformément continu de $\mathbb{R}$ sur $f(\mathbb{R})$ ainsi que f^{-1}.

Vérifions que f est alors nécessairement surjective. Raisonnons par l'absurde, supposons par exemple $f(+\infty)$ fini (f est strictement croissante ou décroissante d'après l'exercice 2.40.5). Soit $\varepsilon > 0$, d'après la continuité uniforme de f^{-1}, il existe $\delta > 0$ tel que

$$|f(x) - f(y)| \leq \delta \Rightarrow |x - y| \leq \varepsilon.$$

Or, $f(x)$ admettant une limite finie lorsque x tend vers $+\infty$, il existe $A \in \mathbb{R}$ tel que $|f(x) - f(y)| \leq \delta$ pour tout $x, y \geq A$, ce qui est contradictoire avec la propriété précédente.

3. Si l'application f est un homéomorphisme de $\mathbb{R}$ sur $\mathbb{R}$, l'application $f : (\mathbb{R}, d_f) \to (\mathbb{R}, d)$ est une isométrie et par conséquent les suites de Cauchy pour les distances d et d_f sont les mêmes.

Réciproquement, supposons que les suites de Cauchy pour d et d_f soient les mêmes. Montrons d'abord la continuité de f. Soit (x_n) une suite convergeant vers a, alors la suite (x_n) étant de Cauchy pour d, elle est de Cauchy pour d_f, ce qui signifie que la suite $(f(x_n))$ est de Cauchy pour d, donc convergente et ceci prouve la continuité de f au point a (exercice 2.13.2). Montrons ensuite que f est surjective. Raisonnons par l'absurde, supposons par exemple $f(+\infty)$ fini ; la suite $x_n = n$ est alors une suite de Cauchy pour d_f car la suite $(f(x_n))$ est convergente, alors qu'elle ne l'est pas pour la distance d.

Note Prenons $f(x) = x^3$. Alors, les distances d et d_f sont topologiquement équivalentes, non uniformément équivalentes et les suites de Cauchy sont les mêmes pour ces deux distances.

4. L'application $f : (\mathbb{R}, d_f) \to (f(\mathbb{R}), d)$ est une isométrie et par conséquent $\mathbb{R}$ muni de la distance d_f est complet si, et seulement si, $f(\mathbb{R})$ est complet, c'est-à-dire fermé.

EXERCICE 2.40.7

Soit $f : X \to Y$ une application continue surjective, on suppose que l'espace X est connexe par arc. Soient $y, y' \in Y$, il existe $x, x' \in X$ tels que $y = f(x)$ et $y' = f(x')$. L'espace X étant connexe par arcs, il existe une application continue $\gamma : [0, 1] \to X$ telle que $\gamma(0) = x$ et $\gamma(1) = x'$. L'application continue $f \circ \gamma : [0, 1] \to Y$ est alors un chemin joignant les points y et y', ce qui prouve que Y est connexe par arc.

EXERCICE 2.40.8

1. La sphère $\mathbb{S}^n$ est connexe par arc en tant qu'image continue (exercice 2.40.7) de l'espace connexe par arc $\mathbb{R}^{n+1} - \{0\}$ par l'application continue $x \mapsto x/\|x\|$ où $\|\bullet\|$ désigne la norme euclidienne.

2. L'espace projectif $\mathbb{P}_n(\mathbb{K})$, $n \geq 1$, est connexe par arc en tant qu'image continue de

l'espace connexe par arc $\mathbb{K}^{n+1} - \{0\}$.

EXERCICE 2.40.9

Soit $a \in X$, notons A l'ensemble de tous les points x tels qu'il existe un chemin joignant les points a et x. Montrons que A est un ensemble non vide, à la fois ouvert et fermé ; l'espace X étant connexe, ceci prouvera que $A = X$, c'est-à-dire que X est connexe par arc.

L'ensemble A est non vide car $a \in A$, il suffit de considérer l'application $f : [0, 1] \to X$ constante et égale à a. Soit $x \in A$, alors il existe un voisinage V de x tel que, pour tout point y de V, il existe un chemin joignant les points x et y. Il en résulte que $V \subset A$, ce qui prouve que A est ouvert. Considérons enfin un point x adhérent à A et soit V un voisinage de x ayant la propriété indiquée ci-dessus, alors V rencontre A en un point y et il en résulte que x appartient à A, ce qui prouve que A est fermé.

EXERCICE 2.40.10 ESPACE LOCALEMENT CONNEXE PAR ARC

1. La condition est évidemment nécessaire. Réciproquement, si cette condition est vérifiée, pour tout $y \in W$, il existe un chemin $\gamma_y : I \to V$ joignant les points x et y. Posons

$$W' = \bigcup_{y \in W} \gamma_y(I),$$

alors W' est connexe par arc et $x \in W \subset W' \subset V$, donc W' est un voisinage connexe par arc de x contenu dans V et ceci prouve que tout point admet un système fondamental de voisnages connexes par arc.

2. Un espace connexe et localement connexe par arc est connexe par arc d'après l'exercice 2.40.9.

3. résulte du fait que, dans un espace métrique, l'ensemble des boules ouvertes centrées en un point x est un système fondamental de voisinages de x.

4. Raisonnons par l'absurde. On suppose qu'il existe $\varepsilon > 0$ et, pour tout $n \geq 1$, des points $x_n, y_n \in X$ tels que $d(x_n, y_n) \leq 1/n$ et tels qu'il n'existe pas de chemin joignant x_n et y_n de diamètre $\leq \varepsilon$. L'espace X étant un espace métrique compact, il existe une sous-suite (x_{n_k}) convergente, soit x sa limite ; la sous-suite (y_{n_k}) converge alors vers x. L'espace X étant localement connexe par arc, il existe $\delta > 0$ tel que, pour tout $y \in B(x; \delta)$, il existe un chemin joignant x et y tracé dans la boule $B(x; \varepsilon/2)$. Pour k suffisamment grand, les points x_{n_k} et y_{n_k} appartiennent tous deux à la boule $B(x; \delta)$ et peuvent donc être joints par un chemin tracé dans $B(x; \varepsilon/2)$, donc de diamètre $\leq \varepsilon$, d'où une contradiction.

EXERCICE 2.40.11

1. Soit $X = \prod_{i \in I} X_i$ un produit fini d'espaces localement connexes par arc et soit $x = (x_i) \in X$. Soit V un voisinage de x, il existe des voisinages V_i de x_i tels que $\prod_{i \in I} V_i \subset V$, puis des voisinages W_i de x_i tels que, pour tout $y_i \in W_i$, il existe un chemin $f_i : [0, 1] \to V_i$ joignant les points x_i et y_i. Posons $W = \prod_{i \in I} W_i$, alors W est un voisinage de x et, pour tout $y = (y_i) \in W$, il existe un chemin $f : [0, 1] \to V$ joignant x et y, à savoir le chemin $f = (f_i)$.

2. On considère maintenant un produit quelconque $X = \prod_{i \in I} X_i$ d'espaces connexes et localement connexes par arc. Cet espace est connexe (théorème 2.39.11). Montrons qu'il est localement connexe par arc. Soit $x = (x_i) \in X$ et soit V un voisinage de x ; il existe des voisinages V_i de x_i tels que $\prod_{i \in I} V_i \subset V$ et $V_i = X_i$ pour $i \in I - J$ où J est une

partie finie de I. Il existe des voisinages W_i de x_i tels que, pour tout $y_i \in W_i$, il existe un chemin $f_i : [0,1] \to V_i$ joignant les points x_i et y_i et lorsque $i \in I - J$ on peut prendre $W_i = X_i$, les espaces X_i étant connexes par arc (exercice 2.40.10). Alors, $W = \prod_{i\in I} W_i$ est un voisinage de x et le raisonnement se poursuit comme pour 1.

EXERCICE 2.40.12

D'après l'exercice 2.33.5, il existe une surjection continue $f : C \to X$ où C désigne l'ensemble de Cantor. Il s'agit alors de prolonger cette application en une application continue $g : [0,1] \to X$.

Le complémentaire de l'ensemble de Cantor peut s'écrire, d'après sa définition (exercice 2.6.2), comme une réunion dénombrable d'intervalles ouverts disjoints deux à deux, soit

$$[0,1] - C = \bigcup_{n=0}^{\infty}]a_n, b_n[\,.$$

On observe que $\lim_{n\to\infty}(b_n - a_n) = 0$: sinon, il existerait $\varepsilon > 0$ et une infinité d'intervalles $]a_n, b_n[$ de longueur $\geq \varepsilon$, ce qui est absurde, ces intervalles étant disjoints et contenus dans l'intervalle $[0,1]$ de longueur finie. D'après la continuité uniforme de f (l'ensemble de Cantor est compact), on en déduit que $\lim_{n\to\infty} d(f(a_n), f(b_n)) = 0$.

Donnons-nous une suite (ε_k) de nombres > 0 convergeant vers 0. D'après l'exercice 2.40.10, il existe $\delta_k > 0$ tel que deux points quelconques $f(x), f(y)$ de X vérifiant $d(f(x), f(y)) \leq \delta_k$ peuvent être joints par un chemin de diamètre $\leq \varepsilon_k$. Soit (n_k) une suite strictement croissante d'entiers telle que $d(f(a_n), f(b_n)) \leq \varepsilon_k$ pour $n \geq n_k$. Pour $n_k \leq n < n_{k+1}$, on peut donc construire des chemins $\gamma_n : [a_n, b_n] \to X$ joignant $f(a_n)$ et $f(b_n)$ dont le diamètre est $\leq \varepsilon_k$. Il en résulte que diam $\gamma_n([a_n, b_n])$ tend vers 0.

On prolonge alors la fonction f en posant $g|_{[a_n,b_n]} = \gamma_n$. On obtient ainsi une application $g : [0,1] \to X$ évidemment continue en tout point de $]a_n, b_n[$. Il reste à vérifier la continuité de g en un point a de l'ensemble de Cantor.

Supposons d'abord que a soit l'une des extrémités de l'un des intervalles $]a_n, b_n[$, soit $a = a_{n_0}$ par exemple. Il s'agit alors de démontrer la continuité à gauche au point a. Soit $\varepsilon > 0$, d'après la continuité de f au point a, il existe $\delta > 0$ tel que $d(f(x), f(a)) \leq \varepsilon$ pour $x \in C$ tel que $|x - a| \leq \delta$. Les intervalles $[a_n, b_n]$ étant disjoints deux à deux, on peut choisir $\delta > 0$ suffisamment petit pour que

$$[a-\delta, a[\cap]a_n, b_n[\neq \emptyset \Rightarrow \text{ diam } \gamma_n([a_n, b_n]) \leq \varepsilon.$$

Considérons alors un point $x \in [a-\delta, a[$ n'appartenant pas à l'ensemble de Cantor, il existe n tel que $x \in]a_n, b_n[$ et par conséquent $a - \delta \leq x < b_n < a$, d'où

$$d(g(x), g(a)) \leq d(g(x), g(b_n)) + d(f(b_n), f(a)) \leq 2\,\varepsilon$$

et par suite $d(g(x), g(a)) \leq 2\,\varepsilon$ pour tout $x \in [a - \delta, a[$ que x appartienne ou non à l'ensemble de Cantor. Ceci prouve la continuité de g au point a dans le cas considéré.

Lorsque a est l'un des points b_n, le raisonnement est semblable. Lorsque a n'est pas une des extrémités de l'un des intervalles $]a_n, b_n[$, en raisonnant de la même façon on démontre que g est continue à droite et à gauche au point a.

Note La méthode utilisée dans l'exercice 2.36.10 repose sur le théorème de Tietze-Urysohn et ne permet pas d'obtenir le résultat plus général établi ci-dessus. On notera que les espaces $[0,1]^n$ et $[0,1]^{\mathbb{N}}$ sont des espaces métriques compacts, connexes et localement connexes par arc d'après l'exercice 2.40.11.

EXERCICE 2.41.1

Soit C l'une des composantes connexes de A et soit $a \in C$. L'ensemble non vide $M = \{x \in C; f(x) \geq f(a)\}$ est fermé dans C d'après la semi-continuité supérieure de f. Montrons que cet ensemble M est ouvert dans C. Soit $x \in M$, alors il existe un voisinage V de x tel que $f(y) \geq f(x)$ pour $y \in V$, d'où $f(y) \geq f(a)$; ceci prouve que $V \cap C \subset M$ et par conséquent M est ouvert dans C. Il en résulte que $M = C$: autrement dit, pour tout $a, x \in C$, $f(x) \geq f(a)$; f est donc constante sur C.

EXERCICE 2.41.2

1. Montrons que A est connexe. Soit $f : A \to D$ une application continue à valeurs dans un espace discret. Posons $B = A \cup (\mathbb{Q} \times \{0\})$ et prolongeons f en une application $g : B \to D$ en posant $g(x, 0) = f(x, y)$ pour $x \in \mathbb{Q}$ et $y < 0$; le choix de y importe peu, la fonction $y \mapsto f(x, y)$, où $x \in \mathbb{Q}$ est fixé, étant constante sur la demi-droite (connexe) $y < 0$. Nous allons démontrer que g est continue ; on en déduira que g, donc f, est constante, l'ensemble B étant évidemment connexe par arc.

Il s'agit de démontrer la continuité de g en un point $(x, 0)$. Soit $((x_n, y_n))$ une suite de B convergeant vers $(x, 0)$, montrons que la suite $(g(x_n, y_n))$ converge vers $g(x, 0)$. En considérant d'une part les n pour lesquels x_n est rationnel, d'autre part les n pour lesquels x_n est irrationnel, on peut supposer que tous les x_n sont rationnels, ou bien que tous les x_n sont irrationnels.

Si tous les x_n sont rationnels et si x est rationnel, on a $g(x_n, y_n) = f(x_n, -1)$ qui converge vers $f(x, -1) = g(x, 0)$. Lorsque x est irrationnel, $g(x_n, y_n) = f(x_n, -1/n)$ qui converge vers $f(x, 0) = g(x, 0)$.

Lorsque tous les x_n sont irrationnels, on a $g(x_n, y_n) = f(x_n, 0)$. La fonction f étant une fonction continue à valeurs dans un espace discret, espace où les ensembles réduits à un point sont ouverts, il existe un voisinage V du point $(x_n, 0)$ tel que $f(x, y) = f(x_n, 0)$ pour tout $(x, y) \in V \cap A$; ce voisinage $V \cap A$ contient un point de la forme (x'_n, y'_n) où $x'_n \in \mathbb{Q}$, $|x_n - x'_n| \leq 1/n$ et $-1/n < y'_n < 0$. La suite $((x'_n, y'_n))$ converge alors vers $(x, 0)$ et $g(x_n, y_n) = g(x'_n, y'_n)$ et on s'est ainsi ramené au cas déjà traité où tous les x'_n sont rationnels.

Ceci prouve la continuité de g et, comme nous l'avons expliqué, la connexité de A.

2. Montrons que A n'est pas localement connexe. Considérons l'ouvert de A,

$$O = A \cap \{(x, y) \in \mathbb{R}^2 \; ; \; y > 0\}$$

et un point $(a, b) \in O$. Si V est un voisinage de (a, b) contenu dans O, sa projection sur l'axe des x est contenu dans $\mathbb{R} - \mathbb{Q}$ et n'est pas réduite à un point ; il en résulte que V ne peut être connexe, ce qui prouve le résultat voulu.

3. Considérons deux points $m = (x, y)$ et $m' = (x', y')$ tels que $x \in \mathbb{R} - \mathbb{Q}$, $y \geq 0$ et $x' \in \mathbb{Q}$, $y' < 0$. Supposons qu'il existe un chemin $(f, g) : [0, 1] \to A$ joignant les points m et m'. L'ensemble ouvert $O = \{t \in]0, 1[\; ; \; g(t) < 0\}$ est non vide ; O peut s'écrire comme une réunion dénombrable d'intervalles ouverts disjoints (corollaire 2.41.5), soit $]a, b[$ l'un d'entre eux. Lorsque $t \in]a, b[$, $f(t)$ est rationnel, donc f est constante sur cet intervalle ; il en résulte que $f(a)$ est rationnel et ceci est absurde, car $g(a)$ est ≥ 0 d'après la définition

de O et $f(a)$ doit être irrationnel. Ceci prouve que l'espace A n'est pas connexe par arc.

EXERCICE 2.41.3 ESPACE EXTRÊMEMENT DISCONTINU

1. $(ED_1) \Rightarrow (ED_2)$ Soient O_1 et O_2 deux ouverts disjoints. L'ensemble O_1 est contenu dans le fermé $X - O_2$, d'où $\overline{O_1} \subset X - O_2$, soit $O_2 \subset X - \overline{O_1}$ et, l'ensemble $X - \overline{O_1}$ étant fermé d'après (ED_1), on en déduit que $\overline{O_2} \subset X - \overline{O_1}$, ce qui prouve que les ensembles $\overline{O_1}$ et $\overline{O_2}$ sont disjoints.

$(ED_2) \Rightarrow (ED_1)$ Soit O un ouvert, les ouverts O et $X - \overline{O}$ sont disjoints ; d'après (ED_2), les ensembles $\overline{O}$ et $X - \overset{\circ}{\overline{O}}$ sont disjoints, d'où $\overline{O} \subset \overset{\circ}{\overline{O}}$, ce qui prouve que $\overline{O}$ est ouvert.

2. Montrons que dans un espace extrêmement discontinu, toute partie connexe non vide est réduite à un point, c'est-à-dire que toute partie A admettant au moins deux éléments n'est pas connexe. Soient $x, y \in A$, $x \neq y$. L'espace étant séparé, il existe un voisinage ouvert O de x tel que y ne soit pas adhérent à O. Il en résulte que $X = \overline{O} \cup (X - \overline{O})$ constitue une partition de X en deux ensembles ouverts telle que $x \in \overline{O}$ et $y \in X - \overline{O}$ et par conséquent $A = (A \cap \overline{O}) \cup (A \cap (X - \overline{O}))$ où $A \cap \overline{O}$ et $A \cap (X - \overline{O})$ sont deux ouverts de A non vides et disjoints, ce qui prouve que A n'est pas connexe.

EXERCICE 2.41.4

1. Soient O_1 et O_2 deux ouverts disjoints de $A \cup M$ tels que $A \cup M = O_1 \cup O_2$. On a $A \subset O_1 \cup O_2$ et, A étant connexe, l'un des ouverts de A $A \cap O_1$ ou $A \cap O_2$ est vide. Pour fixer les idées, supposons $A \cap O_2 = \emptyset$, donc $A \subset O_1$. Montrons que O_2 est à la fois ouvert et fermé dans X ; cet espace étant connexe, ceci prouvera que $O_2 = \emptyset$ ou bien $O_2 = X$, donc que $A \cup M$ est connexe.

L'ensemble O_2 est à la fois ouvert et fermé dans $A \cup M$ et $O_2 \subset M$; O_2 est donc ouvert et fermé dans M, donc dans $X - A$ vu que M est ouvert et fermé dans $X - A$. D'après l'exercice 2.20.1, on en déduit que O_2 est ouvert et fermé dans $(A \cup M) \cup (X - A)$, c'est-à-dire dans X.

2. Soient O_1 et O_2 deux ouverts disjoints de $X - M$ tels que $X - M = O_1 \cup O_2$. On a $A \subset X - M$ et A est connexe, on peut donc supposer $A \subset O_1$ et $A \cap O_2 = \emptyset$. L'ensemble O_2 est à la fois ouvert et fermé dans $X - M$ et M est connexe ; d'après 1., $O_2 \cup M$ est connexe ; M étant une composante connexe, on en déduit que $O_2 \subset M$, donc $O_2 = \emptyset$ et ceci prouve que $X - M$ est connexe.

EXERCICE 2.41.5

1,a. Supposons $O_1(x)$ non vide. On a $X - \{x\} = O_1(x) \cup O_2(x)$. L'ensemble $O_2(x)$ étant ouvert, le seul point adhérent à $O_1(x)$ n'appartenant pas à $O_1(x)$ ne peut être que x. Si x n'appartient pas à $\overline{O_1(x)}$, l'ensemble $O_1(x)$ est donc à la fois ouvert et fermé et X étant connexe, $O_1(x) = X$, ce qui est absurde. Ceci prouve que $x \in \overline{O_1(x)}$, d'où $\overline{O_1(x)} = O_1(x) \cup \{x\}$.

b. Si X n'est pas réduit à un point, l'un des ouverts $O_1(x)$ et $O_2(x)$ est non vide ; d'après 1,a., on en déduit que $X = \overline{O_1(x)} \cup \overline{O_2(x)}$. L'intersection $\overline{O_1(x)} \cap \overline{O_2(x)} \subset \{x\}$ étant connexe, l'exercice 2.39.1 montre que $\overline{O_1(x)}$ et $\overline{O_2(x)}$ sont connexes. Lorsque X est réduit à un point, ces ensembles sont vides, donc connexes.

c. Soit $y \in O_1(x)$, montrons que $\overline{O_2(x)} \times \{y\} \subset O_1$. On peut supposer $O_2(x)$ non vide. L'ensemble connexe $\overline{O_2(x)} \times \{y\}$ est contenu dans Y car $y \notin \overline{O_2(x)}$: en effet,

$(x, y) \in O_1$, donc $(x, y) \notin O_2$ et $y \neq x$. Il en résulte que $\overline{O_2(x)} \times \{y\} \subset O_1$ ou bien $\overline{O_2(x)} \times \{y\} \subset O_2$. Vu que $x \in \overline{O_2(x)}$ et que $(x, y) \in O_1$, c'est la première inclusion $\overline{O_2(x)} \times \{y\} \subset O_1$ qui est vérifiée.

Si $(x, y) \in O_1$ et $(x, z) \in O_2$, on en déduit que $(z, y) \in O_1$, soit $(y, z) \in O_1$. En permutant le rôle de O_1 et O_2, on a également $(y, z) \in O_2$, ce qui est absurde et par conséquent l'un des ensembles $O_1(x)$, $O_2(x)$ est vide.

d. Supposons l'ouvert O_1 non vide ; d'après 1,c., il existe alors $x \in X$ tel que $O_1(x) = X - \{x\}$. Soit x' un point de X différent de x, on a $x' \in O_1(x)$, d'où $x \in O_1(x')$, ce qui prouve que $O_1(x')$ est non vide et $O_2(x')$ est donc vide quel que soit x', ce qui prouve que O_2 est vide.

2. On a $Y = O_1 \cup O_2 = O_1^{-1} \cup O_2^{-1} = (O_1 \cup O_2) \cap (O_1^{-1} \cup O_2^{-1})$, d'où $Y = U_1 \cup U_2 \cup U_{12}$ où $U_i = O_i \cap O_i^{-1}$ et $U_{12} = (O_1 \cap O_2^{-1}) \cup (O_1^{-1} \cap O_2)$. Ces ensembles sont ouverts, disjoints deux à deux et symétriques par rapport à la diagonale Δ. D'après 1., deux de ces ouverts sont vides. Lorsque $U_1 = \emptyset$, on a $O_1^{-1} \subset O_2$, d'où $U_{12} \supset O_2$ est non vide ; de même si U_2 est vide, U_{12} est non vide. Ceci prouve que U_1 et U_2 sont tous deux vides, ce qui prouve que $O_1^{-1} \subset O_2$ et $O_2^{-1} \subset O_1$, d'où $O_1 = O_2^{-1}$ et $Y = O_1 \cup O_1^{-1}$.

Montrons que O_1 est connexe. Soient O_1', O_1'' deux ouverts disjoints de réunion O_1. Alors, $Y = (O_1' \cup O_1'^{-1}) \cup (O_1'' \cup O_1''^{-1})$ et d'après 1.,

$$O_1' \cup O_1'^{-1} = \emptyset \text{ ou } O_1'' \cup O_1''^{-1} = \emptyset$$

et par conséquent l'un des ouverts O_1', O_1'' est vide, ce qui prouve que O_1 est connexe. Il en résulte que $O_2 = O_1^{-1}$ est également connexe.

3. Si Y n'est pas connexe, on peut écrire d'après 2. $Y = O_1 \cup O_1^{-1}$ où O_1 est un ouvert connexe et O_1, O_1^{-1} sont disjoints. Il en résulte que Y admet deux composantes connexes, à savoir O_1 et O_1^{-1}.

Note Prenons $X = \mathbb{R}^n$, si $n = 1$, Y admet deux composantes connexes et, lorsque $n \geq 2$, Y est connexe.

EXERCICE 2.41.6

1. Montrons que la condition est nécessaire. Soit $(O_i)_{i \in I}$ un recouvrement ouvert et soit $x \in X$, il existe $i(x)$ tel que $x \in O_{i(x)}$ et, l'espace X étant régulier, il existe un ouvert U_x tel que

$$x \in U_x \subset \overline{U}_x \subset O_{i(x)}.$$

L'espace X étant localement connexe, les composantes connexes de U_x sont ouvertes (proposition 2.41.3). L'ensemble $\mathcal{A}$ de toutes les composantes connexes des ouverts U_x lorsque x décrit X est un recouvrement ouvert de X qui admet, X étant compact, un sous-recouvrement fini $(A_j)_{j \in J}$. Posons $C_j = \overline{A_j}$; ces ensembles sont connexes (corollaire 2.39.4), compacts et forment un recouvrement fini de X. Si A_j est une composante connexe de U_x, alors $C_j \subset O_{i(x)}$, ce qui prouve que ce recouvrement est plus fin que le recouvrement (O_i).

2. Montrons que la condition est suffisante. Soient $x \in X$ et O un voisinage ouvert de x. On considère le recouvrement ouvert $\{O, X - \{x\}\}$; il existe un recouvrement fini $(C_j)_{j \in J}$ plus fin constitué de parties connexes compactes. Posons

$$V = \bigcup_{j \in K} C_j \text{ où } K = \{j \in J ; x \in C_j\}.$$

Notons d'abord que V est connexe (corollaire 2.39.5) et que, pour $j \in K$, C_j ne peut être contenu dans $O - \{x\}$, donc $C_j \subset O$ et par conséquent $x \in V \subset O$. Montrons que V est un voisinage de x, ceci prouvera le résultat voulu. On a

$$X - V \subset F = \bigcup_{j \in J - K} C_j$$

où F est un fermé ne contenant pas x ; $X - F$ est par conséquent un voisinage ouvert de x et $V \supset X - F$, ce qui permet de conclure.

EXERCICE 2.41.7

L'espace séparé Y est connexe et compact en tant qu'image continue d'un espace connexe et compact. On peut donc utiliser le critère de l'exercice 2.41.6. Soit $\mathcal{R} = (O_i)_{i \in I}$ un recouvrement ouvert de Y, alors $f^{-1}(\mathcal{R}) = (f^{-1}(O_i))_{i \in I}$ est un recouvrement ouvert de X ; il existe donc un recouvrement fini $(C_j)_{j \in J}$ de X constitué de parties connexes et compactes plus fin que $f^{-1}(\mathcal{R})$. On en déduit que $(f(C_j))_{j \in J}$ est un recouvrement fini de Y constitué de parties connexes et compactes plus fin que $\mathcal{R}$, ce qui permet de conclure.

EXERCICE 2.41.8 THÉORÈME DE SIERPINSKI

1. La condition est nécessaire. En effet, si X est localement connexe, pour tout $x \in X$, il existe un voisinage connexe V_x de x tel que $V_x \subset B(x; \varepsilon/2)$. Le recouvrement ouvert $(\overset{\circ}{V}_x)_{x \in X}$ contient un sous-recouvrement fini $(\overset{\circ}{V}_x)_{x \in A}$, A partie finie de X. Il en résulte que $X = \bigcup_{x \in A} \overline{V}_x$ où les ensembles $\overline{V}_x$ sont connexes, compacts et de diamètre $\leq \varepsilon$.

2. Réciproquement, on suppose que, pour tout $\varepsilon > 0$, X est la réunion d'une famille finie de parties connexes compactes de diamètre $\leq \varepsilon$. Montrons que X est localement connexe en utilisant la caractérisation de l'exercice 2.41.6. Soit $\mathcal{R} = (O_i)_{i \in I}$ un recouvrement ouvert de X et soit $\varepsilon > 0$ le coefficient de Lebesgue du recouvrement (exercice 2.30.5). Par hypothèse, il existe un recouvrement fini de X $(C_j)_{j \in J}$ constitué de parties connexes, compactes, de diamètre $\leq \varepsilon$. Un tel recouvrement est plus fin que $\mathcal{R}$ d'après la définition du coefficient de Lebesgue, ce qui prouve le résultat voulu.

EXERCICE 2.42.1 ESPACE TOTALEMENT DISCONTINU

1. Montrons que la condition est nécessaire. D'après la proposition 2.42.2, tout point admet un système fondamental de voisinages à la fois ouverts et fermés. Tout point x admet par conséquent un voisinage V_x à la fois ouvert et fermé tel que $V_x \subset B(x; \varepsilon/2)$. Le recouvrement ouvert $(V_x)_{x \in X}$ contient un sous-recouvrement fini, soit $(V_i)_{1 \leq i \leq n}$. Posons $W_1 = V_1$ et $W_i = V_i - W_{i-1}$ pour $2 \leq i \leq n$; les ensembles W_i sont compacts, de diamètre $\leq \varepsilon$ et constituent une partition de X.

2. Réciproquement, soit $\varepsilon > 0$, il existe une partition finie (A_j) de X constituée d'ensembles compacts de diamètre $\leq \varepsilon$. Chacun de ces ensembles A_j est à la fois ouvert et fermé et par suite tout point x admet un voisinage V à la fois ouvert et fermé de diamètre $\leq \varepsilon$. Soit C la composante connexe du point x ; étant donné que $C = (C \cap V) \cup (C \cap (X - V))$, l'ensemble connexe C est nécessairement contenu dans V, le diamètre de C est donc $\leq \varepsilon$ et on en déduit que C est réduit au point x.

EXERCICE 2.42.2

On utilise la méthode décrite dans l'exercice 2.33.5 dont on conserve les notations. Lorsque X est un espace métrique compact non vide, totalement discontinu et sans point isolé, on peut construire la famille $(A_\varepsilon)_{\varepsilon \in \mathcal{E}}$ telle que A_0 et A_1 soient disjoints, ainsi que $A_{\varepsilon'}$ et $A_{\varepsilon''}$ pour tout ε.

En effet, l'espace X n'ayant pas de point isolé, X admet au moins deux éléments et son diamètre δ est donc > 0. D'après l'exercice 2.42.1, il existe une partition finie $(K_i)_{1 \leq i \leq p+1}$ constituée de parties compactes non vides de diamètre $\leq \delta/2$ et $p \geq 1$. On pose $A_0 = K_1$ et $A_1 = \bigcup_{n=2}^{p+1} K_n$. Le sous-espace K_1 est un espace métrique compact non vide, totalement discontinu et sans point isolé car K_1 étant ouvert dans X, tout point isolé de K_1 serait un point isolé de X ; d'après l'exercice 2.42.1, il existe des compacts non vides et disjoints K'_1 et K''_1 tels que $K_1 = K'_1 \cup K''_1$. Lorsque $p \geq 2$, on pose $A_{00} = K'_1$, $A_{01} = K''_1$, $A_{10} = K_2$ et $A_{11} = \bigcup_{n=3}^{p+1} K_n$. En poursuivant cette construction, on obtient une partition $(A_\varepsilon)_{\varepsilon \in \mathcal{E}_p}$ de X constituée de parties compactes non vides de diamètre $\leq \delta/2$. Chaque A_ε est un espace métrique compact non vide, totalement discontinu et sans point isolé (car A_ε est ouvert) et il est donc possible d'itérer cette construction.

Il suffit ensuite de vérifier que la surjection continue $f : \{0,1\}^{\mathbb{N}^*} \to X$ est injective, ceci démontrera que f est un homéomorphisme (corollaire 2.31.12). L'injectivité de f résulte du fait que, pour tout n, la famille $(A_\varepsilon)_{\varepsilon \in \mathcal{E}_n}$ est une partition de X : si a appartient à X, il existe un unique $\varepsilon_n \in \mathcal{E}_n$ tel que $a \in A_{\varepsilon_n}$, d'où un unique $\varepsilon \in \mathcal{E}$ tel que $a = f(\varepsilon)$.

EXERCICE 2.42.3

1. L'espace X admet une base de topologie dénombrable, soit (B_n). Soit A une partie de X à la fois ouverte et fermée. Il existe une partie I de $\mathbb{N}$ telle que $A = \bigcup_{n \in I} B_n$. Le sous-espace A étant compact, le recouvrement ouvert $(B_n)_{n \in I}$ contient un sous-recouvrement fini, d'où une partie finie J de $\mathbb{N}$ telle que $A = \bigcup_{n \in J} B_n$. L'ensemble des parties finies de $\mathbb{N}$ étant dénombrable, on en déduit que l'ensemble $\mathcal{A}$ des parties à la fois ouvertes et fermées est dénombrable.

2. La fonction $x \mapsto x_n$ est continue car D_n est à la fois ouvert et fermé. La fonction f est donc continue en tant que somme d'une série normalement convergente. Si C' est une composante connexe de X, $f(C')$ est une partie connexe de l'ensemble de Cantor, donc réduite à un point (l'ensemble de Cantor ne contient évidemment aucun intervalle d'après sa construction) et ceci prouve que f est constante sur chaque composante connexe de X. Si C' et C'' sont deux composantes connexes de X différentes, alors $X - C''$ est un voisinage ouvert de C' et d'après la proposition 2.42.2 il existe donc un n tel que $C' \subset D_n$ et $C'' \cap D_n = \emptyset$. On en déduit que $f|_{C'} \neq f|_{C''}$ car $x_n = 2$ si $x \in C'$ et $x_n = 0$ si $x \in C''$.

3. L'ensemble de Cantor est un espace compact totalement discontinu, il en est donc de même de tout sous-espace fermé et a fortiori de tout espace homéomorphe à un sous-espace fermé de l'ensemble de Cantor.

Réciproquement, si X est un espace métrique compact totalement discontinu, l'application $f : X \to C$ construite précédemment est continue et injective et par suite un homéomorphisme de X sur un sous-espace compact, donc fermé, de C.

EXERCICE 2.42.4

On suppose que $X = \bigcup_{n=0}^{\infty} F_n$ où les F_n sont fermés, non vides et disjoints deux à deux. On pose $G_n = F_n - \overset{\circ}{F}_n$ et $G = \bigcup_{n=0}^{\infty} G_n$. Les ensembles G_n sont fermés dans X, donc dans G ; l'espace X étant connexe, G_n est non vide d'après le corollaire 2.39.9 ; G est donc non vide. Nous allons démontrer que G est fermé et que les fermés G_n sont d'intérieur vide dans G. Ceci prouvera que G est un espace métrique complet, donc de Baire (théorème 2.28.1) et que G est maigre dans lui-même, d'où une contradiction vu que G est non vide.

1. Montrons que G est fermé. Soit $a \in \overline{G}$, il existe un entier n tel que $a \in F_n$. Montrons que $a \in G_n$. Raisonnons par l'absurde, supposons $a \in \mathring{F}_n$. Alors, $V = \mathring{F}_n$ est un voisinage de a et ce voisinage V ne rencontre ni G_n, ni G_p pour $p \neq n$, F_n et F_p étant disjoints ; ceci montre que V ne rencontre pas G, ce qui est absurde, le point a étant adhérent à G.

2. Montrons que G_n est d'intérieur vide dans G. Soit a un point intérieur à G_n relativement à G, autrement dit G_n est un voisinage de a dans G. L'espace étant localement connexe, il existe un voisinage connexe C de a tel que $C \cap G \subset G_n$. Le point a appartenant à la frontière de F_n, C doit rencontrer $X - F_n$; il existe donc un entier $p \neq n$ tel que C rencontre F_p ; C rencontrant $X - F_p$ (car $a \in X - F_p$), C doit rencontrer la frontière de F_p, c'est-à-dire G_p et ceci est absurde car $C \cap G \subset G_n$.

Comme nous l'avons expliqué, 1. et 2. permettent de conclure.

Chapitre 3

ESPACES LOCALEMENT CONVEXES

Sommaire

Ce chapitre est consacré à l'étude des espaces localement convexes (en abrégé e.l.c.), c'est-à-dire aux espaces vectoriels topologiques dont la topologie peut être définie par une famille de semi-normes. Les espaces fonctionnels utilisés dans la pratique sont toujours de ce type et il est donc utile d'étudier les propriétés fondamentales de ces espaces.

Les paragraphes 3.1 à 3.8 présentent les premières notions et propriétés des e.l.c. : sous-espace, produit, quotient, somme directe topologique, etc. On notera en particulier le critère de métrisabilité (théorème 3.4.6) et les deux théorèmes fondamentaux concernant les espaces de dimension finie : le premier théorème (théorème 3.5.8) affirme que sur un espace de dimension finie il n'existe qu'une seule topologie séparée d'e.l.c. et que cette topologie est une topologie d'espace de Banach ; le second théorème dû à F. Riesz (théorème 3.7.4) donne une caractérisation topologique de la dimension finie : un espace normé localement compact est nécessairement de dimension finie. C'est ce théorème qui permet de démontrer que, pour un opérateur compact, les sous-espaces propres sont de dimension finie (corollaire 3.32.5).

On étudie ensuite (paragraphe 3.9) la topologie de la convergence uniforme, et plus généralement la topologie de la $\mathcal{A}$-convergence ; ces topologies sont évidemment très importantes dans les applications.

La partie B aborde l'étude des espaces $\mathcal{L}(E;F)$ de toutes les applications linéaires et continues de E dans F. Lorsque E et F sont des espaces normés, on montre d'abord comment ces espaces peuvent être munis d'une structure d'espace normé en définissant la norme d'une application linéaire continue. On étudie ensuite, dans le cadre des espaces de Fréchet, c'est-à-dire des e.l.c. métrisables et complets, les théorèmes de Banach. Lorsque E et F sont des espaces de Fréchet, toute bijection linéaire et continue de E sur F est un isomorphisme (corollaire 3.11.3) ; ce théorème fondamental dû à Banach apparaît ici comme un corollaire du théorème de l'application ouverte (théorème 3.11.1), théorème qui repose essentiellement sur le théorème de Baire. Le second théorème fondamental est le théorème 3.12.10 de Banach-Steinhaus : si (T_n) est une suite d'applications linéaires et continues de E dans F qui converge simplement vers T, alors T est linéaire et continue si E est un espace de Fréchet et F un e.l.c. séparé. On notera la simplicité de cet énoncé et l'utilité pratique d'un tel théorème pour vérifier la continuité d'une application linéaire. La démonstration de ce théorème utilise une notion d'équicontinuité (définition 3.12.1) généralisant celle étudiée dans le cas métrique (définition 2.34.1), le théorème de Baire permettant de démontrer que toute partie de $\mathcal{L}(E; F)$ simplement bornée est équicontinue (proposition 3.12.8).

La partie C étudie le dual d'un e.l.c. Le point de départ de cette étude est un lemme algébrique de prolongement, le lemme 3.13.1, qui permet d'obtenir les deux formes du théorème de Hahn-Banach. Sous sa première forme, dite analytique, le théorème 3.13.6 de Hahn-Banach affirme que toute forme linéaire et continue définie sur un sous-espace se prolonge en une forme linéaire et continue sur tout l'espace : l'étude de la dualité, c'est-à-dire l'étude des relations entre un espace E et son dual E', utilise constamment ce théorème ; par exemple, le fait que E et E' soient des espaces vectoriels en dualité (proposition 3.15.1), c'est-à-dire le fait que la topologie affaiblie $\sigma(E, E')$ soit séparée, est une des conséquences de ce théorème. Le théorème de Hahn-Banach sous sa forme géométrique (théorème 3.14.8) est un théorème de séparation qui permet de démontrer, par exemple, que dans un e.l.c. séparé tout convexe fermé est faiblement fermé, résultat fondamental en anayse convexe.

Après avoir introduit les notions d'espaces vectoriels en dualité et de topologies faibles associées, l'étude de la dualité est faite dans le cadre des espaces de Banach. Grâce au théorème de Tychonoff, on vérifie d'abord que la boule unité du dual d'un espace normé est faiblement compacte (théorème 3.16.2 d'Alaoglu). En plongeant un espace de Banach dans son bidual, on en déduit qu'un espace de Banach est réflexif si, et seulement si, sa boule unité est faiblement compacte (théorème 3.16.16). Ces propriétés de compacité sont illustrées par une application importante à la minimisation des fonctionnelles convexes s.c.i. (théorème 3.16.18). Le paragraphe 3.17 s'intéresse à la métrisablité des parties faiblement relativement compactes d'un espace de Banach ou de son dual (corollaire 3.17.4 et théorème 3.17.7). Ceci permet d'en déduire des propriétés de compacité faible séquentielle : en particulier, dans un espace de Banach réflexif toute suite bornée contient une sous-suite faiblement convergente (théorème 3.17.11). Dans le même ordre d'idées, il faut mentionner le théorème remarquable d'Eberlein (théorème 3.17.12).

Le paragraphe 3.18 étudie la notion d'orthogonalité et la transposée d'une application linéaire et continue ; ces propriétés seront utilisées pour l'étude des opérateurs compacts (partie G).

La partie D expose d'abord la théorie des séries convergentes et des familles sommables (paragraphes 3.19 à 3.22). L'étude des produits infinis est faite dans le cadre des algèbres de Banach et concerne essentiellement les produits infinis absolument convergents ; ce sont en effet ces produits infinis qui sont utiles (en particulier le corollaire 3.23.6) dans la théorie des fonctions holomorphes. Les espaces l^p sont étudiés en détail au paragraphe 3.24 ; ceci permet de tester concrètement les techniques élaborées précédemment ; en outre, on retrouvera ces espaces sous une forme plus générale en intégration. Le seul résultat difficile et assez surprenant est le théorème 3.24.17 selon lequel une suite faiblement convergente de l^1 est fortement convergente.

La partie E présente les théorèmes d'approximation de Weierstrass.

La partie F expose la théorie classique des espaces de Hilbert, les théorèmes fondamentaux étant le théorème de projection (théorème 3.28.2), le théorème de représentation du dual de F. Riesz (théorème 3.29.2) et le théorème 3.30.2 concernant les sommes hilbertiennes.

La partie G est une introduction à l'analyse spectrale ; on se limite aux opérateurs compacts sur des espaces de Banach. Le théorème 3.33.3 donne les propriétés fondamentales de ces opérateurs. Dans un cadre hilbertien, la donnée d'un opérateur compact symétrique ou normal permet alors de décomposer l'espace en une somme hilbertienne de sous-espaces propres (théorème 3.34.8), c'est-à-dire de diagonaliser l'opérateur. Des applications seront développées ultérieurement, en particulier l'étude de certains opérateurs intégraux relève de cette théorie.

A – Espace localement convexe

3.1 Espace vectoriel topologique

Les espaces topologiques utilisés dans la pratique sont très souvent munis d'une structure algébrique naturelle. L'existence sur un même ensemble de deux structures, à savoir une structure algébrique et une structure topologique, ne présente un réel intérêt que si certaines relations de compatibilité entre ces structures sont vérifiées : il est naturel d'exiger la continuité des opérations définissant la structure algébrique. Ceci conduit à définir des notions de groupe topologique, de corps topologique, etc.

Définition 3.1.1 *Un groupe G, la loi de composition étant notée multiplicativement, muni d'une topologie $\mathcal{T}$ est appelé un groupe topologique si*
(GT_1) *L'application $(x, y) \mapsto xy$ de $G \times G$ (muni de la topologie produit) dans G est continue.*
(GT_2) *L'application $x \mapsto x^{-1}$ de G dans G est continue.*

Un corps $\mathbb{K}$ muni d'une topologie $\mathcal{T}$ est appelé un corps topologique si $\mathbb{K}$ en tant que groupe additif et $\mathbb{K}^\star$ en tant que groupe multiplicatif sont tous deux des groupes topologiques.

La proposition 2.3.8 signifie que $\mathbb{R}$ est un corps topologique. Cette proposition reste vraie sur $\mathbb{C}$ (avec la même démonstration) : le corps $\mathbb{C}$ est un corps topologique.

Dans la suite, nous allons essentiellement nous intéresser à des espaces vectoriels sur un corps $\mathbb{K}$ qui sera soit le corps $\mathbb{R}$, soit le corps $\mathbb{C}$. Tous les espaces vectoriels apparaissant dans une même question seront toujours supposés des espaces vectoriels sur le même corps.

Définition 3.1.2 *Un espace vectoriel E sur le corps $\mathbb{K}$ ($\mathbb{R}$ ou $\mathbb{C}$) muni d'une topologie $\mathcal{T}$ est appelé un espace vectoriel topologique (en abrégé e.v.t.) si*
(EVT_1) *L'application $(x, y) \mapsto x + y$ de $E \times E$ (muni de la topologie produit) dans E est continue.*

(EVT_2) *L'application* $(\lambda, x) \mapsto \lambda x$ *de* $\mathbb{K} \times E$ *(muni de la topologie produit) dans* E *est continue. On dit alors que les structures vectorielle et topologique sont compatibles.*

Pour que l'axiome (EVT_2) ait un sens, il est évidemment essentiel que le corps $\mathbb{K}$ soit muni d'une topologie.

Exemple 3.1.1 Sur un espace vectoriel E, la topologie grossière est une topologie d'e.v.t., alors que la topologie discrète ne l'est pas si $E \neq \{0\}$: en effet, soit $a \neq 0$, l'application $\varphi : \lambda \mapsto \lambda a$ de $\mathbb{K}$ dans E n'est pas continue en 0 si E est muni de la topologie discrète, car $\{0\}$ est un voisinage de $0 \in E$ et $\varphi^{-1}(0) = \{0\}$ n'est pas un voisinage de 0 dans $\mathbb{K}$.

Voici quelques conséquences immédiates de cette définition.

Considérons d'abord la translation associée à un vecteur $a \in E$

$$\tau_a \; : \; x \in E \mapsto x + a \in E.$$

D'après (EVT_1), cette bijection τ_a est un homéomorphisme de E sur E. Il en résulte que le filtre $\mathcal{V}(a)$ des voisinages du point a est l'image du filtre $\mathcal{V}(0)$ par la translation τ_a, soit

$$\mathcal{V}(a) = a + \mathcal{V}(0) = \{a + V \, ; \, V \in \mathcal{V}(0)\}, \tag{3.1.1}$$

où $a + V = \tau_a(V) = \{a + x \, ; \, x \in V\}$. Il en résulte également que l'ensemble des ouverts et l'ensemble des fermés sont des ensembles invariants par translation.

L'axiome (EVT_2) montre d'abord que l'application $x \mapsto -x$ de E dans E est continue ; compte tenu de (EVT_1), un e.v.t. est donc, pour sa structure additive, un groupe topologique. Par ailleurs, étant donné un scalaire non nul λ, considérons l'homothétie de centre 0 et de rapport λ

$$h_\lambda \; : \; x \in E \mapsto \lambda x \in E, \tag{3.1.2}$$

une telle homothétie h_λ est, d'après (EVT_2), un homéomorphisme de E sur E. Ceci prouve que le filtre $\mathcal{V}(0)$ des voisinages de 0 est invariant par toute homothétie de centre 0 et de rapport non nul.

Remarque 3.1.1 Pour tout entier $n \geq 1$, l'application

$$(\lambda, x) \in \mathbb{K}^n \times E^n \mapsto \sum_{i=1}^{n} \lambda_i x_i \in E, \tag{3.1.3}$$

où $\lambda = (\lambda_i)_{1 \leq i \leq n}$, $x = (x_i)_{1 \leq i \leq n}$, est continue. Pour $n = 1$, il s'agit simplement de (EVT_2). On raisonne ensuite par récurrence. La continuité des projections montre que les applications

$$(\lambda, x) \in \mathbb{K}^n \times E^n \mapsto (\lambda', x') \in \mathbb{K}^{n-1} \times E^{n-1},$$

où $\lambda' = (\lambda_i)_{1 \leq i \leq n-1}$, $x' = (x_i)_{1 \leq i \leq n-1}$, et

$$(\lambda, x) \in \mathbb{K}^n \times E^n \mapsto (\lambda_n, x_n) \in \mathbb{K} \times E$$

sont continues ; vu l'hypothèse de récurrence, l'application

$$(\lambda, x) \in \mathbb{K}^n \times E^n \mapsto \sum_{i=1}^{n-1} \lambda_i x_i \in E$$

est continue et on conclut avec (EVT_1) vu que

$$\sum_{i=1}^{n} \lambda_i x_i = \sum_{i=1}^{n-1} \lambda_i x_i + \lambda_n x_n.$$

Voici une application simple de ce qui précède.

Proposition 3.1.1 *Dans un e.v.t. E, l'adhérence d'un sous-espace vectoriel F est un sous-espace vectoriel.*

Preuve Étant donné des scalaires λ, μ, l'application

$$f : (x, y) \in E \times E \mapsto \lambda x + \mu y \in E$$

est continue d'après la remarque précédente et $f(F \times F) \subset F$, d'où $f(\overline{F} \times \overline{F}) \subset \overline{F}$ d'après le théorème 2.13.4 et la formule (2.21.3) et ceci prouve que $\overline{F}$ est un sous-espace vectoriel. Q.E.D.

Exercice 3.1.1 Dans un espace vectoriel E, si A et B sont deux parties de E, on pose

$$A + B = \{x + y\,;\, x \in A \text{ et } y \in B\} \text{ et } A - B = \{x - y\,;\, x \in A \text{ et } y \in B\}.$$

Si E est un e.v.t., montrer que, pour tout voisinage $V \in \mathcal{V}(0)$, il existe des voisinages $W, W' \in \mathcal{V}(0)$ tels que $W + W \subset V$ et $W' - W' \subset V$.

Exercice 3.1.2 Dans un espace vectoriel E, une partie A est dite absorbante si

$$(\forall x \in E)(\exists \varepsilon > 0)(\forall \lambda \in \mathbb{K})(|\lambda| \leq \varepsilon \Rightarrow \lambda x \in A).$$

1. Montrer que dans un e.v.t., tout voisinage de 0 est absorbant.
2. En déduire que, pour tout voisinage V de 0 et toute suite (λ_n) de $\mathbb{K}$ telle que $\lim_{n\to\infty} |\lambda_n| = +\infty$, on a $E = \bigcup_{n=0}^{\infty} \lambda_n V$.

Exercice 3.1.3 Soit F un sous-espace vectoriel d'un e.v.t. E, si F est différent de E, montrer que F est d'intérieur vide [raisonner par l'absurde et utiliser l'exercice 3.1.2].

3.2 Topologie définie par une famille de semi-normes

Nous allons étudier une catégorie particulière d'espace vectoriel topologique, les espaces localement convexes. Les espaces fonctionnels utilisés dans la pratique, en particulier ceux qu'on rencontre dans la théorie des distributions, ne sont pas toujours des espaces normés ; par contre, ce sont toujours des espaces localement convexes. Il s'agit donc d'une classe particulièrement importante d'espace vectoriel topologique et les considérations qui suivent constituent une introduction à l'analyse fonctionnelle moderne.

Voici une première définition.

Définition 3.2.1 *Une semi-norme sur un espace vectoriel E est une application*

$$\|\bullet\| : x \in E \mapsto \|x\| \in \mathbb{R}_+$$

vérifiant les propriétés suivantes

(N_1) *Pour tout $x, y \in E$, $\|x + y\| \leq \|x\| + \|y\|$ (Inégalité triangulaire)*

(N_2) *Pour tout* $\lambda \in \mathbb{K}$, $x \in E$, $\|\lambda x\| = |\lambda|\,\|x\|$.

Une norme est une semi-norme qui vérifie en outre

(N_3) *La relation* $\|x\| = 0$ *est équivalente à* $x = 0$.

On notera que, pour toute semi-norme, on a $\|0\| = 0$ d'après (N_2) (prendre $\lambda = 0$ et $x = 0$). Dire qu'une semi-norme est une norme signifie donc que le vecteur nul est le seul vecteur de norme nulle.

Exercice 3.2.1 Soit $\|\bullet\|$ une semi-norme sur un espace vectoriel E, montrer que $F = \{x \in E\,;\, \|x\| = 0\}$ est un sous-espace-vectoriel de E.

Définition 3.2.2 *Un espace vectoriel muni d'une norme est appelé un espace normé.*

Proposition 3.2.1 *Soit* E *un espace vectoriel normé, l'application*

$$d : (x, y) \in E \times E \mapsto \|x - y\| \in \mathbb{R}_+$$

est une distance sur E.

Preuve La propriété (D_1) résulte de (N_2) : on a en effet $x - y = (-1) \times (y - x)$, d'où $\|x - y\| = \|y - x\|$. La propriété (D_2) résulte de (N_3) : $\|x - y\| = 0$ équivaut à $x - y = 0$, soit $x = y$. Quant à (D_3), on a $x - z = x - y + y - z$, d'où $\|x - z\| \leq \|x - y\| + \|y - z\|$ d'après (N_1). Q.E.D.

Un espace vectoriel normé sera toujours muni, sauf mention expresse du contraire, de la topologie associée à la distance $d(x, y) = \|x - y\|$. Un espace vectoriel normé est donc muni d'une structure d'espace métrique : toutes les propriétés des espaces métriques lui sont donc applicables. Rappelons, en particulier, que l'ensemble des boules fermées

$$B'(a; r) = \{x \in E\,;\, \|x - a\| \leq r\} \text{ lorsque } r \text{ décrit } \mathbb{R}_+^*$$

est une base du filtre $\mathcal{V}(a)$ des voisinages du point a, qu'il en est de même de l'ensemble des boules ouvertes $B(a; r) = \{x \in E\,;\, \|x - a\| < r\}$ et qu'une suite (x_n) de E converge vers x si, et seulement si, $\lim_{n\to\infty} \|x - x_n\| = 0$. On peut en outre donner la définition suivante

Définition 3.2.3 *Un espace vectoriel normé complet est appelé un espace de Banach.*

Exemple 3.2.1 L'application $x \mapsto |x|$ est une norme sur $\mathbb{R}$, la distance associée à cette norme étant la distance usuelle $d(x, y) = |x - y|$: l'espace vectoriel $\mathbb{R}$ est donc muni d'une structure d'espace de Banach. De même, sur $\mathbb{C}$, $|z| = (x^2 + y^2)^{1/2}$ où $z = x + iy$, est une norme et la distance associée est la distance euclidienne sur $\mathbb{R}^2$; la topologie usuelle sur $\mathbb{C}$ est donc une structure d'espace de Banach.

Examinons ensuite le cas d'un espace vectoriel muni d'une seule semi-norme $\|\bullet\|$. Lorsque (N_3) n'est pas vérifié, l'application $(x, y) \mapsto \|x - y\|$ n'est plus une distance sur E. Nous appellerons toujours boule ouverte (resp. fermée) de centre $a \in E$ et de rayon $r \geq 0$ les ensembles

$$B(a; r) = \{x \in E\,;\, \|x - a\| < r\} \text{ et } B'(a; r) = \{x \in E\,;\, \|x - a\| \leq r\}.$$

On a alors

Proposition 3.2.2 *Soit E un espace vectoriel muni d'une seule semi-norme $\|\bullet\|$, alors l'ensemble des boules fermées $B'(x;r)$ de centre x, r décrivant $\mathbb{R}_+^\star$, est une base d'un filtre $\mathcal{V}(x)$ définissant sur E une structure d'espace vectoriel topologique.*

Preuve Notons d'abord que cet ensemble de boules fermées est un ensemble non vide de parties non vides (car $x \in B'(x;r)$) stable par intersection finie ; il engendre donc (proposition 2.8.3) un filtre noté $\mathcal{V}(x)$. Ce filtre vérifie (V_1) (définition 2.8.2) comme nous venons de le voir. Vérifions (V_2). Soit $V = B'(x;r)$, $r > 0$, prenons $W = B(x;r)$. On a $W \supset B'(x;r/2)$, ce qui prouve que W appartient à $\mathcal{V}(x)$. De plus, soit $y \in W$, c'est-à-dire $\|y-x\| < r$; posons $\rho = r - \|y-x\| > 0$, l'inégalité triangulaire montre que $V \supset B'(y;\rho)$, ce qui prouve que V appartient à $\mathcal{V}(y)$ et (V_2) est bien vérifié.

Ces filtres définissent une topologie sur E ; montrons que cette topologie est compatible avec la structure vectorielle de E. La continuité de l'addition $\varphi : (x,y) \mapsto x+y$ en un point $(a,b) \in E \times E$ résulte de l'inclusion

$$\varphi(B'(a;r/2) \times B'(b;r/2)) \subset B'(a+b;r),\ r > 0.$$

Vérifions enfin la continuité de l'application $h : (\lambda, x) \mapsto \lambda x$ en $(\lambda_0, x_0) \in \mathbb{K} \times E$. On a

$$\lambda x - \lambda_0 x_0 = \lambda_0(x - x_0) + (\lambda - \lambda_0)(x - x_0) + (\lambda - \lambda_0)x_0,$$

d'où $\|\lambda x - \lambda_0 x_0\| \leq (|\lambda_0| + \|x_0\| + \varepsilon)\varepsilon$, si $|\lambda - \lambda_0| \leq \varepsilon$, $\|x - x_0\| \leq \varepsilon$; étant donné que $(|\lambda_0| + \|x_0\| + \varepsilon)\varepsilon$ tend vers 0 avec ε, ceci prouve, $r > 0$ étant donné, que pour $\varepsilon > 0$ suffisamment petit $h(B'(\lambda_0;\varepsilon) \times B'(x_0;\varepsilon)) \subset B'(\lambda_0 x_0;r)$, ce qui prouve le résultat voulu. Q.E.D.

En particulier, la topologie d'un espace vectoriel normé est une topologie d'espace vectoriel topologique.

Considérons maintenant un espace vectoriel E muni d'une famille de semi-normes $(\|\bullet\|_i)_{i\in I}$; chaque semi-norme $\|\bullet\|_i$ permet de définir une topologie $\mathcal{T}_i$ sur E et on peut donc munir E de la topologie borne supérieure de toutes ces topologies. Pour vérifier que cette topologie est une topologie d'e.v.t. nous utiliserons le résultat suivant.

Proposition 3.2.3 *Soient $(E_i)_{i\in I}$ une famille d'e.v.t., E un espace vectoriel et $f_i : E \to E_i$ une famille d'applications linéaires. Alors, la topologie initiale sur E associée à ces données est une topologie d'e.v.t.*

Preuve La continuité de l'application $\varphi : (x,y) \in E \times E \to x+y \in E$ équivaut à celle des applications $f_i \circ \varphi$; on a

$$(f_i \circ \varphi)(x,y) = f_i(x) + f_i(y) = \varphi_i(f_i(x), f_i(y))$$

où φ_i désigne l'application $(x,y) \mapsto x+y$ de $E_i \times E_i$ dans E_i ; la continuité de φ résulte alors de la continuité des projections $(x,y) \mapsto x$ et $(x,y) \mapsto y$, de la continuité des applications f_i (définition de la topologie initiale), du corollaire 2.19.4 et de la continuité des applications φ_i (les E_i sont des e.v.t.).

De même, la continuité de $\psi : (\lambda, x) \in \mathbb{K} \times E \to \lambda x \in E$ équivaut à celle de $f_i \circ \psi$; on a $(f_i \circ \psi)(\lambda, x) = \lambda f_i(x)$ et on conclut comme précédemment en utilisant la continuité des projections dans l'espace produit $\mathbb{K} \times E$, la continuité des f_i et le fait que les E_i sont des e.v.t. Q.E.D.

Corollaire 3.2.4 *Sur un espace vectoriel E, la topologie borne supérieure d'une famille de topologies d'e.v.t. est une topologie d'e.v.t.*

Preuve En effet, l'application identique de E est linéaire. Q.E.D.

Si l'espace vectoriel E est muni d'une famille de semi-normes $(\|\bullet\|_i)_{i\in I}$, nous noterons $B_i(x;r)$ et $B'_i(x;r)$ les boules relatives à la semi-norme $\|\bullet\|_i$ et $\mathcal{T}_i$ la topologie définie par la seule semi-norme $\|\bullet\|_i$. Soit $\mathcal{T}$ la topologie borne supérieure de ces topologies $\mathcal{T}_i$. D'après la formule (2.19.3), une base du filtre $\mathcal{V}(x)$ des voisinages d'un point x est constituée par l'ensemble des parties $\bigcap_{i\in J} B'_i(x;r_i)$ où J décrit l'ensemble $\mathcal{F}(I)$ des parties finies de I et r_i l'ensemble $\mathbb{R}^\star_+$. L'inclusion $\bigcap_{i\in J} B'_i(x;r_i) \supset \bigcap_{i\in J} B'_i(x;r)$, où $r = \min_{i\in J} r_i$ montre qu'on peut se contenter de prendre tous les r_i égaux. Autrement dit, si on considère les semi-normes $\|x\|_J = \max_{i\in J} \|x\|_i$, l'ensemble des boules fermées

(3.2.1) $$B'_J(x;r) \text{ où } J \in \mathcal{F}(I) \text{ et } r > 0$$

est une base du filtre $\mathcal{V}(x)$.

Résumons l'analyse précédente comme suit.

Théorème 3.2.5 *Soit E un espace vectoriel muni d'une famille de semi-normes $(\|\bullet\|_i)_{i\in I}$. L'ensemble des boules fermées (3.2.1) est la base d'un filtre $\mathcal{V}(x)$ définissant sur E une topologie $\mathcal{T}$ d'e.v.t. Si $\mathcal{T}_i$ est la topologie définie par la seule semi-norme $\|\bullet\|_i$, $\mathcal{T}$ est la borne supérieure des topologies $\mathcal{T}_i$. Muni de cette topologie $\mathcal{T}$, E est appelé un espace localement convexe (en abrégé e.l.c.).*

Pour simplifier le langage, nous nous exprimerons dans la suite en disant

"soit E, $(\|\bullet\|_i)_{i\in I}$, un espace localement convexe"

Proposition 3.2.6 *Soit E, $(\|\bullet\|_i)_{i\in I}$, un espace localement convexe, alors les semi-normes $\|\bullet\|_i$ sont continues.*

Preuve L'inégalité $|\,\|x\|_i - \|a\|_i| \leq \|x-a\|_i$ montre que l'image par l'application $\|\bullet\|_i$ de la boule fermée $B'_i(a;r)$ est contenue dans la boule fermée $B'(\|a\|_i;r)$ de $\mathbb{R}$ et ceci prouve la continuité au point a de la semi-norme $\|\bullet\|_i$. Q.E.D.

La continuité des semi-normes $\|\bullet\|_i$, donc des semi-normes $\|\bullet\|_J$, montre que les boules ouvertes $B_i(x;r)$, $B_J(x;r)$ sont effectivement ouvertes pour la topologie de l'espace E ; les boules fermées $B'_i(x;r)$ et $B'_J(x;r)$ sont fermées. Notons les formules

(3.2.2) $$\overline{B}_i(a;r) = B'_i(a;r) \text{ , Int } B'_i(a;r) = B_i(a;r).$$

En effet, grâce à une translation on peut supposer $a = 0$ et, vu que $\overline{B}_i \subset B'_i$, il s'agit de démontrer que tout point $x \in B'_i$ est adhérent à B_i : soit (t_n) une suite vérifiant $0 < t_n < 1$ et $\lim_{n\to\infty} t_n = 1$, on a alors $x_n = t_n x \in B_i$ et la suite (x_n) converge vers x d'après (EVT_2), ce qui prouve le résultat voulu. Pour démontrer la seconde égalité, on note d'abord que $B_i \subset \operatorname{Int} B'_i$ et il s'agit donc de vérifier qu'un point $x \notin B_i$ est adhérent au complémentaire de B'_i : si $t_n > 1$ et $\lim_{n\to\infty} t_n = 1$, $x_n = t_n x \in E - B'_i$, car $\|x_n\|_i = t_n\|x\|_i > \|x\|_i \geq r$ soit $\|x_n\|_i > r$, et la suite (x_n) converge vers x, ce qui prouve le résultat désiré.

Dans un e.l.c. tout point admet un système fondamental de voisinages fermés, soit (définition 2.17.2)

Corollaire 3.2.7 *Un espace localement convexe séparé est régulier.*

On notera que l'ensemble des boules ouvertes

$$B_J(x;r) \text{ où } J \in \mathcal{F}(I) \text{ et } r > 0 \tag{3.2.3}$$

constitue également un système fondamental de voisinages de x, vu les inclusions

$$B'_J(x;r/2) \subset B_J(x;r) \subset B'_J(x;r).$$

Il en résulte que l'ensemble de toutes les boules ouvertes (3.2.3) constitue une base de la topologie de E. Lorsque E est un espace normé, ceci est conforme à une propriété générale des espaces métriques.

On notera enfin que, dans les formules (3.2.1) et (3.2.3), on peut se contenter de prendre r de la forme $1/n$ où n est un entier > 0 ; on en déduit le

Corollaire 3.2.8 *Un e.l.c. dont la topologie peut être définie par une famille dénombrable de semi-normes est un espace à base dénombrable de voisinages.*

Étant donné deux points x et y d'un espace vectoriel E, on définit le segment fermé d'extrémités x et y par la formule

$$[x,y] = \{tx + (1-t)y\,;\, 0 \leq t \leq 1\};$$

un tel segment est donc l'image de l'intervalle $[0,1]$ par l'application $t \mapsto tx + (1-t)y$; si E est un e.v.t. séparé, un tel segment est compact, donc fermé.

Une partie C d'un espace vectoriel E est dite convexe si, pour tout $x, y \in C$, le segment $[x,y]$ est contenu dans C. Si $\|\bullet\|$ est une semi-norme sur E, toute boule ouverte ou fermée est convexe : si $x, y \in B(a;r)$, on a $\|x-a\| < r$ et $\|y-a\| < r$, d'où

$$\begin{aligned} \|tx + (1-t)y - a\| &= \|t(x-a) + (1-t)(y-a)\| \\ &\leq t\|x-a\| + (1-t)\|y-a\| \\ &< tr + (1-t)r = r \end{aligned}$$

et ceci prouve que la boule $B(a;r)$ est convexe ; on vérifie de même que toute boule fermée est convexe. Ceci montre que, dans un e.l.c., tout point admet un système fondamental de voisinages convexes. On démontre réciproquement (exercice 3.14.8) que, si l'origine, donc tout point par translation, d'un e.v.t. E admet un système fondamental de voisinages convexes, alors la topologie de E peut être définie par une famille de semi-normes ; autrement dit, E est un espace localement convexe. C'est cette propriété qui est à l'origine de la terminologie adoptée.

Exercice 3.2.2 Soit E un e.l.c., étant donné $n+1$ points $(x_i)_{1\leq i\leq n+1}$ de E et $(t_i)_{1\leq i\leq n+1}$ une suite strictement croissante de $[0,1]$ telle que $t_1 = 0$ et $t_{n+1} = 1$, on définit une application $\gamma : [0,1] \to E$ en posant

$$\gamma(t) = \frac{t_{i+1}-t}{t_{i+1}-t_i}\, x_i + \frac{t-t_i}{t_{i+1}-t_i}\, x_{i+1} \text{ pour } t_i \leq t \leq t_{i+1},\ 1 \leq i \leq n.$$

1. Montrer que γ est une application continue. On dit que γ est la ligne polygonale de sommets $(x_i)_{1\leq i\leq n+1}$.
2. Soit O un ouvert de E, montrer l'équivalence des propriétés suivantes.
   a. O est connexe,
   b. pour tout $x, y \in O$, il existe une ligne polygonale tracée dans O joignant x et y,
   c. O est connexe par arc.

Explicitons ensuite la définition de la convergence des filtres. Soit E, $(\|\bullet\|_i)_{i\in I}$, un espace localement convexe ; un filtre $\mathcal{F}$ sur E converge vers un point x si, et seulement si, pour tout $i \in I$, $\mathcal{F}$ converge vers x pour la topologie $\mathcal{T}_i$ (proposition 2.19.2), c'est-à-dire, en utilisant l'ensemble des boules fermées $B'_i(x;r)$ comme système fondamental de voisinages de x,

$$(3.2.4) \qquad (\forall i \in I)(\forall r > 0)(B'_i(x;r) \in \mathcal{F})$$

et, si $\mathcal{B}$ est une base du filtre $\mathcal{F}$,

$$(3.2.5) \qquad (\forall i \in I)(\forall r > 0)(\exists B \in \mathcal{B})(B \subset B'_i(x;r)).$$

Dire qu'une suite (x_n) converge vers x signifie donc que

$$(3.2.6) \qquad (\forall i \in I)(\forall r > 0)(\exists n \in \mathbb{N})(\forall p \in \mathbb{N})(p \geq n \Rightarrow x_p \in B'_i(x;r)),$$

ce qui peut s'écrire tout simplement sous la forme

$$(3.2.7) \qquad \text{pour tout } i \in I,\ \lim_{n\to\infty} \|x - x_n\|_i = 0.$$

Un e.l.c. n'est pas nécessairement séparé et on a le critère suivant

Proposition 3.2.9 *Soit E, $(\|\bullet\|_i)_{i\in I}$, un e.l.c., les conditions suivantes sont équivalentes.*

1. L'espace E est séparé.

2. Si (x_n) est une suite de E convergeant vers x, x est le seul point limite de la suite (x_n).

3. La suite constante $x_n = 0$ admet 0 pour seul point limite.

4. $\|x\|_i = 0$ pour tout $i \in I$ implique $x = 0$.

Preuve $1 \Rightarrow 2$ Dans un espace séparé tout filtre, donc toute suite, admet au plus un point limite.

$2 \Rightarrow 3$ La suite constante $x_n = 0$ converge vers 0 qui est donc le seul point limite de la suite.

$3 \Rightarrow 4$ Soit $x \in E$ tel que $\|x\|_i = 0$ pour tout i, alors $\|x - x_n\|_i = 0$ si $x_n = 0$. Il en résulte que la suite (x_n) converge vers x et d'après 3. on en déduit que $x = 0$.

$4 \Rightarrow 1$ Soit $x, y \in E$, $x \neq y$; d'après 4. il existe i tel que $r = \|x - y\|_i \neq 0$. Il en résulte que les boules ouvertes $B_i(x;r/2)$ et $B_i(y;r/2)$ sont disjointes, ce qui prouve que l'espace est séparé d'après (H_2). Q.E.D.

En particulier, un espace muni d'une seule semi-norme est séparé si, et seulement si, cette semi-norme est une norme. On notera également qu'un e.l.c. est séparé dès que l'une des semi-normes définissant sa topologie est une norme, mais il ne s'agit là que d'une condition suffisante de séparation.

Exemple 3.2.2 Soit E un espace vectoriel et soit $(\|\bullet\|_i)_{i\in I}$ la famille de toutes les semi-normes sur E, alors E est un e.l.c. séparé. En effet, soit $x \neq 0$; il existe une base $(e_\alpha)_{\alpha\in A}$ de E telle que x soit l'un des vecteurs de base, soit e_β ; tout $y \in E$ s'écrit d'une manière unique sous la forme $y = \sum_{\alpha\in A} y_\alpha e_\alpha$ où les $y_\alpha \in \mathbb{K}$ sont tous nuls sauf un nombre fini d'entre eux ; l'application $y \mapsto y_\beta$ étant linéaire, $y \mapsto |y_\beta|$ est alors une semi-norme et $|x_\beta| = 1$ n'est pas nul : l'espace est donc séparé d'après la proposition 3.2.9.

Exercice 3.2.3 Soit E, $(\|\bullet\|_i)_{i\in I}$, un e.l.c., montrer que

$$\overline{\{0\}} = \{x \in E\,;\ \|x\|_i = 0 \text{ pour tout } i \in I\}$$

et en déduire que E est séparé si, et seulement si, l'ensemble $\{0\}$ est fermé.

3.3 Application linéaire et continue

Précisons d'abord les notations utilisées. Si E et F sont deux espaces vectoriels, on note $\mathcal{L}^\star(E;F)$ l'ensemble de toutes les applications linéaires de E dans F ; cet ensemble est un sous-espace vectoriel de l'espace vectoriel $\mathcal{F}(E;F)$ de toutes les applications de E dans F. Lorsque $F = \mathbb{K}$, une application linéaire de E dans $\mathbb{K}$ est appelée une forme linéaire sur E et l'espace vectoriel $E^\star$ de toutes les formes linéaires sur E s'appelle le dual algébrique de E.

Lorsque E et F sont des e.v.t., on s'intéresse aux applications linéaires et continues ; on note $\mathcal{L}(E;F)$ l'ensemble des applications linéaires et continues de E dans F ; l'ensemble E' des formes linéaires et continues sur E s'appelle le dual topologique de E ou tout simplement le dual de E. L'ensemble $\mathcal{L}(E;F)$ est un sous-espace vectoriel de $\mathcal{L}^\star(E;F)$; on a, en effet, $\mathcal{L}(E;F) = \mathcal{L}^\star(E;F) \cap \mathcal{C}(E;F)$ et $\mathcal{C}(E;F)$ est un sous-espace vectoriel de l'espace $\mathcal{F}(E;F)$ d'après la

Proposition 3.3.1 *Soient X un espace topologique et F un e.v.t., alors l'ensemble $\mathcal{C}(X;F)$ des applications continues de X dans F est un sous-espace vectoriel de l'espace $\mathcal{F}(X;F)$ de toutes les applications de X dans F.*

Preuve Soient $f, g \in \mathcal{C}(X;F)$ et $\lambda, \mu \in \mathbb{K}$, on a alors $\lambda f + \mu g = \varphi \circ (f \times g)$ où φ désigne la fonction $(y,z) \mapsto \lambda y + \mu z$ de $F \times F$ dans F, qui est continue d'après la remarque 3.1.1, et $f \times g$ la fonction $x \mapsto (f(x), g(x))$ de X dans $F \times F$ qui est continue d'après la continuité de f et g ; ceci prouve la continuité de $\lambda f + \mu g$.

Q.E.D.

Étant donné deux e.v.t., un homéomorphisme linéaire de E sur F est appelé un isomorphisme (topologique) ; on dit que E et F sont isomorphes s'il existe un isomorphisme de E sur F.

Voici d'abord un lemme qui sera utile à diverses reprises.

Lemme 3.3.2 *Soient $p, q : E \to \mathbb{R}_+$ deux applications définies sur un espace vectoriel E et vérifiant $p(tx) = tp(x)$ et $q(tx) = tq(x)$ pour tout $x \in E$ et $t > 0$. On suppose que $p(x) \leq r$ implique $q(x) \leq s$ où r et s sont deux nombres > 0, alors $q(x) \leq r^{-1}sp(x)$ pour tout $x \in E$.*

Preuve Quel que soit $t > 0$, $p(x) \leq tr$ implique $q(x) \leq ts$ et ceci est encore vrai pour $t = 0$: si $p(x) = 0$, on a $p(x) \leq tr$ pour tout $t > 0$, donc $q(x) \leq ts$ pour tout $t > 0$, d'où $q(x) = 0$. En prenant $t = r^{-1}p(x)$, on en déduit $q(x) \leq r^{-1}sp(x)$, ce qui prouve le lemme. Q.E.D.

Une application linéaire n'est pas nécessairement continue (voir l'exemple 3.3.1 ci-dessous) ; on a le théorème important qui suit.

Théorème 3.3.3 *Soient E, $(\|\bullet\|_i)_{i\in I}$, F, $(\|\bullet\|_j)_{j\in J}$ deux e.l.c. et $T : E \to F$ une application linéaire. Les propriétés suivantes sont équivalentes.*

1. T est continue.

2. T est continue à l'origine de E.

3. Pour tout $j \in J$, il existe une partie finie $K \in \mathcal{F}(I)$ et une constante $c \geq 0$ telles que $\|Tx\|_j \leq c\|x\|_K$ pour tout $x \in E$.

Lorsque E et F sont des espaces normés, cette condition s'écrit

4. il existe une constante $c \geq 0$ telle que $\|Tx\| \leq c\|x\|$ pour tout $x \in E$.

Preuve Il est clair que $1 \Rightarrow 2$.

$2 \Rightarrow 3$ D'après la continuité de T à l'origine, pour tout $j \in J$, il existe $K \in \mathcal{F}(I)$ et $r > 0$ tel que $T(B'_K(0;r)) \subset B'_j(0;1)$; autrement dit, $\|x\|_K \leq r$ implique $\|Tx\|_j \leq 1$; vu le lemme précédent, on en déduit $\|Tx\|_j \leq r^{-1}\|x\|_K$, ce qui prouve 3.

$3 \Rightarrow 1$ Soit $\varepsilon > 0$, on a $T(B'_K(0;\delta)) \subset B'_j(0;\varepsilon)$ dès que $c\delta \leq \varepsilon$, d'où $T(B'_K(a;\delta)) \subset B'_j(Ta;\varepsilon)$ d'après la linéarité de T, ce qui prouve la continuité de T au point a. Q.E.D.

Les propriétés 3. et 4. sont constamment utilisées dans la pratique pour démontrer la continuité des applications linéaires : on majore Tx au sens des semi-normes de l'espace F.

Remarque 3.3.1 Lorsque E et F sont des espaces normés, une application linéaire et continue est uniformément continue car, d'après 4., on a

$$\|Tx - Ty\| \leq c\|x - y\| \text{ pour tout } x, y \in E.$$

Exemple 3.3.1 Sur un espace normé E de dimension infinie, il existe toujours des formes linéaires non continues. En effet, soit $(e_i)_{i\in I}$ une base de E ; on peut supposer $\|e_i\| = 1$. Soit $(a_i)_{i\in I}$ une famille non bornée de $\mathbb{K}$ (il en existe, I étant infini) et soit T la forme linéaire vérifiant $Te_i = a_i$. Il ne peut exister de constante $c \geq 0$ telle que $|Te_i| = |a_i| \leq c$ pour tout $i \in I$ et T n'est donc pas continue. L'existence de formes linéaires continues (évidemment non identiquement nulles), c'est-à-dire le problème de savoir si E' est réduit à $\{0\}$ ou non, est un problème plus difficile qui sera étudié ultérieurement.

Exercice 3.3.1 Si E est l'e.l.c. défini à l'exemple 3.2.2 et si F est un e.l.c., montrer que toute application linéaire T de E dans F est continue. En particulier, $E^* = E'$.

Exercice 3.3.2 Soient E, F des e.l.c. et $T : E \to F$ une application linéaire, montrer que T est continu dès que T est continu en un point.

En prenant $E = F$ et pour application T l'application identique de E, le théorème 3.3.3 permet de comparer les topologies définies par deux familles de semi-normes sur un même espace vectoriel.

Corollaire 3.3.4 *Soient* $(\|\bullet\|_i)_{i\in I}$ *et* $(\|\bullet\|_j)_{\in J}$ *deux familles de semi-normes sur un espace vectoriel* E*, alors*

1. La topologie définie par les semi-normes $(\|\bullet\|_i)_{i\in I}$ *est moins fine que la topologie définie par les semi-normes* $(\|\bullet\|_j)_{j\in J}$ *si, et seulement si,*

$$(3.3.1)\quad \begin{cases} \text{pour tout } i \in I, \text{ il existe une partie finie } K \in \mathcal{F}(J) \text{ et une} \\ \text{constante } c \geq 0 \text{ telles que } \|x\|_i \leq c\|x\|_K \text{ pour tout } x \in E. \end{cases}$$

2. Les deux familles de semi-normes définissent la même topologie (on dit alors qu'elles sont équivalentes) si, et seulement si, on a (3.3.1) et

$$(3.3.2)\quad \begin{cases} \text{pour tout } j \in J, \text{ il existe une partie finie } K \in \mathcal{F}(I) \text{ et une} \\ \text{constante } c \geq 0 \text{ telles que } \|x\|_j \leq c\|x\|_K \text{ pour tout } x \in E. \end{cases}$$

Dans le cas des espaces normés, ce corollaire s'écrit

Corollaire 3.3.5 *Soient* $\|\bullet\|_1$ *et* $\|\bullet\|_2$ *deux normes sur un espace vectoriel* E *et soient* $\mathcal{T}_1$, $\mathcal{T}_2$ *les topologies définies par chacune de ces normes.*

1. La topologie $\mathcal{T}_1$ *est moins fine que la topologie* $\mathcal{T}_2$ *si, et seulement si, il existe une constante* $c \geq 0$ *telle que*

$$\|x\|_1 \leq c\|x\|_2 \text{ pour tout } x \in E.$$

2. Les topologies $\mathcal{T}_1$ *et* $\mathcal{T}_2$ *sont égales (on dit alors que les deux normes sont équivalentes) si, et seulement si, il existe des constantes* $c_1, c_2 > 0$ *telles que*

$$c_1\|x\|_1 \leq \|x\|_2 \leq c_2\|x\|_1 \text{ pour tout } x \in E.$$

Remarque 3.3.2 Ce corollaire montre que les distances associées à des normes équivalentes sont uniformément équivalentes : autrement dit, deux normes qui définissent la même structure topologique, définissent la même structure uniforme.

Exemple 3.3.2 Une famille de semi-normes $(\|\bullet\|_i)_{i\in I}$ sur un espace E est équivalente à la famille $(\|\bullet\|_J)_{J\in\mathcal{F}(I)}$. Si I est fini, la famille $(\|\bullet\|_i)_{i\in I}$ est même équivalente à la seule semi-norme $\|\bullet\|_I$.

Exercice 3.3.3 Soit E, $(\|\bullet\|_i)_{i\in I}$, un e.l.c. séparé, montrer que la topologie de E est une topologie d'espace normé si, et seulement si, il existe une partie finie J de I telle que la seule semi-norme $\|\bullet\|_J$ définisse la topologie de E, auquel cas cette semi-norme est une norme.

Exercice 3.3.4 On considère l'espace $E = \mathcal{C}([0,1];\mathbb{R})$. Soient A une partie dénombrable de $[0,1]$ et $\alpha : A \to]0,+\infty[$ une application telle que $\sum_{t\in A} \alpha(t) < \infty$. On pose

$$\|f\|_{A,\alpha} = \sum_{t\in A} \alpha(t)\,|f(t)|,\ f \in E.$$

1. Montrer que $\|\bullet\|_{A,\alpha}$ est une semi-norme et que cette semi-norme est une norme si, et seulement si, A est dense dans $[0,1]$.

2. Soit $t_0 \in [0,1]$, montrer que la forme linéaire $f \mapsto f(t_0)$ est continue si, et seulement si, $t_0 \in A$.

3. Montrer que deux semi-normes $\|\bullet\|_{A,\alpha}$ et $\|\bullet\|_{A',\alpha'}$ sont équivalentes si, et seulement si, $A = A'$ et $c_1\,\alpha(t) \leq \alpha'(t) \leq c_2\,\alpha(t)$ pour tout $t \in A$ où $c_i > 0$.

On dit qu'une famille de semi-normes $(\|\bullet\|_i)_{i\in I}$ est une famille filtrante si pour tout $i, j \in I$, il existe $k \in I$ tel que

$$\|x\|_i \leq \|x\|_k \text{ et } \|x\|_j \leq \|x\|_k \text{ pour tout } x \in E. \tag{3.3.3}$$

L'exemple qui précède montre que la topologie d'un e.l.c. peut toujours être définie par une famille filtrante de semi-normes. L'intérêt des familles filtrantes est purement technique : dans le théorème 3.3.3, si la famille $(\|\bullet\|_i)_{i\in I}$ est une famille filtrante, la condition 3. s'écrit simplement

$$\begin{cases} \text{pour tout } j \in J, \text{ il existe } i \in I \text{ et une constante } c \geq 0 \text{ telles que} \\ \|Tx\|_j \leq c\|x\|_i \text{ pour tout } x \in E. \end{cases}$$

En effet, si K est une partie finie de I, il existe, d'après (3.3.3), un $i \in I$ tel que $\|x\|_k \leq \|x\|_i$ pour tout $k \in K$, c'est-à-dire $\|x\|_K \leq \|x\|_i$.

Cette dernière propriété montre également que $B'_K(a;r) \supset B'_i(a;r)$ et de même $B_K(a;r) \supset B_i(a;r)$; ceci prouve la

Proposition 3.3.6 *Soit E un e.l.c. dont la topologie est définie par une famille filtrante de semi-normes $(\|\bullet\|_i)_{i\in I}$. Alors, l'ensemble des boules fermées $(B'_i(a;r))_{i\in I, r>0}$ constitue une base du filtre des voisinages de a et il en est de même de l'ensemble des boules ouvertes $(B_i(a;r))_{i\in I,r>0}$.*

Pour définir la topologie d'un e.l.c., on peut aussi utiliser la famille de toutes les semi-normes continues qui constitue bien une famille filtrante, vu qu'elle est stable par enveloppe supérieure finie. Pour démontrer ce résultat, vérifions d'abord le lemme suivant qui est, en quelque sorte, une extension du théorème 3.3.3.

Lemme 3.3.7 *Soit E, $(\|\bullet\|_i)_{i\in I}$, un e.l.c. et soit $p : E \to \mathbb{R}_+$ une application vérifiant pour tout $x, y \in E$ et tout $\lambda \geq 0$*

$$p(x+y) \leq p(x) + p(y), \quad p(\lambda x) = \lambda p(x). \tag{3.3.4}$$

Alors, les propriétés suivantes sont équivalentes

1. p est continue.

2. p est continue à l'origine de E.

3. Il existe $J \in \mathcal{F}(I)$ et une constante $c \geq 0$ tels que $p(x) \leq c\|x\|_J$ pour tout $x \in E$.

Preuve $1 \Rightarrow 2$ de façon évidente.

$2 \Rightarrow 3$ On remarque que $p(0) = 0$, il existe donc une partie finie J de I et $r > 0$ tels que $p(x) \leq 1$ pour $\|x\|_J \leq r$, d'où (lemme 3.3.2) $p(x) \leq r^{-1}\|x\|_J$, ce qui prouve 3.

$3 \Rightarrow 1$ On a

$$p(x) - p(a) \leq p(x-a) \leq c\|x-a\|_J$$

et de même

$$p(a) - p(x) \leq p(a - x) \leq c\|a - x\|_J,$$

d'où $|p(x) - p(a)| \leq c\|x - a\|_J$; il en résulte, $\varepsilon > 0$ étant donné, que $|p(x) - p(a)| \leq \varepsilon$ si $\|x - a\|_J \leq \delta$ dès que $c\delta \leq \varepsilon$ et ceci prouve la continuité de p au point a. Q.E.D.

Vu le corollaire 3.3.4, ce lemme prouve bien que la topologie d'un e.l.c. E peut être définie par l'ensemble de toutes les semi-normes continues sur E.

La continuité d'une application linéaire peut alors se caractériser de la façon suivante.

Corollaire 3.3.8 *Soient E, F des e.l.c., $(\|\bullet\|_j)_{j \in J}$ une famille de semi-normes définissant la topologie de F, alors une application linéaire $T : E \to F$ est continue si, et seulement si, pour tout $j \in J$, l'application $p : x \mapsto \|Tx\|_j$ est une semi-norme continue sur E.*

Preuve Il est clair que p est une semi-norme sur E et, d'après le lemme précédent, la continuité de cette semi-norme signifie que T est continue (théorème 3.3.3). Q.E.D.

On peut encore exprimer la continuité de T en disant que, pour toute semi-norme q continue sur F, $q \circ T$ est une semi-norme continue sur E.

Exercice 3.3.5 1. Soit E un espace normé et soit $a, b \in E$, on pose

$$B_1 = \{x \in E\,;\ \|x - a\| = \|x - b\| = \frac{1}{2}\|a - b\|\}$$

et, pour $n > 1$,

$$B_n = \{x \in B_{n-1}\,;\ \|x - y\| \leq \frac{1}{2} \text{ diam } B_{n-1} \text{ pour tout } y \in B_{n-1}\}.$$

a. Montrer que pour tout $n \geq 1$

$$\frac{a+b}{2} \in B_n \text{ et } (x \in B_n \Rightarrow a + b - x \in B_n).$$

b. En déduire que l'intersection des B_n se réduit au point $(a + b)/2$.

2. Soient E et F des espaces normés réels et $f : E \to F$ une isométrie de E sur F telle que $f(0) = 0$. Montrer que, pour tout $a, b \in E$,

$$f\left(\frac{a+b}{2}\right) = \frac{f(a) + f(b)}{2}$$

[utiliser les ensembles B_n et les ensembles C_n construits de façon similaire à partir des points $f(a)$ et $f(b)$] et en déduire que f est linéaire.

3. En prenant $E = F = \mathbb{C}$, montrer que le résultat de 2. ne vaut pas en général pour des espaces normés complexes.

Exercice 3.3.6 Soient E un espace de Banach et A une partie maigre de E. Pour $x \in E$, on note $s_x : E \to E$ la symétrie par rapport à x, soit $s_x(y) = 2x - y$.

1. Soient $x \in E$ et $r > 0$, montrer que $B(x; r) \not\subset A \cup s_x(A)$ et en déduire l'existence de deux points $y, z \in E$ tels que

$$y, z \in B(x; r),\ y, z \notin A \text{ et } x = \frac{y+z}{2}.$$

2. Soitent F un espace vectoriel normé et $T : E \to F$ une application linéaire telle que sa restriction $T|_{E-A}$ au complémentaire de A soit continue. On se propose de démontrer que T est continu.

a. On suppose d'abord que $0 \in E - A$ (on vérifiera qu'on peut toujours se ramener à ce cas). Montrer qu'il existe $s > 0$ tel que

$$(x \in E - A \text{ et } \|x\| \leq s) \Longrightarrow \|Tx\| \leq 1.$$

b. Soit $x' \in B(0; s)$, il existe $r > 0$ tel que $B(x'; r) \subset B(0; s)$. En utilisant 1., montrer que $\|Tx'\| \leq 1$ et conclure.

3.4 Espace localement convexe métrisable

La topologie d'un espace normé étant définie par une distance, on peut parler de filtre de Cauchy et de suite de Cauchy. Par exemple, une suite (x_n) est une suite de Cauchy si

(3.4.1) $$\begin{cases} (\forall \varepsilon > 0)(\exists n \in \mathbb{N})(\forall p \in \mathbb{N})(\forall q \in \mathbb{N}) \\ (p \geq n \text{ et } q \geq n \Rightarrow \|x_p - x_q\| \leq \varepsilon). \end{cases}$$

Deux normes équivalentes définissent les mêmes suites de Cauchy d'après la remarque 3.3.2 : la notion de suite de Cauchy, et plus généralement de filtre de Cauchy, ne dépend que de la topologie de l'espace et non du choix particulier de la norme définissant cette topologie. Rappelons que ceci est complètement faux dans un espace métrique, la structure algébrique joue ici un rôle essentiel. Nous allons montrer que, dans un e.l.c., il est possible de définir des notions de suite de Cauchy et de filtre de Cauchy, ces notions ne dépendant que de la topologie de l'espace.

Soit E, $(\|\bullet\|_i)_{i \in I}$ un e.l.c., pour chaque semi-norme on peut d'abord définir une notion de diamètre : si A est une partie non vide de E, on pose

$$\mathrm{diam}_i A = \sup_{(x,y) \in A \times A} \|x - y\|_i,$$

ce diamètre est éventuellement infini.

Définition 3.4.1 *Soit E, $(\|\bullet\|_i)_{i \in I}$ un e.l.c., un filtre $\mathcal{F}$ sur E est dit de Cauchy si*

(3.4.2) $$(\forall i \in I)(\forall \varepsilon > 0)(\exists M \in \mathcal{F})(diam_i M \leq \varepsilon),$$

une suite (x_n) est dite de Cauchy si le filtre élémentaire associé est de Cauchy, soit

(3.4.3) $$\begin{cases} (\forall i \in I)(\forall \varepsilon > 0)(\exists n \in \mathbb{N})(\forall p \in \mathbb{N})(\forall q \in \mathbb{N}) \\ (p \geq n \text{ et } q \geq n \Rightarrow \|x_p - x_q\|_i \leq \varepsilon). \end{cases}$$

Lorsque E est un espace normé, cette définition coïncide évidemment avec les définitions antérieures.

Par ailleurs, le corollaire 3.3.4 montre que deux familles équivalentes de semi-normes définissent les mêmes filtres de Cauchy ; comme nous l'avons annoncé, les notions introduites ne dépendent que de la topologie de E. On a d'ailleurs la caractérisation suivante.

Corollaire 3.4.1 *Soit E, $(\|\bullet\|_i)_{i\in I}$ un e.l.c., un filtre $\mathcal{F}$ est de Cauchy si, et seulement si,*

(3.4.4) $$(\forall V \in \mathcal{V}(0))(\exists M \in \mathcal{F})(M - M \subset V),$$

où $M - M = \{x - y\,;\, x \in M \text{ et } y \in M\}$.

Preuve Soit $\mathcal{F}$ un filtre de Cauchy, il existe une partie finie J de I et un $\varepsilon > 0$ tels que $B'_J(0;\varepsilon) \subset V$ et, pour tout $i \in J$, il existe $M_i \in \mathcal{F}$ tel que $\text{diam}_i M_i \leq \varepsilon$, c'est-à-dire $M_i - M_i \subset B'_i(0;\varepsilon)$; en posant $M = \bigcap_{i\in J} M_i$ on a alors

$$M - M \subset B'_J(0;\varepsilon) \subset V.$$

Réciproquement, si (3.4.4) est vérifié, prenons $V = B'_i(0;\varepsilon)$, alors il existe $M \in \mathcal{F}$ tel que $x - y \in B'_i(0;\varepsilon)$ pour tout $x, y \in M$, d'où $\text{diam}_i M \leq \varepsilon$. Q.E.D.

Notons la propriété importante suivante.

Proposition 3.4.2 *Soient E, F des e.l.c. et $T : E \to F$ une application linéaire et continue, alors si $\mathcal{B}$ est une base d'un filtre de Cauchy sur E, $T(\mathcal{B})$ est une base d'un filtre de Cauchy sur F.*

Preuve Soit V un voisinage de 0 dans l'espace F, il existe un voisinage W de 0 dans l'espace E tel que $T(W) \subset V$. Si $\mathcal{F}$ est un filtre de Cauchy sur E, il existe $M \in \mathcal{F}$ tel que $M - M \subset W$, d'où

$$T(M) - T(M) = T(M - M) \subset T(W) \subset V$$

et on conclut avec la proposition précédente. Q.E.D.

Proposition 3.4.3 *Dans un e.l.c. E, $(\|\bullet\|_i)_{i\in I}$, tout filtre convergent est de Cauchy et toute suite convergente est de Cauchy.*

Preuve Soit $\mathcal{F}$ un filtre convergeant vers x et soit $\varepsilon > 0$, d'après (3.2.4) la boule fermée $M = B'_i(x;\varepsilon)$ appartient au filtre $\mathcal{F}$ et, vu l'inégalité triangulaire, $\text{diam}_i M \leq 2\varepsilon$, ce qui prouve que le filtre est de Cauchy. Q.E.D.

Ceci conduit à la définition suivante.

Définition 3.4.2 *Un e.l.c. est dit complet (resp. séquentiellement complet) si tout filtre (resp. toute suite) de Cauchy converge.*

Un espace complet est séquentiellement complet, mais la réciproque est fausse (alors qu'elle est vraie pour des espaces métriques).

Les définitions qui précèdent ne supposent pas l'espace métrisable. Lorsque E est un e.l.c. métrisable, le choix d'une distance compatible avec la topologie détermine une notion de filtre de Cauchy ; on souhaite évidemment que cette notion coïncide avec celle de la définition 3.4.1 : ceci n'est pas automatiquement vérifié comme le montre la remarque 2.20.7. La notion de distance invariante par translation permet de clarifier la situation.

Définition 3.4.3 *Sur un espace vectoriel E, une distance est dite invariante par translation si*

$$d(x + z, y + z) = d(x, y) \text{ pour tout } x, y, z \in E.$$

Par exemple, sur un espace normé la distance associée à la norme est invariante par translation. L'intérêt de telles distances réside dans la

Proposition 3.4.4 *Sur un espace vectoriel E, deux distances invariantes par translation et topologiquement équivalentes sont uniformément équivalentes.*

Preuve Soient d_1 et d_2 deux distances sur E topologiquement équivalentes, d'après la continuité à l'origine de l'application identique $I_E : (E, d_1) \to (E, d_2)$, pour tout $\varepsilon > 0$, il existe $\delta > 0$ tel que $d_1(0, x) \leq \delta$ implique $d_2(0, x) \leq \varepsilon$ et, vu l'invariance par translation, $d_1(x, y) \leq \delta$ implique $d_2(x, y) \leq \varepsilon$ ce qui prouve la continuité uniforme de l'application identique $I_E : (E, d_1) \to (E, d_2)$. On vérifie de même la continuité uniforme de l'application identique $I_E : (E, d_2) \to (E, d_1)$. Q.E.D.

Proposition 3.4.5 *Soit E, $(\|\bullet\|_i)_{i \in I}$, un e.l.c. dont la topologie peut être définie par une distance d invariante par translation, alors un filtre $\mathcal{F}$ est de Cauchy si, et seulement si, il est de Cauchy pour la distance d.*

Preuve Soit $\mathcal{F}$ un filtre de Cauchy et soit $\varepsilon > 0$, d'après le corollaire 3.4.1 il existe $M \in \mathcal{F}$ tel que $M - M \subset B'(0; \varepsilon)$, c'est-à-dire $d(x, y) = d(x - y, 0) \leq \varepsilon$ pour tout $x, y \in M$, d'où diam $M \leq \varepsilon$, ce qui prouve que $\mathcal{F}$ est de Cauchy pour la distance d.

Réciproquement, supposons le filtre $\mathcal{F}$ de Cauchy pour d et soit $V \in \mathcal{V}(0)$, il existe $\varepsilon > 0$ tel que $B'(0; \varepsilon) \subset V$ et $M \in \mathcal{F}$ tel que $d(x, y) \leq \varepsilon$ pour tout $x, y \in M$, d'où $x - y \in B'(0; \varepsilon) \subset V$ et il en résulte que $M - M \subset V$, ce qui prouve que le filtre $\mathcal{F}$ est de Cauchy d'après le corollaire 3.4.1. Q.E.D.

Les résultats précédents montrent bien quel est l'intérêt des distances invariantes par translation. On a alors le théorème suivant.

Théorème 3.4.6 *Soit E, $(\|\bullet\|_i)_{i \in I}$, un e.l.c. séparé, les propriétés suivantes sont équivalentes.*

1. La topologie de E peut être définie par une famille dénombrable de semi-normes. Il existe alors une partie dénombrable D de I telle que la sous-famille de semi-normes $(\|\bullet\|_i)_{i \in D}$ définisse la topologie de E.

2. La topologie de E peut être définie par une distance invariante par translation.

3. L'espace E est métrisable.

4. L'espace E est un espace à base dénombrable de voisinages.

Preuve $1 \Rightarrow 2$ Soit $(\|\bullet\|_n)$ une suite de semi-normes définissant la topologie de E et soit (a_n) une suite de nombres > 0 tendant vers 0. On pose

$$d(x, y) = \max_{n \in \mathbb{N}} (a_n \times \min(\|x - y\|_n, 1)), \ x, y \in E;$$

on définit ainsi une distance sur E : l'inégalité triangulaire résulte de (2.15.1) et, si $d(x, y) = 0$, on a $\|x - y\|_n = 0$ pour tout n, d'où $x = y$ d'après la proposition 3.2.9, l'espace étant séparé. Cette distance est d'autre part invariante par translation.

Montrons que la topologie de E coïncide avec la topologie définie par d. Soit $B'(x; r)$ $(r > 0)$ une boule fermée pour la distance d ; l'ensemble

$I = \{n \in \mathbb{N}\,;\, r < a_n\}$ est fini et un point y de E appartient à cette boule $B'(x;r)$ si, et seulement si, $\|x - y\|_n \leq r/a_n$ pour tout $n \in I$; ceci signifie que $B'(x;r) = \bigcap_{n\in I} B'_n(x;r/a_n)$ et ceci prouve que $B'(x;r)$ est un voisinage de x pour la topologie de E. Réciproquement, montrons que toute boule fermée $B'_n(x;r)$ est un voisinage de x pour la distance d : on a $B'(x;\rho) \subset B'_n(x;\rho/a_n)$ si $\rho/a_n < 1$, d'où $B'(x;\rho) \subset B'_n(x;r)$ si $\rho < a_n$ et $\rho \leq a_n r$ et ceci prouve le résultat voulu.

Il est clair que $2 \Rightarrow 3 \Rightarrow 4$.

Montrons que $4 \Rightarrow 1$. L'origine admet un système fondamental dénombrable de voisinages, soit (V_n). Chaque V_n contient une boule de la forme $B'_{J_n}(0;r_n)$, $r_n > 0$, où J_n est une partie finie de I. Posons $D = \bigcup_{n=0}^{\infty} J_n$ et montrons que la topologie $\mathcal{T}'$ définie par la famille dénombrable de semi-normes $(\|\bullet\|_i)_{i\in D}$ coïncide avec la topologie $\mathcal{T}$ définie par la famille $(\|\bullet\|_i)_{i\in I}$. Le corollaire 3.3.4 montre que la topologie $\mathcal{T}'$ est moins fine que la topologie $\mathcal{T}$; vérifions que $\mathcal{T}$ est moins fine que $\mathcal{T}'$, c'est-à-dire que toute boule $B'_i(0;r)$ est un voisinage de 0 pour la topologie $\mathcal{T}'$: or, (V_n) étant un système fondamental de voisinages de 0 pour la topologie $\mathcal{T}$, il existe un n tel que $V_n \subset B'_i(0;r)$, d'où $B'_{J_n}(0;r_n) \subset B'_i(0;r)$ et ceci prouve le résultat voulu. Q.E.D.

Remarque 3.4.1 Lorsque la topologie d'un e.l.c. peut être définie par une norme, on dit que l'espace est normable. On se gardera bien de croire qu'un e.l.c. métrisable est toujours normable.

La notion d'espace de Banach se généralise de la façon suivante.

Définition 3.4.4 *Un e.l.c. métrisable et complet est appelé un espace de Fréchet.*

Dire qu'un e.l.c. E est un espace de Fréchet signifie donc que E est un espace séparé dont la topologie peut être définie par une famille dénombrable de semi-normes et dont toute suite de Cauchy est convergente. Nous verrons ultérieurement des exemples importants d'espaces de Fréchet.

Exercice 3.4.1 Application uniformément continue Soient E, $(\|\bullet\|_i)_{i\in I}$, et F, $(\|\bullet\|_j)_{j\in J}$, des e.l.c., A une partie de E. Une application $f : A \to F$ est dite uniformément continue si

$$(3.4.5)\qquad \begin{cases} (\forall V \in \mathcal{V}_F(0))(\exists W \in \mathcal{V}_E(0))(\forall x, y \in A) \\ (x - y \in W \Rightarrow f(x) - f(y) \in V). \end{cases}$$

1. Montrer que cette propriété équivaut à

$$(3.4.6)\qquad \begin{cases} (\forall j \in J)(\forall \varepsilon > 0)(\exists K \in \mathcal{F}(I))(\exists \delta > 0)(\forall x, y \in A) \\ (\|x - y\|_K \leq \delta \Rightarrow \|f(x) - f(y)\|_j \leq \varepsilon) \end{cases}$$

et, lorsque E et F sont métrisables, leur topologie étant définie par des distances invariantes par translation, à la notion usuelle d'application uniformément continue.

2. Montrer que toute application linéaire et continue $T : E \to F$ est uniformément continue, ainsi que toute semi-norme continue $\|\bullet\| : E \to \mathbb{R}$.

Exercice 3.4.2 1. Soient E un espace de Fréchet, F un e.l.c. et $T : E \to F$ une application linéaire continue, on suppose qu'il existe une suite (F_n) de sous-espaces fermés de F telle que $F = \bigcup_{n=0}^{\infty} F_n$, montrer alors qu'il existe un entier n tel que $T(E) \subset F_n$ [si $T^{-1}(F_n) \neq E$, observer que $E = \bigcup_{n=0}^{\infty} T^{-1}(F_n)$ serait maigre].

2. Soient E un espace de Fréchet, F un e.l.c. séparé et $T : E \to F$ une application linéaire continue, si l'image $T(E)$ est de dimension dénombrable, cette image est nécessairement de dimension finie.

Exercice 3.4.3 Soit E un e.l.c. métrisable de dimension infinie ; sa topologie peut être définie par une suite croissante de semi-normes $(\|\bullet\|_n)$. Étant donné une suite double libre $(e_{p,q})_{(p,q)\in\mathbb{N}^2}$, on définit une forme linéaire T sur le sous-espace vectoriel engendré par cette suite en posant $Te_{p,q} = \lambda_{p,q}$ où $\lambda_{p,q} \in \mathbb{R}$. Si $\lambda_{p,q} > p\,\|e_{p,q}\|_q$ pour tout p, q, montrer que toute forme linéaire sur E prolongeant T est discontinue.

Exercice 3.4.4 Opérateur hypercyclique Soit E un e.l.c. et $T : E \to E$ une application linéaire continue, l'orbite d'un point $x \in E$ est définie par

$$O(x) = \bigcup_{k=0}^{\infty} \{T^k x\}.$$

On dit que l'opérateur T est hypercyclique s'il existe $x \in E$ dont l'orbite est dense dans E.

On suppose que E est un espace de Fréchet séparable et que T vérifie la propriété suivante

$$\begin{cases} \text{il existe une application } S : E \to E \text{ telle que } T \circ S = I_E \text{ et telle que les ensembles} \\ \{x \in E\,;\, \lim_{k\to\infty} T^k x = 0\} \text{ et } \{y \in E\,;\, \lim_{k\to\infty} S^k y = 0\} \text{ soient denses dans } E. \end{cases}$$

On se propose de vérifier alors que T est hypercyclique et même que l'ensemble des $x \in E$ dont l'orbite est dense dans E est un G_δ dense.

1. Soient U et V deux ouverts non vides de E.

a. Soient $x \in U, y \in V$ tels que $\lim_{k\to\infty} T^k x = \lim_{k\to\infty} S^k y = 0$. On pose $z_k = x + S^k y$, montrer que $\lim_{k\to\infty} z_k = x$ et $\lim_{k\to\infty} T^k z_k = y$.

b. En déduire que pour k suffisamment grand $T^k(U) \cap V \neq \emptyset$.

2. Soit O un ouvert non vide de E, montrer que l'ouvert

$$\bigcup_{k=1}^{\infty} (T^k)^{-1}(O)$$

est dense dans E.

3. Soit (O_n), $O_n \neq \emptyset$, une base de topologie dénombrable de E (proposition 2.10.7), montrer que l'ensemble

$$A = \bigcap_{n=0}^{\infty} \bigcup_{k=1}^{\infty} (T^k)^{-1}(O_n)$$

est un G_δ dense.

4. Vérifier que $A = \{x \in E\,;\, O(x) \text{ est dense dans } E\}$ et conclure.

3.5 Sous-espace, produit

Précisons d'abord la proposition 3.2.3 lorsque les espaces sont des espaces localement convexes.

Proposition 3.5.1 *Soient $(E_\alpha)_{\alpha\in A}$ une famille d'e.l.c., $(\|\bullet\|_i)_{i\in I_\alpha}$ une famille de semi-normes définissant la topologie de E_α, E un espace vectoriel et $f_\alpha : E \to E_\alpha$ une famille d'applications linéaires. Alors, la topologie initiale sur E associée à ces données est une topologie d'e.l.c. En outre, si les ensembles*

I_α sont disjoints deux à deux, cette topologie peut être définie par la famille de semi-normes $(\|\bullet\|_i)_{i\in I}$, où $I = \bigcup_{\alpha\in A} I_\alpha$ et

(3.5.1) $$\|x\|_i = \|f_\alpha(x)\|_i \text{ si } i \in I_\alpha.$$

Preuve Si J est une partie finie de I, on a en effet $J = \bigcup_{\alpha\in B} J_\alpha$ où J_α est une partie finie de I_α et B une partie finie de A, d'où

$$B'_J(x;r) = \bigcap_{\alpha\in B} f_\alpha^{-1}(B'_{J_\alpha}(f_\alpha(x);r))$$

et, vu la formule (2.19.3), ceci prouve le résultat voulu. Q.E.D.

Note Bien entendu, on peut toujours supposer les ensembles I_α disjoints deux à deux.

Considérons en particulier un sous-espace vectoriel F d'un e.l.c. E, $(\|\bullet\|_i)_{i\in I}$, et soit $j : F \to E$ l'injection canonique. La topologie initiale correspondante sur F est la topologie induite par celle de E et, l'application j étant linéaire, cette topologie est une topologie d'e.l.c. qui, d'après (3.5.1), peut être définie par la famille de semi-normes $x \in F \mapsto \|x\|_i \in \mathbb{R}_+$, c'est-à-dire par les restrictions à F des semi-normes de E. Un sous-espace d'un e.l.c. est donc un sous-espace localement convexe.

Lorsque E est un espace normé, la restriction à F de la norme de E est une norme sur F ; un sous-espace d'un espace normé est donc un sous-espace normé. On notera que la distance correspondante sur F est simplement la restriction à $F\times F$ de la distance de l'espace E : F est donc également un sous-espace métrique de E. Dans un espace normé, un sous-espace complet est donc fermé et un sous-espace fermé d'un espace de Banach est complet. Plus généralement, on a la

Proposition 3.5.2 *1. Si E est un e.l.c. complet, tout sous-espace fermé est complet.*

2. Si E est un e.l.c. séparé, tout sous-espace complet est fermé.

Preuve 1. Soit F un sous-espace fermé d'un e.l.c. E complet et soit $\mathcal{F}$ un filtre de Cauchy sur F, alors $\mathcal{F}$ est une base de filtre de Cauchy sur E d'après la continuité de l'injection canonique de F dans E ; cette base de filtre converge donc dans l'espace E vers un point a ; tout point limite étant un point adhérent, ce point a appartient à F et il en résulte que le filtre $\mathcal{F}$ converge vers a dans le sous-espace F. Ceci prouve que F est complet.

2. Soit F un sous-espace complet d'un e.l.c. séparé E et soit $a \in \overline{F}$. Le filtre $\mathcal{V}(a)$ des voisinages de a dans E converge vers a, donc est un filtre de Cauchy sur E (proposition 3.4.3) ; la topologie du sous-espace F étant définie par les restrictions à F des semi-normes de E, la définition même d'un filtre de Cauchy montre que la trace $\mathcal{F}$ de ce filtre $\mathcal{V}(a)$ est un filtre de Cauchy du sous-espace F. Ce filtre $\mathcal{F}$ converge donc dans F vers un point $b \in F$, F étant complet. En tant que base de filtre sur E, $\mathcal{F}$ converge vers b dans E ; or cette base de filtre engendre un filtre plus fin que $\mathcal{V}(a)$, donc converge aussi vers a et l'espace E étant séparé, on a nécessairement $a = b$, ce qui prouve que a appartient à F et F est donc fermé.

Q.E.D.

Corollaire 3.5.3 *1. Dans un espace de Fréchet (resp. Banach), un sous-espace est un espace de Fréchet (resp. Banach) si, et seulement si, ce sous-espace est fermé.*

2. Dans un espace normé, un sous-espace de Banach est fermé.

Voici une application intéressante des notions précédentes.

Théorème 3.5.4 *Soient E un e.l.c., F un e.l.c. séparé et complet, E_1 un sous-espace vectoriel de E partout dense et $T : E_1 \to F$ une application linéaire et continue. Alors, il existe une unique application continue $\hat{T} : E \to F$ qui prolonge T ; de plus, cette application $\hat{T}$ est linéaire.*

Preuve Lorsque E et F sont des espaces normés, l'existence et l'unicité de $\hat{T}$ résulte du théorème 2.25.2. Dans le cas général, on applique la proposition 2.25.1 ; les hypothèses sont bien vérifiées : l'espace F est régulier (corollaire 3.2.7) et, pour $x \in E$, le filtre $\mathcal{V}(x)$ des voisinages de x est un filtre de Cauchy, donc induit sur E_1 un filtre de Cauchy dont l'image par T est encore de Cauchy (proposition 3.4.2) et il en résulte que la limite $\lim_{y \to x, y \in E_1} T(y)$ existe, F étant complet. Vu la proposition 2.25.1, ceci prouve l'existence et l'unicité de $\hat{T}$.

Montrons que $\hat{T}$ est linéaire. Soit $\lambda, \mu \in \mathbb{K}$, les applications de $E \times E$ à valeurs dans F $(x,y) \mapsto \hat{T}(\lambda x + \mu y)$ et $(x,y) \mapsto \lambda \hat{T}(x) + \mu \hat{T}(y)$ coïncident sur $E_1 \times E_1$ d'après la linéarité de T, donc sur $E \times E$ d'après le principe du prolongement des identités, $E_1 \times E_1$ étant dense dans $E \times E$ et ces applications étant continues. Q.E.D.

Les topologies produits sont également des topologies initiales ; considérons une famille $(E_\alpha)_{\alpha \in A}$ d'e.l.c. et soit $E = \prod_{\alpha \in A} E_\alpha$ l'espace produit. Rappelons qu'on définit une structure vectorielle sur E de la façon suivante

$$\lambda x + \mu y = (\lambda x_\alpha + \mu y_\alpha)_{\alpha \in A} \text{ où } x = (x_\alpha)_{\alpha \in A}, y = (y_\alpha)_{\alpha \in A}, \lambda, \mu \in \mathbb{K}.$$

Les projections $pr_\alpha : E \to E_\alpha$ étant linéaires, la topologie produit est donc une topologie d'e.l.c. d'après la proposition 3.5.1.

Notons $(\|\bullet\|_i)_{i \in I_\alpha}$ une famille de semi-normes définissant la topologie de E_α, les ensembles I_α étant disjoints deux à deux ; la topologie produit sur

$$E = \prod_{\alpha \in A} E_\alpha$$

est une topologie d'e.l.c. qui peut être définie par la famille de semi-normes $(\|\bullet\|_i)_{i \in I}$, où $I = \bigcup_{\alpha \in A} I_\alpha$,

$$\|x\|_i = \|x_\alpha\|_i, \text{ si } i \in I_\alpha, \ x = (x_\alpha)_{\alpha \in A} \in E. \tag{3.5.2}$$

Lorsque $(E_\alpha)_{\alpha \in A}$ est une famille finie d'espaces normés dont les normes sont indifféremment notées $\|\bullet\|$, la famille (3.5.2) est finie et elle est donc équivalente à la seule norme

$$\|x\| = \max_{\alpha \in A} \|x_\alpha\|, \ x = (x_\alpha)_{\alpha \in A}, \tag{3.5.3}$$

qui est d'ailleurs équivalente à l'une des normes

$$\|x\|' = \sum_{\alpha \in A} \|x_\alpha\|, \ \|x\|'' = \Big(\sum_{\alpha \in A} \|x_\alpha\|^2\Big)^{1/2}, \tag{3.5.4}$$

les distances associées étant en effet les distances (2.22.2) et (2.22.3).

Un produit fini d'espaces normés est donc muni d'une structure d'espace normé. On peut préciser ceci de la façon suivante

Proposition 3.5.5 *Soit $(E_\alpha)_{\alpha\in A}$ une famille d'e.l.c. métrisable, chaque espace E_α étant supposé différent de $\{0\}$ et soit $E = \prod_{\alpha\in A} E_\alpha$ l'espace produit.*

1. L'espace E est métrisable si, et seulement si, A est dénombrable.

2. L'espace E est normable si, et seulement si, A est fini.

Preuve 1. résulte de la proposition 2.21.17 et du théorème 3.4.6. Quant à 2., il s'agit de vérifier que la topologie de E ne peut être définie par une norme si A est infini. A cet effet, on remarque d'abord que, dans un espace normé, une boule centrée à l'origine ne contient jamais de sous-espace vectoriel $\neq \{0\}$: si l'espace est $\neq \{0\}$, il existe des voisinages de 0 ne contenant aucun sous-espace vectoriel $\neq \{0\}$. Au contraire, si A est infini, un voisinage V de 0 contient un voisinage élémentaire et par conséquent il contient un sous-espace vectoriel de la forme $\prod_{\alpha\in B}\{0\} \times \prod_{\alpha\in A-B} E_\alpha$ où B est une partie finie de A et ce sous-espace n'est pas réduit à $\{0\}$, d'où le résultat voulu. Q.E.D.

On a par ailleurs le théorème suivant

Théorème 3.5.6 *Le produit d'une famille d'e.l.c. complets est un e.l.c. complet.*

Preuve Si $\mathcal{F}$ est un filtre de Cauchy sur $E = \prod_{\alpha\in A} E_\alpha$, les bases de filtre $pr_\alpha(\mathcal{F})$ sont de Cauchy, les projections $pr_\alpha : E \to E_\alpha$ étant linéaires et continues (proposition 3.4.2) ; ces bases de filtre sont donc convergentes, les espaces E_α étant complets et on conclut avec la proposition 2.21.8. Q.E.D.

Corollaire 3.5.7 *Un produit dénombrable d'espaces de Fréchet est un espace de Fréchet. Un produit fini d'espaces de Banach est un espace de Banach.*

En particulier, les espaces $\mathbb{R}^n$ et $\mathbb{C}^n$ sont des espaces de Banach pour chacune des normes équivalentes

$$\|x\| = \max_{1\leq i\leq n} |x_i|,\ \|x\|' = \sum_{i=1}^{n} |x_i|,\ \|x\|'' = \Big(\sum_{i=1}^{n} |x_i|^2\Big)^{1/2}, \tag{3.5.5}$$

où $x = (x_i)_{1\leq i\leq n}$.

Plus généralement, soit E un espace vectoriel sur $\mathbb{K}$ de dimension finie n ; le choix d'une base $(e_i)_{1\leq i\leq n}$ permet de définir une bijection linéaire de $\mathbb{K}^n$ sur E

$$\varphi : (x_i)_{1\leq i\leq n} \in \mathbb{K}^n \mapsto \sum_{i=1}^{n} x_i e_i \in E, \tag{3.5.6}$$

bijection qui permet de transporter sur E la structure d'espace de Banach de $\mathbb{K}^n$. Ceci consiste à prendre l'une des normes équivalentes (3.5.5) comme norme sur E ; la bijection φ est alors un isomorphisme de $\mathbb{K}^n$ sur E et même une isométrie linéaire.

Nous allons démontrer que, sur un espace vectoriel de dimension finie, il n'existe en fait qu'une seule topologie d'e.l.c. séparé, à savoir la topologie d'espace de Banach qui vient d'être définie. On notera qu'il est essentiel de se restreindre à des topologies séparées, la topologie grossière étant compatible avec la structure vectorielle.

Théorème 3.5.8 *Soit E un e.l.c. séparé de dimension finie n et soit $(e_i)_{1\leq i\leq n}$ une base de E, alors l'application φ définie par (3.5.6) est un isomorphisme (topologique).*

Preuve Notons $(\|\bullet\|_i)_{i\in I}$ une famille de semi-normes définissant la topologie $\mathcal{T}$ de l'espace E et soit $\mathcal{T}_0$ la topologie définie par l'une des normes (3.5.5). On remarque d'abord que, E muni de la topologie $\mathcal{T}$ étant un e.v.t., l'application φ est continue et par suite la topologie $\mathcal{T}$ est moins fine que la topologie $\mathcal{T}_0$ et il s'agit de démontrer que ces deux topologies coïncident. Pour cela considérons la sphère unité $S = \{x \in E\,;\, \|x\| = 1\}$; cette sphère est compacte pour la topologie $\mathcal{T}_0$ et la topologie $\mathcal{T}$ est séparée et moins fine que $\mathcal{T}_0$; vu le corollaire 2.31.14, la sphère S est donc compacte pour la topologie $\mathcal{T}$. Il en résulte que S est fermé ; l'origine n'est donc pas un point adhérent à S : il existe une boule $B_J(0;r)$, $r > 0$, ne rencontrant pas S et ceci montre que $\|x\|_J \geq r$ pour tout $x \in S$, d'où $\|x\| \leq r^{-1}\,\|x\|_J$ pour tout $x \in E$ et ceci prouve que la topologie $\mathcal{T}_0$ est moins fine que la topologie $\mathcal{T}$, c'est-à-dire le résultat voulu. Q.E.D.

Sur un espace vectoriel E de dimension finie, l'unique topologie d'e.l.c. séparé est appelée la topologie canonique de E : c'est une topologie d'espace de Banach. Voici quelques conséquences importantes du théorème précédent.

Corollaire 3.5.9 *Sur un espace vectoriel de dimension finie, toutes les normes sont équivalentes.*

D'après la proposition 3.5.2, on a le

Corollaire 3.5.10 *Dans un e.l.c. séparé, tout sous-espace de dimension finie est complet, donc fermé.*

Corollaire 3.5.11 *Soient E un e.l.c. séparé de dimension finie et F un e.l.c., alors toute application linéaire $T : E \to F$ est continue.*

Preuve Les notations étant celles du théorème 3.5.8, il s'agit de vérifier la continuité de l'application $T \circ \varphi$; or, $(T \circ \varphi)(x) = \sum_{i=1}^{n} x_i T e_i$ si $x = (x_i)_{1\leq i\leq n}$, et on conclut en utilisant la continuité des projections $x \mapsto x_i$ et le fait que F est un e.v.t. Q.E.D.

En particulier, si E est un e.l.c. séparé de dimension finie n, le dual topologique E' coïncide avec le dual algébrique $E^\star$; E' est donc un espace vectoriel de même dimension n.

Exemple 3.5.1 Topologie de la convergence simple Soient X un ensemble et F un e.l.c., l'ensemble $\mathcal{F}(X;F)$ de toutes les applications de X dans F est muni de la structure vectorielle produit : si f et g sont deux applications de X dans F et λ, μ deux scalaires, l'application $\lambda f+\mu g$ désigne l'application $x \mapsto \lambda f(x)+\mu g(x)$. La topologie de la convergence simple sur cet espace $\mathcal{F}(X;F)$, en tant que topologie produit, est une topologie d'e.l.c. ; si la topologie de F est définie par la famille de semi-normes $(\|\bullet\|_i)_{i\in I}$, la topologie de la convergence simple peut être définie par les semi-normes

$$\|f\|_{i,x} = \|f(x)\|_i, \text{ où } i \text{ décrit } I \text{ et } x \text{ décrit } X.$$

On notera $\mathcal{F}_s(X;F)$ l'e.l.c. correspondant. Si F est séparé, cet espace est séparé (corollaire 2.21.12) ; si F est complet, cet espace est complet (théorème 3.5.6) ; si F est métrisable, cet espace est métrisable si, et seulement si, X est dénombrable (proposition 3.5.5) ; si F est un espace de Fréchet et si X est dénombrable, l'espace $\mathcal{F}_s(X;F)$ est alors un espace de Fréchet. Par exemple, la topologie de la convergence simple sur l'espace $\mathbb{R}^{\mathbb{N}}$ de toutes les suites (x_n) de nombres réels est une topologie d'espace de Fréchet.

Exercice 3.5.1 1. Soient X un ensemble et $f_i : X \to \mathbb{R}$, $1 \leq i \leq n$, n fonctions linéairement indépendantes. Montrer qu'il existe n points $x_j \in X$, $1 \leq j \leq n$, tels que dét $(f_i(x_j)) \neq 0$ [raisonner par récurrence].

2. On considère un sous-espace vectoriel E de dimension finie de l'espace $\mathcal{F}_b(X;\mathbb{R})$ de toutes les fonctions bornées. Montrer qu'il existe des points $x_j \in X$, $1 \leq j \leq n$, et une constante $c \geq 0$ tels que

$$\sup_{x\in X} |f(x)| \leq c \sup_{1\leq j\leq n} |f(x_j)| \text{ pour tout } f \in E.$$

Exercice 3.5.2 Complété d'un e.l.c. métrisable Soit E un e.l.c. métrisable (resp. un espace normé), montrer qu'il existe un espace de Fréchet (resp. de Banach) $\hat{E}$ tel que E soit isomorphe (resp. isométrique) à un sous-espace vectoriel de $\hat{E}$ partout dense [considérer le complété $\hat{E}$ de E en tant qu'espace métrique (exercice 2.27.7), définir une structure vectorielle sur $\hat{E}$ prolongeant celle de E en utilisant le théorème 3.5.4, puis, $(\|\bullet\|_n)$ désignant une suite de semi-normes définissant la topologie de E, utiliser l'exercice 3.4.1 pour prolonger ces semi-normes à $\hat{E}$ et montrer alors que la topologie de $\hat{E}$ est une topologie d'espace de Fréchet (resp. de Banach)]. Montrer que $\hat{E}$ est unique à un isomorphisme (resp. une isométrie) près.

Exercice 3.5.3 1. Soit E un e.l.c. séparé, si E est un espace de Baire, montrer que E ne peut être de dimension infinie dénombrable [raisonner par l'absurde et utiliser l'exercice 3.1.3].

2. En déduire qu'un espace de Fréchet est de dimension finie si tout sous-espace vectoriel est fermé.

3.6 Quotient

Considérons d'abord un espace vectoriel E ; à tout sous-espace vectoriel F de E, on associe une relation d'équivalence R sur E, à savoir la relation "$x - y \in F$" ; l'espace quotient sera noté E/F et on notera $\pi : E \to E/R$ la surjection canonique. On définit une structure vectorielle sur l'ensemble quotient E/F de la façon suivante : soient $x, x', y, y' \in E$ tels que $x - x' \in F$ et $y - y' \in F$, alors $(\lambda x + \mu y) - (\lambda x' + \mu y') \in F$ pour tout $\lambda, \mu \in \mathbb{K}$; ceci prouve que la classe d'équivalence de $\lambda x + \mu y$ ne dépend que des classes d'équivalence de x et y ; on peut donc poser, pour $\xi, \eta \in E/F$,

$$\lambda\xi + \mu\eta = \pi(\lambda x + \mu y), \text{ où } \pi(x) = \xi,\ \pi(y) = \eta\ ;$$

on définit ainsi une structure vectorielle sur E/F ; la surjection canonique π est alors linéaire. Lorsque E est un e.l.c., on munit E/F de la topologie quotient ; notons $\mathcal{O}_E$ et $\mathcal{O}_{E/F}$ l'ensemble des ouverts de E et E/F respectivement. On sait que (paragraphe 2.24)

$$\mathcal{O}_{E/F} = \{O \subset E/F; \pi^{-1}(O) \in \mathcal{O}_E\}. \tag{3.6.1}$$

Nous allons préciser les propriétés de cette topologie. Introduisons la notation suivante : si A et B sont deux parties d'un espace vectoriel, on pose

$$A + B = \{x + y\,;\, x \in A, y \in B\}. \tag{3.6.2}$$

Lemme 3.6.1 *Soient E un e.v.t. et A, B deux parties de E, si A est ouvert ou si B est ouvert, alors $A + B$ est ouvert.*

Preuve Supposons B ouvert, on a $A + B = \bigcup_{a \in A} \tau_a(B)$ et, $\tau_a(B)$ étant ouvert, on peut conclure. Q.E.D.

Exercice 3.6.1 Soient E un e.v.t. séparé, A et B deux parties compactes de E, montrer que $A + B$ est compact.

Exercice 3.6.2 Soient E un e.v.t., A une partie fermée et B une partie compacte, montrer que $A + B$ est fermé en raisonnant de la façon suivante : on peut supposer A et B non vide (sinon $A + B = \emptyset$) ; on considère un point x adhérent à $A + B$, montrer que $(V - A)_{V \in \mathcal{V}(x)}$ est une base de filtre sur E admettant une trace sur B ; en déduire un point $b \in B$ tel que, pour tout $V \in \mathcal{V}(0)$,

$$(b + V - V) \cap (x - A) \neq \emptyset$$

et conclure grâce à l'exercice 3.1.1.

Proposition 3.6.2 *Soient E un e.l.c. et F un sous-espace vectoriel, on munit l'espace E/F de la topologie quotient. Alors, la surjection $\pi : E \to E/F$ est une application continue et ouverte, les ouverts de E/F sont les images par π des ouverts de E, les voisinages d'un point $\pi(a)$, $a \in E$, sont les images par π des voisinages de a et, si $\mathcal{S}$ est un système fondamental de voisinages de a, $(\pi(V))_{V \in \mathcal{S}}$ est un système fondamental de voisinages du point $\pi(a)$.*

Preuve L'application π est continue d'après la définition de la topologie quotient ; montrons qu'elle est ouverte : si U est un ouvert de E, $\pi(U)$ est un ouvert de E/F car $\pi^{-1}(\pi(U)) = U + F$ est un ouvert de E d'après le lemme.

L'image par π d'un ouvert de E est donc un ouvert de E/F ; réciproquement, si O est un ouvert de E/F, on a $O = \pi(\pi^{-1}(O))$ d'après la surjectivité de π et O est l'image de l'ouvert $\pi^{-1}(O)$.

Si V est un voisinage d'un point $a \in E$, $\pi(V)$ est un voisinage de $\pi(a)$, l'application π étant ouverte ; réciproquement, si W est un voisinage de $\pi(a)$, W est l'image de $\pi^{-1}(W)$ qui est un voisinage de a d'après la continuité de π.

Enfin, soit $\mathcal{S}$ un système fondamental de voisinages de a ; si W est un voisinage de $\pi(a)$, $\pi^{-1}(W)$ est un voisinage de a d'après la continuité de π ; il existe donc $V \in \mathcal{S}$ tel que $V \subset \pi^{-1}(W)$, d'où $\pi(V) \subset W$ et, $\pi(V)$ étant un voisinage de $\pi(a)$, ceci prouve que l'ensemble $(\pi(V))_{V \in \mathcal{S}}$ est un système fondamental de voisinages de $\pi(a)$. Q.E.D.

On a alors le théorème suivant

Théorème 3.6.3 *Soient E un e.l.c., $(\|\bullet\|_i)_{i\in I}$ une famille filtrante de semi-normes définissant la topologie de E et soit F un sous-espace vectoriel de E, la topologie quotient sur l'espace E/F est une topologie d'e.l.c. qui peut être définie par la famille filtrante de semi-normes*

$$|||\xi|||_i = \inf_{x\in\pi^{-1}(\xi)} \|x\|_i. \tag{3.6.3}$$

Preuve Montrons d'abord que $|||\xi||| = \inf_{x\in\pi^{-1}(\xi)} \|x\|$ est une semi-norme sur E/F dès que $\|\bullet\|$ est une semi-norme sur E. Soient $\xi, \eta \in E/F$ et $\varepsilon > 0$, il existe $x \in \pi^{-1}(\xi)$ et $y \in \pi^{-1}(\eta)$ tel que

$$\|x\| - \varepsilon \leq |||\xi||| \leq \|x\|, \ \|y\| - \varepsilon \leq |||\eta||| \leq \|y\|,$$

d'où $x + y \in \pi^{-1}(\xi + \eta)$ et par suite

$$|||\xi + \eta||| \leq \|x + y\| \leq \|x\| + \|y\| \leq |||\xi||| + |||\eta||| + 2\varepsilon,$$

ce qui prouve l'inégalité triangulaire. On a d'autre part

$$|||\lambda\xi||| = \inf_{x\in\pi^{-1}(\lambda\xi)} \|x\| ;$$

si $\lambda = 0$, on en déduit $|||\lambda\xi||| = 0$ en prenant $x = 0$ et si λ est différent de 0, en posant $y = \lambda^{-1}x$, on obtient

$$|||\lambda\xi||| = \inf_{y\in\pi^{-1}(\xi)} \|\lambda y\| = |\lambda| \inf_{y\in\pi^{-1}(\xi)} \|y\| = |\lambda| \ |||\xi|||.$$

La famille de semi-normes $(|||\bullet|||_i)_{i\in I}$ est filtrante : soit $i, j \in I$, il existe $k \in I$ tel que $\|\bullet\|_i \leq \|\bullet\|_k$ et $\|\bullet\|_j \leq \|\bullet\|_k$, d'où $|||\bullet|||_i \leq |||\bullet|||_k$ et $|||\bullet|||_j \leq |||\bullet|||_k$.

Notons $B_{i,E}(a;r)$ et $B_{i,E/F}(\pi(a);r)$ les boules ouvertes de centre a et $\pi(a)$, de rayon $r > 0$ dans les espaces E et E/F respectivement. Étant donné que $|||\xi - \pi(a)|||_i = \inf_{x\in\pi^{-1}(\xi)} \|x - a\|_i$, on a $|||\xi - \pi(a)|||_i < r$ si, et seulement si, il existe $x \in \pi^{-1}(\xi)$ tel que $\|x - a\|_i < r$ et ceci signifie que

$$\pi(B_{i,E}(a;r)) = B_{i,E/F}(\pi(a);r).$$

L'ensemble des boules $B_{i,E}(a;r)$, lorsque r décrit $\mathbb{R}_+^\star$, constituant un système fondamental de voisinages de a, l'ensemble des boules $B_{i,E/F}(\pi(a);r)$ constitue un système fondamental de voisinages du point $\pi(a)$ pour la topologie quotient ; cet ensemble étant également un système fondamental de voisinages du point $\pi(a)$ pour la topologie définie par les semi-normes (3.6.3) (proposition 3.3.6), ceci prouve que ces deux topologies coïncident. Q.E.D.

Exercice 3.6.3 Soient E un e.l.c. et $T : E \to \mathbb{K}^n$ une application linéaire. Montrer que T est surjective si, et seulement si, T est une application ouverte [factoriser T à travers l'espace quotient $E/\text{Ker}\, T$].

Lorsque E est un espace normé, la topologie de l'espace quotient est définie par une seule semi-norme, mais ce quotient n'est pas nécessairement un espace normé. En effet, l'espace quotient n'est pas toujours séparé et on a le critère suivant.

Proposition 3.6.4 *Soient E un e.l.c. et F un sous-espace vectoriel, l'espace quotient E/F est séparé si, et seulement si, F est un sous-espace fermé.*

Preuve Si E/F est séparé, F est fermé d'après la continuité de π vu que $F = \pi^{-1}(0)$. Réciproquement, si F est fermé, montrons que l'espace est séparé, c'est-à-dire (proposition 2.24.4) que le graphe de la relation d'équivalence est fermé dans $E \times E$; ce graphe est simplement égal à $f^{-1}(F)$ où f est l'application continue $(x, y) \in E \times E \mapsto x - y \in E$ et ceci permet donc de conclure. Q.E.D.

Corollaire 3.6.5 *Soient E un espace normé et F un sous-espace vectoriel fermé, alors l'espace quotient E/F est un espace normé.*

Exemple 3.6.1 Soit E, $(\|\bullet\|_i)_{i\in I}$, un e.l.c., on considère l'ensemble

$$F = \{x \in E\,;\ \|x\|_i = 0 \text{ pour tout } i \in I\}\ ;$$

cet ensemble F est en fait un sous-espace vectoriel fermé de E ; on a en effet $F = \bigcap_{i\in I} F_i$ où chaque $F_i = \{x \in E;\ \|x\|_i = 0\}$ est un sous-espace fermé. L'espace quotient E/F est donc séparé.

La signification de ce sous-espace F est la suivante. Si $\mathcal{F}$ est un filtre convergent sur E, l'ensemble des points limites de $\mathcal{F}$ est de la forme $a + F$. En effet, supposons que $\mathcal{F}$ converge vers a et que $a - b$ appartienne à F ; alors, pour tout x, on a $\|x - a\|_i \leq \|x - b\|_i + \|b - a\|_i = \|x - b\|_i$ et on vérifie de même l'inégalité opposée ; ceci montre que $B'_i(a; r) = B'_i(b; r)$ et, vu la définition (3.2.4) d'un filtre convergent, il en résulte que $\mathcal{F}$ converge vers b. Réciproquement, si a et b sont deux points limites de $\mathcal{F}$, l'intersection $B'_i(a; r) \cap B'_i(b; r)$ est non vide quel que soit $r > 0$, d'où $\|a - b\|_i \leq 2r$ et par conséquent $\|a - b\|_i = 0$, soit $a - b \in F$. Ceci démontre bien le résultat annoncé.

Sur l'espace E, la limite d'un filtre n'est donc définie que modulo la relation d'équivalence associée à F ; il est donc naturel de s'intéresser à l'espace quotient E/F qu'on appelle l'espace séparé associé à E.

Exercice 3.6.4 Soient E un e.l.c., F un sous-espace vectoriel fermé et G un sous-espace de dimension finie. Montrer que le sous-espace vectoriel $F + G$ est fermé [si $\pi : E \to E/F$ est la surjection canonique de E sur E/F, noter que $F + G = \pi^{-1}(\pi(G))$].

Supposons que l'espace E soit à base dénombrable de voisinages, alors la proposition 3.6.2 montre qu'il en est de même de l'espace E/F, qui est donc métrisable si F est fermé. Ceci peut se préciser comme suit.

Théorème 3.6.6 *Soient E un e.l.c. métrisable, d une distance invariante par translation définissant la topologie de E et soit F un sous-espace fermé, alors la topologie de E/F peut être définie par la distance invariante par translation*

$$\delta(\xi, \eta) = \inf_{x\in\pi^{-1}(\xi),\, y\in\pi^{-1}(\eta)} d(x, y). \tag{3.6.4}$$

Preuve Montrons d'abord que δ est une distance sur E/F. Il est clair que (D_1) est vérifié. Vérifions (D_2) et (D_3) ; soit $\xi, \eta \in E/F$ et soit $a \in \pi^{-1}(\xi)$ et $b \in \pi^{-1}(\eta)$, on a alors

$$\delta(\xi, \eta) = \inf_{x\in F,\, y\in F} d(a + x, b + y) = \inf_{z\in F} d(a, b + z)$$

d'après l'invariance par translation de la distance d, d'où

$$\delta(\xi,\eta) = d(a, b+F) = d(a-b, F).$$

Le sous-espace F étant fermé, $\delta(\xi,\eta) = 0$ équivaut à $a - b \in F$, c'est-à-dire à $\xi = \eta$ et ceci prouve (D_2). Quant à l'inégalité triangulaire, soit $\zeta \in E/F$ et $c \in \pi^{-1}(\zeta)$, alors

$$|\delta(\xi,\zeta) - \delta(\eta,\zeta)| = |d(a, c+F) - d(b, c+F)| \leq d(a,b)$$

d'après (2.13.4), d'où $|\delta(\xi,\zeta) - \delta(\eta,\zeta)| \leq \delta(\xi,\eta)$, ce qui prouve le résultat voulu.

Vérifions l'invariance par translation ; avec les notations précédentes, on a

$$\delta(\xi+\zeta, \eta+\zeta) = d((a+c)-(b+c), F) = d(a-b, F) = \delta(\xi,\eta)$$

vu que $a + c \in \pi^{-1}(\xi+\zeta)$ et $b + c \in \pi^{-1}(\eta+\zeta)$.

Soit $a \in E$, on a $\delta(\xi, \pi(a)) = \inf_{x\in\pi^{-1}(\xi)} d(x,a)$; il en résulte que

$$\delta(\xi, \pi(a)) < r$$

si, et seulement si, il existe $x \in \pi^{-1}(\xi)$ tel que $d(x,a) < r$ et ceci prouve que $B_{E/F}(\pi(a), r) = \pi(B_E(a,r))$. La proposition 3.6.2 montre alors que la topologie associée à la distance δ est la topologie quotient. Q.E.D.

Théorème 3.6.7 *Soient E un espace de Fréchet et F un sous-espace fermé, alors E/F est un espace de Fréchet.*

Preuve On conserve les notations du théorème précédent : la topologie de E est définie par une distance d invariante par translation et δ est la distance (3.6.4). Soit (ξ_n) une suite de Cauchy de E/F, c'est-à-dire pour la distance δ, et soit (ε_k) une suite de nombres > 0 telle que la série $\sum_{k=0}^{\infty} \varepsilon_k$ soit convergente.

Construisons une suite (n_k) de $\mathbb{N}$ strictement croissante telle que

(3.6.5) $\qquad$ pour tout entier k, $\delta(\xi_p, \xi_q) \leq \varepsilon_k$ dès que $p, q \geq n_k$.

On effectue cette construction par récurrence. On écrit que la suite (ξ_n) est de Cauchy en prenant $\varepsilon = \varepsilon_k$: il existe un entier $n_k > n_{k-1}$ (pour $k = 0$, on convient que $n_{-1} = -1$) tel que $\delta(\xi_p, \xi_q) \leq \varepsilon_k$ pour tout $p, q \geq n_k$, ce qui prouve le résultat voulu.

Il s'agit de démontrer (corollaire 2.18.4) que la sous-suite (ξ_{n_k}) converge ; notons encore (ξ_n) cette sous-suite qui vérifie donc

(3.6.6) $\qquad$ pour tout entier n, $\delta(\xi_p, \xi_q) \leq \varepsilon_n$ dès que $p, q \geq n$.

Construisons alors par récurrence une suite (x_n) telle que

(3.6.7) $\qquad$ $x_n \in \pi^{-1}(\xi_n)$ et $d(x_n, x_{n+1}) \leq 2\,\varepsilon_n$.

On choisit arbitrairement $x_0 \in \pi^{-1}(\xi_0)$; les points $(x_p)_{0\leq p\leq n}$ étant construits de telle sorte que $d(x_p, x_{p+1}) \leq 2\,\varepsilon_p$ pour $0 \leq p \leq n-1$, on construit x_{n+1} de la façon suivante : soit a_{n+1} un point de $\pi^{-1}(\xi_{n+1})$, on a

$$\delta(\xi_n, \xi_{n+1}) = \inf_{x\in F} d(x_n, a_{n+1} + x)$$

et par conséquent il existe $b_{n+1} \in F$ tel que $d(x_n, a_{n+1} + b_{n+1}) \leq 2\,\varepsilon_{n+1}$; le point $x_{n+1} = a_{n+1} + b_{n+1}$ vérifie alors toutes les propriétés voulues.

On a alors

$$d(x_p, x_{p+q}) \leq \sum_{n=p}^{p+q-1} d(x_n, x_{n+1}) \leq 2 \sum_{n=p}^{p+q-1} \varepsilon_n;$$

la série $\sum_{n=0}^{\infty} \varepsilon_n$ étant convergente, cette inégalité montre que la suite (x_n) est de Cauchy dans l'espace E ; elle est donc convergente et son image par l'application continue π, qui n'est autre que la suite (ξ_n), est convergente et ceci prouve le théorème. Q.E.D.

Corollaire 3.6.8 *Soient E un espace de Banach et F un sous-espace fermé, alors E/F est un espace de Banach.*

Exercice 3.6.5 Soit E, $(\|\bullet\|_i)_{i\in I}$, un e.l.c. séparé, notons E_i l'espace vectoriel E muni de la seule semi-norme $\|\bullet\|_i$, considérons le sous-espace fermé $F_i = \{x \in E_i\,;\, \|x\|_i = 0\}$ et l'espace normé (proposition 3.6.4) E_i/F_i pour la norme $|||\xi|||_i = \inf_{\pi_i(x)=\xi} \|x\|_i$, $\pi_i : E_i \to E_i/F_i$ désignant la surjection canonique.

1. Soit $\xi \in E_i/F_i$, montrer que $|||\xi|||_i = \|x\|_i$ quel que soit $x \in E_i$ tel que $\pi_i(x) = \xi$.

2. Montrer que l'application $\varphi : x \in E \mapsto (\pi_i(x)) \in \prod_{i\in I} E_i/F_i$ est un isomorphisme de E sur $\varphi(E)$.

3. En déduire que tout e.l.c. séparé est isomorphe à un sous-espace d'un produit d'espaces normés et que tout e.l.c. métrisable est isomorphe à un sous-espace d'un produit dénombrable d'espaces normés.

4. (complété d'un e.l.c. séparé) Soit E un e.l.c. séparé, montrer qu'il existe un e.l.c. séparé complet $\hat{E}$, unique à un isomorphisme près, tel que E soit isomorphe à un sous-espace dense de $\hat{E}$ [utiliser l'exercice 3.5.2 pour des espaces normés]. Lorsque E est métrisable, montrer que $\hat{E}$ est métrisable et retrouver ainsi le résultat de l'exercice 3.5.2.

Voici une première application des notions précédentes concernant les propriétés des hyperplans. Rappelons la définition d'un hyperplan.

Définition 3.6.1 *Dans un espace vectoriel, le noyau d'une forme linéaire non identiquement nulle est appelé un hyperplan.*

Lemme 3.6.9 *Soient E un espace vectoriel et $H = Ker\, T$ un hyperplan de E, alors $H \neq E$ et, pour tout $a \in E - H$, on a la décomposition en somme directe $E = H \oplus \mathbb{K}a$. De plus, la forme linéaire T est déterminée de façon unique à une constante multiplicative près.*

Preuve Il est clair que $H \neq E$ vu que $H = \operatorname{Ker} T$ où $T \in E^\star - \{0\}$. Soit $a \in E - H$, on peut alors écrire tout x de E sous la forme $x = (Tx/Ta)a + h$ où $h = x - (Tx/Ta)a$ appartient à H. Cette décomposition est unique : si $x = \lambda a + h$ avec $h \in H$, on a nécessairement $Tx = \lambda Ta + Th = \lambda Ta$ d'où $\lambda = Tx/Ta$ et $h = x - (Tx/Ta)a$. Ceci montre que $E = H \oplus \mathbb{K}a$.

Si $H = \operatorname{Ker} S$ où $S \in E^\star - \{0\}$ la décomposition précédente montre que $Sx = (Tx/Ta)Sa$, c'est-à-dire $S = \alpha T$ où $\alpha = Sa/Ta$ et ceci prouve le lemme. Q.E.D.

Le lemme général suivant permet de faire le lien avec les espaces quotients.

Lemme 3.6.10 *Soient E un espace vectoriel, E_1 et E_2 deux sous-espaces vectoriels tels que $E = E_1 \oplus E_2$ et soit π la surjection canonique de E sur E/E_1, alors l'application $\pi|_{E_2}$ est un isomorphisme de E_2 sur E/E_1.*

Preuve On note d'abord que $\operatorname{Ker}\pi = E_1$, d'où $\operatorname{Ker}\pi|_{E_2} = E_1 \cap E_2 = \{0\}$ et ceci prouve que $\pi|_{E_2}$ est injectif. Quant à la surjectivité de $\pi|_{E_2}$, soit $\xi \in E/E_1$, il existe $x \in E$ tel que $\xi = \pi(x)$ et x peut s'écrire $x = x_1 + x_2$, $x_i \in E_i$, d'où $\xi = \pi(x_1 + x_2) = \pi(x_2)$ ce qui prouve le résultat voulu. Q.E.D.

Ceci montre que, dans un espace vectoriel E, tous les supplémentaires d'un sous-espace E_1 sont isomorphes, étant isomorphes à l'espace quotient E/E_1 : leur dimension est appelée la codimension de E_1. En particulier, si H est un hyperplan de E, l'espace quotient E/H est de dimension 1 d'après le lemme 3.6.9.

Du point de vue topologique, ceci va nous permettre d'établir le résultat suivant.

Proposition 3.6.11 *Soit H un hyperplan dans un e.l.c. E et soit T une forme linéaire telle que $H = Ker\ T$. Alors, H est soit fermé, soit partout dense ; de plus, H est fermé si, et seulement si, T est continu.*

Preuve Si H n'est pas fermé, il existe un point $a \in \overline{H} - H$ et, l'adhérence $\overline{H}$ de H étant un sous-espace vectoriel de E d'après la proposition 3.1.1, $\overline{H}$ contient $H \oplus \mathbb{K}a$, d'où $\overline{H} = E$, ce qui prouve que H est partout dense.

Si T est continu, H est évidemment fermé. Réciproquement, supposons H fermé ; notons π la surjection canonique de E sur E/H ; si $\pi(x) = \pi(y)$, alors $x - y \in H$ et $Tx = Ty$, on peut donc définir une application $S : E/H \to \mathbb{K}$ telle que $S \circ \pi = T$ en posant $S(\xi) = Tx$ où $x \in \pi^{-1}(\xi)$. On vérifie aisément que cette application S est linéaire ; en outre, elle est continue d'après le corollaire 3.5.11, l'espace E/H étant séparé de dimension finie. La surjection π étant continue, on en déduit que T est continu et ceci achève la preuve de la proposition. Q.E.D.

Exercice 3.6.6 Soient E un e.l.c. et $T : E \to \mathbb{K}^n$ une application linéaire. Montrer que T est continu si, et seulement si, son noyau $\operatorname{Ker} T$ est fermé.

La notion de somme directe n'est pas suffisante en analyse : la décomposition d'un e.l.c. en somme de deux sous-espaces n'est vraiment utile que si cette décomposition est faite d'une façon continue. Ceci conduit à la définition suivante.

Définition 3.6.2 *supplémentaire topologique On dit qu'un e.l.c. E est la somme directe topologique de deux sous-espaces E_1 et E_2, si E est la somme directe algébrique de E_1 et E_2 et si les projecteurs linéaires $p_i : E \to E_i$, $i = 1, 2$, sont continus. On dit que E_1 et E_2 sont des supplémentaires topologiques.*

Étant donné que $p_1 + p_2 = I_E$, la continuité de l'un des projecteurs implique la continuité de l'autre.

Définition 3.6.3 *Dans un e.l.c. E, on dit qu'un sous-espace E_1 admet un supplémentaire topologique, s'il existe un sous-espace E_2 tel que E soit la somme directe topologique de E_1 et E_2.*

Remarque 3.6.1 Si E est un e.l.c. séparé somme directe topologique de deux sous-espaces E_1 et E_2, ces sous-espaces sont nécessairement fermés : E_1 est en effet le noyau de p_2 et E_2 le noyau de p_1. Des supplémentaires topologiques sont nécessairement fermés. On se gardera de croire que des supplémentaires algébriques fermés sont nécessairement des supplémentaires topologiques (exercice 3.31.2) ; comme nous le démontrerons ultérieurement, ceci est cependant vrai lorsque E est un espace de Fréchet (proposition 3.11.6).

Voici deux propositions élémentaires concernant ces notions.

Proposition 3.6.12 *Soit E un e.l.c. somme directe algébrique de deux sous-espaces E_1 et E_2, les propriétés suivantes sont équivalentes.*

1. La somme directe est topologique.

2. L'application $p : x \mapsto (p_1(x), p_2(x))$ est un isomorphisme topologique de E sur $E_1 \times E_2$.

3. Si π désigne la surjection canonique de E sur E/E_1, l'application $\pi|_{E_2}$ est un isomorphisme topologique de E_2 sur E/E_1.

Preuve $1 \Leftrightarrow 2$ L'application p est une bijection linéaire dont la bijection réciproque $(x_1, x_2) \in E_1 \times E_2 \mapsto x_1 + x_2 \in E$ est continue en tant que restriction à $E_1 \times E_2$ de l'addition $(x, y) \in E \times E \mapsto x + y \in E$. La continuité des applications p_i est équivalente à celle de $p = (p_1, p_2)$ qui est alors un isomorphisme de $E_1 \oplus E_2$ sur $E_1 \times E_2$.

$1 \Leftrightarrow 3$ On remarque d'abord que la surjection $\pi : E \to E/E_1$ étant continue, l'application $\pi|_{E_2}$ est continue. On observe ensuite que $\pi = (\pi|_{E_2}) \circ p_2$: soit $x = x_1 + x_2$, $x_i \in E_i$, on a en effet $\pi(x) = \pi(x_2)$ et $p_2(x) = x_2$. Notons q la bijection réciproque de la bijection $\pi|_{E_2}$, on a alors $p_2 = q \circ \pi$ et la continuité de q équivaut à celle de p_2 d'après la proposition 2.24.3, ce qui prouve le résutat voulu.

Q.E.D.

Corollaire 3.6.13 *Dans un e.l.c. E, soit E_1 un sous-espace fermé de codimension finie, alors tout supplémentaire algébrique E_2 de E_1 est un supplémentaire topologique.*

Preuve L'espace E/E_1 est un e.l.c. séparé de dimension finie, l'application linéaire $q = (\pi|_{E_2})^{-1} : E/E_1 \to E_2$ est donc continue (corollaire 3.5.11) et on conclut grâce à la proposition précédente. Q.E.D.

En particulier, si H est un hyperplan fermé dans un e.l.c. E, un hyperplan étant de codimension 1, on en déduit que, pour tout $a \in E - H$, $E = H \oplus \mathbb{K}a$ où la somme directe est topologique.

3.7 Partie bornée, partie compacte

Définition 3.7.1 *Dans un e.l.c. E, $(\|\bullet\|_i)_{i \in I}$, une partie A est dite bornée si, pour tout $i \in I$, $\sup_{x \in A} \|x\|_i < \infty$.*

Dire que A est borné signifie donc que les fonctions $\|\bullet\|_i$ sont bornées sur A.

On remarquera que cette notion ne dépend pas du choix de la famille de semi-normes définissant la topologie de E : ceci se vérifie de suite en utilisant le corollaire 3.3.4. Il s'agit donc d'une notion ne dépendant que de la topologie d'e.l.c. de l'espace.

Lorsque E est un espace normé, si $r = \sup_{x\in A} \|x\|$ est fini, A est contenu dans la boule fermée $B'(0; r)$ et le diamètre de A est $\leq 2r$, donc fini. Inversement, si le diamètre ρ de A est fini, en prenant un point $a \in A$, on a

$$\|x\| \leq \|a\| + \|x - a\| \leq \|a\| + \rho$$

et $\sup_{x\in A} \|x\|$ est fini. Ceci montre que, dans un espace normé, une partie est bornée si, et seulement si, elle est bornée pour la distance associée à la norme.

Lorsque E est un e.l.c. métrisable, il est légitime de se demander si une partie bornée selon la définition 3.7.1 est bornée relativement à une distance invariante par translation et définissant la topologie de l'espace : en général, les deux notions sont différentes, comme le montre par exemple la distance $d(x, y) = |x - y|$ sur $\mathbb{R}$ et la distance $\min(d, 1)$.

Exercice 3.7.1 Soit E un e.l.c., montrer qu'une partie B de E est bornée si, et seulement si, pour toute suite (x_n) de B et toute suite (λ_n) de scalaires convergeant vers 0, la suite $(\lambda_n x_n)$ converge vers 0.

Exercice 3.7.2 1. Étant donné une suite double de nombres réels $a_{pq} \geq 0$, $p, q \in \mathbb{N}$, montrer qu'il existe une suite $A_n > 0$ telle que $a_{pq} \leq A_p A_q$ pour tout $p, q \in \mathbb{N}$.

2. Soit E un e.l.c. métrisable et soit (B_p) une suite de parties bornées de E, montrer qu'il existe une suite $\varepsilon_p > 0$ telle que $\bigcup_{p=0}^{\infty} \varepsilon_p B_p$ soit encore une partie bornée [si $(\|\bullet\|_q)$ est une suite de semi-normes définissant la topologie de E, on pourra utiliser la suite $a_{pq} = \sup_{x\in B_p} \|x\|_q$].

Exercice 3.7.3 Soient $(E_\alpha)_{\alpha\in A}$ une famille d'e.l.c., E un espace vectoriel, $f_\alpha : E \to E_\alpha$ une famille d'applications linéaires ; on munit E de la topologie initiale correspondante. Montrer qu'une partie A de E est bornée si, et seulement si, $f_\alpha(A)$ est borné dans E_α quel que soit $\alpha \in A$.

Dans un espace normé, une boule étant bornée, l'origine admet un voisinage borné ; cette propriété caractérise en fait les espaces normés.

Proposition 3.7.1 *Soit E un e.l.c. séparé tel que l'origine admette un voisinage borné, alors la topologie de E peut être définie par une norme.*

Preuve Soit $(\|\bullet\|_i)_{i\in I}$ une famille de semi-normes définissant la topologie de E. L'origine admet un voisinage borné qu'on peut supposer de la forme $V = B'_J(0; r)$, $r > 0$, $J \in \mathcal{F}(I)$. Chaque semi-norme $\|\bullet\|_i$ est donc bornée sur V : il existe $M \geq 0$ tel que $\|x\|_i \leq M$ pour $\|x\|_J \leq r$ et il en résulte que $\|x\|_i \leq (M/r)\|x\|_J$ pour tout $x \in E$. Ceci signifie (corollaire 3.3.4) que la seule semi-norme $\|\bullet\|_J$ définit la topologie de E et, E étant séparé, cette semi-norme est une norme, ce qui prouve la proposition. Q.E.D.

Exemple 3.7.1 Une fonction $f : X \to E$ définie sur un ensemble X et à valeurs dans un e.l.c. E est dite bornée si $f(X)$ est une partie bornée. Par exemple, une suite convergente (x_n) est bornée : en effet, les suites $(\|x_n\|_i)$ sont convergentes d'après la continuité des semi-normes, donc bornées.

L'ensemble des parties bornées joue un rôle important en raison de la propriété suivante.

Proposition 3.7.2 *Soient E, F deux e.l.c. et $T : E \to F$ une application linéaire. Si T est continu, l'image par T de tout borné de E est une partie bornée de F. Réciproquement, si E est un e.l.c. métrisable et si l'image par T de toute suite convergente vers 0 est bornée, alors T est continu.*

Preuve Si T est continu, l'image de tout borné est bornée d'après le point 3. du théorème 3.3.3.

Réciproquement, supposons E métrisable et T non continu. Considérons une base décroissante $(V_n)_{n\geq 1}$ du filtre des voisinages de 0 dans l'espace E et soit $(\|\bullet\|_i)_{i\in I}$ une famille de semi-normes définissant la topologie de F. Alors, il existe un voisinage de $0 \in F$, qu'on peut supposer de la forme $W = B_J(0; r)$, $r > 0$, $J \in \mathcal{F}(I)$, tel que $T((1/n)V_n) \not\subset W$ pour tout $n \geq 1$; il existe donc $x_n \in V_n$ tel que $\|Tx_n\|_J \geq nr$; on construit ainsi une suite (x_n) de E qui converge vers 0 telle que la suite (Tx_n) ne soit pas bornée, ce qui prouve le résultat voulu. Q.E.D.

En particulier, lorsque E et F sont des espaces normés, une application linéaire de E dans F est continue si, et seulement si, l'image de tout borné est bornée.

Voici une première propriété des parties compactes qui résulte de la continuité des semi-normes.

Proposition 3.7.3 *Dans un e.l.c. toute partie compacte est bornée. Dans un e.l.c. séparé toute partie relativement compacte est bornée.*

On sait que réciproquement dans $\mathbb{K}^n$ les parties bornées sont relativement compactes (théorème 2.33.7) ; dans un e.l.c. séparé de dimension finie, isomorphe à $\mathbb{K}^n$ (théorème 3.5.8), une partie est donc relativement compacte si, et seulement si, elle est bornée. Rappelons également que les espaces $\mathbb{K}^n$ sont des espaces localement compacts ; il en est donc de même des e.l.c. séparés de dimension finie ; nous allons démontrer que réciproquement un e.l.c. localement compact est nécessairement de dimension finie : on obtient ainsi une caractérisation topologique des espaces de dimension finie.

Avant d'énoncer un théorème précis, introduisons une notation utile pour sa démonstration. Si A est une partie d'un espace vectoriel E et si λ est un scalaire, on note λA l'ensemble $\{\lambda x\,;\, x \in A\}$, c'est-à-dire l'image de A par l'homothétie de centre 0 et de rapport λ. On a évidemment $2A \subset A + A$, mais on ne commettra pas l'erreur de croire que l'égalité a lieu, etc.

Théorème 3.7.4 F. Riesz *Soit E un espace normé, les propriétés suivantes sont équivalentes.*

1. *E est de dimension finie.*
2. *Tout borné de E est relativement compact.*
3. *La boule unité $B = \{x \in E; \|x\| \leq 1\}$ est compacte.*
4. *E est localement compact.*

Preuve Il est clair que $1 \Rightarrow 2 \Rightarrow 3 \Rightarrow 4$. Montrons que $4 \Rightarrow 1$. On suppose l'espace E localement compact ; soit V un voisinage compact de l'origine. L'ensemble $2V$ étant compact en tant qu'image continue d'un compact, du recouvrement ouvert $(a + \mathring{V})_{a\in 2V}$, on peut extraire un sous-recouvrement fini, soit

$(a_i+\overset{\circ}{V})_{i\in I}$, I fini, $a_i \in 2V$. Notons F le sous-espace de dimension finie engendré par les points $(a_i)_{i\in I}$. On a alors $2V \subset F+V$, d'où

$$2(F+V) = 2F + 2V \subset 2F + (F+V) = F+V$$

et ceci montre que $2^2V \subset F+V$; par récurrence, on vérifie que $2^nV \subset F+V$ pour tout entier $n \geq 1$. Considérons alors un point quelconque x de E ; la suite $(2^{-n}x)$ convergeant vers 0, x appartient à 2^nV dès que n est suffisamment grand et ceci prouve que $E = F+V$.

Soit $x \in E$, il existe $y \in F$ et $z \in V$ tel que $x = y+z$, d'où

$$d(x,F) = \inf_{t\in F} d(x,t) = \inf_{t\in F} \|y+z-t\| \leq \|z\| \,;$$

V étant borné, posons $M = \sup_{z\in V} \|z\|$; on a alors $d(x,F) \leq M$ quel que soit le point $x \in E$.

Nous allons en déduire que $E = F$; ceci prouvera le théorème. Supposons $E \neq F$; soit $a \in E - F$, le sous-espace F étant fermé (corollaire 3.5.10), la distance $r = d(a,F)$ de a à F est strictement positive. Pour tout réel $t > 0$, on a $d(ta,F) = td(a,F) = tr$, F étant un sous-espace vectoriel, et il en résulte que $d(ta,F) > M$ pour t suffisamment grand, ce qui contredit la propriété établie ci-dessus. Q.E.D.

Le théorème de Riesz montre que les seuls espaces normés où les parties relativement compactes sont les parties bornées, sont les espaces de dimension finie. Dans un espace normé de dimension infinie, toute partie relativement compacte est bornée, mais il y a toujours une condition supplémentaire à "découvrir"pour caractériser les parties relativement compactes. Par exemple, X étant un espace compact et F un espace normé, munissons l'espace $\mathcal{C}_u(X;F)$ des fonctions continues de X dans F de la topologie de la convergence uniforme : cette topologie peut être définie par la norme $\|f\| = \max_{x\in X} \|f(x)\|$. Le théorème d'Ascoli (théorème 2.34.5) caractérise les parties relativement compactes de cet espace. Lorsque F est de dimension finie, ce sont les parties bornées et équicontinues : la condition supplémentaire est ici l'équicontinuité.

Il faut bien se garder de croire que la situation est identique dans un e.l.c. : il existe des e.l.c. séparés de dimension infinie où une partie est relativement compacte si, et seulement si, elle est bornée (exercice 3.7.4). Ceci n'est nullement contradictoire avec le théorème de Riesz ; dans un tel espace, aucun voisinage de 0 n'est borné d'après la proposition 3.7.1.

Exercice 3.7.4 Soit X un ensemble, montrer qu'une partie A de $\mathcal{F}_s(X;\mathbb{K})$ est relativement compacte si, et seulement si, elle est bornée.

Corollaire 3.7.5 *Un e.l.c. séparé est localement compact si, et seulement si, il est de dimension finie.*

Preuve La topologie d'un e.l.c. localement compact peut être définie par une norme d'après la proposition 3.7.1 et on conclut grâce au théorème précédent. Q.E.D.

Corollaire 3.7.6 *Dans un e.l.c. séparé de dimension infinie, les parties compactes sont sans point intérieur.*

Preuve Supposons que K soit un compact d'intérieur non vide, alors K est un voisinage compact de l'un quelconque de ses points intérieurs et, par translation, on obtient un voisinage compact de l'origine et E est donc nécessairement de dimension finie. Q.E.D.

Exercice 3.7.5 Soient E un espace normé, F un sous-espace vectoriel de dimension finie et a un point de E. Montrer qu'il existe un point $x \in F$ tel que $\|a - x\| = d(a, F)$. Ce point x est-il unique ?

Exercice 3.7.6 Montrer qu'un espace normé est de dimension finie si, et seulement si, sa sphère unité est compacte.

Exercice 3.7.7 Soit E un e.l.c.

1. Soient $a \in E$ et B une partie fermée tels que $a \notin B$. Montrer qu'il existe un voisinage V de 0 tel que $(a + V) \cap (B + V) = \emptyset$.
2. Soient A une partie compacte et B une partie fermée, A et B étant disjoints.
   a. Montrer qu'il existe un voisinage V de 0 tel que $A \cap (B + V) = \emptyset$ [raisonner par l'absurde et utiliser la base de filtre $(B + V)_{V \in \mathcal{V}(0)}$]
   b. En déduire qu'il existe un voisinage V de 0 tel que $(A + V) \cap (B + V) = \emptyset$.

Dans un espace métrique, la précompacité est un outil particulièrement utile, le théorème 2.33.4 constituant une caractérisation des parties compactes. Dans le cadre des e.l.c., la définition des parties précompactes est la suivante.

Définition 3.7.2 *Une partie A d'un e.l.c. E est dite précompacte si, pour tout voisinage V de 0, il existe une famille finie $(x_i)_{i \in I}$ d'éléments de E telle que $A \subset \bigcup_{i \in I}(x_i + V)$.*

Dans cette définition, on peut se contenter de voisinages V appartenant à un système fondamental de voisinages de 0 ; en particulier, en prenant des voisinages fermés, on constate que l'adhérence d'une partie précompacte est précompacte.

Lorsque E est un e.l.c. métrisable dont la topologie est définie par une distance invariante par translation, cette définition coïncide avec la définition 2.33.1 de la précompacité dans un espace métrique. En effet, dans la définition 3.7.2, on peut se limiter aux voisinages V de la forme $V = B'(0, \varepsilon)$ où $\varepsilon > 0$; la distance étant invariante par translation, on a $x_i + B'(0, \varepsilon) = B'(x_i, \varepsilon)$ et dire que A est précompact signifie exatement qu'il existe un recouvrement fini de A par des boules de rayon ε.

Le théorème 2.33.4 se généralise alors comme suit.

Théorème 3.7.7 *Dans un e.l.c. séparé et complet, une partie est compacte si, et seulement si, elle est fermée et précompacte.*

Preuve Dans un espace séparé, une partie compacte est fermée. Montrons qu'une partie compacte A est précompacte. Soit V un voisinage de 0, A étant compact, le recouvrement ouvert $(x + \overset{\circ}{V})_{x \in A}$ contient un sous-recouvrement fini, ce qui prouve le résultat voulu.

Réciproquement, soit A une partie fermée et précompacte, montrons que tout ultrafiltre $\mathcal{U}$ sur A converge dans A. Vérifions d'abord que $\mathcal{U}$, en tant que base de filtre sur E, est de Cauchy. Soit $\|\bullet\|_i$ l'une des semi-normes définissant la topologie de E, prenons $V = B_i'(0, \varepsilon)$; alors, d'après la précompacité de A, il existe une partie finie B de E telle que

$$A = \bigcup_{b \in B} A \cap B_i'(b; \varepsilon)\,;$$

il existe donc (corollaire 2.32.2) $b \in B$ tel que $M = A \cap B_i'(b; \varepsilon) \in \mathcal{U}$ et, vu que $\text{diam}_i M \leq 2\varepsilon$, ceci prouve que $\mathcal{U}$ est une base de filtre de Cauchy sur E. L'espace E étant complet, cette base de filtre converge et sa limite a appartient à A vu que A est fermé ; il en résulte que $\mathcal{U}$ converge vers a dans le sous-espace A et ceci prouve que A est compact. Q.E.D.

3.8 Partie convexe

Nous avons déjà donné la définition d'un ensemble convexe (paragraphe 3.2). On peut préciser cette définition de la façon suivante.

Proposition 3.8.1 *Soit C une partie convexe d'un espace vectoriel E et soient $(x_i)_{i \in I}$ une famille finie d'éléments de C et $(\lambda_i)_{i \in I}$ une famille de nombres réels ≥ 0 telle que $\sum_{i \in I} \lambda_i = 1$, alors la combinaison linéaire, dite combinaison convexe, $\sum_{i \in I} \lambda_i x_i$ appartient à C.*

Preuve On raisonne par récurrence sur le nommbre d'éléments de I, la propriété étant trivialement vérifiée lorsque I est réduit à un élément. Supposons la proposition démontrée lorsque Card $I = n$, où $n \geq 1$, et démontrons la lorsque I admet $n+1$ éléments. On peut supposer $I = [1, n+1]$; considérons alors la combinaison convexe $x = \sum_{i=1}^{n+1} \lambda_i x_i$ où $\lambda_{n+1} \neq 1$ (sinon $x = x_{n+1}$) ; posons $\lambda = \sum_{i=1}^{n} \lambda_i$, alors le point $y = \lambda^{-1}(\sum_{i=1}^{n} \lambda_i x_i)$ appartient à C d'après l'hypothèse de récurrence et le point $x = \lambda y + \lambda_{n+1} x_{n+1}$ appartient à C d'après la convexité de C.
Q.E.D.

La définition même d'un ensemble convexe montre que l'intersection d'une famille quelconque de convexes est convexe. Étant donné une partie A d'un espace vectoriel, il existe donc un plus petit ensemble convexe contenant A qu'on appelle l'enveloppe convexe de A et que nous noterons $\Gamma(A)$.

Proposition 3.8.2 *Soit A une partie d'un espace vectoriel E, l'enveloppe convexe de A est égale à l'ensemble des combinaisons convexes d'éléments de A.*

Preuve Notons C l'ensemble des combinaisons convexes d'éléments de A. Il est clair que $A \subset C \subset \Gamma(A)$. Il s'agit donc de démontrer que C est convexe. Soient $x, y \in C$, ces points peuvent donc s'écrire $x = \sum_{i \in I} \lambda_i x_i$ et $y = \sum_{j \in J} \mu_j y_j$ où I et J sont finis, $x_i, y_j \in A$, $\lambda_i, \mu_j \geq 0$ et $\sum_{i \in I} \lambda_i = 1$, $\sum_{j \in J} \mu_j = 1$. Soient $\lambda, \mu \geq 0$ tels que $\lambda + \mu = 1$, on a alors

$$\lambda x + \mu y = \sum_{i \in I} \lambda \lambda_i x_i + \sum_{j \in J} \mu \mu_j y_j$$

où $\sum_{i\in I} \lambda\lambda_i + \sum_{j\in J} \mu\mu_j = 1$, ce qui prouve que $\lambda x + \mu y$ appartient à C, qui est donc convexe. Q.E.D.

Lorsque l'espace est de dimension finie, on peut préciser ce résultat de la façon suivante.

Proposition 3.8.3 *Soit A une partie d'un espace vectoriel de dimension réelle n, alors l'enveloppe convexe de A est égale à l'ensemble des combinaisons convexes de la forme $\sum_{i=1}^{n+1} \lambda_i x_i$, $x_i \in A$.*

Preuve Un élément x de $\Gamma(A)$ peut s'écrire comme une combinaison convexe de la forme $x = \sum_{i=1}^{p} \lambda_i x_i$, $x_i \in A$; si p est strictement plus grand que $n+1$, nous allons démontrer que x peut s'écrire comme une combinaison convexe de $p-1$ éléments de A : ceci démontrera la proposition.

Supposons donc $p > n+1$; alors les $p-1$ vecteurs $(x_i - x_p)_{1\le i\le p-1}$ sont liés : il existe une relation de liaison de la forme $\sum_{i=1}^{p-1} \alpha_i(x_i - x_p) = 0$ où les α_i ne sont pas tous nuls. On en déduit une relation de la forme $\sum_{i=1}^{p} \beta_i x_i = 0$ où les β_i ne sont pas tous nuls et $\sum_{i=1}^{p} \beta_i = 0$. Il existe au moins un indice i pour lequel $\beta_i > 0$ et, en modifiant éventuellement la numérotation, on peut supposer $\beta_p > 0$ et $\lambda_p/\beta_p \le \lambda_i/\beta_i$ pour tous les $\beta_i > 0$. On peut alors écrire x comme la combinaison convexe $x = \sum_{i=1}^{p-1}(\lambda_i - (\beta_i/\beta_p)\lambda_p)x_i$: les coefficients sont en effet positifs d'après le choix de l'indice p et de somme 1 vu que $\sum_{i=1}^{p-1} \beta_i = -\beta_p$. Ceci prouve la proposition. Q.E.D.

Lorsque E est un e.l.c., on notera d'abord la

Proposition 3.8.4 *Dans un e.l.c. E, l'adhérence d'un convexe est convexe.*

Preuve Considérons l'application $f_t : (x,y) \in E \times E \mapsto tx + (1-t)y \in E$ où $0 \le t \le 1$. Dire qu'un ensemble C est convexe signifie que

$$f_t(C \times C) \subset C \text{ pour tout } 0 \le t \le 1.$$

La continuité de f_t implique alors que $f_t(\overline{C} \times \overline{C}) \subset \overline{C}$ et ceci prouve que $\overline{C}$ est convexe. Q.E.D.

Exercice 3.8.1 Soit C une partie convexe d'un e.l.c. E.

1. Soient $x \in \mathring{C}$, $y \in C$, montrer que tout point z du segment ouvert $]x,y[$, c'est-à-dire de la forme $z = tx + (1-t)y$ avec $0 < t < 1$, appartient à $\mathring{C}$ [utiliser l'homothétie de centre y qui transforme x en z].

2. Montrer plus généralement que ce résultat subsiste pour $x \in \mathring{C}$ et $y \in \overline{C}$ [si $k : E \to E$ est l'homothétie de centre z qui transforme x en y, montrer qu'il existe $a \in \mathring{C}$ tel que $k(a) \in C$, puis utiliser 1.].

3. Déduire de 1. que $\mathring{C}$ est convexe.

4. On suppose $\mathring{C}$ non vide, montrer que $\overline{C} = \overline{\mathring{C}}$ [montrer que tout point adhérent à C est adhérent à $\mathring{C}$ en utilisant 2.] et que $\mathring{C} = \mathring{\overline{C}}$ [soient $x \in \mathring{\overline{C}}$, $B_J(x;r)$ une boule ouverte contenue dans $\overline{C}$, montrer que cette boule rencontre $\mathring{C}$ et, si $y \in B_J(x;r) \cap \mathring{C}$, utiliser le symétrique par rapport à x de ce point y].

Exercice 3.8.2 Soient C une partie convexe ouverte non vide d'un e.l.c. E et $f : C \to \mathbb{R}$ une fonction convexe.

1. Montrer que f est continu si, et seulement si, il existe un ouvert non vide $O \subset C$ tel que f soit majoré sur O [pour démontrer que la condition est suffisante, vérifier que f est continu en tout de point de O et que f est majoré au voisinage de tout point de C].

2. Si E est de dimension finie, montrer que toute fonction convexe (définie sur un ouvert convexe non vide) est continue.

Si A est une partie d'un e.l.c. E, $\overline{\Gamma(A)}$ est donc le plus petit ensemble convexe fermé contenant A : on l'appelle l'enveloppe convexe fermée de A.

Si A est fermé, son enveloppe convexe n'est pas nécessairement fermée : par exemple, dans $\mathbb{R}^2$, le fermé $\{(x,y) \in \mathbb{R}^2 ; x > 0 \text{ et } |y| \geq 1/x\}$ a pour enveloppe convexe le demi-plan $\{(x,y) \in \mathbb{R}^2 ; x > 0\}$ qui n'est pas fermé.

On a par contre le résultat suivant.

Proposition 3.8.5 *Dans un e.l.c. séparé de dimension finie, l'enveloppe convexe de tout compact est compacte.*

Preuve Notons n la dimension de l'espace E en tant qu'espace vectoriel sur $\mathbb{R}$ et soit K un compact de E. La proposition 3.8.3 montre que $\Gamma(K)$ est l'image du compact $\Lambda \times K^{n+1}$ par l'application continue

$$(\lambda, x) \in \mathbb{R}^{n+1} \times E^{n+1} \mapsto \sum_{i=1}^{n+1} \lambda_i x_i \in E \text{ où } x = (x_i)_{1 \leq i \leq n+1}$$

et

$$\Lambda = \{\lambda \in \mathbb{R}^{n+1} ; \lambda_i \geq 0 \text{ et } \sum_{i=1}^{n+1} \lambda_i = 1\},\ \lambda = (\lambda_i)_{1 \leq i \leq n+1}.$$

L'espace E étant séparé, ceci prouve que $\Gamma(K)$ est compact. Q.E.D.

Corollaire 3.8.6 *Dans un e.l.c. séparé, l'enveloppe convexe de toute partie finie est compacte.*

Preuve Soit A une partie finie, alors $\Gamma(A)$ est contenu dans le sous-espace vectoriel F engendré par A ; A est une partie compacte de ce sous-espace séparé de dimension finie, donc $\Gamma(A)$ est une partie compacte de F d'après la proposition précédente, ce qui prouve le résultat voulu. Q.E.D.

La proposition 3.8.5 ne subsiste pas dans un e.l.c. de dimension infinie. On a cependant la

Proposition 3.8.7 *Dans un e.l.c. séparé E, l'enveloppe convexe de toute partie précompacte est précompacte.*

Preuve Notons $(\|\bullet\|_i)_{i \in I}$ une famille de semi-normes définissant la topologie de E. Soient A une partie précompacte, $\varepsilon > 0$, $V = B'_J(0; \varepsilon)$ un voisinage de 0, alors il existe une famille finie $(a_i)_{i \in I}$ d'éléments de E telle que $A \subset \bigcup_{i \in I}(a_i + V)$.

Montrons que $\Gamma(A) \subset \Gamma(B) + V$ où B désigne l'ensemble fini $B = \bigcup_{i \in I}\{a_i\}$. Un point x de $\Gamma(A)$ peut s'écrire

$$x = \sum_{(i,j) \in I \times J} \lambda_{i,j}(a_i + x_{i,j})$$

où J est fini, $\lambda_{i,j} \geq 0$, $\sum_{(i,j) \in I \times J} \lambda_{i,j} = 1$ et $x_{i,j} \in V$; posons $\lambda_i = \sum_{j \in J} \lambda_{i,j}$, on a alors $x = y + z$ où $y = \sum_{i \in I} \lambda_i a_i$ appartient à $\Gamma(B)$

et $z = \sum_{(i,j)\in I\times J} \lambda_{i,j} x_{i,j}$ appartient à V, vu que V est convexe. Ceci prouve l'inclusion annoncée.

D'après le corollaire précédent, $\Gamma(B)$ est compact, donc précompact ; il existe une partie finie C de E telle que $\Gamma(B) \subset \bigcup_{c\in C}(c+V)$, d'où

$$\Gamma(A) \subset \bigcup_{c\in C}(c+V+V)\,;$$

posons $W = B'_J(0;2\varepsilon)$, on a alors $V+V\subset W$, d'où

$$\Gamma(A) \subset \bigcup_{c\in C}(c+W)$$

et ceci prouve que $\Gamma(A)$ est précompact, l'ensemble de ces W formant un système fondamental de voisinages de 0. Q.E.D.

L'adhérence d'un ensemble précompact étant précompacte, on en déduit, grâce au théorème 3.7.7, le

Corollaire 3.8.8 *Dans un e.l.c. séparé et complet, l'enveloppe convexe fermée $\overline{\Gamma(K)}$ de tout compact K est compacte.*

3.9 Topologie de la convergence uniforme

La topologie de la convergence uniforme permet de donner de très nombreux exemples d'e.l.c. ; nous allons donc étudier cette topologie dans un cadre assez général.

On se donne un ensemble X, une famille non vide $\mathcal{A}$ de parties non vides de X et un e.l.c. F dont la topologie est définie par une famille $(\|\bullet\|_i)_{i\in I}$ de semi-normes. Nous noterons $\mathcal{F}_{b,\mathcal{A}}(X;F)$ l'ensemble de toutes les applications $f : X \to F$ telles que $f(A)$ soit une partie bornée de F pour tout $A\in\mathcal{A}$, autrement dit, telles que

$$\text{pour tout } i\in I \text{ et tout } A\in\mathcal{A},\ \sup_{x\in A}\|f(x)\|_i < \infty.$$

Remarquons d'abord que $\mathcal{F}_{b,\mathcal{A}}(X;F)$ est un sous-espace vectoriel de l'espace vectoriel $\mathcal{F}(X;F)$ de toutes les applications de X dans F : on a, en effet, dans $\overline{\mathbb{R}}_+$

$$\sup_{x\in A}\|\lambda f(x)+\mu g(x)\|_i \le |\lambda|\sup_{x\in A}\|f(x)\|_i + |\mu|\sup_{x\in A}\|g(x)\|_i,$$

pour tout $\lambda,\mu\in\mathbb{K}$ et $f,g\in\mathcal{F}(X;F)$.

On munit cet espace vectoriel de la famille de semi-normes $(\|\bullet\|_{i,A})_{i\in I,A\in\mathcal{A}}$ où

$$\|f\|_{i,A} = \sup_{x\in A}\|f(x)\|_i\,; \tag{3.9.1}$$

la topologie d'e.l.c. ainsi définie sur $\mathcal{F}_{b,\mathcal{A}}(X;F)$ est appelée topologie de la $\mathcal{A}$-convergence ou topologie de la convergence uniforme sur tout ensemble de $\mathcal{A}$. Si on remplace la famille de semi-normes $(\|\bullet\|_i)_{i\in I}$ par une famille de semi-normes équivalente, l'espace $\mathcal{F}_{b,\mathcal{A}}(X;F)$ reste le même (car la notion de borné ne dépend que de la topologie de F) et la famille de semi-normes (3.9.1) est remplacée par une famille équivalente comme le montre le corollaire 3.3.4 : autrement dit, la topologie de la $\mathcal{A}$-convergence ne dépend que de la topologie de F.

Si un filtre ou une suite converge pour cette topologie, on dit qu'il converge uniformément sur tout ensemble de $\mathcal{A}$. Explicitons ces notions de convergence ; d'après (3.2.5), une base de filtre $\mathcal{B}$ converge vers f si

$$(3.9.2) \qquad \begin{cases} (\forall i \in I)(\forall A \in \mathcal{A})(\forall \varepsilon > 0)(\exists B \in \mathcal{B})(\forall g) \\ (g \in B \Rightarrow \sup_{x\in A} \|f(x) - g(x)\|_i \leq \varepsilon)\,; \end{cases}$$

une suite (f_n) converge vers f si

$$(3.9.3) \qquad \begin{cases} (\forall i \in I)(\forall A \in \mathcal{A})(\forall \varepsilon > 0)(\exists n \in \mathbb{N})(\forall p \in \mathbb{N}) \\ (p \geq n \Rightarrow \sup_{x\in A} \|f(x) - f_p(x)\|_i \leq \varepsilon), \end{cases}$$

autrement dit, si la suite $(\sup_{x\in A} \|f(x) - f_n(x)\|_i)$ converge vers 0 pour tout $i \in I$ et tout $A \in \mathcal{A}$.

On peut comparer la topologie de la $\mathcal{A}$-convergence et la topologie de la convergence simple.

Proposition 3.9.1 *Si $\mathcal{A}$ est un recouvrement de X, la topologie de la $\mathcal{A}$-convergence est plus fine que la topologie induite sur $\mathcal{F}_{b,\mathcal{A}}(X;F)$ par la topologie de la convergence simple.*

Preuve Soit $\|f\|_{i,x} = \|f(x)\|_i$, $x \in X$, $i \in I$, l'une des semi-normes définissant la topologie de la convergence simple ; il existe $A \in \mathcal{A}$ tel que $x \in A$, d'où $\|f\|_{i,x} \leq \|f\|_{i,A}$ et ceci prouve le résultat voulu. Q.E.D.

La topologie de la convergence simple étant séparée lorsque F est séparé, on en déduit le critère de séparation suivant.

Corollaire 3.9.2 *Si $\mathcal{A}$ est un recouvrement de X et si F est séparé, la topologie de la $\mathcal{A}$-convergence est séparée.*

Notons le théorème important.

Théorème 3.9.3 *Si F est complet, l'espace $\mathcal{F}_{b,\mathcal{A}}(X;F)$ est complet.*

Preuve Soit $\mathcal{F}$ un filtre de Cauchy sur $\mathcal{F}_{b,\mathcal{A}}(X;F)$, c'est-à-dire vérifiant (définition 3.4.1)

$$(3.9.4) \qquad \begin{cases} (\forall i \in I)(\forall A \in \mathcal{A})(\forall \varepsilon > 0)(\exists M \in \mathcal{F}) \\ (\forall f \in M)(\forall g \in M)(\sup_{x\in A} \|f(x) - g(x)\|_i \leq \varepsilon). \end{cases}$$

Pour tout $x \in X$, considérons l'application

$$pr_x : f \in \mathcal{F}_{b,\mathcal{A}}(X;F) \mapsto f(x) \in F\,;$$

lorsque $x \subset \bigcup_{A\in\mathcal{A}} A$, (3.9.4) montre que $pr_x(\mathcal{T})$ est une base de filtre de Cauchy sur F qui converge donc, l'espace F étant supposé complet ; notons $f_0(x)$ un point limite de $pr_x(\mathcal{F})$; on définit ainsi une application f_0 sur $\bigcup_{A\in\mathcal{A}} A$, qu'on prolonge de façon arbitraire à X en une fonction que nous notons encore f_0. D'après (3.9.4) et le principe du prolongement des inégalités, on a

$$(\forall i \in I)(\forall A \in \mathcal{A})(\forall \varepsilon > 0)(\exists M \in \mathcal{F})(\forall f \in M)(\sup_{x\in A} \|f(x) - f_0(x)\|_i \leq \varepsilon)$$

et ceci prouve d'une part que $f - f_0$ appartient à $\mathcal{F}_{b,\mathcal{A}}(X;F)$, donc f_0 également, d'autre part que le filtre $\mathcal{F}$ converge vers f_0, ce qui prouve le théorème. Q.E.D.

Lorsque X est un espace topologique, on note

$$\mathcal{C}_{b,\mathcal{A}}(X;F) = \mathcal{C}(X;F) \cap \mathcal{F}_{b,\mathcal{A}}(X;F)$$

le sous-espace vectoriel des fonctions continues et bornées sur tout ensemble de $\mathcal{A}$; on munit cet espace de la topologie d'e.l.c. induite par celle de $\mathcal{F}_{b,\mathcal{A}}(X;F)$; si F est séparé et si $\mathcal{A}$ est un recouvrement de X, cet espace $\mathcal{C}_{b,\mathcal{A}}(X;F)$ est séparé (corollaire 3.9.2). En outre, on a la

Proposition 3.9.4 *Soit X un espace topologique, le sous-espace $\mathcal{C}_{b,\mathcal{A}}(X;F)$ est fermé dans l'espace $\mathcal{F}_{b,\mathcal{A}}(X;F)$ si X satisfait à l'une des propriétés suivantes*

1. La famille $(\mathring{A})_{A\in\mathcal{A}}$ est un recouvrement de X.

2. X est à base dénombrable de voisinages et, pour tout $a \in X$ et toute suite (x_n) de X convergente vers a, il existe $A \in \mathcal{A}$ tel que

$$\{a\} \cup \bigcup_{n=0}^{\infty} \{x_n\} \subset A.$$

Si F est complet, l'espace $\mathcal{C}_{b,\mathcal{A}}(X;F)$ est alors complet.

Preuve Soit $f \in \mathcal{F}_{b,\mathcal{A}}(X;F)$ un point adhérent à $\mathcal{C}_{b,\mathcal{A}}(X;F)$; montrons que f est continu en tout point $a \in X$. Pour tout $i \in I$, tout $\varepsilon > 0$ et tout $A \in \mathcal{A}$, il existe $g \in \mathcal{C}_{b,\mathcal{A}}(X;F)$ tel que $\sup_{x\in A} \|f(x) - g(x)\|_i \leq \varepsilon$.

Lorsque X vérifie 1., il existe un $A \in \mathcal{A}$ qui est un voisinage de a ; d'après la continuité de g, il existe alors un voisinage $V \subset A$ de a tel que

$$\|g(x) - g(a)\|_i \leq \varepsilon \text{ pour } x \in V,$$

d'où

$$\|f(x) - f(a)\|_i \leq \|f(x) - g(x)\|_i + \|g(x) - g(a)\|_i + \|g(a) - f(a)\|_i \leq 3\varepsilon$$

pour tout $x \in V$, et ceci prouve la continuité de f au point a.

Lorsque X vérifie 2., soit (x_n) une suite de X convergeant vers a et soit A un ensemble de $\mathcal{A}$ contenant $\{a\} \cup \bigcup_{n=0}^{\infty}\{x_n\}$; on a alors

$$\|f(a) - g(a)\|_i \leq \varepsilon,\ \|f(x_n) - g(x_n)\|_i \leq \varepsilon \text{ pour tout } n$$

et, la fonction g étant continue au point a, il existe $n \in \mathbb{N}$ tel que

$$\|g(x_p) - g(a)\|_i \leq \varepsilon \text{ pour tout } p \geq n,$$

d'où

$$\|f(x_p) - f(a)\|_i \leq \|f(x_p) - g(x_p)\|_i + \|g(x_p) - g(a)\|_i + \|g(a) - f(a)\|_i \leq 3\varepsilon$$

pour tout $p \geq n$ et ceci prouve que la suite $(f(x_n))$ converge vers $f(a)$; la fonction f est donc continue au point a (corollaire 2.12.4). Q.E.D.

Voici quelques cas particuliers de la situation précédente.

Le premier exemple concerne la topologie de la convergence simple ; cette topologie est en effet une topologie de $\mathcal{A}$-convergence. Prenons pour ensemble $\mathcal{A}$ l'ensemble des parties réduites à un élément ; l'espace $\mathcal{F}_{b,\mathcal{A}}(X;F)$ est alors l'espace $\mathcal{F}(X;F)$ de toutes les applications de X dans F et les semi-normes (3.9.1) s'écrivent $\|f\|_{i,x} = \|f(x)\|_i$ avec $x \in X$, $i \in I$; ces semi-normes sont bien les semi-normes qui définissent la topologie de la convergence simple sur $\mathcal{F}(X; F)$. Ceci ne nous apprend rien de nouveau sur cette topologie.

Voici un second exemple très important. Si $\mathcal{A} = \{X\}$, l'espace $\mathcal{F}_{b,\mathcal{A}}(X; F)$ est alors l'espace de toutes les applications bornées que nous noterons $\mathcal{F}_b(X; F)$ ou $l^\infty(X; F)$; la famille de semi-normes (3.9.1) s'écrit

$$\|f\|_i = \sup_{x \in X} \|f(x)\|_i, \text{ où } i \in I \tag{3.9.5}$$

et la topologie correspondante s'appelle topologie de la convergence uniforme. Si une base de filtre $\mathcal{B}$, ou une suite (f_n), converge vers f pour cette topologie, on dit qu'elle converge uniformément : ceci signifie que

$$\left\{ \begin{array}{l} (\forall i \in I)(\forall \varepsilon > 0)(\exists B \in \mathcal{B})(\forall g) \\ (g \in B \Rightarrow \sup_{x \in X} \|f((x) - g(x)\|_i \leq \varepsilon) ; \end{array} \right. \tag{3.9.6}$$

$$\left\{ \begin{array}{l} (\forall i \in I)(\forall \varepsilon > 0)(\exists n \in \mathbb{N})(\forall p \in \mathbb{N}) \\ (p \geq n \Rightarrow \sup_{x \in X} \|f(x) - f_p(x)\|_i \leq \varepsilon). \end{array} \right. \tag{3.9.7}$$

Lorsque F, $\|\bullet\|$, est un espace normé, la famille (3.9.5) se réduit à la seule norme, appelée norme de la topologie de la convergence uniforme,

$$\|f\| = \sup_{x \in X} \|f(x)\|, \tag{3.9.8}$$

et l'espace $\mathcal{F}_b(X; F)$ est donc un espace normé.

Les propriétés générales des topologies de la $\mathcal{A}$-convergence permettent d'énoncer le

Théorème 3.9.5 *Si l'e.l.c. F est séparé (resp. métrisable, complet), l'espace $\mathcal{F}_b(X; F)$ muni de la topologie de la convergence uniforme est séparé (resp. métrisable, complet). Si F est un espace de Fréchet (resp. un espace de Banach), l'espace $\mathcal{F}_b(X; F)$ est un espace de Fréchet (resp. un espace de Banach).*

Preuve Lorsque F est métrisable, l'ensemble I peut être supposé dénombrable et la famille (3.9.5) est alors dénombrable ; il en résulte que l'espace $\mathcal{F}_b(X; F)$ est métrisable. Q.E.D.

Note Lorsque l'espace F est un espace métrisable dont la topologie est définie par une distance invariante par translation, l'espace $\mathcal{F}_b(X; F)$ ne coïncide pas en général avec l'espace noté de la même façon qui a été défini au paragraphe 2.27 : la notion d'ensemble borné utilisée ici est relative à une famille de semi-normes définissant la topologie de F. Par contre, lorsque F est un espace normé, la distance $d(f, g) = \sup_{x \in X} \|f(x) - g(x)\|$ associée à la norme (3.9.8) coïncide avec la distance d_1 définie par la formule (2.27.1) et donc dans ce cas les espaces étudiés sont les mêmes.

Exercice 3.9.1 Soit X un ensemble, on considère sur l'espace $\mathcal{F}(X; \mathbb{R})$ la topologie de la convergence uniforme $\mathcal{T}_u$, topologie associée à la distance d_2 définie en (2.27.2).

1. On suppose qu'il existe une fonction $f \in \mathcal{F}(X; \mathbb{R})$ non bornée (ceci signifie simplement que l'ensemble X est infini). Déterminer la topologie induite sur la droite engendrée par f par la topologie $\mathcal{T}_u$.

2. En déduire que sur un sous-espace vectoriel $E \subset \mathcal{F}(X;\mathbb{R})$ la topologie $\mathcal{T}_u$ est une topologie d'e.v.t. si, et seulement si, E est un sous-espace vectoriel de l'espace $\mathcal{F}_b(X;\mathbb{R})$ de toutes les fonctions bornées. En particulier, la topologie de la convergence uniforme sur l'espace des fonctions continues $\mathcal{C}(\mathbb{R};\mathbb{R})$ n'est pas une topologie d'e.v.t.

Exercice 3.9.2 Soit E un espace normé $\neq \{0\}$, on considère l'espace $\mathcal{F}_b(E;\mathbb{R})$ muni de la norme de la topologie de la convergence uniforme notée $\|\bullet\|$ et l'application $f : E \to \mathcal{F}_b(E;\mathbb{R})$ définie ainsi : soit $x \in E$, $f(x) : E \to \mathbb{R}$ désigne l'application $y \mapsto \|x-y\| - \|y\|$. Montrer que $f(0) = 0$, $\|f(x) - f(x')\| = \|x - x'\|$ pour tout $x, x' \in E$, mais que f n'est pas linéaire (cf. exercice 3.3.5).

Lorsque X est un espace topologique, on note

$$\mathcal{C}_b(X;F) = \mathcal{C}(X;F) \cap \mathcal{F}_b(X;F)$$

le sous-espace vectoriel des fonctions continues et bornées ; on munit cet espace de la topologie d'e.l.c. induite par celle de $\mathcal{F}_b(X;F)$; cet espace est donc séparé (resp. métrisable) lorsque F est séparé (resp. métrisable). D'après la proposition 3.9.4, on a en outre la

Proposition 3.9.6 *Le sous-espace $\mathcal{C}_b(X;F)$ est fermé dans $\mathcal{F}_b(X;F)$.*

Corollaire 3.9.7 *Si F est complet, $\mathcal{C}_b(X;F)$ est complet. Si F est un espace de Fréchet (resp. un espace de Banach), $\mathcal{C}_b(X;F)$ est un espace de Fréchet (resp. un espace de Banach).*

Remarque 3.9.1 Lorsque X est un espace compact et F séparé, toute fonction continue $f : X \to F$ est bornée, car $f(X)$ est compact donc borné ; dans ces conditions, on a donc $\mathcal{C}_b(X;F) = \mathcal{C}(X;F)$.

Exercice 3.9.3 **Polynôme de meilleure approximation** Soit $E = \mathcal{C}_u([a,b];\mathbb{R})$ l'espace de Banach des fonctions continues $f : [a,b] \to \mathbb{R}$ pour la norme de la topologie de la convergence uniforme

$$\|f\| = \max_{a \leq x \leq b} |f(x)|.$$

On note E_n le sous-espace vectoriel des polynômes de degré $\leq n$. Un polynôme $P \in E_n$ est appelé un polynôme de meileure approximation si

$$\|f - P\| = \inf_{Q \in E_n} \|f - Q\|.$$

Cet exercice a pour objet de prouver l'existence et l'unicité du polynôme de meilleure approximation.

L'existence résulte de l'exercice 3.7.5. Quant à l'unicité, on procédera de la façon suivante. On peut supposer que $f \notin E_n$ et on pose $g = f - P$, P étant un polynôme de meilleure approximation.

1. On construit une suite de points $a \leq x_0 < x_1 < \ldots < x_{n+1} \leq b$ telle que

$$g(x_i) = (-1)^i \varepsilon \, \|g\|, \quad \text{pour } 0 \leq i \leq n \text{ où } \varepsilon = \pm 1$$

en posant

$$x_0 = \min\{x \in [a,b] \,;\, |g(x)| = \|g\|\},$$

puis, pour $0 \leq i \leq n$,

$$x_{i+1} = \min\{x \in]x_i, b] \,;\, g(x) = -g(x_i)\}.$$

On notera que x_{i+1} n'est bien défini que si l'ensemble $\{x \in]x_i, b] \,;\, g(x) = -g(x_i)\}$ est non vide. Il s'agit donc de vérifier d'abord que la construction précédente est possible. Quitte à changer f et P en $-f$ et $-P$, donc g en $-g$, on peut supposer $g(x_0) > 0$ donc $\varepsilon = 1$ et $g(x_0) = \|g\|$.

a. Montrer que $a \leq x_0 < b$ [si $x_0 = b$, il existe $\delta > 0$ tel que $-\|g\| + \delta \leq g(x) \leq \|g\|$ pour $a \leq x \leq b$; si $Q = P + \delta/2$, vérifier que $\|f - Q\| < \|g\|$].

b. On montre ensuite que x_1 est bien défini. Si l'ensemble $\{x \in]x_0, b] \,;\, g(x) = -g(x_0)\}$ est vide, $g(x) > -\|g\|$ pour $x > x_0$, d'où $-\|g\| < g(x) \leq \|g\|$ pour tout $a \leq x \leq b$ d'après la définition de x_0 et le raisonnement de a. permet de conclure.

c. On peut construire ainsi des points $x_0, \ldots, x_m$ tels que $a \leq x_0 < x_1 < \ldots < x_m \leq b$ et, ou bien $x_m = b$, ou bien l'ensemble $\{x \in]x_m, b] \,;\, g(x) = -g(x_m)\}$ est vide et il s'agit de démontrer que $m \geq n+1$. on raisonne par l'absurde : on suppose $1 \leq m \leq n$. On construit des points ξ_i tels que

$$a \leq x_0 < \xi_1 < x_1 < \ldots < \xi_m < x_m \leq b$$

en posant

$$\xi_i = \max\{\xi \in [x_{i-1}, x_i] \,;\, g(\xi) = 0\}.$$

On pose

$$Q(x) = (-1)^m \prod_{i=1}^{m} (x - \xi_i) \in E_m \subset E_n;$$

montrer que, pour $\delta > 0$ suffisamment petit,

$$\|f - (P + \delta Q)\| = \|g - \delta Q\| < \|g\|.$$

A cet effet, on vérifie que, pour $\delta > 0$ suffisamment petit, $|g(x) - \delta Q(x)| < \|g\|$ sur chacun des intervalles $[a, \xi_1]$, $[\xi_i, \xi_{i+1}]$ $(1 \leq i \leq m-1)$ et $[\xi_m, b]$.

Sur l'intervalle $[a, \xi_1]$, noter que $g(x_0) - \delta Q(x_0) > 0$ si $\delta > 0$ est suffisamment petit, soit $y_0 \in [a, \xi_1]$ tel que

$$g(y_0) - \delta Q(y_0) = \max_{a \leq x \leq \xi_1} (g(x) - \delta Q(x)),$$

montrer que $\max_{a \leq x \leq \xi_1}(g(x) - \delta Q(x)) < g(y_0) \leq \|g\|$; noter ensuite qu'il existe $\eta > 0$ tel que $g(x) \geq -\|g\| + \eta$ sur $[a, \xi_1]$ et en déduire que $\min_{a \leq x \leq \xi_1}(g(x) - \delta Q(x)) \geq -\|g\| + \eta/2$ pour $\delta > 0$ suffisamment petit, et conclure sur cet intervalle. Procéder de même sur les autres intervalles.

2. On suppose qu'il existe deux polynômes de meilleure approximation $P_1, P_2 \in E_n$. Montrer que tout polynôme $P \in [P_1, P_2]$ est encore un polynôme de meilleure approximation. Grâce à 1., en déduire que

$$\frac{1}{2}(f(x_i) - P_1(x_i)) + \frac{1}{2}(f(x_i) - P_2(x_i)) = \pm\|f - P\|$$

et conclure.

On suppose toujours que X est un espace topologique et on prend pour ensemble $\mathcal{A}$ l'ensemble $\mathcal{K}$ des parties compactes non vides de X ; la topologie de la $\mathcal{K}$-convergence sur l'espace $\mathcal{F}_{b,\mathcal{K}}(X; F)$ est appelée topologie de la convergence compacte ; elle est définie par la famille de semi-normes

$$\|f\|_{i,K} = \sup_{x \in K} \|f(x)\|_i, \; i \in I, \; K \in \mathcal{K}. \tag{3.9.9}$$

Lorsque F est séparé, la topologie de la convergence compacte est séparée d'après le corollaire 3.9.2, car tout point de X est compact. Voici un critère simple de métrisabilité.

Proposition 3.9.8 *Si F est métrisable et s'il existe une suite (K_n) de compacts de X telle que tout compact de X soit contenu dans l'un des K_n, l'espace $\mathcal{F}_{b,\mathcal{K}}(X; F)$ est métrisable. Si F est un espace de Fréchet, l'espace $\mathcal{F}_{b,\mathcal{K}}(X; F)$ est alors un espace de Fréchet.*

Preuve On peut en effet supposer dénombrable l'ensemble I, la famille de semi-normes (3.9.9) est alors équivalente à la famille dénombrable

$$\|f\|_{i,K_n} = \sup_{x \in K_n} \|f(x)\|_i, \; i \in I, \; n \in \mathbb{N},$$

et ceci permet de conclure. Q.E.D.

Note On notera que tout ouvert X de $\mathbb{R}^n$ vérifie les hypothèses de cette proposition.

Lorsque F est séparé, toute fonction continue $f : X \to F$ est bornée sur tout compact : l'espace $\mathcal{C}(X; F)$ est donc un sous-espace vectoriel de l'espace $\mathcal{F}_{b,\mathcal{K}}(X; F)$; on munit ce sous-espace de la topologie de la convergence compacte et on le note alors $\mathcal{C}_c(X; F)$. Cet espace est séparé (F est séparé) et il est métrisable sous les hypothèses de la proposition 3.9.8. Vu la proposition 3.9.4, on a la

Proposition 3.9.9 *Soit F un e.l.c. séparé, on suppose que X est localement compact ou bien que X est séparé à base dénombrable de voisinages, alors le sous-espace $\mathcal{C}_c(X; F)$ est fermé dans $\mathcal{F}_{b,\mathcal{K}}(X; F)$. Ce sous-espace est donc complet si on suppose en outre F complet.*

Preuve Si X est localement compact, tout point admet un voisinage compact et la propriété 1. de la proposition 3.9.4 est vérifiée.

Si X est séparé à base dénombrable de voisinages, soit (x_n) une suite convergente de X et de limite a ; l'espace X étant séparé, l'ensemble $K = \{a\} \cup \bigcup_{n=0}^{\infty} \{x_n\}$ est compact (exemple 2.31.1) et la propriété 2. de la proposition 3.9.4 est vérifiée. Q.E.D.

Lorsque F est un espace de Fréchet et lorsque X vérifie les hypothèses des propositions 3.9.8 et 3.9.9, l'espace $\mathcal{C}_c(X; F)$ est un espace de Fréchet. On en déduit en particulier le résultat suivant.

Corollaire 3.9.10 *Soient Ω un ouvert de $\mathbb{R}^n$ et F un espace de Fréchet, alors l'espace $\mathcal{C}_c(\Omega; F)$, muni de la topologie de la convergence compacte, est un espace de Fréchet.*

Remarque 3.9.2 Lorsque F est un espace normé, la topologie de la convergence compacte de ces espaces $\mathcal{C}_c(\Omega; F)$ n'est pas une topologie d'espace normé (bien entendu, si $\Omega \neq \emptyset$ et $F \neq \{0\}$). En effet, montrons que tout voisinage de 0 contient un sous-espace vectoriel $\neq \{0\}$. On peut supposer ce voisinage V de la forme $\{f \in \mathcal{C}_c(\Omega; F) ; \sup_{x \in K} \|f(x)\| \leq \varepsilon\}$ où K est un compact de Ω et $\varepsilon > 0$; soit $f_0 : \Omega \to \mathbb{R}$ une fonction continue nulle sur K et non identiquement nulle (par exemple, la fonction $x \mapsto d(x, K)$) et soit $y_0 \in F - \{0\}$, alors ce voisinage V contient le sous-espace vectoriel engendré par la fonction $x \mapsto f_0(x) y_0$.

Exercice 3.9.4 Soient X un espace compact, $E = \mathcal{C}_u(X; \mathbb{R})$ l'espace de Banach des fonctions continues pour la norme de la topologie de la convergence uniforme, (x_n) une suite de points de X et $\sum_{n=0}^{\infty} a_n$ une série absolument convergente de nombres réels. Pour tout $f \in E$, on pose $T(f) = \sum_{n=0}^{\infty} a_n f(x_n)$. Montrer que T est une forme linéaire continue sur E de norme $\sum_{n=0}^{\infty} |a_n|$.

Exercice 3.9.5 Étant donné un espace topologique X et un e.v.t. E, le support d'une fonction $f : X \to E$ est par définition l'adhérence de l'ensemble $\{x \in X ; f(x) \neq 0\}$: cette définition est cohérente avec celle donnée au paragraphe 36 pour des fonctions à valeurs réelles.

On note $\mathcal{C}_0(X; E)$ l'ensemble de toutes les fonctions continues de X dans E dont le support est compact et $c_0(X; E)$ l'ensemble des fonctions continues $f : X \to E$ qui tendent vers 0 à l'infini, c'est-à-dire telles que

$$\begin{cases} \text{pour tout voisinage } V \text{ de } 0 \text{ dans l'espace } E, \text{ il existe un compact } K \subset X \text{ tel} \\ \text{que } f(X - K) \subset V. \end{cases}$$

1. On suppose que l'espace X est séparé et que E, $(\|\bullet\|_i)_{i \in I}$, est un e.l.c. séparé. Montrer que $c_0(X; E)$ est un sous-espace vectoriel fermé de l'espace $\mathcal{C}_b(X; E)$ muni de la topologie de la convergence uniforme et que $\mathcal{C}_0(X; E)$ est un sous-espace vectoriel de $c_0(X; E)$.

2. On suppose que X est un espace localement compact et que E est un espace normé. Montrer que l'espace $\mathcal{C}_0(X; E)$ est dense dans l'espace $c_0(X; E)$ pour la topologie de la convergence uniforme [utiliser le corollaire 2.36.6].

Exercice 3.9.6 Soient I un ensemble et E un espace normé, on note $c_0(I; E)$ l'ensemble des familles $x = (x_i)_{i \in I}$ d'éléments de E telles que

$$\text{pour tout } \varepsilon > 0, \text{ il existe une partie finie } J \subset I \text{ telle que } \|x_i\| \leq \varepsilon \text{ pour tout } i \in I - J.$$

On munit I de la topologie discrète.

1. Montrer que l'espace $c_0(I; E)$ coïncide avec l'espace noté de la même façon défini à l'exercice 3.9.5. L'espace $c_0(I; E)$ est un sous-espace fermé de l'espace $l^\infty(I; E)$ et on peut donc munir ce sous-espace de la norme $\|x\| = \sup_{i \in I} \|x_i\|$. Si E est un espace de Banach, $c_0(I; E)$ est un espace de Banach.

2. Soit $\overline{I} = I \cup \{\omega\}$ le compactifié d'Alexandroff de I, on note F l'ensemble des fonctions continues $f : \overline{I} \to E$ telles que $f(\omega) = 0$. Montrer que F est un sous-espace vectoriel fermé de l'espace $\mathcal{C}_u(\overline{I}; E)$ muni de la topologie de la convergence uniforme.

3. Si $f : I \to E$ est une application de I dans E, on note $\hat{f} : \overline{I} \to E$ l'application prolongeant f telle que $\hat{f}(\omega) = 0$. Montrer que l'application $f \mapsto \hat{f}$ induit une isométrie linéaire de $c_0(I; E)$ sur F.

4. On note p_i l'application $x = (x_i)_{i \in I} \mapsto x_i$; vérifier que cette application de $c_0(I; E)$ dans E est linéaire et continue. Montrer qu'une partie A de $c_0(I; E)$ est relativement compacte si, et seulement si,

a. $p_i(A)$ est relativement compact dans E pour tout $i \in I$,

b. pour tout $\varepsilon > 0$, il existe une partie finie J de I telle que $\|x_i\| \leq \varepsilon$ pour tout $i \in I - J$ et tout $x \in A$

[utiliser le théorème d'Ascoli].

Exercice 3.9.7 Soient X un espace métrique, E un espace vectoriel normé et μ un nombre réel tel que $0 < \mu \leq 1$. On note $\mathcal{C}^{0,\mu}(X; E)$ l'ensemble de toutes les fonctions $f : X \to E$ μ-höldériennes, c'est-à-dire telles qu'il existe une constante $c \geq 0$ telle que

$$\|f(x) - f(y)\| \leq c\, d(x, y)^\mu \text{ pour tout } x, y \in X.$$

1. Montrer que $\mathcal{C}^{0,\mu}(X; E)$ est un sous-espace vectoriel de l'espace $\mathcal{C}(X; E)$.

2. Soit $a \in X$, montrer que

$$\|f\|_a = \|f(a)\| + \sup_{x \neq y} \frac{\|f(x) - f(y)\|}{d(x, y)^\mu}$$

est une norme sur $\mathcal{C}^{0,\mu}(X; E)$ et que toutes ces normes $\|\bullet\|_a$ sont équivalentes lorsque a décrit X.

3. Lorsque E est un espace de Banach, montrer que $\mathcal{C}^{0,\mu}(X; E)$ est un espace de Banach.

4. Si X est un espace métrique borné, montrer que $\mathcal{C}^{0,\mu}(X; E) \subset \mathcal{C}_b(X; E)$ et que l'injection canonique est linéaire et continue lorsqu'on munit l'espace $\mathcal{C}_b(X; E)$ de la norme de la topologie de la convergence uniforme.

Exercice 3.9.8 Soient X, Y des ensembles et F un e.l.c. On considère la bijection $\Phi : \mathcal{F}(X \times Y; F) \to \mathcal{F}(X; \mathcal{F}(Y; F))$ qui à $f \in \mathcal{F}(X \times Y; F)$ associe la fonction $\Phi(f) : x \to f(x, \bullet)$ de X dans $\mathcal{F}(Y; F)$.

1. Soit $\mathcal{A}$ (resp. $\mathcal{B}$) un ensemble non vide de parties non vides de X (resp. Y), montrer que F induit un isomorphisme de l'espace $\mathcal{F}_{b,\mathcal{A} \times \mathcal{B}}(X \times Y; F)$ sur l'espace $\mathcal{F}_{b,\mathcal{A}}(X; \mathcal{F}_{b,\mathcal{B}}(Y; F))$. En particulier, Φ induit un isomorphisme de l'espace $\mathcal{F}_b(X \times Y; F)$ sur l'espace $\mathcal{F}_b(X; \mathcal{F}_b(Y; F))$.

2. Si X et Y sont des espace topologiques séparés, en déduire que Φ induit un isomorphisme de l'espace $\mathcal{F}_{b,\mathcal{K}}(X \times Y; F)$ sur l'espace $\mathcal{F}_{b,\mathcal{K}}(X; \mathcal{F}_{b,\mathcal{K}}(Y; F))$.

Exercice 3.9.9 Soient X, Y des espaces topologiques et F un e.l.c. séparé.

1. Soit $f \in \mathcal{C}(X \times Y; F)$, montrer que l'application $x \mapsto f(x, \bullet)$ de X dans $\mathcal{C}_c(Y; F)$ est continue.

2. Réciproquement, on suppose Y localement compact ; soit $f : X \times Y \to F$ une application telle que, pour tout $x \in X$, l'application $f(x, \bullet) : Y \to F$ soit continue, ainsi que l'application $x \mapsto f(x, \bullet)$ de X dans $\mathcal{C}_c(Y; F)$, montrer alors que f est continu.

3. On suppose X séparé et Y localement compact, en déduire que la bijection Φ définie à l'exercice 3.9.8 induit un isomorphisme de l'espace $\mathcal{C}_c(X \times Y; F)$ sur l'espace $\mathcal{C}_c(X; \mathcal{C}_c(Y; F))$.

Exercice 3.9.10 Soit X un espace localement compact dénombrable à l'infini (exercice 2.35.10), montrer que dans l'espace de Fréchet $\mathcal{C}_c(X; \mathbb{R})$ le sous-espace $\mathcal{C}_0(X; \mathbb{R})$ des fonctions continues à support compact est partout dense.

B – Espaces d'applications linéaires et continues

3.10 Norme d'une application linéaire continue définie et à valeurs dans un espace normé

Étant donné deux e.l.c. E et F, il est possible de définir diverses topologies d'e.l.c. sur l'espace $\mathcal{L}(E;F)$ des applications linéaires et continues de E dans F ; si $\mathcal{A}$ est un ensemble non vide de parties bornées de E, la proposition 3.7.2 montre que $\mathcal{L}(E;F)$ est un sous-espace de l'espace $\mathcal{F}_{b,\mathcal{A}}(E;F)$; on peut donc munir $\mathcal{L}(E;F)$ de la topologie de la convergence uniforme sur tout ensemble de $\mathcal{A}$; on obtient ainsi une topologie d'e.l.c. sur $\mathcal{L}(E;F)$. Les propriétés de ces topologies jouent un rôle fondamental dans l'étude de la dualité.

Dans ce paragraphe, nous étudierons uniquement la situation la plus simple de deux espaces normés E et F, $\mathcal{A}$ étant l'ensemble de toutes les parties bornées de E ou, ce qui conduit à la même topologie, l'ensemble réduit à la boule unité de E.

Théorème 3.10.1 *Soient E et F des espaces normés, $\mathcal{A}$ l'ensemble des parties bornées de E et $\mathcal{B} = \{B\}$ où $B = \{x \in E\,;\, \|x\| \leq 1\}$ est la boule unité de E. Sur $\mathcal{L}(E;F)$, la topologie de la $\mathcal{A}$-convergence et la topologie de la $\mathcal{B}$-convergence coïncident avec la topologie définie par la norme*

$$\|T\| = \sup_{x \in B} \|Tx\|,\ T \in \mathcal{L}(E;F). \tag{3.10.1}$$

Si F est un espace de Banach, $\mathcal{L}(E;F)$ est alors un espace de Banach. En particulier, le dual (topologique) E' de tout espace normé est un espace de Banach.

Preuve La topologie de la $\mathcal{A}$-convergence est définie par la famille de semi-normes $T \mapsto \sup_{x \in A} \|Tx\|$ où A décrit $\mathcal{A}$; quant à la topologie de la $\mathcal{B}$-convergence, elle est définie par la seule semi-norme (3.10.1) et elle est donc moins fine que la topologie de la $\mathcal{A}$-convergence. Inversement, soit A une partie bornée de E ; alors,

$A \subset B'(0;r)$ avec $r > 0$, d'où

$$\sup_{x \in A} \|Tx\| \leq \sup_{x \in B'(0;r)} \|Tx\| = r \sup_{x \in B} \|Tx\|$$

d'après la linéarité de T et ceci prouve que la topologie de la $\mathcal{A}$-convergence est moins fine que la topologie de la $\mathcal{B}$-convergence. Ces deux topologies coïncident donc sur $\mathcal{L}(E;F)$; on obtient ainsi une topologie séparée sur $\mathcal{L}(E;F)$ car la topologie de la $\mathcal{A}$-convergence est séparée (corollaire 3.9.2) et il en résulte que la semi-norme (3.10.1) est une norme : l'espace $\mathcal{L}(E;F)$ est donc muni d'une structure d'espace normé.

Montrons que $\mathcal{L}(E;F)$ est fermé dans l'espace $\mathcal{C}_{b,\mathcal{A}}(E;F)$; cet espace étant complet lorsque F est un Banach (proposition 3.9.4), ceci prouvera que $\mathcal{L}(E;F)$ est alors un Banach. Soient $x, y \in E$, $\lambda, \mu \in \mathbb{K}$, la topologie de la $\mathcal{A}$-convergence étant plus fine que la topologie de la convergence simple (proposition 3.9.1), les applications de $\mathcal{C}_{b,\mathcal{A}}(E;F)$ dans F, $T \mapsto T(\lambda x + \mu y)$ et $T \mapsto \lambda Tx + \mu Ty$ sont continues ; ces applications coïncident sur $\mathcal{L}(E;F)$, donc sur son adhérence d'après le principe du prolongement des identités, ce qui prouve le résultat voulu.

Q.E.D.

La linéarité de T permet de donner les formes suivantes à la norme d'une application linéaire et continue

$$\|T\| = \sup_{\|x\| \leq 1} \|Tx\| = \sup_{\|x\|=1} \|Tx\| = \sup_{x \in E - \{0\}} \frac{\|Tx\|}{\|x\|}. \tag{3.10.2}$$

On notera l'inégalité, constamment utilisée dans la pratique,

$$\|Tx\| \leq \|T\| \, \|x\|, \text{ pour tout } x \in E, \tag{3.10.3}$$

la norme de T étant simplement, d'après sa définition, la plus petite constante telle que cette inégalité ait lieu pour tout x. En outre, la norme de T est définie par une borne supérieure qui n'est pas nécessairement atteinte ; elle l'est, évidemment, si E est de dimension finie, la boule unité de E étant alors compacte.

Remarque 3.10.1 D'après sa définition même, la topologie ainsi définie sur $\mathcal{L}(E;F)$ ne dépend que de la topologie des espaces E et F : lorsqu'on substitue aux normes de E et F des normes équivalentes, la norme (3.10.1) est remplacée par une norme équivalente.

Remarque 3.10.2 Voici une remarque très utile concernant la convergence dans l'espace $\mathcal{L}(E;F)$. Soit (T_n) une suite d'applications linéaires et continues de E dans F telle que la suite $(T_n|_B)$ des restrictions à la boule unité de E converge uniformément ; la limite f est alors une application continue de B dans F. Montrons que sous ces hypothèses, la suite (T_n) converge dans l'espace $\mathcal{L}(E;F)$. Observons d'abord que cette suite converge simplement : soit x de E, il existe $\lambda > 0$ tel que $x/\lambda \in B$, la formule $T_n x = \lambda T_n(x/\lambda)$ montre que la suite $(T_n x)$ converge, ce qui prouve le résultat voulu. Notons T la limite simple de la suite (T_n) ; alors T est une application linéaire d'après le principe du prolongement des identités ; sa restriction à B est égale à f et ceci prouve, B étant un voisinage de 0, que T est continue en 0. L'application linéaire T est donc continue et la suite (T_n) converge vers T uniformément sur B, donc dans l'espace $\mathcal{L}(E; F)$.

On peut préciser le théorème 3.5.4 de la façon suivante.

Proposition 3.10.2 *Soient E un espace normé, F un espace de Banach, E_1 un sous-espace vectoriel de E partout dense et $T : E_1 \to F$ une application linéaire et continue. Si $\hat{T} : E \to F$ est l'application linéaire et continue qui prolonge T, alors $\|\hat{T}\| = \|T\|$.*

Preuve On note d'abord que $\|T\| \leq \|\hat{T}\|$ car $\hat{T}$ prolonge T. On a d'autre part $\|\hat{T}x\| \leq \|T\| \, \|x\|$ pour tout $x \in E_1$, donc pour tout $x \in E$ d'après le principe du prolongement des inégalités et ceci prouve que $\|\hat{T}\| \leq \|T\|$. Q.E.D.

Tous les résultats qui précèdent se généralisent de suite aux applications multilinéaires.

Rappelons quelques définitions. Étant donné une famille finie d'espaces vectoriels $(E_i)_{1 \leq i \leq n}$ et un espace vectoriel F, une application $T : \prod_{i=1}^n E_i \to F$ est dite multilinéaire si, en notant $x = (x_i)_{1 \leq i \leq n}$ les éléments de l'espace produit $\prod_{i=1}^n E_i$, les applications $x_i \mapsto T(x_1, \ldots, x_n)$ sont linéaires de E_i dans F pour tout i, les variables x_j pour $j \neq i$ étant donc fixées. On note $\mathcal{L}^\star(E_1, \ldots, E_n; F)$ l'ensemble de toutes les applications multilinéaires ; c'est un sous-espace vectoriel de l'espace vectoriel $\mathcal{F}(\prod_{i=1}^n E_i; F)$ de toutes les applications de $\prod_{i=1}^n E_i$ dans F.

Lorsque les espaces E_i et F sont des e.l.c., on munit l'espace $\prod_{i=1}^n E_i$ de la topologie d'e.l.c. produit et on note $\mathcal{L}(E_1, \ldots, E_n; F)$ l'ensemble de toutes les applications multilinéaires et continues de $\prod_{i=1}^n E_i$ dans F ; on a évidemment $\mathcal{L}(E_1, \ldots, E_n; F) = \mathcal{L}^\star(E_1, \ldots, E_n; F) \cap \mathcal{C}(\prod_{i=1}^n E_i; F)$ et $\mathcal{L}(E_1, \ldots, E_n; F)$ est donc un sous-espace vectoriel de chacun de ces espaces.

Lorsque tous les espaces E_i sont égaux à un même espace E, l'espace des applications multilinéaires (resp. continues) sera noté $\mathcal{L}_n^\star(E^n; F)$ (resp. $\mathcal{L}_n(E^n; F)$).

Note Si $n = 1$, une application multilinéaire est simplement une application linéaire (les notations adoptées sont en accord avec ce fait). Par contre pour $n > 1$, on vérifie que l'application identiquement nulle est la seule application à la fois linéaire et multilinéaire : par exemple, pour $n = 2$, si $T : E_1 \times E_2 \to F$ est linéaire et bilinéaire, on a

$$(x_1, x_2) = (x_1, 0) + (0, x_2),$$

d'où $T(x_1, x_2) = T(x_1, 0) + T(0, x_2)$ d'après la linéarité et $T(x_1, 0) = 0$, $T(0, x_2) = 0$ d'après le caractère bilinéaire ; ceci prouve bien que $T = 0$.

On étend aisément aux applications multilinéaires les théorèmes 3.3.3 et 3.10.1. En se limitant au cas des espaces normés, le lecteur vérifiera sans difficulté le théorème suivant.

Théorème 3.10.3 *Soient $(E_i)_{1 \leq i \leq n}$ et F des espaces normés, $E = \prod_{i=1}^n E_i$ l'espace normé produit et soit $T : E \to F$ une application multilinéaire. Les propriétés suivantes sont équivalentes.*

1. T est continu.

2. T est continu à l'origine de E.

3. Il existe une constante $c \geq 0$ telle que

$$\|T(x_1, \ldots, x_n)\| \leq c \|x_1\| \times \ldots \times \|x_n\|$$

pour tout $x_i \in E_i$.

En outre, l'application

$$T \mapsto \|T\| = \sup_{\|x\| \leq 1} \|T(x)\|, \text{ où } \|x\| = \max_{1 \leq i \leq n} \|x_i\|, \tag{3.10.4}$$

est une norme sur l'espace $\mathcal{L}(E_1, \ldots, E_n; F)$ et cet espace normé est un espace de Banach lorsque F est un espace de Banach.

Exercice 3.10.1 Vérifier ce théorème.

En utilisant le caractère multilinéaire de T, on a des expressions équivalentes pour la norme (3.10.4) d'une application multilinéaire et continue

$$\|T\| = \sup_{\|x_i\|=1} \|T(x)\| = \sup_{x_i \neq 0} \frac{\|T(x_1, \ldots, x_n)\|}{\|x_1\| \times \ldots \times \|x_n\|}. \tag{3.10.5}$$

On observera que la norme $\|T\|$ d'une application multilinéaire et continue est simplement la plus petite constante telle que

$$\|T(x_1, \ldots, x_n)\| \leq \|T\| \, \|x_1\| \times \ldots \times \|x_n\| \tag{3.10.6}$$

pour tout $x_i \in E_i$.

Enfin, lorsqu'on remplace les normes des espaces E_i et F par des normes équivalentes, on remplace la norme (3.10.4) par une norme équivalente.

Exemple 3.10.1 Soient E, F et G des espaces normés, la composée de deux applications linéaires et continues étant linéaire et continue, on peut définir l'application

$$\varphi : (S, T) \in \mathcal{L}(E; F) \times \mathcal{L}(F; G) \mapsto T \circ S \in \mathcal{L}(E; G).$$

On a, pour tout $x \in E$,

$$\|(T \circ S)(x)\| = \|T(S(x))\| \leq \|T\| \, \|S(x)\| \leq \|T\| \, \|S\| \, \|x\|,$$

et ceci prouve que

$$\|T \circ S\| \leq \|T\| \, \|S\|. \tag{3.10.7}$$

L'application φ étant évidemment bilinéaire, cette inégalité prouve que φ est continu et que sa norme est ≤ 1 : il s'agit d'une norme dans l'espace

$$\mathcal{L}(\mathcal{L}(E; F), \mathcal{L}(F; G); \mathcal{L}(E; G)).$$

Exercice 3.10.2 Soient $(E_i)_{1 \leq i \leq n}$ des e.l.c. séparés de dimension finie, F un e.l.c., montrer que toute application multilinéaire $T : \prod_{i=1}^n E_i \to F$ est continue.

Exercice 3.10.3 Soient E, F et G des e.l.c. et $T : E \times F \to G$ une application bilinéaire, montrer l'équivalence des propriétés

1. T est continu,
2. T est continu en un point $(a, b) \in E \times F$,
3. T est continu au point $(0, 0) \in E \times F$.

Exercice 3.10.4 Soient E, F, G des espaces normés, à toute application bilinéaire et continue $T : E \times F \to G$ on associe l'application

$$\Phi(T) : x \in E \mapsto T(x, \bullet) \in \mathcal{L}(F; G).$$

Montrer que $\Phi(T)$ est une application linéaire et continue de E dans $\mathcal{L}(F; G)$ et que Φ est une isométrie linéaire de $\mathcal{L}(E, F; G)$ sur $\mathcal{L}(E; \mathcal{L}(F; G))$.

3.11 Les théorèmes de Banach

Le premier théorème fondamental est le suivant.

Théorème 3.11.1 Théorème de l'application ouverte *Soient E un espace de Fréchet, F un e.l.c. métrisable et $T : E \to F$ une application linéaire et continue, alors ou bien $T(E)$ est maigre, ou bien T est une application ouverte (donc surjective). Si, de plus F est un espace de Baire (par exemple un espace de Fréchet), toute application linéaire continue surjective de E sur F est ouverte.*

Avant d'aborder la démonstration de ce théorème, il est utile de faire quelques commentaires concernant la première assertion.

Observons d'abord que toute application linéaire ouverte est nécessairement surjective d'après l'exercice 3.1.3. Par ailleurs, la démonstration qui suit n'utilise que la métrisabilité de F, mais si F n'est pas un espace de Baire, ce théorème est trivialement vérifié et n'a donc aucun intérêt. En effet, si F n'est pas un espace de Baire, il existe un ensemble maigre d'intérieur non vide ; il en résulte qu'il existe un voisinage V de 0 qui est maigre ; remarquons ensuite que $F = \bigcup_{n=1}^{\infty} nV$: en effet, soit $x \in F$, la suite (x/n) tend vers 0 et par conséquent $x \in nV$ dès que n est suffisamment grand. Il en résulte que F est maigre en tant que réunion dénombrable d'ensembles maigres. Si F n'est pas un espace de Baire, F est donc maigre et a fortiori toute partie de F.

Note Soit $T : E \to F$ une application linéaire continue et surjective, si $\pi : E \to E/\mathrm{Ker}\, T$ désigne la surjection canonique, dire que l'application T est ouverte signifie que l'unique application $S : E/\mathrm{Ker}\, T \to F$ telle que $T = S \circ \pi$ est un isomorphisme (exercice 2.24.2).

La topologie des espaces E et F peut être définie par des distances invariantes par translation ; notons indifféremment d ces distances et $B_E(a; r)$, $B_F(b; s)$ les boules ouvertes dans les espaces E et F. Démontrons d'abord le lemme suivant.

Lemme 3.11.2 *Soient E un espace de Fréchet, F un e.l.c. métrisable et $T : E \to F$ une application linéaire et continue telle que*

$$(3.11.1) \qquad (\forall \varepsilon > 0)(\exists \delta > 0)(B_F(0; \delta) \subset \overline{T(B_E(0; \varepsilon))}),$$

alors T est une application ouverte.

Preuve Par translation, on déduit de (3.11.1)

$$(3.11.2) \qquad (\forall \varepsilon > 0)(\exists \delta > 0)(\forall a \in E)(B_F(Ta; \delta) \subset \overline{T(B_E(a; \varepsilon))})$$

1. Soit $\varepsilon_0 > 0$ et (ε_n) une suite de nombres > 0 telle que $\sum_{n=1}^{\infty} \varepsilon_n < \varepsilon_0$. Grâce à (3.11.2), on peut construire une suite (δ_n) de nombres > 0 telle que, pour tout $a \in E$ et tout $n \in \mathbb{N}$,

(3.11.3) $$B_F(Ta; \delta_n) \subset \overline{T(B_E(a; \varepsilon_n))} \text{ et } \lim_{n \to \infty} \delta_n = 0.$$

2. Soit $y \in B_F(0; \delta_0)$, construisons par récurrence une suite (x_n) de E telle que $x_0 = 0$ et

(3.11.4) $$d(x_n, x_{n+1}) < \varepsilon_n \text{ et } d(y, Tx_{n+1}) < \delta_{n+1}$$

pour tout $n \geq 0$. D'après (3.11.3), le point y est adhérent à $T(B_E(0; \varepsilon_0))$; l'intersection $B_F(y; \delta_1) \cap T(B_E(0; \varepsilon_0))$ est donc non vide : il existe $x_1 \in E$ tel que $d(0, x_1) < \varepsilon_0$ et $d(y, Tx_1) < \delta_1$, ce qui prouve (3.11.4) pour $n = 0$. Par récurrence, si $d(y, Tx_n) < \delta_n$, il résulte de (3.11.3), où nous prenons $a = x_n$, que y est adhérent à $T(B_E(x_n; \varepsilon_n))$; l'intersection $B_F(y; \delta_{n+1}) \cap T(B_E(x_n; \varepsilon_n))$ est non vide, d'où un point $x_{n+1} \in E$ vérifiant (3.11.4).

3. La suite (x_n) est de Cauchy, vu que $d(x_p, x_{p+q+1}) \leq \sum_{n=p}^{p+q} \varepsilon_n$ pour tout $p, q \geq 0$, la série $\sum_{n=0}^{\infty} \varepsilon_n$ étant convergente. Cette suite est donc convergente ; soit x sa limite. On a $d(0, x_{n+1}) \leq \sum_{p=0}^{n} \varepsilon_p \leq \varepsilon_0 + \sum_{p=1}^{\infty} \varepsilon_p$, d'où $d(0, x) < 2\varepsilon_0$. On a d'autre part, d'après (3.11.4), $d(y, Tx_{n+1}) < \delta_{n+1}$ et la suite (δ_n) tendant vers 0, on en déduit que $y = Tx$. Autrement dit, pour tout $y \in B_F(0; \delta_0)$, on a construit un point $x \in B_E(0; 2\varepsilon_0)$ tel que $y = Tx$; ceci prouve donc que, pour tout $\varepsilon_0 > 0$, il existe $\delta_0 > 0$ tel que $B_F(0; \delta_0) \subset T(B_E(0; 2\varepsilon_0))$.

4. Le lemme en résulte. En effet, soit O un ouvert de E et soit $a \in O$; il existe $\varepsilon_0 > 0$ tel que $B_E(a; 2\varepsilon_0) \subset O$, d'où

$$T(O) \supset T(B_E(a; 2\varepsilon_0)) = Ta + T(B_E(0; 2\varepsilon_0)) \supset Ta + B_F(0; \delta_0)$$

et ceci prouve que $T(O)$ est un voisinage de Ta : on en déduit que $T(O)$ est ouvert en tant que voisinage de chacun de ses points. Q.E.D.

Preuve du théorème Supposons $T(E)$ non maigre et vérifions (3.11.1), le lemme permet de conclure.

1. Posons $W = B_E(0; \varepsilon/2)$. Comme nous l'avons expliqué ci-dessus, on a $E = \bigcup_{n=1}^{\infty} nW$. L'application T étant linéaire, $T(E) = \bigcup_{n=1}^{\infty} nT(W)$ et, $T(E)$ étant supposé non maigre, l'un des ensembles $\overline{nT(W)} = n\overline{T(W)}$ est donc d'intérieur non vide et, les homothéties étant des homéomorphismes, $\overline{T(W)}$ est d'intérieur non vide : il existe $a \in F$ et $\delta > 0$ tel que $B_F(a; \delta) \subset \overline{T(W)}$. Étant donné deux parties A et B de F, on pose $A - B = \{x - y\,;\, x \in A \text{ et } y \in B\}$, c'est-à-dire $A - B = \varphi(A \times B)$ si φ désigne l'application $(x, y) \in F \times F \mapsto x - y \in F$. On a alors $B_F(0; \delta) \subset B_F(a; \delta) - B_F(a; \delta)$: tout $x \in F$ appartenant à $B_F(0; \delta)$ peut en effet s'écrire $x = (x + a) - a$ où $x + a, a \in B_F(a; \delta)$. On en déduit, vu la continuité de φ,

$$B_F(0; \delta) \subset \overline{T(W)} - \overline{T(W)} \subset \overline{T(W) - T(W)} = \overline{T(W - W)}$$

et on conclut en remarquant que $W - W \subset B_E(0; \varepsilon)$.

2. Quant à la dernière assertion du théorème, F étant un espace de Baire, si T est surjective, $F = T(E)$ ne peut être maigre (car d'intérieur non vide), donc T

est une application ouverte. Q.E.D.

Exercice 3.11.1 Soient E un espace de Fréchet, F un sous-espace vectoriel de E distinct de E ; on suppose F muni d'une structure d'espace de Fréchet telle que l'injection canonique de F dans E soit continue. Montrer alors que F est maigre dans E.

Lorsque T est une bijection, dire que T est une application ouverte signifie que la bijection réciproque est continue ; on obtient ainsi le

Corollaire 3.11.3 Théorème de Banach *Soient E et F des espaces de Fréchet, toute bijection linéaire et continue de E sur F est un isomorphisme.*

On notera le caractère assez exceptionnel de ce théorème par sa simplicité ; il s'agit sans aucun doute de l'application la plus spectaculaire du théorème de Baire.

Corollaire 3.11.4 *Sur un espace vectoriel, deux topologies comparables d'espaces de Fréchet sont nécessairement égales. En particulier, deux normes comparables d'espaces de Banach sont équivalentes.*

Preuve Soient $\mathcal{T}_1$ et $\mathcal{T}_2$ deux topologies d'espaces de Fréchet sur un même espace vectoriel E. Si la topologie $\mathcal{T}_1$ est moins fine que la topologie $\mathcal{T}_2$, l'application identique de $(E, \mathcal{T}_2)$ dans $(E, \mathcal{T}_1)$ est une bijection linéaire continue ; c'est donc un isomorphisme d'après le corollaire précédent ce qui prouve l'égalité des deux topologies. Q.E.D.

Exercice 3.11.2 Soient E un espace de Fréchet, F un sous-espace vectoriel de E ; on suppose F muni d'une structure d'espace de Fréchet telle que l'injection canonique de F dans E soit continue. Soit G un sous-espace vectoriel de F fermé dans E, montrer que sur G les espaces E et F induisent la même topologie.

Le théorème de Banach permet d'obtenir un critère très simple de continuité d'une application linéaire.

Corollaire 3.11.5 Théorème du graphe fermé *Soient E et F des espaces de Fréchet, $T : E \to F$ une application linéaire, alors T est continue si, seulement si, le graphe de T est fermé dans $E \times F$.*

Preuve Notons $pr_1 : E \times F \to E$ et $pr_2 : E \times F \to F$ les projections ; ce sont des applications linéaires continues. Le graphe de T peut s'écrire

$$G = \{z \in E \times F\,;\, pr_2(z) = (T \circ pr_1)(z)\}.$$

Si T est continu, ce graphe est donc fermé.

Réciproquement, si G est fermé, G est un sous-espace fermé d'un espace de Fréchet ; G est donc un espace de Fréchet. La première projection pr_1 induit une bijection linéaire et continue $\varphi = pr_1|_G : G \to E$, donc un isomorphisme d'après le théorème de Banach. On a, pour $x \in E$, $\varphi^{-1}(x) = (x, Tx)$, d'où $T = pr_2 \circ \varphi^{-1}$ et il en résulte que T est continue. Q.E.D.

On dispose là d'un outil particulièrement puissant pour démontrer la continuité d'une application linéaire.

Remarque 3.11.1 On peut expliciter le théorème du graphe fermé de la façon suivante. Dire que le graphe de T est fermé signifie que, pour toute suite (x_n) de E telle que la suite $((x_n, Tx_n))$ converge, alors $y = Tx$ si $x = \lim_{n\to\infty} x_n$ et $y = \lim_{n\to\infty} Tx_n$; en outre, on peut supposer $x = 0$ d'après la linéarité de T. Dire que le graphe est fermé peut donc s'écrire de la façon suivante

$$\begin{cases}\text{pour toute suite } (x_n) \text{ de } E \text{ telle que } \lim_{n\to\infty} x_n = 0 \text{ et} \\ \lim_{n\to\infty} Tx_n = y, \text{ alors } y = 0.\end{cases} \tag{3.11.5}$$

Voici une application intéressante du théorème de Banach concernant la notion de supplémentaires topologiques.

Proposition 3.11.6 *Dans un espace de Fréchet, des supplémentaires algébriques fermés sont nécessairement des supplémentaires topologiques.*

Preuve Soit E un espace de Fréchet, somme directe algébrique de deux sous-espaces fermés E_1 et E_2. Alors, $E_1 \times E_2$ est un espace de Fréchet et l'application $(x_1, x_2) \in E_1 \times E_2 \mapsto x_1 + x_2 \in E$ est une bijection linéaire et continue, donc un isomorphisme d'après le théorème de Banach, ce qui signifie précisément que E_1 et E_2 sont des supplémentaires topologiques. Q.E.D.

Exercice 3.11.3 1. Soient E, F des espaces de Fréchet, G un espace topologique séparé, $T : E \to F$ une application linéaire et $S : F \to G$ une application continue injective. Montrer que T est continu si, et seulement si, $S \circ T$ est continu [utiliser le théorème du graphe fermé].

2. En déduire que T est continu si, et seulement si, T est continu lorsqu'on substitue à la topologie de F une topologie séparée moins fine.

Exercice 3.11.4 Soient E et F des espaces de Fréchet, on dit qu'une application $T \in \mathcal{L}(E; F)$ est inversible à droite s'il existe $S \in \mathcal{L}(F; E)$ tel que $T \circ S = I_F$. Montrer l'équivalence de

1. T est inversible à droite.
2. T est surjective et Ker T admet un supplémentaire topologique.

[si S est un inverse à droite, noter que $E = \operatorname{Ker} T \oplus \operatorname{Im} S$].

Exercice 3.11.5 Soient E et F des espaces de Fréchet, on dit qu'une application $T \in \mathcal{L}(E; F)$ est inversible à gauche s'il existe $S \in \mathcal{L}(F; E)$ tel que $S \circ T = I_E$. Montrer l'équivalence de

1. T est inversible à gauche.
2. T est injective et Im T admet un supplémentaire topologique.

Exercice 3.11.6 Soient E, F des espaces de Fréchet, $T \in \mathcal{L}(E; F)$ une application linéaire continue telle que Im T admette un supplémentaire algébrique fermé F_0, soit $F = \operatorname{Im} T \oplus F_0$. On note $\pi : E \to E/\operatorname{Ker} T$ la surjection canonique et $S : E/\operatorname{Ker} T \to F$ l'application linéaire continue telle que $T = S \circ \pi$. Montrer que l'application

$$\mathcal{T} : (\xi, y) \in E/\operatorname{Ker} T \times F_0 \mapsto y - S\xi \in F$$

est un isomorphisme et en déduire que Im T est fermé dans F.

Exercice 3.11.7 On considère l'espace de Banach $E = \mathcal{C}([0,1]; \mathbb{R})$ pour la norme de la topologie de la convergence uniforme et un sous-espace vectoriel fermé F tel que toute fonction de F soit de classe $\mathcal{C}^1$.

1. Montrer que l'application $T : f \mapsto f'$ (dérivée de f) de F dans E est continue [utiliser le théorème du graphe fermé].
2. En déduire que la boule unité de F est équicontinue.
3. Montrer que F est de dimension finie.

3.12 Le théorème de Banach-Steinhaus

On se propose de donner des critères permettant d'affirmer la continuité d'une limite simple d'applications linéaires et continues. Ceci repose d'une part sur une notion d'équicontinuité généralisant celle étudiée au paragraphe 2.34 dans le cadre des espaces métriques, d'autre part sur le théorème de Baire permettant de caractériser les parties équicontinues de l'espace $\mathcal{L}(E;F)$.

Si E et F sont deux e.l.c., on remarquera d'abord que l'espace $\mathcal{L}^\star(E;F)$ de toutes les applications linéaires de E dans F est fermé dans l'espace $\mathcal{F}_s(E;F)$ dès que F est séparé. En effet, soient $x, y \in E$ et $\lambda, \mu \in \mathbb{K}$, les applications $T \mapsto T(\lambda x + \mu y)$ et $T \mapsto \lambda Tx + \mu Ty$ de $\mathcal{F}_s(E;F)$ dans F sont continues ; elles coïncident donc sur une partie fermée de $\mathcal{F}_s(E;F)$ et $\mathcal{L}^\star(E;F)$ est l'intersection de tous ces fermés lorsque x, y décrivent E et λ, μ décrivent $\mathbb{K}$. En particulier, la limite simple d'une suite $T_n : E \to F$ d'applications linéaires est linéaire. Lorsque les applications T_n sont continues, la limite n'est pas en général continue. Voici un exemple très simple.

Exemple 3.12.1 Prenons pour espace E l'espace des fonctions polynômes sur l'intervalle $[0,1]$ avec la norme de la topologie de la convergence uniforme $\|p\| = \max_{0\leq x\leq 1} |p(x)|$ et, pour $n \geq 1$, posons $T_n(p) = n(p(1/n) - p(0))$; on définit ainsi des formes linéaires et continues $T_n \in E'$ vu que $|T_n(p)| \leq 2n\|p\|$. La suite $(T_n(p))$ converge vers la dérivée $p'(0)$ de p en 0 ; la suite (T_n) converge donc simplement vers la forme linéaire $T : p \mapsto p'(0)$. Montrons que cette forme linéaire n'est pas continue. Considérons la suite de polynômes $p_k(x) = kx(1-x)^k$; on a $p_k'(x) = k(1-x)^{k-1}(1-x-kx)$; p_k présente donc un maximum pour $x = (1+k)^{-1}$, d'où $0 \leq p_k(x) \leq (k/(k+1))^{k+1} \leq 1$, ce qui prouve que $\|p_k\| \leq 1$ alors que $p_k'(0) = k$: il ne peut donc exister de constante $c \geq 0$ telle que $|p_k'(0)| \leq c\,\|p_k\|$ pour tout $k \geq 0$ et ceci prouve que la forme linéaire T n'est pas continue.

Les parties équicontinues de $\mathcal{L}(E;F)$ sont définies de la façon suivante.

Définition 3.12.1 *Soient E, F des e.l.c., une partie A de $\mathcal{L}(E;F)$ est dite équicontinue si, pour tout voisinage V de $0 \in F$, il existe un voisinage W de $0 \in E$ tel que $T(W) \subset V$ pour tout $T \in A$.*

Lorsque F est métrisable, sa topologie étant définie par une distance d invariante par translation, il suffit de prendre pour voisinage V une boule fermée $B'(0;\varepsilon)$, $\varepsilon > 0$; la définition précédente signifie alors que, pour tout $T \in A$ et tout $x \in W$, $d(0, Tx) \leq \varepsilon$ et par translation, pour tout $T \in A$ et tout $x \in a + W$, que $d(Ta, Tx) \leq \varepsilon$. Lorsque F est métrisable, on retrouve donc la définition 2.34.1 d'une partie équicontinue.

Lorsqu'on dispose de semi-normes sur E et F, on peut expliciter la définition 3.12.1 de la façon suivante.

Proposition 3.12.1 *Soient E, $(\|\bullet\|_i)_{i\in I}$, et F, $(\|\bullet\|_j)_{j\in J}$, des e.l.c., une partie*

$A \subset \mathcal{L}(E; F)$ est équicontinue si, et seulement si,

$$(3.12.1)\qquad \begin{cases} \textit{pour tout } j \in J, \textit{ il existe une partie finie } K \in \mathcal{F}(I) \textit{ et} \\ \textit{une constante } c \geq 0 \textit{ telles que } \|Tx\|_j \leq c\,\|x\|_K, \textit{ pour} \\ \textit{tout } x \in E \textit{ et tout } T \in A. \end{cases}$$

Lorsque E et F sont des espaces normés, $A \subset \mathcal{L}(E; F)$ est équicontinue si, et seulement si, A est une partie bornée de l'espace normé $\mathcal{L}(E; F)$, c'est-à-dire $\sup_{T\in A} \|T\| < \infty$, $\|T\|$ désignant la norme de l'application linéaire et continue T.

Preuve Supposons A équicontinu et prenons $V = B'_j(0; 1)$, alors il existe un voisinage de $0 \in E$, qu'on peut supposer de la forme $B'_K(0; r)$, $K \in \mathcal{F}(I)$, $r > 0$, tel que $T(B'_K(0; r)) \subset B'_j(0; 1)$ pour tout $T \in A$. Autrement dit, $\|x\|_K \leq r$ implique $\|Tx\|_j \leq 1$, d'où $\|Tx\|_j \leq r^{-1}\|x\|_K$ d'après le lemme 3.3.2, ce qui prouve (3.12.1).

Réciproquement, un voisinage V de $0 \in F$ contient une boule fermée $B'_L(0; \varepsilon)$, $\varepsilon > 0$, où L est une partie finie de J ; vu (3.12.1), un raisonnement élémentaire montre qu'il existe $K \in \mathcal{F}(I)$ et $c \geq 0$ tels que $\|Tx\|_L \leq c\|x\|_K$, d'où $T(B'_K(0; \delta)) \subset B'_L(0; \varepsilon) \subset V$ dès que $c\delta \leq \varepsilon$.

Lorsque E et F sont des espaces normés, (3.12.1) signifie $\|Tx\| \leq c\|x\|$, soit $\|T\| \leq c$ pour tout $T \in A$, c'est-à-dire que A est une partie bornée de l'espace normé $\mathcal{L}(E; F)$. Q.E.D.

On peut munir l'espace $\mathcal{L}(E; F)$ de la topologie de la convergence uniforme sur tout borné de E ; cette topologie, appelée topologie de la convergence bornée, est définie par les semi-normes $\|T\|_{j,B} = \sup_{x\in B} \|Tx\|_j$, où j décrit J et B l'ensemble des bornés de E ; muni de cette topologie, l'espace $\mathcal{L}(E; F)$ sera noté $\mathcal{L}_b(E; F)$. Lorsque E et F sont des espaces normés, la proposition précédente affirme que les parties équicontinues de $\mathcal{L}(E; F)$ sont les parties bornées de $\mathcal{L}_b(E; F)$. Plus généralement, on a la

Proposition 3.12.2 *Soient E et F des e.l.c., toute partie équicontinue de $\mathcal{L}(E; F)$ est bornée dans l'espace $\mathcal{L}_b(E; F)$.*

Preuve Si A est équicontinu, on a $\|T\|_{j,B} \leq c \sup_{x\in B} \|x\|_K$ d'après (3.12.1) et $\sup_{x\in B} \|x\|_K$ est fini dès que B est borné, ce qui prouve que $\sup_{T\in A} \|T\|_{j,B}$ est fini quel que soit j et B. Q.E.D.

La réciproque est inexacte : une partie bornée dans $\mathcal{L}_b(E; F)$ n'est pas nécessairement équicontinue. La réciproque est vraie lorsque les espaces sont des espaces normés ; il s'agit d'une circonstance exceptionnelle qui tient au fait que, dans un espace normé, l'origine admet un voisinage borné.

Ces remarques faites, on peut recopier les propositions 2.34.1 et 2.34.3.

Proposition 3.12.3 *Soient E, F des e.l.c., F étant séparé et soit $A \subset \mathcal{L}(E; F)$ une partie équicontinue. Alors, l'adhérence $\overline{A}^s$ de A dans l'espace $\mathcal{F}_s(E; F)$ est équicontinue.*

Preuve Rappelons d'abord que $\overline{A}^s$ est contenu dans $\mathcal{L}^\star(E; F)$, l'espace F étant séparé. Soit V un voisinage fermé de $0 \in F$ (de tels voisinages constituent un système fondamental de voisinages de 0), il existe un voisinage W de $0 \in E$ tel que $T(W) \subset V$ pour tout $T \in A$. L'application $T \mapsto Tx$ de $\mathcal{F}_s(E;F)$ dans F étant continue, l'ensemble des T tels que $Tx \in V$ pour tout $x \in W$ est fermé ; cet ensemble contenant A contient donc $\overline{A}^s$. Ceci prouve que, pour $T \in \overline{A}^s$, $x \in W$ implique $Tx \in V$; il en résulte que toute application T appartenant à $\overline{A}^s$ est continue en 0, donc continue, et que $\overline{A}^s$ est équicontinu. Q.E.D.

On en déduit le corollaire suivant.

Corollaire 3.12.4 *Soient E, F des e.l.c., F étant séparé et soit (T_n) une suite d'applications linéaires et continues de E dans F convergeant simplement vers T. Si la suite (T_n) est équicontinue, alors l'application T est linéaire et continue et, pour toute suite (x_n) de E convergeant vers x, la suite $(T_n x_n)$ converge vers Tx. En outre, lorsque E et F sont des espaces normés, on a $\|T\| \leq \liminf_{n\to\infty} \|T_n\|$.*

Preuve Avec les notations de (3.12.1), on a en effet

$$\begin{aligned} \|T_n x_n - Tx\|_j &\leq \|T_n x_n - T_n x\|_j + \|T_n x - Tx\|_j \\ &\leq c\,\|x_n - x\|_K + \|T_n x - Tx\|_j, \end{aligned}$$

inégalité qui prouve que $\|T_n x_n - Tx\|_j$ converge vers 0 si la suite (x_n) converge vers x.

Lorsque E et F sont des espaces normés, la démonstration directe de ce corollaire est très simple. On a en effet $\|T_n x\| \leq \|T_n\|\,\|x\|$ pour tout $x \in E$, d'où $\|Tx\| \leq \liminf_{n\to\infty} \|T_n\|\,\|x\|$; la suite $(\|T_n\|)$ étant bornée, ceci montre que T est continue et de norme inférieure à $\liminf_{n\to\infty} \|T_n\|$. Q.E.D.

Sur l'espace $\mathcal{L}(E;F)$, notons $\mathcal{T}_b$ la topologie de la convergence uniforme sur tout ensemble borné de E, $\mathcal{T}_c$ la topologie de la convergence uniforme sur tout ensemble compact de E et $\mathcal{T}_s$ la topologie de la convergence simple ; notons $\mathcal{L}_b(E;F)$, $\mathcal{L}_c(E;F)$ et $\mathcal{L}_s(E;F)$ l'espace $\mathcal{L}(E;F)$ muni des topologies $\mathcal{T}_b$, $\mathcal{T}_c$ et $\mathcal{T}_s$ respectivement. Il est clair que $\mathcal{T}_s \leq \mathcal{T}_c \leq \mathcal{T}_b$. D'autre part, si D est une partie de E, notons $\mathcal{T}_D$ la topologie de la convergence simple sur D, c'est-à-dire la topologie définie par les semi-normes $T \mapsto \|Tx\|_j$ où j décrit J et x l'ensemble D, $(\|\bullet\|_j)_{j\in J}$ désignant comme d'habitude une famille de semi-normes définissant la topologie de F. Bien entendu, la topologie $\mathcal{T}_D$ est moins fine que la topologie $\mathcal{T}_s$. On a alors la

Proposition 3.12.5 *Soient E et F des e.l.c. et soit D une partie de E partout dense, alors sur toute partie équicontinue A de $\mathcal{L}(E;F)$ les topologies $\mathcal{T}_D$, $\mathcal{T}_s$ et $\mathcal{T}_c$ coïncident. En outre, si $(\|\bullet\|_j)_{j\in J}$ est une famille de semi-normes définissant la topologie de F, pour tout $j \in J$, tout compact K de E et tout $\varepsilon > 0$, il existe une partie finie D_0 de D et un $\delta > 0$ telles que, pour tout $T, T' \in A$,*

$$\sup_{x\in D_0} \|Tx - T'x\|_j \leq \delta \Rightarrow \sup_{x\in K} \|Tx - T'x\|_j \leq \varepsilon. \qquad (3.12.2)$$

Preuve Il suffit de vérifier (3.12.2) ; ceci démontrera que, sur A, la topologie $\mathcal{T}_c$ est moins fine que la topologie $\mathcal{T}_D$. En effet, soient $T_0 \in A$ et V un voisinage de T_0 dans A pour la topologie $\mathcal{T}_c$, alors V contient une intersection finie d'ensembles de la forme $\{T \in A\,;\, \sup_{x\in K} \|Tx - T_0x\|_j \leq \varepsilon\}$ ($j \in J$, K compact de E et $\varepsilon > 0$) ; d'après (3.12.2) chacun de ces ensembles contient un ensemble de la forme $\{T \in A\,;\, \sup_{x\in D_0} \|Tx - T_0x\|_j \leq \delta\}$ (D_0 partie finie de D et $\delta > 0$), ensemble qui est un voisinage de T_0 dans A pour la topologie $\mathcal{T}_D$; il en résulte que V est un voisinage de T_0 dans A pour la topologie $\mathcal{T}_D$.

Vérifions (3.12.2). Prenons a priori $\delta = \varepsilon/3$. D'après l'équicontinuité de A, il existe un voisinage W de $0 \in E$ tel que $\|Tx\|_j \leq \delta$ pour tout $x \in W$ et $T \in A$, d'où $\|Tx - Ta\|_j \leq \delta$ pour $x \in a + W$; D étant dense dans E, $E = \bigcup_{a\in D}(a + W)$ et K étant compact, il existe donc une partie finie D_0 de D telle que $K \subset \bigcup_{a\in D_0}(a + W)$. On a alors

$$\|Tx - T'x\|_j \leq \|Tx - Ta\|_j + \|Ta - T'a\|_j + \|T'a - T'x\|_j\,;$$

si x appartient à K, il existe $a \in D_0$ tel que $x \in a + W$, d'où

$$\|Tx - T'x\|_j \leq 2\delta + \sup_{a\in D_0} \|Ta - T'a\|_j,$$

d'où le résultat voulu. Q.E.D.

Remarque 3.12.1 Ceci permet de préciser que, dans le corollaire 3.12.4, la convergence de la suite (T_n) est uniforme sur tout compact : en effet, si T est la limite de la suite (T_n), l'ensemble $\{T\} \cup \bigcup_n \{T_n\}$ est équicontinu d'après la proposition 3.12.3 et il suffit d'appliquer la proposition précédente.

On en déduit également le corollaire suivant.

Corollaire 3.12.6 *Soient E un e.l.c., F un e.l.c. séparé et complet et (T_n) une suite équicontinue d'applications linéaires et continues de E dans F convergeant simplement sur une partie D de E partout dense. Alors, la suite (T_n) converge uniformément sur tout compact et sa limite est une application linéaire et continue de E dans F.*

Preuve La suite (T_n) est convergente, donc de Cauchy, pour la topologie $\mathcal{T}_D$; vu (3.12.2) c'est une suite de Cauchy pour la topologie $\mathcal{T}_c$ et ceci prouve qu'elle converge uniformément sur tout compact, l'espace $\mathcal{F}_{b,\mathcal{K}}(E; F)$ étant complet (théorème 3.9.3). La suite (T_n) converge donc simplement et sa limite est continue d'après le corollaire 3.12.4. Q.E.D.

Remarque 3.12.2 Si (T_n) est une suite d'applications linéaires de E dans F, l'ensemble des x de E pour lesquels la suite (T_nx) converge est évidemment un sous-espace vectoriel de E. Dans le corollaire précédent, il suffit donc de supposer que le sous-espace vectoriel engendré par D est partout dense : on dit alors que D est une partie totale.

Le théorème de Banach-Steinhaus est, comme nous le verrons, une conséquence immédiate de la proposition suivante.

Proposition 3.12.7 *Soient E, F des e.l.c. et soit $A \subset \mathcal{L}(E; F)$ un ensemble d'applications linéaires et continues. Pour tout $x \in E$, posons $A(x) = \{Tx\,;\, T \in A\}$ et $B = \{x \in E\,;\, A(x)$ est une partie bornée de $F\}$. Alors, ou bien B est maigre, ou bien A est équicontinu.*

Preuve Supposons B non maigre et montrons que A est équicontinu. Soit V un voisinage de $0 \in F$; si $(\|\bullet\|_j)_{j\in J}$ est une famille de semi-normes définissant la topologie de F, V contient une boule fermée $B'_K(0;r)$, $r > 0$, $K \in \mathcal{F}(J)$; soit $V' = B'_K(0;r/2)$, les ensembles $F_n = \bigcap_{T\in A} T^{-1}(nV')$, $n \geq 1$ sont fermés.

Montrons que $B \subset \bigcup_{n=1}^{\infty} F_n$. Soit $x \in B$, $A(x)$ étant borné, il existe $n \geq 1$ tel que $\|Tx\|_K \leq n(r/2)$ pour tout $T \in A$, soit $Tx \in nV'$, d'où $x \in F_n$. L'ensemble B n'étant pas maigre, l'un des F_n est d'intérieur non vide : il existe $a \in E$ et un voisinage W de $0 \in E$ tel que $a + W \subset F_n$. Si x appartient à W, on a donc $Ta + Tx \subset nV'$ pour tout $T \in A$ et, en particulier, $Ta \in nV'$, d'où $Tx \in n(V' - V') \subset nV$; ceci prouve que $T(W/n) \subset V$ pour tout $T \in A$ et A est donc équicontinu. Q.E.D.

Si A est une partie équicontinue, A est borné dans l'espace $\mathcal{L}_b(E;F)$ (proposition 3.12.2), a fortiori A est borné dans l'espace $\mathcal{L}_s(E;F)$: on dit que A est simplement borné ; ceci signifie que $A(x)$ est borné dans F quel que soit $x \in E$, c'est-à-dire $B = E$. La proposition 3.12.7 montre donc que, ou bien B est maigre, ou bien $B = E$.

Exercice 3.12.1 Soient E un e.l.c., F un e.l.c. séparé complet et $T_n : E \to F$ une suite d'applications linéaires et continues. Soit C l'ensemble des $x \in E$ tels que la suite $(T_n x)$ converge. Montrer que, ou bien C est maigre, ou bien $C = E$ [on notera que dans un e.l.c. un sous-espace vectoriel non maigre est partout dense d'après l'exercice 3.1.3].

La proposition 3.12.7 n'a d'intérêt que si E est un espace de Baire : si E n'est pas un espace de Baire, toute partie de E est maigre comme nous l'avons expliqué à propos du théorème de l'application ouverte.

On a alors la

Proposition 3.12.8 *Soient E un espace de Fréchet, F un e.l.c., alors toute partie $A \subset \mathcal{L}(E;F)$ simplement bornée est équicontinue.*

Preuve En effet, A étant simplement borné, $B = E$ et E étant de Baire ne peut être maigre. Q.E.D.

Cette proposition montre donc que, si E est un espace de Fréchet, les trois ensembles suivants de parties de $\mathcal{L}(E;F)$ coïncident : l'ensemble des parties équicontinues, l'ensemble des parties bornées de $\mathcal{L}_s(E;F)$ et l'ensemble des parties bornées de $\mathcal{L}_b(E;F)$.

Dans le cas des espaces normés, cette proposition s'écrit de la façon suivante.

Corollaire 3.12.9 *Soient E un espace de Banach, F un espace normé et $A \subset \mathcal{L}(E;F)$ un ensemble d'applications linéaires et continues tel que $\sup_{T\in A} \|Tx\| < \infty$ pour tout $x \in E$, alors $\sup_{T\in A} \|T\| < \infty$.*

Exercice 3.12.2 Soient X un espace compact et $E = \mathcal{C}(X;\mathbb{K})$ l'espace vectoriel des fonctions continues de X dans $\mathbb{K}$ muni d'une norme $\|\bullet\|$ définissant une topologie plus fine que la topologie de la convergence simple et pour laquelle E est complet.

1. Montrer que, pour tout $x \in X$, les formes linéaires $\delta_x : f \in E \mapsto f(x) \in \mathbb{K}$ sont continues.
2. Montrer que l'ensemble $A = (\delta_x)_{x\in X}$ de ces formes linéaires est simplement borné.
3. En déduire que la norme $\|\bullet\|$ est équivalente à la norme de la topologie de la convergence uniforme.

On en déduit le théorème fondamental suivant.

Théorème 3.12.10 Théorème de Banach-Steinhaus *Soient E un espace de Fréchet, F un e.l.c. séparé et $T_n : E \to F$ une suite d'applications linéaires et continues convergeant simplement vers T, alors T est linéaire et continue et la suite (T_n) converge vers T uniformément sur tout compact. En outre, pour toute suite (x_n) de E convergeant vers x, la suite $(T_n x_n)$ converge vers Tx.*

Preuve La suite (T_n) converge simplement, elle est donc simplement bornée, donc équicontinue d'après la proposition 3.12.8. Le théorème résulte alors du corollaire 3.12.4 et de la remarque 3.12.1. Q.E.D.

Remarque 3.12.3 Le théorème de Banach-Steinhaus est un outil particulièrement efficace pour démontrer la continuité d'une application linéaire : toute limite simple d'applications linéaires et continues est continue. Il faut bien de se garder d'en déduire que $\mathcal{L}(E; F)$ est fermé dans $\mathcal{F}_s(E; F)$: le théorème de Banach-Steinhaus ne concerne que les suites d'applications linéaires et continues.

Remarque 3.12.4 Dans la théorie des séries de Fourier, on rencontre la situation décrite dans le corollaire 3.12.6 ainsi que la situation suivante. Soient E un espace de Fréchet, F un e.l.c. séparé et $T_n : E \to F$ une suite d'applications linéaires et continues ; on suppose que cette suite n'est pas équicontinue, alors l'ensemble B des $x \in E$ pour lesquels la suite $(T_n(x))$ est bornée dans F est maigre dans E d'après la proposition 3.12.7 ; a fortiori, l'ensemble C des x pour lesquels la suite $(T_n(x))$ converge est maigre ; cet ensemble C est donc d'intérieur vide, mais bien que d'intérieur vide, il peut arriver que cet ensemble soit partout dense !

Exercice 3.12.3 Espace tonnelé Dans un e.l.c. E, une partie V convexe, fermée, équilibrée (définition 3.14.1) et absorbante (exercice 3.1.2) est appelée un tonneau. Un e.l.c. séparé est dit tonnelé si tout tonneau est un voisinage de $\{0\}$.

1. Montrer que tout e.l.c. séparé E de Baire est tonnelé [si V est un tonneau, remarquer que $E = \bigcup_{n=1}^{\infty} nV$ et que $V - a \subset 2V$ si $a \in V$].
2. Soient E, F des e.l.c., E est supposé tonnelé.
   a. Montrer que toute partie $A \subset \mathcal{L}(E; F)$ simplement bornée est équicontinue [si V est une boule fermée centrée en 0, montrer que $\bigcap_{T \in A} T^{-1}(V)$ est un tonneau].
   b. Si $T_n : E \to F$ est une suite d'applications linéaires et continues convergeant simplement vers T et si F est séparé, montrer que T est linéaire et continue (théorème de Banach-Steinhaus pour les espaces tonnelés).

Voici une application intéressante du théorème de Banach-Steinhaus concernant la continuité des applications bilinéaires. Étant donné des e.l.c. E, F et G, une application bilinéaire $B : E \times F \to G$ est dite séquentiellement séparément continue si, pour toute suite (x_n) de E convergente vers x et tout $y \in F$, la suite $(B(x_n, y))$ converge vers $B(x, y)$ et si, de même, pour toute suite (y_n) de F convergente vers y et tout $x \in E$, la suite $(B(x, y_n))$ converge vers $B(x, y)$. Elle est dite séquentiellement continue si, dans les mêmes conditions, la suite $(B(x_n, y_n))$ converge vers $B(x, y)$. Rappelons que la continuité séquentielle implique la continuité dès que les espaces sont métrisables. On a alors la proposition suivante.

Proposition 3.12.11 *On suppose que l'un des espaces E, F est un espace de Fréchet et que G est un e.l.c. séparé, alors toute application bilinéaire $B : E\times F \to G$ séquentiellement séparément continue est séquentiellement continue.*

Preuve Soient (x_n) une suite de E convergente vers x et (y_n) une suite de F convergente vers y ; si F est un espace de Fréchet, les applications $T_n : y \mapsto B(x_n, y)$ de F dans G sont linéaires et continues et la suite (T_n) converge simplement vers l'application $T : y \mapsto B(x, y)$. D'après le théorème de Banach-Steinhaus, la suite $(T_n y_n)$ converge vers $Ty = B(x, y)$, ce qui prouve le résultat voulu. Q.E.D.

Corollaire 3.12.12 *Soient E, F et G des espaces normés, si l'un des espaces E, F est un Banach, toute application bilinéaire $B : E \times F \to G$ séparément continue est continue.*

Exercice 3.12.4 Principe de condensation des singularités
1. Soient E, F des e.l.c., $T_{pq} : E \to F$ une suite double d'applications linéaires et continues. On note B (resp. C) l'ensemble des $x \in E$ tels que, pour tout entier p, la suite $(T_{pq}x)_{q\in\mathbb{N}}$ ne soit pas bornée (resp. convergente). On suppose que, pour tout entier p, il existe $x \in E$ tel que la suite $(T_{pq}x)_{q\in\mathbb{N}}$ ne soit pas bornée (resp. convergente), montrer alors que $E - B$ (resp. $E - C$ si E est séparé complet) est maigre [pour $E - C$ utiliser l'exercice 3.12.1].

2. Soit E un sous-espace vectoriel de l'espace de Fréchet $\mathcal{F}_s(\mathbb{N}; \mathbb{K})$; on suppose E muni d'une structure d'e.l.c. telle que l'injection canonique de E dans $\mathcal{F}_s(\mathbb{N}; \mathbb{K})$ soit continue. Soit (a_{pq}) une suite double de scalaires. On note B l'ensemble des $x = (x_n) \in E$ tels que, pour tout entier p,

$$\sup_{q\in\mathbb{N}}\left|\sum_{r=0}^{q} a_{pr}x_r\right| = +\infty \tag{3.12.3}$$

et C l'ensemble des $x = (x_n) \in E$ tels que, pour tout entier p,

$$\text{la série } \sum_{q=0}^{\infty} a_{pq}x_q \text{ diverge .} \tag{3.12.4}$$

On suppose que, pour tout entier p, il existe $x = (x_n) \in E$ tel que (3.12.3) (resp. (3.12.4)) soit vérifié. Montrer alors que $E - B$ (resp. $E - C$) est maigre.

Exercice 3.12.5 Interpolation de Lagrange On considère l'espace de Banach $E = \mathcal{C}([0, 1]; \mathbb{R})$ pour la norme de la topologie de la convergence uniforme. Soit n un entier ≥ 1, on pose $a_{ni} = i/n$ pour $0 \leq i \leq n$ et

$$q_{ni}(x) = \prod_{\substack{j=0\\ j\neq i}}^{n} \frac{x - a_{nj}}{a_{ni} - a_{nj}},\ x \in [0, 1],$$

et, pour $f \in E$, on définit le polynôme

$$P_n(f)(x) = \sum_{i=0}^{n} f(a_{ni})q_{ni}(x).$$

1. Montrer que $P_n(f)$ est l'unique polynôme de degré $\leq n$ tel que

$$P_n(f)(a_{ni}) = f(a_{ni}) \text{ pour } 0 \leq i \leq n.$$

2. Montrer que l'ensemble des $f \in E$ tels que la suite $(P_n(f))$ converge vers f dans l'ensemble E est partout dense [utiliser le théorème 3.26.1].

3. Montrer que les applications linéaires $P_n : f \mapsto P_n(f)$ de E dans E sont continues et que

$$\|P_n\|_{\mathcal{L}(E)} = \sup_{0 \leq x \leq 1} \sum_{i=0}^{n} |q_{ni}(x)|.$$

4. Montrer que

$$\left| q_{ni}\left(\frac{1}{2n}\right) \right| \geq \frac{1}{4i} \text{ pour } 1 \leq i \leq n-1.$$

5. En déduire que l'ensemble des $f \in E$ tels que la suite $(P_n(f))$ converge uniformément est maigre.

Exercice 3.12.6 Base de Schauder Dans un espace de Fréchet E, $(\| \bullet \|_i)_{i \in I}$, une suite (x_n) d'éléments de E est appelée une base de Schauder si, pour tout $x \in E$, il existe une unique suite $\lambda = (\lambda_n)$ de scalaires telle que la série $\sum_{n=0}^{\infty} \lambda_n x_n$ soit convergente et de somme x.

On note F l'espace vectoriel des suites $\lambda = (\lambda_n)$ telles que la série $\sum_{n=0}^{\infty} \lambda_n x_n$ converge. On munit F de la famille de semi-normes

$$\|\lambda\|_i = \sup_{n \in \mathbb{N}} \left\| \sum_{p=0}^{n} \lambda_p x_p \right\|_i.$$

1. Montrer que les formes linéaires sur F $\lambda \mapsto \lambda_n$ sont continues.
2. Montrer que F est un espace de Fréchet.
3. Montrer que l'application $T : \lambda \mapsto \sum_{n=0}^{\infty} \lambda_n x_n$ est un isomorphisme de F sur E et en déduire des formes linéaires continues $x'_n \in E'$ telles que

$$x = \sum_{n=0}^{\infty} x'_n(x) x_n \text{ pour tout } x \in E.$$

4. Montrer que
   a. la suite (x_n) est totale,
   b. pour tout $x \in E$ et tout $i \in I$, $\sup_{n \in \mathbb{N}} \| \sum_{p=0}^{n} x'_p(x) x_p \|_i < \infty$,
   c. le système (x_n), (x'_n) est biorthogonal, c'est-à-dire

$$x'_p(x_q) = \begin{cases} 1 & \text{si} \quad p = q, \\ 0 & \text{si} \quad p \neq q. \end{cases}$$

5. Réciproquement, étant donné une suite (x_n) de E et une suite (x'_n) de E' vérifiant les conditions a, b et c de 4., montrer que (x_n) est une base de Schauder et plus précisément que $x = \sum_{n=0}^{\infty} x'_n(x) x_n$ pour tout $x \in E$.

C – Dualité dans les espaces localement convexes

3.13 Le théorème de Hahn-Banach (forme analytique)

Le théorème de Hahn-Banach (sous sa forme analytique) affirme que toute forme linéaire et continue définie sur un sous-espace d'un e.l.c. se prolonge à l'espace tout entier en une forme linéaire et continue ; la démonstration de ce résultat, par l'intermédiaire du lemme algébrique suivant, repose essentiellement sur le lemme de Zorn (théorème 1.5.1).

Lemme 3.13.1 *Soient E un espace vectoriel réel, F un sous-espace vectoriel et T une forme linéaire sur F telle que $Tx \leq p(x)$ pour tout $x \subset F$, où $p : E \to \mathbb{R}$ est une application vérifiant, pour tout $x, y \in E$ et tout $\lambda \geq 0$,*

(3.13.1) $$p(x + y) \leq p(x) + p(y), \;\; p(\lambda x) = \lambda p(x),$$

alors, il existe une forme linéaire $\hat{T} : E \to \mathbb{R}$ qui prolonge T telle que $\hat{T}x \leq p(x)$ pour tout $x \in E$.

Preuve 1. Démontrons d'abord le lemme lorsque F est de codimension un, c'est-à-dire lorsque E est la somme directe algébrique du sous-espace F et d'une droite $G = \mathbb{R}a$ où a est un vecteur non nul de E. Un quelconque prolongement $\hat{T}$ de T est de la forme $\hat{T}x = Ty + \lambda\alpha$, $\alpha = \hat{T}a$, si $x = y + \lambda a$ est la décomposition de x selon la somme directe $F \oplus G$. Il s'agit alors de choisir $\alpha \in \mathbb{R}$ tel que $Ty + \lambda\alpha \leq p(y + \lambda a)$ pour tout $y \in F$ et tout $\lambda \in \mathbb{R}$. Cette propriété étant vérifiée par hypothèse pour $\lambda = 0$, vu (3.13.1) il s'agit de satisfaire à

$$T(y/\lambda) + \alpha \leq p(y/\lambda + a) \text{ si } \lambda > 0, \;\; T(-y/\lambda) - \alpha \leq p(-y/\lambda - a) \text{ si } \lambda < 0,$$

c'est-à-dire, en posant $z = y/\lambda$ et $z' = -y/\lambda$,

$$T(z') - p(z' - a) \leq \alpha \leq p(z + a) - T(z)$$

pour tout $z, z' \in F$. Ceci est possible si, et seulement si,

$$T(z') - p(z' - a) \leq p(z + a) - T(z) \text{ pour tout } z, z' \in F,$$

c'est-à-dire $T(z+z') \leq p(z+a)+p(z'-a)$, inégalité qui est bien vérifiée car $T(z+z') \leq p(z+z')$ et

$$p(z+z') = p(z+a+z'-a) \leq p(z+a)+p(z'-a)$$

d'après les hypothèses.

2. Le lemme étant démontré dans ce cas particulier, considérons l'ensemble X des couples (G,S) où G est un sous-espace vectoriel de E contenant F et $S : G \to \mathbb{R}$ une forme linéaire prolongeant T telle que $Sx \leq p(x)$ pour tout $x \in G$. On définit une relation d'ordre sur X en décrétant que $(G_1, S_1) \leq (G_2, S_2)$ si $G_1 \subset G_2$ et $S_2|_{G_1} = S_1$. Montrons alors que X est un ensemble inductif. On note d'abord que X contenant (F,T) est non vide ; si $((G_i, S_i))_{i\in I}$ est une famille totalement ordonnée de X, $G = \bigcup_{i\in I} G_i$ est un sous-espace vectoriel de E contenant F et il existe une unique forme linéaire S sur G telle que $S|_{G_i} = S_i$; il est clair que (G,S) est un majorant de la famille $((G_i,S_i))_{i\in I}$; l'ensemble X est donc inductif et, d'après le lemme de Zorn, X admet un élément maximal (G,S). Pour conclure, il suffit de vérifier que $G = E$: en effet, supposons $G \neq E$ et soit $a \in E - G$, posons $G' = G \oplus \mathbb{R}a$; d'après 1., on peut prolonger S en une forme linéaire S' sur G' vérifiant $S'x \leq p(x)$ pour tout $x \in G'$; on construit ainsi un élément (G', S') de X strictement plus grand que (G,S), ce qui contredit le caractère maximal de (G,S). Q.E.D.

Corollaire 3.13.2 *Soient E un espace vectoriel réel, $a \in E$ et $p : E \to \mathbb{R}_+$ une application à valeurs positives vérifiant (3.13.1), alors il existe une forme linéaire T sur E telle que*

$$Ta = p(a) \text{ et } Tx \leq p(x) \text{ pour tout } x \in E.$$

Preuve Si $a = 0$, $T = 0$ convient. Si $a \neq 0$, notons $F = \mathbb{R}a$ la droite engendrée par a ; pour $x = \lambda a \in F$, $\lambda \in \mathbb{R}$, on pose $Sx = \lambda p(a)$. On définit ainsi une forme linéaire sur F telle que $Sa = p(a)$.

Vérifions que $Sx \leq p(x)$ pour tout $x \in F$. Cette inégalité étant vérifiée lorsque $Sx \leq 0$, on peut supposer $Sx > 0$; si $x = \lambda a$, on a alors $\lambda > 0$ et d'après (3.13.1)

$$Sx = \lambda p(a) = p(\lambda a) = p(x),$$

ce qui prouve l'inégalité voulue et on conclut avec le lemme 3.13.1. Q.E.D.

Le passage du réel au complexe utilisera le lemme élémentaire suivant.

Lemme 3.13.3 *Soient E un espace vectoriel complexe et T une forme $\mathbb{C}$-linéaire sur E, alors $S = \Re e\, T$ est une forme $\mathbb{R}$-linéaire sur E. Réciproquement, si S est une forme $\mathbb{R}$-linéaire sur E, il existe une unique forme T $\mathbb{C}$-linéaire sur E telle que $S = \Re e\, T$, à savoir $Tx = S(x) - iS(ix)$.*

Preuve Il est évident que la partie réelle d'une forme $\mathbb{C}$-linéaire est une forme $\mathbb{R}$-linéaire. Réciproquement, si $S = \Re e\, T$, on a $Sx = \Re e\, Tx$ et

$$S(ix) = \Re e\, T(ix) = \Re e\, iTx = -\Im m\, Tx,$$

d'où $\Im m\, Tx = -S(ix)$, soit $Tx = S(x) - iS(ix)$, ce qui prouve l'unicité de T ; il faut ensuite vérifier que cette formule définit une forme $\mathbb{C}$-linéaire : il est clair que T est $\mathbb{R}$-linéaire ; d'autre part

$$T(ix) = S(ix) - iS(-x) = iS(x) + S(ix) = iTx,$$

ce qui prouve que T est $\mathbb{C}$-linéaire. Q.E.D.

Exercice 3.13.1 Soit E un e.l.c. complexe, montrer qu'une forme $\mathbb{C}$-linéaire $T : E \to \mathbb{C}$ est continue si, et seulement si, la forme $\mathbb{R}$-linéaire $S = \Re e\, T$ est continue.

On a alors le

Théorème 3.13.4 Forme analytique du théorème de Hahn-Banach *Soient E un espace vectoriel sur le corps $\mathbb{K}$ ($\mathbb{R}$ ou $\mathbb{C}$), p une semi-norme sur E, F un sous-espace vectoriel et T une forme linéaire sur F telle que $|Tx| \leq p(x)$ pour tout $x \in F$, alors il existe une forme linéaire $\hat{T}$ sur E qui prolonge T telle que $|\hat{T}x| \leq p(x)$ pour tout $x \in E$.*

Preuve 1. Lorsque $\mathbb{K} = \mathbb{R}$, on a $Tx \leq p(x)$ pour $x \in F$; d'après le lemme 3.13.1, il existe une forme linéaire $\hat{T}$ sur E qui prolonge T telle que $\hat{T}x \leq p(x)$, d'où $-\hat{T}x = \hat{T}(-x) \leq p(-x) = p(x)$ et par conséquent $|\hat{T}x| \leq p(x)$.

2. Lorsque $\mathbb{K} = \mathbb{C}$, la partie réelle S de T se prolonge d'après 1. en une forme $\mathbb{R}$-linéaire $\hat{S}$ sur E telle que $|\hat{S}x| \leq p(x)$. La forme $\mathbb{C}$-linéaire $\hat{T}x = \hat{S}x - i\hat{S}(ix)$ (lemme 3.13.3) prolonge T. Le point $x \in E$ étant fixé, il existe $\theta \in \mathbb{R}$ tel que $|\hat{T}x| = e^{i\theta}\hat{T}x$, d'où

$$|\hat{T}x| = \Re e\,(e^{i\theta}\hat{T}x) = \hat{S}(e^{i\theta}x) \leq p(e^{i\theta}x) = p(x),$$

ce qui prouve que $\hat{T}$ possède toutes les propriétés voulues. Q.E.D.

Corollaire 3.13.5 *Soient E un espace vectoriel, $a \in E$ et p une semi-norme sur E, alors il existe une forme linéaire T sur E telle que $Ta = p(a)$ et $|Tx| \leq p(x)$ pour tout $x \in E$.*

Preuve Lorsque $a = 0$, $T = 0$ convient. Lorsque a n'est pas nul, soit $F = \mathbb{K}a$ la droite engendrée par a ; l'application $\lambda a \mapsto \lambda p(a)$ est une forme linéaire S sur F qui vérifie $Sa = p(a)$ et $|S(\lambda a)| = |\lambda|p(a) = p(\lambda a)$, c'est-à-dire $|Sx| = p(x)$ pour tout $x \in F$. D'après le théorème 3.13.4, cette forme linéaire se prolonge en une forme linéaire T sur tout l'espace E vérifiant $|Tx| \leq p(x)$, ce qui prouve le corollaire. Q.E.D.

On en déduit également le

Théorème 3.13.6 *Soient E un e.l.c., F un sous-espace vectoriel, alors toute forme linéaire et continue T sur F se prolonge en une forme linéaire et continue $\hat{T}$ sur E. En outre, si E est un espace normé, il existe un prolongement $\hat{T}$ de même norme que T, c'est-à-dire tel que $\|\hat{T}\| = \|T\|$.*

Preuve En effet, T étant linéaire et continu, il existe (théorème 3.3.3) une semi-norme p continue sur E telle que $|Tx| \leq p(x)$ pour $x \in F$, d'où (théorème 3.13.4) une forme linéaire $\hat{T}$ sur E prolongeant T telle que $|\hat{T}x| \leq p(x)$ pour tout $x \in E$, ce qui implique la continuité de cette forme linéaire.

Lorsque E est un espace normé, on notera d'abord que, quelle que soit la forme $\hat{T}$ prolongeant T, on a $\|\hat{T}\| \geq \|T\|$. On a d'autre part $|Tx| \leq \|T\|\,\|x\|$ pour tout

$x \in F$; on applique alors le théorème 3.13.4 en prenant comme semi-norme $p(x) = \|T\| \, \|x\|$ et on obtient ainsi un prolongement $\hat{T}$ vérifiant $|\hat{T}x| \leq \|T\| \, \|x\|$ pour tout $x \in E$, ce qui prouve que $\hat{T}$ est continue et de norme inférieure à celle de T, donc de même norme. Q.E.D.

Voici les premières conséquences des théorèmes de Hahn-Banach 3.13.4 et 3.13.6.

Corollaire 3.13.7 *Soient E un e.l.c. séparé, a un vecteur non nul de E, alors il existe une forme linéaire et continue $T \in E'$ telle que $Ta \neq 0$. En particulier, si E est un e.l.c. séparé $\neq \{0\}$, le dual E' n'est pas réduit à $\{0\}$.*

Preuve Si $(\|\bullet\|_i)_{i \in I}$ est une famille de semi-normes définissant la topologie de E, l'espace étant séparé, il existe une semi-norme telle que $\|a\|_i \neq 0$. D'après le corollaire 3.13.5, il existe une forme linéaire T sur E telle que $Ta = \|a\|_i$ et $|Tx| \leq \|x\|_i$ pour tout $x \in E$; cette forme linéaire est donc continue et vérifie les propriétés voulues. Q.E.D.

Corollaire 3.13.8 *Soit F un sous-espace vectoriel d'un e.l.c. E, alors un point $a \in E$ appartient à $\overline{F}$ si, et seulement si, toute forme linéaire et continue $T \in E'$ nulle sur F est nulle au point a. Un sous-espace F d'un e.l.c. E est donc partout dense si, et seulement si, toute forme linéaire et continue $T \in E'$ nulle sur F est identiquement nulle.*

Preuve Si $a \in \overline{F}$ et si $T \in E'$ est nul sur F, T est nul au point a d'après la continuité de T. Réciproquement, si a n'appartient pas à $\overline{F}$, construisons une forme linéaire et continue $T \in E'$ nulle sur F et telle que $Ta \neq 0$. Considérons le sous-espace vectoriel $G = \overline{F} \oplus \mathbb{K}a$; $\overline{F}$ est un hyperplan fermé de G, il existe donc (proposition 3.6.11) une forme linéaire et continue S sur G telle que $\overline{F} = \operatorname{Ker} S$ et cette forme linéaire se prolonge (théorème 3.13.6) en une forme linéaire et continue T sur E qui possède les propriétés voulues. Q.E.D.

Corollaire 3.13.9 *Dans un e.l.c. un sous-espace fermé F est égal à l'intersection de tous les hyperplans fermés qui contiennent F.*

Preuve En effet, F est évidemment contenu dans cette intersection G et, si a n'appartient pas à F, il existe d'après le corollaire 3.13.8 une forme linéaire et continue $T \in E'$ nulle sur F telle que $Ta \neq 0$; il en résulte que $H = \operatorname{Ker} T$ est un hyperplan fermé contenant F et tel que $a \notin H$, ce qui prouve que a n'appartient pas à G, d'où $G \subset F$. Q.E.D.

Lorsque E est un espace normé, on peut préciser ces résultats de la façon suivante.

Proposition 3.13.10 *Soient E un espace normé, F un sous-espace vectoriel et $a \in E$ un point n'appartenant pas à $\overline{F}$. Posons $d = d(a, F) > 0$, il existe une forme linéaire continue $T \in E'$ telle que*

$$T = 0 \text{ sur } F, \; Ta = 1 \text{ et } \|T\| = 1/d.$$

Preuve On pose $G = F \oplus \mathbb{K}a$ et on définit une forme linéaire $S : G \to \mathbb{K}$ en posant $Sx = \lambda$ si $x \in G$ s'écrit $x = y + \lambda a$ où $y \in F$, $\lambda \in \mathbb{K}$. Cette forme linéaire est nulle sur F et $Sa = 1$.

Montrons que S est continue et calculons sa norme. On a $|Sx| = |\lambda|$ et, si λ est non nul, $x = \lambda(y/\lambda + a)$, d'où

$$\|x\| = |\lambda| \times \|y/\lambda + a\| \geq |\lambda|\, d$$

et par conséquent $|Sx| \leq (1/d)\|x\|$; ceci prouve la continuité de S et $\|S\| \leq 1/d$. Montrons qu'on a en fait l'égalité. Il existe une suite (x_n) de F telle que $d = \lim_{n\to\infty} \|x_n - a\|$; posons $y_n = x_n - a$, on a alors

$$1 = |Sy_n| \leq \|S\|\, \|y_n\|,$$

d'où $1 \leq d\,\|S\|$ en passant à la limite et ceci prouve que $\|S\| \geq 1/d$, d'où $\|S\| = 1/d$.

On conclut alors grâce au théorème 3.13.6. Q.E.D.

Corollaire 3.13.11 *Soient E un espace normé, a un vecteur non nul de E, alors il existe une forme linéaire et continue $T \in E'$ telle que $Ta = \|a\|$ et $\|T\| = 1$.*

Preuve On utilise la proposition précédente en prenant $F = \{0\}$: il existe une forme linéaire et continue S sur E telle que $Sa = 1$ et $\|S\| = 1/\|a\|$ et on prend $T = \|a\|\, S$. Q.E.D.

Corollaire 3.13.12 *Soit E un espace normé, alors*

$$\|x\| = \sup_{T\in E',\|T\|\leq 1} |Tx|$$

et cette borne supérieure est atteinte.

Preuve En effet, si $\|T\| \leq 1$, on a $|Tx| \leq \|x\|$ pour tout x, d'où l'inégalité $\sup_{T\in E',\|T\|\leq 1} |Tx| \leq \|x\|$ et, d'après le corollaire précédent, il existe $T \in E'$, $\|T\| \leq 1$, tel que $Tx = \|x\|$ ce qui prouve le résultat voulu. Q.E.D.

Autrement dit, la norme de x est la plus petite constante telle que $|Tx| \leq \|T\|\, \|x\|$ pour toute forme linéaire et continue $T \in E'$.

Le théorème de prolongement 3.13.6 concerne des formes linéaires ; il se généralise de façon évidente à des applications linéaires continues à valeurs dans un e.l.c. séparé de dimension finie, un tel espace étant isomorphe à un espace $\mathbb{K}^n$. En utilisant cette remarque, démontrons le

Corollaire 3.13.13 *Dans un e.l.c. séparé E, tout sous-espace E_1 de dimension finie admet un supplémentaire topologique.*

Preuve L'application identique $I_{E_1} : E_1 \to E_1$ se prolonge en une application linéaire et continue $p_1 : E \to E_1$. Soit $E_2 = \operatorname{Ker} p_1$, alors E est la somme directe topologique de E_1 et E_2. En effet, $E_1 \cap E_2 = \{0\}$: si $x \in E_1 \cap E_2$, on a $p_1(x) = x$ car $x \in E_1$ et $p_1(x) = 0$ car $x \in E_2$, d'où $x = 0$. D'autre part, tout x peut s'écrire $x = p_1(x) + p_2(x)$, où $p_2(x) = x - p_1(x)$ appartient à E_2 car $p_1(x - p_1(x)) = p_1(x) - p_1^2(x) = 0$ vu que $p_1^2 = p_1$. Ceci prouve que E est la somme directe de E_1 et E_2 et cette somme directe est topologique d'après la continuité de p_1. Q.E.D.

Exercice 3.13.2 Soit E un e.l.c. séparé de dimension infinie, montrer que le dual E' est de dimension infinie [considérer un sous-espace $F \subset E$ de dimension n et utiliser le théorème de Hahn-Banach].

Exercice 3.13.3 1. Soient E un espace normé, A une partie de E et $f : A \to \mathbb{K}$ une fonction. Montrer qu'il existe une forme linéaire et continue $T \in E'$ telle que $T|_A = f$ et $\|T\| \leq c$ si, et seulement si,

$$\left|\sum_{i=1}^{n} \lambda_i f(x_i)\right| \leq c \left\|\sum_{i=1}^{n} \lambda_i x_i\right\| \tag{3.13.2}$$

pour tout entier $n \geq 1$ et tout $x_i \in A$, $\lambda_i \in \mathbb{K}$ $(1 \leq i \leq n)$ [pour démontrer que la condition est suffisante, prolonger f en une forme linéaire sur le sous-espace vectoriel engendré par A, puis utiliser le théorème de Hahn-Banach].

2. Étant donné une famille $(x_i)_{i \in I}$ d'éléments de E et une famille $(a_i)_{i \in I}$ de scalaires, en déduire qu'il existe une forme linéaire continue $T \in E'$ telle que $Tx_i = a_i$ pour $i \in I$ et $\|T\| \leq c$ si, et seulement si,

$$\left|\sum_{i \in J} \lambda_i a_i\right| \leq c \left\|\sum_{i \in J} \lambda_i x_i\right\|$$

pour toute partie finie J de I et tout $\lambda_i \in \mathbb{K}$.

Exercice 3.13.4 On considère le sous-espace de l'espace $l^\infty = l^\infty(\mathbb{N}; \mathbb{R})$

$$F = \left\{x \in l^\infty \,;\, \sup_{n \geq 0} \left|\sum_{k=0}^{n} x_k\right| < \infty\right\}$$

et on note $e = (e_n) \in l^\infty$ où $e_n = 1$ pour tout n.

1. Montrer que $d(e, F) = 1$ et en déduire une forme linéaire continue $T \in (l^\infty)'$ telle que

$$T|_F = 0,\ Te = 1 \text{ et } \|T\| = 1.$$

Une telle forme linéaire sera notée, selon Banach, $Tx = LIM_{n \to \infty}\, x_n$.

2. Montrer que toute suite (x_n) tendant vers 0 appartient à $\overline{F}$ et en déduire que pour toute suite (x_n) convergente

$$\lim_{n \to \infty} x_n = \underset{n \to \infty}{LIM}\, x_n.$$

3. Soit $x = (x_n) \in l^\infty$ tel que $x_n \geq 0$ pour tout n, montrer que $Tx \geq 0$ [on pourra utiliser la suite $x - (\|x\|/2)e$ et le fait que $\|T\| = 1$] et en déduire que pour toute suite (x_n) de l^∞

$$\liminf_{n \to \infty} x_n \leq \underset{n \to \infty}{LIM}\, x_n \leq \limsup_{n \to \infty} x_n.$$

3.14 Le théorème de Hahn-Banach (forme géométrique)

La forme, dite géométrique, du théorème de Hahn-Banach utilise la notion de jauge d'un convexe.

Lemme 3.14.1 *Soient E un espace vectoriel et C une partie convexe absorbante (exercice 3.1.2) non vide, on définit la jauge $j_C : E \to \mathbb{R}_+$ de C par*

$$j_C(x) = \inf\{\lambda > 0\,;\, x \in \lambda C\}. \tag{3.14.1}$$

Alors

$$j_C(\lambda x) = \lambda j_C(x) \text{ pour tout } x \in E, \lambda \geq 0, \tag{3.14.2}$$

$$j_C(x + y) \leq j_C(x) + j_C(y) \text{ pour tout } x, y \in E. \tag{3.14.3}$$

Si E est un e.l.c. et si C est un voisinage ouvert convexe de l'origine, la jauge j_C est continue et $C = \{x \in E\,;\, j_C(x) < 1\}$; si C est un voisinage fermé convexe de l'origine, la jauge j_C est continue et $C = \{x \in E\,;\, j_C(x) \leq 1\}$.

Preuve 1. Posons $I(x) = \{\lambda > 0\,;\, x \in \lambda C\}$. On notera d'abord que $I(x)$ est non vide car C est absorbant. Montrons ensuite que $I(x)$ est un intervalle de la forme $|j_C(x), +\infty[$, c'est-à-dire que tout μ plus grand qu'un λ appartenant à $I(x)$ appartient a fortiori à $I(x)$: on a en effet, C étant convexe et contenant l'origine, $\lambda C \subset \mu C$ vu que $0 < \lambda \leq \mu$.

2. On a $j_C(0) = 0$, ce qui prouve (3.14.2) lorsque $\lambda = 0$ et, lorsque λ est > 0, (3.14.2) résulte simplement de la formule $I(\lambda x) = \lambda I(x)$.

3. Soient $x, y \in E$, $\lambda > j_C(x)$ et $\mu > j_C(y)$, on a $x/\lambda \in C$, $y/\mu \in C$ d'où, C étant convexe, $(x + y)/(\lambda + \mu) \in C$; ceci prouve que

$$j_C(x + y) \leq \lambda + \mu \text{ pour tout } \lambda > j_C(x) \text{ et tout } \mu > j_C(y),$$

d'où (3.14.3).

4. Si E est un e.l.c., rappelons (exercice 3.1.2) que tout voisinage de l'origine est absorbant.

a. Lorsque C est ouvert, soit $C' = \{x \in E; j_C(x) < 1\}$. Si $x \in C'$, il existe $\lambda \in]0, 1[$ tel que $x/\lambda \in C$, d'où $x \in C$, C étant convexe et contenant l'origine ; ceci prouve que $C' \subset C$. Inversement, soit $x \in C$; l'ensemble C étant ouvert, x/λ appartient encore à C si λ est suffisamment voisin de 1, ce qui prouve $j_C(x) < 1$, d'où $x \in C'$, soit $C \subset C'$. On a donc démontré que $C = \{x \in E\,;\, j_C(x) < 1\}$; pour tout $\varepsilon > 0$, on a $j_{\varepsilon C} = \varepsilon^{-1} j_C$, d'où $\varepsilon C = \{x \in E\,;\, j_C(x) < \varepsilon\}$ et ceci prouve que j_C est continue à l'origine, donc partout d'après le lemme 3.3.7.

b. De même, si C est fermé, posons $C' = \{x \in E\,;\, j_C(x) \leq 1\}$. Soit $x \in C$, alors $j_C(x) \leq 1$, d'où $x \in C'$ et $C \subset C'$. Réciproquement, soit $x \in C'$, alors $\lambda x \in C$ pour tout $\lambda > 1$ et, C étant fermé, on en déduit $x \in C$, d'où $C' \subset C$. Ceci prouve que $C = C'$. Quant à la continuité de la jauge j_C, pour tout $\varepsilon > 0$, $\varepsilon C = \{x \in E\,;\, j_C(x) \leq \varepsilon\}$ car $j_{\varepsilon C} = \varepsilon^{-1} j_C$; ceci prouve la continuité de la jauge à l'origine, donc partout comme précédemment. Q.E.D.

La jauge n'est pas nécessairement une semi-norme ; ceci conduit à introduire la notion d'ensemble équilibré.

Définition 3.14.1 *Une partie A d'un espace vectoriel est dite équilibrée si*

$$(x \in A \textit{ et } \lambda \in \mathbb{K}, |\lambda| \leq 1) \Rightarrow \lambda x \in A.$$

Lorsque $\mathbb{K} = \mathbb{R}$, A est équilibré si, pour tout $x \in A$, le segment $[x, -x]$ est contenu dans A.

Remarque 3.14.1 Dans un e.l.c., toute boule $B'_J(0; r)$ est équilibrée : l'origine admet un système fondamental de voisinages convexes, fermés et équilibrés.

Lemme 3.14.2 *Soient E un espace vectoriel et C une partie convexe, absorbante, équilibrée et non vide, alors la jauge j_C est une semi-norme sur E.*

Preuve Il s'agit de vérifier que $j_C(\lambda x) = |\lambda| j_C(x)$ pour tout $\lambda \in \mathbb{K}$ et tout $x \in E$. Or,

$$j_C(\lambda x) = \inf\{\mu > 0\,;\, \lambda x \in \mu C\}$$

et, C étant équilibré, $\lambda x \in \mu C$ équivaut à $|\lambda| x \in \mu C$, d'où d'après (3.14.2)

$$j_C(\lambda x) = \inf\{\mu > 0\,;\, |\lambda| x \in \mu C\} = j_C(|\lambda| x) = |\lambda| j_C(x).$$

Q.E.D.

Nous utiliserons le résultat suivant

Lemme 3.14.3 *Dans un e.v.t., l'adhérence d'un ensemble équilibré est équilibrée.*

Preuve Notons $h_\lambda : x \mapsto \lambda x$ l'homothétie de rapport λ. Dire qu'une partie A est équilibrée signifie que $h_\lambda(A) \subset A$ si $|\lambda| \le 1$; d'après la continuité des homothéties, on en déduit que $h_\lambda(\overline{A}) \subset \overline{A}$ si $|\lambda| \le 1$, ce qui permet de conclure.

Q.E.D.

Exercice 3.14.1 Si la jauge d'un voisinage ouvert (resp. fermé) convexe C de l'origine est une semi-norme, montrer que C est équilibré.

Exercice 3.14.2 Soit E un e.l.c.

1. Montrer que l'enveloppe convexe de toute partie équilibrée est équilibrée.
2. Montrer que l'intersection de toute famille de parties équilibrées est une partie équilibrée.
3. Si A est une partie de E, en déduire qu'il existe une plus petite partie équilibrée contenant A qui peut s'écrire $\bigcup_{|\lambda| \le 1} \lambda A$: on l'appelle l'enveloppe équilibrée de A.
4. En déduire que $\Gamma\Big(\bigcup_{|\lambda| \le 1} \lambda A\Big)$ est le plus petit convexe équilibré contenant A et

$$\overline{\Gamma\Big(\bigcup_{|\lambda| \le 1} \lambda A\Big)}$$

le plus petit convexe fermé équilibré contenant A ; on les appelle respectivement enveloppe convexe équilibrée et enveloppe convexe fermée équilibrée de A.

5. Montrer que l'enveloppe convexe fermée équilibrée de toute partie bornée est bornée.

Exercice 3.14.3 Soient E un e.l.c. métrisable et B une partie équilibrée telle que, pour toute suite (x_n) de E convergeant vers 0, il existe $\lambda > 0$ tel que $\lambda x_n \in B$ pour tout n, montrer alors que B est un voisinage de 0 [raisonnement analogue à celui de la proposition 3.7.2].

Exercice 3.14.4 Soit C un convexe compact de $\mathbb{R}^n$ d'intérieur non vide, montrer que C est homéomorphe à la boule unité B de $\mathbb{R}^n$ [on peut supposer que C est un voisinage de 0, considérer l'application $f : \mathbb{R}^n \to \mathbb{R}^n$ définie par

$$f(0) = 0 \text{ et } f(x) = j_C(x)\, x/\|x\| \text{ lorsque } x \neq 0,$$

vérifier sa continuité et montrer qu'elle induit un homéomorphisme de C sur B].

La notion de jauge et les corollaires 3.13.2 et 3.13.5 permettent alors d'établir les propositions suivantes.

Proposition 3.14.4 *Soient E un e.l.c. réel, C une partie convexe contenant l'origine et $a \notin C$.*

1. Si C est ouvert, il existe $T \in E'$ tel que

$$Ta = 1 \text{ et } Tx < 1 \text{ pour tout } x \in C.$$

2. Si C est fermé, il existe $T \in E'$ tel que

$$Ta > 1 \text{ et } Tx \le 1 \text{ pour tout } x \in C.$$

Preuve 1. Lorsque C est ouvert, soit j_C la jauge du convexe C, alors (lemme 3.14.1) $C = \{x \in E\,;\, j_C(x) < 1\}$, d'où $j_C(a) \geq 1$. D'après le corollaire 3.13.2, il existe une forme linéaire S sur E telle que $Sa = j_C(a)$ et $Sx \leq j_C(x)$ pour tout $x \in E$. Soit $(\|\bullet\|_i)_{i\in I}$ une famille de semi-normes définissant la topologie de E, d'après la continuité de j_C et le lemme 3.3.7, il existe $J \in \mathcal{F}(I)$ et $c \geq 0$ tels que $j_C(x) \leq c\,\|x\|_J$, d'où $Sx \leq c\,\|x\|_J$ et, en changeant x en $-x$, $|Sx| \leq c\,\|x\|_J$. La forme linéaire S est donc continue et on conclut en prenant $T = S/j_C(a)$.

2. Lorsque C est fermé, il existe une boule $B_J(a;r)$ telle que $C \cap B_J(a;r) = \emptyset$, d'où $\big(C + B_J(0;r/2)\big) \cap B_J(a;r/2) = \emptyset$. Le point a n'appartient donc pas à l'adhérence C' de $C + B_J(0;r/2)$; ce dernier ensemble étant un voisinage ouvert convexe de l'origine, C' est un voisinage fermé convexe (proposition 3.8.4) de l'origine et $a \notin C'$. On a $C' = \{x \in E\,;\, j_{C'}(x) \leq 1\}$ (lemme 3.14.1), d'où $j_{C'}(a) > 1$. D'après le corollaire 3.13.2, il existe une forme linéaire T sur E telle que $Ta = j_{C'}(a)$ et $Tx \leq j_{C'}(x)$ et, comme précédemment, cette forme linéaire est continue et vérifie les propriétés requises. Q.E.D.

Proposition 3.14.5 *Soient E un e.l.c. sur $\mathbb{K}$ ($= \mathbb{R}$ ou $\mathbb{C}$), C une partie convexe équilibrée et $a \notin C$.*

1. Si C est ouvert, il existe $T \in E'$ tel que

$$Ta = 1 \text{ et } |Tx| < 1 \text{ pour tout } x \in C.$$

2. Si C est fermé, il existe $T \in E'$ tel que

$$Ta > 1 \text{ et } |Tx| < 1 \text{ pour tout } x \in C.$$

Preuve Reprenons la démonstration précédente.

1. Lorsque C est ouvert, sa jauge j_C est une semi-norme (lemme 3.14.2). D'après le corollaire 3.13.5, il existe une forme linéaire S sur E telle que $Sa = j_C(a)$ et $|Sx| \leq j_C(x)$ pour tout $x \in E$; on conclut comme précédemment en prenant $T = S/j_C(a)$.

2. Lorsque C est fermé, on remarque que $C + B_J(0;r/2)$ est équilibré ; d'après le lemme 3.14.3, C' est équilibré. La jauge $j_{C'}$ est une semi-norme et (corollaire 3.13.5) il existe une forme linéaire T sur E telle que $Ta = j_{C'}(a)$, $|Tx| \leq j_{C'}(x)$ pour $x \in E$, ce qui permet de conclure. Q.E.D.

Pour formuler géométriquement les résultats précédents, nous utiliserons les notions suivantes d'hyperplan affine et de demi-espace.

Dans un espace vectoriel (réel ou complexe), le translaté d'un sous-espace vectoriel est appelé un sous-espace affine ; le translaté d'un hyperplan, c'est-à-dire d'un sous-espace vectoriel de codimension un, sera appelé un hyperplan affine et, plus simplement, un hyperplan lorsqu'aucune confusion ne sera à craindre. Une description très simple est donnée par le

Lemme 3.14.6 *Soit E un espace vectoriel et soit T une forme linéaire sur E non identiquement nulle, alors l'ensemble $\{x \in E\,;\, Tx = 1\}$ est un hyperplan ne contenant pas 0. Réciproquement, si H est un hyperplan ne contenant pas 0, il existe une unique forme linéaire T sur E telle que $H = \{x \in E\,;\, Tx = 1\}$.*

Preuve Soit T une forme linéaire non identiquement nulle et soit $H = \{x \in E\,;\, Tx = 1\}$. Il est clair que $0 \notin H$. Montrons que H est un hyperplan. Il existe $a \in E$ tel que $Ta \neq 0$; posons $b = a/Ta$, on a alors $Tb = 1$ et on vérifie aisément que $H = b + \operatorname{Ker} T$.

Réciproquement, un hyperplan peut s'écrire $H = a + \operatorname{Ker} S$ où $S \in E^\star$ (lemme 3.6.9) ; si H ne contient pas 0, $Sa \neq 0$ et on vérifie alors que $H = \{x \in E\,;\, Tx = 1\}$ où $T = S/Sa$. Quant à l'unicité, soient T_1 et T_2 deux formes linéaires telles que

$$H = \{x \in E\,;\, T_1 x = 1\} = \{x \in E\,;\, T_2 x = 1\},$$

alors $T_1 = T_2$: en effet, s'il existait un point $a \in E$ tel que $T_1 a \neq T_2 a$, on aurait par exemple $T_1 a \neq 0$ et, en posant $b = a/T_1 a$, $T_1 b = 1$ et $T_2 b \neq 1$, ce qui est absurde. Q.E.D.

Lorsque E est un e.l.c., H est fermé si T est continu, sinon H est partout dense d'après la proposition 3.6.11.

Lorsque E est un e.l.c. réel, on définit la notion de demi-espace de la façon suivante. Si $T \in E'$ est une forme linéaire et continue non identiquement nulle et si a est un nombre réel, les ensembles

$$\{x \in E\,;\, Tx \leq a\} \text{ et } \{x \in E\,;\, Tx \geq a\}$$

sont appelés demi-espaces fermés déterminés par l'hyperplan

$$H = \{x \in E\,;\, Tx = a\}.$$

Exercice 3.14.5 Soient E un e.l.c. réel et T une forme linéaire sur E non identiquement nulle. Soit $a \in \mathbb{R}$, on pose $H = \{x \in E\,;\, Tx = a\}$, $D_+ = \{x \in E\,;\, Tx \geq a\}$ et $D_- = \{x \in E\,;\, Tx \leq a\}$.

1. Soit $b \in E$ tel que $Tb = a$, on considère l'homéomorphisme $s : x \mapsto 2b - x$ (symétrie par rapport à b). Montrer que $s(D_\pm) = D_\mp$.

2. En déduire que T est continu si, et seulement si, D_+ (ou D_-) est fermé [utiliser la proposition 3.6.11].

3. Si T est continu, montrer que l'intérieur de $D_\pm$ est le demi-espace ouvert $D_\pm - H$ et que H est la frontière de $D_\pm$.

On a alors le résultat important qui suit et dont l'interprétation sera donnée ultérieurement lors de l'étude des topologies faibles.

Proposition 3.14.7 *Dans un e.l.c. réel, tout convexe fermé non vide C est l'intersection des demi-espaces fermés qui contiennent C.*

Preuve Grâce à une translation, on peut supposer que C contient l'origine. Soit $a \notin C$, d'après la proposition 3.14.4, il existe $T \in E'$ tel que $Ta > 1$ et $Tx \leq 1$ sur C. Le demi-espace fermé $\{x \in E\,;\, Tx \leq 1\}$ contient C, mais non le point a, d'où le résultat souhaité. Q.E.D.

Après ces préliminaires, venons-en au théorème essentiel de ce paragraphe.

Théorème 3.14.8 Forme géométrique du théorème de Hahn-Banach *Soient E un e.l.c., C un ouvert convexe non vide et M un sous-espace affine ne rencontrant pas C. Alors, il existe un hyperplan fermé contenant M et ne rencontrant pas C.*

Preuve 1. Supposons d'abord $\mathbb{K} = \mathbb{R}$. Grâce à une translation, on peut supposer que C contient l'origine. Le sous-espace affine M peut alors s'écrire $M = a + F$ où F est un sous-espace vectoriel de E et $a \in E$ n'appartient pas à F vu que l'origine n'appartient pas à M. Considérons alors le sous-espace vectoriel $G = F \oplus \mathbb{R}a$; M est un hyperplan de G : il existe donc une forme linéaire T sur G telle que $M = \{x \in G\,;\, Tx = 1\}$.

Soit $p = j_C$ la jauge du convexe C. Montrons que $Tx \leq p(x)$ sur G. La fonction p étant positive, il suffit d'étudier les $x \in G$ tels que $Tx > 0$; posons $y = x/Tx$, alors $Ty = 1$, d'où $y \in M$, donc $y \notin C$ et par suite (lemme 3.14.1) $p(y) \geq 1$, soit $Tx \leq p(x)$.

D'après le lemme 3.13.1, il existe donc une forme linéaire $\hat{T}$ sur E prolongeant T telle que $\hat{T}x \leq p(x)$. Alors, $H = \{x \in E\,;\, \hat{T}x = 1\}$ est un hyperplan contenant M ; cet hyperplan ne rencontre pas C vu que $p < 1$ sur C et, C étant ouvert, il ne peut être partout dense et est donc fermé.

2. Lorsque $\mathbb{K} = \mathbb{C}$, on peut par translation se ramener au cas où M contient l'origine. Il existe alors d'après 1. une forme $\mathbb{R}$-linéaire S telle que l'hyperplan réel K d'équation $Sx = 0$ contienne M et ne rencontre pas C. D'après le lemme 3.13.3, S est la partie réelle de la forme $\mathbb{C}$-linéaire $Tx = Sx - iS(ix)$. L'hyperplan complexe H d'équation $Tx = 0$ est contenu dans K, donc ne rencontre pas C. Vérifions que $M \subset H$: soit $x \in M$, alors $ix \in M$ et, K contenant M, $Sx = S(ix) = 0$, d'où $Tx = 0$ et $x \in H$. Cet hyperplan H ne peut être partout dense, il est donc fermé ce qui permet de conclure. Q.E.D.

Remarque 3.14.2 Lorsque le sous-espace affine M est réduit à un point, ce théorème dans le cas réel est une conséquence immédiate de la proposition 3.14.4 et est encore vrai pour un convexe fermé non vide. Par contre, dés que la dimension de M est ≥ 1, le théorème peut être en défaut pour des convexes fermés (exercice 3.14.6).

Exercice 3.14.6 Dans $\mathbb{R}^3$, on considère l'ensemble

$$C = \{(x, y, z) \in \mathbb{R}^3\,;\, 0 \leq x,\, 0 \leq y,\, z^2 \leq xy\}$$

et la droite D d'équations $x = 0,\ z = 1$. Montrer que C est un convexe fermé et que tout hyperplan passant par D rencontre C.

Donnons pour clore ce paragraphe un exemple de théorème de séparation. On supposera l'espace réel, les notions de séparation n'ayant aucune signification dans le cas complexe.

Définition 3.14.2 *Dans un e.l.c. réel E, on dit que deux parties A et B de E sont séparées par un hyperplan fermé H si A est contenu dans l'un des demi-espaces fermés déterminés par H et B dans l'autre demi-espace fermé.*

On a alors le théorème de séparation suivant.

Théorème 3.14.9 *Soient E un e.l.c. réel, A et B deux ensembles convexes non vides et disjoints, l'un au moins de ces convexes étant ouvert, alors il existe un* *hyperplan fermé H séparant A et B. En outre, si A, par exemple, est ouvert, un tel hyperplan H ne rencontre pas A.*

Preuve On applique le théorème précédent en prenant $M = \{0\}$ et $C = A - B$ qui est convexe, non vide et ouvert (lemme 3.6.1) : il existe un hyperplan fermé contenant 0 et ne rencontrant pas C ; autrement dit, il existe une forme linéaire et continue $T \in E'$ qui ne s'annule pas sur C et, un convexe étant connexe, T est donc de signe constant sur C ; supposons, par exemple, $T > 0$ sur C, c'est-à-dire $Tx > Ty$ pour tout $x \in A$ et $y \in B$; posons $a = \inf_{x \in A} Tx$; a est fini et $Tx \geq a$ pour tout $x \in A$, $Ty \leq a$ pour tout $y \in B$, ce qui prouve que l'hyperplan fermé $H = \{z \in E\,;\, Tz = a\}$ sépare A et B.

Si A est ouvert, montrons que H ne rencontre pas A. En effet, $T(A)$ est ouvert : soit $x \in A$ et $h \in E$ tel que $Th \neq 0$; le vecteur $x + th$ appartient à A pour $t \in \mathbb{R}$ suffisamment petit et $T(x + th) = Tx + tTh$, ce qui prouve que $T(A)$ est un voisinage de Tx et $T(A)$ est donc ouvert. L'ensemble $T(A)$ est donc un ouvert de $\mathbb{R}$ contenu dans la demi-droite $[a, +\infty[$; le point a ne peut donc appartenir à cet ensemble, ce qui prouve le résultat voulu. Q.E.D.

Exercice 3.14.7 Soient E un e.l.c. réel, A et B deux convexes non vides et disjoints, on suppose A compact et B fermé. Montrer qu'il existe un hyperplan fermé séparant A et B qui ne rencontre ni A, ni B [utiliser l'exercice 3.7.7 et le théorème 3.14.9].

Exercice 3.14.8 Soit E un e.v.t.

1. Soit V un voisinage de 0, il existe (exercice 3.1.1) un voisinage $W \in \mathcal{V}(0)$ tel que $W + W \subset V$, montrer que $\overline{W} \subset V$ et en déduire que l'origine admet un système fondamental de voisinages fermés.

2. Montrer que, pour tout voisinage $V \in \mathcal{V}(0)$, il existe $\alpha > 0$ et un voisinage $W \in \mathcal{V}(0)$ tels que

$$(|\lambda| \leq \alpha \text{ et } x \in W) \Rightarrow \lambda x \in V$$

et en déduire que l'origine admet un système fondamental de voisinages équilibrés.

3. On suppose que l'origine admet un système fondamental de voisinages convexes. Montrer alors que l'ensemble $(V_i)_{i \in I}$ des voisinages de l'origine convexes, fermés et équilibrés est un système fondamental de voisinages et en déduire que la topologie de E peut être définie par une famille de semi-normes [prendre la famille des jauges des ensembles V_i].

Exercice 3.14.9 Hyperplan d'appui Soient E un e.l.c. réel et $C \subset E$ une partie non vide, un hyperplan fermé H est appelé un hyperplan d'appui de C si H rencontre C et si C est contenu dans l'un des demi-espaces fermés définis par H.

1. Soit $T \in E'$ une forme linéaire et continue non identiquement nulle, si C est compact, montrer qu'il existe un hyperplan d'appui de C de la forme $Tx = a$.

2. Si C est un convexe fermé d'intérieur non vide, par tout point frontière de C, il passe un hyperplan d'appui de C [soit $a \in \mathrm{Fr}\,(C)$, noter que $\mathring{C}$ est convexe (exercice 3.8.1) et utiliser le théorème 3.14.8 de Hahn-Banach].

Exercice 3.14.10 Soit K une partie non vide d'un espace vectoriel E, une partie non vide A de K est appelée une partie extrémale de K si

$$(\forall x, y \in K)(\forall t \in]0, 1[)(tx + (1 - t)y \in A \Rightarrow x, y \in A).$$

Un point $a \in K$ est appelé un point extrémal de K si $\{a\}$ est une partie extrémale de K.

1. Si E est un e.l.c., tout point extrémal de K appartient à la frontière de K.

2. Un espace normé E est dit uniformément convexe si, pour tout $\varepsilon > 0$, il existe $\delta > 0$ tel que

$$(\|x\| \leq 1,\ \|y\| \leq 1 \text{ et } \|(x+y)/2\| \geq 1-\delta) \Rightarrow \|x-y\| \leq \varepsilon.$$

Montrer que les points extrémaux de la boule unité $B = \{x \in E\,;\, \|x\| \leq 1\}$ sont les points de la sphère unité $S = \{x \in E\,;\, \|x\| = 1\}$.

3. Dans l'espace de Banach $l^\infty(I;\mathbb{K})$, I étant un ensemble quelconque, montrer que les points extrémaux de la boule unité sont les points $a = (a_i)_{i\in I}$ tels que $|a_i| = 1$ pour tout i.

On suppose désormais que E est un e.l.c. séparé et que K est une partie compacte non vide de E.

4,a. Soit $\mathcal{F}$ l'ensemble des parties extrémales fermées de K ; on ordonne $\mathcal{F}$ en prenant comme relation d'ordre l'opposé de l'inclusion. Montrer que $\mathcal{F}$ est inductif.

b. Soit $A \in \mathcal{F}$, si T est une forme $\mathbb{R}$-linéaire et continue sur E montrer que

$$B = \{x \in A\,;\, Tx = \sup_{y\in A} Ty\}$$

appartient à $\mathcal{F}$.

c. En déduire que tout élément maximal de $\mathcal{F}$ est une partie réduite à un élément.

d. Montrer que toute partie extrémale fermée de K contient un élément extrémal de K et que l'ensemble $E_x(K)$ des éléments extrémaux de K est non vide.

5. Montrer que K est contenu dans l'enveloppe convexe fermée $\overline{\Gamma(E_x(K))}$ de ses points extrémaux [s'il existe un point a de K n'appartenant pas à cette enveloppe convexe fermée, utiliser la proposition 3.14.4]. Si on suppose de plus K convexe, alors $K = \overline{\Gamma(E_x(K))}$ (théorème de Krein-Milman).

Exercice 3.14.11 Soient E un e.l.c. séparé, K une partie convexe compacte non vide et $f : K \to \mathbb{R}$ une fonction convexe s.c.s. Montrer que l'ensemble K' où f atteint sa borne supérieure est une partie extrémale compacte (exercice 3.14.10) de K.

Exercice 3.14.12 Soient E un espace normé uniformément convexe (exercice 3.14.10) et K une partie compacte non vide de E. On note A l'ensemble des $x \in E$ qui admettent une unique projection sur K : si $d = d(x, K)$, ceci signifie qu'il existe un unique point $y \in K$ tel que $\|x - y\| = d$.

1. Montrer que $K \subset A$. Si $x \notin K$, soit y un point de K tel que $\|x - y\| = d$, montrer que $]x, y[\subset A$ [si $z = tx + (1-t)y \in]x, y[$, $0 < t < 1$, on montrera que $B'(z; td) \subset B(x; d) \cup \{y\}$: à cet effet, on supposera qu'il existe un point $y' \in E$ tel que

$$y \neq y',\ \|z - y'\| = td \text{ et } \|x - y'\| = d;$$

poser

$$y'' = y + \frac{1}{t}(y' - y);$$

les points y, y', y'' de la sphère $S(x; d)$ étant alignés, en déduire une contradiction grâce à l'exercice $3.14.10_2$]. En déduire que A est dense dans E.

Soient $x \in E$, $d = d(x, K)$ et $\delta > 0$, on pose

$$K_\delta(x) = K \cap B'(x; d + \delta)$$

et, pour tout $\varepsilon > 0$,

$$O_\varepsilon = \{x \in E\,;\, (\exists\delta > 0)(\text{ diam } K_\delta(x) \leq \varepsilon)\}.$$

2. Montrer que $A = \bigcap_{\varepsilon>0} O_\varepsilon$.

3. Soient $x, x' \in E$, $d = d(x, K)$, $d' = d(x', K)$. Montrer que $K_{\delta'}(x) \subset K_\delta(x)$ dès que $2\|x - x'\| + \delta' \leq \delta$ et en déduire que les ensembles $F_\varepsilon = E - O_\varepsilon$ sont fermés.

4. En déduire que le complémentaire de A est maigre.

3.15 Topologies faibles

Soient E et F deux espaces vectoriels (réels ou complexes). On dit qu'une forme bilinéaire $(x, y) \mapsto < x, y >$ sur $E \times F$ met ces espaces vectoriels en dualité si

(3.15.1) $$< x, y >= 0 \text{ pour tout } x \in E \text{ implique } y = 0$$

et

(3.15.2) $$< x, y >= 0 \text{ pour tout } y \in F \text{ implique } x = 0.$$

On dit alors que $< \bullet, \bullet >$ est le crochet de dualité ; le cas échéant, ce crochet peut être noté $< \bullet, \bullet >_{(E,F)}$.

L'exemple fondamental est le suivant.

Proposition 3.15.1 *Soient E un e.l.c. séparé, E' le dual topologique de E, alors la forme bilinéaire $< x, x' >= x'(x)$ met les espaces E et E' en dualité.*

Preuve Si $x'(x) = 0$ pour tout x, on a évidemment $x' = 0$. Si $x'(x) = 0$ pour tout $x' \in E'$, alors $x = 0$: en effet, si x est différent de 0, il existe (corollaire 3.13.7) $x' \in E'$ tel que $x'(x) \neq 0$. Q.E.D.

Lorsque deux espaces vectoriels sont en dualité, on peut définir des topologies sur ces espaces, dites topologies faibles, de la façon suivante. Sur l'espace E, les applications $\theta_y : x \mapsto < x, y >$, où $y \in F$, sont des formes linéaires et on peut donc définir sur E la topologie initiale rendant continues toutes ces formes linéaires lorsque y décrit F. Cette topologie est donc la topologie la moins fine rendant continues les applications θ_y, $y \in F$; cette topologie, notée $\sigma(E, F)$, s'appelle topologie faible sur E associée à la dualité entre les espaces E et F. Bien entendu, on définit de la même façon une topologie faible sur F notée $\sigma(F, E)$: c'est la topologie la moins fine rendant continues toutes les formes linéaires $y \mapsto < x, y >$, x décrivant E. Les espaces E et F jouant un rôle parfaitement symétrique, nous allons indiquer les propriétés de la topologie faible sur E.

D'après la proposition 3.5.1, la topologie $\sigma(E, F)$ est une topologie d'e.l.c. qui peut être définie par la famille de semi-normes

(3.15.3) $$x \mapsto | < x, y > | \text{ où } y \text{ décrit } F.$$

La topologie $\sigma(E, F)$ est séparée d'après (3.15.2) et la proposition 3.2.9. Si une suite (x_n) de E converge vers x pour la topologie $\sigma(E, F)$, on dit qu'elle converge faiblement vers x : ceci signifie que, pour tout $y \in F$, la suite $(< x_n, y >)$ de $\mathbb{K}$ converge vers $< x, y >$.

Reprenons la situation de la proposition 3.15.1. Les espaces E et E' étant en dualité, on peut définir des topologies faibles $\sigma(E, E')$ et $\sigma(E', E)$ sur E et E'. Sur l'espace E, on dispose donc de deux topologies, d'une part de la topologie donnée initialement qu'on appelle donc la topologie initiale ou topologie forte sur E, d'autre part de la topologie faible $\sigma(E, E')$: cette topologie faible est effectivement plus faible, c'est-à-dire moins fine que la topologie initiale, vu que la semi-norme $x \mapsto |x'(x)|$ est continue sur E pour la topologie initiale (c'est la continuité de x' !) C'est pour cette raison que la topologie $\sigma(E, E')$ est appelée la topologie affaiblie sur E (sous-entendu affaiblie de la topologie initiale) ; muni de cette topologie, l'espace E sera noté E_σ. Dire qu'une suite (x_n) de E converge faiblement vers x signifie que, pour tout $x' \in E'$, la suite $(x'(x_n))$ converge vers $x'(x)$. Par contre, l'espace E' n'est pas naturellement muni d'une topologie et la dualité entre E et E' permet de définir la topologie faible $\sigma(E', E)$ sur E' ; il est important de noter que cette topologie est en fait la topologie de la convergence simple et plus précisément la topologie induite par celle de l'espace $\mathcal{F}_s(E; \mathbb{K})$; muni de cette topologie, l'espace E' sera noté E'_σ et sera appelé le dual faible de E.

D'après la définition même de la topologie $\sigma(E, F)$, la forme linéaire $x \mapsto < x, y >$ est continue sur E muni de sa topologie faible ; autrement dit, si on note E' le dual de l'espace E muni de sa topologie faible, l'application $\theta : y \mapsto \theta_y$ est une application, évidemment linéaire, de F dans E'. Nous allons démontrer que cette application est un isomorphisme topologique, les espaces F et E' étant munis des topologies $\sigma(F, E)$ et $\sigma(E', E)$.

Voici d'abord un lemme algébrique.

Lemme 3.15.2 *Soient $T_1, \ldots, T_n, T$ des formes linéaires sur un espace vectoriel E telles que $T_1 x = \ldots = T_n x = 0$ implique $Tx = 0$, alors T est une combinaison linéaire des formes $T_1, \ldots, T_n$.*

Preuve Considérons l'application linéaire $R = (T_1, \ldots, T_n) : E \to \mathbb{K}^n$, l'hypothèse signifie que $Rx = 0$ implique $Tx = 0$; autrement dit $Rx = Rx'$ implique $Tx = Tx'$, il existe donc une forme linéaire et une seule $S : R(E) \to \mathbb{K}$ telle que $S(Rx) = Tx$. D'après le théorème 3.13.6, cette forme linéaire se prolonge en une forme linéaire $\hat{S}$ sur $\mathbb{K}^n$; cette forme linéaire est de la forme

$$\hat{S}(y_1, \ldots, y_n) = \sum_{i=1}^{n} a_i y_i,\ a_i \in \mathbb{K},$$

d'où

$$Tx = S(T_1 x, \ldots, T_n x) = \sum_{i=1}^{n} a_i T_i x$$

et ceci prouve que $T = \sum_{i=1}^{n} a_i T_i$. Q.E.D.

Proposition 3.15.3 *Soient E et F deux espaces vectoriels en dualité, E' le dual de l'e.l.c. séparé E muni de la topologie faible $\sigma(E, F)$, alors l'application $\theta : y \mapsto < \bullet, y >$ est un isomorphisme topologique de F sur E' pour les topologies $\sigma(F, E)$ et $\sigma(E', E)$. Toute forme linéaire et continue T sur E, $\sigma(E, F)$, peut donc s'écrire d'une façon et d'une seule*

$$Tx = < x, y > \text{ où } y \in F.$$

Preuve L'application θ est injective : $\theta(y) = 0$ implique $y = 0$ d'après (3.15.1).

Montrons que θ est surjective. Soit $T \in E'$, d'après le théorème 3.3.3 il existe une partie finie $\{y_1, \ldots, y_n\}$ de F et une constante $c \geq 0$ telle que

$$|Tx| \leq c \sup_{1 \leq i \leq n} |< x, y_i >| \text{ pour tout } x \,;$$

il en résulte que $Tx = 0$ dès que $< x, y_i >= 0$, $1 \leq i \leq n$; d'après le lemme précédent, T est une combinaison linéaire des formes $< \bullet, y_i >$, ce qui prouve que T est de la forme $< \bullet, y >$ où y est une combinaison linéaire des y_i. L'application θ est donc surjective.

Montrons que θ est un isomorphisme topologique. La topologie $\sigma(F, E)$ de F est définie par les semi-normes $p_x : y \mapsto |< x, y >|$; la topologie $\sigma(E', E)$ de E' est définie par les semi-normes $q_x : x' \mapsto |x'(x)|$ et, pour conclure, il suffit d'observer que $p_x = q_x \circ \theta$. Q.E.D.

Lorsque E et F sont deux espaces vectoriels en dualité et qu'on munit ces espaces de leur topologie faible, on peut donc identifier F et le dual de E, ainsi que E et le dual de F. Autrement dit, la situation apparemment particulière de la dualité entre un e.l.c. séparé et son dual est en fait la situation générale. Dans ce cas l'application θ est simplement l'application identique de E' et on a donc le

Corollaire 3.15.4 *Soient E un e.l.c. séparé, E' le dual de E, alors E' est encore le dual de E pour la topologie affaiblie $\sigma(E, E')$.*

Remarque 3.15.1 D'après la proposition 3.15.3, l'application qui à tout x de E associe la forme linéaire et continue sur E'_σ $x' \mapsto x'(x)$ est un isomorphisme de E sur $(E'_\sigma)'$ pour les topologies $\sigma(E, E')$ et $\sigma((E'_\sigma)', E'_\sigma)$, c'est-à-dire un isomorphisme de E_σ sur le dual faible de E'_σ. En particulier, toute forme linéaire et continue sur le dual faible est de la forme $x' \mapsto x'(x)$: le dual du dual faible E'_σ peut être identifié à E.

Soit E un e.l.c. séparé, la topologie affaiblie étant moins fine que la topologie initiale, toute partie faiblement fermée, c'est-à-dire fermée pour la topologie $\sigma(E, E')$, est fortement fermée, c'est-à-dire fermée pour la topologie initiale. Réciproquement, une partie fortement fermée n'est pas en général faiblement fermée. Cependant, les formes linéaires continues sur E étant les mêmes pour ces deux topologies, un hyperplan fermé est faiblement fermé et, plus généralement, un sous-espace vectoriel fermé est faiblement fermé d'après le corollaire 3.13.9. Ce résultat subsiste pour toute partie convexe. Lorsque E est un e.l.c. réel, ceci résulte de la proposition 3.14.7 ; cette proposition n'ayant aucune signification dans le cas complexe, nous utiliserons l'argument suivant.

Soient E et F deux espaces vectoriels complexes en dualité. Notons E_0 et F_0 les espaces vectoriels réels sous-jacents. La forme bilinéaire

$$(x, y) \mapsto \Re e < x, y >$$

définit une dualité entre ces espaces : en effet, supposons $\Re e < x, y >= 0$ pour tout $x \in E$, alors $\Re e < ix, y >= 0$, d'où $\Im m < x, y >= 0$ et par suite $< x, y >= 0$ pour tout $x \in E$, d'où $y = 0$, ce qui prouve (3.15.1) ; on vérifie de même (3.15.2). Sur E, on peut donc définir deux topologies faibles, la topologie $\sigma(E,F)$ et la topologie $\sigma(E_0,F_0)$; ces deux topologies coïncident : $\sigma(E,F) = \sigma(E_0,F_0)$. En effet, la topologie $\sigma(E,F)$ est définie par les semi-normes $x \mapsto |< x,y >|$, la topologie $\sigma(E_0,F_0)$ par les semi-normes

$$x \mapsto |\Re e < x,y >|$$

et on a

$$|\Re e < x,y >| \leq |< x,y >|, \; |< x,y >| \leq |\Re e < x,y >| + |\Re e < x,iy >|,$$

ce qui prouve le résultat voulu.

Les considérations précédentes prouvent donc la

Proposition 3.15.5 *Dans un e.l.c. séparé, tout convexe fortement fermé est faiblement fermé.*

Exercice 3.15.1 **Théorème de Mazur** Soit E un e.l.c. métrisable et soit (x_n) une suite de E convergeant faiblement vers x, c'est-à-dire dans E_σ. Si C désigne l'enveloppe convexe de la suite (x_n), montrer qu'il existe une suite (y_n) de C qui converge vers x pour la topologie initiale [noter que l'adhérence de C pour la topologie initiale coïncide avec l'adhérence faible de C].

Exercice 3.15.2 Soit E un espace normé de dimension infinie, montrer que la topologie affaiblie $\sigma(E,E')$ n'est pas métrisable [si la topologie $\sigma(E,E')$ est métrisable, montrer qu'il existe une suite (x'_n) de E' vérifiant la propriété suivante : pour tout $x' \in E'$, il existe n et $c \geq 0$ tels que

$$|x'(x)| \leq c \max_{0 \leq j \leq n} |x'_j(x)| \text{ pour tout } x \in E$$

utiliser ensuite le lemme 3.15.2, puis les exercices 3.5.3 et 3.13.2].

Exercice 3.15.3 Soit E un e.l.c. séparé.

1. Montrer que E'_σ est métrisable si, et seulement si, E est de dimension dénombrable [utiliser le lemme 3.15.2].

2. Montrer que E'_σ est normable si, et seulement si, E est de dimension finie [si E est de dimension infinie, montrer que tout voisinage de 0 dans E'_σ contient un sous-espace vectoriel non réduit à $\{0\}$].

Exercice 3.15.4 On considère l'e.l.c. $E = \mathcal{F}_s(X;\mathbb{K})$ (exemple 3.5.1).

1. Soit $x \in X$, montrer que l'application $\delta_x : f \mapsto f(x)$ est une forme linéaire et continue sur E.

2. Montrer que E' coïncide avec l'espace vectoriel engendré par $(\delta_x)_{x\in X}$ [utiliser le lemme 3.15.2].

3. Montrer que la topologie affaiblie sur E coïncide avec la topologie initiale.

Exercice 3.15.5 Soit E un espace vectoriel de dimension infinie qu'on munit d'une structure d'e.l.c. en prenant toutes les semi-normes définies sur E.

1. Montrer que la topologie de E est séparée.

2. Montrer que la topologie affaiblie est strictement moins fine que la topologie initiale en procédant comme suit.

a. Soit $(e_i)_{i\in I}$ une base de E, tout $x \in E$ s'écrit d'une manière unique $x = \sum_{i\in I} x_i e_i$, $x_i \in \mathbb{K}$, où l'ensemble des i tels que $x_i \neq 0$ est fini. Montrer que $\|x\| = \sum_{i\in I} |x_i|$ est une norme sur E.

b. Expliciter l'éventuelle continuité de l'application identique de E_σ dans E, puis conclure.

Exercice 3.15.6 On considère l'espace vectoriel $E = \mathbb{K}[x]$ des polynômes à une indéterminée et l'espace vectoriel $F = \mathbb{K}[[x]]$ des séries formelles à une indéterminée. Si $P = \sum_{j=0}^{\infty} p_j x_j$ est un polynôme (l'ensemble $\{j \in \mathbb{N} \,;\, p_j \neq 0\}$ est fini) et $Q = \sum_{j=0}^{\infty} q_j x_j$ est une série formelle, on pose

$$< P,Q >= \sum_{j=0}^{\infty} p_j q_j.$$

1. Montrer qu'on établit ainsi une dualité entre les espaces E et F.

2. Montrer que toute forme linéaire $T : E \to \mathbb{K}$ est continue.

3. On note E_n le sous-espace vectoriel de E constitué des polynômes de degré $\leq n$. Montrer que la topologie induite sur E_n par celle de E est la topologie canonique de E_n.

4. Montrer qu'une partie B de E est bornée si, et seulement si, il existe une entier n tel que B soit contenu et borné dans E_n [pour démontrer que la condition est nécessaire, on pourra raisonner par l'absurde : si $B \not\subset E_n$ pour tout n, il existe une suite $P_k \in B$ telle que degré $P_k <$ degré P_{k+1} ; construire alors une série formelle de la forme $Q = \sum_{k=0}^{\infty} q_k x^{n_k}$ où $n_k =$ degré P_k telle que $| < P_k, Q > | \geq k$ pour tout k].

5. Montrer qu'une suite (P_k) de E converge vers 0 si, et seulement si, il existe n tel que $P_k \in E_n$ pour tout k et la suite (P_k) converge vers 0 dans E_n.

6. Montrer que l'espace E est séquentiellement complet.

7. Montrer que E n'est pas métrisable [montrer que E est maigre].

Exercice 3.15.7 Soient E un e.l.c. séparé, F un sous-espace vectoriel partout dense muni d'une topologie d'e.l.c. séparé telle que l'injection canonique de F dans E soit continue, l'application de restriction $u \in E' \mapsto u|_F \in F'$ est alors injective, ce qui permet d'identifier E' à un sous-espace de F'.

1. Montrer que la topologie $\sigma(E', E)$ est plus fine que la topologie induite par la topologie $\sigma(F', F)$.

2. Si $F \neq E$, la topologie $\sigma(E', E)$ est strictement plus fine que la topologie induite par la topologie $\sigma(F', F)$ [raisonner par l'absurde : si ces deux topologies coïncident, considérer la semi-norme de E', $x' \mapsto |x'(x)|$, où $x \in E - F$].

3.16 Dualité des espaces de Banach

Soient E un espace normé (réel ou complexe) et E' son dual. On dispose sur E de la topologie initiale et de la topologie affaiblie $\sigma(E, E')$ associée à la dualité $(x, x') \mapsto x'(x)$ entre E et E' ; muni de cette topologie faible, l'espace E est noté E_σ. Sur le dual E', on dispose de la topologie faible $\sigma(E', E)$; rappelons que muni de cette topologie, E', noté E'_σ, est appelé dual faible. Sur E', on dispose également de la topologie de la convergence uniforme sur tout borné qui est une topologie d'espace de Banach (théorème 3.10.1), la norme d'une forme linéaire et continue $T \in E'$ étant définie par $\|T\| = \sup_{\|x\| \leq 1} |Tx|$; cette topologie sur E', notée $\mathcal{T}_b$, est appelée topologie forte. Muni de cette topologie E', noté E'_b, est appelé le dual fort. On peut alors considérer le dual $E'' = (E'_b)'$ du dual fort, appelé bidual de l'espace E, et la topologie affaiblie de la topologie forte, c'est-à-dire la topologie faible $\sigma(E', E'')$.

En résumé, on dispose sur l'espace E de deux topologies, la topologie initiale et la topologie affaiblie de l'initiale, sur le dual E' de trois topologies, la topologie faible $\sigma(E', E)$, la topologie forte et la topologie affaiblie de la forte. Sur le bidual, nous utiliserons la topologie d'espace de Banach de dual fort de l'espace de Banach E'_b et la topologie faible $\sigma(E'', E')$.

Nous allons étudier les propriétés des topologies faibles $\sigma(E, E')$ et $\sigma(E', E)$. Ces propriétés seront qualifiées de l'adjectif faible ; par exemple, une partie bornée (resp. compacte) de E_σ ou E'_σ sera dite faiblement bornée (resp. faiblement compacte), etc. Afin d'éviter toute confusion, nous n'utiliserons pas cet adjectif faible pour la topologie $\sigma(E', E'')$.

Rappelons enfin que, sur l'espace E, la topologie initiale est plus fine que la topologie affaiblie $\sigma(E, E')$. Lorsque E est de dimension finie, ces topologies coïncident d'après le théorème 3.5.8.

Sur l'espace E', on a la

Proposition 3.16.1 *Soit E' le dual d'un espace normé E, alors*

$$\sigma(E', E) \leq \sigma(E', E'') \leq \mathcal{T}_b.$$

Preuve On sait déjà que la topologie $\mathcal{T}_b$ est plus fine que sa topologie affaiblie $\sigma(E', E'')$. La topologie $\sigma(E', E)$ est définie par les semi-normes $x' \mapsto |x'(x)|$, x décrivant E, la topologie $\sigma(E', E'')$ par les semi-normes $x' \mapsto |x''(x')|$, x'' décrivant E''. Si x appartient à E, la forme linéaire $x' \mapsto x'(x)$ est continue sur E'_b vu que $|x'(x)| \leq \|x'\| \, \|x\|$; notons la $x'' \in E''$ tel que $x''(x') = x'(x)$ pour tout $x' \in E'$ et ceci prouve que les semi-normes de $\sigma(E', E)$ sont encore des semi-normes de $\sigma(E', E'')$, d'où $\sigma(E', E) \leq \sigma(E', E'')$. Q.E.D.

Lorsque E est de dimension finie, E' est de dimension finie et toutes ces topologies sur E' coïncident.

Étudions d'abord les propriétés du dual faible. Le théorème de Tychonoff permet d'établir le

Théorème 3.16.2 Théorème d'Alaoglu *Soit E un espace normé, la boule unité $B' = \{x' \in E' \,;\, \|x'\| \leq 1\}$ du dual E' est faiblement compacte, c'est-à-dire pour la topologie $\sigma(E', E)$.*

Preuve Il s'agit de démontrer que B' est compact dans l'espace $\mathcal{F}_s(E; \mathbb{K})$.

On vérifie d'abord que B' est relativement compact en utilisant le théorème de Tychonoff : en effet, pour $x \in E$, l'ensemble $\{Tx \,;\, T \in B'\}$ est borné car $|Tx| \leq \|x\|$, donc relativement compact.

Montrons ensuite que B' est fermé. Or, B' est l'intersection de $E^\star$, qui est fermé, et des ensembles $\{f \in \mathcal{F}_s(E; \mathbb{K}) \,;\, |f(x)| \leq \|x\|\}$, x décrivant E ; chacun de ces ensembles est fermé d'après la continuité des projections $f \mapsto f(x)$ et ceci permet de conclure. Q.E.D.

Ce premier théorème de compacité montre quel peut être l'intérêt des topologies faibles. Si E' est de dimension infinie, c'est-à-dire si E est de dimension infinie (exercice 3.13.2), la boule unité de E' n'est jamais compacte pour la topologie forte, alors qu'elle est compacte dans E'_σ.

Par translation et homothétie, toute boule fermée de E'_b est faiblement compacte et par conséquent on a le

Corollaire 3.16.3 *Soit E un espace normé, toute partie bornée du dual fort E'_b est faiblement relativement compacte.*

Note Une partie bornée A du dual fort E'_b est dite fortement bornée : cela signifie que $\sup_{x' \in A} \|x'\| < \infty$.

Lorsque E est un espace de Banach, on a alors la caractérisation suivante des parties relativement compactes de E'_σ.

Corollaire 3.16.4 *Soient E un espace de Banach et A une partie de E', alors les propriétés suivantes sont équivalentes.*

1. *A est faiblement borné.*
2. *A est fortement borné.*
3. *A est faiblement relativement compact.*

Preuve $1 \Rightarrow 2$ résulte du corollaire 3.12.9, la topologie $\sigma(E', E)$ étant la topologie de la convergence simple.

$2 \Rightarrow 3$ d'après le corollaire précédent.

$3 \Rightarrow 1$ d'après la proposition 3.7.3. Q.E.D.

Dans le dual d'un espace de Banach, lorsqu'on parle de parties bornées, il n'est donc pas utile de préciser s'il s'agit de parties fortement bornées ou faiblement bornées. En particulier, une suite de E' faiblement convergente est bornée.

Remarque 3.16.1 Si E est un espace de Banach de dimension infinie, l'espace E'_σ est donc un exemple d'e.l.c. séparé de dimension infinie où toute partie bornée est relativement compacte.

Précisons les propriétés des suites faiblement convergentes.

Proposition 3.16.5 *Soit E un espace de Banach, une suite (x'_n) du dual E' converge faiblement si, et seulement si, pour tout $x \in E$ la suite $(x'_n(x))$ admet une limite ; la suite (x'_n) est alors bornée et, en notant x' sa limite, $\|x'\| \leq \liminf_{n\to\infty} \|x'_n\|$. En outre, pour toute suite (x_n) de E convergeant vers x, la suite $(x'_n(x_n))$ converge vers $x'(x)$.*

Preuve Si la suite $(x'_n(x))$ admet une limite quel que soit $x \in E$, le théorème de Banach-Steinhaus 3.12.10 montre que la suite (x'_n) est faiblement convergente (de limite x') ; cette suite est donc faiblement bornée, donc équicontinue (proposition 3.12.8) et, d'après le corollaire 3.12.4, on en déduit que $\|x'\| \leq \liminf_{n\to\infty} \|x'_n\|$. La dernière assertion résulte également du théorème de Banach-Steinhaus. Q.E.D.

D'après le corollaire 3.12.6, on a d'autre part la

Proposition 3.16.6 *Soit E un espace normé, une suite (x'_n) de E' fortement bornée converge faiblement si, et seulement si, la suite $(x'_n(x))$ admet une limite pour tout x appartenant à une partie totale de E.*

On peut se demander si les résultats de compacité concernant le dual faible sont également vrais sur E muni de la topologie faible $\sigma(E, E')$. Il est en fait nécessaire de faire des hypothèses supplémentaires ; par exemple, la boule unité d'un espace normé n'est pas en général faiblement compacte, c'est-à-dire compacte pour la topologie $\sigma(E, E')$: le théorème 3.16.16 de Banach caractérise justement les espaces normés pour lesquels cette propriété est vraie.

L'origine des propriétés de compacité du dual faible est claire : la topologie $\sigma(E', E)$ est la topologie de la convergence simple ; la topologie $\sigma(E, E')$ n'est pas a priori une topologie de convergence simple et, pour étudier cette topologie, il faut au préalable plonger E dans un espace d'applications, cet espace sera le bidual de E.

Proposition 3.16.7 *Soit E un espace normé et soit $j : E \to E''$ l'application qui à $x \in E$ associe la forme linéaire et continue sur E'_b $x' \mapsto x'(x)$. Alors, j est une isométrie linéaire de E sur un sous-espace de l'espace de Banach E''.*

Preuve Comme nous l'avons déjà vérifié, $j(x)$ appartient bien à E'' ; il est clair également que j est linéaire. On a $\|j(x)\| = \sup_{\|x'\| \leq 1} |x'(x)| = \|x\|$ d'après le corollaire 3.13.12 et ceci prouve que j est une isométrie. Q.E.D.

L'application j sera appelée l'injection canonique de E dans E''.

Remarque 3.16.2 Complété d'un espace normé Posons $\hat{E} = \overline{j(E)}$, alors $\hat{E}$ est un espace de Banach en tant que sous-espace fermé d'un espace de Banach. Ceci montre qu'il existe un espace de Banach $\hat{E}$ tel que E soit isométrique à un sous-espace dense de $\hat{E}$: cet espace de Banach est appelé le complété de E, car la propriété précédente caractérise le complété à une isométrie près. En effet, soient E_i, $i = 1, 2$, deux espaces de Banach tels qu'il existe une isométrie linéaire φ_i de E sur un sous-espace dense dans E_i ; alors, $\varphi_2 \circ \varphi_1^{-1}$ est une isométrie de $\varphi_1(E)$ sur $\varphi_2(E)$ qui, d'après la proposition 3.10.2, se prolonge en une application linéaire et continue φ de E_1 dans E_2 ; le principe du prolongement des identités montre que φ est une isométrie ; $\varphi(E_1)$ isométrique à E_1 est complet, donc fermé ; φ étant par ailleurs à image dense, ceci montre que φ est surjective et, par conséquent, φ est une isométrie de E_1 sur E_2.

Au niveau des topologies faibles, on a la

Proposition 3.16.8 *Soit E un espace normé, l'injection canonique j est un isomorphisme de E_σ sur $j(E)$ muni de la topologie $\sigma(E'', E')$.*

2 **Preuve** Les topologies $\sigma(E, E')$ et $\sigma(E'', E')$ sont définies par les semi-normes

$$p_{x'} : x \mapsto |x'(x)| \text{ et } q_{x'} : x'' \mapsto |x''(x')|$$

et $p_{x'} = q_{x'} \circ j$, ce qui prouve que la bijection linéaire $j : E \to j(E)$ est un isomorphisme pour les topologies indiquées. Q.E.D.

Voici les premières applications de ce qui précède.

Proposition 3.16.9 *Soit E un espace normé, une partie de E est bornée pour la topologie initiale si, et seulement si, elle est faiblement bornée.*

Preuve L'application identique de E dans E_σ étant continue, toute partie bornée est faiblement bornée. Réciproquement, soit A une partie faiblement bornée, alors $j(A)$ est borné dans E'' pour la topologie $\sigma(E'', E')$, donc fortement borné dans E'' d'après le corollaire 3.16.4 (E' est complet) et on conclut en utilisant le fait que j est une isométrie. Q.E.D.

Autrement dit, soit $A \subset E$ tel que $\sup_{x \in A} |x'(x)| < \infty$ pour tout $x' \in E'$, alors $\sup_{x \in A} \|x\| < \infty$. Dans un espace normé, on pourra donc parler de partie bornée sans qu'il soit utile de préciser s'il s'agit de partie bornée pour la topologie initiale ou pour la topologie affaiblie.

Exercice 3.16.1 Théorème de Banach-Mackey 1. Soient E, F des e.l.c. séparés, $T \in \mathcal{L}(E; F)$. Si A est une partie faiblement bornée de E_σ, montrer que $T(A)$ est faiblement borné dans F_σ.

2. Soit E, $(\|\bullet\|_i)_{i\in I}$, un e.l.c. séparé ; on note E_i l'espace E muni de la seule semi-norme $\|\bullet\|_i$, $F_i = \{x \in E_i\,;\ \|x\|_i = 0\}$ et $\pi_i : E_i \to E_i/F_i$ la surjection canonique de E_i sur l'epace normé quotient E_i/F_i (exemple 3.6.1).

a. Soit A une partie faiblement bornée de E_σ, montrer que $\pi_i(A)$ est faiblement borné dans E_i/F_i.

b. En déduire qu'une partie A de E est bornée si, et seulement si, elle est faiblement bornée (théorème de Banach-Mackey) [utiliser la proposition 3.16.9].

Exercice 3.16.2 Propriété de Montel On dit qu'un e.l.c. séparé E possède la propriété de Montel si toute partie bornée de E est relativement compacte.

1. Montrer qu'un espace normé ayant la propriété de Montel est nécessairement de dimension finie.

On suppose désormais que E est un e.l.c. séparé qui possède la propriété de Montel.

2. Montrer que sur une partie bornée de E, la topologie initiale et la topologie affaiblie coïncident.

3. Montrer qu'une partie A de E est compacte pour la topologie initiale si, et seulement si, elle est compacte pour la topologie affaiblie [utiliser le théorème de Banach-Mackey (exercice 3.16.1)].

4. Montrer qu'une suite (x_n) de E converge pour la topologie initiale si, et seulement si, elle converge faiblement.

Toute suite de E faiblement convergente est bornée et plus précisément on a la

Proposition 3.16.10 *Soit E un espace normé, toute suite (x_n) de E faiblement convergente est bornée et $\|x\| \leq \liminf_{n\to\infty} \|x_n\|$ en notant x la limite de la suite (x_n). En outre, pour toute suite (x'_n) de E' convergeant fortement vers x', la suite $(x'_n(x_n))$ converge vers $x'(x)$.*

Preuve La suite $(j(x_n))$ converge vers $j(x)$ pour la topologie $\sigma(E'', E')$; on applique alors la proposition 3.16.5. Q.E.D.

D'après la proposition 3.16.6, on a la

Proposition 3.16.11 *Soit E un espace normé, une suite bornée (x_n) de E converge faiblement vers x si, et seulement si, la suite $(x'(x_n))$ converge vers $x'(x)$ pour tout x' appartenant à une partie totale de E'_b.*

Preuve Posons $x''_n = j(x_n)$ et $x'' = j(x)$, la suite (x''_n) de E'' est fortement bornée et, pour tout x' appartenant à une partie totale de E'_b, la suite $(x''_n(x'))$ converge vers $x''(x')$. D'après la proposition 3.16.6, la suite (x''_n) converge dans E'' muni de la topologie $\sigma(E'', E')$; sa limite est nécessairement x'', ce qui prouve le résultat voulu. Q.E.D.

L'application j n'est pas nécessairement surjective, ce qui conduit à la définition suivante.

Définition 3.16.1 *Un espace normé est dit réflexif si l'isométrie canonique de E dans E'' est surjective.*

On notera qu'un espace réflexif est nécessairement complet. Un espace de Banach de dimension finie est réflexif : si E est de dimension n, alors E' et E'' sont également de dimension n et l'application j étant injective est nécessairement surjective.

L'intérêt des espaces réflexifs réside dans la proposition suivante.

Proposition 3.16.12 *Soit E un espace de Banach réflexif, alors sur E' les topologies $\sigma(E', E)$ et $\sigma(E', E'')$ coïncident et l'injection canonique de E sur E'' est un isomorphisme de E sur E'' pour les topologies $\sigma(E, E')$ et $\sigma(E'', E')$.*

Preuve La première assertion est évidente et la seconde résulte de la proposition 3.16.8. Q.E.D.

L'application j étant à la fois une isométrie et un isomorphisme pour les topologies faibles précisées ci-dessus, le corollaire 3.16.4 se transcrit comme suit.

Corollaire 3.16.13 *Dans un espace de Banach réflexif E, une partie A est faiblement relativement compacte si, et seulement si, elle est bornée.*

Remarque 3.16.3 Si E est un espace de Banach réflexif, les propositions 3.16.5 et 3.16.6 permettent de préciser les propriétés des suites faiblement convergentes. Pour qu'une suite (x_n) converge faiblement, il suffit que la suite $(x'(x_n))$ admette une limite pour tout $x' \in E'$ et même pour tout x' appartenant à une partie totale de E'_b si la suite (x_n) est bornée.

Remarque 3.16.4 Considérons une partie convexe C de E', si C est fermé dans E'_b, C est fermé pour la topologie affaiblie $\sigma(E', E'')$ d'après la proposition 3.15.5, mais n'est pas nécessairement fermé dans E'_σ. Par contre, lorsque E est un espace de Banach réflexif, les deux topologies $\sigma(E', E)$ et $\sigma(E', E'')$ coïncident et par suite tout convexe fermé de E'_b est faiblement fermé.

En utilisant le théorème d'Alaoglu dans E'', la proposition 3.16.12 va nous permettre d'obtenir des propriétés de compacité faible dans l'espace E. Nous noterons B, B' et B'' les boules unités fermées dans E, E' et E'' respectivement.

Établissons d'abord la

Proposition 3.16.14 Goldstine *Soit E un espace normé, alors $j(B)$ est dense dans B'' pour la topologie $\sigma(E'', E')$.*

Preuve Il est clair que $j(B)$ est contenu dans B'', j étant une isométrie. Supposons alors qu'il existe un point $x''_0 \in B''$ n'appartenant pas à l'adhérence de $j(B)$ pour la topologie $\sigma(E'', E')$; $j(B)$ étant convexe et équilibré, cette adhérence est convexe (proposition 3.8.4) et équilibrée (lemme 3.14.3), il existe donc (proposition 3.14.5) un $x' \in E'$ tel que $|x''(x')| \leq 1$ pour tout $x'' \in j(B)$ et $x''_0(x') > 1$. Il en résulte que $|x'(x)| \leq 1$ pour tout $x \in B$; ceci signifie que $\|x'\| \leq 1$, d'où $|x''_0(x')| \leq 1$ ce qui contredit l'inégalité $x''_0(x') > 1$. Ceci prouve le résultat voulu. Q.E.D.

Corollaire 3.16.15 *Soit E un espace normé, alors $j(E)$ est dense dans E'' pour la topologie $\sigma(E'', E')$.*

Si E est un espace de Banach, $j(E)$ est donc fermé dans E'' pour la topologie de dual fort et partout dense pour la topologie affaiblie $\sigma(E'', E')$.

On a alors le théorème suivant dû à Banach.

Théorème 3.16.16 Banach *Un espace normé E est réflexif si, et seulement si, sa boule unité B est faiblement compacte.*

Preuve Supposons E réflexif, alors $j(B) = B''$ et la boule B'' est compacte pour la topologie $\sigma(E'', E')$ d'après le théorème d'Alaoglu ; d'après la proposition 3.16.12, B est donc compact pour la topologie $\sigma(E, E')$.

Réciproquement, supposons B faiblement compact, alors $j(B)$ est compact pour la topologie $\sigma(E'', E')$ d'après la proposition 3.16.8, donc fermé dans E'' pour cette topologie ; $j(B)$ étant dense dans B'', on en déduit que $B'' = j(B)$, d'où $E'' = j(E)$ par homothétie, ce qui prouve que E est réflexif. Q.E.D.

Note Soit E un espace normé, si l'espace E est réflexif la boule unité B est compacte pour $\sigma(E, E')$, sinon elle ne l'est pas. Par contre, dans E', la boule unité B' est toujours compacte pour $\sigma(E', E)$. Ceci montre que les topologies faibles associées à la dualité entre E et E' n'ont pas les mêmes propriétés : on se gardera bien de croire que la situation est symétrique. En outre, si E' est réflexif, la boule unité B' est compacte pour $\sigma(E', E'')$, sinon elle ne l'est pas. Lorsque E' n'est pas réflexif, les topologies $\sigma(E', E)$ et $\sigma(E', E'')$ sont donc différentes : la topologie $\sigma(E', E)$ est strictement moins fine que $\sigma(E', E'')$.

Voici une application de la compacité faible concernant la minimisation des fonctionnelles convexes. Si C est une partie convexe d'un espace vectoriel E, une fonction $f : C \to \mathbb{R}$ est dite convexe si

$$f(tx + (1-t)y) \leq tf(x) + (1-t)f(y) \text{ pour tout } x, y \in C \text{ et } 0 \leq t \leq 1.$$

Lemme 3.16.17 *Soient E un e.l.c. séparé, C une partie convexe fermée de E, alors une fonction convexe $f : C \to \mathbb{R}$ est s.c.i. pour la topologie initiale si, et seulement si, elle est s.c.i. pour la topologie affaiblie. Si une suite (x_n) de C converge faiblement vers x, on a alors $f(x) \leq \liminf_{n\to\infty} f(x_n)$.*

Preuve Utilisons la proposition 2.14.3 ; dire que f est s.c.i. pour l'une quelconque des deux topologies signifie que les ensembles

$$\{x \in C \,;\, f(x) \leq \alpha\},\ \alpha \in \mathbb{R},$$

sont fermés dans C, donc dans E, vu que C est fermé et faiblement fermé d'après la proposition 3.15.5. Ces ensembles étant convexes, la même proposition permet de conclure. La dernière assertion résulte de (2.37.7) et de la proposition 2.37.4. Q.E.D.

Théorème 3.16.18 *Soient E un espace de Banach réflexif, C une partie convexe fermée, bornée et non vide et soit $f : C \to \mathbb{R}$ une fonction convexe s.c.i., alors f est bornée inférieurement et atteint sa borne inférieure sur une partie convexe fermée et non vide de E.*

Preuve La fonction f est s.c.i. pour la topologie affaiblie et C est faiblement relativement compact (corollaire 3.16.13) et faiblement fermé (proposition 3.15.5), donc compact. D'après la proposition 2.33.10, f est bornée inférieurement et atteint sa borne inférieure. Soit $a \in C$ tel que $f(a) = \inf_{x\in C} f(x)$, alors f atteint sa borne inférieure sur l'ensemble

$$\{x \in C \,;\, f(x) = f(a)\} = \{x \in C \,;\, f(x) \leq f(a)\}$$

qui est bien convexe et fermé. Q.E.D.

Voici un exemple de fonctionnelle convexe s.c.i. Soit E un espace normé et soit $a \in E$; la fonction $x \mapsto \|x-a\|$ de E dans $\mathbb{R}$ est convexe et continue, donc s.c.i. et par conséquent on a le

Corollaire 3.16.19 *Soient E un espace de Banach réflexif, $a \in E$ et C une partie convexe fermée et non vide, alors il existe un point $x_0 \in C$ tel que*

$$d(a, C) = \|x_0 - a\|.$$

Preuve Le convexe C n'étant pas supposé borné, on considère un point $b \in C$ et le convexe $C' = C \cap B'(a; \|a-b\|)$ qui est fermé, borné et non vide. On applique alors le théorème précédent à ce convexe et à la fonction $f(x) = \|x-a\|$. Q.E.D.

On vient de démontrer, grâce à un raisonnement de compacité faible, que dans un Banach réflexif tout point admet une projection sur un convexe fermé (voir la remarque 2.33.1).

On peut généraliser ce corollaire de la façon suivante. Étant donné une partie convexe non vide C d'un espace normé E, considérons la fonction $x \mapsto d(x, C)$ de E dans $\mathbb{R}$. Cette fonction est continue (exemple 2.13.1), donc s.c.i. ; vérifions qu'elle est convexe. Pour tout $x, y \in E$, $u, v \in C$ et $0 \le t \le 1$, on a, C étant convexe,

$$d(tx+(1-t)y, C) \le \|tx+(1-t)y-tu-(1-t)v\| \le t\|x-u\|+(1-t)\|y-v\|$$

et on conclut en prenant la borne inférieure sur u et v.

Corollaire 3.16.20 *Soient E un espace de Banach réflexif, C_1 et C_2 deux convexes fermés non vides dont l'un est borné, alors il existe des points $a_i \in C_i$ tels que*

$$\|a_1 - a_2\| = d(C_1, C_2) = \inf_{x \in C_1, y \in C_2} \|x-y\|.$$

Preuve Supposons le convexe C_1 borné. On applique alors le théorème 3.16.18 en prenant $C = C_1$ et $f(x) = d(x, C_2)$; il existe un point $a_1 \in C_1$ tel que $d(a_1, C_2) = d(C_1, C_2)$ et, d'après le corollaire précédent, il existe $a_2 \in C_2$ tel que $\|a_1 - a_2\| = d(a_1, C_2)$. Q.E.D.

On comparera ces résultats au corollaire 2.33.13. Ici, il n'y a pas d'hypothèse de compacité forte, mais des hypothèses de convexité. On obtient ainsi des théorèmes infiniment plus performants : rappelons que, dans un espace de Banach de dimension infinie, les compacts sont tout petits (ils sont d'intérieur vide) ; il n'en est pas du tout de même des compacts faibles !

Exercice 3.16.3 Soit C un convexe non vide et complet d'un espace uniformément convexe (exercice 3.14.10), montrer que tout point a de E admet une unique projection sur C [pour vérifier l'existence d'une projection, considérer une suite (x_n) de C telle que $\lim_{n\to\infty} \|a - x_n\| = d(a, C)$ et montrer que cette suite est de Cauchy].

Exercice 3.16.4 Théorème de Milman Cet exercice a pour objet de démontrer que tout espace de Banach uniformément convexe (exercice 3.14.10) est réflexif.

Soit $x'' \in E''$, $\|x''\| = 1$, et soit $\varepsilon > 0$, on note $\delta > 0$ le nombre associé à ε par la convexité uniforme.

1. Montrer qu'il existe $x' \in B'$ tel que $|x''(x')| \geq 1 - \delta/2$, puis en utilisant la proposition 3.16.14, $x \in B$ tel que $|(j(x) - x'')(x')| < \delta/2$.

2. Montrer que $\|x'' - j(x)\| \leq \varepsilon$ en raisonnant de la façon suivante : on suppose que $\|x'' - j(x)\| > \varepsilon$, montrer en utilisant à nouveau la proposition 3.16.14 qu'il existe $y \in B$ tel que $|(j(y) - x'')(x')| < \delta/2$ et $\|x - y\| > \varepsilon$; en déduire que $\|(x + y)/2\| \geq 1 - \delta$.

3. En déduire que $j(B) = B''$ et conclure.

3.17 Métrisabilité, compacité séquentielle

Il est évidemment très utile de disposer de critères de métrisabilité des parties compactes de E'_σ. La proposition 3.12.5 permet d'établir un tel critère.

Voici d'abord un lemme préliminaire ; rappelons que dans un e.l.c. une partie A est dite totale si le sous-espace vectoriel engendré par A est partout dense.

Lemme 3.17.1 *Soit E un e.l.c. admettant une partie totale dénombrable, alors E est séparable.*

Preuve Soit A une partie totale dénombrable et soit F l'ensemble des combinaisons linéaires d'éléments de A à coefficients dans $\mathbb{Q}$ si $\mathbb{K} = \mathbb{R}$, dans $\mathbb{Q} + i\mathbb{Q}$ si $\mathbb{K} = \mathbb{C}$. Les ensembles A et $\mathbb{Q}$ étant dénombrables, on vérifie aisément que F est dénombrable : l'ensemble des parties finies de A est en effet dénombrable et, si B est une partie finie de A, l'ensemble des combinaisons linéaires de la forme $\sum_{x \in B} q_x x$, où $q_x \in \mathbb{Q}$ ou $\mathbb{Q} + i\mathbb{Q}$, est dénombrable, un produit fini d'ensembles dénombrables étant dénombrable ; on conclut en utilisant le fait qu'une réunion dénombrable d'ensembles dénombrables est dénombrable. Par ailleurs, $\mathbb{Q}$ étant dense dans $\mathbb{R}$, F est dense dans le sous-espace vectoriel engendré par A et il est donc dense dans E. Q.E.D.

Proposition 3.17.2 *Soit E un espace normé séparable et soit A une partie fortement bornée de E', alors sur A la topologie $\sigma(E', E)$ est métrisable. Réciproquement, si la boule unité B' de E' est métrisable pour la topologie $\sigma(E', E)$, l'espace E est séparable.*

Preuve 1. Si E est séparable, il existe une partie dénombrable D de E partout dense. Soit A une partie fortement bornée de E', c'est-à-dire équicontinue d'après la proposition 3.12.1. Utilisons alors la proposition 3.12.5 en prenant $F = \mathbb{K}$; sur A, la topologie $\mathcal{T}_s = \sigma(E', E)$ coïncide avec la topologie $\mathcal{T}_D$, topologie qui est définie par une famille dénombrable de semi-normes et qui est donc métrisable. Ceci prouve que sur A la topologie $\sigma(E', E)$ est métrisable.

2. Réciproquement, supposons la boule B' métrisable pour la topologie faible $\sigma(E', E)$. L'origine admet alors un système fondamental dénombrable de voisinages dans B', soit (V_n). Chacun de ces voisinages V_n est de la forme $V_n = B' \cap W_n$ où W_n est un voisinage de 0 dans E'_σ ; il existe donc une partie finie A_n de E telle que $W_n \supset \{x' \in E' ; \sup_{x \in A_n} |x'(x)| < 1\}$. Montrons que l'ensemble dénombrable $A = \bigcup_{n=0}^{\infty} A_n$ est une partie totale ; ceci démontrera le

résultat voulu d'après le lemme préliminaire. A cet effet, montrons que toute forme linéaire et continue $x' \in E'$ nulle sur le sous-espace vectoriel engendré par A est identiquement nulle (corollaire 3.13.8). Grâce à une homothétie, on peut supposer que x' appartient à B' ; on a alors $x'(x) = 0$ pour tout $x \in A$, d'où $x' \in V_n$ pour tout n et il en résulte bien que $x' = 0$, l'intersection de tous les voisinages V_n étant réduite à 0. Q.E.D.

Corollaire 3.17.3 *Soit E un espace normé séparable, alors le dual faible E'_σ est séparable.*

Preuve On peut écrire $E' = \bigcup_{n=1}^{\infty} B'_n$ où $B'_n = \{x' \in E' ; \|x'\| \leq n\}$ est faiblement compact (théorème 3.16.2) et métrisable d'après la proposition précédente ; B'_n est donc un sous-espace séparable de E'_σ : il existe une partie dénombrable D_n de B'_n telle que $B'_n \subset \overline{D}_n$ (adhérence dans E'_σ) ; l'ensemble dénombrable $\bigcup_{n=1}^{\infty} D_n$ est alors dense dans E'_σ. Q.E.D.

Corollaire 3.17.4 *Soit E un espace de Banach séparable, alors toute partie faiblement relativement compacte de E'_σ est métrisable.*

Corollaire 3.17.5 *Soit E un espace de Banach séparable et soit (x'_n) une suite de E' telle que, pour tout $x \in E$, $\sup_n |x'_n(x)| < \infty$, alors il existe une sous-suite (x'_{n_k}) faiblement convergente : il existe $x' \in E'$ tel que la suite $(x'_{n_k}(x))$ converge vers $x'(x)$ pour tout $x \in E$.*

Étudions de même la métrisabilité des parties faiblement compactes de E_σ ; de la proposition 3.17.2, on va déduire la

Proposition 3.17.6 *Soit E un espace normé, si le dual fort E'_b est séparable, sur toute partie bornée de E la topologie affaiblie est métrisable. Réciproquement, si la boule unité B est métrisable pour la topologie affaiblie, le dual fort E'_b est séparable.*

Preuve Soit A une partie bornée de E, alors $j(A)$ est borné dans E'' ; sur $j(A)$, la topologie $\sigma(E'', E')$ est métrisable d'après la proposition 3.17.2 et A est donc métrisable pour la topologie $\sigma(E, E')$.

Réciproquement, supposons la boule unité B métrisable pour la topologie $\sigma(E, E')$ et soit (V_n) un système fondamental de voisinages de l'origine dans B pour cette topologie induite. Pour tout n, il existe une partie finie A_n de E' telle que $V_n \supset B \cap W_n$ où

$$W_n = \{x \in E ; \sup_{x' \in A_n} |x'(x)| < 1\}.$$

L'ensemble $A = \bigcup_n A_n$ est dénombrable ; montrons que le sous-espace vectoriel F engendré par A est dense dans E'_b ; ceci démontrera le résultat voulu (lemme 3.17.1). Si F n'est pas dense dans E'_b, il existe une forme linéaire et continue $x''_0 \in E''$ nulle sur F et non identiquement nulle ; bien entendu, on peut supposer que x''_0 appartient à B'' et, cette forme n'étant pas identiquement nulle, il existe $x'_0 \in E'$ tel que $x''_0(x'_0) = 1$. Considérons dans B le voisinage de l'origine

$V = \{x \in B\,;\, |x'_0(x)| < 1/2\}$; ce voisinage contient un V_n. D'après la densité de $j(B)$ dans B'' pour la topologie $\sigma(E'', E')$, il existe $x_0 \in B$ tel que

$$\sup_{x' \in A_n} |x''_0(x') - x'(x_0)| < 1 \text{ et } |x''_0(x'_0) - x'_0(x_0)| < 1/2.$$

La forme x''_0 étant nulle sur A_n, la première inégalité signifie que x_0 appartient à V_n ; étant donné que $x''_0(x'_0) = 1$, la seconde inégalité prouve que $|x'_0(x_0)| \geq 1/2$, c'est-à-dire $x_0 \notin V$, ce qui est absurde, V contenant V_n. Q.E.D.

On en déduit le

Théorème 3.17.7 *Dans un espace de Banach réflexif dont le dual fort est séparable, toute partie bornée de E, c'est-à-dire toute partie faiblement relativement compacte, est métrisable pour la topologie affaiblie.*

Sous ces hypothèses, toute suite bornée de E contient une sous-suite faiblement convergente. Ce résultat subsiste sans hypothèse de séparabilité du dual fort. Pour démontrer ce théorème, nous utiliserons les résultats suivants.

Proposition 3.17.8 *Soit E un espace de Banach réflexif, alors tout sous-espace fermé F est un espace de Banach réflexif.*

Preuve D'après le théorème de Hahn-Banach, toute forme linéaire et continue sur F est la restriction à F d'une forme linéaire et continue sur E ; il en résulte que la topologie $\sigma(E, E')$ induit sur F la topologie $\sigma(F, F')$. D'après le théorème 3.16.16, on sait d'autre part que la boule unité B_E de E est faiblement compacte ; F étant faiblement fermé (proposition 3.15.5), $B_E \cap F$, c'est-à-dire la boule unité de F, est compacte pour la topologie $\sigma(E, E')$, donc pour la topologie $\sigma(F, F')$ et on en déduit que F est réflexif d'après le théorème 3.16.16. Q.E.D.

Corollaire 3.17.9 *Un espace de Banach est réflexif si, et seulement si, son dual fort est réflexif.*

Preuve Supposons E réflexif ; notons j_E l'isométrie canonique de E sur E'' et soit T un élément du bidual de E'_b, c'est-à-dire une forme linéaire et continue sur l'espace de Banach E''. Alors, $x' = T \circ j_E$ est une forme linéaire et continue sur E et pour tout $x'' \in E''$ on a, en posant $x = j_E^{-1}(x'')$,

$$T(x'') = (T \circ j_E)(x) = x'(x) = x''(x'),$$

ce qui prouve que E' est réflexif et que $j_{E'}$ est l'application $x' \mapsto x' \circ j_E^{-1}$.

Réciproquement, si E'_b est réflexif, alors E'' fort est réflexif d'après ce qui précède et E, isométrique à un sous-espace fermé de E'', est donc réflexif d'après la proposition précédente. Q.E.D.

Proposition 3.17.10 *Un espace normé E dont le dual fort est séparable est séparable.*

Preuve Soit (x'_n) une suite partout dense dans E'_b ; d'après la définition de la norme dans E'_b, il existe $x_n \in E$ de norme 1 tel que $\|x'_n\| \leq 2|x'_n(x_n)|$. Montrons que le sous-espace vectoriel F engendré par la suite (x_n) est dense dans E ; ceci démontrera la proposition d'après le lemme 3.17.1. A cet effet, montrons que toute forme linéaire et continue $x' \in E'$ nulle sur F est identiquement nulle ; il existe une sous-suite (x'_{n_k}) convergeant vers x' ; on a alors

$$\|x' - x'_{n_k}\| \geq |(x' - x'_{n_k})(x_{n_k})| = |x'_{n_k}(x_{n_k})| \geq (1/2)\|x'_{n_k}\|$$

et ceci prouve que la suite (x'_{n_k}) converge vers 0, d'où $x' = 0$. Q.E.D.

Voici alors le théorème annoncé.

Théorème 3.17.11 *Soit E un espace de Banach réflexif, alors toute suite bornée de E contient une sous-suite faiblement convergente.*

Preuve Soit (x_n) une suite bornée de E et soit F le sous-espace vectoriel fermé engendré par cette suite. Alors, F est un espace de Banach réflexif séparable d'après le lemme 3.17.1 et la proposition 3.17.8. Il en résulte que l'espace de Banach F'' est séparable et F'_b est donc séparable d'après la proposition 3.17.10. Vu le théorème 3.17.7, il existe une sous-suite (x_{n_k}) faiblement convergente dans F_σ ; il existe $x \in F \subset E$ tel que, pour tout $x' \in F'$, la suite $(x'(x_{n_k}))$ converge vers $x'(x)$ et ceci est a fortiori vrai pour tout $x' \in E'$. Q.E.D.

Note On peut démontrer que dans ce théorème la réflexivité est nécessaire : soit E un espace de Banach tel que toute suite bornée contienne une sous-suite faiblement convergente, alors E est réflexif (théorème d'Eberlein-Šmulyan). Ce résultat remarquable montre tout l'intérêt des espaces réflexifs : dans un espace de dimension finie, de toute suite bornée on peut extraire une sous-suite convergente , dans un espace de dimension infinie et à condition de substituer à la topologie initiale la topologie affaiblie, ceci est encore vrai si, et seulement si, l'espace est réflexif. Rappelons que la boule unité d'un espace normé de dimension infinie n'est pas compacte pour la topologie initiale ; le théorème 3.17.11 est pour toutes ces raisons particulièrement utile dans les applications dès qu'un raisonnement de compacité est nécessaire.

Le théorème 3.17.11 affirme que, dans un Banach réflexif, toute partie bornée est faiblement séquentiellement compacte. Lorsqu'on ne suppose plus l'espace réflexif, on a alors le résultat remarquable suivant.

Théorème 3.17.12 Eberlein *Dans un espace normé E, toute partie faiblement compacte est faiblement séquentiellement compacte.*

Preuve Soit A une partie de E faiblement compacte et soit (x_n) une suite de A. Notons F le sous-espace vectoriel fermé engendré par cette suite. L'espace F est séparable (lemme 3.17.1) ; le dual faible F'_σ est donc séparable (corollaire 3.17.3) ; soit (T_j) une suite de F'_σ partout dense ; chaque forme linéaire T_j est la restriction à F d'une forme linéaire continue sur E qu'on notera encore T_j.

La suite (x_n) étant bornée, il en est de même des suites $(T_j x_n)$ pour tout j ; par la méthode diagonale, on peut donc construire une sous-suite (x_{n_k}) telle que, pour tout j, la suite $(T_j x_{n_k})$ converge.

L'ensemble A étant faiblement relativement compact, la suite (x_{n_k}) admet une valeur d'adhérence x pour la topologie $\sigma(E, E')$ et x appartient à F car F est faiblement fermé ; les formes linéaires T_j étant continues sur E'_σ, $T_j x$ est une valeur d'adhérence de la suite $(T_j x_{n_k})$ (proposition 2.16.2) et il en résulte que $T_j x = \lim_{k\to\infty} T_j x_{n_k}$.

Montrons que la suite (x_{n_k}) n'admet qu'une seule valeur d'adhérence ; ceci montrera qu'elle converge faiblement (proposition 2.31.1). Si $x, y \in F$ sont deux valeurs d'adhérence, on a $T_j x = T_j y$ pour tout j d'après ce qui précède, d'où $T(x-y) = 0$ pour tout $T \in F'$ d'après la densité de la suite (T_j) et par conséquent $x = y$. Q.E.D.

Lorsque E est un Banach réflexif, on retrouve le théorème 3.17.11 vu le corollaire 3.16.13.

Exercice 3.17.1 Soient E un espace de Banach réflexif, I un ensemble filtrant et $(C_i)_{i\in I}$ une famille de parties de E non vides, convexes et fermées. On suppose l'application $i \mapsto C_i$ décroissante.

1. Montrer que l'intersection $C = \bigcap_{i\in I} C_i$ est un convexe fermé.

2. Soit $a \in E$, montrer que C est non vide si, et seulement si, $\sup_{i\in I} d(a, C_i) < \infty$ [pour démontrer que la condition est suffisante, poser $r = \sup_{i\in I} d(a, C_i)$, $C'_i = C_i \cap B'(a; r)$, montrer que ces ensembles C'_i sont non vides, faiblement fermés et utiliser le fait que la boule $B'(a; r)$ est faiblement compacte].

3. On suppose C non vide. Soit $x_i \in C_i$ tel que $\|a - x_i\| = d(a, C_i)$. Montrer que toute valeur d'adhérence x de la suite généralisée $(x_i)_{i\in I}$ pour la topologie faible $\sigma(E, E')$ appartient à C et que

$$\|a - x\| = d(a, C) = \sup_{i\in I} d(a, C_i).$$

4. Soit (C_n) une suite décroissante de parties non vides, convexes et fermées dont l'intersection $C = \bigcap_{n=0}^{\infty} C_n$ est non vide. Soit $x_n \in C_n$ tel que $\|a - x_n\| = d(a, C_n)$, montrer qu'il existe une sous-suite (x_{n_k}) convergeant faiblement et, si x est la limite faible d'une telle sous-suite, que

$$\|a - x\| = d(a, C) = \sup_{n} d(a, C_n).$$

Exercice 3.17.2 Soient X un espace compact et $E = \mathcal{C}_u(X; \mathbb{R})$ l'espace de Banach des fonctions continues sur X pour la norme de la topologie de la convergence uniforme.

1. Étant donné deux fonctions quelconques $\varphi, \psi : X \to \mathbb{R}$, montrer que

$$C(\varphi, \psi) = \{f \in E; \varphi \leq f \leq \psi\}$$

est une partie convexe fermée.

2. On suppose qu'il existe dans X un point a non isolé et, pour tout voisinage V de a, on pose

$$C_V = \{f \in E; \mathbb{1}_{\{a\}} \leq f \leq \mathbb{1}_V\}$$

où $\mathbb{1}_{\{a\}}$ et $\mathbb{1}_V$ désignent les fonctions caractéristiques de $\{a\}$ et V. Montrer que les convexes C_V sont non vides et que l'intersection $\bigcap_{V\in\mathcal{V}(a)} C_V$ est vide.

3. En déduire, grâce à l'exercice 3.17.1, que l'espace E n'est pas réflexif.

Exercice 3.17.3 **Théorème de Banach-Mazur** On se propose d'établir le théorème de Banach-Mazur : si E est un espace de Banach séparable, il existe une isométrie linéaire de E sur un sous-espace vectoriel de l'espace $\mathcal{C}_u([0, 1])$. On procédera de la façon suivante : pour $x \in E$, on considère la forme linéaire continue sur E'_σ $j(x) : x' \mapsto x'(x)$ et on pose $k(x) = j(x)|_{B'} \in \mathcal{C}_u(B')$; montrer que $k : E \to \mathcal{C}_u(B')$ est une isométrie linéaire sur un sous-espace vectoriel de $\mathcal{C}_u(B')$, puis utiliser l'exercice 2.40.12.

3.18 Orthogonalité, transposition

Soient E et F deux espaces vectoriels (réels ou complexes) en dualité ; on note $< \bullet, \bullet >$ le crochet de dualité et on munit E et F des topologies faibles associées à cette dualité.

Soit G un sous-espace vectoriel de E, on définit l'orthogonal de G par la formule

(3.18.1) $$G^0 = \{y \in F; < x, y >= 0 \text{ pour tout } x \in G\}.$$

De même, si H est un sous-espace vectoriel de F, on définit l'orthogonal de H par

(3.18.2) $$H^0 = \{x \in E; < x, y >= 0 \text{ pour tout } y \in H\}.$$

Ceci permet de définir le biorthogonal G^{00} d'un sous-espace vectoriel G de E comme étant l'orthogonal de G^0.

Note On observera que G, par exemple, et son orthogonal G^0 ne sont pas contenus dans le même espace. Une structure supplémentaire est nécessaire pour donner un sens à l'orthogonalité de deux vecteurs d'un même espace ; ces notions seront étudiées ultérieurement dans le cadre des espaces de Hilbert.

Proposition 3.18.1 *Soient E et F deux espaces vectoriels en dualité et soit G un sous-espace vectoriel de E.*

1. L'orthogonal G^0 de G est un sous-espace fermé de F pour la topologie $\sigma(F, E)$ et $G^0 = (\overline{G})^0$.

2. On a $G^{00} = \overline{G}$.

Preuve 1. G^0 est l'intersection des hyperplans (si $x \neq 0$) fermés

$$\{y \subset F; < x, y >- 0\} \text{ lorsque } x \text{ décrit } G,$$

ce qui prouve que G^0 est un sous-espace fermé de F. Montrons que $G^0 = (\overline{G})^0$; étant donné que $G \subset \overline{G}$, on a évidemment $(\overline{G})^0 \subset G^0$; d'autre part, si $y \in G^0$ la forme linéaire et continue $x \mapsto < x, y >$ est nulle sur G ; elle est donc nulle sur $\overline{G}$ et ceci prouve que $y \in (\overline{G})^0$, d'où $G^0 \subset (\overline{G})^0$.

2. D'après les définitions mêmes, on a $G \subset G^{00}$, donc $\overline{G} \subset G^{00}$. Montrons que $\overline{G} = G^{00}$, c'est-à-dire que toute forme linéaire et continue T sur E nulle sur G est nulle sur G^{00} ; il existe donc $y \in F$ (proposition 3.15.3) tel que $Tx =< x, y >= 0$ pour tout $x \in G$, ce qui signifie $y \in G^0$, d'où $< x, y >= 0$ pour tout $x \in G^{00}$ et ceci prouve que T est nulle sur G^{00}. Q.E.D.

Corollaire 3.18.2 *Un sous-espace vectoriel G de E est partout dense si, et seulement si, $G^0 = \{0\}$.*

Preuve Si G est dense dans E, on a $G^0 = (\overline{G})^0 = E^0 = \{0\}$ d'après (3.15.1). Réciproquement, si $G^0 = \{0\}$, on a $\overline{G} = G^{00} = \{0\}^0 = E$. Q.E.D.

Exercice 3.18.1 Polaire Soient E et F des espaces vectoriels en dualité. Si M est une partie de E et N une partie de F, on pose

$$M^0 = \{y \in F\,;\, | < x, y > | \leq 1 \text{ pour tout } x \in M\},$$

$$N^0 = \{x \in E\,;\, | < x, y > | \leq 1 \text{ pour tout } y \in M\}.$$

Les ensembles M^0 et N^0 sont appelés les polaires de M et N.

1. Vérifier que le polaire d'un sous-espace vectoriel est bien son orthogonal.

2. Montrer que M^0 et N^0 sont des convexes équilibrés, fermés pour les topologies $\sigma(F, E)$ et $\sigma(E, F)$.

3. Montrer que le polaire d'un ensemble coïncide avec le polaire de son enveloppe convexe fermée équilibrée (exercice 3.14.2).

4. En déduire que M^{00}, appelé bipolaire de M, est l'enveloppe convexe fermée équilibrée de M [utiliser la proposition 3.14.5].

Exercice 3.18.2 Soit E un e.l.c. métrisable. Cet exercice a pour objet de démontrer que la topologie de E peut être définie par une seule norme si le dual fort E'_b est métrisable.

1. Si le dual fort E'_b est métrisable, montrer que la topologie de E'_b peut être définie par une seule norme de la forme $\|x'\|_B = \sup_{x \in B} |x'(x)|$ où B est une partie bornée de E [utiliser l'exercice 3.7.2].

2. En déduire que, pour toute partie bornée A de E, il existe $\lambda > 0$ tel que $\lambda A \subset B^{00}$ (exercice 3.18.1). Conclure en utilisant l'exercice 3.14.3.

Considérons en particulier la dualité $(x, x') \mapsto x'(x)$ entre un e.l.c. séparé et son dual E'.

Si G est un sous-espace vectoriel de E, l'orthogonal G^0 est un sous-espace fermé du dual faible E'_σ (si E est un espace normé, ce sous-espace est a fortiori fermé dans le dual fort E'_b) ; le biorthogonal G^{00} est l'adhérence de G dans E pour la topologie affaiblie et c'est aussi l'adhérence de G pour la topologie initiale d'après la proposition 3.15.5.

Si H est un sous-espace vectoriel de E', l'orthogonal H^0 est sous-espace fermé de E (fermé pour la topologie initiale ou pour la topologie affaiblie, c'est équivalent) ; le biorthogonal H^{00} est l'adhérence de H dans le dual faible E'_σ.

Remarque 3.18.1 Lorsque E est un espace normé, on peut également utiliser la dualité $(x', x'') \mapsto x''(x')$ entre E' et E''. Si H est un sous-espace vectoriel de E', notons comme précédemment H^0 l'orthogonal dans E pour la dualité (E, E') et notons H'^0 l'orthogonal dans E'' pour la dualité (E', E''). D'après les définitions mêmes, on a $j(H^0) = j(E) \cap H'^0$, j désignant l'injection canonique de E dans E''. Le biorthogonal H'^{00} pour la dualité (E', E'') est l'adhérence de H dans E' fort ou pour la topologie affaiblie $\sigma(E'', E')$; on a donc $H'^{00} \subset H^{00}$ et l'inclusion est stricte en général. Par contre, lorsque E est un Banach réflexif, on a $j(H^0) = H'^0$ et $H'^{00} = H^{00}$, la topologie $\sigma(E', E'')$ coïncidant avec la topologie $\sigma(E', E)$.

Les considérations précédentes sont très utiles, comme nous allons le voir, dans l'étude de la transposition.

Rappelons d'abord comment est définie la transposée d'une application linéaire du seul point de vue algébrique. Si E et F sont deux espaces vectoriels et $T : E \to F$ une application linéaire, pour toute forme linéaire $y^\star \in F^\star$, $y^\star \circ T$ est une forme linéaire sur E et l'application linéaire ${}^tT : y^\star \mapsto y^\star \circ T$ de $F^\star$ dans $E^\star$ est appelée la transposée de T ; on a donc

$$<{}^tTy^\star, x>_{(E^\star, E)} = <y^\star, Tx>_{(F^\star, F)} \quad \text{pour tout } x \in E, y^\star \in F^\star,$$

où $< \bullet, \bullet >_{(E^\star,E)}$ et $< \bullet, \bullet >_{(F^\star,F)}$ désignent les crochets de dualité entre $E^\star$ et E d'une part et entre $F^\star$ et F d'autre part.

Lorsque E et F sont des e.l.c. séparés, on souhaite substituer aux duals algébriques les duals topologiques ; T désignant toujours une application linéaire de E dans F, si, pour tout $y' \in F'$, la forme linéaire $y' \circ T$ est continue sur E, on peut définir une application linéaire ${}^tT : y' \mapsto y' \circ T$ de F' dans E' qu'on appelle la transposée de T ; on a alors

$$<{}^tTy', x>_{(E',E)} = <y', Tx>_{(F',F)} \tag{3.18.3}$$

pour tout $x \in E$ et tout $y' \in F'$.

Pour qu'une application linéaire admette une transposée, il est nécessaire de faire une hypothèse sur cette application linéaire ; pour exprimer cette hypothèse voici une définition.

Définition 3.18.1 *Soient E et F des e.l.c. séparés, une application linéaire $T : E \to F$ est dite faiblement continue si T est continue lorsque E et F sont munis de leur topologie affaiblie.*

Proposition 3.18.3 *Soient E et F des e.l.c. séparés, une application linéaire $T : E \to F$ admet une transposée si, et seulement si, T est faiblement continue ; l'application transposée ${}^tT : F' \to E'$ est alors linéaire et continue de F'_σ dans E'_σ.*

Preuve 1. Supposons T faiblement continu et soit y' une forme linéaire et continue sur F, alors y' est une forme linéaire et continue sur F_σ (corollaire 3.15.4) ; il en résulte que $y' \circ T$ est une forme linéaire et continue sur E_σ et ceci prouve que $y' \circ T$ appartient à E' et par conséquent T admet une transposée. Réciproquement, si T admet une transposée, T est faiblement continue : en effet, soit $p : y \mapsto |< y', y >|$, $y' \in F'$, une des semi-normes définissant la topologie de F_σ, alors

$$(p \circ T)(x) = |< y', Tx >| = |<{}^tTy', x>|$$

est l'une des semi-normes définissant la topologie de E_σ, ce qui prouve le résultat voulu.

2. Vérifions que ${}^tT$ est continue de F'_σ dans E'_σ ; nous savons (remarque 3.15.1) que le dual faible de E'_σ (resp. F'_σ) est isomorphe à E_σ (resp. F_σ) ; modulo ces isomorphismes, la formule (3.18.3) nous apprend que l'application ${}^tT$ admet pour transposée l'application T ; il résulte alors de 1. que ${}^tT$ est continue de F'_σ dans E'_σ. Q.E.D.

Note On observera que la transposition est une notion qui ne dépend que des topologies des espaces E et F et on peut même remplacer ces topologies par des topologies pour lesquelles les duals sont les mêmes (par exemple les topologies affaiblies) : on ne modifie pas alors la transposée d'une application linéaire.

Remarque 3.18.2 Une application linéaire continue $T : E \to F$ est faiblement continue ; en effet, une telle application admet une transposée vu que, pour tout

$y' \in F'$, $y' \circ T$ est une forme linéaire continue sur E. La réciproque est inexacte sans hypothèse supplémentaire. On observera en outre que la transposée ${}^tT : F'_b \to E'_b$ est continue lorsqu'on munit les espaces E' et F' de la topologie de la convergence uniforme sur tout borné de E et F : en effet, si B est un borné de E, on a

$$\|{}^tTy'\|_B = \sup_{x\in B} \|(y' \circ T)(x)\| \leq \sup_{y\in T(B)} \|y'(y)\| = \|y'\|_{T(B)}$$

où $T(B)$ est un borné de F.

Exercice 3.18.3 Soient E, F des e.l.c. séparés, $T : E \to F$ une application linéaire continue de E muni de sa topologie initiale dans F_σ.

1. Montrer que T est faiblement continu.

2. Lorsque E et F sont des espaces de Fréchet, montrer que T est continu de E dans F pour les topologies initiales [utiliser l'exercice 3.11.3].

Exercice 3.18.4 Soient E un e.l.c. métrisable et F un e.l.c. séparé, montrer que toute application linéaire $T : E \to F$ faiblement continue est continue [soient $(V_n)_{n\geq 1}$ un système fondamental décroissant de voisinages de 0 dans l'espace E et $(\|\bullet\|_i)_{i\in I}$ une famille de semi-normes définissant la topologie de F, si T n'est pas continu, montrer qu'il existe une suite (x_n) de E telle que $x_n \in V_n$ et $J \in \mathcal{F}(I)$, $r > 0$ tels que $\|Tx_n\|_J \geq nr$; en déduire une contradiction en utilisant l'exercice 3.16.1].

L'application $T \mapsto {}^tT$ de $\mathcal{L}(E_\sigma; F_\sigma)$ dans $\mathcal{L}(F'_\sigma; E'_\sigma)$ est évidemment linéaire. D'autre part, soient E, F, G des e.l.c. séparés, $S \in \mathcal{L}(E_\sigma; F_\sigma)$, $T \in \mathcal{L}(F_\sigma; G_\sigma)$, on a alors $T \circ S \in \mathcal{L}(E_\sigma; G_\sigma)$ et

(3.18.4) $$^t(T \circ S) = {}^tS \circ {}^tT.$$

On a en effet, pour tout $z' \in G'$,

$$^t(T \circ S)z' = z' \circ (T \circ S) = ({}^tTz') \circ S = {}^tS({}^tTz').$$

Proposition 3.18.4 *Soient E, F des e.l.c. séparés et $T \in \mathcal{L}(E_\sigma; F_\sigma)$, alors*

(3.18.5) $$Ker\,{}^tT = (Im\,T)^0 \text{ et } Ker\,T = (Im\,{}^tT)^0,$$

(3.18.6) $$(Ker\,{}^tT)^0 = \overline{Im\,T} \text{ (adhérence dans } F),$$

(3.18.7) $$(Ker\,T)^0 = \overline{Im\,{}^tT} \text{ (adhérence dans } E'_\sigma).$$

Preuve Vérifions (3.18.5). Soit $y' \in \text{Ker}\,{}^tT$, c'est-à-dire ${}^tTy' = 0$; d'après (3.18.3), on a $< y', Tx >= 0$ pour tout $x \in E$, soit $y' \in (\text{Im}\,T)^0$. Réciproquement, soit $y' \in (\text{Im}\,T)^0$, alors $< y', Tx >= 0$ pour tout $x \in E$, d'où $<{}^tTy', x >= 0$ et $y' \in \text{Ker}\,{}^tT$; ceci prouve la première relation. La seconde s'en déduit en remplaçant T par ${}^tT$, T étant la transposée de ${}^tT$ comme nous l'avons indiqué dans la démonstration de la proposition 3.18.3.

Les relations (3.18.6) et (3.18.7) résultent de (3.18.5) et de la caractérisation du biorthogonal. Q.E.D.

Corollaire 3.18.5 *Soit $T \in \mathcal{L}(E_\sigma; F_\sigma)$, alors*

(3.18.8) *T est à image dense dans $F \iff {}^tT$ est injectif.*

(3.18.9) *${}^tT$ est à image dense dans $E'_\sigma \iff T$ est injectif.*

Preuve En effet, $(\text{Ker}\ {}^tT)^0 = F$ si, et seulement si, $\text{Ker}\ {}^tT = \{0\}$ ce qui prouve (3.18.8) ; (3.18.9) se prouve de la même façon. Q.E.D.

Remarque 3.18.3 On notera que dans (3.18.7) il s'agit de l'adhérence dans le dual faible E'_σ et que dans (3.18.9) il s'agit de la densité dans E'_σ. Si ${}^tT$ est à image dense dans E'_b, ${}^tT$ est a fortiori à image dense dans E'_σ ; la réciproque est en général inexacte, mais si E est un espace de Banach réflexif, les topologies $\sigma(E', E)$ et $\sigma(E', E'')$ coïncident et l'adhérence d'un sous-espace vectoriel est la même pour ces deux topologies, ainsi que pour la topologie forte ; si E est un Banach réflexif, on a donc

$$(3.18.10) \qquad (\text{Ker}\ T)^0 = \overline{\text{Im}\ {}^tT} \text{ (adhérence dans } E'),$$

$$(3.18.11) \qquad {}^tT \text{ est à image dense dans } E' \iff T \text{ est injectif.}$$

Lorsque E et F sont des espaces normés, la situation se simplifie grâce à la

Proposition 3.18.6 *Soient E et F des espaces normés, une application linéaire $T : E \to F$ est continue si, et seulement si, elle est faiblement continue. La transposée ${}^tT : F' \to E'$ est alors continue lorsqu'on munit E' et F' de leur topologie d'espace de Banach de dual fort et $\|{}^tT\| = \|T\|$.*

Preuve 1. Rappelons que dans E et F une partie bornée pour la topologie initiale est bornée pour la topologie affaiblie et réciproquement (proposition 3.16.9). Si T est faiblement continue, l'image de tout borné est bornée, ce qui prouve que T est continue pour les topologies initiales.

2. On a, pour tout $y' \in F'$, $\|{}^tTy'\| = \|y' \circ T\| \leq \|y'\|\ \|T\|$, ce qui prouve que ${}^tT$ est continue de F'_b dans E'_b et que $\|{}^tT\| \leq \|T\|$. On a d'autre part (corollaire 3.13.12) $\|Tx\| = \sup_{\|y'\| \leq 1} |< y', Tx >|$ et

$$|< y', Tx >| = |< {}^tTy', x >| \leq \|{}^tTy'\|\ \|x\| \leq \|{}^tT\|\ \|y'\|\ \|x\|,$$

d'où $\|Tx\| \leq \|{}^tT\|\ \|x\|$ et par conséquent $\|T\| \leq \|{}^tT\|$ ce qui permet de conclure. Q.E.D.

Lorsque E et F sont des espaces normés, la transposée d'une application linéaire continue $T : E \to F$ est donc une application linéaire ${}^tT : F' \to E'$ qui est continue de F'_σ dans E'_σ, de F'_b dans E'_b, donc pour les topologies affaiblies $\sigma(F', F'')$ et $\sigma(E', E'')$.

En utilisant la dualité entre E' et E'' d'une part et entre F' et F'' d'autre part, on peut définir la transposée de l'application ${}^tT$: c'est une application linéaire et continue ${}^{tt}T : E'' \to F''$ qu'on appelle la bitransposée de T et qui est donc caractérisée par

$$(3.18.12) \qquad < {}^{tt}Tx'', y' >_{(F'', F')} = < x'', {}^tTy' >_{(E'', E')}$$

pour tout $x'' \in E''$ et tout $y' \in F'$. Il existe un lien très simple entre T et ${}^{tt}T$: le diagramme suivant est commutatif (j_E et j_F désignant les injections canoniques de E dans E'' et de F dans F'')

$$\begin{array}{ccc} E & \xrightarrow{T} & F \\ {\scriptstyle j_E}\big\downarrow & & {\scriptstyle j_F}\big\downarrow \\ E'' & \xrightarrow{{}^{tt}T} & F'' \end{array}$$

autrement dit,

(3.18.13) $$^{tt}T \circ j_E = j_F \circ T.$$

En effet, pour tout $x \in E$, $y' \in F'$, on a d'après la définition de j_E et j_F

$$\begin{aligned} < {}^{tt}T(j_E(x)), y' >_{(F'',F')} &=< j_E(x), {}^tTy' >_{(E'',E')} && \text{d'après (3.18.12)} \\ &=< {}^tTy', x >_{(E',E)} \\ &=< y', Tx >_{(F',F)} && \text{d'après (3.18.3)} \\ &=< j_F(Tx), y' >_{(F'',F')} \end{aligned}$$

et ceci prouve le résultat voulu. Si on identifie E et F à des sous-espaces de E'' et F'' au moyen des injections j_E et j_F, (3.18.13) signifie simplement que T est la restriction de ${}^{tt}T$ à E.

Voici une première application de ce qui précède, application utile en analyse spectrale.

Proposition 3.18.7 *Soient E, F des espaces de Banach, alors une application linéaire et continue $T : E \to F$ est un isomorphisme si, et seulement si, ${}^tT$ est un isomorphisme de F' sur E' (pour les topologies fortes) et on a alors $({}^tT)^{-1} = {}^t(T^{-1})$.*

Preuve Étant donné que ${}^tI_E = I_{E'}$, si T est un isomorphisme, on a ${}^t(T^{-1} \circ T) = {}^tT \circ {}^t(T^{-1}) = I_{E'}$ et, de même, ${}^t(T^{-1}) \circ {}^tT = I_{F'}$; ceci prouve que ${}^tT$ est un isomorphisme et la formule voulue.

Réciproquement, si ${}^tT : F' \to E'$ est un isomorphisme, il résulte du corollaire 3.18.5 que T est injectif et à image dense. Si on démontre que T est à image fermée, T sera une bijection linéaire et continue et on pourra donc conclure avec le théorème de Banach (corollaire 3.11.3).

A cet effet, utilisons l'application ${}^{tt}T$ qui est un isomorphisme de E'' sur F'' en tant que transposée de l'isomorphisme ${}^tT$. On a alors $j_F(T(E)) = {}^{tt}T(j_E(E))$; E étant un Banach, $j_E(E)$ est complet, donc fermé dans E'' et il en résulte que ${}^{tt}T(j_E(E))$ est fermé dans F'' ; $T(E)$ est alors l'image réciproque de ce fermé par l'application j_F et est donc bien fermé. Q.E.D.

Exercice 3.18.5 Soient E et F des espaces de Banach isomorphes, montrer que E est réflexif si, et seulement si, F est réflexif.

Exercice 3.18.6 1. Soient E un espace normé, F un sous-espace vectoriel et soit $i : F \to E$ l'injection canonique de F dans E. Montrer que la transposée ${}^ti : E' \to F'$ est surjective, de noyau F^0. En déduire un isomorphisme de E'_b/F^0 sur F'_b.

2. Soient E un espace normé, F un sous-espace fermé de E et $\pi : E \to E/F$ la surjection canonique de E sur E/F. Montrer que la transposée ${}^t\pi : (E/F)' \to E'$ est injective, que $\text{Im}\,{}^t\pi = F^0$ et en déduire un isomorphisme de $(E/F)'_b$ sur F^0 muni de la topogie induite par le dual fort E'_b.

La proposition 3.18.4 peut être précisée pour des opérateurs à image fermée. Avant d'énoncer le résultat essentiel dû à Banach, voici deux lemmes préliminaires.

Lemme 3.18.8 *Soient E, F des espaces de Banach, $T \in \mathcal{L}(E; F)$, si l'opérateur ${}^tT : F' \to E'$ est injectif et à image fermée dans F'_b, l'opérateur T est surjectif.*

Preuve On raisonne par l'absurde, si T n'est pas surjectif, l'application T n'est pas ouverte et d'après le lemme 3.11.2 on a donc

$$(\exists \varepsilon > 0)(\forall \delta > 0)(B_F(0;\delta) \not\subset \overline{T(B_E(0;\varepsilon))}).$$

En prenant $\delta = 1/n$, on peut donc construire une suite (y_n) de F telle que

$$\lim_{n\to\infty} y_n = 0 \text{ et } y_n \notin \overline{T(B_E(0;\varepsilon))}.$$

L'ensemble $\overline{T(B_E(0;\varepsilon))}$ est un convexe fermé équilibré contenant l'origine, il existe donc (proposition 3.14.5) une suite (y'_n) de F' telle que

$$< y'_n, y_n >> 1 \text{ et } | < y'_n, Tx > | \leq 1 \text{ pour tout } x \in B_E(0;\varepsilon).$$

Il en résulte que $| < {}^tTy'_n, x > | \leq 1$ pour $\|x\| \leq \varepsilon$, d'où $\|{}^tTy'_n\| \leq \varepsilon$; ceci prouve que la suite $({}^tTy'_n)$ est bornée. Notons d'autre part que l'opérateur ${}^tT$ induit une bijection de F' sur $\text{Im}\,{}^tT$ et, cette image étant fermée, un isomorphisme d'après le théorème de Banach. Il en résulte que la suite (y'_n) doit être bornée et ceci est absurde car

$$1 << y'_n, y_n >\leq \|y'_n\|\,\|y_n\|$$

où la suite (y_n) converge vers 0. Q.E.D.

Lemme 3.18.9 *Soient E, F des espaces de Banach, $T : E \to F$ une application linéaire continue telle que Im T soit fermé, alors*

$$(\exists c \geq 0)(\forall y \in \textit{Im}\, T)(\exists x \in E)(y = Tx \textit{ et } \|x\| \leq c\,\|y\|).$$

Preuve Soit $S : E/\text{Ker}\,T \to \text{Im}\,T$ l'application linéaire telle que $T = S \circ \pi$, π désignant la surjection canonique de E sur $E/\text{Ker}\,T$. Cette bijection linéaire et continue est un isomorphisme d'après le théorème de Banach, Im T étant fermé donc complet : il existe une constante $c \geq 0$ telle que

$$\|\xi\| \leq c\,\|S\xi\| \text{ pour tout } \xi \in E/\text{Ker}\,T.$$

D'après la définition de la norme de l'espace quotient $E/\text{Ker}\,T$, il existe $x \in E$ tel que $\pi(x) = \xi$ et $\|x\| \leq 2\,\|\xi\|$. Posons $y = S\xi = Tx$, on a alors $\|x\| \leq 2c\,\|y\|$, ce qui prouve le lemme. Q.E.D.

On a alors le

Théorème 3.18.10 Banach *Soient E, F des espaces de Banach, $T \in \mathcal{L}(E; F)$, les propriétés suivantes sont équivalentes*

1. $Im\,T$ est fermé,
2. $Im\,T = (Ker\,{}^tT)^0$,
3. $Im\,{}^tT$ est fermé dans E'_b,
4. $Im\,{}^tT = (Ker\,T)^0$.

Preuve 1 $\Leftrightarrow$ 2 d'après (3.18.6).

1 $\Rightarrow$ 4 D'après (3.18.7), il s'agit de démontrer que $(\mathrm{Ker}\,T)^0 \subset \mathrm{Im}\,{}^tT$. Soit $x' \in (\mathrm{Ker}\,T)^0$, c'est-à-dire soit $x' \in E'$ tel que

$$(3.18.14) \qquad (\forall x \in E)(Tx = 0 \Rightarrow < x', x >= 0).$$

On définit une forme linéaire y' sur $\mathrm{Im}\,T$ en posant $< y', y >=< x', x >$ si $y = Tx$, $< x', x >$ ne dépendant pas du choix de $x \in E$ tel que $y = Tx$ d'après (3.18.14). D'après le lemme 3.18.9, on peut choisir x tel que $\|x\| \leq c\,\|y\|$, d'où $|\ < y', y >\ | \leq c\,\|x'\|\,\|y\|$, ce qui prouve que y' est une forme linéaire et continue sur $\mathrm{Im}\,T$, qu'on peut prolonger (Hahn-Banach) en une forme linéaire et continue sur F que nous noterons encore y'. On a alors $< y', Tx >=< x', x >$ pour tout $x \in E$, d'où $x' = {}^tTy' \in \mathrm{Im}\,{}^tT$, ce qui prouve 4.

4 $\Rightarrow$ 3 D'après 4, $\mathrm{Im}\,{}^tT$ est fermé dans E'_σ, donc dans E'_b.

3 $\Rightarrow$ 1 On pose $G = \overline{\mathrm{Im}\,T}$ et on note $T_1 : E \to G$ l'opérateur $x \mapsto Tx$; il s'agit de démontrer que T_1 est surjectif. Utilisons le lemme 3.18.8 : montrons que l'opérateur ${}^tT_1$ est injectif à image fermée. L'opérateur T_1 est à image dense, d'après (3.18.8) l'opérateur ${}^tT_1 : G' \to E'$ est donc bien injectif.

On peut écrire $T = i \circ T_1$ où $i : G \to F$ désigne l'injection canonique, d'où ${}^tT = {}^tT_1 \circ {}^ti$ d'après (3.18.4). L'application ${}^ti : F' \to G'$ est simplement l'opérateur de restriction $y' \mapsto y'|_G$, opérateur surjectif d'après le théorème de Hahn-Banach et, par conséquent $\mathrm{Im}\,{}^tT_1 = \mathrm{Im}\,{}^tT$ est fermé, ce qui prouve le résultat voulu. Q.E.D.

Ceci permet de démontrer la réciproque du lemme 3.18.8, soit

Corollaire 3.18.11 *Soient E, F des espaces de Banach, $T : E \to F$ une application linéaire et continue, alors les conditions suivantes sont équivalentes*
1. l'opérateur T est surjectif,
2. l'opérateur ${}^tT : F' \to E'$ est injectif et à image fermée dans E'_b,
3. il existe une constante $c \geq 0$ telle que $\|y'\| \leq c\,\|{}^tTy'\|$ pour tout $y' \in F'$.

Preuve 1 $\Rightarrow$ 2 En effet, si T est surjectif, l'opérateur ${}^tT$ est injectif d'après (3.18.8) et à image fermée d'après l'implication 1 $\Rightarrow$ 3 du théorème 3.18.10.

2 $\Rightarrow$ 3 Si ${}^tT$ est injectif à image fermée, l'opérateur ${}^tT : F' \to \mathrm{Im}\,{}^tT$ est un isomorphisme d'après le théorème de Banach et 3. exprime la continuité de l'application réciproque.

3 $\Rightarrow$ 2 Si 3. est vérifié, ${}^tT$ est injectif et l'opérateur ${}^tT : F' \to \mathrm{Im}\,{}^tT$ est un isomorphisme, il en résulte que $\mathrm{Im}\,{}^tT$ est complet, donc fermé. Q.E.D.

Remarque 3.18.4 Le critère 3. de surjectivité est à l'origine des méthodes dites de majoration a priori. Pour démontrer la surjectivité de T, on démontre que toute solution $y' \in F'$ de l'équation ${}^tTy' = x'$ peut se majorer par $c\,\|x'\|$ où c est une constante indépendante de x' et y' : on observera qu'on ne fait aucune hypothèse sur l'existence éventuelle d'une telle solution y'.

Remarque 3.18.5 Nous laissons au lecteur le soin de vérifier que le même corollaire subsiste en permutant le rôle des opérateurs T et ${}^tT$, la démonstration est similaire.

D – Famille sommable

3.19 Série convergente et absolument convergente

La définition de la convergence d'une série de nombres réels utilise d'une part la structure de groupe additif de $\mathbb{R}$, d'autre part sa structure topologique. Il n'est donc pas difficile de définir une notion analogue dans tout espace vectoriel topologique et même dans tout groupe topologique.

Soit G un groupe topologique abélien, la loi de composition étant notée additivement, et soit (x_n) une suite de G à laquelle on associe la suite (s_n) des sommes partielles $s_n = \sum_{p=0}^{n} x_p$. On dit que la série de terme général x_n est convergente et de somme s si la suite (s_n) converge vers s et on écrit alors $s = \sum_{n=0}^{\infty} x_n$; on dit aussi que la série $\sum_{n=0}^{\infty} x_n$ est convergente. La somme d'une série convergente n'est bien définie que si la topologie est séparée : dans la suite nous supposerons toujours les espaces séparés. Une série est dite divergente si elle ne converge pas.

Si la série $\sum_{n=0}^{\infty} x_n$ est convergente, la suite (x_n) tend vers 0 : on a en effet $x_n = s_n - s_{n-1}$ pour $n \geq 1$. On exprime cette propriété en disant que le terme général d'une série convergente tend vers 0.

Si $\sum_{n=0}^{\infty} x_n$ est une série convergente dans un e.l.c., la suite des sommes partielles est de Cauchy et on a donc la

Proposition 3.19.1 Critère de Cauchy *Soit E un e.l.c. séparé, pour qu'une série de terme général x_n soit convergente il faut (et il suffit si E est séquentiellement complet) que*

$$\left\{ \begin{array}{l} (\forall V \in \mathcal{V}(0))(\exists n \in \mathbb{N})(\forall p \in \mathbb{N})(\forall q \in \mathbb{N}) \\ (n \leq p \leq q \Rightarrow \sum_{i=p}^{q} x_i \in V) \end{array} \right. \tag{3.19.1}$$

et, lorsque E est un espace normé, cette condition s'écrit

$$\left\{ \begin{array}{l} (\forall \varepsilon > 0)(\exists n \in \mathbb{N})(\forall p \in \mathbb{N})(\forall q \in \mathbb{N}) \\ (n \leq p \leq q \Rightarrow \| \sum_{i=p}^{q} x_i \| \leq \varepsilon). \end{array} \right. \tag{3.19.2}$$

L'image par une application linéaire continue d'une série convergente est une série convergente et plus précisément

Proposition 3.19.2 *Soient E et F des e.v.t. séparés, $T : E \to F$ une application linéaire et continue et $\sum_{n=0}^{\infty} x_n$ une série convergente dans E, alors la série $\sum_{n=0}^{\infty} Tx_n$ est convergente dans F et*

$$T(\sum_{n=0}^{\infty} x_n) = \sum_{n=0}^{\infty} Tx_n. \tag{3.19.3}$$

Preuve On a $T(\sum_{n=0}^{p} x_n) = \sum_{n=0}^{p} Tx_n$ d'après la linéarité de T et on conclut grâce à la continuité de T. Q.E.D.

Proposition 3.19.3 *Soit $E = \prod_{i \in I} E_i$ un produit d'e.v.t. séparés, une série $\sum_{n=0}^{\infty} x_n$ de E est convergente si, et seulement si, pour tout $i \in I$, la série $\sum_{n=0}^{\infty} pr_i(x_n)$ est convergente dans E_i ; on a alors*

$$\sum_{n=0}^{\infty} x_n = \Big(\sum_{n=0}^{\infty} pr_i(x_n)\Big)_{i \in I}. \tag{3.19.4}$$

Preuve Les projections $pr_i : E \to E_i$ étant linéaires, la caractérisation des suites convergentes dans un espace produit montre que la série $\sum_{n=0}^{\infty} x_n$ est convergente si, et seulement si, pour tout i, la série $\sum_{n=0}^{\infty} pr_i(x_n)$ converge et alors $pr_i(\sum_{n=0}^{\infty} x_n) = \sum_{n=0}^{\infty} pr_i(x_n)$. Q.E.D.

Corollaire 3.19.4 *Soient $\sum_{n=0}^{\infty} x_n$ et $\sum_{n=0}^{\infty} y_n$ deux séries convergentes dans un e.v.t. séparé, alors les séries $\sum_{n=0}^{\infty}(x_n + y_n)$ et $\sum_{n=0}^{\infty} \lambda x_n$, où λ est un scalaire, sont convergentes et*

$$\sum_{n=0}^{\infty}(x_n + y_n) = \sum_{n=0}^{\infty} x_n + \sum_{n=0}^{\infty} y_n, \quad \sum_{n=0}^{\infty} \lambda x_n = \lambda \sum_{n=0}^{\infty} x_n. \tag{3.19.5}$$

Preuve D'après la proposition précédente, la série $\sum_{n=0}^{\infty}(x_n, y_n)$ est convergente et de somme $(\sum_{n=0}^{\infty} x_n, \sum_{n=0}^{\infty} y_n)$ et il suffit d'en prendre l'image par l'application linéaire et continue $(x, y) \mapsto x + y$ de $E \times E$ dans E pour obtenir le premier résultat. La seconde assertion s'obtient en prenant l'image de la série $\sum_{n=0}^{\infty} x_n$ par l'application linéaire continue $x \mapsto \lambda x$. Q.E.D.

Dans un espace normé, on peut introduire la notion de série absolument convergente.

Définition 3.19.1 *Dans un espace normé, une série de terme général x_n est dite absolument convergente si la série $\sum_{n=0}^{\infty} \|x_n\|$ de $\mathbb{R}_+$ est convergente.*

Une série convergente n'est pas nécessairement absolument convergente, même sur $\mathbb{R}$: par exemple, $x_n = (-1)^n/n$. En outre, une série absolument convergente n'est pas nécessairement convergente ; on a en effet le résultat suivant.

Proposition 3.19.5 *Dans un espace normé E, pour que toute série absolument convergente soit convergente, il faut et il suffit que E soit un espace de Banach.*

Preuve Soit x_n le terme général d'une série absolument convergente dans un espace de Banach ; pour tout $p \le q$, on a $\| \sum_{i=p}^{q} x_i\| \le \sum_{i=p}^{q} \|x_i\|$ et ceci montre que le critère de Cauchy (3.19.2) est vérifié, vu qu'il l'est pour la série $\sum_{n=0}^{\infty} \|x_n\|$.

Réciproquement, supposons que toute série absolument convergente est convergente et montrons que E est complet. Soit (x_n) une suite de Cauchy dans E et soit $\sum_{k=0}^{\infty} \varepsilon_k$ une série convergente où les ε_k sont des nombres > 0. En utilisant le fait que la suite (x_n) est de Cauchy, on construit par récurrence une sous-suite (x_{n_k}) telle que $\|x_{n_{k+1}} - x_{n_k}\| \leq \varepsilon_k$ pour tout $k \geq 0$. La série de terme général $x_{n_{k+1}} - x_{n_k}$ est absolument convergente, donc convergente d'après l'hypothèse faite et on a

$$\sum_{k=0}^{l} (x_{n_{k+1}} - x_{n_k}) = x_{n_{l+1}} - x_{n_0}$$

il en résulte que la sous-suite (x_{n_k}) est convergente ; la suite x_n est donc convergente d'après le corollaire 2.18.4, ce qui prouve le résultat voulu. Q.E.D.

Dans un espace normé non complet, il existe donc des séries absolument convergentes non convergentes ; dans de tels espaces, la notion de série absolument convergente ne présente donc a priori aucun intérêt.

Au contraire, lorsqu'on doit étudier une série dans un espace de Banach, on commence d'abord par examiner si cette série est absolument convergente ; on est donc amené à étudier une série à termes positifs, ce qui est un problème en principe plus simple. Bien entendu, si la série ne converge pas absolument, on ne peut rien en conclure quant à l'éventuelle convergence de la série.

Étant donné que $\| \sum_{p=0}^{n} x_p\| \leq \sum_{p=0}^{n} \|x_p\|$, on notera que pour toute série absolument convergente dans un espace de Banach

(3.19.6) $$\| \sum_{n=0}^{\infty} x_n \| \leq \sum_{n=0}^{\infty} \|x_n\|.$$

Voici une application importante de ces notions concernant l'étude des éléments inversibles dans une algèbre de Banach.

Définition 3.19.2 *Une algèbre E est un espace vectoriel muni d'une loi de composition interne notée mutiplicativement $(x, y) \in E \times E \to xy \in E$ qui est associative et bilinéaire.*

Une algèbre normée est une algèbre munie d'une norme vérifiant

(3.19.7) $$\|xy\| \leq \|x\| \, \|y\| \text{ pour tout } x, y \in E.$$

Une algèbre normée complète est appelée une algèbre de Banach.

Voici quelques remarques concernant ces définitions. Une algèbre est dite commutative si $xy = yx$ pour tout x, y ; on dit qu'elle admet un élément unité s'il existe un élément $e \in E$ tel que $ex = xe = x$ pour tout x : cet élément unité e est alors unique. Par exemple, soient E un espace normé et $\mathcal{L}(E)$ l'espace vectoriel des endomorphismes (continus) de E ; la composition des applications $(T, S) \mapsto T \circ S$ induit sur $\mathcal{L}(E)$ une structure d'algèbre non commutative (si E est de dimension ≥ 2) et qui admet un élément unité, à savoir l'application identique I_E. Cette algèbre est en outre une algèbre normée d'après (3.10.7) et c'est une algèbre de Banach lorsque E est un espace de Banach.

On notera que la propriété (3.19.7) signifie simplement que l'application bilinéaire $(x,y) \mapsto xy$ de $E \times E$ dans E est continue et de norme ≤ 1. Si E admet un élément unité e, en prenant $x = y = e$, on constate que $\|e\| \geq 1$; la norme de e n'est pas en général égale à 1.

Considérons alors une algèbre de Banach A admettant un élément unité e et soit G l'ensemble des éléments inversibles (pour la multiplication) ; la multiplication de l'algèbre induit sur cet ensemble G une structure de groupe ; nous allons montrer que ce groupe est un ensemble ouvert dans A.

Voici d'abord une proposition préliminaire. Les notations utilisées sont les suivantes : soit $x \in A$, on définit x^n pour $n \in \mathbb{N}$ par récurrence en posant

$$x^0 = e \text{ et } x^{n+1} = x\,x^n \text{ pour } n \geq 1.$$

Proposition 3.19.6 *Soit A une algèbre de Banach admettant un élément unité e et soit $x \in A$ tel que $\|x\| < 1$. Alors $e - x$ est inversible et*

$$(e-x)^{-1} = \sum_{n=0}^{\infty} x^n, \text{ série de Neumann,}$$

où la série $\sum_{n=0}^{\infty} x^n$ est absolument convergente.

Preuve La série $\sum_{n=0}^{\infty} x^n$ est absolument convergente car $\|x^n\| \leq \|x\|^n$; elle est donc convergente ; vérifions que sa somme y est l'inverse de $e - x$. On a $(e-x)y = y - xy$; l'application $z \mapsto xz$ étant linéaire continue,

$$x\Big(\sum_{n=0}^{\infty} x^n\Big) = \sum_{n=0}^{\infty} x^{n+1},$$

d'où $(e-x)y = \sum_{n=0}^{\infty} x^n - \sum_{n=0}^{\infty} x^{n+1} = e$. Ceci prouve que $(e-x)y = e$; de plus,

$$y(e-x) = y - yx = y - xy = (e-x)y = e$$

vu que $yx = xy$ et, par conséquent, $e - x$ est inversible et $(e-x)^{-1} = y$. Q.E.D.

Corollaire 3.19.7 *Soit A une algèbre de Banach admettant un élément unité e, alors l'ensemble G des éléments inversibles de A est ouvert dans A et l'application $x \mapsto x^{-1}$ est un homéomorphisme de G sur G.*

Preuve Soit $x = a - h$ où $a \in G$ et $h \in A$; on a $x = a(e - a^{-1}h)$ et d'après la proposition précédente x est inversible dès que $\|a^{-1}h\| < 1$ et a fortiori dès que $\|h\| < \|a^{-1}\|^{-1}$. Ceci montre que G contient la boule ouverte centrée au point a et de rayon $\|a^{-1}\|^{-1}$: G est donc un ensemble ouvert.

Montrons que la bijection $x \mapsto x^{-1}$ est continue au point a. Posons $y = a^{-1}h$, si $\|h\| < \|a^{-1}\|^{-1}$ on a

$$x^{-1} = (a-h)^{-1} = (e - a^{-1}h)^{-1}a^{-1} = \Big(\sum_{n=0}^{\infty} y^n\Big)a^{-1},$$

d'où $x^{-1} - a^{-1} = (\sum_{n=1}^{\infty} y^n)a^{-1}$ et

$$\|x^{-1} - a^{-1}\| \leq \Big(\sum_{n=1}^{\infty} \|y^n\|\Big)\,\|a^{-1}\| \leq \Big(\sum_{n=1}^{\infty} \|y\|^n\Big)\,\|a^{-1}\|$$

et par conséquent

$$\|x^{-1} - a^{-1}\| \leq \frac{\|y\|}{1 - \|y\|}\|a^{-1}\| \leq \frac{\|a^{-1}\| \, \|h\|}{1 - \|a^{-1}\| \, \|h\|}\|a^{-1}\|$$

et cette inégalité prouve que $x^{-1} - a^{-1}$ tend vers 0 lorsque h tend vers 0. L'application $x \mapsto x^{-1}$ est donc continue et c'est un homéomorphisme vu qu'elle coïncide avec son application réciproque. Q.E.D.

En prenant pour algèbre de Banach l'algèbre $\mathcal{L}(E)$ où E est un espace de Banach, on obtient le

Théorème 3.19.8 *Étant donné deux espaces de Banach E et F, l'ensemble $Isom(E; F)$ des isomorphismes de E sur F est un sous-ensemble ouvert de $\mathcal{L}(E; F)$ et l'application $u \mapsto u^{-1}$ est un homéomorphisme de $Isom(E; F)$ sur $Isom(F; E)$.*

Preuve Le théorème est évident lorsque $\text{Isom}(E; F)$ est vide ; on peut donc supposer $\text{Isom}(E; F)$ non vide. Soit h un isomorphisme de F sur E, l'application $\varphi : u \mapsto h \circ u$ est un isomorphisme de $\mathcal{L}(E; F)$ sur l'algèbre de Banach $\mathcal{L}(E)$ qui applique l'ensemble $\text{Isom}(E; F)$ sur l'ensemble des éléments inversibles de $\mathcal{L}(E)$. D'après le corollaire précédent, $\text{Isom}(E; F)$ est ouvert et l'application $u \mapsto u^{-1}$ est continue vu la formule $u^{-1} = \varphi(u)^{-1} \circ h$. Q.E.D.

Lorsque E et F sont de dimension finie, si l'ensemble $\text{Isom}(E; F)$ n'est pas vide, E et F sont nécessairement de même dimension. Prenons $E = F$, le choix d'une base dans E induit un isomorphisme (d'algèbre) de $\mathcal{L}(E)$ sur l'algèbre $M_n(\mathbb{K})$ des matrices carrées d'ordre n et un isomorphisme (de groupe) du groupe $\text{Isom}(E)$ des automorphismes de E sur le groupe des matrices inversibles de $M_n(\mathbb{K})$, c'est-à-dire sur le groupe linéaire $GL(n, \mathbb{K})$. Ce groupe linéaire est donc ouvert dans $M_n(\mathbb{K})$: une démonstration élémentaire de ce résultat s'obtient aisément en utilisant la caractérisation des matrices inversibles en terme de déterminant.

Exercice 3.19.1 Soient E un espace de Banach, $E \neq \{0\}$, F l'espace vectoriel de toutes les suites $x = (x_n)$ de E telles que les sommes partielles $s_n = \sum_{p=0}^{n} x_p$ soient bornées ; on munit F de la norme

$$\|x\| = \sup_{n \in \mathbb{N}} \Big\| \sum_{p=0}^{n} x_p \Big\|.$$

On note G l'ensemble des suites $x = (x_n)$ telles que la série de terme général x_n converge.

1. Montrer que F est un espace de Banach et que G en est un sous-espace vectoriel fermé [utiliser l'application

$$\varphi : x = (x_n) \in F \mapsto s = (s_n) \in l^{\infty}(\mathbb{N}; E)$$

et l'exercice 2.27.6].

Étant donné une suite (λ_n) de $\mathbb{K}$, on note T l'application linéaire qui, à toute suite $x = (x_n)$ de E associe la suite $Tx = (\lambda_n x_n)$.

2. On se propose d'abord de caractériser les suites (λ_n) telles que l'image par T de toute série convergente soit une série convergente.

a. On suppose donc $T(G) \subset G$. En utilisant le théorème du graphe fermé, montrer que l'application linéaire $T : G \to G$ est continue. En déduire qu'il existe une constante $c \geq 0$ telle que pour tout $n \in \mathbb{N}$ et tout $x \in G$

$$\Big\|\sum_{p=0}^{n} \lambda_p x_p\Big\| \leq c \sup_{n\in\mathbb{N}}\Big\|\sum_{p=0}^{n} x_p\Big\|.$$

En utilisant la transformation d'Abel

$$\sum_{p=0}^{n} \lambda_p x_p = (\lambda_0 - \lambda_1)s_0 + \ldots + (\lambda_{n-1} - \lambda_n)s_{n-1} + \lambda_n s_n,$$

montrer que $\sum_{n=0}^{\infty} |\lambda_{n+1} - \lambda_n| < \infty$: on dit que la suite (λ_n) est à variation bornée.

b. Réciproquement, si la suite (λ_n) est à variation bornée, montrer que $T(G) \subset G$ en utilisant la transformation d'Abel

$$\sum_{p=k}^{k+l} \lambda_p x_p = (\lambda_k - \lambda_{k+1})s_{k,0} + \ldots + (\lambda_{k+l-1} - \lambda_{k+l})s_{k,l-1} + \lambda_{k+l}s_{k,l}$$

où $s_{k,j} = s_{k+j} - s_{k-1}$.

3. Montrer que $T(F) \subset G$ si, et seulement si, la suite (λ_n) est à variation bornée et

$$\lim_{n\to\infty} \lambda_n = 0.$$

Exercice 3.19.2 Soit E un sous-espace vectoriel de l'espace $\mathcal{F}_s(\mathbb{N}; \mathbb{K})$, on suppose que E est muni d'une structure d'espace de Fréchet telle que l'injection canonique de E dans $\mathcal{F}_s(\mathbb{N}; \mathbb{K})$ soit continue ; on note $(\|\bullet\|_i)_{i\in I}$ une famille dénombrable de semi-normes définissant la topologie de E.

Soit $a_{pq} \in \mathbb{K}$, $(p, q) \in \mathbb{N}^2$, une suite double de scalaires, on considère le système linéaire à une infinité d'inconnues

$$\sum_{q=0}^{\infty} a_{pq} x_q = y_q,\ p \in \mathbb{N}, \tag{3.19.8}$$

et on suppose que, pour tout $y = (y_p) \in E$, ce système admet une unique solution $x = (x_q)$: ceci signifiant qu'il existe une unique suite $x = (x_q)$ telle que les séries $\sum_{q=0}^{\infty} a_{pq}x_q$ convergent et soient de somme y_p.

On note F l'ensemble des suites $x = (x_q)$ telles que, pour tout $p \in \mathbb{N}$, la série $y_p = \sum_{q=0}^{\infty} a_{pq}x_q$ converge et $y = (y_p)$ appartienne à E. On définit sur F une structure d'e.l.c. en prenant comme semi-normes d'une part

$$\|x\|_i = \|y\|_i \text{ où } y_p = \sum_{q=0}^{\infty} a_{pq}x_q,\ i \in I,$$

d'autre part

$$\|x\|_p = \sup_{q\in\mathbb{N}}\Big|\sum_{r=0}^{q} a_{pr}x_r\Big|,\ p \in \mathbb{N}.$$

1. Montrer que les formes linéaires sur F $x \mapsto x_n$ sont continues [on notera que, pour tout q, il existe p tel que $a_{pq} \neq 0$].

2. Montrer que F est un espace de Fréchet.

3. On note $x = Ty$ la solution de (3.19.8), montrer que T est un isomorphisme de E sur F ; en particulier les formes linéaires sur E $y \mapsto x_q$ sont continues.

Exercice 3.19.3 On considère l'espace c des suites convergentes $x = (x_n)_{n\geq 1}$ d'éléments de $\mathbb{K}$, espace de Banach pour la norme $\|x\| = \sup_{n\geq 1} |x_n|$ (exercice 2.27.6).

1. On pose

$$e^0 = (\delta_n^n)_{n\geq 1} \text{ et, pour } m \geq 1,\ e^m = (\delta_n^m)_{n\geq 1}$$

où $\delta_i^j = 0$ si $i \neq j$ et $\delta_i^i = 1$. Soit $x = (x_n)_{n\geq 1} \in c$, si $x_0 = \lim_{n\to\infty} x_n$, montrer que la série $\sum_{m=1}^{\infty}(x_m - x_0)e^m$ est convergente dans l'espace c et que

$$x = x_0 e^0 + \sum_{m=1}^{\infty}(x_m - x_0)e^m.$$

2. En déduire qu'à tout endomorphisme $T \in \mathcal{L}(c)$, on peut associer une suite double $\alpha_n^m \in \mathbb{K}$, $(m, n) \in \mathbb{N} \times \mathbb{N}^*$, telle que $y = Tx = (y_n)_{n\geq 1}$ s'écrive

$$y_n = \sum_{m=0}^{\infty} \alpha_n^m x_m,\ n \geq 1, \tag{3.19.9}$$

avec les propriétés suivantes

$$\sup_{n\geq 1} \sum_{m=0}^{\infty} |\alpha_n^m| < \infty, \tag{3.19.10}$$

$$\text{pour tout } m \geq 1, \text{ la limite } \alpha^m = \lim_{n\to\infty} \alpha_n^m \text{ existe,} \tag{3.19.11}$$

$$\text{la limite } \alpha^0 = \lim_{n\to\infty} \sum_{m=0}^{\infty} \alpha_n^m \text{ existe.} \tag{3.19.12}$$

3. Réciproquement, soit $\alpha_n^m \in \mathbb{K}$, $(m, n) \in \mathbb{N} \times \mathbb{N}^*$, une suite double vérifiant les propriétés (3.19.10), (3.19.11) et (3.19.12). Montrer que la formule (3.19.9) définit un endomorphisme T de l'espace c et que

$$\lim_{n\to\infty} y_n = \alpha^0 x_0 + \sum_{m=1}^{\infty} \alpha^m (x_m - x_0).$$

4. Étant donné des réels $p_n > 0$, $n \geq 1$, étudier la suite

$$y_n = \frac{p_1 x_1 + \ldots + p_n x_n}{p_1 + \ldots + p_n},\ x = (x_n) \in c.$$

En déduire une condition nécessaire et suffisante pour que $\lim_{n\to\infty} x_n = \lim_{n\to\infty} y_n$ quel que soit $x \in c$.

3.20 Famille sommable et absolument sommable

La notion de série fait intervenir de façon essentielle la relation d'ordre total sur $\mathbb{N}$ dans la définition des sommes partielles s_n. On ne peut pas en général modifier arbitrairement l'ordre des termes : plus précisément, si la série $\sum_{n=0}^{\infty} x_n$ est convergente et si $\pi : \mathbb{N} \to \mathbb{N}$ est une permutation de $\mathbb{N}$, la série $\sum_{n=0}^{\infty} x_{\pi(n)}$ n'est pas en général convergente et, si elle l'est, sa somme n'est pas nécessairement égale à $\sum_{n=0}^{\infty} x_n$. Comme nous le verrons cette difficulté ne se présente pas pour les séries absolument convergentes, mais la convergence absolue est une notion trop restrictive dans les applications (par exemple, dans l'étude des sommes hilbertiennes), la notion que nous allons définir est intermédiaire entre la convergence et la convergence absolue.

Outre la difficulté ci-dessus, on souhaite étudier la convergence de séries multiples : si $(x_{m,n})_{(m,n)\in\mathbb{N}^2}$ est une suite double, peut-on donner un sens à la somme double $\sum_{(m,n)\in\mathbb{N}^2} x_{m,n}$? L'ordre naturel sur $\mathbb{N}^2$, à savoir l'ordre produit, n'étant pas un ordre total, il n'y a pas de façon naturelle et priviligiée de définir des sommes partielles bien que l'ensemble $\mathbb{N}^2$ soit dénombrable.

Ces difficultés conduisent à prendre pour ensemble d'indices un ensemble absolument quelconque qui ne sera en général ni dénombrable, ni ordonné.

Étant donné un groupe topologique abélien séparé G et un ensemble I, on considère une famille $(x_i)_{i\in I}$ d'éléments de G. Pour toute partie finie J de I, on peut définir la somme de la sous-famille $(x_i)_{i\in J}$, soit

$$s_J = \sum_{i\in J} x_i \in G,\ J \in \mathcal{F}(I), \tag{3.20.1}$$

en convenant que $s_J = 0$ si $J = \emptyset$, 0 désignant évidemment l'élément neutre du groupe. Grâce à cette convention, on a $s_{J_1\cup J_2} = s_{J_1} + s_{J_2}$ dès que J_1 et J_2 sont des parties finies disjointes. On définit ainsi une application

$$f : J \in \mathcal{F}(I) \to s_J \in G. \tag{3.20.2}$$

Ordonnons $\mathcal{F}(I)$ par inclusion, on obtient un ensemble filtrant (exemple 2.8.8) et on peut donc considérer sur $\mathcal{F}(I)$ le filtre des sections associé ; rappelons que ce filtre admet pour base de filtre l'ensemble $\mathcal{B}$ des sections

$$S(J_0) = \{J \in \mathcal{F}(I)\,;\ J \supset J_0\} \text{ où } J_0 \text{ décrit } \mathcal{F}(I).$$

On peut alors donner la

Définition 3.20.1 *Soit G un groupe topologique abélien séparé, une famille $(x_i)_{i\in I}$ d'éléments de G est dite sommable et de somme s si l'application*

$$f : J \in \mathcal{F}(I) \to s_J \in G$$

admet s pour valeur limite suivant le filtre des sections de l'ensemble filtrant $\mathcal{F}(I)$. On écrit alors $s = \sum_{i\in I} x_i$.

Limitons nous dans la suite à des familles dans des e.v.t. séparés ; si $(x_i)_{i\in I}$ est une famille d'éléments d'un e.v.t. séparé E, la définition précédente s'écrit de la façon suivante

$$(\forall V \in \mathcal{V}(0))(\exists J_0 \in \mathcal{F}(I))(\forall J \in \mathcal{F}(I))(J \supset J_0 \Rightarrow s_J \in s + V) \tag{3.20.3}$$

et, lorsque E est un espace normé,

$$(\forall \varepsilon > 0)(\exists J_0 \in \mathcal{F}(I))(\forall J \in \mathcal{F}(I))(J \supset J_0 \Rightarrow \|s - s_J\| \leq \varepsilon). \tag{3.20.4}$$

Remarque 3.20.1 Supposons tous les x_i nuls sauf un nombre fini d'entre eux, alors la famille $(x_i)_{i\in I}$ est sommable et, si $J = \{i \in I\,;\ x_i \neq 0\}$, la somme de la famille est égale à $\sum_{i\in J} x_i$. La notion de famille sommable généralise la notion de somme finie !

Vérifions de suite la propriété de commutativité suivante

Proposition 3.20.1 *Dans un e.v.t. séparé, soit $(x_i)_{i\in I}$ une famille sommable de somme s, alors pour toute bijection $\pi : I \to I$, la famille $(x_{\pi(i)})_{i\in I}$ est sommable et de somme s.*

Preuve Soit $V \in \mathcal{V}(0)$, il existe $J_0 \in \mathcal{F}(I)$ tel que $s_J \in s + V$ pour toute partie finie J contenant J_0, alors $K_0 = \pi^{-1}(J_0)$ est une partie finie de I et, pour toute partie finie $K \supset K_0$, on a $\pi(K) \supset J_0$, d'où $\sum_{i\in K} x_{\pi(i)} \in s + V$, ce qui prouve la proposition. Q.E.D.

Pour une famille indexée par $\mathbb{N}$, c'est-à-dire pour une suite (x_n), nous parlerons de suite sommable. On a alors la

Proposition 3.20.2 *Dans un e.v.t. séparé, soit (x_n) une suite sommable de somme s, alors pour toute bijection $\pi : \mathbb{N} \to \mathbb{N}$ la série $\sum_{n=0}^{\infty} x_{\pi(n)}$ est convergente et de somme s : on dit que la série $\sum_{n=0}^{\infty} x_n$ est commutativement convergente.*

Preuve Vu la proposition précédente, il suffit de vérifier que la série $\sum_{n=0}^{\infty} x_n$ est convergente et de somme s. La propriété (3.20.3) étant vérifiée, notons n_0 le plus grand élément de J_0, alors $[0, n]$ contient J_0 dès que n est $\geq n_0$, d'où $s_n \in s + V$ pour $n \geq n_0$, ce qui prouve que la suite (s_n) converge vers s. Q.E.D.

Note Dans un espace normé par exemple, on peut démontrer la réciproque suivante : si une série $\sum_{n=0}^{\infty} x_n$ est commutativement convergente, alors la suite (x_n) est sommable (exercice 3.20.1).

Dans un e.l.c. séparé, la proposition 3.4.3 fournit une condition nécessaire de sommabilité, appelée critère de Cauchy.

Proposition 3.20.3 Critère de Cauchy *Dans un e.l.c. séparé E, pour qu'une famille $(x_i)_{i\in I}$ soit sommable il faut (et il suffit si E est complet) que*

$$(3.20.5) \qquad (\forall V \in \mathcal{V}(0))(\exists J_0 \in \mathcal{F}(I))(\forall K \in \mathcal{F}(I - J_0))(s_K \in V)$$

et, lorsque E est un espace normé, cette condition s'écrit

$$(3.20.6) \qquad (\forall \varepsilon > 0)(\exists J_0 \in \mathcal{F}(I))(\forall K \in \mathcal{F}(I - J_0))(\|s_K\| \leq \varepsilon).$$

Preuve Écrivons que la base de filtre $f(\mathcal{B})$ est de Cauchy

$$(3.20.7) \qquad (\forall V \in \mathcal{V}(0))(\exists J_0 \in \mathcal{F}(I))(f(S(J_0)) - f(S(J_0)) \subset V),$$

soit

$$(3.20.8) \qquad \begin{cases} (\forall V \in \mathcal{V}(0))(\exists J_0 \in \mathcal{F}(I))(\forall J_1 \in \mathcal{F}(I))(\forall J_2 \in \mathcal{F}(I)) \\ (J_1 \supset J_0 \text{ et } J_2 \supset J_0 \Rightarrow s_{J_1} - s_{J_2} \in V). \end{cases}$$

Si K est une partie finie de $I - J_0$, posons $J_1 = K \cup J_0$ et $J_2 = J_0$, alors $s_K = s_{J_1} - s_{J_2} \in V$, ce qui prouve (3.20.5).

Réciproquement, montrons que (3.20.5) implique (3.20.8). Soit V un voisinage de 0, il existe une semi-norme $\|\bullet\|$ continue sur E et un $\varepsilon > 0$ tels que V contienne la boule $B(0; 2\varepsilon)$ associée à cette semi-norme ; posons $W = B(0; \varepsilon) \in \mathcal{V}(0)$, d'après (3.20.5), il existe $J_0 \in \mathcal{F}(I)$ tel que $s_K \in W$ pour toute partie finie de $I - J_0$; si J_1 et J_2 sont deux parties finies contenant J_0, on a alors

$$s_{J_1} - s_{J_2} = s_{K_1} - s_{K_2} \text{ avec } K_1 = J_1 - J_0,\ K_2 = J_2 - J_0,$$

d'où $s_{J_1} - s_{J_2} \in W - W \subset V$ d'après le choix de W et ceci prouve (3.20.8).

Lorsque E est un espace normé, il suffit de prendre $V = B'(0; \varepsilon)$ pour obtenir (3.20.6). Q.E.D.

La signification de (3.20.6) est la suivante : étant donné $\varepsilon > 0$, si on exclut un nombre fini de termes de la famille, à savoir ceux qui sont indexés par J_0, toutes les sommes partielles de la sous-famille $(x_i)_{i\in I-J_0}$ sont alors plus petites que ε.

Exercice 3.20.1 Soit (x_n) une suite dans un espace normé E. Si la série (x_n) est commutativement convergente, montrer que la suite (x_n) est sommable en raisonnant de la façon suivante.

On pose $s = \sum_{n=0}^{\infty} x_n$; montrer que s est un point adhérent à la base de filtre $f(\mathcal{B})$ où f désigne l'application $J \in \mathcal{F}(\mathbb{N}) \mapsto s_J \in E$ et $\mathcal{B}$ la base du filtre des sections associé à l'ensemble filtrant $\mathcal{F}(\mathbb{N})$. Si la suite (x_n) n'est pas sommable, en déduire que cette base de filtre ne peut être de Cauchy. En déduire un $\varepsilon > 0$ et une suite (K_n) de parties finies disjointes de $\mathbb{N}$ telles que $\|s_{K_n}\| \geq \varepsilon$, ce qui permettra de construire une permutation π de $\mathbb{N}$ telle que la série de terme général $x_{\pi(n)}$ ne vérifie pas le critère de Cauchy.

Voici les premières conséquences du critère de Cauchy.

Corollaire 3.20.4 *Soit $(x_i)_{i\in I}$ une famille sommable dans un e.l.c. séparé, si I est infini, l'application $i \mapsto x_i$ tend vers 0 suivant le filtre des complémentaires des parties finies de I.*

Preuve Il suffit d'écrire (3.20.5) en prenant K réduit à un élément. Q.E.D.

Corollaire 3.20.5 *Soit $(x_i)_{i\in I}$ une famille sommable dans un e.l.c. métrisable, alors l'ensemble $\{i \in I\,;\, x_i \neq 0\}$ est dénombrable.*

Preuve Soit (V_n) une base dénombrable du filtre $\mathcal{V}(0)$. D'après le critère de Cauchy, les ensembles $I_n = \{i \in I\,;\, x_i \notin V_n\}$ sont finis et

$$\{i \in I\,;\, x_i \neq 0\} = \bigcup_n I_n \text{ vu que } \bigcap_n V_n = \{0\}\,;$$

il en résulte que $\{i \in I\,;\, x_i \neq 0\}$ est dénombrable. Q.E.D.

Remarque 3.20.2 Dans un espace métrisable, pour qu'une famille $(x_i)_{i\in I}$ soit sommable, il est donc nécessaire que $\{i \in I; x_i \neq 0\}$ soit dénombrable ; cette condition étant vérifiée, l'étude de la sommabilité de la famille se réduit à celle de la sommabilité d'une suite. Bien entendu, l'ensemble dénombrable $\{i \in I\,;\, x_i \neq 0\}$ dépend de la famille $(x_i)_{i\in I}$ et dans la pratique cette remarque n'a qu'un intérêt limité.

Note Dans un espace non métrisable, l'ensemble $\{i \in I; x_i \neq 0\}$ n'est pas en général dénombrable : nous donnerons ultérieurement un exemple très simple (remarque 3.20.4).

Corollaire 3.20.6 *Dans un e.l.c. séparé complet, toute sous-famille d'une famille sommable est sommable.*

Preuve En effet, toute sous-famille d'une famille vérifiant le critère de Cauchy vérifie a fortiori ce critère. Q.E.D.

Les propositions (3.19.2), (3.19.3) et le corollaire (3.19.4) se généralisent aisément.

Proposition 3.20.7 *Soient E et F des e.v.t. séparés, $T : E \to F$ une application linéaire et continue et $(x_i)_{i\in I}$ une famille sommable de E, alors la famille $(Tx_i)_{i\in I}$ est sommable dans F et*

$$T\Big(\sum_{i\in I} x_i\Big) = \sum_{i\in I} Tx_i. \tag{3.20.9}$$

Preuve Pour toute partie finie J de I, on a en effet

$$T(\sum_{i\in J} x_i) = \sum_{i\in J} Tx_i$$

d'après la linéarité de T et on conclut avec le principe du prolongement des identités. Q.E.D.

Proposition 3.20.8 *Soit $E = \prod_{\alpha\in A} E_\alpha$ un produit d'e.v.t. séparés, une famille $(x_i)_{i\in I}$ de E est sommable si, et seulement si, pour tout $\alpha \in A$, la famille $(pr_\alpha(x_i))_{i\in I}$ est sommable dans E_α ; on a alors*

$$\sum_{i\in I} x_i = \Big(\sum_{i\in I} pr_\alpha(x_i)\Big)_{\alpha\in A}. \tag{3.20.10}$$

Preuve En effet, l'application $f : J \mapsto s_J = \sum_{i\in J} x_i$ admet une valeur limite s suivant la base de filtre $\mathcal{B}$ si, et seulement si, pour tout $\alpha \in A$, $pr_\alpha \circ f$ admet $pr_\alpha(s)$ pour valeur limite selon la même base de filtre, ce qui permet de conclure vu que $pr_\alpha(\sum_{i\in J} x_i) = \sum_{i\in J} pr_\alpha(x_i)$, d'après la linéarité des projections. Q.E.D.

Remarque 3.20.3 Soient X un ensemble, F un e.v.t. séparé et $\mathcal{F}_s(X; F)$ l'espace de toutes les applications de X dans F muni de la topologie de la convergence simple. Une famille $(f_i)_{i\in I}$ sommable et de somme f dans cet espace est dite simplement sommable : d'après la proposition ci-dessus, ceci signifie que, pour tout $x \in X$, la famille $(f_i(x))_{i\in I}$ est sommable dans F et de somme $f(x)$.

Remarque 3.20.4 Dans l'espace $\mathcal{F}_s(\mathbb{R}; \mathbb{R})$, on considère la famille de fonctions $(f_i)_{i\in\mathbb{R}}$ où $f_i(i) = 1$ et $f_i(x) = 0$ pour $x \neq i$; d'après ce qui précède, cette famille est sommable et sa somme est la fonction constante et égale à 1. On obtient ainsi un exemple très simple de famille sommable admettant une infinité non dénombrable de termes non nuls. Ceci prouve (ce que nous savions déjà) que l'espace $\mathcal{F}_s(\mathbb{R}; \mathbb{R})$ n'est pas métrisable.

Un raisonnement identique à celui fait pour le corollaire 3.19.4 permet de vérifier le

Corollaire 3.20.9 *Soient $(x_i)_{i\in I}$ et $(y_i)_{i\in I}$ deux familles sommables dans un e.v.t. séparé, alors la famille $(\lambda x_i + \mu y_i)_{i\in I}$, où λ et μ sont des scalaires, est sommable et*

$$\sum_{i\in I}(\lambda x_i + \mu y_i) = \lambda \sum_{i\in I} x_i + \mu \sum_{i\in I} y_i. \tag{3.20.11}$$

La notion de série absolument convergente se généralise de la façon suivante.

Définition 3.20.2 *Dans un espace normé E, une famille $(x_i)_{i\in I}$ est dite absolument sommable si la famille de nombres positifs $(\|x_i\|)_{i\in I}$ est sommable.*

Proposition 3.20.10 *Dans un espace de Banach E, toute famille $(x_i)_{i\in I}$ absolument sommable est sommable et*

$$\|\sum_{i\in I} x_i\| \leq \sum_{i\in I} \|x_i\|. \tag{3.20.12}$$

Preuve La famille $(\|x_i\|)_{i\in I}$ est sommable, donc vérifie le critère de Cauchy (3.20.6) dans $\mathbb{R}$; or, pour toute partie finie K de I, on a

$$\Big\|\sum_{i\in K} x_i\Big\| \leq \sum_{i\in K} \|x_i\|,$$

inégalité qui prouve que la famille $(x_i)_{i\in I}$ vérifie le critère de Cauchy (3.20.6) dans E, ce qui permet de conclure. Quant à l'inégalité (3.20.12), elle résulte du principe du prolongement des inégalités. Q.E.D.

Remarque 3.20.5 Dans un espace de Banach de dimension finie, nous démontrerons que toute famille sommable est absolument sommable. Il n'en est pas de même dans un espace de dimension infinie. Considérons par exemple l'espace de Banach l^∞ des suites bornées de nombres réels ; notons $\delta^n = (\delta^n_k)$ la suite appartenant à cet espace l^∞ définie par $\delta^n_n = 1$ et $\delta^n_k = 0$ si $k \neq n$. A toute suite (α_n) de $\mathbb{R}$ on associe la suite (x_n) de l^∞ définie par $x_n = \alpha_n \delta^n$. Étant donné que $\|x_n\| = |\alpha_n|$, la suite (x_n) est absolument sommable dans l'espace l^∞ si, et seulement si, la suite (α_n) est absolument sommable dans $\mathbb{R}$. Quant à la sommabilité de la suite (x_n), elle signifie simplement que la suite (α_n) tend vers 0 : en effet, cette condition est nécessaire d'après le corollaire 3.20.4 vu que $\|x_n\| = |\alpha_n|$; réciproquement, si cette condition est vérifiée, pour tout $\varepsilon > 0$, il existe un entier n tel que $|\alpha_p| \leq \varepsilon$ pour $p \geq n$ et il en résulte que, pour toute partie finie K de $[n, \infty[$, $\|s_K\| = \|\sum_{p\in K} x_p\| = \sup_{p\in K} |\alpha_p| \leq \varepsilon$, ce qui montre que le critère de Cauchy (3.20.6) est vérifié, d'où le résultat voulu. Il est clair que les deux conditions obtenues sur la suite (α_n) ne sont pas équivalentes.

Indiquons la terminologie utilisée pour des familles de fonctions ; on utilise évidemment la même terminologie pour des séries de fonctions.

Les notations étant celles du paragraphe 3.9, soient X un ensemble, F un e.l.c. et $\mathcal{A}$ une famille non vide de parties non vides de X ; une famille sommable dans l'espace $\mathcal{F}_{b,\mathcal{A}}(X; F)$ est dite uniformément sommable sur tout ensemble de $\mathcal{A}$. Une famille sommable dans l'espace $\mathcal{F}_b(X; F)$ est dite uniformément sommable. D'après la proposition 3.9.6, on a la

Proposition 3.20.11 *Soient X un espace topologique, F un e.l.c. séparé et $f_i : X \to F$, $i \in I$, une famille uniformément sommable de fonctions continues et bornées, alors la somme $f = \sum_{i\in I} f_i$ est une fonction continue et bornée.*

Lorsque F est un espace normé, l'espace $\mathcal{F}_b(X; F)$ est un espace normé, la norme d'une fonction $f \in \mathcal{F}_b(X; F)$ étant donnée par $\sup_{x\in X} \|f(x)\|$; dire qu'une famille $(f_i)_{i\in I}$ de cet espace est uniformément sommable de somme f s'explicite ainsi

$$\text{(3.20.13)} \qquad \begin{cases} (\forall \varepsilon > 0)(\exists J_0 \in \mathcal{F}(I))(\forall J \in \mathcal{F}(I)) \\ (J \supset J_0 \Rightarrow \sup_{x\in X} \|f(x) - \sum_{i\in J} f_i(x)\| \leq \varepsilon). \end{cases}$$

Supposons toujours que F est un espace normé, on peut alors parler de famille absolument sommable dans l'espace $\mathcal{F}_b(X; F)$: on dit alors que la famille est normalement sommable ; ceci signifie simplement que la famille $(\sup_{x\in X} \|f_i(x)\|)_{i\in I}$

de $\mathbb{R}_+$ est sommable. Lorsque F est un espace de Banach, toute famille normalement sommable est uniformément sommable d'après le théorème 3.9.5.

Lorsque X est un espace topologique, une famille sommable dans l'espace $\mathcal{F}_{b,\mathcal{K}}(X;F)$ est dite uniformément sommable sur tout compact. Sous les hypothèses de la proposition 3.9.9, la somme d'une famille uniformément sommable sur tout compact de fonctions continues est une fonction continue.

3.21 Famille de nombres réels

La notion de famille absolument sommable dans un espace de Banach conduit naturellement à l'étude des familles de nombres réels.

Étudions d'abord des familles de nombres positifs. Nous avons alors le critère de sommabilité suivant.

Proposition 3.21.1 Critère des sommes partielles majorées *Une famille $(x_i)_{i\in I}$ de $\mathbb{R}_+$ est sommable si, et seulement si, l'ensemble $(s_J)_{J\in\mathcal{F}(I)}$ des sommes partielles est majoré ; on a alors*

$$\sum_{i\in I} x_i = \sup_{J\in\mathcal{F}(I)} s_J.$$

Preuve Si la famille $(x_i)_{i\in I}$ est sommable et de somme s, pour tout $\varepsilon > 0$, il existe une partie finie J_0 telle que $|s - s_J| \leq \varepsilon$ pour toute partie finie $J \supset J_0$. Si K est une partie finie quelconque, $K \cup J_0$ contient J_0, d'où $s_K \leq s_{K\cup J_0} \leq s+\varepsilon$, ce qui prouve que l'ensemble des sommes partielles est majoré. Réciproquement, supposons l'ensemble des sommes partielles majoré et soit $s = \sup_{J\in\mathcal{F}(I)} s_J$. Pour tout $\varepsilon > 0$, il existe une partie finie J_0 tel que $s - \varepsilon \leq s_{J_0} \leq s$, d'où $s-\varepsilon \leq s_J \leq s$ pour toute partie finie J contenant J_0, ce qui prouve que la famille $(x_i)_{i\in I}$ est sommable et de somme s. Q.E.D.

Considérons plus généralement une famille $(x_i)_{i\in I}$ de $\overline{\mathbb{R}}_+$, adoptons la règle de calcul suivante

$$x + (+\infty) = (+\infty) + x = +\infty \text{ pour tout } x \in \overline{\mathbb{R}}_+$$

et posons

$$\sum_{i\in I} x_i = \sup_{J\in\mathcal{F}(I)} s_J \in \overline{\mathbb{R}}_+ \text{ où } s_J = \sum_{i\in J} x_i. \tag{3.21.1}$$

La proposition ci-dessus montre que $\sum_{i\in I} x_i$ est fini si, et seulement si, la famille $(x_i)_{i\in I}$ est une famille sommable de $\mathbb{R}$. L'intérêt de la formule (3.21.1) est le suivant : pour démontrer qu'une famille est sommable, il suffit d'effectuer le calcul de $\sum_{i\in I} x_i$ dans $\overline{\mathbb{R}}_+$, si on obtient une quantité finie la famille est sommable, sinon elle ne l'est pas.

Corollaire 3.21.2 Critère de comparaison *Soient $(x_i)_{i\in I}$ et $(y_i)_{i\in I}$ deux familles de $\overline{\mathbb{R}}_+$ telles que $x_i \leq y_i$ pour tout $i \in I$, alors*

$$\sum_{i\in I} x_i \leq \sum_{i\in I} y_i.$$

Si la famille $(y_i)_{i\in I}$ est sommable, la famille $(x_i)_{i\in I}$ est donc sommable.

Preuve Pour toute partie finie J, on a $\sum_{i\in J} x_i \leq \sum_{i\in J} y_i$ et on conclut en prenant la borne supérieure sur J. Q.E.D.

Remarque 3.21.1 Ce critère de comparaison et le corollaire 3.3.5 montrent que, dans un espace normé E, la notion de famille absolument sommable ne dépend pas du choix de la norme définissant la topologie de E ; il en est de même de la notion de série absolument convergente, le critère de comparaison subsistant pour des séries d'après le corollaire ci-dessous ou, plus simplement, grâce à une vérification directe.

Corollaire 3.21.3 *Soit (x_n) une suite de $\mathbb{R}_+$, les propriétés suivantes sont équivalentes.*

1. *La suite (x_n) est sommable.*
2. *La série $\sum_{n=0}^{\infty} x_n$ est convergente.*

Preuve 1 $\Rightarrow$ 2 d'après la proposition 3.20.2.

2 $\Rightarrow$ 1 Si la série $\sum_{n=0}^{\infty} x_n$ est convergente, la suite (s_n) est convergente, donc bornée et, pour toute partie finie J de $\mathbb{N}$, il existe un entier n tel que $J \subset [0, n]$, d'où $0 \leq s_J \leq s_n$; ceci prouve que l'ensemble des sommes partielles est majoré et on conclut avec la proposition 3.21.1. Q.E.D.

On en déduit le

Corollaire 3.21.4 *Dans un espace normé, une suite (x_n) est absolument sommable si, et seulement si, la série de terme général x_n est absolument convergente.*

Pour des familles de nombres réels, il faut substituer au critère des sommes partielles majorées le critère suivant.

Proposition 3.21.5 *Soit $(x_i)_{i\in I}$ une famille de nombres réels, les propriétés suivantes sont équivalentes.*

1. *La famille $(x_i)_{i\in I}$ est absolument sommable.*
2. *La famille $(x_i)_{i\in I}$ est sommable.*
3. *L'ensemble $(s_J)_{J\in\mathcal{F}(I)}$ des sommes partielles est borné.*

Preuve 1 $\Rightarrow$ 2 d'après la proposition 3.20.10.

2 $\Rightarrow$ 3 Si la famille $(x_i)_{i\in I}$ est sommable, le critère de Cauchy (3.20.6) est vérifié et il en résulte que pour toute partie finie J, $|s_J| \leq \varepsilon + \sum_{i\in J_0} |x_i|$, ce qui prouve 3.

3 $\Rightarrow$ 1 Posons $M = \sup_{J\in\mathcal{F}(I)} |s_J|$ et, pour toute partie finie J,

$$J_+ = \{i \in J; x_i \geq 0\} \text{ et } J_- = \{i \in J; x_i < 0\}.$$

On a alors $\sum_{i\in J} |x_i| = s_{J_+} - s_{J_-} \leq 2M$ et on conclut avec le critère des sommes partielles majorées. Q.E.D.

L'équivalence des deux premières propriétés vaut encore dans un espace de dimension finie.

Corollaire 3.21.6 *Soit $(x_i)_{i\in I}$ une famille d'un espace de Banach E de dimension finie, les propriétés suivantes sont équivalentes.*

1. *La famille $(x_i)_{i\in I}$ est absolument sommable.*
2. *La famille $(x_i)_{i\in I}$ est sommable.*

Preuve Il s'agit de démontrer que 2. implique 1. L'espace E étant isomorphe à $\mathbb{R}^n$, on peut supposer que $E = \mathbb{R}^n$ muni de la norme $\|x\| = \sum_{1\le j\le n} |x_j|$ où $x = (x_j)_{1\le j\le n}$. Si la famille (x_i) est sommable, les familles $(pr_j(x_i))$ sont sommables (proposition 3.20.8), donc absolument sommables (proposition 3.21.5) et, vu que $\|x_i\| = \sum_{1\le j\le n} |pr_j(x_i)|$, la famille (x_i) est absolument sommable d'après le corollaire 3.20.9. Q.E.D.

Résumons dans un tableau les relations existant entre les diverses notions ; utilisons les abréviations suivantes

C : série convergente
AC : série absolument convergente
S : famille sommable
AS : famille absolument sommable

	Famille	Suite ou Série
$\mathbb{R}_+$	AS $\Leftrightarrow$ S	AS $\Leftrightarrow$ S $\Leftrightarrow$ C $\Leftrightarrow$ AC
Espace de dimension finie	AS $\Leftrightarrow$ S	AS $\Leftrightarrow$ S $\Leftrightarrow$ AC $\Downarrow$ C
Espace de Banach	AS $\Rightarrow$ S	AS $\Updownarrow$ $\Rightarrow$ S $\Rightarrow$ C AC
Espace normé	S	S $\Rightarrow$ C

3.22 Théorèmes de sommation par paquets

Les familles sommables possèdent de bonnes propriétés d'associativité. Démontrons d'abord la

Proposition 3.22.1 *Soit $(x_i)_{i\in I}$ une famille d'un e.l.c. séparé E et soit $(I_\lambda)_{\lambda\in\Lambda}$ une partition finie de I telle que les sous-familles $(x_i)_{i\in I_\lambda}$ soient sommables de somme s_λ. Alors, la famille $(x_i)_{i\in I}$ est sommable et de somme $\sum_{\lambda\in\Lambda} s_\lambda$, c'est-à-dire*

$$\sum_{i\in I} x_i = \sum_{\lambda\in\Lambda}\sum_{i\in I_\lambda} x_i, \tag{3.22.1}$$ *formule de sommation par paquets.*

Preuve Soit V un voisinage de 0, il existe une semi-norme $\|\bullet\|$ continue sur E et un $\varepsilon > 0$ tels que V contienne la boule $B'(0;\varepsilon)$. Soit n le nombre d'éléments de Λ ; pour tout λ, il existe une partie finie J_λ de I_λ telle que $s_{K_\lambda} \in s_\lambda + B'(0;\varepsilon/n)$

pour toute partie finie K_λ de I_λ contenant J_λ ; posons $J_0 = \bigcup_{\lambda\in\Lambda} J_\lambda$ et soit K une partie finie de I contenant J_0, on a $s_K = \sum_{\lambda\in\Lambda} s_{K_\lambda}$ où $K_\lambda = K \cap I_\lambda$ est une partie finie de I_λ contenant J_λ, d'où

$$\|s_K - \sum_\lambda s_\lambda\| \leq \sum_\lambda \|s_{K_\lambda} - s_\lambda\| \leq n \times \varepsilon/n = \varepsilon,$$

soit

$$s_K - \sum_\lambda s_\lambda \in B'(0;\varepsilon) \subset V$$

et ceci prouve la proposition. Q.E.D.

Lorsque l'ensemble Λ est infini, cette proposition ne subsiste pas en général et on a seulement le

Théorème 3.22.2 *Soit $(x_i)_{i\in I}$ une famille sommable et de somme s dans un e.l.c. séparé E et soit $(I_\lambda)_{\lambda\in\Lambda}$ une partition de I telle que les sous-familles $(x_i)_{i\in I_\lambda}$ soient sommables de somme s_λ. Alors, la famille $(s_\lambda)_{\lambda\in\Lambda}$ est sommable et de somme s, c'est-à-dire*

(3.22.2) $$\sum_{i\in I} x_i = \sum_{\lambda\in\Lambda}\sum_{i\in I_\lambda} x_i,$$ *formule de sommation par paquets.*

Preuve Soit V un voisinage de 0, il existe une semi-norme $\|\bullet\|$ continue sur E et un $\varepsilon > 0$ tels que V contienne la boule $B(0;2\varepsilon)$.

Posons $W = B(0;\varepsilon)$, il existe une partie finie J_0 de I telle que

(3.22.3) $s_J \in s + W$ pour toute partie finie J contenant J_0.

L'ensemble $\Lambda_0 = \{\lambda \in \Lambda; I_\lambda \cap J_0 \neq \emptyset\}$ est fini et, pour toute partie finie Λ_1 contenant Λ_0, posons $K = \bigcup_{\lambda\in\Lambda_1} I_\lambda$; la proposition précédente montre que la sous-famille $(x_i)_{i\in K}$ est sommable et de somme $\sum_{\lambda\in\Lambda_1} s_\lambda$; étant donné que $K \supset J_0$, il existe $J \in \mathcal{F}(K)$, $J \supset J_0$ tel que $s_J \in \sum_{\lambda\in\Lambda_1} s_\lambda + W$. D'après (3.22.3), on en déduit que

$$\sum_{\lambda\in\Lambda_1} s_\lambda = s + s_J - s + \sum_{\lambda\in\Lambda_1} s_\lambda - s_J \in s + W - W,$$

vu le choix de W, ceci montre que $\sum_{\lambda\in\Lambda_1} s_\lambda \in s + V$ pour toute partie finie Λ_1 contenant Λ_0, d'où le théorème. Q.E.D.

Dans ce théorème, on suppose non seulement que la famille $(x_i)_{i\in I}$ est sommable, mais également que les sous-familles $(x_i)_{i\in I_\lambda}$ sont sommables. La première hypothèse est essentielle comme le montre l'exemple de la suite $x_n = (-1)^n$ et de la partition $\mathbb{N} = \bigcup_{n=0}^\infty \{2n, 2n+1\}$: dans ce cas les sous-familles $(x_i)_{i\in I_\lambda}$ sont sommables ainsi que la famille $(s_\lambda)_{\lambda\in\Lambda}$ bien que la famille $(x_i)_{i\in I}$ ne soit pas sommable. Le théorème précédent ne fournit pas de critère de sommabilité, il donne une formule sommatoire.

Quant à la seconde hypothèse, rappelons que dans un e.l.c. séparé et complet, toute sous-famille d'une famille sommable est sommable. Dans un tel espace, considérons par exemple une suite double sommable $(x_{m,n})_{(m,n)\in\mathbb{N}^2}$; en utilisant les partitions

$$\mathbb{N}^2 = \bigcup_{m=0}^{\infty} \{m\} \times \mathbb{N} = \bigcup_{n=0}^{\infty} \mathbb{N} \times \{n\},$$

on obtient les formules de sommation

$$\sum_{(m,n)\in\mathbb{N}^2} x_{m,n} = \sum_{m=0}^{\infty}\sum_{n=0}^{\infty} x_{m,n} = \sum_{n=0}^{\infty}\sum_{m=0}^{\infty} x_{m,n}. \tag{3.22.4}$$

Il y a un cas particulier où un procédé de sommation par paquets fournit un critère de sommabilité ; ce cas concerne les familles de nombres ≥ 0 : il s'agit en fait d'un cas très important dans la pratique car il donne une méthode d'étude de l'absolue sommabilité dans les espaces de Banach.

Proposition 3.22.3 *Soient $(x_i)_{i\in I}$ une famille de $\mathbb{R}_+$ et $(I_\lambda)_{\lambda\in\Lambda}$ une partition de I. Pour que la famille $(x_i)_{i\in I}$ soit sommable il faut et il suffit que les propriétés suivantes soient vérifiées.*

1. *Les sous-familles $(x_i)_{i\in I_\lambda}$ sont sommables de somme s_λ.*
2. *La famille $(s_\lambda)_{\lambda\in\Lambda}$ est sommable.*

Preuve La nécessité de 1. résulte du corollaire 3.20.6 et celle de 2. du théorème précédent. Réciproquement, supposons 1. et 2. vérifiés. Soit J une partie finie de I, on a

$$s_J = \sum_{\lambda\in\Lambda_0} s_{J_\lambda} \text{ où } J_\lambda = I_\lambda \cap J \text{ et } \Lambda_0 = \{\lambda \in \Lambda\,;\, J_\lambda \neq \emptyset\}.$$

D'après 1. et la proposition 3.21.1, on a $s_{J_\lambda} \leq s_\lambda$, d'où $s_J \leq \sum_{\lambda\in\Lambda_0} s_\lambda$ et, d'après 2. et la même proposition, ceci prouve que $s_J \leq \sum_{\lambda\in\Lambda} s_\lambda$; on en déduit que la famille $(x_i)_{i\in I}$ est sommable toujours d'après la proposition 3.21.1. Q.E.D.

Pour toute famille $(x_i)_{i\in I}$ de $\overline{\mathbb{R}}_+$, on a alors

$$\sum_{i\in I} x_i = \sum_{\lambda\in\Lambda}\sum_{i\in I_\lambda} x_i \in \overline{\mathbb{R}}_+, \tag{3.22.5}$$

le premier membre est en effet fini si, et seulement si, la famille $(x_i)_{i\in I}$ est une famille sommable de $\mathbb{R}$ et le second membre est fini si, et seulement si, les propriétés 1. et 2. de la proposition 3.22.3 sont vérifiées ; cette proposition montre donc que, ou bien les deux membres de (3.22.5) sont finis, l'égalité résultant alors de (3.22.2), ou bien ils sont tous deux infinis et ceci prouve bien la formule voulue.

Voici une application simple de la proposition précédente.

Proposition 3.22.4 *Soient E, F et G des espaces de Banach, $B : E\times F \to G$ une application bilinéaire et continue et $(x_i)_{i\in I}$ et $(y_j)_{j\in J}$ des familles absolument sommables de E et F respectivement, alors la famille $(B(x_i, y_j))_{(i,j)\in I\times J}$ est absolument sommable dans G et*

$$\sum_{(i,j)\in I\times J} B(x_i, y_j) = B\Big(\sum_{i\in I} x_i, \sum_{j\in J} y_j\Big). \tag{3.22.6}$$

Preuve En considérant la partition $I \times J = \bigcup_{i \in I}\{i\} \times J$, la proposition précédente prouve que la famille $(\|x_i\|\,\|y_j\|)_{(i,j)\in I\times J}$ est sommable. Étant donné que $\|B(x_i, y_j)\| \leq \|B\|\,\|x_i\|\,\|y_j\|$, le principe de comparaison montre que la famille $(B(x_i, y_j))_{(i,j)\in I\times J}$ est absolument sommable, donc sommable. En utilisant la partition ci-dessus, la formule (3.22.2) et la proposition 3.20.7, on a

$$\begin{aligned}\sum_{(i,j)\in I\times J} B(x_i, y_j) &= \sum_{i\in I}\sum_{j\in J} B(x_i, y_j) = \sum_{i\in I} B\Big(x_i, \sum_{j\in J} y_j\Big)\\ &= B\Big(\sum_{i\in I} x_i, \sum_{j\in J} y_j\Big)\end{aligned}$$

ce qui prouve la formule voulue. Q.E.D.

3.23 Produit infini

Soit G un groupe topologique abélien séparé, la loi de composition étant notée multiplicativement ; une série convergente dans G est appelée un produit convergent et une famille sommable est appelée une famille multipliable. On peut par exemple utiliser le groupe multiplicatif $\mathbb{R}^\star$ des nombres réels non nuls et on dispose donc d'une notion de produit convergent ou multipliable de nombres réels non nuls ; il est évidemment essentiel d'exclure 0 pour avoir une structure de groupe, mais ceci conduit à diverses difficultés dues en particulier au fait que $\mathbb{R}^\star$ n'est pas complet pour la distance usuelle. D'autre part, dans les applications à la théorie des fonctions holomorphes par exemple, on s'intéresse tout spécialement à l'éventuelle nullité des produits infinis afin de construire des fonctions admettant des zéros donnés a priori. Pour toutes ces raisons, nous allons étudier les produits infinis dans des algèbres de Banach.

On se donne donc une algèbre de Banach A réelle ou complexe qu'on suppose commutative et admettant un élément unité e. Soit (x_n) une suite de A ; posons $p_n = \prod_{p=0}^{n} x_p$; on dit que le produit infini $\prod_{n=0}^{\infty} x_n$ est convergent et de produit p si la suite (p_n) des produits partiels converge vers p. De même, si $(x_i)_{i\in I}$ est une famille de A, on définit les produits partiels $p_J = \prod_{i\in J} x_i$ pour toute partie finie J et on dit que la famille $(x_i)_{i\in I}$ est multipliable et de produit p si l'application $J \mapsto p_J$ admet p pour valeur limite selon le filtre des sections de l'ensemble filtrant $\mathcal{F}(I)$, c'est-à-dire si

$$(3.23.1)\quad (\forall \varepsilon > 0)(\exists J_0 \in \mathcal{F}(I))(\forall J \in \mathcal{F}(I))(J \supset J_0 \Rightarrow \|p - p_J\| \leq \varepsilon),$$

on écrit alors $p = \prod_{i\in I} x_i$.

On notera d'abord qu'une famille est multipliable et de produit nul dès que l'un des termes x_i est nul : on ne peut donc rien dire du terme général d'une famille mutipliable. Certains résultats de la théorie des familles sommables subsistent cependant. Il en est ainsi de la proposition 3.20.1 ; une démonstration similaire permet de vérifier que, si une famille $(x_i)_{i\in I}$ est multipliable, alors pour toute bijection

$\pi : I \to I$ la famille $(x_{\pi(i)})_{i\in I}$ est multipliable et

$$\prod_{i\in I} x_i = \prod_{i\in I} x_{\pi(i)}. \tag{3.23.2}$$

Il en est de même de la proposition 3.20.2 : si une suite (x_n) est multipliable de produit p, le produit infini $\prod_{n=0}^{\infty} x_{\pi(n)}$ est convergent et de produit p pour toute bijection $\pi : \mathbb{N} \to \mathbb{N}$: on dit que le produit infini $\prod_{n=0}^{\infty} x_n$ est commutativement convergent.

Dans la suite nous allons nous intéresser à une classe particulière de famille multipliable ayant de bonnes propriétés. On note $(e + u_i)_{i\in I}$ une famille de l'algèbre A et $p_J = \prod_{i\in J}(e + u_i)$, $J \in \mathcal{F}(I)$, les produits partiels. Voici d'abord un lemme.

Lemme 3.23.1 *Pour toute partie finie J, on a*

$$\|p_J - e\| \leq \prod_{i\in J}(1 + \|u_i\|) - 1. \tag{3.23.3}$$

Preuve On raisonne par récurrence sur le nombre d'éléments de J. Lorsque $J = \{i\}$, l'inégalité se réduit à $\|u_i\| \leq \|u_i\|$. Supposons l'inégalité démontrée pour une partie finie J et démontrons la pour $K = J \cup \{i\}$, $i \notin J$. On a

$$p_K - e = p_J(e + u_i) - e = p_J - e + (p_J - e)u_i + u_i$$

d'où

$$\begin{aligned}\|p_K - e\| &\leq \|p_J - e\| + \|p_J - e\|\,\|u_i\| + \|u_i\| \\ &\leq \Big(\prod_{j\in J}(1 + \|u_j\|) - 1\Big)(1 + \|u_i\|) + \|u_i\| \\ &\leq \prod_{j\in K}(1 + \|u_j\|) - 1,\end{aligned}$$

ce qui prouve le lemme. Q.E.D.

Proposition 3.23.2 *Soit $(u_i)_{i\in I}$ une famille absolument sommable dans une algèbre de Banach, alors la famille $(e+u_i)_{i\in I}$ est multipliable ; on dit que la famille est absolument multipliable et que le produit infini*

$$\prod_{i\in I}(e + u_i)$$

est absolument convergent.

Preuve Étant donné que $1 + x \leq e^x$ pour tout réel x, on a d'après le lemme

$$\|p_J - e\| \leq exp\Big(\sum_{i\in J} \|u_i\|\Big) - 1 \leq exp\Big(\sum_{i\in I} \|u_i\|\Big) - 1$$

et ceci montre que la famille des produits partiels est bornée, posons $c = \sup_J \|p_J\|$.

Soit $\varepsilon > 0$, la famille $(\|u_i\|)_{i\in I}$ étant sommable, il existe une partie finie J_0 telle que $\sum_{i\in K} \|u_i\| \leq \varepsilon$ pour toute partie finie $K \subset I - J_0$. Pour toute partie finie $J \supset J_0$, on a alors $p_J - p_{J_0} = p_{J_0}\big(\prod_{i\in J-J_0}(e + u_i) - e\big)$, d'où

$\|p_J - p_{J_0}\| \leq \|p_{J_0}\| \left(exp\left(\sum_{i\in J-J_0} \|u_i\|\right) - 1\right) \leq c\,(e^\varepsilon - 1)$ et, vu que $c\,(e^\varepsilon - 1)$ tend vers 0 avec ε, ceci montre que l'image par l'application $J \mapsto p_J$ du filtre des sections de l'ensemble filtrant $\mathcal{F}(I)$ est une base de filtre de Cauchy et il en résulte que la famille $(e + u_i)$ est multipliable. Q.E.D.

On observera que toute sous-famille d'une famille absolument multipliable est absolument multipliable ; il n'y a évidemment rien d'analogue pour des familles multipliables. On notera également que, la famille (u_i) étant absolument sommable, l'ensemble $\{i \in I \,;\, e + u_i \neq e\}$ est dénombrable.

Le théorème de sommation par paquets subsiste pour des produits absolument convergents et s'écrit de la façon suivante.

Théorème 3.23.3 *Soit* $p = \prod_{i\in I}(e + u_i)$ *un produit infini absolument convergent dans une algèbre de Banach et soit* $(I_\lambda)_{\lambda\in\Lambda}$ *une partition de* I*, alors, pour tout* λ*, le produit infini* $p_\lambda = \prod_{i\in I_\lambda}(e + u_i)$ *est absolument convergent et le produit infini* $\prod_{\lambda\in\Lambda} p_\lambda$ *est absolument convergent de produit* p*, c'est-à-dire*

$$\prod_{i\in I}(e + u_i) = \prod_{\lambda\in\Lambda}\prod_{i\in I_\lambda}(e + u_i). \tag{3.23.4}$$

Preuve 1. Le produit infini $p_\lambda = \prod_{i\in I_\lambda}(e + u_i)$ est absolument multipliable ; montrons que le produit infini $\prod_{\lambda\in\Lambda} p_\lambda$ est absolument multipliable, c'est-à-dire que $\sum_{\lambda\in\Lambda} \|p_\lambda - e\| < \infty$. Pour toute partie finie $J \subset I_\lambda$,

$$\|p_J - e\| \leq exp\Big(\sum_{i\in J} \|u_i\|\Big) - 1,$$

d'où $\|p_\lambda - e\| \leq exp(s_\lambda) - 1$ en posant $s_\lambda = \sum_{i\in I_\lambda} \|u_i\|$; la famille $(s_\lambda)_{\lambda\in\Lambda}$ est sommable donc bornée, soit $0 \leq s_\lambda \leq M$ et, vu que $e^s - 1 \leq s e^M$ pour $0 \leq s \leq M$, on en déduit que $\|p_\lambda - e\| \leq c\, s_\lambda$, $c = e^M$, et il en résulte que la famille $(\|p_\lambda - e\|)_{\lambda\in\Lambda}$ est sommable.

2. Vérifions (3.23.4) lorsque Λ est fini. Notons n le nombre d'éléments de Λ et soit $\varepsilon > 0$, l'application $(x_\lambda)_{\lambda\in\Lambda} \mapsto \prod_{\lambda\in\Lambda} x_\lambda$ de A^n dans A étant continue au point (p_λ), il existe $\delta > 0$ tel que

$$\Big\| \prod_{\lambda\in\Lambda} q_\lambda - \prod_{\lambda\in\Lambda} p_\lambda \Big\| \leq \varepsilon \text{ dès que } \|q_\lambda - p_\lambda\| \leq \delta.$$

Il existe une partie finie J_λ de I_λ telle que $\|p_{K_\lambda} - p_\lambda\| \leq \delta$ pour toute partie finie $K_\lambda \subset I_\lambda$ contenant J_λ ; si K est une partie finie de I contenant $J_0 = \bigcup_{\lambda\in\Lambda} J_\lambda$, on a alors $p_K = \prod_{\lambda\in\Lambda} p_{K_\lambda}$ où $K_\lambda = K \cap I_\lambda$ contient J_λ, d'où $\|p_K - \prod_{\lambda\in\Lambda} p_\lambda\| \leq \varepsilon$ et ceci prouve que $p = \prod_{\lambda\in\Lambda} p_\lambda$.

3. Dans le cas général, soit $\varepsilon > 0$; il existe une partie finie J_0 de I telle que $\|p - p_J\| \leq \varepsilon$ pour toute partie finie $J \supset J_0$. L'ensemble

$$\Lambda_0 = \{\lambda \in \Lambda \,;\, I_\lambda \cap J_0 \neq \emptyset\}$$

est fini ; pour toute partie finie Λ_1 contenant Λ_0, posons $K = \bigcup_{\lambda\in\Lambda_1} I_\lambda$ et $q = \prod_{i\in K}(e + u_i)$; d'après 2, on a $q = \prod_{\lambda\in\Lambda_1} p_\lambda$ et, K contenant J_0, il existe une partie finie J de K et contenant J_0 telle que $\|q - p_J\| \leq \varepsilon$, d'où $\|q - p\| \leq 2\varepsilon$, c'est-à-dire $\|p - \prod_{\lambda \in \Lambda_1} p_\lambda\| \leq 2\varepsilon$ pour toute partie finie Λ_1 contenant Λ_0 et ceci prouve le résultat voulu. Q.E.D.

Proposition 3.23.4 *Soit $p = \prod_{i\in I}(e+u_i)$ un produit infini absolument convergent tel que tous les termes $e + u_i$ soient inversibles dans l'algèbre, alors p admet un inverse, le produit infini $q = \prod_{i\in I}(e + u_i)^{-1}$ est absolument convergent, q admet un inverse et $p^{-1} = q$.*

Preuve La famille (u_i) étant absolument sommable, il existe une partie finie J de I telle que $\|u_i\| \leq 1/2$ pour tout $i \notin J$; il en résulte (proposition 3.19.6) que pour $i \notin J$ $(e + u_i)^{-1} = \sum_{n=0}^{\infty}(-1)^n u_i^n$, d'où

$$\|(e + u_i)^{-1} - e\| = \|\sum_{n=1}^{\infty}(-1)^n u_i^n\| \leq \sum_{n=1}^{\infty} \|u_i\|^n = \frac{\|u_i\|}{1 - \|u_i\|} \leq 2\|u_i\|,$$

et ceci prouve que le produit infini $q = \prod_{i\in I}(e+u_i)^{-1}$ est absolument convergent.

Pour toute partie finie J de I, on a alors $p_J q_J = e$ en notant

$$p_J = \prod_{i\in J}(e + u_i) \text{ et } q_J = \prod_{i\in J}(e + u_i)^{-1}$$

les produits partiels ; d'après le principe du prolongement des identités, on en déduit que $pq = e$, ce qui prouve que p et q admettent des inverses et que $p^{-1} = q$. Q.E.D.

En prenant pour algèbre A l'algèbre $\mathbb{C}$ des nombres complexes, on en déduit le

Corollaire 3.23.5 *Soit $p = \prod_{i\in I}(1 + u_i)$ un produit infini absolument convergent de nombres complexes, alors p est nul si, et seulement si, l'un des termes $1 + u_i$ est nul. En outre, si $1 + u_i$ est non nul pour tout i, le produit infini $\prod_{i\in I}(1 + u_i)^{-1}$ est absolument convergent et*

$$\prod_{i\in I}(1 + u_i)^{-1} = \Big(\prod_{i\in I}(1 + u_i)\Big)^{-1}.$$

Pour des produits de fonctions la terminologie utilisée est la suivante. Étant donné un ensemble X et une algèbre de Banach A, considérons l'espace $\mathcal{F}_b(X; A)$ des fonctions bornées de X dans A et munissons cet espace de la norme de la topologie de la convergence uniforme $\|f\| = \sup_{x\in X} \|f(x)\|$. On suppose comme toujours que l'algèbre A est commutative et admet un élément unité e ; le produit de deux fonctions étant défini par $(fg)(x) = f(x)g(x)$, l'espace $\mathcal{F}_b(X; A)$ est une algèbre de Banach commutative admettant pour élément unité la fonction constante égale à e qu'on notera encore e. Une famille $(e + f_i)_{i\in I}$ absolument multipliable dans cette algèbre est dite normalement multipliable et le produit infini $f = \prod_{i\in I}(e + f_i)$ est dit normalement convergent : ceci signifie donc que $\sum_{i\in I} \|f_i\| < \infty$. Il est clair alors que, pour tout $x \in X$, le produit infini $\prod_{i\in I}(e + f_i(x))$ est absolument convergent et de produit $f(x)$. Si X est un espace topologique, un produit infini normalement convergent de fonctions continues et bornées est encore une fonction continue et bornée d'après la proposition 3.9.6.

Le corollaire qui précède permet alors de vérifier le

Corollaire 3.23.6 *Soit* $f_i \in \mathcal{F}_b(X;\mathbb{C})$, $i \in I$, *une famille de fonctions bornées telle que le produit infini* $f = \prod_{i\in I}(1+f_i)$ *soit normalement convergent, alors l'ensemble* $Z(f)$ *des zéros de* f *est la réunion des ensembles* $Z(1+f_i)$, *où* $Z(1+f_i)$ *désigne l'ensemble des zéros de la fonction* $1+f_i$. *De plus, il existe une partie finie* J *de* I *telle que* $Z(f) = \bigcup_{i\in J} Z(1+f_i)$.

Preuve La famille (f_i) étant normalement sommable, il existe une partie finie J de I telle que $\|f_i\| < 1$ pour tout $i \notin J$; les fonctions $1+f_i$, $i \notin J$, ne s'annulent pas et il en est donc de même de la fonction $h = \prod_{i\in I-J}(1+f_i)$ d'après le corollaire 3.23.5. D'après le théorème 3.23.3, on a d'autre part $f = gh$ où $g = \prod_{i\in J}(1+f_i)$, d'où $Z(f) = Z(g) = \bigcup_{i\in J} Z(1+f_i)$, ce qui prouve le résultat voulu. Q.E.D.

3.24 Espaces l^p

On se propose d'étudier les espaces l^p ; ce sont des espaces de Banach dont on peut donner une description concrète du dual et il est possible d'expliciter les notions de convergence faible, de compacité forte ou faible. A ce titre, ce sont donc des exemples intéressants ; en outre, on retrouvera ces espaces sous une forme plus générale dans la théorie de l'intégration.

On se donne un espace de Banach E et un ensemble I. Rappelons d'abord que $l^\infty(I;E)$ désigne l'espace de toutes les applications bornées de I dans E, c'est-à-dire l'espace de toutes les familles $x = (x_i)_{i\in I}$ d'éléments de E telles que $\|x\|_\infty = \sup_{i\in I}\|x_i\|$ soit fini ; muni de la norme $\|\bullet\|_\infty$, $l^\infty(I;E)$ est un espace de Banach.

Si p est un nombre réel tel que $1 \leq p < \infty$ et si $x = (x_i)_{i\in I}$ est une famille quelconque d'éléments de E, on pose

$$\|x\|_p = \Big(\sum_{i\in I}\|x_i\|^p\Big)^{1/p} \in [0,+\infty] \tag{3.24.1}$$

et on note $l^p(I;E)$ l'ensemble de toutes les familles $x = (x_i)_{i\in I}$ telles que $\|x\|_p$ soit fini. Lorsque $p = 1$, $l^1(I;E)$ est donc simplement l'ensemble des familles absolument sommables de E. Démontrons d'abord que ces espaces $l^p(I;E)$ sont des sous-espaces vectoriels de l'espace vectoriel $\mathcal{F}(I;E)$ de toute les applications de I dans E ; ceci est immédiat pour $p = 1$. Lorsque p est > 1, notons q le nombre réel défini par

$$\frac{1}{p} + \frac{1}{q} = 1, \tag{3.24.2}$$

ce nombre $q \in]1,\infty[$ est appelé l'indice conjugué de p. Nous utiliserons alors le

Lemme 3.24.1 *Soient* $p > 1$, q *l'indice conjugué de* p *et soient* a *et* b *deux nombres réels* ≥ 0, *alors*

$$ab \leq \frac{a^p}{p} + \frac{b^q}{q}. \tag{3.24.3}$$

Preuve La fonction exponentielle étant convexe, on a

$$e^{tx+(1-t)y} \leq te^x + (1-t)e^y \text{ pour tout } x, y \in \mathbb{R} \text{ et } 0 \leq t \leq 1,$$

et l'inégalité cherchée s'obtient en prenant x et y tel que $e^x = a^p$, $e^y = b^q$ et $t = 1/p$, $1 - t = 1/q$. Q.E.D.

Adoptons les règles de calcul suivantes dans $\overline{\mathbb{R}}_+$

$$\text{(3.24.4)} \quad \begin{cases} x \times (+\infty) = (+\infty) \times x = +\infty & \text{si} \quad 0 < x \leq +\infty, \\ 0 \times (+\infty) = (+\infty) \times 0 = 0. \end{cases}$$

On a alors le

Corollaire 3.24.2 *Soient $(a_i)_{i\in I}$ et $(b_i)_{i\in I}$ deux familles de nombres positifs, on a*

$$\text{(3.24.5)} \quad \sum_{i\in I} a_i b_i \leq \Big(\sum_{i\in I} a_i^p\Big)^{1/p} \Big(\sum_{i\in I} b_i^q\Big)^{1/q} \quad \textit{(inégalité de Hölder).}$$

et l'inégalité de Minkowski

$$\text{(3.24.6)} \quad \Big(\sum_{i\in I}(a_i + b_i)^p\Big)^{1/p} \leq \Big(\sum_{i\in I} a_i^p\Big)^{1/p} + \Big(\sum_{i\in I} b_i^p\Big)^{1/p}.$$

Preuve 1. Vérifions l'inégalité de Hölder. Posons

$$A = \left(\sum_{i\in I} a_i^p\right)^{1/p} \text{ et } B = \left(\sum_{i\in I} b_i^q\right)^{1/q};$$

vu les règles de calcul dans $\overline{\mathbb{R}}_+$, on peut supposer ces quantités A et B finies et non nulles. D'après le principe du prolongement des identités, il suffit de vérifier l'inégalité lorsque I est fini. Utilisons l'inégalité (3.24.3) en prenant $a = a_i/A$ et $b = b_i/B$; on obtient

$$\frac{a_i b_i}{AB} \leq \frac{1}{p}\frac{a_i^p}{A^p} + \frac{1}{q}\frac{b_i^q}{B^q}$$

et en sommant sur i

$$\frac{\sum_{i\in I} a_i b_i}{AB} \leq \frac{1}{p} + \frac{1}{q} = 1,$$

ce qui prouve l'inégalité voulue.

2. De même pour l'inégalité de Minkowski, on peut supposer I fini ; on a

$$(a_i + b_i)^p = a_i(a_i + b_i)^{p-1} + b_i(a_i + b_i)^{p-1}$$

et d'après l'inégalité de Hölder

$$\begin{aligned} \sum_{i\in I}(a_i + b_i)^p \leq & \Big(\sum_{i\in I} a_i^p\Big)^{1/p}\Big(\sum_{i\in I}(a_i + b_i)^{q(p-1)}\Big)^{1/q} \\ & + \Big(\sum_{i\in I} b_i^p\Big)^{1/p}\Big(\sum_{i\in I}(a_i + b_i)^{q(p-1)}\Big)^{1/q}, \end{aligned}$$

étant donné que $q(p-1) = p$, on en déduit

$$\sum_{i\in I}(a_i+b_i)^p \leq \left(\left(\sum_{i\in I} a_i^p\right)^{1/p} + \left(\sum_{i\in I} b_i^p\right)^{1/p}\right)\left(\sum_{i\in I}(a_i+b_i)^p\right)^{1/q},$$

ce qui permet de conclure vu que $1 - 1/q = 1/p$. Q.E.D.

Note Lorsque $p = q = 2$, l'inégalité de Hölder s'appelle l'inégalité de Cauchy-Schwarz.

Si $x = (x_i)_{i\in I}$ et $y = (y_i)_{i\in I}$ sont deux familles d'éléments d'un espace de Banach, l'inégalité de Minkowski prouve que dans $\overline{\mathbb{R}}_+$

(3.24.7) $$\|x+y\|_p \leq \|x\|_p + \|y\|_p;$$

on a d'autre part, pour tout $\lambda \in \mathbb{K}$,

(3.24.8) $$\|\lambda x\|_p = |\lambda|\,\|x\|_p.$$

Ces formules montrent que, pour tout $p \geq 1$, $l^p(I;E)$ est un sous-espace vectoriel de $\mathcal{F}(I;E)$ et que $\|\bullet\|_p$ est une norme sur $l^p(I;E)$.

Proposition 3.24.3 *Pour tout $p \in [1,\infty]$, l'espace $l^p(I;E)$ est un espace de Banach.*

Preuve Le résultat étant acquis pour l'espace $l^\infty(I;E)$, on peut supposer p fini. Soit (x_n) une suite de Cauchy dans l'espace $l^p(I;E)$; écrivons $x_n = (x_{i,n})$ et soit $\varepsilon > 0$, il existe un entier n tel que, pour $l \geq n$ et $m \geq n$, $\|x_l - x_m\|_p \leq \varepsilon$. Vu que $\|x_{i,l} - x_{i,m}\| \leq \|x_l - x_m\|_p$, pour tout i la suite $(x_{i,n})$ est de Cauchy dans E ; l'espace E étant complet, elle est donc convergente ; notons x_i sa limite. Pour toute partie finie J de I, on a $\left(\sum_{i\in J}\|x_{i,l} - x_{i,m}\|^p\right)^{1/p} \leq \varepsilon$ pour $l \geq n$ et $m \geq n$, d'où en faisant tendre m vers l'infini, $\left(\sum_{i\in J}\|x_{i,l} - x_i\|^p\right)^{1/p} \leq \varepsilon$ et, ceci étant vrai pour toute partie finie J, on en déduit que $\|x_l - x\|_p \leq \varepsilon$ pour $l \geq n$. Ceci prouve que $x_l - x$ appartient à $l^p(I;E)$, donc x appartient à $l^p(I;E)$ et la suite (x_n) converge vers x dans $l^p(I;E)$, qui est donc complet. Q.E.D.

L'inégalité de Hölder se généralise de la façon suivante.

Proposition 3.24.4 *Soient p, q, r trois nombres réels de l'intervalle $[1,+\infty]$ tels que $1/p + 1/q = 1/r$ en convenant que $1/\infty = 0$ et $1/0 = \infty$ et soient $a = (a_i)_{i\in I}$, $b = (b_i)_{i\in I}$ deux familles de nombres réels ou complexes, on a alors dans $\overline{\mathbb{R}}_+$*

(3.24.9) $$\|ab\|_r \leq \|a\|_p\,\|b\|_q \text{ où } ab = (a_ib_i)_{i\in I}.$$

Preuve Lorsque l'un des nombres p, q, r est infini, cette inégalité est immédiate à vérifier. En effet, lorsque $p = q = r = \infty$, elle s'écrit

$$\sup_{i\in I}|a_ib_i| \leq \sup_{i\in I}|a_i|\,\sup_{i\in I}|b_i|$$

et lorsque $q = \infty$, $p = r \in [1,+\infty[$, elle s'écrit

$$\left(\sum_{i\in I}|a_ib_i|^p\right)^{1/p} \leq \left(\sum_{i\in I}|a_i|^p\right)^{1/p} \times \sup_{i\in I}|b_i|.$$

On peut donc supposer les nombres p, q, r finis ; posons $p' = p/r$ et $q' = q/r$, on a alors $1/p' + 1/q' = 1$; écrivons l'inégalité de Hölder pour les familles $(|a_i|^r)$ et $(|b_i|^r)$

$$\sum_{i\in I} |a_i b_i|^r \leq \Big(\sum_{i\in I} |a_i|^{rp'}\Big)^{1/p'} \Big(\sum_{i\in I} |b_i|^{rq'}\Big)^{1/q'}$$

et on obtient le résultat voulu en élevant cette inégalité à la puissance $1/r$. Q.E.D.

Considérons alors des espaces de Banach E, F et G et une application bilinéaire et continue notée multiplicativement $(x, y) \mapsto xy$ de $E \times F$ dans G que nous supposerons de norme ≤ 1. Si $(x_i)_{i\in I}$ et $(y_i)_{i\in I}$ sont des familles d'éléments de E et F respectivement, on définit une famille d'éléments de G en posant $xy = (x_i y_i)_{i\in I}$ et d'après l'inégalité de Hölder (3.24.9) on a alors dans $\overline{\mathbb{R}}_+$

(3.24.10) $$\|xy\|_r \leq \|x\|_p \, \|y\|_q \text{ où } 1/p + 1/q = 1/r.$$

Si x appartient à $l^p(I; E)$ et y à $l^q(I; F)$, cette inégalité prouve que xy appartient à $l^r(I; G)$ et que l'application bilinéaire $(x, y) \mapsto xy$ de $l^p(I; E) \times l^q(I; F)$ dans $l^r(I; G)$ est continue de norme ≤ 1.

Exercice 3.24.1 Soient E, F et G des espaces de Banach, $(x, y) \mapsto xy$ une application bilinéaire continue de $E \times F$ dans G non identiquement nulle, $1 \leq p, q, r < \infty$ tels que $1/r = 1/p + 1/q$, I un ensemble infini. Montrer qu'il existe $(x, y) \in l^p(I; E) \times l^q(I; F)$ tel que $xy \notin l^s(I; G)$ quel que soit $s < r$.

Exercice 3.24.2 Soient $1 \leq p, q, r \leq \infty$ tels que $1/r = 1/p + 1/q$ et $y = (y_i)_{i\in I}$ une famille d'éléments de $\mathbb{K}$, on suppose que, quel que soit $x = (x_i)_{i\in I} \in l^p(I; \mathbb{K})$, la famille $xy = (x_i y_i)_{i\in I}$ appartient à $l^r(I; \mathbb{K})$.

1. En utilisant le théorème du graphe fermé, montrer que l'application linéaire $x \mapsto xy$ de l^p dans l^r est continue.

2. En déduire que y appartient à $l^q(I; \mathbb{K})$.

Exercice 3.24.3 **Théorème de Schur-Mertens** On considère l'espace vectoriel E des suites réelles telles que la série $\sum_{n=0}^{\infty} x_n$ converge, espace de Banach pour la norme (exercice 3.19.1)

$$\|x\| = \sup_{n\in\mathbb{N}} \Big\| \sum_{p=0}^{n} x_p \Big\|.$$

1. Montrer que les formes linéaires $p_n : x = (x_n) \in E \mapsto x_n \in \mathbb{R}$ sont continues.

Étant donné deux suites réelles $x = (x_n)$, $y = (y_n)$, on définit une suite $z = x \star y$ en posant $z_n = \sum_{j=0}^{n} x_j y_{n-j}$. On suppose donnée une suite $y = (y_n)$ possèdant la propriété suivante

$$x \in E \Longrightarrow x \star y \in E.$$

2. Montrer que l'application linéaire $x \in E \mapsto x \star y \in E$ est continue [utiliser le théorème du graphe fermé].

3. En déduire qu'il existe une constante $c \geq 0$ telle que

$$\|x \star y\| \leq c \, \|x\| \text{ pour tout } x \in E,$$

puis que y appartient à l'espace l^1.

Exercice 3.24.4 Étant donné deux suites réelles $x = (x_n)$, $y = (y_n)$, on définit une suite $z = x \star y$ en posant $z_n = \sum_{j=0}^{n} x_j y_{n-j}$. Soient $1 < p, q < \infty$ tels que $1/p + 1/q = 1$.

1. Si $x \in l^p$, $y \in l^q$, montrer que $z = x \star y$ appartient à l^∞ et que l'application bilinéaire

$$(x, y) \in l^p \times l^q \mapsto x \star y \in l^\infty$$

est continue.

2. Soit $y = (y_n)$ une suite réelle telle que $x \star y$ appartienne à l^∞ pour tout $x \in l^p$.

a. Montrer que l'application linéaire $x \in l^p \mapsto x \star y \in l^\infty$ est continue [utiliser le théorème du graphe fermé].

b. En déduire une constante $c \geq 0$ telle que

$$\Big|\sum_{j=0}^{n} x_j y_{n-j}\Big| \leq c\,\|x\|_p \text{ pour tout entier } n \text{ et tout } x \in l^p,$$

puis que y appartient à l'espace l^q.

En particulier, si E est un espace de Banach, prenons $F = E'$, $G = \mathbb{K}$ et pour application bilinéaire le crochet de dualité $< x', x >= x'(x)$, $x \in E$, $x' \in E'$. Soient $p \in [1, \infty]$, q l'indice conjugué de p ; si $x = (x_i)_{i\in I}$ appartient à $l^p(I; E)$ et $y = (y_i)_{i\in I}$ à $l^q(I; E')$, la famille $(< y_i, x_i >)_{i\in I}$ est sommable ; posons

$$u_y(x) = \sum_{i\in I} < y_i, x_i > ;$$

d'après ce qui précède, la forme bilinéaire $(x, y) \mapsto u_y(x)$ sur $l^p(I; E) \times l^q(I; E')$ est continue de norme ≤ 1 : $|u_y(x)| \leq \|x\|_p \|y\|_q$. Il en résulte que l'application $u_y : x \mapsto u_y(x)$ est une forme linéaire continue sur $l^p(I; E)$ de norme $\leq \|y\|_q$. On en déduit que l'application $u : y \mapsto u_y$ est une application linéaire et continue définie sur $l^q(I; E')$ et à valeurs dans le dual $(l^p(I; E))'$ dont la norme est ≤ 1 ; nous allons démontrer que cette application est une isométrie lorsque $1 \leq p < \infty$.

Théorème 3.24.5 *Soit $1 \leq p < \infty$, pour toute forme linéaire et continue T sur l'espace $l^p(I; E)$, il existe un unique élément $\Phi_T = y = (y_i)_{i\in I}$ appartenant à l'espace $l^q(I; E')$ tel que*

$$Tx = \sum_{i\in I} < y_i, x_i > \text{ pour tout } x = (x_i)_{i\in I} \in l^p(I; E) ;$$

en outre, $\|T\| = \|y\|_q$: l'application linéaire $\Phi : T \mapsto \Phi_T$ est une isométrie du dual de l'espace $l^p(I; E)$ sur l'espace $l^q(I; E')$.

Preuve 1. Démontrons d'abord que, s'il existe un $y = (y_i)_{i\in I} \in l^q(I; E')$ tel que $Tx = \sum_{i\in I} < y_i, x_i >$ pour tout $x = (x_i)_{i\in I} \in l^p(I; E)$, alors cet y est unique. Soit $i \in I$, notons $\varphi_i : E \to l^p(I; E)$ l'application linéaire définie comme suit : $\varphi_i(x) = (x_j)_{j\in I}$ où $x_j = 0$ lorsque $j \neq i$ et $x_i = x$. Cette application linéaire est continue vu que $\|\varphi_i(x)\|_p = \|x\|$. On a alors $T(\varphi_i(x)) =< y_i, x >$, c'est-à-dire $y_i = T \circ \varphi_i$; ceci prouve l'unicité de y. Remarquons ensuite que $y_i = T \circ \varphi_i$ est une forme linéaire et continue sur E : y_i est bien un élément de E'. Il s'agit alors de démontrer que $y = (y_i)_{i\in I}$ appartient à $l^q(I; E')$, que $Tx = \sum_{i\in I} < y_i, x_i >$ et que $\|T\| = \|y\|_q$: ceci prouvera le théorème.

2. Montrons d'abord que, pour tout $x = (x_i)_{i\in I}$ appartenant à l'espace $l^p(I; E)$, la famille $(\varphi_i(x_i))_{i\in I}$ est sommable et de somme x. Soit $\varepsilon > 0$, il existe une partie

finie J_0 de I telle que $\left(\sum_{i\in I-J_0}\|x_i\|^p\right)^{1/p} \leq \varepsilon$. Pour toute partie finie J contenant J_0, on a alors

$$\|x - \sum_{i\in J}\varphi_i(x_i)\|_p = \Big(\sum_{i\in I-J}\|x_i\|^p\Big)^{1/p} \leq \Big(\sum_{i\in I-J_0}\|x_i\|^p\Big)^{1/p} \leq \varepsilon$$

et ceci prouve le résultat voulu. On en déduit que la famille $(T(\varphi_i(x_i)))_{i\in I}$ est sommable dans $\mathbb{K}$ et de somme Tx, soit $Tx = \sum_{i\in I} < y_i, x_i >$.

3. Montrons que y appartient à $l^q(I; E')$ et que $\|y\|_q \leq \|T\|$, ce qui prouvera l'égalité, l'inégalité opposée étant déjà démontrée.

Lorsque $p = 1$, on a $\|y_i\| \leq \|T\|\,\|\varphi_i\| = \|T\|$; ceci prouve que y appartient à l'espace $l^\infty(I; E')$ et que $\|y\|_\infty = \sup_{i\in I}\|y_i\| \leq \|T\|$.

Lorsque $1 < p < \infty$, prenons x de la forme $x = \sum_{i\in J} a_i\varphi_i(x_i)$ où J est une partie finie de I, $x_i \in E$ et $\|x_i\| = 1$, $a_i = b_i| < y_i, x_i > |^{q-1}$ et $b_i \in \mathbb{K}$, $|b_i| = 1$ tel que $b_i < y_i, x_i >= | < y_i, x_i > |$. On a alors

$$Tx = \sum_{i\in J} a_i < y_i, x_i >= \sum_{i\in J} | < y_i, x_i > |^q$$

et, vu que $p(q-1) = q$,

$$\|x\|_p = \Big(\sum_{i\in J} | < y_i, x_i > |^q\Big)^{1/p},$$

d'après l'inégalité $|Tx| \leq \|T\|\,\|x\|_p$ et $1 - 1/p = 1/q$, on en déduit que

$$\left(\sum_{i\in J} | < y_i, x_i > |^q\right)^{1/q} \leq \|T\|$$

et, en prenant la borne supérieure sur les x_i de norme 1, $\left(\sum_{i\in J}\|y_i\|^q\right)^{1/q} \leq \|T\|$; ceci étant vrai pour toute partie finie J, on en déduit le résultat voulu. Q.E.D.

Note En prenant pour I un ensemble fini et $E = \mathbb{K}$, on en déduit ceci : munissons $\mathbb{K}^n$ de la norme $\|x\|_p = (\sum_{i=1}^n |x_i|^p)^{1/p}$, $1 \leq p < \infty$ et soit T une forme linéaire sur $\mathbb{K}^n$; T peut s'écrire

$$Tx = \sum_{i=1}^n a_i x_i \text{ où } a = (a_i) \in \mathbb{K}^n,$$

alors $\|T\| = \|a\|_q$, c'est-à-dire

$$\|T\| = \sup_{1\leq i\leq n} |a_i| \text{ si } p = 1 \text{ et } \|T\| = (\sum_{i=1}^n |a_i|^q)^{1/q} \text{ si } 1 < p < \infty.$$

Corollaire 3.24.6 *Soit $1 < p < \infty$, si l'espace de Banach E est réflexif, l'espace $l^p(I; E)$ est réflexif.*

Preuve Il s'agit de démontrer que l'injection canonique de $l^p(I; E)$ dans son bidual est surjective. Utilisons l'isométrie $u : l^q(I; E') \to (l^p(I; E))'$; soit $T \in (l^p(I; E))''$, c'est-à-dire une forme linéaire et continue sur l'espace

$(l^p(I;E))'$; alors $T \circ u$ est une forme linéaire et continue sur $l^q(I;E')$. D'après le théorème précédent, il existe $z = (z_i)_{i\in I} \in l^p(I;E'')$ tel que

$$(T \circ u)(y) = \sum_{i\in I} < z_i, y_i >_{(E'',E')}$$

pour tout $y = (y_i)_{i\in I} \in l^q(I;E')$. L'espace E étant réflexif, il existe des $x_i \in E$ tels que $\|x_i\| = \|z_i\|$ et $< z_i, y_i >_{(E'',E')} = < y_i, x_i >_{(E',E)}$; on a alors $x = (x_i)_{i\in I} \in l^p(I;E)$ et $(T \circ u)(y) = \sum_{i\in I} < y_i, x_i >$, autrement dit

$$<T, u(y)>_{((l^p)'',(l^p)')} = <u(y), x>_{((l^p)',l^p)}$$

et, u étant surjective, ceci prouve que l'espace $l^p(I;E)$ est réflexif. Q.E.D.

Lorsque $p = 1$ ou $p = \infty$, l'espace $l^p(I;E)$ n'est pas réflexif si I est infini et $E \neq \{0\}$. Ceci résulte de la proposition suivante.

Proposition 3.24.7 *Les espaces $l^p(I;\mathbb{K})$ sont séparables si I est dénombrable et $1 \leq p < \infty$; l'espace $l^\infty(I;\mathbb{K})$ n'est pas séparable si I est infini.*

Preuve 1. Posons $e^j = (\delta_i^j)_{i\in I}$ où $\delta_i^j = 0$ si $i \neq j$ et $\delta_j^j = 1$. Soit $x = (x_i) \in l^p(I;\mathbb{K})$; au cours de la démonstration du théorème 3.24.5, on a vérifié que la suite $(\varphi_i(x_i))$ est sommable et de somme x ; étant donné que $\varphi_i(x_i) = x_i e^i$, ceci montre que la famille dénombrable (e^i) est totale dans $l^p(I;\mathbb{K})$ qui est donc séparable.

2. Montrons que l'espace $l^\infty(I;\mathbb{K})$ n'est pas séparable si I est infini. Raisonnons par l'absurde, supposons qu'il existe une suite (x_n) dense dans $l^\infty(I;\mathbb{K})$. Si A est une partie de I, notons $\mathbb{1}_A$ la fonction caractéristique de A ; cette fonction appartenant à $l^\infty(I;\mathbb{K})$, il existe un entier $n = n(A)$ tel que $\|x_n - \mathbb{1}_A\|_\infty < 1/2$. Montrons que l'application $A \mapsto n(A)$ de $\mathcal{P}(I)$ dans $\mathbb{N}$ est injective (ce qui est évidemment absurde si I est infini). Supposons $n(A) = n(B) = n$, alors

$$\|x_n - \mathbb{1}_A\|_\infty < 1/2 \text{ et } \|x_n - \mathbb{1}_B\|_\infty < 1/2,$$

d'où $\|\mathbb{1}_A - \mathbb{1}_B\|_\infty < 1$ et par conséquent $\|\mathbb{1}_A - \mathbb{1}_B\|_\infty = 0$, d'où $A = B$ ce qui prouve le résultat voulu. Q.E.D.

Corollaire 3.24.8 *Si I est infini et si E n'est pas réduit à $\{0\}$, les espaces $l^1(I;E)$ et $l^\infty(I;E)$ ne sont pas réflexifs.*

Preuve 1. Montrons d'abord que l'espace $l^1(I;\mathbb{K})$ n'est pas réflexif lorsque I est infini dénombrable. Raisonnons par l'absurde, si cet espace était réflexif, son bidual serait séparable ; d'après le théorème 3.24.5, il existe une isométrie de ce bidual sur le dual de l'espace $l^\infty(I;\mathbb{K})$ qui serait donc séparable d'après la proposition 3.17.10. Ceci est en contradiction avec la proposition 3.24.7.

2. Si I est infini, il existe une partie infinie dénombrable $D \subset I$; étant donné $a \in E$, $a \neq 0$, considérons le sous-espace de $l^1(I;E)$ constitué des $x = (x_i)$ de la forme $x_i = ay_i$ où $y_i \in \mathbb{K}$ et $y_i = 0$ si $i \in I - D$; on vérifie aisément que ce sous-espace est fermé et qu'il est isomorphe à l'espace $l^1(D;\mathbb{K})$; ce sous-espace n'est donc pas réflexif. D'après la proposition 3.17.8, l'espace $l^1(I;E)$ ne saurait être réflexif.

3. L'espace $l^\infty(D;\mathbb{K})$ n'est pas réflexif d'après le corollaire 3.17.9 ; en raisonnant comme ci-dessus on en déduit que l'espace $l^\infty(I;E)$ n'est pas réflexif. Q.E.D.

Exercice 3.24.5 Étant donné un ensemble I et un espace de Banach E, on considère l'espace de Banach $c_0(I;E)$ (exercice 3.9.6).

1. En reprenant la méthode utilisée pour démontrer le théorème 3.24.5, montrer qu'il existe une isométrie linéaire du dual de cet espace sur l'espace $l^1(I;E')$.

2. Montrer que l'espace $c_0(I;E)$ n'est pas réflexif si I est infini et $E \neq \{0\}$.

Exercice 3.24.6 On considère sur l'espace $l^p = l^p(\mathbb{N};\mathbb{K})$, $1 \leq p < \infty$, l'opérateur $T : l^p \to l^p$ défini par

$$Ax = (\lambda x_{n+1})_{n\in\mathbb{N}} \text{ si } x = (x_n)_{n\in\mathbb{N}} \text{ où } \lambda \in \mathbb{K},\ |\lambda| > 1.$$

Vérifier que cet opérateur est hypercyclique (exercice 3.4.4).

Considérons en particulier l'espace $l^\infty(I) \equiv l^\infty(I;\mathbb{K})$; pour tout $y = (y_i) \in l^1(I) \equiv l^1(I;\mathbb{K})$, l'application $u_y : x \mapsto \sum_{i\in I} x_i y_i$ est une forme linéaire continue sur $l^\infty(I)$; si I est infini, l'espace $l^\infty(I)$ n'est pas réflexif et l'application $u : l^1(I) \to (l^\infty(I))'$ ne peut être surjective. Il existe donc des formes linéaires continues sur $l^\infty(I)$ qui ne sont pas de la forme u_y ; une description concrète du dual de l'espace $l^\infty(I)$ utilisera le lemme suivant.

Lemme 3.24.9 *Dans l'espace $l^\infty(I)$, l'ensemble des fonctions caractéristiques $(\mathbb{1}_A)_{A\in\mathcal{P}(I)}$ est total.*

Preuve Soit $x \in l^\infty(I)$ et soit $\varepsilon > 0$, il existe une partition finie $(B_\lambda)_{\lambda\in\Lambda}$ du disque $\{t \in \mathbb{K} ; |t| \leq \|x\|_\infty\}$ par des ensembles dont le diamètre est $\leq \varepsilon$. Posons $A_\lambda = x^{-1}(B_\lambda)$, on obtient ainsi une partition finie de I ; prenons un point i_λ dans chaque A_λ non vide et posons $x_\varepsilon = \sum_{\lambda\in\Lambda} x_{i_\lambda} \mathbb{1}_{A_\lambda}$: on a alors $\|x - x_\varepsilon\|_\infty \leq \varepsilon$, ce qui prouve le résultat voulu. Q.E.D.

Une forme linéaire et continue T sur $l^\infty(I)$ est alors déterminée lorsqu'on connait ses valeurs aux points $\mathbb{1}_A$ où A décrit l'ensemble des parties de I ; autrement dit, l'application

$$\Phi : T \in (l^\infty(I))' \mapsto \Phi_T \in \mathcal{F}(\mathcal{P}(I);\mathbb{K}) \text{ où } \Phi_T(A) = T(\mathbb{1}_A), \tag{3.24.11}$$

est injective ; décrivons l'image de cette application.

Notons E l'ensemble de toutes les applications $\varphi \in \mathcal{F}(\mathcal{P}(I);\mathbb{K})$ vérifiant

$$\begin{cases} \varphi(A\cup B) = \varphi(A)+\varphi(B) \text{ pour tout } A, B \in \mathcal{P}(I) \text{ tel que} \\ A\cap B = \emptyset \end{cases} \tag{3.24.12}$$

et

$$\begin{cases} \|\varphi\| = \sup \sum_{\lambda\in\lambda} |\varphi(A_\lambda)| \text{ est fini, où la borne supérieure} \\ \text{est prise sur l'ensemble de toutes les familles finies } (A_\lambda) \\ \text{de parties de } I \text{ disjointes deux à deux.} \end{cases} \tag{3.24.13}$$

Il est clair que E est un sous-espace vectoriel de $\mathcal{F}(\mathcal{P}(I);\mathbb{K})$ et que $\varphi \mapsto \|\varphi\|$ est une norme sur cet espace. On a alors le

Théorème 3.24.10 *L'application linéaire $\Phi : T \mapsto \Phi_T$ est une isométrie du dual de l'espace $l^\infty(I)$ sur l'espace E.*

Preuve 1. Vérifions d'abord que Φ_T appartient à l'espace E. Si A et B sont deux parties disjointes de I, on a $\mathbb{1}_{A\cup B} = \mathbb{1}_A + \mathbb{1}_B$, d'où
$\Phi_T(A\cup B) = T(\mathbb{1}_{A\cup B}) = T(\mathbb{1}_A + \mathbb{1}_B) = T(\mathbb{1}_A) + T(\mathbb{1}_B) = \Phi_T(A) + \Phi_T(B)$, ce qui prouve (3.24.12). Vérifions (3.24.13). Il existe $a_\lambda \in \mathbb{K}$ de module 1 tel que

$$|T(\mathbb{1}_{A_\lambda})| = a_\lambda T(\mathbb{1}_{A_\lambda}),$$

d'où $|\Phi_T(A_\lambda)| = a_\lambda T(\mathbb{1}_{A_\lambda})$ et $\sum_{\lambda\in\Lambda} |\Phi_T(A_\lambda)| = T(\sum_{\lambda\in\Lambda} a_\lambda \mathbb{1}_{A_\lambda})$; on en déduit que

$$\|\Phi_T\| = \sup T\Big(\sum_{\lambda\in\Lambda} a_\lambda \mathbb{1}_{A_\lambda}\Big) \leq \|T\|$$

vu que $\| \sum_{\lambda\in\Lambda} a_\lambda \mathbb{1}_{A_\lambda}\|_\infty \leq 1$. Ceci prouve que $\|\Phi_T\|$ est fini, donc Φ_T appartient à l'espace E et de plus $\|\Phi_T\| \leq \|T\|$.

2. Démontrons ensuite que l'application Φ est surjective. Soit $\varphi \in E$, construisons d'abord une forme linéaire S sur l'espace vectoriel $\mathcal{A}$ engendré par l'ensemble des fonctions $\mathbb{1}_A$, A décrivant $\mathcal{P}(I)$, telle que $S(\mathbb{1}_A) = \varphi(A)$. Pour effectuer cette construction, on remarque que tout $x \in \mathcal{A}$ peut s'écrire

$$x = \sum_{\lambda\in\Lambda} a_\lambda \mathbb{1}_{A_\lambda}$$

où $(A_\lambda)_{\lambda\in\Lambda}$ est une partition finie de I. Cette écriture n'est pas unique, mais on peut cependant définir une application S en posant

$$Sx = \sum_{\lambda\in\Lambda} a_\lambda \varphi(A_\lambda).$$

En effet, soit $x = \sum_{\mu\in M} b_\mu \mathbb{1}_{A_\mu}$ une autre écriture de x vérifiant les mêmes conditions ; alors $(A_\lambda \cap B_\mu)_{\mu\in M}$ est une partition finie de A_λ, d'où

$$\varphi(A_\lambda) = \sum_{\mu\in M} \varphi(A_\lambda \cap B_\mu)$$

d'après (3.24.12) et de même

$$\varphi(B_\mu) = \sum_{\lambda\in\Lambda} \varphi(A_\lambda \cap B_\mu)\,;$$

on a d'autre part $a_\lambda = b_\mu$ si $A_\lambda \cap B_\mu$ est non vide. En tenant compte du fait que $\varphi(\emptyset) = 0$ d'après (3.24.12), on en déduit que

$$\sum_\lambda a_\lambda \varphi(A_\lambda) = \sum_{\lambda,\mu} a_\lambda \varphi(A_\lambda \cap B_\mu) = \sum_{\lambda,\mu} b_\mu \varphi(A_\lambda \cap B_\mu) = \sum_\mu b_\mu \varphi(B_\mu)$$

et ceci prouve le résultat annoncé.

Vérifions ensuite que S est une forme linéaire sur $\mathcal{A}$. Il est clair que

$$S(\lambda x) = \lambda Sx.$$

Par ailleurs, si x et y sont deux points de $\mathcal{A}$, on peut trouver une partition finie (A_λ) de I telle que $x = \sum_\lambda a_\lambda \mathbb{1}_{A_\lambda}$ et $y = \sum_\lambda b_\lambda \mathbb{1}_{A_\lambda}$, d'où $x + y = \sum_\lambda (a_\lambda + b_\lambda)\mathbb{1}_{A_\lambda}$ et par conséquent

$$S(x+y) = \sum_\lambda (a_\lambda + b_\lambda)\varphi(A_\lambda) = \sum_\lambda a_\lambda \varphi(A_\lambda) + \sum_\lambda b_\lambda \varphi(A_\lambda) = Sx + Sy,$$

ce qui prouve la linéarité de S.

Montrons enfin que S est une forme linéaire et continue sur $\mathcal{A}$. D'après la définition de S, on a $|Sx| \leq \sum_\lambda |a_\lambda| \, |\varphi(A_\lambda)| \leq \max_\lambda |a_\lambda| \times \sum_\lambda |\varphi(A_\lambda)|$ et, vu que $\|x\|_\infty = \max_\lambda |a_\lambda|$, ceci prouve que $|Sx| \leq \|\varphi\| \, \|x\|_\infty$. La forme linéaire S est donc continue et de norme $\leq \|\varphi\|$. Elle se prolonge donc en une forme linéaire et continue T sur $l^\infty(I)$ de norme $\leq \|\varphi\|$; étant donné que

$$T(\mathbb{1}_A) = S(\mathbb{1}_A) = \varphi(A),$$

ceci prouve que $\varphi = \Phi_T$ et les diverses inégalités démontrées prouvent que $\|\Phi_T\| = \|T\|$. Q.E.D.

L'espace E, isomorphe au dual de l'espace l^∞, est un espace de Banach. Un élément φ de cet espace est une fonction d'ensemble ; on exprime la propriété (3.24.12) en disant que cette fonction est additive, la propriété (3.24.13) en disant qu'elle est à variation bornée. On retrouvera ces notions en théorie de la mesure.

Soit $y = (y_i) \in l^1(I)$ et soit $u_y(x) = \sum_i x_i y_i$ la forme linéaire et continue associée à y ; on a alors $\Phi_{u_y}(A) = \sum_{i \in A} y_i$ et l'application $y \mapsto \Phi_{u_y}$ est une isométrie de $l^1(I)$ sur un sous-espace fermé (car l^1 est complet) de l'espace de Banach E et ce sous-espace est distinct de E.

Étudions les parties fortement compactes des espaces l^p. Nous noterons $p_i : l^p(I;E) \to E$ l'application définie par $p_i(x) = x_i$ si $x = (x_i)$; cette application est évidemment linéaire et continue. Lorsque p est fini, on a alors le

Théorème 3.24.11 *Une partie A de $l^p(I;E)$, $1 \leq p < \infty$, est relativement compacte si, et seulement si,*

(3.24.14) *pour tout $i \in I$, $p_i(A)$ est relativement compact dans E*

et

(3.24.15) $$(\forall \varepsilon > 0)(\exists J_0 \in \mathcal{F}(I))(\forall x \in A)\Big(\Big(\sum_{i \in I - J_0} \|x_i\|^p\Big)^{1/p} \leq \varepsilon\Big).$$

Preuve 1. Supposons A relativement compact. La propriété (3.24.14) résulte de la continuité de p_i. Écrivons ensuite que A est précompact. Il existe une partie finie M de l^p telle que $A \subset \bigcup_{y \in M} B'(y;\varepsilon)$ et, M étant fini, il existe une partie finie J_0 de I telle que $(\sum_{i \in I - J_0} \|y_i\|^p)^{1/p} \leq \varepsilon$ pour tout $y = (y_i) \in M$. Pour tout $x \in A$, il existe $y \in M$ tel que $\|x - y\|_p \leq \varepsilon$, d'où

$$\Big(\sum_{i \in I - J_0} \|x_i\|^p\Big)^{1/p} \leq \Big(\sum_{i \in I - J_0} \|x_i - y_i\|^p\Big)^{1/p} + \Big(\sum_{i \in I - J_0} \|y_i\|^p\Big)^{1/p} \leq 2\varepsilon$$

ce qui prouve (3.24.15).

2. Réciproquement, les propriétés (3.24.14) et (3.24.15) étant vérifiées, montrons que A est précompact. Soit $x, y \in A$, on a

(3.24.16) $$\|x - y\|_p \leq 2\varepsilon + \Big(\sum_{i \in J_0} \|x_i - y_i\|^p\Big)^{1/p}.$$

Considérons alors l'application $p_{J_0} : (x_i)_{i \in I} \mapsto (x_i)_{i \in J_0}$ de $l^p(I;E)$ dans E^{J_0} ; $p_{J_0}(A)$ est précompact dans cet espace produit E^{J_0} d'après (3.24.14) ; étant donné que la topologie produit sur E^{J_0} peut être définie par la norme $(\sum_{i\in J_0}\|x_i\|^p)^{1/p}$, il existe une partie finie M de A telle que $p_{J_0}(A)\subset\bigcup_{y\in M}B'(y;\varepsilon)$. Pour tout $x\in A$, il existe donc $y\in M$ tel que

$$\Big(\sum_{i\in J_0}\|x_i-y_i\|^p\Big)^{1/p}\leq\varepsilon,$$

d'où $\|x-y\|_p\leq 3\varepsilon$ d'après (3.24.16) et ceci prouve que $A\subset\bigcup_{y\in M}B'(y;3\varepsilon)$; A est donc précompact. Q.E.D.

Pour l'espace $l^\infty(I;\mathbb{K})$ (on se limite ici au cas où $E=\mathbb{K}$), on a

Théorème 3.24.12 *Une partie A de $l^\infty(I;\mathbb{K})$ est relativement compacte si, et seulement si, les propriétés suivantes sont vérifiées.*

(3.24.17) *A est une partie bornée,*

(3.24.18) $\begin{cases}\text{pour tout } \varepsilon>0, \text{ il existe une partition finie } (I_\lambda) \text{ de } I \text{ telle que}\\ \operatorname{diam} f(I_\lambda)\leq\varepsilon \text{ pour tout } f\in A \text{ et tout } \lambda.\end{cases}$

Preuve 1. Si A est relativement compact, A est borné. D'autre part, soit G le sous-espace vectoriel engendré par l'ensemble des fonctions caractéristiques $(\mathbb{1}_J)_{J\in\mathcal{P}(I)}$; ce sous-espace est partout dense (lemme 3.24.9). L'ensemble de toutes les boules ouvertes $(B(g;\varepsilon))_{g\in G}$ est un recouvrement ouvert du compact $\overline{A}$; il existe donc une partie finie G_0 de G tel que $A\subset\bigcup_{g\in G_0}B(g;\varepsilon)$ et, G_0 étant fini, il existe une partition finie (I_λ) de I telle que tout $g\in G_0$ soit une combinaison linéaire des $\mathbb{1}_{I_\lambda}$, soit $g=\sum_\lambda a_{\lambda,g}\mathbb{1}_{I_\lambda}$, $a_{\lambda,g}\in\mathbb{K}$. Alors, pour tout $f\in A$, il existe $g\in G_0$ tel que $\|f-g\|_\infty\leq\varepsilon$, d'où $f(I_\lambda)\subset B'(a_{\lambda,g};\varepsilon)$ et par conséquent $\operatorname{diam} f(I_\lambda)\leq 2\varepsilon$, ce qui prouve (3.24.18).

2. Réciproquement, les propriétés (3.24.17) et (3.24.18) étant vérifiées, montrons que A est précompact. Posons $r=\sup_{f\in A}\|f\|_\infty$ et soit $(B_j)_{j\in J}$ une partition finie du disque $\{t\in\mathbb{K}\,;\,|t|\leq r\}$ par des ensembles dont le diamètre est $\leq\varepsilon$; prenons un point a_j dans chacun de ces ensembles B_j. Soit $f\in A$, le diamètre de $f(I_\lambda)$ étant $\leq\varepsilon$, il existe $j_\lambda\in J$ tel que $f(I_\lambda)\subset B'(a_{j_\lambda};2\varepsilon)$, c'est-à-dire $\|f-a_{j_\lambda}\mathbb{1}_{I_\lambda}\|_{l^\infty(I_\lambda)}\leq 2\varepsilon$, d'où

$$\|f-\sum_\lambda a_{j_\lambda}\mathbb{1}_{I_\lambda}\|_\infty\leq 2\varepsilon.$$

Ceci montre que l'ensemble fini des boules fermées de rayon 2ε de centre $\sum_\lambda a_{j_\lambda}\mathbb{1}_{I_\lambda}$, $j_\lambda\in J$, est un recouvrement de A, ce qui prouve que A est précompact. Q.E.D.

Étudions ensuite la topologie affaiblie des espaces $l^p(I;\mathbb{K})$ et examinons d'abord ce que sont les suites faiblement convergentes dans ces espaces.

Rappelons que $p_i : l^p(I;\mathbb{K})\to\mathbb{K}$ désigne la forme linéaire et continue $x=(x_i)\mapsto x_i$. Lorsque $1<p<\infty$, on peut apporter la précision suivante au théorème 3.24.5.

Proposition 3.24.13 *Soient $1<p<\infty$, q l'indice conjugué de p, $y=(y_i)_{i\in I}\in l^q(I;\mathbb{K})$ et T la forme linéaire et continue sur $l^p(I;\mathbb{K})$ associée* *à y, c'est-à-dire $Tx = \sum_{i\in I} x_i y_i$. Alors, la famille $(y_i p_i)_{i\in I}$ est sommable et de somme T dans l'espace $(l^p(I;\mathbb{K}))'$.*

Preuve Soit J une partie finie de I, on a alors

$$\begin{aligned} \Big|\sum_{i\in J} y_i p_i(x)\Big| = \Big|\sum_{i\in J} x_i y_i\Big| &\leq \Big(\sum_{i\in J} |x_i|^p\Big)^{1/p} \Big(\sum_{i\in J} |y_i|^q\Big)^{1/q} \\ &\leq \|x\|_p \Big(\sum_{i\in J} |y_i|^q\Big)^{1/q} \end{aligned}$$

et ceci prouve que $\|\sum_{i\in J} y_i p_i\| \leq (\sum_{i\in J} |y_i|^q)^{1/q}$. Étant donné $\varepsilon > 0$, on peut trouver une partie finie J_0 de I tel que $\left(\sum_{i\in J} |y_i|^q\right)^{1/q} \leq \varepsilon$ pour tout $J \subset I - J_0$. Il en résulte que $\|\sum_{i\in J} y_i p_i\| \leq \varepsilon$ pour toute partie finie $J \subset I - J_0$, ce qui signifie que la famille $(y_i p_i)$ vérifie le critère de Cauchy dans l'espace de Banach $(l^p(I;\mathbb{K}))'$; cette famille est donc sommable dans cet espace. Notons S sa somme ; pour tout $x \in l^p$, l'application $x' \mapsto x'(x)$ étant une forme linéaire continue sur $(l^p)'$, la famille $(x_i y_i)$ est sommable et de somme Sx, d'où $S = T$.

Q.E.D.

Corollaire 3.24.14 *Soit $1 < p < \infty$, l'ensemble des formes linéaires $(p_i)_{i\in I}$ est un ensemble total dans $(l^p(I;\mathbb{K}))'$.*

Note On observera que ce corollaire est faux lorsque $p = 1$ et I infini dénombrable, l'espace $l^\infty(I;\mathbb{K})$ n'étant pas séparable (proposition 3.24.7).

Vu la proposition 3.16.11, on en déduit la

Proposition 3.24.15 *Une suite bornée (x_n) de l'espace $l^p(I;\mathbb{K})$, $1 < p < \infty$, converge faiblement vers x si, et seulement si, en posant $x_n = (x_{n,i})_{i\in I}$ et $x = (x_i)$, la suite $(x_{n,i})$ converge vers x_i pour tout $i \in I$.*

Corollaire 3.24.16 *Soient $1 < p < \infty$ et I un ensemble dénombrable, alors sur toute partie bornée de $l^p(I;\mathbb{K})$, la topologie affaiblie coïncide avec la topologie de la convergence simple.*

Preuve Soit B une partie bornée de l^p ; d'après la proposition 3.17.6, le théorème 3.24.5 et la proposition 3.24.7, la topologie affaiblie induit sur B une topologie métrisable. Quant à la topologie de la convergence simple sur $\mathcal{F}(I;\mathbb{K})$, elle est métrisable d'après le corollaire 2.22.3. La proposition précédente permet de conclure.

Q.E.D.

Exercice 3.24.7 Soit (x_n), $x_n = (x_{n,i})_{i\in I}$, une suite de l'espace $l^p(I;\mathbb{K})$, $1 \leq p < \infty$, si la suite (x_n) converge faiblement vers x et si la suite $(\|x_n\|_p)$ converge vers $\|x\|_p$, montrer que la suite (x_n) converge fortement vers x [noter que pour toute partie finie J de I, la suite $(\sum_{i\in I-J} |x_{n,i}|^p)$ converge vers $\sum_{i\in I-J} |x_i|^p$].

Comme cela a été indiqué ci-dessus, les mêmes raisonnements ne peuvent pas être faits pour l'espace l^1 et on a le théorème suivant.

Théorème 3.24.17 *Une suite de $l^1(I;\mathbb{K})$ converge faiblement vers x si, et seulement si, elle converge fortement vers x.*

Ce résultat est évidemment très surprenant ; on se gardera bien de croire que la topologie affaiblie coïncide avec la topologie initiale. On peut en effet démontrer que sur un espace normé de dimension infinie la topologie affaiblie est non métrisable (exercice 3.15.2), donc strictement moins fine que la topologie initiale.

La démonstration de ce théorème est difficile ; bien entendu, on peut supposer $x = 0$. Le théorème résulte du

Lemme 3.24.18 *Soit (x_n) une suite de $l^1(I; \mathbb{K})$ qui converge faiblement vers 0, alors*

(3.24.19)
$$\begin{cases} (\forall \varepsilon > 0)(\exists J \in \mathcal{F}(I))(\exists n_0 \in \mathbb{N}) \\ (\forall n \in \mathbb{N})(n \geq n_0 \Rightarrow \sum_{i \in I-J} |x_{n,i}| \leq \varepsilon) \end{cases}$$

Indiquons de suite comment on en déduit le théorème.

Preuve du théorème 3.24.17 Grâce au lemme, on a

$$\|x_n\|_1 \leq \sum_{i \in J} |x_{n,i}| + \varepsilon \text{ pour } n \geq n_0$$

et la suite (x_n) convergeant faiblement vers 0, la suite $(x_{n,i})$ converge vers 0 pour tout i ; J étant fini, la suite $(\sum_{i \in J} |x_{n,i}|)$ converge donc vers 0 et ceci montre que $\|x_n\|_1 \leq 2\varepsilon$ pour n suffisamment grand, ce qui permet de conclure. Q.E.D.

Preuve du lemme 3.24.18 On raisonne par l'absurde. On suppose donc que

(3.24.20)
$$\begin{cases} (\exists \varepsilon > 0)(\forall J \in \mathcal{F}(I))(\forall m \in \mathbb{N}) \\ (\exists n \in \mathbb{N})(n > m \text{ et } \sum_{i \in I-J} |x_{n,i}| \geq 3\varepsilon). \end{cases}$$

et on va construire une sous-suite (x_{n_k}) et une suite (I_k) de parties finies de I disjointes deux à deux telles que pour tout k

(3.24.21)
$$\sum_{i \in I_k} |x_{n_k,i}| \geq 2\varepsilon,$$

(3.24.22)
$$\sum_{i \in I-I_k} |x_{n_k,i}| \leq \varepsilon.$$

On effectue cette construction par récurrence. Dans (3.24.20), prenons $J = \emptyset$ et $m = 0$, il existe alors un entier n_0 tel que $\sum_{i \in I} |x_{n_0,i}| \geq 3\varepsilon$; x_{n_0} appartenant à l^1, il existe une partie finie I_0 telle que $\sum_{i \in I-I_0} |x_{n_0,i}| \leq \varepsilon$, d'où $\sum_{i \in I_0} |x_{n_0,i}| \geq 2\varepsilon$. Les propriétés (3.24.21) et (3.24.22) sont alors bien vérifiées pour $k = 0$. Supposons ces propriétés vérifiées lorsque $0 \leq l \leq k$. Posons $J_k = \bigcup_{l=0}^{k} I_l$; J_k étant fini, $\sum_{i \in J_k} |x_{n,i}|$ tend vers 0 quand n tend vers l'infini ; il existe donc n'_k tel que $\sum_{i \in J_k} |x_{n,i}| \leq \varepsilon/2$ pour $n \geq n'_k$. Dans (3.24.20), prenons $J = J_k$ et $m = \max(n_k, n'_k)$; il existe un entier $n_{k+1} > m$ tel que $\sum_{i \in I-J_k} |x_{n_{k+1},i}| \geq 3\varepsilon$ et, $x_{n_{k+1}}$ appartenant à l^1, une partie finie $I_{k+1} \subset I - J_k$ telle que $\sum_{i \in I-J_k \cup I_{k+1}} |x_{n_{k+1},i}| \leq \varepsilon/2$, d'où

$$\sum_{i \in I-I_{k+1}} |x_{n_{k+1},i}| \leq \varepsilon \text{ et } \sum_{i \in I_{k+1}} |x_{n_{k+1},i}| \geq 3\varepsilon - \varepsilon/2 \geq 2\varepsilon,$$

ce qui achève la construction.

On définit alors un point $y = (y_i)$ de l'espace $l^\infty(I;\mathbb{K})$ comme suit : $y_i = 0$ si $i \notin \bigcup_k I_k$ et pour $i \in I_k$ on choisit y_i de module 1 tel que $x_{n_k,i}\, y_i = |x_{n_k,i}|$. Il en résulte que

$$|\sum_{i\in I} x_{n_k,i} y_i| \geq \sum_{i\in I_k} |x_{n_k,i}| - \sum_{i\in I-I_k} |x_{n_k,i}| \geq \varepsilon.$$

Ceci montre que la sous-suite (x_{n_k}) ne converge pas faiblement vers 0, ce qui est contradictoire avec l'hypothèse initiale. Q.E.D.

Note La méthode utilisée dans cette démonstration est appelée la méthode de la bosse glissante.

Corollaire 3.24.19 *Soit A une partie de $l^1(I;\mathbb{K})$, les propriétés suivantes sont équivalentes.*

1. *A est relativement compact.*
2. *A est faiblement relativement compact.*
3. *A est faiblement séquentiellement compact.*

Preuve $1 \Rightarrow 2$ vaut pour tout espace e.l.c. séparé. $2 \Rightarrow 3$ d'après le théorème d'Eberlein 3.17.12 et $3 \Rightarrow 1$ d'après le théorème que nous venons de démontrer. Q.E.D.

Comme nous le savions déjà, ceci implique que l^1 n'est pas réflexif si I est infini : en effet, si l'espace $l^1(I;\mathbb{K})$ est réflexif, tout borné est faiblement séquentiellement compact (théorème 3.17.11), donc relativement compact d'après le corollaire précédent et l'espace doit être de dimension finie (théorème 3.7.4), donc I doit être fini.

Exercice 3.24.8 Soient I un ensemble, $(a_{ij})_{(i,j)\in I\times I}$ une famille double de scalaires telle que

$$\sum_{j\in I} |a_{ij}| < \infty \text{ pour tout } i \in I.$$

Étant donné une famille $(y_i)_{i\in I}$ de scalaires, montrer que le système d'équations

$$\sum_{j\in I} a_{ij} x_j = y_i,\ i \in I, \tag{3.24.23}$$

admet une solution $x = (x_j)_{j\in I} \in l^\infty(I;\mathbb{K})$ telle que $\|x\|_\infty \leq c$ si, et seulement si,

$$\Big|\sum_{i\in J} \lambda_i y_i\Big| \leq c \sum_{j\in I}\Big|\sum_{i\in J} \lambda_i a_{ij}\Big|$$

pour toute partie finie J de I et tout $\lambda_i \in \mathbb{K}$ [utiliser l'exercice 3.13.3].

Exercice 3.24.9 Soient E un espace de Banach, I un ensemble non vide, $0 < p < 1$, si $x = (x_i)_{i\in I}$ est une famille d'éléments de E, on pose

$$t(x) = \sum_{i\in I} \|x_i\|^p \in [0, +\infty].$$

1. Montrer que, pour tout $x = (x_i)_{i\in I}$, $y = (y_i)_{i\in I}$ et $\lambda \in \mathbb{K}$

$$t(\lambda x) = |\lambda|^p t(x) \text{ en convenant que } 0 \times \infty = 0,\ \ t(x+y) \leq t(x) + t(y).$$

2. On pose

$$l^p \equiv l^p(I;E) = \{x = (x_i)_{i\in I} \; ; \; t(x) < \infty\}.$$

Montrer que l^p est un sous-espace vectoriel de l'espace vectoriel $\mathcal{F}(I;E)$.

3. On pose $d(x,y) = t(x-y)$, montrer que d est une distance sur l^p et que muni de la topologie associée à cette distance l^p est un e.v.t.

4. Montrer que l'espace l^p est complet.

5. Soit $0 < p < q \leq \infty$, montrer que $l^p \subset l^q$ avec une injection canonique continue. Lorsque I est infini et $E \neq \{0\}$, montrer que la topologie de l'espace l^p est strictement plus fine que la topologie induite par celle de l^q et que les inclusions

$$\bigcup_{0<q<p} l^q \subset l^p \subset \bigcap_{q>p} l^q$$

sont strictes [utiliser des séries de terme général $n^\alpha(\log n)^\beta$].

6. Soit $0 < p < 1$, montrer que, pour toute forme linéaire continue T sur $l^p(I;E)$, il existe un unique élément $y = (y_i)_{i\in I} \in l^\infty(I;E')$ tel que

$$Tx = \sum_{i\in I} < y_i, x_i > \quad \text{pour tout } x = (x_i)_{i\in I} \in l^p(I;E).$$

Montrer que l'application $T \mapsto y$ est une bijection linéaire de $(l^p(I;E))'$ sur $l^\infty(I;E')$ [reprendre la démonstration du théorème 3.24.5].

Exercice 3.24.10 Suite à décroissance rapide Si $x = (x_n)_{n\geq 1}$ est une suite de $\mathbb{K}$ et k un entier ≥ 0, on pose

$$\|x\|_k = \sup_{n\geq 1} |n^k x_n| \in [0, +\infty]$$

et on dit que la suite x est à décroissance rapide si $\|x\|_k$ est fini pour tout k. On note s l'ensemble des suites à décroissance rapide.

1. Montrer que s est un sous-espace vectoriel de l'espace vectoriel $\mathcal{F}(\mathbb{N}^*;\mathbb{K})$ et que $(\|\bullet\|_k)$ est une famille de semi-normes sur s qui définit une structure d'espace de Fréchet.

On dit qu'une suite $y = (y_n)_{n\geq 1}$ de $\mathbb{K}$ est à croissance lente si

$$(\exists k \in \mathbb{N})(\exists c \geq 0)(\forall n \geq 1)(|y_n| \leq c n^k).$$

On note o_M l'espace vectoriel de toutes les suites à croissance lente.

2. Soient $x \in s$ et $y \in o_M$, montrer que la série $\sum_{n=1}^\infty x_n y_n$ est absolument convergente, que l'application

$$T_y : x \mapsto xy = \sum_{n=1}^\infty x_n y_n$$

est une forme linéaire continue sur s et que l'application linéaire $y \mapsto T_y$ de o_M dans s' est injective.

3. On pose $e^p = (\delta_n^p)_{n\geq 1} \in s$ où $\delta_n^p = 0$ si $p \neq n$ et $\delta_p^p = 1$. Si x appartient à s, montrer que la suite $(x_n e^n)$ est sommable de somme x. En déduire que, pour toute forme linéaire continue $T \in s'$, il existe un unique $y \in o_M$ tel que $T = T_y$: l'application $y \mapsto T_y$ est donc une bijection linéaire de o_M sur s'.

Exercice 3.24.11 Déterminer les points extrémaux (exercice 3.14.10) de la boule unité de l'espace $l^1(I;\mathbb{K})$.

E – Le théorème de Stone-Weierstrass

3.25 Le théorème de Stone-Weierstrass

Étant donné un espace compact X, on considère l'algèbre de Banach $\mathcal{C}_u(X;\mathbb{K})$ des fonctions continues sur X pour la norme de la topologie de la convergence uniforme. Une sous-algèbre $\mathcal{A}$ de cette algèbre est un sous-espace vectoriel tel que le produit de deux fonctions de $\mathcal{A}$ appartienne encore à $\mathcal{A}$. Le théorème de Stone-Weierstrass caractérise les sous-algèbres partout denses. Supposons d'abord $\mathbb{K} = \mathbb{R}$, on a alors le

Théorème 3.25.1 Théorème de Stone-Weierstrass réel *Soit X un espace compact, une sous-algèbre $\mathcal{A}$ de $\mathcal{C}_u(X;\mathbb{R})$ est partout dense si, et seulement si, les propriétés suivantes sont vérifiées*

(3.25.1) *pour tout $a \in X$, il existe $f \in \mathcal{A}$ tel que $f(a) \neq 0$.*

(3.25.2) *pour tout $a, b \in X, a \neq b$, il existe $f \in \mathcal{A}$ tel que $f(a) \neq f(b)$.*

On observera que (3.25.1) est vérifié dès que $\mathcal{A}$ contient les fonctions constantes. Lorsque (3.25.2) est vérifié, on dit que $\mathcal{A}$ sépare les points de X.

Pour démontrer ce théorème, nous utiliserons les lemmes suivants.

Lemme 3.25.2 *Il existe une suite (P_n) de fonctions polynômes d'une variable réelle t qui converge uniformément sur $[-1,1]$ vers la fonction $|t|$.*

Preuve On définit la suite (P_n) par récurrence en posant $P_0 = 0$ et

$$P_{n+1}(t) = P_n(t) + \frac{1}{2}(t^2 - P_n^2(t)).$$

Montrons par récurrence que cette suite (P_n) est croissante et que $0 \leq P_n(t) \leq |t|$. On suppose $0 \leq P_n(t) \leq |t|$, alors

$$|t| - P_{n+1}(t) = (|t| - P_n(t))(1 - \frac{1}{2}(|t| + P_n(t)))$$

où $0 \leq 1 - |t| \leq 1 - \frac{1}{2}(|t| + P_n(t)) \leq 1$, d'où $0 \leq |t| - P_{n+1}(t) \leq |t| - P_n(t)$, ce qui prouve le résultat annoncé. La suite (P_n) converge simplement vers une limite

f et en passant à la limite dans la relation de récurrence, on obtient

$$f(t) = f(t) + \frac{1}{2}(t^2 - f^2(t)),$$

c'est-à-dire $f(t) = |t|$. On remarque enfin que la convergence est uniforme d'après le théorème de Dini 2.31.15. Q.E.D.

Lemme 3.25.3 *Soit $\mathcal{A}$ une sous-algèbre fermée de $\mathcal{C}_u(X;\mathbb{R})$ et soit $f, g \in \mathcal{A}$, alors* $\max(f,g) \in \mathcal{A}$ *et* $\min(f,g) \in \mathcal{A}$.

Preuve Étant donné que

$$\max(f,g) = (f+g)/2 + |f-g|/2, \ \min(f,g) = (f+g)/2 - |f-g|/2,$$

$\mathcal{A}$ étant un sous-espace vectoriel de $\mathcal{C}_u(X;\mathbb{R})$, il suffit de vérifier que $|f| \in \mathcal{A}$ dès que $f \in \mathcal{A}$. Bien entendu, on peut supposer $f \neq 0$. D'après le lemme précédent, pour tout $\varepsilon > 0$, il existe un polynôme P tel que

$$|P(t) - |t|| \leq \varepsilon \text{ pour tout } t \in [-1,1],$$

d'où $|P(0)| \leq \varepsilon$ et $|Q(t) - |t|| \leq 2\varepsilon$ en posant $Q(t) = P(t) - P(0)$. Notons $\|\bullet\|$ la norme de la topologie de la convergence uniforme et posons $g = f/\|f\|$; la fonction $Q \circ g$ appartient à $\mathcal{A}$ car $Q(0) = 0$ et $\|Q \circ g - |g|\,\| \leq 2\varepsilon$; ceci prouve que la fonction $|g|$, donc $|f|$, appartient à $\overline{\mathcal{A}} = \mathcal{A}$. Q.E.D.

Lemme 3.25.4 *Supposons vérifiées les propriétés (3.25.1) et (3.25.2), alors pour toute fonction $f \in \mathcal{C}_u(X;\mathbb{R})$ et tout $a, b \in X$, il existe une fonction $f_{a,b} \in \mathcal{A}$ telle que $f_{a,b}(a) = f(a)$ et $f_{a,b}(b) = f(b)$.*

Preuve Lorsque $a = b$, il existe d'après (3.25.1) une fonction $u \in \mathcal{A}$ telle que $u(a) \neq 0$; la fonction $f_{a,a} = f(a)u/u(a)$ possède les propriétés voulues.

Lorsque $a \neq b$, montrons d'abord qu'on peut trouver une fonction $u \in \mathcal{A}$ telle que

(3.25.3) $$u(a)u(b)(u(a) - u(b)) \neq 0.$$

D'après (3.25.2), il existe une fonction $v \in \mathcal{A}$ telle que $v(a) \neq v(b)$; si $v(a)$ et $v(b)$ sont tous deux non nuls, on peut prendre $u = v$. Sinon, on a par exemple $v(a) = 0$ et $v(b) \neq 0$; alors d'après (3.25.1), il existe une fonction $w \in \mathcal{A}$ telle que $w(a) \neq 0$; pour $\varepsilon \neq 0$ suffisamment petit, la fonction $u = v + \varepsilon w$ vérifie alors (3.25.3). On cherche alors la fonction $f_{a,b}$ de la forme $ru + su^2$ où $r, s \in \mathbb{R}$, u vérifiant (3.25.3). Il s'agit de satisfaire à

$$f(a) = ru(a) + su^2(a) \text{ et } f(b) = ru(b) + su^2(b)$$

et ce système linéaire par rapport aux inconnues r et s est un système de Cramer d'après (3.25.3), ce qui démontre le lemme. Q.E.D.

Venons-en à la démonstration du théorème 3.25.1.

Preuve du théorème 3.25.1

1. Démontrons d'abord que les conditions sont suffisantes. Soient $f \in \mathcal{C}_u(X;\mathbb{R})$, pour tout $\varepsilon > 0$ nous allons construire une fonction $g \in \overline{\mathcal{A}}$ telle que $\|f - g\| \leq \varepsilon$; ceci prouvera bien que $\mathcal{A}$ est partout dense.

Étant donné un point a de X, pour tout $b \in X$ considérons l'ensemble

$$O_b = \{x \in X\,;\, f_{a,b}(x) > f(x) - \varepsilon\}\,;$$

cet ensemble O_b est ouvert et contient b. La famille $(O_b)_{b\in X}$ est donc un recouvrement ouvert de l'espace compact X ; soit $(O_{b_i})_{i\in I}$ un sous-recouvrement fini. La fonction $f_a = \max_{i\in I} f_{a,b_i}$ appartient à $\overline{\mathcal{A}}$ d'après le lemme 3.25.3 : en effet, I est fini et $\overline{\mathcal{A}}$ est une sous-algèbre fermée de $\mathcal{C}_u(X;\mathbb{R})$. On a en outre $f_a(x) > f(x)-\varepsilon$ pour tout $x \in X$ et $f_a(a) = f(a)$.

Considérons ensuite l'ensemble $O'_a = \{x \in X\,;\, f_a(x) < f(x) + \varepsilon\}$; cet ensemble est ouvert et contient a. La famille $(O'_a)_{a\in X}$ est donc un recouvrement ouvert de l'espace compact X ; soit $(O'_{a_j})_{j\in J}$ un sous-recouvrement fini. La fonction $g = \min_{j\in J} f_{a_j}$ appartient à $\overline{\mathcal{A}}$ d'après le lemme 3.25.3 et on a $f(x) - \varepsilon < g(x) < f(x) + \varepsilon$ pour tout $x \in X$, ce qui prouve le résultat voulu.

2. Montrons ensuite que les conditions sont nécessaires. On suppose la sous-algèbre $\mathcal{A}$ partout dense. Soit u la fonction constante et égale à 1 ; toute fonction de $\mathcal{A}$ suffisamment voisine de u ne s'annule pas, ce qui prouve (3.25.1). D'autre part, si a et b sont deux points distincts de X, tout espace compact étant normal, il existe d'après le théorème d'Urysohn 2.36.1 une fonction continue $u : X \to \mathbb{R}$ telle que $u(a) = 0$ et $u(b) = 1$; toute fonction de $\mathcal{A}$ suffisamment voisine de u possède la propriété 3.25.2. Q.E.D.

Pour des fonctions à valeurs complexes, le théorème de Stone-Weierstrass s'énonce de la façon suivante.

Théorème 3.25.5 *Soit X un espace compact, une sous-algèbre $\mathcal{A}$ de $\mathcal{C}_u(X;\mathbb{C})$ est partout dense si, et seulement si, les propriétés (3.25.1) et (3.25.2) sont vérifiées ainsi que*

$$(3.25.4) \qquad \begin{cases} \textit{pour toute fonction } f \textit{ de } \mathcal{A}\textit{, la fonction conjuguée } \overline{f} \textit{ appartient} \\ \textit{à l'adhérence de } \mathcal{A}. \end{cases}$$

Preuve 1. Montrons que les conditions sont suffisantes. Considérons l'adhérence $\overline{\mathcal{A}}$ de $\mathcal{A}$; $\overline{\mathcal{A}}$ est une sous-algèbre de l'algèbre $\mathcal{C}_u(X;\mathbb{C})$. L'application $\varphi : f \mapsto \overline{f}$ de $\mathcal{C}_u(X;\mathbb{C})$ dans lui-même étant continue, on a $\varphi(\overline{\mathcal{A}}) \subset \overline{\varphi(\mathcal{A})}$, d'où $\varphi(\overline{\mathcal{A}}) \subset \overline{\mathcal{A}}$ d'après (3.25.4) et ceci prouve que l'algèbre $\overline{\mathcal{A}}$ est stable par conjugaison. Il en résulte que $\overline{\mathcal{A}} = \mathcal{B} + i\mathcal{B}$ où $\mathcal{B}$ désigne l'ensemble des fonctions réelles de $\overline{\mathcal{A}}$. Il est clair que $\mathcal{B}$ est une sous-algèbre réelle de l'algèbre $\mathcal{C}_u(X;\mathbb{R})$. Montrons que cette sous-algèbre est dense dans $\mathcal{C}_u(X;\mathbb{R})$; il en résultera que $\mathcal{A}$ est dense dans $\mathcal{C}_u(X;\mathbb{C})$. Il s'agit de démontrer que $\mathcal{B}$ vérifie les propriétés (3.25.1) et (3.25.2). Soit $a \in X$, il existe $f \in \mathcal{A}$ tel que $f(a) \neq 0$, d'où $\Re e\, f(a) \neq 0$ ou $\Im m\, f(a) \neq 0$ et, vu que ces fonctions $\Re e\, f$ et $\Im m\, f$ appartiennent à $\mathcal{B}$, ceci prouve que $\mathcal{B}$ vérifie la propriété (3.25.1). Un raisonnement analogue montre que $\mathcal{B}$ vérifie la propriété (3.25.2).

2. La nécessité de (3.25.1) et (3.25.2) se vérifie comme dans le cas réel ; quant à la nécessité de (3.25.4), elle est évidente. Q.E.D.

Exercice 3.25.1 Soient X, Y des espaces compacts, montrer que l'espace vectoriel $\mathcal{C}(X;\mathbb{K}) \otimes \mathcal{C}(Y;\mathbb{K})$ des fonctions de la forme $\sum_{i\in I} u_i(x)v_i(y)$ où I est un ensemble fini,

$u_i \in \mathcal{C}(X;\mathbb{K})$ et $v_i \in \mathcal{C}(Y;\mathbb{K})$, est dense dans $\mathcal{C}_u(X \times Y;\mathbb{K})$.

Exercice 3.25.2 Soit X un espace compact, cet exercice a pour objet de démontrer que l'espace de Banach $\mathcal{C}_u(X;\mathbb{K})$ est séparable si, et seulement si, X est métrisable.

1. Pour prouver que la condition est suffisante, si (B_n) est une base dénombrable de la topologie de X, utiliser les fonctions $x \mapsto d(x, X - B_n)$ et le théorème de Stone-Weierstrass.

2. Pour la condition nécessaire, si (f_n) est une suite dense dans la boule unité de $\mathcal{C}_u(X;\mathbb{K})$, montrer que l'application

$$\varphi : x \in X \mapsto (f_n(x)) \in D^{\mathbb{N}},$$

où $D = \{t \in \mathbb{K};\ |t| \leq 1\}$, est une injection continue en utilisant le théorème 2.36.1.

Exercice 3.25.3 Soit X un espace localement compact dénombrable à l'infini (exercice 2.35.10) et métrisable, montrer que l'espace de Fréchet (propositions 3.9.8 et 3.9.9) $\mathcal{C}_c(X;\mathbb{R})$ est séparable en raisonnant de la façon suivante.

Il existe (exercice 2.35.10) une suite (O_n) d'ouverts relativement compacts telle que $\overline{O_n} \subset O_{n+1}$ et $X = \bigcup_{n=0}^{\infty} O_n$, puis, pour tout entier n, une suite $(f_{nm})_{m\in\mathbb{N}}$ dense dans $\mathcal{C}_u(\overline{O_n};\mathbb{R})$ (exercice 3.25.2), prolonger ces fonctions à X en utilisant l'exercice 2.36.5 et vérifier que l'ensemble de toutes les fonctions ainsi obtenues est dense dans $\mathcal{C}_c(X;\mathbb{R})$.

Exercice 3.25.4 1. Soient X un espace compact, $a \in X$, $\mathcal{A}$ une sous-algèbre de l'algèbre $\mathcal{C}_a(X)$ des fonctions continues de X dans $\mathbb{R}$ s'annulant au point a munie de la norme de la topologie de la convergence uniforme telle que

$$\forall x, y \in X, x \neq y, \exists f \in \mathcal{A} \text{ tel que } f(x) \neq f(y).$$

Montrer alors que $\mathcal{A}$ est dense dans $\mathcal{C}_a(X)$ [on pourra introduire la sous-algèbre engendrée par $\mathcal{A}$ et les fonctions constantes].

2. On note $\mathcal{C}_\infty([0,\infty[)$ l'algèbre des fonctions continues $f : [0,\infty[\to \mathbb{R}$ telles que

$$\lim_{t\to\infty} f(t) = 0$$

que l'on munit de la norme de la topologie de la convergence uniforme. Montrer que l'espace vectoriel engendrée par les fonctions $t \mapsto e^{-nt}$ où n décrit $\mathbb{N}^*$ est dense dans $\mathcal{C}_\infty([0,\infty[)$.

3.26 Les théorèmes d'approximation de Weierstrass

Les théorèmes d'approximation polynômiale et trigonométrique se déduisent aisément du théorème de Stone-Weierstrass de la façon suivante.

Soit X un espace compact et soit S une partie de l'algèbre $\mathcal{C}_u(X;\mathbb{K})$ séparant les points de X et stable par conjugaison. Considérons la sous-algèbre $\mathcal{A}_S$ engendrée par S et les fonctions constantes, c'est-à-dire l'ensemble des fonctions qui s'écrivent comme des polynômes à coefficients dans $\mathbb{K}$ par rapport aux fonctions de S. Le théorème de Stone-Weierstrass montre que $\mathcal{A}_S$ est dense dans $\mathcal{C}_u(X;\mathbb{K})$.

En prenant pour X une partie compacte de $\mathbb{R}^n$ et pour S l'ensemble des projections $pr_i : x \mapsto x_i$, on obtient le

Théorème 3.26.1 Théorème d'approximation polynômiale de Weierstrass *Soit X une partie compacte de $\mathbb{R}^n$, l'algèbre des restrictions à X des fonctions polynômes à coefficients dans $\mathbb{K}$ est dense dans $\mathcal{C}_u(X;\mathbb{K})$.*

Autrement dit, l'ensemble des fonctions $(x^\alpha)_{\alpha\in\mathbb{N}^n}$ où

$$x^\alpha = x_1^{\alpha_1} \times \ldots \times x_n^{\alpha_n},\ x = (x_1, \ldots, x_n),\ \alpha = (\alpha_1, \ldots, \alpha_n),$$

est total dans l'algèbre $\mathcal{C}_u(X; \mathbb{K})$ des fonctions continues. Cette algèbre est donc séparable.

Voici une autre application du procédé décrit ci-dessus. Considérons le cercle unité $\mathbb{S}^1 = \{(x, y) \in \mathbb{R}^2\,;\, x^2+y^2 = 1\}$ et l'algèbre de Banach $\mathcal{C}_u(\mathbb{S}^1; \mathbb{C})$; notons φ l'application identique de $\mathbb{S}^1$, alors l'ensemble $S = \{\varphi, \overline{\varphi}\}$ sépare les points de $\mathbb{S}^1$ et est stable par conjugaison ; il en résulte que l'algèbre des polynômes en z et $\overline{z}$ est dense dans $\mathcal{C}_u(\mathbb{S}^1; \mathbb{C})$. Le langage des fonctions périodiques permet de transcrire ce résultat sous une forme qui sera utile dans l'étude des séries trigonométriques. Considérons l'algèbre $\mathcal{C}_{2\pi}(\mathbb{R}; \mathbb{C})$ des fonctions continues $f : \mathbb{R} \to \mathbb{C}$ périodiques et de période 2π ; cette algèbre est une sous-algèbre fermée de l'algèbre de Banach $\mathcal{C}_b(\mathbb{R}, \mathbb{C})$ et c'est donc une algèbre de Banach pour la norme

$$\|f\| = \sup_{t\in\mathbb{R}} |f(t)| = \sup_{a\leq t\leq a+2\pi} |f(t)|,\ a \in \mathbb{R}. \tag{3.26.1}$$

Considérons alors l'application $f \mapsto \hat{f}$ de $\mathcal{C}_u(\mathbb{S}^1; \mathbb{C})$ dans $\mathcal{C}_{2\pi}(\mathbb{R}; \mathbb{C})$ définie par $\hat{f}(t) = f(e^{it})$. Cette application est une isométrie linéaire respectant les structures d'algèbre ; étant donné que $\hat{\varphi}(t) = e^{it}$ et $\hat{\overline{\varphi}}(t) = e^{-it}$, on en déduit le

Théorème 3.26.2 Théorème d'approximation trigonométrique de Weierstrass *Dans l'algèbre de Banach $\mathcal{C}_{2\pi}(\mathbb{R}; \mathbb{C})$, l'algèbre des polynômes trigonométriques, c'est-à-dire l'ensemble des fonctions*

$$\sum_{p=-n}^{n} c_p e^{ipt},\ \textit{où}\ n \in \mathbb{N},\ c_p \in \mathbb{C}, \tag{3.26.2}$$

est partout dense.

Autrement dit, la famille de fonctions $(e^{int})_{n\in\mathbb{Z}}$ est totale dans l'algèbre $\mathcal{C}_{2\pi}(\mathbb{R}; \mathbb{C})$.

Remarque 3.26.1 Si on souhaite travailler uniquement avec des fonctions à valeurs réelles, on constate que, dans l'algèbre $\mathcal{C}_{2\pi}(\mathbb{R}; \mathbb{R})$, la sous-algèbre des polynômes trigonométriques, c'est-à-dire l'ensemble des fonctions

$$\sum_{p=0}^{n} (a_p cos\, pt + b_p sin\, pt) \text{ où } n \in \mathbb{N} \text{ et } a_p, b_p \in \mathbb{R},$$

est partout dense.

F – Espaces de Hilbert

3.27 Espaces préhilbertiens

Définition 3.27.1 *Soit E un espace vectoriel sur $\mathbb{K}$ ($= \mathbb{R}$ ou $\mathbb{C}$), une application $B : E \times E \to \mathbb{K}$ est appelée une forme sesquilinéaire si, pour tout x, y, x_1, x_2, y_1, y_2 de E et tout λ_1, λ_2 de $\mathbb{K}$*

(3.27.1) $$B(\lambda_1 x_1 + \lambda_2 x_2, y) = \lambda_1 B(x_1, y) + \lambda_2 B(x_2, y),$$

(3.27.2) $$B(x, \lambda_1 y_1 + \lambda_2 y_2) = \overline{\lambda}_1 B(x, y_1) + \overline{\lambda}_2 B(x, y_2)$$

On dit que B est une forme hermitienne si on a de plus, pour tout x, y de E,

(3.27.3) $$B(x, y) = \overline{B(y, x)}.$$

La propriété (3.27.1) signifie que l'application $B(\bullet, y)$ est, pour tout y, une forme linéaire sur E ; on exprime la propriété (3.27.2) en disant que l'application $B(x, \bullet)$ est, pour tout x, semi-linéaire. Lorsque $\mathbb{K} = \mathbb{R}$, une forme sesquilinéaire est simplement une forme bilinéaire ; une forme hermitienne est simplement une forme bilinéaire symétrique.

La propriété (3.27.3) montre que $B(x, x)$ est réel pour tout x ; autrement dit, une forme hermitienne est réelle sur la diagonale de E. Lorsque $\mathbb{K} = \mathbb{C}$, cette propriété caractérise les formes hermitiennes.

Proposition 3.27.1 *Soit E un espace vectoriel complexe, alors toute forme sesquilinéaire réelle sur la diagonale de E est hermitienne.*

Preuve On a $B(x + y, x + y) = B(x, x) + B(x, y) + B(y, x) + B(y, y)$; il en résulte que $a = B(x, y) + B(y, x)$ est réel et, en remplaçant x par ix, $b = i(B(x, y) - B(y, x))$ est également réel. On en déduit que

$$B(x, y) = (a - ib)/2 \text{ et } B(y, x) = (a + ib)/2$$

et ceci montre que $B(x, y)$ et $B(y, x)$ sont des nombres complexes conjugués. Q.E.D.

Définition 3.27.2 *Une forme hermitienne $B : E \times E \to \mathbb{K}$ est dite positive si $B(x, x) \geq 0$ pour tout $x \in E$ et elle est dite définie positive ou positive non dégénérée si $B(x, x) > 0$ pour tout $x \in E - \{0\}$.*

Proposition 3.27.2 *Soit B une forme hermitienne positive, alors pour tout $x, y \in E$, on a l'inégalité de Cauchy-Schwarz*

$$|B(x,y)|^2 \leq B(x,x)B(y,y), \tag{3.27.4}$$

et l'inégalité de Minkowski

$$B(x+y,x+y)^{1/2} \leq B(x,x)^{1/2} + B(y,y)^{1/2}. \tag{3.27.5}$$

Preuve La forme B étant sesquilinéaire, on a

$$B(x+\lambda y, x+\lambda y) = B(x,x) + \lambda B(y,x) + \overline{\lambda} B(x,y) + |\lambda|^2 B(y,y)$$

et B étant hermitienne

$$B(x+\lambda y, x+\lambda y) = B(x,x) + 2\Re e\,(\overline{\lambda} B(x,y)) + |\lambda|^2 B(y,y).$$

Prenons $\lambda = \alpha B(x,y)$ avec α réel, alors

$$B(x+\lambda y, x+\lambda y) = B(x,x) + 2\alpha |B(x,y)|^2 + \alpha^2 |B(x,y)|^2 B(y,y)$$

et ce trinôme en α étant positif quel que soit α, nécessairement

$$|B(x,y)|^4 - |B(x,y)|^2 B(x,x)B(y,y) \leq 0,$$

ce qui prouve l'inégalité de Cauchy-Schwarz.

Quant à l'inégalité de Minkowski, on a

$$B(x+y,x+y) = B(x,x) + 2\Re e\, B(x,y) + B(y,y)$$

et $\Re e\, B(x,y) \leq |B(x,y)| \leq B(x,x)^{1/2} B(y,y)^{1/2}$ d'après Cauchy-Schwarz, d'où

$$B(x+y,x+y) \leq B(x,x) + 2B(x,x)^{1/2}B(y,y)^{1/2} + B(y,y),$$

ce qui prouve l'inégalité voulue. Q.E.D.

Un espace vectoriel E muni d'une forme hermitienne B définie positive est appelé un espace préhilbertien. La forme hermitienne sera notée $(\bullet|\bullet)$ et est appelée un produit scalaire sur E. Sur un espace préhilbertien, on peut définir une structure d'espace normé ; l'application

$$x \mapsto \|x\| = (x|x)^{1/2} \tag{3.27.6}$$

est en effet une norme sur E : l'inégalité triangulaire (N_1) est simplement l'inégalité de Minkowski, (N_2) résulte du caractère sesquilinéaire du produit scalaire et (N_3) est vérifié car la forme hermitienne $(\bullet|\bullet)$ est définie positive. Un espace préhilbertien sera toujours muni de cette structure d'espace normé. On peut alors donner la définition suivante.

Définition 3.27.3 *Un espace préhilbertien complet est appelé un espace de Hilbert.*

Un espace de Hilbert est donc un espace de Banach.

D'après la définition de la norme d'un espace préhilbertien, l'inégalité de Cauchy-Schwarz s'écrit

$$|(x|y)| \leq \|x\|\,\|y\|. \tag{3.27.7}$$

Cette inégalité prouve la continuité du produit scalaire sur $E \times E$: le théorème 3.10.3 concernant la continuité des applications multilinéaires subsiste évidemment pour des applications sesquilinéaires. Il en résulte que les applications

$x \mapsto (x|y)$ et $y \mapsto (x|y)$ sont des formes linéaires et semi-linéaires continues sur E. Comme nous le montrerons ultérieurement ces formes linéaires permettent de donner une description complète du dual d'un espace de Hilbert.

Remarque 3.27.1 Isomorphisme d'espaces préhilbertiens Soient E et F deux espaces préhilbertiens sur le même corps $\mathbb{K}$; notons $(\bullet|\bullet)_E$ et $(\bullet|\bullet)_F$ les produits scalaires sur E et F. Une bijection linéaire $T : E \to F$ est appelée un isomorphisme d'espaces préhilbertiens si T préserve le produit scalaire, c'est-à-dire si $(Tx|Ty)_F = (x|y)_E$ pour tout x, y de E ; on dit alors que E et F sont isomorphes en tant qu'espaces préhilbertiens. La définition (3.27.6) de la norme associée à un produit scalaire montre qu'une telle application T est une isométrie, donc un isomorphisme d'e.v.t. Inversement, remarquons qu'une application qui préserve la norme préserve le produit scalaire : on a en effet, si $\mathbb{K} = \mathbb{C}$

$$(3.27.8) \quad \left\{ \begin{aligned} 4(x|y) &= (x+y|x+y) - (x-y|x-y) \\ &\qquad +i(x+iy|x+iy) - i(x-iy|x-iy) \end{aligned} \right.$$

et, si $\mathbb{K} = \mathbb{R}$,

$$(3.27.9) \qquad 2(x|y) = (x+y|x+y) - (x|x) - (y|y).$$

Exercice 3.27.1 Soient E, F des espaces préhilbertiens réels et $f : E \to F$ une application telle que $f(0) = 0$ et $\|f(x) - f(y)\| = \|x - y\|$ pour tout $x, y \in E$. Montrer que f est linéaire [noter que f préserve le produit scalaire, puis calculer $\|f(x+y) - f(x) - f(y)\|^2$ et $\|f(\lambda x) - \lambda f(x)\|^2$].

Remarque 3.27.2 Sous-espace Soit F un sous-espace vectoriel d'un espace préhilbertien E ; la restriction à $F \times F$ du produit scalaire sur E est évidemment un produit scalaire sur F qui se trouve donc muni d'une structure préhilbertienne : on dit que F est un sous-espace préhilbertien de E. Il est clair que la norme associée à ce produit scalaire est la restriction à F de la norme de E : F est donc un sous-espace normé de E. Il en résulte que tout sous-espace complet d'un espace préhilbertien, ainsi que tout sous-espace fermé d'un espace de Hilbert, est muni d'une structure d'espace de Hilbert.

Remarque 3.27.3 Complété d'un espace préhilbertien Soient E un espace préhilbertien et $\hat{E}$ le complété de E (remarque 3.16.2). Notons B le produit scalaire de E ; pour tout y de E, la forme linéaire et continue $x \mapsto B(x, y)$ se prolonge en une forme linéaire et continue sur $\hat{E}$ que nous noterons $x \mapsto B'(x, y)$. Le principe du prolongement des identités montre que, pour tout $x \in \hat{E}$, l'application $y \mapsto B'(x, y)$ est une forme semi-linéaire sur E et, d'après le principe du prolongement des inégalités, $|B'(x, y)| \leq \|x\|_{\hat{E}} \|y\|_E$ pour tout $x \in \hat{E}$ et tout $y \in E$. Ceci montre que la forme semi-linéaire $y \mapsto B'(x, y)$ est continue ; elle se prolonge donc à $\hat{E}$ en une forme semi-linéaire que nous noterons $y \mapsto B''(x, y)$. Le principe du prolongement des identités montre que B'' est une forme hermitienne sur $\hat{E}$ et que $B''(x, x) = \|x\|^2_{\hat{E}}$; il en résulte que B'' est un produit scalaire sur $\hat{E}$ et que $\|\bullet\|_{\hat{E}}$ est une norme d'espace de Hilbert. Le complété d'un espace préhilbertien est donc un espace de Hilbert.

Remarque 3.27.4 Produit fini d'espaces préhilbertiens Soit $(E_i)_{i\in I}$ une famille finie d'espaces préhilbertiens ; notons indifféremment $(\bullet|\bullet)$ et $\|\bullet\|$ les produits scalaires et normes sur ces espaces. La topologie produit sur $E = \prod_{i\in I} E_i$ peut être définie par la norme $\|x\| = (\sum_{i\in I} \|x_i\|^2)^{1/2}$ où $x = (x_i)_{i\in I}$; cette norme est en fait associée au produit scalaire $(x|y) = \sum_{i\in I}(x_i|y_i)$, $y = (y_i)_{i\in I}$, ce qui confère à E une structure préhilbertienne. En outre, si tous les espaces E_i sont des espaces de Hilbert, E est un espace de Hilbert.

Remarque 3.27.5 Identité du parallèlogramme La norme d'un espace préhilbertien vérifie une identité remarquable, dite identité du parallèlogramme

$$\|x+y\|^2 + \|x-y\|^2 = 2(\|x\|^2 + \|y\|^2) \tag{3.27.10}$$

qui résulte de l'identité $(x \pm y|x \pm y) = (x|x) + (y|y) \pm 2\Re e\,(x|y)$. On peut démontrer (exercice 3.27.2) que cette identité caractérise les normes associées à un produit scalaire. On observera que, d'après les formules (3.27.8) et (3.27.9), si une norme provient d'un produit scalaire (on parle alors de norme hilbertienne), ce produit scalaire est déterminé de façon unique.

Exercice 3.27.2 Montrer que la norme d'un espace normé est associée à un produit scalaire si, et seulement si, elle vérifie l'identité du parallèlogramme [lorsque $\mathbb{K} = \mathbb{R}$, vérifier que (3.27.9) définit un produit scalaire ; traiter ensuite le cas complexe].

Exercice 3.27.3 Montrer qu'un espace préhilbertien est uniformément convexe (exercice 3.14.10). D'après l'exercice 3.16.4, tout espace de Hilbert est réflexif (corollaire 3.29.4).

L'existence d'un produit scalaire sur un espace vectoriel permet de définir une notion d'orthogonalité, notion sans équivalent en général dans un espace normé, et qui, comme nous le verrons, joue un rôle essentiel dans l'étude des espaces de Hilbert.

Définition 3.27.4 *Dans un espace préhilbertien E, on dit que deux vecteurs x et y de E sont orthogonaux si $(x|y) = 0$.*

Cette relation est symétrique d'après (3.27.3) et on a le

Proposition 3.27.3 Théorème de Pythagore *Soit $(x_i)_{1\leq i\leq n}$ une famille finie de vecteurs orthogonaux deux à deux, alors*

$$\|\sum_{i=1}^{n} x_i\|^2 = \sum_{i=1}^{n} \|x_i\|^2. \tag{3.27.11}$$

Preuve Lorsque $n = 2$, le théorème résulte de l'identité

$$(x_1 + x_2|x_1 + x_2) = (x_1|x_1) + (x_2|x_2) + 2\Re e\,(x_1|x_2).$$

On raisonne ensuite par récurrence sur n en utilisant l'orthogonalité de x_n et de $\sum_{i=1}^{n-1} x_i$ qui résulte du caractère sesquilinéaire du produit scalaire. Q.E.D.

Si M est une partie non vide d'un espace préhilbertien E, on note $M^\perp$ l'ensemble des vecteurs de E orthogonaux à tout vecteur de M, soit

$$M^\perp = \{x \in E; (x|y) = 0 \text{ pour tout } y \in M\};$$

$M^\perp$ s'appelle l'orthogonal de M. Si M est réduit à un point a, on a simplement $\{a\}^\perp = \{x \in E; (x|a) = 0\}$; autrement dit, $\{a\}^\perp$ est le noyau de la forme linéaire et continue $x \mapsto (x|a)$; c'est donc un sous-espace fermé de E : si $a = 0$, ce sous-espace est en fait E lui-même et si $a \neq 0$, ce sous-espace est un hyperplan fermé. Vu que $M^\perp = \bigcap_{y \in M} \{y\}^\perp$, ce qui précède montre que $M^\perp$ est un sous-espace fermé de E en tant qu'intersection de sous-espaces fermés.

La linéarité et la continuité de l'application $x \mapsto (x|y)$ montrent que l'orthogonal de M coïncide avec l'orthogonal du sous-espace fermé engendré par M.

Notons $M^{\perp\perp}$ le biorthogonal de M, c'est-à-dire l'orthogonal de $M^\perp$; tout vecteur de M étant orthogonal à $M^\perp$, on a évidemment $M \subset M^{\perp\perp}$. L'égalité ne peut avoir lieu que si M est un sous-espace fermé de E ; nous verrons en fait que l'égalité a lieu dès que M est un sous-espace complet de E.

Donnons deux exemples d'espaces de Hilbert, l'exemple le plus important dans la pratique, à savoir l'espace L^2, fait appel à la théorie de l'intégration et sera étudié ultérieurement.

Exemple 3.27.1 Soit B une forme sesquilinéaire sur un espace vectoriel E de dimension finie ; soit $(e_i)_{1 \leq i \leq n}$ une base de E, on a alors

$$B(x, y) = \sum_{i,j=1}^{n} B(e_i, e_j) x_i \overline{y}_j \text{ si } x = \sum_{i=1}^{n} x_i e_i,\ y = \sum_{i=1}^{n} y_i e_i,$$

soit

$$B(x, y) = \sum_{i,j=1}^{n} a_{ij} x_i \overline{y}_j, \text{ où } a_{ij} = B(e_i, e_j). \tag{3.27.12}$$

A la forme sesquilinéaire B, on associe ainsi une matrice $n \times n$ $A = (a_{ij})$ et, réciproquement, étant donné une telle matrice, la formule (3.27.12) définit une forme sesquilinéaire sur E. Si la forme B est hermitienne, on dit que la matrice A est hermitienne : ceci signifie donc que $a_{ij} = \overline{a}_{ji}$ pour tout i, j. Si B est hermitienne positive (resp. définie positive), on dit que la matrice hermitienne A est positive (resp. définie positive) : ceci signifie que $\sum_{i,j=1}^{n} a_{ij} x_i \overline{x}_j \geq 0$ (resp. > 0) pour tout $(x_i)_{1 \leq i \leq n} \in \mathbb{K}^n - \{0\}$. De plus, si la matrice hermitienne A est positive, elle est définie positive si, et seulement si, dét $A \neq 0$: en effet, la forme hermitienne positive B est dégénérée si, et seulement si, il existe $x \neq 0$ tel que $B(x, x) = 0$, c'est-à-dire $B(x, y) = 0$ pour tout $y \in E$ d'après l'inégalité (3.27.4) de Cauchy-Schwarz ; d'après (3.27.12), ceci signifie donc qu'il existe $(x_i) \in \mathbb{K}^n - \{0\}$ tel que $\sum_{i=1}^{n} a_{ij} x_i = 0$ pour $1 \leq j \leq n$, c'est-à-dire dét $A = 0$. La donnée d'une forme hermitienne définie positive définit alors une structure préhilbertienne sur E et en fait une structure d'espace de Hilbert, un espace normé de dimension finie étant complet. On peut prendre par exemple pour matrice A la matrice unité, c'est-à-dire le produit scalaire $\sum_{i=1}^{n} x_i \overline{y}_i$, la norme associée étant alors la norme euclidienne $\|x\| = (\sum_{i=1}^{n} |x_i|^2)^{1/2}$.

Exemple 3.27.2 On considère l'espace $l^2(I; \mathbb{K})$ des familles $x = (x_i)_{i \in I}$ de $\mathbb{K}$ telles que la famille $(|x_i|^2)_{i \in I}$ soit sommable. D'après la proposition 3.24.3, cet espace est un espace de Banach lorsqu'on le munit de la norme $\|x\|_2 = (\sum_{i \in I} |x_i|^2)^{1/2}$. Cet espace est en fait un espace de Hilbert, la norme $\|\bullet\|_2$ étant associée au produit scalaire

$$(x|y) = \sum_{i \in I} x_i \overline{y}_i \text{ où } x = (x_i)_{i \in I}, y = (y_i)_{i \in I};$$

on notera que la famille $(x_i \overline{y}_i)_{i \in I}$ est bien sommable d'après l'inégalité de Cauchy-Schwarz (3.24.5).

3.28 Le théorème de projection

Soit A une partie non vide d'un espace métrique X et soit x un point de X, rappelons (remarque 2.33.1) que tout point $x_0 \in X$ vérifiant $d(x, x_0) = d(x, A)$ est appelé une projection de x sur A ; nous avons montré (corollaire 3.16.19) que, dans un espace de Banach réflexif, tout point admet une projection sur une partie convexe fermée et non vide. Nous allons démontrer que ce résultat subsiste dans un espace de Hilbert ; ceci nous permettra de démontrer ultérieurement que tout espace de Hilbert est réflexif.

Voici d'abord un théorème d'unicité.

Proposition 3.28.1 *Soit C une partie convexe non vide d'un espace préhilbertien E, si un point $x \in E$ admet une projection sur C, cette projection est unique.*

Preuve Posons $d = d(x, C)$ et considérons deux points x_0 et x_1 de C tels que $d = \|x - x_0\| = \|x - x_1\|$. D'après l'identité du parallèlogramme, on a

$$\begin{aligned} \|x_0 - x_1\|^2 &= \|(x - x_0) - (x - x_1)\|^2 \\ &= 2(\|x - x_0\|^2 + \|x - x_1\|^2) - \|2x - (x_0 + x_1)\|^2, \end{aligned}$$

d'où $\|x_0 - x_1\|^2 = 4d^2 - 4\|x - (x_0 + x_1)/2\|^2$; d'après la convexité de C, on a $(x_0 + x_1)/2 \in C$, d'où $\|x - (x_0 + x_1)/2\| \geq d$ et par conséquent

$$\|x_0 - x_1\|^2 \leq 4d^2 - 4d^2 = 0,$$

d'où $x_0 = x_1$. Q.E.D.

L'hypothèse de convexité est évidemment essentielle ; il est également essentiel de supposer E muni d'une structure préhilbertienne comme le montre l'exemple suivant : prenons $E = \mathbb{R}^2$, $C = [-1, 1] \times \{0\}$ et munissons E de la norme $\|x\| = \max(|x_1|, |x_2|)$; alors le point $(0, 1)$ est à la distance 1 de tout point de C.

En ce qui concerne l'existence, on a le

Théorème 3.28.2 *Soit C une partie convexe complète et non vide d'un espace préhilbertien E, alors tout point x de E admet une unique projection sur C.*

Preuve Soit (x_n) une suite du convexe C telle que $\lim_{n \to \infty} \|x - x_n\| = d$ où $d = d(x, C)$. montrons que cette suite (x_n) est de Cauchy. D'après l'identité du parallèlogramme, on a pour tout $p, q \in \mathbb{N}$

$$\|x_p - x_q\|^2 = 2(\|x - x_p\|^2 + \|x - x_q\|^2) - \|2x - (x_p + x_q)\|^2$$

et, C étant convexe, le point $(x_p + x_q)/2$ appartient à C, d'où

$$\|x - (x_p + x_q)/2\| \geq d$$

d'après la définition de d ; il en résulte que

$$\|x_p - x_q\|^2 \leq 2(\|x - x_p\|^2 + \|x - x_q\|^2) - 4d^2,$$

inégalité qui prouve que la suite (x_n) est de Cauchy. Le convexe C étant complet, cette suite converge vers un point x_0 de C et on a évidemment $d = \|x - x_0\|$. Q.E.D.

La notion de projection est une notion liée à la structure d'espace métrique qui dépend bien sûr du choix de la distance. Dans un espace préhilbertien, on peut en donner une caractérisation utilisant le produit scalaire, ce qui permettra de préciser le théorème 3.28.2 lorsque C est un sous-espace vectoriel.

Proposition 3.28.3 *Soit C un convexe non vide d'un espace préhilbertien E et soient x un point de E, x_0 un point de C, alors les propriétés suivantes sont équivalentes.*

1. *Le point x admet une projection sur C et cette projection est le point x_0.*
2. *$\Re e\,(x - x_0|y - x_0) \leq 0$ pour tout $y \in C$.*

et, si C est un sous-espace vectoriel de E,

3. *Le vecteur $x - x_0$ est orthogonal à C.*

Preuve $1 \Rightarrow 2$ Notons l'identité

(3.28.1) $\quad \|x - y\|^2 = \|x - x_0\|^2 + \|y - x_0\|^2 - 2\Re e\,(x - x_0|y - x_0);$

si $\|x - x_0\| = d(x, C)$, alors $\|x - x_0\| \leq \|x - y\|$ pour tout $y \in C$, d'où $2\Re e\,(x - x_0|y - x_0) \leq \|y - x_0\|^2$ et cette inégalité étant vérifiée pour tout y de C qui est convexe, on peut substituer à y le point $(1-t)x_0 + ty$ avec $0 < t \leq 1$, ce qui donne $2t\Re e\,(x - x_0|y - x_0) \leq t^2\|y - x_0\|^2$; en simplifiant par t et en faisant tendre t vers 0 on obtient l'inégalité voulue.

$2 \Rightarrow 1$ Si 2 est vérifié, l'identité (3.28.1) montre que $\|x - x_0\| \leq \|x - y\|$ pour tout $y \in C$, ce qui prouve que x admet une projection sur C, à savoir x_0.

Il est évident que $3 \Rightarrow 2$; vérifions que $2 \Rightarrow 3$. Étant donné que C est un sous-espace vectoriel, tout point de C peut s'écrire $y - x_0$ où $y \in C$ et par conséquent $\Re e\,(x - x_0|y) \leq 0$ pour tout $y \in C$. En remplaçant y par $(x - x_0|y)y$, on obtient $|(x - x_0|y)|^2 \leq 0$, d'où $(x - x_0|y) = 0$ pour tout $y \in C$ et ceci montre que $x - x_0$ est orthogonal à C. Q.E.D.

Note L'interprétation géométrique de la condition 2 est la suivante lorsque E est un espace préhilbertien réel. Si x et y sont deux vecteurs non nuls de E, on définit l'angle $\theta \in [0, \pi]$ de x et y en posant

$$\cos\theta = (x|y)/\|x\|\,\|y\|.$$

La condition 2. signifie alors que l'angle des vecteurs $x - x_0$ et $y - x_0$ est $\geq \pi/2$.

Corollaire 3.28.4 *Soit C un convexe non vide d'un espace préhilbertien E tel que tout point $x \in E$ admette une projection sur C notée $P_C x$, alors l'application $P_C : E \to C$ est continue et $\|P_C x - P_C y\| \leq \|x - y\|$ pour tout $x, y \in E$.*

Preuve On a $x - y = P_C x - P_C y + z$ où $z = x - P_C x - (y - P_C y)$, d'où

$$\|x-y\|^2 = \|P_C x - P_C y\|^2 + \|z\|^2 + 2\Re e\,(z|P_C x - P_C y)$$

et $(z|P_C x - P_C y) = -(x - P_C x|P_C y - P_C x) - (y - P_C y|P_C x - P_C y)$ a une partie réelle positive d'après la proposition précédente, ce qui prouve l'inégalité voulue et le corollaire. Q.E.D.

Lorsque F est un sous-espace vectoriel de E, la projection $P_F x$ sur F d'un point x de E, si elle existe, est appelée la projection orthogonale de x sur F, le vecteur $x - P_F x$ étant orthogonal à F. D'après le théorème 3.28.2, on a donc le

Théorème 3.28.5 *Si F est un sous-espace vectoriel complet d'un espace préhilbertien E, tout point de E admet une projection orthogonale sur F.*

On peut apporter des précisions importantes au théorème précédent. Nous supposerons plus généralement que F est un sous-espace vectoriel tel que tout point x de E admette une projection orthogonale $P_F x$ sur F ; on définit ainsi une application $P_F : E \to F$ qu'on appelle le projecteur orthogonal de E sur F. On a alors le

Théorème 3.28.6 *Soit F un sous-espace vectoriel d'un espace préhilbertien E tel que le projecteur orthogonal P_F de E sur F existe.*

1. L'espace E est alors la somme directe topologique de F et $F^\perp$; l'application P_F est le projecteur de E sur F associé à cette décomposition en somme directe ; cette application P_F est donc linéaire et continue de noyau $F^\perp$; en outre, P_F est de norme 1 si $F \neq \{0\}$ (si $F = \{0\}$, P_F est l'application identiquement nulle).

2. Le projecteur orthogonal de E sur $F^\perp$ existe et est égal à $I_E - P_F$.

3. Enfin, F coïncide avec son biorthogonal, soit $F = F^{\perp\perp}$.

Preuve 1. Montrons d'abord que F et $F^\perp$ sont des supplémentaires algébriques. Il est clair que $F \cap F^\perp = \{0\}$, le seul vecteur orthogonal à lui-même étant le vecteur nul. D'autre part, tout x de E peut s'écrire

$$x = y + z \text{ où } y = P_F x \in F \text{ et } z = x - P_F x \in F^\perp,$$

ce qui prouve le résultat voulu et le fait que P_F est le projecteur de E sur F associé à cette décomposition en cette somme directe. Ce projecteur P_F étant continu d'après le corollaire 3.28.4, cette somme directe est une somme directe topologique. Plus précisément, d'après le théorème de Pythagore, on a

$$\|x\|^2 = \|P_F x\|^2 + \|x - P_F x\|^2,$$

d'où $\|P_F x\| \leq \|x\|$, ce qui prouve que P_F est continu de norme ≤ 1, donc de norme 1 si $F \neq \{0\}$, la restriction de P_F à F étant l'application identique de F.

2. Il s'agit de vérifier que $x - (x - P_F x)$ est orthogonal à $F^\perp$, ce qui est évident vu que $P_F x \in F$.

3. On sait déjà que $F \subset F^{\perp\perp}$. Soit $x \in F^{\perp\perp}$, alors $P_F x \in F \subset F^{\perp\perp}$, d'où $x - P_F x \in F^{\perp\perp}$; étant donné que ce vecteur $x - P_F x$ appartient aussi à $F^\perp$, il est nécessairement nul et il en résulte que $x = P_F x$ appartient à F, ce qui prouve l'inclusion $F^{\perp\perp} \subset F$. Q.E.D.

Remarque 3.28.1 Ces deux théorèmes prouvent que, dans un espace préhilbertien, tout sous-espace vectoriel complet admet un supplémentaire topologique. En particulier, dans un espace de Hilbert, tout sous-espace fermé admet un supplémentaire topologique. Ce résultat peut être en défaut dans un espace de Banach.

Exercice 3.28.1 Soit E un espace préhilbertien.

1. Soit F un sous-espace vectoriel de E tel que tout point de E admette une projection sur F ; si P est le projecteur orthogonal de F sur E, montrer que

$$P^2 = P \text{ et } (Px|y) = (x|Py) \text{ pour tout } x, y \in E. \tag{3.28.2}$$

2. Réciproquement, soit $P : E \to E$ une application vérifiant (3.28.2), montrer que P est linéaire, que tout point de E admet une projection sur Im P et que P est le projecteur orthogonal de E sur Im P.

Exercice 3.28.2 Soient E un espace préhilbertien et $P : E \to E$ une application linéaire continue telle que

$$P^2 = P \text{ et } \|P\| \leq 1.$$

Montrer que P est le projecteur orthogonal de E sur Im P.

Exercice 3.28.3 Soient E un espace préhilbertien, I un ensemble filtrant et $(C_i)_{i\in I}$ une famille de parties de E non vides, convexes et complètes. On suppose l'application $i \mapsto C_i$ décroissante.

1. Montrer que $C = \bigcap_{i\in I} C_i$ est une partie convexe complète de E.

2. Soit $a \in E$, montrer que C est non vide si, et seulement si, $\sup_{i\in I} d(a, C_i) < \infty$ et si C est non vide, montrer que la suite généralisée $(P_{C_i}a)$ converge vers $P_C a$ [lorsque $\sup_{i\in I} d(a, C_i)$ est fini, montrer que la suite généralisée $(P_{C_i}a)$ est de Cauchy en utilisant l'identité du parallèlogramme].

Exercice 3.28.4 Soient E un espace préhilbertien, C un convexe complet, non vide et borné et $f : C \to \mathbb{R}$ une fonction convexe s.c.i. Montrer que f est borné inférieurement et atteint sa borne inférieure sur un convexe complet et non vide de E sans utiliser le théorème 3.16.18, mais en raisonnant de la façon suivante : poser $a = \inf_C f \in [-\infty, +\infty[$ et, (a_n) étant une suite de $\mathbb{R}$ strictement décroissante convergeant vers a, $C_n = \{x \in C\,;\, f(x) \leq a_n\}$; utiliser alors l'exercice 3.28.3

Exercice 3.28.5 Déterminant de Gram Soient $x_1, \ldots, x_n$ n vecteurs d'un espace préhilbertien E, on pose $g_{ij} = (x_i|x_j)$, $1 \leq i, j \leq n$, et $G(x_1, \ldots, x_n) = \text{dét } g_{ij}$ (déterminant de Gram).

1. Montrer que la matrice (g_{ij}) est hermitienne positive et qu'elle est définie positive si, et seulement si, la famille (x_i) est libre.

2. On note F le sous-espace vectoriel engendré par $x_1, \ldots, x_n$. Montrer que, pour tout $x \in E$,

$$G(x, x_1, \ldots, x_n) = d(x, F)^2 \times G(x_1, \ldots, x_n).$$

[on peut supposer la famille (x_i) libre, on posera $P_F x = \sum_{i=1}^n \lambda_i x_i$ et on montrera que $(d(x, F)^2, \lambda_1, \ldots, \lambda_n)$ est la solution d'un système de Cramer]

3. On définit le volume du parallélépipède

$$P_n \equiv P(x_1, \ldots, x_n) = \left\{\sum_{i=1}^n \lambda_i x_i\,;\, 0 \leq \lambda_i \leq 1\right\}$$

par récurrence sur n en posant

$$\text{vol } P_1 = \|x_1\| \text{ et vol } P_{n+1} = \text{vol } P_n \times d(x_{n+1}, F_n)$$

où F_n est le sous-espace vectoriel engendré par $x_1, \ldots, x_n$. Montrer que

$$\text{vol } P_n = G(x_1, \ldots, x_n)^{1/2}.$$

Voici quelques conséquences des théorèmes précédents.

Corollaire 3.28.7 *Dans un espace de Hilbert E, un sous-espace vectoriel F est partout dense si, et seulement si, son orthogonal est réduit à $\{0\}$.*

Preuve D'après les théorèmes 3.28.5 et 3.28.6, E est la somme directe de $\overline{F}$ et $(\overline{F})^{\perp}$; F est donc dense dans E si, et seulement si, $(\overline{F})^{\perp} = \{0\}$; le corollaire en résulte vu que $F^{\perp} = (\overline{F})^{\perp}$. Q.E.D.

L'orthogonal d'une partie quelconque coïncidant avec l'orthogonal du sous-espace vectoriel engendré par cette partie, on en déduit le

Corollaire 3.28.8 *Dans un espace de Hilbert, une partie est totale si, et seulement si, son orthogonal est réduit à $\{0\}$.*

Corollaire 3.28.9 *Soit F un sous-espace vectoriel complet d'un espace préhilbertien F, alors la norme sur l'espace quotient E/F est une norme hilbertienne et cet espace quotient E/F est un espace préhilbertien isomorphe à $F^{\perp}$.*

Preuve Utilisons la proposition 3.6.12 ; si π désigne la surjection canonique de E sur E/F, l'application $p = \pi|_{F^{\perp}}$ est un isomorphisme d'e.v.t. de $F^{\perp}$ sur E/F. Montrons que p est une isométrie. Soit $\xi \in E/F$, rappelons que $\|\xi\| = \inf_{x \in \pi^{-1}(\xi)} \|x\|$; alors si $x \in F^{\perp}$, on a $\|p(x)\| = \inf \|y\|$ où la borne inférieure est prise sur l'ensemble des $y \in E$ vérifiant $\pi(y) = p(x)$, c'est-à-dire $y - x \in F$, soit $y = x + x'$ avec $x' \in F$; x appartenant à $F^{\perp}$, cette borne inférieure est tout simplement égale à $\|x\|$ et ceci prouve que $\|p(x)\| = \|x\|$. L'application p est donc une isométrie ; ceci prouve que la norme sur l'espace quotient E/F est associée au produit scalaire $(\xi|\eta) = (p^{-1}(\xi)|p^{-1}(\eta))$; les espaces E/F et $F^{\perp}$ sont alors isomorphes en tant qu'espaces préhibertiens. Q.E.D.

3.29 Représentation du dual

Soit E un espace préhilbertien, pour tout $y \in E$, l'application $x \mapsto (x|y)$ est une forme linéaire et continue sur E. Lorsque E un espace de Hilbert, nous allons démontrer qu'on obtient ainsi toutes les formes linéaires et continues sur E. On a d'abord la

Proposition 3.29.1 *Soit E un espace préhilbertien, considérons l'application $\varphi : y \in E \mapsto \varphi_y \in E'$ où φ_y désigne la forme linéaire et continue $x \mapsto (x|y)$, alors l'application φ est une application semi-linéaire continue injective et*

$$\|\varphi(y)\|_{E'} = \|y\|_E.$$

Preuve Pour $x, y, z \in E$ et $\lambda, \mu \in \mathbb{K}$, on a

$$\varphi_{\lambda y + \mu z}(x) = (x|\lambda y + \mu z) = \overline{\lambda}(x|y) + \overline{\mu}(x|z) = \overline{\lambda}\varphi_y(x) + \overline{\mu}\varphi_z(x),$$

c'est-à-dire $\varphi_{\lambda y + \mu z} = \overline{\lambda}\varphi_y + \overline{\mu}\varphi_z$, ce qui prouve que φ est semi-linéaire.

Montrons ensuite que $\|\varphi_y\|_{E'} = \|y\|_E$: ceci prouvera que φ est continue et injective. D'après l'inégalité de Cauchy-Schwarz, on a

$$\|\varphi_y\| = \sup_{\|x\| \leq 1} |(x|y)| \leq \sup_{\|x\| \leq 1} (\|x\| \, \|y\|) = \|y\|,$$

d'où $\|\varphi_y\| \leq \|y\|$. Lorsque $y = 0$, on a nécessairement l'égalité et, si $y \neq 0$, en prenant $x = y/\|y\|$ qui appartient bien à la boule unité de E, on a

$$\|\varphi_y\| \geq |(y/\|y\| \, |y)| = \|y\|$$

ce qui démontre le résultat voulu. Q.E.D.

Théorème 3.29.2 Théorème de représentation de F. Riesz *Soit E un espace préhilbertien, alors l'application $\varphi : E \to E'$ est surjective si, et seulement si, E est un espace de Hilbert. Autrement dit, si E est un espace de Hilbert, pour toute forme linéaire et continue $T \in E'$, il existe un unique point y de E tel que*

(3.29.1) $$Tx = (x|y) \text{ pour tout } x \in E.$$

Preuve Si l'application φ est surjective, c'est une isométrie de E sur E' et, par conséquent, E est complet vu que E' l'est. Réciproquement, soit T une forme linéaire et continue sur E que nous pouvons supposer non nulle (si T est nulle, on satisfait à (3.29.1) en prenant $y = 0$). Pour satisfaire à (3.29.1), il faut nécessairement choisir le point y dans l'orthogonal du noyau de T. Or, ce noyau $F = \operatorname{Ker} T$ est un hyperplan fermé de E et son supplémentaire orthogonal est donc de dimension 1. Cherchons donc y de la forme $y = \lambda y_0$ où $y_0 \neq 0$ est un point de $F^\perp$. Tout x se décompose sous la forme $x = x' + x''$ où

$$x' = x - (Tx/Ty_0)\, y_0 \in F,\ x'' = (Tx/Ty_0)\, y_0 \in F^\perp,$$

d'où $(x|\lambda y_0) = (x''|\lambda y_0) = \overline{\lambda}(Tx/Ty_0)\|y_0\|^2$ et on satisfait donc à (3.29.1) en prenant $\lambda = \overline{Ty_0}/\|y_0\|^2$. Q.E.D.

L'isométrie semi-linéaire φ entre un espace de Hilbert et son dual permet de munir ce dual d'une structure hilbertienne de la façon suivante.

Corollaire 3.29.3 *Si E est un espace de Hilbert, alors E' est un espace de Hilbert, la norme de E' étant associée au produit scalaire*

(3.29.2) $$(\xi|\eta)_{E'} = \overline{(\varphi^{-1}(\xi)|\varphi^{-1}(\eta))}_E \text{ pour tout } \xi, \eta \in E'.$$

Preuve D'après le caractère semi-linéaire de φ, on constate que la forme $(\bullet|\bullet)_{E'}$ est une forme sesquilinéaire hermitienne sur E' et

$$(\xi|\xi)_{E'} = \overline{(\varphi^{-1}(\xi)|\varphi^{-1}(\xi))}_E = \|\varphi^{-1}(\xi)\|_E^2 = \|\xi\|_{E'}^2,$$

ce qui permet de conclure. Q.E.D.

Lorsque $\mathbb{K} = \mathbb{R}$, l'application φ est un isomorphisme d'espace de Hilbert de E sur E'. Lorsque $\mathbb{K} = \mathbb{C}$, φ est semi-linéaire et transforme le produit scalaire de deux vecteurs en le conjugué du produit scalaire des transformés de ces vecteurs : on dit que φ est un semi-isomorphisme ; nous l'appellerons le semi-isomorphisme de F. Riesz.

Remarque 3.29.1 Le dual d'un espace préhilbertien E est également un espace de Hilbert. En effet, soit $\hat{E}$ le complété de E (remarque 3.27.3), toute forme linéaire et continue T sur E se prolonge de façon unique en une forme linéaire et continue $\hat{T}$ sur $\hat{E}$ et l'application $T \mapsto \hat{T}$ de E' dans $\hat{E}'$ est une isométrie linéaire (proposition 3.10.2) ; ceci prouve que la norme sur le dual E' est bien une norme hilbertienne et que toute forme linéaire et continue $T \in E'$ est de la forme $Tx = (x|y)_{\hat{E}}$ où $y \in \hat{E}$.

Corollaire 3.29.4 *Tout espace de Hilbert est réflexif. En outre, l'injection canonique de E dans E'' est égale à $\varphi_{E'} \circ \varphi_E$ si φ_E et $\varphi_{E'}$ désignent les semi-isomorphismes de Riesz de E sur E' et de E' sur E''.*

Preuve Soient $x \in E$, $x', y' \in E'$, on a $< \varphi_{E'}(x'), y' >= (y'|x')_{E'}$ et en posant $y = \varphi_E^{-1}(y')$ le corollaire 3.29.3 montre que

$$< \varphi_{E'}(\varphi_E(x)), y' >= (y'|\varphi_E(x))_{E'} = (x|y)_E =< y', x >,$$

et ceci montre que $\varphi_{E'} \circ \varphi_E$ est bien l'injection canonique de E dans E'' ; cette application étant surjective, l'espace de Hilbert E est réflexif. Q.E.D.

Exercice 3.29.1 Montrer qu'un espace préhilbertien est complet si, et seulement si, l'orthogonal de tout hyperplan fermé n'est pas réduit à $\{0\}$ [pour démontrer que la condition est suffisante, vérifier comme dans la démonstration du théorème 3.29.2 de F. Riesz que l'application $\varphi : E \to E'$ est surjective].

Exercice 3.29.2 Soient E un espace de Hilbert réel, $T \in E'$ et C un convexe fermé non vide de E. Montrer que l'application $f(x) = \|x\|^2 - Tx$ est bornée inférieurement sur C et atteint sa borne inférieure en un unique point de C.

En ce qui concerne la topologie faible sur un espace de Hilbert, le théorème de Riesz permet d'énoncer le

Corollaire 3.29.5 *Soit E un espace de Hilbert, une suite (x_n) de E converge faiblement vers x si, et seulement si, pour tout $y \in E$, la suite $((x_n|y))$ converge vers $(x|y)$.*

On peut en outre apporter la précision suivante.

Corollaire 3.29.6 *Dans un espace de Hilbert, soit (x_n) une suite convergeant faiblement vers x et telle que la suite $(\|x_n\|)$ converge vers $\|x\|$, alors la suite (x_n) converge fortement vers x.*

Preuve On a en effet

$$\|x - x_n\|^2 = \|x\|^2 + \|x_n\|^2 - 2\Re e\,(x|x_n),$$

le corollaire précédent montre que $\lim_{n\to\infty} \|x - x_n\|^2 = 2\|x\|^2 - 2\|x\|^2 = 0$. Q.E.D.

Les notions d'orthogonalité et de transposition étudiées au paragraphe 3.18 peuvent se traduire dans le cadre des espaces de Hilbert de la façon suivante.

Soient E un espace de Hilbert, G un sous-espace vectoriel de E et H un sous-espace vectoriel de E' ; rappelons que

$$G^0 = \{x' \in E' \, ; < x', x >= 0 \text{ pour tout } x \in G\}$$

et

$$H^0 = \{x \in E \, ; < x', x >= 0 \text{ pour tout } x' \in H\}$$

où $< \bullet, \bullet >$ désigne le crochet de dualité entre E' et E. Si $\varphi_E : E \to E'$ désigne le semi-isomorphisme de Riesz, le théorème de Riesz montre que

(3.29.3) $$G^0 = \varphi_E(G^\perp) \text{ et } H^0 = \varphi_E^{-1}(H)^\perp.$$

Étant donné deux espaces de Hilbert E, F et une application linéaire et continue $T \in \mathcal{L}(E;F)$, la transposée de T est une application linéaire et continue de F' dans E' ; les semi-isomorphismes de Riesz $\varphi_E : E \to E'$ et $\varphi_F : F \to F'$ permettent d'en déduire une application de F dans E, appelée l'adjoint de T, en posant

(3.29.4) $$T^\star = \varphi_E^{-1} \circ {}^tT \circ \varphi_F.$$

On a alors la

Proposition 3.29.7 *Soient E et F des espaces de Hilbert, $T \in \mathcal{L}(E;F)$, alors $T^\star : F \to E$ est une application linéaire et continue, $\|T^\star\| = \|T\|$ et, pour tout x de E et tout y de F, on a*

(3.29.5) $$(Tx|y)_F = (x|T^\star y)_E.$$

Preuve La linéarité et la continuité de $T^\star$ résultent de celles de ${}^tT$ (proposition 3.18.6). Quant à la norme de $T^\star$, φ_E et φ_F étant des isométries, d'après la définition de $T^\star$ on a $\|T^\star\| \leq \|{}^tT\|$ et l'inégalité opposée résulte de même de la formule ${}^tT = \varphi_E \circ T^\star \circ \varphi_F^{-1}$. Vérifions (3.29.5) ; posons $y' = \varphi_F(y) \in F'$, on a d'après les définitions

$$\begin{aligned}(Tx|y)_F &= < y', Tx >_{(F',F)} = < {}^tTy', x >_{(E',E)} \\ &= (x|\varphi_E^{-1}({}^tTy'))_E = (x|T^\star y)_E\end{aligned}$$

ce qui prouve la formule voulue. Q.E.D.

Note Rappelons que la transposée ${}^tT$ ne dépend que des topologies des espaces E et F. Par contre, l'adjoint $T^\star$ dépend essentiellement du choix des produits scalaires sur E et F.

On observera que la formule (3.29.5) caractérise l'adjoint de T ; il en résulte en particulier que $T^{\star\star} = T$. D'autre part, l'application $T \mapsto T^\star$ de $\mathcal{L}(E;F)$ dans $\mathcal{L}(F;E)$ est une isométrie évidemment semi-linéaire. Si E, F et G sont des espaces de Hilbert et si $S \in \mathcal{L}(E;F)$, $T \in \mathcal{L}(F;G)$, on a d'après (3.18.4), ou comme on peut le vérifier directement,

(3.29.6) $$(T \circ S)^\star = S^\star \circ T^\star.$$

D'après la proposition 3.18.7, on a la

Proposition 3.29.8 *Soient E et F des espaces de Hilbert, une application linéaire et continue $T : E \to F$ est un isomorphisme si, et seulement si, $T^\star : F \to E$ est un isomorphisme et on a alors $(T^\star)^{-1} = (T^{-1})^\star$.*

La proposition 3.18.4 se transcrit de la façon suivante.

Proposition 3.29.9 *Soient E, F des espaces de Hilbert et $T \in \mathcal{L}(E;F)$, alors*

(3.29.7) $$\mathit{Ker}\, T^\star = (\mathit{Im}\, T)^\perp \text{ et } \mathit{Ker}\, T = (\mathit{Im}\, T^\star)^\perp,$$

(3.29.8) $$(\mathit{Ker}\, T^\star)^\perp = \overline{\mathit{Im}\, T} \text{ et } (\mathit{Ker}\, T)^\perp = \overline{\mathit{Im}\, T^\star}.$$

Preuve D'après la définition de $T^\star$, on a en effet Im $T^\star = \varphi_E^{-1}(\text{Im}\ {}^tT)$; d'après les formules 3.29.3 et la proposition 3.18.4, on en déduit que

$$(\text{Im}\ T^\star)^\perp = \varphi_E^{-1}((\text{Im}\ {}^tT))^\perp = (\text{Im}\ {}^tT)^0 = \text{Ker}\ T$$

et ceci prouve la première formule (3.29.7) ; la seconde s'en déduit en remplaçant T par $T^\star$ et (3.29.8) s'obtient à partir de (3.29.7) en prenant l'orthogonal. Q.E.D.

On en déduit le

Corollaire 3.29.10 *Soit $T \in \mathcal{L}(E; F)$, alors*

(3.29.9) $\qquad$ *T est à image dense dans $F \Longleftrightarrow T^\star$ est injectif.*

(3.29.10) $\qquad$ *$T^\star$ est à image dense dans $E \Longleftrightarrow T$ est injectif.*

Exercice 3.29.3 Soient E, F des espaces de Hilbert, $T : E \to F$ et $S : F \to E$ des applications telles que $(Tx|y)_F = (x|Sy)_E$ pour tout $x \in E$, $y \in F$. Montrer, en utilisant le théorème du graphe fermé, que T et S sont des applications linéaires et continues.

Exercice 3.29.4 Soient E un espace de Hilbert, F un sous-espace vectoriel fermé et $T \in \mathcal{L}(E)$ tels que

$$\|Tx\| = \|x\| \text{ pour } x \in F \text{ et } Tx = 0 \text{ pour } x \in F^\perp.$$

Montrer que $T^* \circ T$ est le projecteur orthogonal sur F.

3.30 Somme hilbertienne

Nous venons de voir comment la donnée d'un sous-espace vectoriel complet F d'un espace préhilbertien E permettait de décomposer cet espace E en la somme directe topologique de F et de son orthogonal $F^\perp$: tout vecteur de E se décompose continûment en la somme de deux vecteurs orthogonaux, l'un appartenant à F, l'autre à $F^\perp$.

Dans les applications à la théorie des séries de Fourier et plus généralement à l'analyse spectrale, il est essentiel d'étudier la situation plus générale où l'on se donne une famille (finie ou infinie) de sous-espaces vectoriels complets orthogonaux deux à deux.

Le résultat de base est le suivant.

Théorème 3.30.1 *Soient E un espace préhilbertien et $(E_i)_{i\in I}$ une famille de sous-espaces vectoriels complets orthogonaux deux à deux. Notons P_i le projecteur orthogonal de E sur E_i et, pour tout x de E, posons $x_i = P_i x$.*

1. Pour tout $x \in E$, la famille $(\|x_i\|^2)_{i\in I}$ est sommable et

(3.30.1) $$\sum_{i\in I} \|x_i\|^2 \leq \|x\|^2, \text{ inégalité de Bessel.}$$

2. Si V est le sous-espace vectoriel fermé engendré par la réunion des E_i, les propriétés suivantes sont équivalentes.

a. $x \in V$.

b. La famille $(x_i)_{i\in I}$ est sommable et de somme x.

c. $\|x\|^2 = \sum_{i\in I} \|x_i\|^2$, relation de Parseval.

3. Pour tout $x, y \in V$, la famille $((x_i|y_i))_{i\in I}$, où $y_i = P_i y$, est sommable et $(x|y) = \sum_{i\in I}(x_i|y_i)$.

Preuve 1. Pour toute partie finie $J \in \mathcal{F}(I)$, notons E_J le sous-espace vectoriel engendré par la réunion de la sous-famille $(E_i)_{i\in J}$. Pour tout x de E, posons $P_J x = \sum_{i\in J} x_i$; les espaces E_i étant orthogonaux deux à deux, le vecteur $x - P_J x$ est orthogonal à E_i lorsque $i \in J$, donc à E_J et ceci prouve que P_J est le projecteur orthogonal de E sur E_J. D'après le théorème de Pythagore et le théorème 3.28.6, on a donc

$$\sum_{i\in J} \|x_i\|^2 = \|P_J x\|^2 \leq \|x\|^2$$

et ceci prouve 1.

2. Montrons d'abord l'équivalence de a. et b. Si x appartient à V, pour tout $\varepsilon > 0$, il existe une partie finie $J \in \mathcal{F}(I)$ et $y \in E_J$ tels que $\|x - y\| \leq \varepsilon$. D'après la définition d'une projection, on a

$$\|x - P_J x\| \leq \|x - y\| \leq \varepsilon$$

et, pour toute partie finie K contenant J, $E_K \supset E_J$, d'où

$$\|x - P_K x\| \leq \|x - P_J x\| \leq \varepsilon,$$

ce qui prouve que la famille (x_i) est sommable et de somme x. Réciproquement, si la famille (x_i) est sommable et de somme x, les sommes partielles $P_J x$ appartiennent à V, donc x appartient à V car V est fermé. Ceci prouve l'équivalence de a. et b.

Quant à l'équivalence de b. et c., elle résulte simplement de l'identité

$$\|x - \sum_{i\in J} x_i\|^2 = \|x\|^2 - \sum_{i\in J} \|x_i\|^2.$$

3. Soient $x, y \in V$, on a $|(x_i|y_i)| \leq \|x_i\| \, \|y_i\| \leq \frac{1}{2}(\|x_i\|^2 + \|y_i\|^2)$; les familles $(\|x_i\|^2)$ et $(\|y_i\|^2)$ étant sommables, ceci prouve que la famille $((x_i|y_i))$ est sommable. En utilisant le fait que le produit scalaire est sesquilinéaire et continu, on a

$$(x|y) = \Big(\sum_{i\in I} x_i | \sum_{j\in I} y_j\Big) = \sum_{i\in I}\Big(x_i | \sum_{j\in I} y_j\Big),$$

où $(x_i|\sum_{j\in I} y_j) = \sum_{j\in I}(x_i|y_j) = (x_i|y_i)$ vu que $(x_i|y_j) = 0$ si $i \neq j$; il en résulte que $(x|y) = \sum_{i\in I}(x_i|y_i)$. Q.E.D.

Le cas $V = E$ est particulièrement intéressant, ce qui conduit à la définition suivante.

Définition 3.30.1 *On dit qu'un espace de Hilbert E est la somme hilbertienne d'une famille $(E_i)_{i\in I}$ de sous-espaces fermés orthogonaux deux à deux si l'espace vectoriel engendré par la réunion des E_i est dense dans E ; on écrit alors*

$$E = \bigoplus_{i\in I} E_i.$$

Le théorème 3.30.1 se précise alors de la façon suivante.

Théorème 3.30.2 *Soit E un espace de Hilbert somme hilbertienne d'une famille $(E_i)_{i\in I}$ de sous-espaces orthogonaux deux à deux. Notons P_i le projecteur orthogonal de E sur E_i.*

1. Soient $x \in E$, $x_i = P_i x$, alors la famille $(x_i)_{i\in I}$ est sommable de somme x et $\|x\|^2 = \sum_{i\in I} \|x_i\|^2$. En outre, $(x|y) = \sum_{i\in I}(x_i|y_i)$ si $y \in E$, $y_i = P_i y$.

2. Réciproquement, soit $(x_i)_{i\in I}$ une famille de E telle que $x_i \in E_i$ et $\sum_{i\in I} \|x_i\|^2 < \infty$, alors la famille $(x_i)_{i\in I}$ est sommable et, si x désigne sa somme, on a $x_i = P_i x$ pour tout i.

Preuve Le point 1. résulte du théorème précédent. Quant à 2., d'après le théorème de Pythagore, on a $\| \sum_{i\in J} x_i\|^2 = \sum_{i\in J} \|x_i\|^2$ pour toute partie finie J de I et ceci montre que la famille $(x_i)_{i\in I}$ vérifie le critère de Cauchy, la famille $(\|x_i\|^2)_{i\in I}$ étant sommable par hypothèse. L'espace E étant complet, la famille $(x_i)_{i\in I}$ est donc sommable et, si x désigne sa somme, le caractère linéaire et continu des projecteurs montre que $x_i = P_i x$. Q.E.D.

Exercice 3.30.1 Somme hilbertienne externe 1. Soit $(E_i)_{i\in I}$ une famille d'espaces de Hilbert, on note indifféremment $(\bullet|\bullet)$ le produit scalaire sur E_i. On note E l'ensemble des $x = (x_i)_{i\in I} \in \prod_{i\in I} E_i$ tels que $\sum_{i\in I} \|x_i\|^2 < \infty$. Montrer que E est un sous-espace vectoriel de l'espace $\prod_{i\in I} E_i$, que pour tout $x = (x_i)_{i\in I} \in E$, $y = (y_i)_{i\in I} \in E$, la famille $((x_i|y_i))_{i\in I}$ est sommable et que

$$(x|y) = \sum_{i\in I}(x_i|y_i)$$

définit une structure d'espace de Hilbert sur E. On dit que E est la somme hilbertienne externe des E_i et on note cet espace $\bigoplus_{i\in I} E_i$.

2. On note $F_i \subset E$ les sous-espaces $F_i = \{x \in E\,;\, x_j = 0 \text{ pour tout } j \neq i\}$. Montrer que ces sous-espaces F_i sont isomorphes aux espaces E_i et que E est la somme hilbertienne (interne !) de la famille $(F_i)_{i\in I}$.

3.31 Base hilbertienne

On peut utiliser les résultats précédents lorsque tous les sous-espaces E_i sont de dimension 1, ceci conduit à la terminologie suivante.

Définition 3.31.1 *Dans un espace préhilbertien E, une famille d'éléments $(e_i)_{i\in I}$ est appelée une famille orthonormale si $(e_i|e_j) = \delta_{ij}$ pour tout $i, j \in I$, δ_{ij} désignant le symbole de Kronecker ; une famille orthonormale totale est appelée une base orthonormale ou une base hilbertienne de E.*

Une famille orthonormale est nécessairement libre : en effet, supposons qu'il existe une relation de liaison $\sum_{i\in J} \lambda_i e_i = 0$; d'après le théorème de Pythagore, on a alors $\sum_{i\in J} |\lambda_i|^2 \|e_i\|^2 = 0$, d'où $|\lambda_i|^2 = 0$ pour tout $i \in J$ vu que $\|e_i\| = 1$. Lorsque l'ensemble d'indice I est fini, il en résulte qu'une base orthonormale est une base algébrique : l'espace vectoriel engendré par une telle famille est en effet de dimension finie, donc fermé, et étant dense par hypothèse, il coïncide avec E (qui est donc de dimension finie). Lorsque I est infini, une base orthonormale n'est pas une base algébrique.

Étant donné une famille orthonormale $(e_i)_{i\in I}$, nous noterons E_i le sous-espace vectoriel de dimension 1 engendré par le seul vecteur e_i. On obtient ainsi une famille $(E_i)_{i\in I}$ de sous-espaces complets orthogonaux deux à deux, à laquelle on peut appliquer le théorème 3.30.1. Les projecteurs $P_i : E \to E_i$ s'explicitent de la façon suivante : soit $x \in E$, alors

$$x_i = P_i x = \xi_i e_i \text{ où } \xi_i = (x|e_i),$$

le vecteur $x - \xi_i e_i$ étant orthogonal à e_i vu que

$$(x - \xi_i e_i|e_i) = (x|e_i) - \xi_i(e_i|e_i) = 0.$$

D'après le théorème 3.30.1, la famille $(\xi_i)_{i\in I}$ appartient à l'espace $l^2(I;\mathbb{K})$ et on a l'inégalité de Bessel

(3.31.1) $$\sum_{i\in I} |\xi_i|^2 \leq \|x\|^2.$$

En outre, le théorème 3.30.1 fournit des conditions nécessaires et suffisantes pour qu'une famille orthonormale soit une base hilbertienne, ceci signifiant simplement $V = E$. On obtient ainsi les critères suivants, le dernier critère résultant du corollaire 3.28.7.

Proposition 3.31.1 *Soit $(e_i)_{i\in I}$ une famille orthonormale d'un espace préhilbertien E, les propriétés suivantes sont équivalentes.*

a. La famille $(e_i)_{i\in I}$ est une base hilbertienne.

b. Pour tout x de E, la famille $(\xi_i e_i)_{i\in I}$ est sommable et de somme x.

c. Pour tout x de E, on a la relation de Parseval

(3.31.2) $$\|x\|^2 = \sum_{i\in I} |\xi_i|^2.$$

Si E est un espace de Hilbert, ces conditions sont équivalentes à

d. Soit $x \in E$ tel que $(x|e_i) = 0$ pour tout $i \in I$, alors $x = 0$.

De plus, si $(e_i)_{i\in I}$ est une base hilbertienne, le produit scalaire de deux vecteurs se calcule par la formule

(3.31.3) $$(x|y) = \sum_{i\in I} \xi_i \overline{\eta_i} \text{ où } \xi_i = (x|e_i) \text{ et } \eta_i = (y|e_i).$$

Exemple 3.31.1 Considérons l'espace de Hilbert $l^2(I;\mathbb{K})$ et posons $e_i = (\delta_{ij}) \in l^2(I;\mathbb{K})$. La famille $(e_i)_{i\in I}$ est évidemment une famille orthonormale. Montrons que c'est une base hilbertienne : en effet, soit $x = (x_i)_{i\in I} \in l^2(I;\mathbb{K})$; on a alors $\xi_i = (x|e_i) = x_i$ et le critère c. de la proposition 3.31.1 est vérifié d'après la définition même de la norme de l'espace $l^2(I;\mathbb{K})$.

On peut alors interpréter la relation de Parseval de la façon suivante.

Corollaire 3.31.2 *Soit $(e_i)_{i\in I}$ une base hilbertienne d'un espace préhilbertien E, l'application $\varphi : x \mapsto (\xi_i)_{i\in I}$, où $\xi_i = (x|e_i)$, est un isomorphisme d'espace préhilbertien de E sur un sous-espace dense de $l^2(I;\mathbb{K})$. Si E est un espace de Hilbert, φ est un isomorphisme de E sur $l^2(I;\mathbb{K})$.*

Preuve L'application φ est évidemment linéaire et, d'après la relation de Parseval, φ est une isométrie sur un sous-espace de $l^2(I; \mathbb{K})$; ce sous-espace est partout dense car l'image de la base (e_i) est la base de l'espace $l^2(I; \mathbb{K})$ définie ci-dessus (exemple 3.31.1). Lorsque E est complet, ce sous-espace est donc complet ; étant dense, il est nécessairement égal à E. Q.E.D.

Nous allons montrer que tout espace de Hilbert possède une base hilbertienne ; il en résultera que tout espace de Hilbert est isomorphe à un espace $l^2(I; \mathbb{K})$.

Théorème 3.31.3 *Tout espace de Hilbert $E \neq \{0\}$ admet une base hilbertienne. En outre, toute famille orthonormale est contenue dans une base hilbertienne.*

Ce théorème est une conséquence immédiate du théorème de Zorn vu les deux lemmes suivants.

Lemme 3.31.4 *Soit E un espace de Hilbert et soit $\mathcal{A}$ l'ensemble des parties orthonormales de E ordonné par inclusion. Soit $A \in \mathcal{A}$, les propriétés suivantes sont équivalentes.*

1. *A est une base hilbertienne de E.*
2. *A est un élément maximal de $\mathcal{A}$.*

Preuve Ce lemme est simplement une reformulation de l'équivalence des propriétés a. et d. de la proposition 3.31.1. Q.E.D.

Lemme 3.31.5 *Dans un espace préhilbertien $E \neq \{0\}$, l'ensemble $\mathcal{A}$ des parties orthonormales ordonné par inclusion est inductif.*

Preuve L'ensemble est non vide : en effet, soit $x \in E - \{0\}$, alors $\{x/\|x\|\} \in \mathcal{A}$. D'autre part, si $(A_i)_{i \in I}$ est une famille totalement ordonnée de $\mathcal{A}$, il est évident que la réunion de cette famille est une famille orthonormale qui majore la famille (A_i). Q.E.D.

Corollaire 3.31.6 *Tout espace de Hilbert est isomorphe à un espace de la forme $l^2(I; \mathbb{K})$.*

Remarque 3.31.1 Un espace préhilbertien ne possède pas nécessairement de base hilbertienne ; on peut cependant affirmer que tout espace préhilbertien E est isomorphe à un sous-espace d'un espace de la forme $l^2(I; \mathbb{K})$: en effet, si $\hat{E}$ désigne le complété de E (remarque 3.27.3), E est isomorphe à un sous-espace (dense) de $\hat{E}$ et il suffit d'appliquer le corollaire précédent à cet espace de Hilbert.

Les espaces de Hilbert admettant une base hilbertienne dénombrable se caractérisent simplement.

Proposition 3.31.7 Méthode d'orthonormalisation de Schmidt *Soit E un espace préhilbertien et soit (a_n) une suite libre de E. Il existe une unique suite orthonormale (e_n) telle que*

1. *pour tout $p \in \mathbb{N}$, les sous-espaces vectoriels engendrés par $(a_n)_{0 \leq n \leq p}$ et $(e_n)_{0 \leq n \leq p}$ coïncident,*
2. *pour tout $n \in \mathbb{N}$, $(e_n | a_n)$ est un nombre réel > 0.*

Preuve On raisonne par récurrence. Le vecteur e_0 est nécessairement de la forme ta_0, d'où $(e_0|a_0) = t\|a_0\|^2$ et $\|e_0\| = |t|\,\|a_0\|$; t doit donc être réel > 0, d'où $t = 1/\|a_0\|$ et $e_0 = a_0/\|a_0\|$. Supposons construits les vecteurs $(e_i)_{0\leq i\leq n}$ et notons V_n le sous-espace engendré par ces vecteurs, sous-espace qui coïncide avec le sous-espace engendré par les vecteurs $(a_i)_{0\leq i\leq n}$. Le vecteur e_{n+1} est nécessairement proportionnel au vecteur $b = a_{n+1} - P_{V_n}a_{n+1}$, vecteur non nul d'après l'indépendance des vecteurs $(a_i)_{0\leq i\leq n+1}$. Si $e_{n+1} = tb$, on a

$$(e_{n+1}|a_{n+1}) = t(b|a_{n+1}) = t\|b\|^2$$

et $\|e_{n+1}\| = |t|\,\|b\|$ et comme précédemment on en déduit que nécessairement $e_{n+1} = b/\|b\|$. Q.E.D.

Corollaire 3.31.8 *Un espace préhilbertien E admet une base hilbertienne dénombrable si, et seulement si, E est séparable.*

Preuve Si E admet une base hilbertienne dénombrable, E est séparable d'après le lemme 3.17.1. Réciproquement, supposons E séparable ; il existe une suite (x_n) partout dense. On note n_0 le plus petit entier tel que x_{n_0} soit $\neq \{0\}$, puis n_{k+1} le plus petit entier $> n_k$ tel que $x_{n_{k+1}}$ n'appartienne pas au sous-espace vectoriel engendré par les points $(x_{n_i})_{0\leq i\leq k}$. On construit ainsi une sous-suite (éventuellement finie) (x_{n_k}) qui est libre et qui engendre le même sous-espace vectoriel que la suite (x_n). Cette suite (x_{n_k}) est donc totale et la proposition précédente permet d'en déduire une suite orthonormale totale, c'est-à-dire une base hilbertienne dénombrable de E. Q.E.D.

Exercice 3.31.1 Soit E un espace préhilbertien séparable de dimension infinie, si E n'est pas complet, montrer qu'il existe une famille orthonormale qui n'est contenue dans aucune base orthonormale de E [utiliser l'exercice 3.29.1].

Exercice 3.31.2 Soient E un espace préhilbertien séparable de dimension infinie et $(e_n)_{n\in\mathbb{N}}$ une base hilbertienne de E. On pose $a_n = e_{2n}$, $b_n = e_{2n} + (1/(2n+1))e_{2n+1}$ et on note A et B les sous-espaces vectoriels fermés engendrés par les suites (a_n) et (b_n) respectivement. Montrer que dans le sous-espace $F = A + B$, A et B sont des supplémentaires algébriques, mais que ce ne sont pas des supplémentaires topologiques.

Exercice 3.31.3 Dimension hilbertienne 1. Soit E un espace de Hilbert. Si $(e_i)_{i\in I}$ et $(f_j)_{j\in J}$ sont des bases hilbertiennes de E, montrer que Card I = Card J : ce cardinal est appelé la dimension hilbertienne de E [lorsque I et J sont infinis, montrer que $J = \bigcup_{i\in I} A_i$ où

$$A_i = \{j \in J\,;\,(e_i|f_j) \neq 0\}$$

et utiliser le lemme 1.9.4 et le théorème 1.9.9].

2. Montrer que deux espaces de Hilbert sont isomorphes si, et seulement si, ils ont même dimension hilbertienne.

Exercice 3.31.4 Soient E un espace de Hilbert séparable de dimension infinie, $(e_n)_{n\in\mathbb{Z}}$ une base hilbertienne de E. On note B et S la boule et la sphère unité de E.

1. Montrer qu'il existe une unique application linéaire et continue $u : E \to E$ telle que $u(e_n) = e_{n+1}$ pour tout $n \in \mathbb{Z}$. Montrer que u est une isométrie.

2. On pose $f(x) = (1/2)(1 - \|x\|)e_0 + u(x)$, montrer que f est un homéomorphisme de S sur S et de B sur B.

3. Montrer que l'application $f|_B$ n'admet pas de point fixe.

4. Soit $x \in B$, montrer que la demi-droite ouverte d'origine $f(x)$ passant par x rencontre S en un unique point $g(x)$. Montrer que $g : B \to S$ est continu et que $g|_S = I_S$ (on dit que S est un rétracte de la boule B).

Note Le théorème de Brouwer affirme que toute application continue de la boule unité de $\mathbb{R}^n$ dans elle-même admet un point fixe ; pour une démonstration de ce théorème, consulter n'importe quel ouvrage de topologie algébrique, par exemple C. Godbillon, Éléments de topologie algébrique, Hermann, Paris 1971. L'exercice précédent montre que ce théorème ne subsiste pas en dimension infinie ; cette construction élémentaire est dûe à S.Kakutani, Topological properties of the unit sphere in Hilbert space, Proc. Imp. Acad. Tokyo, 1943, p. 269-271.

G – Opérateurs compacts

3.32 Définitions et propriétés élémentaires

Soit E un espace de Banach sur $\mathbb{K}$ (=$\mathbb{R}$ ou $\mathbb{C}$) et soit $T \in \mathcal{L}(E)$ une application linéaire et continue de E dans lui-même. On se propose d'étudier l'opérateur

$$T_\lambda = \lambda I_E - T \text{ où } \lambda \in \mathbb{K}.$$

On dit que $\lambda \in \mathbb{K}$ est une valeur régulière si T_λ est un isomorphisme d'e.v.t. de E sur E ; on observera que, d'après le théorème de Banach (corollaire 3.11.3), T_λ est un isomorphisme topologique dès que T_λ est un isomorphisme algébrique. L'ensemble $\rho(T)$ des valeurs régulières est appelé l'ensemble résolvant de T et si λ est une valeur régulière, l'opérateur $R(\lambda; T) = (\lambda I_E - T)^{-1}$ s'appelle la résolvante de T au point λ. Le complémentaire $\sigma(T)$ de l'ensemble résolvant s'appelle le spectre de T ; un scalaire λ appartenant au spectre est appelé une valeur spectrale de l'opérateur T : ceci signifie simplement que T_λ n'est pas une bijection. Si T_λ n'est pas injectif, on dit que λ est une valeur propre : ceci signifie que le noyau de T_λ

$$\text{Ker } T_\lambda = \{x \in E\,;\, \lambda x - Tx = 0\}$$

n'est pas réduit à $\{0\}$: le sous-espace vectoriel Ker T_λ s'appelle le sous-espace propre associé à la valeur propre λ.

Remarque 3.32.1 Lorsque E est de dimension finie, toute valeur spectrale est une valeur propre. Il n'en est rien en dimension infinie, un opérateur injectif n'est pas nécessairement surjectif. Considérons par exemple un espace de Hilbert séparable E de dimension infinie et soit (e_n) une base hilbertienne de E. Pour tout x de E, on a $x = \sum_{n=0}^{\infty} \xi_n e_n$ où $\xi_n = (x|e_n)$; posons $Tx = \sum_{n=0}^{\infty} \xi_n e_{n+1}$. On définit ainsi un opérateur $T \in \mathcal{L}(E)$ injectif car $\|Tx\| = \|x\|$, mais qui n'est pas surjectif vu que $T(E) = \{e_0\}^\perp$. Autrement dit, 0 est une valeur spectrale de T mais n'est pas une valeur propre.

Remarque 3.32.2 Si $(\lambda_i)_{i\in I}$ est une famille de valeurs propres distinctes de T, $x_i \in \text{Ker } T_{\lambda_i}$, $x_i \neq 0$, des vecteurs propres associés à ces valeurs propres, alors la famille $(x_i)_{i\in I}$ est libre. Sinon, on pourrait trouver une partie finie J de I telle que la famille $(x_j)_{j\in J}$ soit libre et un $i \in I - J$ tel que $x_i = \sum_{j\in J} \mu_j x_j$, $\mu_j \neq 0$; en appliquant l'opérateur T, on aurait alors $\lambda_i x_i = \sum_{j\in J} \lambda_j \mu_j x_j$, d'où $\sum_{j\in J}(\lambda_j - \lambda_i)\mu_j x_j = 0$ et par conséquent $(\lambda_j - \lambda_i)\mu_j = 0$ pour $j \in J$, ce qui est absurde.

Voici un premier résultat élémentaire.

Proposition 3.32.1 *Soient E un espace de Banach et $T \in \mathcal{L}(E)$, l'ensemble résolvant $\rho(T)$ est un ouvert de $\mathbb{K}$ et le spectre $\sigma(T)$ est compact ; en outre, lorsque ce spectre est non vide*

(3.32.1) $$r(T) = \sup_{\lambda\in\sigma(T)} |\lambda| \leq \|T\|.$$

Preuve L'application $\varphi : \lambda \in \mathbb{K} \mapsto T_\lambda \in \mathcal{L}(E)$ est continue et $\rho(T)$ est l'image réciproque par φ de l'ensemble ouvert Isom $(E; E)$ (théorème 3.19.8) ; ceci prouve que l'ensemble résolvant est ouvert. Le spectre est donc fermé. D'autre part, si $|\lambda| > \|T\|$, on a $T_\lambda = \lambda(I_E - \lambda^{-1}T)$ où $\|\lambda^{-1}T\| < 1$ et la proposition 3.19.6 montre que T_λ est inversible dans $\mathcal{L}(E)$; ceci prouve la formule (3.32.1) et la proposition. Q.E.D.

Note La quantité $r(T)$ s'appelle le rayon spectral de T.

Exercice 3.32.1 Soient E un espace de Banach et $T \in \mathcal{L}(E)$, montrer que l'application $\lambda \in \rho(T) \mapsto R(\lambda; T) \in \mathcal{L}(E)$ est continue.

Exercice 3.32.2 Soient E un espace de Banach et $T_n \in \mathcal{L}(E)$ une suite d'opérateurs convergeant vers $T \in \mathcal{L}(E)$ dans l'espace de Banach $\mathcal{L}(E)$. Montrer que, pour tout compact $K \subset \rho(T)$, il existe un entier n_0 tel que $K \subset \rho(T_n)$ pour $n \geq n_0$ et que la suite de fonctions $R(\bullet; T_n) : K \to \mathcal{L}(E)$, $n \geq n_0$, converge uniformément vers $R(\bullet; T)$.

Étant donné des espaces de Banach E, F et une application linéaire $T : E \to F$, on dit que T est une application compacte ou que T est un opérateur compact si

(3.32.2) pour tout borné B de E, $T(B)$ est relativement compact.

Il en résulte que l'image par T de toute partie bornée est bornée ; T est donc nécessairement continu. La définition (3.32.2) est évidemment équivalente à

(3.32.3) $\left\{\begin{array}{l}\text{de toute suite bornée } (x_n) \text{ de } E, \text{ on peut extraire une sous-}\\ \text{suite } (x_{n_k}) \text{ telle que la suite } (Tx_{n_k}) \text{ converge.}\end{array}\right.$

On observera que, dans la définition (3.32.2), on peut se contenter de prendre pour B la boule unité de E ; de même dans (3.32.3), on peut supposer que (x_n) est une suite de la boule unité de E.

Exercice 3.32.3 Soient E, F des espaces de Banach et $T : E \to F$ une application linéaire.

1. Si T est compact, montrer que, pour toute suite (x_n) de E faiblement convergente vers 0, la suite (Tx_n) converge fortement vers 0 [raisonner par l'absurde : en extrayant une sous-suite, on peut supposer que $\|Tx_n\| \geq c > 0$, noter que la suite (Tx_n) converge faiblement vers 0 (proposition 3.18.6), puis utiliser le fait que la suite (x_n) est bornée (proposition 3.16.10) et la compacité de T pour obtenir une contradiction].

2. Montrer que la réciproque est vraie si E est réflexif [utiliser le théorème 3.17.11].

Exercice 3.32.4 On considère un espace de Hilbert E admettant une base hilbertienne dénombrable (e_n), un espace de Banach F et une application linéaire continue $T : E \to F$ tels que la série $\sum_{n=0}^{\infty} \|Te_n\|^2$ soit convergente, montrer alors que T est un opérateur compact [utiliser l'exercice 3.32.3 : si (x_j) est une suite de E convergeant faiblement vers 0 , on pourra écrire pour $p \in \mathbb{N}$

$$Tx_j = \sum_{n=0}^{p} (x_j | e_n) Te_n + \sum_{n=p+1}^{\infty} (x_j | e_n) Te_n$$

et majorer le dernier terme grâce à Cauchy-Schwarz].

Exercice 3.32.5 Soient E_n $(n = 1, 2, 3)$ des espaces de Banach de norme $\| \bullet \|_n$ tels que $E_1 \subset E_2 \subset E_3$, l'injection canonique $i : E_1 \to E_2$ étant compacte et l'injection canonique $j : E_2 \to E_3$ continue. Montrer que, pour tout $\varepsilon > 0$, il existe $C_\varepsilon > 0$ tel que

$$\|x\|_2 \leq \varepsilon \|x\|_1 + C_\varepsilon \|x\|_3 \text{ pour tout } x \in E_1.$$

[on pourra raisonner par l'absurde, c'est-à-dire supposer qu'il existe $\varepsilon > 0$ et une suite (x_n) de la sphère unité de E_1 telle que $\varepsilon + n\|x\|_3 \leq \|x_n\|_2$].

Exercice 3.32.6 Soit $T : E \to F$ un opérateur compact, E et F étant des espaces de Banach, l'espace E est supposé réflexif. On note $\| \bullet \|$ la norme de l'espace E et on considère sur E une autre norme $\| \bullet \|'$ définissant une topologie moins fine que la norme $\| \bullet \|$. Montrer que, pour tout $\varepsilon > 0$, il existe C_ε tel que

$$\|Tx\| \leq \varepsilon \|x\| + C_\varepsilon \|x\|' \text{ pour tout } x \in E.$$

[on pourra raisonner par l'absurde, on suppose qu'il existe $\varepsilon > 0$ et une suite (x_n) de la sphère unité de $(E, \| \bullet \|)$ telle que $\varepsilon + n\|x_n\|' \leq \|Tx_n\|$; utiliser alors le théorème 3.17.11 et l'exercice 3.32.3]

Proposition 3.32.2 *1. L'ensemble $\mathcal{K}(E; F)$ des applications compactes de E dans F est un sous-espace vectoriel fermé de $\mathcal{L}(E; F)$.*

2. Soient E, F, G des espaces de Banach, $S \in \mathcal{L}(E; F)$ et $T \in \mathcal{L}(F; G)$; si l'une des applications S, T est compacte, l'application $T \circ S$ est compacte.

3. Soient $T \in \mathcal{K}(E; F)$, E_0 un sous-espace fermé de E et F_0 un sous-espace fermé de F contenant $T(E_0)$, alors l'application $T|_{E_0} : E_0 \to F_0$ est compacte.

Preuve 1. Soit B la boule unité de E, si $T : E \to F$ est une application compacte, $T(B)$ est relativement compact ; pour tout scalaire λ, $(\lambda T)(B) = \lambda T(B)$ est relativement compact, ce qui prouve que l'opérateur λT est compact. Si $S : E \to F$ est une autre application compacte, l'inclusion $(S + T)(B) \subset S(B) + T(B)$ montre que $(S + T)(B)$ est relativement compact, ce qui prouve que $S + T$ est un opérateur compact et que $\mathcal{K}(E; F)$ est un sous-espace vectoriel de $\mathcal{L}(E; F)$. Montrons que ce sous-espace est fermé. Soit (T_n) une suite de $\mathcal{K}(E; F)$ convergeant dans l'espace $\mathcal{L}(E; F)$ vers une application $T \in \mathcal{L}(E; F)$. Étant donné $\varepsilon > 0$, il existe un entier n tel que $\|T - T_n\| \leq \varepsilon$; $T_n(B)$ est relativement compact, donc précompact : il existe une partie finie $A \subset F$ telle que $T_n(B) \subset \bigcup_{y \in A} B(y; \varepsilon)$. Il en résulte que $T(B) \subset \bigcup_{y \in A} B(y; 2\varepsilon)$ et ceci prouve que $T(B)$ est précompact, donc relativement compact (F est complet) ; l'opérateur T est donc compact, ce qui prouve le résultat voulu.

2. se vérifie aisément, l'image par une application linéaire et continue de tout borné (resp. relativement compact) étant bornée (resp. relativement compacte).

3. Si B est la boule unité de E, $B_0 = B \cap E_0$ est la boule unité de E_0. On a alors

$$(T|_{E_0})(B_0) = T(B \cap E_0) \subset T(B) \cap T(E_0) \subset T(B) \cap F_0 \subset K \cap F_0$$

où $K = \overline{T(B)}$ est une partie compacte de F. Le sous-espace F_0 étant fermé, $K \cap F_0$ est compact et ceci prouve que $(T|_{E_0})(B_0)$ est relativement compact dans F_0, d'où le résultat voulu. Q.E.D.

Un opérateur $T : E \to F$ est dit de rang fini si l'image $T(E)$ est de dimension finie. Tout opérateur (continu) de rang fini est évidemment compact ; toute limite d'opérateurs de rang fini est donc compacte. Banach avait conjecturé que réciproquement tout opérateur compact est limite d'opérateurs de rang fini ; on sait maintenant (Enflo, 1972) que cette conjecture est fausse. On a cependant la

Proposition 3.32.3 *Si F et un espace de Hilbert, le sous-espace des opérateurs de rang fini est dense dans $\mathcal{K}(E; F)$.*

Preuve Soit B la boule unité de E et soit $\varepsilon > 0$; si $T : E \to F$ est un opérateur compact, $T(B)$ est précompact : il existe une partie finie $A \subset F$ telle que

$$T(B) \subset \bigcup_{y \in A} B(y; \varepsilon).$$

Soit G le sous-espace de dimension finie engendré par A et soit P le projecteur orthogonal de F sur G. L'opérateur $P \circ T : E \to F$ est de rang fini et pour tout x de B il existe $y \in A$ tel que $\|y - Tx\| \leq \varepsilon$, d'où $d(Tx, G) \leq \varepsilon$, c'est-à-dire $\|Tx - P(Tx)\| \leq \varepsilon$ et ceci prouve que $\|T - P \circ T\| \leq \varepsilon$. Q.E.D.

La notion d'opérateur compact permet de reformuler le théorème 3.7.4 de Riesz sous la forme suivante.

Proposition 3.32.4 *Soit E un espace de Banach, l'application identique $I_E : E \to E$ est compacte si, et seulement si, E est de dimension finie.*

Lorsque $E = F$, on pose $\mathcal{K}(E) = \mathcal{K}(E; E)$.

Corollaire 3.32.5 *Soit $T \in \mathcal{K}(E)$ un opérateur compact, alors le noyau de l'application $I_E - T$ est de dimension finie.*

Preuve Le noyau $N = \text{Ker } (I_E - T)$ est un sous-espace fermé de E et $Tx = x$ pour $x \in N$: autrement dit, la restriction de T à N est égale à l'application identique de N. D'après la proposition 3.32.2, cette application identique I_N est compacte et il en résulte que N est de dimension finie. Q.E.D.

Corollaire 3.32.6 *Soit $T \in \mathcal{K}(E)$ un opérateur compact, si E est de dimension infinie, 0 est une valeur spectrale.*

Preuve En effet, si 0 est une valeur régulière, T est un isomorphisme de E sur E ; d'après la proposition 3.32.2, l'opérateur $I_E = T \circ T^{-1}$ est compact et E est donc de dimension finie. Q.E.D.

Quant à l'image de $I_E - T$, on a la

Proposition 3.32.7 *Soit $T \in \mathcal{K}(E)$ un opérateur compact, alors $I_E - T$ est à image fermée.*

Preuve Posons $T_1 = I_E - T$, $F = \operatorname{Ker} T_1$; ce sous-espace F de dimension finie (corollaire 3.32.5) admet un supplémentaire topologique G (corollaire 3.13.13) et $T_1|_G : G \to T_1(E)$ est une bijection linéaire et continue. Nous allons montrer que la bijection réciproque est continue ; ceci prouvera que $T_1(E)$ est isomorphe à G et, G étant complet (car fermé), que $T_1(E)$ est complet, donc fermé. Il s'agit de démontrer l'existence d'une constante $c > 0$ telle que $\|x\| \leq c\,\|T_1 x\|$ pour tout x de G. Raisonnons par l'absurde : supposons qu'il existe une suite (x_n) de G telle que

$$\|x_n\| = 1 \text{ et } \lim_{n\to\infty} T_1 x_n = 0.$$

L'opérateur T étant compact, modulo l'extraction d'une sous-suite on peut supposer que la suite (Tx_n) est convergente : notons y sa limite. Étant donné que $x_n = Tx_n + T_1 x_n$, la suite (x_n) converge vers y. On a alors $\|y\| = 1$, $y \in G$ (G est fermé) et $Ty = y$, c'est-à-dire $y \in F$, d'où $y = 0$, F et G étant des supplémentaires, ce qui est contradictoire avec $\|y\| = 1$. Q.E.D.

En résumé, si $T \in \mathcal{K}(E)$ est un opérateur compact, l'opérateur $T_1 = I_E - T$ a un noyau de dimension finie et une image fermée. Il s'agit là de deux propriétés fondamentales des opérateurs compacts. Par dualité, on pourra alors étudier plus précisément le spectre de T grâce au théorème suivant.

Théorème 3.32.8 Schauder *Soient E, F des espaces de Banach et $T \in \mathcal{L}(E; F)$, alors T est un opérateur compact si, et seulement si, ${}^tT$ est un opérateur compact.*

Preuve 1. Supposons l'opérateur T compact et soit (y'_n) une suite de la boule unité de F' : $\|y'_n\|_{F'} \leq 1$. Si B_E désigne la boule unité de E, $K = \overline{T(B_E)}$ est compact ; posons $u_n = y'_n|_K$, on définit ainsi une suite (u_n) de l'espace $\mathcal{C}_u(K; \mathbb{K})$ et cette suite est relativement compacte d'après le théorème d'Ascoli : on a en effet, pour tout entier n et tout $y, z \in K$,

$$|u_n(y)| \leq \|y\| \text{ et } |u_n(y) - u_n(z)| \leq \|y - z\|.$$

Il existe donc une sous-suite (u_{n_k}) qui converge uniformément vers une fonction $u \in \mathcal{C}_u(K; \mathbb{K})$; étant donné que

$$\sup_{x\in B_E} |(y'_{n_k} \circ T)(x) - (u \circ T)(x)| \leq \sup_{y\in K} |y'_{n_k}(y) - u(y)|,$$

la suite $(y'_{n_k} \circ T)$ de E' converge uniformément sur la boule unité de E ; elle est donc convergente dans E' et il en résulte que ${}^tT$ est un opérateur compact vu que $y'_{n_k} \circ T = {}^tT y'_{n_k}$.

2. Réciproquement, supposons l'opérateur ${}^tT$ compact, alors l'opérateur ${}^{tt}T : E'' \to F''$ est compact. D'après (3.18.13), l'application $j_F \circ T$ est donc compacte : $j_F(T(B_E))$ est relativement compact dans F'' et, j_F étant une isométrie sur un sous-espace fermé de F'', $T(B_E)$ est relativement compact dans F, ce qui prouve que T est un opérateur compact. Q.E.D.

Remarque 3.32.3 Étant donné que ${}^t(\lambda I_E - T) = \lambda I_{E'} - {}^tT$, les opérateurs T et ${}^tT$ ont le même spectre d'après la proposition 3.18.7, soit $\sigma(T) = \sigma({}^tT)$.

Exercice 3.32.7 On suppose $1 \leq p < q \leq \infty$, montrer que l'injection canonique de $l^p(\mathbb{N};\mathbb{R})$ dans $l^q(\mathbb{N};\mathbb{R})$ (exercice 3.24.9) n'est pas compacte [utiliser la suite (e^n) où $e^n = (\delta_m^n)_{m\in\mathbb{N}}$, $\delta_m^n = 0$ si $m \neq n$ et $\delta_n^n = 1$].

Exercice 3.32.8 Soit X un espace métrique compact et soit $0 < \mu' < \mu \leq 1$, montrer que $\mathcal{C}^{0,\mu}(X;\mathbb{R}) \subset \mathcal{C}^{0,\mu'}(X;\mathbb{R})$ (exercice 3.9.6) et que l'injection canonique est compacte [si (f_n) est une suite bornée dans l'espace $\mathcal{C}^{0,\mu}(X;\mathbb{R})$, on vérifiera d'abord, en utilisant le théorème d'Ascoli, qu'il existe une sous-suite convergeant uniformément vers une fonction $f \in \mathcal{C}^{0,\mu}(X;\mathbb{R})$; on montrera ensuite que cette sous-suite converge vers f dans l'espace $\mathcal{C}^{0,\mu'}(X;\mathbb{R})$].

3.33 Analyse spectrale des opérateurs compacts

Nous utiliserons les lemmes suivants ; le premier est un lemme d'algèbre élémentaire.

Lemme 3.33.1 *Soient E et F deux espaces vectoriels en dualité, un sous-espace vectoriel M de F est de dimension finie si, et seulement si, le sous-espace vectoriel M^0 est de codimension finie ; on a alors*

$$dim\ M = codim\ M^0.$$

Preuve 1. Si M est de dimension finie n, montrons que E se décompose en une somme directe de la forme $E = M^0 \oplus G$ où G est de dimension n.

Soit $(y_i)_{1\leq i\leq n}$ une base de M et soit $\varphi : E \to \mathbb{K}^n$ l'application linéaire $\varphi(x) = (< x, y_i >)_{1\leq i\leq n}$. Cette application est surjective car toute forme linéaire sur $\mathbb{K}^n$ nulle sur $\varphi(E)$ est identiquement nulle (corollaire 3.13.8) : en effet, soit $Tz = \sum_{i=1}^n \lambda_i z_i$, $z = (z_i)_{1\leq i\leq n} \in \mathbb{K}^n$ une telle forme linéaire ; alors

$$0 = \sum_{i=1}^n \lambda_i < x, y_i > = < x, \sum_{i=1}^n \lambda_i y_i > \text{ pour tout } x \in E,$$

d'où $\sum_{i=1}^n \lambda_i y_i = 0$ et, les y_i étant linéairement indépendants, $\lambda_i = 0$ pour tout $i \in I$.

Il existe donc $x_j \in E$ tel que $< x_j, y_i > = \delta_{ij}$ pour tout i, j, où $\delta_{ij} = 0$ si $i \neq j$ et $\delta_{ii} = 1$. Ces x_j sont linéairement indépendants : une relation de liaison $\sum_{j=1}^n \mu_j x_j = 0$ implique en effet $0 = \sum_{j=1}^n \mu_j < x_j, y_i > = \mu_i$. Soit G le sous-espace vectoriel de dimension n engendré par ces n points x_j ; montrons que G est un supplémentaire algébrique de M^0. Tout x de E s'écrit d'une manière unique $x = y + z$ où $y \in M^0$ et $z = \sum_{j=1}^n \mu_j x_j \in G$: on a nécessairement $\mu_j = < x, y_j >$ et $y = x - \sum_{j=1}^n \mu_j x_j$ appartient bien alors à M^0.

2. Réciproquement, on suppose M^0 de codimension finie p. Montrons que M est nécessairement de dimension finie. Raisonnons par l'absurde, supposons M de dimension infinie. Il existe alors un sous-espace vectoriel N de M de dimension $p + 1$; on a $N^0 \supset M^0$ où N^0 est de codimension $p + 1$ d'après 1. et M^0 de codimension p : ceci est absurde. Q.E.D.

Lemme 3.33.2 F. Riesz *Soient E un espace de Banach et F un sous-espace fermé distinct de E, alors, pour tout $\varepsilon \in]0,1[$, il existe $x \in E - F$ tel que $\|x\| = 1$ et $d(x, F) \geq \varepsilon$.*

Preuve Soit $a \in E - F$, F étant fermé $d(a, F) = \alpha > 0$ et il existe $b \in F$ tel que $\|a - b\| \leq \alpha\varepsilon^{-1}$. Montrons que le point $x = \|a - b\|^{-1}(a - b)$ convient. Il est clair que $x \in E - F$, $\|x\| = 1$ et, pour tout y de F, $x - y = \|a - b\|^{-1}(a - z)$ où $z = b + \|a - b\|y$ appartient à F, d'où $\|x - y\| \geq \|a - b\|^{-1}\alpha \geq \varepsilon$, ce qui prouve que $d(x, F) \geq \varepsilon$. Q.E.D.

Le résultat fondamental est alors le suivant.

Théorème 3.33.3 *Soient E un espace de Banach, $T \in \mathcal{K}(E)$ un opérateur compact et $T_\lambda = \lambda I_E - T$, ${}^tT_\lambda = \lambda I_{E'} - {}^tT$ où $\lambda \in \mathbb{K}$ est supposé différent de* 0.

1. L'opérateur T_λ est injectif si, et seulement si, il est surjectif. Toute valeur spectrale non nulle est donc une valeur propre.

2. Les sous-espaces Ker T_λ et Ker ${}^tT_\lambda$ sont de dimension finie, les sous-espaces Im T_λ et Im ${}^tT_\lambda$ sont fermés, de codimension finie et

(3.33.1) $$\text{dim Ker } T_\lambda = \text{dim Ker } {}^tT_\lambda = \text{codim Im } T_\lambda = \text{codim Im } {}^tT_\lambda,$$

(3.33.2) $$\text{Im } T_\lambda = (\text{ Ker } {}^tT_\lambda)^0 \text{ et Im } {}^tT_\lambda = (\text{ Ker } T_\lambda)^0.$$

3. Toute valeur propre non nulle est isolée dans le spectre. Par suite, le spectre $\sigma(T)$ est une partie compacte dénombrable dont 0 est le seul point d'accumulation éventuel.

Preuve Pour la démonstration de 1 et 2 on peut supposer $\lambda = 1$.

1,a. Montrons d'abord que, si T_1 est injectif, T_1 est surjectif. On raisonne par l'absurde : supposons T_1 non surjectif. Posons $F_n = T_1^n(E)$ pour $n \geq 1$. On peut écrire $T_1^n = I_E - S_n$ où l'opérateur S_n est compact d'après la proposition 3.32.2 ; d'après la proposition 3.32.7, F_n est un sous-espace fermé de E. Par ailleurs, on a pour $n \geq 1$ $F_{n+1} \subset F_n$; montrons que toutes ces inclusions sont strictes : en effet, si $F_n = F_{n+1}$, pour tout $y \in E$ il existe $x \in E$ tel que $T_1^n y = T_1^{n+1}x$, d'où $T_1^n(T_1 x - y) = 0$, soit $T_1 x = y$ d'après l'injectivité de T_1 et T_1 serait donc surjectif contrairement à l'hypothèse. On peut donc utiliser le lemme 3.33.2 ; soit $0 < \varepsilon < 1$, il existe $x_n \in F_n - F_{n+1}$ tel que $\|x_n\| = 1$ et $d(x_n, F_{n+1}) \geq \varepsilon$. Pour tout $p, q \geq 1$, on a

$$Tx_p - Tx_{p+q} = x_p - x_{p,q}$$

où $x_{p,q} = x_{p+q} + T_1 x_p - T_1 x_{p+q}$ appartient à F_{p+1} et par conséquent

$$\|Tx_p - Tx_{p+q}\| \geq \varepsilon.$$

Ceci montre que la suite (Tx_n) n'admet aucune sous-suite convergente et, la suite (x_n) étant bornée, ceci contredit la compacité de T.

1,b. Montrons ensuite que, si T_1 est surjectif, T_1 est injectif. D'après (3.18.8), l'opérateur ${}^tT_1$ est injectif ; cet opérateur étant compact (théorème 3.32.8), il est surjectif d'après 1,a. et (3.18.9) montre alors que T_1 est injectif.

2,a. Les sous-espaces Ker T_1 et Ker ${}^tT_1$ sont de dimension finie d'après le corollaire 3.32.5. Les sous-espaces Im T_1 et Im ${}^tT_1$ sont fermés d'après la proposition 3.32.7 ; (3.33.2) résulte alors du théorème 3.18.10 et, d'après le lemme 3.33.1, Im T_1 et Im ${}^tT_1$ sont de codimension finie et

(3.33.3) $$\operatorname{codim} \operatorname{Im} T_1 = \dim \operatorname{Ker} {}^tT_1,$$

(3.33.4) $$\operatorname{codim} \operatorname{Im} {}^tT_1 = \dim \operatorname{Ker} T_1.$$

2,b. Démontrons ensuite que

(3.33.5) $$\operatorname{codim} \operatorname{Im} T_1 \leq \dim \operatorname{Ker} T_1.$$

Posons $d =$ codim Im T_1, $d' =$ dim Ker T_1 et supposons $d > d'$. D'après les corollaires 3.6.13 et 3.13.13, Ker T_1 et Im T_1 admettent des supplémentaires topologiques, soit $E =$ Ker $T_1 \oplus F =$ Im $T_1 \oplus G$; G est un sous-espace de dimension finie égale à d. Notons $P : E \to$ Ker T_1 le projecteur linéaire associé à la première somme directe. Étant donné que $d' < d$, il existe une application linéaire injective $Q :$ Ker $T_1 \to G$ et cette application ne peut être surjective. Considérons alors l'opérateur $R_1 = I_E - R$ où $R = T - Q \circ P$. L'opérateur $Q \circ P$ est de rang fini, donc R est compact. Vérifions que R_1 est injectif : supposons $R_1 x = T_1 x + Q(P(x)) = 0$; on a $T_1 x \in$ Im T_1 et $Q(P(x)) \in G$, d'où $T_1 x = Q(P(x)) = 0$, c'est-à-dire $x \in$ Ker T_1 et $Px = 0$ (Q est injectif) et par conséquent $x = 0$. D'après 1., R_1 est donc surjectif ; or, $R_1 = T_1 + Q \circ P$, donc $R_1(E) \subset$ Im $T_1 \oplus$ Im Q et, Q n'étant pas surjectif, R_1 ne peut pas être surjectif. L'hypothèse $d' < d$ est donc absurde : ceci démontre (3.33.5).

2,c. D'après (3.33.3) et (3.33.4), on en déduit que

$$\dim \operatorname{Ker} {}^tT_1 \leq \dim \operatorname{Ker} T_1,$$

d'où en remplaçant T_1 par ${}^tT_1$

$$\dim \operatorname{Ker} {}^{tt}T_1 \leq \dim \operatorname{Ker} {}^tT_1 \leq \dim \operatorname{Ker} T_1.$$

D'après (3.18.13), on a Ker $T_1 = j_E^{-1}(\operatorname{Ker} {}^{tt}T_1)$, d'où

$$\dim \operatorname{Ker} T_1 \leq \dim \operatorname{Ker} {}^{tt}T_1$$

et il en résulte que dim Ker $T_1 =$ dim Ker ${}^tT_1$, ce qui prouve (3.33.1).

3,a. Montrons que toute valeur propre $\lambda \neq 0$ est isolée. Raisonnons par l'absurde. Supposons qu'il existe une suite $\lambda_n \in \sigma(T)$, $\lambda_n \neq \lambda$, $\lambda_n \neq 0$ et $\lambda_p \neq \lambda_q$ si $p \neq q$, telle que $\lambda = \lim_{n\to\infty} \lambda_n$. Soit $x_n \neq 0$ un vecteur propre associé à la valeur propre λ_n. La suite (x_n) est libre, donc le sous-espace vectoriel E_n engendré par les points $(x_p)_{1\leq p\leq n}$ est de dimension n. L'inclusion $E_{n-1} \subset E_n$ étant stricte, on peut appliquer le lemme 3.33.2 ; soit $0 < \varepsilon < 1$, il existe $y_n \in E_n$, $\|y_n\| = 1$ tel que $d(y_n, E_{n-1}) \geq \varepsilon$. Pour $p \geq 2$ et $q \geq 1$, on peut écrire

$$\frac{Ty_{p+q}}{\lambda_{p+q}} - \frac{Ty_p}{\lambda_p} = y_{p+q} - z_{p,q}$$

où $z_{p,q}$ appartient à E_{p+q-1} : en effet, $Ty_p/\lambda_p \in E_p$ car $T(E_p) \subset E_p$, d'où $Ty_p/\lambda_p \in E_{p+q-1}$ et, si $y_{p+q} = \sum_{i=1}^{p+q} \mu_i x_i$, on a

$$Ty_{p+q} - \lambda_{p+q} y_{p+q} = \sum_{i=1}^{p+q-1} (\lambda_i - \lambda_{p+q})\mu_i x_i \in E_{p+q-1},$$

d'où $Ty_{p+q}/\lambda_{p+q} - y_{p+q} \in E_{p+q-1}$. Ceci prouve que $z_{p,q}$ appartient à E_{p+q-1}, d'où

$$\|Ty_{p+q}/\lambda_{p+q} - Ty_p/\lambda_p\| \geq \varepsilon$$

et il en résulte que la suite (Ty_n/λ_n) ne contient aucune sous-suite convergente, ce qui est contraire à la compacité de l'opérateur T, la suite (y_n/λ_n) étant bornée.

3,b. On en déduit que le spectre est dénombrable, car

$$\sigma(T) - \{0\} = \bigcup_{n=1}^{\infty} A_n$$

où $A_n = \sigma(T) \cap \{\lambda \in \mathbb{K}\,;\, |\lambda| \geq 1/n\}$ est compact et discret, donc fini. Q.E.D.

Remarque 3.33.1 L'alternative de Fredholm Considérons l'équation d'inconnue $x \in E$

(3.33.6) $$\lambda x - Tx = y,\ \lambda \in \mathbb{K}.$$

Si $\lambda \in \rho(T)$, cette équation admet une unique solution quel que soit $y \in E$, à savoir $x = R(\lambda; T)y$.

Si $\lambda \in \sigma(T)$, $\lambda \neq 0$, l'ensemble des solutions de l'équation homogène, c'est-à-dire pour $y = 0$, est un sous-espace vectoriel de E de dimension finie $n > 0$ et l'ensemble des solutions de l'équation $\lambda y' - {}^tTy' = 0$ est un sous-espace vectoriel de E' de même dimension n d'après (3.33.1). D'après (3.33.2), l'équation (3.33.6) admet alors des solutions si, et seulement si, $< y', y >= 0$ pour tout y' solution de $\lambda y' - {}^tTy' = 0$, c'est-à-dire si y vérifie n conditions linéaires, linéairement indépendantes ; l'ensemble des solutions de (3.33.6) est alors de la forme $x_0 +$ Ker T_λ où x_0 est une solution particulière, il s'agit d'un sous-espace affine de dimension n.

Remarque 3.33.2 Opérateur à indice Soient E et F des espaces vectoriels et $T : E \to F$ une application linéaire. On dit que T admet un indice ou que T est un opérateur de Fredholm si le noyau de T est de dimension finie et si l'image de T est de codimension finie ; on définit alors l'indice de T ainsi

$$\chi(T) = \text{dim Ker}\, T - \text{codim Im}\, T \in \mathbb{Z}.$$

Si $T \in \mathcal{K}(E)$ est un opérateur compact, le théorème précédent montre que T_λ, $\lambda \neq 0$, est un opérateur à indice et d'indice nul. Dire que l'indice est nul signifie que le nombre de conditions linéairement indépendantes que doit vérifier y pour que l'équation (3.33.6) admette des solutions est égal à la dimension de l'espace des solutions ; il s'agit là d'une propriété tout à fait remarquable des opérateurs compacts.

Lorsque E est un espace de Hilbert, dans l'énoncé du théorème 3.33.3, on peut substituer à l'opérateur ${}^tT_\lambda$ l'adjoint de l'opérateur T_λ, c'est-à-dire l'opérateur $T^\star_{\overline{\lambda}} = \overline{\lambda} I_E - T^\star$, la formule (3.33.2) s'écrivant alors Im $T_\lambda = (\text{ Ker } T^\star_{\overline{\lambda}})^\perp$. Lorsqu'il existe des propriétés supplémentaires de l'opérateur T liées à la structure hilbertienne de E, le théorème 3.33.3 peut être précisé comme nous allons le voir pour des opérateurs normaux ou hermitiens.

Exercice 3.33.1 Soient E un espace de Banach, $T_n \in \mathcal{K}(E)$ une suite d'opérateurs compacts convergeant vers $T \in \mathcal{K}(E)$ dans l'espace de Banach $\mathcal{L}(E)$ et soit $\lambda_n \in \sigma(T_n)$. Montrer que toute valeur d'adhérence de la suite (λ_n) appartient au spectre de T.

Exercice 3.33.2 Soient $1 \leq p, q, r \leq \infty$ tels que $1/r = 1/p + 1/q$, $y \in l^q(\mathbb{N}; \mathbb{K})$ et $T : l^p(\mathbb{N}; \mathbb{K}) \to l^r(\mathbb{N}; \mathbb{K})$ l'application linéaire continue $x \mapsto xy$. Montrer que T est un opérateur compact si, et seulement si, $\lim_{n\to\infty} y_n = 0$ (condition toujours vérifiée si q est fini) [pour démontrer que la condition est nécessaire lorsque $q = \infty$, utiliser le théorème 3.33.3 ; pour la condition suffisante, vérifier que T est la limite d'une suite d'opérateurs de rang fini].

Exercice 3.33.3 1. Soient E, F des espaces vectoriels, $T : E \to F$ une application linéaire et soit E_0 un sous-espace vectoriel de E de codimension finie. On pose $T_0 = T|_{E_0} : E_0 \to F$.

a. Montrer que $\operatorname{Ker} T_0 = \operatorname{Ker} T \cap E_0$.

b. Dans l'espace vectoriel Ker T, soit E_1 un supplémentaire algébrique de Ker T_0. Montrer qu'il existe un sous-espace vectoriel E_2 de E tel que $E = E_0 \oplus E_1 \oplus E_2$ (somme directe algébrique).

c. Montrer que $\operatorname{Im} T = \operatorname{Im} T_0 \oplus T(E_2)$.

d. En déduire que T est de Fredholm si, et seulement si, T_0 est de Fredholm et que

$$\chi(T) = \chi(T_0) + \operatorname{codim} E_0.$$

2. Soient E, F, G des espaces vectoriels, $T : E \to F$, $S : F \to G$ deux opérateurs de Fredholm. Soit E_0 un supplémentaire algébrique de Ker T : $E = \operatorname{Ker} T \oplus E_0$. En écrivant l'opérateur

$$(S \circ T)|_{E_0} : E_0 \to G$$

comme le composé des opérateurs $T|_{E_0} : E_0 \to \operatorname{Im} T$ et $S|_{\operatorname{Im} T} : \operatorname{Im} T \to G$, montrer que $S \circ T$ est de Fredholm et que

$$\chi(S \circ T) = \chi(S) + \chi(T).$$

3. Soient E, F des espaces vectoriels et $T : E \to F$ une application linéaire. Soit F_0 un sous-espace vectoriel de dimension finie de F, on note $\mathcal{T} : E \times F_0 \to F$ l'application linéaire

$$\mathcal{T} : (x, y) \in E \times F_0 \mapsto y - Tx \in F.$$

Montrer que T est de Fredholm si, et seulement si, $\mathcal{T}$ est de Fredholm et que

$$\chi(\mathcal{T}) = \chi(T) + \dim F_0.$$

Exercice 3.33.4 Soient E et F des espaces de Banach.

1. Soit $T \in \mathcal{L}(E; F)$ un opérateur de Fredholm.

a. Soit E_0 un supplémentaire topologique de Ker T et soit F_0 un supplémentaire algébrique de Im T

$$E = \operatorname{Ker} T \oplus E_0 \text{ et } F = \operatorname{Im} T \oplus F_0.$$

Montrer que l'application

$$\mathcal{T} : (x, y) \in E_0 \times F_0 \mapsto y - Tx \in F$$

est un isomorphisme topologique.

b. En déduire que T est à image fermée (pour un résultat plus général dans le cadre des espaces de Fréchet, voir l'exercice 3.11.6).

2. En utilisant le théorème 3.18.10, montrer qu'un opérateur $T \in \mathcal{L}(E; F)$ est de Fredholm si, et seulement si, l'opérateur ${}^tT \in \mathcal{L}(F'; E')$ est de Fredholm ; on a alors

$$\chi(T) + \chi({}^tT) = 0.$$

3,a. Soit $T \in \mathcal{L}(E; F)$ un opérateur de Fredholm et soit $S \in \mathcal{L}(E; F)$. Les sous-espaces E_0 et F_0 ayant la même signification qu'à la question 1,a., montrer qu'il existe $\varepsilon > 0$ tel que, pour $\|S\| \leq \varepsilon$, l'opérateur

$$\mathcal{U} : (x, y) \in E_0 \times F_0 \to y - (T + S)(x) \in F$$

est un isomorphisme.

b. En utilisant l'exercice 3.33.3, en déduire que l'ensemble Fredh $(E; F)$ des opérateurs de Fredholm est ouvert dans $\mathcal{L}(E; F)$ et que l'application

$$\chi : T \in \text{Fredh}\,(E; F) \mapsto \chi(T) \in \mathbb{Z}$$

est continue.

c. En raisonnant de façon similaire, montrer que $T + S$ est de Fredholm si $T \in \text{Fredh}\,(E; F)$ est de Fredholm et $S \in \mathcal{K}(E; F)$ compact ; de plus $\chi(T + S) = \chi(T)$.

3.34 Opérateurs compacts normaux et hermitiens

Soit E un espace de Hilbert, un opérateur $T \in \mathcal{L}(E)$ est dit normal s'il commute avec son adjoint, c'est-à-dire si $TT^\star = T^\star T$; il est dit hermitien (lorsque $\mathbb{K} = \mathbb{R}$ on dit que T est symétrique) si $T = T^\star$. Un opérateur hermitien est évidemment normal.

Si T est un opérateur hermitien, $(Tx|x)$ étant réel pour tout $x \in E$, on dit que T est positif si $(Tx|x) \geq 0$ pour tout x et que T est défini positif si $(Tx|x) > 0$ pour tout $x \neq 0$. Si T est un opérateur hermitien positif, la forme hermitienne $(x, y) \mapsto (Tx|y)$ est positive et, d'après l'inégalité de Cauchy-Schwarz, on a donc

$$|(Tx|y)|^2 \leq (Tx|x)(Ty|y) \text{ pour tout } x, y \in E. \tag{3.34.1}$$

Il en résulte qu'un opérateur hermitien positif est défini positif si, et seulement si, il est injectif.

Exercice 3.34.1 Soit E un espace de Hilbert, sur $\mathcal{L}(E)$ montrer que la relation «$T - S$ est un opérateur hermitien positif» est une relation d'ordre qui sera notée $S \leq T$. En particulier, $T \geq 0$ signifie que T est un opérateur hermitien positif.

Exercice 3.34.2 Soient E un espace de Hilbert et $T \in \mathcal{L}(E)$ un opérateur hermitien positif, montrer que, pour tout entier $k \in \mathbb{N}$, T^k est un opérateur hermitien positif [distinguer selon la parité de k]. Si $P \in \mathbb{R}_+[X]$ est un polynôme à coefficients positifs, $P(T)$ est un opérateur hermitien positif.

Exercice 3.34.3 Soient E un espace de Hilbert et (T_n) une suite croissante (pour la relation d'ordre définie à l'exercice 3.34.1) d'opérateurs hermitiens, si cette suite est bornée dans $\mathcal{L}(E)$, montrer qu'elle converge simplement vers un opérateur hermitien $T \in \mathcal{L}(E)$ [montrer que la suite $((T_n x|x))$ converge et, si $T_{p,q} = T_q - T_p$, $p \leq q$, majorer $|(T_{p,q}x|y)|$ grâce à Cauchy-Schwarz]. Si les T_n sont positifs, il en est de même de T.

Exercice 3.34.4 Soient E un espace de Hilbert et $T_1, T_2 \in \mathcal{L}(E)$ deux opérateurs hermitiens positifs tels que $T_1^2 = T_2^2$ et qui commutent, montrer alors que $T_1 = T_2$ [noter que

$$(T_1 + T_2)(T_1 - T_2) = 0$$

et, si $y = (T_1 - T_2)x$, que $(T_1 + T_2)y = 0$; en déduire que $(T_i y|y) = 0$, $i = 1, 2$, puis $T_i y = 0$ et $(T_1 - T_2)^2 x = 0$; conclure].

Pour étudier le spectre des opérateurs hermitiens, nous utiliserons le lemme de Lax-Milgram. Voici d'abord une définition.

Définition 3.34.1 *Un opérateur $T \in \mathcal{L}(E)$ est dit coercif s'il existe une constante $c > 0$ telle que*

(3.34.2) $$|(Tx|x)| \geq c\,\|x\|^2 \text{ pour tout } x \in E.$$

Proposition 3.34.1 Lemme de Lax-Milgram *Soit E un espace de Hilbert, un opérateur coercif $T \in \mathcal{L}(E)$ est un isomorphisme de E sur E et $\|T^{-1}\| \leq c^{-1}$, $c > 0$ étant la constante figurant dans (3.34.2).*

Preuve On a d'après Cauchy-Schwarz

$$c\,\|x\|^2 \leq |(Tx|x)| \leq \|Tx\|\,\|x\|,$$

d'où $c\,\|x\| \leq \|Tx\|$. Il en résulte que T est injectif et que $T^{-1} : T(E) \to E$ est continu ; ceci prouve que $T(E)$ est isomorphe à E, donc fermé car complet. Pour conclure, il suffit de vérifier que l'orthogonal de $T(E)$ est réduit à $\{0\}$. Or, si $x \in T(E)^\perp$, on a $(Ty|x) = 0$ pour tout $y \in E$ et en particulier pour $y = x$, d'où $(Tx|x) = 0$. Vu la coercivité de T, on en déduit $x = 0$ et le résultat voulu. Q.E.D.

Proposition 3.34.2 *Soit $T \in \mathcal{L}(E)$ un opérateur hermitien, alors le spectre de T est réel et*

(3.34.3) $$\|R(\lambda; T)\| \leq |\Im m\,\lambda|^{-1} \text{ si } \lambda \notin \mathbb{R}.$$

En outre, si $E \neq \{0\}$, en posant

$$\alpha = \inf_{\|x\|=1} (Tx|x),\ \beta = \sup_{\|x\|=1} (Tx|x),$$

on a $\sigma(T) \subset [\alpha, \beta]$ et $\alpha \in \sigma(T)$, $\beta \in \sigma(T)$.

Preuve 1. Soit $\lambda = \sigma + i\tau$ avec $\tau \neq 0$; $(Tx|x)$ étant réel,

$$|(T_\lambda x|x)| = \Big|\lambda\|x\|^2 - (Tx|x)\Big| \geq |\tau|\,\|x\|^2.$$

D'après le lemme de Lax-Milgram, T_λ est un isomorphisme, soit $\lambda \in \sigma(T)$ et la norme de la résolvante est $\leq |\Im m\,\lambda|^{-1}$.

2. Montrons que β appartient au spectre de T. D'après la définition de β, l'opérateur hermitien T_β est positif, d'où $|(T_\beta x|y)|^2 \leq (T_\beta x|x)(T_\beta y|y)$ d'après Cauchy-Schwarz et, vu que $\|T_\beta x\| = \sup_{\|y\|\leq 1} |(T_\beta x|y)|$, il existe une constante $c \geq 0$ telle que $\|T_\beta x\|^2 \leq c\,(T_\beta x|x)$ pour tout x de E. Il existe d'autre part une suite (x_n) de E telle que

$$\|x_n\| = 1 \text{ et } \lim_{n\to\infty} (Tx_n|x_n) = \beta;$$

l'inégalité précédente montre que la suite $(T_\beta x_n)$ converge vers 0 et, si β était dans l'ensemble résolvant, la suite (x_n) convergerait vers 0, ce qui est absurde. Ceci prouve que β appartient au spectre.

3. Tout réel $\lambda > \beta$ appartient à l'ensemble résolvant. On a en effet

$$(T_\lambda x|x) \geq c\,\|x\|^2 \text{ où } c = \lambda - \beta > 0$$

et on conclut avec le lemme de Lax-Milgram.

4. En remplaçant T par $-T$, on en déduit que α appartient au spectre et que tout réel $\lambda < \alpha$ appartient à l'ensemble résolvant. Q.E.D.

Cette proposition montre que, si $E \neq \{0\}$, le spectre d'un opérateur hermitien n'est pas vide. On en déduit également que le spectre d'un opérateur hermitien positif est contenu dans la demi-droite $[0, +\infty[$.

Voici une formule très simple donnant le rayon spectral d'un opérateur hermitien.

Proposition 3.34.3 *Soit* $T \in \mathcal{L}(E)$, $E \neq \{0\}$, *un opérateur hermitien, alors*

(3.34.4) $$r(T) = \|T\| = \sup_{\|x\|=1} |(Tx|x)|.$$

Preuve D'après la proposition précédente, on a

$$\sup_{\|x\|=1} |(Tx|x)| = \max(|\alpha|, |\beta|) = r(T)$$

et il s'agit de vérifier que $\|T\| = \sup_{\|x\|=1} |(Tx|x)|$. Notons A cette borne supérieure, on a $|(Tx|x)| \leq \|T\| \, \|x\|^2$, d'où $A \leq \|T\|$. D'autre part, la forme $(Tx|y)$ étant hermitienne, on a

$$4\Re e\,(Tx|y) = (T(x+y)|x+y) - (T(x-y)|x-y),$$

d'où

$$4|\Re e\,(Tx|y)| \leq A(\|x+y\|^2 + \|x-y\|^2) = 2A(\|x\|^2 + \|y\|^2).$$

Lorsque y est différent de 0, remplaçons y par $\|x\|/\|y\|\, y$, on obtient $|\Re e\,(Tx|y)| \leq A\|x\| \, \|y\|$ et, en prenant $y = Tx$, $\|Tx\|^2 \leq A\|x\| \, \|Tx\|$, d'où $\|Tx\| \leq A\|x\|$ et $\|T\| \leq A$. Q.E.D.

Remarque 3.34.1 Si T est un opérateur hermitien, il existe donc une valeur spectrale de module $\|T\|$. Si T est un opérateur normal et si $\mathbb{K} = \mathbb{C}$, on peut démontrer (en utilisant la théorie des fonctions holomorphes) que ce résultat subsiste : le spectre est non vide et $r(T) = \|T\|$. Ceci est en défaut sur $\mathbb{R}$ car le spectre peut être vide comme le montre l'exemple suivant. On considère l'espace $E = \mathbb{R}^2$ muni de sa structure euclidienne usuelle et la rotation d'angle $\pi/2$, $T : (x, y) \mapsto (-y, x)$; on vérifie aisément que $T^\star = -T$ et par conséquent T est normal ; dans la base canonique de $\mathbb{R}^2$, T a pour matrice représentative la matrice

$$\begin{pmatrix} 0 & -1 \\ 1 & 0 \end{pmatrix}$$

et cette matrice n'a pas de valeur propre réelle, ce qui prouve que le spectre de T est vide.

Exercice 3.34.5 Soient E un espace de Hilbert et T un opérateur hermitien positif tel que $\|T\| \leq 1$, montrer que l'opérateur $I_E - T$ est un opérateur hermitien positif et que $\|I_E - T\| \leq 1$ [utiliser la proposition 3.34.3].

Exercice 3.34.6 Racine carrée des opérateurs hermitiens positifs Soient E un espace de Hilbert et T un opérateur hermitien positif, on se propose de démontrer qu'il existe un unique opérateur hermitien positif S tel que $S^2 = T$; cet opérateur sera noté $T^{1/2}$. En outre, cet opérateur commute avec tout opérateur qui commute avec T.

1. On définit une suite (P_n) de polynômes en posant

$$P_0(t) = 0, \ P_{n+1}(t) = \frac{P_n^2(t) + t}{2} \text{ pour } n \geq 0.$$

Vérifier que les coefficients de ces polynômes, ainsi que ceux des polynômes $P_{n+1} - P_n$, sont positifs et que $P_n(1) \leq 1$.

2. On suppose $\|T\| \leq 1$. Montrer que la suite $(P_n(I_E - T))$ converge simplement vers un opérateur hermitien positif de norme ≤ 1 que nous notons $I_E - S$ [utiliser les exercices 3.34.2, 3.34.3 et 3.34.5]. Vérifier que S est un opérateur hermitien positif, que $S^2 = T$ et que S commute avec tout opérateur qui commute avec T.

3. Quant à l'unicité, si U est un opérateur hermitien positif tel que $U^2 = T$, noter que U commute avec T et utiliser l'exercice 3.34.4.

Exercice 3.34.7 Soient E, F des espaces de Hilbert, $T \in \mathcal{L}(E; F)$, montrer qu'il existe un opérateur $S \in \mathcal{L}(E; F)$ tel que $\|S\| \leq 1$ et

$$T = S(T^*T)^{1/2} \text{ et } (T^*T)^{1/2} = S^*T$$

[vérifier d'abord que $\|(T^*T)^{1/2}x\| = \|Tx\|$ pour tout $x \in E$ et en déduire que $\|T\| = \|(T^*T)^{1/2}\|$; définir ensuite S sur $G = \text{Im}\,(T^*T)^{1/2}$ en posant $Sy = Tx$ si $y = (T^*T)^{1/2}x$, prolonger S à $\overline{G}$ puis à E en prenant $S = 0$ sur $\overline{G}^\perp$ et utiliser l'exercice 3.29.4]. En déduire que l'opérateur T est compact si, et seulement si, l'opérateur $(T^*T)^{1/2}$ l'est.

Pour étudier le spectre des opérateurs normaux, on a besoin des résultats préliminaires suivants.

Lemme 3.34.4 *Soit E un espace de Hilbert et soit $T \in \mathcal{L}(E)$, alors le spectre de $T^\star$ est l'image du spectre de T par l'application $\lambda \mapsto \overline{\lambda}$.*

Preuve En effet, l'adjoint de T_λ est l'opérateur $T^\star_{\overline{\lambda}}$; on conclut avec la proposition 3.29.8. Q.E.D.

Proposition 3.34.5 *Soit $T \in \mathcal{L}(E)$ un opérateur normal, alors Ker T = Ker $T^\star$ et Ker T_λ = Ker $T^\star_{\overline{\lambda}}$. Pour tout $\lambda, \mu \in \mathbb{K}$, $\lambda \neq \mu$, les sous-espaces Ker T_λ et Ker T_μ sont orthogonaux.*

Preuve 1. Soit $x \in \text{Ker}\,T$, on a $T(T^\star x) = T^\star(Tx) = 0$, d'où $T^\star x \in \text{Ker}\,T$; autrement dit, $T^\star(\text{Ker}\,T) \subset \text{Ker}\,T$. On a d'autre part $\text{Ker}\,T = (\text{Im}\,T^\star)^\perp$ d'après (3.29.7), d'où $T^\star(\text{Ker}\,T) \subset (\text{Im}\,T^\star)^\perp$ et il en résulte que $T^\star(\text{Ker}\,T) = \{0\}$. Ceci prouve que $\text{Ker}\,T \subset \text{Ker}\,T^\star$; en remplaçant T par $T^\star$, qui est évidemment normal, on obtient l'inclusion opposée et par conséquent $\text{Ker}\,T = \text{Ker}\,T^\star$.

2. L'opérateur T_λ est un opérateur normal admettant pour adjoint l'opérateur $T^\star_{\overline{\lambda}}$; d'après 1., on a donc $\text{Ker}\,T_\lambda = \text{Ker}\,T^\star_{\overline{\lambda}}$.

3. Soient $x, y \in E$ tels que $Tx = \lambda x$ et $Ty = \mu y$, alors $T^\star y = \overline{\mu} y$ d'après 2., d'où $(Tx|y) = \lambda(x|y)$ et $(x|T^\star y) = \mu(x|y)$ et il en résulte que $(\lambda - \mu)(x|y) = 0$, d'où $(x|y) = 0$ vu que $\lambda \neq \mu$. Q.E.D.

Lemme 3.34.6 *Soient E et F des espaces de Hilbert et $T \in \mathcal{L}(E; F)$, alors $TT^\star$ et $T^\star T$ sont des opérateurs hermitiens positifs et*

$$\|TT^\star\| = \|T^\star T\| = \|T\|^2 = \|T^\star\|^2. \tag{3.34.5}$$

Preuve On a $(TT^\star)^\star = T^{\star\star}T^\star = TT^\star$ et

$$(TT^\star x|x) = (T^\star x|T^\star x) = \|T^\star x\|^2 \geq 0$$

ce qui prouve que $TT^\star$ est hermitien positif. On a en outre

$$\|T^\star x\|^2 = (TT^\star x|x) \leq \|TT^\star\| \, \|x\|^2,$$

d'où

$$\|T^\star\|^2 \leq \|TT^\star\| \leq \|T\| \, \|T^\star\| = \|T^\star\|^2$$

et par suite $\|TT^\star\| = \|T^\star\|^2$; on conclut en remplaçant T par $T^\star$. Q.E.D.

Exercice 3.34.8 Un opérateur $T \in \mathcal{L}(E)$ est dit unitaire si $TT^* = T^*T = I_E$. Montrer que $\|T\| = \|T^*\| = 1$ et que le spectre de T est contenu dans le cercle unité $\{\lambda \in \mathbb{C}\,;\, |\lambda| = 1\}$.

Nous allons vérifier la propriété mentionnée à la remarque 3.34.1 lorsque T est un opérateur compact, soit

Proposition 3.34.7 *Soient $E \neq \{0\}$ un espace de Hilbert complexe et $T \in \mathcal{K}(E)$ un opérateur compact normal, alors le spectre de T est non vide et $r(T) = \|T\|$: autrement dit, il existe une valeur spectrale de module $\|T\|$.*

Preuve On peut supposer $T \neq 0$ et par homothétie $\|T\| = 1$. L'opérateur $T^\star T$ est compact, hermitien positif et de norme 1 (lemme 3.34.6) ; il en résulte que 1 est une valeur propre de $T^\star T$. Soit

$$F = \{x \in E\,;\, x - T^\star T x = 0\}$$

le sous-espace propre associé ; ce sous-espace est de dimension finie > 0. On remarque alors que F est stable par T et $T^\star$: en effet, si $y = Tx$ avec $x \in F$, on a $y - T^\star T y = T(x - T^\star T x) = 0$ car T et $T^\star$ commutent ; ceci montre que $T(F) \subset F$ et on vérifie de même que $T^\star(F) \subset F$. Il en résulte que les restrictions de T et $T^\star$ à F sont des opérateurs de F dans lui-même ; il est clair que l'adjoint de $T|_F$, en tant qu'opérateur de F dans F, est l'opérateur $T^\star|_F$. Il en résulte que $T|_F$ est un opérateur normal. L'espace F étant de dimension finie, l'opérateur $T|_F$ admet au moins une valeur propre λ d'après le théorème de D'Alembert (exercice 2.33.11) ; soit $x \in F$, $x \neq 0$, un vecteur propre associé à cette valeur propre. On a donc $\lambda x - Tx = 0$, d'où $\overline{\lambda} x - T^\star x = 0$ d'après la proposition 3.34.5 ; d'après la définition de F, on en déduit que $x = T^\star T x = |\lambda|^2 x$, d'où $|\lambda| = 1$ et ceci montre que T admet une valeur propre de module 1. Q.E.D.

Étant donné un opérateur $T \in \mathcal{L}(E)$ et un scalaire λ, nous noterons $E_\lambda(T)$ le noyau de l'opérateur T_λ et P_λ le projecteur orthogonal de E sur ce sous-espace fermé. On a alors le

Théorème 3.34.8 *Soient E un espace de Hilbert et $T \in \mathcal{K}(E)$ un opérateur compact symétrique si $\mathbb{K} = \mathbb{R}$, normal si $\mathbb{K} = \mathbb{C}$.*

1. Alors E est la somme hilbertienne des sous-espaces $(E_\lambda(T))_{\lambda \in \sigma(T)}$

$$E = \bigoplus_{\lambda \in \sigma(T)} E_\lambda(T). \tag{3.34.6}$$

2. Les familles $(\lambda P_\lambda)_{\lambda \in \sigma(T)}$ et $(\overline{\lambda} P_\lambda)_{\lambda \in \sigma(T)}$ sont sommables dans $\mathcal{L}(E)$ et de somme T et $T^\star$ respectivement

$$T = \sum_{\lambda \in \sigma(T)} \lambda P_\lambda \text{ et } T^\star = \sum_{\lambda \in \sigma(T)} \overline{\lambda} P_\lambda. \tag{3.34.7}$$

Preuve 1. Il s'agit de démontrer que le sous-espace F engendré par $\bigcup_{\lambda\in\sigma(T)} E_\lambda(T)$ est dense dans E, c'est-à-dire que $F^\perp = \{0\}$. Remarquons d'abord que $E_\lambda(T)$ est stable par T et $T^\star$: en effet, supposons $\lambda x - Tx = 0$, alors $\lambda Tx - T(Tx) = 0$ et $\lambda T^\star x - T(T^\star x) = T^\star(\lambda x - Tx) = 0$ car T et $T^\star$ commutent. Le sous-espace F est donc stable par T et $T^\star$. Il en est de même de $F^\perp$: en effet, soit $x \in F^\perp$, $y \in F$, alors $(Tx|y) = (x|T^\star y) = 0$ car $T^\star y \in F$ et $(T^\star x|y) = (x|Ty) = 0$ car $Ty \in F$. Il en résulte que l'opérateur $S = T|_{F^\perp} \in \mathcal{L}(F^\perp)$ est un opérateur compact (proposition 3.32.2) dont l'adjoint $S^\star$ est évidemment $T^\star|_{F^\perp}$; il en résulte que S est symétrique si $\mathbb{K} = \mathbb{R}$ et qu'il est normal si $\mathbb{K} = \mathbb{C}$.

Montrons que S n'admet pas de valeur spectrale non nulle. Une valeur spectrale $\lambda \neq 0$ de S est une valeur propre : il existe donc $x \in F^\perp$, $x \neq 0$, tel que $S_\lambda x = 0$, soit $T_\lambda x = 0$; λ est donc une valeur propre de T et x un vecteur propre associé, ce qui est absurde, x appartenant à $F^\perp$.

Si $F^\perp$ n'est pas réduit à $\{0\}$, le spectre de S n'est pas vide (proposition 3.34.7 lorsque S est normal), d'où $\sigma(S) = \{0\}$, $r(S) = \|S\| = 0$ et par conséquent $S = 0$, c'est-à-dire $F^\perp \subset \operatorname{Ker} T$ ce qui est absurde d'après la définition de F. Ceci démontre le résultat voulu : $F^\perp = \{0\}$.

2. Soit $x \in E$, posons $x_\lambda = P_\lambda x \in E_\lambda(T)$. La famille $(x_\lambda)_{\lambda\in\sigma(T)}$ est sommable de somme x ; étant donné que $Tx_\lambda = \lambda x_\lambda$, la famille (λx_λ) est sommable et de somme Tx. Soit Λ une partie finie de $\sigma(T)$; d'après la relation de Parseval, on a

$$\|Tx - \sum_{\lambda\in\Lambda} \lambda x_\lambda\|^2 = \sum_{\lambda\in\sigma(T)-\Lambda} |\lambda|^2 \|x_\lambda\|^2 \leq \sup_{\lambda\in\sigma(T)-\Lambda} |\lambda|^2 \sum_{\lambda\in\sigma(T)-\Lambda} \|x_\lambda\|^2,$$

d'où $\|T - \sum_{\lambda\in\Lambda} \lambda P_\lambda\| \leq \sup_{\lambda\in\sigma(T)-\Lambda} |\lambda|$.

D'après le théorème 3.33.3, pour tout $\varepsilon > 0$, il existe une partie finie Λ_0 de $\sigma(T)$ telle que, pour toute partie finie $\Lambda \supset \Lambda_0$, $\sup_{\lambda\in\sigma(T)-\Lambda} |\lambda| \leq \varepsilon$, d'où

$$\|T - \sum_{\lambda\in\Lambda} \lambda P_\lambda\| \leq \varepsilon$$

et ceci prouve que la famille (λP_λ) est sommable et de somme T.

Quant à l'opérateur $T^\star$, il est compact, symétrique si $\mathbb{K} = \mathbb{R}$, normal si $\mathbb{K} = \mathbb{C}$ comme l'opérateur T, son spectre est le conjugué de celui de T et $E_{\overline{\lambda}}(T^\star) = E_\lambda(T)$; la seconde formule (3.34.7) résulte donc de la première.

Q.E.D.

La somme hilbertienne (3.34.6) est appelée la décomposition spectrale de E relative à l'opérateur T. En choisissant une base hilbertienne dans chaque sous-espace propre $E_\lambda(T)$, on obtient une base hilbertienne de vecteurs propres ; une telle base diagonalise l'opérateur T.

Remarque 3.34.2 Lorsque T est un opérateur hermitien compact, on a

$$(Tx|x) = \sum_{\lambda\in\sigma(T)} \lambda \, \|x_\lambda\|^2$$

et ceci montre que T est un opérateur positif si, et seulement si, le spectre de T est contenu dans la demi-droite $[0, +\infty[$.

Exemple 3.34.1 On considère l'espace de Hilbert $l^2 = l^2(\mathbb{N}; \mathbb{K})$; on note (e_n) la base hilbertienne de cet espace définie à l'exemple 3.31.1. Si $a = (a_n)$ est une suite bornée de $\mathbb{K}$, on définit un opérateur $T \in \mathcal{L}(l^2)$ en posant

$$Tx = \sum_{n=0}^{\infty} a_n x_n e_n \text{ où } x \in l^2, x_n = (x|e_n).$$

On définit bien ainsi une application linéaire et continue de l^2 dans lui-même, la suite $(a_n x_n)$ appartenant à l'espace l^2 et

$$\|Tx\| = \Big(\sum_{n=0}^{\infty} |a_n x_n|^2\Big)^{1/2} \leq \|a\|_\infty \, \|x\|_2,$$

d'où $\|T\| \leq \|a\|_\infty$; étant donné que $\|Te_n\| = |a_n|$, on a $\|T\| \geq |a_n|$ pour tout n, d'où $\|T\| \geq \|a\|_\infty$ et $\|T\| = \|a\|_\infty$.

Montrons que le spectre de T est le compact $K = \overline{\bigcup_{n=0}^{\infty}\{a_n\}}$. Tout point a_n est une valeur propre de T, donc $\sigma(T)$ contient K. Montrons que tout $\lambda \notin K$ est une valeur régulière, ceci prouvera le résultat voulu. L'équation $T_\lambda x = y$ s'écrit $\lambda x_n - a_n x_n = y_n$ où $x_n = (x|e_n)$, $y_n = (y|e_n)$, et on a nécessairement $x_n = (\lambda - a_n)^{-1} y_n$; λ n'appartenant pas à K, il existe une constante $c > 0$ telle que $|\lambda - a_n| \geq c$, d'où $|x_n| \leq c^{-1}|y_n|$ et ceci prouve que la suite (x_n) appartient à l'espace l^2 et par conséquent T_λ est bijectif. On a donc $\sigma(T) = K$. On en déduit en particulier que toute partie compacte de $\mathbb{K}$ est le spectre d'un opérateur T.

Soit $\lambda \in K$ une valeur spectrale, si λ est l'un des a_n, λ est une valeur propre. Si $\lambda \neq a_n$ pour tout n, λ n'est pas une valeur propre : l'équation $T_\lambda x = 0$ s'écrit en effet $\lambda x_n = a_n x_n$, d'où $x_n = 0$ et $x = 0$.

Vérifions que l'opérateur T est compact si, et seulement si, la suite (a_n) tend vers 0. Considérons les opérateurs de rang fini $T_n x = \sum_{p=0}^{n} a_p x_p e_p$, on a $\|T - T_n\| \leq \sup_{p>n} |a_p|$, ce qui prouve que la condition est suffisante. Réciproquement, supposons l'opérateur T compact ; pour tout $\varepsilon > 0$, posons $A = \{n \in \mathbb{N}; |a_n| \geq \varepsilon\}$, alors $\Lambda = \bigcup_{n\in A}\{a_n\}$ est une partie finie de $\sigma(T)$ d'après le théorème 3.33.3 et, pour tout $\lambda \in \Lambda$, le sous-espace propre $E_\lambda(T)$ est de dimension finie ; étant donné que $e_n \in E_\lambda(T)$ si $\lambda = a_n$, nécessairement A est fini, ce qui prouve le résultat voulu.

L'adjoint de T est donné par la formule $T^\star x = \sum_{n=0}^{\infty} \overline{a}_n x_n e_n$; T est donc un opérateur normal et il est hermitien lorsque les a_n sont réels.

La décomposition spectrale de E permet de résoudre complètement l'équation

(3.34.8) $$\mu x - Tx = y \text{ où } \mu \in \mathbb{K} \text{ et } y \in E.$$

Cette équation est équivalente à

(3.34.9) $$\mu x_\lambda - \lambda x_\lambda = y_\lambda \text{ pour tout } \lambda \in \sigma(T)$$

où $x_\lambda = P_\lambda x$, $y_\lambda = P_\lambda y$.

Lorsque $\mu \notin \sigma(T) \cup \{0\}$, μ appartient à l'ensemble résolvant et l'équation (3.34.8) admet une solution unique

(3.34.10) $$x = \sum_{\lambda \in \sigma(T)} \frac{y_\lambda}{\mu - \lambda}.$$

Lorsque $\mu \in \sigma(T)$, $\mu \neq 0$, c'est-à-dire lorsque μ est une valeur propre non nulle, l'équation (3.34.9) pour $\lambda = \mu$ s'écrit $y_\mu = 0$ et par suite l'équation (3.34.8) admet des solutions si, et seulement si, $y_\mu = 0$ et la solution générale s'écrit

(3.34.11) $$x = x_\mu + \sum_{\lambda \in \sigma(T), \lambda \neq \mu} \frac{y_\lambda}{\mu - \lambda} \text{ où } x_\mu \in E_\mu(T).$$

On notera que la condition $y_\mu = 0$ signifie bien $y \in (\text{Ker } T^\star_{\bar{\mu}})^\perp$ vu que

$$\text{Ker } T_\mu = \text{Ker } T^\star_{\bar{\mu}}.$$

Lorsque $\mu = 0$, il s'agit d'étudier l'équation

(3.34.12) $$Tx = y$$

équivalente à

(3.34.13) $$\lambda x_\lambda = y_\lambda \text{ pour tout } \lambda \in \sigma(T).$$

Lorsque 0 n'est pas valeur propre, $x_0 = y_0 = 0$ et la seule solution éventuelle de (3.34.12) est donnée par $x_\lambda = y_\lambda / \lambda$ pour $\lambda \neq 0$. D'après le théorème 3.30.2, on a donc

(3.34.14) $$T(E) = \Big\{ y \in E\,;\ \sum_{\lambda \in \sigma(T), \lambda \neq 0} \frac{\|y_\lambda\|^2}{|\lambda|^2} < \infty \Big\}$$

et, si $y \in T(E)$, l'équation (3.34.12) admet l'unique solution

(3.34.15) $$x = \sum_{\lambda \in \sigma(T), \lambda \neq 0} \frac{y_\lambda}{\lambda}.$$

Lorsque 0 est valeur propre, pour $\lambda = 0$ (3.34.13) s'écrit $y_0 = 0$ et par conséquent

(3.34.16) $$T(E) = \Big\{ y \in E\,;\ y_0 = 0 \text{ et } \sum_{\lambda \in \sigma(T), \lambda \neq 0} \frac{\|y_\lambda\|^2}{|\lambda|^2} < \infty \Big\},$$

la solution générale de (3.34.12) s'écrit alors

(3.34.17) $$x = x_0 + \sum_{\lambda \in \sigma(T), \lambda \neq 0} \frac{y_\lambda}{\lambda} \text{ où } x_0 \in \text{Ker } T.$$

Lorsque T est un opérateur hermitien compact, le théorème 3.34.8 permet d'établir des formules utiles donnant les valeurs propres de T. On sait déjà (proposition 3.34.2) que la plus grande valeur propre est donnée par la formule $\lambda_1 = \sup_{\|x\|=1} (Tx|x)$. Nous allons nous intéresser aux valeurs propres positives ; on a des résultats analogues pour les valeurs propres négatives, résultats qu'on obtient en remplaçant T par $-T$. Notons $(\lambda_n)_{n \geq 1}$ la suite décroissante de toutes les valeurs propres strictement positives de T, chaque valeur propre étant répétée un nombre de fois égal à la dimension du sous-espace propre associé ; bien entendu, cette suite peut être finie (et même vide !). Notons $(e_n)_{n\geq 1}$ une suite orthonormale de vecteurs propres associés : on a donc

(3.34.18) $$0 < \lambda_{n+1} \leq \lambda_n \text{ et } Te_n = \lambda_n e_n.$$

Notons F le supplémentaire orthogonal de $\bigoplus_{n\geq 1} \mathbb{K}e_n$; on a alors

(3.34.19) $$(Tx|x) \leq 0 \text{ pour tout } x \in F;$$

en effet, d'après le théorème 3.34.8 $(Tx|x) = \sum_{\lambda\in\sigma(T),\lambda<0} \lambda\|x_\lambda\|^2$.

La formule indiquée ci-dessus donnant la première valeur propre se généralise comme suit.

Proposition 3.34.9 *On pose* $E_0 = \{0\}$ *et* $E_n = \bigoplus_{p=1}^{n} \mathbb{K}e_p$ *pour* $n \geq 1$*, alors*

(3.34.20) $$\lambda_n = \max_{x\in E_{n-1}^{\perp},\|x\|=1} (Tx|x) = \min_{x\in E_n,\|x\|=1} (Tx|x).$$

Preuve Soit $x \in E$, $\|x\| = 1$;

$$x = \sum_{n\geq 1} x_n e_n + y \text{ où } x_n = (x|e_n) \text{ et } y \in F,$$

d'où

$$(Tx|x) = \sum_{n\geq 1} \lambda_n |x_n|^2 + (Ty|y) \text{ où } (Ty|y) \leq 0.$$

1. Si x appartient à $E_{n-1}^{\perp}$, c'est-à-dire si $x_p = 0$ pour $1 \leq p \leq n-1$, on a

$$(Tx|x) = \sum_{p\geq n} \lambda_p |x_p|^2 + (Ty|y) \leq \lambda_n \sum_{p>n} |x_p|^2 \leq \lambda_n$$

et ceci prouve la première formule (3.34.20) vu que $(Te_n|e_n) = \lambda_n$.

2. Si x appartient à E_n, c'est-à-dire si $x_p = 0$ pour $p > n$ et $y = 0$, on a

$$(Tx|x) = \sum_{p=1}^{n} \lambda_p |x_p|^2 \geq \lambda_n \sum_{p=1}^{n} |x_p|^2 = \lambda_n,$$

d'où la seconde formule (3.34.20) étant donné que $(Te_n|e_n) = \lambda_n$. Q.E.D.

Les formules (3.34.20) font intervenir les sous-espaces propres de l'opérateur ; on peut éliminer ces derniers de la façon suivante.

Proposition 3.34.10 *Notons* $\mathcal{G}_n$ *l'ensemble des sous-espaces de* E *de dimension* n*, alors*

(3.34.21) $$\lambda_n = \min_{G\subset\mathcal{G}_{n-1}} \max_{x\subset G^{\perp},\|x\|=1} (Tx|x) = \max_{G\in\mathcal{G}_n} \min_{x\in G,\|x\|=1} (Tx|x).$$

Preuve 1. Vérifions la première formule (3.34.21). Observons d'abord que la borne supérieure de $(Tx|x)$ sur la sphère unité de $G^{\perp}$ est atteinte. Pour $x \in G^{\perp}$, on a en effet $(Tx|x) = (Sx|x)$ où $S = P \circ T \circ i$, P désignant le projecteur orthogonal de E sur $G^{\perp}$ et i l'injection canonique de $G^{\perp}$ dans E. Cet opérateur $S \in \mathcal{L}(G^{\perp})$ est compact (proposition 3.32.2) et hermitien vu que $S^\star = i^\star \circ T \circ P^\star$ où $i^\star = P$ et $P^\star = i$. Il en résulte que la borne supérieure de $(Tx|x)$ sur la sphère unité de

$G^\perp$ est simplement la plus grande valeur propre de S et cette borne supérieure est atteinte pour x vecteur propre de norme 1.

D'après la première formule (3.34.20), il s'agit de vérifier que

$$\lambda_n \leq \max_{x \in G^\perp, \|x\|=1} (Tx|x) \text{ pour tout } G \in \mathcal{G}_{n-1},$$

c'est-à-dire de trouver un $x \in G^\perp$ de norme 1 tel que $\lambda_n \leq (Tx|x)$ et, d'après la seconde formule (3.34.20), il suffit de vérifier que $G^\perp \cap E_n$ n'est pas réduit à $\{0\}$. Pour démontrer ceci, considérons une base $(f_q)_{1\leq q\leq n-1}$ de G et soit $x = \sum_{p=1}^n x_p e_p$ un élément de E_n ; alors x appartient à $G^\perp$ si, et seulement si,

$$\sum_{p=1}^n x_p(e_p|f_q) = 0 \text{ pour } 1 \leq q \leq n-1;$$

on obtient ainsi un système linéaire homogène de $n-1$ équations à n inconnues. Un tel système linéaire admet toujours des solutions non nulles et ceci prouve donc que $G^\perp \cap E_n \neq \{0\}$.

2. Pour la seconde formule (3.34.21), on observe que la borne inférieure de $(Tx|x)$ sur la sphère unité de G est atteinte car cette sphère est compacte. D'après la seconde formule (3.34.20), il s'agit de vérifier que $\lambda_n \geq \min_{x\in G, \|x\|=1}(Tx|x)$ pour tout $G \in \mathcal{G}_n$. Un raisonnement analogue à celui qui vient d'être fait montre que $G \cap E_{n-1}^\perp$ n'est pas réduit à $\{0\}$, ce qui permet de conclure. Q.E.D.

3.35 Opérateurs de Hilbert-Schmidt

Nous allons étudier un sous-espace de l'espace $\mathcal{K}(E; F)$ de tous les opérateurs compacts de E dans F, le sous-espace des opérateurs de Hilbert-Schmidt ; lorsque les espaces E et F sont des espaces L^2, ces opérateurs sont simplement des opérateurs intégraux dont le noyau est de carré intégrable et, pour cette raison, il s'agit d'une classe importante d'opérateurs compacts.

On se donne deux espaces de Hilbert E et F et on note $(e_i)_{i\in I}$ et $(f_j)_{j\in J}$ des bases hilbertiennes de ces espaces.

Lemme 3.35.1 *Soit $T \in \mathcal{L}(E; F)$, alors*

$$(3.35.1)\quad |||T||| \equiv \Big(\sum_{i\in I} \|Te_i\|^2\Big)^{1/2} = \Big(\sum_{j\in J} \|T^\star f_j\|^2\Big)^{1/2} \in [0, +\infty].$$

Preuve D'après la relation de Parseval, on a

$$\sum_{i\in I} \|Te_i\|^2 = \sum_{i\in I}\sum_{j\in J} |(Te_i|f_j)|^2 = \sum_{j\in J}\sum_{i\in I} |(e_i|T^\star f_j)|^2 = \sum_{j\in J} \|T^\star f_j\|^2.$$

Q.E.D.

Ce lemme montre en particulier que la quantité $|||T|||$ ne dépend pas du choix des bases hilbertiennes de E et F et que $|||T||| = |||T^\star|||$.

Lemme 3.35.2 *Soient* $S, T \in \mathcal{L}(E; F)$, $\lambda \in \mathbb{K}$, *on a alors en convenant que* $0 \times \infty = 0$

$$|||\lambda T||| = |\lambda| \times |||T||| \text{ et } |||S + T||| \leq |||S||| + |||T|||, \tag{3.35.2}$$

$$\|T\| \leq |||T|||. \tag{3.35.3}$$

Preuve La première relation (3.35.2) est évidente. Quant à la seconde, on a, en utilisant l'inégalité de Minkowski,

$$\begin{aligned} |||S + T||| &= \Big(\sum_{i \in I} \|Se_i + Te_i\|^2\Big)^{1/2} \\ &\leq \Big(\sum_{i \in I} (\|Se_i\| + \|Te_i\|)^2\Big)^{1/2} \\ &\leq \Big(\sum_{i \in I} \|Se_i\|^2\Big)^{1/2} + \Big(\sum_{i \in I} \|Te_i\|^2\Big)^{1/2}, \end{aligned}$$

d'où $|||S + T||| \leq |||S||| + |||T|||$.

Par ailleurs, pour tout $x = \sum_{i \in I} \xi_i e_i$, $\xi_i = (x|e_i)$, on a

$$\|Tx\| = \|\sum_{i \in I} \xi_i Te_i\| \leq \sum_{i \in I} |\xi_i| \, \|Te_i\| \leq \Big(\sum_{i \in I} |\xi_i|^2\Big)^{1/2} \times \Big(\sum_{i \in I} \|Te_i\|^2\Big)^{1/2},$$

d'où $\|Tx\| \leq |||T||| \times \|x\|$, soit $\|T\| \leq |||T|||$. Q.E.D.

On dit alors qu'un opérateur $T \in \mathcal{L}(E; F)$ est de Hilbert-Schmidt si $|||T|||$ est fini ; le lemme précédent montre que l'ensemble $\mathcal{H}(E; F)$ des opérateurs de Hilbert-Schmidt est un sous-espace vectoriel de $\mathcal{L}(E; F)$ sur lequel $|||\bullet|||$ est une norme, dite norme de Hilbert-Schmidt ; cette norme, plus fine que la norme usuelle des opérateurs est associée au produit scalaire $(S|T) = \sum_{i \in I} (Se_i|Te_i)$. Notons également qu'un opérateur est de Hilbert-Schmidt si, et seulement si, son adjoint est de Hilbert-Schmidt.

Lemme 3.35.3 *Soient* E, F, G *des espaces de Hilbert,* $S \in \mathcal{L}(E; F)$ *et* $T \in \mathcal{L}(F; G)$, *alors*

$$|||T \circ S||| \leq \|T\| \times |||S||| \text{ et } |||T \circ S||| \leq |||T||| \times \|S\|.$$

Preuve Notons $(g_k)_{k \in K}$ une base hilbertienne de G, alors

$$|||T \circ S||| = \Big(\sum_{i \in I} \|T(Se_i)\|^2\Big)^{1/2} \leq \|T\| \Big(\sum_{i \in I} \|Se_i\|^2\Big)^{1/2} = \|T\| \times |||S|||$$

et

$$|||T \circ S||| = \Big(\sum_{k \in K} \|S^\star(T^\star g_k)\|^2\Big)^{1/2} \leq \|S^\star\| \Big(\sum_{k \in K} \|T^\star g_k\|^2\Big)^{1/2} = \|S\| \times |||T|||.$$

Q.E.D.

Il en résulte que l'opérateur $T \circ S$ est de Hilbert-Schmidt dès que l'un des opérateurs T, S est de Hilbert-Schmidt. On en déduit le

Corollaire 3.35.4 *Soit* $T \in \mathcal{H}(E)$ *un opérateur de Hilbert-Schmidt tel que* $I_E - T$ *soit inversible, alors* $(I_E - T)^{-1} = I_E - S$ *où* S *est de Hilbert-Schmidt.*

Preuve On a $(I_E - T)(I_E - S) = I_E$, d'où $S = -T + T \circ S$ ce qui permet de conclure. Q.E.D.

Exercice 3.35.1 Soient E, F des espaces de Hilbert, montrer qu'un opérateur $T \in \mathcal{L}(E; F)$ est de Hilbert-Schmidt si, et seulement si, l'opérateur $(T^*T)^{1/2}$ l'est et que $|||T||| = |||(T^*T)^{1/2}|||$ (utiliser l'exercice 3.34.7).

Proposition 3.35.5 *L'espace $\mathcal{H}(E; F)$ muni de la norme $|||\bullet|||$ est un espace de Hilbert.*

Preuve Soit (T_n) une suite de Cauchy dans $\mathcal{H}(E; F)$. D'après (3.35.3), elle est a fortiori de Cauchy dans l'espace $\mathcal{L}(E; F)$, donc convergente dans cet espace ; soit T sa limite. Pour tout $\varepsilon > 0$, il existe un entier n tel que $\sum_{i \in I} \|T_p e_i - T_q e_i\|^2 \leq \varepsilon$ pour $p, q \geq n$, d'où $\sum_{i \in I} \|T_p e_i - T e_i\|^2 \leq \varepsilon$ pour $p \geq n$ et ceci prouve que $T_p - T$, donc T, appartient à $\mathcal{H}(E; F)$ et que la suite (T_n) converge vers T pour la norme de Hilbert-Schmidt. Q.E.D.

Voici un premier exemple d'opérateurs de Hilbert-Schmidt.

Proposition 3.35.6 *Tout opérateur de rang fini est de Hilbert-Schmidt.*

Preuve Soit $T \in \mathcal{L}(E; F)$ un opérateur de rang fini. Choisissons la base hilbertienne $(f_j)_{j \in J}$ de F de telle sorte que Im T soit engendré par la sous-famille finie $(f_j)_{j \in K}$ où K est une partie finie de J. On a alors, pour tout x de E, $(x | T^\star f_j) = (Tx | f_j) = 0$ si $j \in J - K$, d'où $T^\star f_j = 0$ pour $j \in J - K$ et $|||T||| = (\sum_{j \in K} \|T^\star f_j\|^2)^{1/2} < \infty$. Q.E.D.

Vérifions enfin que les opérateurs de Hilbert-Schmidt sont compacts.

Proposition 3.35.7 *Les opérateurs de Hilbert-Schmidt sont compacts. En outre, le sous-espace des opérateurs de rang fini est dense dans $\mathcal{H}(E; F)$ pour la norme de Hilbert-Schmidt.*

Preuve Il suffit de vérifier la dernière assertion. Soit $T \in \mathcal{H}(E; F)$; pour tout $\varepsilon > 0$, il existe une partie finie J de I telle que $\sum_{i \in I - J} \|Te_i\|^2 \leq \varepsilon$. Considérons l'opérateur de rang fini $T_J x = \sum_{i \in J} (x|e_i) T e_i$; on a alors

$$|||T - T_J|||^2 = \sum_{i \in I - J} \|Te_i\|^2 \leq \varepsilon$$

et ceci prouve que l'ensemble des opérateurs de rang fini est dense dans $\mathcal{H}(E; F)$ pour la norme de Hilbert-Schmidt et a fortiori pour la norme de $\mathcal{L}(E; F)$. Q.E.D.

On observera que l'ensemble des opérateurs de rang fini est dense dans chacun des espaces $\mathcal{L}(E; F)$ et $\mathcal{H}(E; F)$ pour les normes $\|\bullet\|$ et $|||\bullet|||$ respectivement.

Le théorème 3.34.8 permet de donner une caractérisation des opérateurs normaux qui sont de Hilbert-Schmidt.

Proposition 3.35.8 *Soit $T \in \mathcal{K}(E)$ un opérateur compact symétrique si $\mathbb{K} = \mathbb{R}$, normal si $\mathbb{K} = \mathbb{C}$; notons n_λ la dimension du sous-espace propre associé à une valeur propre λ non nulle (n_λ est fini), alors*

$$|||T||| = \Big(\sum_{\lambda \in \sigma(T), \lambda \neq 0} n_\lambda |\lambda|^2\Big)^{1/2}. \tag{3.35.4}$$

L'opérateur T est donc de Hilbert-Schmidt si, et seulement si, cette quantité est finie.

Preuve Soit $(e_i)_{i\in I}$ une base hilbertienne de vecteurs propres, on a alors

$$|||T|||^2 = \sum_{i\in I} |\lambda_i|^2 \text{ si } Te_i = \lambda_i e_i,$$

ce qui prouve (3.35.4). Q.E.D.

Exercice 3.35.2 Opérateurs nucléaires Soient E, F des espaces de Hilbert, un opérateur $T \in \mathcal{L}(E; F)$ est dit nucléaire s'il existe des suites $(a_n)_{n\geq 1}$ de E, $(b_n)_{n\geq 1}$ de F et $(\lambda_n)_{n\geq 1}$ de $\mathbb{K}$ telles que

$$\|a_n\| = 1,\ \|b_n\| = 1,\ \sum_{n=1}^{\infty} |\lambda_n| < \infty$$

et

$$Tx = \sum_{n=1}^{\infty} \lambda_n\,(x|a_n)\,b_n \text{ pour tout } x \in E. \tag{3.35.5}$$

On notera $\mathcal{N}(E; F)$ l'ensemble de tous les opérateurs nucléaires de E dans F et, lorsque $E = F$, $\mathcal{N}(E) = \mathcal{N}(E; E)$.

1. Vérifier que la série $\sum_{n=1}^{\infty} \lambda_n\,(x|a_n)\,b_n$ est absolument convergente.

2. On définit la norme nucléaire de T, $\|\bullet\|_N$, comme la borne inférieure des quantités $\sum_{n=1}^{\infty} |\lambda_n|$ pour toutes les représentations de T de la forme (3.35.5). Montrer que $\|T\| \leq \|T\|_N$.

On montrera ci-dessous que $\mathcal{N}(E; F)$ est un sous-espace vectoriel de $\mathcal{L}(E; F)$ et que $\|\bullet\|_N$ est une norme sur cet espace vectoriel.

3. Montrer que tout opérateur de rang fini est nucléaire et que tout opérateur nucléaire est compact [vérifier que tout opérateur nucléaire est la limite d'une suite d'opérateurs de rang fini].

4. Soient E, F, G, H des espaces de Hilbert, $T \in \mathcal{L}(E; F)$, $S \in \mathcal{N}(F; G)$ et $R \in \mathcal{L}(G; H)$, montrer que $RST \in \mathcal{N}(E; H)$ et que $\|RST\|_N \leq \|R\|\,\|S\|_N\,\|T\|$.

5. Soient $T \in \mathcal{N}(E)$ et $(e_i)_{i\in I}$ une base hilbertienne de E, montrer que la famille $((Te_i|e_i))_{i\in I}$ est sommable et que

$$\sum_{i\in I}(Te_i|e_i) = \sum_{n=1}^{\infty} \lambda_n(b_a|a_n).$$

Ceci montre que la quantité $\sum_{i\in I}(Te_i|e_i)$ ne dépend pas du choix de la base hilbertienne $(e_i)_{i\in I}$; on définit alors la trace de T par

$$\text{Tr}\,(T) = \sum_{i\in I}(Te_i|e_i).$$

6. Soit $T \in \mathcal{N}(E)$, montrer que $|\text{Tr}\,(T)| \leq \|T\|_N$.

7. Lorsque E est de dimension finie, montrer que Tr (T) est la trace usuelle de l'endomorphisme$T$.

8. Soit $T \in \mathcal{K}(E)$ un opérateur compact symétrique si $\mathbb{K} = \mathbb{R}$, normal si $\mathbb{K} = \mathbb{C}$ et soit $(e_i)_{i\in I}$ une base hilbertienne de vecteurs propres : $Te_i = \lambda_i e_i$. L'opérateur T est nucléaire si, et seulement si, la famille $(\lambda_i)_{i\in I}$ est sommable ; on a alors

$$\text{Tr}\,(T) = \sum_{i\in I} \lambda_i \text{ et } \|T\|_N = \sum_{i\in I} |\lambda_i|$$

[pour vérifier que la condition est nécessaire, considérer l'opérateur ST où $S \in \mathcal{L}(E)$ est défini par

$$Sx = \sum_{i\in I,\ \lambda_i\neq 0} \frac{\overline{\lambda_i}}{|\lambda_i|}(x|e_i)e_i\ ].$$

En déduire que, si T est nucléaire, alors T est de Hilbert-Schmidt [utiliser la proposition 3.35.8].

9. Soit $T \in \mathcal{L}(E; F)$, montrer que T est nucléaire si, et seulement si, $(T^*T)^{1/2}$ est nucléaire (exercice 3.34.6) et que $\|T\|_N = \|(T^*T)^{1/2}\|_N$ [utiliser l'exercice 3.34.7]. En déduire que tout opérateur nucléaire est de Hilbert-Schmidt.

10. Soit $T \in \mathcal{L}(E)$ un opérateur hermitien positif.

a. Montrer que T est compact si, et seulement si, $T^{1/2}$ est compact [si T est compact, soit $(e_i)_{i \in I}$ une base hilbertienne de vecteurs propres : $Te_i = \lambda_i e_i$; vérifier que

$$T^{1/2}x = \sum_{i \in I} \lambda_i^{1/2}(x|e_i)e_i\,].$$

b. Montrer que T est nucléaire si, et seulement si, $T^{1/2}$ est de Hilbert-Schmidt. On a alors $\|T\|_N = \|T^{1/2}\|_{HS}^2$ en notant $\|\bullet\|_{HS}$ la norme de Hilbert-Schmidt.

c. Soit $(e_i)_{i \in I}$ une base hilbertienne de E, montrer que T est nucléaire si, et seulement si, la famille $((Te_i|e_i))_{i \in I}$ est sommable [condition suffisante : utiliser b.].

11. Soient E, F, G des espaces de Hilbert, $T_2 \in \mathcal{K}(E; F)$ et $T_1 \in \mathcal{K}(F; G)$ des opérateurs de Hilbert-Schmidt, montrer que l'opérateur $T = T_1T_2 : E \to G$ est nucléaire et que $\|T\|_N \leq \|T_1\|_{HS}\|T_2\|_{HS}$ [en utilisant l'exercice 3.34.7, montrer qu'il existe un opérateur $S \in \mathcal{L}(F; E)$, $\|S\| \leq 1$, tel que $T_2 = (T_2T_2^*)^{1/2}S^*$; étant donné une base hilbertienne $(e_i)_{i \in I}$ de vecteurs propres de $(T_2T_2^*)^{1/2}$, $(T_2T_2^*)^{1/2}e_i = \lambda_i e_i$, vérifier que

$$Tx = \sum_{i \in I} \lambda_i(x|Se_i)T_1e_i,$$

en déduire que T est nucléaire et une majoration de $\|T\|_N$].

12. Soit $T \in \mathcal{N}(E; F)$ un opérateur nucléaire, montrer qu'il existe des opérateurs de Hilbert-Schmidt $T_1 \in \mathcal{K}(E; F)$, $T_2 \in \mathcal{K}(E; E)$ tels que $T = T_1T_2$ et $\|T_i\|_{HS} = \|T\|_N^{1/2}$ [il existe (exercice 3.34.7) $S \in \mathcal{L}(E; F)$, $\|S\| \leq 1$, tel que $T = S(T^*T)^{1/2}$; on pose $R = (T^*T)^{1/2}$, puis $T_1 = SR^{1/2}$, $T_2 = R^{1/2}$].

13. Montrer que $\mathcal{N}(E; F)$ est un sous-espace vectoriel de l'espace $\mathcal{L}(E; F)$ et que $\|\bullet\|_N$ est une norme sur cet espace vectoriel [soient $T_1, T_2 \in \mathcal{N}(E; F)$, $T = ((T_1 + T_2)^*(T_1 + T_2))^{1/2}$ et $S \in \mathcal{L}(E)$, $\|S\| \leq 1$, tels que $T = S^*(T_1 + T_2)$; en utilisant 10,c., montrer que T est nucléaire et que

$$\|T_1 + T_2\|_N \leq |\text{Tr}\,(S^*T_1)| + |\text{Tr}\,(S^*T_2)|;$$

pour majorer $|\text{Tr}\,(S^*T_1)|$, écrire $T_1 = S_1^*(T_1^*T_1)^{1/2}$ où $S_1 \in \mathcal{L}(E)$, $\|S_1\| \leq 1$, $U = (T_1^*T_1)^{1/2}$, $V = U^{1/2}$, vérifier que $|\text{Tr}\,(S^*T_1)| \leq \|V\|_{HS}^2$ et noter que $\|V\|_{HS}^2 = \|T_1\|_N$].

H – Corrigés des exercices

3.36 Exercices du chapitre 3.A

EXERCICE 3.1.1

D'après la continuité de l'addition $\tau : (x, y) \to x + y$, si V est un voisinage de 0, il existe un voisinage W de 0 tel que $\tau(W \times W) \subset V$, soit $W + W \subset V$. De même, la continuité de l'application $(x, y) \to x - y$ montre qu'il existe un un voisinage W' de 0 tel que $W' - W' \subset V$.

EXERCICE 3.1.2 ENSEMBLE ABSORBANT

1. Soit V un voisinage de 0, l'application $\lambda \mapsto \lambda x$ de $\mathbb{K}$ dans E étant continue au point $\lambda = 0$, il existe $\varepsilon > 0$ tel que $\lambda x \in V$ dès que $|\lambda| \leq \varepsilon$, ce qui prouve que V est absorbant.

2. Soient V un voisinage de 0 et $x \in E$, il existe $\varepsilon > 0$ tel que $\lambda x \in V$ pour tout $|\lambda| \leq \varepsilon$; il en résulte que x appartient à $\lambda_n V$ dès que $|\lambda_n| \geq 1/\varepsilon$, c'est-à-dire dès que n est suffisamment grand et ceci prouve le résultat voulu.

EXERCICE 3.1.3

Si F est d'intérieur non vide, il existe un point $a \in F$ tel que F soit un voisinage de a ; les translations étant des homéomorphismes, on en déduit que F est un voisinage de 0. Soit $x \in E$, F étant absorbant (exercice 3.1.2), il existe $\lambda > 0$ tel que $\lambda x \in F$, d'où $x \in F$ et par conséquent $E = F$ contrairement à l'hypothèse.

EXERCICE 3.2.1

Soient $x, y \in F : \|x\| = \|y\| = 0$. On a $\|x + y\| \leq \|x\| + \|y\|$ et $\|\lambda x\| = |\lambda| \, \|x\|$, d'où $\|x + y\| = 0$ et $\|\lambda x\| = 0$, soit $x + y \in F$ et $\lambda x \in F$ et ceci prouve que F est un sous-espace vectoriel de E.

EXERCICE 3.2.2

1. La fonction γ est définie sans ambiguité pour $t = t_i$ et $\gamma(t_i) = x_i$. La restriction $\gamma_i = \gamma|_{[t_i, t_{i+1}]}$ est continue ; si F est une partie fermée de E, $\gamma_i^{-1}(F)$ est une partie fermée de $[t_i, t_{i+1}]$, donc de $[0, 1]$, et il en résulte que $\gamma^{-1}(F) = \bigcup_{i=1}^{n} \gamma_i^{-1}(F)$ est fermé, ce qui prouve la continuité de γ.

2. Il est clair que $b \Rightarrow c \Rightarrow a$. Quant à $a \Rightarrow b$, soit x un point de O et soit A l'ensemble des $y \in O$ tels qu'il existe une ligne polygonale $\gamma : [0, 1] \to O$ joignant x et y. Notons

d'abord que A est non vide car $x \in A$: prenons en effet $n = 1$, $x_1 = x_2 = x$, $t_1 = 0$, $t_2 = 1$; on a alors $\gamma(t) = x$ pour tout $0 \leq t \leq 1$.

Montrons ensuite que A est ouvert. Soit $y \in A$, il existe une suite $(x_i)_{1 \leq i \leq n+1}$ de points de O avec $x_1 = x$ et $x_{n+1} = y$ telle que la ligne polygonale définie par ces points soit tracée dans O, c'est-à-dire telle que $[x_i, x_{i+1}] \subset O$ pour $1 \leq i \leq n$. Il existe un voisinage convexe de y contenu dans O, soit V ; alors $V \subset A$: en effet, soit $z \in V$, posons $x_{n+2} = z$, alors $[x_{n+1}, x_{n+2}] \subset V \subset O$ et la ligne polygonale associée à la suite de points $(x_i)_{1 \leq i \leq n+2}$ est tracée dans O, ce qui prouve que A est un voisinage de chacun de ses points.

Montrons enfin que A est fermé dans O. Soit $z \in \overline{A} \cap O$, si V est un voisinage convexe de z contenu dans O, il existe $y \in A \cap V$ et une ligne polygonale tracée dans O reliant x et y ; comme précédemment, on en déduit une ligne polygonale tracée dans O reliant x et z et ceci prouve que z appartient à A, donc que A est fermé dans O.

L'ensemble non vide A est à la fois ouvert et fermé dans O qui est supposé connexe et par conséquent $A = O$, ce qui prouve le résultat voulu.

EXERCICE 3.2.3

L'ensemble $F = \{x \in E \,;\, \|x\|_i = 0 \text{ pour tout } i \in I\}$ est fermé d'après la continuité des semi-normes $\|\bullet\|_i$ et contient 0, donc $\overline{\{0\}} \subset F$. Inversement, soit $x \in F$; toute boule ouverte $B_J(x; r)$ contient 0 vu que $\|x\|_J = 0$, ce qui prouve que x est un point adhérent à $\{0\}$ et l'inclusion $F \subset \overline{\{0\}}$, d'où l'égalité. D'après la proposition 3.2.9, l'espace E est séparé si, et seulement si, $F = \{0\}$, ce qui signifie que $\{0\}$ est fermé.

EXERCICE 3.3.1

Soit $\|\bullet\|$ l'une des semi-normes définissant la topologie de F, alors $p : x \mapsto \|Tx\|$ est une semi-norme sur E et $\|Tx\| = p(x)$, ce qui prouve la continuité de T (théorème 3.3.3).

EXERCICE 3.3.2

Si T est continu en un point $a \in E$, pour tout voisinage V de $0 \in F$, il existe un voisinage W de $0 \in E$ tel que $T(a + W) \subset Ta + V$, c'est-à-dire (d'après la linéarité de T) $T(W) \subset V$ et ceci prouve la continuité de T en 0 et le résultat voulu.

EXERCICE 3.3.3

La condition est évidemment suffisante. Réciproquement, supposons que la topologie de E puisse être définie par une norme $\|\bullet\|$. D'après le corollaire 3.3.4, il existe une partie finie J de I et une constante $c_1 > 0$ telle que

(3.36.1) $$\|x\| \leq c_1 \|x\|_J \text{ pour tout } x \in E$$

et, pour tout $i \in I$, il existe une constante $c_i > 0$ telle que $\|x\|_i \leq c_i \|x\|$ pour tout $x \in E$, d'où une constante $c_2 > 0$ telle que

(3.36.2) $$\|x\|_J \leq c_2 \|x\| \text{ pour tout } x \in E.$$

Les inégalités (3.36.1) et (3.36.2) signifient que la norme $\|\bullet\|$ et la semi-norme $\|\bullet\|_J$ sont équivalentes ; la semi-norme $\|\bullet\|_J$ est donc une norme définissant la topologie de E.

EXERCICE 3.3.4

1. La quantité $\|f\|_{A,\alpha}$ est finie car f est une fonction continue, donc bornée. Il est alors immédiat de vérifier que $\|\bullet\|_{A,\alpha}$ est une semi-norme sur E. Cette semi-norme est une norme

si $\|f\|_{A,\alpha} = 0$ implique $f = 0$, c'est-à-dire si $f = 0$ sur A implique $f = 0$ sur $[0,1]$ et ceci signifie que A est partout dense.

2. Lorsque $t_0 \in A$, on a $\alpha(t_0)\,|f(t_0)| \leq \|f\|_{A,\alpha}$ ce qui prouve la continuité de la forme linéaire $f \mapsto f(t_0)$.

Lorsque $t_0 \notin A$, montrons que cette forme linéaire n'est pas continue. On raisonne par l'absurde : on suppose qu'il existe une constante $c \geq 0$ telle que $|f(t_0)| \leq c\,\|f\|_{A,\alpha}$ pour tout $f \in E$. Soit $\varepsilon > 0$, il existe une partie finie B de A telle que $\sum_{t\in A-B} \alpha(t) \leq \varepsilon$ et un $\delta > 0$ tel que $[t_0 - \delta, t_0 + \delta] \cap B = \emptyset$. On peut alors construire une fonction $f \in E$ telle que

$$0 \leq f \leq 1,\ f(t_0) = 1 \text{ et } \operatorname{supp} f \subset [t_0 - \delta, t_0 + \delta].$$

L'inégalité $|f(t_0)| \leq c\,\|f\|_{A,\alpha}$ implique alors $1 \leq c\varepsilon$. Ceci étant vrai quel que soit $\varepsilon > 0$ on obtient une contradiction.

3. Il est clair que les conditions indiquées sont suffisantes. Réciproquement, si les semi-normes $\|\bullet\|_{A,\alpha}$ et $\|\bullet\|_{A',\alpha'}$ sont équivalentes, on observe d'abord que $A = A'$ d'après 2. En outre, il existe $c_2 > 0$ tel que

$$\sum_{t\in A} \alpha'(t)\,|f(t)| \leq c_2 \sum_{t\in A} \alpha(t)\,|f(t)| \text{ pour tout } f \in E.$$

Soit $t_0 \in A$, on a alors

$$\alpha'(t_0)\,|f(t_0)| \leq c_2 \sum_{t\in A} \alpha(t)\,|f(t)| \text{ pour tout } f \in E.$$

et, en raisonnant comme dans 2., on peut construire une fonction $f \in E$ telle que

$$0 \leq f \leq 1,\ f(t_0) = 1 \text{ et } \sum_{t\in A-\{t_0\}} \alpha(t)\,|f(t)| \leq \varepsilon,$$

d'où $\alpha'(t_0) \leq c_2\,[\alpha(t_0) + \varepsilon]$, soit $\alpha'(t_0) < c_2\,\alpha(t_0)$ et ceci prouve que $\alpha'(t) \leq c_2\,\alpha(t)$ pour tout $t \in A$. De même, on démontre qu'il existe une constante $c_1 > 0$ telle que $c_1\,\alpha(t) \leq \alpha'(t)$ pour tout $t \in A$ et on peut donc conclure.

EXERCICE 3.3.5

1,a. On raisonne par récurrence sur n. Soit $c = (a+b)/2$, on a

$$\|c - a\| = \|c - b\| = \frac{1}{2}\|a - b\|,$$

d'où $(a+b)/2 \in B_1$. Par ailleurs, soit $x \in B_1$, alors $(a + b - x) - a = b - x$ et $(a + b - x) - b = a - x$; il en résulte que $a + b - x \in B_1$. Ceci prouve la propriété pour $n = 1$.

La propriété étant démontrée pour $n - 1$, soit $y \in B_{n-1}$, alors $\|c - y\| = \frac{1}{2}\|z - y\|$ où $z = a + b - y$ appartient à B_{n-1} d'après l'hypothèse de récurrence. Il en résulte que $\|c - y\| \leq \frac{1}{2}$ diam B_{n-1} et ceci prouve que $(a+b)/2 \in B_n$. Enfin, soit $x \in B_n$, montrons que $z = a + b - x$ appartient à B_n. On note d'abord que $z \in B_{n-1}$ (hypothèse de récurrence) et, si $y \in B_{n-1}$, $z - y = a + b - y - x$ où $a + b - y \in B_{n-1}$ (hypothèse de récurrence) et $x \in B_n$, d'où $\|z - y\| \leq \frac{1}{2}$ diam B_{n-1} ce qui permet de conclure.

b. Le point $(a+b)/2$ appartient à l'intersection $\bigcap_{n=1}^{\infty} B_n$ et vu que diam $B_n \leq \frac{1}{2}$ diam B_{n-1}, cette intersection est réduite à ce point $(a+b)/2$.

2. On note B_n les parties de E construites à partir des points a et b selon le procédé décrit en 1. et de même C_n les parties de F construites à partir des points $f(a)$ et $f(b)$. On

remarque, f étant une isométrie, que $C_n = f(B_n)$, d'où

$$\bigcap_{n=1}^{\infty} C_n = \bigcap_{n=1}^{\infty} f(B_n) \supset f\Big(\bigcap_{n=1}^{\infty} B_n\Big)$$

et par conséquent

$$f\left(\frac{a+b}{2}\right) = \frac{f(a)+f(b)}{2}.$$

Pour $b = 0$, on obtient $f(a/2) = f(a)/2$, d'où $f((a+b)/2) = f(a+b)/2$ et par conséquent $f(a+b) = f(a) + f(b)$. On en déduit que $f(\lambda a) = \lambda f(a)$ pour tout rationnel λ, donc pour tout réel λ d'après la continuité de f.

3. L'application $z \mapsto \overline{z}$ vérifie toutes les hypothèses ; elle est $\mathbb{R}$-linéaire, mais n'est pas $\mathbb{C}$-linéaire.

EXERCICE 3.3.6

1. L'application s_x étant un homéomorphisme, l'ensemble $s_x(A)$ est maigre. Il en est donc de même de $A \cup s_x(A)$ qui est d'intérieur vide, l'espace E étant un espace de Baire. Cet ensemble ne peut donc contenir la boule ouverte $B(x;r)$.

Il existe donc $y \in E$ tel que

$$y \in B(x;r), y \notin A \text{ et } y \notin s_x(A).$$

Il en résulte que $s_x(y) \notin A$ et ceci prouve que $z = 2x - y \in B(x;r)$ n'appartient pas à A et on a bien $x = (y+z)/2$.

2,a. résulte de la continuité en 0 de la fonction $T|_{E-A}$ en supposant que $0 \in E - A$.

b. On choisit $r > 0$ tel que $B(x';r) \subset B(0;s)$. D'après 1., on peut écrire x' sous la forme $x' = (y+z)/2$ où $y, z \in B(x';r) - A$ et, y, z appartenant à la boule $B(0;s)$, on en déduit que

$$\|Tx'\| \leq \frac{\|Ty\| + \|Tz\|}{2} \leq 1.$$

L'application linéaire T est bornée sur la boule $B(0;s)$, donc continue.

Ceci suppose $0 \in E - A$. Dans le cas général, soit $a \in E - A$; la relation $Tx = T(x+a) - Ta$ montre que la restriction de T à $E - \tau_{-a}(A)$ est continue et $0 \in E - \tau_{-a}(A)$, d'où la continuité de T.

EXERCICE 3.4.1 APPLICATION UNIFORMÉMENT CONTINUE

1,a. Si f est uniformément continue, prenons $V = B'_j(0;\varepsilon)$, alors il existe un voisinage W de 0 dans E tel que

$$\|f(x) - f(y)\|_j \leq \varepsilon \text{ pour } x, y \in A,\ x - y \in W$$

et on obtient (3.4.6) en remarquant que W contient une boule de la forme $B'_K(0;\delta)$.

b. Réciproquement, si (3.4.6) est vérifié, un voisinage V de $0 \in F$ contient une boule $B'_L(0;\varepsilon)$, $L \in \mathfrak{F}(J)$, $\varepsilon > 0$. Pour chaque $j \in L$, il existe $K_j \in \mathfrak{F}(I)$, $\delta_j > 0$, tels que

$$f(x) - f(y) \in B'_j(0;\varepsilon) \text{ pour } x, y \in A,\ x - y \in B'_{K_j}(0;\delta_j)$$

et on obtient (3.4.5) en prenant $K = \bigcup_{j\in L} K_j$ et $\delta = \min_{j\in L} \delta_j$.

c. Lorsque les espaces E,F sont métrisables, on peut définir leur topologie par des distances d invariantes par translation ; soit $B'(0;\varepsilon)$, $\varepsilon > 0$, une boule fermée centrée à l'origine de 0, alors il existe un voisinage W de l'origine de F, donc une boule fermée $B'(0;\delta)$ de l'espace F, telle que

$$f(x) - f(y) \in B'(0;\varepsilon) \text{ pour } x, y \in A,\ x - y \in B'(0;\delta),$$

c'est-à-dire

$$d(f(x), f(y)) \leq \varepsilon \text{ pour } x, y \in A,\ d(x, y) \leq \delta.$$

L'application f est donc bien uniformément continue pour les structures d'espace métrique définies sur E et F par des distances invariantes par translation.

2,a. On écrit la continuité de T à l'origine. Soit V un voisinage de $0 \in F$, il existe un voisinage W de $0 \in E$ tel que $T(W) \subset V$; si $x - y \in W$, on a alors $Tx - Ty = T(x - y) \in V$, d'où la continuité uniforme de T.

b. Si $\|\bullet\|$ est une semi-norme continue sur E, pour tout $\varepsilon > 0$, il existe un voisinage V de $0 \in E$ tel que $\|x\| \leq \varepsilon$ pour $x \in V$, d'où $|\,\|x\| - \|y\|\,| \leq \|x - y\| \leq \varepsilon$ pour $x - y \in V$, ce qui prouve le résultat voulu.

EXERCICE 3.4.2

1. On observe que $T^{-1}(F_n)$ est un sous-espace fermé, d'intérieur vide si $T^{-1}(F_n) \neq E$. Si $T^{-1}(F_n) \neq E$ pour tout n, il en résulte que $E = \bigcup_{n=0}^{\infty} T^{-1}(F_n)$ serait maigre, ce qui est absurde, E étant un espace de Baire non vide.

2. On considère T comme une application linéaire continue de E dans $G = T(E)$. Si G est de dimension dénombrable, il existe une suite (G_n) de sous-espaces de dimension finie telle que $G = \bigcup_{n=0}^{\infty} G_n$ et, G étant séparé, ces sous-espaces sont fermés et il suffit d'appliquer 1.

EXERCICE 3.4.3

Notons encore T tout prolongement de T à E. Si un tel prolongement était continu, il existerait une constante $c > 0$ et un entier q_0 tel que $|Tx| \leq c\,\|x\|_{q_0}$ pour tout $x \in E$ et a fortiori $|Tx| \leq c\,\|x\|_n$ pour $n \geq q_0$, d'où

$$\lambda_{p,q} \leq c\,\|e_{p,q}\|_n \text{ pour tout } p, q \text{ et tout } n \geq q_0.$$

En prenant $n = q \geq q_0$, on en déduit

$$p\,\|e_{p,q}\|_q < c\,\|e_{p,q}\|_q \text{ pour tout } p \text{ et tout } q \geq q_0.$$

Ceci implique $\|e_{p,q}\|_q \neq 0$, d'où $p < c$, ce qui est absurde.

EXERCICE 3.4.4 OPÉRATEUR HYPERCYCLIQUE

1,a. Vu que $\lim_{k\to\infty} S^k y = 0$, on a évidemment $\lim_{k\to\infty} z_k = x$. Étant donné que $T \circ S = I_E$, on a d'autre part

$$T^k z_k = T^k(x + S^k y) = T^k x + (T^k \circ S^k)(y) = T^k x + y$$

et on en déduit que $\lim_{k\to\infty} T^k z_k = y$.

b. On en déduit que pour k suffisamment grand $z_k \in U$ et $T^k z_k \in V$, d'où

$$T^k(U) \cap V \neq \emptyset.$$

2. Il s'agit de vérifier que, pour tout ouvert non vide $U \subset E$,

$$\bigcup_{k=1}^{\infty} (T^k)^{-1}(O) \cap U \neq \emptyset.$$

Or, d'après 1., pour k suffisamment grand $T^k(U) \cap O \neq \emptyset$, d'où $(T^k)^{-1}(O) \cap U \neq \emptyset$, ce qui permet de conclure.

3. résulte du théorème de Baire, E étant un espace de Fréchet.

4. Un point x appartient à A si, et seulement si,

$$\forall n \geq 0,\ \exists k \geq 1,\ T^k x \in O_n$$

et, (O_n) étant une base de topologie, ceci signifie précisément que l'orbite de x est dense, ce qui permet de conclure.

EXERCICE 3.5.1

1. Lorsque $n = 1$, la fonction f_1 n'est pas identiquement nulle et il suffit de choisir $x_1 \in X$ tel que $f_1(x_1) \neq 0$. Raisonnons ensuite par récurrence. On suppose construits $n-1$ points $x_j \in X$, $1 \leq j \leq n-1$, tels que $\text{dét}\,((f_i(x_j))_{1\leq i,j\leq n-1}) \neq 0$. Supposons alors que, pour tout $x_n \in X$, on ait $\text{dét}\,((f_i(x_j))_{1\leq i,j\leq n}) \neq 0$. Il existerait alors des réels $\lambda_i(x_n)$, $1 \leq i \leq n$, non tous nuls tels que

$$\sum_{i=1}^{n} \lambda_i(x_n)\, f_i(x_j) = 0 \text{ pour } 1 \leq j \leq n.$$

Vu l'hypothèse de récurrence, $\lambda_n(x_n)$ est non nul. On en déduit, par division, des réels $\mu_i(x_n)$, $1 \leq i \leq n-1$, tels que

$$f_n(x_j) = \sum_{i=1}^{n-1} \mu_i(x_n)\, f_i(x_j),\ 1 \leq j \leq n.$$

Ces équations pour $1 \leq j \leq n-1$ montrent, vu l'hypothèse de récurrence, que les fonctions $\mu_i(x_n)$ sont indépendantes de x_n, soit $\mu_i = \mu_i(x_n)$; pour $j = n$, on en déduit que

$$f_n(x) = \sum_{i=1}^{n-1} \mu_i\, f_i(x) \text{ pour tout } x \in X,$$

ce qui contredit l'indépendance des fonctions $(f_i)_{1\leq i\leq n}$.

2. Soit $(f_i)_{1\leq i\leq n}$ une base de E ; on choisit les points $x_j \in X$, $1 \leq j \leq n$, conformément à 1. On définit une norme sur E en posant $\|f\| = \sup_{1\leq j\leq n} |f(x_j)|$; il s'agit en effet d'une semi-norme et, si $\|f\| = 0$ où $f = \sum_{i=1}^{n} \lambda_i f_i \in E$, on a $f(x_j) = 0$, c'est-à-dire

$$\sum_{i=1}^{n} \lambda_i\, f_i(x_j) = 0 \text{ pour tout } 1 \leq j \leq n,$$

d'où $\lambda_i = 0$ d'après le choix des x_j. D'après le corollaire 3.5.9, cette norme est équivalente à la norme de la topologie de la convergence uniforme $\sup_{x\in X} |f(x)|$, ce qui prouve le résultat voulu.

EXERCICE 3.5.2 COMPLÉTÉ D'UN E.L.C. MÉTRISABLE

La topologie de E peut être définie par une distance invariante par translation. D'après l'exercice 2.27.7, on peut donc supposer que E est un sous-espace métrique partout dense d'un espace métrique complet $\hat{E}$; on notera d la distance de $\hat{E}$.

1. On définit une structure vectorielle sur $\hat{E}$ de la façon suivante. Les applications

$$\tau : (x, y) \in E \times E \mapsto x + y \in E,\ h_\lambda : x \in E \mapsto \lambda x \in E,\ \lambda \in \mathbb{K},$$

sont linéaires continues. D'après le théorème 3.5.4, ces applications se prolongent en des applications continues $\hat{\tau} : \hat{E} \times \hat{E} \to \hat{E}$, $\hat{h}_\lambda : \hat{E} \to \hat{E}$; on pose

$$x + y = \hat{\tau}(x, y) \text{ et } \lambda x = \hat{h}_\lambda(x) \text{ pour } x, y \in \hat{E},\ \lambda \in \mathbb{K}.$$

On vérifie aisément qu'on définit ainsi une structure vectorielle sur $\hat{E}$. Par exemple, on a $x + y = y + x$ pour tout $x, y \in E$, donc pour tout $x, y \in \hat{E}$ car les applications $(x, y) \mapsto x + y$, $(x, y) \mapsto y + x$ de $\hat{E} \times \hat{E}$ dans $\hat{E}$ sont continues et coïncident sur $E \times E$ qui est dense dans $\hat{E} \times \hat{E}$. Toutes les autres propriétés se vérifient selon le même procédé.

On obtient ainsi une structure vectorielle sur $\hat{E}$ qui prolonge celle de E : E est un sous-espace vectoriel de $\hat{E}$.

2. La continuité de $\hat{\tau}$ et $\hat{h}_\lambda$ signifie que $\hat{E}$ est un e.v.t. La distance d est invariante par translation sur E, donc sur $\hat{E}$ d'après le principe du prolongement des identités ; ceci prouve que $\hat{E}$ est un e.v.t. métrisable complet.

3. Lorsque E est un espace normé, montrons que la topologie de $\hat{E}$ est une topologie d'espace de Banach. L'application $\|\bullet\| : E \to \mathbb{R}$ est uniformément continue, donc se prolonge en une application continue $\|\bullet\| : \hat{E} \to \mathbb{R}$ et on a $d(x, y) = \|x - y\|$ pour tout $x, y \in E$, donc pour tout $x, y \in \hat{E}$ d'après le principe du prolongement des identités. En utilisant ce principe et le principe du prolongement des inégalités, on vérifie aisément que $\|\bullet\|$ est une norme sur $\hat{E}$. La topologie de $\hat{E}$ est donc bien une topologie d'espace de Banach.

4. Lorsque E est un e.l.c. métrisable, soit $(\|\bullet\|_n)$ une suite de semi-normes définissant sa topologie ; choisissons sur E la distance définie dans la preuve du théorème 3.4.6

$$d(x, y) = \max_{n \in \mathbb{N}}(a_n \times \min(\|x - y\|_n, 1)), \ x, y \in E. \tag{3.36.3}$$

Les semi-normes $\|\bullet\|_n : E \to \mathbb{R}$ sont uniformément continues (exercice 3.4.1), donc se prolongent en des applications continues $\|\bullet\|_n : \hat{E} \to \mathbb{R}$ et on vérifie aisément que ce sont des semi-normes. Montrons alors que la formule (3.36.3) vaut encore pour tout $x, y \in \hat{E}$: ceci prouvera que les semi-normes $\|\bullet\|_n$ définissent la topologie de $\hat{E}$. Compte tenu du principe du prolongement des identités, il s'agit de vérifier que l'application

$$f : x \mapsto \max_{n \in \mathbb{N}}(a_n \times \min(\|x\|_n, 1))$$

est continue sur $\hat{E}$. Vérifions la continuité en un point $x \in \hat{E}$. Soit (x_k) une suite de $\hat{E}$ convergeant vers x et soit $\varepsilon > 0$, il existe des entiers n_0 et n_1, $n_0 \leq n_1$, tels que

$$f(x) = a_{n_0} \times \min(\|x\|_{n_0}, 1) \text{ et } a_n \leq f(x) + \varepsilon \text{ pour } n > n_1.$$

Il en résulte que, pour tout entier k,

$$a_n \times \min(\|x_k\|_n, 1) \leq f(x) + \varepsilon \text{ pour } n > n_1 ;$$

vu que la suite $\max_{0 \leq n \leq n_1}(a_n \times \min(\|x_k\|_n, 1))$ converge vers

$$\max_{0 \leq n \leq n_1}(a_n \times \min(\|x\|_n, 1)),$$

c'est-à-dire vers $f(x)$ car $n_1 \geq n_0$, il existe un entier j tel que

$$\max_{0 \leq n \leq n_1}(a_n \times \min(\|x_k\|_n, 1)) \in [f(x) - \varepsilon, f(x) + \varepsilon] \text{ pour } k \geq j$$

et ceci prouve que $f(x_k) \in [f(x) - \varepsilon, f(x) + \varepsilon]$ pour $k \geq j$, d'où le résultat voulu.

5. Soient $\hat{E}_1$ et $\hat{E}_2$ deux espaces de Fréchet (resp. de Banach) tels que E soit isomorphe (resp. isométrique) à un sous-espace dense de $\hat{E}_i$: notons $f_i : E \to f_i(E) \subset \hat{E}_i$ ces isomorphismes. Les isomorphismes

$$g_1 = f_2 \circ f_1^{-1} : f_1(E) \to f_2(E) \text{ et } g_2 = f_1 \circ f_2^{-1} : f_2(E) \to f_1(E)$$

se prolongent en des applications linéaires et continues

$$\hat{g}_1 : \hat{E}_1 \to \hat{E}_2, \ \hat{g}_2 : \hat{E}_2 \to \hat{E}_1$$

Le principe du prolongement des identités montre que $\hat{g}_1$ et $\hat{g}_2$ sont deux applications réciproques l'une de l'autre ; ce sont donc des isomorphismes. Lorsque E est un espace normé, les applications g_i sont des isométries et il en est donc de même des applications $\hat{g}_i$ toujours d'après le principe du prolongement des identités.

Note Lorsque E est un espace normé, on notera que le plongement de E dans $\mathcal{F}_b(E; \mathbb{R})$ utilisé dans l'exercice 2.27.7 n'est pas linéaire (exercice 3.9.2). Une autre méthode de complétion d'un espace normé consiste à plonger l'espace dans son bidual (remarque 3.16.2) ; cette méthode utilise essentiellement le théorème de Hahn-Banach.

Note On peut plus généralement compléter un e.l.c. séparé non nécessairement métrisable (exercice 3.6.5).

EXERCICE 3.5.3

1. On suppose que E admet une base infinie dénombrable $(e_n)_{n\geq 1}$ et on note F_n le sous-espace vectoriel de dimension n engendré par $(e_p)_{1\leq p\leq n}$. Ces sous-espaces sont fermés (corollaire 3.5.10) et d'intérieur vide (exercice 3.1.3). Étant donné que $F = \bigcup_{n=1}^{\infty} F_n$, E est maigre dans lui-même, donc d'intérieur vide (E est de Baire) et ceci est absurde.

2. Raisonnons par l'absurde, supposons E de dimension infinie ; on peut alors trouver une suite croissante F_n de sous-espaces vectoriels de dimension n. La réunion $F = \bigcup_{n=1}^{\infty} F_n$ est un sous-espace de dimension infinie dénombrable ; ce sous-espace F étant fermé, F est un espace de Fréchet de dimension infinie dénombrable, ce qui contredit 1.

EXERCICE 3.6.1

L'application $\tau : (x, y) \in E \times E \mapsto x + y \in E$ est continue et $A + B = \tau(A \times B)$ où $A \times B$ est compact (Tychonoff) ; l'espace E étant séparé, on conclut avec le théorème 2.31.10.

EXERCICE 3.6.2

L'ensemble $\mathcal{B} = (V - A)_{V\in\mathcal{V}(x)}$ est un ensemble non vide de parties non vides et

$$(V_1 - A) \cap (V_2 - A) \supset V_1 \cap V_2 - A\,;$$

il s'agit donc bien d'une base de filtre. De plus, le point x étant adhérent à $A + B$, pour tout $V \in \mathcal{V}(x)$, il existe $a \in A$, $b \in B$ tel que $a + b \in V$ et par conséquent $B \cap (V - A) \neq \emptyset$. Étant donné que B est compact, la trace sur B de cette base de filtre admet un point adhérent $b \in B$; pour tout $V \in \mathcal{V}(0)$, on a donc $b \in \overline{(x + V) - A}$ et en particulier $(b + V) \cap \Big((x + V) - A\Big) \neq \emptyset$, c'est-à-dire $(b + V - V) \cap (x - A) \neq \emptyset$. Vu l'exercice 3.1.1, ceci montre que $b \in \overline{x - A} = x - A$, d'où $x \in A + B$.

EXERCICE 3.6.3

Si T n'est pas surjective, $T(E)$ est un sous-espace strict de $\mathbb{K}^n$, donc $T(E)$ n'est pas un ouvert de $\mathbb{K}^n$ et T n'est pas une application ouverte.

Si T est surjective, considérons l'espace quotient $E/\mathrm{Ker}\,T$, la surjection canonique $\pi : E \to E/\mathrm{Ker}\,T$ et l'unique application linéaire $S : E/\mathrm{Ker}\,T \to \mathbb{K}^n$ telle que $T = S\circ\pi$. L'application π est ouverte (proposition 3.6.2) ; S est une bijection linéaire, la bijection réciproque S^{-1} est continue d'après le corollaire 3.5.11, ce qui signifie que S est une application ouverte et il en résulte que T est une application ouverte.

EXERCICE 3.6.4

Soit $\pi : E \to E/F$ la surjection canonique de E sur E/F, vérifions d'abord que $F + G = \pi^{-1}(\pi(G))$. Soit $x \in E$, dire que x appartient à $\pi^{-1}(\pi(G))$ signifie qu'il existe $y \in G$ tel que $\pi(x) = \pi(y)$, c'est-à-dire que $x - y \in F$, soit $x \in F + G$. Ceci prouve l'égalité annoncée.

L'espace quotient E/F est séparé (proposition 3.6.4) ; $\pi(G)$ est un sous-espace de E/F de dimension finie, donc fermé (corollaire 3.5.10) et $F + G$ est l'image réciproque par l'application continue π de ce sous-espace fermé, ce qui prouve que $F + G$ est fermé.

EXERCICE 3.6.5

1. Il s'agit de vérifier que $\|x\|_i = \|y\|_i$ lorsque $\pi_i(x) = \pi_i(y)$, c'est-à-dire lorsque $\|x - y\|_i = 0$. On a en effet $\|x\|_i \leq \|x - y\|_i + \|y\|_i = \|y\|_i$ et de même $\|y\|_i \leq \|x\|_i$.

2. L'application φ est linéaire. Lorsque $\varphi(x) = 0$, on a $\|x\|_i = 0$ pour tout i, d'où $x = 0$ l'espace E étant séparé, ce qui prouve que φ est injective.

La continuité de φ équivaut à la continuité des applications $x \in E \mapsto \pi_i(x) \in E_i/F_i$ qui résulte de la continuité de π_i et de la continuité de l'injection canonique de E dans E_i.

Quant à la continuité de $\varphi^{-1} : \varphi(E) \to E$, on a d'après 1. $\|x\|_i = |||\pi_i(x)|||_i$ pour tout $x \in E$ et ceci permet de conclure car la topologie produit de l'espace $\prod_{i \in I} E_i/F_i$ peut être définie par les semi-normes $y \mapsto |||y_i|||_i$, $y = (y_i)$. Ceci prouve que f est un isomorphisme de E sur $\varphi(E)$.

3. Il en résulte que E est isomorphe à un sous-espace de l'espace produit $\prod_{i \in I} E_i/F_i$. Lorsque E est métrisable, on peut supposer I dénombrable et E est donc isomorphe à un sous-espace d'un produit dénombrable d'espaces normés.

4. D'après 3., E est isomorphe à un sous-espace d'un produit $\prod_{i \in I} G_i$ d'espaces normés. Notons $\hat{G}_i$ le complété de G_i (exercice 3.5.2) ; les G_i sont des Banach, E est isomorphe à un sous-espace du produit $G = \prod_{i \in I} \hat{G}_i$ et cet espace G est un e.l.c. séparé complet (théorème 3.5.6). On peut donc supposer que E est un sous-espace de G : il suffit alors de prendre pour $\hat{E}$ l'adhérence de E dans G.

Lorsque E est métrisable, on peut supposer I dénombrable ; G est alors métrisable (proposition 3.5.5) et a fortiori $\hat{E}$.

Quant à l'unicité du complété à un isomorphisme près, elle se démontre comme dans l'exercice 3.5.2.

EXERCICE 3.6.6

Notons $F = \operatorname{Ker} T$ le noyau de T ; ce noyau est évidemment fermé si T est continu. Réciproquement, supposons le sous-espace F fermé. Considérons l'espace quotient E/F, la surjection canonique $\pi : E \to E/F$ et l'application linéaire $S : E/F \to \mathbb{K}^n$ telle que $T = S \circ \pi$. L'espace E/F est séparé (proposition 3.6.4) et de dimension finie car S est une injection ; d'après le corollaire 3.5.11, l'application S est continue et il en est donc de même de $T = S \circ \pi$.

EXERCICE 3.7.1

Soit $(\|\bullet\|_i)_{i \in I}$ une famille de semi normes définissant la topologie de E. Si B est une partie bornée de E et si (x_n) est une suite de B, on a

$$\|\lambda_n x_n\|_i = |\lambda| \, \|x_n\|_i \leq c \, |\lambda_n|,$$

ce qui prouve que $\lim_{n \to \infty} \lambda_n x_n = 0$ si $\lim_{n \to \infty} \lambda_n = 0$.

Réciproquement, si B n'est pas une partie bornée de E, il existe i tel que $\sup_{x \in B} \|x\|_i = +\infty$; on peut donc construire une suite (x_n) de B telle que $\|x_n\|_i \geq n$; prenons $\lambda_n = 1/n$, on a alors $\|\lambda_n x_n\|_i \geq 1$, ce qui prouve que la suite $(\lambda_n x_n)$ ne converge pas vers 0 bien que $\lim_{n\to\infty} \lambda_n = 0$.

EXERCICE 3.7.2

1. On pose

$$A_n = \max(1, \max_{0\le p\le n} a_{pn}, \max_{0\le p\le n} a_{np}),$$

on a alors

$$a_{pq} \le A_{\max(p,q)} \le A_p\, A_q \text{ car } A_n \ge 1.$$

2. Soit $(\|\bullet\|_q)$ une suite de semi-normes définissant la topologie de E, les quantités $a_{pq} = \sup_{x\in B_p} \|x\|_q$ sont finies, les ensembles B_p étant bornés. On pose $\varepsilon_p = 1/A_p$, alors

$$\sup_{x\in\varepsilon_p B_p} \|x\|_q = \varepsilon_p a_{pq} \le A_q,$$

d'où $\sup_{x\in B} \|x\|_q \le A_q$ où $B = \bigcup_{p=0}^{\infty} \varepsilon_p B_p$: ceci prouve que B est borné.

EXERCICE 3.7.3

Avec les notations de la proposition 3.5.1, on a en effet

$$\sup_{x\in A} \|x\|_i = \sup_{x\in A} \|f_\alpha(x)\|_i = \sup_{y\in f_\alpha(A)} \|y\|_i.$$

EXERCICE 3.7.4

L'espace $\mathcal{F}_s(X;\mathbb{K})$ étant séparé, toute partie relativement compacte est bornée (proposition 3.7.3). Réciproquement, soit A une partie bornée ; notons $pr_x : f \mapsto f(x)$ la projection d'indice $x \in X$; alors $pr_x(A)$ est borné dans $\mathbb{K}$ (proposition 3.7.2), donc relativement compact et le théorème de Tychonoff prouve que A est relativement compact.

EXERCICE 3.7.5

Posons $K = \{x \in F\,;\, \|x - a\| \le \|a\|\}$, cet ensemble est non vide ($0 \in K$), fermé et borné, donc compact, F étant de dimension finie. D'après le corollaire 2.33.13, il existe donc un point $x \in K$ tel que $\|a - x\| = d(a, K)$. Ceci prouve le résultat voulu car $d(a, K) = d(a, F)$: en effet, pour $y \in F$, $y \notin K$ on a $\|a - y\| > \|a\| \ge d(a, F)$.

Il n'y a évidemment aucun théorème d'unicité sans hypothèse supplémentaire. Par exemple, prenons $F = \mathbb{R}^2$ muni de la norme $\|(x_1, x_2)\| = \max(|x_1|, |x_2|)$, $E = \mathbb{R} \times \{0\}$ et $a = (0, 1)$; on a alors $d(a, F) = 1$ et $\|a - x\| = d(a, F)$, $x = (x_1, 0)$, signifie $|x_1| \le 1$.

EXERCICE 3.7.6

La condition est évidemment nécessaire. Réciproquement, supposons la sphère unité $S = \{x \in E\,;\, \|x\| = 1\}$ compacte. Montrons que la boule unité B est compacte, le théorème 3.7.4 permettra de conclure. Montrons que toute suite (x_n) de B admet une sous-suite convergente. Ceci est évident s'il existe une infinité d'entiers n tels que $x_n = 0$. On peut donc supposer tous les $x_n \ne 0$. Posons alors $y_n = (x_n/\|x_n\|, \|x_n\|) \in S \times [0, 1]$; l'espace $S \times [0, 1]$ étant compact, il existe une sous-suite (y_{n_k}) convergente et il en résulte que la sous-suite $x_{n_k} = (x_{n_k}/\|x_{n_k}\|) \times \|x_{n_k}\|$ converge, ce qui prouve le résultat voulu.

EXERCICE 3.7.7

1. Il existe une boule ouverte $B_J(a; r)$ ne rencontrant pas B ; alors $V = B_J(0; r/2)$ convient : en effet, si $(A + V) \cap (B + V)$ était non vide, il existerait $a \in A$, $b \in B$ et

$u, v \in V$ tels que $a + u = b + v$, d'où $b = a + w$ où $w = u - v \in B_J(0; r)$ et par conséquent $B \cap B_J(a; r)$ serait non vide.

2,a. On remarque que $\mathcal{B} = (B + V)_{V \in \mathcal{V}(0)}$ est une base de filtre d'après la proposition 2.8.3 vu que

$$(B + V_1) \cap (B + V_2) \supset B + V_1 \cap V_2.$$

Supposons $A \cap (B + V) \neq \emptyset$ quel que soit $V \in \mathcal{V}(0)$, alors $\mathcal{B}$ admettrait une trace sur A et, A étant compact, le filtre induit admettrait un point adhérent $a \in A$. Ce point serait a fortiori adhérent au filtre de base $\mathcal{B}$ et $(a + V) \cap (B + V)$ serait donc non vide quel que soit $V \subset \mathcal{V}(0)$, ce qui contredit 1.

b. D'après a., il existe une boule ouverte $B_J(0; r)$ telle que

$$A \cap (B + B_J(0; r)) = \emptyset.$$

Montrons alors que $V = B_J(0; r/2)$ convient. Raisonnons par l'absurde. Supposons que $(A+V) \cap (B+V) \neq \emptyset$; alors, il existe $a \in A$, $b \in B$ et $u, v \in V$ tels que $a+u = b+v$, d'où $a = b + w$ où $w = v - u \in B_J(0; r)$ et par conséquent $A \cap (B + B_J(0; r))$ est non vide, ce qui est absurde.

EXERCICE 3.8.1

1. On considère l'application $h : u \in E \mapsto tu + (1 - t)y \in E$. Cette application est un homéomorphisme tel que $h(x) = z$ et par conséquent $h(C)$ est un voisinage de z. L'ensemble C étant convexe $h(C) \subset C$, ce qui prouve que C est un voisinage de z, soit $z \in \mathring{C}$.

2. On considère l'homothétie $k : E \to E$ de centre z qui transforme x en y ; k est de la forme $u \mapsto \lambda z + (1 - \lambda)u$ où λ est déterminé par la condition $\lambda z + (1 - \lambda)x = y$, soit $\lambda = 1/(1 - t)$. Alors, $k(\mathring{C})$ est un voisinage ouvert de y qui rencontre donc C : il existe $a \in \mathring{C}$ tel que $k(a) \in C$. On a $\lambda z + (1 - \lambda)a = k(a)$, soit

$$z = \frac{1}{\lambda}k(a) + (1 - \frac{1}{\lambda})a = ta + (1 - t)k(a)$$

et d'après 1. on en déduit que $z \in \mathring{C}$.

3. Soient $x, y \in \mathring{C}$, d'après 1. $]x, y[\subset \mathring{C}$, ce qui signifie que $\mathring{C}$ est convexe.

4. Étant donné que $\overline{\mathring{C}} \subset \overline{C}$, il s'agit de démontrer que $\overline{C} \subset \overline{\mathring{C}}$. Soit $y \in \overline{C}$, il existe $x \in \mathring{C}$ et d'après 2., $]x, y[\subset \mathring{C}$. Soit $B_J(y; r)$ une boule ouverte centrée au point y et soit $z = tx + (1 - t)y$, on a $\|z - y\|_J = t\,\|x - y\|_J$, d'où $z \in B_J(y; r)$ pour $t > 0$ suffisamment petit, ce qui prouve que y est adhérent à $\mathring{C}$ et ceci prouve l'inclusion voulue.

Il s'agit de vérifier l'inclusion $\mathring{\overline{C}} \subset \mathring{C}$. Soit $x \in \mathring{\overline{C}}$ et soit $B_J(x; r)$ une boule ouverte centrée au point x telle que $B_J(x; r) \subset \overline{C}$. Étant donné que $x \in \mathring{\overline{C}} \subset \overline{C} = \overline{\mathring{C}}$, cette boule rencontre $\mathring{C}$: il existe $y \in B_J(x; r) \cap \mathring{C}$. Posons $z = 2x - y$, soit $x = (y + z)/2$. On a alors $\|z - x\|_J = \|y - x\|_J < r$, c'est-à-dire $z \in B_J(x; r)$, d'où $z \in \overline{C}$ et, vu que $y \in \mathring{C}$, 2. montre que $x \in \mathring{C}$, ce qui prouve le résultat voulu.

EXERCICE 3.8.2

1. Supposons la fonction f continue ; soit $a \in C$, il existe un voisinage ouvert O de a contenu dans C tel que $f(O) \subset [f(a) - 1, f(a) + 1]$, d'où $f(x) \leq f(a) + 1$ pour tout $x \in O$.

Réciproquement, on suppose qu'il existe un ouvert non vide $O \subset C$ tel que $f(x) \leq M$ pour $x \in O$.

Montrons d'abord que f est continu en tout point de O ; par translation, on peut supposer qu'il s'agit de l'origine et que $f(0) = 0$. Il existe alors une boule ouverte $B_J(0; r) \subset O$, $r > 0$, soit $f(x) \leq M$ pour $\|x\|_J < r$. Soit $0 < \varepsilon < 1$, on a pour $\|x\|_J < r$ (f étant convexe)

$$f(\varepsilon x) \leq \varepsilon f(x) + (1 - \varepsilon) f(0) \leq \varepsilon M \text{ et } 0 \leq f(\varepsilon x) + f(-\varepsilon x),$$

d'où $|f(\varepsilon x)| \leq \varepsilon M$ pour $\|x\|_J < r$ et par conséquent $|f(x)| \leq \varepsilon M$ pour $\|x\|_J \leq \varepsilon r$, ce qui prouve la continuité de f à l'origine.

On vérifie ensuite que f est majoré au voisinage de tout point $x \in C$. Comme précédemment, on suppose $0 \in O$ et $|f(z)| \leq M$ pour $z \in O$. Le convexe C étant ouvert, il existe $t > 1$ tel que $y = tx \in C$. Utilisons l'homothétie $h : u \mapsto x + (1 - 1/t)u$ de centre y qui transforme 0 en x ; $h(O)$ est un voisinage ouvert de x contenu dans C et, pour $z \in h(O)$, on a

$$z = \frac{y}{t} + (1 - \frac{1}{t}) h^{-1}(z),$$

d'où $f(z) \leq (1/t) f(y) + (1 - 1/t) M$, ce qui prouve que f est majoré sur $h(O)$.

2. Lorsque E est de dimension finie n, on peut trouver $n + 1$ points $(x_i)_{0 \leq i \leq n}$ de C tels que l'ouvert convexe

$$O = \{x = \sum_{i=0}^{n} \lambda_i x_i \,;\, 0 < \lambda_i < 1 \text{ et } \sum_{i=0}^{n} \lambda_i = 1\}$$

soit non vide. Pour $x \in O$, on a alors

$$f(x) \leq \sum_{i=0}^{n} \lambda_i f(x_i) \leq \sum_{i=0}^{n} f(x_i),$$

ce qui prouve que f est majoré sur O, donc continu d'après 1.

EXERCICE 3.9.1

1. On a $\sup_{x \in X} |f(x)| = +\infty$ et pour $\lambda, \mu \in \mathbb{R}$, $\lambda \neq \mu$,

$$d_1(\lambda f, \mu f) = \sup_{x \in X} |\lambda f(x) - \mu f(x)| = |\lambda - \mu| \times \sup_{x \in X} |f(x)| = +\infty,$$

d'où $d_2(\lambda f, \mu f) = 1$. Ceci montre que sur la droite engendrée par f la topologie $\mathcal{T}_u$ induit la topologie discrète.

2. Si E est un sous-espace vectoriel de l'espace $\mathcal{F}_b(X; \mathbb{R})$ de toutes les fonctions bornées, la topologie $\mathcal{T}_u$ est une topologie d'e.v.t. et même d'espace normé. Réciproquement, si E muni de la topologie $\mathcal{T}_u$ est une topologie d'e.v.t. et s'il existe une fonction $f \in E$ non bornée, la topologie discrète sur la droite engendrée par f serait une topologie d'e.v.t., ce qui est absurde.

EXERCICE 3.9.2

Il est clair que $f(0) = 0$, l'application f est bornée et préserve les distances (exercice 2.27.7). Comparons $f(2x)$ et $2f(x)$, c'est-à-dire

$$y \mapsto \|2x - y\| - \|y\| \text{ et } y \mapsto 2\|x - y\| - 2\|y\|.$$

Les valeurs de ces fonctions au point $y = x$ sont respectivement 0 et $-2\|x\|$, d'où $f(2x) \neq 2f(x)$ si $x \neq 0$: l'application f n'est pas linéaire. Ceci n'est nullement contradictoire avec le résultat de l'exercice 3.3.5 qui suppose f surjective.

EXERCICE 3.9.3 POLYNÔME DE MEILLEURE APPROXIMATION

1,a. Si $x_0 = b$, on a $-\|g\| < g(x) \leq \|g\|$ pour tout $a \leq x \leq b$ et il existe donc $\delta > 0$ tel que $-\|g\|+\delta \leq g(x) \leq \|g\|$. Si $Q = P + \delta/2$, on a $\|f - Q\| = \|g - \delta/2\| = \|g\| - \delta/2$ et ceci est en contradiction avec le fait que P est un polynôme de meilleure approximation.

b. D'après la définition de x_0 et le fait que $g(x_0) > 0$, il suffit de remarquer que, pour $a \leq x \leq x_0$, $-\|g\| < g(x) \leq \|g\|$.

c. La fonction Q ne s'annule pas sur $[a, \xi_1[$; vu que $Q(x_0) > 0$, elle est > 0 sur cet intervalle. Si $\delta > 0$ est suffisamment petit, $g(x_0) - \delta Q(x_0) > 0$. Il en résulte que $g(y_0) - \delta Q(y_0) > 0$, donc $y_0 \neq \xi_1$ car $g(\xi_1) = Q(\xi_1) = 0$ et par conséquent $Q(y_0) > 0$. On en déduit que

$$\max_{a \leq x \leq \xi_1} (g(x) - \delta Q(x)) < g(y_0) \leq \|g\|.$$

Il existe par ailleurs $\eta > 0$ tel que $g(x) \geq -\|g\| + \eta$ sur $[a, \xi_1]$, d'où

$$g(x) - \delta Q(x) \geq -\|g\| + \eta - \delta\|Q\|$$

et par conséquent

$$\min_{a \leq x \leq \xi_1} (g(x) - \delta Q(x)) \geq -\|g\| + \eta/2 \text{ pour } \delta > 0 \text{ suffisamment petit.}$$

Ceci prouve que, pour $\delta > 0$ suffisamment petit,

$$\max_{a \leq x \leq \xi_1} |g(x) - \delta Q(x)| < \|g\|.$$

Considérons ensuite l'intervalle $[\xi_i, \xi_{i+1}]$. Pour fixer les idées, supposons $g(x_i) > 0$, c'est-à-dire i pair. Il en résulte que $Q(x_i) > 0$ et, sur l'intervalle $[\xi_i, \xi_{i+1}]$, Q ne s'annulant qu'aux points ξ_i et ξ_{i+1}, Q est > 0 sur $]\xi_i, \xi_{i+1}[$. En choisissant un point $y_i \in [\xi_i, \xi_{i+1}]$ tel que

$$g(y_i) - \delta Q(y_i) = \max_{\xi_i \leq x \leq \xi_{i+1}} g(x - \delta Q(x))$$

et, en raisonnant comme précédemment, pour $\delta > 0$ suffisamment petit on obtient

$$\max_{\xi_i \leq x \leq \xi_{i+1}} (g(x) - \delta Q(x)) < g(y_i) \leq \|g\|.$$

Vu que la fonction g ne prend pas la valeur $-\|g\|$ sur l'intervalle $[\xi_i, \xi_{i+1}]$, il existe $\eta > 0$ tel que $g(x) \geq -\|g\| + \eta$ sur $[\xi_i, \xi_{i+1}]$ et le raisonnement se poursuit comme dans le cas précédent.

Nous laissons le soin au lecteur de s'assurer que tous les autres cas se traitent de la même façon.

2. Soit $0 \leq \lambda \leq 1$, alors

$$\|f - (\lambda P_1 + (1-\lambda)P_2)\| \leq \lambda\|f - P_1\| + (1-\lambda)\|f - P_2\| = d(f, E_n).$$

En prenant $\lambda = 1/2$, on obtient

$$f(x_i) - \frac{P_1 + P_2}{2}(x_i) = \pm\|f - P\|,$$

c'est-à-dire

$$\frac{1}{2}(f(x_i) - P_1(x_i)) + \frac{1}{2}(f(x_i) - P_2(x_i)) = \pm\|f - P\|.$$

Étant donné que $|f(x_i) - P_j(x_i)| \leq \|f - P\|$, on a nécessairement

$$f(x_i) - P_1(x_i) = f(x_i) - P_2(x_i),$$

d'où $P_1(x_i) = P_2(x_i)$ pour $1 \leq i \leq n$, soit $P_1 = P_2$ vu que ce sont des polynômes de degré $\leq n$.

EXERCICE 3.9.4

On a $|a_n f(x_n)| \leq \|f\| \times |a_n|$, la série $\sum_{n=0}^{\infty} a_n f(x_n)$ est donc absolument convergente et $|T(f)| \leq \|f\| \sum_{n=0}^{\infty} |a_n|$. Ceci montre que T est une forme linéaire continue de norme

$\leq \sum_{n=0}^{\infty} |a_n|$. Montrons que la norme de T est en fait égale à $\sum_{n=0}^{\infty} |a_n|$. Soit $\varepsilon > 0$, il existe une partie finie A de $\mathbb{N}$ tel que $\sum_{n \notin A} |a_n| \leq \varepsilon$. L'espace X étant séparé, il existe pour $n \in A$ des voisinages V_n de x_n disjoints deux à deux. L'espace X étant normal, il existe (théorème 2.36.1) des fonctions continues $f_n : X \to [0,1]$, $n \in A$, telles que $f_n(x_n) = 1$ et $f(x) = 0$ pour $x \in X - V_n$. Posons $\varepsilon_n = 1$ si $a_n \geq 0$ et $\varepsilon_n = -1$ si $a_n < 0$, puis $f = \sum_{n \in A} \varepsilon_n f_n$. Alors, $f \in E$, $\|f\| = 1$ et

$$Tf = \sum_{n \in A} |a_n| + R_n \text{ où } |R_n| \leq \sum_{n \notin A} |a_n| \leq \varepsilon,$$

d'où

$$|Tf| \geq \sum_{n \in A} |a_n| - \varepsilon \geq \sum_{n=0}^{\infty} |a_n| - 2\varepsilon.$$

Ceci prouve que $\|T\| \geq \sum_{n=0}^{\infty} |a_n| - 2\varepsilon$ et ceci étant vrai pour tout $\varepsilon > 0$, on en déduit que $\|T\| \geq \sum_{n=0}^{\infty} |a_n|$, d'où le résultat voulu.

Note Une forme linéaire et continue sur E est appelée une mesure de Radon, on a ici un exemple particulier d'une mesure de Radon sur un espace compact.

EXERCICE 3.9.5

1,a. Montrons d'abord que toute fonction $f \in c_0(X; E)$ est bornée. Dire que f appartient à l'espace $c_0(X; E)$ signifie que, pour toute partie finie J de I et tout $\varepsilon > 0$, il existe un compact $K \subset X$ tel que

$$x \in X - K \Rightarrow \|f(x)\|_J \leq \varepsilon$$

et il suffit d'écrire cette condition pour les J réduits à un élément, une réunion finie de compacts dans un espace séparé étant compacte. Pour $i \in I$, il existe donc un compact $K \subset X$ tel que $\|f(x)\|_i \leq 1$ pour $x \in X - K$; la fonction continue f étant bornée sur le compact K, il existe une constante $M \geq 0$ telle que $\|f(x)\|_i \leq M$ pour $x \in K$, d'où $\sup_{x \in X} \|f(x)\|_i \leq \max(1, M)$, ce qui prouve que f est borné.

b. Vérifions que $c_0(X; E)$ est un sous-espace vectoriel de l'espace $\mathcal{C}_b(X; E)$. Soient $f_1, f_2 \in c_0(X; E)$, $\lambda_1, \lambda_2 \in \mathbb{K}$; soient $i \in I$, $\varepsilon > 0$, il existe des compacts K_1 et K_2 de X tels que

$$\|f_1(x)\|_i \leq \varepsilon \text{ pour } x \in X - K_1 \text{ et } \|f_2(x)\|_i \leq \varepsilon \text{ pour } x \in X - K_2.$$

Alors $K = K_1 \cup K_2$ est compact et

$$\|(\lambda_1 f_1 + \lambda_2 f_2)(x)\|_i \leq (|\lambda_1| + |\lambda_2|)\, \varepsilon \text{ pour tout } x \in X - K,$$

ce qui prouve que $\lambda_1 f_1 + \lambda_2 f_2$ appartient à l'espace $c_0(X; E)$.

c. Montrons enfin que $c_0(X; E)$ est fermé danx l'espace $\mathcal{C}_b(X; E)$. Soit $f \in \mathcal{C}_b(X; E)$ une fonction adhérente à $c_0(X; E)$. Pour tout $i \in I$ et tout $\varepsilon > 0$, il existe donc $g \in c_0(X; E)$ tel que $\sup_{x \in X} \|f(x) - g(x)\|_i \leq \varepsilon$ et il existe un compact $K \subset X$ tel que $\sup_{x \in X - K} \|g(x)\|_i \leq \varepsilon$, d'où $\sup_{x \in X - K} \|f(x)\|_i \leq 2\varepsilon$, ce qui prouve que f appartient à l'espace $c_0(X; E)$ qui est donc fermé.

d. Quant à l'espace $\mathcal{C}_0(X; E)$, si $f : X \to E$ est une fonction continue à support compact, f est nul sur $X - \operatorname{supp}(f)$, donc f appartient à l'espace $c_0(X; E)$ et par conséquent $\mathcal{C}_0(X; E) \subset c_0(X; E)$. En outre, $\mathcal{C}_0(X; E)$ est un sous-espace vectoriel de l'espace $c_0(X; E)$ car

$$\operatorname{supp}(\lambda f) = \operatorname{supp}(f) \text{ si } \lambda \in \mathbb{K}, \lambda \neq 0, \text{ et } \operatorname{supp}(f + g) \subset \operatorname{supp}(f) \cup \operatorname{supp}(g),$$

la seconde inclusion résultant simplement du fait que

$$f(x) = g(x) = 0 \Rightarrow (f + g)(x) = 0$$

et de ce que supp $(f) \cup$ supp (g) est fermé, car compact.

2. Soit $f \in c_0(X; E)$ et soit $\varepsilon > 0$, il existe un compact K de X tel que $\|f(x)\| \leq \varepsilon$ pour $x \in X - K$. D'après le corollaire 2.36.6, il existe une fonction $\varphi \in \mathcal{C}_0(X; [0, 1])$ telle que $\varphi(x) = 1$ pour $x \in K$. Considérons alors la fonction φf ; c'est une fonction continue à support compact et $\|f(x) - (\varphi f)(x)\| \leq \varepsilon$ pour tout $x \in X$, soit $\|f - \varphi f\|_\infty \leq \varepsilon$ en notant $\|\bullet\|_\infty$ la norme de la topologie de la convergence uniforme. Ceci prouve que $\mathcal{C}_0(X; E)$ est dense dans $c_0(X; E)$.

EXERCICE 3.9.6

1. résulte du fait que les parties compactes de I pour la topologie discrète sont les parties finies de I. D'après l'exercice 3.9.5, $c_0(I; E)$ est un sous-espace fermé de l'espace $l^\infty(I; E)$; si E est un espace de Banach, l'espace $l^\infty(I; E)$ est un espace de Banach d'après le théorème 3.9.5 et il en est donc de même du sous-espace fermé $c_0(I; E)$.

2. L'application linéaire $f \mapsto f(\omega)$ de $\mathcal{C}_u(\overline{I}; E)$ dans E est continue car

$$\|f(\omega)\| \leq \sup_{i \in \overline{I}} \|f(i)\| = \|f\|$$

et F est le noyau de cette application : F est par conséquent un sous-espace vectoriel fermé de l'espace $\mathcal{C}_u(\overline{I}; E)$.

3. Il est clair que l'application $\Phi : f \mapsto \hat{f}$ de $l^\infty(I; E)$ dans $l^\infty(\overline{I}; E)$ est linéaire, injective et que $\|f\| = \|\hat{f}\|$.

Lorsque f appartient à l'espace $c_0(I; E)$, montrons d'abord que $\hat{f}$ appartient à F, c'est-à-dire que $\hat{f}$ est continu. Toute fonction de $\overline{I}$ dans E est continue en tout point de I car les points de I sont des ensembles ouverts. Il s'agit donc de vérifier la continuité de $\hat{f}$ au point à l'infini ω. Or, l'ensemble des voisinages du point ω coïncide avec l'ensemble des parties de la forme $\overline{I} - J$ où J décrit l'ensemble des parties finies de I ; la continuité de $\hat{f}$ au point ω signifie précisément que f appartient à l'espace $c_0(I; E)$. Ceci montre en outre que l'application Φ de $c_0(I; E)$ dans F est surjective et Φ est donc bien une isométrie linéaire de $c_0(I; E)$ sur F.

4. A est relativement compact dans $c_0(I; E)$ si, et seulement si, $\Phi(A)$ est relativement compact dans F, donc dans $\mathcal{C}_u(\overline{I}; E)$ vu que F est fermé dans cet espace. D'après le théorème d'Ascoli, ceci signifie donc que A vérifie a. et que $\Phi(A)$ est équicontinu. Les points de I étant ouverts, tout ensemble de fonctions de $\overline{I}$ dans E est équicontinu en tout point de I. Quant à l'équicontinuité au point à l'infini ω, vu la structure des voisinages de ce point on constate qu'il s'agit exactement de la propriété b. Ceci prouve le résultat souhaité.

EXERCICE 3.9.7 ESPACE DES FONCTIONS HÖLDÉRIENNES

1. Toute fonction μ-höldérienne est continue d'après l'inégalité

$$\|f(x) - f(y)\| \leq c\, d(x, y)^\mu$$

et il est immédiat de vérifier que $\mathcal{C}^{0,\mu}(X; E)$ est un sous-espace vectoriel de l'espace $\mathcal{C}(X; E)$.

2. On vérifie aisément que $\|\bullet\|_a$ est une norme : en particulier, $\|f\|_a = 0$ implique $f(a) = 0$ et f constante, donc $f = 0$. Toutes ces normes sont équivalentes : en effet, soit $a, b \in X$, on a

$$\|f(a)\| \leq \|f(b)\| + d(a, b)^\mu \, \frac{\|f(a) - f(b)\|}{d(a, b)^\mu},$$

d'où $\|f\|_a \leq C \, \|f\|_b$ où $C = 1 + d(a, b)^\mu$.

3. Soit (f_n) une suite de Cauchy dans l'espace $\mathcal{C}^{0,\mu}(X;E)$:

$$(\forall \varepsilon > 0)(\exists n \in \mathbb{N})(\forall p, q \in \mathbb{N})((p \geq n \text{ et } q \geq n) \Rightarrow \|f_p - f_q\|_a \leq \varepsilon).$$

Il en résulte que la suite $(f_n(a))$ est de Cauchy dans E et ceci étant vrai quel que soit a, la suite (f_n) converge simplement ; notons f sa limite. On a, pour $p \geq n$ et $q \geq n$,

$$\|f_p(x) - f_q(x) - (f_p(y) - f_q(y))\| \leq \varepsilon\, d(x,y)^\mu$$

et en faisant tendre q vers l'infini

$$\|f_p(x) - f(x) - (f_p(y) - f(y))\| \leq \varepsilon\, d(x,y)^\mu,$$

ce qui prouve que $f_p - f$ appartient à l'espace $\mathcal{C}^{0,\mu}(X;E)$, d'où $f \in \mathcal{C}^{0,\mu}(X;E)$, et que la suite (f_n) converge vers f dans $\mathcal{C}^{0,\mu}(X;E)$.

4. Si X est un espace métrique borné, notons d son diamètre. On a alors

$$\|f(x)\| \leq \|f(a)\| + \|f(x) - f(a)\| \leq \|f(a)\| + d^\mu \sup_{y \neq z} \frac{\|f(y) - f(z)\|}{d(y,z)^\mu},$$

d'où $\sup_{x \in X} \|f(x)\| \leq \max(1, d^\mu)\|f\|_a$, ce qui prouve le résultat voulu.

EXERCICE 3.9.8

1. Soit $(\|\bullet\|_i)_{i \in I}$ une famille de semi-normes définissant la topologie de F. Une fonction $f : X \times Y \to F$ appartient à l'espace $\mathcal{F}_{b,\mathcal{A}\times\mathcal{B}}(X \times Y; F)$ si, et seulement si, pour tout $i \in I$ et tout $A \times B \in \mathcal{A} \times \mathcal{B}$,

$$\|f\|_{i,A\times B} = \sup_{(x,y)\in A\times B} \|f(x,y)\|_i$$

est fini. Quant à la fonction $\Phi(f)(x) = f(x, \bullet)$, elle appartient à l'espace $\mathcal{F}_{b,\mathcal{B}}(Y;F)$ si, et seulement si,

$$\|\Phi(f)(x)\|_{i,B} = \sup_{y \in B} \|f(x,y)\|_i$$

est fini pour tout i et tout $B \in \mathcal{B}$; la topologie de l'espace $\mathcal{F}_{b,\mathcal{B}}(Y;F)$ étant définie par ces semi-normes $\|\bullet\|_{i,B}$, la fonction $\Phi(f)$ appartient alors à l'espace $\mathcal{F}_{b,\mathcal{A}}(X; \mathcal{F}_{b,\mathcal{B}}(Y;F))$ si, et seulement si,

$$\|\Phi(f)\|_{i,A,B} = \sup_{x\in A} \sup_{y \in B} \|f(x,y)\|_i$$

est fini. Étant donné que la famille de semi-normes $\|\bullet\|_{i,A\times B}$ (resp. $\|\bullet\|_{i,A,B}$) définit la topologie de l'espace $\mathcal{F}_{b,\mathcal{A}\times\mathcal{B}}(X \times Y;F)$ (resp. $\mathcal{F}_{b,\mathcal{A}}(X;\mathcal{F}_{b,\mathcal{B}}(Y;F))$), la relation

$$\|f\|_{i,A\times B} = \|\Phi(f)\|_{i,A,B}$$

prouve que Φ est un isomorphisme entre ces deux espaces.

2. Soient $\mathcal{K}_X$, $\mathcal{K}_Y$ et $\mathcal{K}_{X\times Y}$ l'ensemble des parties compactes non vides de X, Y et $X \times Y$ respectivement, on a $\mathcal{K}_X \times \mathcal{K}_Y \subset \mathcal{K}_{X\times Y}$ et tout compact K de $X \times Y$ est contenu dans un compact de la forme $K_1 \times K_2 \in \mathcal{K}_X \times \mathcal{K}_Y$: les espaces X et Y étant séparés, il suffit de prendre $K_i = pr_i(K)$. Ceci montre que les espaces $\mathcal{F}_{b,\mathcal{K}_{X\times Y}}(X \times Y;F)$ et $\mathcal{F}_{b,\mathcal{K}_X\times\mathcal{K}_Y}(X \times Y;F)$ coïncident et que les familles de semi-normes définissant la topologie de ces espaces sont équivalentes. Le résultat demandé résulte alors de 1.

EXERCICE 3.9.9

1. Notons g_x l'application $y \mapsto f(x,y)$; cette application est continue : $g_x \in \mathcal{C}(Y;F)$. Montrons que l'application $x \mapsto g_x$ de X dans $\mathcal{C}_c(Y;F)$ est continue en tout point $a \in X$.

Soient $(\|\bullet\|_i)_{i\in I}$ une famille de semi-normes définissant la topologie de F, J une partie finie de I et $\varepsilon > 0$. Pour tout $y \in Y$, il existe un voisinage ouvert $V_b \times W_b$ de (a,b) tel que

$$\|f(x,y) - f(a,b)\|_J \leq \varepsilon \text{ pour } (x,y) \in V_b \times W_b.$$

Étant donné un compact K de Y, le recouvrement ouvert $(W_b)_{b\in K}$ de K contient un sous-recouvrement fini $(W_b)_{b\in L}$, L partie finie de K. On pose $V = \bigcap_{b\in L} V_b \in \mathcal{V}(a)$; si $(x,y) \in V \times K$, il existe $b \in K$ tel que $(x,y) \in V_b \times W_b$, d'où

$$\|f(x,y) - f(a,b)\|_J \leq \varepsilon \text{ et } \|f(a,y) - f(a,b)\|_J \leq \varepsilon,$$

soit $\|f(x,y) - f(a,y)\|_J \leq 2\varepsilon$ et par conséquent

$$\|g_x - g_a\|_{J,K} = \sup_{y\in K} \|f(x,y) - f(a,y)\|_J \leq 2\varepsilon \text{ pour tout } x \in V,$$

ce qui prouve la continuité au point a de l'application $x \mapsto g_x$.

2. Soient $(a,b) \in X \times Y$, J une partie finie de I, $\varepsilon > 0$ et K une partie compacte de Y. D'après la continuité au point a de l'application $x \mapsto g_x$ de X dans $\mathcal{C}_c(Y\,;F)$, il existe un voisinage $V \in \mathcal{V}(a)$ tel que

$$x \in V \Rightarrow \sup_{y\in K} \|f(x,y) - f(a,y)\|_J \leq \varepsilon$$

et l'application $y \mapsto f(a,y)$ étant continue au point b, il existe un voisinage $W \in \mathcal{V}(b)$ tel que

$$y \in W \Rightarrow \|f(a,y) - f(a,b)\|_J \leq \varepsilon.$$

On en déduit que

$$(x,y) \in V \times (W \cap K) \Rightarrow \|f(x,y) - f(a,b)\|_J \leq 2\varepsilon.$$

En prenant $b \in K$, ceci montre que la restriction de f à $X \times K$ est continue au point (a,b) et en prenant pour K un voisinage compact de b (l'espace Y est localement compact) on en déduit que f est continu au point (a,b).

3. D'après l'exercice 3.9.8, l'application Φ est un isomorphisme de $\mathcal{F}_{b,\mathcal{K}}(X \times Y; F)$ sur $\mathcal{F}_{b,\mathcal{K}}(X; \mathcal{F}_{b,\mathcal{K}}(Y;F))$. D'après 1. et 2., Φ induit une bijection de $\mathcal{C}(X \times Y; F)$ sur $\mathcal{C}(X; \mathcal{C}_c(Y;F))$ et il en résulte que Φ est un isomorphisme de $\mathcal{C}_c(X \times Y; F)$ sur $\mathcal{C}_c(X; \mathcal{C}_c(Y;F))$.

EXERCICE 3.9.10

L'espace X peut s'écrire comme la réunion d'une suite (O_n) d'ouverts relativement compacts telle que $\overline{O}_n \subset O_{n+1}$ (exercice 2.35.10). D'après la proposition 2.36.5, il existe des fonctions continues $\varphi_n : X \to [0,1]$ telles que $\varphi_n = 1$ sur $\overline{O}_n$ et $\varphi_n = 0$ sur $X - O_{n+1}$; on notera que φ_n est à support compact, car contenu dans $\overline{O}_{n+1}$. Soit $f \in \mathcal{C}(X;\mathbb{R})$, alors la fonction $f_n = \varphi_n f$ est continue à support compact et la suite (f_n) converge vers f uniformément sur tout compact : en effet, si K est un compact de X, il existe un entier n_0 tel que $K \subset O_n$ pour $n \geq n_0$, d'où $\sup_{x\in K} |(f - f_n)(x)| = 0$ et ceci prouve le résultat voulu.

3.37 Exercices du chapitre 3.B

EXERCICE 3.10.1 APPLICATION MULTILINÉAIRE CONTINUE

a. Vérifions d'abord l'équivalence des propriétés 1., 2. et 3.

$1 \Rightarrow 2$ est clair.

$2 \Rightarrow 3$ L'application T étant continue à l'origine, il existe une constante $c \geq 0$ telle que $\|T(x_1,\ldots,x_n)\| \leq c$ si $\|x_i\| \leq 1$ pour tout $1 \leq i \leq n$. Supposons les x_i non nuls, on en déduit

$$\|T(x_1/\|x_1\|, \dots, x_n/\|x_n\|)\| \leq c,$$

d'où $\|T(x_1, \dots, x_n)\| \leq c\,\|x_1\| \times \dots \times \|x_n\|$ d'après le caractère multilinéaire de T.

$3 \Rightarrow 1$ Montrons que T est continu au point $a = (a_1, \dots, a_n) \in E$. On a la formule

$$A \equiv T(a_1 + x_1, \dots, a_n + x_n) - T(a_1, \dots, a_n) = \sum_I T(y_I)$$

où I décrit l'ensemble des parties non vides de $[1, n]$ et y_I désigne le point de E

$$y_i = x_i \text{ si } i \in I, y_i = a_i \text{ si } i \in [1, n] - I.$$

Soit $0 < \varepsilon < 1$, supposons $\|x_i\| \leq \varepsilon$, on a alors

$$\|T(y_I)\| \leq c \prod_{i \notin I} \|a_i\| \times \varepsilon^p \leq c'\,\varepsilon$$

où $p \geq 1$ est le nombre d'éléments de I, d'où $\|A\| \leq c''\,\varepsilon$ et ceci prouve la continuité de T au point a.

b. On munit l'espace E de la norme $\|x\| = \max_{1 \leq i \leq n} \|x_i\|$. Il est évident que

$$\|T\| = \sup_{\|x\| \leq 1} \|Tx\|$$

est une norme sur l'espace $\mathcal{L}(E_1, \dots, E_n; F)$. La topologie ainsi définie sur $\mathcal{L}(E_1, \dots, E_n; F)$ est la topologie de la $\mathcal{A}$-convergence où $\mathcal{A}$ désigne l'ensemble des parties bornées de E. En effet, si A est une partie bornée de E, il existe $r > 0$ tel que $A \subset B'(0; r) = \{x \in E\,;\, \|x\| \leq r\}$ et on en déduit que

$$\sup_{x \in A} \|Tx\| \leq \sup_{\|x\| \leq r} \|Tx\| = r^n\,\|T\|.$$

c. On vérifie ensuite que $\mathcal{L}(E_1, \dots, E_n; F)$ est un sous-espace fermé de l'espace $\mathcal{C}_{b,\mathcal{A}}(E; F)$. Le raisonnement est analogue à celui fait pour prouver le théorème 3.10.1. Soient $x \in E$, $y_i \in E_i$ et $\lambda, \mu \in \mathbb{K}$, les applications de $\mathcal{C}_{b,\mathcal{A}}(E; F)$ dans F

$$T \mapsto T(x_1, \dots, x_{i-1}, \lambda x_i + \mu y_i, x_{i+1}, \dots, x_n)$$

et

$$T \mapsto \lambda T(x) + \mu T(x_1, \dots, x_{i-1}, y_i, x_{i+1}, \dots, x_n)$$

sont continues car la topologie de la $\mathcal{A}$-convergence est plus fine que la topologie de la convergence simple (proposition 3.9.1) et coïncident sur $\mathcal{L}(E_1, \dots, E_n; F)$, donc sur son adhérence d'après le principe du prolongement des identités, ce qui prouve que tout point adhérent à $\mathcal{L}(E_1, \dots, E_n; F)$ pour la topologie de la $\mathcal{A}$-convergence est une application multilinéaire continue. Ceci montre que $\mathcal{L}(E_1, \dots, E_n; F)$ est fermé dans $\mathcal{C}_{b,\mathcal{A}}(E; F)$. Lorsque F est un Banach, il en résulte que $\mathcal{L}(E_1, \dots, E_n; F)$ est un Banach d'après la proposition 3.9.4.

EXERCICE 3.10.2

Notons $(e_j)_{j \in J_i}$, J_i fini, une base de E_i, tout $x_i \in E_i$ s'écrit

$$x_i = \sum_{j \in J_i} x_{ij} e_j,\; x_{ij} \in \mathbb{K},$$

et par conséquent

$$T(x_1, \dots, x_n) = \sum_{j_1 \in J_1} \dots \sum_{j_n \in J_n} x_{1\,j_1} \times \dots \times x_{n\,j_n} T(e_{j_1}, \dots, e_{j_n}).$$

Les projections $(x_1, \dots, x_n) \mapsto x_i$ de $\prod_{i=1}^n E_i$ dans E_i sont continues, les formes linéaires $x_i \in E_i \mapsto x_{ij} \in \mathbb{K}$ ($j \in J_i$) sont continues ; F étant un e.v.t., la continuité de T résulte simplement de la continuité de l'application multilinéaire $S : \mathbb{K}^n \to \mathbb{K}$ définie par

$$S(y_1, \ldots, y_n) = y_1 \times \ldots \times y_n,$$

continuité qu'on peut vérifier directement ou déduire du théorème 3.10.3.

EXERCICE 3.10.3

$1 \Rightarrow 2$ est clair.

$2 \Rightarrow 3$ Soit $(\|\bullet\|_i)_{i\in I}$ une famille de semi-normes définissant la topologie de G et soit $V = B_J(0; r)$, $J \in \mathcal{F}(I)$, $r > 0$, un voisinage de $0 \in G$. Il existe des voisinages A et B de l'origine dans E et F respectivement tels que

$$(x, y) \in A \times B \Rightarrow T(a + x, b + y) - T(a, b) \in V.$$

On peut alors écrire

$$T(x, y) = T(a + x, b + y) - T(a, b) - T(a, y) - T(x, b)$$

où

$$T(a, y) = T(a, b + y) - T(a, b) \in V \text{ et } T(x, b) = T(a + x, b) - T(a, b) \in V$$

lorsque $(x, y) \in A \times B$, d'où $T(x, y) \in B_J(0; 3r)$, ce qui prouve la continuité de T en $(0, 0)$.

$3 \Rightarrow 1$ Si T est continu en $(0, 0)$, montrons que T est continu en tout point $(a, b) \in E \times F$. Soit $V = B_J(0; r)$ un voisinage de $0 \in G$, il existe des voisinages A et B de l'origine dans E et F respectivement tels que $T(A \times B) \subset V$. Il existe $\lambda \geq 1$ tel que $a \in \lambda A$ et $b \in \lambda B$, on a alors

$$T(a, y) = T(a/\lambda, \lambda y) \in V \text{ si } \lambda y \in B$$

et de même $T(x, b) \in V$ si $\lambda x \in A$. En prenant A et B convexes, on a d'autre part

$$(\lambda x \in A \text{ et } \lambda y \in B) \Rightarrow (x, y) \in A \times B,$$

d'où $T(x, y) \in V$ si $\lambda x \in A$, $\lambda y \in B$. Vu que

$$T(a + x, b + y) - T(a, b) = T(a, y) + T(x, b) + T(x, y),$$

on en déduit

$$T(a + x, b + y) - T(a, b) \in V + V + V = B_J(0; 3r) \text{ pour } (x, y) \in (1/\lambda)(A \times B),$$

ce qui prouve le résultat voulu.

EXERCICE 3.10.4

L'application $\Phi(T)$ est évidemment linéaire et on a $\|T(x, y)\| \leq \|T\| \, \|x\| \, \|y\|$, d'où $\|T(x, \bullet)\| \leq \|T\| \, \|x\|$; ceci prouve que $\Phi(T)$ est continu de norme $\leq \|T\|$. Il en résulte que l'application linéaire Φ est de norme ≤ 1.

Définissons une application $\Psi : \mathcal{L}(E; \mathcal{L}(F; G)) \to \mathcal{L}(E, F; G)$ en posant, pour $S \in \mathcal{L}(E; \mathcal{L}(F; G))$,

$$\Psi(S) : (x, y) \in E \times F \to (Sx)(y) \in G.$$

Cette application $\Psi(S)$ est évidemment bilinéaire et elle est continue car

$$\|\Psi(S)(x, y)\| \leq \|S\| \, \|x\| \, \|y\| ,$$

inégalité qui montre en outre que $\Psi(S)$ est de norme $\leq \|S\|$. Il en résulte que l'application Ψ, évidemment linéaire, est continue de norme ≤ 1.

On remarque ensuite que Φ et Ψ sont des applications réciproques, soit

$$\Psi \circ \Phi = I_{\mathcal{L}(E,F;G)} \text{ et } \Phi \circ \Psi = I_{\mathcal{L}(E;\mathcal{L}(F;G))}.$$

On en déduit que $1 = \|\Psi \circ \Phi\| \leq \|\Psi\| \, \|\Phi\|$ et, vu que $\|\Psi\| \leq 1$, $\|\Phi\| \leq 1$, ceci montre que $\|\Psi\| = \|\Phi\| = 1$. Les applications Φ et Ψ sont donc des isométries linéaires réciproques l'une de l'autre.

EXERCICE 3.11.1

L'injection canonique $i : F \to E$ est linéaire continue et ne peut être ouverte (exercice 3.1.3) ; d'après le théorème de l'application ouverte (théorème 3.11.1), $i(F) = F$ est donc maigre dans E.

EXERCICE 3.11.2

Le sous-espace G est fermé dans E, donc dans F ; il en résulte que E et F induisent sur G deux topologies d'espaces de Fréchet ; ces topologies étant comparables, elles coïncident d'après le corollaire 3.11.4.

EXERCICE 3.11.3

1. Il s'agit de démontrer que la condition est suffisante. On suppose l'application $S \circ T$ continue. Soit (x_n) une suite de E convergeant vers 0 telle que la suite (Tx_n) converge vers y. Alors, la suite $((S \circ T)(x_n))$ converge vers $S(0)$ et $S(y)$; l'espace G étant séparé, $S(0) = S(y)$, d'où $y = 0$ d'après l'injectivité de S. L'application T est donc continue d'après le théorème du graphe fermé.

2. Si $\mathcal{T}_1$ désigne la topologie de F et si $\mathcal{T}_2$ est une topologie séparée moins fine que $\mathcal{T}_1$, on applique 1. en prenant pour S l'application identique $I_F : (F, \mathcal{T}_1) \to (F, \mathcal{T}_2)$.

EXERCICE 3.11.4

1 $\Rightarrow$ 2 Soit $S \in \mathcal{L}(F; E)$ un inverse à droite, alors T est surjective car $y = T(Sy)$. Montrons que E est la somme directe topologique de Ker T et Im S. Soit $x \in \text{Ker}\, T \cap \text{Im}\, S$, on a $Tx = 0$ et $x = Sy$, $y \in F$, d'où $y = T(Sy) = Tx = 0$ et par conséquent $x = 0$: Ker $T \cap$ Im $S = \{0\}$. Tout x de E peut s'écrire $x = S(Tx) + z$ où $S(Tx) \in$ Im S et $z = x - S(Tx)$ appartient au noyau de T car $Tz = Tx - (T \circ S)(Tx) = 0$. Ceci prouve le résultat voulu, le projecteur $x \mapsto S(Tx)$ étant continu.

2 $\Rightarrow$ 1 Notons G un supplémentaire topologique de Ker T ; G est un sous-espace fermé de E, donc un Fréchet. La restriction de T à G est une bijection linéaire et continue de G sur F, donc un isomorphisme d'après le théorème de Banach ; posons

$$S_0 = (T|_G)^{-1} : F \to G \text{ et } S = i \circ S_0,$$

$i : G \to E$ désignant l'injection canonique de G dans E. On définit ainsi une application linéaire et continue $S : F \to E$ qui est un inverse à droite de T.

EXERCICE 3.11.5

1 $\Rightarrow$ 2 Soit $S \in \mathcal{L}(F; E)$ un inverse à gauche, alors $Tx = 0$ implique $x = S(Tx) = 0$, d'où l'injectivité de T. On montre ensuite comme dans l'exercice 3.11.4 que F est la somme directe topologique de Ker S et Im T, le projecteur de F sur Im T étant simplement $T \circ S$.

2 $\Rightarrow$ 1 L'opérateur T induit une bijection linéaire continue de E sur Im T et ce sous-espace Im T admettant un supplémentaire topologique est fermé ; cette bijection est donc un isomorphisme d'après le théorème de Banach ; notons S_0 : Im $T \to E$ la bijection réciproque. Soit G un supplémentaire topologique de Im T et $P : F \to$ Im T le projecteur linéaire associé à la somme directe $F = \text{Im}\, T \oplus G$. On pose $S = S_0 \circ P \in \mathcal{L}(F; E)$; on a alors

$$(S \circ T)(x) = S_0(P(Tx)) = S_0(Tx) = x$$

car $P(Tx) = Tx$. Ceci prouve que S est un inverse à gauche de T.

EXERCICE 3.11.6

On vérifie d'abord que $\mathcal{T}$ est une bijection. Tout $z \in F$ peut s'écrire d'une manière unique $y - y'$ où $y \in F_0$, $y' \in \operatorname{Im} T$ et S étant une bijection de $E/\operatorname{Ker} T$ sur $\operatorname{Im} T$, il existe un unique $\xi \in E/\operatorname{Ker} T$ tel que $y' = S\xi$; $\mathcal{T}$ est donc bien une bijection, évidemment linéaire.

Le sous-espace F_0 étant fermé dans F est un espace de Fréchet ; il en est de même de $E/\operatorname{Ker} T$ (théorème 3.6.7), donc de $E/\operatorname{Ker} T \times F_0$ (corollaire 3.5.7). D'après le théorème de Banach, $\mathcal{T}$ est un isomorphisme et $\operatorname{Im} T = \mathcal{T}(E/\operatorname{Ker} T \times \{0\})$ est donc fermé dans F.

EXERCICE 3.11.7

1. Soit (f_n) une suite de F convergeant uniformément vers 0 telle que la suite (Tf_n) converge uniformément vers g, alors un théorème classique de calcul différentiel affirme que $g = 0$. Les espaces E et F étant des espaces de Banach, l'application T est continue d'après le théorème du graphe fermé.

2. Il existe donc une constante $c \geq 0$ telle que $\|Tf\| \leq c\,\|f\|$ pour tout $f \in F$, soit

$$\sup_{0 \leq x \leq 1} |f'(x)| \leq c \sup_{0 \leq x \leq 1} |f(x)|.$$

Si B est la boule unité de F, on a par conséquent

$$\sup_{0 \leq x \leq 1} |f'(x)| \leq c \text{ pour tout } f \in B,$$

d'où (théorème des accroissements finis)

$$|f(x) - f(y)| \leq c\,|x - y| \text{ pour tout } x, y \in [0, 1]$$

et ceci prouve que B est équicontinu.

3. D'après le théorème d'Ascoli, B est relativement compact dans E, donc dans F car F est fermé et, vu le théorème 3.7.4 de F. Riesz, F est donc de dimension finie.

EXERCICE 3.12.1

On suppose que C n'est pas maigre et on vérifie alors que $C = E$. Notons B l'ensemble des x tels que la suite $(T_n x)$ soit bornée ; on a $C \subset B$, donc B n'est pas maigre ; d'après la proposition 3.12.7, la suite (T_n) est équicontinue. Étant donné que C est un sous-espace vectoriel, il en est de même de $\overline{C}$ et, si $\overline{C}$ était différent de E, $\overline{C}$ serait d'intérieur vide (exercice 3.1.3) et C serait donc maigre. Ceci montre que C est nécessairement partout dense et le corollaire 3.12.6 permet de conclure.

EXERCICE 3.12.2

1. La continuité des formes linéaires δ_x résulte du fait qu'une suite de E convergente pour la norme $\|\bullet\|$ converge simplement.

2. Soit $f \in E$, on a

$$A = \{\delta_x(f) \,;\, x \in X\} = f(X)$$

et $f(X)$ est une partie bornée de $\mathbb{K}$ car f est continu et X compact.

3. D'après le corollaire 3.12.9, A est borné dans E' ; ceci signifie qu'il existe $c \geq 0$ tel que

$$\|\delta_x\|_{E'} \leq c \text{ pour tout } x \in X,$$

soit

$$|f(x)| \leq c\,\|f\| \text{ pour tout } x \in X,$$

c'est-à-dire $\|f\|_\infty = \max_{x\in X} |f(x)| \leq c\,\|f\|$. Ceci prouve que les normes $\|\bullet\|$ et $\|\bullet\|_\infty$ sont comparables, donc équivalentes vu que ce sont des normes d'espace de Banach (corollaire 3.11.4).

EXERCICE 3.12.3 ESPACE TONNELÉ

1. Soit V un tonneau de E, un tonneau étant absorbant, on a $E = \bigcup_{n=1}^{\infty} nV$ (exercice 3.1.2). Si E est un espace de Baire, V est donc d'intérieur non vide. Soit $a \in \mathring{V}$, alors $V - a$ est un voisinage de 0 et $V - a \subset 2V$: en effet, soit $x \in V$, on a $-a \in V$ (V est équilibré) et $(x-a)/2 \in V$ (V est convexe). Ceci prouve que $2V$, donc V, est un voisinage de 0. Tout e.l.c. séparé de Baire est donc tonnelé.

2,a. Soit A une partie simplement bornée de $\mathcal{L}(E;F)$ et soit $V = B'_K(0;r)$ une boule fermée centrée en $0 \in F$: de telles boules constituent un système fondamental de voisinages de 0. Montrons que $W = \bigcap_{T\in A} T^{-1}(V)$ est un tonneau : il en résultera que W est un voisinage de $0 \in E$ et que $T(W) \subset V$ pour tout $T \in A$.

L'ensemble V étant convexe et fermé, W est convexe et fermé en tant qu'intersection de convexes fermés.

Montrons que W est équilibré. Soit $x \in W$ et soit $\lambda \in \mathbb{K}$, $|\lambda| \leq 1$; on a $Tx \in V$, d'où $T(\lambda x) = \lambda Tx \in V$ (V est équilibré), soit $\lambda x \in W$ ce qui prouve le résultat voulu.

Vérifions enfin que W est absorbant. Soit $x \in E$, A étant simplement borné, il existe $\varepsilon > 0$ tel que $\|Tx\|_K \leq r/\varepsilon$ pour tout $T \in A$, d'où $\lambda x \in W$ pour $|\lambda| \leq \varepsilon$.

b. La suite (T_n) est simplement bornée, donc équicontinue d'après 2,a. et on conclut avec le corollaire 3.12.4.

Note Tout espace de Baire est tonnelé. La réciproque est fausse : il existe des espaces tonnelés qui ne sont pas de Baire. On peut démontrer par exemple que tout produit d'espaces tonnelés est tonnelé, alors qu'un produit d'espaces de Baire n'est pas nécessairement de Baire (voir toutefois les exercices 2.28.1 et 2.35.5).

EXERCICE 3.12.4 PRINCIPE DE CONDENSATION DES SINGULARITÉS

1,a. Supposons d'abord que, pour tout entier p, il existe $x \in E$ tel que la suite $(T_{pq}x)_{q\in\mathbb{N}}$ ne soit pas bornée. Alors, la suite $(T_{pq})_{q\in\mathbb{N}}$ n'est pas simplement bornée, elle n'est donc pas équicontinue ; d'après la proposition 3.12.7, l'ensemble

$$B_p = \{x \in E\,;\ \text{la suite } (T_{pq}x)_{q\in\mathbb{N}} \text{ est bornée}\}$$

est maigre. Il en résulte que $\bigcup_{p=0}^{\infty} B_p$, c'est-à-dire $E - B$, est maigre.

Note Si E est un espace de Baire, $E - B$ est d'intérieur vide, B est partout dense, donc non vide. Autrement dit, si, pour tout p, il existe $x \in E$ (dépendant de p) tel que la suite $(T_{pq}x)_{q\in\mathbb{N}}$ ne soit pas bornée, alors il existe des $x \in E$ tels que, pour tout p, la suite $(T_{pq}x)_{q\in\mathbb{N}}$ ne soit pas bornée et l'ensemble de ces x est même partout dense.

b. On suppose que, pour tout entier p, l'ensemble

$$C_p = \{x \in E\,;\ \text{la suite } (T_{pq}x)_{q\in\mathbb{N}} \text{ converge}\}$$

est différent de E, alors C_p est maigre (exercice 3.12.1). L'ensemble $\bigcup_{p=0}^{\infty} C_p$, c'est-à-dire $E - C$, est donc maigre.

2. On considère les formes linéaires $T_{pq} : E \to \mathbb{K}$ définies par

$$T_{pq}x = \sum_{r=0}^{q} a_{pr}x_r,\ x = (x_n) \in E.$$

Les projections $x \mapsto x_n$ de $\mathcal{F}_s(\mathbb{N};\mathbb{K})$ dans $\mathbb{K}$ étant continues, les formes linéaires sur E

$x \mapsto x_n$ sont a fortiori continues. Il en résulte que les formes linéaires T_{pq} sont continues et les conclusions résultent de 1.

EXERCICE 3.12.5 INTERPOLATION DE LAGRANGE

1. Il est clair que $P_n(f)$ est un polynôme de degré $\leq n$ et que $P_n(f)(a_{ni}) = f(a_{ni})$ pour $0 \leq i \leq n$; ces $n+1$ conditions étant linéairement indépendantes, $P_n(f)$ est le seul polynôme de degré $\leq n$ les vérifiant.

2. Si f est un polynôme de degré q, on a $P_n(f) = f$ dès que $n \geq q$; ceci prouve que la suite $(P_n(f))$ converge vers f dès que f est un polynôme et l'ensemble des polynômes est dense dans E (théorème 3.26.1).

3. On a évidemment

$$|P_n(f)(x)| \leq \Big(\sum_{i=0}^{n} |q_{ni}(x)|\Big) \times \|f\|,$$

d'où la continuité de P_n et

$$\|P_n\|_{\mathcal{L}(E)} \leq \sup_{0\leq x\leq 1} \sum_{i=0}^{n} |q_{ni}(x)|.$$

Pour démontrer l'égalité, choisissons un point $x_0 \in [0,1]$ tel que

$$\sum_{i=0}^{n} |q_{ni}(x_0)| = \sup_{0\leq x\leq 1} \sum_{i=0}^{n} |q_{ni}(x)|.$$

et soit $f_0 \in E$ la fonction affine sur chaque intervalle $[a_{ni}, a_{n\,i+1}]$ $(0 \leq i \leq n-1)$ telle que

$$f_0(a_{ni}) - \begin{cases} +1 & \text{si} \quad q_{ni}(x_0) \geq 0, \\ -1 & \text{si} \quad q_{ni}(x_0) < 0. \end{cases}$$

On a alors $\|f_0\| = 1$ et

$$\|P_n\| \geq \|P_n(f_0)\| \geq |P_n(f_0)(x_0)| = \sum_{i=0}^{n} |q_{ni}(x_0)|,$$

d'où l'égalité voulue.

4. On vérifie aisément que

$$\left|q_{ni}(\frac{1}{2n})\right| = \frac{1}{2} \times \frac{1}{i!\,(n-i)!} \times \frac{1}{|i-\frac{1}{2}|} \times (1-\frac{1}{2}) \times \ldots \times (n-\frac{1}{2}).$$

Par ailleurs, la fonction

$$n \mapsto \frac{(n-1)!}{i!\,(n-i)!},\ n \geq i+1,$$

est croissante et vaut 1 pour $n = i+1$, d'où

$$\frac{1}{i!\,(n-i)!} \geq \frac{1}{(n-1)!} \text{ pour } 1 \leq i \leq n-1$$

et

$$\left|q_{ni}(\frac{1}{2n})\right| \geq \frac{1}{4} \times \frac{(2-\frac{1}{2}) \times \ldots \times (n-\frac{1}{2})}{(n-1)!} \times \frac{1}{i-\frac{1}{2}} \geq \frac{1}{4i}.$$

5. On en déduit que

$$\|P_n\|_{\mathcal{L}(E)} \geq \frac{1}{4} \times \sum_{i=1}^{n-1} \frac{1}{i},$$

d'où $\lim_{n\to\infty} \|P_n\|_{\mathcal{L}(E)} = \infty$. La suite (P_n) n'est pas équicontinue (proposition 3.12.1) ; il en résulte (proposition 3.12.7) que l'ensemble des $f \in E$ tels que $\sup_{n\in\mathbb{N}} \|P_n(f)\| < \infty$

est maigre ; a fortiori l'ensemble des $f \in E$ tels que la suite $(P_n(f))$ converge uniformément est maigre.

Note Si la suite $(P_n(f))$ converge uniformément vers g, on observera que $f = g$. En effet, soit $x \in [0,1]$, il existe une suite $(a_{n\,i(n)})$ convergeant vers x ; d'après l'exercice 2.33.14, la suite $(P_n(f)(a_{n\,i(n)}))$ converge vers $g(x)$; or, $P_n(f)(a_{n\,i(n)}) = f(a_{n\,i(n)})$, en passant à la limite on obtient $f(x) = g(x)$.

EXERCICE 3.12.6 BASE DE SCHAUDER

1. Il est clair que les applications $\lambda \mapsto \|\lambda\|_i$ sont des semi-normes sur F. On peut écrire

$$\|\lambda_n x_n\|_i = \left\|\sum_{p=0}^{n} \lambda_p x_p - \sum_{p=0}^{n-1} \lambda_p x_p\right\|_i \le 2\,\|\lambda\|_i.$$

D'après l'unicité de la représentation $x = \sum_{n=0}^{\infty} \lambda_n x_n$, les x_n sont non nuls ; n étant fixé, il existe donc $i \in I$ tel que $\|x_n\|_i \ne 0$ et par conséquent $|\lambda_n| \le 2\,\|x_n\|^{-1}\,\|\lambda\|_i$; ceci prouve la continuité des formes linéaires $\lambda \mapsto \lambda_n$.

2,a. Vérifions que l'espace F est séparé. Supposons $\|\lambda\|_i = 0$ pour tout $i \in I$, c'est-à-dire $\|\sum_{p=0}^{n} \lambda_p x_p\|_i = 0$ pour tout $i \in I$ et tout n. L'espace E étant séparé, on en déduit $\sum_{p=0}^{n} \lambda_p x_p = 0$ pour tout n, d'où

$$\lambda_n x_n = \sum_{p=0}^{n} \lambda_p x_p - \sum_{p=0}^{n-1} \lambda_p x_p = 0$$

et $\lambda_n = 0$ vu que $x_n \ne 0$. Ceci prouve que F est séparé, donc métrisable, l'ensemble I pouvant être pris dénombrable.

b. Montrons ensuite que F est complet. Soit (λ^k) une suite de Cauchy de F, $\lambda^k = (\lambda_n^k)$. D'après 1., la suite $(\lambda_n^k)_{k\in\mathbb{N}}$ est de Cauchy pour tout n, donc convergente ; on pose $\lambda_n = \lim_{k\to\infty} \lambda_n^k$ et $\lambda = (\lambda_n)$. Nous allons démontrer que λ appartient à l'espace F et que la suite (λ^k) converge vers λ dans F.

La suite (λ^k) étant de Cauchy, pour tout $i \in I$ et tout $\varepsilon > 0$, il existe un entier k tel que

$$l, m \ge k \Rightarrow \|\lambda^l - \lambda^m\|_i \le \varepsilon,$$

c'est-à-dire

$$\left\|\sum_{p=0}^{n} \lambda_p^l x_p - \sum_{p=0}^{n} \lambda_p^m x_p\right\|_i \le \varepsilon \text{ pour tout } n.$$

En faisant tendre l vers l'infini, on obtient

$$m \ge k \Rightarrow \left\|\sum_{p=0}^{n} \lambda_p x_p - \sum_{p=0}^{n} \lambda_p^m x_p\right\|_i \le \varepsilon \text{ pour tout } n. \tag{3.37.1}$$

La série $\sum_{p=0}^{\infty} \lambda_p^k x_p$ étant convergente, il existe d'après le critère de Cauchy un entier q tel que

$$q \le r \le s \Rightarrow \left\|\sum_{p=r}^{s} \lambda_p^k x_p\right\|_i \le \varepsilon,$$

d'où d'après (3.37.1)

$$q \le r \le s \Rightarrow \left\|\sum_{p=r}^{s} \lambda_p x_p\right\|_i \le 3\,\varepsilon$$

et ceci prouve que la série $\sum_{p=0}^{\infty} \lambda_p x_p$ vérifie le critère de Cauchy ; l'espace E étant complet, elle est convergente. La suite $\lambda = (\lambda_n)$ appartient donc bien à l'espace F et, d'après

(3.37.1), $\|\lambda - \lambda^m\|_i \leq \varepsilon$ pour $m \geq k$: la suite (λ^k) converge vers λ. Ceci prouve que l'espace F est complet.

3. L'application $T : F \to E$ définie par $T\lambda = \sum_{n=0}^{\infty} \lambda_n x_n$ est une bijection linéaire, continue car

$$\|T\lambda\|_i = \Big\|\sum_{n=0}^{\infty} \lambda_n x_n\Big\|_i = \lim_{n\to\infty}\Big\|\sum_{p=0}^{n} \lambda_p x_p\Big\|_i,$$

d'où

$$\|T\lambda\|_i \leq \sup_{n\in\mathbb{N}}\Big\|\sum_{p=0}^{n} \lambda_p x_p\Big\|_i = \|\lambda\|_i.$$

D'après le théorème de Banach, T est un isomorphisme. L'application T^{-1} qui à $x \in E$ associe l'unique suite $\lambda = (\lambda_n)$ telle que $x = \sum_{n=0}^{\infty} \lambda_n x_n$ est donc continue ; vu 1., la forme linéaire sur E, $x'_n : x \mapsto \lambda_n$ est continue et on a

$$x = \sum_{n=0}^{\infty} x'_n(x)x_n \text{ pour tout } x \in E.$$

4,a. Étant donné que

$$x = \lim_{n\to\infty} \sum_{p=0}^{n} x'_p(x)x_p,$$

l'espace vectoriel engendré par la suite (x_n) est partout dense, ce qui signifie que la suite (x_n) est totale.

b. La suite $(\sum_{p=0}^{n} x'_p(x)x_p)$ est convergente, donc bornée.

c. Étant donné que

$$x_q = \sum_{n=0}^{\infty} \lambda_n x_n \text{ avec } \lambda_q = 1 \text{ et } \lambda_n = 0 \text{ si } n \neq q,$$

on a bien $x'_p(x_q) = \delta_{pq}$.

5. On considère les applications linéaires et continues $s_n : E \to E$ définies par

$$s_n(x) = \sum_{p=0}^{n} x'_p(x)x_p.$$

L'hypothèse 4,b. signifie que la suite (s_n) est simplement bornée, donc équicontinue (proposition 3.12.8). On a d'autre part

$$s_n(x_q) = \sum_{p=0}^{n} x'_p(x_q)x_p = x_q \text{ si } n \geq q;$$

on en déduit que la suite $(s_n(x))$ converge vers x pour les x appartenant à l'espace vectoriel G engendré par la suite (x_n) ; vu le corollaire 3.12.6, la suite (s_n) converge simplement vers une application linéaire et continue s ; on a $s(x) = x$ pour tout $x \in G$, donc pour tout $x \in E$ et ceci prouve que $x = \sum_{n=0}^{\infty} x'_n(x)x_n$.

Pour conclure, il faut vérifier que la représentation obtenue est unique, c'est-à-dire que $\sum_{n=0}^{\infty} \lambda_n x_n = 0$ implique $\lambda_n = 0$ pour tout n. En effet, on a alors

$$x'_p\Big(\sum_{n=0}^{\infty} \lambda_n x_n\Big) = \sum_{n=0}^{\infty} \lambda_n x'_p(x_n) = 0,$$

c'est-à-dire $\lambda_p = 0$ d'après 4,c.

3.38 Exercices du chapitre 3.C

EXERCICE 3.13.1

Si T est continu, d'après la continuité de l'application $\Re e : z \in \mathbb{C} \mapsto \Re e\, z \in \mathbb{R}$, $S = \Re e\, T$ est continu. Réciproquement, supposons S continu. On a (lemme 3.13.3) $Tx = Sx - iS(ix)$; l'application $x \mapsto ix$ de E dans E étant continue, les applications $x \mapsto Sx$ et $x \mapsto S(ix)$ sont continues, ce qui permet de conclure, $\mathbb{C}$ étant un e.v.t.

EXERCICE 3.13.2

Soit F un sous-espace de E de dimension n, ce sous-espace étant séparé est isomorphe à $\mathbb{K}^n$ et le dual F' est donc de dimension n. Soit $(T_i)_{1 \le i \le n}$ une base de F' ; d'après le théorème de Hahn-Banach, il existe des formes linéaires et continues $\hat{T}_i \in E'$ qui prolongent T_i. Ces formes linéaires $(\hat{T}_i)_{1 \le i \le n}$ sont linéairement indépendantes, car toute relation de liaison induirait par restriction à F une relation de liaison entre les formes T_i. Ceci montre que le dual E' est de dimension $\ge n$, donc de dimension infinie, ceci étant vrai quel que soit n.

EXERCICE 3.13.3

1. La condition est évidemment nécessaire, car

$$\Big|T(\sum_{i=1}^{n} \lambda_i x_i)\Big| = \Big|\sum_{i=1}^{n} \lambda_i T x_i\Big| = \Big|\sum_{i=1}^{n} \lambda_i f(x_i)\Big| \le \|T\| \, \Big\|\sum_{i=1}^{n} \lambda_i x_i\Big\|.$$

Réciproquement, notons F le sous-espace vectoriel engendré par A et soit $x \in F$. Si

$$x = \sum_{i=1}^{n} \lambda_i x_i = \sum_{j=1}^{p} \mu_j y_j \text{ où } x_i, y_j \in A,\ \lambda_i, \mu_j \in \mathbb{K},$$

on a d'après (3.13.2)

$$\Big|\sum_{i=1}^{n} \lambda_i f(x_i) - \sum_{j=1}^{p} \mu_j f(y_j)\Big| \le c \Big\|\sum_{i=1}^{n} \lambda_i x_i - \sum_{j=1}^{p} \mu_j y_j\Big\| = 0.$$

On peut donc définir une application $S : F \to \mathbb{K}$ en posant

$$Sx = \sum_{i=1}^{n} \lambda_i f(x_i) \text{ si } x = \sum_{i=1}^{n} \lambda_i x_i.$$

Cette application est linéaire : en effet, soient $x = \sum_{i=1}^{n} \lambda_i x_i$, $y = \sum_{j=1}^{p} \mu_j y_j$ deux éléments de F et $\lambda, \mu \in \mathbb{K}$, on a

$$S(\lambda x + \mu y) = \sum_{i=1}^{n} \lambda \lambda_i f(x_i) + \sum_{j=1}^{p} \mu \mu_j f(y_j) = \lambda S(x) + \mu S(y).$$

L'hypothèse (3.13.2) implique que S est une forme linéaire et continue de norme $\le c$ et il suffit d'invoquer le théorème de Hanh-Banach pour conclure.

2. résulte de 1. en prenant $A = \bigcup_{i \in I} \{a_i\}$ et $f(x_i) = a_i$.

EXERCICE 3.13.4

1. Étant donné que $\|e\| = 1$, on a $d = d(e, F) \le 1$. Montrons qu'on a l'égalité en raisonnant par l'absurde. Supposons $d < 1$, alors il existe $x \in F$ tel que $\|e - x\| \le 1 - \varepsilon$ où $\varepsilon > 0$, c'est-à-dire $|x_n - 1| \le 1 - \varepsilon$ pour tout n, ce qui implique $x_n \ge \varepsilon$ et x ne saurait appartenir au sous-espace F. La proposition 3.13.10 affirme l'existence d'une forme linéaire et continue T ayant les propriétés requises.

2,a. Soit $x = (x_n)$ une suite convergeant vers 0 et soit $\varepsilon > 0$, il existe un entier n_0 tel que $|x_n| \leq \varepsilon$ pour $n > n_0$. Considérons alors la suite $y = (y_n)$ définie par $y_n = x_n$ pour $0 \leq n \leq n_0$ et $y_n = 0$ pour $n > n_0$; on a $\|x - y\| \leq \varepsilon$ et ceci prouve que x est un point adhérent à F.

b. Soit $x = (x_n)$ une suite convergente de limite l. La suite $x - le$ converge vers 0, d'où $T(x - le) = 0$ vu que T est nécessairement nul sur $\overline{F}$; on en déduit que $Tx = lTe = l$, soit $\lim_{n\to\infty} x_n = LIM_{n\to\infty}\, x_n$.

3,a. On pose $y = x - (\|x\|/2)e$, alors $\|y\| = \|x\|/2$ (car les x_n sont positifs) et $Ty = Tx - \|x\|/2$; étant donné que $|Ty| \leq \|T\|\,\|y\| = \|y\|$, on en déduit que

$$|Tx - \|x\|/2| \leq \|x\|/2,$$

d'où $Tx \geq 0$.

b. On pose $y_n = \sup_{p\geq n} x_p$, la suite $y = (y_n)$ converge vers $\limsup_{n\to\infty} x_n$ et $x_n \leq y_n$, d'où $Tx \leq Ty$ d'après 3,a. Ceci prouve que

$$\underset{n\to\infty}{LIM}\, x_n \leq \limsup_{n\to\infty} x_n$$

et on obtient l'inégalité portant sur la limite inférieure en remplaçant x_n par $-x_n$.

EXERCICE 3.14.1

Si C est un voisinage ouvert convexe de l'origine, alors (lemme 3.14.1) C coïncide avec l'ensemble des x tels que $j_C(x) < 1$; si $x \in C$ et $|\lambda| \leq 1$, on a donc en supposant que la jauge j_C est une semi-norme

$$j_C(\lambda x) = |\lambda| j_C(x) < 1$$

et ceci prouve que λx appartient encore à C. Ceci prouve que C est équilibré. Le raisonnement est identique lorsque C est fermé.

EXERCICE 3.14.2

1. Soit A une partie équilibrée et soit $\Gamma(A)$ l'enveloppe convexe de A. Soit $x \in \Gamma(A)$, alors x peut s'écrire comme une combinaison convexe d'éléments de A, soit $x = \sum_{i\in I} \lambda_i x_i$. Si $|\lambda| \leq 1$, on a alors $\lambda x = \sum_{i\in I} \lambda_i y_i$ où les $y_i = \lambda x_i$ appartiennent à A, A étant équilibré ; ceci prouve que λx appartient à $\Gamma(A)$ et, par conséquent, cet ensemble est équilibré.

2. est clair d'après la définition 3.14.1 d'un ensemble équilibré.

3. Il en résulte que l'intersection B de toutes les parties équilibrées contenant A est le plus petit ensemble équilibré contenant A. Si x appartient à A, on a $\lambda x \in B$ pour tout $|\lambda| \leq 1$; il en résulte que $\lambda A \subset B$, d'où $\bigcup_{|\lambda|\leq 1} \lambda A \subset B$ et on a en fait l'égalité, l'ensemble $\bigcup_{|\lambda|\leq 1} \lambda A$ étant équilibré.

4. L'intersection de toute famille de parties convexes (resp. fermées) équilibrées étant convexe (resp. fermée) équilibrée, il existe un plus petit convexe (resp. fermé) équilibré contenant une partie A qu'on appelle l'enveloppe convexe (resp. fermée) équilibrée de A.

Si C est l'enveloppe convexe équilibrée de A, C étant équilibré contient $\bigcup_{|\lambda|\leq 1} \lambda A$ et étant convexe contient donc $\Gamma\left(\bigcup_{|\lambda|\leq 1} \lambda A\right)$; ce dermier ensemble étant équilibré en tant qu'enveloppe convexe d'un ensemble équilibré, on a en fait l'égalité $C = \Gamma\left(\bigcup_{|\lambda|\leq 1} \lambda A\right)$.

Quant à l'enveloppe convexe fermée équilibrée de A, elle est égale à $\overline{\Gamma\left(\bigcup_{|\lambda|\leq 1} \lambda A\right)}$, car elle contient nécessairement cet ensemble qui est convexe fermé et équilibré en tant qu'adhérence d'un convexe équilibré.

5. Si A est une partie bornée, vérifions d'abord que $\bigcup_{|\lambda|\leq 1} \lambda A$ est une partie bornée. Soit $\|\bullet\|$ l'une des semi-normes définissant la topologie de E, il existe une constante $c \geq 0$ telle que $\|x\| \leq c$ pour tout $x \in A$, d'où $\|\lambda x\| \leq c$ pour tout $x \in A$ et $|\lambda| \leq 1$, ce qui prouve le résultat annoncé.

Vérifions ensuite que l'enveloppe convexe de tout borné B est bornée. Tout $x \in \Gamma(B)$ peut s'écrire $x = \sum_{i\in I} t_i x_i$ où I est fini, $x_i \in B$, $0 \leq t_i \leq 1$, $\sum_{i\in I} t_i = 1$. On a alors

$$\|x\| \leq \sum_{i\in I} t_i \|x_i\| \leq \sup_{x\in B} \|x\| < \infty.$$

Enfin, l'adhérence de tout borné est bornée d'après la continuité des semi-normes définissant la topologie de l'espace E.

Ceci permet de conclure.

EXERCICE 3.14.3

On raisonne par l'absurde. Soit (V_n) une base décroissante du filtre des voisinages de 0, si B n'est pas un voisinage de 0, $(1/n)V_n \not\subset B$ pour tout $n \geq 1$. Il existe donc une suite (x_n) de E telle que $x_n \in V_n$ et $x_n \notin nB$. Cette suite (x_n) converge vers 0 ; d'autre part, soit $\lambda > 0$, alors pour $n \geq 1/\lambda$, $\lambda x_n \notin B$ car B est équilibré et ceci contredit l'hypothèse, d'où le résultat voulu.

EXERCICE 3.14.4

Le compact C étant d'intérieur non vide, par translation on peut supposer que $0 \in \mathring{C}$; C est alors un voisinage convexe fermé de l'origine dont la jauge est bien définie (lemme 3.14.1). La fonction f est donc continue en tout point $x \neq 0$. On a d'autre part $\|f(x)\| = j_C(x)$, quantité qui tend vers 0 lorsque x tend vers 0 d'après la continuité de la jauge en 0. Ceci prouve la continuité de f.

Étant donné un point $a \in \mathbb{S}^{n-1}$, considérons la demi-droite $D_a = \{\lambda a\,;\, \lambda \geq 0\}$. On a

$$f(\lambda a) = j_C(\lambda a)\frac{\lambda a}{\|\lambda a\|} = \lambda j_C(a)a$$

et ceci prouve que f induit sur D_a une homothétie de rapport $j_C(a)$. Observons que $j_C(a) \neq 0$: en effet, $j_C(x) = 0$ signifie $x \in \lambda C$ pour tout $\lambda > 0$, d'où, C étant borné, une constante $M \geq 0$ telle que $\|x\| \leq M\,\lambda$ et par conséquent $x = 0$. On remarque enfin que $\lambda a \in D_a \cap C$ signifie $\lambda j_C(a) \leq 1$ d'après le lemme 3.14.1 et ceci montre que $f(D_a \cap C) = D_a \cap B$. Autrement dit, l'application f induit une bijection continue de C sur B, donc un homéomorphisme d'après la compacité de C.

EXERCICE 3.14.5

1. Soit $x \in D_+$, alors $y = 2b - x$ appartient à D_- car $Ty = 2Tb - Tx = 2a - Tx \leq a$. Ceci prouve que $s(D_+) \subset D_-$; de même, on vérifie que $s(D_-) \subset D_+$, d'où $s(D_\pm) = D_\mp$ vu que $s = s^{-1}$.

2. Si T est continu, D_+ et D_- sont évidemment fermés. Réciproquement, supposons par exemple D_+ fermé ; s étant un homéomorphisme, $D_- = s(D_+)$ est également fermé et par conséquent $H = D_+ \cap D_-$ est fermé, ce qui prouve que T est continu (proposition 3.6.11).

3. On suppose T continu et on considère les demi-espaces ouverts $E_\pm = D_\pm - H$. On a $D_\pm = E_\pm \cup H$ (réunion disjointe) et $E_\pm \subset \mathring{D}_\pm$. Montrons que tout point de H est un point frontière de $D_\pm$: ceci prouvera que $E_\pm = \mathring{D}_\pm$ et que $H = \mathrm{Fr}(D_\pm)$. On

considère donc un point $b \in E$ tel que $Ta = b$. Il s'agit de démontrer que tout voisinage de b rencontre à la fois E_+ et E_-. Soit $h \in E$ tel que Th soit différent de 0 ; supposons $Th > 0$ pour fixer les idées. On a alors $T(b \pm \varepsilon h) = a \pm \varepsilon Th$, d'où $T(b + \varepsilon h) \in E_+$ et $T(b - \varepsilon h) \in E_-$ si $\varepsilon > 0$. Or, V étant un voisinage de b, il existe $\varepsilon > 0$ tel que les points $b \pm \varepsilon h$ appartiennent à V et ceci permet de conclure.

EXERCICE 3.14.6

Vérifions que l'ensemble C, évidemment fermé, est convexe. Soient $(x, y, z), (x', y', z') \in C$ et $0 < t < 1$, il s'agit de vérifier que

$$(tz + (1-t)z')^2 \leq (tx + (1-t)x')\,(ty + (1-t)y');$$

en développant, on constate qu'il suffit de vérifier que $2zz' \leq xy' + x'y$, ce qui est immédiat.

Un hyperplan H passant par la droite D et évitant l'origine admet une équation de la forme $ax + z = 1$; H rencontre C car

$$H \cap C = \{(x, y, 1 - ax) \in \mathbb{R}^3 \; ; \; 0 < x \text{ et } (1 - ax)^2 \leq xy\}.$$

Ceci montre que le théorème 3.14.8 ne subsiste pas pour des convexes fermés.

EXERCICE 3.14.7

D'après l'exercice 3.7.7, il existe une boule ouverte $V = B_J(0; r)$ telle que $(A + V) \cap (B + V) = \emptyset$; $A + V$ et $B + V$ sont deux ouverts convexes, non vides et disjoints ; d'après le théorème 3.14.9, il existe un hyperplan fermé séparant $A + V$ et $B + V$ et un tel hyperplan ne rencontre ni $A + V$, ni $B + V$, ce qui permet de conclure.

EXERCICE 3.14.8

1. Soit $x \in \overline{W}$, $x - W$ est un voisinage de x, d'où $(x - W) \cap W \neq \emptyset$; il existe donc $u, v \in W$ tels que $x - u = v$, d'où $x = u + v \in W + W \subset V$. Ceci prouve l'inclusion $\overline{W} \subset V$. Tout voisinage de 0 contient donc un voisinage fermé de 0.

2. L'application $h : (\lambda, x) \mapsto \lambda x$ de $\mathbb{K} \times E$ dans E est continue au point $(0, 0)$; pour tout voisinage V de 0, il existe donc $\alpha > 0$ et $W \in \mathcal{V}(0)$ tels que

$$(|\lambda| \leq \alpha \text{ et } x \in W) \Rightarrow \lambda x \in V.$$

Il en résulte que V contient $\bigcup_{|\lambda| \leq \alpha} \lambda W$, voisinage équilibré de 0.

3. Soit V un voisinage de 0, d'après 1., l'hypothèse et 2., il existe des voisinages de 0, V_1 fermé, V_2 convexe et V_3 équilibré tels que $V_3 \subset V_2 \subset V_1 \subset V$. Il en résulte que V contient $V_4 = \overline{\Gamma(V_3)}$ où V_4 est un voisinage de 0 convexe, fermé et équilibré d'après l'exercice 3.14.2, la proposition 3.8.4 et le lemme 3.14.3.

Notons $(V_i)_{i \in I}$ l'ensemble de tous les voisinages de 0 qui sont fermés, convexes et équilibrés, on vient de vérifier que cet ensemble est un système fondamental de voisinages de 0. Notons $\|\bullet\|_i$ la jauge de V_i ; cette jauge est une semi-norme (lemme 3.14.2). Notons $\mathcal{T}_1$ la topologie de E et $\mathcal{T}_2$ la topologie définie par la famille de semi-normes $(\|\bullet\|_i)_{i \in I}$. Il s'agit de vérifier que ces deux topologies coïncident. Si V est un voisinage de 0 pour la topologie $\mathcal{T}_1$, V contient un ensemble V_i et $V_i = B_i'(0; 1)$ d'après le lemme 3.14.1 ; ceci prouve que V est un voisinage de 0 pour la topologie $\mathcal{T}_2$. Réciproquement, si V est un voisinage de 0 pour la topologie $\mathcal{T}_2$, il existe une partie finie J de I et $r > 0$ tels que $B_J'(0; r) \subset V$ et

$$B_J'(0; r) = r \bigcap_{i \in J} V_i$$

est un voisinage de 0 pour la topologie $\mathcal{T}_1$, il en est donc de même de V et ceci prouve le résultat souhaité.

Un e.v.t. est un e.l.c., c'est-à-dire sa topologie peut être définie par une famille de semi-normes si, et seulement si, l'origine admet un système fondamental de voisinages convexes.

EXERCICE 3.14.9 HYPERPLAN D'APPUI

1. Sur C, la forme linéaire et continue T est bornée et atteint ses bornes. Soit $a = \max_C T$, l'hyperplan $H : Tx = a$ rencontre C et C est contenu dans le demi-espace fermé $Tx \leq a$: H est un hyperplan d'appui de C. De même, si $b = \min_C T$, l'hyperplan $Tx = b$ est un hyperplan d'appui : il existe donc au plus deux hyperplans d'appui parallèles à l'hyperplan homogène $Tx = 0$.

2. Soit a un point frontière de C, alors $a \notin \mathring{C}$ et $\mathring{C}$ est convexe (exercice 3.8.1). D'après le théorème 3.14.8 de Hanh-Banach, il existe un hyperplan fermé H passant par a et ne rencontrant pas $\mathring{C}$. Notons D le demi-espace fermé défini par H qui contient $\mathring{C}$; d'après l'exercice 3.8.1, on a $\overline{C} = \overline{\mathring{C}} \subset D$, ce qui prouve que H est un hyperplan d'appui.

EXERCICE 3.14.10 THÉORÈME DE KREIN-MILMAN

1. Si a est un point intérieur de K, il existe une boule $B_J(a;r) \subset K$; soit $x \in B_J(a;r)$, $x \neq a$, on a alors $a = (1/2)x + (1/2)(2a - x)$ où les points x et $2a - x$ appartiennent à $B_J(a;r)$, donc à K, et sont différents de a : il en résulte que a ne peut être un point extrémal de K. Ceci prouve que les points extrémaux de K appartiennent nécessairement à la frontière de K.

2. Montrons que tout point a de la sphère unité est un point extrémal. On suppose donc

$$a = tx + (1-t)y \text{ où } \|a\| = 1,\ \|x\| \leq 1,\ \|y\| \leq 1 \text{ et } 0 < t < 1.$$

Pour fixer les idées, supposons par exemple $1/2 \leq t < 1$. On peut alors écrire $a = (x + x')/2$ où $x' = 2a - x$ appartient à la boule unité ; étant donné que $\|a\| \geq 1 - \delta$ quel que soit $\delta > 0$, la convexité uniforme montre que $\|x - x'\| \leq \varepsilon$ pour tout $\varepsilon > 0$, d'où $x = x'$ et par conséquent $x = y = a$.

3. Soit $a = (a_i) \in l^\infty$ tel que $|a_i| = 1$ pour tout i et supposons

$$a = tx + (1-t)y \text{ où } \|x\| \leq 1,\ \|y\| \leq 1,\ 0 < t < 1.$$

On a $a_i = tx_i + (1-t)y_i$, d'où $x_i = y_i = a_i$: en effet, dans $\mathbb{K}$ les points extrémaux de la boule $\{z \in \mathbb{K}\,;\, |z| \leq 1\}$ sont évidemment les points de la sphère $\{z \in \mathbb{K}\,;\, |z| = 1\}$. Il en résulte que $x = y = a$ et qu'un tel point a est un point extrémal.

Lorsqu'il existe $j \in I$ tel que $|a_j| < 1$, a n'est pas un point extrémal. On peut en effet écrire

$$a = tx + (1-t)y \text{ avec } \|x\| \leq 1,\ \|y\| \leq 1,\ 0 < t < 1 \text{ et } x \neq a,\ y \neq a\ :$$

il suffit de prendre $x_i = y_i = a_i$ pour $i \neq j$ et d'écrire que a_j n'est pas un point extrémal de la boule $\{z \in \mathbb{K}\,;\, |z| \leq 1\}$.

4,a. On observe d'abord que $\mathcal{F}$ est non vide car $K \in \mathcal{F}$. Considérons ensuite une famille totalement ordonnée de $\mathcal{F}$, soit $(A_i)_{i \in I}$, montrons que l'intersection $A = \bigcap_{i \in I} A_i$ appartient à $\mathcal{F}$. Cette intersection est fermée, elle est non vide : sinon, K étant compact, il existerait une sous-famille finie d'intersection vide, donc un A_i vide, la famille étant totalement ordonnée. Il est d'autre part évident que A est une partie extrémale de K. Ceci prouve que la famille (A_i) est majorée : $\mathcal{F}$ est inductif.

b. L'ensemble non vide A étant compact, la forme linéaire T atteint sa borne supérieure sur A et l'ensemble B est donc non vide. Montrons que l'ensemble B évidemment fermé est une partie extrémale de K. Soient $x, y \in K$ tels que $a = tx + (1-t)y \in B$ $(0 < t < 1)$, alors $a \in A$, d'où, A étant une partie extrémale, $x, y \in A$; étant donné que

$$Ta = tTx + (1-t)Ty = \sup_{z \in A} Tz,$$

on a nécessairement $Tx = Ty = \sup_{z \in A} Tz$, c'est-à-dire $x, y \in B$. Ceci prouve le résultat voulu.

c. Soit A un élément maximal de $\mathcal{F}$. Supposons qu'il existe deux éléments distincts $a, b \in A$, $a \neq b$. D'après le corollaire 3.13.7, il existe une forme T $\mathbb{R}$-linéaire continue telle que $Ta \neq Tb$. L'ensemble $B = \{x \in A\,;\, Tx = \sup_{y \in A} Ty\}$ est alors une partie extrémale fermée d'après b., contenue dans A et différente de A, ce qui contredit le caractère maximal de A. Ceci prouve que toute partie extrémale fermée est réduite à un point.

d. D'après a. et le lemme de Zorn, toute partie extrémale fermée contient donc un point extrémal et en particulier K admet au moins un point extrémal.

5. On raisonne par l'absurde : supposons qu'il existe un point $a \in K$ n'appartenant pas à l'enveloppe convexe fermée $K' \equiv \overline{\Gamma(E_x(K))}$. Grâce à une translation, on peut supposer que K' contient l'origine ; d'après la proposition 3.14.4, il existe une forme T $\mathbb{R}$-linéaire et continue telle que

$$Ta > 1 \text{ et } Tx \leq 1 \text{ pour } x \in K'.$$

D'après 4,b., $B = \{x \in K\,;\, Tx = \sup_{y \in K} Ty\}$ est une partie extrémale fermée de K disjointe de $E_x(K)$, ce qui est absurde, toute partie extrémale fermée contenant un point extrémal d'après 4,d.

EXERCICE 3.14.11

D'après la proposition 2.33.10, K' est un compact non vide. Soient $x, y \in K$, $0 < t < 1$ tels que $a = tx + (1-t)y \in K'$, d'après la convexité de f on a $f(a) \leq tf(x) + (1-t)f(y)$ et, f atteignant sa borne supérieure au point a, on a nécessairement $x, y \in K'$, ce qui prouve que K' est une partie extrémale de K.

EXERCICE 3.14.12

1. Lorsque $x \in K$, $d = 0$ et x est l'unique projection de x sur K. Lorsque $x \notin K$, soit $y \in K$ une projection de x sur K et soit $z = tx + (1-t)y$, $0 < t < 1$. On a $\|z - y\| = t\,\|x - y\| = td$ et, pour tout $y' \in K$, on a

$$\|z - y'\| \geq \|x - y'\| - \|x - z\| \geq d - (1-t)d = td.$$

Ceci prouve que y est une projection de z sur K, montrons que c'est la seule. On montre que

$$B'(z; td) \subset B(x; d) \cup \{y\};$$

ceci prouvera que $B'(z; td) \cap K = \{y\}$. Vu que $B(z; td) \subset B(x; d)$, il s'agit de vérifier ceci :

$$\text{si } y \neq y',\ \|z - y'\| = td \text{ alors } \|x - y'\| < d.$$

On raisonne par l'absurde. Étant donné que

$$\|x - y'\| \leq \|x - z\| + \|z - y'\| \leq (1-t)d + td = d,$$

on suppose que

$$y \neq y',\ \|z - y'\| = td \text{ et } \|x - y'\| = d.$$

On pose $y'' = y + (1/t)(y' - y)$, alors $\|x - y''\| = d$ car

$$y'' - x = y - x + \frac{1}{t}(y' - y) = -\frac{1}{t}(z - y) + \frac{1}{t}(y' - y) = \frac{1}{t}(y' - z),$$

d'où $\|y'' - x\| = (1/t)\|y' - z\| = d$. Les trois points y, y', y'' de la sphère $S(x; d)$ sont alignés et distincts, ce qui est absurde, tout point de cette sphère étant un point extrémal de la boule $B'(x; d)$ d'après l'exercice $3.14.10_2$.

En prenant une suite (t_n), $0 < t_n < 1$, convergeant vers 1 , on obtient une suite (z_n) de A convergeant vers x, ce qui prouve que A est dense dans E.

2. Soient $x \in A$, y la projection de x sur K et $\varepsilon > 0$. Si $K \subset B(y; \varepsilon/2)$, on a diam $K_\delta(x) \leq$ diam $K \leq \varepsilon$. Lorsque $K \not\subset B(y; \varepsilon/2)$,, on pose

$$d_\varepsilon = d(x, K - B(y; \varepsilon/2)).$$

Notons que $d < d_\varepsilon$: on ne peut avoir $d = d_\varepsilon$ car le point x admettant une projection sur le compact $K - B(y; \varepsilon/2)$ admettrait deux projections sur K. Prenons $0 < \delta < d_\varepsilon - d$, on a alors $K_\delta(x) \subset B(y; \varepsilon/2)$, d'où diam $K_\delta(x) \leq \varepsilon$, soit $x \in O_\varepsilon$. Réciproquement, soit $x \in \bigcap_{\varepsilon>0} O_\varepsilon$ et soient y, z deux points de K tels que $d(x, y) = d(x, z) = d$. Pour tout $\varepsilon > 0$, il existe $\delta > 0$ tel que diam $K_\delta(x) \leq \varepsilon$; vu que $y, z \in K_\delta(x)$, on en déduit que $d(y, z) \leq \varepsilon$, d'où $y = z$ ceci valant pour tout $\varepsilon > 0$.

3. On remarque d'abord que $d' \leq d + \|x - x'\|$. Soit $y \in K_{\delta'}(x)$, on a

$$\|x - y\| \leq \|x - x'\| + \|x' - y\| \leq \|x - x'\| + d' + \delta' \leq 2\,\|x - x'\| + d + \delta',$$

d'où $\|x - y\| \leq d + \delta$ dès que $2\,\|x - x'\| + \delta' \leq \delta$, ce qui prouve que $y \in K_\delta(x)$.

Vérifions que $F_\varepsilon = E - O_\varepsilon$ est fermé. Soit (x_n) une suite de F_ε convergeant vers x. On a $K_\delta(x) \supset K_{\delta'}(x_n)$ si $2\,\|x - x_n\| + \delta' \leq \delta$; étant donné $\delta > 0$, on peut choisir n et δ' pour qu'il en soit ainsi. On a d'autre part diam $K_{\delta'}(x_n) > \varepsilon$ car $x_n \in F_\varepsilon$, d'où diam $K_\delta(x) > \varepsilon$ et ceci prouve que $x \in F_\varepsilon$ qui est donc bien fermé.

4. Les ensembles F_ε sont par ailleurs d'intérieur vide d'après 1. et 2. et on a

$$E - A = \bigcup_{n=1}^{\infty} F_{1/n},$$

ce qui prouve que $E - A$ est maigre.

EXERCICE 3.15.1 THÉORÈME DE MAZUR

Soit $\overline{C}$ l'adhérence de C pour la topologie initiale ; cet ensemble est convexe (proposition 3.8.4), donc faiblement fermé (proposition 3.15.5). Il en résulte que $\overline{C}$ est aussi l'adhérence de C pour la topologie affaiblie. Le point x appartenant à l'adhérence faible de C, donc à $\overline{C}$, on conclut en utilisant le fait que E est métrisable.

EXERCICE 3.15.2

La topologie affaiblie $\sigma(E, E')$ est définie par la famille de semi-normes $p_{x'} : x \mapsto |x'(x)|$ où x' décrit E' ; si cette topologie est métrisable, il existe (théorème 3.4.6) une suite (x'_n) de E' telle que la suite de semi-normes $(p_{x'_n})$ soit équivalente à la famille $(p_{x'})_{x' \in E'}$. Ceci signifie que, pour tout $x' \in E'$, il existe un entier n et une constante $c \geq 0$ tels que

$$|x'(x)| \leq c \max_{0 \leq j \leq n} |x'_j(x)| \text{ pour tout } x \in E.$$

Il en résulte que $x'_j(x) = 0$ pour $0 \leq j \leq n$ implique $x'(x) = 0$; d'après le lemme 3.15.2, x' est une combinaison linéaire des formes $(x'_j)_{0 \leq j \leq n}$. Ceci montre que la suite (x'_n) engendre l'espace E' ; la dimension de E' est donc dénombrable. L'espace E' étant un espace de Banach, donc de Baire, l'exercice 3.5.3 montre que E' est nécessairement de dimension finie et il en est donc de même de E d'après l'exercice 3.13.2.

EXERCICE 3.15.3

1,a. Si E est de dimension dénombrable, soit (x_n) une base dénombrable de E. Tout $x \in E$ peut s'écrire $x = \sum_{j=0}^{n} \lambda_j x_j$; soit $x' \in E'$, on a alors

$$|x'(x)| \leq c \max_{0 \leq j \leq n} |x'(x_j)| \text{ où } c = \sum_{j=0}^{n} |\lambda_j|;$$

ceci montre que la suite de semi-normes $x' \mapsto |x'(x_n)|$ définit la topologie faible sur E'_σ qui est donc métrisable.

b. Réciproquement, si cette topologie faible est métrisable, il existe une suite (x_n) de E telle que la suite de semi-normes $x' \mapsto |x'(x_n)|$ définisse cette topologie. Pour tout $x \in E$, il existe donc un entier n et une constante $c \geq 0$ tels que

$$|x'(x)| \leq c \max_{0 \leq j \leq n} |x'(x_j)| \text{ pour tout } x' \in E'.$$

Il en résulte que la forme linéaire sur E' $x' \mapsto x'(x)$ est nulle dès que les formes linéaires $x' \mapsto x'(x_j)$, $0 \leq j \leq n$, sont nulles. D'après le lemme 3.15.2, il existe des scalaires λ_j tels que

$$x'(x) = x'\left(\sum_{j=0}^{n} \lambda_j x_j\right) \text{ pour tout } x' \in E',$$

d'où (corollaire 3.13.7) $x = \sum_{j=0}^{n} \lambda_j x_j$; ceci montre que la suite (x_n) engendre l'espace E qui est donc de dimension dénombrable.

2,a. Si E est de dimension finie, $E'_\sigma = E'_b$ est un espace de Banach.

b. Réciproquement, supposons E de dimension infinie. Un voisinage V de $0 \in E'_\sigma$ pour la topologie faible contient un ensemble de la forme

$$\{x' \in E' \, ; \max_{0 \leq j \leq n} |x'(x_j)| < 1\} \text{ où } x_j \in E.$$

Notons F le sous-espace vectoriel de dimension finie engendré par $(x_j)_{0 \leq j \leq n}$; F est un sous-espace fermé différent de E ; d'après le corollaire 3.13.8, il existe une forme linéaire continue $x' \in E'$ nulle sur F non identiquement nulle. Il en résulte que le voisinage V contient la droite $\mathbb{K}x'$ et ceci prouve que la topologie $\sigma(E', E)$ ne peut être définie par une norme.

EXERCICE 3.15.4

1. La topologie de E étant définie par les semi-normes $p_x : f \mapsto |\delta_x(f)|$, x décrivant X, les formes linéaires δ_x sont continues (on observera que δ_x est simplement la projection d'indice x).

2. Soit $T \in E'$, d'après la continuité de T, il existe une famille finie $(x_i)_{1 \leq i \leq n}$ d'éléments de X et une constante $c \geq 0$ telles que

$$|Tf| \leq c \max_{1 \leq i \leq n} |\delta_{x_i}(f)|.$$

D'après le lemme 3.15.2, il existe des constantes $c_i \in \mathbb{K}$ telles que $T = \sum_{i=1}^{n} c_i \delta_{x_i}$ et ceci prouve que T appartient à l'espace vectoriel engendré par $(\delta_x)_{x \in X}$.

3. La topologie affaiblie sur E est définie par l'ensemble des semi-normes

$$p_{A,c} : f \mapsto \left|\sum_{x \in A} c_x \delta_x(f)\right|$$

où A décrit l'ensemble des parties finies de X et $c = (c_x)_{x\in A} \in \mathbb{K}^A$. Vu que

$$p_{A,c}(f) \leq M \max_{x\in A} p_x(f),\ M = \max_{x\in A} |c_x|,$$

cette famille de semi-normes est équivalente à la famille $(p_x)_{x\in X}$ et ceci prouve que la topologie affaiblie et la topologie initiale coïncident.

EXERCICE 3.15.5

1. Soit $a \in E$, $a \neq 0$; il existe une forme linéaire $T \in E^*$ tel que $Ta \neq 0$, alors $p : x \mapsto |Tx|$ est une semi-norme sur E telle que $p(a) \neq 0$, ce qui prouve que la topologie de E est séparée.

2,a. est immédiat

b. Si l'application identique de E_σ dans E est continue, il existe des formes linéaires continues $T_j \in E'$, $1 \leq j \leq k$, et une constante $c \geq 0$ telle que

$$\|x\| \leq c \max_{1\leq j\leq k} |T_j x| \text{ pour tout } x \in E.$$

Il en résulte que $\{0\} = \bigcap_{j=1}^k \operatorname{Ker} T_j$, ce qui est absurde car E est de dimension infinie alors que cette intersection est de codimension finie. Ceci montre que l'application identique de E_σ dans E n'est pas continue et par conséquent la topologie affaiblie est strictement moins fine que la topologie initiale.

EXERCICE 3.15.6

1. Si $< P, Q >= 0$ pour toute série formelle Q, en prenant $Q = x^j$, on constate que $p_j = 0$, d'où $P = 0$. De même, si $< P, Q >= 0$ pour tout polynôme P, on vérifie que $Q = 0$. L'application bilinéaire $(P, Q) \mapsto < P, Q >$ définit une dualité entre les espaces E et F.

2. Posons $q_j = T(x^j)$, on alors $T(P) = \sum_{j=0}^\infty p_j q_j$=$<P,Q>$ où $Q = \sum_{j=0}^\infty q_j x_j$, ce qui prouve la continuité de T.

3. L'espace E étant séparé, il induit sur E_n une topologie séparée et, ce sous-espace étant de dimension finie, cette topologie est nécessairement sa topologie canonique.

4. Si B est une partie bornée de E_n, B est borné dans E d'après la continuité de l'injection canonique de E_n dans E.

Réciproquement, soit B une partie bornée de E. Supposons $B \not\subset E_n$ pour tout n. Construisons alors par récurrence une suite $P_k \in B$ telle que degré $P_k <$ degré P_{k+1}. On prend pour P_0 n'importe quel polynôme appartenant à B (B est non vide !). Supposons le polynôme P_k construit ; si n_k désigne son degré, B n'étant pas contenu dans E_{n_k}, il existe un polynôme $P_{k+1} \in B$ dont le degré est $> n_k$, ce qui achève la construction.

On construit ensuite une série formelle de la forme $Q = \sum_{k=0}^\infty q_k x^{n_k}$ telle que $| < P_k, Q > | \geq k$ pour tout k. On construit les q_k par récurrence. Pour $k = 0$, on prend $q_0 = 0$. Supposons construits $q_0, \ldots, q_k$. On a alors $< P_{k+1}, Q >= p q_{k+1} + r$ où p est le coefficient de $x^{n_{k+1}}$ dans le polynôme P_{k+1} et $r \in \mathbb{K}$. On en déduit que $| < P_{k+1}, Q > | \geq |p|\,|q_{k+1}| - |r|$ et, vu que p est non nul, il suffit de choisir $q_{k+1} > 0$ suffisamment grand.

Ceci montre que la suite (P_k) n'est pas bornée et a fortiori B n'est pas borné, ce qui contredit l'hypothèse. Par conséquent, il existe n tel que $B \subset E_n$ et B est borné dans E_n vu que E_n est muni de la topologie induite par celle de E.

5. Les conditions sont suffisantes d'après la continuité de l'injection canonique de E_n dans E. Réciproquement, si la suite (P_k) converge vers 0 dans E, elle est bornée ; d'après

4. il existe n tel que $P_k \in E_n$ pour tout k et la suite (P_k) converge vers 0 dans E_n d'après 3.

6. Soit (P_k) une suite de Cauchy de E, cette suite étant bornée, il existe n tel que $P_k \in E_n$ pour tout k et la suite (P_k) est de Cauchy dans E_n, donc converge dans E_n et a fortiori dans E.

7. Supposons E métrisable, alors E serait un espace de Baire d'après 6. On a d'autre part $E = \bigcup_{n=0}^{\infty} E_n$ où les sous-espaces E_n sont fermés car de dimension finie et d'intérieur vide (exercice 3.1.3). Ceci prouve que E serait maigre, ce qui est absurde, E n'étant pas réduit à $\{0\}$.

EXERCICE 3.15.7

1. La topologie $\mathcal{T}_0 = \sigma(E', E)$ est définie par les semi-normes $x' \mapsto |x'(x)|$ où x décrit E et la topologie $\mathcal{T}_1$ induite par la topologie $\sigma(E', E)$ est définie par les semi-normes $x' \mapsto |x'(x)|$ où x décrit F. La topologie $\mathcal{T}_0$ est donc plus fine que la topologie $\mathcal{T}_1$

2. Si ces deux topologies coïncidaient, pour tout $x \in E - F$, il existerait une constante $c \geq 0$ et une famille finie $(x_i)_{i \in I}$ d'éléments de F telle que

$$|x'(x)| \leq c \max_{i \in I} |x'(x_i)| \text{ pour tout } x' \in E'.$$

Il en résulte que

$$x'(x_i) = 0 \text{ pour tout } i \in I \Longrightarrow x'(x) = 0.$$

D'après le lemme 3.15.2, la forme linéaire $x' \mapsto x'(x)$ est une combinaison linéaire des formes linéaires $x' \mapsto x'(x_i)$, soit

$$x'(x) = \sum_{i \in I} \lambda_i \, x'(x_i) \text{ pour tout } x' \in E'.$$

D'après le théorème de Hahn-Banach, on en déduit que $x = \sum_{i \in I} \lambda_i x_i$, d'où $x \in F$, ce qui est contradictoire avec le choix de x.

EXERCICE 3.16.1 THÉORÈME DE BANACH-MACKEY

1. Il s'agit de vérifier que toute semi-norme $y \mapsto |y'(y)|$, $y' \in F'$, définissant la topologie de F_σ est bornée sur $T(A)$. Or,

$$\sup_{y \in T(A)} |y'(y)| = \sup_{x \in A} |y'(Tx)| = \sup_{x \in A} |x'(x)|$$

où $x' = y' \circ T$ appartient à E' ; l'ensemble A étant faiblement borné, la semi-norme sur E $x \mapsto |x'(x)|$ est bornée sur A, ce qui permet de conclure.

2,a. L'application identique $I_E : E \to E_i$ est linéaire continue ainsi que la surjection canonique π_i ; si A est faiblement borné, $\pi_i(A) = (\pi_i \circ I_E)(A)$ est faiblement borné dans E_i/F_i d'après 1.

b. Toute partie bornée de E est faiblement bornée d'après la continuité de l'application identique $I_E : E \to E_\sigma$. Réciproquement, si A est une partie faiblement bornée de E, $\pi_i(A)$ est faiblement borné dans E_i/F_i et, E_i/F_i étant un espace normé, $\pi_i(A)$ est fortement borné d'après la proposition 3.16.9. Ceci signifie qu'il existe une constante $c \geq 0$ telle que

$$\inf_{\pi_i(x) = \xi} \|x\|_i \leq c \text{ pour tout } \xi \in \pi_i(A). \tag{3.38.1}$$

Étant donné que $\pi_i(x) = \pi_i(y)$ signifie $\|x - y\|_i = 0$, donc implique $\|x\|_i = \|y\|_i$, (3.38.1) s'écrit simplement $\inf_{x \in A} \|x\|_i \leq c$: la semi-norme $\|\bullet\|_i$ est donc bornée sur A, ce qui prouve que A est borné pour la topologie initiale.

EXERCICE 3.16.2 PROPRIÉTÉ DE MONTEL

1. Il ne s'agit que d'une reformulation du théorème 3.7.4 de F. Riesz.

2. Soit A une partie bornée de E, son adhérence $\overline{A}$ pour la topologie initiale est compacte ; la topologie affaiblie étant séparée et moins fine que la topologie initiale, elle coïncide sur $\overline{A}$, donc sur A, avec la topologie initiale.

3. La topologie affaiblie étant séparée et moins fine que la topologie initiale, toute partie compacte de E est faiblement compacte.

Réciproquement, soit A une partie de E faiblement compacte, alors A est faiblement borné, donc borné d'après la théorème de Banach-Mackey (exercice 3.16.1) et, vu 2., A est compact pour la topologie initiale.

4. Toute suite convergente est faiblement convergente.

Réciproquement, soit (x_n) une suite faiblement convergente vers x. Alors

$$A = \bigcup_{n=0}^{\infty} \{x_n\} \cup \{x\}$$

est faiblement compact, donc compact ; sur A, la topologie initiale et la topologie faible coïncident : la suite (x_n) converge donc fortement vers x.

Note Il existe des exemples importants d'espaces ayant la propriété de Montel : espace des fonctions $\mathcal{C}^\infty$, espace des fonctions holomorphes, espace $\mathcal{S}$ de L. Schwartz des fonctions $\mathcal{C}^\infty$ à décroissance rapide, etc.

EXERCICE 3.16.3

Posons $d = d(a, C)$. On peut supposer $d \neq 0$: lorsque $d = 0$, c'est-à-dire lorsque $a \in C$, le théorème est évident.

1. Vérifions d'abord l'unicité. Soient $x, y \in C, x \neq y$, tels que $\|a-x\| = \|a-y\| = d$, on a alors

$$\left\|\frac{a-x}{d}\right\| = \left\|\frac{a-y}{d}\right\| = 1$$

et

$$\left\|\frac{a-x}{d} - \frac{a-y}{d}\right\| = \left\|\frac{x-y}{d}\right\| = \varepsilon > 0.$$

D'après la convexité uniforme, il existe $\delta > 0$ tel que

$$\left\|a - \frac{x+y}{2}\right\| \leq (1-\delta)d < d$$

ce qui contredit la définition de d, le point $(x+y)/2$ appartenant à C.

2. Quant à l'existence, il existe une suite (x_n) de C telle que $\lim_{n\to\infty} \|a - x_n\| = d$. Montrons que cette suite est de Cauchy. Ceci prouvera le résultat voulu : C étant complet, cette suite (x_n) convergera vers un point x tel que $\|a - x\| = d$.

Soit $\varepsilon > 0$ et soit $\delta > 0$ le nombre associé à ε d'après la convexité uniforme ; on peut supposer $0 < \delta \leq 1$. Il existe un entier n_0 tel que

$$\|a - x_n\| \leq d(1+\delta) \text{ pour } n \geq n_0.$$

Posons $y_n = (a - x_n)/d(1+\delta)$, alors $\|y_n\| \leq 1$ pour $n \geq n_0$ et

$$\left\|\frac{y_p + y_q}{2}\right\| = \frac{1}{d(1+\delta)}\left\|a - \frac{x_p + x_q}{2}\right\| \geq \frac{1}{1+\delta}.$$

Étant donné que $1/(1+\delta) \geq 1 - \delta$, on en déduit que

$$\|y_p - y_q\| = \frac{1}{d(1+\delta)}\|x_p - x_q\| \leq \varepsilon \text{ pour } p, q \geq n_0,$$

d'où $\|x_p - x_q\| \leq 2d\,\varepsilon$ et ceci prouve le résultat souhaité.

EXERCICE 3.16.4 THÉORÈME DE MILMAN

Il s'agit de démontrer que l'injection canonique $j : E \to E''$ est surjective, c'est-à-dire que $j(B) = B''$. Soient $x'' \in E''$, $\|x''\| = 1$, $\varepsilon > 0$ et $\delta > 0$ le nombre associé à ε d'après la convexité uniforme.

1. Étant donné que

$$1 = \|x''\| = \sup_{x' \in B'} |x''(x')|,$$

il existe $x' \in B'$ tel que $|x''(x')| \geq 1 - \delta/2$. L'ensemble

$$O_1 = \{y'' \in E''\ ;\ |(y'' - x'')(x')| < \delta/2\}$$

est un voisinage ouvert de x'' pour la topologie $\sigma(E'', E')$ et, $j(B)$ étant dense dans B'' pour cette topologie (proposition 3.16.14), il existe $x \in B$ tel que

$$|(j(x) - x'')(x')| < \delta/2. \tag{3.38.2}$$

2. La boule $B'(j(x); \varepsilon)$ est compacte pour la topologie $\sigma(E'', E')$ (théorème d'Alaoglu), donc fermée pour cette topologie ; si $\|x'' - j(x)\| > \varepsilon$, l'ensemble

$$O_2 = \{y'' \in E''\ ;\ \|y'' - j(x)\| > \varepsilon\}$$

est un voisinage ouvert de x'' ; en utilisant de nouveau la proposition 3.16.14, on en déduit que $O_1 \cap O_2$ rencontre $j(B)$: il existe $y \in B$ tel que

$$|(j(y) - x'')(x')| < \delta/2, \tag{3.38.3}$$

$$\|j(y) - j(x)\| > \varepsilon. \tag{3.38.4}$$

On peut alors écrire

$$2x''(x') = x''(x') - x'(x) + x''(x') - x'(y) + x'(x + y)$$

où $x'(x) = j(x)(x')$ et $x'(y) - j(y)(x')$, d'où d'après (3.38.2) et (3.38.3)

$$2|x''(x')| \leq \delta + |x'(x + y)| \leq \delta + \|x + y\|.$$

Vu que $|x''(x')| \geq 1 - \delta/2$, on en déduit $\|(x + y)/2\| \geq 1 - \delta$, d'où $\|x - y\| \leq \varepsilon$ d'après le choix de δ et ceci contredit (3.38.4), j étant une isométrie.

3. On a donc démontré que, pour tout x'' appartenant à la sphère unité de E'' et tout $\varepsilon > 0$, il existe $x \in B$ tel que $\|x'' - j(x)\| \leq \varepsilon$. Par homothétie, ceci vaut encore pour tout $x'' \in B''$: autrement dit, $j(B)$ est dense dans B'' pour la topologie forte de E'' ; E étant un espace de Banach et j une isométrie, $j(B)$ est complet, donc fermé et par conséquent $j(B) = B''$, d'où $j(E) = E''$ et ceci prouve le résultat souhaité.

EXERCICE 3.17.1

1. est immédiat, une intersection de convexes (resp. de fermés) étant convexe (resp. fermée).

2. Si C est non vide, étant donné que $C \subset C_i$, on a $d(a, C_i) \leq d(a, C)$, d'où

$$\sup_{i \in I} d(a, C_i) \leq d(a, C) < \infty.$$

Réciproquement, supposons $r = \sup_{i \in I} d(a, C_i)$ fini. Posons $C'_i = C_i \cap B'(a; r)$, ces ensembles C'_i sont non vides car il existe $x_i \in C_i$ tel que $\|a - x_i\| = d(a, C_i) \leq r$ (corollaire 3.16.19). La boule $B'(a; r)$ est faiblement compacte (théorème 3.16.16) et les convexes C'_i sont fermés, donc faiblement fermés. Si l'intersection $C' = \bigcap_{i \in I} C'_i$ était vide, il existerait une sous-famille finie $(C'_j)_{j \in J}$ d'intersection vide et, l'ensemble I étant filtrant, il existerait i tel que $i \geq j$ pour tout $j \in J$, et $C'_i \subset \bigcap_{j \in J} C'_j$ serait vide. Ceci prouve que C' est non vide et a fortiori C est non vide.

3. On note d'abord que x_i appartient à la boule $B'(a;r)$ qui est faiblement compacte ; la suite généralisée $(x_i)_{i\in I}$ admet au moins une valeur d'adhérence $x \in B'(a;r)$ pour la topologie $\sigma(E,E')$.

Montrons que x appartient à C. D'après la définition d'une valeur d'adhérence, si V est un voisinage de x pour la topologie faible, pour tout i il existe $j \geq i$ tel que $x_j \in V$; étant donné que $x_j \in C_j \subset C_i$, $V \cap C_i$ est non vide et ceci montre que x est un point adhérent à C_i, d'où $x \in C_i$, C_i étant faiblement fermé. Ceci prouve que x appartient à C.

Étant donné que $x \in C \cap B'(a;r)$, on a

$$d(a,C) \leq \|a-x\| \leq r = \sup_{i\in I} d(a,C_i) \leq d(a,C),$$

d'où

$$\|a-x\| = d(a,C) = \sup_{i\in I} d(a,C_i).$$

4. La suite (x_n) est bornée car $x_n \in B'(a;r)$ où $r = \sup_n d(a,C_n) < \infty$. D'après le théorème 3.17.11, il existe une sous-suite faiblement convergente et on conclut grâce à 3.

EXERCICE 3.17.2

1. est immédiat.

2. Voici d'abord une remarque préliminaire. Lorsque tous les points de X sont isolés, l'espace X est un espace compact discret, donc fini, et E est isomorphe à un espace $\mathbb{R}^n$, donc réflexif.

Dans la suite, on suppose qu'il existe dans X un point a non isolé.

Vérifions que les convexes C_V sont non vides. Un espace compact est normal, il existe donc (théorème 2.36.1) une fonction continue $f : X \to \mathbb{R}$ telle que $f(a) = 1$ et $f(x) = 0$ pour $x \in X - V$, cette fonction appartient à C_V qui est donc non vide.

L'intersection de tous les voisinages de a étant réduite au point a (proposition 2.17.1), la seule fonction $f : X \to \mathbb{R}$ vérifiant $\mathbb{1}_{\{a\}} \leq f \leq \mathbb{1}_V$ pour tout $V \in \mathcal{V}(a)$ est la fonction $\mathbb{1}_{\{a\}}$, fonction non continue car a n'est pas isolé. Ceci montre que l'intersection de tous les convexes C_V est vide.

3. On munit l'ensemble $\mathcal{V}(a)$ de la relation d'ordre opposée de l'inclusion ; on obtient ainsi un ensemble filtrant et l'application $V \mapsto C_V$ est décroissante : $V \subset W$ implique $C_V \subset C_W$. D'après 2. et l'exercice 3.17.1, l'espace E ne peut être réflexif.

EXERCICE 3.17.3 THÉORÈME DE BANACH-MAZUR

On notera d'abord que la boule unité B' est compacte pour la topologie $\sigma(E',E)$ (théorème 3.16.2) ce qui permet de munir l'espace $\mathcal{C}(B')$ de la norme de la topologie de la convergence uniforme. On a alors $k(x) \in \mathcal{C}_u(B')$ et, d'après le corollaire 3.13.12,

$$\|k(x)\| = \max_{x\in B'} |x'(x)| = \|x\|.$$

Ceci montre que l'application $k : E \to \mathcal{C}_u(B')$, évidemment linéaire, est une isométrie.

On observe ensuite que la boule B' est métrisable (proposition 3.17.2) ; cette boule étant par ailleurs connexe et localement connexe par arc, on peut utiliser l'exrcice 2.40.12 : il existe une surjection continue $\varphi : [0,1] \to B'$. Considérons alors l'application linéaire

$$x \in E \mapsto k(x) \circ \varphi \in \mathcal{C}_u([0,1]).$$

Cette application est une isométrie d'après la surjectivité de φ, ce qui prouve le théorème.

EXERCICE 3.18.1 POLAIRE

1. Supposons par exemple que M soit un sous-espace vectoriel de E. Si $< x, y >= 0$ pour

tout $x \in M$, on a évidemment $| < x, y > | \leq 1$ pour tout $x \in M$. Réciproquement, si $| < x, y > | \leq 1$ pour tout $x \in M$, en remplaçant x par x/ε, $\varepsilon > 0$, on constate que $|< x, y >| \leq \varepsilon$, d'où $< x, y >= 0$.

2. On remarque que M^0 peut s'écrire $M^0 = \bigcap_{x \in M} \{x\}^0$ où

$$\{x\}^0 = \{y \in F\,;\, | < x, y > | \leq 1\}$$

est convexe fermé et équilibré : $\{x\}^0$ est simplement la boule fermée centrée à l'origine et de rayon 1 pour la semi-norme $y \mapsto | < x, y > |$. Toute intersection de convexes fermés équilibrés étant convexe fermée équilibrée, ceci permet de conclure.

3. Rappelons (exercice 3.14.2) que l'enveloppe convexe fermée équilibrée de M s'écrit

$$C = \overline{\Gamma\Big(\bigcup_{|\lambda| \leq 1} \lambda M\Big)}.$$

La topologie $\sigma(E, F)$ étant définie par les semi-normes $x \mapsto | < x, y > |$, $y \in F$, la continuité de ces semi-normes montre que le polaire d'un ensemble coïncide avec le polaire de son adhérence.

Vérifions ensuite que le polaire d'un ensemble coïncide avec le polaire de son enveloppe convexe. On a évidemment $\Gamma(M)^0 \subset M^0$. Par ailleurs, si y appartient à M^0, on a $| < x, y > | \leq 1$ pour tout $x \in M$, donc pour tout $x \in \Gamma(M)$: en effet, un tel x peut s'écrire $\sum_{i \in I} t_i x_i$ où I est fini, $x_i \in M$, $0 \leq t_i \leq 1$ et $\sum_{i \in I} t_i = 1$, d'où

$$|< x, y >| = \Big|\sum_{i \in I} t_i < x_i, y >\Big| \leq \sum_{i \in I} t_i = 1.$$

Ceci prouve que $\Gamma(M)^0 = M^0$.

Pour conclure, il suffit d'observer que $M^0 = \Big(\bigcup_{|\lambda| \leq 1} \lambda M\Big)^0$. En effet, $| < x, y > | \leq 1$ pour tout $x \in M$ équivaut à $| < \lambda x, y > | \leq 1$ pour tout $x \in M$ et tout $|\lambda| \leq 1$.

4. D'après 3., il s'agit de vérifier que $M = M^{00}$ lorsque M est un convexe fermé équilibré. On a évidemment $M \subset M^{00}$. D'autre part, si a n'appartient pas à M, il existe d'après la proposition 3.14.5 une forme linéaire et continue sur E, c'est-à-dire un $y \in F$, telle que

$$< a, y > > 1 \text{ et } |< x, y >| \leq 1 \text{ pour tout } x \in M\,;$$

autrement dit, $y \in M^0$ et par conséquent $a \notin M^{00}$, ce qui prouve que $M^{00} \subset M$ et le résultat voulu.

EXERCICE 3.18.2

1. L'espace E'_b étant métrisable, il existe une suite (B_n) de parties bornées telle que les semi-normes $\|\bullet\|_{B_n}$, où

$$\|x'\|_{B_n} = \sup_{x \in B_n} |x'(x)|,$$

définissent la topologie de E'_b. D'après l'exercice 3.7.2, il existe une suite $\varepsilon_n > 0$ telle que $B = \bigcup_{n=0}^{\infty} \varepsilon_n B_n$ soit encore une partie bornée de E. On a alors $\|x'\|_{\varepsilon_n B_n} = \varepsilon_n \|x'\|_{B_n}$ et $\|x'\|_B = \sup_n \|x'\|_{\varepsilon_n B_n}$, d'où $\|x'\|_{B_n} \leq \varepsilon_n^{-1} \|x'\|_B$. Ceci prouve que la topologie de E'_b peut être définie par la seule semi-norme $\|\bullet\|_B$, qui est donc une norme.

2. Pour tout borné A de E, il existe donc une constante $\lambda > 0$ telle que

$$\lambda \|x'\|_A \leq \|x'\|_B \text{ pour tout } x' \in E'_b.$$

Si x' appartient au polaire B^0 de B, on a $| < x', x > | \leq 1$ pour tout $x \in B$, c'est-à-dire $\|x'\|_B \leq 1$, d'où $\|\lambda x'\|_A \leq 1$, ce qui signifie que $\lambda x' \in A^0$. Ceci prouve que

$B^0 \subset \lambda^{-1} A^0$, d'où $B^{00} \supset \lambda A^{00} \supset \lambda A$.

Toute suite de E convergente étant bornée, l'exercice 3.14.3 montre que l'ensemble équilibré (d'après l'exercice 3.18.1) B^{00} est un voisinage de $0 \in E$ et ce voisinage étant borné (exercice 3.14.2), la topologie de E peut être définie par une seule norme d'après la proposition 3.7.1.

EXERCICE 3.18.3

1. Soit $y' \in F'$, alors y' est une forme linéaire continue sur F_σ ; si T est continu de E dans F_σ, $y' \circ T$ est donc une forme linéaire continue sur E. Ceci prouve que T admet une transposée ; T est donc faiblement continu d'après la proposition 3.18.3.

2. La topologie affaiblie sur F étant séparée et moins fine que la topologie initiale, T est continu de E dans F dès qu'elle est continue de E dans F_σ d'après l'exercice 3.11.3.

EXERCICE 3.18.4

Si T n'est pas continu, il existe un voisinage de $0 \in F$ qu'on peut supposer de la forme $B_J(0; r)$ où $J \in \mathcal{F}(I)$ et $r > 0$ tel que

$$T(V_n/n) \not\subset B_J(0; r) \text{ pour tout } n \geq 1.$$

Il existe donc des points x_n tels que

$$x_n \in V_n \text{ et } \|Tx_n\|_J \geq nr. \tag{3.38.5}$$

La suite (x_n) converge vers 0 dans l'espace E pour la topologie initiale, donc pour la topologie affaiblie. Il en résulte que la suite (Tx_n) converge faiblement vers 0 dans l'espace F ; cette suite est donc faiblement bornée et par conséquent bornée pour la topologie initiale d'après l'exercice 3.16.1. Ceci prouve que la suite $(\|Tx_n\|_J)$ est bornée, ce qui est contradictoire avec (3.38.5).

EXERCICE 3.18.5

Notons T un isomorphisme de E sur F, alors ${}^{tt}T : E'' \to F''$ est un isomorphisme (proposition 3.18.7) et la formule (3.18.13) ${}^{tt}T \circ j_E = j_F \circ T$ montre que la surjectivité de j_E équivaut à celle de j_F.

EXERCICE 3.18.6

1. L'injection $i : F \to E$ est linéaire continue, donc admet une transposée ${}^t i \in \mathcal{L}(E'_b; F'_b)$ (proposition 3.18.6) ; si $x' \in E'$, ${}^t i(x') = x'|_F$. Cette application est donc surjective d'après le théorème de Hahn-Banach et son noyau est l'orthogonal F^0 de F. Il existe donc une unique application linéaire $\varphi : E'/F^0 \to F'$ telle que ${}^t i = \varphi \circ \pi$. L'application $\varphi : E'_b/F^0 \to F'_b$ est une bijection linéaire, continue d'après la continuité de ${}^t i$. L'espace E'_b/F^0 est un espace de Banach d'après le théorème 3.6.7, F^0 étant fermé, car faiblement fermé ; d'après le théorème de Banach, φ est donc un isomorphisme de E'_b/F^0 sur F'_b.

2. L'application $\pi : E \to E/F$ est linéaire continue et surjective, sa transposée ${}^t\pi : (E/F)' \to E'$ est par conséquent injective. D'après (3.18.7),

$$\overline{\text{Im}\, {}^t\pi} = (\text{Ker}\, \pi)^0 = F^0.$$

Montrons plus précisément que $\text{Im}\, {}^t\pi = F^0$. Soit $x' \in F^0$, c'est-à-dire soit $x' \in E'$ tel que $x'|_F = 0$. Il s'agit alors de construire une forme linéaire continue $T \in (E/F)'$ telle que $T \circ \pi = x'$. Soit $\xi \in E/F$, posons $T\xi = x'(x)$ où $x \in E$ est tel que $\pi(x) = \xi$: $x'(x)$ ne dépend pas du choix d'un tel x car $x'(x) = x'(y)$ si $x - y \in F$. On définit ainsi une forme linéaire T sur E/F telle que $T \circ \pi = x'$; elle est donc continue d'après la continuité de x'. L'application ${}^t\pi$ induit par conséquent une bijection linéaire continue de $(E/F)'_b$ sur $F^0 \subset E'_b$, donc un isomorphisme d'après le théorème de Banach.

3.39 Exercices du chapitre 3.D

EXERCICE 3.19.1

1. L'application $\varphi : F \to l^\infty(\mathbb{N}; E)$ est une isométrie linéaire, ce qui prouve que F est un espace de Banach, et $\varphi(G) = c(\mathbb{N}; E)$, ce qui prouve que G est un espace de Banach vu l'exercice 2.27.6.

2,a. Montrons que le graphe de $T : G \to G$ est fermé. Soit (x^k) une suite de G convergeant vers 0 telle que la suite (Tx^k) converge vers y dans l'espace G ; posons $x^k = (x_n^k)$ et $y = (y_n)$. On remarque que l'application linéaire $x \mapsto x_n$ de F dans E est continue car

$$\|x_n\| = \|s_n - s_{n-1}\| \leq 2\|x\|.$$

Il en résulte que la suite $(x_n^k)_{k\in\mathbb{N}}$ converge vers 0 dans l'espace E et que la suite $(\lambda_n x_n^k)_{k\in\mathbb{N}}$ converge vers y_n et par conséquent $y_n = 0$. D'après le théorème du graphe fermé, l'application linéaire $T : G \to G$ est continue : il existe $c \geq 0$ tel que pour tout entier n et tout $x \in G$

$$\Big\|\sum_{p=0}^{n} \lambda_p x_p\Big\| \leq c \sup_{n\in\mathbb{N}} \Big\|\sum_{p=0}^{n} x_p\Big\|. \tag{3.39.1}$$

On peut écrire (Abel)

$$\sum_{p=0}^{n} \lambda_p x_p = (\lambda_0 - \lambda_1)s_0 + \ldots + (\lambda_{n-1} - \lambda_n)s_{n-1} + \lambda_n s_n ;$$

choisissons un vecteur $e \in E$ de norme 1, $s_j = a_j e$, $a_j \in \mathbb{K}$, $|a_j| = 1$, tel que

$$(\lambda_j - \lambda_{j+1})a_j = |\lambda_j - \lambda_{j+1}| \text{ pour } 0 \leq j \leq n-1$$

et $s_j = 0$ pour $j \geq n$; en posant $x_j = s_j - s_{j-1}$ ($s_{-1} = 0$), on définit bien une suite $x = (x_n)$ appartenant à G vu que $x_j = 0$ pour $j > n$. L'inégalité (3.39.1) devient alors

$$\sum_{j=0}^{n-1} |\lambda_j - \lambda_{j+1}| \leq c$$

et ceci prouve que la suite (λ_n) est à variation bornée.

b. Réciproquement, supposons la suite (λ_n) à variation bornée et soit $\sum_{n=0}^{\infty} x_n$ une série convergente ; il s'agit de vérifier que la série $\sum_{n=0}^{\infty} \lambda_n x_n$ est convergente, c'est-à-dire vérifie le critère de Cauchy. On peut écrire (Abel)

$$\sum_{p=k}^{k+l} \lambda_p x_p = (\lambda_k - \lambda_{k+1})s_{k,0} + \ldots + (\lambda_{k+l-1} - \lambda_{k+l})s_{k,l-1} + \lambda_{k+l} s_{k,l} \tag{3.39.2}$$

où $s_{k,j} = s_{k+j} - s_{k-1} = \sum_{n=k}^{k+j} x_n$. On a alors

$$\Big\|\sum_{p=k}^{k+l} \lambda_p x_p\Big\| \leq \Big(\sum_{j=0}^{\infty} |\lambda_j - \lambda_{j+1}| + \sup_{n\in\mathbb{N}} |\lambda_n|\Big) \times S_k$$

où $S_k = \sup_{j\geq 0} \|s_{k,j}\|$ tend vers 0 quand k vers l'infini d'après le critère de Cauchy, la série $\sum_{n=0}^{\infty} x_n$ étant convergente.

Note Si on s'intéresse à des séries absolument convergentes, on peut démontrer (exercice 3.24.2) que l'inclusion $T(l^1) \subset l^1$ équivaut à $\lambda = (\lambda_n) \in l^\infty$; la réponse est différente !

3,a. Si $T(F) \subset G$, a fortiori $T(G) \subset G$, la suite (λ_n) est nécessairement à variation bornée. De plus, soit $e \in E$ de norme 1 ; prenons $x_n = (-1)^n e$, alors $x = (x_n)$ appartient à F, donc la série $\sum_{n=0}^{\infty}(-1)^n \lambda_n e$ converge et il en résulte que le terme général doit tendre vers 0, soit $\lim_{n\to\infty} \lambda_n = 0$.

b. Réciproquement, si la suite (λ_n) est à variation bornée et tend vers 0, soit $x = (x_n) \in F$. On a d'après (3.39.2)

$$\left\|\sum_{p=k}^{k+l} \lambda_p x_p\right\| \leq \left(\sum_{j=k}^{\infty} |\lambda_j - \lambda_{j+1}| + \sup_{j\geq k} |\lambda_j|\right) \times 2\|x\|$$

car $\|s_{k,j}\| = \|s_{k+j} - s_{k-1}\| \leq 2\|x\|$ et le second membre tendant vers 0 quand k tend vers l'infini, le critère de Cauchy permet d'affirmer que la série $\sum_{n=0}^{\infty} \lambda_n x_n$ est convergente, c'est-à-dire que $Tx \in G$.

EXERCICE 3.19.2

1. Le système (3.19.8) admettant une unique solution quel que soit $y \in E$, pour tout q il existe $p = p(q)$ tel que $a_{pq} \neq 0$. On a alors

$$\|x\|_{p(0)} \geq |a_{p(0)0} x_0|$$

d'où $|x_0| \leq |a_{p(0)0}|^{-1} \|x\|_{p(0)}$, ce qui prouve la continuité de la forme linéaire $x \mapsto x_0$.

Montrons par récurrence qu'il existe une partie finie $J_q \subset \mathbb{N}$ et une constante $c_q \geq 0$ telles que

$$|x_q| \leq c_q \max_{p\in J_q} \|x\|_p.$$

On a

$$\|x\|_{p(q)} \geq \left|\sum_{r=0}^{q} a_{p(q)r} x_r\right|,$$

d'où

$$|a_{p(q)q} x_q| \leq \|x\|_{p(q)} + \left|\sum_{r=0}^{q-1} a_{p(q)r} x_r\right| \leq \|x\|_{p(q)} + \sum_{r=0}^{q-1} |a_{p(q)r}| \times c_r \max_{p\in J_r} \|x\|_p$$

où $a_{p(q)q} \neq 0$, ce qui permet de conclure.

2. La topologie de F est séparée, en effet si $\|x\|_i = 0$ pour tout i, on a $\sum_{q=0}^{\infty} a_{pq} x_q = 0$ pour tout p, d'où $x = 0$, le système (3.19.8) n'admettant qu'une solution. La topologie de F est donc métrisable.

Montrons que F est complet. Soit (x^k) une suite de Cauchy de F, $x^k = (x_q^k)_{q\in\mathbb{N}}$. D'après 1., la suite $(x_q^k)_{k\in\mathbb{N}}$ est de Cauchy, donc converge ; on pose $x_q = \lim_{k\to\infty} x_q^k$ et $x = (x_q)$. Soit $\varepsilon > 0$ et $p \in \mathbb{N}$, il existe un entier k tel que, pour $l, m \geq k$, on ait $\|x^l - x^m\|_p \leq \varepsilon$, c'est-à-dire

$$\left|\sum_{r=0}^{q} a_{pr}(x_r^l - x_r^m)\right| \leq \varepsilon \text{ pour tout } q \in \mathbb{N}$$

et en faisant tendre l vers l'infini

$$\left|\sum_{r=0}^{q} a_{pr}(x_r - x_r^m)\right| \leq \varepsilon \text{ pour tout } q \in \mathbb{N},\ m \geq k. \tag{3.39.3}$$

On peut écrire pour $j < q$

$$\begin{aligned}\left|\sum_{r=j+1}^{q} a_{pr}x_r\right| &\leq \left|\sum_{r=j+1}^{q} a_{pr}(x_r - x_r^k)\right| + \left|\sum_{r=j+1}^{q} a_{pr}x_r^k\right| \\ &\leq \left|\sum_{r=0}^{q} a_{pr}(x_r - x_r^k)\right| + \left|\sum_{r=0}^{j} a_{pr}(x_r - x_r^k)\right| + \left|\sum_{r=j+1}^{q} a_{pr}x_r^k\right| \\ &\leq 2\varepsilon + \left|\sum_{r=j+1}^{q} a_{pr}x_r^k\right|\end{aligned}$$

et, la série $\sum_{r=0}^{\infty} a_{pr}x_r^k$ étant convergente, il existe (critère de Cauchy), un entier j_0 tel que $|\sum_{r=j+1}^{q} a_{pr}x_r^k| \leq \varepsilon$ pour $j \geq j_0$, d'où

$$\left|\sum_{r=j+1}^{q} a_{pr}x_r\right| \leq 3\varepsilon \text{ pour } j_0 \leq j < q.$$

D'après le critère de Cauchy, la série $y_p = \sum_{q=0}^{\infty} a_{pq}x_q$ est donc convergente. Posons $y_p^k = \sum_{q=0}^{\infty} a_{pq}x_q^k$, alors $y_p = \lim_{k\to\infty} y_p^k$: en effet, en faisant tendre q vers l'infini dans (3.39.3) on obtient $|y_p - y_p^m| \leq \varepsilon$ pour $m \geq k$.

Enfin, la suite (y^k) est de Cauchy dans E (car la suite (x^k) est de Cauchy pour les semi-normes $\|\bullet\|_i$), elle converge donc dans E, soit $z = \lim_{k\to\infty} y^k$. La topologie de E étant plus fine que celle induite par celle de $\mathcal{F}_s(\mathbb{N};\mathbb{K})$, les formes linéaires sur E $y \mapsto y_p$ sont continues ; il en résulte que $z_p = \lim_{k\to\infty} y_p^k$ et ceci montre que $y = z$. On en déduit que y appartient à E, donc x appartient à F. D'après (3.39.3), on a $\|x - x^m\| \leq \varepsilon$ pour $m \geq k$; compte-tenu du fait que la suite (y^k) converge vers y dans E, $\lim_{k\to\infty} \|x - x^k\|_i = 0$ et ceci montre que la suite (x^k) converge vers x dans F.

3. L'application linéaire $T : E \to F$ est une bijection, la bijection réciproque T^{-1} est continue car

$$\|T^{-1}x\|_i = \|y\|_i = \|x\|_i \text{ si } y = T^{-1}x.$$

D'après le théorème de Banach, T est un isomorphisme et on déduit en particulier que les formes linéaires $y \mapsto (Ty)_q = x_q$ sont continues.

EXERCICE 3.19.3

1. On a

$$\|x - x_0e^0 - \sum_{p=1}^{m}(x_p - x_0)e^p\| = \sup_{q>m} |x_q - x_0|$$

et la suite (x_n) convergeant vers x_0, cette quantité tend vers 0 lorsque m tend vers l'infini, ce qui prouve le résultat demandé.

2. Si T est un endomorphisme de c, on en déduit que

$$y = Tx = x_0Te^0 + \sum_{m=1}^{\infty}(x_m - x_0)Te^m$$

et en posant $Te^m = (a_n^m)_{n\geq 1}$, $m \in \mathbb{N}$,

$$y_n = a_n^0x_0 + \sum_{m=1}^{\infty} a_n^m(x_m - x_0),\ n \geq 1.$$

Montrons que la série $\sum_{m=1}^{\infty} |a_n^m|$ est convergente. Dans la formule précédente, prenons $x_m = 0$ pour $m > k$ et x_m tel que $|x_m| = 1$ et $a_n^m x_m = |a_n^m|$ pour $1 \leq m \leq k$. On a alors $x_0 = 0$, $\|x\| = 1$ et $y_n = \sum_{m=1}^{k} |a_n^m|$, d'où

$$\sum_{m=1}^{k} |a_n^m| \leq \|y\| \leq \|T\| \, \|x\| = \|T\|,$$

ce qui prouve le résultat voulu.

Ceci permet d'écrire y_n sous la forme $y_n = \sum_{m=0}^{\infty} \alpha_n^m x_m$, $n \geq 1$, où

$$\alpha_n^0 = a_n^0 - \sum_{m=1}^{\infty} a_n^m \text{ et } \alpha_n^m = a_n^m \text{ pour } m \geq 1.$$

Vérifions alors les propriétés (3.19.10), (3.19.11) et (3.19.12).

L'entier $n \geq 1$ étant fixé, prenons d'abord $x_m = 0$ pour $m > k$ et x_m tel que $|x_m| = 1$ et $\alpha_n^m x_m = |\alpha_n^m|$ pour $1 \leq m \leq k$; on obtient alors comme précédemment $y_n = \sum_{m=1}^{k} |\alpha_n^m|$, d'où $\sum_{m=1}^{k} |\alpha_n^m| \leq \|T\|$. Ceci prouve que la série $\sum_{m=0}^{\infty} |\alpha_n^m|$ est convergente. Prenons ensuite x_m tel que $|x_m| = 1$ et $\alpha_n^m x_m = |\alpha_n^m|$ pour $0 \leq m \leq k$ et $x_m = x_0$ pour $m > k$, alors $\|x\| = 1$ et

$$y_n = \sum_{m=0}^{k} |\alpha_n^m| + \left(\sum_{m=k+1}^{\infty} \alpha_n^m \right) x_0,$$

d'où

$$\sum_{m=0}^{k} |\alpha_n^m| \leq |y_n| + \sum_{m=k+1}^{\infty} |\alpha_n^m| \leq \|T\| + \sum_{m=k+1}^{\infty} |\alpha_n^m|$$

et en passant à la limite $\sum_{m=0}^{\infty} |\alpha_n^m| \leq \|T\|$, d'où

$$\sup_{n \geq 1} \sum_{m=0}^{\infty} |\alpha_n^m| \leq \|T\|. \tag{3.39.4}$$

Ceci prouve (3.19.10).

Quant à (3.19.11), pour $m \geq 1$ on a $\alpha_n^m = a_n^m = (Te^m)_n$; étant donné que Te^m appartient à c, on en déduit que la limite $\lim_{n \to \infty} \alpha_n^m$ existe, ce qui prouve (3.19.11).

Enfin, en prenant tous les x_m égaux à 1, on a $y_n = \sum_{m=0}^{\infty} \alpha_n^m$ et, (y_n) appartenant à c, on obtient (3.19.12).

3. La série $\sum_{m=0}^{\infty} \alpha_n^m x_m$ est absolument convergente d'après (3.19.10) car

$$\sum_{m=0}^{\infty} |\alpha_n^m x_m| \leq \left(\sum_{m=0}^{\infty} |\alpha_n^m| \right) \times \|x\|$$

et de plus

$$\|y\| \leq \left(\sup_{n \geq 1} \sum_{m=0}^{\infty} |\alpha_n^m| \right) \times \|x\| \, ;$$

ceci prouve que (3.19.9) définit une application linéaire continue T de c dans l^∞, de norme $\sup_{n \geq 1} \sum_{m=0}^{\infty} |\alpha_n^m|$ d'après (3.39.4).

Montrons que $T(c) \subset c$. Notons d'abord que la série $\sum_{m=1}^{\infty} \alpha^m$ est absolument convergente : on a en effet $\sum_{m=1}^{k} |\alpha_n^m| \leq \|T\|$ pour tout $n \geq 1$ et tout $k \geq 1$, d'où $\sum_{m=1}^{k} |\alpha^m| \leq \|T\|$. On peut donc écrire

$$\begin{aligned} y_n &= \sum_{m=1}^{\infty} \alpha_n^m (x_m - x_0) + \left(\sum_{m=0}^{\infty} \alpha_n^m \right) x_0 \\ &= \sum_{m=1}^{\infty} (\alpha_n^m - \alpha^m)(x_m - x_0) + \sum_{m=1}^{\infty} \alpha^m (x_m - x_0) + \left(\sum_{m=0}^{\infty} \alpha_n^m \right) x_0. \end{aligned}$$

Le dernier terme converge vers $\alpha^0 x_0$.

Montrons que le premier terme converge vers 0. On peut écrire

$$\sum_{m=1}^{\infty} \ldots = \sum_{m=1}^{k} \ldots + \sum_{m=k+1}^{\infty} \ldots$$

. Choisissons k tel que $|x_m - x_0| \leq \varepsilon$ pour $m > k$, on a alors

$$\left| \sum_{m=k+1}^{\infty} (\alpha_n^m - \alpha^m)(x_m - x_0) \right| \leq \left(\sum_{m=1}^{\infty} (|\alpha_n^m| + |\alpha^m|) \right) \varepsilon \leq 2\|T\|\, \varepsilon.$$

Quant à la somme $\sum_{m=1}^{k} (\alpha_n^m - \alpha^m)(x_m - x_0)$, elle tend vers 0 lorsque n tend vers l'infini d'après (3.19.11). Ceci prouve le résultat annoncé.

On en déduit que la suite (y_n) converge et que

$$\lim_{n\to\infty} y_n = \alpha^0 x_0 + \sum_{m=1}^{\infty} \alpha^m (x_m - x_0).$$

4. On a $y_n = \sum_{m=0}^{\infty} \alpha_n^m x_m$ avec

$$\begin{aligned} \alpha_n^0 &= 0 && \text{pour } n \geq 1, \\ \alpha_n^m &= \frac{p_m}{p_1 + \ldots + p_m} && \text{pour } 1 \leq m \leq n, \\ \alpha_n^m &= 0 && \text{pour } n < m. \end{aligned}$$

On a $\sum_{m=0}^{\infty} |\alpha_n^m| = 1$ et

$$\alpha^m = \lim_{n\to\infty} \alpha_n^m = \lim_{n\to\infty} \frac{p_m}{p_1 + \ldots + p_n} = \frac{p_m}{p}$$

où $p = \sum_{n=1}^{\infty} p_n$, c'est-à-dire $\alpha^m = 0$ si la série $\sum_{n=1}^{\infty} p_n$ diverge. Enfin, on a $\alpha^0 = 1$. Les propriétés (3.19.10), (3.19.11) et (3.19.12) sont donc vérifiées. La suite (y_n) est donc convergente et sa limite vaut

$$y_0 = x_0 + \sum_{m=1}^{\infty} \alpha_m (x_m - x_0).$$

Lorsque la série $\sum_{n=1}^{\infty} p_n$ converge, ceci peut s'écrire

$$\lim_{n\to\infty} \frac{p_1 x_1 + \ldots + p_n x_n}{p_1 + \ldots + p_n} = \frac{\sum_{n=1}^{\infty} p_n x_n}{\sum_{n=1}^{\infty} p_n}$$

et en prenant une suite (x_n) dont les premiers termes sont nuls ($x_n = 0$ pour $1 \leq n \leq n_0$) et $x_n = x_0$ pour $n > n_0$, on construit des suites $x \in c$ telles que $x_0 \neq y_0$.

Par contre, lorsque la série $\sum_{n=1}^{\infty} p_n$ diverge, on a $x_0 = y_0$ quel que soit la suite $x \subset c$. Par exemple, pour $p_n = 1$, on obtient la méthode de sommation, dite de Césaro.

EXERCICE 3.20.1

1. Dire que le point s est adhérent à la base de filtre $f(\mathcal{B})$ signifie que, pour tout $\varepsilon > 0$ et toute partie finie J_0 de $\mathbb{N}$, il existe une partie finie $J \supset J_0$ telle que $\|s - s_J\| \leq \varepsilon$. La série $\sum_{n=0}^{\infty} x_n$ étant convergente et de somme s, il suffit de prendre J de la forme $[0, n]$ avec n suffisamment grand.

2. Un filtre de Cauchy admettant un point adhérent convergeant, on en déduit que $f(\mathcal{B})$ ne peut être de Cauchy si la suite (x_n) n'est pas sommable. Il existe donc $\varepsilon > 0$ tel que

$$(\forall J \in \mathcal{F}(\mathbb{N}))(\exists K = K(J) \in \mathcal{F}(\mathbb{N} - J))(\|s_K\| \geq \varepsilon).$$

On définit par récurrence une suite (K_n) de parties finies de $\mathbb{N}$ en posant

$$J_0 = \emptyset \text{ et } K_0 = K(J_0), \text{ puis } J_{n+1} = J_n \cup K_n \text{ et } K_{n+1} = K(J_{n+1}).$$

Ces ensembles K_n sont disjoints deux à deux et $\|s_{K_n}\| \geq \varepsilon$.

3. On construit ensuite une bijection $\pi : \mathbb{N} \to \mathbb{N}$ telle que, pour tout n, $\pi^{-1}(K_n)$ soit une suite d'entiers consécutifs. On procède de la façon suivante. On pose

$$p_n = \text{Card } K_n \text{ et } N_n = \max K_n,$$

$$A_n = \Big\{p \in \mathbb{N}\,;\, p < N_n \text{ et } p \notin \bigcup_{j=0}^{\infty} K_j\Big\} \text{ et } q_n = \text{Card } A_n.$$

Il existe des bijections

$$\pi_0 : [0, p_0 - 1] \to K_0,\ \pi'_0 : [p_0, p_0 + q_0 - 1] \to A_0,$$

puis par récurrence des bijections

$$\pi_n : \Big[\sum_{i=0}^{n-1}(p_i + q_i), \sum_{i=0}^{n-1}(p_i + q_i) + p_n - 1\Big] \to K_n,$$

$$\pi'_n : \Big[\sum_{i=0}^{n-1}(p_i + q_i) + p_n, \sum_{i=0}^{n}(p_i + q_i) - 1\Big] \to A_n.$$

L'application $\pi : \mathbb{N} \to \mathbb{N}$ dont la restriction aux intervalles

$$\Big[\sum_{i=0}^{n-1}(p_i + q_i), \sum_{i=0}^{n-1}(p_i + q_i) + p_n - 1\Big] \text{ et } \Big[\sum_{i=0}^{n-1}(p_i + q_i) + p_n, \sum_{i=0}^{n}(p_i + q_i) - 1\Big]$$

vaut respectivement π_n et π'_n, est une bijection possèdant la propriété désirée.

4. On considère la suite $y_n = x_{\pi(n)}$; on a alors

$$\Big\|\sum_{p \in \pi^{-1}(K_n)} y_p\Big\| \geq \varepsilon \text{ pour tout } n.$$

La série $\sum_{n=0}^{\infty} y_n$ ne vérifiant pas le critère de Cauchy ne peut converger ce qui est contradictoire avec l'hypothèse, à savoir que la série $\sum_{n=0}^{\infty} x_n$ est commutativement convergente.

EXERCICE 3.24.1

Il existe $(e, f) \in E \times F$ tel que $g = ef \in G$ soit $\neq 0$. L'ensemble I étant infini, il existe une injection $\varphi : \mathbb{N} \to I$. Lorsque $i = \varphi(n)$ avec $n \geq 2$, on pose

$$x_i = n^{-1/p}\,(log\, n)^{-2/p}\, e \text{ et } y_i = n^{-1/q}\,(log\, n)^{-2/q}\, f\,;$$

pour les autres valeurs de i, on prend $x_i = y_i = 0$. On définit ainsi des familles $x = (x_i)_{i \in I}$ et $y = (y_i)_{i \in I}$ d'éléments de E et F respectivement.

La série de terme général $n^{-1}(log\, n)^{-2}$ étant convergente, $(x, y) \in l^p(I; E) \times l^q(I; F)$. On a d'autre part pour $i = \varphi(n)$, $n \geq 2$,

$$x_i y_i = n^{-1/r}\,(log\, n)^{-2/r} g\,;$$

lorsque $s < r$, la série de terme général $n^{-s/r}(log\, n)^{-2s/r}$ diverge et par conséquent $xy \notin l^s(I; G)$.

EXERCICE 3.24.2

1. Soit (x_n) une suite de l^p convergeant vers 0 telle que la suite $(x_n y)$ converge vers z dans l^r. Posons $x_n = (x_{i,n})_{i \in I}$. Alors, $i \in I$ étant fixé, la suite $(x_{i,n})$ converge vers 0 et la suite

$(x_{i,n}y_i)$ converge vers z_i ; il en résulte que $z_i = 0$. D'après le théorème du graphe fermé, l'application linéaire $x \mapsto xy$ de l^p dans l^r est donc continue.

2. Il existe donc une constante $c \geq 0$ telle que $\|xy\|_r \leq c\,\|x\|_p$ pour tout $x \in l^p$.

Si $p = \infty$, donc $q = r$, en prenant tous les x_i égaux à 1, on obtient $\|y\|_r = \|y\|_p \leq c$, d'où $y \in l^q$.

Si $q = \infty$, donc $p = r$, prenons $x_i = 1$ et $x_j = 0$ pour $j \neq i$, alors $|y_i| \leq c$, soit $\|y\|_\infty \leq c$ et $y \in l^\infty$.

Enfin, si p et q sont tous deux finis, soit J une partie finie de I ; prenons

$$x_i = |y_i|^{q/p} \text{ pour } i \in J \text{ et } x_i = 0 \text{ pour } i \notin J.$$

On obtient alors $|x_i y_i| = |y_i|^{q/p+1} = |y_i|^{q/r}$, d'où

$$\Big(\sum_{i\in J} |y_i|^q\Big)^{1/r} \leq c\Big(\sum_{i\in J} |y_i|^q\Big)^{1/p}$$

et, vu que $1/r - 1/p = 1/q$, $\left(\sum_{i\in J} |y_i|^q\right)^{1/q} \leq c$; il en résulte que y appartient bien à l^q.

EXERCICE 3.24.3 THÉORÈME DE SCHUR-MERTENS

1. On a $|x_0| = |s_0| \leq \|x\|$ et, pour $n \geq 1$, $|x_n| = |s_n - s_{n-1}| \leq 2\,\|x\|$, ce qui permet de conclure.

2. On utilise le théorème du graphe fermé. Soit $x^k = (x_n^k) \in E$ une suite de E telle que

$$x^k \longrightarrow 0 \text{ et } x^k \star z \longrightarrow z \text{ dans } E.$$

D'après 1., $z_n^k = \sum_{j=0}^n x_j^k y_{n-j}$ tend vers 0 lorsque k tend vers l'infini et ceci prouve que $z_n = 0$, d'où $z = 0$, ce qui permet de conclure.

3. On en déduit une constante $c \geq 0$ telle que $\|x \star y\| \leq c\,\|x\|$ pour tout $x \in E$. On a alors

$$S_n \equiv \sum_{k=0}^n z_k = \sum_{k=0}^n \sum_{j=0}^k x_{k-j} y_j = \sum_{j=0}^n y_j \Big(\sum_{k=j}^n x_{k-j}\Big),$$

soit

$$S_n = \sum_{j=0}^n y_j s_{n-j} \text{ où } s_n = \sum_{j=0}^n x_j.$$

On en déduit que

$$\sup_{n\in\mathbb{N}} \Big|\sum_{j=0}^n y_j s_{n-j}\Big| \leq c \sup_{k\in\mathbb{N}} |s_k|.$$

L'entier n étant fixé, prenons $x \in E$ tel que

$$y_j s_{n-j} = |y_j| \text{ pour } 0 \leq j \leq n \text{ et } s_k = 0 \text{ pour } k > n.$$

On obtient ainsi que $\sum_{j=0}^n |y_j| \leq c$ et, ceci valant pour tout n, ceci montre que la série $\sum_{j=0}^\infty |y_j|$ est convergente, c'est-à-dire $y \in l^1$.

EXERCICE 3.24.4

1. D'après l'inégalité de Hölder, on a

$$|z_n| \leq \Big(\sum_{j=0}^n |x_j|^p\Big)^{1/p} \times \Big(\sum_{j=0}^n |y_{n-j}|^q\Big)^{1/q} \leq \|x\|_p \|y\|_q,$$

d'où $\sup_{n\in\mathbb{N}} |z_n| < \infty$ et $\|x \star y\|_\infty \leq \|x\|_p \|y\|_q$.

2,a. On utilise le théorème du graphe fermé. Soit (x^k) une suite de l^p convergeant vers 0 telle que la suite $(x^k \star y)$ converge vers z dans l^∞. On pose $x^k = (x_n^k)$, $y = (y_n)$ et $z = (z_n)$, on a alors

$$z_n = \lim_{k\to\infty} \sum_{j=0}^{n} x_j^k y_{n-j} = 0$$

car $\lim_{k\to\infty} x_j^k = 0$ pour tout j. Ceci prouve que $z = 0$, d'où la continuité de l'application $x \in l^p \mapsto x \star y \in l^\infty$ d'après le théorème du graphe fermé.

b. On en déduit une constante $c \geq 0$ telle que

$$\Big|\sum_{j=0}^{n} x_j y_{n-j}\Big| \leq c\,\|x\|_p \text{ pour tout entier } n \text{ et tout } x \in l^p.$$

L'entier n étant fixé, choisissons $x \in l^p$ tel que

$$x_j = \varepsilon_j |y_{n-j}|^{q-1} \text{ pour } 0 \leq j \leq n \text{ et } x_j = 0 \text{ pour } j > n$$

où $\varepsilon_j = 1$ si $y_{n-j} \geq 0$ et $\varepsilon_j = -1$ si $y_{n-j} < 0$. On obtient ainsi

$$\sum_{j=0}^{n} |y_j|^q \leq c \Big(\sum_{j=0}^{n} |y_{n-j}|^{p(q-1)}\Big)^{1/p}$$

et, vu que $p(q-1) = q$, $1 - 1/p = 1/q$,

$$\Big(\sum_{j=0}^{n} |y_j|^q\Big)^{1/q} \leq c$$

et ceci étant vrai pour tout entier n, on en déduit que y appartient à l'espace l^q.

EXERCICE 3.24.5

Rappelons que la norme sur l'espace $c_0(I;E)$ est définie par $\|x\| = \sup_{i\in I} \|x_i\|$.

1,a. Soit $i \in I$, on note $\varphi_i : E \to c_0(I;E)$ l'application linéaire définie par $\varphi_i(x) = y$ avec $y_i = x$ et $y_j = 0$ pour $j \neq i$. Cette application linéaire est continue vu que $\|\varphi_i(x)\| = \|x\|$.

b. On note ensuite que, pour tout $x = (x_i)_{i\in I} \in c_0(I;E)$, la famille $(\varphi_i(x_i))_{i\in I}$ est sommable de somme x : en effet, soit J_0 une partie finie de I telle que $\sup_{i\in I-J_0} \|x_i\| \leq \varepsilon$, alors pour toute partie finie $J \supset J_0$

$$\Big\|x - \sum_{i\in J} \varphi_i(x_i)\Big\| = \sup_{i\in I-J} \|x_i\| \leq \sup_{i\in I-J_0} \|x_i\| \leq \varepsilon.$$

c. Soit T une forme linéaire continue sur $c_0(I;E)$, il résulte de b. que

$$Tx = \sum_{i\in I} (T\circ\varphi_i)(x_i) = \sum_{i\in I} < y_i, x_i > \quad \text{où } y_i = T\circ\varphi_i \in E'.$$

On définit ainsi une famille $y = (y_i)_{i\in I}$ d'éléments de E'.

d. Montrons que y appartient à l'espace $l^1(I;E')$. Prenons $x \in c_0(I;E)$ de la forme $x = \sum_{i\in J} a_i\varphi_i(x_i)$ où J est une partie finie de I, $x_i \in E$ et $\|x_i\| = 1$ et choisissons les scalaires a_i tels que

$$|a_i| = 1 \text{ et } a_i < y_i, x_i >= |< y_i, x_i >|.$$

On a alors

$$Tx = \sum_{i\in J} |< y_i, x_i >| \text{ et } \|x\| = \max_{i\in J} |a_i|\,\|x_i\| = 1.$$

D'après la continuité de T, on en déduit que $\sum_{i\in J} |< y_i, x_i >| \leq \|T\|$ et en prenant la borne supérieure sur les x_i décrivant la sphère unité de E, on en déduit que $\sum_{i\in J} \|y_i\| \leq \|T\|$. Ceci montre que y appartient à l'espace $l^1(I; E')$ et que

(3.39.5) $$\|y\|_1 \leq \|T\|.$$

e. Inversement, à tout $y = (y_i)_{i\in I}$ de l'espace $l^1(I; E')$, on peut associer une forme linéaire continue sur $c_0(I; E)$ en posant

$$T_y x = \sum_{i\in I} < y_i, x_i > .$$

En effet, la famille $(< y_i, x_i >)_{i\in I}$ est sommable car $|< y_i, x_i >| \leq \|y_i\| \, \|x\|$, donc $T_y x$ est bien défini. De plus,

$$|T_y x| \leq \sum_{i\in I} \|y_i\| \, \|x\| = \|y\|_1 \, \|x\|,$$

ce qui prouve la continuité de la forme linéaire T_y et $\|T_y\| \leq \|y\|_1$. D'après (3.39.5), on en déduit $\|T_y\| = \|y\|_1$: ceci prouve que l'application linéaire $y \mapsto T_y$ est une isométrie de $l^1(I; E')$ sur le dual de l'espace $c_0(I; E)$.

2. Si l'espace $c_0(I; E)$ était réflexif, il en serait de même de son dual fort (corollaire 3.17.9), donc de l'espace $l^1(I; E')$ qui lui est isomorphe, ce qui n'est pas le cas (corollaire 3.24.8).

EXERCICE 3.24.6

On observe d'abord que l'espace l^p est un espace de Banach séparable. L'ensemble de suites

$$X = \{(x_n)\,;\ \text{il existe un entier } p \text{ tel que } x_n = 0 \text{ pour } n \geq p\}$$

est dense dans l^p et $T^k x = 0$ si $k \geq p$. On définit une application $S : l^p \to l^p$ en posant

$$(Sx)_0 = 0,\ (Sx)_n = \frac{1}{\lambda} x_{n-1} \text{ pour } n \geq 1.$$

On a évidemment $T \circ S = I_{l^p}$ et $\|S^k x\|_p = (1/\lambda^k)\|x\|_p$, d'où $\lim_{k\to\infty} S^k x = 0$. Les hypothèses de l'exercice 3.4.4 sont satisfaites, ce qui permet de conclure.

EXERCICE 3.24.7

Pour toute partie finie J de I, on peut écrire

$$\|x - x_n\|_p \leq \Big(\sum_{i\in J} |x_i - x_{n,i}|^p\Big)^{1/p} + \Big(\sum_{i\in I-J} |x_i|^p\Big)^{1/p} + \Big(\sum_{i\in I-J} |x_{n,i}|^p\Big)^{1/p}.$$

Par hypothèse, la suite $(\sum_{i\in I} |x_{n,i}|^p)$ converge vers $\sum_{i\in I} |x_i|^p$. Par ailleurs, les applications $x \mapsto x_i$ étant des formes linéaires continues sur l^p et la suite (x_n) convergeant faiblement vers x, on a $x_i = \lim_{n\to\infty} x_{n,i}$ et ceci montre que la suite $(\sum_{i\in J} |x_{n,i}|^p)$ converge vers $\sum_{i\in J} |x_i|^p$. Il en résulte que la suite $(\sum_{i\in I-J} |x_{n,i}|^p)$ converge vers $\sum_{i\in I-J} |x_i|^p$.

Étant donné $\varepsilon > 0$, il existe donc une partie finie J de I telle que

$$\Big(\sum_{i\in I-J} |x_i|^p\Big)^{1/p} \leq \varepsilon,$$

puis un entier n_0 tel que

$$\Big(\sum_{i\in I-J} |x_{n,i}|^p\Big)^{1/p} \leq 2\varepsilon \text{ pour } n \geq n_0$$

et enfin un entier $n_1 \geq n_0$ tel que

$$\left(\sum_{i\in J} |x_i - x_{n,i}|^p\right)^{1/p} \leq \varepsilon \text{ pour } n \geq n_1.$$

Il en résulte que $\|x - x_n\|_p \leq 4\varepsilon$ pour $n \geq n_1$, ce qui prouve que la suite (x_n) converge vers x dans l^p.

EXERCICE 3.24.8

Posons $a_i = (a_{ij})_{j\in I} \in l^1(I;\mathbb{K})$. Si $x = (x_j)_{j\in I}$ appartient à l'espace $l^\infty(I;\mathbb{K})$, notons T la forme linéaire et continue sur l^1

$$z = (z_j)_{j\in I} \mapsto \sum_{j\in I} z_j x_j.$$

D'après le théorème 3.24.5, $\|T\| = \|x\|_\infty$. Le système d'équations (3.24.23) s'écrit alors $Ta_i = y_i$, $i \in I$ et, d'après l'exercice 3.13.3, ce système admet une solution $T \in (l^1)'$ telle que $\|T\| \leq c$ si, et seulement si,

$$\left|\sum_{i\in J} \lambda_i y_i\right| \leq c \left\|\sum_{i\in J} \lambda_i a_i\right\|_1$$

pour toute partie finie J et tout $\lambda_i \in \mathbb{K}$, c'est-à-dire

$$\left|\sum_{i\in J} \lambda_i y_i\right| \leq c \sum_{j\in I}\left|\sum_{i\in J} \lambda_i a_{ij}\right|.$$

EXERCICE 3.24.9

1. La première identité est évidente. Quant à l'inégalité $t(x+y) \leq t(x) + t(y)$, il suffit de vérifier que $(a+b)^p \leq a^p + b^p$ pour tout $a, b \geq 0$, c'est-à-dire $(1+t)^p \leq 1 + t^p$ pour tout $t \geq 0$. Considérons la fonction

$$\varphi(t) = 1 + t^p - (1+t)^p\,;$$

on a $\varphi(0) = 0$ et $\varphi'(t) = p[t^{p-1} - (1+t)^{p-1}] \geq 0$ pour tout $t > 0$ car $p - 1 \leq 0$. La fonction φ est croissante, donc ≥ 0 ce qui permet de conclure.

2. résulte de 1.

3. Il est clair que $d(x,y) = d(y,x)$ et que $d(x,y) = 0$ signifie $x = y$.

Quant à l'inégalité triangulaire, on a pour $x, y, z \in l^p$

$$d(x,z) = t(x-z) = t(x-y+y-z) \leq t(x-y) + t(y-z),$$

d'où $d(x,z) \leq d(x,y) + d(y,z)$.

Montrons ensuite que l^p est un e.v.t. Vérifions la continuité de l'addition $(x,y) \mapsto x+y$ de $l^p \times l^p$ dans l^p en un point (x_0, y_0). Sur l'espace produit $l^p \times l^p$, on peut prendre comme distance de deux couples (x,y) et (x_0,y_0)

$$d((x,y),(x_0,y_0)) = d(x,x_0) + d(y,y_0).$$

On a alors

$$\begin{aligned} d(x+y, x_0+y_0) = t(x - x_0 + y - y_0) &\leq t(x-x_0) + t(y-y_0) \\ &\leq d(x,x_0) + d(y,y_0), \end{aligned}$$

ce qui prouve la continuité de l'addition.

Vérifions ensuite la continuité de l'application $(\lambda, x) \mapsto \lambda x$ de $\mathbb{K} \times l^p$ dans l^p. Soient (x_n) une suite de l^p convergeant vers x et (λ_n) une suite de scalaires convergeant vers λ, on a

$$\lambda x - \lambda_n x_n = \lambda_n(x - x_n) + (\lambda - \lambda_n)x,$$

d'où

$$d(\lambda x, \lambda_n x_n) \leq t(\lambda_n(x - x_n)) + t((\lambda - \lambda_n)x)$$

où

$$t(\lambda_n(x - x_n)) = |\lambda_n|^p d(x, x_n) \text{ et } t(\lambda_n(x - x_n)) = |\lambda - \lambda_n|^p t(x)$$

tendent vers 0, ce qui prouve que la suite $(\lambda_n x_n)$ converge vers λx.

4. La preuve que l'espace l^p est complet est identique à celle de la proposition 3.24.3.

5,a. Si $0 < p < q < \infty$, soit $x = (x_i)_{i\in I}$ appartenant à la boule $B'(0;1)$ de l^p, c'est-à-dire tel que $\sum_{i\in I} \|x_i\|^p \leq 1$. On a alors $\|x_i\| \leq 1$, d'où $\|x_i\|^q \leq \|x_i\|^p$ car $p < q$ et il en résulte que

$$\sum_{i\in I} \|x_i\|^q \leq \sum_{i\in I} \|x_i\|^p. \tag{3.39.6}$$

Ceci montre que x appartient à l^q ; par homothétie, on en déduit que $l^p \subset l^q$ et l'inégalité (3.39.6) montre que l'injection canonique est continue en 0, donc partout.

b. Lorsque $0 < p < q = \infty$, on a pour tout $x = (x_i)_{i\in I} \in l^p$

$$\|x\|_\infty^p \leq \sum_{i\in I} \|x_i\|^p$$

ce qui prouve l'inclusion $l^p \subset l^\infty$ et la continuité de l'injection canonique.

c. Montrons que la topologie de l^p est strictement plus fine que la topologie induite par celle de l^q lorsque I est infini et $E \neq \{0\}$. On choisit un vecteur $e \in E$ de norme 1 et, pour tout entier $n \geq 1$, une partie I_n de I à n éléments. On définit une suite (x_n), $x_n = (x_{n,i})_{i\in I}$, en posant

$$x_{n,i} = n^{-1/p} e \text{ si } i \in I_n \text{ et } x_{n,i} = 0 \text{ si } i \in I - I_n.$$

On a alors

$$\sum_{i\in I} \|x_{n,i}\|^p = 1, \sum_{i\in I} \|x_{n,i}\|^q = n^{(p-q)/p} \text{ et } \|x_n\|_\infty = n^{-1/p} ;$$

cette suite (x_n) appartient à tous les espaces l^r ; elle converge vers 0 dans l^q quel que soit $q > p$, mais ne converge pas vers 0 dans l'espace l^p et ceci prouve le résultat souhaité.

d. Ceci prouve que

$$\bigcup_{0<q<p} l^q \subset l^p \subset \bigcap_{q>p} l^q.$$

Montrons que la seconde inclusion est stricte. Soit $e \in E$ de norme 1 et soit $f : \mathbb{N} \to I$ une injection. On pose $x_i = n^{-1/p} e$ si $i = f(n)$, $n \geq 1$, et $x_i = 0$ pour les autres valeurs de i. Alors

$$\sum_{i\in I} \|x_i\|^p = \sum_{n=1}^{\infty} 1/n = \infty$$

et

$$\sum_{i\in I} \|x_i\|^q = \sum_{n=1}^{\infty} n^{-q/p} < \infty \text{ si } q > p,$$

d'où $x \notin l^p$ et $x \in l^q$ quel que soit $q > p$.

Quant à la première inclusion, on prend $x_i = n^{-1/p}(\log n)^{-2/p} e$ si $i = f(n)$, $n \geq 2$, et $x_i = 0$ pour les autres valeurs de i. On a alors

$$\sum_{i\in I} \|x_i\|^p = \sum_{n=2}^{\infty} \frac{1}{n\,(\log n)^2} < \infty$$

et

$$\sum_{i\in I} \|x_i\|^q = \sum_{n=2}^{\infty} \frac{1}{n^{q/p}\,(log\, n)^{2q/p}} = \infty$$

lorsque $q < p$, soit $x \in l^p$ et $x \notin l^q$ pour $q < p$.

6,a. On note $\varphi_i : E \to l^p(I; E)$ l'application $\varphi_i(x) = (x_j)_{j\in I}$ avec $x_i = x$ et $x_j = 0$ pour $j \neq i$. Vu que $t(\varphi_i(x)) = \|x\|^p$, cette application linéaire est continue en 0, donc partout.

b. Notons ensuite que, pour $x = (x_i)_{i\in I} \in l^p$, la famille $(\varphi_i(x_i))_{i\in I}$ est sommable de somme x. En effet, soit $\varepsilon > 0$, il existe une partie finie J_0 de I telle que $\sum_{i\in I-J_0} \|x_i\|^p$, d'où pour toute partie finie J contenant J_0

$$t\Big(x - \sum_{i\in J} \varphi_i(x_i)\Big) = \sum_{i\in I-J} \|x_i\|^p \leq \sum_{i\in I-J_0} \|x_i\|^p \leq \varepsilon,$$

ce qui prouve le résultat annoncé.

c. Si T est une forme linéaire continue sur l^p, on a alors $x = \sum_{i\in I} \varphi_i(x_i)$, d'où

$$Tx = \sum_{i\in I} (T \circ \varphi_i)(x_i) = \sum_{i\in I} < y_i, x_i > \quad \text{où } y_i = T \circ \varphi_i \in E'.$$

Montrons que $y = (y_i)_{i\in I}$ appartient à l'espace $l^\infty(I; E')$. D'après la continuité de T en 0, il existe $\delta > 0$ tel que $t(x) \leq \delta \Rightarrow |Tx| \leq 1$. Prenons $x = \delta^{1/p}\varphi_i(h)$ où $h \in E$, $\|h\| \leq 1$; on a

$$t(x) = t(\delta^{1/p}\varphi_i(h)) = \delta t(\varphi_i(h)) = \delta\|h\|^p \leq \delta,$$

d'où $|T(\delta^{1/p}\varphi_i(h))| \leq 1$, soit $| < y_i, h > | \leq \delta^{-1/p}$ et ceci montre que $\|y_i\|_{E'} \leq \delta^{-1/p}$ et on a bien $y = (y_i)_{i\in I} \in l^\infty(I; E')$.

d. Vérifions qu'il n'existe qu'un seul $y = (y_i)_{i\in I} \in l^\infty(I; E')$ tel que

$$Tx = \sum_{i\in I} < y_i, x_i > .$$

On observera que cette famille est sommable car $| < y_i, x_i > | \leq \|y\|_\infty \|x_i\|$ et $x \in l^p(I; E) \subset l^1(I; E)$ d'après 5. En prenant alors $x = \varphi_i(h)$, $h \in E$, on a $(T \circ \varphi_i)(h) =< y_i, h >$, c'est-à-dire $y_i = T \circ \varphi_i$, ce qui prouve le résultat voulu.

e. Quant à la surjectivité, soit $y = (y_i)_{i\in I} \in l^\infty(I; E')$, la formule $Tx = \sum_{i\in I} < y_i, x_i >$ définit une forme linéaire continue sur $l^1(I; E)$, donc a fortiori sur $l^p(I; E)$.

EXERCICE 3.24.10 SUITE A DÉCROISSANTE RAPIDE

1. Il est clair que les $\|\bullet\|_k$ sont des semi-normes sur s. Muni de ces semi-normes, s est un e.l.c. séparé (car ces semi-normes sont des normes), donc métrisable. Montrons que l'espace est complet. Soit (x_l), $x_l = (x_{n,l})_{n\geq 1}$, une suite de Cauchy

$$(\forall k \in \mathbb{N})(\forall \varepsilon > 0)(\exists l \in \mathbb{N})(\forall i, j \in \mathbb{N})((i \geq l \text{ et } j \geq l) \Rightarrow \|x_i - x_j\|_k \leq \varepsilon),$$

c'est-à-dire

(3.39.7) $$|n^k(x_{n,i} - x_{n,j})| \leq \varepsilon \text{ pour tout } n \geq 1.$$

Ceci montre que, pour n fixé, la suite $(x_{n,l})$ est de Cauchy dans $\mathbb{K}$, donc convergente. On pose $x_n = \lim_{l\to\infty} x_{n,l}$, $x = (x_n)$. En faisant tendre i vers l'infini dans (3.39.7), on obtient $|n^k(x_n - x_{n,j})| \leq \varepsilon$ pour tout $n \geq 1$ et $j \geq l$: ceci prouve que $x - x_j$ appartient à s, donc que x appartient à s, et que la suite (x_l) converge vers x dans l'espace s.

2. Il existe un entier k et une constante $c \geq 0$ tels que $|y_n| \leq c n^k$; il existe d'autre part $c' \geq 0$ tel que $|n^{k+2}x_n| \leq c'$, d'où $|x_n y_n| \leq cc'/n^2$. La série $T_y x = \sum_{n=1}^{\infty} x_n y_n$

est donc absolument convergente ; l'application T_y est évidemment une forme linéaire sur s et

$$|T_y x| \leq \sum_{n=1}^{\infty} |x_n y_n| \leq c \sum_{n=1}^{\infty} |n^k x_n| \leq c\Big(\sum_{n=1}^{\infty} \frac{1}{n^2}\Big)\|x\|_{k+2},$$

ce qui prouve la continuité de T_y.

Vérifions l'injectivité de l'application $y \mapsto T_y$. Posons $e^p = (\delta_n^p)_{n\geq 1} \in s$ où $\delta_n^p = 0$ si $p \neq n$ et $\delta_p^p = 1$. Supposons $T_y = 0$, alors $T_y e^p = y_p = 0$, d'où $y = 0$.

3,a. On a

$$\Big\|x - \sum_{p=1}^{n_0} x_p e^p\Big\|_k = \sup_{n>n_0} |n^k x_n|$$

et il existe $c \geq 0$ tel que $|n^{k+1} x_n| \leq c$ pour tout n, d'où

$$\Big\|x - \sum_{p=1}^{n_0} x_p e^p\Big\|_k \leq c/(n_0 + 1)\,;$$

étant donné $\varepsilon > 0$, il existe donc un entier n_0 tel que

$$\Big\|x - \sum_{p=1}^{n_0} x_p e^p\Big\|_k \leq \varepsilon$$

et, pour toute partie finie $J \supset [1, n_0]$, on a a fortiori

$$\Big\|x - \sum_{p\notin J} x_p e^p\Big\|_k \leq \varepsilon,$$

ce qui prouve que la suite $(x_n e^n)$ est sommable et de somme x dans l'espace s.

b. Si T est une forme linéaire continue sur s, on en déduit que

$$Tx = \sum_{n=1}^{\infty} x_n y_n \text{ où } y_n = Te^n.$$

Montrons que la suite $y = (y_n)$ est à croissance lente. D'après la continuité de T, vu que $\|\bullet\|_k \leq \|\bullet\|_{k+1}$, il existe $c \geq 0$ et un entier k tels que $|Tx| \leq c\,\|x\|_k$ pour $x \in s$, d'où

$$|y_n| = |Te^n| \leq c\,\|e^n\|_k = cn^k,$$

ce qui prouve le résultat voulu. L'application $y \mapsto T_y$ de o_M dans s' est donc surjective et il s'agit donc bien d'une bijection linéaire.

EXERCICE 3.24.11

Nous allons démontrer que les points extrémaux de la boule unité de l'espace l^1 sont les points $a = (a_i)_{i\in I}$ de la sphère unité tels qu'il existe un $j \in I$ tel que $|a_j| = 1$ et par conséquent $a_i = 0$ pour $i \neq j$.

1. Soit a un point vérifiant la condition précédente et soient $x, y \in B'(0; 1)$ tels que $a = tx + (1-t)y$ où $0 < t < 1$. On a alors $a_j = tx_j + (1-t)y_j$, d'où $x_j = y_j = a_j$ (dans $\mathbb{K}$, tous les points de la sphère unité sont des points extrémaux de la boule unité). Il en résulte que $x_i = y_i = a_i = 0$ pour $i \neq j$, d'où $x = y = a$ et ceci montre que a est un point extrémal.

2. Réciproquement, soit $a \in l^1$ tel que $\|a\|_1 = 1$ et $|a_i| < 1$ pour tout i. Montrons qu'un tel point n'est pas un point extrémal. Il existe des indices $j, k \in I$, $j \neq k$, tels que

$$0 < |a_j| < 1 \text{ et } 0 < |a_k| < 1.$$

Notons θ_j et θ_k des réels tels que

$$a_j = e^{i\theta_j}|a_j| \text{ et } a_k = e^{i\theta_k}|a_k|.$$

Choisissons ensuite un ε tel que $0 < \varepsilon < \min(|a_j|, |a_k|)$ et définissons deux points $x, y \in l^1$ par

$$x_i = y_i = a_i \text{ pour } i \notin \{j, k\}$$

et

$$x_j = e^{i\theta_j}(|a_j| - \varepsilon) \quad \text{et} \quad y_j = e^{i\theta_j}(|a_j| + \varepsilon),$$

$$x_k = e^{i\theta_k}(|a_k| + \varepsilon) \quad \text{et} \quad y_k = e^{i\theta_k}(|a_k| - \varepsilon).$$

On a alors $\|x\|_1 = \|y\|_1 = \|a_1\| = 1$ et $a = (x + y)/2$, ce qui prouve que a n'est pas un point extrémal.

3.40 Exercices du chapitre 3.E

EXERCICE 3.25.1

On observe que $\mathcal{C}(X;\mathbb{K}) \otimes \mathcal{C}(Y;\mathbb{K})$ est une sous-algèbre de $\mathcal{C}_u(X \times Y;\mathbb{K})$ contenant la fonction 1, stable par conjugaison et séparant les points d'après le théorème d'Urysohn 2.36.1. Le théorème de Stone-Weierstrass permet de conclure.

EXERCICE 3.25.2

1. Supposons l'espace X métrisable, alors X est séparable (proposition 2.33.1) et, vu la proposition 2.10.7, X admet une base de topologie dénombrable (B_n). On considère les fonctions $f_n(x) = d(x, X - B_n)$ en ne conservant que les $B_n \neq X$. L'ensemble S de ces fonctions est stable par conjugaison. Vérifions que S sépare les points de X : soient $a, b \in X$, $a \neq b$, alors $X - \{b\}$ étant ouvert, il existe un entier n tel que $a \in B_n$ et $b \notin B_n$, d'où $f_n(a) \neq 0$ et $f_n(b) = 0$. Ceci montre en outre que, pour tout $a \in X$, il existe un n tel que $f_n(a) \neq 0$. D'après le théorème de Stone-Weierstrass, la sous-algèbre $\mathcal{A}$ engendrée par S est dense dans l'espace $\mathcal{C}_u(X;\mathbb{K})$. L'ensemble des fonctions qui s'écrivent comme des polynômes à coefficients dans $\mathbb{Q}$ ou $\mathbb{Q} + i\mathbb{Q}$ par rapport aux fonctions de S est également dense dans $\mathcal{C}_u(X;\mathbb{K})$ qui est donc séparable.

2. Réciproquement, on suppose l'espace $\mathcal{C}_u(X;\mathbb{K})$ séparable. La boule unité B de cet espace est donc séparable : il existe une suite (f_n) dense dans B. Pour tout $x \in X$, on a alors $f_n(x) \in D$ et on peut définir l'application

$$\varphi : x \in X \mapsto (f_n(x)) \in D^{\mathbb{N}}.$$

Cette application φ est continue d'après la continuité des f_n. Montrons qu'elle est injective en raisonnant par l'absurde. Supposons qu'il existe $x, y \in X$, $x \neq y$, tel que $\varphi(x) = \varphi(y)$, c'est-à-dire $f_n(x) = f_n(y)$ pour tout n. D'après la densité de la suite (f_n), on en déduit que $f(x) = f(y)$ pour tout $f \in B$. Ceci est absurde car, d'après le théorème d'Urysohn 2.36.1, il existe une fonction continue $f : X \to [0, 1]$ telle que $f(x) = 0$ et $f(y) = 1$ et cette fonction appartient bien à B.

Ceci montre que $\varphi : X \to D^{\mathbb{N}}$ est une injection continue et, X étant un espace compact, f est un homéomorphisme de X sur $\varphi(X)$: l'espace $D^{\mathbb{N}}$ étant métrisable (corollaire 2.22.3), ceci montre que X est métrisable.

EXERCICE 3.25.3

Les espaces de Banach $\mathcal{C}_u(\overline{O_n};\mathbb{R})$ sont séparables d'après l'exercice 3.25.2 ; il existe donc bien une suite $(f_{nm})_{m\in\mathbb{N}}$ partout dense. D'après le théorème de Tietze-Urysohn, il existe des fonctions continues $g_{nm} \in \mathcal{C}(X;\mathbb{R})$ qui prolongent ces fonctions f_{nm}.

Montrons que l'ensemble dénombrable de toutes ces fonctions g_{nm} est dense dans l'espace $\mathcal{C}_c(X;\mathbb{R})$. Soit $f \in \mathcal{C}_c(X;\mathbb{R})$, pour tout entier $n \geq 1$, il existe un entier $m(n)$ tel que

$$\sup_{x \in \overline{O_n}} |(f - g_{n\,m(n)})(x)| \leq 1/n.$$

Vérifions que que la suite $(g_{n\,m(n)})$ converge vers f uniformément sur tout compact. Soit K un compact de X, il existe un entier n_0 tel que $K \subset O_n$ pour $n \geq n_0$, d'où

$$\sup_{x \in K} |(f - g_{n\,m(n)})(x)| \leq 1/n \text{ pour } n \geq n_0,$$

ce qui prouve que le résultat voulu.

EXERCICE 3.25.4

1. Soit $\mathcal{A}'$ la sous-algèbre engendrée par $\mathcal{A}$ et les fonctions constantes, c'est-à-dire l'ensemble des fonctions de la forme $t \mapsto f(t) + c$ où $f \in \mathcal{A}$, $c \in \mathbb{R}$. D'après le théorème de Stone-Weierstrass, cette sous-algèbre est dense dans $\mathcal{C}_u(X)$: en effet, $\mathcal{A}'$ contient $\mathcal{A}$ et les fonctions constantes.

Étant donné $\mathcal{C}_u(X)$ et $\varepsilon > 0$, il existe $g \in \mathcal{A}$ et $c \in \mathbb{R}$ tels que $\|f - (g + c)\|_\infty \leq \varepsilon$. Si $f(a) = 0$, on en déduit $|c| \leq \varepsilon$, d'où $\|f - g\|_\infty \leq 2\,\varepsilon$ et ceci prouve le résultat voulu.

2. Posons $E = \mathcal{C}_\infty([0,\infty[)$ et $F = \mathcal{C}_\infty([0,\infty])$. Soit $\Phi : E \to F$ l'application définie par

$$\Phi(f)(t) = \begin{cases} f(t) & \text{si} \quad 0 \leq t < \infty, \\ 0 & \text{si } t = \infty. \end{cases}$$

Cette application est une isométrie et un isomorphisme d'algèbre. L'espace vectoriel $\mathcal{A}$ engendrée par les fonctions $t \mapsto e^{-nt}$, $n \geq 1$, est une sous-algèbre de E et son image $\Phi(\mathcal{A})$ est dense dans F. En effet, si on pose $f_1(t) = e^{-t}$, la fonction $\Phi(f_1)$ est injective et on peut utiliser 1. Il en résulte que $\mathcal{A}$ est dense dans E.

3.41 Exercices du chapitre 3.F

EXERCICE 3.27.1

L'application f préserve la norme : $\|f(x)\| = \|x\|$. On en déduit que f préserve le produit scalaire. En effet, d'après (3.27.9), en changeant y en $-y$, on a

$$2(x|y) = \|x\|^2 + \|y\|^2 - \|x - y\|^2$$

et par conséquent

$$\begin{aligned} 2(f(x)|f(y)) &= \|f(x)\|^2 + \|f(y)\|^2 - \|f(x) - f(y)\|^2 \\ &= \|x\|^2 + \|y\|^2 - \|x - y\|^2 = 2(x|y) \end{aligned}$$

et ceci prouve que

$$(f(x)|f(y)) = (x|y) \text{ pour tout } x, y \in E.$$

On a alors

$$\begin{aligned} \|f(x+y) - f(x) - f(y)\|^2 &= \|f(x+y) - f(x)\|^2 + \|f(y)\|^2 \\ &\quad -2(f(x+y)|f(y)) + 2(f(x)|f(y)) \\ &= \|(x+y) - x\|^2 + \|y\|^2 - 2(x+y|y) + 2(x|y) = 0. \end{aligned}$$

et
$$\begin{aligned}\|f(\lambda x)-\lambda f(x)\|^2 &= \|f(\lambda x)\|^2+|\lambda|^2\|f(x)\|^2-2\lambda(f(\lambda x)|f(x))\\ &= \|\lambda x\|^2+|\lambda|^2\|x\|^2-2\lambda(\lambda x|x)=0\end{aligned}$$
et ceci prouve que f est linéaire.

Note Dans le cadre des espaces normés, le même résultat subsiste en supposant f surjective (exercice 3.3.5), cette hypothèse n'étant pas superflue (exercice 3.9.2).

EXERCICE 3.27.2

Soit E un espace normé dont la norme vérifie l'identité du parallèlogramme.

1. On suppose d'abord que $\mathbb{K}=\mathbb{R}$. Si la norme est induite par un produit scalaire, celui-ci est nécessairement donné par la formule (3.27.9), c'est-à-dire
$$4(x|y)=2\Big(\|x+y\|^2-\|x\|^2-\|y\|^2\Big)=\|x+y\|^2-\|x-y\|^2.$$
Montrons qu'on définit bien ainsi une forme bilinéaire symétrique, définie positive telle que $(x|x)=\|x\|^2$. Le seul point méritant une démonstration est la bilinéarité et, vu la symétrie, on peut se contenter de vérifier la linéarité de l'application $x\mapsto(x|y)$.

Vérifions d'abord que
$$(x_1+x_2|y)=(x_1|y)+(x_2|y),$$
c'est-à-dire
$$\begin{aligned}\|x_1+x_2+y\|^2-\|x_1+x_2\|^2-\|y\|^2 &= \|x_1+y\|^2-\|x_1\|^2-\|y\|^2\\ &\quad+\|x_2+y\|^2-\|x_2\|^2-\|y\|^2,\end{aligned}$$
soit
$$\|x_1+x_2+y\|^2+\|x_1\|^2+\|x_2\|^2+\|y\|^2=\|x_1+y\|^2+\|x_2+y\|^2+\|x_1+x_2\|^2.$$
Or, d'après l'identité du parallèlogramme, on a
$$\begin{aligned}2\Big(\|x_1\|^2+\|x_2\|^2\Big) &= \|x_1+x_2\|^2+\|x_1-x_2\|^2,\\ 2\Big(\|x_1+x_2+y\|^2+\|y\|^2\Big) &= \|x_1+x_2+2y\|^2+\|x_1+x_2\|^2,\\ \|x_1+x_2+2y\|^2+\|x_1-x_2\|^2 &= 2\Big(\|x_1+y\|^2+\|x_2+y\|^2\Big),\end{aligned}$$
et il suffit d'additionner ces trois identités pour obtenir la formule voulue.

Vérifions ensuite que $(\lambda x|y)=\lambda(x|y)$ pour tout réel λ. Vu la continuité de l'application $\lambda\mapsto(\lambda x|y)$, il suffit de le faire lorsque λ est rationnel, soit $\lambda=p/q$, $p\in\mathbb{Z}$, $q\in\mathbb{N}^*$. D'après l'additivité, on a $(x|y)+(-x|y)=(0|y)=0$, d'où (additivité)
$$\Big(\frac{p}{q}x\ \Big|\ y\Big)=p\Big(\frac{x}{q}\ \Big|\ y\Big)=\frac{p}{q}(x|y).$$

2. Lorque $\mathbb{K}=\mathbb{C}$, on pose (formule (3.27.8))
$$4(x|y)=\|x+y\|^2-\|x-y\|^2+i\|x+iy\|^2-i\|x-iy\|^2.$$
On a
$$4(x|x)=4\|x\|^2+i\Big(|1+i|^2-|1-i|^2\Big)\|x\|^2=4\|x\|^2.$$
Il est clair que $(y|x)=\overline{(x|y)}$. Quant au caractère sesquilinéaire, on remarque que $(x|y)=(x|y)_{\mathbb{R}}+i(x|iy)_{\mathbb{R}}$ où $4(x|y)_{\mathbb{R}}=\|x+y\|^2-\|x-y\|^2$; $(\bullet|\bullet)_{\mathbb{R}}$ est d'après 1. une forme $\mathbb{R}$-bilinéaire symétrique ; il en est donc de même de la forme $(\bullet|\bullet)$. Soit $\lambda=a+ib\in\mathbb{C}$, on a alors
$$(\lambda x|y)=(ax+ibx|y)=a(x|y)+b(ix|y)$$

où $(ix|y) = i(x|y)$ d'après la définition même de $(x|y)$ et ceci prouve que $(\lambda x|y) = \lambda(x|y)$. Le caractère semi-linéaire de l'application $y \mapsto (x|y)$ s'en déduit en utilisant le caractère hermitien.

EXERCICE 3.27.3

Soient $x, y \in E$ tels que $\|x\| \leq 1$, $\|y\| \leq 1$ et $\|(x+y)/2\| \geq 1-\delta$ où $0 < \delta \leq 1$. D'après l'identité du parallélogramme, on a

$$\|x-y\|^2 = 2\Big(\|x\|^2 + \|y\|^2\Big) - \|x+y\|^2 \leq 4 - 4(1-\delta)^2 = 4\delta(2-\delta)$$

et, pour δ suffisamment petit, $4\delta(2-\delta) \leq \varepsilon^2$, d'où $\|x-y\| \leq \varepsilon$, ce qui prouve que l'espace est uniformément convexe.

EXERCICE 3.28.1

1. Si P est le projecteur orthogonal de E sur F, on a $P|_F = I_F$, d'où $P^2 = P$. D'autre part, le vecteur $y - Py$ étant orthogonal à F, $(Px|y-Py) = 0$, d'où $(Px|y) = (Px|Py)$. De même, $x - Px$ étant orthogonal à F, $(x - Px|Py) = 0$ et $(x|Py) = (Px|Py)$. Ceci prouve que

$$(Px|y) = (Px|Py) = (x|Py).$$

2. Réciproquement, soit $P : E \to E$ une application vérifiant (3.28.2). Une telle application est nécessairement linéaire. On a en effet

$$\begin{aligned}(P(\lambda x + \mu y)|z) &= (\lambda x + \mu y|Pz) = \lambda(x|Pz) + \mu(y|Pz)\\ &= \lambda(Px|z) + \mu(Py|z) = (\lambda Px + \mu Py|z)\end{aligned}$$

et ceci étant valable quel que soit z, on en déduit que

$$P(\lambda x + \mu y) = \lambda Px + \mu Py.$$

Montrons que $x - Px$ est orthogonal au sous-espace Im P : ceci prouvera que P est le projecteur orthogonal de E sur F. On a d'après (3.28.2)

$$(x - Px|Py) = (Px - P^2x|y) = (Px - Px|y) = 0$$

ce qui prouve le résultat voulu.

EXERCICE 3.28.2

1. Montrons d'abord que Im P = Ker $(I_E - P)$. Si $x = Px$, $x \in$ Im P. Réciproquement, si x appartient à l'image de P, il existe $y \in E$ tel que $x = Py$, d'où $Px = P^2y = Py$ et par conséquent $x = Px$.

2. On a $Px = x + Px - x$, d'où

$$\|Px\|^2 = \|x\|^2 + \|Px - x\|^2 + 2\Re e\,(x|Px - x) \leq \|x\|^2,$$

soit

$$\|Px - x\|^2 + 2\Re e\,(x|Px - x) \leq 0.$$

Dans cette inégalité, remplaçons x par $x - y$ où $y \in$ Im P ; étant donné que $y = Py$, on obtient

$$\|Px - x\|^2 + 2\Re e\,(x - y|Px - x) \leq 0,$$

d'où

$$\|Px - x\|^2 + 2\Re e\,(x|Px - x) \leq 2\Re e\,(y|Px - x).$$

Remplaçons x par tx, $t > 0$, divisons par t et faisons tendre t vers 0, on obtient

$$2\Re e\,(y|Px - x) \geq 0 \text{ pour tout } y \in \text{Im } P$$

et en remplacant y par $y - Px$, qui apartient encore à Im P

$$\Re e\,(x - Px|y - Px) \leq 0 \text{ pour tout } y \in \text{Im } P$$

et ceci prouve que Px est la projection de x sur Im P d'après la proposition 3.28.3.

EXERCICE 3.28.3

1. est immédiat.

2. Si C est non vide, on a $C \subset C_i$, d'où $d(a, C_i) \leq d(a, C)$ et ceci prouve que $\sup_{i \in I} d(a, C_i)$ est fini.

Réciproquement, supposons $d_0 = \sup_{i \in I} d(a, C_i)$ fini. Notons x_i la projection de a sur C_i et $d_i = \|a - x_i\|$. Étant donné un $\varepsilon > 0$, il existe $i \in I$ tel que $d_0 - \varepsilon \leq d_i \leq d_0$, d'où $|d_0 - d_j| \leq \varepsilon$ pour $j \geq i$: ceci prouve que la suite généralisée (d_i) converge vers d_0. On a d'autre part, pour $j \geq i$ et $k \geq i$, d'après l'identité du parallèlogramme

$$\begin{aligned} \|x_j - x_k\|^2 &= 2(d_j^2 + d_k^2) - 4\left\|x - \frac{x_j + x_k}{2}\right\|^2 \\ &\leq 4\Big(d_0^2 - (d_0 - \varepsilon)^2\Big), \end{aligned}$$

car le point $(x_j + x_k)/2$ appartient à C_i, donc

$$\left\|x - \frac{x_j + x_k}{2}\right\| \geq d_i \geq d_0 - \varepsilon.$$

Ceci prouve que la suite généralisée $(x_i)_{i \in I}$ est de Cauchy. Choisissons un indice $i_0 \in I$; la sous-suite $(x_i)_{i \geq i_0}$ est de Cauchy et appartient au convexe complet C_{i_0} ; elle est donc convergente, soit $x \in C_{i_0}$ sa limite. Pour tout $i \geq i_0$, la sous-suite $(x_j)_{j \geq i}$ converge a fortiori vers x et, vu que $x_j \in C_j \subset C_i$ pour $j \geq i$ où C_i est complet, donc fermé, le point x_0 appartient à C_i, donc à l'intersection des convexes $(C_i)_{i \geq i_0}$, c'est-à-dire à C. Ceci prouve que C est non vide.

Montrons que x est la projection de a sur C. On a $d(a, C) \geq d(a, C_i)$ quel que soit i, donc $d(a, C) \geq d_0$. D'autre part,

$$\|a - x\| = \lim \|a - x_i\| = \lim d_i = d_0.$$

Il en résulte que $\|a - x\| \leq d(a, C)$ et on a donc l'égalité, ce qui prouve le résultat voulu.

Note On pourra comparer ces résultats avec ceux de l'exercice 3.17.1 qui se place dans le cadre des espaces de Banach réflexifs. L'exercice 3.17.1 utilise essentiellement un argument de compacité faible et ne suppose pas que la projection x de a sur C est unique. Si on fait cette hypothèse supplémentaire, la suite généralisée (x_i) converge faiblement vers x car cette suite appartient à un compact faible et n'admet qu'une seule valeur d'adhérence faible, à savoir x. Dans le cadre des espaces de Hilbert (on peut évidemment supposer E complet en le complétant éventuellement), des arguments beaucoup plus simples suffisent, essentiellement le théorème de projection.

EXERCICE 3.28.4

Les ensembles C_n sont convexes d'après la convexité de f, fermés d'après la semi-continuité inférieure de f, donc complets car fermés dans C, ils sont non vides car $a < a_n$ et constituent une suite décroissante. Le convexe C étant borné, l'exercice 3.28.3 montre que $C' = \bigcap_{n=0}^{\infty} C_n$ est un convexe complet non vide, ce qui permet de conclure vu que

$C' = \{x \in C\,;\, f(x) = a\}$.

EXERCICE 3.28.5

1. La matrice (g_{ij}) est évidemment hermitienne et, si $x = \sum_{i=1}^{n} \lambda_i x_i$, $\lambda_i \in \mathbb{K}$, on a

$$\|x\|^2 = \sum_{i,j=1}^{n} g_{ij}\lambda_i\overline{\lambda_j} \geq 0.$$

Elle est donc positive et elle est définie positive si, et seulement si,

$$\sum_{i=1}^{n} \lambda_i x_i = 0 \Rightarrow \lambda_i = 0 \text{ pour tout } i,$$

c'est-à-dire si la famille (x_i) est libre.

2. Lorsque la famille (x_i) est liée, on a $G(x, x_1, \ldots, x_n) = G(x_1, \ldots, x_n) = 0$ et on peut donc supposer que la famille (x_i) est libre.

La projection $P_F x = \sum_{i=1}^{n} \lambda_i x_i$ de x sur le sous-espace F engendré par $x_1, \ldots, x_n$ vérifie

$$\left(x - \sum_{i=1}^{n} \lambda_i x_i \,\middle|\, x_j\right) = 0 \text{ pour } 1 \leq j \leq n,$$

soit

$$\sum_{i=1}^{n} \lambda_i (x_i|x_j) = (x|x_j) \text{ pour } 1 \leq j \leq n.$$

On a d'autre part

$$d(x, F)^2 = (x - P_F x|x) = (x|x) - \sum_{i=1}^{n} \lambda_i (x_i|x),$$

soit

$$d(x, F)^2 + \sum_{i=1}^{n} \lambda_i (x_i|x) = (x|x).$$

Ceci montre que $(d(x, F)^2, \lambda_1, \ldots, \lambda_n)$ est la solution du système linéaire

$$\begin{cases} d(x,F)^2 & + & \displaystyle\sum_{i=1}^{n}\lambda_i(x_i|x) & = & (x|x) \\ & & \displaystyle\sum_{i=1}^{n}\lambda_i(x_i|x_j) & = & (x|x_j), 1 \leq j \leq n. \end{cases}$$

Le déterminant de ce système vaut $G(x_1, \ldots, x_n) \neq 0$; ce système est donc un système de Cramer et, d'après les formules de Cramer, on a donc

$$d(x, F)^2 = G(x, x_1, \ldots, x_n)/G(x_1, \ldots, x_n),$$

ce qui prouve le résultat voulu.

3. Pour $n = 1$, on a bien $\|x_1\| = G(x_1)^{1/2}$. On raisonne ensuite par récurrence, si le volume de P_n est donné par la formule $G(x_1, \ldots, x_n)^{1/2}$, 2. montre que le volume de P_{n+1} est donné par la formule $G(x_1, \ldots, x_{n+1})^{1/2}$.

EXERCICE 3.29.1

1. Soit H un hyperplan fermé d'un espace de Hilbert E. On a alors $H \neq E$ et $E = H \oplus H^\perp$, d'où $H^\perp \neq \{0\}$.

2. Réciproquement, soit E un espace préhilbertien tel que l'orthogonal de tout hyperplan fermé ne soit pas réduit à $\{0\}$. Montrons que l'application $\varphi : E \to E'$ définie dans la proposition 3.29.1 est surjective : ceci prouvera que E, isométrique à E', est complet.

Soit T une forme linéaire continue sur E, il s'agit de trouver un $y \in E$ tel que $Tx = (x|y)$ pour tout $x \in E$. On peut supposer T non identiquement nulle, alors $H = \operatorname{Ker} T$ est un hyperplan fermé de E. Choisissons un point $y_0 \in H^\perp - \{0\}$; le raisonnement effectué dans la preuve du théorème 3.29.2 montre que $Tx = (x|\lambda y_0)$ lorsque $\lambda = \overline{Ty_0}/\|y_0\|^2$, ce qui prouve le résultat voulu.

EXERCICE 3.29.2

D'après le théorème 3.29.2, il existe $x_0 \in E$ tel que $Tx = (x|x_0)$, d'où $f(x) = \|x\|^2 - (x|x_0)$ et

$$\|x\|^2 - (x|x_0) + \frac{\|x_0\|^2}{4} = \left\|x - \frac{x_0}{2}\right\|^2.$$

Il en résulte que

$$f(x) = \left\|x - \frac{x_0}{2}\right\|^2 - \frac{\|x_0\|^2}{4}$$

et par conséquent

$$\inf_C f = d(x_0/2, C) - \frac{\|x_0\|^2}{4}.$$

Ceci montre que f est borné inférieurement et que f atteint sa borne inférieure au point de C qui est la projection du point $x_0/2$ sur le convexe C.

EXERCICE 3.29.3

1. Vérifions d'abord que T est linéaire. Pour $x, y \in E$, $z \in F$ et $\lambda, \mu \in \mathbb{K}$, on a

$$\begin{aligned}(T(\lambda x + \mu y)|z) &= (\lambda x + \mu y|Sz) = \lambda(x|Sz) + \mu(y|Sz) \\ &= \lambda(Tx|z) + \mu(Ty|z) = (\lambda Tx + \mu Ty|z)\end{aligned}$$

et ceci permet de conclure. On vérifie de même que S est linéaire.

2. Quant à la continuité de T par exemple, utilisons le théorème du graphe fermé. Soit (x_n) une suite de E convergeant vers 0 telle que la suite (Tx_n) converge vers y, alors

$$\|y\|^2 = \lim_{n\to\infty} (Tx_n|y) = \lim_{n\to\infty} (x_n|Sy) = 0,$$

soit $y = 0$ et le résultat voulu.

EXERCICE 3.29.4

On vérifie d'abord que, pour tout $x \in E$, $(T^*T)x \in F$. Soit $y \in F^\perp$, on a

$$((T^*T)x|y) = (Tx|Ty) = 0 \text{ car } Ty = 0,$$

ce qui prouve le résultat annonçé. On vérifie ensuite que, pour $x \in E$, $x - (T^*T)x \in F^\perp$: en effet, soit $y \in F$, alors $(x - (T^*T)x|y) = (x|y) - (Tx|Ty)$ et, si $x = x' + x''$ avec $x' \in F$ et $x'' \in F^\perp$, $(x|y) = (x'|y)$ et $Tx = Tx'$, d'où

$$(x - (T^*T)x|y) = (x'|y) - (Tx'|Ty) = 0$$

car $T|_F$ préservant la norme préserve le produit scalaire, ce qui permet de conclure.

EXERCICE 3.30.1 SOMME HILBERTIENNE EXTERNE

1,a. Si x appartient à E, il est clair que λx appartient encore à E quel que soit $\lambda \in \mathbb{K}$. D'autre part, soit $x, y \in E$, alors $x + y \in E$ car

$$\|x_i + y_i\|^2 \le (\|x_i\| + \|y_i\|)^2 \le 2(\|x_i\|^2 + \|y_i\|^2).$$

Ceci montre que E est un sous-espace vectoriel de l'espace vectoriel produit $\prod_{i\in I} E_i$.

b. Soit $x, y \in E$, on a

$$|(x_i|y_i)| \le \|x_i\|\,\|y_i\| \le (1/2)\,(\|x_i\|^2 + \|y_i\|^2).$$

La famille $((x_i|y_i))_{i\in I}$ est donc sommable. Il est clair que la somme de cette famille est un produit scalaire sur E, la norme associée étant

$$\|x\| = \Big(\sum_{i\in I} \|x_i\|^2\Big)^{1/2}.$$

c. Montrons que E est complet. Soit (x_n) une suite de Cauchy, $x_n = (x_{n,i})_{i\in I}$. Pour tout $\varepsilon > 0$, il existe un entier n tel que

$$\sum_{i\in I} \|x_{p,i} - x_{q,i}\|^2 \le \varepsilon \text{ pour tout } p, q \ge n.$$

Il en résulte que, pour i fixé, la suite $(x_{n,i})$ est de Cauchy dans l'epace E_i, donc convergente ; on pose $x_i = \lim_{n\to\infty} x_{n,i}$ et $x = (x_i)$. Pour toute partie finie J de I et tout $p, q \ge n$, on a

$$\sum_{i\in J} \|x_{p,i} - x_{q,i}\|^2 \le \varepsilon,$$

d'où en passant à la limite

$$\sum_{i\in J} \|x_i - x_{q,i}\|^2 \le \varepsilon \text{ pour tout } q \ge n$$

et, ceci étant vrai pour toute partie finie J,

$$\sum_{i\in I} \|x_i - x_{q,i}\|^2 \le \varepsilon \text{ pour tout } q \ge n.$$

Ceci montre que $x - x_n$, donc x, appartient à E et que la suite (x_n) converge vers x dans l'espace E.

2. On note $f_i : E_i \to E$ l'application définie par $f_i(x) = y$ où $y = (y_j)_{j\in I}$, $y_i = x$ et $y_j = 0$ lorsque $j \ne i$. Il est clair que f_i est un isomorphisme de E_i sur F_i. Ces sous-espaces F_i sont donc fermés ; ils sont évidemment orthogonaux deux à deux. Montrons que E est la somme hilbertienne de ces sous-espaces : il s'agit de démontrer que le sous-espace vectoriel F engendré par la famille (F_i) est dense dans E. Soient $x \in E$ et $\varepsilon > 0$, il existe une partie finie J de I telle que $\sum_{i\in I-J} \|x_i\|^2 \le \varepsilon^2$. Notons z le vecteur de F défini par $z_i = x_i$ si $i \in J$ et $z_i = 0$ si $i \in I - J$, on a alors $\|x - z\| \le \varepsilon$ et ceci prouve le résultat voulu.

EXERCICE 3.31.1

D'après l'exercice 3.29.1, il existe un hyperplan fermé H dont l'orthogonal est réduit à $\{0\}$. Soit B une base hilbertienne de H (corollaire 3.31.8), alors B n'est pas une base hilbertienne de E car H est fermé dans E et, l'orthogonal de H étant réduit à $\{0\}$, B est un élément maximal de l'ensemble des parties orthonormales de E, ce qui prouve que B n'est contenu dans aucune base orthonormale de E.

EXERCICE 3.31.2

1. Montrons que A et B sont des supplémentaires algébriques, c'est-à-dire que $A \cap B = \{0\}$. On remarque que les vecteurs a_n sont orthogonaux deux à deux et de même pour les vecteurs b_n. D'après le théorème 3.30.1, tout x de A s'écrit $\sum_{n=0}^{\infty}(x|e_{2n})e_{2n}$ et tout x de B s'écrit $\sum_{n=0}^{\infty}(x|b_n)b_n/\|b_n\|^2$. Si x appartient à $A \cap B$, on a $(x|e_{2n+1}) = 0$, d'où

$$x = \sum_{n=0}^{\infty}(x|e_{2n})\frac{b_n}{\|b_n\|^2}$$

et, en effectuant le produit scalaire avec e_{2n+1}, on en déduit $(x|e_{2n}) = 0$ et ceci prouve que $x = 0$.

2. Considérons la suite $x_n = b_n - a_n \in F$. On a $x_n = e_{2n+1}/(n+1)$, la suite (x_n) converge donc vers 0. Si la somme directe $F = A \oplus B$ était topologique, la suite (a_n) devrait converger vers 0 d'après la continuité du projecteur de F sur A et ceci n'ayant pas lieu, on en déduit que A et B ne sont pas des supplémentaires topologiques.

EXERCICE 3.31.3 DIMENSION HILBERTIENNE

1. Lorsque l'un des ensembles I, J est fini, l'espace E est de dimension finie et toute base hilbertienne est une base algébrique ; I et J sont nécessairement équipotents.

Lorsque I et J sont infinis, posons $A_i = \{j \in J\,;\,(e_i|f_j) \neq 0\}$. Ces ensembles sont dénombrables car $\sum_{j\in J} |(e_i|f_j)|^2 < \infty$. On observe ensuite que $J = \bigcup_{i\in I} A_i$: tout $j \in J$ appartient nécessairement à l'un des A_i vu que $\sum_{i\in I} |(e_i|f_j)|^2 = 1$. Étant donné que Card $A_i \leq$ Card I, le lemme 3.7.7 montre que Card $J \leq$ Card $(I \times I)$, d'où Card $J \leq$ Card I d'après le théorème 3.9.4. On a de même Card $I \leq$ Card J, d'où l'égalité Card $I =$ Card J.

2. Deux espaces de Hilbert isomorphes ont même dimension hilbertienne car l'image par un isomorphisme d'une base hilbertienne est une base hilbertienne. Réciproquement, si E et F sont deux espaces de Hilbert ayant la même dimension hilbertienne, ils admettent des bases hilbertiennes $(e_i)_{i\in I}$ et $(f_{i\in I})$ indexées par le même ensemble I ; ils sont donc tous deux isomorphes à $l^2(I;\mathbb{K})$, donc isomorphes entre eux.

EXERCICE 3.31.4

1. On a $x = \sum_{n\in\mathbb{Z}} \xi_n e_n$ où $\xi_n = (x|e_n)$ et on sait que $\xi = (\xi_n) \in l^2(\mathbb{Z})$. S'il existe une application linéaire continue $u : E \to E$ telle que $u(e_n) = e_{n+1}$, on a nécessairement $u(x) = \sum_{n\in\mathbb{Z}} \xi_n e_{n+1}$; on définit bien ainsi une application linéaire de E dans E. Cette application est une bijection, la bijection réciproque étant donnée par la formule $u^{-1}(x) = \sum_{n\in\mathbb{Z}} \xi_n e_{n-1}$. En outre,

$$\|u(x)\|^2 = \sum_{n\in\mathbb{Z}} |\xi_n|^2 = \|x\|^2,$$

l'application u est donc une isométrie.

2. On observera d'abord que l'application $f : E \to E$ est continue.

Si $\|x\| = 1$, $f(x) = u(x)$; f est une isométrie, donc un homéomorphisme de S sur S.

Si $\|x\| \leq 1$, on a

$$\|f(x)\| \leq \frac{1}{2}(1 - \|x\|) + \|u(x)\| \leq \frac{1 + \|x\|}{2} \leq 1,$$

donc $f(B) \subset B$.

Montrons que f est un bijection de B sur B et déterminons la bijection réciproque. On a d'abord $f(0) = e_0/2$ et l'équation $f(x) = e_0/2$ s'écrit $u(x) = \|x\|e_0/2$, d'où $\|x\| = \|u(x)\| = \|x\|/2$ et par conséquent $x = 0$. Lorsque $x \in B$ est différent de 0, on constate que les trois points alignés $0, x$ et $x/\|x\|$ ont pour image les points $e_0/2$, $f(x)$ et $f(x/\|x\|)$ et que ces points sont alignés et plus précisément si

$$x = \lambda\frac{x}{\|x\|} + (1 - \lambda)0,$$

c'est-à-dire si $\lambda = \|x\|$, alors

$$f(x) = \lambda f\left(\frac{x}{\|x\|}\right) + (1-\lambda)f(0).$$

Ceci montre que pour déterminer l'image réciproque d'un point $y \in B$, $y \neq e_0/2$, il faut procéder de la façon suivante. On cherche l'intersection $z = \varphi(y)$ (nous allons démontrer qu'elle est unique) de S et de la demi-droite D d'origine $e_0/2$ passant par y. On détermine λ tel que l'on ait

(3.41.1) $$y = \lambda z + (1-\lambda)e_0/2.$$

L'image réciproque x de y est alors donnée par la formule

$$x = \lambda u^{-1}(z/\|z\|).$$

La demi-droite D a pour équation (3.41.1) où λ décrit $]0, +\infty[$; en posant $\mu = 1/\lambda$, on obtient en effet $z = e_0/2 + \mu(y - e_0/2)$ et ce point z appartient à S si, et seulement si,

$$\|y - e_0/2\|^2\mu^2 + \Re e\,(e_0|y - e_0/2)\mu - 3/4 = 0$$

et cette équation admet une unique solution $\mu = \mu(y) > 0$, le trinôme étant < 0 pour $\mu = 0$. La fonction $\mu : B - \{e_0/2\} \to]0, +\infty[$ est continue vu les formules de résolution des équations du second degré. Posons $\lambda(y) = 1/\mu(y)$, on constate que $\lambda(y)$ tend vers 0 lorsque y tend vers $e_0/2$; la fonction λ se prolonge donc en une fonction continue sur toute la boule B. On a alors pour $y \in B - \{e_0/2\}$ $x = f^{-1}(y) = \lambda(y)u^{-1}(z/\|z\|)$ avec $z = e_0/2 + \mu(y)(y - e_0/2)$. Ceci montre que l'application f^{-1} est continue sur $B - \{e_0/2\}$, donc sur B vu que $\|f^{-1}(y)\| \leq |\lambda(y)|$. Ceci prouve que f est un homéomorphisme de B sur B.

3. Montrons que $f|_B$ n'admet pas de point fixe. Raisonnons par l'absurde, supposons que $f(x) = x$ où $x = \sum_{n\in\mathbb{Z}} \xi_n e_n \in B$. On a alors $\xi_n = \xi_{n-1}$ pour $n \neq 0$ et il en résulte que $\xi_0 = \xi_n$ pour tout $n \geq 0$ et $\xi_{-1} = \xi_{-n}$ pour tout $n \leq -1$, d'où $\xi_n = 0$ quel que soit n et $x = 0$, ce qui conduit à une contradiction étant donné que $f(0) = e_0/2$.

4. La demi-droite D' d'origine $f(x)$ passant par x est bien définie, f n'admettant pas de point fixe ; elle a pour équation $y = f(x) + \lambda(x - f(x))$ où λ décrit $]0, +\infty[$. On a $\|y\| = 1$ lorsque

$$\|x - f(x)\|^2\lambda^2 + 2\Re e\,(f(x)|x - f(x))\lambda + \|f(x)\|^2 - 1 = 0$$

et cette équation admet une unique solution $\lambda = \lambda(x) > 0$: le trinôme est en effet ≤ 0 pour $\lambda = 0$ et si $\lambda = 0$ est une racine, $f(x) \in S$ d'où $x \in S$ et la seconde racine est 1. Posons $g(x) = f(x) + \lambda(x)(x - f(x))$. On obtient ainsi une application continue (d'après la continuité de la fonction λ) $g : B \to S$ telle que $g|_S = I_S$.

3.42 Exercices du chapitre 3.G

EXERCICE 3.32.1

L'application $R(\bullet; T)$ est la composée de l'application évidemment continue $\lambda \mapsto \lambda I_E - T$ de $\mathbb{K}$ dans $\mathcal{L}(E)$ et de l'application $u \mapsto u^{-1}$ de Isom $(E; E)$ dans lui-même qui est continue d'après le théorème 3.19.8. Ceci prouve la continuité de $R(\bullet; T)$.

EXERCICE 3.32.2

Soit $\lambda \in K$, on a

$$\lambda I_E - T_n = \lambda I_E - T + T - T_n = (\lambda I_E - T)(I_E + R(\lambda; T)(T - T_n))$$

et ceci montre que λ appartient à l'ensemble résolvant de T_n si $\|T - T_n\| < \|R(\lambda; T)\|^{-1}$ et par conséquent $K \subset \rho(T_n)$ dès que $\|T - T_n\| < 1/c$ où $c = \sup_{\lambda \in \mathbb{K}} \|R(\lambda; T)\|$, cette borne supérieure étant finie d'après la continuité de la résolvante (exercice 3.32.1). Ceci prouve le résultat voulu.

EXERCICE 3.32.3

1. Soit (x_n) une suite de E convergeant faiblement vers 0 ; si la suite (Tx_n) ne converge pas fortement vers 0, il existe $c > 0$ et une sous-suite que nous noterons encore (x_n) telle que $\|Tx_n\| \geq c$. L'application T étant faiblement continue (proposition 3.18.6), la suite (Tx_n) converge faiblement vers 0 dans l'espace F. La suite (x_n) étant bornée (proposition 3.16.10) et l'opérateur T étant compact, il existe une sous-suite (x_{n_k}) telle que la suite (Tx_{n_k}) converge fortement dans F. Posons $y = \lim_{k\to\infty} Tx_{n_k}$, on a alors $\|y\| \geq c$ et $y = 0$ car la suite (Tx_{n_k}) converge faiblement vers 0 : ceci est absurde.

2. On suppose l'espace E réflexif et que l'image par T de toute suite faiblement convergente est une suite fortement convergente. Considérons alors une suite bornée de E, soit (x_n) ; d'après le théorème 3.17.11, il existe une sous-suite (x_{n_k}) qui converge faiblement. D'après l'hypothèse, la suite (Tx_{n_k}) converge fortement et ceci prouve que l'opérateur T est compact.

EXERCICE 3.32.4

Posons

$$A \equiv \sum_{n=0}^{p} (x|e_n)Te_n, \quad B \equiv \sum_{n=p+1}^{\infty} (x|e_n)Te_n.$$

La suite $(\|Te_n\|)$ converge vers 0, donc est bornée et par conséquent

$$\|A\| \leq c \max_{0 \leq n \leq p} |(x_j|e_n)|.$$

On a d'autre part

$$\|B\| \leq \Big(\sum_{n=p+1}^{\infty} \|x_j\|^2\Big)^{1/2} \Big(\sum_{n=p+1}^{\infty} \|Te_n\|^2\Big)^{1/2} \leq \|x_j\| \Big(\sum_{n=p+1}^{\infty} \|Te_n\|^2\Big)^{1/2}.$$

La suite (x_j) convergeant faiblement vers 0 est fortement bornée, d'où une constante $c \geq 0$ telle que

$$\|B\| \leq c \Big(\sum_{n=p+1}^{\infty} \|Te_n\|^2\Big)^{1/2}.$$

Soit $\varepsilon > 0$, vu l'hypothèse il existe un entier p tel que $\|B\| \leq \varepsilon$ et, la suite (x_j) convergeant faiblement vers 0, il existe un entier k tel que $\|A\| \leq \varepsilon$ pour $j \geq k$, d'où $\|Tx_j\| \leq 2\varepsilon$ pour $j \geq k$, ce qui permet de conclure.

EXERCICE 3.32.5

On raisonne par l'absurde. On suppose qu'il existe $\varepsilon > 0$ et une suite (x_n) de la sphère unité de E_1 telle que

$$\varepsilon + n\|x_n\|_3 \leq \|x_n\|_2.$$

L'injection i étant compacte, il existe une sous-suite (x_{n_k}) qui converge vers x dans E_2 et a fortiori dans E_3. L'inégalité précédente montre que la suite $(n_k\|x_{n_k}\|_3)$ est bornée ; on a donc nécessairement $x = 0$ et, vu que $\varepsilon \leq \|x_{n_k}\|_2$, ceci conduit à une contradiction.

EXERCICE 3.32.6

On raisonne par l'absurde. On suppose qu'il existe $\varepsilon > 0$ et une suite (x_n) de E telle que $\|x_n\| = 1$ et

$$\varepsilon + n\|x_n\|' \leq \|Tx_n\|.$$

D'après le théorème 3.17.11, il existe une sous-suite (x_{n_k}) qui converge faiblement vers x dans $(E, \|\bullet\|)$. L'injection canonique de $(E, \|\bullet\|)$ dans $(E, \|\bullet\|')$ étant continue, donc faiblement continue, cette suite (x_{n_k}) converge faiblement vers x dans $(E, \|\bullet\|')$. D'autre part, l'opérateur T étant compact, la suite (Tx_{n_k}) converge fortement vers Tx d'après l'exercice 3.32.3. D'après l'inégalité $n_k\|x_{n_k}\|' \leq \|Tx_{n_k}\|$, la suite (x_{n_k}) converge fortement vers 0 dans $(E, \|\bullet\|')$. Ceci prouve que $x = 0$; la suite (Tx_{n_k}) converge donc vers 0 et ceci contredit l'inégalité $\varepsilon \leq \|Tx_{n_k}\|$.

EXERCICE 3.32.7

On raisonne par l'absurde : on suppose l'injection canonique de l^p dans l^q compacte et on considère la suite (e^n) de l^p définie par $e^n = (\delta_m^n)_{m\in\mathbb{N}}$ où $\delta_m^n = 0$ si $m \neq n$ et $\delta_n^n = 1$. Cette suite appartient à la boule unité de l^p, il existe donc une sous-suite (e^{n_k}) convergeant dans l^q, notons $x = (x_m)$ la limite d'une telle sous-suite. On a alors

$$x_m = \lim_{k\to\infty} e_m^{n_k} = 0,$$

ce qui prouve que la suite (e^{n_k}) ne peut converger que vers 0 et ceci est absurde vu que $\|e^{n_k}\|_q = 1$.

EXERCICE 3.32.8

1. Vérifions d'abord que toute fonction μ-höldérienne est μ'-höldérienne. On a en effet

$$|f(x) - f(y)| \leq c\, d(x,y)^{\mu} \leq cc'\, d(x,y)^{\mu'}$$

où

$$c' = \sup_{x,y\in X} d(x,y)^{\mu-\mu'} = (\operatorname{diam} X)^{\mu-\mu'}$$

est fini, l'espace X étant borné.

2. Rappelons ensuite que l'espace $\mathcal{C}^{0,\mu}(X;\mathbb{R})$ est muni de la norme

$$\|f\|_a = \|f(a)\| + \sup_{x\neq y} \frac{\|f(x) - f(y)\|}{d(x,y)^{\mu}}$$

où a est un point quelconque de X ; changer de point a remplace la norme $\|\bullet\|_a$ par une norme équivalente.

a. Soit (f_n) une suite bornée de l'espace $\mathcal{C}^{0,\mu}(X;\mathbb{R})$; montrons qu'il existe une sous-suite convergeant uniformément : autrement dit, l'injection canonique de $\mathcal{C}^{0,\mu}(X;\mathbb{R})$ dans $\mathcal{C}_u(X;\mathbb{R})$ est compacte. Utilisons le théorème d'Ascoli. Notons d'abord que, pour tout $a \in X$, la suite $(f_n(a))$ est bornée. Il existe d'autre part une constante $c \geq 0$ telle que

$$|f_n(x) - f_n(y)| \leq c\, d(x,y)^{\mu} \text{ pour tout } n \text{ et tout } x, y \in X.$$

Le point x étant fixé et $\varepsilon > 0$ étant donné, cette inégalité montre qu'il existe $\delta > 0$ tel que

$$|f_n(x) - f_n(y)| \leq \varepsilon \text{ pour tout } n \text{ dès que } d(x,y) \leq \delta$$

et ceci prouve l'équicontinuité de la suite (f_n). Cette suite est donc relativement compacte dans l'espace $\mathcal{C}_u(X;\mathbb{R})$: il existe une sous-suite, que nous noterons encore (f_n), qui converge uniformément ; notons f sa limite. Étant donné que $|f_n(x) - f_n(y)| \leq c\, d(x,y)^{\mu}$, on a encore $|f(x) - f(y)| \leq c\, d(x,y)^{\mu}$: autrement dit, $f \in \mathcal{C}^{0,\mu}(X;\mathbb{R}) \subset \mathcal{C}^{0,\mu'}(X;\mathbb{R})$.

b. Montrons que la suite (f_n) converge vers f dans l'espace $\mathcal{C}^{0,\mu'}(X;\mathbb{R})$, c'est-à-dire que

$$A_n \equiv \sup_{x\neq y} \frac{\|f_n(x)-f(x)-(f_n(y)-f(y))\|}{d(x,y)^\mu}$$

tend vers 0 lorsque n tend vers l'infini. Soit $\delta > 0$, on peut écrire $A_n = \max(B_n, C_n)$ où

$$B_n = \sup_{d(x,y)\leq\delta} \frac{\|f_n(x)-f(x)-(f_n(y)-f(y))\|}{d(x,y)^\mu},$$

$$C_n = \sup_{d(x,y)\geq\delta} \frac{\|f_n(x)-f(x)-(f_n(y)-f(y))\|}{d(x,y)^\mu}.$$

La suite $(f-f_n)$ étant bornée dans l'espace $\mathcal{C}^{0,\mu}(X;\mathbb{R})$, il existe une constante $c\geq 0$ telle que $B_n \leq c\,\delta^{\mu-\mu'}$ et on peut donc choisir $\delta > 0$ tel que $B_n \leq \varepsilon$ pour tout n. Quant à C_n, lorsque $d(x,y)\geq\delta$, on a $d(x,y)^{-\mu'} \leq \delta^{-\mu'}$ et par conséquent

$$C_n \leq c \sup_{x\in X} |f_n(x)-f(x)| \text{ où } c = 2\delta^{-\mu'}.$$

La suite (f_n) convergeant vers f uniformément, il existe un entier n tel que $C_p \leq \varepsilon$ pour $p\geq n$, d'où $A_n \leq 2\varepsilon$ pour $p\geq n$ et ceci prouve le résultat voulu.

EXERCICE 3.33.1

Soit λ une valeur d'adhérence de la suite (λ_n) ; modulo l'extraction d'une sous-suite, on peut supposer que la suite (λ_n) converge vers λ.

1. Supposons d'abord $\lambda \neq 0$; on peut alors supposer tous les λ_n non nuls. D'après le théorème 3.33.3, ces λ_n sont des valeurs propres : il existe des $x_n \in E$, $\|x_n\| = 1$, tels que $T_n x_n = \lambda_n x_n$. L'opérateur T étant compact, on peut extraire de la suite (x_n) une sous-suite, que nous noterons encore (x_n), telle que la suite (Tx_n) converge ; notons y sa limite. La suite $(T_n x_n)$ converge alors vers y car

(3.42.1) $$\|Tx_n - T_n x_n\| \leq \|T-T_n\|\,\|x_n\| \leq \|T-T_n\|.$$

Il en résulte que la suite $x_n = Tx_n/\lambda_n$ converge vers y/λ ; la suite (Tx_n) converge donc vers Ty/λ. Il en résulte que $Ty = \lambda y$ et, y étant non nul car $\|y\| = |\lambda|$, λ est une valeur propre, ce qui prouve le résultat voulu.

2. Lorsque $\lambda = 0$ et si E est de dimension infinie, $\{0\}$ est une valeur spectrale (corollaire 3.32.6). Si E est de dimension finie, toute valeur spectrale est une valeur propre ; il existe donc des $x_n \in E$, $\|x_n\| = 1$, tels que $T_n x_n = \lambda_n x_n$ et, E étant de dimension finie, la suite (x_n) admet une sous-suite convergente, notons la encore (x_n) ; soit y sa limite. L'inégalité (3.42.1) montre que la suite $(T_n x_n)$ converge vers Ty et, par conséquent, $Ty = \lambda y$ où $\|y\| = 1$. Ceci prouve que λ est une valeur propre.

EXERCICE 3.33.2

1. Pour démontrer que la condition est nécessaire, on peut supposer $q = \infty$, donc $r = p$. Cherchons alors les valeurs propres de $T : l^p \to l^p$. L'équation $Tx = \lambda x$ s'écrit $x_n y_n = \lambda x_n$; les valeurs propres sont donc les y_n et les sous-espaces propres associés

$$E_{y_n} = \{x = (x_j)\,;\, x_j = 0 \text{ lorsque } y_j \neq y_n\}.$$

Si l'opérateur T est compact, E_{y_n} doit être de dimension finie lorsque $y_n \neq 0$ (théorème 3.33.3) et 0 étant le seul point d'accumulation éventuel du spectre, la suite (y_n) tend nécessairement vers 0.

2. Réciproquement, si la suite (y_n) tend vers 0, montrons que l'opérateur T est compact en tant que limite d'une suite d'opérateurs de rang fini. On note $T_n : l^p \to l^r$ l'opérateur

de rang fini

$$(T_n x)_j = x_j y_j \text{ si } 0 \leq j \leq n \text{ et } (T_n x)_j = 0 \text{ si } j > n.$$

Calculons la norme de l'opérateur $T - T_n$ dans l'espace $\mathcal{L}(l^p; l^r)$. Soit x un point de la boule unité de l^p, si r est fini, on a d'après l'inégalité de Hölder

$$\|(T - T_n)(x)\|_r = \Big(\sum_{k>n} |x_k y_k|^r\Big)^{1/r} \leq \Big(\sum_{k>n} |y_k|^q\Big)^{1/q},$$

d'où

$$\|T - T_n\| < \Big(\sum_{k>n} |y_k|^q\Big)^{1/q}$$

quantité qui tend vers 0 quand n tend vers l'infini car y appartient à l^q.

Si r est infini,

$$\|(T - T_n)(x)\|_\infty = \sup_{k>n} |x_k y_k| \leq \sup_{k>n} |y_k|,$$

d'où $\|T - T_n\| \leq \sup_{k>n} |y_k|$ quantité qui tend vers 0 d'après l'hypothèse.

EXERCICE 3.33.3

1,a. est évident.

b. Soit E_1 un supplémentaire algébrique de $\operatorname{Ker} T_0$ dans $\operatorname{Ker} T$, soit $\operatorname{Ker} T = \operatorname{Ker} T_0 \oplus E_1$. Montrons que $E_0 \cap E_1 = \{0\}$. Soit $x \in E_0 \cap E_1$, on a alors $x \in E_0 \cap \operatorname{Ker} T = \operatorname{Ker} T_0$, d'où $x \in E_1 \cap \operatorname{Ker} T_0$ et $x = 0$. La somme $E_0 + E_1$ est donc une somme directe ; on note E_2 un supplémentaire algébrique de $E_0 \oplus E_1$; on a alors $E = E_0 \oplus E_1 \oplus E_2$.

c. Il en résulte que

$$\text{Im T} = T(E_0) + T(E_1) + T(E_2) = \operatorname{Im} T_0 + T(E_2).$$

Montrons que cette somme est directe. Soit $y \in \operatorname{Im} T_0 \cap T(E_2)$, il existe $x_0 \in E_0$ et $x_2 \in E_2$ tel que $y = Tx_0 = Tx_2$, d'où $x_0 - x_2 \in \operatorname{Ker} T \subset E_0 \oplus E_1$. La décomposition en somme directe $E = E_0 \oplus E_1 \oplus E_2$ prouve que $x_2 = 0$, d'où $y = Tx_2 = 0$. On a donc bien $\operatorname{Im} T = \operatorname{Im} T_0 \oplus T(E_2)$.

d. Les sous-espaces E_1 et E_2 étant de dimension finie, les formules

$$\operatorname{Ker} T = \operatorname{Ker} T_0 \oplus E_1, \quad \operatorname{Im} T = \operatorname{Im} T_0 \oplus T(E_2)$$

montrent que T est de Fredholm si, et seulement si, T_0 est de Fredholm et que

$$\dim \operatorname{Ker} T = \dim \operatorname{Ker} T_0 + \dim E_1,$$
$$\operatorname{codim} \operatorname{Im} T = \operatorname{codim} \operatorname{Im} T_0 - \dim T(E_2).$$

L'application $T|_{E_2}$ étant injective (car $\operatorname{Ker} T \subset E_0 \oplus E_1$), $\dim T(E_2) = \dim E_2$ et par conséquent

$$\chi(T) = \chi(T_0) + \dim E_1 + \dim E_2 = \chi(T_0) + \operatorname{codim} E_0.$$

2. L'opérateur $S|_{\operatorname{Im} T} : \operatorname{Im} T \to G$ est de Fredholm d'après 1. et

$$\chi(S) - \chi(S|_{\operatorname{Im} T}) + \operatorname{codim} \operatorname{Im} T.$$

L'opérateur $T|_{E_0} \to \operatorname{Im} T$ étant un isomorphisme, l'opérateur $(S \circ T)|_{E_0}$ est de Fredholm et

$$\chi((S \circ T)|_{E_0}) = \chi(S) - \operatorname{codim} \operatorname{Im} T.$$

D'après 1., l'opérateur $S \circ T$ est de Fredholm et

$$\chi(S \circ T) = \chi((S \circ T)|_{E_0}) + \dim \operatorname{Ker} T,$$

soit

$$\chi(S \circ T) = \chi(S) + \chi(T).$$

3. Déterminons le noyau et l'image de $\mathcal{T}$. On a

$$\text{Ker } \mathcal{T} = \{(x, y) \in E \times F_0 \,;\, y - Tx = 0\} = \{(x, Tx) \,;\, x \in T^{-1}(F_0)\}.$$

Le noyau est donc isomorphe à $T^{-1}(F_0)$. Notons E_0 un supplémentaire algébrique de Ker T :
$E = \text{Ker } T \oplus E_0$. L'opérateur $T|_{E_0} : E_0 \to \text{Im } T$ étant un isomorphisme,

$$T^{-1}(F_0) = (T|_{E_0})^{-1}(\text{Im } T \cap F_0) \oplus \text{Ker } T.$$

Si Ker T est de dimension finie, cette formule montre que $T^{-1}(F_0)$, donc Ker $\mathcal{T}$, est de dimension finie et

$$\dim \text{ Ker } \mathcal{T} = \dim \text{ Ker } T + \dim (\text{Im } T \cap F_0).$$

Réciproquement, si $T^{-1}(F_0)$ est de dimension finie, a fortiori

$$\text{Ker T} = T^{-1}(\{0\}) \subset T^{-1}(F_0)$$

est de dimension finie.

Quant à l'image de $\mathcal{T}$, on a

$$\text{Im } \mathcal{T} = \text{Im T} + F_0 \,;$$

il en résulte que Im $\mathcal{T}$ est de codimension finie si, et seulement si, Im T est de codimension finie. Ceci prouve que T est de Fredholm si, et seulement si, $\mathcal{T}$ est de Fredholm. Calculons alors la codimension de Im $\mathcal{T}$. Notons F_1 un supplémentaire algébrique de Im $T \cap F_0$ dans F_0, on a alors Im $\mathcal{T}$ = Im $T \oplus F_1$, d'où

$$\text{codim Im } \mathcal{T} = \text{codim Im } T - \dim F_1$$

et

$$\chi(\mathcal{T}) = \chi(T) + \dim (\text{Im } T \cap F_0) + \dim F_1 = \chi(T) + \dim F_0,$$

ce qui prouve le résultat voulu.

EXERCICE 3.33.4

1. Le raisonnement est identique à celui de l'exercice 3.11.6. On vérifie que $\mathcal{T}$ est une bijection : tout $z \in F$ s'écrit d'une manière unique $z = y - z'$ où $y \in F_0$ et $z' \in$ Im T et, $T|_{E_0} : E_0 \to \text{Im } T$ étant bijectif, il existe un unique $x \in E_0$ tel que $z' = Tx$.

Le sous-espace E_0 est fermé en tant que supplémentaire topologique ; F_0 est complet en tant que sous-espace de dimension finie. Il en résulte que $E_0 \times F_0$ est un espace de Banach et, vu le théorème de Banach, la bijection linéaire continue $\mathcal{T}$ est un isomorphisme topologique.

b. On remarque que Im $T = \mathcal{T}(E_0 \times \{0\})$.

2. Si T ou ${}^tT$ est de Fredholm, Im T ou Im ${}^tT$ est fermé d'après 1. Vu le théorème 3.18.10

$$\text{Im } T = (\text{Ker } {}^tT)^0 \text{ et Im } {}^tT = (\text{Ker } T)^0$$

et le lemme 3.33.1 montre que T est de Fredholm si, et seulement si, ${}^tT$ est de Fredholm. De plus,

$$\text{codim Im } T = \dim \text{ Ker } {}^tT \text{ et codim Im } {}^tT = \dim \text{ Ker } T,$$

soit $\chi(T) + \chi({}^tT) = 0$.

3,a. L'opérateur $\mathcal{T} : (x, y) \in E_0 \times F_0 \mapsto y - Tx \in F$ est un isomorphisme ; d'après le théorème 3.19.8, l'opérateur $\mathcal{U}$ est encore un isomorphisme si la norme de S est suffisamment petite, soit $\|S\| \leq \varepsilon$.

b. Pour $\|S\| \leq \varepsilon$, on a donc $\chi(\mathcal{U}) = 0$. D'après la question 3. de l'exercice 3.33.3, $(S + T)|_{E_0}$ est de Fredholm et

$$\chi((S + T)|_{E_0}) = -\dim F_0 \,;$$

d'après la question 1. du même exercice, on en déduit que

$$\chi(S+T) = \text{codim } E_0 - \dim F_0 = \chi(T).$$

Ceci prouve que l'ensemble Fredh$(E;F)$ des opérateurs de Fredholm est ouvert dans $\mathcal{L}(E;F)$ et que l'indice est localement constant, donc continu.

c. Lorsque S est un opérateur compact, l'opérateur $(x,y) \mapsto -Sx$ de $E_0 \times F_0$ dans F est compact ; l'opérateur $\mathcal{U}$ est donc la somme d'un isomorphisme et d'un opérateur compact ; d'après le théorème 3.33.3, $\mathcal{U}$ est d'indice nul et on peut conclure comme précédemment.

EXERCICE 3.34.1

Seule l'antisymétrie mérite une démonstration. On suppose $T \leq S$ et $S \geq T$, c'est-à-dire $((T-S)x|x) = 0$ pour tout $x \in E$. Posons $R = T - S$, alors R est un opérateur hermitien tel que $(Rx|x) = 0$ pour tout x. D'après l'inégalité de Cauchy-Schwarz

$$|(Rx|y)|^2 \leq (Rx|x)(Ry|y) \text{ pour tout } x, y \in E,$$

on en déduit $(Rx|y) = 0$, d'où $Rx = 0$ en prenant $y = Rx$ et ceci prouve que $R = 0$, soit $S = T$, ce qui permet de conclure.

EXERCICE 3.34.2

On observe déjà que T^k est hermitien car $(T^k)^* = (T^*)^k = T^k$. Lorsque $k = 2l$, on a $(T^{2l}x|x) = (T^l x|T^l x) = \|T^l x\|^2 \geq 0$. Lorsque $k = 2l+1$,

$$(T^{2l+1}x|x) = (T(T^l x)|T^l x) = (Ty|y) \geq 0 \text{ où } y = T^l x.$$

EXERCICE 3.34.3

Posons $c = \sup_{n\in\mathbb{N}} \|T_n\|$. L'opérateur hermitien $T_{n+1} - T_n$ étant positif,

$$((T_{n+1} - T_n)x|x) \geq 0$$

et ceci prouve que la suite $((T_n x|x))$ est croissante. Elle est majorée vu que $|(T_n x|x)| \leq c\,\|x\|^2$, donc convergente. Nous utiliserons le fait qu'elle est de Cauchy.

D'après l'inégalité de Cauchy-Schwarz, on a

$$|(T_{p,q}x|y)|^2 \leq (T_{p,q}x|x)\,(T_{p,q}y|y),$$

d'où en prenant $y = T_{p,q}x$

$$\|T_{p,q}x\|^4 \leq (T_{p,q}x|x)\,\|T_{p,q}\|^3 \|x\|^2 \leq (2c)^3\,(T_{p,q}x|x)\,\|x\|^2$$

et ceci prouve que la suite $(T_n x)$ est de Cauchy, donc convergente.

On pose $Tx = \lim_{n\to\infty} T_n x$. L'application T est évidemment linéaire et un passage à la limite dans l'inégalité $\|T_n x\| \leq c\,\|x\|$ montre que T est continu. De même, l'identité $(T_n x|y) = (x|T_n y)$ permet de vérifier que T est hermitien. Si les T_n sont positifs, $(T_n x|x) \geq 0$ et un passage à la limite prouve que T est positif.

EXERCICE 3.34.4

Les opérateurs T_1 et T_2 commutant

$$(T_1 + T_2)(T_1 - T_2) = T_1^2 - T_1T_2 + T_2T_1 - T_2^2 = T_1^2 - T_2^2 = 0.$$

Si $y = (T_1 - T_2)x$, on a $(T_1 + T_2)y = 0$ d'après l'identité précédente. Étant donné que $(T_i y|y) \geq 0$, on en déduit que $(T_i y|y) = 0$. D'après l'inégalité de Cauchy-Schwarz,

$$|(T_i y|z)|^2 \leq (T_i y|y)\,(T_i z|z) = 0,$$

d'où $(T_i y|z) = 0$ pour tout z et, par conséquent, $T_i y = 0$. On en déduit que
$$(T_1 - T_2)^2 x = (T_1 - T_2)y = 0,$$
d'où
$$\|(T_1 - T_2)x\|^2 = ((T_1 - T_2)^2 x|x) = 0$$
et ceci prouve que $(T_1 - T_2)x = 0$, soit $T_1 - T_2 = 0$ et le résultat voulu.

EXERCICE 3.34.5

Il est clair que l'opérateur $I_E - T$ est hermitien. On a d'autre part
$$((I_E - T)x|x) = (x|x) - (Tx|x) \geq 0 \text{ car } (Tx|x) \leq \|T\|\,\|x\|^2 \leq \|x\|^2.$$
Ceci prouve que l'opérateur $I_E - T$ est positif. L'inégalité précédente prouve également que $((I_E - T)x|x) \leq (x|x)$, d'où $((I_E - T)x|x) \leq 1$ si $\|x\| = 1$ et, vu la proposition 3.34.3, on en déduit que $\|I_E - T\| \leq 1$.

EXERCICE 3.34.6 RACINE CARRÉE DES OPÉRATEURS HERMITIENS POSITIFS

1. Il est immédiat de vérifier par récurrence que les coefficients des polynômes P_n sont positifs et que $P_n(1) \leq 1$. Quant aux polynômes $P_{n+1} - P_n$, on a $P_1(t) - P_0(t) = t/2$, puis par récurrence on utilise l'identité
$$P_{n+1}(t) - P_n(t) = \frac{1}{2}(P_n(t) + P_{n-1}(t))(P_n(t) - P_{n-1}(t)).$$

2. En substituant à T l'opérateur T/λ où $\lambda > \|T\|$, on peut effectivement supposer $\|T\| \leq 1$. D'après l'exercice 3.34.5, l'opérateur $I_E - T$ est hermitien positif de norme ≤ 1. Vu l'exercice 3.34.2, les opérateurs $P_n(I_E - T)$ sont hermitiens positifs, la suite $(P_n(I_E - T))$ est croissante car les polynômes $P_{n+1} - P_n$ sont à coefficients positifs et cette suite est bornée car, pour $\|x\| \leq 1$, $\|(I_E - T)x\| \leq 1$ et
$$\|P_n((I_E - T)x)\| \leq P_n(\|(I_E - T)x\|) \leq P_n(1) \leq 1.$$
Il en résulte (exercice 3.34.3) que la suite $(P_n(I_E - T))$ converge simplement vers un opérateur hermitien positif de norme ≤ 1 noté $I_E - S$; vu l'exercice 3.34.5, S est un opérateur hermitien positif. On a
$$P_{n+1}(I_E - T) = \frac{P_n^2(I_E - T) + I_E - T}{2}$$
et en passant à la limite
$$I_E - S = \frac{(I_E - S)^2 + I_E - T}{2},$$
d'où $S^2 = T$.

Par construction, il existe une suite (Q_n) de polynômes telle que la suite $(Q_n(T))$ converge simplement vers $T^{1/2}$. Si R est un opérateur qui commute avec T, on a $RQ_n(T) = Q_n(T)R$, d'où $RT^{1/2} = T^{1/2}R$ en passant à la limite, ce qui prouve que $T^{1/2}$ commute avec R.

3. Soit U un opérateur hermitien positif tel que $U^2 = T$, alors U commute avec T car $UT = U^3 = TU$. Il en résulte que les opérateurs $T^{1/2}$ et U commutent et, par conséquent, $U = T^{1/2}$ d'après l'exercice 3.34.4.

EXERCICE 3.34.7

On observe d'abord que l'opérateur T^*T est hermitien positif, sa racine carrée est donc bien définie d'après l'exercice 3.34.6 et l'opérateur $(T^*T)^{1/2}$ est hermitien positif. On a par ailleurs, pour $x \in E$,
$$\|(T^*T)^{1/2}x\|^2 = ((T^*T)^{1/2}x|(T^*T)^{1/2}x) = ((T^*T)x|x) = \|Tx\|^2$$

et ceci prouve que $\|(T^*T)^{1/2}x\| = \|Tx\|$. En prenant la borne supérieure sur la boule unité de E, on en déduit que $\|T\| = \|(T^*T)^{1/2}\|$.

Posons $G = \text{Im }(T^*T)^{1/2}$ et

$$S_0 y = Tx \text{ si } y = (T^*T)^{1/2}x.$$

On vérifie que $S_0 : G \to F$ est bien défini, c'est-à-dire ne dépend pas du choix de $x \in E$ tel que $y = (T^*T)^{1/2}x$: en effet, si $(T^*T)^{1/2}x = 0$, $Tx = 0$ d'après ce qui précède. On vérifie aisément que S_0 est linéaire ; en outre

$$\|S_0 y\| = \|Tx\| = \|(T^*T)^{1/2}x\| = \|y\|$$

et ceci montre que S_0 est linéaire continu. Cet opérateur se prolonge par continuité en un opérateur $S_0 : \overline{G} \to F$ linéaire continu. Soit $P : E \to \overline{G}$ le projecteur orthogonal de E sur $\overline{G}$, posons $S = S_0 \circ P : E \to F$. On obtient ainsi un opérateur linéaire continu de norme ≤ 1 tel que $\|Sx\| = \|x\|$ pour $x \in \overline{G}$.

Par construction, on a $T = S(T^*T)^{1/2}$. D'autre part, on peut appliquer l'exercice 3.29.4 : S^*S est le projecteur orthogonal sur $\overline{G}$. Il en résulte que

$$S^*T = S^*S(T^*T)^{1/2} = (T^*T)^{1/2},$$

ce qui prouve le résultat voulu.

La dernière assertion résulte de la proposition 3.32.2.

EXERCICE 3.34.8

D'après le lemme 3.34.6, on a

$$\|T\|^2 = \|T^*\|^2 = \|TT^*\| = \|I_E\| = 1,$$

d'où $\|T\| = \|T^*\| = 1$. Le spectre de T est donc contenu dans le disque $|\lambda| \leq 1$.

Montrons que tout λ de module < 1 est dans l'ensemble résolvant. On peut écrire

$$\lambda I_E - T = \lambda TT^* - T = T(\lambda T^* - I_E)$$

où $\|\lambda T^*\| = |\lambda| < 1$; l'opérateur $\lambda T^* - I_E$ est donc inversible et T étant inversible (d'inverse T^*), ceci prouve que $\lambda I_E - T$ est inversible.

EXERCICE 3.35.1

L'équivalence résulte de l'exercice 3.34.7. En outre, d'après le lemme 3.35.3

$$|||T||| \leq \|S\| \, |||(T^*T)^{1/2}||| \leq |||(T^*T)^{1/2}|||.$$

De même, en utilisant la formule $(T^*T)^{1/2} = S^*T$ et le fait que $\|S^*\| = \|S\| \leq 1$, on vérifie que $|||(T^*T)^{1/2}||| \leq |||T|||$.

EXERCICE 3.35.2 OPÉRATEURS NUCLÉAIRES

1. et 2. On a

$$\|\sum_{n=1}^{\infty} \lambda_n \,(x|a_n)\, b_n\| \leq \sum_{n=1}^{\infty} |\lambda_n| \, \|x\|$$

et ceci prouve que la série $\sum_{n=1}^{\infty} \lambda_n \,(x|a_n)\, b_n$ est absolument convergente et que $\|T\| \leq \sum_{n=1}^{\infty} |\lambda_n|$, d'où $\|T\| \leq \|T\|_N$.

3. Si T est de rang fini, soit $(e_i)_{1 \leq i \leq n}$ une base hilbertienne de $T(E)$. On a

$$Tx = \sum_{i=1}^{n} y_i e_i \text{ où } y_i = (Tx|e_i),$$

d'où $y_i = (x|T^*e_i) = \lambda_i(x|a_i)$ où $\lambda_i = \|T^*e_i\|$, $a_i = T^*e_i/\|T^*e_i\|$ si $T^*e_i \neq 0$ et, lorsque $T^*e_i = 0$, on prend pour a_i n'importe quel vecteur de norme 1. Ceci prouve que T est nucléaire.

Soit $T \in \mathcal{N}(E;F)$, posons

$$T_n x = \sum_{p=1}^{n} \lambda_p \, (x|a_p) \, b_p.$$

On a alors

$$\|(T - T_n)x\| \leq \sum_{p=n+1}^{\infty} |\lambda_p| \, \|x\|,$$

d'où $\|T - T_n\| \leq \sum_{p=n+1}^{\infty} |\lambda_p|$, quantité qui tend vers 0 lorsque n tend vers l'infini. Les opérateurs T_n étant de rang fini, ceci prouve que T est un opérateur compact.

4. On a

$$Sy = \sum_{n=1}^{\infty} \lambda_n (y|b_n) c_n$$

où $b_n \in F$, $\|b_n\| = 1$, $c_n \in G$, $\|c_n\| = 1$ et $\sum_{n=1}^{\infty} |\lambda_n| < \infty$. On en déduit que

$$(RST)x = \sum_{n=1}^{\infty} \lambda_n (x|T^* b_n) Rc_n \text{ pour } x \in E.$$

Posons

$$Rc_n = \mu_n d_n \text{ où } d_n \in H, \; \|d_n\| = 1 \text{ et } \mu_n = \|Rc_n\|,$$
$$T^* b_n = \nu_n a_n \text{ où } a_n \in E, \; \|a_n\| = 1 \text{ et } \nu_n = \|T^* b_n\|.$$

On a alors

$$(RST)x = \sum_{n=1}^{\infty} \lambda_n \mu_n \nu_n (x|a_n) d_n \text{ pour } x \in E$$

et $|\lambda_n \mu_n \nu_n| \leq \|R\| \, \lambda_n \, \|T\|$ et ceci prouve que l'opérateur RST est nucléaire et que $\|RST\|_N \leq \|R\| \, \|S\|_N \, \|T\|$.

5. On a $(Te_i|e_i) = \sum_{n=1}^{\infty} \lambda_n \, (e_i|a_n) \, (b_n|e_i)$, d'où

$$\sum_{i \in I} |(Te_i|e_i)| \leq \sum_{i \in I} \sum_{n=1}^{\infty} |\lambda_n| \, |(e_i|a_n) \, (b_n|e_i)|$$

où

$$\sum_{i \in I} |(e_i|a_n) \, (b_n|e_i)| \leq \Big(|(e_i|a_n)|^2\Big)^{1/2} \Big(|(b_n|e_i)|^2\Big)^{1/2} = \|a_n\| \, \|b_n\| = 1$$

et, par conséquent,

$$\sum_{i \in I} |(Te_i|e_i)| \leq \sum_{n=1}^{\infty} |\lambda_n| < \infty$$

Ceci prouve que la famille $((Te_i|e_i))_{i \in I}$ est sommable et que

$$\sum_{i \in I} (Te_i|e_i) = \sum_{n=1}^{\infty} \lambda_n \sum_{i \in I} (e_i|a_n)(b_n|e_i) = \sum_{n=1}^{\infty} \lambda_n \sum_{i \in I} (b_n|e_i)\overline{(a_n|e_i)} = \sum_{n=1}^{\infty} \lambda_n (b_n|a_n),$$

ce qui prouve le résultat voulu.

6. Vu que $|(b_n|a_n)| \leq 1$, on a

$$|\mathrm{Tr}\,(T)| \leq \sum_{n=1}^{\infty} |\lambda_n| = \|T\|_N.$$

7. Soit $(e_i)_{1 \leq i \leq n}$ une base hilbertienne de E et soit $A = (a_{p,q})_{1 \leq p,q \leq n}$ la matrice représentative de T dans cette base. On a $Te_q = \sum_{p=1}^{n} a_{p,q} e_p$, d'où

$$\sum_{q=1}^{n} (Te_q|e_q) = \sum_{q=1}^{n} a_{q,q} = \mathrm{Tr}\,(A) = \mathrm{Tr}\,(T),$$

d'où le résultat voulu.

8. On notera d'abord que

$$Tx = \sum_{i \in I,\, \lambda_i \neq 0} \lambda_i (x|e_i) e_i.$$

Si la famille $(\lambda_i)_{i \in I}$ est sommable, l'ensemble $\{i \in I\,;\, \lambda_i \neq 0\}$ est dénombrable et la formule précédente montre que T est nucléaire et que

$$\text{Tr}\,(T) = \sum_{i \in I} \lambda_i \text{ et } \|T\|_N \leq \sum_{i \in I} |\lambda_i|.$$

Réciproquement, supposons T nucléaire et posons

$$Sx = \sum_{i \in I,\, \lambda_i \neq 0} \frac{\overline{\lambda_i}}{|\lambda_i|} (x|e_i) e_i.$$

On observe que Sx est bien défini vu que la famille $((x|e_i))_{i \in I}$ appartient à $l^2(I)$ et on a

$$\|Sx\|^2 = \sum_{i \in I,\, \lambda_i \neq 0} |(x|e_i)|^2 \leq \|x\|^2,$$

ce qui prouve que S est linéaire continu de norme ≤ 1. On a alors

$$(ST)x = \sum_{i \in I,\, \lambda_i \neq 0} \frac{\overline{\lambda_i}}{|\lambda_i|} (Tx|e_i) e_i = \sum_{i \in I,\, \lambda_i \neq 0} |\lambda_i|\, (x|e_i) e_i.$$

L'opérateur ST est nucléaire et la formule précédente montre que $((ST)e_i|e_i) = |\lambda_i|$; par conséquent, Tr $(ST) = \sum_{i \in I} |\lambda_i| < \infty$. Ceci prouve que la famille $(\lambda_i)_{i \in I}$ est sommable et, vu que

$$\text{Tr}\,(ST) \leq \|ST\|_N < \|T\|_N,$$

que $\sum_{i \in I} |\lambda_i| \leq \|T\|_N$, d'où l'égalité, ce qui permet de conclure.

Si T est nucléaire, la famille $(\lambda_i)_{i \in I}$ appartient à l'espace $l^1(I)$, donc à l'espace $l^2(I)$ (exercice 3.24.9$_5$) et, vu la proposition 3.35.8, on en déduit que T est un opérateur de Hilbert-Schmidt.

9. D'après l'exercice 3.34.7, il existe $S \in \mathcal{L}(E; F)$, $\|S\| \leq 1$, tel que $T = S(T^*T)^{1/2}$ et $(T^*T)^{1/2} = S^*T$. Ces formules prouvent que T est nucléaire si, et seulement si, $(T^*T)^{1/2}$ l'est. En outre

$$\|T\|_N \leq \|S\|\, \|(T^*T)^{1/2}\|_N \leq \|(T^*T)^{1/2}\|_N \text{ et } \|(T^*T)^{1/2}\|_N \leq \|S^*\|\, \|T\|_N \leq \|T\|_N,$$

ce qui permet de conclure.

Si l'opérateur $(T^*T)^{1/2}$ est nucléaire, il est de Hilbert-Schmidt d'après 8. et, vu l'exercice 3.35.1, T est de Hilbert-Schmidt.

10,a. Si $T^{1/2}$ est compact, $T = T^{1/2}T^{1/2}$ est compact d'après la proposition 3.32.2$_2$. Réciproquement, si T est compact, soit $(e_i)_{i \in I}$ une base hilbertienne de vecteurs propres, $Te_i = \lambda_i e_i$. On pose

$$Sx = \sum_{i \in I} \lambda_i^{1/2} (x|e_i) e_i.$$

On observe que Sx est bien défini car la famille $(\lambda_i^{1/2}(x|e_i))_{i \in I}$ appartient à l'espace $l^2(I)$, le spectre de T étant borné. De plus, il existe une constante $c \geq 0$ telle que

$$\|Sx\|^2 = \sum_{i \in I} \lambda_i |(x|e_i)|^2 \leq c\, \|x\|^2,$$

ce qui prouve que S est linéaire continu. On constate que cet opérateur S est hermitien positif car

$$(Sx|y) = \sum_{i \in I} \lambda_i^{1/2} (x|e_i)\overline{(y|e_i)} = (x|Sy) \text{ et } (Sx|x) = \sum_{i \in I} \lambda_i^{1/2} |(x|e_i)|^2 \geq 0.$$

On a d'autre part

$$S^2x = \sum_{i\in I} \lambda_i^{1/2}(Sx|e_i)e_i = \sum_{i\in I} \lambda_i(x|e_i)e_i = Tx$$

et ceci prouve que S est simplement la racine carrée de T. On vérifie enfin que S est compact en tant que limite d'opérateurs de rang fini. Si J est une partie finie de I, on pose

$$S_Jx = \sum_{i\in J} \lambda_i^{1/2}(x|e_i)e_i.$$

On définit ainsi des opérateurs de rang fini et

$$\|(S - S_J)x\|^2 = \sum_{i\in I-J} \lambda_i|(x|e_i)|^2 \leq \sup_{i\in I-J} \lambda_i \ \|x\|^2,$$

soit $\|S - S_J\|^2 \leq \sup_{i\in I-J} \lambda_i$. Ceci permet de conclure car, pour tout $\varepsilon > 0$, il existe une partie finie J de I telle que $\sup_{i\in I-J} \lambda_i \leq \varepsilon^2$, d'où $\|S - S_J\| \leq \varepsilon$.

b. D'après a., on peut supposer que T et $T^{1/2}$ sont compacts. Conservons les notations de a., d'après 8., T est nucléaire si, et seulement si, $\|T\|_N = \sum_{i\in I} \lambda_i < \infty$. On note ensuite que $(e_i)_{i\in I}$ une base hilbertienne de vecteurs propres de $T^{1/2}$ et que $T^{1/2}e_i = \lambda_i^{1/2}e_i$; d'après la proposition 3.35.8, $T^{1/2}$ est de Hilbert-Schmidt si, et seulement si, $\|T\|_{HS}^2 = \sum_{i\in I} \lambda_i < \infty$. Ceci prouve le résultat voulu.

c. La condition est nécessaire d'après 5. Réciproquement, si la famille $((Te_i|e_i))_{i\in I}$ est sommable, il s'agit de vérifier d'après b. que l'opérateur $T^{1/2}$ est de Hilbert-Schmidt. On a en effet

$$(Te_i|e_i) = (T^{1/2}e_i|T^{1/2}e_i) = \|T^{1/2}e_i\|^2$$

et, par conséquent, $\sum_{i\in I} \|T^{1/2}e_i\|^2$, ce qui permet de conclure.

11. D'après l'exercice 3.34.7, il existe $S \in \mathcal{L}(F;E)$ tel que

$$\|S\| \leq 1 \text{ et } T_2^* = S(T_2T_2^*)^{1/2},$$

d'où $T_2 = (T_2T_2^*)^{1/2}S^*$. L'opérateur hermitien positif $(T_2T_2^*)^{1/2}$ étant compact d'après 10,a., soit $(e_i)_{i\in I}$ une base hilbertienne de vecteurs propres de cet opérateur

$$(T_2T_2^*)^{1/2}e_i = \lambda_i e_i.$$

On a

$$Tx = T_1(T_2T_2^*)^{1/2}S^*x = T_1\Big(\sum_{i\in I} \lambda_i(S^*x|e_i)e_i\Big) = \sum_{i\in I} \lambda_i(x|Se_i)T_1e_i.$$

Posons $a_i = Se_i/\|Se_i\|$ lorsque $Se_i \neq 0$, $b_i = T_1e_i/\|T_1e_i\|$ lorsque $T_1e_i \neq 0$ et

$$J = \{i \in I\,;\ Se_i \neq 0,\ T_1e_i \neq 0 \text{ et } \lambda_i \neq 0\}.$$

Cet ensemble J est dénombrable et

$$Tx = \sum_{i\in J} \lambda_i \,\|Se_i\|\, \|T_1e_i\|\, (x|a_i)b_i$$

où

$$\begin{aligned}\textstyle\sum_{i\in J} \lambda_i \,\|Se_i\|\, \|T_1e_i\| &\leq \textstyle\sum_{i\in J} \lambda_i \|T_1e_i\| \leq \Big(\sum_{i\in J} \lambda_i^2\Big)^{1/2} \Big(\sum_{i\in J} \|T_1e_i\|^2\Big)^{1/2} \\ &\leq \Big(\textstyle\sum_{i\in J} \lambda_i^2\Big)^{1/2} \|T_1\|_{HS}\end{aligned}$$

et, d'après l'exercice 3.35.1

$$\Big(\sum_{i\in J} \lambda_i^2\Big)^{1/2} = \Big(\sum_{i\in J} \|(T_2T_2^*)^{1/2}e_i\|^2\Big)^{1/2} \leq \|(T_2T_2^*)^{1/2}\|_{HS} = \|T_2^*\|_{HS} = \|T_2\|_{HS}.$$

Ceci prouve que T est nucléaire et que $\|T\|_N \leq \|T_1\|_{HS}\|T_2\|_{HS}$.

12. L'opérateur R est hermitien positif, nucléaire d'après 9. et $R^{1/2}$ est de Hilbert-Schmidt d'après 10,b. De plus

$$\|T\|_N = \|(T^*T)^{1/2}\|_N = \|R\|_N = \|R^{1/2}\|_{HS}^2,$$

d'où $\|T_2\|_{HS} = \|T\|_N^{1/2}$ et $\|T_1\|_{HS} = \|SR^{1/2}\|_{HS} \leq \|R^{1/2}\|_{HS} = \|T\|_N^{1/2}$; d'après 11., on a $\|T\|_N \leq \|T_1\|_{HS}\|T_2\|_{HS}$, d'où $\|T\|_N^{1/2} \leq \|T_1\|_{HS}$ et par conséquent $\|T_1\|_{HS} = \|T\|_N^{1/2}$, ce qui permet de conclure.

13. Soient $T \in \mathcal{N}(E;F)$ et $\lambda \in \mathbb{K}$, il est clair que $\lambda T \in \mathcal{N}(E;F)$ et que $\|\lambda T\|_N = |\lambda|\,\|T\|_N$. Si $\|T\|_N = 0$, alors $T = 0$ vu que $\|T\| \leq \|T\|_N$.

Étant donné $T_1, T_2 \in \mathcal{N}(E;F)$, il s'agit de vérifier que $T_1 + T_2$ est nucléaire et que $\|T_1 + T_2\|_N \leq \|T_1\|_N + \|T_2\|_N$. Posons

$$T = ((T_1 + T_2)^*(T_1 + T_2))^{1/2} \in \mathcal{L}(E).$$

D'après 9., il s'agit de vérifier que T est nucléaire, c'est-à-dire d'après 10,c. que la famille $((Te_i|e_i))_{i\in I}$ est sommable, $(e_i)_{i\in I}$ étant une base hilbertienne de E ; d'après 8., on aura alors

$$\|T_1 + T_2\|_N = \|T\|_N = \mathrm{Tr}\, T = \sum_{i\in I}(Te_i|e_i).$$

D'après l'exercice 3.34.7, il existe $S \in \mathcal{L}(E)$, $\|S\| \leq 1$, tel que $T = S^*(T_1 + T_2)$, d'où

$$(Te_i|e_i) = (S^*T_1e_i|e_i) + (S^*T_2e_i|e_i)$$

et, les opérateurs S^*T_1, S^*T_2 étant nucléaires, ceci prouve que T est nucléaire et

$$\|T_1 + T_2\|_N = \mathrm{Tr}\,(S^*T_1) + \mathrm{Tr}\,(S^*T_2) \leq |\mathrm{Tr}\,(S^*T_1)| + |\mathrm{Tr}\,(S^*T_2)|.$$

Afin de majorer $|\mathrm{Tr}\,(S^*T_1)|$, l'exercice 3.34.7 permet d'écrire

$$T_1 = S_1^*(T_1^*T_1)^{1/2} \text{ où } S_1 \in \mathcal{L}(E),\ \|S_1\| \leq 1.$$

Posons $U = (T_1^*T_1)^{1/2}$, $V = U^{1/2}$, on a alors $T_1 = S_1^*V^2$, $S^*T_1 = S^*S_1^*V^2$, d'où

$$\mathrm{Tr}\,(S^*T_1) = \sum_{i\in I}(S^*S_1^*V^2e_i|e_i) = \sum_{i\in I}(Ve_i|VS_1Se_i)$$

et, d'après Cauchy-Schwarz,

$$|\mathrm{Tr}\,(S^*T_1)| \leq \|V\|_{HS}\,\|VS_1S\|_{HS} \leq \|V\|_{HS}^2 = \|U^{1/2}\|_{HS}^2.$$

Vu 10,b. et 9.,

$$\|U^{1/2}\|_{HS}^2 = \|U\|_N = \|T_1\|_N.$$

Ceci prouve que $|\mathrm{Tr}\,(S^*T_1)| \leq \|T_1\|_N$ et de même $|\mathrm{Tr}\,(S^*T_2)| \leq \|T_2\|_N$, ce qui permet de conclure.

Bibliographie

[1] BANACH, S., *Théorie des opérateurs linéaires*, Chelsea Publishing Company, New York, 1955.

[2] BOURBAKI, N., *Éléments d'histoire des mathématiques*, Hermann, Paris, 1960.

[3] BOURBAKI, N., *Éléments de Mathématiques, Théorie des ensembles*, Hermann, Paris, 1960.

[4] BOURBAKI, N., *Éléments de Mathématiques, Topologie générale*, Hermann, Paris, 1965.

[5] BOURBAKI, N., *Éléments de Mathématiques, Espaces vectoriels topologiques*, Hermann, Paris, 1966.

[6] BRÉZIS, H., *Analyse fonctionnelle, théorie et applications*, Masson, Paris, 1987.

[7] CARTAN, H., "Théorie des filtres", *C.R. Acad. Sc. Paris*, **205** (1937), p. 595-598.

[8] CARTAN, H., "Filtres et ultrafiltres", *C.R. Acad. Sc. Paris*, **205** (1937), p. 777-779.

[9] CHOQUET, G., *Cours d'Analyse, Topologie, Tome 2*, Masson, Paris, 1964.

[10] CHOQUET, G., *Lectures on analysis*, Benjamin, New York, 1969.

[11] DIEUDONNÉ, J., *Éléments d'analyse, Tome 1, 2 et 3*, Gauthier-Villars, Paris, 1968 et 1970.

[12] DUNFORD, N. and SCHWARTZ, L., *Linear operators*, Interscience Publishers, Inc., New York, 1967.

[13] FRAENKEL, A., BAR-HILLEL, Y. and LEVY, A., *Foundations of set theory*, North-Holland, Amsterdam, 1973.

[14] KATO, T., *Perturbation theory for linear operators*, Sringer-Verlag, New-York, 1966.

[15] KELLEY, J.-L., *General Topology*, Van Nostrand, New York, 1970.

[16] KLEENE, S.C., *Introduction to metamathematics*, North-Holland, Amsterdam, 1964.

[17] KRIVINE, J.-L., *Théorie axiomatique des ensembles*, Presses Universitaires de France, Paris, 1969.

[18] KURATOWSKI, K., *Introduction à la théorie des ensembles et à la topologie*, Institut de Mathématiques de l'Université de Genève, 1966.

[19] KURATOWSKI, K., *Topology, Vol. 1 et 2*, Academic Press, New York, 1966 et 1968.

[20] KURATOWSKI, K. and MOSTOWSKI, A., *Set theory*, North-Holland, Amsterdam, 1968.

[21] NOVIKOV, P.S., *Introduction à la logique mathématique*, Dunod, Paris, 1964.

[22] RIESZ, F. and NAGY, B. SZ., *Functional analysis*, Frederick Ungar Publishing Co, New York, 1965.

[23] RUDIN, W., *Functional analysis*, McGraw-Hill, New York, 1973.

[24] SCHWARTZ, L., *Cours d'Analyse de l'École Polytechnique*, 1965.

[25] SCHWARTZ, L., *Cours de voie d'approfondissement de l'École Polytechnique*, 1971.

[26] SCHWARTZ, L., *Topologie générale et Analyse fonctionnelle*, Hermann, Paris, 1970.

[27] SCHWARTZ, L., *Analyse hilbertienne*, École Polytechnique, 1978.

[28] TREVES, F., *Topological vector spaces, distributions and kernels*, Academic Press, New York, 1967.

[29] YOSIDA, K., *Functional analysis*, Springer-Verlag, Berlin, 1966.

Notations

Index

D

E

Achevé d'imprimer en mars 2012
par la Sté ACORT Europe
www.cogetefi.com

Dépôt légal à parution

Imprimé en France